U0224166

海螺设计院成立二十五周年

水泥技术及工程应用论文集

安徽海螺建材设计研究院有限责任公司 编

中国建材工业出版社

图书在版编目（CIP）数据

水泥技术及工程应用论文集/安徽海螺建材设计研究院有限责任公司编．--北京：中国建材工业出版社，2022.12

ISBN 978-7-5160-3609-9

Ⅰ.①水… Ⅱ.①安… Ⅲ.①水泥—工程技术—文集 Ⅳ.①TQ172.6-53

中国版本图书馆 CIP 数据核字（2022）第 218539 号

水泥技术及工程应用论文集

Shuini Jishu ji Gongcheng Yingyong Lunwenji

安徽海螺建材设计研究院有限责任公司　编

出版发行：中国建材工业出版社

地　　址：北京市海淀区三里河路 11 号

邮　　编：100831

经　　销：全国各地新华书店

印　　刷：北京印刷集团有限责任公司

开　　本：889mm×1194mm　1/16

印　　张：41.25

字　　数：1100 千字

版　　次：2022 年 12 月第 1 版

印　　次：2022 年 12 月第 1 次

定　　价：268.00 元

本社网址：www.jccbs.com，微信公众号：zgjcgycbs

编 委 会

序　言

二十世纪九十年代中期，在国家改革开放的大潮中，建材行业迎来了最好的发展时期。海螺集团应运而生，顺应时代潮流而兴，历经一代又一代海螺人的艰苦创业和励精图治，从当年深藏山间的单一水泥厂，蜕变成为全球知名的综合性跨国企业集团，跻身世界500强之列，这其中，海螺设计院作出了重要贡献。

为满足集团高速发展过程中对工程规划设计和技术创新的需求，1997年11月，集团公司决定成立海螺建材设计所，依托集团技术创新平台，广泛吸纳建材行业国内外最新技术成果，形成了海螺的技术特色。海螺设计院逐步成长为拥有建材行业甲级等多项资质，具备集研究开发、工程规划设计及工程总承包于一体的综合性设计研究院，业务涵盖水泥、新型建材、新能源、生态环保、工业与民用建筑等多领域。

二十五载匠心之路，二十五载逐梦前行。海螺设计院始终胸怀发展壮大集团事业的初心使命，坚持"立足集团、服务集团、面向行业、发展自身"的发展定位，以"精心设计、质量为本、诚信服务、勇于创新"的服务理念和经营宗旨，为集团公司高质量发展提供了有力的技术支撑，并铸就了具有海螺特色的工程服务品牌。

二十五载栉风沐雨，二十五载砥砺奋进。站在新的历史起点，今天的海螺设计院正以崭新的面貌和奋进的姿态再次发力，聚焦集团"创新引领、数字赋能、绿色转型"创新战略，围绕建材行业节能降碳、绿色环保等新领域，加速创新深度赋能，助力集团加速创建具有全球竞争力的世界一流企业。

苔花虽米小，亦学牡丹开。本次海螺设计院编印出版的技术论文集，旨在系统总结水泥工艺技术、绿色低碳环保、实验研究及产品开发和项目管理等方面的经验和做法，以供业界同仁参阅借鉴。创无止境，心有未来。真诚期待海螺设计院创造更多、更新、更好的技术成果，推动我国建材工业技术进步和升级！

是为序。

海螺集团总经理：任　勇

2022年8月

前 言

安徽海螺建材设计研究院有限责任公司（以下简称“海螺设计院”）起步于1997年成立的海螺建材设计所，今年已走过了25年创业成长历程。海螺设计院从初创、成长到成熟，始终植根于海螺集团的崛起和创新发展之中。25年来，正是在集团公司的关怀下，通过我们在服务海螺集团的创新发展的工程实践中，不断提升专业积累和人才积累，逐步发展成为拥有以建材行业甲级设计资质为主体，建筑工程、环保工程、新能源发电设计及工程咨询等相关配套资质的行业综合设计研究院，工程设计及工程总承包业务涵盖了水泥工程、非金属矿山、新型建材、新能源发电、生态环保及工业与民用建筑等集团全产业链领域。

蹒跚起步，应运而生。上世纪九十年代中期，在国家改革开放的大潮中，建材行业也迎来了最好的发展时期，海螺集团步行业之先，快速崛起，实现了从单一山区工厂到世界知名建材集团的跨越，开创了独特的海螺发展模式。正是在这样的背景下，1997年11月，集团公司领导班子决定成立海螺建材设计所，赋予我们承担集团发展“工程设计规划和科技创新集成”的任务，我们从水泥粉磨站等单项工程设计起步，在大型熟料线工程项目的规划设计过程中，以行业大院为师，通过专业化的合作交流，逐步建立起专业化的工程设计规范、工作流程管理体系，不断提升工程设计规划能力。2003年由所改院，并取得了建材行业乙级设计资质，开启了迈向专业化行业设计院的步伐。

稳步前行，砥砺奋进。海螺设计院从建院伊始，始终坚持“立足集团、服务集团、面向行业、发展自身”的发展定位，以“精心设计、质量为本、诚信服务、勇于创新”的服务理念和经营宗旨，更是以全员全心投入到海螺集团创新发展的大业之中。一路砥砺奋进，不断走向成熟。从北流海螺第一个5000t/d熟料生产线的成套设计，宁国水泥厂第一个9MW余热发电工程自主设计，到阳春海螺12000t/d大型熟料水泥生产线完全自主设计，我们攻克了一个个技术难关，不断突破项目规模和工程类型，终于在2008年成功取得水泥专业甲级设计资质，具备了承担各种典型熟料水泥生产线及相关配套工程的设计能力，并形成了“工艺流畅、技术先进、投资合理、达产达标快”的海螺特色的系列化水泥生产线设计标准和体系。到目前为止，海螺设计院承担设计的2500－12000t/d各类熟料水泥生产线逾100多条，年水泥熟料总产能达到1亿多吨，完成的余热发电、垃圾协同处置、骨料、商砼及各类技改工程项目达400余项，工程投资总规模超过400亿元。

转型拓展，勇于突破。海螺设计院在立足服务集团的同时，面向行业发展，携海螺工程建设的实践之精，主动拓展。先后成功完成了巴西TUPI、泰国SCG、亚洲水泥、台泥及国内多家水泥公司的近十余条水泥生产线总承包工程。通过这些项目分享了海螺成熟的水泥工程建设经验，同时培养锻炼了一批具有工程设计、项目管理和生产调试专业技术骨干，实现了由单一设计向具有工程总承包能力的工程公司转型。

建院25年来，按照集团公司创新引领的总体要求，以工程优化设计为载体，瞄准行业技术发展前沿，围绕水泥生产线节能降耗、绿色环保、协同处置及资源化利用等专业领域深入开展试验研究，成功地研发了一批工程化应用成果，其中10项成果获得省及建材行业科技奖，70余项工程设计及技术咨询项目获得省及建材行业优秀工程奖，获国家发明专利授权22项。

建院25年来，海螺设计院立足于工程实践，不断加强专业团队建设，目前已形成了拥有240多人，工艺、机械、电气自动化、建筑、给排水、暖通等十余个专业的高级职称人员及各类执业注册师，配套齐全的专业化设计团队，同时拥有先进实用的设计信息管理系统、工程资料数据库、原燃料试验及技术标定系统。这些构建了我们具有一切从生产出发、注重实践、作风严谨的科研设计和项目管理团队，形成了工程设计和工程总承包等主营业务，成为年营业额在6亿元且在行业具有影响力的设计研究院。这些得益于海螺集团发展所带来的机遇，凝聚了设计院全体员工智慧和拼搏的汗水。

海螺设计院已走过了二十五年历程，二十五载正青春！值此之际，我们征集出版技术论文集，本书共收录了新型干法水泥工艺技术、绿色低碳环保、实验研究及产品开发和项目工程管理等方面共106篇技术论文，旨在对海螺设计院广大专业技术人员在工程设计、科技创新、项目总承包管理技术实践中的经验、体会、研究成果进行系统总结。虽然有些论文还显得比较粗浅稚嫩，但每一篇论文都是专业人员工作的写实和专业进步的脚印，也是我们迈向更高、走向更远的阶梯。

展望未来，创新是我们的立身之本，发展之要。当前，国家正大力推进“3060”双碳目标为核心的工业领域绿色低碳转型和高质量发展，作为国民经济重要的基础产业，水泥工业要实现减污降碳绿色转型目标，更要依靠技术创新突破。作为海螺集团科技创新的专业队伍，我们必须要勇于担当，敢于突破，唯有创新才能在我们而立之年再创新的辉煌！

海螺设计院原党委书记、董事长：张长乐

2022年8月

海螺设计院

企业简介

安徽海螺建材设计研究院有限责任公司（简称：海螺设计院）创立于1997年，是世界500强企业海螺集团的全资子公司和核心技术创新平台，获得了高新技术企业认证，注册资本金1.5亿元。

二十五年来，海螺设计院一直本着“立足集团，服务集团，面向行业，发展自身”的发展定位，秉承“精心设计、质量为本、诚信服务、勇于创新”的服务理念，通过不断的工程实践和人才积累，逐步发展成为集研究开发、工程设计、工程总承包于一体的工程综合服务商，现拥有建材行业甲级、工程咨信甲级、轻钢结构甲级、环境工程甲级、新能源乙级、建筑工程乙级等多项工程设计及咨询资质；业务涵盖水泥工程、非金属矿山、新型建材、新能源发电、生态环保及工业民用建筑等领域。

海螺设计院在服务集团高速发展中，广泛吸纳工程建设的成功经验，集成国内外最新技术成果，形成了独有技术特色。截至目前，累计承揽不同规模的水泥熟料线和水泥粉磨站规划设计130余项，合计水泥熟料生产能力超过1亿吨；余热发电工程设计140余项，合计发电能力约2400MW；骨料、机制砂及商品混凝土项目80余项，骨料、机制砂产能约1.4亿吨，商品混凝土产能超1000万方；垃圾发电项目40余项，日处理生活垃圾为2.3万吨；环保类项目80余项，利用水泥窑协同处置固危废规模超800万吨；光伏类项目50余项，光伏总计容量190MW，储能总容量140MWh；承建了世界首套水泥窑烟气二氧化碳捕集纯化示范项目（白马山CCS项目）；从2007年至今，累计承接各类海外项目30余项，包括巴西TUPI项目，SCG印尼SB1和老挝KCL项目，以及太平洋水泥菲律宾TCPI等大型熟料线EPC项目。

工程服务业绩遍布全国20余个省市，并跨越南美、东南亚、南亚、中亚等近20个国家和地区，受到国内外业主高度赞誉和认可，公司品牌影响力和知名度持续提升。

海螺设计院注重技术创新，多年来，聚焦水泥生产线节能环保、绿色低碳应用领域，形成了具有自主知识产权，达到国际、国内先进水平的工艺核心技术装备，取得了一系列工程化应用成果，主要包括：自主开发了高效低阻低碳环保“HL型”窑尾预热器系统，并推广应用到20多条水泥熟料生产线；自主攻关全国首条国产化水泥窑高温高尘烟气SCR脱硝系统及装置，并推广应用达80多台套；围绕水泥窑固危废资源综合利用开发的CPF炉等技术产品等。共取得222项专利，其中实用新型专利188项，发明专利22项，外观设计专利12项，参编《水泥窑烟气二氧化碳捕集技术规范》《用于水泥和混凝土中的粒化电炉磷渣粉》《水泥窑协同处置固体废物技术规范》等国家行业标准规范10余项；累计获得国家及省部级各类奖项80余项，其中，安徽省科技进步奖一等奖2项、中国建筑材料科学技术奖（技术进步奖）一等奖2项。

海螺设计院已通过ISO9001质量管理体系、ISO14001环境管理体系、ISO45001职业健康安全管理体系认证，现有员工逾240人，其中专业技术人员占比90%以上，拥有高级以上职称48人，中级以上职称143人，各类注册人员88人次。建立了“安徽省工程研究中心”、“博士后科研工作站”，创建了“工匠工作室”，先后获得“安徽省先进集体”、“安徽省劳动保障诚信示范单位”、“芜湖市五一劳动奖状”等荣誉称号，培养安徽省“特支计划”人才1人、省属企业“538英才工程”人才4人，多人获得芜湖市“五一劳动奖章”和集团“劳动模范”、“海螺工匠”、“十大科技创新人物”等荣誉称号。

海螺设计院秉承“团结、创新、敬业、奉献”的企业精神，始终关注客户利益，为客户提供工程咨询、工程设计、技术研发、实验研究、工程总承包等全方位的工程技术服务，致力于为客户提供最优服务，创造最佳效益。

服务资质

企业名称：安徽海螺建材设计研究院有限责任公司

经济性质：有限责任公司（非自然人投资或控股的法人独资）

资质等级：建材行业甲级。

******

工　程　设　计

资质证书

证书编号：A134001888

有效期：至2027年01月28日

发证机关：

2022年01月28日

中华人民共和国住房和城乡建设部制

No.AZ 0102203

建材行业甲级

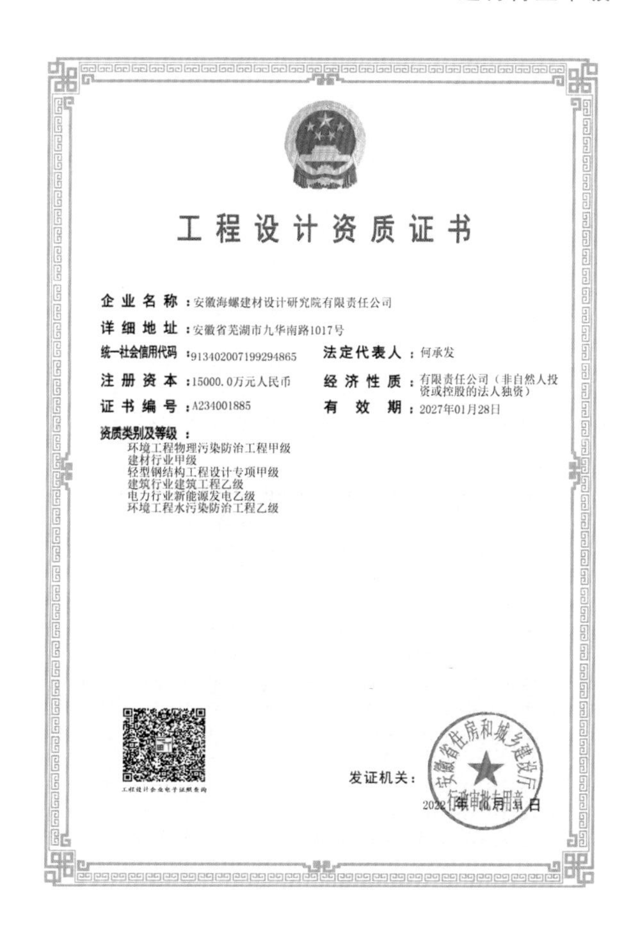

工程设计资质证书

企业名称：安徽海螺建材设计研究院有限责任公司

详细地址：安徽省芜湖市九华南路1017号

统一社会信用代码：913402007199294865　　法定代表人：何承发

注册资本：15000.0万元人民币　　经济性质：有限责任公司（非自然人投资或控股的法人独资）

证书编号：A234001885　　有效期：2027年01月28日

资质类别及等级：

环境工程物理污染防治工程甲级
建材行业甲级
轻型钢结构工程设计专项甲级
建筑行业建筑工程乙级
电力行业新能源发电乙级
环境工程水污染防治工程乙级

发证机关：

2022年01月28日

环境工程物理污染防治工程甲级

建材行业甲级

轻型钢结构工程设计专项甲级

建筑行业建筑工程乙级

电力行业新能源发电乙级

环境工程水污染防治工程乙级

服务资质

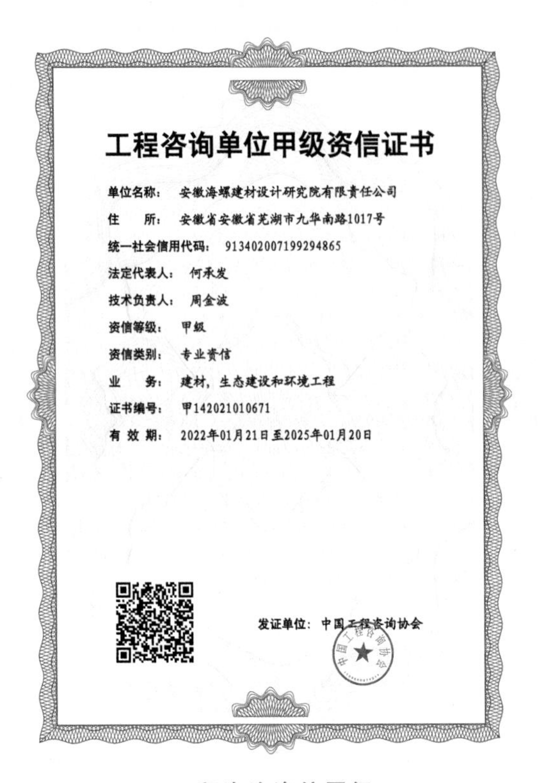

工程咨询单位甲级资信证书

单位名称：安徽海螺建材设计研究院有限责任公司

住　　所：安徽省安徽省芜湖市九华南路1017号

统一社会信用代码：913402007199294865

法定代表人：何承发

技术负责人：周金波

资信等级：甲级

资信类别：专业资信

业　　务：建材，生态建设和环境工程

证书编号：甲142021010671

有 效 期：2022年01月21日至2025年01月20日

发证单位：中国工程咨询协会

工程咨询资信甲级

（建材、生态建设和环境工程）

建筑业企业资质证书

企业名称：安徽海螺建材设计研究院有限责任公司

详细地址：安徽省芜湖市九华南路1017号

统一社会信用代码：913402007199294865　法定代表人：何承发

注册资本：15000万元人民币　经济性质：有限责任公司(非自然人投资或控股的法人独资)

证书编号：D234615489　有效期：2027年03月16日

资质类别及等级：

环保工程专业承包贰级

发证机关：

环保工程专业承包贰级

CERTIFICATE

环境管理体系认证证书

安徽海螺建材设计研究院有限责任公司

GB/T 24001-2016/ISO 14001:2015

建材行业（水泥工程、轻钢结构）工程设计、建筑材料工程咨询及相关管理活动

环境管理体系认证证书

CERTIFICATE

质量管理体系认证证书

证书编号：00220Q27210R4M

安徽海螺建材设计研究院有限责任公司

GB/T 19001-2016/ISO 9001:2015

《质量管理体系 要求》

质量管理体系认证证书

CERTIFICATE

职业健康安全管理体系认证证书

安徽海螺建材设计研究院有限责任公司

GB/T 45001-2020/ISO 45001:2018

建材行业（水泥工程、轻钢结构）工程设计、建筑材料工程咨询及相关管理活动

职业健康安全管理体系认证证书

技术特色和主要工程业绩

EPC 国际工程总承包项目业绩：EPC 国际工程总承包项目 5 项，主要分布在熟料线、粉磨站。

- 泰国 SCG 集团老挝 5000t/d 熟料水泥生产线工程（KCL1）
- 泰国 SCG 集团印尼 5000t/d 熟料水泥生产线工程
- 泰国 SCG 集团 KCC 柬埔寨 1 号水泥磨辊压机技改项目
- 日本太平洋水泥菲律宾 TCPI 5000t/d 熟料水泥生产线项目

……

EPC 国内工程总承包项目业绩：EPC 国内工程总承包项目 64 项，主要分布在熟料线、粉磨站、骨料线、光伏发电、噪声治理、水泥窑二氧化碳捕集利用、SCR 脱硝改造、烧成改造。

- 白马山水泥厂水泥窑烟气 CO_2 捕集纯化（CCS）示范项目
- 英德龙山水泥有限公司水泥粉磨辊压机节能技改项目
- 句容台泥水泥有限公司余热发电废水处理工程

……

水泥熟料生产线工程设计业绩：熟料生产线 92 项、熟料总产能约 1.2 亿 t/a，水泥粉磨生产线 86 项、水泥总产能约 1.0 亿 t/a。

- 阳春海螺水泥有限责任公司 12000t/d 熟料水泥生产线
- 北流海螺 5000t/d 水泥熟料生产线工程
- 佛山海螺水泥有限责任公司 440 万 t/a 水泥粉磨站工程
- 黑龙江省宾州水泥有限公司绥化分公司 100 万 t/a 水泥粉磨站工程

……

建筑骨料及机制砂生产线工程设计业绩：建筑骨料及机制砂生产线工程设计 51 项。

- 宝鸡众喜凤凰山水泥有限公司 150 万 t/a 建筑骨料项目
- 安徽铜陵海螺水泥有限公司二期 300 万 t/a 水泥原料综合利用工程
- 分宜海螺年产 500 万吨建筑骨料及机制砂生产线项目

……

新能源工程设计业绩：包括光伏发电、替代燃料等项目共 13 项。

- 宣城海螺水泥 17.7MW 分布式光伏发电工程
- 宿州水泥光储一体化项目（5.82MW 光伏、4MW/4MWh 储能）代建项目
- 枞阳海螺水泥生产线生物质替代燃料应用项目

……

技术特色和主要工程业绩

水泥窑协同处置工程设计业绩：城市生活垃圾协同处置项目28项、固废/危废协同处置项目47项。

- 铜陵市利用水泥工业新型干法窑处置生活垃圾工程
- 淮北市利用水泥窑协同处理城市污泥固废项目
- 咸阳海创环境工程有限公司利用水泥窑协同处置固体废物示范工程

……

发电工程设计业绩：水泥厂余热发电设计项目153项、垃圾焚烧发电设计项目58项、燃煤电站设计项目2项。

- 芜湖海螺2×18MW余热发电及采暖工程
- 宿松海创炉排炉垃圾发电工程
- 柬埔寨海螺熟料水泥生产线一期配套2×20MW燃煤电站工程

……

水泥熟料生产线能效提升综合技术改造工程设计业绩：涵盖烧成系统、原料粉磨系统、水泥粉磨系统综合性改造项目152项。

- 英德海螺4号线熟料线综合能效提升改造项目
- 建德海螺水泥粉磨生产线节能技改工程
- 宁国厂原料粉磨系统辊压机技改项目
- 重庆海螺水泥有限责任公司1号、3号熟料生产线综合能效提升项目

……

水泥熟料生产线环保治理工程设计业绩：涵盖SCR脱硝、粉尘、污水、噪声等综合治理改造项目共89项。

- 全椒海螺1号、2号水泥熟料线SCR脱硝技改工程
- 巢湖海螺1号、2号、3号水泥熟料线SCR脱硝技改工程
- 六安海螺厂区部分设施噪声治理工程

……

矿山采矿工程业绩：涵盖矿山前期工作，为矿山权证取得、规范开采提供技术支撑，以及矿山专项咨询、三维建模等项目共46项。

- 西藏八宿县瓦达矿区水泥配料用页岩（泥岩）矿采矿工程
- 弋阳海螺年产800万吨露天矿山开采项目
- 安徽铜陵海螺水泥有限公司伞形山、棕叶山矿区航测三维建模服务项目
- 获港海螺小岭山、老虎头矿区航测三维建模服务项目

……

科技成果

省部级科技成果奖 10 项

水泥窑烟气碳捕集纯化关键技术的研发与工程化应用，安徽省科学技术奖一等奖（2021）

水泥窑烟气碳捕集纯化关键技术的研发与工程化应用，建筑材料科学技术奖科技进步类一等奖（2020）

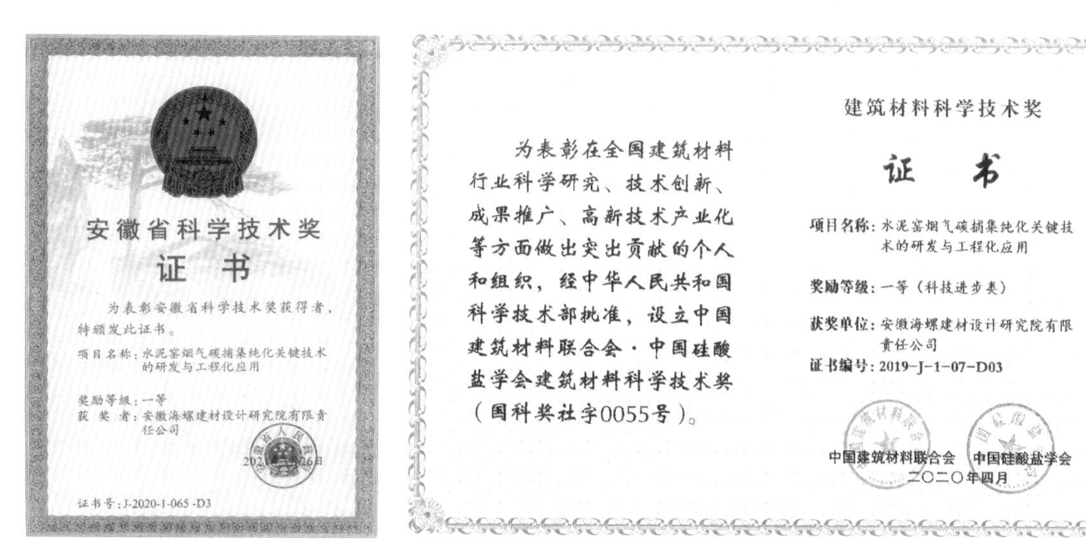

安徽省科学技术奖

证书

为表彰安徽省科学技术奖获得者，特颁发此证书。

项目名称：水泥窑烟气碳捕集纯化关键技术的研发与工程化应用

奖励等级：一等

获奖者：安徽海螺建材设计研究院有限责任公司

证书号：J-2020-1-065-D3

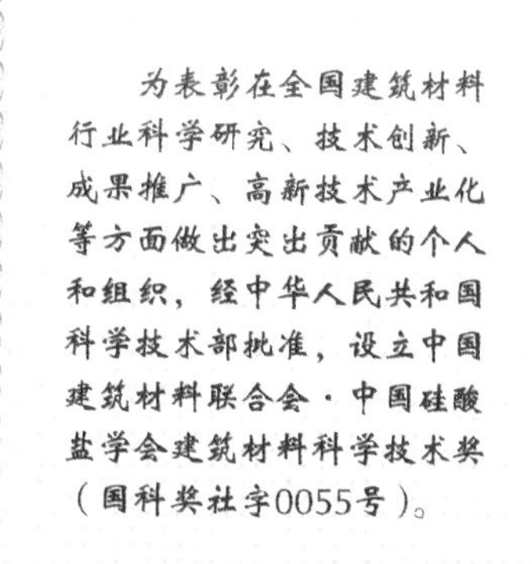

为表彰在全国建筑材料行业科学研究、技术创新、成果推广、高新技术产业化等方面做出突出贡献的个人和组织，经中华人民共和国科学技术部批准，设立中国建筑材料联合会·中国硅酸盐学会建筑材料科学技术奖（国科奖社字0055号）。

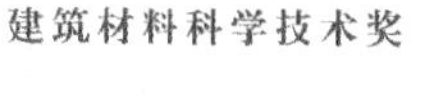

建筑材料科学技术奖

证书

项目名称：水泥窑烟气碳捕集纯化关键技术的研发与工程化应用

奖励等级：一等（科技进步类）

获奖单位：安徽海螺建材设计研究院有限责任公司

证书编号：2019-J-1-07-D03

中国建筑材料联合会　中国硅酸盐学会

二〇二〇年四月

水泥生产全流程智能制造关键技术研发及推广应用，安徽省科学技术奖一等奖（2021）

利用新型干法水泥窑无害化处置生活垃圾系统的开发与应用，安徽省科学技术奖一等奖（2014）

安徽省科学技术奖

证书

为表彰安徽省科学技术奖获得者，特颁发此证书。

项目名称：水泥生产全流程智能制造关键技术研发及推广应用

奖励等级：一等

获奖者：安徽海螺建材设计研究院有限责任公司

证书号：J-2020-1-072-D4

安徽省科学技术奖

奖状

为表彰安徽省科学技术奖获得者，特颁发此奖状。

项目名称：利用新型干法水泥窑无害化处置生活垃圾系统的开发与应用

奖励等级：一等奖

获奖者：安徽海螺建材设计研究院

奖状号：2014—1—D2

科 技 成 果

新型干法水泥窑分级燃烧脱硝技术的开发与应用，芜湖市科学技术奖一等奖（2015）

水泥窑多污染物协同控制关键技术开发与应用，环境保护科学技术奖二等奖（2019）

NO_x 分级燃烧技术的开发与应用，中国建筑材料联合会颁发的“两个二代”技术装备创新提升研发攻关优秀研发成果奖（2019）

新型干法窑低 NO_x 分解燃烧技术的开发与应用，“宏宇杯”全国建材行业技术革新奖技术开发类一等奖（2015）

……

环境保护科学技术奖

获奖证书

获奖项目：水泥窑多污染物协同控制关键技术开发与应用

获奖等级：二等奖

获 奖 者：安徽海螺建材设计研究院有限责任公司（第五完成单位）

二〇一九年十二月

证书号：KJ2019-2-20-D05

荣誉证书

CBMF

安徽海螺建材设计研究院有限责任公司：

你单位《NOx 分级燃烧技术的开发与应用》研发项目获评

“两个二代”技术装备创新提升研发攻关

优秀研发成果

中国建筑材料联合会

二〇一九年五月

芜湖市科学技术奖

奖 状

为表彰芜湖市科学技术奖获得者，特颁发此奖状。

项目名称：新型干法水泥窑分级燃烧脱硝技术的开发与应用

奖励等级：一等奖

获 奖 者：安徽海螺建材设计研究院

奖 状 号：2015-1-D1

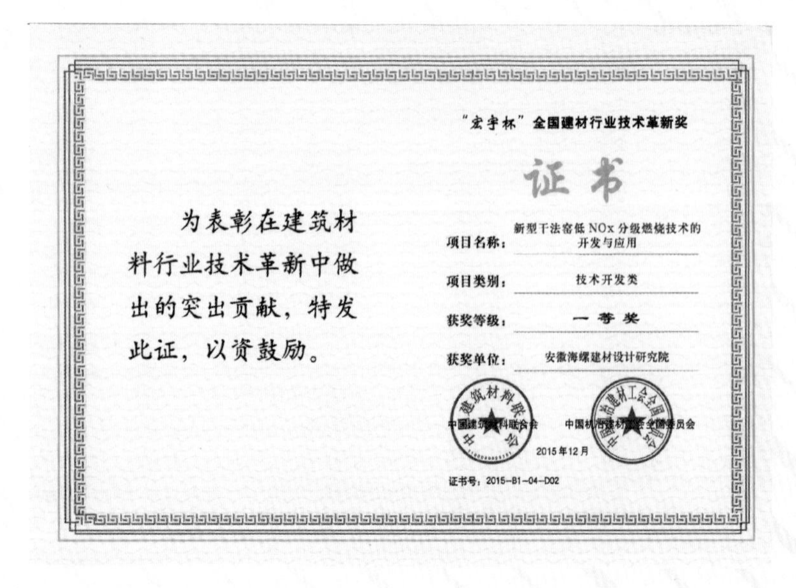

“宏宇杯”全国建材行业技术革新奖

证书

为表彰在建筑材料行业技术革新中做出的突出贡献，特发此证，以资鼓励。

项目名称：新型干法窑低 NOx 分级燃烧技术的开发与应用

项目类别：技术开发类

获奖等级：一等奖

获奖单位：安徽海螺建材设计研究院

中国建筑材料联合会 中国机冶建材工会全国委员会

2015年12月

证书号：2015-B1-04-D02

科 技 成 果

省部级工程奖 70 余项

SCG 集团老挝 KCL15000t/d 熟料水泥生产线总包工程，设计一等奖（2018）
文山海螺 4500t/d 水泥生产线纯低温余热发电技改扩建工程，设计一等奖（2017）
重庆海螺处理生活垃圾环保一体化工程，设计一等奖（2016）
阳春海螺 12000t/d 水泥生产线工程，设计一等奖（2016）
芜湖海螺水泥有限公司二期 36MW 水泥窑纯低温余热发电工程项目，咨询一等奖（2009）
铜陵市利用水泥工业新型干法窑处置城市生活垃圾工程，咨询一等奖（2009）
……

获奖证书

安徽海螺建材设计研究院有限责任公司：

贵单位完成的“SCG集团KHAMMOUANE公司老挝KCL15000t/d熟料水泥生产线总包工程”荣获中国建材工程建设协会第二十二次优秀工程设计 一等奖。

中国建材工程建设协会
二〇一八年十二月四日

获奖证书

安徽海螺建材设计研究院：

贵单位完成的“文山海螺水泥有限责任公司4500t/d熟料水泥生产线暨纯低温余热发电技改扩建工程”荣获建材行业第二十一次优秀工程设计 一等奖。

中国建材工程建设协会
二〇一七年十二月五日

获奖证书

安徽海螺建材设计研究院：

贵单位完成的“阳春海螺水泥有限责任公司二期12000t/d熟料水泥生产线工程”荣获建材行业第二十次优秀工程设计 一等奖。

中国建材工程建设协会
二〇一六年十二月九日

获奖证书

安徽海螺建材设计研究院：

贵单位完成的“重庆海螺水泥有限责任公司综合处理三峡库区生活垃圾环保一体化项目一期工程”荣获建材行业第二十次优秀工程设计 一等奖。

中国建材工程建设协会
二〇一六年十二月九日

科技成果

专　利

海螺设计院自成立以来，始终致力于集团公司水泥主业技术的发展和提升，围绕水泥行业节能环保、绿色低碳发展的主旋律，主要在高效低阻低碳环保型预热预分解系统开发、固体废弃物预煅烧CPF炉装置、分级燃烧脱硝、精准SNCR脱硝、高温高尘SCR脱硝、替代燃料、骨料工艺优化、余热发电、水泥窑烟气二氧化碳捕集利用、高性能混凝土、高效除铬剂、固体黏结剂等方面技术创新研发。目前，海螺设计院自主申请且拥有授权专利222项，其中发明专利22项，实用新型专利188项、外观专利12项。

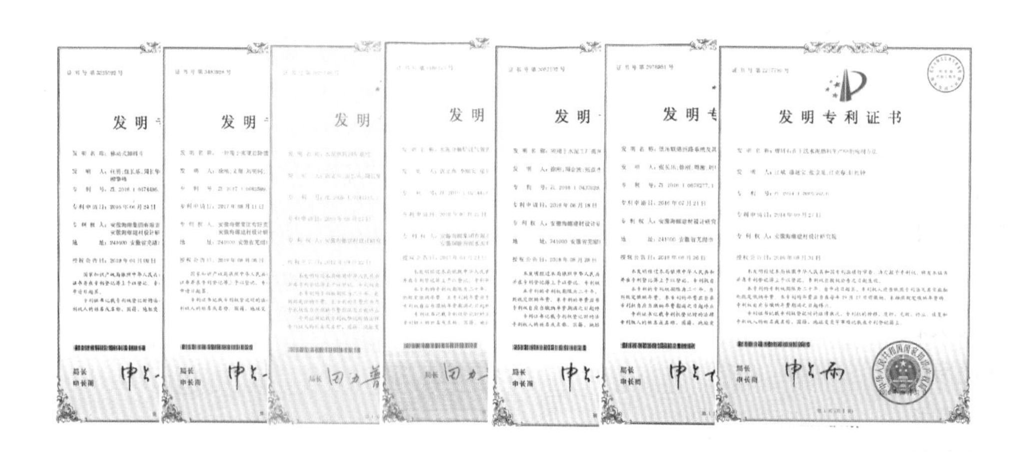

目　录

专　论

第一篇　低碳环保技术

第二篇　工程设计与应用

水泥工艺部分

建筑结构部分

电气自动化部分

矿山、总图部分

给排水、暖通部分

第三篇　项目管理与调试运行

第四篇　试验研究与产品开发

专　论

碳中和背景下水泥工业碳减排路径的探索

任　勇

摘　要　国家提出“双碳”目标及战略，水泥工业二氧化碳减排任务严峻且紧迫。本文通过分析水泥工业二氧化碳减排技术及其成效，探索水泥工业二氧化碳减排的有效路径，引领碳减排技术的发展和提升，为水泥工业实现“双碳”目标奠定基础。

关键词　碳中和；水泥工业；碳减排路径；探索

Exploration of carbon emission reduction path of cement industry under the background of carbon neutral

Ren Yong

Abstract　The country put forward “double carbon” target and strategy, cement industry carbon dioxide emission reduction task is severe and urgent. By analyzing the cement industry carbon dioxide emission reduction technology and their effects, this paper explores the cement industry carbon dioxide emission reduction effective path, leading the development and promotion of carbon emission reduction technology, for the cement industry to achieve the “double carbon” goal to lay the foundation.

Keywords　carbon neutral; cement industry; carbon emission reduction path; exploration

0　引　言

面对日益严峻的温室效应，多国已将“碳中和行动举措”列入国家发展计划。2020 年 9 月 22 日，习近平主席在第七十五届联合国大会一般性辩论上首次公开表示，中国将提高国家自主贡献力度，采取更加有力的政策和措施，二氧化碳排放力争于 2030 年前达峰，努力争取 2060 年前实现碳中和。自“双碳”目标提出以来，多部门、各行业都在积极行动，制定和试行碳达峰、碳中和政策及方案。“十四五”规划和 2035 年远景目标提出降低碳排放强度，支持有条件的地方率先达到碳排放峰值；生态环境部已连续多年组织开展了中国工业行业碳排放监测工作；中国建筑材料联合会于 2021 年 1 月 16 日向全行业发出了《推进建筑材料行业碳达峰、碳中和行动倡议书》，全面提升建材行业绿色低碳发展水平。

水泥是国民经济发展的基础原材料，在未来相当长时期内，水泥仍将是人类社会的主要建筑材料之一。水泥工业一方面是我国重要的基础产业，支撑着国民经济高速发展，另一方面又因属于高碳排放产业，亟待向低碳、绿色、环保转型发展。水泥工业要积极探索碳减排路径，制定切实可行的碳减排方案，通过提高能源利用效率、替代原燃料、余热高效利用、富氧燃烧、新能源利用和二氧化碳捕集与利用等措施降低水泥工业的碳排放，助力国家早日实现“双碳”目标。

1 中国水泥工业碳排放现状

我国水泥总产量基本保持稳定，据统计，2020 年水泥产量 23.77 亿吨，2021 年水泥产量小幅下降，产量 23.63 亿吨，同比下降 0.6%。详见图 1。

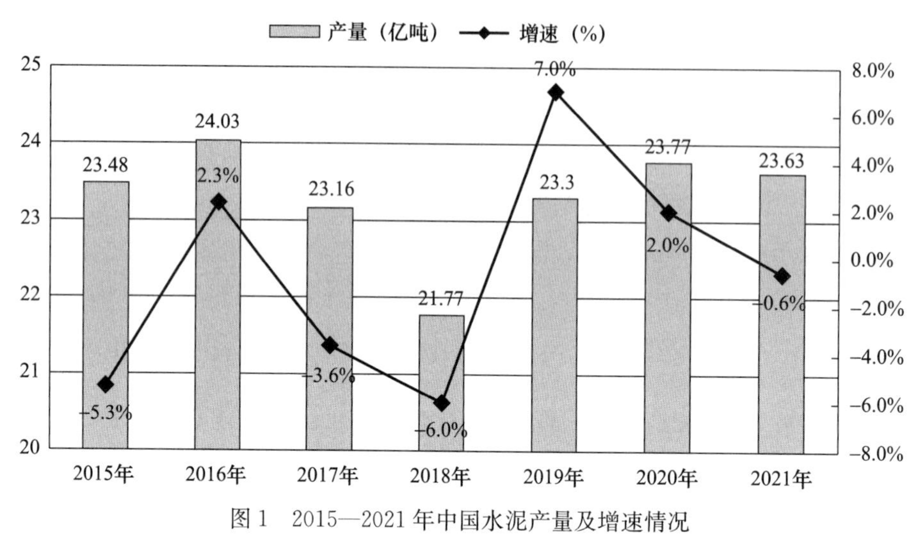

图 1 2015—2021 年中国水泥产量及增速情况

注：数据来源于国家统计局。

根据 2020 年碳排放统计数据，建材行业碳排放总量达到 14.8 亿吨，建材行业碳排放占比仅次于发电和钢铁行业。2020 年不同行业碳排放占比统计见图 2。

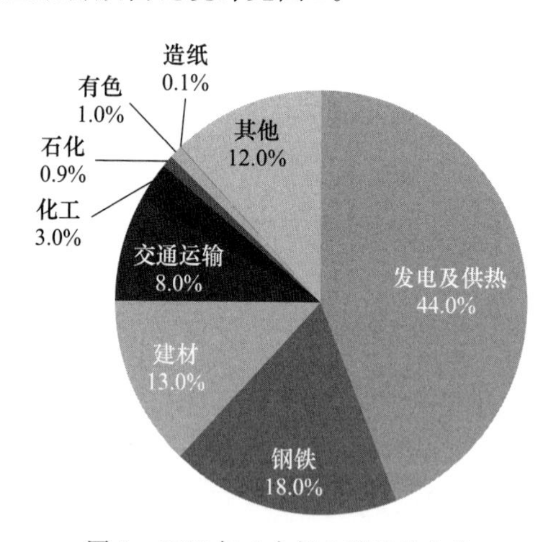

图 2 2020 年八大行业碳排放占比

2020 年中国水泥产量 23.77 亿吨，熟料产量 15.8 亿吨，根据中国建筑材料联合会公布的中国建筑材料工业碳排放报告（2020 年度），水泥工业二氧化碳排放合计约 13.20 亿吨（其中水泥工业直接碳排放 12.3 亿吨，电力消耗碳排放 8955 万吨），约占中国建材行业二氧化碳排放的 89%。

“十三五”期间，我国水泥熟料单位产品平均综合能耗由 2015 年的 112kgce/t.cl 下降到 2020 年的 108kgce/t.cl。由于水泥工业能源结构以燃煤为主，煤炭占水泥生产所消耗能源的 85%左右，且我国水泥产量巨大，目前从总量上来说水泥工业依然处于“高消耗、高排放”的发展阶段，行业发展面临资源能源约束趋紧、环境要求持续提高等多重压力。因此，水泥工业节能减碳责任重大且紧迫。

2　世界发达国家水泥行业碳中和时间表

全球变暖给人类社会造成的威胁与日俱增，世界发达国家水泥行业协会和行业的领军企业已纷纷着手采取切实行动来减轻碳排放对气候的影响，制定了碳中和路线图，提出了具体的碳减排措施和阶段性的碳中和目标。

（1）欧洲水泥协会（Cembureau）碳中和路线图[1]

2020年，欧洲水泥协会Cembureau发布了碳中和路线图，该路线图重点介绍了如何通过在产业链的每个阶段（熟料、水泥、混凝土、建筑和再碳化）进行碳减排，从而实现碳中和。欧洲水泥协会明确提出，在2030年前二氧化碳排放减少30%，即对比1990年，2030年吨熟料二氧化碳排放量从783kg下降至472kg；到2050年水泥和混凝土实现净零排放的目标。

“路线图”建议欧盟采取果断的碳减排政策，包括发展泛欧二氧化碳运输和储存网络；采取循环经济行动，支持在水泥生产中使用不可回收废弃物和生物质废弃物燃料；基于生命周期方法，减少欧洲建筑碳足迹，鼓励建筑市场多使用低碳水泥；在碳排放监管和促进工业转型方面营造公平的竞争环境等方式实现净零排放的目标。

（2）英国混凝土与矿物制品协会推出混凝土和水泥行业超净零排放路线图[2]

2020年，英国混凝土与矿物制品协会（Mineral Product Association，MPA）推出了2050年混凝土和水泥行业超净零排放的路线图，即实现二氧化碳排放量的负增长。MPA分支机构UK Concrete确定了通过脱碳电力和输送网络、提高化石燃料替代比例、增加低碳水泥和混凝土使用量以及碳捕集、利用与封存（CCUS）技术等来实现这一目标。

“超净零排放路线图”显示，CCUS技术对实现净零制造至关重要，61%的二氧化碳排放需通过该技术来降低。MPA试图通过提升混凝土在使用过程中吸收二氧化碳的能力以及结构混凝土绝热性能来减少建筑运营过程中的碳排放，从而实现超净零排放。

（3）美国波特兰水泥协会（PCA）“碳中和”路线图[2]

2021年10月，美国波特兰水泥协会（The Portland Cement Association，PCA）发布了“碳中和”路线图，其中列出了到2050年美国整个水泥和混凝土价值链的净零计划。路线图涉及整个价值链，从水泥厂开始，延伸到建筑环境的整个生命周期，以纳入循环经济。价值链中的五个环节包括熟料生产、水泥制造和运输、混凝土生产、建筑环境建设以及使用混凝土作为碳汇捕集二氧化碳。

路线图中包含的一些行动示例如下：增加获得替代燃料的机会，特别是那些最终会被填埋的材料，供水泥厂使用；迅速推动采用加石灰石的普通水泥（PLC）、基于性能的混凝土配比、复合水泥等创新产品；投资碳捕集、利用与封存（CCUS）技术和关键基础设施。

（4）全球水泥和混凝土协会（GCCA）净零排放路线图[2]

2021年10月，全球水泥和混凝土协会（Global Cement and Concrete Association，GCCA）发布了“2050年水泥和混凝土行业的净零排放路线图”，承诺到2030年，与混凝土相关的CO_2排放量比2020年减少25%，到2050年实现混凝土净零排放。

3 我国建筑材料行业碳达峰、碳中和行动倡议书

2021年1月16日，中国建筑材料联合会发布《推进建筑材料行业碳达峰、碳中和行动倡议书》。鉴于建筑材料各产业间发展阶段、发展水平不尽相同，部分行业仍处于工业化、规模化发展进程中的实际情况，中国建筑材料联合会向全行业郑重提出并倡议：我国建筑材料行业要在2025年前全面实现碳达峰，水泥等行业要在2023年前率先实现碳达峰。

通过采取调整优化产业产品结构、推动建筑材料行业绿色低碳转型发展、加大清洁能源使用比例、促进能源结构清洁低碳化、加强低碳技术研发、推进建筑材料行业低碳技术的推广应用及提升能源利用效率、加强全过程节能管理等措施手段，实现建筑材料行业碳达峰。

4 海螺集团碳减排、碳中和技术探索

海螺集团牢固树立“呵护环境、绿色发展、全力打造一流生态文明企业”理念，不断推进污染治理和低碳改造，加大技术创新，推动水泥行业向低碳、绿色、生态环保型转型，助力生态文明建设和可持续发展。

“十四五”期间，海螺集团主动应对“双控”“双碳”新要求，明确碳减排工作路线图，加大脱硫、脱硝、除尘、协同处置、碳捕集纯化、生态恢复等技术研发应用，推进综合节能减排技改，力争在清洁能源利用、燃料替代、减污降碳迭代升级等方面取得新进展，实现单位产品碳排放和能耗均下降6%以上的目标。

（1）提高能效水平

“十三五”期间，建材行业每年能源消费约3亿吨标准煤，这其中水泥工业占了很大的比例。2020年，水泥工业能源消费总量约占建材行业能源消费总量的63%，占全国能源消费总量的4.65%。水泥熟料单位产品综合能耗均值为108kgce/t. cl，较2015年（112kgce/t. cl）下降了3.57%。

海螺集团作为行业龙头企业之一，积极推进生产线节能减碳行动，提升生产线能效水平。生产线综合能效改造后，熟料综合标煤耗可降至98kg/t. cl，熟料综合电耗可降至48kW·h/t. cl，甚至达到45kW·h/t. cl。综合能效提升主要措施：①通过优化生料配料、工艺稳定操作、提高装备性能、加强设备运行监管等措施，保证窑系统长周期运行，减少因停窑次数增多造成的能源浪费；②针对烧成系统热量损失大的现象，致力于研发新型高效低氮预热预分解装备，降低预热器出口烟气温度、废气量及预热预分解系统压损；通过应用新型纳米隔热材料及加强隔热材料浇筑规范化管理，降低烧成系统表面散热；③提高精细化操作管理水平。精准调节烧成系统风、煤、料的匹配性，进一步降低预热器出口废气温度和废气量，根据烟气成分理论推算，预热器出口温度每降低10℃，熟料热耗下降21kJ/kg. cl，吨熟料标煤耗可节约0.72kg左右；加强篦冷机在用风量、篦速等方面的操作管理，进一步提升二、三次风温，从而提高篦冷机有效的热回收效率；④通过原料粉磨采用辊压机终粉磨系统、大风机采用高效节能风机等措施，进一步降低系统电耗。

（2）替代燃料技术

替代燃料应用于水泥工业，不仅可减少化石能源的消耗，为碳减排做出贡献，还可为固废、生物质等资源高效利用提供新途径。全世界水泥厂替代燃料的替代率从1990年的2%，增加到2014年的14.8%，年均增长约不到一个百分点，其中，生物质燃料从0.03%仅增加到了5%。世界范围内替代燃

料利用发展水平差异较大。根据CSI的统计，2019年全球水泥行业化石燃料占比为80.9%，替代燃料热量替代率为19.1%，热量替代率最高的国家为奥地利，达到了78%。详见图3。

以德国为例，从2005年至2019年，水泥工业替代燃料（含混合燃料、生物质燃料）比例从45%逐步提升至70%；2019年煤等化石燃料的占比仅为30%。详见图4。

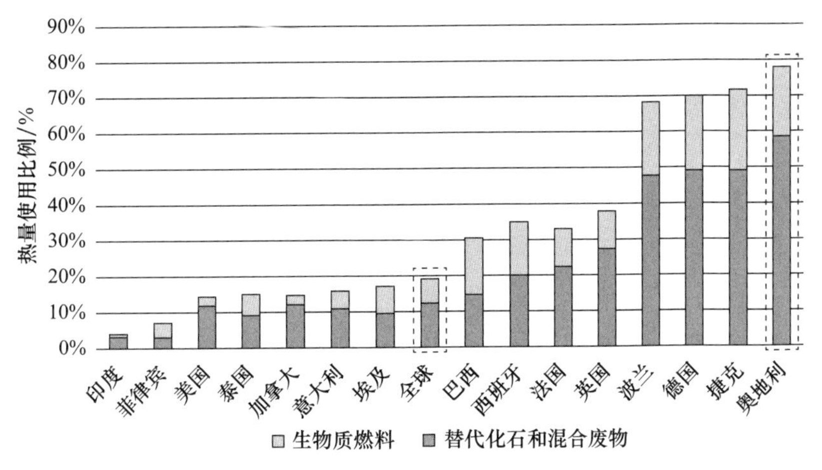

图3 2019年全球部分国家水泥行业燃料热量替代率分布图

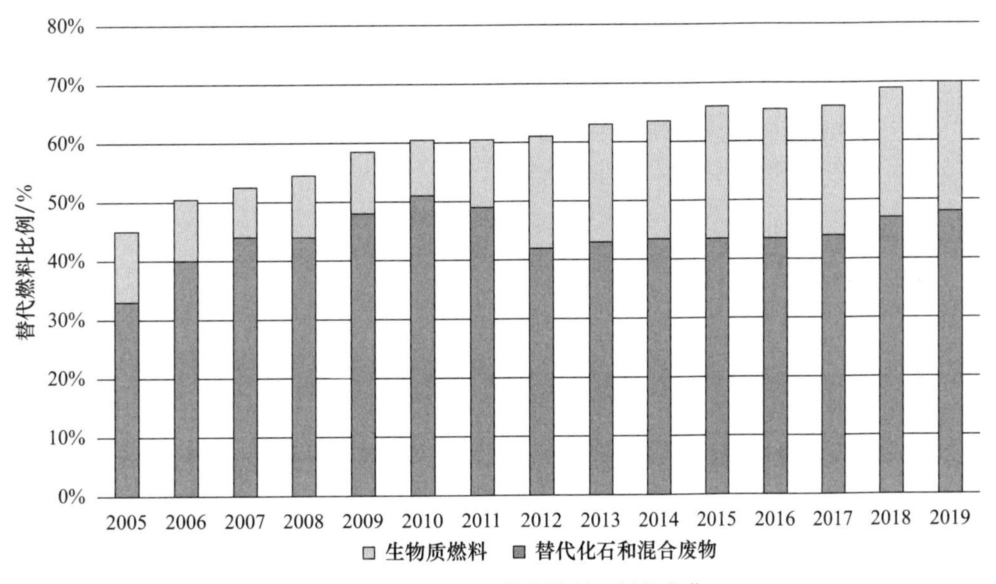

图4 德国水泥工业替代燃料比例的变化

我国替代燃料资源虽然丰富，但普遍呈现水分高、热值低、成分不稳定的特点，无法实现大掺量、高附加值利用，水泥工业燃料替代率不足2%。同时，各行业都在争抢替代燃料资源，如城市生活垃圾、轮胎、生物质等替代燃料用作垃圾焚烧发电。与一次能源相比，替代燃料具有种类多而复杂，体积大，收集、加工、储藏、运输费用高等特点。目前，限制替代燃料在水泥行业推广应用的主要因素有：垃圾分类收集、运输体系不健全，替代燃料多属于低品质（水分高、热值波动大、燃点低等）替代燃料，导致窑系统无法大比例掺入替代燃料；针对替代燃料在水泥行业的利用，相关技术标准、规范尚不完善；尚需完善相关经济政策，支持激励新兴替代燃料产业加速发展。

海螺集团在国内建成首套水泥窑协同处置城市生活垃圾系统，实现城市生活垃圾“100%减量化、无害化、资源化”处置，建成国内首套农林生物质替代水泥窑燃料项目，可资源化处置农业生产过程中产生的秸秆、稻壳等生物质资源，利用水泥窑协同处置固废危废系统，实现了工业固废危废等废弃物资源化利用，水泥工业不仅构建了现代城市的躯干，还化解了城市发展与环境污染的矛盾。目前，海螺集团下属国内水泥企业已建成水泥窑协同处置生产线 63 条、农林生物质替代燃料生产线 1 条，年度可消纳生活垃圾约 93 万吨、污泥 74 万吨、危险废物 53 万吨、其他一般固废 23 万吨。

（3）替代原料技术

水泥窑利用工业固废作为原料主要分为两种类型：一是利用部分工业固废中含有的高钙、高硅等成分替代生料中石灰石和砂岩等矿产资源，减少天然矿产资源的开采，同时减少水泥熟料生产过程中二氧化碳的排放。如电石渣，其主要成分是氢氧化钙，若全用电石渣代替石灰石配料，减少天然矿产开采的同时可减少吨熟料二氧化碳排放的 65%。二是作为矿化剂添加到生料中。工业固废中含有磷、氟等天然矿化成分以及玻璃体成分，具有降低液相温度、降低液相黏度和表面张力、增加液相量、防止熟料粉化的作用，熟料形成热降低，可降低烧成系统热耗，同时可改善熟料质量。工业固废中硫、磷、氟、氯等含量超标对烧成工况稳定性和熟料质量造成影响，需不断探索其在生料中的添加量，常用作矿化剂的有黄磷渣、氟石膏、电石渣等工业固废。

水泥中熟料的掺合比过高将会增加水泥企业二氧化碳的排放，欧洲水泥协会的目标是到 2030 年水泥中熟料掺合比从平均 77%下降到 74%，到 2050 年下降到 65%。通过改善熟料品质、提高混合材活性，可降低水泥中熟料的掺合比。

（4）余热高效利用技术

在熟料生产过程中，由预热器出口和篦冷机排出的废气余热约占熟料烧成热耗的 33%。海螺集团是中国纯低温余热发电技术的最早应用者，公司下属水泥厂均配套建设余热发电系统，利用排放的废气余热进行发电，并将产生的电能用于企业生产，减少外购电力，从而间接减少二氧化碳排放。一条日产 5000 吨的熟料生产线每天可利用余热发电 22 万 kW·h，每年节约标煤约 2.32 万吨，减排二氧化碳约 6.19 万吨。

由于生产线烧成系统实施能效提升改造，预热器出口废气温度降低至 300℃，甚至 260～270℃，为满足原料（综合水分 6%～8%）烘干的需求，余热发电锅炉烟气温度在 180℃左右，降低了窑尾废气余热发电量。为提高低温余热发电量，一是探索在原料磨停机时，可控制窑尾锅炉出口废气温度在 120℃，增大锅炉进出口温差，提高锅炉内余热换热量；二是针对原料综合水分低（综合水分＜2%）的生产线，在满足原料烘干所需热量的条件下，进一步降低余热锅炉出口温度，提高余热锅炉内气体换热量，提高余热发电效率。水泥窑纯低温余热发电机组如图 5 所示。

图 5　水泥窑纯低温余热发电机组

（5）富氧燃烧技术

采用富氧燃烧（氧浓度>21%）可以提高煤粉燃烬率，提高熟料煅烧温度，改善熟料品质，特别是高海拔水泥生产线采用富氧燃烧技术增大入窑炉空气中的氧含量，减少空气使用量，改善煤粉燃烧工况及降低系统电耗，同时改善熟料品质；对于使用劣质煤粉的水泥生产线，采用富氧燃烧技术，增加入窑炉空气的含氧量，可增大煤粉与氧气的接触量，提高煤粉的燃烬率，让劣质煤粉的热量充分释放出来，提高熟料煅烧温度，降低系统煤耗和电耗，改善熟料品质。

（6）新能源利用技术

近年来，我国光伏发电、风力发电等产业迅速发展，加快了新能源技术在水泥企业的推广应用。水泥企业由于生产场所相对固定，电力相比于其他能源使用更加便捷。公司充分利用水泥厂建（构）筑物屋顶、厂区内循环水池水面、矿山区部分空地布局分布式光伏发电、风能发电和储能等产业，以实现减排任务。

截至2021年年底，本集团公司共建成19个合计200MW的光伏发电项目，年累计发电量1.64亿kW·h，发电量较2020年（3852万kW·h）增加了326%，相当于节约标准煤2.02万吨，减排二氧化碳14.38万吨；通过对风力发电系统进行升级，更换了部分硬件和软件系统，2021年全年发电量为127.6万kW·h，较2020年（38.3万kW·h）上涨了233%，发电效率提升显著；化学储能电站建成三套合计48MW，2021年全面累计发电2463.96万kW·h，有效维持了地方电力供需平衡。海螺某工厂建成的光伏及风力发电装置如图6所示。

图6　海螺某工厂建成的光伏及风力发电装置

（7）二氧化碳捕集与利用

国际能源署发布2020年水泥行业技术路线图，预计到2050年，水泥行业通过采取其他常规碳减排方案后，仍剩余48%的碳排放量。二氧化碳捕集、利用与封存（CCUS）是水泥等难以减排行业实现净零排放为数不多的可行性技术方案。

根据二氧化碳的产生过程，碳捕获技术可分为燃烧前捕集、燃烧后捕集。

① 燃烧前捕集是指在燃料燃烧前进行气化处理，分离出可燃气体（H_2）和含碳固体，可燃气体用于熟料的烧成，含碳固体再作为其他燃料用，从而减少水泥碳排放。

② 燃烧后捕集是指在燃烧后的烟气中捕集CO_2。燃烧后捕集CO_2的主要方法有物理吸收法、化学吸收法、膜分离法、变压吸附法及低温精馏法等。

化学吸收法关键技术是开发出高效、低能耗、低降解的二氧化碳吸收剂。本集团利用化学吸收法在下属子公司于2018年建成世界首条水泥窑烟气二氧化碳捕集纯化示范项目（图7），其规模是年产液态二氧化碳 5 万吨，产品纯度达到 99.9%以上。

为扩大二氧化碳下游产品的多样性，提高项目的经济效益，开发利用生产的二氧化碳制备干冰。其工艺流程：利用水泥窑烟气 CO_2 捕集纯化装置区域内成品罐内液态二氧化碳作为原料，由管道输送至干冰生产车间的稳压罐内，再经管道输送至干冰生产装置中，干冰生产过程产生的二氧化碳不凝气由风机回引至成品罐的二氧化碳不凝气管道中。干冰项目工艺流程及干冰项目生产车间如图 8 所示。

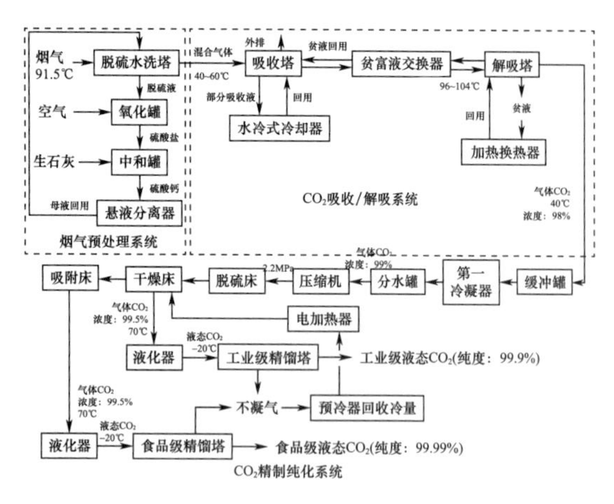

图 7　水泥窑烟气二氧化碳捕集纯化工艺流程图及示范线

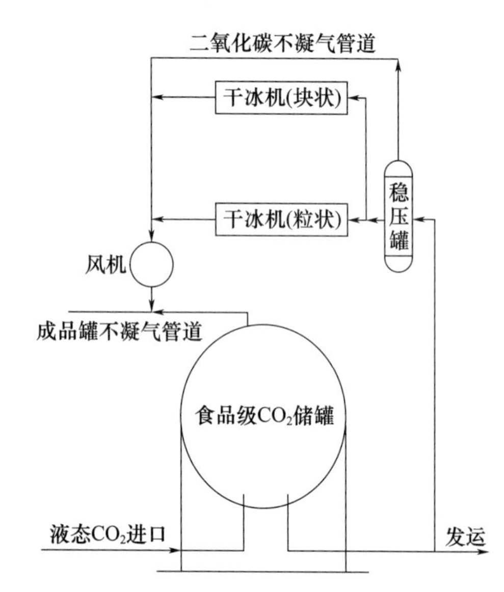

图 8　干冰项目工艺流程及干冰项目生产车间

项目于 2020 年 1 月投产运行，目前生产的干冰产品主要有 500～1000g/片的块状干冰、ϕ16mm 或 ϕ3mm 的颗粒状干冰，也可根据客户要求的规格进行生产。

5　结　语

水泥工业要积极制定碳减排策略以响应国家碳达峰、碳中和目标，探索适合水泥工业长远科学发展的碳减排路径是实现行业“双碳”目标的奠基石。

（1）加快低能耗、低排放技术应用，即通过低能耗新型水泥生产技术及装备的应用、加强生产线精准操作管理等措施有效提升能源利用效率。

（2）大力发展替代燃料、替代原料技术。生活垃圾、固废危废、农林生物质、电石渣、黄磷渣等在水泥工业大量资源化利用，不仅减少了化石能源和天然矿产资源的开采，还使水泥工业成为现代化城市环境的“净化器”。

（3）加快新能源在水泥行业的发展步伐，通过集成光伏发电、风力发电等绿色清洁能源技术，提高水泥企业自身“绿电”的发电能力。

（4）探索二氧化碳捕集利用技术在水泥生产线的应用，推动水泥工业低碳发展。

参考文献

[1] 吴跃．欧洲碳中和路线图为水泥减碳提供借鉴［N］．中国建材报，2021-12-15（1）．

[2] 陈飞，娄婷．欧美水泥行业碳中和实施路径［J］．中国水泥，2021，12：44-51.

（原文《碳中和目标下海螺水泥减排二氧化碳的实践》发表于《新世纪水泥导报》2021 年第 2 期）

海螺集团水泥智能制造探索及应用

何承发

摘　要　水泥行业目前正处于新旧动能更迭的关键阶段，行业自动化、智能化和信息化水平参差不齐，急需采用融合工艺机理的智能化和信息化技术，推动生产、管理和营销模式从局部、粗放向全流程、精细化和绿色低碳发展方向变革。运用人工智能和信息网络等现代技术，推动水泥工业生产、管理和营销模式的变革，正逐渐成为我国水泥工业高质量转型发展的重要任务。

关键词　水泥行业；智能制造；转型发展

Exploration and application of Conch Group cement intelligent manufacturing

He Chengfa

Abstract　At present, the cement industry is in a critical stage of replacing the old and new driving forces, and the level of automation, intelligence and information in the industry is uneven. It is urgent to adopt intelligent and information technology integrating process mechanism, and promote the transformation of production, management and marketing mode from partial and extensive to full-process, fine and green low-carbon development direction. Using modern technology such as artificial intelligence and information network to promote the transformation of production, management and marketing mode of cement industry is gradually becoming an important task for the high-quality transformation and development of China's cement industry.

Keywords　cement industry; intelligent manufacturing; transformation development

安徽海螺集团有限责任公司（简称海螺集团）业务涵盖水泥制造、国际贸易等六大板块，下属360多家子公司。进入“十三五”时期以来，海螺集团积极贯彻新发展理念，大力推进“产能国际化、生产智能化、产业绿色化”，目前已在东南亚、欧洲、北美、非洲等地区拥有38家公司、41个项目、11个实体工厂，海外员工达3600多人；建成了水泥全流程智能化工厂，水泥窑协同捕集纯化二氧化碳及处理城市生活垃圾、污泥、工业固废与危废等一批具有较大影响力的样板工程，节能减排成效位居业界前列，绿色低碳产业规模不断拓展，助力行业高质量发展。

1　海螺集团水泥智能制造探索背景

水泥行业目前正处于新旧动能更迭的关键阶段，行业自动化、智能化和信息化水平参差不齐，急须采用融合工艺机理的智能化和信息化技术，推动生产、管理和营销模式从局部、粗放向全流程、精细化和绿色低碳发展方向变革，解决资源、能源与环境的约束问题，提高生产制造水平和效能，实现水泥行业“降成本、补短板”和跨越式发展。运用人工智能和信息网络等现代技术，推动水泥工业生产、管理和营销模式的变革，正逐渐成为我国水泥工业高质量转型发展的重要任务。

面对新的挑战与机遇，海螺集团主动作为，以推动行业技术进步为己任，按照《智能制造发展规划（2016—2020年）》等相关要求，结合三十余年在水泥行业积累的技术、管理优势，分析当前行业生产管理现状和未来趋势，采用自主研发与集成创新相结合的方式，积极牵头与国内外科研院所及知名厂商进行合作，运用移动物联、传感监测、三维仿真和人工智能等先进技术，通过聚焦生产管控、设备管理、安全环保和营销物流等核心业务，打造以智能生产为核心、以运行维护作保障和以智慧管理促经营的三大平台，实现工厂运行自动化、管理可视化、故障预控化、全要素协同化和决策智慧化。

水泥是典型的传统行业，也是极为典型的流程工业，生产模式与钢铁、化工非常相似。目前，水泥智能制造行业存在诸多挑战。比如，单体智能设备尚未普及，成系统的智能设备集群基本没有组建，大多数水泥生产厂商尚处在自动化＋人工参与阶段。针对具体问题，海螺集团站在推动传统产业高质量和持续发展的战略高度，深入挖掘水泥生产管理的痛点，利用信息及智能化技术，采用自主与联合开发的方式，形成融合工艺智能的制造系统，改造提升了传统水泥流程行业。

海螺集团开发的智能平台主要包括智能生产、运行维护和智慧管理三大平台。其中，智能生产平台以数字化矿山管理系统、专家自动操作系统、智能质量控制系统为核心；运行维护平台以设备管理及辅助巡检系统、能源管理系统、安全生产管理系统为核心；智慧管理平台以生产制造执行系统和营销物流管理系统为主。通过上述三大平台，海螺集团建设形成了以智能生产为核心、以运行维护为保障的智慧化的生产模式，实现了从水泥生产到发运各个环节的融合和信息互通，创建了管理可视化、决策智慧化、运行自动化、故障预控化、全要素协同化的智能化体系，对传统的生产方式进行转型升级。

2　智能生产平台

智能生产平台下含数字化矿山智能管理系统、专家优化控制系统、智能质量控制系统和清洁包装发运四大系统。突出“以简为智、以优为智”的特点，在行业率先实现“一键输入、全程智控”的生产模式，即只需在自动化验配料系统中输入熟料或水泥的品质预控目标，系统则自动根据原燃材料信息完成生产配料；据此向数字化矿山智能管理系统下达开采和配矿指令；专家优化控制系统则按照配料参数和品质要求在节能稳产模式下自动引导生产。进入智能生产闭环后，开采的矿石品位和终端产品的质量数据则又会由系统自动实时采集分析，用以不断优化生产方案，使产品品质、能源消耗等控制目标不断逼近预设的最优参数，最终实现降低人员劳动强度、提高产品品质和降低资源能源消耗的运营目标。

与此相对应地，以前的模式是人工经验调度，生产组织滞后、质量波动较大、资源利用率低。协同智能生产平台通过系统建设矿山的三维建模，对矿山的品类实现了采矿在线分析、放车调度优化管理，改变了矿山传统的开采模式，有效地提高了资源利用率和生产效率。

海螺集团还开发了专家自动操作系统。水泥工业是典型的流程工业，整个生产系统由操作员进行操作，存在的主要问题是人工操作水平不足容易影响产品指标的提高。另外，操作人员换班容易带来工况及质量波动。随着水泥生产的精细化，测控信号不断增多，人工操作难度越来越大。由于缺乏过程质量数据的实时协同，人工操作偏向保守，不利于生产线指标的优化。针对这些问题，海螺集团按照生产线专家操作经验、过程机理知识和生产数据分析建立模型，在DCS系统、数字化矿山管理系统和智能质量控制系统的协同下，以最优调节方式来代替之前的传统操作方式。

对质量控制系统，以前的方式是采用人工方式取样、送样、制样和产品配比计算，存在化验室人员工作劳动强度大、取样随机性较大、样品代表性不强、检验和配比数据以人工方式通知中控操作员进行操作调整、质量控制的时效性不强等问题。针对这些问题，智能控制系统中的质量控制系统将材料在线检测、过程产品自动取样检测等融为一体，全面覆盖公司生产用原料和产品，将检测结果汇集到智能质量控制系统中，实现了堆场可视化、数据化，人员劳动强度下降24%，化验频次提高50%。

3 运行维护平台

运行维护平台旨在为智能生产平台提供高效、节能、安全、环保的运行环境，下含设备管理及辅助巡检系统、能源管理和安全环保三大系统，突出“稳产助优产、优产促节能、节能优环保”的特点。其中，设备管理及辅助巡检系统将重大设备故障自检测、主要设备实时在线监测、点巡检移动物联网化、三维仿真全息管理四大功能全面融合，实现了设备在线监管、重大故障提前预判。通过对能源计量与监测，实现对企业能源的集中与区域管控，从而使企业的能源管理由传统方式，向可视化、数字化、网络化、智能化转变，达到节约熟料烧成用煤、节约用电的效果。在安全环保管理系统中，安全管理围绕事前、事中、事后三条业务主线，通过信息化手段，建立具有日常监管、事前预警、事中救援、事后提高功能并贯穿安全管理全过程的业务系统。

4 智慧管理平台

智慧管理平台包含生产制造执行系统和营销物流管理系统，旨在利用工业和商业信息化的深度融合，推动工厂的卓越运营。通过制造执行系统，实现了各大工业智能系统的全面融合，建成以产品生产为主线，贯穿生产调度、物资、能源、设备、质量、安全环保、统计等环节的生产全过程管理平台，实现整个制造过程信息化、可视化、无纸化和智慧化，使企业始终以最经济、最稳定的方式生产运营。营销物流管理系统将互联网销售、工厂智能发运和水泥运输在线监管全面融合，实现工厂订单处理、产品发运、货物流向监控等业务流程无人化和数据应用智能化，提升服务质量与效率、互动参与度以及便捷性，为客户提供更为方便、快捷的服务，实现公司营销、管理模式的创新和升级。

通过生产制造执行系统和营销物流管理系统，海螺集团提升了水泥智能制造的自主规划设计和自主开发以及实施的推广能力，并获得了一批具有商业价值的知识产权。

5 智能工厂开发建设成效

海螺集团以满足企业自身经营管理需要为出发点，以提高企业自主创新能力和产业竞争力为目标，历经两年多的时间在 QJ 海螺公司（下称 QJ 海螺，海螺集团在安徽省内规划建设的大型水泥项目之一）成功打造了水泥数字化矿山，集成自动取样、自动制样和采用熟料率值配料的智能质量控制系统，集成在线销售＋智能发运＋物流监控一体化销售系统。

QJ 海螺智能工厂投运后，各类资源消耗下降及劳动生产率提升带来的直接效益约为 1800 万元。经前后对比，各类能耗和污染物排放指标显著下降，生产运营集约化、智能化水平实现大幅提升，提高了生产运营质量，降低了员工劳动强度，改善了工作环境，有效降低了安全风险，实现了整个制造过程信息化、可视化和智慧化。项目的开发建设取得了一批科技创新成果。预计未来在海螺集团内推广，每年可节约成本及创造效益逾十亿元。

6　智能制造系统推动绿色产业发展

海螺集团水泥智能制造系统深入挖掘水泥行业生产和管理需求，融合用户自身经验，采用先进智能化技术，有效解决了目前国内水泥企业智能系统之间相互独立、数据不通的问题，为水泥工厂带来可观的节能降耗和环保效益，对水泥行业及流程型工业有较好的借鉴作用。

智能制造系统带来的环保效益体现在多个方面：第一，水泥窑纯低温余热发电系统，可以把占比 30％的 300 多℃的煤的热量回收起来进行发电，能解决生产线 60％的电力自给。这项工程在全国进行了推广，被发展改革委列为国家十大重点节能工程之一。第二，绿色发展项目利用水泥窑协同处置城市生活垃圾系统，彻底解决了生活垃圾处理占用、二次污染，以及固废这一世界性难题，真正实现了垃圾无害化、减量化、资源化处理。集团自主开发利用水泥窑协同处置城市生活垃圾系统，资源利用率比较高，是目前比较经济、环保的环境治理方式之一。在安徽、贵州、甘肃，海螺集团成功推广了 70 多套水泥窑协同处置系统，可处置城市生活垃圾 150 万吨，污泥、固废 290 万吨，真正实现了水泥工业的转型发展。海螺集团全国有一千多条生产线，如果一条生产线可以处理 10 万吨固废，一年就可以处理近两亿吨的固废垃圾。所以，水泥工业跟环保行业结合，有很大的社会价值。

此外，在循环经济领域，海螺集团率先贯彻落实我国低碳发展战略，在安徽芜湖 BMS 水泥厂建设了水泥窑碳捕集纯化示范项目，为行业节能减排、绿色发展做出了积极贡献。

未来三到五年，海螺集团将继续开展水泥智能制造工作，进一步深化绿色产业，逐步建立起一批智能化绿色水泥工厂，形成新的生产方式、产业形态、商业模式和经济增长点，抢占产业发展制高点，进而有力推动整个行业的转型升级。

（原文发表于《中国工业和信息化》2020 年 1/2 月合刊）

浅谈现代水泥工厂优化设计理念和工程实践

张长乐

摘　要　工程设计是工程建设和工程质量的灵魂，现代化的水泥工厂设计是一个复杂的系统工程。本文通过海螺水泥工厂建设的工程实践分析，阐释了“技术先进、流程顺畅、生产高效、与环境相融”的海螺优化设计理念，结合水泥行业从高速增长迈向高质量发展的新趋势，简要分析了适应“绿色低碳和高质量”为特征的新的工程设计理念。

关键词　水泥工厂；优化设计理念；工程实践

Discussion on optimization design concept and engineering practice of modern cement plant

Zhang Changle

Abstract　Engineering design is the soul of engineering construction and engineering quality. The design of modern cement plant is a complex of system engineering. Based on the engineering practice analysis of conch cement plant construction, this paper explains the conch optimization design concept of “advanced technology, smooth process, high production efficiency, and integration with the environment”. In combination with the new trend of cement industry from high-speed growth to high-quality development, it briefly analyzes the new engineering design concept that adapts to the characteristics of “green, low-carbon and high-quality”.

Keywords　cement plant; optimization design concept; engineering practice

随着水泥工业现代化和大型化发展，水泥工厂建设过程更是涉及工艺、机电自动化及土建安装等多专业协同的复杂系统工程，由此也更加凸显水泥工厂工程设计对于实现工厂建设目标的关键先导作用。海螺集团持续关注中国新型干法水泥技术发展，从早期的低投资、国产化，突破新型干法技术瓶颈，到集成创新、自主设计、自主成套，建成千万吨级水泥生产基地，不断探索、创新、实践，形成了“技术先进、流程顺畅、生产高效、与环境相融”的海螺特色工厂建设理念。20 世纪 90 年代以来，海螺二十多年水泥工程建设历程中，一直十分重视工程设计的先导作用，特别注重用独特的工程优化设计理念，充分结合工厂建设的环境和生产可靠的要求，不断总结和优化工程设计，建成了数十座环境优美、生产高效的精品工程。本文旨在从多年的水泥工厂建设和设计规划的理念和实践出发，从工厂设计的全过程和核心要素，通过典型的案例，分析水泥工厂优化设计理念及主要工程实践，以期为今后水泥工程设计适应水泥行业发展，从高速增长阶段迈向高质量发展阶段提出的“绿色低碳、高效和智能化”为特征的新的设计理念提供借鉴。

1　注重环境相融，创建绿色工厂，从总图优化开始

现代水泥工厂属于典型的矿山采掘＋物料制造加工的流程工业，因此，一座完整的水泥工厂一般包括原料矿山、水源地、工厂生产区、厂前及生活区和外部交通设施等，区域用地一般可达150公顷以上，同时厂区与周边社区和自然环境关系十分密切。海螺集团在水泥工厂建设中，一直十分重视优化总图设计，通过科学合理的总平面图规划设计，达到生产与生态相融和平衡，从而形成了具有海螺特色与环境相融的绿色水泥厂小“生态圈”，保障了企业健康长久发展。

1.1　深入论证、精心选址，优化与环境相融的区域规划

中国传统文化强调人与自然的和谐，早在几千年前，中国人对自身居住环境的选择与认识就已达到相当高的水平。仰韶文化时期，部落的选址已有了很明显的“环境选择”倾向，其主要表现有：

(1) 靠近水源，不仅便于生活取水，而且有利于农业生产与发展。

(2) 位于河流交叉处，交通便利。

(3) 处于河流阶地上，不仅有肥沃的耕作土壤，而且能避免受洪涝侵袭。

(4) 如在山坡时，一般处于向阳坡（即所谓山南水北之阳）。

当代马克思主义认为，人与自然的关系是人类社会最基本的关系。习近平总书记指出，“我们既要绿水青山，也要金山银山。宁要绿水青山，不要金山银山，而且绿水青山就是金山银山。”深刻阐述了经济发展和生态环境保护的关系，揭示了保护生态环境就是保护生产力、改善生态环境就是发展生产力的道理，指明了实现经济发展和保护环境协同共生的新途径。

秉承中华传统文化，践行现代绿色发展理念。我们十分重视把握水泥工厂选址的资源、环境、交通、人文等各种要素的相融相协，系统规划水泥厂区域规划，并把区域规划图作为指导工厂设计与建设的核心“总图”。一般的原则如下：

(1) 原料矿山要资源可靠、开采合理，符合国家资源开采和环境规划许可。

(2) 工厂厂址应尽量靠近矿山，同时合理考虑矿山开采境界，满足矿山安全生产要求。

(3) 厂址最好背靠矿山以外的其他山体，以此为屏障，其前方宜为水源或湖泊，如左侧有交通干线、右侧有河流最为适宜。

(4) 其他综合选址因素，如工程地质、水文气象、交通运输、依托城市等。

典型工程实例如图1～图6所示。

1.2　优化总图布置，营造和谐的“工厂生态圈”

厂区总平面图设计涉及交通流线、厂房建筑布局、绿化美化及给排水等，可以更综合地体现水泥工厂生产过程的科技水平与环境协调水平。其总平面设计的核心是“工艺流程”。按照工艺过程和生产流程，可以划分成以下功能区：一是原料堆存储备区；二是生产区；三是产品包装及发运区；四是厂前区及生活区。要做到功能明确、分区合理、流线清晰、环境协调，才是一张优化合理的总平面图。一般可参考以下原则：

(1) 水泥工厂理想格局的中轴线为南北方向，有一定坡度的厂区按功能区可合理设置台段，既可

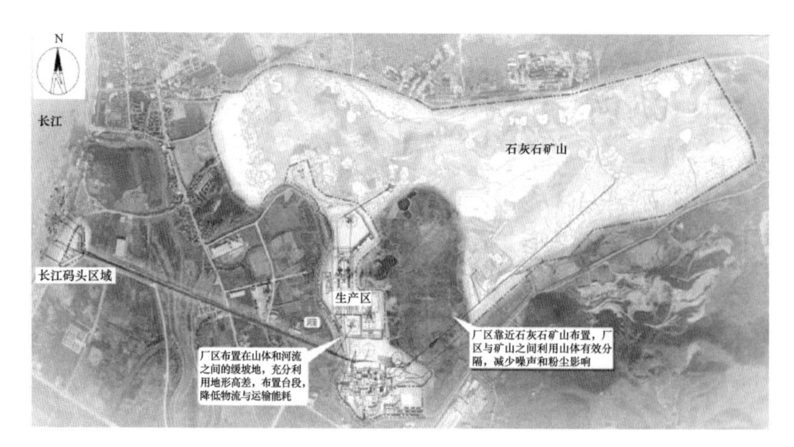

图 1　海螺 DG 工厂区域规划图

图 2　海螺 FS 工厂区域规划图

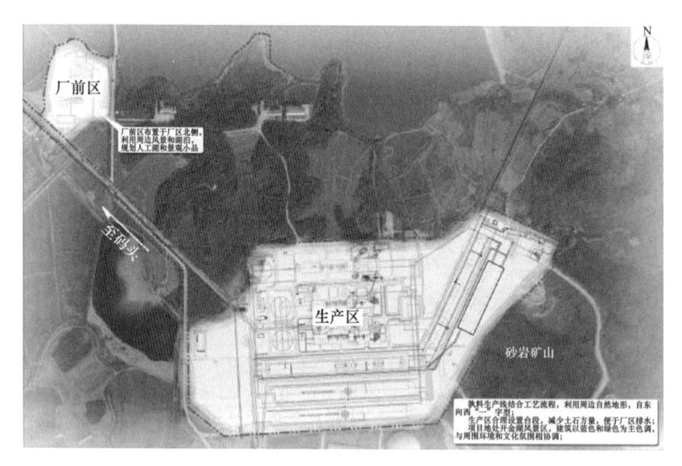

图 3　海螺 CZ 工厂总平面图

减少场平土石方工程量，又有利于场地的雨水排除。

（2）原燃料堆存区宜靠近石灰石矿山输送来料侧，相对集中布局，主生产区平行厂区主轴线布置，可根据工厂发展适当预留扩建或改造用地。

（3）办公楼为厂前区（生活区）的核心建筑，宜布置在靠近主交通线引入方向及主导风向上风侧，厂前区布置要尽量利用山形水势，并通过风景造势（一般可规划人工湖等小环境）等办法达到与自然景观和谐。

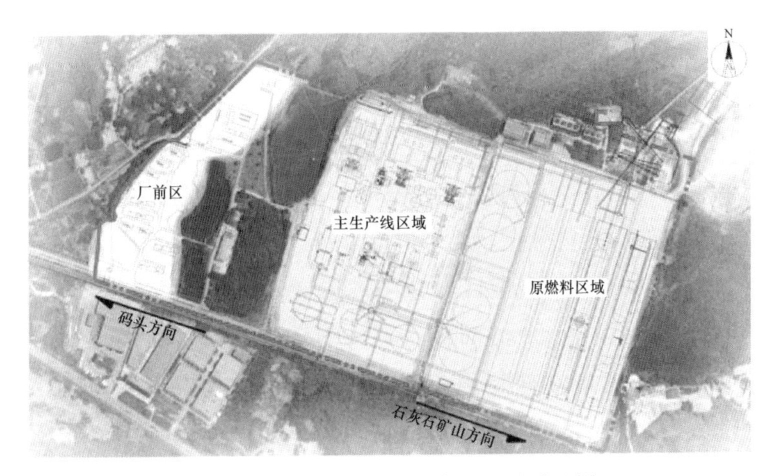

图 4　海螺 TL 工厂万吨线厂区总平面图

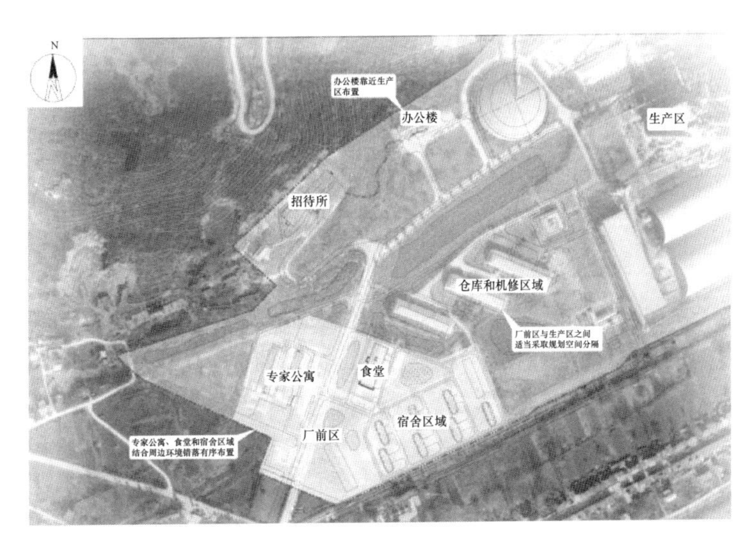

图 5　海螺 ZY 工厂厂前区

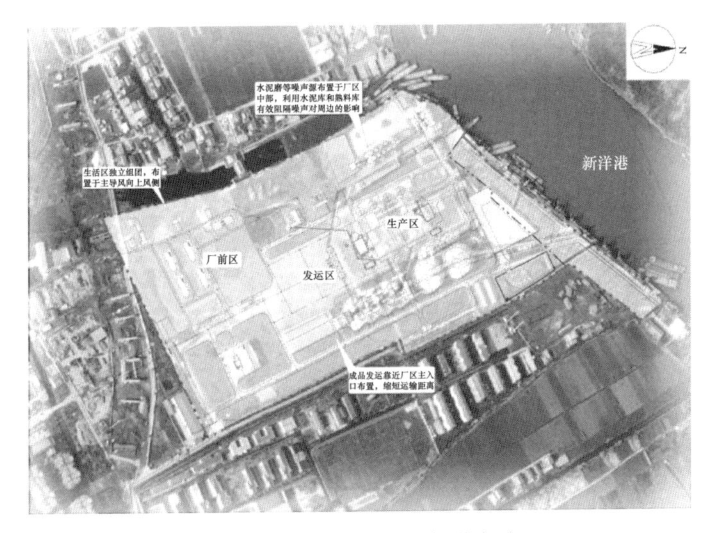

图 6　海螺 BL 工厂总图与噪声治理

（4）工厂大门（出入口）要充分考虑与生产线轴向方向相协调，同时考虑周边环境景观的协调（前景/背景），主要建筑物朝向要结合当地自然光照条件确定。

1.3 保护环境、防治污染的总图设计措施

针对水泥生产过程污染源及防治，从生态环境的角度考虑总平面设计和环保治理的关系，进行布局上的优化，可以达到通过一些科学合理的方法降低水泥企业污染排放量的目标。因此，在总图设计时，以环保指标达标为出发点，优化布局，主要考虑的因素有大气质量、噪声源、水处理及排水等，通过采取科学合理、防治有效的措施来降低工厂污染物排放，从而达到绿色工厂的要求。

（1）原料堆存区和水泥发运区是生产过程中产生无组织排放粉尘的主要来源，在总图布置时，应尽量安排在全年最大风频的下风向处，可以减少粉尘对周边环境和厂区设备的影响；原燃料堆场要采用有盖设计，与主体车间采用机械连续输送，避免工序之间物料输送环节污染。

（2）应重视厂区的道路运输污染防治，优化厂区主要物流运输道路，尽量缩短厂区道路，同时在主要运输道路设计时应设置定时洒水抑尘装置，道路两旁应设置隔离带阻尘，道路绿化设计满足遮阴、阻尘、减噪、抗风、安全驾驶和美化要求。根据厂区道路实际宽度进行合理布置，厂区主干道在保证行车安全视距下可在道路两旁种植冠幅较大的树木，车间前辅助性道路可在一侧种植乔木，南北向道路种植在两侧，东西向道路种植在南侧。

（3）生产区是废气颗粒物及噪声污染的主要来源，在总图设计时，可考虑利用大型筒库及高大车间建筑对噪声隔阻，同时要充分利用绿化降低污染排放，如在高噪声车间可以选择枝叶茂盛、树冠矮小的灌木，形成绿化分隔带，减少噪声传播。

（4）厂前区是人流量比较集中的生产辅助区，同时也是工厂对外展示企业形象的区域，所以厂前区的设计主题与绿化设计的风格就要和谐统一。为了分隔厂外市政道路且保证厂区的完整性，应该设置与大门风格相适应的围墙，围墙外的绿化布置应和市政道路相呼应，围墙内的绿化可结合工厂对噪声防治（抑制）的作用，适当选择常绿阔叶树为主、落叶灌木为辅多层种植。厂大门通向办公大楼应规划主干道并形成林荫大道进行绿化设计。厂前区与生产区之间应适当规划空间分隔，条件许可时应结合地形、自然水系和工厂雨水排除等条件，设计人工景观湖，达到优化工厂小生态环境、调节小气候的作用。地理之道，山水而正，吉地不可无水；来看山时先看水，这也是海螺工厂规划理念。

2 流程简洁、生产高效、安全环保是工艺优化设计的核心要义

工艺设计是水泥工厂工程设计的核心环节和重要组成部分，工艺设计的合理性、适用性将直接主导着工厂建成后生产过程的稳定、高效和产品性能的优良及技术经济性。为实现水泥工厂建成后的技术经济目标，结合相关工程案例，简要从以下五个方面分析水泥工艺设计优化的基本原则和主要工作。

2.1 明确项目建设目标，深入落实各项建设条件，优化工艺流程和布局设计

要实现工艺设计优化，必须充分了解和研究项目建设目标，深入研究掌握工程项目建设条件，尤其是原燃料等工艺技术条件，并综合考虑各方面相关因素及相互影响，优化设计可行的工艺流程及主要工艺配置方案。主要工艺设计工作流程见图7。

对于工艺系统设计来说，无论是简单的还是明确的工程项目建设目标和要求，在设计工作中都要给予足够的重视。通过编制工艺设计方案说明和相关设计图纸等技术文件进行系统描述。工艺设计是水泥工厂工程设计的核心，同时，又是生产管理的技术指导要领书。因此，工艺设计必须做到目标准确、内容清晰、文件系统、图纸齐全。

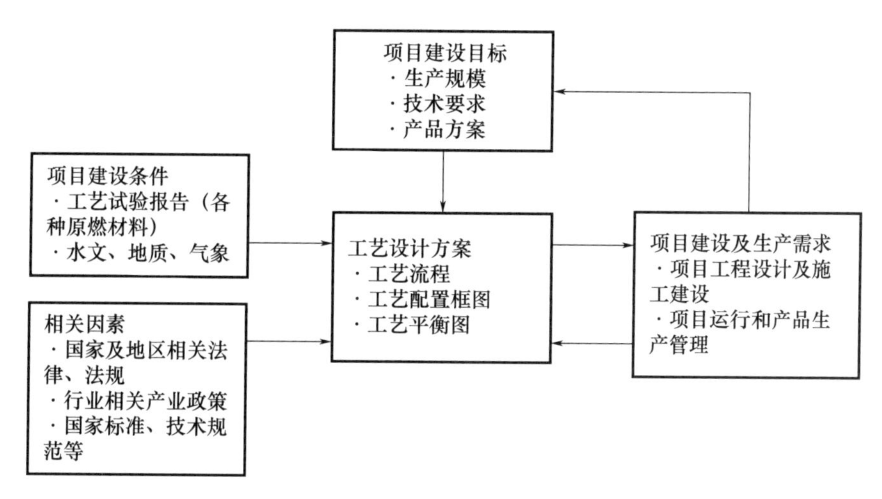

图 7　主要工艺设计工作流程

项目的建设条件是设计工作的基本条件和技术基础，要做到工艺流程配置的优化，就必须深入研究和掌握原燃料等基础条件，才能够为工程建设项目提出适宜、有效的工艺流程和技术配置方案。

由于工程建设项目的时间阶段性，项目前期业主有时不能及时提供较为系统准确的工艺设计基础资料，尤其是原燃料技术报告。因此，在实际工作中常常需要对基础设计资料做一些假定或假设技术数据（范围）。对此，随着工程项目进展，设计者务必要逐项落实具体条件，特别是原燃料工艺试验数据；不然，由于主要工艺设计条件差异（实际与设计），会影响到生产运行正常和项目主要技术经济目标的实现。曾有某水泥工厂项目因建设工期过紧，硅铝质等主要原料没有落实就设计和建成了硅铝质破碎系统，而生产后因物料差异过大导致破碎系统无法正常运行。还有的工厂对原料的工艺性能试验分析不全、不准确，严重影响工厂产品质量和主要技术指标。这方面的相关案例，在早期水泥厂建设追求快上的时期还是比较多的。影响水泥工艺设计配置优化的主要技术条件列于表 1。

表 1　影响水泥工艺设计配置优化的主要技术条件

序号	项目	主要内容及指标	影响程度
1	进厂原料 （主要及辅助原料）	• 化学成分及稳定性、有害成分及程度 • 物理性质，粒度、水分、堆密度、易磨性、磨蚀性、塑性等 • 其他特殊原料的试验报告 • 来源和运输方式	工艺流程及主机配置的准确性
2	进厂燃料	• 化学成分、燃料特性、有害组分及程度 • 物理性质，粒度、水分、堆密度、可磨性 • 其他特殊燃料的试验报告 • 进厂方式	烧成主机及主要工艺流程
3	产品品种	• 产品品种及比例（范围） • 产品出厂方式，散装/袋装，公路、铁路、水运及船型	工艺流程及车间设备配置
4	项目自然条件	• 地理条件，区位、海拔 • 环境条件，温度、湿度、降雨等，主导风向及风速 • 其他影响条件	

2.2　工艺设计和设备选型是工艺优化设计的主要内容

工艺设计就是设计组织一套技术可靠、先进合理的工艺技术配置，以确保达到生产管理技术目标。

按设计主要工作内容粗略分为工艺设备及设施选型和工艺布置两部分，并形成工艺流程图、工艺设备清单和工艺布置图等设计文件，满足工程建设及生产技术的需求。正是由于工艺设计是水泥工厂设计的关键环节，因此，要实现设计优化，作为承担工艺设计的专业工作者，必须学习、了解、掌握水泥生产工艺过程，设备及设施的基本原理，技术结构和性能，以及安装、维护和检修要求，必须深入了解并具备协调相关专业的能力，如总图、电气自动化、土建等专业设计规范和设计方案。

在工艺设计过程中，除前述的深入系统掌握各工艺基础条件外，我们一定要深刻体会到，没有完全一样的条件，也没有一模一样的工厂，必须一切从生产实际出发，充分借鉴相关生产线设计经验，摒弃工艺设计简单的缩小或放大，更不是简单的机械重复，必须认真负责，树立设计方案没有最好，只有更适宜、更实用，并且随着整体工业技术的发展进步而一直处于螺旋式优化提升过程中的优化设计理念。

（1）主要工艺设备及设施选型。根据生产方法、生产规模、产品品种、原燃料性能、设备来源、环境情况等基础条件，通过工艺平衡计算（通常称为工艺、主机、储库三平衡），选择确定工艺系统的主机设备、工艺设施的主要技术性能，并据此编制主机设备表。为了保障工艺系统连续、稳定、协调高效地生产运行，在设计选择确定生产系统主机设备、主要设施技术性能参数时，按照《水泥工厂设计规范》（GB 50295—2016）合理确定工艺设备年利用率、主要生产系统工作制度、各种物料储存期等。

（2）各生产车间通用或专用设备选型，要以保证主机设备技术性能和生产可靠为原则，筛选生产车间工艺流程的设备。

工艺车间通用或专用设备的生产能力对其主机能力应有一定的储备值。一般情况下，系统内各设备对主机能力的储备值可按20%左右确定，同时，由于水泥生产过程的复杂性，辅机设备的储备值又要结合窑、磨、破碎等不同类型主机的工艺特点综合确定。另外，宜尽量做到全厂通用设备选型一致，满足备件通用和便于维护管理要求。见表2。

表2 主要工艺辅机设备相对主机储备系数简表

主机系统	辅机设备类型	储备系数范围（以台时产量为准）	备注
回转窑（包括预分解和篦冷机）	1. 喂料提升设备	≤1.2	
	2. 计量设备	0.5～1.8	计量范围
	3. 熟料输送设备	1.8～2.2	考虑短时生产波动
	4. 风机类设备	1.1～1.15	以稳定工况为主
	5. 煤粉输送计量	1.2～1.35	
粉磨设备（生料、煤及水泥粉磨）	1. 喂料输送及计量设备	≤1.2	
	2. 物料循环输送设备	2.5～3.0	
	3. 成品输送设备	≤1.2	
	4. 风机类设备	1.1～1.15	以稳定工况计算风量为基准
破碎设备	1. 喂料计量设备	0.5～1.6	
	2. 成品输送设备	0.8～1.5	

注：在同一工艺流程内的设备，其设备性能储备系数应以工艺流程连续稳定均衡为原则，以流程最下游设备为基准，合理匹配，组成工艺系统。

2.3 全厂生产车间总平面布置

充分、合理、有效地利用生产厂区地形，在满足生产车间的施工、安装、维护及消防安全等规范和要求前提下，兼顾其他专业的相关配合和将来技术改造升级等，尽可能做到各生产车间布置紧凑、流程简洁顺畅，尽可能减少物料转运环节和输送距离。一般要求如下：

（1）生产设备布置要紧凑、流程简洁顺畅，即尽可能做到无多余的物料输送及转运环节。

（2）合理确定车间平面和空间结构要求，既要做到无不需要的平面和空间建筑面积浪费，又要满足工艺设备的操作、维护及安全要求，同时适当考虑将来车间设备技术升级和改造的预留空间。

（3）按照全厂总工艺流程要求，合理安排本车间生产流程及布置要求，形成全厂生产流程的有机整体。

（4）落实确定车间在总图中的位置、设备进出车间的安全生产要求，与总图及相关专业（如给排水、电气动力等）协调一致，符合全厂各专业体系要求。

（5）工艺车间布置既要优化工程量，也要综合考虑后期生产运行指标和成本，对比不同方案优缺点，选择最佳的方案。详见图 8。

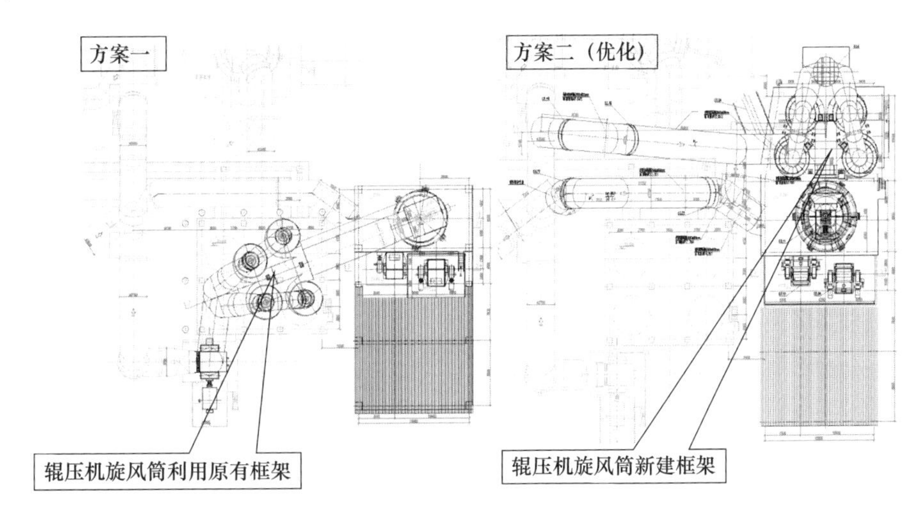

图 8　CZ 原料辊压机优化方案

方案一利用原有框架布置旋风筒，高浓度风管较长，影响生产运行，通过比较最终采用优化后方案二新建旋风筒，大幅缩短了高浓度粉尘工艺风管，避免了管道积料、塌料，后期生产运行稳定，技术指标较为先进。

2.4　工艺非标准件

工艺非标准件是指工艺系统中无标准可选用的结构件、零件或组合部件等非标准设备件，用于工艺系统中物料、气体流动的载体或调节，以及设备及非标件本身的安装固定或支撑等。因此，工艺非标准件的设计是工艺设计工作中的重要组成部分，工艺非标准件设计的优化程度将会直接影响到车间设备施工、安装及生产操作和安全，承担物料和气体输送的非标件工艺的适用性，更将直接影响生产系统的可靠顺畅，因此，必须十分重视工艺非标准件设计优化工作。根据以往相关工程经验，应注重以下环节的优化：

（1）溜子设计重视物料特性，针对防堵、防扬尘、防磨耗及稳定料流等综合考虑。例如熟料溜子应采用阶梯式设计，用于皮带机落料点的应增加缓冲板降低扬尘；针对水泥等粉状物料流动性好的特点，采用溢流式多点缓冲出料方式解决转运过程中冲料、漏料的问题；工艺系统中用于关键部位易磨损的地方应适当增加复合耐磨钢板和耐磨陶瓷（风管）。如图 9 所示。

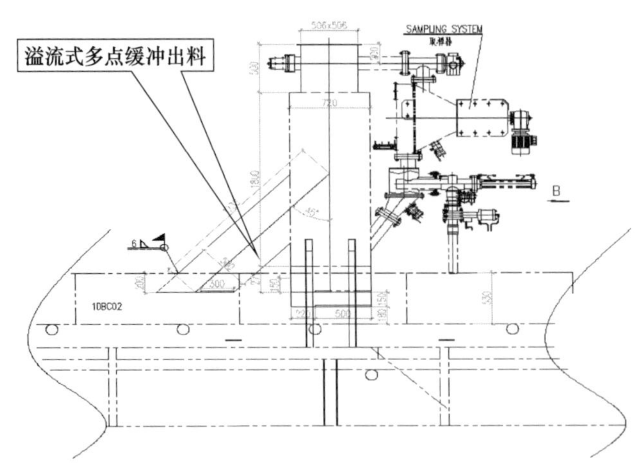

图 9　新型粉体物料稳流控制装置

（2）满足设备工艺性能要求。非标件连接上下游设备接口，布置上应充分考虑其对设备运行的影响，例如辊压机车间的 V 选进料要求物料均布，该处溜子设计应重点考虑物料均匀分散，提高 V 选的选粉效率，同时采用阶梯设计减少磨损。如图 10 所示。

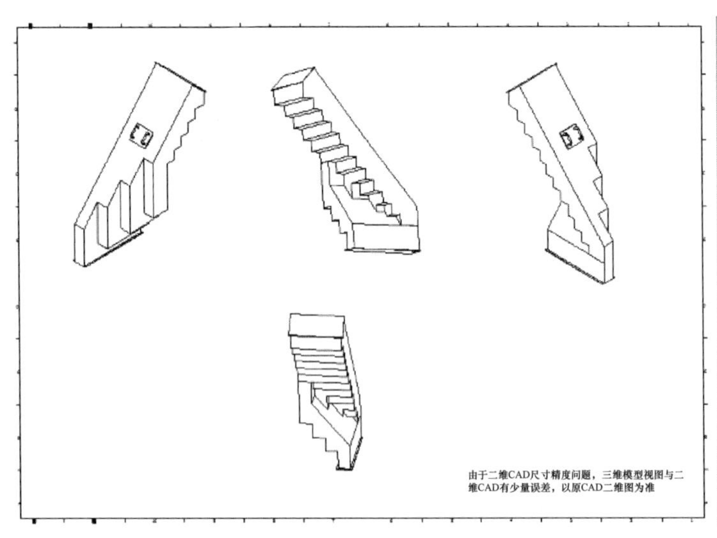

图 10　“V 选”均布分料装置

（3）环保优化设计。针对码头装卸的扬尘问题，采用专有技术“折流式缓冲溢料装置”，改变熟料等易于扬尘物料下降时的运动方向，物料在集料仓由前期直接下降至料仓壁方式优化为折流式缓冲溢料，避免物料直接冲击料仓壁，实现物料下降过程中的“缓冲、降尘”效果，达到码头卸船粉尘“零排放”，完成码头装卸环保处置的技术升级。如图 11 所示。

（4）风管设计应根据系统风量选取合理风速和管径，风管角度按规范取值，减少积灰优化风管阻力，在支架设计上充分结合周边建筑物设置以降低工程造价。

2.5　工艺过程的信息采集设计是实现工艺优化设计的重要环节

水泥生产是比较复杂的工艺过程，涉及各种物料、燃料、气固相、物理、化学反应过程的温度、压力、流量、气体以及化学成分等各种技术参数，应用自动化控制技术，对于保证生产稳定、节能降

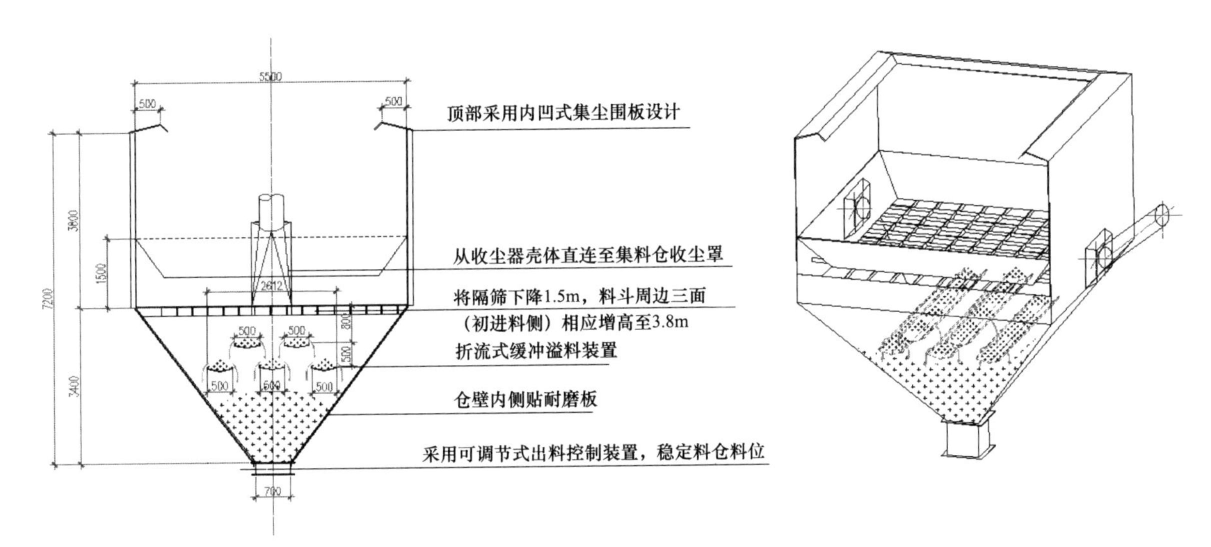

图 11 无尘料斗的设计优化及应用

耗，提高生产效率和产品质量有着十分关键的作用。在工艺设计中必须结合自动化控制系统要求，系统规划和设计满足自动化控制需要的各种测点的位置，并汇总编制工艺测点表。随着水泥生产向智能化发展，工艺设计与自动化专业密切协同，按照工艺流程系统设计各项测点的合理位置，必须满足测点数据与工艺状况尽量一致。保证工艺技术参数采集的系统性、准确性和及时性，从而为实现生产工艺过程的自动化、智能化提供必要基础。

3 土建设计是实现工程优化设计、提高工程投资效益的重要环节

与工艺、机电等专业相比，土建设计优化角度是独特的，一是土建设计优化与工程造价、工期和结构安全都有直接关系，二是土建设计与各个不同工程的具体条件结合最密切，三是土建设计本身因设计方案不同有很大的优化空间。根据我们多年的工程实践，应主要从以下几个方面开展土建设计优化工作。

3.1 工程地质勘探为土建设计提供依据，准确可靠的工程地质勘探资料是土建设计优化的前提

一般情况下，基础工程占整个工程造价20%以上，桩基工程能够达到30%甚至更高，地质勘探资料中的相关参数直接影响基础形式和工程造价。地质勘探成果资料中主要影响基础设计的岩性指标，如岩石的单轴饱和抗压强度 f_r、变形模量 E_S、地基承载力 f_{ak}、桩基端阻力 q_{pk}、侧阻力 q_{sik} 等，都必须通过土工试验取得。同时成果资料应对地下水埋深及对结构的腐蚀性进行说明，对可能影响工程稳定的不良地质作用和危害、建设场地的适宜性进行评价。设计人员只有充分掌握建设场地的地质情况，才能设计出安全经济的基础形式。但在工程设计过程中，要充分做好勘探资料并不容易，以下几种原因影响工程勘探资料的准确性和完整性，在开展土建设计时，应关注有关工作及资料情况：

一是因为工程建设进度紧，工程前期工作不足，地质勘探工作提交最终报告滞后于设计，而以初勘或现有相邻工程地质勘探资料作为参考。对于地形条件复杂的场地，为确保土建设计的安全性，会影响土建工程设计优化，尤其是基础施工阶段，此现象较为常见。

二是存在低价中标，有些业主对地质勘探重要性认识不足，委托资质不足或经验不足的地质勘探

单位，提交的地质勘探报告质量不高，不敢承担责任，工程地质勘探相关数据过于保守，导致土建设计浪费。如在地基承载力方面，为降低成本，不进行相关试验，只采取规范下限选取，使本来较好的地基没有给出相应的承载力；又如当基础采用桩基时，桩极限端阻力的取值在有些工程的地质勘探报告中缺乏相应的试验手段，只按桩基规范的下限选取，这样看似保险，实际上会造成工程的浪费。

工程地质勘探报告工作细致些、多投入些，看似增加了投资，实则为土建工程设计提供了准确可靠的依据，对充分优化土建工程设计、降低工程造价意义重大。

3.2 准确理解和把握各类规范

各类设计规范是设计经验的总结，是我们应该遵守的设计规则和技术标准，但应该看到，规范也需要不断发展和完善。尤其是在工业设计方面，相关规范并不完善，甚至个别规范存在相互冲突及应用条件范围不全等问题。

作为设计人员，要准确理解规范的适用条件，灵活加以运用，不能生搬硬套，否则就会造成设计浪费或安全隐患。比如筒仓设计规范规定，库壁裂缝宽度控制在0.2mm，而对于干旱少雨的北方地区，年降水量少于蒸发量，相对湿度小于10%的地区且储料含水率小于10%的筒仓允许裂缝放宽到0.3mm，这样可以节约库壁环向钢筋约22%，因此在设计之前要查找当地的气象数据，不能统一地按照0.2mm设计。

在库壁厚度取值方面，筒仓设计规范规定可按筒仓直径$D_n/100+100$（mm）进行计算，对于直径22m的水泥库，理论上取380mm就可以了，但实际工程中，采用380mm的壁厚大都产生了裂纹，需要进行加固。主要原因是为了降低造价，厚度取值偏小，没有综合考虑施工条件及库壁高度的影响。

在荷载取值方面也要根据情况而定，以前的水泥工厂灰尘较多，《水泥工厂设计规范》规定，屋面积灰荷载按1.0kN/m^{2}或0.5kN/m^{2}取值。随着环保要求越来越高，有灰源的车间或者堆棚已经全部封闭，屋面积灰的情况越来越少，在设计文件中注明使用环境的情况下，楼面及屋面积灰荷载可以减小或者取消。

3.3 将工程进度作为工程造价的一个因素考虑，可以优化土建专业设计

在实际工程设计过程中，土建设计往往更加重视结构设计的规范和结构安全。在工程设计过程中，充分结合具体工程实际，准确应用规范，提出有利于工程进度和造价的优化方案，而实际上有利于工程施工、加快工期是降低工程造价十分重要的因素。

例如在某工程的土建基础设计中，由于地基较差，桩极限端阻力值较低，为保证建筑设计符合安全规范要求，可以进行两种方案的比较，一是通过合理布桩，适当加大桩底直径满足设计要求，二是采用桩底喷射注浆法来改善地基，提高桩端阻力满足设计要求。显而易见，虽然前一种方法在工程直接费用上并不节省，但施工方便、进度快，节省了工期，项目早日投产带来的效益远大于桩基直径增大的费用，其综合费用反而较低。因此，土建优化设计应从多角度审视，综合工期、造价、材料等因素，确定最优化设计。

3.4 多专业协同，做好土建设计的优化

按照工程设计工作流程，土建设计相对于工艺、电气等是相对在后的工序，土建设计的优化与其他相关专业的协同支持密不可分。如各类设备荷载的选取、有效荷载的确定、大直径热风管道水平和

垂直力取值等，相关专业设计条件都需要工艺、机械等提供合理的设计参数，为其优化设计。因此，土建专业的优化，实则是各相关专业优化在前，同时，也要求土建设计人员综合了解各相关专业，开阔专业视野，超前参与，与各专业搞好协同优化工作。

3.5　创新应用新技术、新材料，进一步提升土建设计优化水平

水泥工业技术的不断发展，为结构方案的创新与应用提供了广阔的空间，也给土建工程师们创造不同类型的结构方案带来了更多灵感。目前，建筑结构工程技术发展迅速，新技术、新工法、新材料、新结构层出不穷，大跨度钢结构、装配式绿色建筑、膜结构、高强度钢结构及混凝土结构、组合结构已经得到广泛应用，这些结构工程新技术推动了水泥厂结构工程的创新，进一步提升了水泥工厂建筑结构工程设计的优化进步，更好地满足了水泥工程大型化、绿色化的要求。结合近年水泥工程结构发展，重点关注以下技术的发展动态和创新应用：

（1）大型筒仓结构，主要有气膜钢筋混凝土储仓（又称 Dome 库），是一种新型空间薄壳结构，坚固耐用、密闭环保、施工快速，能够覆盖大空间的结构体系。

（2）大跨度膜结构，是一种由高强度膜材料（PEDF、PVF、PTEE）为张拉主体，与支撑构件（或充气）共同组成的结构体系，具有自重轻、外形优美、施工简便快速等特点。

（3）大跨度弦应力钢结构覆盖及空间网架结构。

（4）装配式钢结构建筑体系以及模块化输送栈桥。

（5）各种新型的基础结构技术，如钻孔灌注桩后注浆技术、真空联合堆载预压法加固软弱土层技术、桩承载力自平衡法静载检测技术等。

4　现代水泥工厂工程设计优化的新趋势

“十三五”以来，我国水泥工业加快推进转型升级，大力推动水泥行业绿色发展和智能制造。水泥工业绿色发展聚焦于提高全产业链节能减排水平，建立与各类固体废弃物及危险废弃物排放紧密衔接的循环经济生产体系，提高综合处置能力和利用效率，推进绿色矿山建设，全面推进水泥全流程智能制造数字转型。海螺集团作为行业领军企业，更是持续加大科技投入，围绕着“工厂智能化、管理信息化、产业绿色化”创新目标，实施了一大批科技创新项目，先后在水泥窑烟气 CO_2 捕集纯化、全流程智能工厂、水泥生产多污染物超低排放综合治理、协同处置“固废危废”及资源化利用和大型生产线综合能效提升等方面取得了一批科技创新及工程应用成果，显著提升了集团水泥主业绿色化、智能化水平。“十四五”将是水泥行业实现碳达峰目标的重要时期，因此，行业绿色、低碳和智能制造转型的趋势更快，要求水泥工程设计向着绿色生态设计和精细化、数字化、智能化方向发展。

4.1　必须增强绿色制造和生态设计理念

水泥工厂绿色制造与生态设计的基本原则是：采用可提高环境效率的水泥生产工艺和技术，生产环境协调性产品，使水泥产品的综合价值指标最大。按照这个原则，我们要充分结合工程建设实践，从实际现状中发现问题，重点从低能耗环境友好型新型干法水泥技术及装备的研发、改造和应用，从低碳水泥和高性能混凝土的理论和产品研发，从水泥窑协同处置废弃物及提高资源化利用等各方面深入开展创新研究和工程设计优化。

（1）水泥工业绿色制造与生态设计范围是从石灰石原料矿山（其他原料是从到达厂内）开始，直到产品出厂为止，包括生产和废物利用的全过程。

（2）绿色生态设计主要包括两个方面：水泥生产过程生态化和水泥产品环境协调性。绿色制造与生态设计的技术和工程内容与一般传统设计没有什么不同，只是在设计中贯彻环境意识，控制水泥产品在原燃料准备、生产过程和水泥产品质量方面的环境负荷。

（3）水泥生产工艺过程绿色及生态设计的技术要素水平指工艺技术先进，符合生态化要求的原燃料、生产规模与产品质量要求，生产与环保设备选型合理，生产过程控制及计算机网络系统应用等。主要的控制指标是：

① 资源和能源的有效利用率，如替代原料、替代燃料、工业废弃物及系统综合能效等。

② 生产过程控制，如各工艺环节的电耗、水耗、气耗、水循环利用率等。

③ 污染物排放控制，如各种大气污染物排放、生产环节颗粒物无组织排放、废水、废油、厂界噪声限值、高强度噪声源指标、耐火砖镁铬砖处理、焚烧生活垃圾及危险废弃物和污染物排放控制指标等。随着环保指标的进一步严格，还可能会有可燃废物、重金属污染限值等。

④ 水泥产品品质要求，例如水泥和熟料的质量、水泥中是否含有放射性及重金属等。

⑤ 环境管理体系。

（4）水泥产品的环境协调性体现在水泥产品生命周期的各环节中，包括原料、燃料、生产制造、包装出厂、工程应用、废弃物及资源回收等。

4.2 智能制造对工艺设计提出了更高的要求

现代水泥工业正加快向生产流程智能化、管理数字化方向发展，由此对水泥工厂工艺设计提出了全新的要求。根据近年集团智能工厂建设实践，简要归纳为以下几个方面：

（1）矿山智能开采

根据水泥用石灰岩矿勘探地质报告资料，在矿山设计中充分运用先进技术，以计算机和互联网技术为手段，建立矿山三维空间地质地形数字化模型，通过专用软件指导矿山均化开采，采用在线分析仪及信息采集系统，实施监控出矿石灰石质量并通过智能调度系统合理搭配开采，实现智能调度铲装运矿生产，从而提高矿山均化开采和智能配矿效率，进一步提高矿石资源利用率和矿山安全生产效率。

（2）原燃料预均化及智能堆取料

原燃料预均化对于确保产品质量、提高资源利用率和生产效率、实现长周期安全稳定运转起着重要作用。因此，在现有长形或圆形预均化堆场设施基础上，运用智能化技术对堆取料设备进行智能化提升，通过无线或有线通信方式与 FCS 智能控制系统交换数据，将工作状态、运行信息及堆位位置传输至中控，可建立数字堆场模型；对堆场空间物料质量分布通过智能控制系统对堆取料机进行远程控制，实现堆取料机无人值守和精确取料。

（3）智能质控系统

按照水泥生产工艺流程，在关键位置合理设置粒度分析仪和自动取送样系统等智能设备，可以实时快速地对生产过程质量数据进行在线分析采集，有效地保证了生产稳定和产品质量。

① 在入库提升机前设置自动粒度分析仪，在线监测生料细度指标。通过智能专家优化系统，可自动调节选粉机操作，优化生料粉磨系统操作。

② 设置出库生料、入窑生料、热生料（烧失量分析仪）、熟料（在线 f-CaO）和煤粉等主要原燃料的自动取样、送样，并配套全自动化验室（配机器人操作），可实现自动取样、配样、分析检验、数据

传输等全过程无人化，提高了化验室的检验分析频次，为专家智能操作优化系统实现自动寻优提供了可靠的数据，从而可实现稳工艺、提质量和降消耗的最优化生产。

（4）进一步提升烧成、粉磨等主机系统的能效和环保指标

① 烧成系统为新型干法水泥生产技术的关键核心，也是水泥工艺技术进步的标志。其主要技术特征为：低阻型预热器高效、自脱硝分解炉梯度燃烧。主要指标先进：系统热耗≤660kcal/kg. cl，电耗≤18kW・h/t. cl，分解炉自脱硝可控制≤300mg/Nm^3，熟料出口温度≤65℃＋环温，篦冷机热回收率≥75%，采用高性能纳米隔热材料系统热损失≤45kcal/kg. cl。

② 原料粉磨宜采用辊压机终粉磨系统，立式转子组合选粉机可有效控制 200μm 筛筛余，改善生料质量，同时满足高水分原料烘干要求，生料系统电耗一般可控制在≤19.5kW・h/t。主要原料粉磨系统电耗比较见表 3。

表 3　主要原料粉磨系统电耗比较

项目	辊压机终粉磨系统	立磨系统	外循环立磨系统
磨机/（kW・h/t）	7.0～7.5	7.5～8.0	7.5～8.0
风机/（kW・h/t）	3.3～3.8	7.2～7.6	3.3～3.8
选粉机/（kW・h/t）	0.2	0.4	0.2
提升机/（kW・h/t）	1.1		1.4
其他辅机/（kW・h/t）	0.4	0.4	0.4
适应原料水分/%	≤6	≥6	
合计/（kW・h/t）	10.5～12.5	14.5～18.0	12.0～13.0

注：按原料中等易磨性 10.5kW・h/t 考虑。

③ 水泥粉磨系统目前主流配置是辊压机联合粉磨和立磨粉磨系统。主要水泥粉磨系统电耗比较见表 4。

表 4　主要水泥粉磨系统电耗比较

项目	辊压机联合粉磨系统	立磨系统	外循环立磨系统
辊压机（立磨）/（kW・h/t）	12～12.5	20	20
循环风机/（kW・h/t）	～2.4	～6.2	～3.5
选粉机/（kW・h/t）	～0.3	～0.5	～0.3
球磨机系统（包括选粉机＋风机）/（kW・h/t）	11～12.0		
其他辅机/（kW・h/t）	～0.4	～0.4	～0.4
系统合计/（kW・h/t）	24.5～27.5	26～27.5	≤24

注：P・O42.5 成品比表面积 350m^2/kg，熟料易磨指数 15kW・h/t。

（5）水泥成品自动包装及智能化无人装车发运系统

水泥包装系统采用自动插袋、自动包装、输送、计量的无人化自动包装机，水泥装车采用机器手全自动无人装车系统，自动包装＋无人装车＋高效收尘构成了全自动无人化智能包装装车发运系统，实现了水泥生产工艺过程中最后一个环节的高效清洁智能化和水泥包装到装车销售全过程无人化运行，大大提高了劳动生产率和水泥生产的现代化水平。

4.3　应用 BIM 技术，推进水泥工程设计向精细化、数字化、智能化转型

随着水泥工业向绿色化、智能化转型发展，以及工业互联与工业软件技术的高速发展，近年来，

BIM技术在工程建设领域得到深入应用，从而更好地满足了工程规模不断扩大以及工程技术水平和国际化程度的提高，所带来的对工程质量、进度、造价不断提高的要求。以天津院为代表的水泥行业几家一流大院，正加大投入，努力寻求更大的突破。

什么是BIM？BIM是building information modeling的缩写。在欧美发达国家，70%以上的项目都采用BIM。BIM技术以三维模型作为数据载体，实现项目设计、施工、运维全周期全过程手段和方法上的信息化。在设计阶段，就是全专业正向协同设计，是一种全新的设计手段，是工程设计行业的一次技术革命，是新一代数字化、虚拟化、智能化设计平台的基础。相对于传统的二维设计，它带来的是一种全新的设计模式和协同状态，不仅可以提升设计质量、提高设计效率，还可以在设计过程中将整个工程的各种信息整合在一起，使得后续的施工以及运营过程中可以利用这些技术信息，从而提高设计成果的附加值，为设计服务领域打开了更广阔的发展空间。

数字化、智能化正在加速融入社会的各个领域，积极拥抱数字化转型，以数字技术驱动、用数字技术释放行业价值，是所有行业的唯一选择。以BIM技术为代表的新一代信息技术的运用，必将引发工程设计和项目管理的新变革，工程设计企业管理者必须做好充分的准备，去迎接挑战，加快转型。

一是企业的管理者转变观念，从企业发展的战略层面加强认识，同时要以创新思维，增强特征鉴别，运用以信息科技为重要特征的新技术能力，加强组织，推进应用，咬定目标，敢于担当。

二是注重人才培养和团队建设。BIM应用推广是一个长期的不断发展过程，需要有计划、有组织地培养相关人员，考虑BIM团队人员梯次结构，制定合理的BIM实施规划，其中人才问题至关重要，要选拔那些专业能力强、主动学习、勇于创新突破的中青年设计师，长期坚持，才能取得应用的突破。

三是设计院最大的业务是设计，不是BIM增值服务，所以BIM应用一定要和具体工程设计项目结合，并真正成为生产力，而不仅仅是一个额外的辅助工具。可首先在方案设计上做可视化表现，绿色建筑分析、初步设计方案、管线综合等，既不要求大求全，也不要放任自流，要“有所为、有所不为”，持之以恒，不断突破。

总之，BIM的应用是一场设计工具的革命，因此，我们要有眼界和气魄，舍得投入，不断为企业注入新的活力。

5 结 语

现代化水泥工业的工程设计从范围上包括了从原料进厂到水泥成品出厂的完整生产工艺过程，从专业上看涉及矿山、总图、工艺、机械、建筑与结构、电气与自动化、给排水和环境保护等，各专业从不同角度为了一个目标进行专业化设计。从总体布局上，遵循生产工艺过程简洁流畅、物料储存期合理周转、现有工业场地合理充分利用、总图布局美观并兼顾长远发展、生产安全、环保高效等，同时工程经济设计上充分考虑物流、人流、资金流、信息流等现代管理要素的合理布局。因此，水泥工程设计是一门多专业协同、综合性较强的专业技术学科。

作为设计院和我们每一位从事工程设计工作的专业工作者，必须充分认识到工程设计作为工程项目建设先导，对工程内在质量的关键作用，必须主动增强为业主、为工程负责的担当，我们要牢固树立优化设计理念，深入加强专业学习，努力提升优化设计水平，要秉承“一切从实际出发，一切为了生产”的服务理念，用先进的设计理念和构思创造优秀的精品工程，在多年以后的设计回访时，面对自己的设计作品多一些赞叹，少一些遗憾，为业主创造更好的效益！

第一篇 低碳环保技术

5000t/d NSP 窑分级燃烧技术改造

张长乐　盛赵宝　杨旺生

摘　要　本文通过对分解炉下部结构改造和窑尾燃料的分级燃烧，有效构建了脱硝还原区域，改善了窑内的通风，创造了良好的脱硝空间。分级燃烧技术相比于 SNCR 烟气脱硝技术无运行成本，且效益较显著、无二次污染，对水泥生产工艺系统无有害影响，值得广泛地推广应用于水泥行业脱硝减排。

关键词　分级燃烧；NO_x 减排；改造效果

Technological transformation of 5000t/d NSP kiln fractional combustion

Zhang Changle　Sheng Zhaobao　Yang Wangsheng

Abstract　In this paper，through reforming the substructure of calciner and fractional combustion of fuel at the end of kiln，the denitrification reduction area is effectively constructed，the ventilation in the kiln is improved，and a good denitrification space is created. Compared with SNCR flue gas denitrification technology，the graded combustion technology has no operation cost，and has significant benefits，no secondary pollution，and no harmful impact on the cement production process system. It is worth widely promoting the application of denitrification and emission reduction in the cement industry.

Keywords　fractional combustion；NO_x emissionreduction；effect of reconstruction

0　引　言

海螺水泥作为水泥行业领头羊，在水泥生产线建设过程中，注重开发与应用节能环保新技术，促进节能减排和环境保护。早在 2004 年，海螺水泥在 TL、ZY 等 4 条 10000t/d 线上，成功地引进应用了分级燃烧低 NO_x 控制技术，取得了丰富的实际应用经验；2008 年通过技术合作，成功开发了低 NO_x 型 C-KSV 分解炉，目前在海螺已有 28 条低 NO_x 型 5000t/d 生产线投入了运行，减排效果良好；2010 年，WH 海螺、TL 海螺 3 条 12000t/d 熟料生产线采用优化的分级燃烧技术，氮氧化物排放可稳定控制在 500mg/Nm^3（O_2 含量 10%）左右。在上述基础上，通过系统标定分析、测试研究，进一步总结分级燃烧技术的成功经验，确定对 WH、CQ、JD 三种不同典型的分解炉（国内应用较普遍）实施分级燃烧改造。改造后 3 条线运行以来，系统运行稳定，脱硝效率平均达 30%左右。现介绍分级燃烧技术改造效果。

1 分级燃烧技术原理介绍

1.1 新型干法水泥窑 NO_x 的产生机理及部位

水泥熟料煅烧在高温下进行，NO_x 生产途径主要有热力型、燃料型以及快速型等 3 种，见图 1，水泥熟料线 NO_x 的产生部位及产生量见图 2。

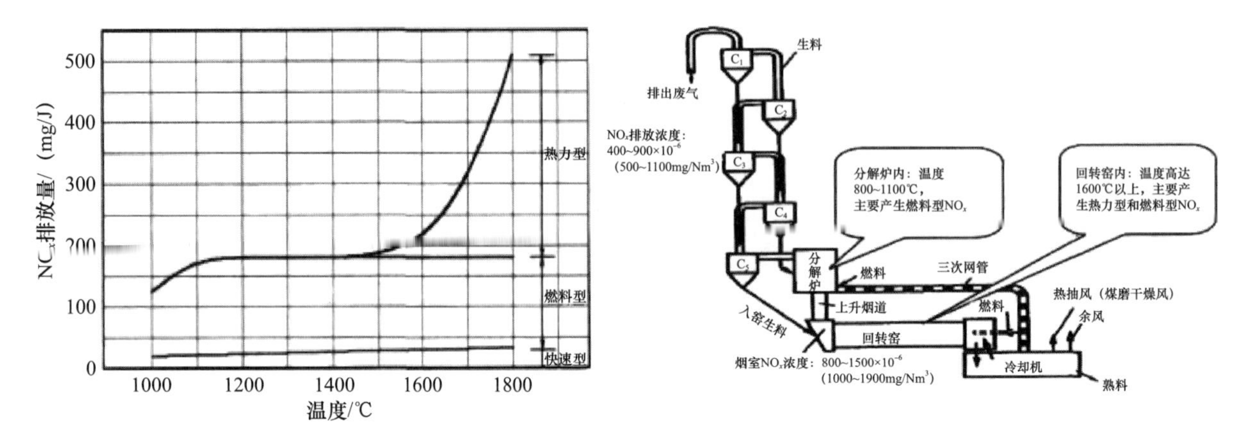

图 1 燃烧过程中三种机制占 NO_x 排放量比例图

图 2 水泥熟料线 NO_x 的产生部位及产生量示意图

（1）“热力型” NO_x，为空气中的 N_2 在高温下氧化而产生的 NO_x，生成量主要取决于温度，低于 1350℃几乎不产生，高于 1500℃大量生成，因为回转窑中烧成带火焰温度高达 1500℃以上，空气中的 N_2 和 O_2 快速反应，热力型 NO_x 大量生成。

（2）“燃料型” NO_x，水泥生产燃料主要为煤，燃料在燃烧中产生“燃料型” NO_x。

（3）“快速型” NO_x，燃烧时空气中的氮和燃料中的碳氢离子团如 CH 等反应生产 NO_x，水泥生产中这种 NO_x 是微不足道的。

1.2 水泥窑分级燃烧技术原理

分级燃烧脱氮的基本原理是在烟室和分解炉之间建立还原燃烧区，将原分解炉用煤的一部分均布到该区域内，使其缺氧燃烧以便产生 CO、CH_4、H_2、HCN 和固定碳等还原剂。这些还原剂与窑尾烟气中的 NO_x 发生反应，将 NO_x 还原成 N_2 等无污染的惰性气体。此外，煤粉在缺氧条件下燃烧也抑制了自身燃料型 NO_x 产生，从而实现水泥生产过程中的 NO_x 减排。

$$2CO+2NO \longrightarrow N_2+2CO_2$$

$$2H_2+2NO \longrightarrow N_2+2H_2O$$

$$2NHi+2NO \longrightarrow N_2+\cdots$$

分级燃烧技术主要有空气分级燃烧和燃料分级燃烧两种类型，目前我们主要研究并采用的是燃料分级燃烧技术。

1.3 分级燃烧技术的优势

通过对低氮燃烧技术与烟气脱硝技术的初步研究和比较，我们认为，与水泥熟料生产线的工艺特点相结合，优先采用分级燃烧技术改造具有以下技术优势：

（1）与工艺操作相结合，降低并还原窑内产生的热力型 NO_x，抑制燃料型 NO_x 的生成，可从源头有效降低 NO_x 的产生。

（2）无二次污染，没有污染物或副产物生成。

（3）对生产线正常生产运行和水泥熟料产量、质量无不利影响。

（4）无须消耗氨水或尿素等物质，不增加生产运行成本。

（5）工艺改造后，使运行参数得以优化，系统运行质量和稳定性提升，并有一定的节能效果。

2　三个项目的技术改造实施方案及其效果分析

根据海螺水泥在 TL、ZY 等 4 条 10000t/d 线上分级燃烧技术的应用经验，以及对国内少数分级燃烧技术改造项目运行状况的考察了解，我们总结以往分级燃烧实际操作中存在以下问题：

（1）还原区结皮现象严重，影响系统的正常稳定运行。

（2）对原、燃料品质要求严格，特别是挥发分较低的无烟煤效果较差。

（3）对工艺操作要求苛刻，需要控制窑尾 O_2 含量在 2%以下，一般难以做到。

（4）需要增加单独的喂煤系统和较大的喂煤动力。

（5）脱硝效率不稳定，难以达到 30%。

2.1　改造的技术方案

海螺集团公司对氮氧化物减排工作高度重视。项目首先成立专门领导小组，制定脱氮效率高于 30%的目标，并针对生产线窑炉的形式及原燃料情况，通过对生产线标定及数据分析，对分解炉内煤粉的燃烧形式、内部温度场、气流运动状况等进行研究，结合烧成系统的工艺特点和分级燃烧技术的实施运行难点，制定分级燃烧技改个性化方案，对技改方案进行了多次评审优化；对技改施工情况严格把关，严格按照设计图纸施工，施工完成后技术人员对设计尺寸进行复核验收，确保设计思想和技术要点得以落实，从而保证改造后的脱硝和运行效果。

三个项目的分级燃烧技术改造三维效果图见图 3。

（1）WH 海螺 1 号窑分级燃烧改造技术方案见图 4。

（2）JD 海螺 1 号窑分级燃烧改造技术方案见图 5。

（3）CQ 海螺 1 号窑分级燃烧改造技术方案见图 6。

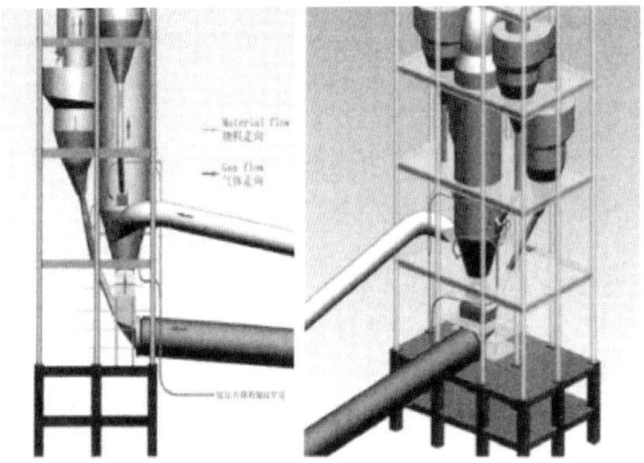

图 3　分级燃烧脱硝技术改造三维效果图

2.2　设计思路和技术要点

（1）对窑尾烟室入烟气进行整流，将上升烟道改造成方形，同时，将上升烟道的直段延长，使窑内烟气入炉流场稳定，保证入炉风速。

（2）在上升烟道与分解炉锥部连接处设计弧面扬料台，防止塌料现象发生，同时易于生料与气流的混合。

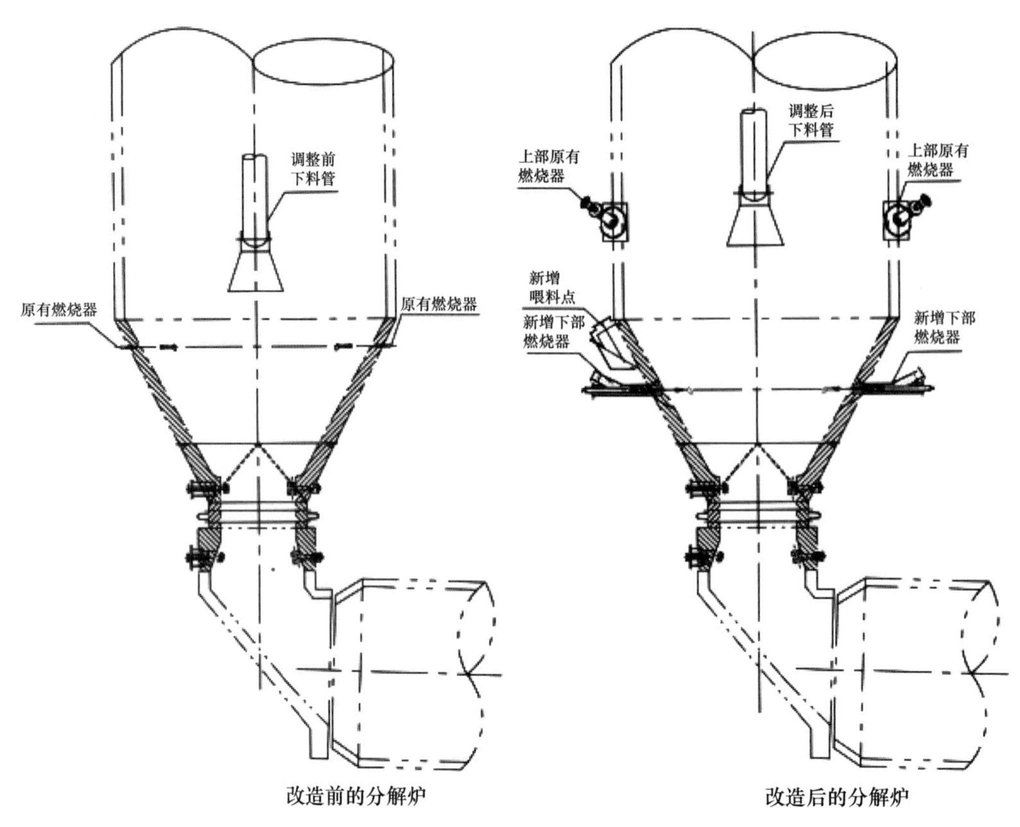

图 4 WH 海螺 1 号窑分级燃烧改造技术方案

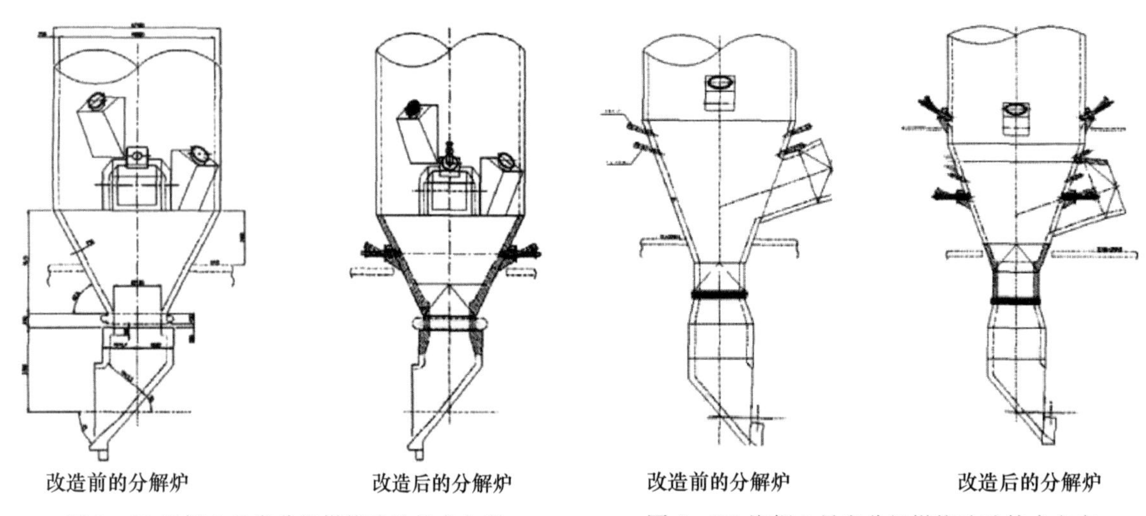

图 5 JD 海螺 1 号窑分级燃烧改造技术方案

图 6 CQ 海螺 1 号窑分级燃烧改造技术方案

（3）在分解炉锥部设计脱氮还原区，将分解炉煤粉分 4 点、上下 2 层喂入，增加了燃烧空间。在保证煤粉充分燃烧的同时，适当增加分解炉锥部的煤粉喂入比例，保证缺氧燃烧产生的还原气氛、还原窑尾烟气中大量的 NO_x，产生良好的脱硝效率。

（4）根据原系统的运行状况，调整 C4 下料点位置，使生料沿分解炉锥部内部下滑，避免分解炉锥部高温结皮现象。

（5）根据原系统三次风入炉速度和流场分布的需要，调整三次风入口面积大小和入炉风速。

（6）操作上，适当降低窑内通风和喂煤量，增加三次风量和分解炉喂煤量，尽量降低窑内过剩空气系数，减少 NO_x 的生成量；降低高温风机转速，尽量减少系统用风，在保证脱硝效率的同时可降低熟料烧成热耗，使系统阻力有所降低。

2.3　改造实施结果及分析

WH 海螺 1 号窑、JD 海螺 1 号窑及 CQ 海螺 1 号窑三家公司分级燃烧技术改造后运行情况良好，现场改造实施见图 7。脱硝效果明显，WH 海螺 1 号窑脱硝效率在 37%，JD 海螺 1 号窑脱硝效率为 27%，CQ 海螺 1 号窑达到 39%。三家公司改造前后运行参数对照见表 1。

表 1　三家公司改造前后运行参数对照

序号	参数名称	WH 海螺 1 号窑		JD 海螺 1 号窑		CQ 海螺 1 号窑	
		改造前	改造后	改造前	改造后	改造前	改造后
1	熟料产量/（t/d）	5816	5816	5814	5814	5890	5816
2	熟料热耗/（kJ/kg. cl）	3129	3083	3627	3251	3058	3033
3	预热器出口温度/℃	340	322	361	357	326	322
4	预热器出口负压/Pa	5700	5400	5400	5300	6200	5400
5	高温风机转速/（r/min）	695	680	800	790	740	710
6	窑尾烟室 O_2 含量/%	5.3	4.1	3.0	3.0	3.5	3.5
7	预热器出口 O_2 含量/%	2.4	2.1	3.7	3.5	1.5	1.5
8	预热器出口 NO_x 浓度/（mg/Nm^3）（10%O_2）	669	422	757	550	911	559
9	脱硝效率/%	37		37		39	

通过对 WH 海螺 1 号窑、JD 海螺 1 号窑、CQ 海螺 1 号窑分级燃烧技术改造和运行调试，3 家公司技改后窑尾预热器出口 NO_x 实际排放浓度变化曲线见图 8，脱硝效果达到了设计目标值，并得出以下结论：

（1）分级燃烧技术改造脱硝效果明显，NO_x 减排效率平均在 27%～39%（特别是对于分解炉炉容较大的生产线，脱硝效率更加明显），且改造后不影响熟料产量，未发现窑尾烟室、分解炉等部位有结皮现象，系统运行正常稳定。

图 7　不同系统的分级燃烧改造全貌

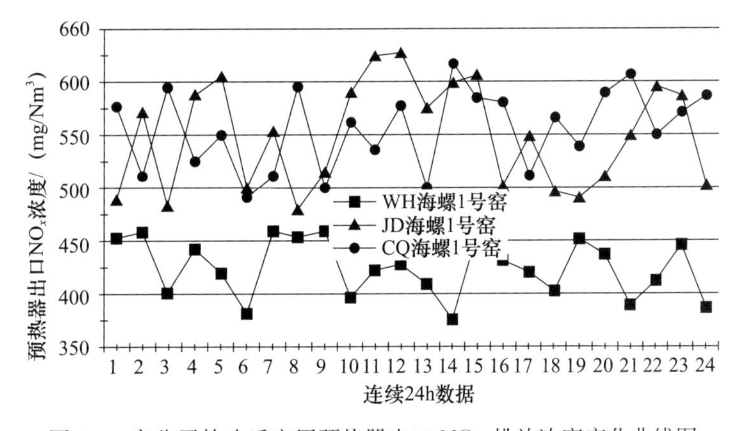

图 8　3 家公司技改后窑尾预热器出口 NO_x 排放浓度变化曲线图

（2）改造后中控操作上有很大的不同，主要运行参数也有明显变化，高温风机转速下降 10～30r/min，预热器出口温度下降 4～18℃，负压降低了 300～800Pa，熟料热耗下降了 16～46kJ/kg. cl，由于高温风机转速下降，系统用风减少，电耗也降低 0.6kW·h/t. cl 左右。

（3）窑尾烟室上升烟道以及分解炉下锥体的耐火材料改造效果较好，不易产生塌料现象，窑内通风更易于稳定，窑尾负压降低，且波动幅度缩小，窑况较改造前更稳定。

3 分级燃烧技术的推广及应用情况

在 2012 年 7 月完成了首批 3 条生产线的分级燃烧技术改造及运行调试后，海螺集团于 2012 年 8 月中旬对首批 3 条生产线分级燃烧技术改造进行总结并推广，目前已完成同类生产线分级燃烧技术改造 78 条，改造后的生产线平均脱硝效率为 30.8%。部分分级燃烧改造后生产线见表 2。

表 2 已完成改造分级燃烧生产线（部分）

序号	熟料线	规模	分解炉型	完成改造时间	脱硝效率/%
1	WH 海螺 1 号线	5000t/d	N 型	2012-07-03	37
2	JD 海螺 1 号线	5000t/d	T 型	2012-07-26	27
3	CQ 海螺 1 号线	5000t/d	C 型	2012-07-17	39
4	WH 海螺 2 号线	5000t/d	N 型	2012-08-29	33
5	WH 海螺 3 号线	5000t/d	N 型	2012-11-22	34
6	WH 海螺 4 号线	5000t/d	N 型	2012-12-03	37
7	XC 海螺 2 号线	5000t/d	N 型	2013-01-22	30
8	DG 海螺 3 号线	5000t/d	T 型	2012-01-03	38
9	DG 海螺 4 号线	5000t/d	N 型	2012-12-08	38
10	DG 海螺 2 号线	5000t/d	C 型	2012-11-27	35
11	HN 海螺一期	5000t/d	C 型	2012-11-13	27

4 结 语

通过对分解炉下部结构改造和窑尾燃料的分级燃烧，有效构建了脱硝还原区域，改善了窑内的通风，并通过流场的整形，创造了良好的脱硝空间，获得了较好的脱硝和运行效果，该项技术在海螺水泥生产线上的应用及运行效果目前在国内处于先进水平。分级燃烧技术与 SNCR 烟气脱硝技术比较，分级燃烧技术无运行成本，见效快，而且长期效益较显著，同时不会引起二次污染，不对水泥生产工艺系统造成影响，在水泥行业脱氮减排优选的现实脱硝减排技术，值得广泛推广应用。同时，由于低氮燃烧技术对操作运行管理要求较严，通过该项技术的推广应用可同时提升水泥行业整体的操作运行管理水平，向精细化方向发展，有利于进一步降低生产线能耗，推动行业技术管理进步。

参考文献

[1] 蔡玉良，肖国先，李波，等．水泥生产系统氮氧化物的产生过程和控制措施［J］．中国水泥，2013（1）：65-71.

（原文发表于《中国水泥》2014 年第 11 期）

熟料线低氮低碳环保型预分解系统的开发及应用

李群峰

摘　要　为进一步降低水泥厂能耗指标，实现企业的节能减排，通过对旋风筒、分解炉、烟室等关键部位进行升级，开发出高效低阻旋风筒、自脱硝低氮分解炉及低循环稳流烟室等装备，并在5000t/d熟料生产线应用。实施后，吨熟料标准煤耗下降幅度达6.54%，分解炉自脱硝效率达45%，二氧化碳减排也较明显。

关键词　烧成系统；高效节能低碳技术；开发应用

Development and application of low nitrogen and low carbon environmental protection predecomposition system for clinker line

Li Qunfeng

Abstract　In order to further reduce the cement plant energy consumption index, to achieve energy conservation and emission reduction enterprises. Through the cyclone cylinder, decomposing furnace, the smoke chamber upgrade key parts, developed and low resistance cyclone cylinder, the denitration low nitrogen and low cyclic steady flow decomposing furnace smoke chamber and other equipment, and in 5000 t/d clinker production line application, after implementation, clinker tons of standard coal consumption was reduced by 6.54%, and the decomposing furnace denitration efficiency reached 45%, carbon dioxide emissions is more apparent.

Keywords　burning system; high efficiency energy saving and low carbon technology; development and application

0　引　言

海螺水泥围绕“碳达峰、碳中和”目标，正在全力推进碳减排工作，组建了安徽省水泥工业二氧化碳捕集转化应用创新联合体。公司通过加大新能源投入，研发应用新型燃料技术、替代原料和生物质替代燃料技术；同时，公司目前大力推进生产线综合节能改造，针对2008年以前投产运行的生产线存在能耗指标偏高、运行稳定性差及设备性能低等问题，为进一步降低能耗指标，减少CO_2排放，对烧成系统进行深入研究，开发出了高效低阻旋风筒、低氮低碳环保型分解炉及防结皮烟室等关键装备，对传统 5000t/d 熟料线实施技术改造，投运后取得了良好的应用效果。

1 预分解系统开发研究路线与目标

1.1 开发研究技术路线

对传统生产线开展热工诊断，科学有效地梳理出生产线现有能耗指标及存在的问题。利用水泥回转窑热平衡、热效率、综合能耗计算方法，分析影响烧成系统热耗的主要因素。运用热工计算和 CFD 模拟等技术手段，根据熟料线预分解系统现有配置，开展高效低阻旋风筒、自脱硝低氮分解炉和低阻烟室的研究开发。

1.2 开发研究目标

根据现存熟料线运行指标和技术开发措施，制定科学合理的开发目标，如表 1 所示。

表 1 预分解系统研究开发的目标

项目	技改目标值
熟料标煤耗/（kg/t. cl）	≤98
熟料工序电耗/（kW·h/t. cl）	≤25
预热器出口压力/Pa	−4200±100
预热器出口温度/℃	290±10
分解炉出口 NO_x（mg/Nm^3，$O_2$10%）	≤400

2 预分解系统的研究与开发

2.1 高效低阻旋风筒的研究与开发

（1）针对目前 C1 级旋风筒分离效率低、阻力大的问题，自主研究开发高效低阻“HL 型旋风筒”，开发设计图如图 1 所示。“HL 型旋风筒”采用四心大蜗壳结构，增加进风口与内筒间距，抑制短路流；锥部采用扩径形式，防止局部二次流引起的“扬尘”和“夹带”；调整柱体直径和蜗壳高度，合理控制入口风速和柱体截面风速。保证旋风筒阻力在 700Pa 以下，分离效率达到 95%以上。

C1HL 型旋风筒流场分析如图 2 所示。可见，旋风筒流场总体分布均匀合理，出口处气流速度达到最大，在 25m/s 左右，速度梯度变化不大，出口阻力损失较小；由于筒体高度较大，锥部的气流速度控制较低，物料返混得到控制，避免气流“夹带”现象，有利于实现物料分离。

（2）对 C2～C5 级旋风筒的改造以降阻为目的，仅对旋风筒进行局部改造，其具体改造示意图如图 3 所示。保留原锥体和柱体，采用内扩式和增高蜗壳高度的方式，扩大旋风筒入口面积，控制合理的入口风速；更换内筒，增加内筒插入深度，并将内筒与原换热管道变径连接。将锥部设置为歪锥形式，改变锥部流场分布，受流场扰动，有利于避免物料搭接堵料。

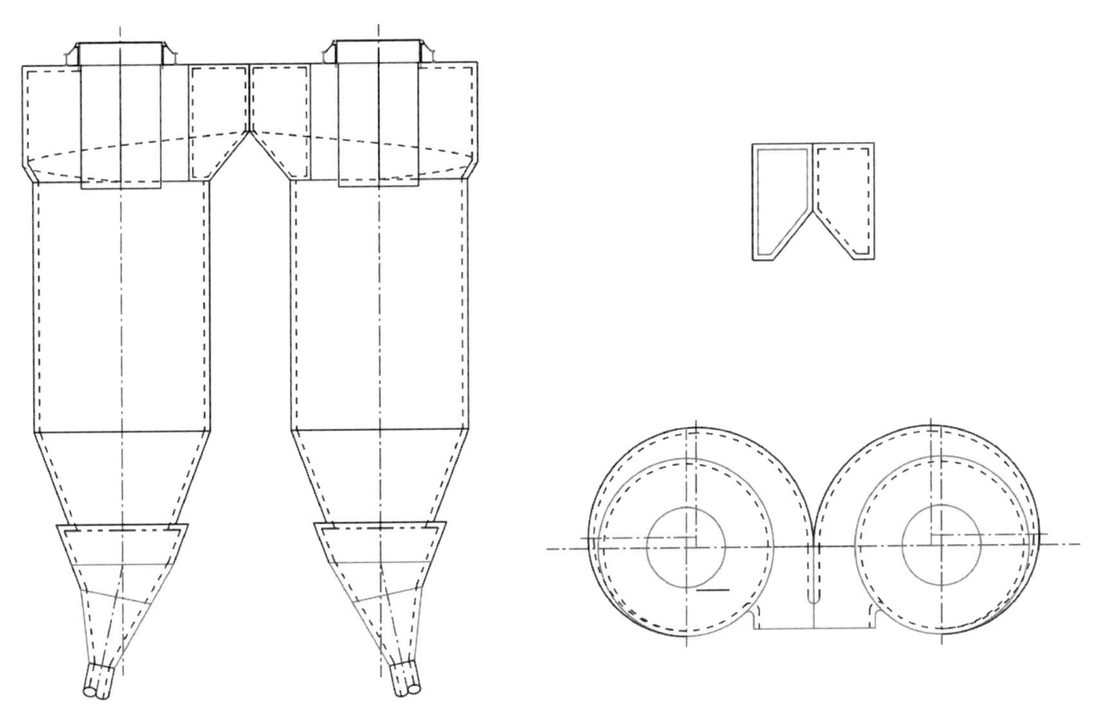

图 1　HL 型 C1 旋风筒开发设计图

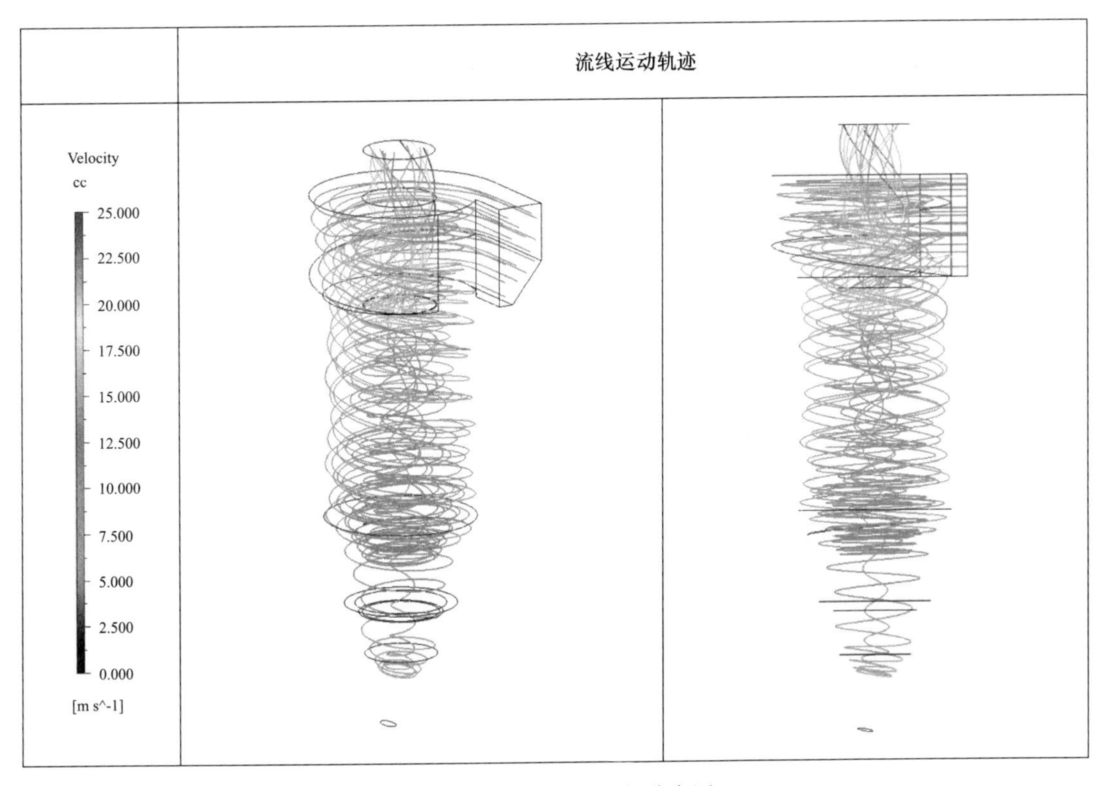

图 2　HL 型旋风筒流场分布图

2.2　自脱硝低氮分解炉的研究与开发

为提高分解炉煅烧能力，保证煤粉充分燃烧和分解炉自脱硝能力，开发自脱硝低氮低碳分解炉，如图 4 所示。

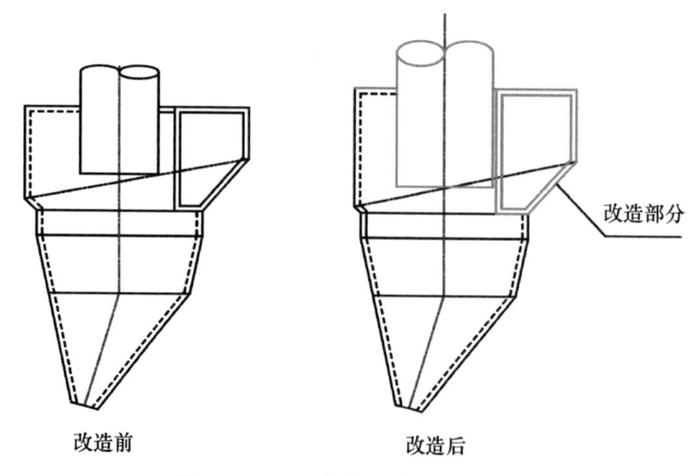

图 3 C2～C5 级旋风筒改造示意图

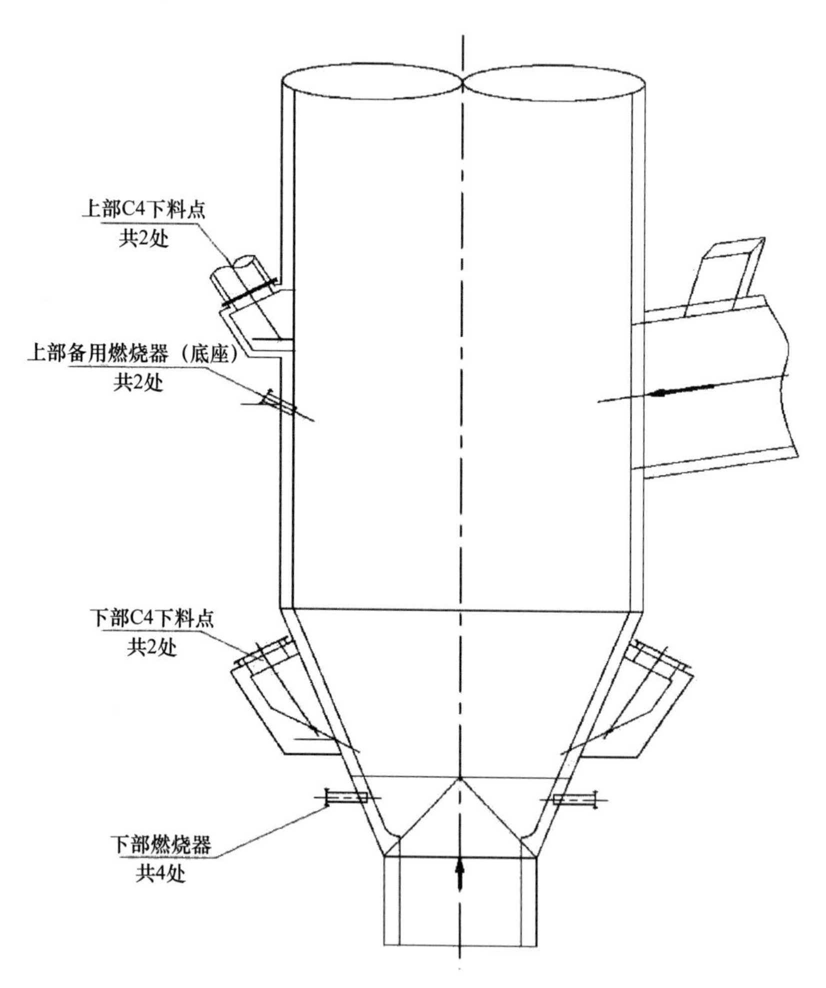

图 4 低氮低碳分解炉

（1）采用窑炉在线布置，煤粉分级供应，分解炉锥部设置还原区；优化分解炉锥部脱氮还原区，重新布置三次风位置，保证还原区烟气停留时间在 1.2s 以上；采用“饲料温控”设计理念，将 C4 下料管分料至分解炉锥部，降低还原区局部高温；生产操作上，适当增加分解炉锥部的煤粉喂入比例，保证缺氧燃烧产生的还原气氛，降低烟气中的 NO_x，产生良好的脱硝效率。

（2）喷旋结合管道式分解炉有利于提高物料在炉内的停留时间和物料的均匀性，降低物料在炉内的返混程度，提高煤粉在分解炉内的燃烧效率。基于喷旋结合管道式分解炉的特点，开发设计中保留原分解炉主炉结构，增加一段柱体结构，扩大弯头处空间，增加分解炉炉容，气体和物料停留时间延长至7s以上，同时增设一个缩口，增强气流喷腾效果和气固混合程度。

（3）对自脱硝低氮分解炉进行CFD数值模拟，其CO浓度分布和NO_x浓度分布如图5和图6所示。从整体看，分解炉CO浓度分布由下部而上逐渐减小，集中分布在锥部燃烧器周围，表明分解炉保证煤粉充分燃烧的同时，锥部产生大量还原性气体，有利于NO_x脱硝反应。由NO_x浓度分布可知，分解炉锥体下部NO_x分布最高，主要是窑内NO_x。经脱硝还原区后，NO_x浓度逐渐下降，且越靠近燃烧器NO_x浓度越低，表明还原性气氛与NO_x发生反应，分级燃烧起到较好的脱硝效果。

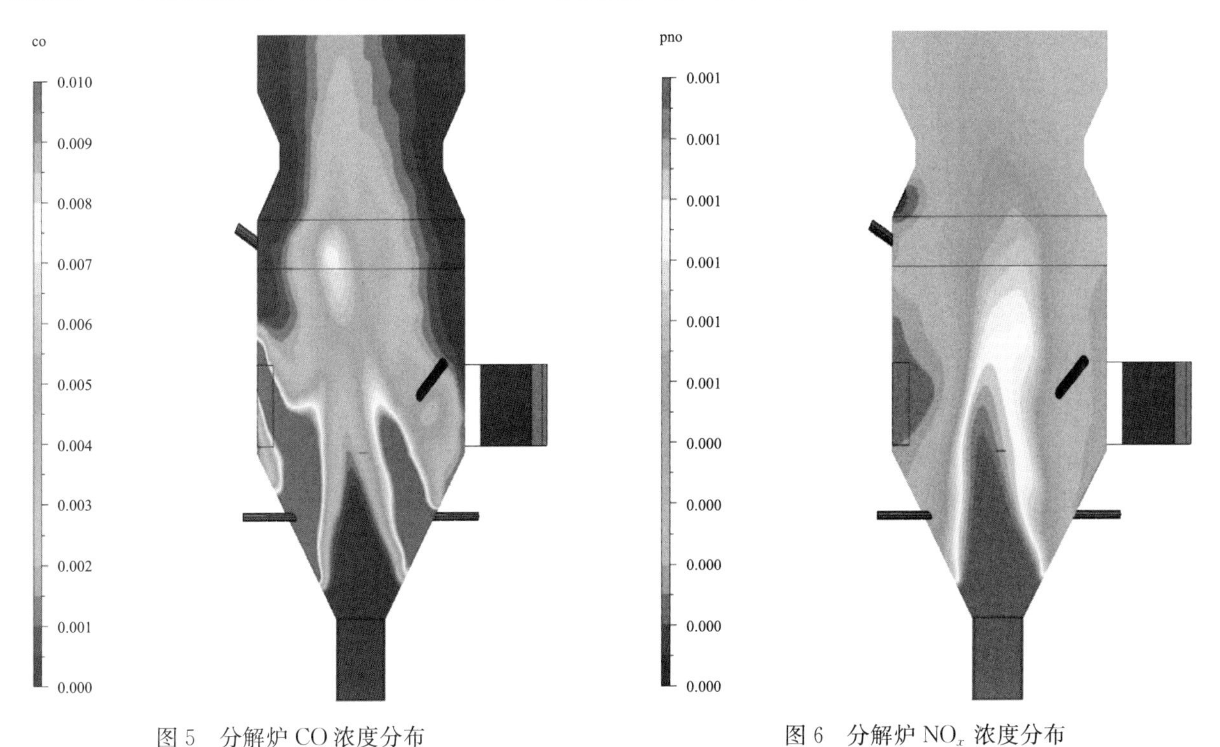

图5　分解炉CO浓度分布　　图6　分解炉NO_x浓度分布

2.3　撒料盒和翻板阀的开发设计

充分利用下料溜管和换热管道空间位置，采用分料阀进行多点（两点）喂料，使物料迅速充分均匀悬浮，强化物料分散，提高旋风筒的换热效率。图7所示为换热管道多点撒料示意图。此外，为降低系统漏风，将原翻板阀更换为动作灵活、锁风效果好的翻板阀。

2.4　烟室的开发设计

为实现预分解系统组合优化设计，在分解炉优化设计基础上，自主开发配套低阻HL型烟室，方案设计如图8所示。控制烟室通风截面积和烟室缩口风速，保证烟室气流通畅，降低阻力。同时，合理布置C5下料管的位置，避开烟室气体流速较大区域，降低物料返混程度。自主开发的烟室装置具有原料适应性强、低阻力以及降低内循环量的优点。

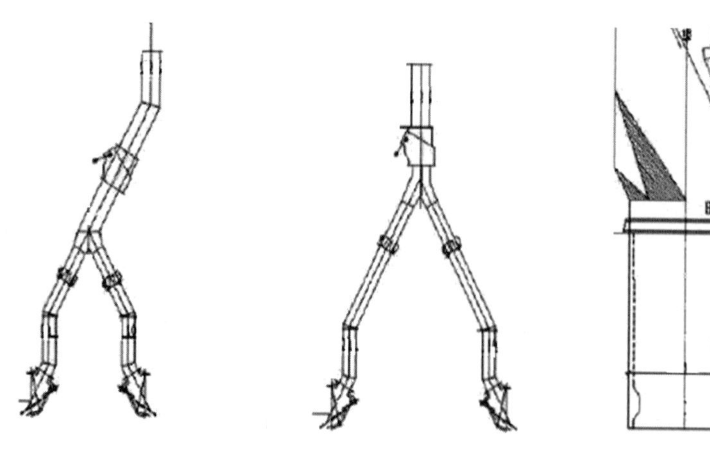

图7 换热管道多点撒料示意图

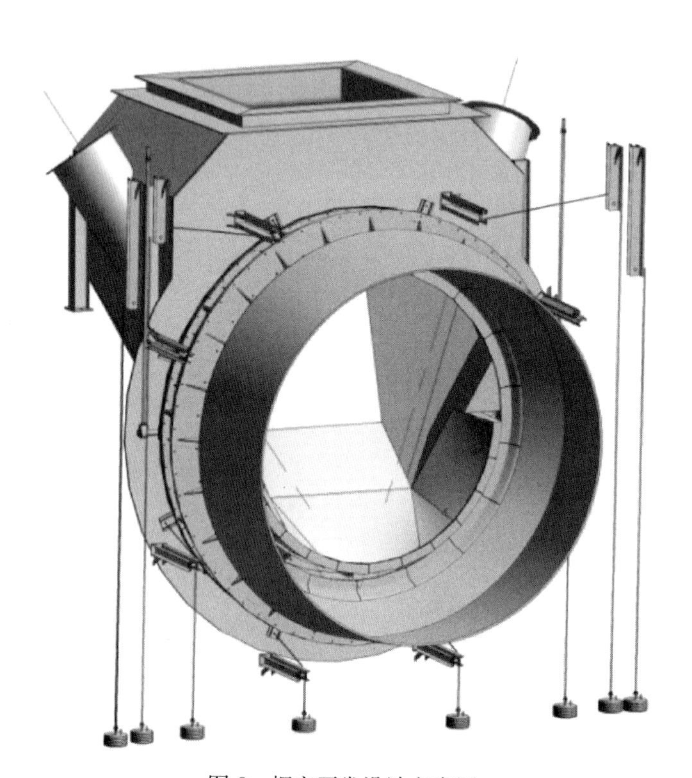

图8 烟室开发设计方案图

3 应用效果

广西FS海螺公司5000t/d生产线于2007年建成投产，烧成系统采用南京水泥院（NST型）双系列五级旋风预热器+分解炉，该生产线改造前经标定熟料标煤耗104kg/t.cl，熟料工序电耗26.6kW·h/t.cl。该生产线的煤、电耗指标偏高，同时存在预分解系统压损偏大、分解炉自脱硝效率低、出篦冷机熟料温度高等问题。

通过将预分解系统研究与开发方案应用于该线，在节能减排方面取得了良好的效果。FS公司实施改造后，经国家建筑材料工业水泥能效环保评价检验测试中心标定，预热器出口温度下降，系统阻力明显下降，C1出口粉尘浓度大幅降低，出篦冷机熟料温度大幅度下降，煤电耗指标下降明显。经热工技术诊断测定，技改前后烧成系统主要技术指标变化见表 2。

表 2　技改前后烧成系统主要技术指标对比表

项目	技改前	技改后	变化值
熟料标煤耗/（kg/t. cl）	104	97.2	↓6.8
熟料工序电耗/（kW・h/t. cl）	26.6	24.5	↓2.1
预热器出口压力/Pa	−5300	−4380	↓920
预热器出口温度/℃	310	291	↓19
预热器出口粉尘浓度/（g/Nm^3）	90	65.4	↓24.6
分解炉出口 NO_x/（mg/Nm^3，$O_2$10%）	652	358	↓294
出篦冷机熟料温度/℃	207	90	↓110

项目自改造投运后，运行状态良好，取得以下技改效果：

（1）预热器出口粉尘浓度下降明显，由 $90g/Nm^3$ 降低至 $65.4g/Nm^3$，降幅约达 25%。

（2）预分解系统的压损下降约 920Pa；系统的料气换热增强，预热器出口温度下降约 19℃。

（3）分解炉出口 NO_x 含量由 $652mg/Nm^3$ 降低到 $358mg/Nm^3$，分级燃烧效率达 45.1%。

（4）出篦冷机熟料温度由 207℃降低至 90℃左右。

（5）熟料标煤耗下降 6.8kg/t. cl，降幅达 6.54%；熟料工序电耗约降低 2.1kW・h/t. cl。按年产熟料 165 万吨测算，年节约标煤 1.12 万吨，节电 347 万 kW・h，实现年二氧化碳减排约 3.15 万吨。

截至 2022 年 4 月，开发的低碳低氮环保型预分解系统已用于 25 条 5000t/d 熟料线改造项目，年节省标煤约 28 万吨，节电 8600 万 kW・h，实现年减排二氧化碳约 80 万吨。

水泥窑高温高尘SCR烟气脱硝系统的应用

李乐意

摘　要　该文借助计算机仿真流体模拟手段，开发水泥窑用高温高尘SCR（选择性催化还原）脱硝系统及装备，并开展上线试验，实现氮氧化物的超低排放，并大幅降低氨水用量，减少氨逃逸。控制氮氧化物排放浓度≤50mg/Nm³、氨逃逸≤5mg/Nm³。

关键词　高温高尘；SCR脱硝；催化剂；氮氧化物浓度；氨逃逸

Application of SCR denitrification system for high temperature and high dust in cement kiln

Li Leyi

Abstract　In this paper, the SCR (selective catalytic reduction) denitrification system and equipment with high temperature and high dust for cement kiln are developed by means of computer simulation fluid simulation, and on-line tests are carried out to achieve ultra-low emission of nitrogen oxides, greatly reduce the amount of ammonia water and reduce ammonia escape. Control nitrogen oxide emission concentration≤50mg/Nm³, ammonia escape≤5mg/Nm³.

Keywords　high temperature and dust; SCR denitrification; catalyst; NO_x concentration; ammonia escape

0　引　言

SCR（选择性催化还原）脱硝技术在火电烟气脱硝技术中应用较为广泛，成熟度较高[1-3]，而水泥厂因其烟气条件复杂、粉尘浓度高、黏性大，对于SCR脱硝技术的应用较为苛刻。随着水泥工业二氧化碳超低排放的提出，其中氮氧化物排放指标进一步收紧，减排形势严峻，SCR脱硝技术在水泥行业的应用再一次成为人们争相研究的热点。目前，水泥行业脱硝技术主要有分级燃烧、SNCR脱硝（选择性非催化还原脱硝）、SCR脱硝（选择性催化还原脱硝）等技术，SCR脱硝技术依靠高活性成分催化还原，促使NH_3与NO_x反应，具有脱硝效率高（95%以上）、氨水利用率高等特点[4-5]。

海螺始终注重生产与环保和谐发展，早在2016年便成立SCR课题攻关组，开展SCR脱硝技术的研究，针对烟气中粉尘含量较高（粉尘浓度80～100g/Nm³），粉尘粒径小、动性差，易黏附在催化剂表面和在孔道内堆积，造成催化剂堵塞，会覆盖催化剂表面、微孔或与活性物质反应造成催化剂的物理/化学失活等问题，借助计算机仿真模拟等技术手段，开展气体流场理论研究分析，开发出适用于水泥生产线的高温高尘 SCR 脱硝系统及成套装备，并开展工业化应用，取得较好的应用效果。

1　SCR 脱硝系统的开发

1.1　SCR 脱硝工艺系统

SCR 脱硝系统主要包括：氨水储存及输送系统、SCR 反应塔、SCR 催化剂、清灰系统和电气自动化控制系统。

氨水储存及输送系统主要包括氨水储罐、泵送系统和喷射系统，雾化喷枪要确保氨水具有较好的雾化效果；SCR 反应塔主要包括气体导流均布系统、余热回收系统，底部设置粉尘输送装置，催化剂布置在中间位置，每层催化剂设置清灰装置，并设置温度压力仪表、检修平台等必要设备；SCR 催化剂是系统的主要组成部分，氨水在催化剂的作用下，选择性与 NO 反应，以达到降低 NO_x 排放的目的，主要采用钒钛系催化剂，催化剂孔数、孔道速根据生产线实际情况确定；清灰系统主要采用耙式清灰器、空气炮清灰、超声波清灰等方式，将催化剂表面的积灰清除，以保证催化剂不被粉尘堵塞，影响脱硝效果；自动化控制系统主要实现与中控操作系统的无缝衔接，便于操作运行。

1.2　SCR 脱硝系统工艺流程

生产线 SCR 脱硝系统烟气由预热器出口 C1 汇总风管接入 SCR 反应塔进行脱硝反应，反应后的烟气再进入预热器烟气风管或进入 PH 锅炉，烟气在窑尾高温风机作用下进入 SCR 反应塔，在催化剂作用下进行脱硝还原反应。氨水主要由 C5 旋风筒位置进入烧成系统。催化剂上表面采用压缩空气进行周期清灰，SCR 反应塔灰斗拉链机将沉降下来的粉尘送入窑系统回灰系统。

高温高尘 SCR 脱硝系统工艺流程如图 1 所示。

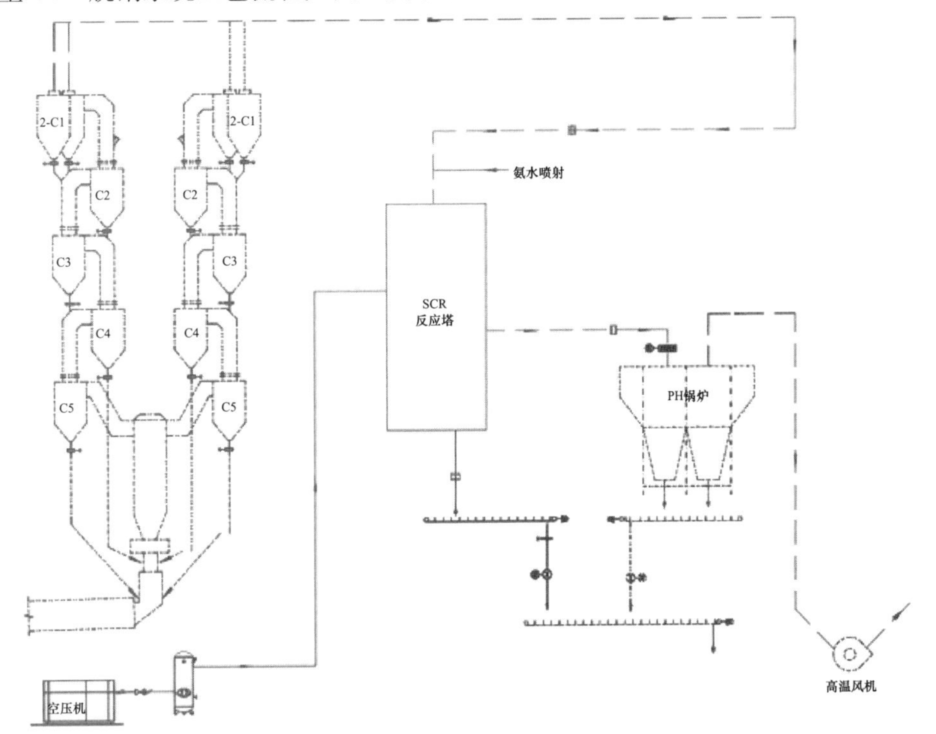

图 1　高温高尘 SCR 脱硝系统工艺流程

2 SCR脱硝反应装置开发

在设计开发过程中，反应塔内气体流场的均匀性尤为重要，关系到系统的氨氮反应效率、压力损失以及粉尘分布。为了确保流场的均匀性，SCR脱硝反应装置主体近方形设计，SCR入口设置三层导流+均布分风装置，SCR反应器空塔流速在2.5～5.0m/s，借助计算机仿真模拟，对反应塔内气体流场的均匀性进行模拟分析，开发低阻SCR反应塔，确保流场均匀。主要的速度流场和压流场如图2所示。

通过计算机仿真流体模拟分析，经导流均布后入口速度偏差≤15%，SCR进出口压损在300～400Pa，能够在气体流场均匀的情况下，确保SCR系统较低的压力损失。

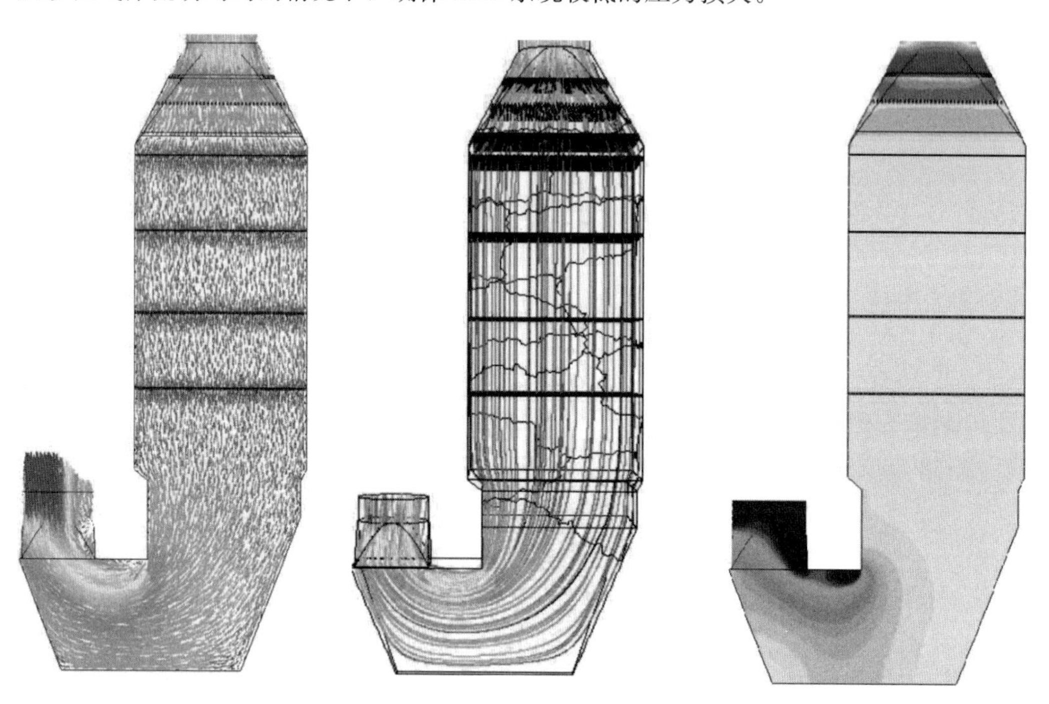

图2 SCR反应塔速度流场和压力云场

2.1 SCR脱硝清灰系统

耙式清灰器（图3）是一种伸缩式清灰器，广泛应用于电站锅炉烟气脱硝装置、锅炉省煤器、管式空气预热器等部位清扫。其主要以蒸汽或压缩空气作为吹灰介质，通过特制喷嘴喷出，对设备表面灰尘进行清理。水泥厂SCR系统清灰，结合水泥行业自身特点，对耙式清灰器开展针对性设计。通过优选不同的喷嘴直径、喷嘴间距、喷吹高度，寻找最优的清灰器设计方案。

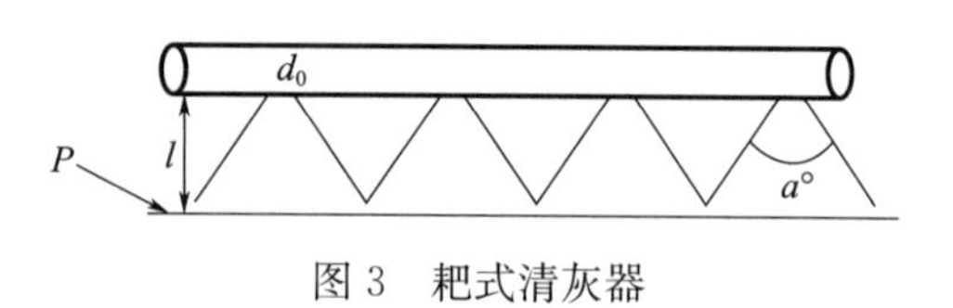

图3 耙式清灰器

2.2 SCR催化剂

目前，SCR催化剂基本都是以TiO_2为载体，以V_2O_5为主要活性成分，以WO_3、MoO_3为抗氧化、抗毒化辅助成分。催化剂形式可分为平板式、蜂窝式和波纹板式。

从三种催化剂的结构来看，平板式最不易堵灰；蜂窝式的催化剂流通面积一般，烟气中粉尘浓度较高时，易产生积灰搭桥，引起催化剂堵塞；波纹板式催化剂壁面夹角小而多，属于最容易积灰的形式。目前普遍使用的催化剂为蜂窝式和板式两种，其中蜂窝式较多。

3　运行效果

高温高尘板式 SCR 催化剂脱硝系统在 BM 和 TL 公司窑列进行工业应用试验，可有效将 NO_x 排放浓度控制在 50mg/Nm^3 以内、氨逃逸控制在 8mg/Nm^3 以内。主要脱硝效果见表 1。

表 1　主要脱硝效果

性能指标	BM 公司	TL 公司
生料喂料量/（t/h）	385～395	385～395
NO_x 初始浓度/（mg/Nm^3）	399～445	400～600
NO_x 排放浓度/（mg/Nm^3）	30～45	35～40
SCR 实施前氨水用量/（kg/t. cl）	4.5～5.5	4.8～5.2
SCR 实施后氨水用量/（kg/t. cl）	2.0～2.7	2.4～2.6
SCR 实施后氨逃逸/（mg/Nm^3）	1.3	1.9
SCR 反应塔进出口压损/Pa	460	450
SCR 反应塔进出口温降/℃	6	5

注：NO_x 浓度、氨逃逸数据已换算为 10%氧含量。

BM 公司 SCR 脱硝系统实施前，生料喂料量 385～395t/h，NO_x 排放浓度随窑工况在 399～445mg/Nm^3 波动，当 NO_x 控制在 50mg/Nm^3 以内时，氨水用量 4.5～5.5kg/t. cl，氨水用量较高；SCR 脱硝系统实施后，生料喂料量及烧成系统工况与之前基本一致，当 NO_x 控制在 50mg/Nm^3 以内时，氨水用量 2.0～2.7kg/t. cl，降幅 47%左右，氨逃逸 1.3mg/Nm^3，SCR 进出口压损 460Pa 左右、温降 6℃左右。

TL 公司 SCR 脱硝系统实施前，生料喂料量 385～395t/h，NO_x排放浓度随窑工况在 400～600mg/Nm^3 波动，当 NO_x 控制在 50mg/Nm^3 以内时，氨水用量 4.8～5.2kg/t. cl，氨水用量较高；SCR 脱硝系统实施后，生料喂料量及烧成系统工况与之前基本一致，当 NO_x控制在 50mg/Nm^3 以内时，氨水用量 2.4 ～2.6kg/t. cl，降幅 50%左右，氨逃逸 1.9mg/Nm^3，SCR 进出口压损 450Pa 左右、温降 5℃左右。

高温高尘 SCR 脱硝技术实施后，氨水用量较 SCR 实施前降低 50%左右，吨熟料氨水用量较 SCR 脱硝系统投用前降低 1.0～2.0kg，1 条 5000t/d 生产线年可降低氨水用量 1650～3300t，节约了生产线运维成本。

4　结　论

通过本项目的实施，主要结论如下：

（1）水泥窑高温高尘 SCR 脱硝技术在催化剂的作用下，可有效提高氨氮反应效率，氨水用量降低 50%左右，实现 NO_x 的超低排放（NO_x 排放浓度控制在 50mg/Nm^3 以内），并严格控制氨逃逸在

$8mg/Nm^3$ 以内，降低了氨水逃逸对生产线设备的破坏，节省了生产线运维成本。

（2）SCR 脱硝技术实施后，因增加系统配置，会增加系统阻力以及系统温降，从而会增加高温风机电耗，降低余热发电系统发电量。

（3）高温高尘 SCR 脱硝技术实施后，水泥窑脱硝氨水用量大幅降低，从而也反映了目前 SNCR 脱硝技术氨水利用效率低的情况，可进一步探讨 SNCR＋SCR 组合使用技术路径。

参考文献

[1] 李伟，徐强，孔德安，等．电站锅炉 SCR 脱硝系统联合运行优化模型［J］．热力发电，2019，48（6）：46-47.

[2] 环境保护部，国家发展改革委，国家能源局．全面实施燃煤电厂超低排放和节能改造工作方案［J］．节能与环保，2016（1）：32-33.

[3] 张祥翼，罗志，尚桐，等．SCR 防堵灰型流场优化技术及工程应用［J］．热力发电，2020，49（2）：110-114.

[4] 魏荣．水泥工业 SCR 脱硝技术探究［J］．工程建设与设计，2020（16）：138-139.

[5] 蒋文举．烟气脱硫脱硝技术手册［M］．北京：化学工业出版社，2012.

水泥窑烟气二氧化碳捕集纯化技术及其资源化利用探索

陈永波

摘　要　水泥行业是二氧化碳排放大户，“双碳”背景下，新技术、新工艺如雨后春笋般被应用到水泥行业的碳减排行动中。本文结合海螺集团在二氧化碳捕集纯化及转化方面的实践经验，简析水泥窑烟气二氧化碳捕集纯化关键技术及其资源化利用。

关键词　水泥窑；二氧化碳；捕集纯化技术；资源化利用

Exploration on carbon dioxide capture and purification technology and resource utilization of cement kiln flue gas

Chen Yongbo

Abstract　Cement industry is a major emitter of carbon dioxide. Under the background of “double carbon”, new technologies and new processes are springing up like mushrooms to be applied to the carbon emission reduction actions of cement industry. In this paper, the key technologies of carbon dioxide capture and purification of cement kiln flue gas and their resource utilization are briefly analyzed based on the experience of Conch in carbon dioxide capture and purification and transformation.

Keywords　cement kiln; carbon dioxide; capture and purification technology; resource utilization

1　引　言

水泥是社会基础设施建设的主要建筑材料，水泥工业是国民经济中重要的基础产业。2020 年，水泥熟料产量 15.79 亿吨，水泥产量 23.77 亿吨，水泥工业二氧化碳排放 12.3 亿吨，此外，水泥工业的电力消耗可间接折算约合 8955 万吨二氧化碳当量。水泥工业是二氧化碳排放大户，提高水泥工业烟气中二氧化碳回收利用是实现水泥行业“双碳”目标的必经之路，是保障国家经济可持续发展的重要途径。本文主要介绍海螺集团在水泥行业二氧化碳捕集纯化、二氧化碳资源化利用方面的探索经验。

2　水泥窑烟气二氧化碳捕集方法的选择

2.1　二氧化碳捕集技术原理及优缺点对比

针对排放的二氧化碳的捕集分离系统主要有两类——燃烧前捕集系统和燃烧后捕集系统，而常用的二氧化碳捕集方法主要有物理溶剂吸收法、化学溶剂吸收法、变压吸收法、膜分离法及低温精馏法。以上几种二氧化碳捕集方法的原理及优缺点见表1。

表1 二氧化碳捕集方法原理及优缺点对比

捕集方法	原理	优点	缺点
物理溶剂吸收法	利用烟气中CO_2与其他成分在溶剂中的溶解度不同而进行分离	溶剂可选择范围较大	CO_2在某一种溶剂中的溶解度是有限的，CO_2吸收效率受限条件较多，且CO_2产品纯度较低
化学溶剂吸收法	利用CO_2与某种溶剂起化学反应，生成中间化合物，而烟气中其他成分不与该溶剂反应；生成的中间化合物在其他装置中解吸出来	生成的CO_2气体纯度较高	需提供一定的能量供CO_2解吸
膜分离法	在压力作用下，烟气中的CO_2可从膜壁渗透出去，其他分子气体不能渗透而从管道另一端流出，达到分离的目的	膜分离法的系统运行能耗较低	此方法只适用于气源比较干净、且全部是大分子混合气； 分离出的CO_2纯度不高； 膜易受杂质、油水等污染而报废
变压吸收法	利用对烟气中CO_2有选择吸附性的固体颗粒吸附剂，在压力作用下，CO_2被吸附剂吸收，其他气体不被吸收得以分离	工艺系统简单，运行稳定	系统运行过程需加压、降压和抽真空，运行成本高；分离出的CO_2纯度不高（浓度在30%～60%之间）
低温精馏法	利用CO_2沸点与其他气体不同进行分离	产品纯度高，能达到99.99%以上	此方法对烟气中CO_2浓度要求很高（浓度达到90%以上）

2.2 水泥窑烟气二氧化碳捕集方法选择

根据目前相对成熟的CO_2捕集技术及其优缺点的研究分析和国内外相关技术应用考察，结合水泥窑烟气量大、成分复杂、含量波动大及CO_2浓度低的特性，采用化学溶剂吸收法作为本项目深度研究的内容。

通过研究开发出满足水泥窑烟气特性的CO_2吸收剂，此吸收剂在低温（40 ℃）条件下与烟气中CO_2发生化学反应，生成中间化合物，而烟气中的其他成分不与该溶剂反应；生产的中间化合物在较高温度（90～100 ℃）下解吸出CO_2，并实现化学溶剂的再生和循环利用。该过程包括CO_2吸收过程（放热过程）和解吸过程（吸热过程）。

3 水泥窑烟气二氧化碳捕集纯化关键技术开发

3.1 低浓度二氧化碳吸收剂的开发

采用分子模拟技术和试验技术相结合，选择新型纳米碳材料、空间位阻胺、缓蚀剂、抗氧剂以及活化剂等作为辅助添加剂，开发出以羟乙基乙二胺（AEEA）为主吸收组分的新型复合有机胺吸收剂，专门用于吸收水泥窑烟气中的低浓度CO_2。该吸收剂对CO_2吸收和解吸效率高，较传统MEA吸收能力提高30%，降解速率下降90%，腐蚀速率显著下降，有效减少了吸收剂用量。

3.2 “三合一”高效多功能塔式烟气处理系统的开发

结合水泥窑烟气特性及工艺处理需求，自主研发多功能塔式烟气预处理装置，集成烟气除尘降温、脱硫脱硝、烟气二次洗涤三大功能，三个区域自下而上分别为烟气除尘降温区、烟气脱硫脱硝区及烟气二次洗涤区，本装置的特点是每个区内的液体能完成独立循环，而气体能够自下而上依次通过三个区域。在各功能区顶部安装有液体分布器，液体进入塔内能均匀地分布在整个区域内，防止液体汇聚成一股；在三个功能区域内都装填有填料，填料按照一定的方式堆积而成，此填料的作用是增大气体与烟气水洗液的接触面，充分降低烟气的温度；烟气脱硫脱硝区域中的填料是增加烟气与脱硫脱硝液的接触面，延长接触时间，使脱硫脱硝液与烟气中的 NO_x 、SO_2 充分反应，尽可能除去烟气中 NO_x 、SO_2 等杂质。

3.3 利用纯低温余热发电蒸汽解吸 CO_2 溶剂关键技术的开发

基于吸收溶剂的化学反应原理，吸收剂解吸过程在较高的温度环境中进行，需要外界给系统提供热量，本项目利用水泥厂余热发电系统自产蒸汽的优势，采用水泥窑纯低温余热发电配套的余热锅炉饱和蒸汽，通过减温减压装置将蒸汽温度、压力调整到水泥窑烟气捕集纯化装置热源使用要求，然后接解吸塔中间加热器、胺回收加热器、胺液再沸器等换热设备。低压蒸汽进入 CCS 系统经解吸塔再沸器热交换后液变（饱和水 125～135℃ ），饱和水通过回水管道进入凝结水回收装置，经凝结水泵加压送至余热发电系统闪蒸器进行循环利用，不增加余热发电系统除盐水消耗量。

4 海螺水泥烟气二氧化碳捕集纯化示范线

4.1 生产规模

示范生产线生产能力为 5.0 万吨/年液态 CO_2 产品，其中 5.0 万吨/年或 2 万吨/年工业级液态 CO_2 产品的质量达到《工业液体二氧化碳》（GB/T 6052—2011），3.0 万吨/年食品级液态 CO_2 产品的质量达到《食品安全国家标准 食品添加剂 二氧化碳》（GB 1886.228—2016）。

4.2 工艺流程

针对水泥窑烟气中 CO_2 浓度低、烟气成分复杂等特性，针对性开发设计出特有的 CO_2 捕集纯化工艺，采用 CO_2 捕集和 CO_2 精制两步法，其工艺流程如图 1 所示。

CO_2 捕集阶段主要流程是采用循环水和新型保碳脱硫脱硝剂在脱硫水洗塔内对烟气进行除尘、脱硫脱硝及降温等预处理，尽可能减少影响 CO_2 吸收的不利因素；利用吸收剂溶液在吸收塔内吸收混合气体中的 CO_2，形成弱联结的中间体化合物；在解析塔内加热中间体化合物溶液使 CO_2 解析出来，同时吸收剂得以再生循环利用。

CO_2 精制阶段主要流程是 CO_2 经三级压缩机进行升压，采用脱硫剂在脱硫床内脱出硫组分，分子筛干燥剂在干燥床内对 CO_2 气体进行干燥。后续工序分为两路：一路为生产工业级 CO_2 产品，干燥后 CO_2 气体进入工业级液化系统进行降温液化，通过工业级精馏塔将 CO_2 液体中轻组分分离出来，分离出来的工业级液态 CO_2 产品送至工业级储罐储存；另一路为生产食品级 CO_2 产品，干燥后的 CO_2 气体采用吸附剂在吸附床内进一步吸附气体中的杂质，然后进入食品级液化系统进行降温液化，通过食品级精馏塔将 CO_2 液体中的轻组分分离出来，分离出来的食品级液态 CO_2 产品送至食品级储罐储存。

4.3 水泥烟气 CO_2 捕集纯化示范线生产情况

项目于2018年10月投产运行，经过调试运行优化阶段，项目即达产达标（图2、图3）。经过近两年的摸索运行，产量趋于稳定，目前 CO_2 产量每小时为6.58t，优于设计指标（6.5t /h）；电耗主要统计捕集工序、纯化工序、冷却工序等范围内的电耗，合计每吨 CO_2 电耗为240.05kW・h，优于设计指标（248kW・h/t）；捕集工序二氧化碳捕集效率为90.95%，优于设计指标（90%）。二氧化碳捕集效率计算见表2。

表2 捕集工序二氧化碳捕集效率计算

测试时间	吸收塔入口气体流量	吸收塔入口 CO_2 浓度	吸收塔出口外排气流量	吸收塔出口外排气 CO_2 浓度	捕集工序 CO_2 回收率
	Nm^3/h	%	Nm^3/h	%	%
测试时段1	16675	23.24	14368	2.18	91.90%
测试时段2	16651	23.40	14468	2.51	90.67%
测试时段3	16723	23.22	14973	2.53	90.26%
平均值	16683	23.29	14603	2.41	90.95%

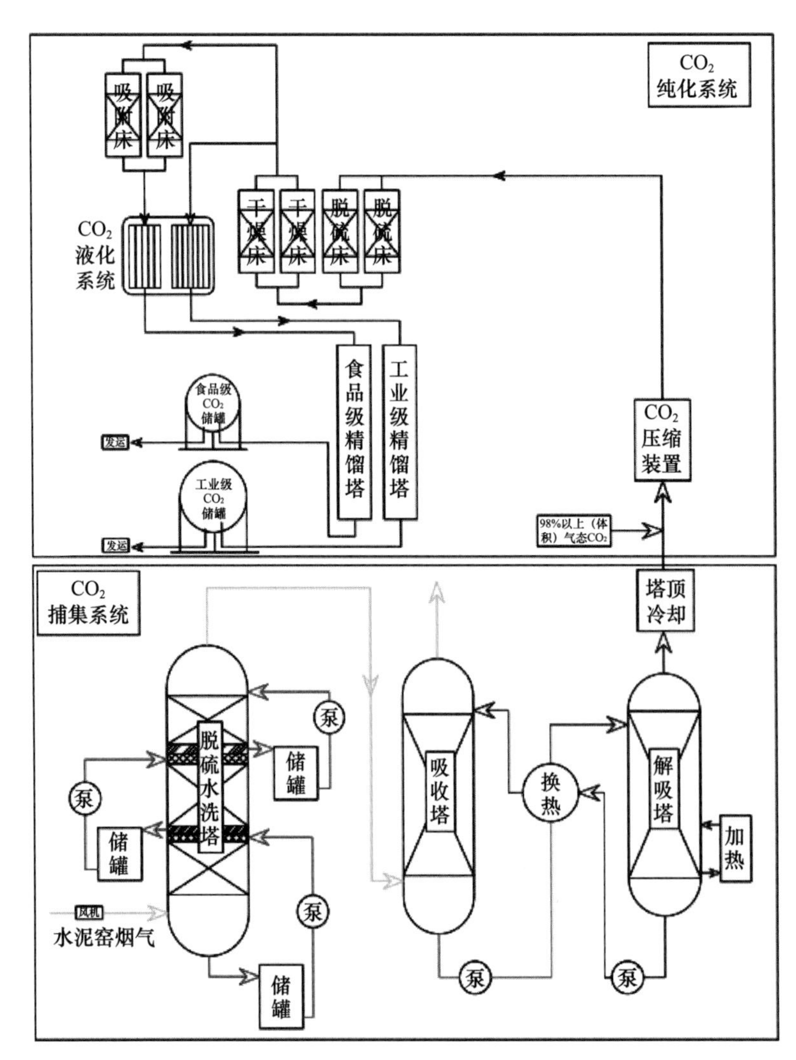

图1 水泥窑烟气 CO_2 捕集纯化工艺流程

图 2　水泥窑烟气 CO_2 捕集纯化示范生产线

图 3　海螺生产的 CO_2 产品成功销售

5　结　论

海螺水泥窑烟气二氧化碳捕集纯化示范线的成功运行，证明了化学吸收法及开发的二氧化碳吸收剂在复杂水泥窑烟气中进行碳捕集的技术路线是可行的。在此基础上，积极探索更高产、更节能的运行模式，为水泥窑烟气二氧化碳捕集纯化技术在水泥行业推广应用奠定基础，同时，开发了水泥窑烟气 CO_2 制干冰的运行模式。

水泥窑烟气二氧化碳捕集纯化示范线是海螺落实国家“双碳”战略的重大举措，示范线的建成运行，填补了世界水泥工业低碳技术的空白，标志着水泥工业环保技术取得了新突破，在全国乃至全球水泥行业都具有强大的引领和示范作用。

（原文发表于《新世纪水泥导报》2019 年第 3 期）

大型山坡露天灰岩矿绿色数字化矿山建设技术

柯秋壁　吴少龙

摘　要　“绿水青山就是金山银山”是党的十九大提出的美丽中国发展目标，本文简要介绍了绿色矿山建设的必要性和主要任务。基于现在建材行业矿山建设面临的恢复治理困难、技术水平低、节能减排效率差等问题，本文阐述了 WH 海螺水泥灰岩矿绿色矿山建设规划的理念和实际成效，为集团内大型山坡露天灰岩矿高效绿色开采提供了一种探索模式，研究成果为推进我国建材行业矿山降本增效及转型升级提供理论和实践参考。

关键词　绿色矿山；数字化；山坡露天矿

Green digital mine construction technology of large-scale hillside open-pit limestone mine

Ke Qiubi　Wu Shaolong

Abstract　“Green water and green mountains are golden mountains and silver mountains” is the beautiful China development goal proposed by the 19th National Congress of the Communist Party of China, this article briefly introduces the necessity and main tasks of green mine construction, based on the difficulties in restoration and governance, low technical level, poor energy saving and emission reduction efficiency and other issues faced by mine construction in the building materials industry, this paper expounds the concept and practical results of the green mine construction planning of Wuhu Conch Cement limestone mine, which provides an exploration mode for efficient green mining of large-scale hillside open-pit limestone mines in the group. The research results provide theoretical and practical reference for promoting the cost reduction and efficiency improvement of mines in China’s building materials industry and the transformation and upgrading.

Keywords　green mine; digital; hillside open pit mine

1　引　言

矿产资源是人类赖以生存的重要物质基础，开发利用矿产资源对人类社会的进步起到了巨大的推动作用。长时期、高强度、大规模的矿产资源开发给生态环境带来巨大压力。据不完全统计，目前我国采矿累计损毁土地 300 多万公顷，已修复治理 80 余万公顷，尚有 220.4 万公顷损毁土地亟待治理；

采矿活动产生的固体废物积存量为483.1亿吨。固体废物堆放不仅占用土地，处置不当还易引发滑塌、泥石流灾害，少数存在水土环境污染风险。保护生态环境，坚持绿色发展，已逐步成为世界各国共识。2018年《中华人民共和国宪法修正案》中首次将生态文明写入宪法，绿色矿山建设已经上升为国家战略，建设环境友好型、资源节约型的绿色矿山是实现矿业企业高质量发展的重要途径和必然要求。2018年自然资源部发布了《非金属矿行业绿色矿山建设规范》，为非金属矿行业绿色矿山建设规划提供了规范参考。

2　绿色矿山建设规划主要内容

安徽省地方标准《露天开采非金属矿绿色矿山建设要求》（DB34/T 3248—2018）于2019年1月29日正式实施，进一步明确了绿色矿山规划设计的主要目标和要求。海螺集团在安徽省沿长江规划建设了四大千万吨级水泥熟料基地，规模超过1000万吨的石灰石矿山4座，全集团正在开采的矿山超过140个。海螺集团通过近几年的摸索和努力，逐步建成了具有海螺特色的绿色矿山。

（1）矿区环境规范整洁。矿区规划建设布局合理、厂貌整洁，矿区生产生活运行有序、管理规范；矿山开发科学合理，矿石、废石的生产、运输、堆存规范有序，废石、废水、噪声和粉尘达标处置；因地制宜修复改善矿区环境，矿区绿化覆盖率达到可绿化面积的100%，基本实现矿区环境天蓝、地绿、水净。

（2）合理利用资源。矿山开采应与城乡建设、环境保护、资源保护相协调，最大限度减少对自然环境的破坏，对石灰岩、硅质原料、砂石骨料等露天开采矿山，开采方式应符合区域生态建设与环境保护要求，做到资源分级利用。

（3）矿区生态环境保护与恢复。切实履行矿山地质环境治理恢复与土地复垦义务，做到资源开发利用方案、矿山地质环境治理恢复方案和土地复垦方案同时设计、同时施工、同时投入生产和管理，确保矿区环境得到及时治理和恢复。切实做到边开采、边治理，修复、改善、美化采区地表景观。具备回填条件的露天采坑，在保证不产生二次污染的前提下，鼓励利用矿山固体废物进行回填；对于地下开采的矿山，因矿制宜采用适用的充填开采技术。

（4）建设现代数字化矿山。应加强技术工艺装备的更新改造，采用高效节能的新技术、新工艺、新设备和新材料；鼓励矿山规模开采，推进机械化减人、自动化换人，实现矿山开采机械化、生产管理信息化；应采用信息技术、网络技术、控制技术、智能技术，实现矿山企业经营、生产决策、安全生产管理和设备控制的信息化。

（5）树立良好矿山企业形象。创建特色鲜明的企业文化，培育体现中国特色社会主义核心价值观、新发展理念和行业特色的企业文化。建立环境、健康、安全和社会风险管理体系，制定管理制度和行动计划，确保管理体系有效运行。促进矿区和谐，实现办矿一处，造福一方。

3　海螺绿色矿山建设规划

海螺集团建成了具有6大核心内容的“绿色、和谐、生态、示范”型绿色矿山，具体架构见图1。本文以WH海螺水泥有限公司箬帽山年产1800万吨石灰石矿区为例，阐述了矿山目前面临的难题和绿色矿山创建过程中的问题处理方式。

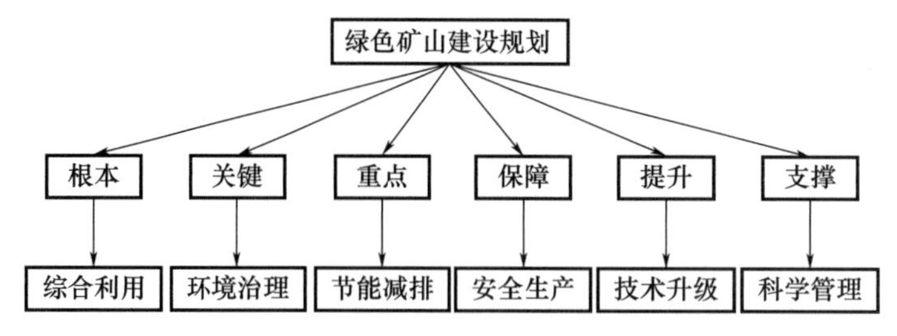

图 1 绿色矿山建设规划架构图

3.1 资源综合利用方面

箬帽山矿区矿体赋存于三迭系下统南陵湖组下段（T_1n^1）地层中，矿石质量良好，全体矿床 CaO 平均含量达到 51.93%，有害组分 MgO、K_2O+Na_2O、SO_3、Cl^- 含量较低，矿山不含伴生矿物。

3.1.1 剥离物的综合利用

矿山山体表层剥离物、矿体裂隙充填物及风化岩在开采过程中在品质受控的前提下搭配生产，降低高品位矿石消耗；不具备搭配生产条件的剥离物用于生产区域安全车挡、道路及采场边坡绿化覆土方式综合利用。见图 2。

图 2 采场剥离土石用作采场车挡及边坡复绿

3.1.2 夹层综合利用

根据矿山多年来开采实际情况，矿山夹层废料因有害物质含量高、有用矿物品位低而无法全部用于搭配生产，直接排废处理会造成环境破坏、资源浪费。箬帽山矿采取以下措施做到夹层全部利用：

（1）采用定量铲装，利用在线分析仪实时品质检测功能把低于工业品位的夹石废料与高品位矿石按 1∶7 搭配生产，满足入堆石灰石品质要求的前提下，利用部分夹层废料；

（2）将大部分夹层废料用于生产水泥用混合材，最大限度回收矿产资源，做到夹层废料的零排废。

3.1.3 精准配矿，提高资源利用率

WH 海螺矿山通过采用数字化采矿软件对全矿床品质分布进行科学计算，结合生产需求对年度、季度、月度开采计划进行科学规划，杜绝了因开采规划不合理导致矿山品质控制被动的现象。充分利

用数字化矿山智能配矿技术和在线分析仪等先进设备，实现矿石品质全程跟踪。根据矿石实际品位修正智能化配矿计划，做到品质控制闭环管理，实现物料的精准配矿，矿产资源综合利用率现已达到100%。见图3。

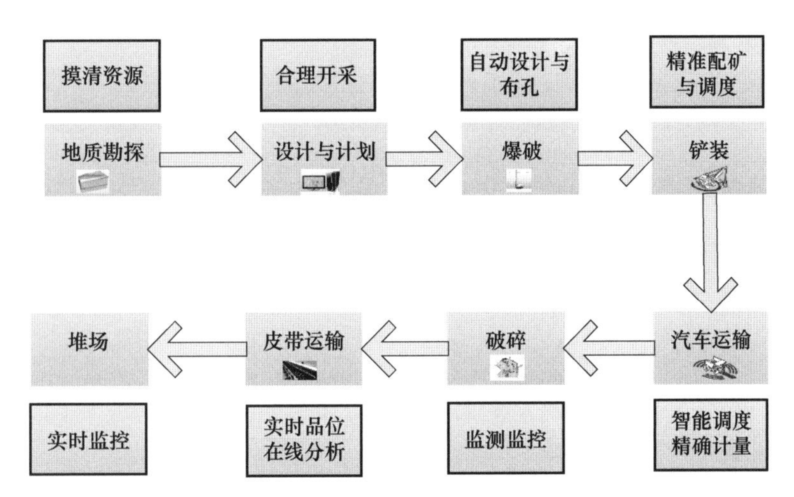

图3　精准配矿作业流程

3.2　矿区环境综合治理方面

3.2.1　矿区绿化治理

矿山的生产、改扩建过程中，及时对办公区周围及道路两侧的植被进行补栽；对新损毁的区域及时进行绿化。对于箬帽山矿区前期产生的植被破坏，矿山积极利用现有的设备力量，采用边坡剥离表土及开采中类土质风化岩夹层对破坏山体植被进行覆土绿化，播撒草籽、栽植灌木，做到已破坏植被100%修复。见图4。

图4　箬帽山矿区边坡复绿

对箬帽山前期修建运矿道路产生的高边帮治理，严格按照初步设计要求设置安全平台和清扫平台，自上而下地使用边坡土绿化；破碎站对面高陡山体上部植被保存良好，对裸露岩体进行打锚杆主动防护网的方式进行治理，做到矿区地质隐患治理率100%。见图5。

修复前

修复后

图 5 破碎站高陡山体治理对比图

3.2.2 外排水治理工程

矿区内的地质环境保护方面，严格按照《矿山地质环境保护与土地复垦方案》和《水土保持方案》开展相关工作。

（1）终边坡上修筑截水沟、引流渠等设施，解决雨水冲刷对最终边坡造成失稳的问题。

（2）按照0.3%～0.5%设计采场角度，通过排水沟对采场的雨水进行引流，并沿运矿道路修建多级沉淀池，由于矿石内不含有害成分，雨水经过初步沉淀，再进入人工湖，作为绿化及洒水降尘用水。见图6。

图 6 截排水工程图

3.2.3 噪声及粉尘治理

矿山投入资金约500万元对噪声污染较为严重的转运站和破碎机采取封闭隔声降噪措施，对汽修厂房采用卷闸门进行封闭，使治理后的现场噪声满足噪声限值标准。对于粉尘较为严重的破碎机卸车坑进行延伸封闭，增加双流体雾化装置进行抑尘，效果明显。见图7、图8。

3.3 数字化矿山建设

矿山数字化管理系统基于数字矿山建立，是对真实矿山整体数字化再现及各生产要素的智能组合，

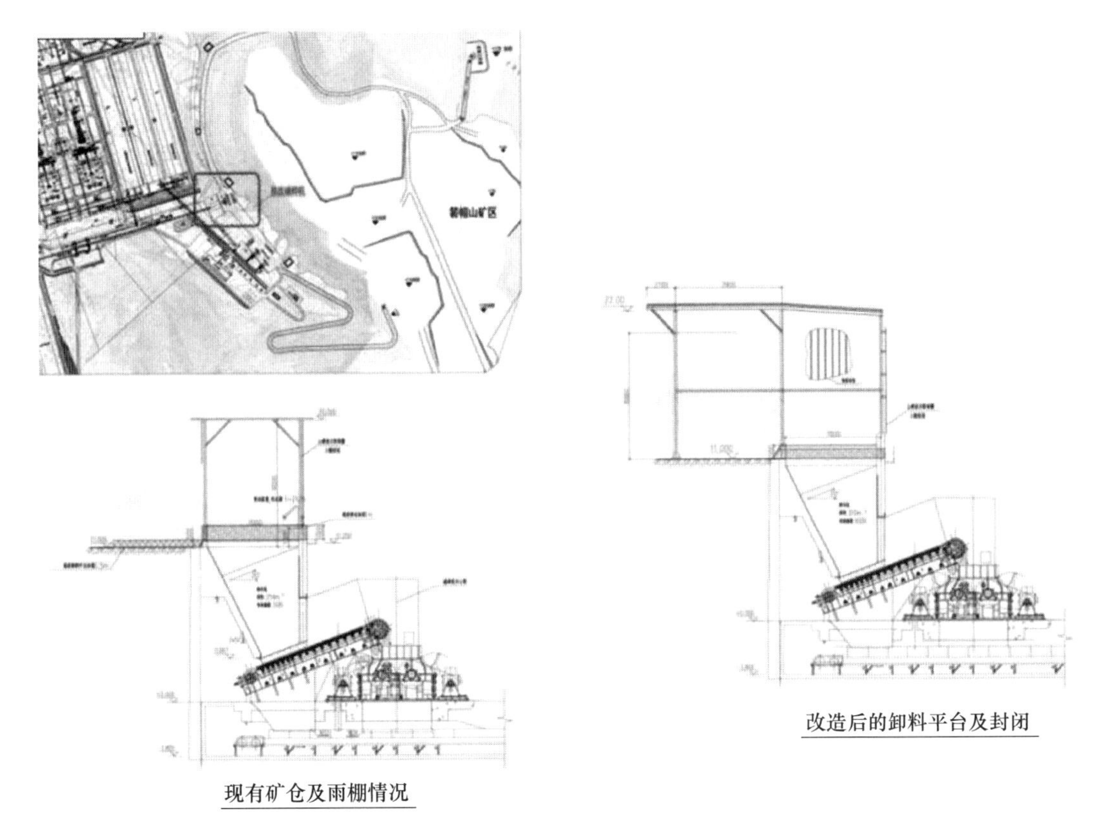

图 7　卸车坑粉尘治理方案图

图 8　卸车改造前后对比

是建立在数字化、信息化、虚拟化、集成化基础上的，由计算机网络管理的管控一体化系统。它全面涵盖了矿山三维建模、中长期采矿计划、爆破、取样化验、采矿日计划、精细化配矿、GPS 车辆调度、卡车装载量监量、矿石品位在线分析、配矿自动调整、生产管理、司机考核等矿山管理领域，有效地解决了水泥企业在矿山生产方面存在的配矿、监督和管理问题。

WH 海螺在 QJ 海螺数字化矿山的基础上进行了升级，目前已建成了矿山三维模型、爆破设计、卡车智能调度、精准配矿、生产管理数据自动采集等系统，远程专家、设备实时监控、灾变预警根据需要正在建设中。通过数字化矿山建设，提高了矿山的生产效率，降低了生产能耗和人员劳动强度。数字化矿山子系统见图 9。

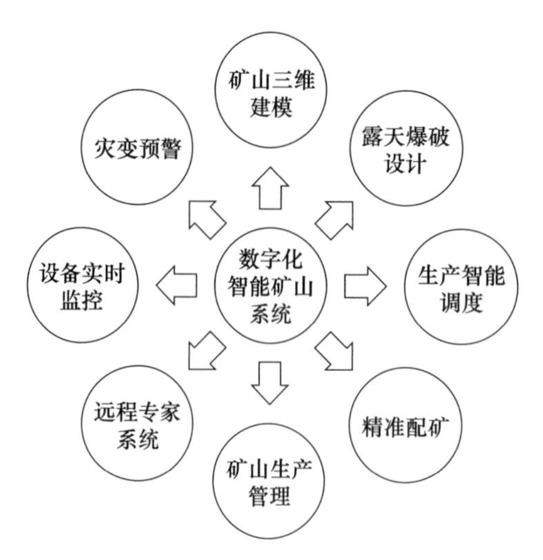

图9　数字化矿山子系统

3.3.1　三维数字化地质模型

根据地质报告、地形图、剖面图、钻孔柱状图、成分分析表等，通过矿山三维软件，建立矿山三维数据库。通过数据库建立矿山三维地表模型、块体模型（包括矿山各种成分），利用三维模型，根据矿区批复的范围，可以圈定矿区开采范围、优化矿山开采终了境界、分层平面图（任意标高）、剖面图（任意方向），列出任意区域矿岩的品位及数量。矿山三维数字化模型的建立是数字化矿山建设最重要、最基础的工程。见图10。

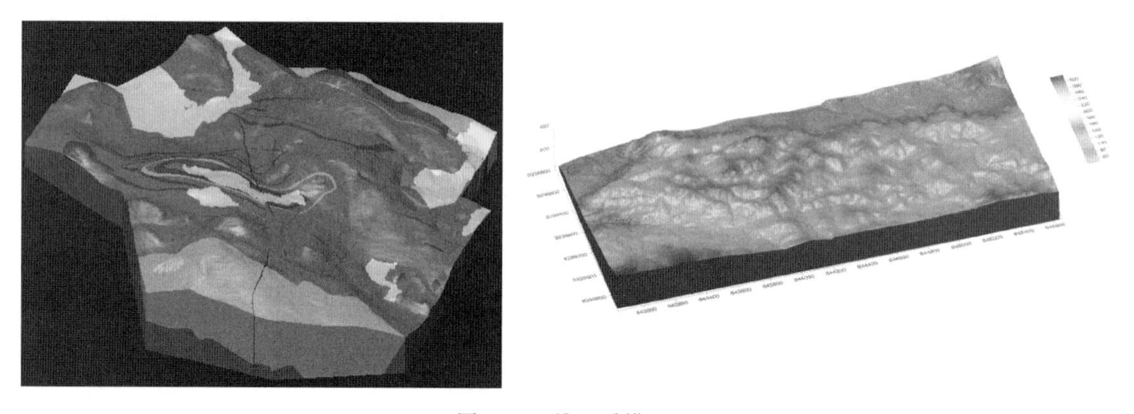

图10　三维地质模型

3.3.2　精准配矿

编制开采日或班计划，是利用钻孔岩粉取样、爆堆取样的分析结果，重新调整三维块体模型，根据局部开采区的矿石、可搭配夹层、剥离物等的位置及品位，同时根据厂区配料对进厂矿石平均品位的要求，确定不同品位、不同区域合理的开采量，利用Dmine配矿软件编制开采日或班计划。

在破碎后的石灰石出料皮带上设置在线分析仪，对矿石的主要元素（包括Ca、Mg、Si等）进行在线分析。在线分析仪的数据采集时间为3～5分钟一次。分析仪分析的数据提交给配矿系统，利用配矿软件，依据各采区的矿石成分，调整配比（即不同品位矿石开采量），对日或班开采计划进行修正，这样就可以确保矿石质量稳定。精准配矿流程见图11。

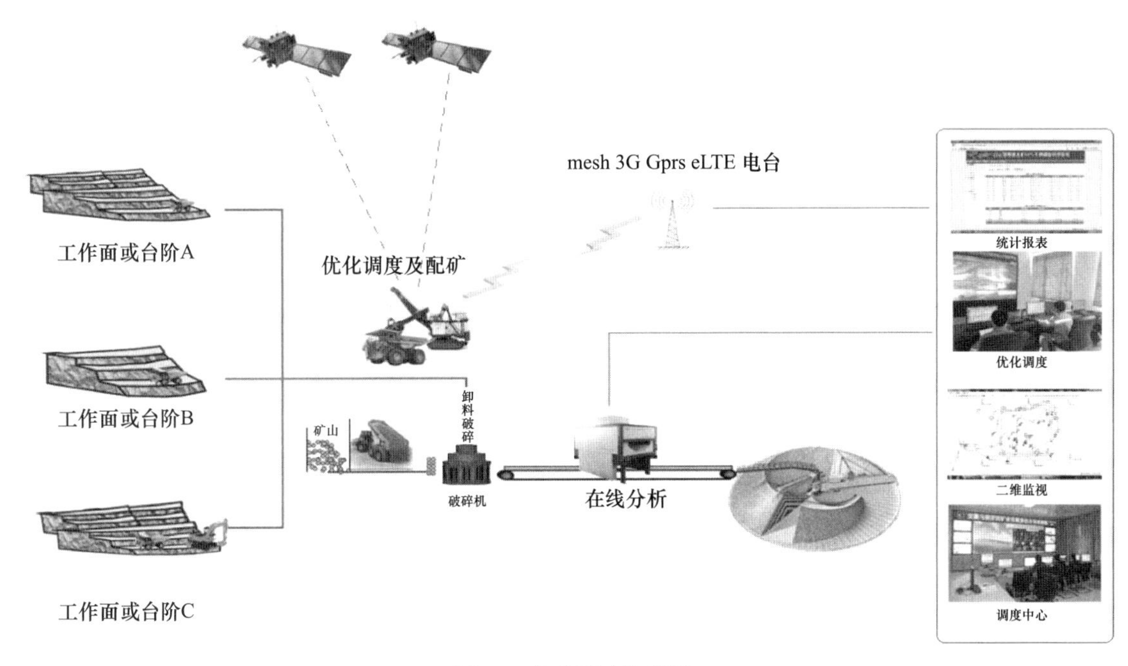

图 11　精准配矿流程图

3.3.3　生产设备智能调度

生产设备智能调度是将矿山设备从人工调度转化为自动智能调度，设备智能调度系统主要包括导航系统、视频监控设备、无线通信、车载终端、监控平台软件等。生产过程中，通过车载终端，了解钻机、挖掘机、汽车在矿区内的位置及工作状态。

在调度室内，监控汽车的位置、运行轨迹、载重、采区的分布，以及各台设备的工作状态，根据配矿要求，通过呼叫系统或自动指挥车辆到不同工作面进行运输。

生产调度应结合矿山生产的情况，根据不同采区各台阶的开采量和台阶的现状，提前调配钻机进行穿孔、爆破。生产设备智能调度流程示意如图 12 所示。

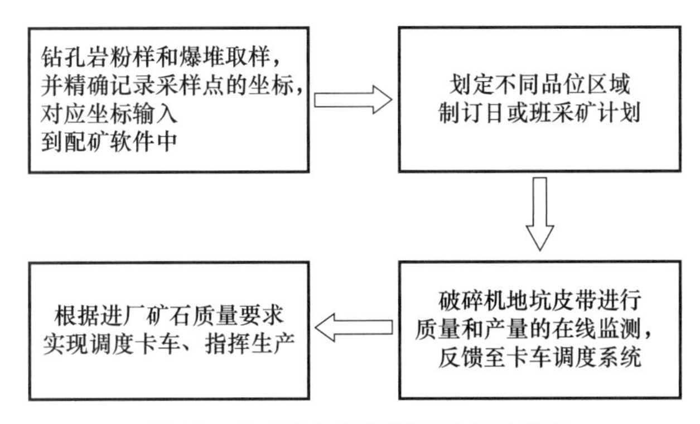

图 12　生产设备智能调度流程示意图

3.4　节能减排方面

(1) 建设卡车调度系统，提高生产效率、降低消耗。矿山建设卡车调度系统，通过数字采矿软件建立矿山三维立体模型，再经过生产计划自动安排车辆调度，实现了生产全流程化、管控全智能化，优化了现场生产组织调度，大大提高了生产效率与下山石灰石搭配自由度。矿车运输车辆由 33 辆减少为 28 辆，提高生产效率 15.1%；随着生产运行的稳定及生产效率的提高，矿山油耗降低了 5%，每年节省柴油约 200t。

（2）推进高效、智能、绿色、环保的技术和设备，开展清洁生产工作。箬帽山矿区北侧 1.5km 道路中采用了自主创新的水稳层技术进行硬化，其路面强度高、抗渗度好，遇水不泥泞，大大提高了道路的平整度，减少了运输扬尘和日常道路的维护量，运输效率得到了明显提升。

此外，还积极推进矿区太阳能灯的安装，已在箬帽山运矿道路共安装 60 盏太阳能路灯；太阳能灯的投入使用，在保障矿山中夜班行车安全的同时，还为矿区节约用电 30000kW·h。各种能耗及产能指标对比分析一屏显示见图 13。

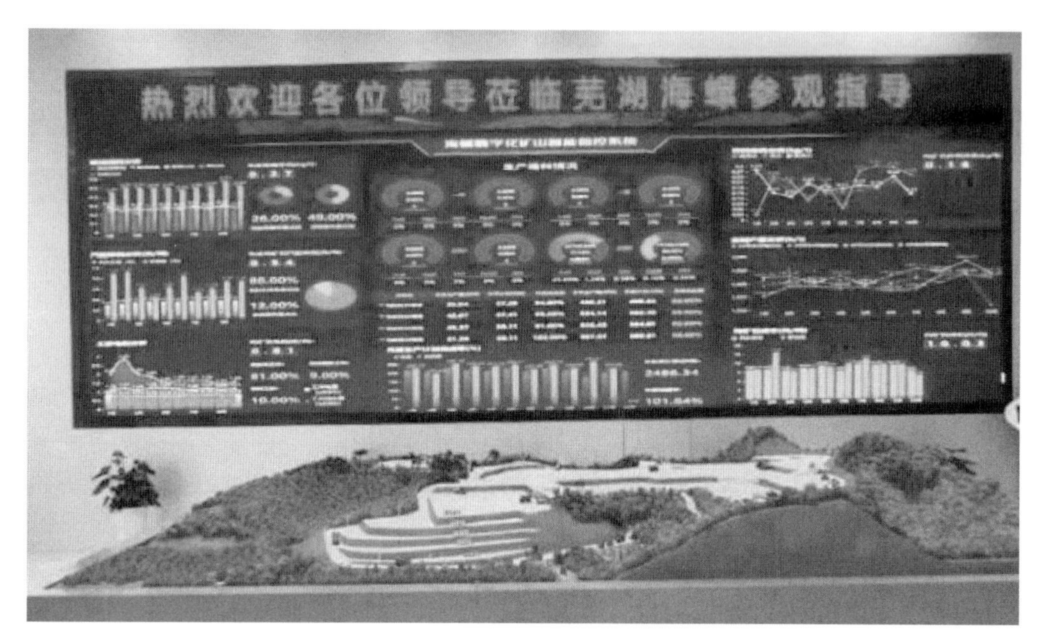

图 13　各种能耗及产能指标对比分析一屏显示

3.5　安全生产保障方面

（1）依托数字化管控平台，建立边坡监测系统（图 14）。为保障生产作业的安全性，预防边坡发生失稳滑移，公司对矿区永久性边坡开展边坡自动化监测项目，监测和掌握目前及后期运行过程中边坡的位移、沉降等项目的变化趋势，及时发现异常现象并进行处理，确保作业人员与附近居民的生命财产安全。管理人员可通过监测软件查看各个监测项目的数据、图表、曲线图等信息。

（2）依托智能视频管控系统实现生产组织全监控。矿车安装车载终端，将司机的一切行为和车辆一切情况记录并传回调度中心，有效地减少了工作人员的无用时间，并在全矿区进行视频覆盖，实现了时刻管控现场，缩短了决策时间。

4　结　语

绿色矿山建设是一个长期复杂的系统工程，WH 海螺箬帽山矿区通过科技创新、管理提升、资金投入，建成了绿色矿山并通过验收，已入选国家级绿色矿山库，为海螺集团、水泥行业灰岩矿山绿色矿山建设贡献了力量，提供了经验参考。主要经验分享如下：

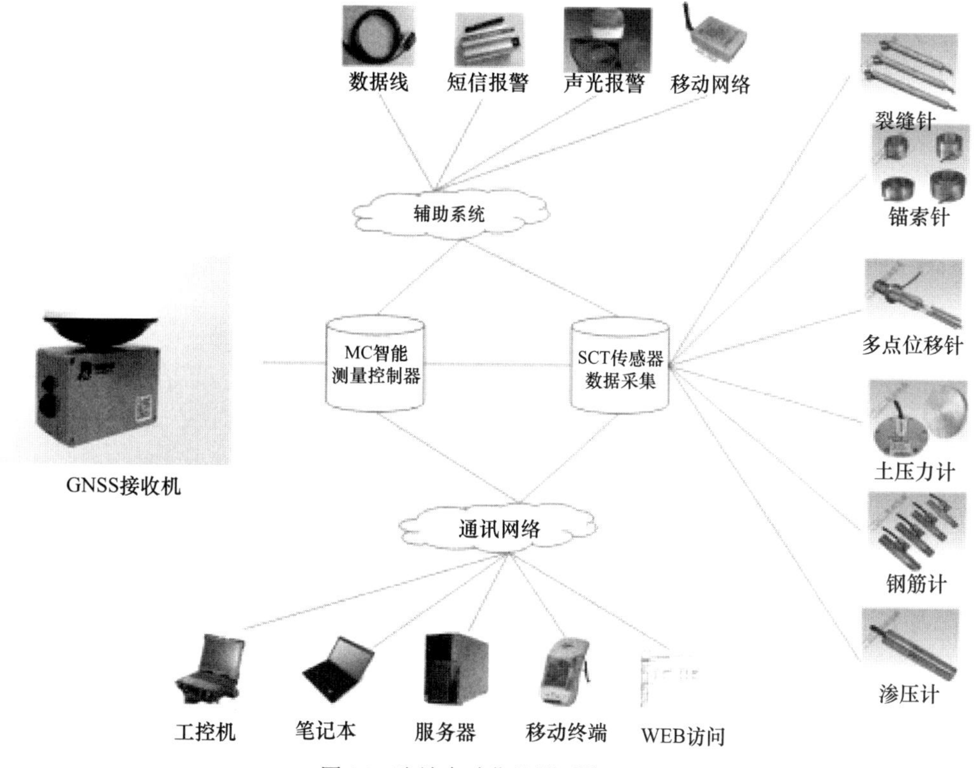

图 14　边坡自动化监测系统

（1）建立联合科研队伍，为绿色矿山规划建设提供技术保障。水泥行业绿色建设规划可与相关技术院所联合，建立企业科研队伍，合作培养信息化科技人才，加大科技投入和技术改造力度，推动产业绿色升级。

（2）建立统一协调机构，为绿色矿山规划建设提供制度保障。矿山应成立以矿山分厂为核心的绿色矿山建设规划管理机构，建立资源管理、生态保护、质量管理、安全生产和职业健康等责任体系，并定期开展推进会议，及时调整完善相关技术方案。

（3）对标矿山标准化，满足验收达标要求。矿山应按照安全质量标准化二级达标企业开展过程活动，对绿色矿山规划建设和生产实行全过程控制，确保满足后续主管部门的验收要求。

参考文献

[1] 安徽省自然资源厅．露天开采非金属矿绿色矿山建设要求：DB34/T 3248—2018［S］．2018.

[2] 中华人民共和国国土资源部．水泥灰岩绿色矿山建设规范：DZ/T 0318—2018［S］．2018.

[3] 黄东方．水泥行业绿色矿山的设计探讨［J］．中国水泥，2014（43）：91-95.

（原文《WH 海螺箬帽山灰岩矿绿色矿山建设》发表于《水泥工程》2019 年第 6 期）

水泥富氧燃烧废气循环碳捕集技术

吴铁军

摘　要　富氧燃烧技术可以改善水泥窑煅烧环境，二、三次风温明显提高，系统煤耗有显著降低，对水泥行业具有一定的碳减排意义。将富氧燃烧的窑尾废气循环富集，提高烟气 CO_2 浓度，可以降低 CO_2 捕集纯化成本。在具体实施上具有一定的可行性，为水泥行业碳减排碳中和提供一种思路。

关键词　水泥窑；富氧燃烧；窑尾废气；循环富集；碳捕集

Carbon capture technology for oxygen-enriched combustion and exhaust gas cirulationg of cement kiln

Wu Tiejun

Abstract　Oxygen-enriched combustion technology can improve the calcination environment of cement kilns. The secondary and tertiry air temperature is significantly improved, and the coal comsumption of the system is significantly reduced, which is significant for carbon emission reduction in the cement industry. Circulationg enrichment of kiln tail exhaust gas from oxygen-enriched combustion can increase the concentration of flue gas CO_2, which can reduce the cost of CO_2 capture and purification. It has certain feasibility in specific implementation and provides an idea for carbon emission reduction and carbon neutralization in the cement industry.

Keywords　cement kiln; oxygen-enriched combustion; kiln tail exhaust gas; circulating enrichment; carbon capture

0　引　言

随着经济的发展，二氧化碳的排放量不断增加，二氧化碳是温室气体中最主要的成分，引发全球变暖，二氧化碳排放成为全球普遍关注的问题。水泥工业因为其特殊的工艺要求，煤炭类化石燃料是其主要能源消费结构，煅烧过程中碳酸盐分解的气体产物主要为 CO_2，水泥工业被认为是仅次于煤电、钢铁行业的主要碳排放来源。因此，开展水泥行业新型燃烧技术开发，改变行业目前碳排放现状具有十分重要的意义。富氧燃烧技术被认为是最具大规模商业化应用潜力的碳捕集技术之一[1]。

1　水泥窑富氧方式

1.1　氧源的选择

目前，富氧气体制备技术主要有三种，即深冷法、变压吸附法、膜分离法[2]。水泥工业富氧气体需求量大，最经济可行的商业技术主要是深冷空气分离技术（CAS），即低温精馏的分离方式[3]。

1.2　富氧的分类

富氧燃烧技术在工业上的应用，按照不同的分类方式可以分为不同类型，见表1[4]。根据相关研究[5-6]，富氧燃烧条件下，CO_2 替代 N_2 作为阻燃介质。双原子气体 N_2 与三原子气体 CO_2 的热物理性质差别较大，燃烧过程中煤粉挥发分在二氧化碳中的扩散系数是氮气中的8～10倍，并且氧气在二氧化碳气氛中的扩散系数是氮气中的8～10倍。富氧燃烧工况下要达到与空气燃烧同样的绝热火焰温度和烟气辐射，富氧下的氧气浓度需要控制在30%左右。

表1　富氧燃烧技术分类

分类方式	类型
按氧气浓度	低浓度或微富氧（21%～30%O_2）、高浓度富氧（30%～90%O_2）、全氧（90%～95%O_2）、纯氧（95%～100%O_2）
按富氧方式	整体富氧；局部富氧
按阻燃剂类型	O_2/N_2、$O_2/N_2/CO_2$、O_2/CO_2

根据上述分析，水泥窑系统富氧燃烧技术应用属于高浓度富氧（≥30%，按氧气浓度）、局部富氧（按富氧方式）、$O_2/N_2/CO_2$（按阻燃剂类型）模式。

2　水泥窑富氧效果

海螺水泥按照上述的富氧空气制备和应用方法，选取了一条4500t/d生产线试点运用富氧燃烧技术。生料、熟料、煤灰化学成分见表2。

表2　生料、熟料、煤灰化学成分

项目	Loss/%	SiO_2/%	Al_2O_3/%	Fe_2O_3/%	CaO/%	MgO/%	Σ/%	KH	SM	IM	f-CaO
生料	34.15	13.28	3.30	2.23	43.51	0.83	97.31	1.00	2.40	1.48	—
熟料	0.20	22.13	5.28	3.53	65.03	1.13	97.30	0.89	2.51	1.50	0.68
煤灰	—	48.09	35.69	5.60	4.56	0.73	94.67	—	—	—	—

富氧投用期间，入窑生料、熟料、煤质成分整体稳定，系统工况整体受控，见表3。

表3　富氧投用后系统参数

项目	单位	投用前	投用后	对比
预热器出口风量	Nm^3/kg.cl	1.350	1.306	−0.044
预热器出口 NO_x	mg/Nm^3	132	39	−93

续表

项目	单位	投用前	投用后	对比
二次风温	℃	1090	1180	+90
三次风温	℃	980	1050	+70
标准煤耗	kg/t.cl	108.33	101.66	−6.67

表3对比了富氧投用前后系统主要参数的变化，表明：

(1) 富氧条件下，火焰温度高，煤粉燃烧效果好，水泥窑烧成带温度高，入冷却机熟料温度高，经换热后系统二、三次风温显著提高；

(2) 富氧燃烧投用后，系统烟气量降低；

(3) 富氧燃烧条件下，系统 NO_x 生成量减少。

这也验证了郑楚光等人[7-8] 的研究结论。基于上述参数变化，笔者统计了系统煤粉消耗情况，如表3所示。

富氧燃烧技术投用后，系统标准煤耗下降6.67kg/t熟料，这与系统参数变化保持一致。

3 富氧燃烧与碳捕集

3.1 传统 CO_2 捕集（CCS）技术

目前水泥工业 CO_2 捕集属于燃烧后分离 CO_2 方法，是水泥工业集成 CO_2 回收的最简单方式。这种方法的优势在于对水泥生产线改造少、稳定性好、影响小，但是由于窑尾 CO_2 浓度通常较低（20%左右），且需要处理的烟气量较大，同时，适合低浓度 CO_2 分离的化学吸收工艺需要消耗较多的中低温饱和蒸汽用于吸收剂再生，能源消耗大。

3.2 高浓度 CO_2 捕集

有研究表明[9]，富氧燃烧是用纯氧或富氧代替空气作为化石燃料燃烧介质，燃烧产物为 CO_2 和 H_2O，经过冷凝后烟气中 CO_2 含量在80%以上。CO_2 浓度对压缩纯化的影响如图1、图2所示。

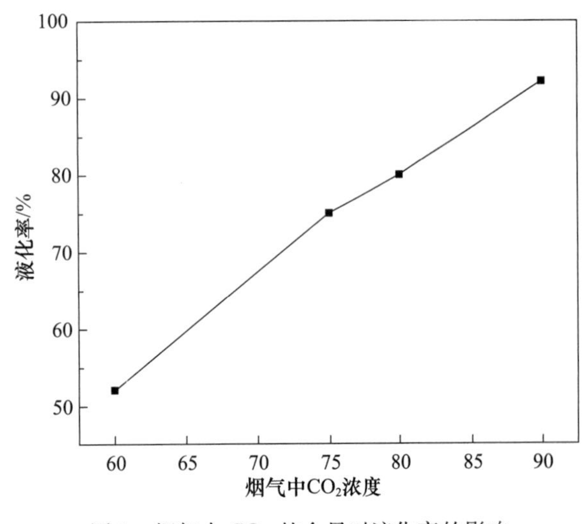

图1 烟气中 CO_2 的含量对液化率的影响

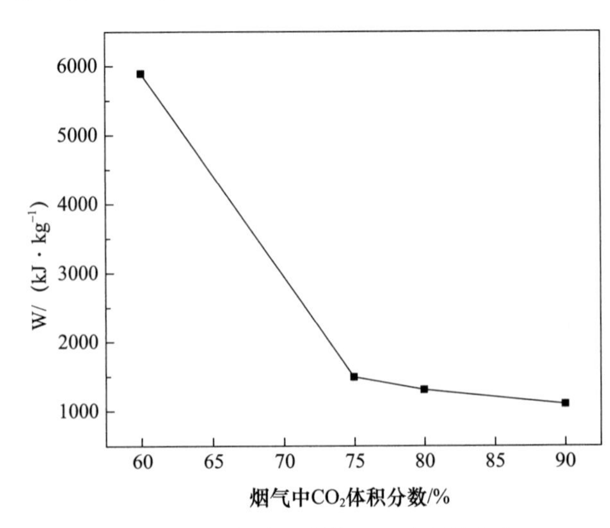

图2 CO_2 含量对液体 CO_2 功耗的影响

在液化温度和液化压力一定的情况下，原料气中 CO_2 含量越高，CO_2 的液化率越高，液体 CO_2 消耗的单位功耗越低。

3.3 窑尾烟气循环富集

根据上述分析，笔者认为，80%左右 CO_2 浓度是较为经济的 CO_2 捕集纯化浓度，在窑尾形成高浓度的 CO_2 烟气（80%以上），技术上具备可行性。

（1）预热器系统主要是碳酸盐分解，生成大量的 CO_2，不掺入杂质气体，只需减少系统漏风；

（2）目前局部富氧燃烧，来自窑头的二次风、三次风为正常空气，利用部分窑尾烟气搭配纯氧，制备正常氧含量气体取代二次风、三次风；

（3）常氧下，一次循环，预热器出口废气 CO_2 浓度在18%左右，经历4次循环，预热器出口 CO_2 浓度在72%左右，出预热器废气直接经历CCS系统，取部分废气经历上述制备常氧空气过程。

上述过程的实现，需要对富氧气体制备系统进行改造，对窑尾烟气输送进行改造，取气位置、取气量需要进行设计计算。

4 结束语

富氧燃烧技术显著降低了水泥窑系统煤粉消耗，对于水泥工业减少 CO_2 排放具有一定意义。同步对窑尾烟气进行循环富集，提高窑尾烟气 CO_2 浓度，大幅降低 CO_2 捕集纯化环节成本投入、能源消耗，使 CO_2 捕集纯化在水泥行业的大范围推广成为可能。

笔者认为，富氧燃烧碳捕集技术在水泥行业具有广阔的应用前景，只要富氧制备工艺进一步完善，O_2/CO_2 环境下传热机理进一步明确，富氧燃烧碳捕集技术将是水泥行业实现碳减排碳中和的关键技术。

参考文献

[1] 雷云红，向昕．利用富氧燃烧技术提高炉效进而降低碳排放的创新实践［C］．燃煤发电锅炉富氧燃烧节能环保技术研讨会论文集，2016.

[2] 王小华．氧燃烧方式下煤粉燃烧及炉内辐射传热特性基础研究［D］．武汉：华中科技大学，2007.

[3] 宋畅．富氧燃烧碳捕集关键技术［M］．北京：中国电力出版社，2020.

[4] 郭涛，彭学平，刘继开，等．水泥窑富氧燃烧技术研究现状及分析［J］．水泥技术，2015（1）：46-48.

[5] 孙青．富氧燃烧气氛对煤灰矿物赋存形态影响的实验研究［D］．武汉：华中科技大学，2016.

[6] MOLINA A，SHADDIX CR. Ignition and devolatilization of pulverized bituminous coal particles during oxygen/carbon dioxide coal combustion［C］. Proceedings of the combustion institute，2007，31：1905-1912.

[7] 郑楚光，赵永椿，郭欣．中国富氧燃烧技术研发进展［J］．中国电机工程学报，2014，34（23）：3856-3863.

[8] 樊越胜，邹峥，高巨宝，等．煤粉在富氧条件下燃烧特性的实验研究［J］．中国电机工程学报，2005，25（24）：118-121.

[9] JORDAL K，ANHEDEN M，YAN J，et al. Oxyfuel combustion on for coal-fired power generation with CO_2 capture-opportunities and challenges［C］. In 7th International Conference on Greenhouse Gas Technologies，Vancouver，Canada，2004：87-95.

（原文发表于《新世纪水泥导报》2021年第4期）

水泥厂环保问题探讨

周金波　张中建　李东祥　李志强

摘　要　在国家“双碳”政策的背景下，国家环境保护部、各级政府发布污染物排放指标，提出了较高甚至领先于发达国家的指标要求，本文从脱硫、脱硝、噪声治理、污废水处理等方面着手，探讨环保治理技术及环保指标设定等问题。
关键词　污染物排放；环保技术；环保指标

Discussion on environmental protection of cement plant

Zhou Jinbo　Zhang Zhongjian　Li Dongxiang　Li Zhiqiang

Abstract　Under the background of the national “double carbon” policy，Ministry of environmental protection，governments at all levels have issued pollutant emission indicators and put forward higher or even higher indicator requirements than those of developed countries. This paper discusses the environmental protection treatment technology and the setting of environmental protection indicators from the aspects of desulfurization，denitrification，noise treatment，sewage and wastewater treatment.
Keywords　pollutant discharge；environmental protection technology；environmental protection index

水泥素有“建筑工程的粮食”之称，其使用范围广、用量大，是建筑工业最基础的原材料，在国民经济建设中起到至关重要的作用。水泥同时也是资源依赖型行业，生产过程中消耗大量的资源，同时排放出 NO_x、SO_2、颗粒物等污染物，对环境产生一定影响。

在国家“双碳”“双控”生态文明建设的大背景下，各地方政府为了“双碳”目标，也阶段性压减水泥厂的煤炭使用量和污染物排放量。因此水泥企业必须积极做好节能和环保措施，降低能源消耗，减少污染物排放。

本文针对水泥行业特点，从水泥厂环保技术做一些论述，同时对环保指标是否一定要设置较高的标准，或从另外一种途径加以约束做一些探讨。

1　环保减排指标

水泥厂涉及的环保问题比较多，其中最主要的是大气污染物排放。大气污染物的三个核心指标是水泥窑及窑尾余热利用系统颗粒物、NO_x、SO_2 排放。于 2013 年年底发布的《水泥工业大气污染物排放标准》(GB 4915—2013),是现行国家标准,其中污染物排放指标为:颗粒物为 20mg/Nm^3、SO_2 为 100mg/Nm^3、NO_x 为 320mg/Nm^3。而随着《煤电节能减排升级与改造行动计划(2014—2020)》的发布,电力行业迅速推进超低排放改造,烟尘为 5 或 10mg/Nm^3、SO_2 为 35mg/Nm^3、NO_x 为 50mg/Nm^3,全国电力行业也在 2020 年全部改造完成,达到超净排放的标准。电力行业的超净排放客观上推动了水泥行业环保标准的收紧,各地政府针对水泥行业污染物排放指标,下发地方标准,向电力行业标准看齐,并提出了远高于国家标准(GB 4915—2013)的污染物排放指标;近期水泥协会又下发团体标准,提出水泥行业超净排放指标,中国水泥行业环保排放控制指标成为世界最严格标准。水泥行业环保排放指标见表 1。

表 1　水泥行业环保排放指标

名称		颗粒物	SO_2	NO_x	发布时间	备注
德国		20	350	500	—	无替代燃料/替代燃料≤60%
		10	50	200	—	替代燃料 100%
美国		4	80	300	—	常规污染物标准
中国水泥协会		10	50	100	2022-4-28	T/CCAS 022—2022
河北		10	30	100	2020-03-13	DB 13/2167—2020
安徽		10	50	100	2020-03-23	DB 34/3576—2020
河南		10	35	100	2020-05-13	DB 41/1953—2020
山东	一般	20	100	200	2018-07-03	DB 37/2373—2018
	重点	10	50	100		
江苏	Ⅰ阶段	10	35	100	2021-12-09	DB 32/4149—2021
	Ⅱ阶段	10	35	50		

2　颗粒物排放控制

颗粒物排放控制技术基本趋于成熟,采用袋式除尘器可以实现颗粒物的超低排放。袋式除尘器是一种干式滤尘装置,废气经过滤袋将颗粒物收集下来,可以通过调整风速和过滤面积实现颗粒物超低排放。目前新建的水泥厂均采用了袋式除尘器。近些年,已有水泥熟料生产线的绝大部分电收尘器通过设备升级,均改造为袋收尘,颗粒物的排放基本都能控制在 10mg/Nm^3 以内,而且袋收尘避免了电收尘事故排放,基本都能满足环保标准的要求。

3　SO_2 排放控制

由于水泥窑 SO_2 排放主要取决于原料,主要是石灰石的含硫量(硫化物、有机硫)直接决定了 SO_2 的初始浓度,且初始浓度波动范围较大,从几乎为零到 2000mg/Nm^3 不等,同时原料磨开、停机对 SO_2 排放也有较大的影响。目前水泥厂脱硫技术主要有氨法脱硫、干法脱硫、湿法脱硫。氨法脱硫存在着对设备的腐蚀、氨逃逸等问题;干法脱硫存在着效率相对较低、设备磨损等问题;湿法脱硫效率高但是电耗高、用水量大、投资高,且会产生一定的污水。不同生产线二氧化硫排放情况见表 2。

表 2　不同生产线二氧化硫排放情况

名称	物料硫含量/%		SO_2 排放浓度/（mg/Nm^3）		
	入窑生料 SO_3 含量	入窑煤粉 S 含量	出窑熟料 SO_3 含量	原料磨开	原料磨停
LQHL	0.24	0.53	0.54	＜10	50～70，偶尔超 100
JNHL	0.12-0.15	1.0	0.30	＜10	100～200
HNHL	0.38	1.0	0.77	100～150	300～400
CQHL	0.61	0.85	0.92	400～600	1000 左右
WHHL	0.52	0.79	0.72	800～900	1200～1300
GYHL	0.67	0.86	0.93	700～800	1200～1600，Max2000
DGHL	0.50	0.65	0.75	700～800	1100～1200

初始 SO_2 排放浓度差距较大，而且原料磨开停机时 SO_2 排放也产生较大影响，导致脱硫措施难以选择，如果都按 35mg/Nm^3 超低排放的要求控制，大部分生产线则都要采取湿法脱硫，造成大量资源的浪费。额外脱硫技术的实施，在降低水泥行业 SO_2 排放的同时，无形中增加了脱硫相关行业的负担和能源消耗。例如，LQHL 公司为 5000t/d 熟料线，原料磨开时 SO_2 排放浓度＜10mg/Nm^3，磨停时 SO_2 排放浓度为 50～70mg/Nm^3，偶尔超过 100mg/Nm^3，若实施湿法脱硫改造，总投资在 2500 万元左右，吨熟料运行电耗在 3.5kW·h，小时耗水量约 30t，产生污水 0.5t/h，污水的处理同样会引起一系列问题，尽管能够产出脱硫石膏可以再利用，但是湿法脱硫的实施会带来原料消耗、运行成本增加、二次污染等问题。针对水泥生产线 SO_2 排放的差异性，要综合算社会和经济账来确定 SO_2 排放限值，当然也要通过排污费的收取来调节 SO_2 的排放量。水泥熟料生产线 SO_2 超低排放不能采取一刀切的政策，针对磨开浓度较低、磨停 100mg/Nm^3 生产线可以适当放宽政策。

4　NO_x 排放控制

《水泥工业大气污染物排放标准》（GB 4915—2013）的实施，NO_x 由原来的 800mg/Nm^3 下降到 320mg/Nm^3，水泥行业通过大力推进分级燃烧＋SNCR 的技术，结合操作优化，基本都能达到标准要求。但各个地方标准要求 NO_x 排放达到 100mg/Nm^3，甚至 50mg/Nm^3 时，SNCR 已无法解决氨逃逸的问题。

为了满足回转窑熟料煅烧要求，窑尾烟室的 NO_x 基本都在 1000mg/Nm^3 左右，根据海螺设计院改造的项目来看，通过在分解炉建立还原区后 NO_x 基本能降到 100mg/Nm^3 以下，甚至可以降到 0，但分解炉产生 NO_x 大约在 400～600mg/Nm^3。部分能效提升生产线 NO_x 排放初始浓度情况见表 3。

表 3　部分能效提升生产线 NO_x 排放初始浓度情况

序号	公司名称	NO_x 排放浓度/（mg/Nm^3，10%O_2）
1	TLHL2 号	554
2	CQHL1 号	545
3	QJHL1 号	420
4	YDHL3 号	353
5	QXHL	475
6	ZYHL3 号	440

注：以上 NO_x 排放浓度为喷氨前分解炉出口浓度。

当 NO_x 排放控制指标在 320mg/Nm³ 以内时，采用 SNCR 脱硝技术，脱硝效率在 60%左右，氨水利用效率可达到 90%左右，该技术是比较经济合适的。但 SNCR 脱硝效率受温度窗口、反应时间、混合均匀程度等因素影响，在 860～930℃温度窗口范围内，烧成系统粉尘浓度较高（达到近 1000g/Nm³），且分解炉紊流气体流场使氨与 NO_x 混合不够均匀等，SNCR 脱硝技术难以满足生产线超低排放要求（NO_x 排放浓度 100mg/Nm³ 甚至 50mg/Nm³，且氨逃逸要求在 8mg/Nm³）。在各省下发新的地方标准向电力行业超净排放指标靠近，同时严格控制氨逃逸时，使得 SCR 脱硝技术成了水泥行业必然的选择。

SCR 脱硝技术在电厂已得到广泛的应用，电厂废气温度在 350℃左右，颗粒物在 20～70g/m³ 之间，而水泥厂工艺和电厂的不同，目前 SCR 布置有三种布置形式，如图 1 所示。

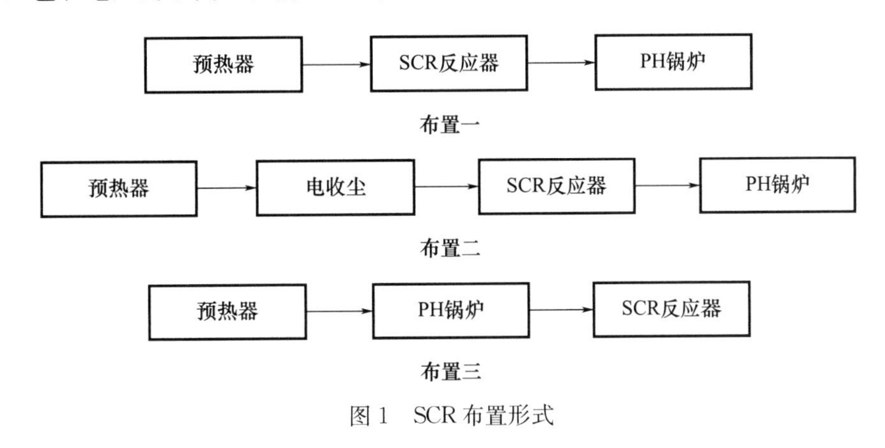

图 1　SCR 布置形式

这三种布置形式各有特点：

布置一：高温高尘布置形式，烟气颗粒物浓度高，温度高；催化剂效率高，但颗粒物多易堵塞和磨损，对余热发电有影响。

布置二：高温中尘布置形式，烟气颗粒物浓度低，温度高；催化剂效率高，堵塞和磨损少，但增加工艺设备投资，热损失大，对余热发电影响较大。

布置三：中温中尘布置形式，烟气颗粒物浓度较低，温度低；催化剂效率较低，不适应高硫环境，对余热发电没有影响。

温度窗口是 SCR 脱硝效率的影响因素之一。余热发电的效率越高，PH 锅炉出口的温度就越低，PH 锅炉出口温度能到 180℃以下甚至到 160℃，对催化剂的效率影响还是比较大的。催化剂在温度 200℃以上时，效率会有明显提升，但在 200℃以下效率还是比较低，因此对更低温度催化剂效率提升的研发，具有非常重要的意义。

SCR 脱硝反应器的布置形式与生产线 SO_2 浓度息息相关。如果烟气中 SO_2 含量超过 100mg/Nm³，温度低于 280℃时，SO_2 与氨反应，会产生硫酸氢氨（NH_4HSO_4）而堵塞催化剂孔，导致系统无法正常运行，因此在烟气 SO_2 含量低且 PH 锅炉出口温度大于 200℃的生产线，可优先考虑中温布置形式。

颗粒物浓度影响着 SCR 反应器的布置形式。布置一和布置二的区别是布置二增加了电收尘器，如果布置一能够很好地解决堵塞和磨损问题，布置二的电收尘器也就多此一举了。从目前海螺投运的生产线，以及早期 BMS 水泥厂第一条国产化生产线经过三次改造的结果来看，堵塞和磨损基本得到解决。因此在烟气 SO_2 含量较高的情况下，建议优先采取布置一方案。

随着能耗限额新标准的执行，越来越多的生产线采用六级预热器，预热器出口温度低于 280℃甚至不到 260℃，这就为高硫烟气的 SCR 脱硝带来了困难，对于这种情况，今后还需进一步探讨。

5 生产废水/生活污水的治理

针对水泥生产及配套余热发电系统，需要使用和消耗新鲜水（主要来自自然水体、城镇供水等），其中98%以上新鲜水用于设备冷却所需的生产循环和补充，少量给水用于生活及辅助生产。

新鲜水在使用过程中会产生一定量的污废水，其中生活污水主要来自配套生活设施，生产废水主要为循环水系统及余热发电排污水。以2×5000t/d生产线为例，现状新鲜水用量为5000～6000m^3/d（105～250m^3/h），其中80%水量用于余热发电循环水系统；生产过程中产生的污废水量，其中生活污水约10m^3/h、生产废水约100m^3/h（主要是常规的循环水系统排污水，不包含脱硫废水等）；而地面雨水不属于生产生活类的污废水，从目前可查询到的规范看，初期雨水主要针对石油化工企业及储存、加工有环境污染物的特殊项目，对于水泥工厂来说没有具体的明确规定，《水泥工厂设计规范》（GB 50295—2016）对初期雨水排放在“7.5 雨水排除”明确：雨水排水系统应就近分散排除；雨水应排入自然水系，不得对其他工程设施及农田水利造成危害，并应取得书面协议文件。

由于生活污水量较小，在满足《污水综合排放标准》（GB 8978—1996）一级标准后，按规范要求可以排放或用于厂区绿化等；初期雨水按照水泥工厂相关规范，不属于处理范畴；水泥工厂需要重点关注的是生产废水的产生、处置及排放、利用等。生产废水主要污染因子见表4。

表4 生产废水主要污染因子

类别	产生及来源	主要污染因子
生产废水	B1 熟料线/粉磨站循环水排污	pH、电导率、SS、TDS、石油类、磷酸盐（以P计）等
	B2 余热发电循环水排污、旁滤装置排污水、化水车间排污水、发电厂房排污水	pH、电导率、SS、TDS、磷酸盐（以P计）等
	B2 余热发电 AQC/PH 锅炉排污水	pH、电导率、联氨等锅炉药剂
	B3 水净化装置排污水（原水取自地表水，如江河湖泊等）	SS、泥沙等固形物

表5 生产废水主要检测数据

序号	生产废水	pH	电导率/(μs/cm)	浊度/度	SS/(mg/L)	总硬度/(mg/L)	总碱度/($CaCO_3$ mg/L)	Cl^-/(mg/L)	总磷（以P计）/(mg/L)
1	一线循环水排污水	8.19	403	N	276	136	96.20	34.6	0.06
	二线循环水排污水	8.36	573		391.5	199	144.60	81.0	0.39
	余热发电循环水排污水	8.79	1111	25.1	903	504	354.99	82.2	1.32
	化水车间排污水	7.91	830	N	583	142	194.25	67.2	0.16
	汽轮机房排污水	8.72	748	17.1	905	354	230.87	56.6	0.75
	一线 AQC 锅炉排污水	8.26	402	N	281.5	134	94.95	51.5	0.06
	一线 PH 锅炉排污水	8.28	402		270	138	93.09	59.2	0.06
	二线 AQC 锅炉排污水	8.36	575		400	203	137.16	85.0	0.40
	二线 PH 锅炉排污水	10.18	105	12.4	62.5	6	230.87	9.38	0.45
	余热发电旁滤装置排污水	—		17.3	581	—			

续表

序号	生产废水	pH	电导率/（μs/cm）	浊度/度	SS/（mg/L）	总硬度/（mg/L）	总碱度/（$CaCO_3$ mg/L）	Cl^-/（mg/L）	总磷（以P计）/（mg/L）
2	《污水综合排放标准》GB 8978—1996 表4一级标准限值	6～9	—						0.5
	《地表水环境质量标准》GB 3838—2002 Ⅳ类、Ⅴ类	6～9	—						0.3～0.4

注：N：表示低于检出限（检出限3度）；Ⅳ类：主要适用于一般工业用水区及人体非直接接触的娱乐用水区；Ⅴ类：主要适用于农业用水区及一般景观要求水域。

从检测数据（表5）可以看出，生产废水基本可以满足直接排放至地表水环境。在检测类别中，不满足项主要是总磷和pH，其中pH在所反映的10个样本中有1项超标，在总磷所反映的10个样本中有5项超标；总磷超标的主要原因在于目前循环水处理所使用的药剂为含磷药剂，磷超标会导致水体富营养化。

综上所述，水泥工厂对生产废水和生活污水全部纳入零排放进行管控，与工厂特性不相匹配，也是非常苛刻，且不合理的，应该倡导总量控制、达标排放，同时对总磷和pH不达标进行局部处理，如进行pH中和、将含磷药剂更换为无磷药剂。

尽管生产废水可以达标排放，但进行总量控制和中水回用仍具有一定的经济意义，特别是在总量控制方面，大多工厂超定额用水量104～125%；如果将生产废水进行回收利用，设定90%左右回用率，少量工艺废水作为生产中的消耗水进行降解（由于其主要成分为钙镁等离子，可用于石灰石破碎降尘、物料堆场喷水等），水泥熟料水耗可以降低至0.370m^3/t，小于用水定额通用值0.510m^3/t（既有工厂）。

6　噪声治理技术

噪声按产生机理可分为机械噪声、空气动力性噪声、电磁噪声；按声源几何形状可分为点声源、线声源和面声源；按声波频率可分为低频声、中频声和高频声。其特点是声源种类复杂、分布广，噪声频带宽、声压级高、传播距离远。主要降噪措施：①吸声降噪，采用多孔吸声材料或共振吸声结构将声能转变成热能而耗散掉；②隔声降噪，采用双层或多层复合结构对独立噪声源、集中布置的高噪声厂房进行封闭隔声，并配置专用消声通风装置保证厂房内通风散热；③消声降噪，按照噪声源特性选用消声设备降噪，如在风机进风口或出风口安装阻抗复合型消声器，降低设备空气动力噪声；④选用低噪声设备从源头降低噪声值，如用螺杆风机、磁浮风机等新型环保设备替代传统型罗茨风机，设备本底噪声可降低约20dB（A）。

目前水泥生产线噪声排放执行标准：一是厂界按照《工业企业厂界环境噪声排放标准》（GB 12348—2008）要求达标排放（表6）；二是厂址周边敏感点执行《声环境质量标准》（GB 3096—2008），减少对周边声环境的影响（表7）；三是厂区工作岗位噪声符合职业卫生要求，保护职工身体健康（表8）。按照水泥厂所处声环境功能区，项目环评大多要求厂界和环境敏感点执行相应规范的2类标准，即昼间60dB（A）、夜间50dB（A）。

表 6 《工业企业厂界环境噪声排放标准》GB 12348—2008

厂界外声环境功能区类别	时段	
	昼间 dB（A）	夜间 dB（A）
0	50	40
1	55	45
2	60	50
3	65	55
4	70	55

表 7 《声环境质量标准》（GB 3096—2008）

声环境功能区类别		时段	
		昼间 dB（A）	夜间 dB（A）
0 类		50	40
1 类		55	45
2 类		60	50
3 类		65	55
4 类	4a 类	70	55
	4b 类	70	60

表 8 《中华人民共和国国家职业卫生标准》

工作场所噪声等效声级接触限制	
日接触时间/h	接触限制/dB（A）
8	85
4	88
2	91
1	94
0.5	97

噪声控制主要是考虑降低对人的影响，水泥工厂选址大多远离一类声功能区，并设置卫生防护距离。对于厂区周边的居民区等敏感点，噪声值必须达到环评要求，特别是夜间［2 类区≤50dB（A）］，确保居民生活不受影响，但厂界处夜间噪声达到 50dB（A）以下会有较大的治理投入，且实际意义不大，特别是厂界外没有敏感点时会造成过度治理，因此厂界处噪声执行标准可适当放宽或不做规定。

随着装备制造水平的提升和信息化、智能化技术的推广应用，水泥生产线已经不需要在设备运行状态下长时间近距离操作，岗位工人在车间内接触高噪声环境的时间大为缩短。对于破碎设备、粉磨设备等高噪声源，可采用隔声＋吸声技术对单体设备或车间厂房进行整体隔声，降低其对周边环境的影响，职工巡检只需配戴严格的劳保用品，使噪声对人体的影响能够降到较低的水平。办公室、岗位值班室、倒班休息室等受噪声源影响较大时可对室内增加静音处理，安装静音窗、隔声门等确保室内噪声达到并低于 65dB（A），保护职工身体健康。

低频噪声易与人体器官固有频率产生共振，使人烦躁、不适，对人的身体和生理长期影响远大于高频噪声。而低频噪声振幅小、波长长，随距离递减慢、穿越障碍物能力强，吸隔声降噪效果不及高频噪声，在 50dB 以下噪声频谱中，低频声贡献值要大于中高频声贡献值，要重点关注低频噪声的治理。

7 总 结

自1824年波特兰水泥产生至今已有近200年历史，其经历了立窑、回转窑、窑外预热＋回转窑、窑外预热预分解＋回转窑的发展历程，在这期间熟料生产工艺技术、生产环境发生了翻天覆地的变化，水泥厂也由最初“洋灰厂”的脏乱差形象，变成了如今现代化花园式工厂。水泥生产全流程过程中面临的颗粒物、污水、噪声、NO_x、SO_2等排放治理问题也取得了阶段性成果，降低原材料、燃料、电力等消耗方面取得显著进步，针对双碳政策下面临的环保问题，本文也进行了简单的探讨和论述，主要有以下几点：

（1）袋式收尘器可以实现颗粒物的超低排放，通过过滤面积、过滤风速的控制，可以有效将颗粒物排放浓度控制在10mg/Nm^{3}以内。

（2）水泥生产原材料硫含量存在较大差异，导致熟料线SO_2排放浓度差距较大，而超低排放浓度限值一刀切政策，会引起更多的资源浪费和二次污染问题，应分阶段针对性地看待问题，SO_2排放浓度较高生产线可采取湿法脱硫措施；应放宽对磨开SO_2排放达标，而磨停SO_2在100～200mg/Nm^{3}生产线的SO_2排放限值，通过SO_2浓度分级排污费收取阶梯变化的形式，弥补SO_2排放损失。

（3）生产线采取分级燃烧＋高效SNCR脱硝技术可以将NO_x排放浓度控制在200～300mg/Nm^3，且氨水利用率可达到80％～90％，但NO_x进一步降低会造成大量的氨逃逸，需要采取SCR脱硝技术加以控制，中温SCR脱硝因催化剂效率、堵塞问题，要视熟料生产线余热发电出口温度、SO_2排放浓度而定，高温SCR的催化剂效率较高且以高尘布置形式最为简洁有效。

（4）生产废水和生活污水都要零排放，实际上是非常苛刻，且不合理的，应该倡导中水回用，达标排放。生产废水采用中水回用等措施，在处理过程中所产生的少量工艺废水可以作为生产中的消耗水进行降解，由于其主要成分为钙镁等离子，可用于石灰石破碎降尘、物料堆场喷水等。

（5）噪声治理可根据工厂实际地理位置情况，合理选择降噪措施进行针对性治理，厂址周边环境敏感点必须确保达到相关标准要求，保护居民生活环境不受干扰；对于厂界特别是没有敏感点的位置可适当放宽标准或不做规定，防止过度治理；厂区内岗位噪声可通过高噪声源降噪治理、重点位置静音防护和职工劳保用品保护相结合的方式保护职工身体健康。

煤磨系统中立磨换球磨机的技术改造

詹家干　周长华

摘　要　煤粉制备采用煤立磨存在煤粉细度偏粗、工况波动大等问题，本文通过煤磨系统改造为球磨机并对工艺流程进行优化。技改后，煤粉细度大幅度下降，提高窑系统煅烧的稳定性。

关键词　煤立磨；球磨机；技改；煤粉细度

Technical transformation to replace vertical mill with ball mill in coal grinding system

Zhan Jiagan　Zhou Changhua

Abstract　There are some problems such as coarse coal fineness and large fluctuation of working conditions in coal vertical mill. In this paper, the coal mill system is transformed into ball mill and the technological process is optimized. After technical reform, the fineness of coal is greatly reduced and the stability of calcination of kiln system is improved.

Keywords　Coal vertical mill; ball mill; technical transformation; coal fineness

1　项目概况

某大型水泥工厂有两台新型干法熟料生产线，其煤磨系统采用 4 台 MPF2116 煤立磨，每台立磨设计粉磨能力 40t/h。受工艺流程、设备配置等因素限制，煤粉细度偏粗（80μm 筛余为 11.3%），造成回转窑工况波动较大。经研究，决定对煤磨系统进行技改，将其中一台煤立磨技改为球磨机，降低煤粉细度，以提高烧成系统的运行指标。改造前的煤磨系统工艺流程见图 1。

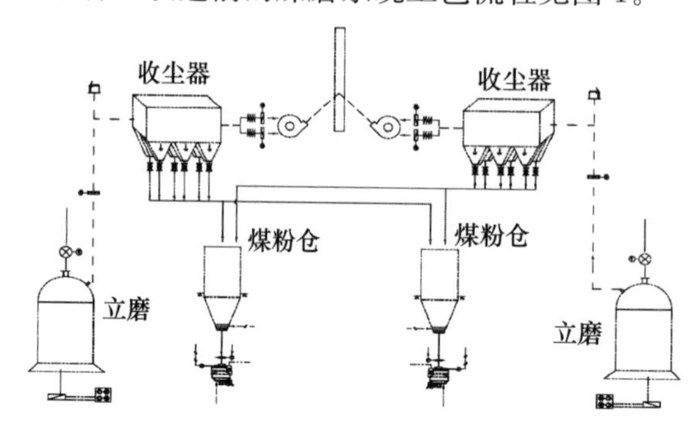

图 1　改造前的煤磨系统工艺流程

2　技改方案及特点分析

本次改造目标为降低窑头煤粉细度至3%以下，提高回转窑煅烧的稳定性。

2.1　技改内容

（1）停用3号煤立磨（2号回转窑窑头煤磨）；

（2）新增一台 ϕ4.0m×（8.0+3.5）m风扫球磨机，及配套动态选粉机；

（3）出选粉机风管接入原3号煤磨的主收尘器，利用原3号磨现有的主收尘器、系统风机、煤粉储存设施，组成新的球磨机粉磨系统；

（4）原煤仓及磨机喂机系统利用3号磨系统现有设施改造；

（5）新增加熟料生产线窑头到风扫球磨的热风管道，取风口部位设置施风除尘器，减少煤粉中的熟料粉尘掺入量；

（6）新增一座煤粉仓和仓式泵粉体输送系统，将技改后的高品质煤粉送入1号生产线的窑头煤粉仓，实现一台球磨机为两条窑窑头供煤粉。1号生产线窑头原有煤立磨可停机作备用设备。

2.2　改造前后对比

项目技改考虑尽可能利用生产线原有设施和装备，降低工程投资和缩短建设周期。系统技改后的流程见图2，其中框线内部分为技改增加部分。技改前后设备配置详见表1。

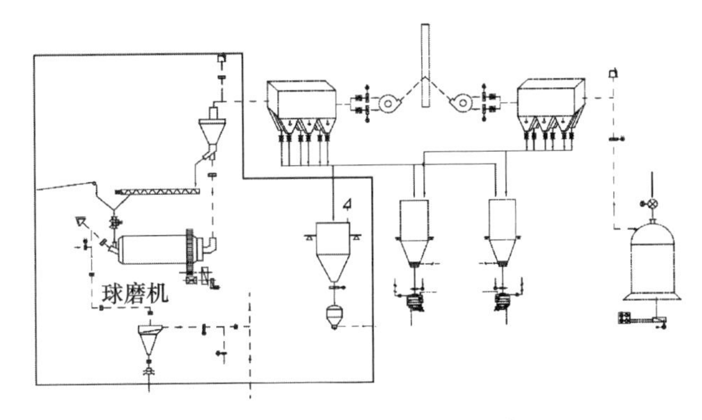

图2　煤磨改造后的系统工艺流程

表1　煤磨系统改造主机设备配置表

设备名称	原设备配置	技改后设备配置	备注
定量给料机	能力：6～65t/h，计量精度：<±5%	同前	利用现有设备
煤磨	MPF2116辊盘式磨煤机，生产能力：40t/h，入磨粒度：50mm（最大），磨盘辊道名义直径：2120mm，主电机功率：560kW	4m×（8.0+3.5）m球磨机，生产能力：48t/h（HGI=65），入磨物料粒度：≤25mm（85%），转速：16.3r/min，主电机功率：1800kW	新增
选粉机	规格：SLS265，转速范围：40～120r/min，电机功率：45kW，注：旋风机为磨机自带	型号：MD2000AY，选粉风量：120000～150000m³/h，成品产量：48～55t/h，功率：75kW	新增

续表

设备名称	原设备配置	技改后设备配置	备注
袋收尘器	规格：FGM96-2×10（M），处理风量：110000m^3/h，入口温度：<120℃，进口浓度≤1000g/m^3，出口浓度≤30mg/m^3	同前	利用现有收尘器
煤粉通风机	型号：19000SIBB50，风量：127000m^3/h，全压：10500Pa，转速：1450r/min，电机功率：560kW	风量：140000m^3/h，全压：7000Pa，电机功率：400kW	利用现有风机，增加变频
仓式泵		能力：50t/h	新增
旋风除尘器		规格：ϕ3300mm	新增

2.3 技改难点及要点

（1）技改考虑充分利用原有设施降低工程造价。本项目系统主收尘器、系统风机、煤粉储存及输送系统、原料储存系统均利用现有设施，与常规的风扫磨系统相比，节省一半工程量。有效降低了工程造价，缩短了工程建设周期。

（2）项目技改考虑尽量不影响原生产系统运行，系统布局考虑生产检修。风扫煤磨建设自成体系，与原立磨系统仅有一个管道接口和一个配料皮带接口，不需要拆除原生产系统设备，新系统施工不影响原系统生产，接口施工时间短。

（3）系统设计功能完备，一台煤磨改造兼顾两条熟料生产线。煤磨系统技改设计功能完备，增设至1号回转窑窑头煤粉仓的煤粉气力输送系统，一台煤磨可为两台窑窑头提供煤粉。

3 效果分析

技改后煤粉细度有较大下降，烧成系统工况有改善，达到了预期的技改目标。技改前后煤磨及窑系统指标对比见表2。

表2 技改前后煤磨及窑系统指标对比

项目	单位	技改前	技改后	变化幅度
煤粉细度（80μm筛余）	%	11.3	3.0	−8.3
煤粉制备电耗	kW·h/t	5.18	6.5	+1.32
熟料标煤耗	kg/t	104.27	102.42	−1.85
熟料综合电耗	kW·h/t	59.28	59.66	0.38

（1）煤粉细度大幅度下降。技改后煤粉细度在3%左右，有利于窑系统煅烧。

（2）窑头煤粉燃烧状况得到改善。煤粉细度降低后，窑头火焰较为集中，初期窑前温度偏高，生产中通过将燃烧器内流风由80%逐步关至60%，对三次风挡板进行调整，进一步拉长火焰，避免火焰集中窑皮缩短。

（3）分解炉后燃烧现象得到改善。煤粉细度降低后，煤粉比表面积增加，煤粉着火点降低，燃烧时由外向内的传质传热时间缩短，煤粉燃烬率提高，机械不完全燃烧热损失减少。

（4）烧成系统热工状况改善，烧成热耗降低。煤粉燃烧状况改善后，烧成系统对煤质波动的适应性提高，系统操作更加稳定，节能降耗操作空间进一步提升，熟料烧成热耗进一步降低。在进厂原煤质量不变的情况下，熟料标煤耗由104.27kg/t降低到102.42kg/t。

4 结 语

（1）水泥生产线的煤粉制备系统，采用风扫球磨系统，可有效降低煤粉细度，提高窑系统煅烧的稳定性。

（2）对水泥回转窑，煤粉的粒度直接影响燃烧的速度进而影响烧成带的温度和长度。煤粉细一些，燃烧迅速、完全，燃烧器火焰短。如果煤粉偏粗，燃烧速度慢，高温带拉长，燃烧器火焰长，火力不集中，将降低烧成带温度，从而影响煅烧质量。而窑尾分解炉对煤粉适应性相对较强，煤粉细度对其影响不如窑头明显。水泥窑系统可有针对性地在窑头使用细度较细的煤粉，提高烧成系统稳定性。分解炉系统可以使用细度稍粗的煤粉，以提高煤磨产量，降低粉磨电耗。

（3）有条件的生产线可设置不同的原煤磨机，用球磨机生产较细的煤粉供应窑头，用立磨生产稍粗的煤粉供应窑尾。在满足窑系统稳定运行的情况下，最大限度地发挥球磨机较好的研磨能力和立磨较低电耗两种优势。

（原文发表于《水泥工程》2018年第5期）

富氧燃烧技术分析及其在水泥窑的应用效果

轩红钟　王　斌　张提提

摘　要　富氧燃烧技术是应用在工业窑炉、锅炉上最新的增氧燃烧技术，可显著提高燃料燃烧效率和火焰温度。本文通过对5000t/d熟料生产线进行富氧燃烧改造，研究富氧燃烧对燃烧系统的影响。结果表明，改造后烧成系统热效率提高，用风量减少，系统阻力降低；烧成系统煤耗降低约6.67kgce/t.cl；因制氧系统需要电能，熟料综合电耗升高约1.5～2kW·h/t.cl，年度可减排二氧化碳约28000t。

关键词　水泥窑；富氧燃烧；节能降碳

Analysis of oxygen enriched combustion technology and its application effect in rotary kiln system

Xuan Hongzhong　Wang Bin　Zhang Titi

Abstract　Oxygen enriched combustion technology is the latest oxygen enriched combustion technology applied to industrial kilns and boilers, which can significantly improve fuel combustion efficiency and flame temperature. This paper studies the influence of oxygen enriched combustion on the combustion system by reforming the 5000t/d clinker production line. The results show that after the transformation, the thermal efficiency of the sintering system is improved, the air volume is reduced, and the system resistance is reduced; The coal consumption of the firing system is reduced by about 6.67kgce/t.cl; As the oxygen generation system requires electric energy, the comprehensive power consumption of clinker increases by about 1.5～2kW·h/t.cl, and the annual carbon dioxide emission reduction is about 28000 tons.

Keywords　cement kiln; oxygen enriched combustion; energy saving and carbon reduction

1　引　言

富氧燃烧是一种高效燃烧技术[1]，通过使用高于空气氧含量的助燃剂，能够有效缩短燃煤燃烧时间，提高燃烧效率和燃烧温度。近年，膜法制氧技术得到发展和利用，富氧燃烧技术成本大大降低，应用范围也随之扩大。各研究机构和水泥企业陆续开展窑内富氧燃烧技术的研究和实践。中国建筑材料科学研究院王俊杰等[2]通过理论计算和试验研究分析了窑内富氧燃烧技术效果，发现煤粉燃烧温度取决于煤粉颗粒周围的氧浓度。廖斌等[3]采用数值模拟分析研究水泥窑富氧燃烧技术，发现将窑内富氧燃烧用于熟料生产线，可以节约燃料，达到节能减排增效的效果。可见，窑内富氧燃烧技术在水泥窑节能降耗理论研究中取得较多成果[4-6]。本文以CZ海螺某5 000 t/d熟料生产线实践窑内富氧燃烧技术为研究对象，研究富氧燃烧机理及其对熟料生产过程的影响及效果。

2　富氧制备方式及燃烧机理分析

2.1　富氧制备方式

研究水泥熟料生产线用富氧燃烧技术，选择适合水泥生产特点的制氧方式很重要，对制氧方法进行研究与选择，比较分析不同制氧方法的稳定性、经济性及技术优越性。目前，富氧制备行业主要有深冷分离法、变压吸附（PSA）、膜分离法、磁电机选法四种常见的不同制氧方式，四种制氧方式的制氧原理、应用阶段、装置规模等区别见表1。

表1　四种常见不同制氧方式的比较

制氧方式	深冷分离法	变压吸附（SPA）	膜分离法	磁电机选法
原理	利用氧氮物质的沸点不同，多次进行冷凝和蒸发的过程，达到氧氮分离的目的	利用气体在不同压力下吸附剂上的吸附能力不同，对空气各组分进行分离	膜作为分离元件，利用膜两侧压力差，空气中多元组分因透过膜的速率不同达到分离的目的	高压电离的强磁场对具有顺磁性的氧分子、氧原子及负电子组合气流引聚富集
应用阶段	历史悠久，技术成熟	技术成熟，处于技术革新	技术成熟，处于技术革新	创新技术
适用装置规模	大规模	中、小规模	小规模或超小型	任意规模
气体氧含量/%	约99	90～95	25～40	25～35
耗电量（kW·h/Nm³）（30%氧气浓度换算）	约0.6	约0.5	约0.3	≤0.017
维保要求	低温、高压，产品为干气；基建和电力设备投资大	产品气处于加压状态，塔阀自动切换，可无人运行，吸附剂寿命10年以上，产品为干气；基建和电力设备投资大	可间歇或连续操作，操作简单，可无人运行，定期更换膜组件，环境要求高，产品为干气或湿润气体；基建投资和运行电耗大	可间歇或连续操作，无人值守运行，组件免维护，寿命达8年以上，产品为干气或湿润气体，投资小，运行电耗省
燃烧应用	大型纯氧燃烧捕获CO_2	垃圾焚烧炉降低二噁英	富氧助燃，节能	磁致富氧气流，助燃节能

2.2　富氧燃烧机理

富氧燃烧是一种高效强化燃烧技术，节能降碳效果显著。但在水泥生产中，煤粉燃烧本身具有不同于其他行业的复杂性、特殊性，通过试验研究论证水泥窑富氧燃烧机理。

1. 改善燃料的综合燃烧特性

通过试验，煤粉在不同的氧体积分数下的热重分析（DTG）曲线如图1所示。试验表明：①随着氧体积分数的增加，DTG曲线向低温区移动，说明着火温度随氧体积分数的增加而降低；②随着氧体积分数的增加，使最大质量损失速率增大，说明煤的活性随氧体积分数的增大而增强；③随着氧体积分数的增加，煤样燃烧的平均质量损失率增大，说明煤样的燃尽时间缩短，整体燃烧速率提高；④随着氧体积分数的增加，燃烧曲线的后部尾端变陡，说明煤的燃尽性能提高。

综上，O_2 浓度的增加，主要改变煤中固定碳的燃烧，可以显著改善煤粉中可燃质的整体分解及燃烧速率，缩短燃烧时间，提高煤粉反应活性。

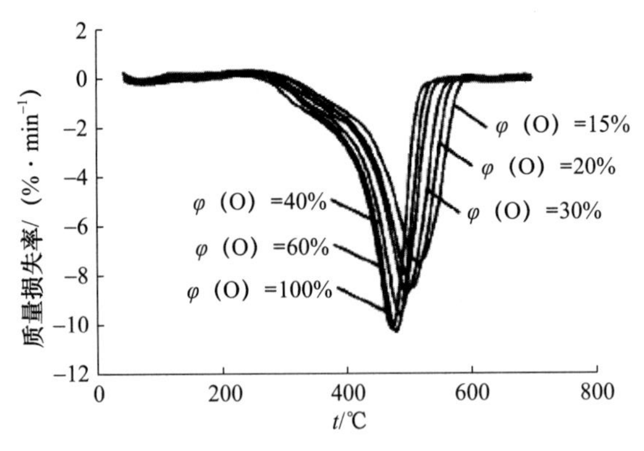

图 1　煤粉在不同氧体积分数下的 DTG 曲线

2. 提高煤粉燃烧温度

低热值煤粉在不同富氧浓度中的燃烧温度试验结果见表 2。

表 2　不同富氧浓度低热值煤粉燃烧试验结果

氧浓度	理论空气量	实际空气量	理论烟气量	实际烟气量	燃烧温度
O_2/%	V_0/（m^3/kg）	V_k/（m^3/kg）	V_Y^0/（m^3/kg）	V_y/（m^3/kg）	t_{11}/℃
21	3.854	4.624	4.010	4.781	1244
24	3.372	4.046	3.529	4.203	1393
27	2.977	3.597	3.154	3.753	1539
30	2.698	3.237	2.854	3.394	1682
33	2.452	2.943	2.609	3.099	1824
36	2.248	2.698	2.405	2.854	1962
39	2.075	2.490	2.232	2.647	2099

由表 2 可见，当富氧浓度达到 27%时，对比普通空气（氧浓度 21%）中的燃烧温度上升了 295℃；当富氧浓度达到 30%时，燃烧温度上升了 438℃，说明在富氧气体中，低热值煤粉燃烧温度有显著的提高。

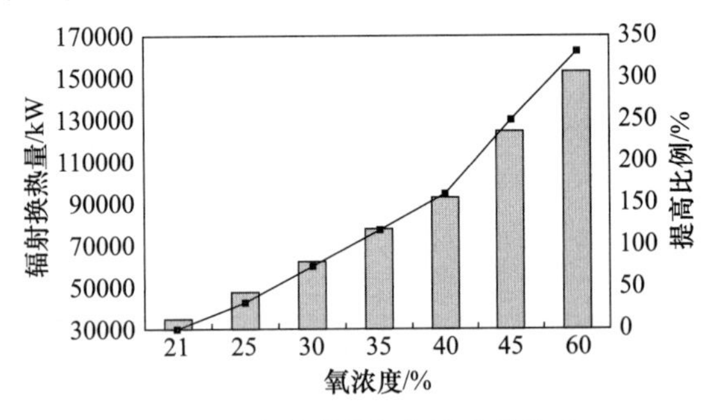

图 2　辐射换热量与氧浓度的关系

3. 增强窑内辐射传热

回转窑内的传热方式为对流和辐射传热，物料在回转窑内的温度升高，主要来自辐射传热，包括烟气、窑内衬等的辐射传热。熟料的煅烧取决于火焰辐射传热的热量。

由图 2 分析可知，氧气浓度由 21%提高至 25%、35%，辐射换热量分别提高了 33%、119%，效果十分显著，说明富氧有利于提高物料的烧成温度。但考虑氧气浓度过高将对窑带来不利影响，结合熟料烧成温度、耐火材料性能、煤粉燃烧特性及制氧成本的影响，30%～40%富氧浓度较为符合窑热工制度。

4. 降低燃料的燃点温度

燃料的燃点温度不是一个常数，它与燃烧状况、受热速度、环境温度等有关，如 CO 在空气中的燃点为 609℃，而在纯氧中的燃点仅有 388℃。所以，用富氧助燃能降低燃料的燃点，提高燃烧的集中度和火焰强度，减少燃烧的边际效应，增加燃烧释放热量的利用率。

3 水泥窑富氧燃烧技术应用及效果

3.1 水泥窑富氧燃烧技术应用

CZ海螺某生产线富氧燃烧技术改造整体分为烧成系统改造和制氧供氧系统。采用新式深冷直送法制取富氧空气（图3），通过窑头多通道燃烧器，以一次风形式将富氧空气引入水泥回转窑内，同时送煤风也采用富氧气体。

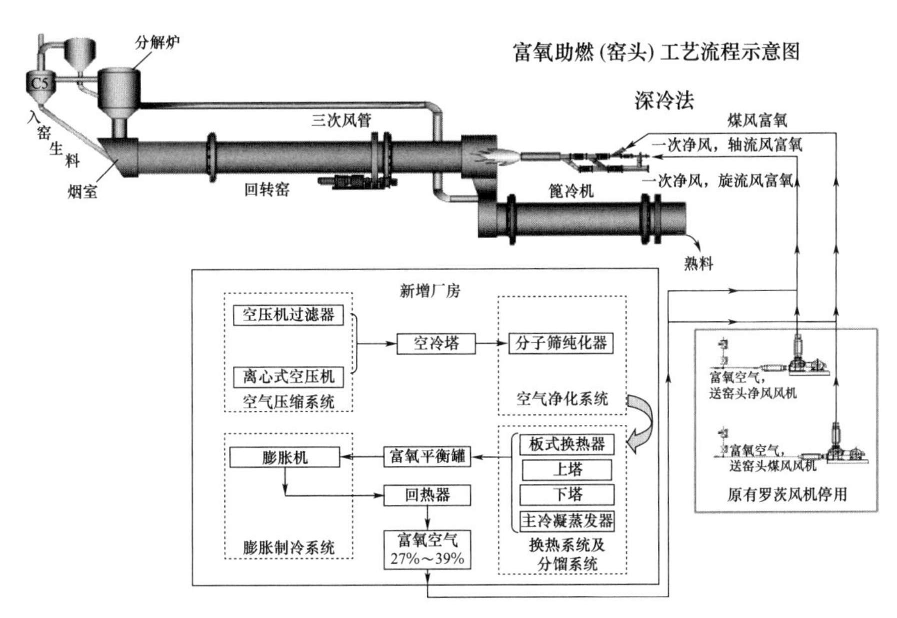

图3 新式深冷直送法制氧工艺技术方案

3.2 新式深冷直送法制氧效果

富氧燃烧技术的研究及应用项目于2019年2月立项，通过制氧技术调研和论证分析，研讨确定系统制氧技术方案采用新式深冷直送法制氧。以省内基地CZ海螺某条线为实施富氧燃烧示范项目，项目于2020年9月24日开车，制氧系统的运行情况如表3和图4所示。

表3 新式深冷直送法制氧系统运行效果

序号	项目	单位	设计指标	实际指标
1	富氧浓度	%	≥36%	36.6
2	富氧气体	Nm^3/h	8700±5	7382
3	富氧系统电耗	kW·h/t.cl	≤4	4.89
4	循环水量	m^3/h	236	235.7

3.3 富氧燃烧对烧成系统节能降耗的影响

富氧燃烧技术以富氧空气作为助燃剂，缩短了煤粉燃尽时间，提高了煤粉燃烧温度，改善了窑内物料换热效率，降低了窑内煤粉消耗；提高了二、三次风温，更有利于热回收，从而降低系统热耗，

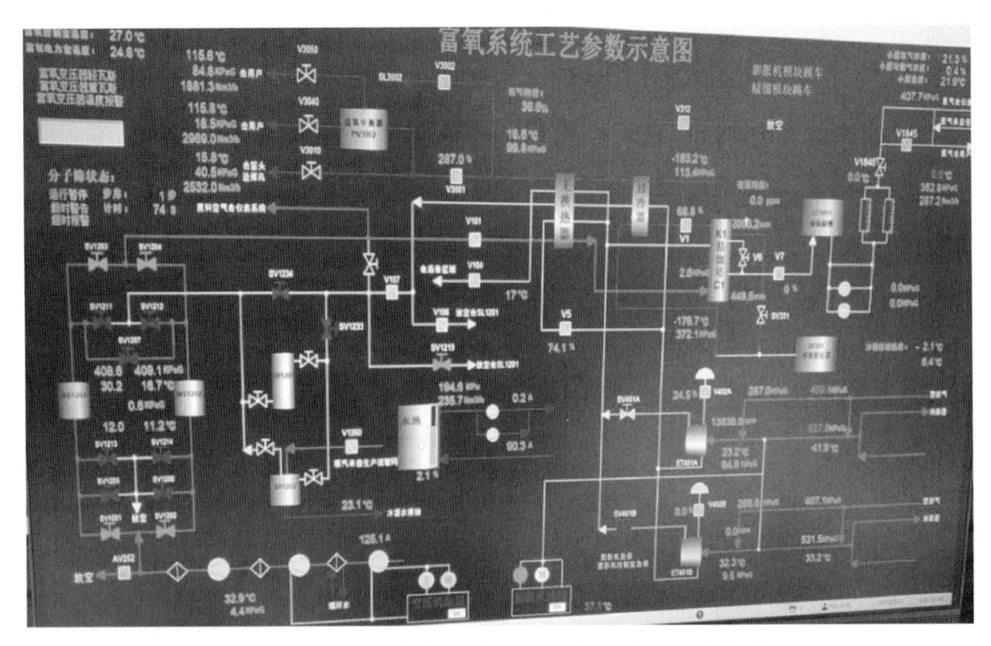

图 4　CZ 海螺富氧燃烧示范项目制氧系统运行参数图

根据改造后运行统计数据，烧成煤耗降低约 6.67kgce/t.cl；另外，富氧燃烧技术实施后，窑况更加稳定，窑皮稳定均匀，窑电流显著降低，富氧燃烧降低空气过剩系数，降低烟气生成量，C1 出口废气量减少，降低了热量损失和风机电耗，熟料综合电耗降低约 2.0kW・h/t.cl。若计入制氧系统电耗，熟料综合电耗增加 1.5～2kW・h/t.cl，按照年产熟料 165 万吨，年度可减排二氧化碳约 28000t，对生产线节能降碳起到促进作用。

4　结　论

从富氧燃烧机理分析得出，富氧燃烧技术应用到水泥窑中，可改善燃料的燃烧工况，提高煤质适用性，提高火焰温度计辐射传热效率，缩短燃烧时间，同时能稳定整个窑系统热工制度，提高水泥熟料产品质量。

在 5000t/d 熟料生产线实践富氧燃烧技术，取得了较好的节能降耗效果：烧成系统热效率提高，用风量减少，系统阻力降低；烧成系统煤耗降低 6.67kgce/t.cl；计入制氧系统电耗，熟料综合电耗升高约 1.5～2kW・h/t.cl。

参考文献

[1] 郭佳琪，车婧琦，潘妮．富氧燃烧技术在烧结点火炉上的应用分析［J］．冶金能源，2020，39（2）：30-33.

[4] 王俊杰，颜碧兰，朱文尚，等．水泥窑用富氧燃烧技术理论分析［J］．节能技术，2015，33（3）：195-198，202.

[3] 廖斌．水泥回转窑富氧燃烧的数值模拟研究［D］．昆明：昆明理工大学，2016.

[4] 齐砚勇，柯盛强，谢鸿源．预分解窑热平衡计算及传热效率评估兼论水泥窑富氧燃烧特征［J］．新世纪水泥导报，2018，24（06）：29-36.

[5] 崔昭霞，李俊峰，周全，等．劣质褐煤富氧燃烧特性的数值模拟研究［J］．煤炭技术，2018，037（012）：314-317.

[4] 徐顺生，杨易霖，时章明，等．分解窑混煤富氧燃烧研究［J］．中南大学学报（自然科学版），2017，48（11）：3116-3125.

水泥生产线噪声治理技术研究应用

张中建　杨　帅　吴义德

摘　要　水泥工业设备运行噪声对声环境影响越来越引起人们的关注，且生产线噪声源种类多、位置分散，噪声相互干扰、叠加，工程设计中防治有较大难度，本文通过对不同噪声源频谱特征进行采集分析，以实际项目为例对主要噪声源治理措施及实施效果进行总结说明，给同类型生产线在噪声治理方面以借鉴。

关键词　水泥生产线；噪声；设计

Research and application of noise control technology for cement production lines

Zhang Zhongjian　Yang Shuai　Wu Yide

Abstract　Cement industry equipment operating noise on the acoustic environmental is more and more aroused people's attention, engineering design in prevention and control is more difficult since the variety, location dispersivity, noise interference, superposition of noises. This paper summaries main noise source control measures and implementation effectsthrough collecting and analyzing different noise source spectrum characteristics, taking a specific project as example, provides a reference to the same type of production line for noise control.

Keywords　cement plant; noise; design

0　引　言

水泥工业除粉尘颗粒物、NO_x 和 SO_2 等废气污染物之外，设备运行噪声对员工职业卫生健康和厂区周边声环境的影响越来越引起人们的关注。破碎设备、粉磨设备、大型电机、多种类型风机和原料输送设备均会产生不同频谱的噪声，这些噪声相互干扰、叠加，工程设计中防治有较大难度。特别是水泥粉磨生产线建设选址大多靠近市场需求大、交通运输便利的城乡结合部，厂址周边往往会有对噪声控制要求较高的居住、商业、工业混杂区，如何控制生产线噪声排放，满足当地环保标准要求，建设环境友好型企业，是工程设计工作重点之一。

1 水泥生产线噪声源特征分析

1.1 主要噪声源类别

水泥生产线噪声源按照噪声产生机理可分为机械噪声源、空气动力性噪声源和电磁噪声源。见表1。

表1 主要噪声源类别

噪声源类别	主要类型	备注
机械噪声源	包括撞击噪声、激发噪声、摩擦噪声、结构噪声、轴承噪声和齿轮噪声等	如破碎机、磨机等
空气动力性噪声源	包括喷射噪声、涡流噪声、旋转气流噪声等	各类风机
电磁噪声源	包括直流电动机电磁噪声、交流电动机电磁噪声、变压器电磁噪声	各类大电机

按声源几何形状特点，噪声源可分为点声源、线声源和面声源。见表2。

表2 声源几何形状

声源几何形状	主要类型	备注
点声源	如单独布置的收尘器和风机	衰减速度点声源＞线声源＞面声源
线声源	如皮带机输送廊道	
面声源	如水泥磨等集中布置的主体车间	

按照声波频率，可分为低频声、中频声和高频声。见表3。

表3 主要声波频率

频段名称	频率范围/Hz	备注
可听声	$20 \sim 2\times10^4$	声能一定时低频声波传播距离较远
低频声	＜300	
中频声	300～1000	
高频声	＞1000	

1.2 主要设备噪声值

通过对不同项目现场设备运行噪声实际监测，水泥生产线主要设备噪声值（声压级）见表4。

表4 主要设备噪声值

序号	设备名称	噪声值/dB（A）	序号	设备名称	噪声值/dB（A）
1	石灰石破碎机	100～105	6	罗茨风机	100～110
2	原料立磨	90～95	7	小型离心风机	85～95
3	水泥球磨机	95～108	8	收尘器脉冲阀	85～90
4	煤球磨机	95～105	9	罗杆式空压机	70～80
5	大型风机	85～95	10	循环冷却塔	70～80

1.3　主要设备噪声频谱值

表5　主要设备噪声频谱值

设备名称	指标	SPL（A）	8kHz	4kHz	2kHz	1kHz	500Hz	250Hz	125Hz	63Hz
原料立磨	$L_{eq,T}$	91.9	70.4	79.0	81.6	81.9	82.5	73.2	64.8	54.2
煤磨球磨机	$L_{eq,T}$	105	80.5	92.3	97.2	95.5	87.9	87.3	74.3	62.3
高温风机	$L_{eq,T}$	88.9	67.6	77.1	78.3	81.5	75.9	71.5	68.7	57.5
篦冷机风机	$L_{eq,T}$	97.1	62.2	70.7	80.3	85.4	87.7	83.5	72.2	66.6
煤磨主风机	$L_{eq,T}$	86.7	55.1	70.3	76.5	77.1	74.9	71.2	61.4	50.8
罗茨风机	$L_{eq,T}$	110	65.3	76.9	87.8	100.7	95.7	90.9	82.0	52.0
水泥球磨机	$L_{eq,T}$	97.3	68.9	79.3	85.5	88.0	87.6	82.1	71.3	59.3
水泥辊压机	$L_{eq,T}$	94.2	61.6	74.4	82.3	85.0	84.9	79.4	69.7	58.7
水泥磨电机	$L_{eq,T}$	91.1	56.4	68.7	76.2	87.2	76.0	76.7	70.0	63.6
主袋收尘器	$L_{eq,T}$	87.1	48.1	62.7	76.1	79.2	75.3	70.1	67.2	50.7
主风机排口	$L_{eq,T}$	108	70.1	82.5	90.6	94.0	98.0	95.2	93.3	71.8
离心风机	$L_{eq,T}$	89.4	66.7	80.1	75.7	77.5	76.3	74.7	66.0	54.3
皮带机驱动	$L_{eq,T}$	75.1	53.7	60.5	61.7	64.9	65.1	59.8	57.4	46.0

2　主要噪声治理方案

2.1　石灰石破碎系统

石灰石破碎系统主要是破碎机运行时产生的机械噪声、物料冲击碰撞噪声、设备振动噪声，根据项目条件可选择不同治理方式，见图1、图2。

图1　破碎机整体隔声封闭

图2　破碎机设隔声屏障

从项目实施后检测数据看，破碎机周边近距离处声屏障和整体式隔声封闭插入损失大致相当，约25dB（A），但远距离处受绕射声音影响，隔声间方案噪声值低于声屏障方案，但声屏障方案工程费用低约30%，在周边无环境敏感点且噪声要求不高的情况下，破碎机系统可优先选用隔声屏方案。

2.2　原料粉磨及废气处理系统

原料粉磨系统设备多，且布置相对分散，需对各噪声源分别治理：对立磨核心区设置隔声围挡降低噪声对外传播；对循环风机主电机设置隔声间；主袋收尘器脉冲阀可利用防雨棚一体化治理。见图 4～图 5。

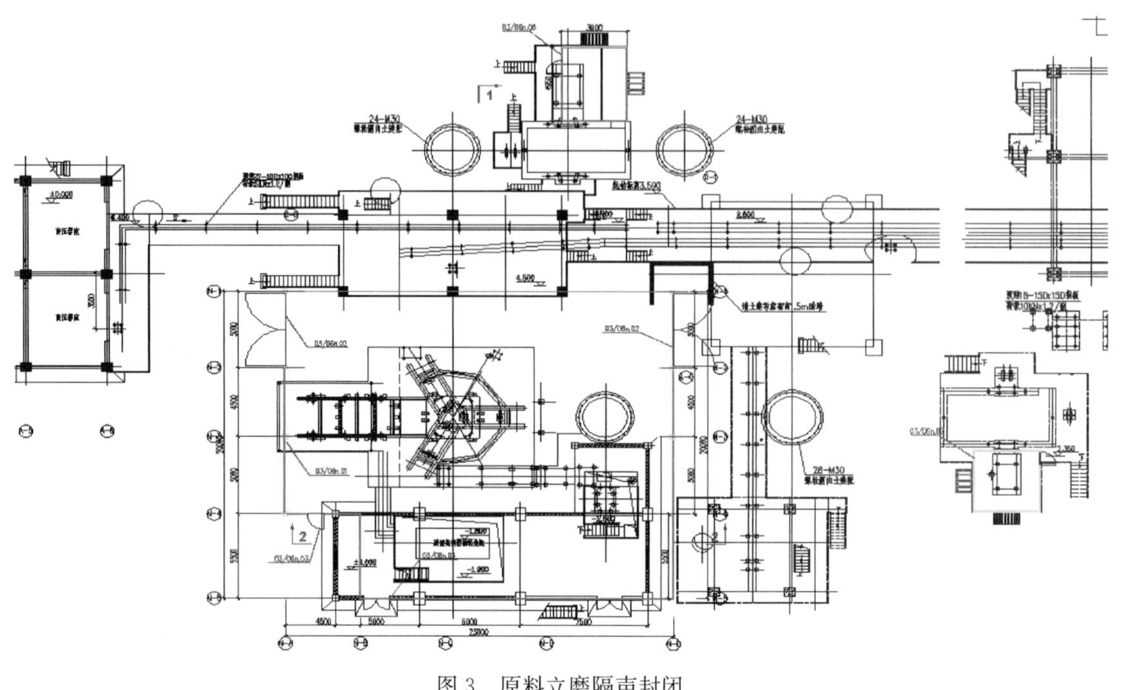

图 3 原料立磨隔声封闭

图 4 喂料楼整体隔声

图 5 循环风机隔声间

2.3 水泥粉磨系统

水泥球磨机、辊压机、大风机等高噪声设备多且集中，隔声封闭还需考虑厂房内通风散装，保证设备正常运行，需对磨房进行系统性考虑。

(1) 磨房全封闭设计，在内墙壁铺设吸声体。安装平开式重体双密隔声大门（隔声量达到 STC35dB），自然采光使用 PVC 双层固定窗。在磨房主电机和磨头处厂房设专用消声通道，内安装两排交错布置的消声片，满足设备通风散热需要，在消声通道外侧设弧形挡声墙，降低外泄噪声向四周传播。见图 6、图 7。

(2) 在各楼层面满足检修、通行的前提下加开孔洞，在屋顶平面分区设置消声透气房，利用建筑物高度自然通风。靠近选粉机、主风机等散热设备墙体处设置消声风道，隔声量达到 STC30dB。见图 8。

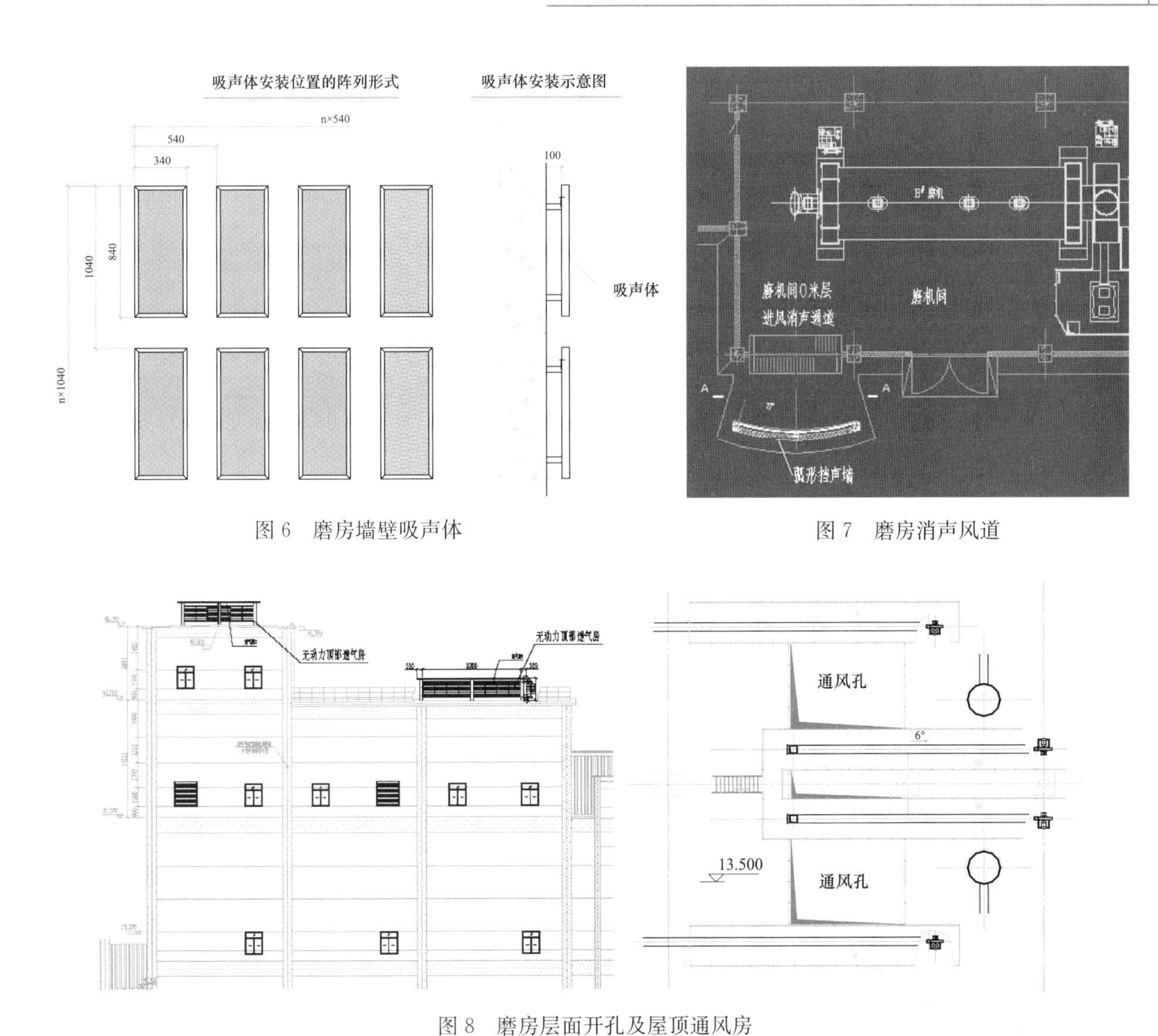

图 6　磨房墙壁吸声体

图 7　磨房消声风道

图 8　磨房层面开孔及屋顶通风房

(3) 水泥磨机和辊压机主电机热风排口安装专用排风管，将热风引至室外。见图 9。

图 9　磨机主电机散热排风管

(4) 主排风机排风管设置阻抗复合型消声器，要合理控制消声器截面风速。当主风机靠近厂界侧布置时，排风管需考虑隔声包扎，降低管壁噪声对厂界的影响。见图 10。

图 10 主风机消声器及风管隔声

2.4 皮带机输送廊道

皮带机运行中电机、减速机、皮带托辊都会产生机械噪声和电磁噪声，中间机架因设备振动也会产生噪声并对外传播。底板宽度小于 5m 的高空廊道底板可采用混凝土预制板，上部用轻钢隔声吸声结构，隔声量约 25dB；底板宽度大于 5m 的高空皮带廊道，底板采用钢板铺设时，在其下方可采用隔声复合板加托底。见图 11。

图 11 皮带机廊道隔声

2.5 收尘系统

收尘器风机可设置整体式隔声罩，隔声量大于 25dB (A)，隔声罩上装有进、出风消声器，侧面留有隔声门及观察窗；风机风管出风口安装阻性消声器，消声量大于 25dB (A)；收尘器脉冲阀安装隔声罩。见图 12。

3 声学数值模拟技术应用

用声级计对生产线现有噪声源特征值、厂界及敏感点声环境状况进行实测，拟订各噪声源治理方案，运用 CadnaA 声学软件对治理前厂区声环境和治理后预期效果进行模拟分析，根据分析结果调整方案，使设计方案更具针对性和经济性。针对新建项目，可以采集厂界和敏感点背景声值，借鉴同类项目噪声源特征值，按照项目总平面布置方案建模，分析各噪声源对厂界噪声的影响情况，调整总平面布置和各生产车间的设计方案，从工艺布置、建筑结构方案方面尽量降低噪声源对厂界和环境敏感点的影响，达到环评批复要求。模拟效果如图 13、图 14 所示。

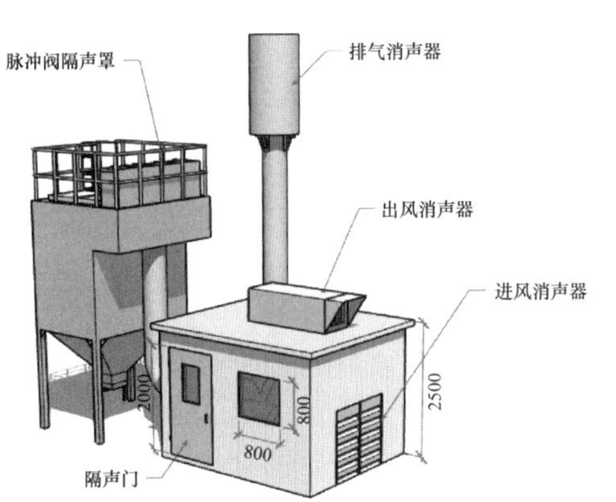

图 12　风机隔声间

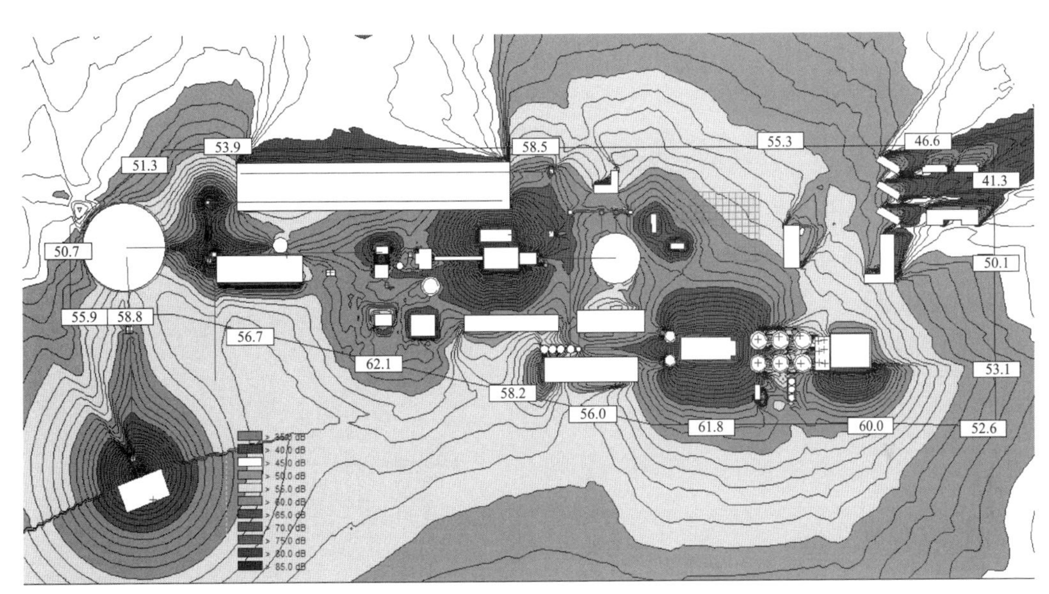

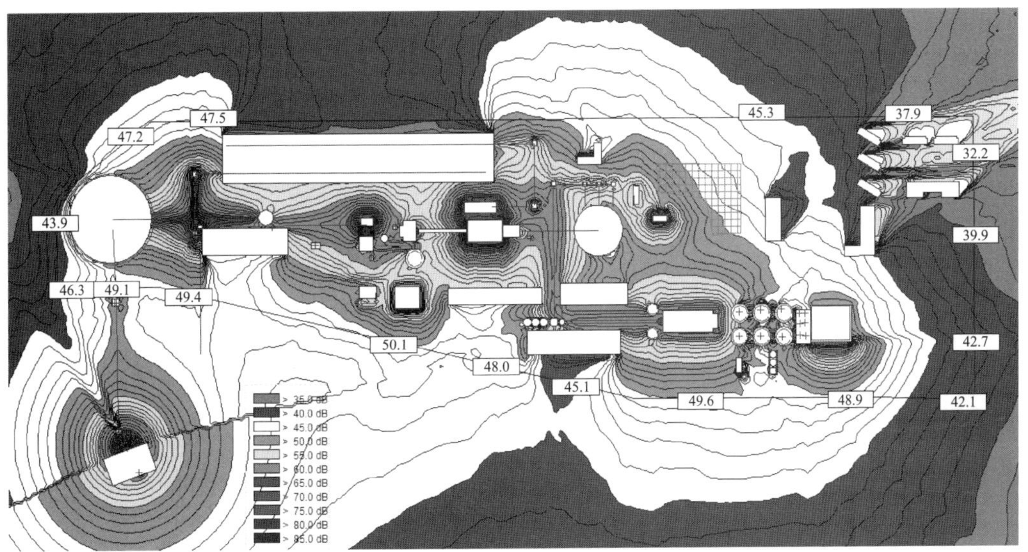

图 13　LX 海螺噪声治理实施前后模拟效果图

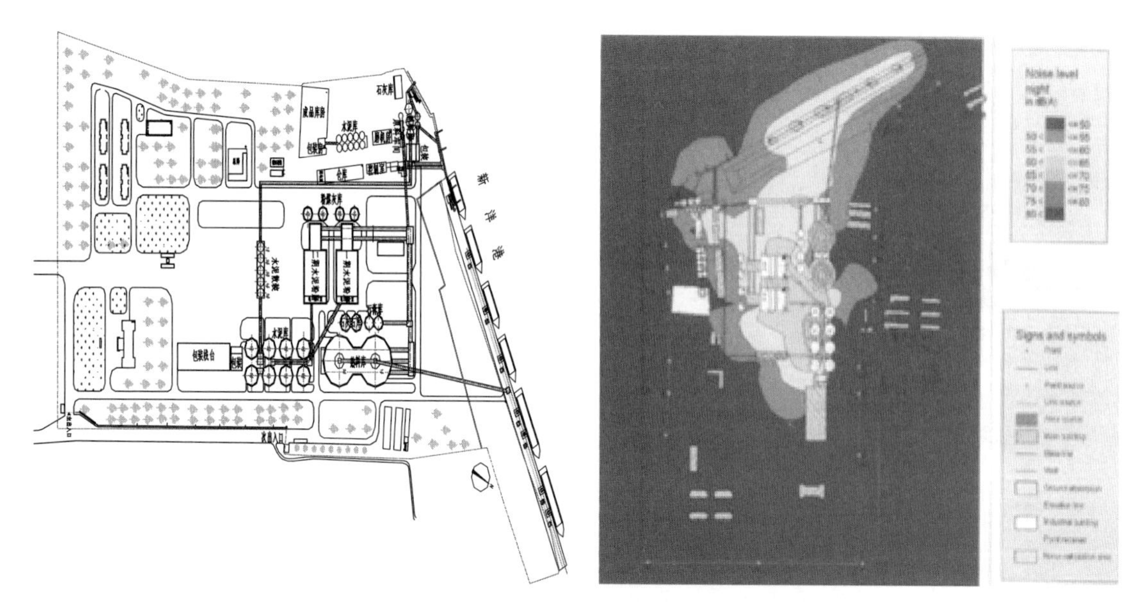

图 14 BL 海螺总平面设计方案调整及模拟效果图

4 工程应用效果

LX 海螺、WH 海螺、CF 海螺等工程项目通过专项技术研究应用，对厂区主要噪声源进行吸隔声治理，均达到预期效果，在生产满负荷时，经第三方检测，厂界和环境敏感区监测点昼夜噪声等效声级均达到《工业企业厂界环境噪声排放标准》（GB 12348—2008）2 类标准和《声环境质量标准》（GB 3096—2008）2 类标准。

项目验收检测报告如图 15、图 16 所示。

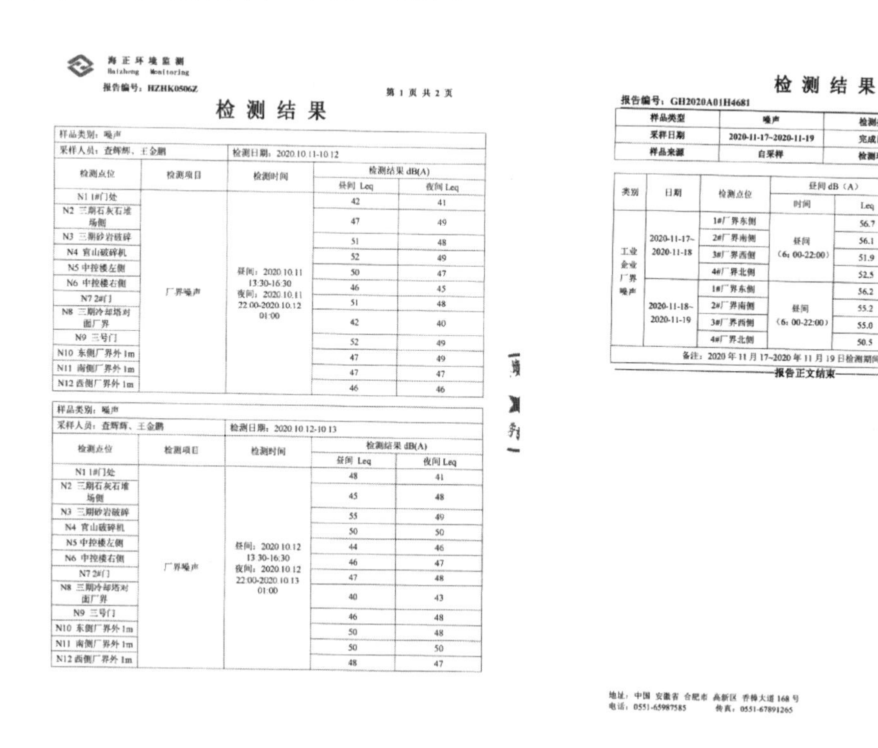

海正环境监测
Haizheng Monitoring
报告编号：HZHK0506Z
第 1 页 共 2 页

检 测 结 果

样品类别：噪声
采样人员：查辉辉、王金鹏 检测日期：2020.10.11-10.12

检测点位	检测项目	检测时间	检测结果 dB(A)	
			昼间 Leq	夜间 Leq
N1 1#门处	厂界噪声	昼间：2020.10.11 13:30-16:30 夜间：2020.10.11 22:00-2020.10.12 01:00	42	41
N2 三期石灰石堆场侧			47	49
N3 三期砂岩破碎			51	48
N4 宵山破碎机			52	49
N5 中控楼左侧			50	47
N6 中控楼右侧			46	45
N7 2#门			51	48
N8 三期冷却塔对面厂界			42	40
N9 三号门			52	49
N10 东侧厂界外 1m			47	49
N11 南侧厂界外 1m			47	47
N12 西侧厂界外 1m			46	46

样品类别：噪声
采样人员：查辉辉、王金鹏 检测日期：2020.10.12-10.13

检测点位	检测项目	检测时间	检测结果 dB(A)	
			昼间 Leq	夜间 Leq
N1 1#门处	厂界噪声	昼间：2020.10.12 13:30-16:30 夜间：2020.10.12 22:00-2020.10.13 01:00	48	41
N2 三期石灰石堆场侧			45	48
N3 三期砂岩破碎			55	49
N4 宵山破碎机			50	50
N5 中控楼左侧			44	46
N6 中控楼右侧			46	47
N7 2#门			47	48
N8 三期冷却塔对面厂界			40	43
N9 三号门			46	48
N10 东侧厂界外 1m			50	48
N11 南侧厂界外 1m			50	50
N12 西侧厂界外 1m			48	47

图 15 WH 海螺验收检测报告

检 测 结 果

报告编号：GH2020A01H4681
第 1 页 共 2 页

样品类型	噪声	检测类别	委托检测
采样日期	2020-11-17~2020-11-19	完成日期	2020-11-19
样品来源	自采样	检测环境	符合要求

类别	日期	检测点位	昼间 dB（A）		夜间 dB（A）	
			时间	Leq	时间	Leq
工业企业厂界噪声	2020-11-17~2020-11-18	1#厂界东侧	昼间（6：00-22:00）	56.7	夜间（22：00-6:00）	50.0
		2#厂界南侧		56.1		48.5
		3#厂界西侧		51.9		48.3
		4#厂界北侧		52.5		49.1
	2020-11-18~2020-11-19	1#厂界东侧	昼间（6：00-22:00）	56.2	夜间（22：00-6:00）	49.8
		2#厂界南侧		55.2		49.1
		3#厂界西侧		55.0		49.9
		4#厂界北侧		50.5		48.5
备注：2020 年 11 月 17~2020 年 11 月 19 日检测期间风速为 2.1~2.9m/s。						

——报告正文结束——

地址：中国 安徽省 合肥市 高新区 香樟大道 168 号
电话：0551-65987585 传真：0551-67891265

图 16 CF 海螺验收检测报告

5　结　语

通过对水泥生产线不同噪声源噪声值、频谱等特征数据采集、理论研究、计算机数值模拟分析和试验验证，对原料破碎、粉磨设备、大型风机、皮带机输送等高噪声设备形成了具有针对性的降噪技术，可以达到国家相关环保法规要求。专项防治与工程设计有效结合，一体化设计，对水泥生产线噪声治理有较好的学习借鉴作用。

参考文献

[1] 吕玉恒，燕翔，魏志勇，等．噪声与振动控制技术手册［M］．北京：化学工业出版社，2019.
[2] 工业企业厂界环境噪声排放标准：GB 12348—2008［S］．北京：中国环境科学出版社，2008.
[3] 工业企业噪声控制设计规范：GB/T 50087—2013［S］．北京：中国建筑工业出版社，2013.

农林生物质替代燃料在水泥熟料烧成系统的应用研究

张宗见　轩红钟　汪克春

摘　要　本文通过对秸秆等农林生物质的物化特性检测分析，分析生物质替代燃料对烧成系统和熟料质量的影响。利用热工计算、流体力学和CFD数值模拟技术，开发设计生物质燃料预处理工艺技术、双燃料互补系统和高效除氯系统，满足分解炉同时使用传统煤化石燃料和生物质替代燃料，降低对烧成系统和熟料质量的影响，形成一整套农林生物质替代燃料处置技术。

关键词　熟料烧成系统；生物质替代燃料；除氯系统；CFD模拟

Study on the application of agroforestry biomass substitute fuel in cement clinker firing system

Zhang Zongjian　Xuan Hongzhong　Wang Kechun

Abstract　In this paper, through the detection and analysis of the physical and chemical characteristics of straw and other agricultural and forestry biomass, the influence of biomass substitute fuel on the firing system and clinker quality was analyzed. Using thermal calculation, fluid mechanics and CFD numerical simulation technology, to develop biomass pretreatment technology, dual fuel complementary system and efficient chlorine removal system, meet the decomposition furnace at the same time the use of traditional coal fossil fuels and biomass alternative fuel, reduce the influence on the firing system and clinker quality, forming a complete set of agriculture and forestry biomass alternative fuel disposal technology.

Keywords　clinker firing system; biomass alternative fuel; dechlorination system; CFD simulation

0　引　言

水泥工业是煤炭资源消耗大户，年消耗占国内燃煤总消耗约10%。中国作为农业大国，秸秆等生物质燃料资源丰富。生物质燃料替代水泥窑传统煤燃料，具有燃烧后污染少、灰质掺入水泥生产、减少排放等优势，是推进水泥行业“低碳、环保、减排”，促进秸秆高效综合利用的有效途径。虽然秸秆生物质燃料在我国电力行业得到了逐步应用，但由于生物质燃料存在热值低、燃烧稳定性差、碱性物质多、易导致分解炉结皮等缺点，在水泥行业中应用尚不成熟。因此，开展高能耗水泥行业与秸秆生物质深度结合利用关键技术攻关，开发新型生物质替代燃料燃烧设备，已成为水泥行业生物质替代燃料的主要发展趋势。

1　生物质替代燃料试验分析

1.1　工业分析

ZY工厂拟处置的生物质替代燃料主要有稻草、棉花秆、油菜秆、树皮等，对生物质替代燃料的物理、化学性能进行综合性的试验分析，试验分析结果见表1、表2。从表1、表2分析结果看，三种生物质替代燃料，稻草水分最少、油菜秆次之、树皮水分最大（全水分达到32.6%）；三种生物质替代燃料的共同特点为挥发分均较高，均在70%左右；三种生物质替代燃料工业分析数据说明，空干基低位发热量均在3300×4.18kJ/kg以上；空干基硫含量，油菜秆、稻草和树皮分别为0.14%、0.15%、0.06%，均满足一般燃料设计值<2.0%的要求。

表1　生物质替代燃料热值分析　J/g

检测项目	油菜秆	稻草	树皮
干基高位发热量 $Q_{gr,v,d}$	17414	18283	18089
空干基高位发热量 $Q_{gr,v,ad}$	15608	16588	15994
空干基低位发热量 $Q_{net,v,ad}$	13835	14974	14350
收到基高位发热量 $Q_{net,v,ar}$	12497	14378	10391

表2　生物质替代燃料工业分析　%

检测项目	油菜秆	稻草	树皮
Mt（全水分）	17.8	12.4	32.6
Mad（分析水）	10.37	9.27	13.58
Aad（灰分）	4.94	11.14	5.28
Vad（挥发分）	75.89	68.67	66.07
St（全硫）	0.14	0.15	0.06

1.2　燃烧特性分析

（1）生物质替代燃料燃烧特性分析见表3。从生物质替代燃料的TG-DSC差热扫描量热分析可以看出，油菜秆、稻草和树皮的着火温度为280～310℃，燃尽温度为420～450℃，平均燃烧速率为（7～10）%/min。

（2）以上数据说明，由于挥发分较高，以上三种生物质替代燃料易燃，燃烧温度区间较窄（基本在150℃温度范围），300℃开始燃烧，450℃燃烧结束。即生物质替代燃料具有挥发分高、极易燃（爆燃）但不耐烧的燃烧特性。

表 3　生物质替代燃料燃烧特性分析

检测结果	油菜秆	稻草	树皮
着火点/℃	305.4	279.9	291.4
燃尽温度/℃	422.9	420.1	448
平均燃烧速率/（%·min^{-1}）	10.44	7.35	9.6
最大燃烧速率/（%·min^{-1}）	89.53	75.43	75.23
最大燃烧速率温度/℃	312.7	285.4	322.2
放热峰高度/（mW·mg^{-1}）	37.85	33.09	38.81
半高宽/℃	44.3	38.2	80.9
峰值点温度/℃	350.3	310.2	343.8

1.3　灰分检测分析

（1）表 4 为生物质替代燃料灰分分析数据。由表 4 可以看出，稻草灰分中，SiO_2 含量较高，检测值为 58.69%，K_2O 含量为 9.92%，SO_3 含量为 2.59%。

（2）油菜秆灰分中，主要成分为 CaO，检测值为 55.12%，K_2O 和 Na_2O 含量均在 1.0%以下，SO_3 含量为 2.85%。

（3）树皮灰分中，主要成分为 CaO，检测值为 82.33%，K_2O 含量为 2.13%，SO_3 含量为 1.0%。

（4）采用荧光仪半定量分析 Cl^- 离子含量（表 5），稻草灰分分析中 Cl^- 离子含量为 3.8%～4.8%、油菜秆中 Cl^- 离子含量为 3.6%～4.5%、树皮灰分分析中 Cl^- 离子含量为 0.14%～0.30%，稻草和油菜秆中 Cl^- 离子含量中等偏上。

表 4　生物质替代燃料灰分分析　%

样品	SiO_2	Al_2O_3	Fe_2O_3	CaO	MgO	K_2O	Na_2O	SO_3	P_2O_5	TiO_2	合计
稻草	58.69	0.84	0.98	11.70	6.78	9.92	0.94	2.59	3.32	0.02	95.78
油菜秆	16.40	2.44	1.53	55.12	2.98	0.84	0.28	2.85	5.13	0.17	87.74
树皮	8.15	1.46	1.23	82.33	1.93	2.13	0.27	1.00	1.21	0.05	99.76

表 5　氯离子含量检测结果　%

序号	样品名称	灼烧灰
1	稻草	3.8～4.8
2	油菜秆	3.6～4.5
3	树皮	0.14～0.30

2　配料设计的影响和分析

（1）从生料和熟料的有害成分表（表 7）可以看出，不使用生物质燃料，其有害成分含量均在合理的范围，一般不会引起系统结皮和堵塞的风险。

（2）使用生物质替代燃料，热耗替代率按照 40%设计，通过表 7 可以看出，生料中 K_2O+Na_2O 含量为 0.7658%，钠当量为 0.5494%，在可控范围内（<1.0%）。单位熟料中 Cl^- 含量为 576g/t（灰

中 Cl^- 含量取值 5.0%），远高于一般控制值 350g/t。通过以上分析，系统存在结皮和堵塞的风险，需要设置旁路放风系统。

3　旁路放风量设计计算

按照 40%的热替代率，计算生物质替代燃料约掺加 25t/h，熟料中 Cl^- 含量远高于一般控制值 350g/t，需要设计旁路放风。按照生物质灰中不同 Cl^- 含量计算旁路放风量，根据 ZY 工厂生物质替代燃料 Cl^- 含量（灰中 Cl^- 取值 5.0%），设计 3.0%旁路放风可防止系统结皮，确保系统稳定运行。具体见表 6、图 1 和表 7。

表 6　不同 Cl^- 含量旁路放风量

序号	生物质灰中 w（Cl^-）/%	熟料中 w（Cl^-）/（10^{-6}）	旁路放风比/%	放风后熟料中 w（Cl^-）/（10^{-6}）
1	8.0	933	6.8	350
2	7.0	818	4.8	350
3	6.0	703	3.3	350
4	5.0	576	2.0	350

表 7　生料及熟料有害成分含量　%

类别	项目	K_2O	Na_2O	SO_3	K_2O+Na_2O	$EqNa_2O$	MgO	S/R（1/2Na）
100%煤	生料	0.5805	0.1157	0.1805	0.6962	0.4977	0.5806	0.6197
	熟料	0.8850	0.1773	0.2938	1.0623	0.7596	0.8852	0.6197
60%煤+40%生物质燃料	生料	0.6330	0.1329	0.1739	0.7658	0.5494	0.5792	0.4131
	熟料	1.0715	0.2121	0.3024	1.2836	0.9171	0.9547	0.4131

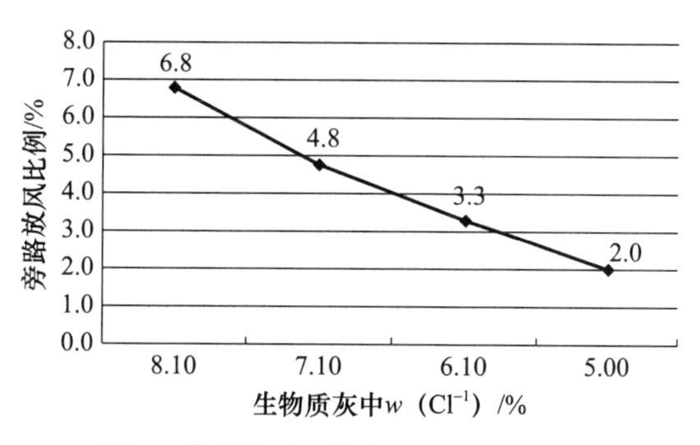

图 1　旁路放风比例与 Cl^- 含量的关系

4　农林生物质替代燃料处置技术开发

4.1　生物质燃料预处理技术

将成捆的稻草、秸秆等生物质燃料拆解为散状进行处理，采用破碎机破碎至 50mm 左右碎物料，通过皮带输送机输送至碎物料储仓内进行均化。

4.2 生物质燃料输送技术

碎后稻草、秸秆等生物质燃料经螺旋输送机输送至转子秤缓冲仓，经转子秤计量进入回转卸料器后直接连接管道。通过风机供风输送至分解炉内燃烧，分解炉上新增2台替代燃烧器，并调整现有上部煤粉燃烧器位置。管道增设截流阀，生产中可实现分解炉上部秸秆燃烧器和煤粉燃烧器的切换调节。溜管上设气体打散及锁风装置，同时设一道高温闸板阀，当系统监测有回火时，自动封闭溜管。

4.3 分解炉处置生物质替代燃料技术方案

根据ZY工厂拟处置生物质替代燃料的燃烧特性，建议在现有分解炉柱体上部燃烧器位置设置新的替代燃料喂入点，将生物质替代燃料直接加入分解炉，分解炉喷煤点和稻草喷点位置见图2。

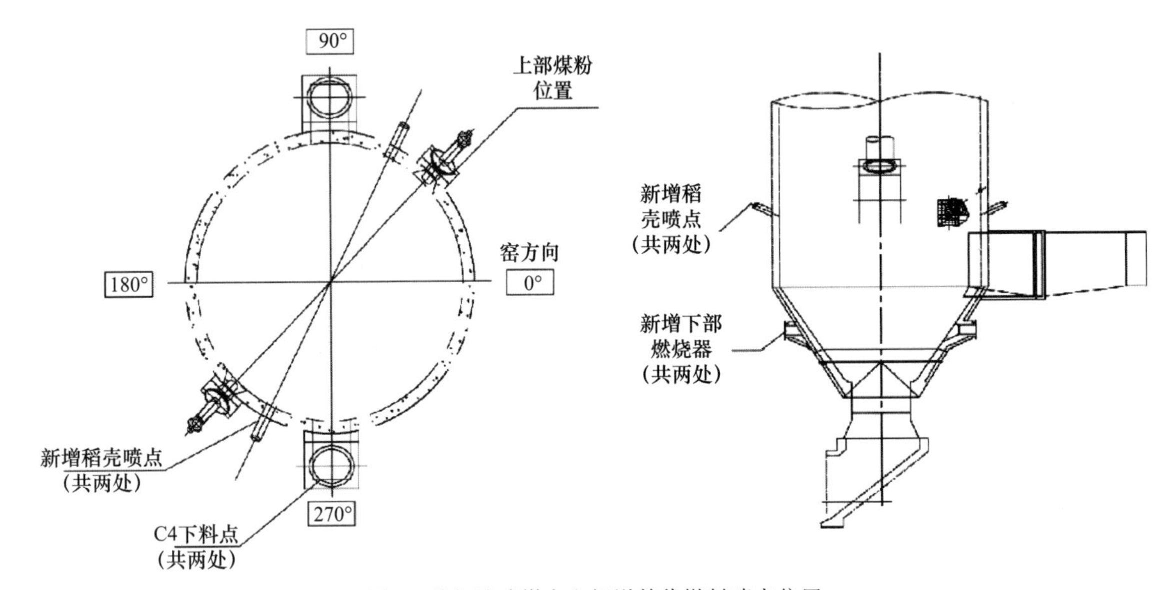

图2 分解炉喷煤点和新增替代燃料喷点位置

根据生产线运行情况，并结合生物质替代燃料的试验分析数据和燃烧特性，进行热工参数计算(以熟料烧成热耗为基准，约40%热耗由替代燃料提供)，形成CFD数值模拟所需边界工况参数，并进行CFD数值模拟分析，见图3、图4。

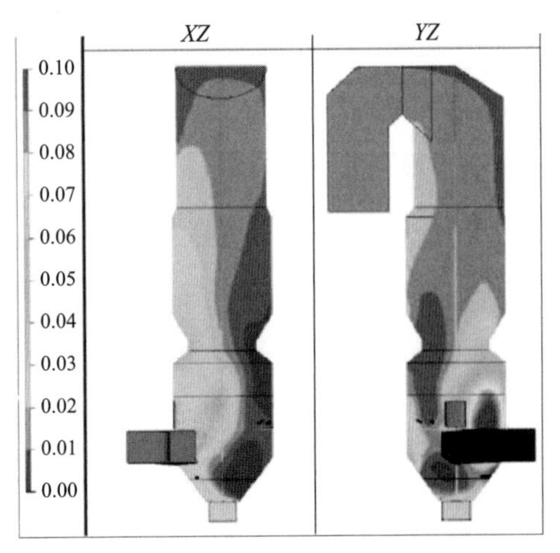

图3 分解炉截面温度分布图

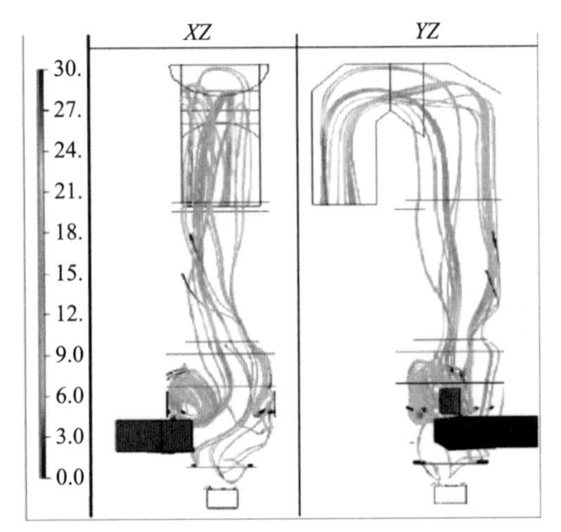

图4 生物质燃料入炉流线运动轨迹

(1) ZY 工厂分解炉炉容约为 1400m^3，气体在分解炉内停留时间约为 4.0s，基本与 CFD 数值模拟结果相符，分解炉炉容满足生物质燃料在炉内的燃烧时间。

(2) 根据 CFD 模拟边界条件，进行 CFD 数值模拟计算，分析技改后分解炉截面温度分布和稻草时间轨迹分布，可以看出，分解炉近壁面温度分布较为均匀，基本无贴壁高温区，对工艺生产影响小。

(3) 结合生物质燃料的燃烧特性和分解炉内的流场分析，并综合考虑 K_2O、Na_2O、Cl^- 等有害成分结皮等对烧成系统的影响分析，建议生物质替代燃料喂入尺寸为：3D 尺寸＜50mm，2D 尺寸＜80mm。

4.4 高效除氯技术

通过稀释冷却器抽取出的废气经过一级旋风收尘后需进入二级高效收尘旋风筒进一步将粉尘收集，粒径在 20μm 以下的微粉中有害物质含量较高，排出系统，两级高效收尘可以有效排出有害物质，同时保证较少的粉尘排出量，减小对系统的影响。见图 5。

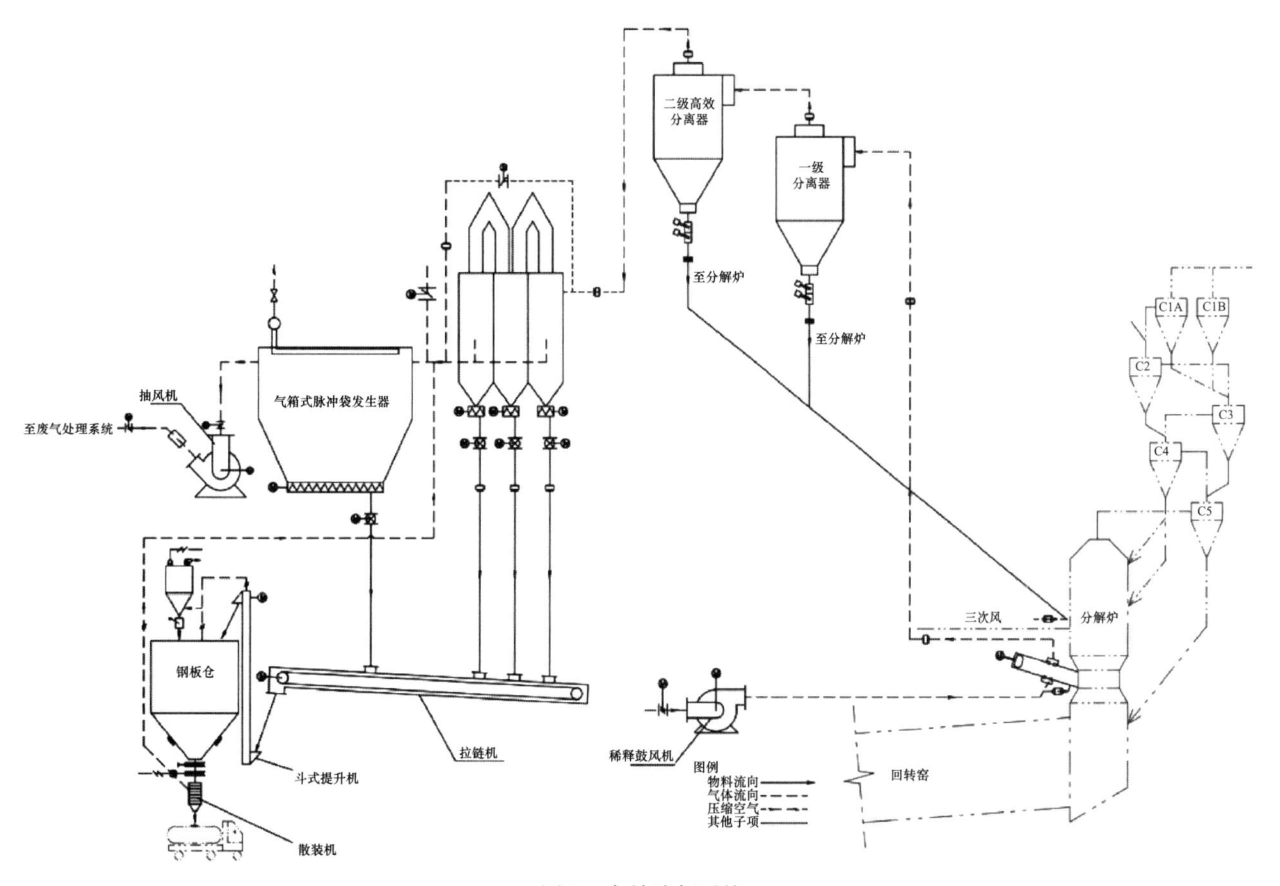

图 5　高效除氯系统

5 结　论

通过综合试验分析生物质燃料燃烧特性和灰分等，结合配料设计分析灰分中有害成分对熟料烧成系统的影响，设计旁路放风系统。利用热工计算、流体力学和 CFD 数值模拟技术等技术手段，对生物质替代燃料的投加位置及分解炉风煤料位置进行设计开发，分解炉可满足同时使用传统煤化石燃料和生物质替代燃料，热耗替代率40%以上。CFD模拟结果显示分解炉近壁面温度分布均匀，无贴壁高温区，对烧成系统稳定运行影响较弱。

参考文献

[1] 蒋正武．生物质燃料的燃烧过程及其焚烧灰特性研究［J］．材料导报，2010（2）：66-68.

[2] 安巧芝，武书彬．稻草中主要矿物质元素特性的初步研究［J］．中国造纸学报，2009，124（12）．

[3] 考宏涛，李敏，李昌勇，等．窑炉用风量的合理匹配［J］．硅酸盐学报，2001，29（6）．

[4] 张程，彭一凡，胡恒阳．旁路放风系统的工艺设计［J］．新世纪水泥导报，2007（6）．

（原文发表于《水泥工程》2021年第1期）

水泥工业脱硝技术及路线研究

李祥超　丁丽娜　汪　悦

摘　要　我国水泥工业经历了快速发展到日益成熟的过程，水泥产能快速增长的同时也带来了大量的 NO_x 排放，随着环保意识增强，各地相继出台了日渐严苛的 NO_x 排放控制标准，水泥工业 NO_x 减排技术也经历了低氮燃烧、SNCR 技术、SCR 技术的不断升级。本文结合近年水泥工业脱硝技术的发展，重点分析不同脱硝技术的优缺点和相关技术路线，提出水泥工业深度脱硝相关建议。

关键词　NO_x 减排；超低排放；SCR 技术

Study on denitration technology and route in cement industry

Li Xiangchao　Ding Lina　Wang Yue

Abstract　Along with the progress from rapid development togrowing maturityin cement industry in China, it has also brought a large number of NO_x emissions, with the enhancement of public awareness of environmental protection, various places have introduced increasingly stringent NO_x emission control standards, cement production NO_x emission reduction technology has also experienced the upgrading progress from low nitrogen combustion, SNCR technology, SCR technology. Combined with the development of denitration technology in cement industry in recent years, this paper focuses on analyzing the advantages and disadvantages of different denitration technologies and related technical routes, and puts forward suggestions related to deep denitration in cement industry.

Keywords　NO_x emission reduction; utra-low emission; SCR technology

0　引　言

2016 年我国水泥产量达到全球产量的 60%，污染物排放总量非常巨大。水泥行业氮氧化物排放量大约占全国总量的 10%～12%。随着人们环保意识的提高，各地区环保部门纷纷出台水泥工业氮氧化物排放控制政策，普遍要求 NO_x 排放浓度不高于 $100mg/m^3$。中国人民共和国生态环境部关于《重污染天气重点行业应急减排措施制定技术指南》（2020 年修订版）要求，A 级企业水泥窑及窑尾余热利用系统 NO_x 排放浓度不高于 $50mg/m^3$、氨逃逸≤$5mg/m^3$。

水泥窑 NO_x 污染控制技术经历了低氮燃烧、选择性非催化还原法（SNCR）及选择性催化还原法（SCR）等技术，如何经济、有效地实现水泥生产线 NO_x 超低排放，成为当下关系企业生存和发展的首要问题。现就相关技术及路线特点分析如下。

1 水泥生产线 NO_x 来源

NO_x 是氮氧化物的总称，主要包括 NO、NO_2、N_2O_3、N_2O_4、N_2O_5 等不同成分，水泥厂烟气中氮氧化物主要成分为 NO 和 NO_2，其中 NO 占 95%以上。水泥厂 NO_x 主要产生于熟料煅烧环节，按生产途径不同主要分为热力型、燃料型以及快速型 NO_x 等三种。“热力型” NO_x 为空气中的 N_2 在高温下氧化而产生，生成量主要取决于温度，低于 1350℃几乎不生产，高于 1500℃大量生产。由于回转窑中烧成带火焰温度高达 1500℃以上，空气中的 N_2 和 O_2 快速反应，生产大量热力型 NO_x。“燃料型” NO_x 主要在燃料自身燃烧中生产。“快速型” NO_x 是燃烧时空气中的 N 和燃料中的碳氢离子团如 CH 等反应生产的 NO_x，水泥生产中这种 NO_x 是微不足道的。因此水泥工厂脱硝主要解决的是在生产环节控制热力型、燃料型 NO_x 生成及脱除问题。

2 脱硝技术路线

针对 NO_x 生成机理及脱除原理，目前水泥工业脱硝采用的技术路线主要有三大类：组织燃烧脱硝、SNCR 脱硝、SCR 脱硝。各类脱硝技术根据实现方式的不同又细分为若干类脱硝技术路线。实际生产中单一的脱硝手段难以单独满足我国氮氧化物超低排放要求，在运行的生产线上通常能看到几种脱硝手段组合运用。

2.1 组织燃烧脱硝

组织燃烧脱硝又称低氮燃烧技术，是目前应用最广泛的脱硝技术，也是目前最经济的脱硝手段之一。主要运用于水泥生产线的前端脱硝，一般情况下分级燃烧技术改造，可降低 15%～40% NO_x 排放量。低氮燃烧技术细分为采用低氮燃烧器、燃料分级燃烧技术、三次风分级燃烧技术、矿化剂燃烧技术等。目前效果最明显的是窑尾分级燃烧。主要反应原理如下：

$$CO_2+C \longrightarrow 2CO$$

$$2CO+2NO \longrightarrow N_2+2CO_2$$

窑尾分级燃烧主要有燃料分级燃烧技术、三次风分级燃烧技术（图 1）以及脱硝气化炉技术（图 2）。

燃料分级燃烧技术通过在烟室或分解炉底部送入全部或部分燃料，在窑尾烟气中进行缺氧燃烧，形成还原性气氛还原区，利用还原燃烧产生的碳氢基团、CO、HCN、CN、NHi 等活性基团还原已经形成的氮氧化物并抑制氮氧化物的转化，剩余的燃料和三次风在主燃烧区域的末端加入保证燃料的燃尽。大多数窑尾生产线分级燃烧技改是通过燃料分级燃烧方式实现的，此改造具有改造工作量小、对分解炉容积要求小、施工周期短、投资小、见效快的特点，应用较为广泛。

三次风分级燃烧技术通过在分解炉中下部合理减少三次风的供给，中下部的主燃烧区域形成还原气氛，利用还原燃烧产生的碳氢基团、CO、HCN、CN、NHi 等活性基团还原已经形成的氮氧化物并抑制氮氧化物的转化，剩余的三次风在分解炉的上部区域加入保证燃料的燃尽。由于分风对分解炉工况影响较大，炉容配置较大的生产线才可进行此种改造，不适合于炉容较小的生产线。

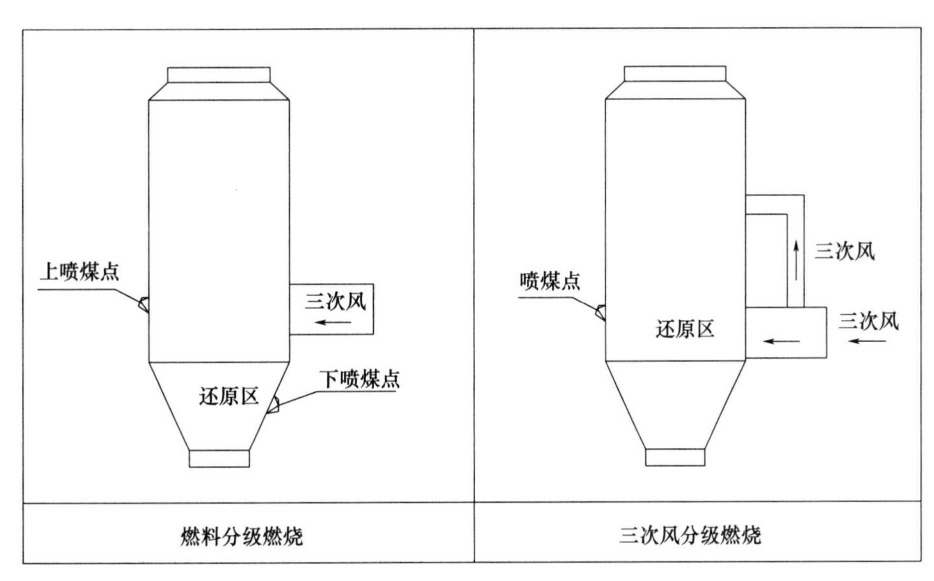

图 1　窑尾分级燃烧示意图

脱硝气化炉属于燃料分级燃烧技术类型。在分解炉和窑尾烟室之间增设专用脱硝气化炉，炉内喷入煤粉，与来自窑尾烟室的高温低含氧气体发生缺氧燃烧，产生高浓度 CO，还原来自窑尾的 NO_x。脱硝气化炉提供了较大的脱硝还原反应区，可提高废气脱硝效率。由于脱硝反应在分解炉下部完成，只能用于脱除回转窑产生的 NO_x，对窑尾分解炉内燃料燃烧产生的 NO_x 仍需要采取其他脱硝措施。

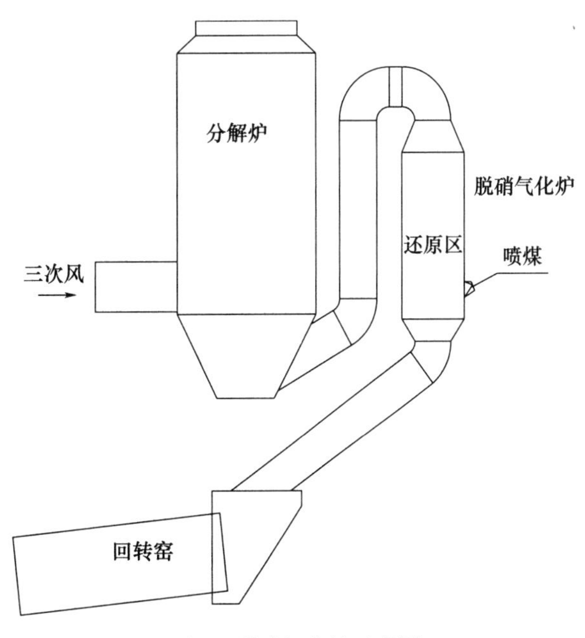

图 2　脱硝气化炉示意图

2.2　选择性非催化还原法（SNCR）脱硝

没有催化剂的条件下，利用还原剂（氨水、尿素溶液、含氨基化合物及废弃物溶液）在一定的温度窗口（850～1100℃）有选择性地与烟气中的氮氧化物（主要是一氧化氮和二氧化氮）发生化学反应，生成氮气和水，从而减少烟气中氮氧化物排放的一种脱硝工艺。主要反应如下：

$$4NO+4NH_3\text{（氨水）}+O_2 \longrightarrow 4N_2+6H_2O$$

$$4NO+2CO(NH_2)_2\text{（尿素）}+O_2 \longrightarrow 4N_2+4H_2O+2CO_2$$

SNCR技术的脱硝效率取决于温度、O_2 含量、CO含量、停留时间以及烟道中 NO_x 和 NH_3 的含量。当 NH_3/NO_x 比值是1∶1.5时，脱硝效率可达到60%～80%。但是如果 NH_3/NOX比值过高，将引起氨逃逸。

SNCR系统具有系统简洁、占地面积小、生产线接口改造工作量小的优点。受脱硝效率限制，要达到较低排放浓度，需要较高的氨水过剩系数，容易造成较大的氨逃逸，对后继生产设备产生腐蚀，同时对环境造成二次污染。这也是目前要求超低排放的情况下，SNCR技术面临的主要问题。

2.3 选择性催化还原法（SCR）脱硝

选择性催化还原（SCR）技术是还原剂（氨水、尿素等）在催化剂的作用下，选择性地与 NO_x 反应生成 N_2 和 H_2O，而不是被 O_2 所氧化，故称为“选择性”。主要反应如下：

$$4NO+4NH_3+O_2 \longrightarrow 4N_2+6H_2O$$

$$6NO+4NH_3 \longrightarrow 5N_2+6H_2O$$

$$6NO_2+8NH_3 \longrightarrow 7N_2+12H_2O$$

$$2NO_2+4NH_3+O_2 \longrightarrow 3N_2+6H_2O$$

副反应如下：

$$2SO_2+O_2 \longrightarrow 2SO_3$$

$$NH_3+SO_3+H_2O \longrightarrow NH_4HSO_4$$

SCR脱硝技术是目前世界上最成熟、应用最多的高效脱硝技术之一，广泛应用于燃煤锅炉和各类工业炉窑烟气的治理工程，在我国已广泛成熟应用于火电行业，是满足氮氧化物“超低排放”最重要的技术。

SCR系统由催化反应系统、喷氨系统以及控制系统等组成。催化反应系统是SCR工艺的核心，设有 NH_3 的喷嘴和清灰装置，烟气顺着烟道进入装载了催化剂的SCR反应器，在催化剂的表面发生 NO_x 催化还原成 N_2。SCR烟气脱硝技术可以达到90%以上的脱硝效率，能实现 NO_x 50mg/m^3 以下超低排放，运行中 NO_x 和 NH_3 摩尔比1.0左右，能大大降低氨逃逸。

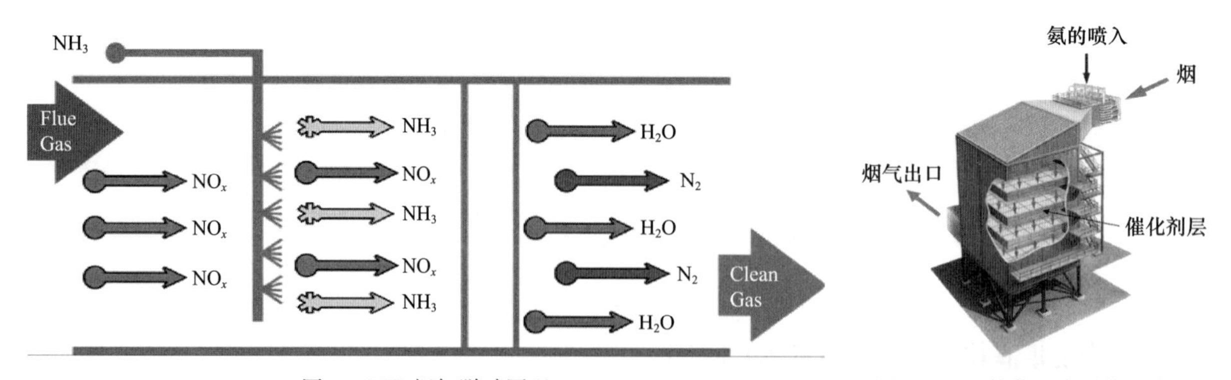

图3 SCR烟气脱硝原理

图4 SCR催化反应系统示意图

与其他行业相比，水泥工业SCR脱硝的工作环境严苛得多，粉尘的高黏附性、气体粉尘含量高（100g/m^3 左右）、风速高，使催化剂面临堵塞、冲刷磨损等一系列问题，是水泥行业SCR技术应用的最大障碍。经过国内外研究机构、催化剂企业、水泥企业多年的不断努力，SCR烟气脱硝技术在水泥行业已有成熟运用，目前国内海螺集团、西矿环保、各大水泥设计研究院等都正致力于水泥工业国产SCR系统的推广。

目前，水泥行业SCR脱硝系统按工作温度、气体含尘浓度不同，技术路线主要有以下几种：

（1）高温高尘SCR

高温高尘SCR主要利用280～340℃的温度窗口，对窑尾预热器出口高温含尘废气直接进行SCR脱硝反应。高温高尘SCR也是目前电力行业最常用的SCR脱硝方式。水泥厂脱硝通常反应器布置在窑尾预热器和余热锅炉之间，出窑尾预热器280～340℃废气通过管道直接引入SCR反应器进行脱硝反应，出反应器废气再进入余热锅炉。高温高尘SCR系统工艺流程如图5所示。高温高尘SCR的优点是：

① 进入反应器气体温度较高，280～420℃温度范围内，多数催化剂具有较高的活性值，能节省催化剂用量，提高系统反应效率，经济性最高。

② 温度超过280℃，烟气中的SO_2与NH_3反应生成硫酸氢氨为气体状态，可避免硫酸氢氨堵塞催化剂空洞。

③ 工艺流程简单，运行能耗低。

由于烟气含尘浓度较高，系统存在如下缺点：

④ 烟气含尘浓度高，对催化剂磨损较大，催化剂进口端需要做针对性硬化处理。

⑤ 烟气含尘浓度高，易造成催化剂堵孔，对清灰设计要求较高。

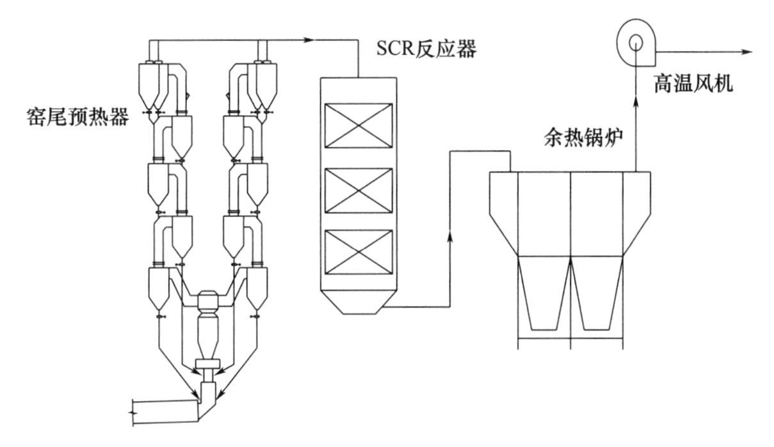

图5 高温高尘SCR系统流程

（2）高温预除尘SCR

高温预除尘SCR主要通过在高温SCR反应器前端增加高温电除尘器，降低进入SCR反应器气体的含尘浓度。高温电除尘器和反应器布置在窑尾预热器和余热锅炉之间，出窑尾预热器280～340℃废气先进高温电除尘器进行预除尘再入SCR反应器进行脱硝反应，出反应器废气再进入余热锅炉。高温预除尘SCR系统工艺流程如图6所示。

高温预除尘SCR，进入反应器气体经过预除尘，粉尘浓度稍低，可减小对催化剂的磨损和堵塞风险，对清灰系统的要求相对较低，但系统也存在如下缺点：①烟气温度280～340℃，一般电除尘器在此温度下运行效率较低，可靠性不高。②窑尾预热器为高负压设备，管道上串联电除尘器易增加系统温降和漏风。

（3）高温低尘SCR

高温低尘SCR主要通过在高温SCR反应器前端增加高温袋除尘器，废气经高温袋收尘器净化后，含尘浓度降低至10mg/m^{3}以下。出窑尾预热器280～340℃废气先进高温袋除尘器净化再入SCR反应

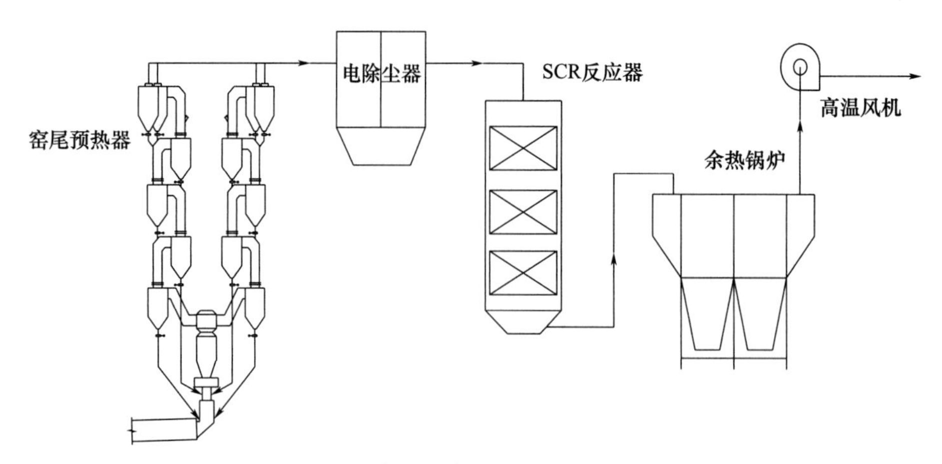

图 6 高温预除尘 SCR 系统流程

器进行脱硝反应，出反应器废气再进入余热锅炉。高温低尘 SCR 系统工艺流程如图 7 所示。

高温低尘 SCR，进入反应器气体经过除尘后基本不含粉尘，没有催化剂的磨损和堵塞风险，SCR 反应器不需要设置清灰器，SCR 反应器甚至可以和高温袋除尘器一体化设计，可选用 25 孔以上催化剂，降低催化剂用量，有效延长催化剂使用寿命。但系统也存在如下缺点：①烟气温度 280～340℃，对袋除尘器滤袋材质要求较高。②高温袋除尘器投资大，运行成本较高。

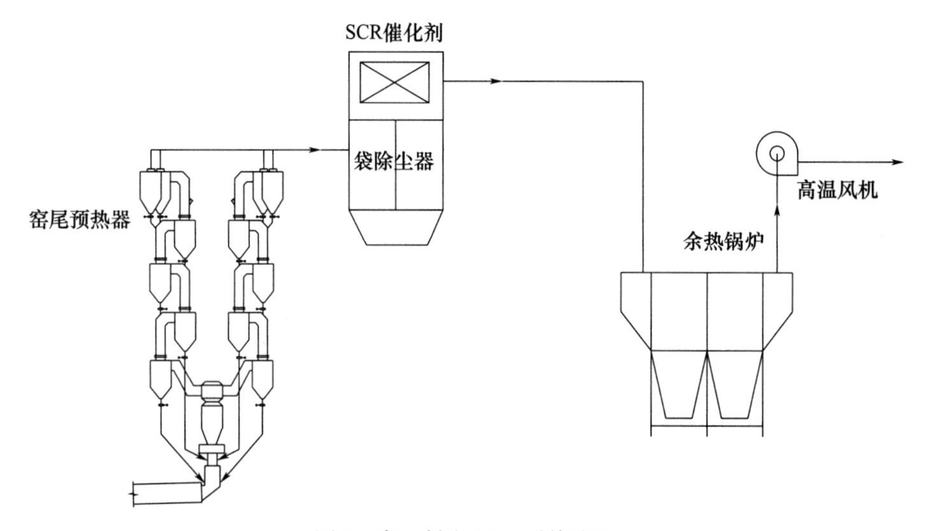

图 7 高温低尘 SCR 系统流程

（4）中温高尘 SCR

中温高尘 SCR 主要利用废气 200℃的温度窗口进行 SCR 反应。通常反应器布置在窑尾余热锅炉之后，利用出余热锅炉 200℃左右的废气进行脱硝反应。系统工艺流程如图 8 所示。此温度催化剂活性相对较低，要达到同样的脱硝效率，需要较大的催化剂用量。由于温度较低，烟气中的 SO_2 与 NH_3 反应生成硫酸氢氨为液体状态，容易堵塞催化剂孔洞，造成催化剂失效，因此对烟气中的 SO_2 要严格控制在 $50mg/m^3$ 以下。若烟气中 SO_2 含量超标，需要提前采取相应脱硫措施，否则将会造成催化剂堵孔失效。

中温 SCR 气体来自水泥生产线余热锅炉出口，余热锅炉本身可沉降部分废气中粉尘，可降低反应器的清灰负荷，一定程度上会降低灰尘堵孔风险。

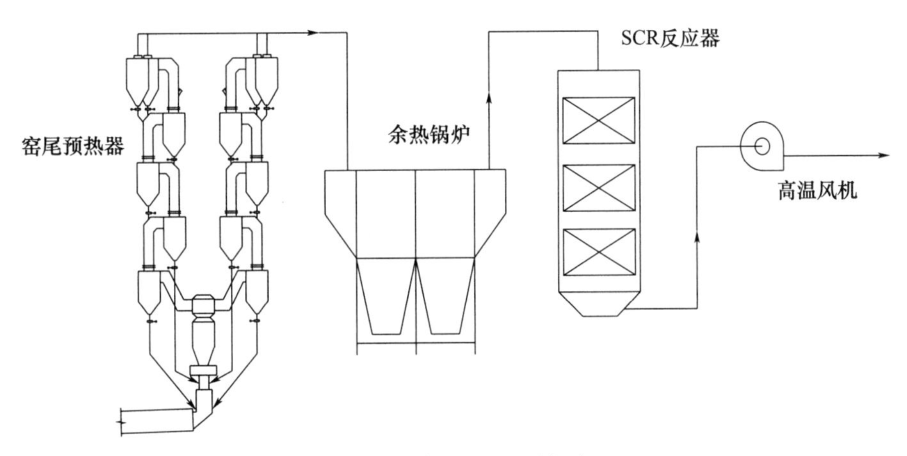

图 8 中温高尘 SCR 系统流程

(5) 中温低尘 SCR

中温低尘 SCR 利用废气 180～200℃的温度窗口进行 SCR 反应。反应器布置在窑尾袋除尘器之后，废气经袋除尘器进行除尘净化后再进行脱硝反应，系统工艺流程如图 9 所示。中温低尘 SCR 一般用于系统排气温度较高的生产线。若系统排气温度<180℃，需要对废气采取加热措施，满足脱硝反应所需要的工作温度。中温低尘 SCR 窑废气温度较低，废气可采用袋除尘器净化处理，含尘浓度降至毫克级，不用担心催化剂灰尘堵塞问题。催化剂可采用 25 孔以上催化剂，提高催化剂比表面积，降低催化剂方量。

受工作温度窗口所限，为防止硫酸氢氨堵塞催化剂，对烟气中的 SO_2 要严格控制在 $50mg/m^3$ 以下，否则应在前端设置脱硫设施。

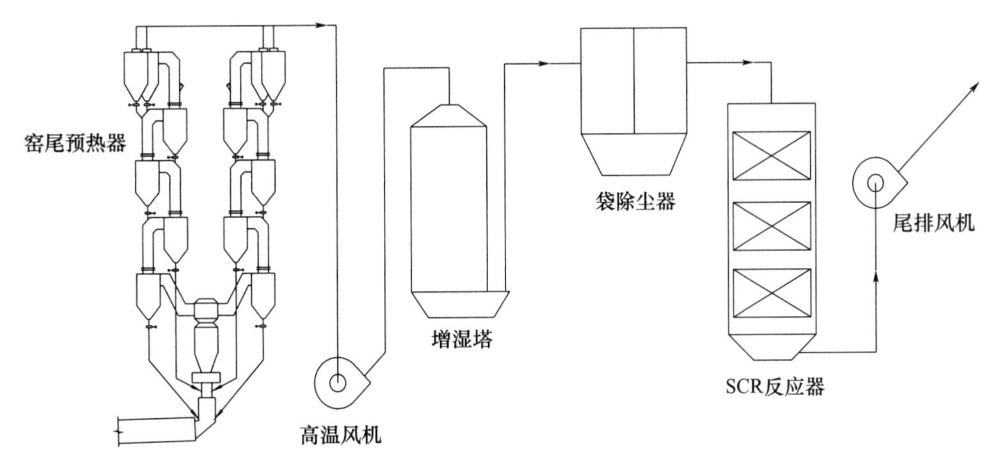

图 9 中温低尘 SCR 系统流程

(6) 低温 SCR

低温 SCR 是处理废气温度为 80～150℃的 SCR 脱硝系统。受目前催化剂性能影响，此温度区间催化剂活性不足，脱硝效率将会大大降低，无法满足脱硝效率要求。现有低温 SCR 一般都是采取升温措施，将废气温度加热到 180～220℃再进行脱硝反应，其本质上仍然属于中温 SCR 范畴。由于水泥生产线废气量较大，对低温废气进行二次加热需要消耗大量能源，经济上不具有可持续性。目前低温 SCR 应用比较多的领域为废气量较小的垃圾焚烧发电项目，在水泥工业暂无成熟应用。

3 结论与建议

水泥生产废气的超低排放是大势所趋，从目前脱硝技术手段来看，单独使用某一种脱硝技术不易达到超低排放和经济性的统一。低氮燃烧技术虽然最经济，可从根源上降低 NO_x 生成，但降幅有限，无法实现末端超低排放；SNCR 技术受反应效率所限，控制较低排放指标，需要大量过喷氨水，会造成大量氨逃逸；SCR 技术可实现超低排放和低氨逃逸，催化剂用量与处理的 NO_x 量成正比，进入 SCR 废气 NO_x 浓度过高会带来催化剂用量的上升和运行成本的增加。目前最为经济的脱硝方式应为综合三种脱硝技术，发挥各自技术优势，寻找成本和效益的最佳结合点。

企业应结合自身条件，灵活运用相关技术脱硝，可利用低氮燃烧技对 NO_x 产生的源头进行治理，利用 SNCR 技术对废气进行中度处理，运用 SCR 技术对废气进行深度处理（工艺流程如图 10 所示），最终达到经济运行与超低排放的统一。

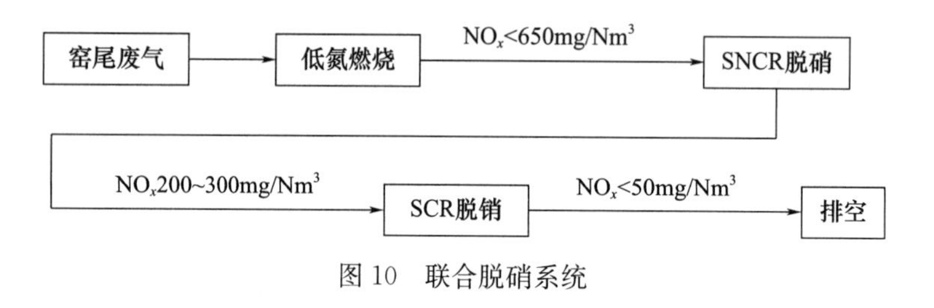

图 10 联合脱硝系统

参考文献

[1] 李俊华，杨恂，常化振，等．烟气催化脱硝关键技术研发及应用［M］．北京：科学出版社，2015.
[2] 刘后启，窦立功，张晓梅，等．水泥厂大气污染物排放控制技术［M］．北京：中国建材工业出版社，2007.

（原文发表于《中国水泥》2021 年第 6 期）

水泥厂烟气脱硫工艺路线分析与应用

刘永涛　王小翠　苏　立

摘　要　水泥厂热生料喷注脱硫技术所需脱硫剂完全从熟料生产线中获取，来源可靠，使用成本低，大幅降低投资及运行费用。

关键词　脱硫剂；浆液；脱硫

Design and application of flue gas desulfurization process in cement plant

Liu Yongtao　Wang Xiaocui　Su Li

Abstract　The desulphurizing agent needed in cement plant is completely obtained from clinker production line，which has reliable source，low cost and greatly reduces investment and operation cost.

Keywords　desulphurization agent；slurry；desulphurization

0　引　言

根据《水泥工业大气污染物排放标准》GB 4915—2013 的规定，现有与新建企业水泥窑及窑尾余热利用系统 SO_2 排放标准为 200mg/Nm^3，重点地区企业执行特别排放标准 100mg/Nm^3。为落实国家环保减排政策，烟气 SO_2 超标的生产线需进行减排技术改造。

本文结合 HL 集团 SO_2 减排的实践，简要介绍 SO_2 的产生机理、脱硫技术方案的选择、工艺设计、运行调试等内容。

1　水泥窑 SO_2 产生机理

水泥熟料煅烧产生的 SO_2 主要来自两部分，一部分源于生料，一部分源于燃料。

原料中的硫主要以有机硫化物、硫化物（简单硫化物或者复硫化物如硫铁矿）或硫酸盐的形式存在，单质硫可忽略；原料中的硫酸盐在预热器系统中通常不会形成 SO_2，大多进入窑系统。生料中的硫化物和有机硫 400～600℃温度下生成 SO_2 随废气排出，特定条件下部分 SO_2 与生料中碱性物质等反应生成相应的硫酸盐随物料进入分解炉，参与内循环；随废气排出的 SO_2 经烟气管道、增湿塔、生料磨或除尘器，大部分被生料吸收，并再次送入预热器，参与外循环，部分硫酸盐随熟料离开窑系统。

燃料中硫的存在形式与原料相同，有硫化物、硫酸盐和有机硫。燃料在分解炉或者回转窑燃烧，低价态的硫化物，特定条件下一部分直接氧化成 SO_3，形成稳定的硫酸盐；另一部分则氧化成 SO_2。绝大多数 SO_2 能够与高温的碱性热生料和 O_2 发生反应生成硫酸盐。剩下的少部分 SO_2 会与生料中氧化释放出来的 SO_2 汇合，通过烟囱排放。反应生成的硫酸盐主要有 K_2SO_4、Na_2SO_4、$CaSO_4$ 等，它们的熔融温度分别为 1074℃、852℃、1397℃，会在分解炉锥部、缩口、四级筒和五级筒等温度适宜部位产生结皮；如果回转窑存在还原气氛，硫酸盐矿物在 CO 和 C 的还原下重新生成 SO_2 及粉尘，或温度超过 1500℃的情况下，发生挥发现象，参与内循环。

水泥熟料生产中原料硫和硫化物直接影响熟料生产线 SO_2 排放水平；燃料中的硫在窑炉内碱性环境中被 CaO、MgO 等吸收，可能会造成窑尾结皮堵塞。

2 脱硫技术方案

目前水泥熟料生产线降低 SO_2 排放的方法可归纳为：①热生料喷注脱硫；②湿法脱硫；③干脱硫剂喷注法。

各技术方案比较见表 1。

表 1 技术方案比较表

序号	技术名称	脱硫效率	优点	缺点	备注
1	热生料喷注脱硫	50%左右	a. 工艺简单 b. 运行成本低（约增电耗 0.52kW・h/t. cl，增热耗 3.5kcal/kg. cl）	脱硫喷枪易堵，影响连续运行	用于 SO_2 排放浓度低时
2	湿法脱硫	>95%	a. 脱硫效率高 b. 吸收剂利用率高 c. 设备运转率高	a. 占地面积较大 b. 投资较高 c. 运行成本高（约增 3～4kW・h/t. cl）	适用于各种 SO_2 排放浓度
3	干脱硫剂喷注	50%～85%	a. 工艺简单 b. 占地小	a. 脱硫剂消耗大，使用成本高。 b. 易产生粉灰，增加除尘负荷	用于 SO_2 排放浓度低时

脱硫方案的选择需综合考虑 SO_2 的排放浓度、投资费用、运行费用、设备运转率等因素。

因熟料煅烧工艺本身具有脱硫作用，即分解炉内新生成的高活性 CaO 能吸收烟气中的 SO_2 形成无机盐。如废气用于烘干原料，则 SO_2 在原料磨中被具有新鲜界面的石灰石颗粒进一步吸收，在湿度适中的情况下生成无机盐。针对 SO_2 能被活性 CaO 和 $CaCO_3$ 颗粒吸收的特点，从生产线中提取高活性 CaO 或 $CaCO_3$，制备一定浓度的 $Ca(OH)_2$ 浆液或 $CaCO_3$ 浆液喷入到生产线合适位置，可以有效吸收系统中的 SO_2，降低废气中 SO_2 的排放浓度。

热生料喷注脱硫技术结合水泥熟料生产这一特点，最大优势是自主形成脱硫剂，且来源可靠，使用成本低。HL 集团首创应用该技术并获得了实用新型专利证书。

水泥窑脱硫方案应优先选择使用热生料喷注脱硫技术。生产线 SO_2 初始排放浓度≤400mg/Nm³ 时，最终排放浓度可达标；生产线 SO_2 初始排放浓度>400mg/Nm³ 时，该技术可用于前置脱硫，SO_2 脱除率约 50%，为深化脱硫创造条件。

3　工艺设计

热生料喷注脱硫技术也称水泥窑自脱硫技术，主要包括三部分：脱硫剂的制备与收集；脱硫浆液的制备与储存；脱硫浆液的输送与雾化。

脱硫剂获取是关键。两种脱硫剂活性 CaO 或 $CaCO_3$，均可通过熟料生产线制备。

活性 CaO 的制备与收集：生料中的主要成分为 $CaCO_3$，分解炉内高温分解为 CaO，通过系统压差将含 CaO 粉尘的高温气体由分解炉顶部抽出，通过稀释冷却器冷却至 400℃以下，利用旋风分离器分离出 CaO 粉尘，含尘气体进入预热器出口管道内；收集的 CaO 由溜管经锁风阀进入 $Ca(OH)_2$ 浆液反应罐。CaO 的抽取点尽量选择在分解炉顶部或分解炉出口管道部位。CaO 取料点的选择，应通过分解炉内部流场模拟，选择粉尘浓度高的地方开孔。

$CaCO_3$ 的制备与收集：$CaCO_3$ 的制备相对简单，主要是选用 $CaCO_3$ 含量>90%的优质石灰石，经生料磨粉磨通过收尘器收集，然后输送至具有一定储量的钢板仓储存备用。

$Ca(OH)_2$ 脱硫浆液的制备与储存：收集的 CaO 与水反应生成高浓度 $Ca(OH)_2$ 浆液，经搅拌器充分搅拌，反应罐下部浓度较高的浆液依靠重力送入 $Ca(OH)_2$ 储存罐，再加入适量水稀释成浓度 20%～30%的浆液备用。$Ca(OH)_2$ 反应罐应设于预热器一层或二层，收集的 CaO 直接入反应罐，减少中间输送。储存罐布置于预热器附近并邻近反应罐，使反应罐内的浆液不需要输送泵，利用高差自流入储存罐，以减少设备投资及运行成本。反应罐及储存罐的容积根据浆液用量确定，一般为 4 小时的储期；为运输方便，罐体 $\phi \leqslant 3.5m$，高度根据储量要求确定。

$CaCO_3$ 脱硫浆液的制备与储存：计量后的 $CaCO_3$ 经输送系统送入搅拌罐，加水搅拌形成浓度 20%～30%的浆液备用。

脱硫浆液的输送与雾化：制备并储存好的脱硫浆液由输送泵送至增湿塔及原料磨，经喷枪雾化后，与烟气中的 SO_2 反应，降低烟气中 SO_2 排放浓度。增湿塔是脱硫剂的主要喷入点，利用现有的喷水孔共有 15 台喷枪，不需另外改造，只更换喷枪即可。原料磨脱硫剂的喷入点选择在入磨风管前端，设 2 台喷枪，喷枪喷嘴方向应与气流方向相反，以使浆液与气体充分接触反应，使脱硫效果更好。

4　调试运行情况

为比较两种脱硫剂的使用效果，有针对性地选择了两条熟料生产线进行试验：ZG 水泥厂三线使用 $CaCO_3$ 脱硫剂，DG 水泥厂三线使用 $Ca(OH)_2$ 脱硫剂。

(1) $CaCO_3$ 脱硫剂

ZG 三线初始 SO_2 排放浓度 $400mg/Nm^3$，SO_2 排放浓度随着 $CaCO_3$ 喷入量增加逐步降低，增湿塔喷入量 9t/h 时，脱硫效率约 30%；继续加大喷入量后入磨风温由 190℃左右降至 170℃，出磨风温大幅降低，台产下降 30～40t/h。继续向原料磨出口喷入浆液量>2t/h，原料磨进出口温度均偏低，磨机不仅台产大降，而且会饱磨或振停。增湿塔喷入量继续加大，出口温度会降至 150℃以下，增湿塔出现湿底。

$CaCO_3$ 脱硫剂降低 SO_2 排放浓度的效率仅为 30%左右，实际应用效果不理想，主要原因为 $CaCO_3$ 活性低。

（2）$Ca(OH)_2$ 脱硫剂

DG 水泥厂脱硫试验的运行调试先后分 3 阶段，SO_2 排放浓度随 $Ca(OH)_2$ 喷入量增加逐步降低，中控显示 SO_2 排放浓度由 350～400mg/Nm^3 降低为 180mg/Nm^3，脱硫效率约为 45%～55%，最终实现达标排放。如图 1 所示。

调试中的浆液浓度越高，脱硫效率越高，但超过一定浓度后喷枪易堵，系统运行不稳定。试验证明，采用 20%浓度浆液时系统运行稳定；浆液用量越大时，脱硫效率越高，但超过一定量后会造成增湿塔湿底，应控制增湿塔出口温度在 150℃以上。如图 2 所示。

以 $Ca(OH)_2$ 为脱硫剂降低 SO_2 排放浓度的效率为 50%左右，当熟料生产线 SO_2 初始排放浓度不超过 400mg/Nm^3 时，使用 $Ca(OH)_2$ 脱硫剂完全可以实现达标排放。

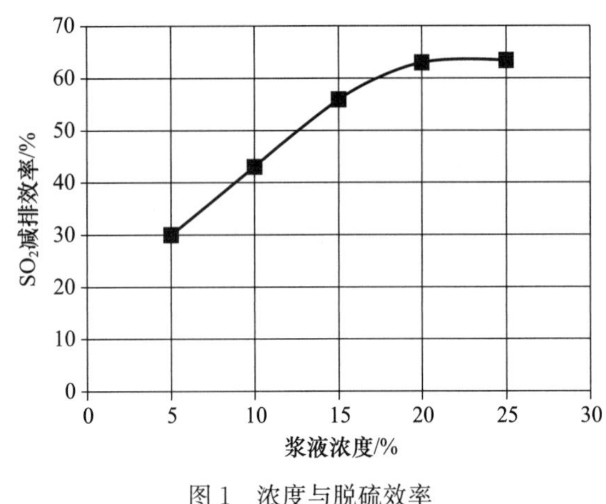

图 1 浓度与脱硫效率

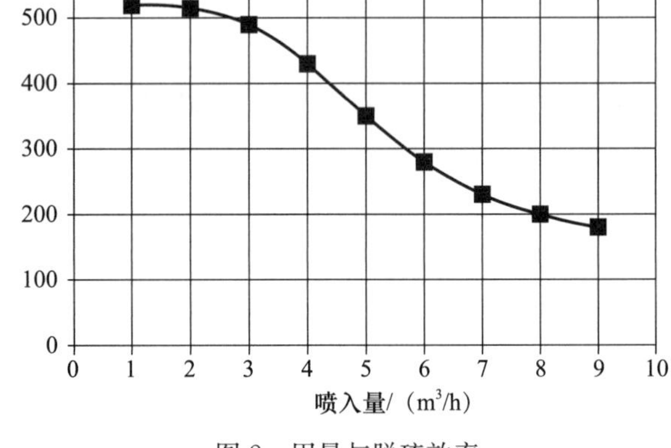

图 2 用量与脱硫效率

（3）$Ca(OH)_2$ 脱硫剂对生产线的影响

窑系统：脱硫剂取料过程中，从分解炉抽取的高温含尘气体量不足 1%，预热器系统负压下降 50～100Pa。对窑产量发挥影响不大，对熟料质量无影响，可不做大幅度操作调整。

磨机系统：脱硫系统投用之后，原料磨入口风温降低 15℃左右，出磨温度降低 5℃左右，磨机喂料量无变化，磨机差压变化不大。

发电系统：发电系统 PH 锅炉温度、负压、蒸发量、发电量等参数未见明显变化。见图 3、图 4。

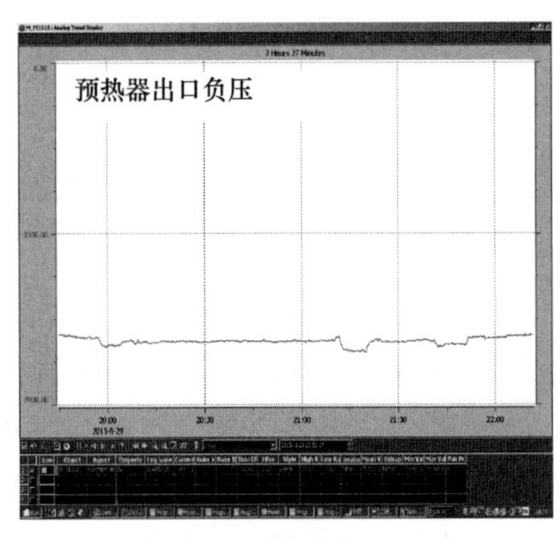

图 3 负压趋势图

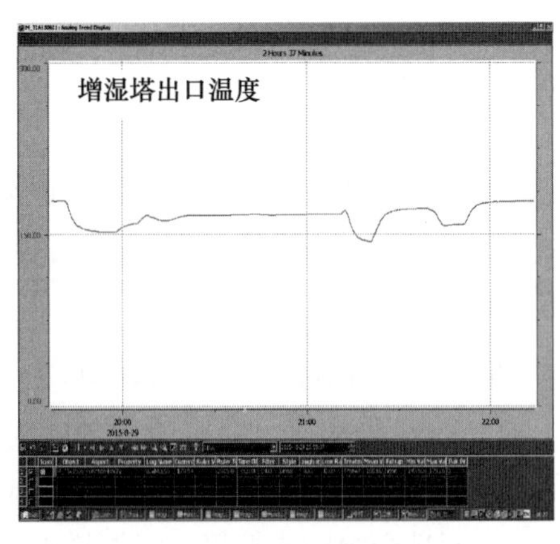

图 4 温度趋势图

5 结 语

热生料喷注脱硫技术的开发利用效果验证有据，工艺简单、投资少、运行成本低。

（1）利用增湿塔取代外置反应塔，作为脱硫反应区，原料磨停机时，喷浆过程可兼顾系统降温作用。

（2）选择分解炉内高浓度 CaO 为脱硫剂，无须购买脱硫剂。

（3）脱硫剂及反应产物无须储存、运输，直接收集利用再进入系统。

参考文献

[1] 水泥工业大气污染物排放标准：GB 4915—2013［S］. 北京：中国环境科学出版社，2013.

（原文发表于《中国水泥》2016 年第 10 期）

水泥厂高品位石灰石替代窑灰作为脱硫剂的研究与应用

刘永涛　王小翠　郭　净

摘　要　水泥厂烟气湿法脱硫广泛使用窑灰作为脱硫剂，因窑灰中杂质含量高，严重影响脱硫系统稳定高效运行。用高品位石灰石替代窑灰作为脱硫剂，可以提高脱硫效率，降低脱硫系统电耗，降低脱硫石膏水分，提高脱硫系统运行稳定性。

关键词　脱硫剂；高品位石灰石

Design and application of high-grade limestone as desulfurizer instead of kiln dust in cement plant

Liu Yongtao　Wang Xiaocui　Guo Jing

Abstract　Wet flue gas desulfurization in cement plant widely uses kiln ash as desulphurizing agent. Because of the high content of impurities in kiln ash, the stable and efficient operation of the desulfurization system is seriously affected. Using high-grade limestone as desulphurization agent instead of kiln ash can improve the desulphurization efficiency, reduce the power consumption of desulphurization system, reduce the moisture content of desulphurization gypsum and improve the stability of desulphurization system.

Keywords　desulfurizer; high-grade limestone

0　引　言

目前水泥行业已在应用的 SO_2 控制技术有干反应剂喷注法、热生料喷注法、喷雾干燥脱硫法、复合脱硫法、湿式脱硫法等。其中湿式脱硫法被广泛应用，烟气脱硫效果也较好。结合水泥生产特点，当前湿式脱硫法使用的脱硫剂主要为窑灰，取自窑尾收尘器或余热锅炉等设备。但是窑灰中 $CaCO_3$ 的含量只有75%左右，且含有大量黏土、SiO_2、Al_2O_3、Fe_2O_3 等杂质，这些杂质累计到一定程度时将严重影响脱硫浆液的品质，影响脱硫剂浆液与窑尾烟气中 SO_2 进行化学反应，造成脱硫效果不稳定、浆液难氧化、石膏难生成、石膏脱水不干（水分32%～38%）、脱硫石膏难以利用，并且增加脱硫系统电耗等问题。如果能够使用 $CaCO_3$ 含量在90%以上的石灰石，并利用水泥厂已有的生料粉磨系统制备脱硫剂，提高脱硫剂活性，提高脱硫效率，降低石膏水分，将有效解决上述问题。

1　高品位石灰石（脱硫剂）的制备方法

1.1　生料粉磨系统改造

将生料粉磨成品输送斜槽断开，位置选取在生料磨旋风筒下游至生料入库斗提之间，通过在斜槽上安装两个气动截止阀，实现制备脱硫剂与制备生料的相互切换。在制备脱硫剂前，需要将生料调配站的石灰石仓放空，专门用于接收来自矿山的高品位石灰石，通过石灰石仓下方的喂料机、计量秤、输送装置等设备将高品位石灰石送入生料磨内粉磨，成品作为脱硫剂用于湿法脱硫。

1.2　脱硫剂输送及储存

粉磨后的脱硫剂经成品收集设备收集后，通过斜槽、斗提等输送设备送入脱硫剂储存罐，储存罐为一个钢板仓，脱硫剂储期以10天为宜。若储期过短，生料磨品种切换频繁，影响水泥生产，并且过短的储期不利于生料磨检修；若储期过长，生料在钢板仓内会结拱堵塞，出料困难。为保证脱硫剂顺畅出储存罐，需要在储存罐出口处设置助流装置，一般选用压力为30kPa左右的风机即可满足要求。

1.3　脱硫剂制浆系统

脱硫剂经仓底控制阀门、喂料机、计量秤等设备送入脱硫剂浆液罐，制成一定浓度的合格浆液供湿式脱硫使用。脱硫剂制浆及供浆系统可以根据每个工厂的实际情况及场地条件选择利用原系统，或者重新建设一套供浆系统。若无特殊情况，建议新建一套制浆及供浆系统，原有系统保留，作为备用。

2　实际使用情况

高品位石灰石替代窑灰作为脱硫剂已在XC水泥厂成功运行，运行数据表明达到了预期效果。XC水泥厂设计及应用情况简介如下。

2.1　工艺流程及设计参数的选择

XC水泥厂规模为两条5000t/d的熟料生产线。矿山为自有矿山，石灰石品位较高。生料粉磨系统配置为立磨，设计能力450t/h。正常生产时，窑尾烟气中SO_2排放浓度为800（生料磨运行）～1500（生料磨停机）mg/Nm^3（SO_2，10%O_2），每天需要脱硫剂约100t（两条生产线）。

根据工厂实际生产情况，在矿山开采时，提前储存一部分$CaCO_3$含量在90%以上的石灰石备用。选取一台生料磨制备脱硫剂供两套脱硫系统使用，脱硫剂生产能力约为450t/h。储存罐选用ϕ9m的钢板仓，储量约为1000t，可供两套湿法脱硫系统使用10天。制备脱硫剂仅需两个多小时，在矿山提前准备好石灰石的情况下，不影响熟料生产线的正常运转。

主要设备配置如表1所示。

表 1 主要设备配置

设备名称	规格能力
钢板仓	储量：1000t
斗式提升机	能力：450t/h
斜槽	能力：450t/h
收尘器	处理风量：5184m³/h
螺旋喂料机	能力：5～50t/h
螺旋计量秤	能力：5～50t/h
罗茨风机	风量 5.3m³/min，风压 29.4kPa

工艺流程图和设计图如图 1、图 2 所示。

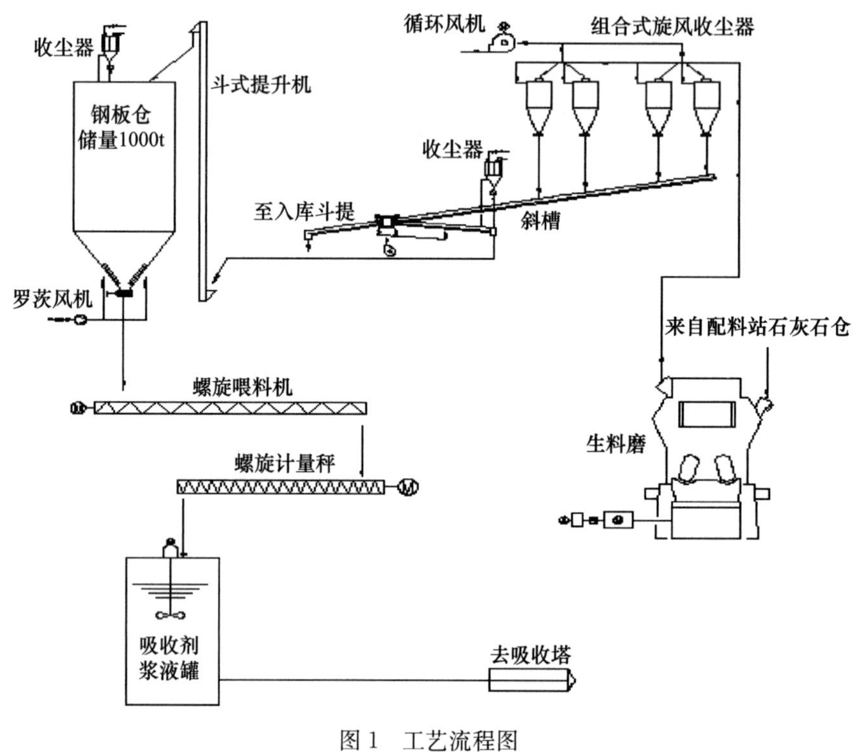

图 1 工艺流程图

2.2 运行效果

使用窑灰作为脱硫剂时，因窑灰中碳酸钙含量偏低，且 Si、AL、Fe 等杂质较多，产生的脱硫石膏水分较大，可达 32%～38%，不能在水泥磨系统直接使用，造成较多石膏堆存。同时对吸收塔浆液质量影响较大，需 24 小时不间断脱石膏降低吸收塔浆液密度，来提高脱硫效率，导致系统能耗上升。当改用品位石灰石作为脱硫剂时，主要取得了以下实施效果：

（1）脱硫系统运行稳定，提高了脱硫效率，脱硫石膏制备时间缩短，由每天 24 小时不间断脱石膏降低至每天 8 小时即能降低吸收塔密度，减少脱硫剂的使用量；

（2）因提高了脱硫效率，脱硫系统电耗由 5.3kW·h/t 降低至 4.7kW·h/t，下降了 0.6kW·h/t·cl；

（3）脱硫石膏水分由 32%～38%降低至 20%～25%，下降了 12%～13%，为后续脱硫石膏的利用创造了条件。

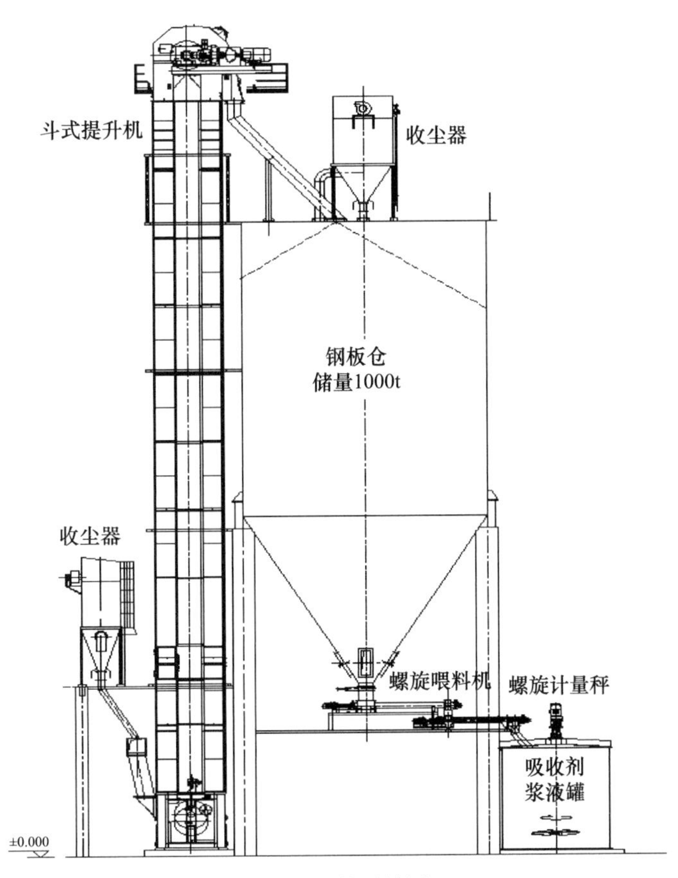

图 2　工艺设计图

脱硫石膏水分变化照片如图 3、图 4 所示。

图 3　技改前石膏（水分 32%～38%）

图 4　技改后石膏（水分 20%～25%）

3　结　语

使用高品位石灰石替代窑灰作为脱硫剂能够明显改善脱硫系统的运行质量。脱硫剂的制备充分结合了熟料生产线工序特点，利用生料磨的生产空档，不影响熟料线正常生产，制备系统也不需要增加大型设备，具有投资少、见效快的特点。高品位石灰石取自自有矿山，不但使用成本低，石灰石质量也更易控制。该生产方法为水泥厂脱硫剂制备提供了一条经济、可行的技术路线。

参考文献

[1] 水泥工业大气污染物排放标准：GB 4915—2013 [S]．北京：中国环境科学出版社，2013.

（原文发表于《中国水泥》2021 年第 9 期）

水泥窑协同处置垃圾焚烧飞灰技术工程应用

张邦松　汪克春　周治磊

摘　要　在发电厂烟气净化收集中，飞灰是垃圾焚烧得出的残余物，是危险废物，在垃圾焚烧过程中会产生各种污染物，其中飞灰处理难度和危害非常大，含有最毒的无机物重金属和有机物二噁英，因此要对垃圾处理模式（以卫生填埋为主）进行改变，有效避免土地资源的大量浪费、环境污染事件的发生，采用预处理方式。基于此，本文主要对水泥窑协同处置垃圾焚烧飞灰技术工程应用进行分析。

关键词　水泥窑协同处置；飞灰处置技术；工程应用

Engineering application of cement kiln co-processing waste incineration fly ash technology

Zhang Bangsong　Wang Kechun　Zhou Zhilei

Abstract　In the purification and collection of flue gas in power plants, the residue obtained from garbage incineration is named fly ash, which is a hazardous waste. Various pollutants will be produced during the process of garbage incineration. Among them, fly ash contains the most toxic inorganic heavy metalsand organic dioxins, which results it difficult and harmful to handle. Therefore, the traditional waste treatment mode (mainly sanitary landfill) should be replaced by the pretreatment method, which can effectively avoid a large amount of waste of land resources and the occurrence of environmental pollution events. This paper mainly analyzes the engineering application of cement kiln co-processing waste incineration fly ash technology.

Keywords　co-processing of cement kilns; waste incineration fly ash technology; engineering application

0　引　言

近些年来，随着我国经济的不断发展，垃圾焚烧处理技术得到了非常广泛的应用，垃圾在焚烧中会促使很多飞灰产生，因为垃圾焚烧飞灰会产生很高浓度的二噁英和重金属，属于危险废弃物，采用直接填埋的方式会对四周环境造成严重污染，而水泥窑协同处置垃圾焚烧飞灰技术可以对这一现象进行有效缓解，因此得到了应用。

1 利用水泥窑系统处置飞灰的历程

从现状看，在国外和国内，采用水泥窑协同处置垃圾以城市废弃物、污染土壤以及含有机物的一般工业固体废物为主，对于焚烧飞灰水泥窑协同处置技术的研究大多是针对生活垃圾焚烧残余物。同时，焚烧飞灰水泥窑协同处置以利用焚烧飞灰烧制生态水泥、硅酸盐水泥和一些其他种类的水泥为主，其中生态水泥是一种高氯水泥，是生活垃圾焚烧飞灰和污泥一起烧成制作的，由日本研发应用在我国。此外，飞灰烧制硅酸盐水泥是重点研究范围，也是唯一一项能够很好发挥水泥窑优势特征的技术，相关资料证实飞灰应用于硅酸盐水泥生产中具有非常大的前景。而飞灰烧制特种水泥的运用仍处于机理性研究阶段。在国际上，日本以生活垃圾焚烧飞灰和下水道污泥等为主要原料生产出了高强度水泥，并建成了世界上第一座生态水泥厂，但是其未真正解决垃圾焚烧飞灰特征污染物重金属和二噁英问题，其通过水洗预处理后将飞灰中的可溶性盐分充分溶出，洗灰废水经过了简单处理后直排大海，污染了海洋生态环境。

中国特色的生活垃圾焚烧飞灰毒性危害更大。这是因为：①中国的垃圾在源头上不分类；②中国飞灰的最大特点是氯含量高；③重金属及二噁英极有可能随垃圾渗滤液进入地下水。针对中国特色的生活垃圾焚烧飞灰，某环保科技有限公司历时多年，荣辱艰辛都尝尽，将建材、环保、盐化工、精细化工、无机高盐废水处理等领域的技术完美结合，彻底实现了飞灰的“无害化、减量化和资源化”，已经通过了环境保护部对外合作中心与中国环境学会联合组织的第三方技术性能评价，处于世界领先水平。

2 水泥窑协同处置垃圾焚烧飞灰技术和工艺内容

2.1 飞灰水洗部分

在对垃圾进行处理中，通过气力输送管道把用专业运输车辆送来的飞灰送入飞灰储仓中，飞灰从储仓中通过计量之后，将其输送到搅拌罐中与计量好的水进行混合洗涤，材料浆经过固液分离设备后，进入气流烘干机，烘干机采用来自于熟料篦冷机的低品位热风作为热源，在烘干机内，飞灰通过与热风直接接触的方式，并且采用烘干方式进行处理，最后促使预处理之后的飞灰形成；随后进入成品灰仓，将其作为水泥原材料备用；最后滤液进入飞灰水洗液处理单位对其进行处理。

2.2 污水处理部分

飞灰在洗涤的过程中会产生滤液，也就是飞灰水洗液，其中不仅含有氯、钾、钠以及重金属，还含有很少的悬浮物质，在采用物理方式进行沉淀之后加入适量的化学试剂，能够对重金属和钙镁离子沉淀，随后将含有中重金属和钙镁的一部分污泥与返回飞灰水洗部分继续进行固液分离。此外，飞灰水洗液经过物理沉淀、化学沉淀、多级过滤等多道水处理流程后，使用MVR蒸发结晶工艺设备对盐和水进行分离，并且把蒸汽冷凝水用来作为清水回用水洗飞灰部分。

2.3 水泥窑协同处置部分

经过水洗预处理后的飞灰，去除了95%以上的氯离子和70%以上的钾钠离子等影响水泥窑工况的有害元素。预处理后的飞灰通过密封管道气力输送到窑尾分解炉或者烟室进行处置。在熟料熔融煅烧的时候，二噁英会被完全分解，重金属也会被有效固定在水泥熟料晶格中，从而确保了飞灰无害化、资源化的实现。水泥窑的窑尾烟气在碱性氛围中经过五级旋风收尘吸附、余热发电收尘吸附、增湿塔收尘吸附、生料磨收尘吸附、布袋收尘器过滤吸附等9道收尘系统，有效抑制二噁英前体物生成，避免了二噁英的再次合成，是世界上最优的解决含二噁英废气排放的工业化系统装置。

3 主要工艺设计参数及实际运行效果

3.1 主要工艺设计参数

水处理中间过程硬度：<1000mg/L；MVR进水硬度：<500mg/L；MVR进水波美：(10±2)波美；盐分浸提反应釜的含渣量：(25±5)%；固体液态分离设备的出液含渣量在1%以下；预处理之后的窑飞灰氯离子去除率在95%以上。此外要将熟料中氯含量进行严格控制，不可以超过0.04%。

3.2 实际运行效果

(1) 水洗前后飞灰成分(表1)

表1 水洗前后飞灰成分分析 %

样品	SiO_2	Al_2O_3	Fe_2O_3	CaO	MgO	K_2O	Na_2O	SO_3	Cl^-
水洗前	10.41	4.72	1.81	37.00	2.80	4.20	4.42	5.59	18.38
水洗后	13.68	4.40	2.13	55.56	3.48	0.80	0.79	3.58	0.44

(2) 目前飞灰的处理量5～6t/h，占生料的比例为3%～4%。

(3) 处理飞灰对水泥窑煅烧及产量的影响

① 影响烟气脱硝系统的喷氨效果。

② 导致熟料提前结粒，产生包心料，影响熟料强度。经过水洗预处理后的飞灰，就科学有效的对钾钠氯进行了去除，这对水泥窑煅烧没有任何不好的影响。

③ 水泥窑协同处置固废对窑况要求高，所以一定要确保其得到连续和稳定的运行，对熟料产量没有任何不好的影响，但是不建议超出产量的运行。

4 水泥窑协同处置垃圾焚烧飞灰技术工程应用情况

2012年，某公司飞灰工业化处置示范线竣工投产运行，项目总投资约8000万元，投产后生产工艺顺畅，很快达到设计量，设备运行稳定。通过“飞灰水洗预处理+高温处置”将垃圾焚烧后的飞灰和水泥有机结合起来，将飞灰中的氯化物进行提取，余下部分送入水泥窑进行高温煅烧，利用水泥窑高温对重金属和二噁英进行固化和分解，实现了飞灰的无害化处置；同时，飞灰烘干、飞灰料仓废气排放方面能够满足当地《大气污染物综合排放标准》要求，水泥窑烟气也与相关标准对应的允许排放浓度限值相符合。

5 结 语

综上所述，要加强对该技术的深入研究和应用，主要是从焚烧飞灰综合处置方面入手进行考虑，将水洗飞灰处置作为技术的重点，对 MVR 结晶系统进行进一步完善和优化，就能促使技术得到进一步完善，保证工业得到健康稳定的发展。

参考文献

[1] 凌永生，金宜英，聂永丰．焚烧飞灰水泥窑煅烧资源化水洗预处理实验研究［J］．环境保护科学，2012，38（4）：11-15.
[2] 张益．我国生活垃圾焚烧处理技术回顾与展望［J］．环境保护，2016，44（13）：20-26.
[3] 肖悦，刘童，缪乐．焚烧飞灰中 Pb 的浸出特征及预处理效果［J］．环境工程学报，2017，11（08）：480-481.

（原文发表于《水泥技术》2021 年第 2 期）

水泥厂污废水趋零排放技术应用

李东祥　林　军

摘　要　针对水泥厂存在的雨污分流和节能环保要求，通过对污废水来源、组成及排放量、属性分析，结合水泥厂生产用水特点，提出污废水趋零排放技术措施。

关键词　雨污分流；趋零排放；节能环保

Application of zero emission technology of sewage and waste water in cement plant

Li Dongxiang　Lin Jun

Abstract　According to the requirements of rain and sewage diversion and energy conservation and environmental protection in cement plant. Through the analysis of the source, composition, emission amount and attribute of sewage and wastewater, and combined with the characteristics of production water in cement plant, the technical measures of zero emission of sewage and wastewater are put forward.

Keywords　rain and sewage diversion; zero emission; energy conservation and environmental protection

1　引　言

新型干法熟料生产线大多配套建设有纯低温余热发电系统，以4×5000t/d熟料线为例，其典型配置见表1。环评批复要求按照“清污分流、雨污分流”原则设计，项目建设实行清污分流，强化节水措施，工程生产废水在生产工艺中平衡使用，不得外排；生活污水达《污水综合排放标准》（GB 8978—1996）一级标准后立足于回用。

表1　4×5000t/d熟料线典型配置

序号	类别	组成	基本情况
1	生产线配置	熟料线/水泥粉磨 余热发电	配套2×18MW纯低温余热发电
2	外部条件	水源：自备水源	水处理能力为2×400m^3/h（耗用水量约为水处理能力的80%）
		码头：自备码头	码头离主厂区距离约3km，输水管线沿码头至主厂区廊道位置敷设
		矿山：自备矿山	离厂区1～3km，石灰石皮带运输

注：根据需要，部分工厂配套建设有CKK、固废/危废、商品混凝土及骨料等。

2 污废水类别及特性

2.1 污废水排放现状及存在的问题

水泥厂污水均指生活污水（A）或类生活污水，主要包括工业与民用建筑卫生设施排水、食堂排水等，污水排点多、较为分散，经过污水处理装置处理后排入厂区水塘或雨水沟，部分用于绿化浇洒，与环评要求的生活污水处理后回用存在差异。废水主要来源及现状见表2，生产废水（B）均未经处理，废水排点较为集中、排放量大，均直接排入雨水系统。

大部分水泥厂污废水既不满足环保排放要求，也不满足雨污分流的要求，同时与环评报告要求存在差异。

表2 污废水排放现状

序号	来源	现状
1	B1 熟料线/粉磨站循环水	循环水池溢流、排污及旁滤装置排污水，未经处理直接排入雨水沟
2	B2 余热发电循环水、AQC/PH 锅炉、旁滤装置、化水车间、汽轮机房等	余热发电循环水池溢流/排污、AQC/PH 锅炉排污水、旁滤装置排污水、化水车间排污水、汽轮机房排污水，未经处理直接排入雨水沟
3	B3 水净化装置	水源为地表水，采用反应/沉淀/过滤处理；设置沉淀池，未设置污泥脱水及回用系统，水净化装置排污水直接排入雨水沟

2.2 污废水排放的主要污染因子（表3）

表3 污废水排放主要污染因子

类别	来源	主要污染因子
生活污水	A1 工业与民用建筑：办公楼/中控楼、宿舍楼、专家公寓、厕所等冲洗、洗漱用水；A2 食堂：清洗、洗消及食品加工等排水	pH、色度、SS、BOD_5、COD、动植物油、氨氮、磷酸盐（以P计）等
生产废水	B1 熟料线/粉磨站循环水排污	pH、电导率、SS、TDS、石油类、磷酸盐（以P计）等
	B2 余热发电循环水排污、旁滤装置排污水、化水车间排污水、发电厂房排污水	pH、电导率、SS、TDS、磷酸盐（以P计）等
	B2 余热发电 AQC/PH 锅炉排污水	pH、电导率、联氨等锅炉药剂
	B3 水净化装置排污水（原水取自地表水，如江河湖泊等）	SS、泥沙等固形物

2.3 污废水排放量估算

从表4可以看出，水泥厂污废水中生活污水的重点为主厂区/厂前区排水，生产废水的重点为余热发电循环水系统排污水（排水量160 m^3/h）。

表4　污废水排放量

类别	来源	排放量
生活污水	A1 办公楼/中控楼、宿舍楼、专家公寓、厕所等冲洗、洗漱用水；A2 食堂清洗、洗消及食品加工等排水	主厂区/厂前区：$10m^3/h$
	A3 码头区域：办公楼、食堂、宿舍楼	$1m^3/h$
	A4 矿山区域：办公楼、食堂等	$2m^3/h$
生产废水	B1 熟料线/粉磨站循环水排污	$3m^3/h$
	B2 余热发电循环水排污＋旁滤装置排污水、化水车间排污水、发电厂房排污水	$140m^3/h+10m^3/h$
	B2 余热发电 AQC/PH 锅炉排污水	$10m^3/h$
	B3 水净化装置排污水（原水取自地表水）	450～550kg·DS/h

3　污废水主要处理方法及技术要求

污废水主要处理方法见表5。

表5　污废水主要处理方法

类别	来源	主要处理方法	技术要求
生活污水	A1 办公楼/中控楼、宿舍楼、专家公寓、厕所等冲洗、洗漱用水； A2 食堂清洗、洗消及食品加工等排水	生物膜技术（MBR 装置）	GB 8978—1996《污水综合排放标准》一级 GB/T 50050—2017《工业循环冷却水处理设计规范》
			◆零排放（回用于熟料线循环水补充水）
生产废水	B1 熟料线/粉磨站循环水排污 B2 余热发电循环水排污、旁滤装置排污水、化水车间排污水、发电厂房排污水；AQC/PH 锅炉排污水	余热发电循环水综合治理技术（趋零排放重点）	GB/T 50050—2017《工业循环冷却水处理设计规范》 GB 50588—2017《水泥工厂余热发电设计标准》 GB 8978—1996《污水综合排放标准》一级
			◆零排放（80%以上用于余热发电循环水补充水，少量浓水用于降尘或喷水消耗等）
	B3 水净化装置排污水（原水取自长江）	污泥脱水法（污泥脱水装置）	GB 8978—1996《污水综合排放标准》一级
			◆零排放（上清液回流利用，处理后作为生产水；泥饼作为生产辅材使用）

4　污废水趋零排放

4.1　生活污水趋零排放

对于水泥生产线及配套生活设施来说，生活污水水质成分较为单一，处理方法也较为统一。生活污水主要成分为pH、色度、SS、BOD_5、COD、动植物油、氨氮、磷酸盐（以P计）等，根据处理水的用途，主要采用生化法（含气浮）和膜法，前者达到《污水综合排放标准》(GB 8978—1996）一级，可按环评要求指标进行外排、绿化等，后者达到《工业循环冷却水处理设计规范》（GB/T 50050—2017）及《水泥工厂余热发电设计标准》(GB 50588—2017）中循环水补充水水质要求后进行回用。

该类污水单套处理能力均在1～10m^3/h，目前各公司均已配置，经过2018年完善后，处理装置出水均按《污水综合排放标准》(GB 8978—1996）一级标准执行；在垃圾焚烧发电类项目设计时，均按照环评要求将生活污水处理后回用于生产过程中的循环补充水，目前各投用项目使用情况良好。综此，生活污水拟采用的工艺较为成熟且已实施应用，即在《污水综合排放标准》（GB 8978—1996）一级标准基础上，将部分污水处理装置排水点污水收集后，采用MBR深度处理，处理后的水回用于生产线循环水池补充水。生活污水处理流程见图1。

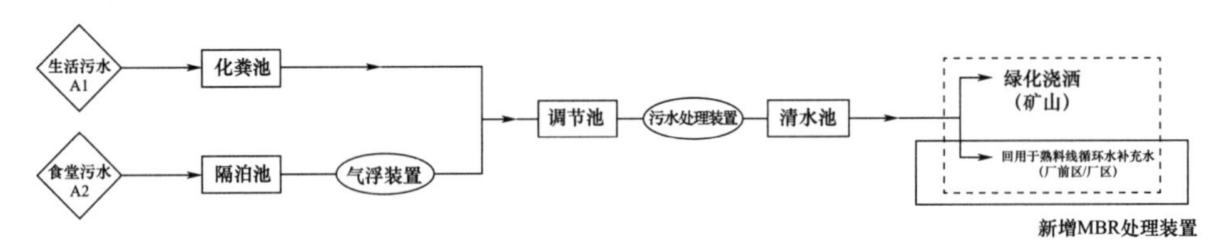

图1 生活污水处理流程图

4.2 生产废水趋零排放

从生产废水排放量来看，主要是B2（余热发电系统排污水）；排污水来源，一是循环水电导率高产生的排污，二是循环水浊度高产生的排污。

循环水浊度高的处理和控制较为简单，可以通过增加新型旁滤装置对循环水进行过滤；新型旁滤装置在对循环水进行过滤的同时，本身也会进行物理性的排污，但较传统无阀滤器，其排污量仅为过滤水量的0.5%～1%，远低于传统过滤器，从而在源头上减少了排污量。

循环水电导率高产生的排污不仅水量大，而且控制要求高，是余热发电循环水系统水质控制重点，也是困扰余热发电系统发电效率提升的主要问题。

对于循环水处理来说，目前主要有两类方法，一是普遍使用的传统药剂法，二是物化法（包括电化学法等)。传统的药剂法，不仅使用时间悠久、使用范围广泛，而且技术及研发充分，适用性和经济性好，其中第一代药剂法主要是采用含磷药剂和半自动加药装置，目前已发展为第二代药剂法，主要采用无磷药剂和智能化加药及水质监控装置，其中药剂法中的示踪技术、酸性替代药剂及高浓缩型药剂是未来的第三代药剂法的发展趋势；对于物化法（包括电化学法等），其中主要有交变电场法、超声波/电子除垢法、电化学法、电渗析法及反渗透结晶法等，由于技术的局部性和不确定性，加上投入和运行费用高，目前正在不断的研究和小范围的试用中；根据技术交流和了解，目前第一、第二代加药技术并存，相对物化法来说，药剂法研发及替代技术较为缓慢，但使用面占90%以上；物化法大多引进或嫁接国外一些研究应用，或对药剂法和物化法进行结合，技术路线和标准不统一，暂不具备在水泥厂污废水治理中大规模应用的条件，建议电导率控制以药剂法为主，并适当关注物化法技术的进展。

（1）浓缩倍数

从循环水排污角度看，电导率越高，浓缩倍数越高，排污量越小，但结垢和腐蚀的风险越大，表6为浓缩倍数N与排污量Q的关系。

表 6 浓缩倍数 N 与排污量 Q 的关系

浓缩倍数 N	循环水量/（m^3/h）	排污量/（m^3/h）
现状：$N=2.27$	14000	140
目标 1：$N=4.00$	14000	51
目标 2：$N=5.00$	14000	35
目标 2：$N=6.00$	14000	25

2×18MW 纯低温余热发电机组在维持现状浓缩倍数 $N=2.27$ 的情况下，排污量为 $140m^3/h$，浓缩倍数 N 提高至 4.00 的情况下，排污量为 $51m^3/h$，下降约 64%；所以，在开展余热发电循环水综合治理的前提下，应优先控制循环水浓缩倍数不低于规范要求的 4.00，从而有效降低循环水排污量，为后续排污水处理提供保障。

（2）综合治理目标（表 7）

表 7 综合治理目标

序号	主要指标项	目标控制
①	腐蚀速率、污垢沉积速率、年污垢热阻值等	• 符合规范及余热发电运行管理要求（采用挂片检测）
②	凝汽器酸洗及换热管更换	• 连续 3～5 年内不需清洗，5～7 年内不更换换热管和填料
③	冷却塔填料清洗及更换	
④	环保性及可靠性	• 循环水排放时磷酸盐（以 P 计）、氨氮等符合 GB 8978—1996《污水综合排放标准》一级 • 药剂对循环水池和冷却塔结构件不产生任何腐蚀和不良影响
⑤	浓缩倍数	• 长期稳定在 4 倍或 4 倍以上（在不考虑加酸的情况下，加酸为 5 倍或 5 倍以上） • 排污水量降低 40%以上
⑥	运行与控制	• 在线监测、远程控制、自动运行

（3）综合治理原则及内容

按照“目标控制＋综合利用＋智能运行”原则进行综合治理，主要有四个方面内容：①结垢、腐蚀处理：依据项目水质特点，采用针对性药剂方案，对结垢状况进行系统性治理，保持循环水质符合系统运行管理及环保排放要求，包括阻垢、除垢、防腐蚀；②节水处理：增加新型旁滤系统，在减少排污、稳定水质的同时，提高浓缩倍率，节约水资源；③综合利用：对循环水系统排污水进行处理和利用，并结合项目特点实施趋零排放；④智能控制：加药装置根据水质状况自动运行，循环水系统运行信号、水质参数实时远传至中控或客户端，满足智能化工厂要求。

（4）综合治理方案

该方案为系统性的解决方案，可以从根本上解决目前余热发电循环水系统存在的问题（如用水量大、自动化程度低、排污不符合环保要求、腐蚀结垢严重、填料及换热器更换等），与增加超声波除垢仪等局部性的处理措施相比，综合治理方案具有技术集成度高、技术手段全面完整、投资与运行经济合理且不增加现场管理难度等优点。方案由 4 个功能模块组成，分别为“结垢、腐蚀处理”“节水处理”“综合利用”“智能控制”，如图 2 所示。其作用见表 8。

2×18MW 纯低温余热发电机组在浓缩倍数 N 提高至 4.00 的情况下，排污量为 $51m^3/h$，该部分废水通过中水回用装置，回用率取 90%，即 $45m^3/h$ 回用于余热发电循环水补充水，10%的少量浓水

约 $5m^3/h$ 用于降尘、喷水消耗等，实现零排放。

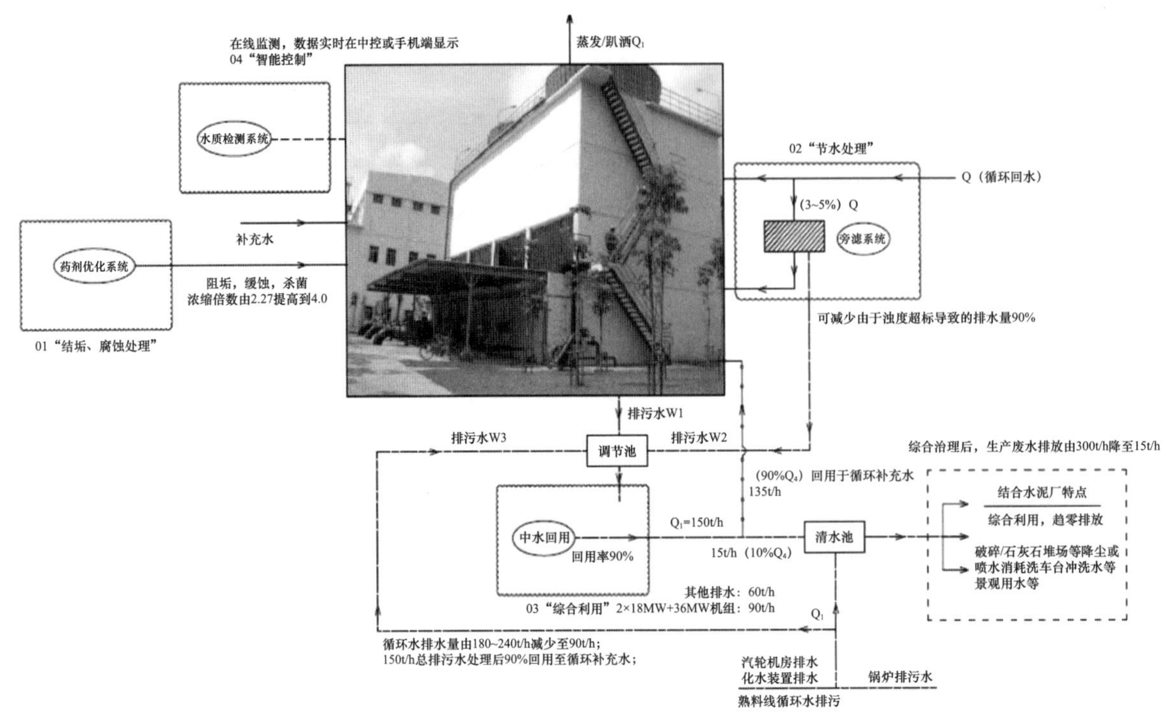

图 2　综合治理方案图

表 8　各功能模块作用

功能模块	系统组成	主要作用	功能实现
结垢、腐蚀处理	药剂优化配制及智能投加系统	• 采用配方优化选取适应性药剂，提高循环水浓缩倍数，以减少水源取水量，降低水资源费，同时减少排污量。 • 排水满足环保要求，为中水回用处理提供保障	稳定端差提升发电量
节水处理	新型旁滤装置	• 在循环水电导率或浊度超标时，循环水需进行排水，新型旁滤装置可减少浊度超标情况的发生，从而减少排水量	节能降耗
综合利用	中水回用装置	• 将排污水处理后作为循环水系统补充水进行再利用	趋零排放
智能控制	药剂自动控制及水质检测系统	• 确保水质长期符合各项控制指标，浓缩倍数及排污量可控。 • 确保端差和真空度的稳定，减少因循环水水质因素导致发电量降低	智能运行无人管理

5　结　语

方案的可行性主要指方案技术的可靠性、设备配置的合理性及管理难度的适宜性，方案中的药剂优化是针对不同的水质和系统特点，选择合适的药剂，在经济合理的前提下，让 N 最大化，同时控制结垢和腐蚀的临界点，确保系统不出现结垢和腐蚀，建议 $N \geqslant 4.00$。方案中的回用率 Y 主要指对余热发电系统排污水及其他废水进行收集处理再利用的比例，如 $100m^3/h$ 废水量采用 90%的回用率，则 $90m^3/h$ 回收利用、$10m^3/h$ 为浓水排放量 Q，该部分浓水中离子浓度高，不能再作为循环水利用。其处理途径有二：一是进行蒸发结晶或电渗析等，该方法能够较为彻底解决浓水的排放，只需对结晶盐进行处理，但仍需考虑系统事故排放等；二是用于喷水消耗，根据水泥厂特点，以下区域可能需要进行喷水消耗：破碎/石灰石/原煤堆场、骨料、原料磨/增湿塔等降尘或喷水消耗，洗车台冲洗水，景观用水等，不同工厂对该部分水的消耗量不同，需进行核实，建议 $Y \geqslant 80\%$。

污废水趋零排放具有较好的社会效益和经济效益，应结合水泥厂特点进行实施，同时要考虑方案的经济性、可靠性和便捷性，并实现智能化控制和水质数据在线管理。

参考文献

[1] 段立辉．发电机组循环冷却系统循环水零排放［J］．山东冶金，2019（4）．

[2] 徐志清．基于膜法的火电厂废水零排放技术研究及应用［J］．中国电机工程学报，2019-S1.

[3] 汪岚．电厂循环冷却水系统节水及零排放技术研究［J］．中国设备工程，2019（7）．

[4] 工业循环冷却水处理设计规范：GB/T 50050—2017［S］．北京：中国计划出版社，2017.

水泥厂余热在工业与民用建筑暖通上的综合利用

李　凯　陈守涛

摘　要　水泥厂余热利用技术主要是针对窑头和窑尾废气用于纯低温余热发电、物料烘干和生活热水、采暖等；而水泥回转窑窑筒体表面辐射热的利用较少。本文主要对后者的利用进行阐述。

关键词　窑辐射热；热回收；能源利用

Comprehensive utilization of waste heat of cement plant in industrial and civil buildings

Li Kai　Chen Shoutao

Abstract　At present, the cement plant waste heat utilization technology is mainly for the kiln head and kiln tail waste gas for pure low temperature waste heat power generation, material drying, domestic hot water, heating, etc.; and the cement rotary kiln kiln cylinder surface radiation heat utilization is less. This paper mainly expounds the use of the latter.

Keywords　kiln radiation heat; heat recovery; energy utilization

1　引　言

随着水泥熟料煅烧技术的发展，发达国家水泥工业节能技术发展很快，低温余热在水泥生产过程中被回收利用，水泥熟料热能利用率已有较大的提高。在窑炉工业企业中仍有大量的中、低温废气余热资源未被充分利用，能源浪费现象仍然十分突出。新型干法水泥熟料生产企业中由窑头熟料冷却机和窑尾预热器排出的350℃左右废气，其热能大约为水泥熟料烧成系统热耗量的35％，低温余热发电技术的应用，可将排放到大气中占熟料烧成系统热耗35％的废气余热进行回收，使水泥企业能源利用率提高到95％以上。

水泥工厂除上述可收集的废热资源外，还有水泥回转窑运行过程中筒体辐射热直接排到大气中，不仅浪费能源，也对周围环境造成影响。回转窑筒体表面散热约占系统表面散热的63％，此处的热量损失集中且易于回收，可在回转窑上方安装弧形集热罩回收辐射热能。一方面可以对余热发电锅炉补充水进行预热，另一方面可以制备热水用于办公区、生活区采暖及洗浴。

2　窑头及窑尾废气利用

2.1　窑头烟气余热用作物料烘干

对于干法水泥生产工艺，其原料石灰石、煤、黏土、铁粉在入库和生料球磨前必须烘干，主要采用沸腾炉产生热风，使物料在烘干机中烘干。由于沸腾炉产生热风需要燃煤，因此采用沸腾炉产生热风烘干物料在水泥生产成本中是一项不小的支出；同时由于沸腾炉设备庞大、基建规模大，因此设备占地面积大、投资高。

利用水泥厂中低温余热进行物料烘干的方法，其特征在于利用窑头产生的烟气替代原有通过燃煤产生的烟气，烟气由窑头下方的冷却机经热风管系统进入烘干机，使烘干机内的温度保持在一定范围内，对物料进行烘干。

由于由窑头产生的烟气替代原有通过燃煤产生的烟气，不仅省去庞大沸腾炉的投资，也省去了在生产过程中消耗燃煤的成本费用，而且节省了占地面积。可在热风管系统中采用多组环形管，使烘干机内温度保持在一定范围内，同时也使得热烟气从烘干机的底部和侧面不同方向直接与物料接触，大大提高物料的烘干温度和热交换面积。

2.2　纯低温余热发电

余热发电生产工艺流程如图1所示。

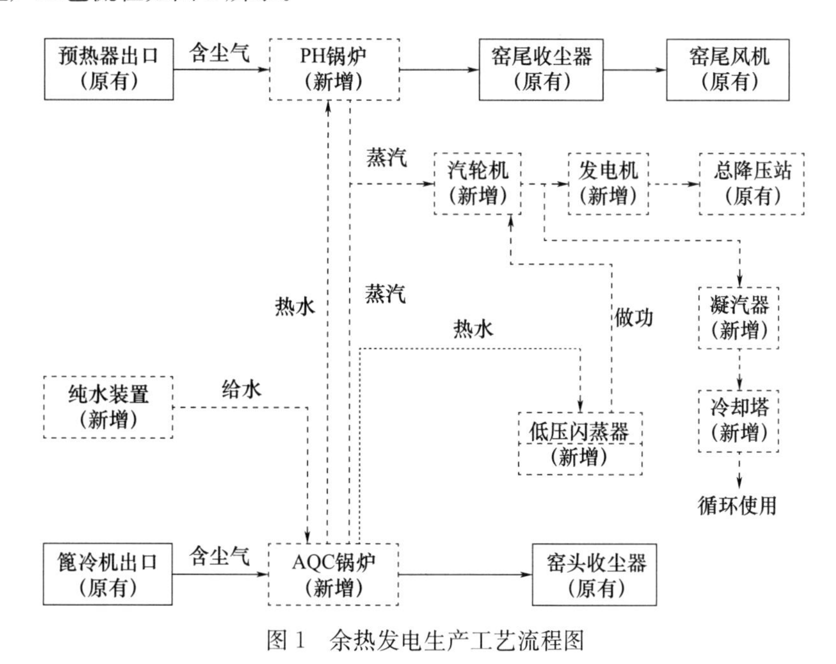

图1　余热发电生产工艺流程图

2.3　生活热水、采暖

生活热水、采暖系统运行流程如图2所示，换热站设备及管道布置如图3所示。

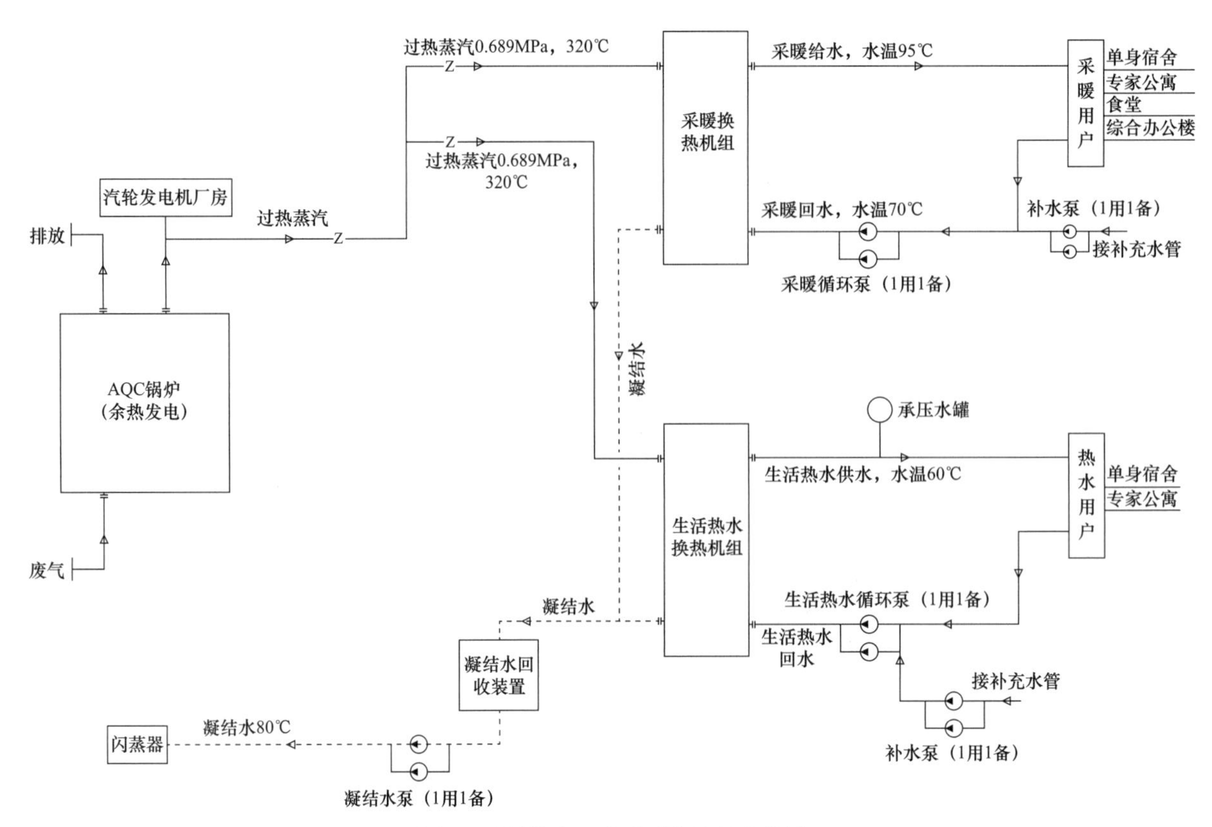

图2 生活热水、采暖系统运行流程图

图3 换热站设备及管道布置

3 水泥回转窑筒体辐射热利用

3.1 水泥回转窑筒体辐射热系统改造的可行性

以5000t/d的水泥生产线为例，在生产过程中水泥回转窑窑筒体表面的温度在260～320℃之间，导致该部分大量的热量散失到环境中，并未加以利用，不但造成能源浪费，还会产生热污染。完全可以将该部分的热量回收加以利用，在夏季的时候用来制备厂前区生活洗浴用水，冬季用作采暖系统热源，实现能源的合理利用。

3.2　窑筒体辐射热回收装置简介

窑筒体废热回收装置的外观形式与窑筒体类似，其作用是将窑筒体废热回收并转换为60～85℃的热水，输送至供热用户用于洗浴、供暖或制冷（空调）。非采暖期热水可通过换热器用于余热锅炉补水水温提升，对余热发电补水起到预热作用。

该装置主要分为装置本体、循环水系统、定压及补充水系统、阀门仪表管路等四大部分。

（1）装置本体主要由管束和固定管束板组成，通过管束和固定管束板来吸收窑筒体废热并将废热转换为热水，热水温度根据热用户热水的用途（洗浴、供暖或空调等）设计为60～85℃。

（2）循环水系统将热用户温降后的低温热水再回入装置本体，吸收窑筒体废热循环将低温热水加热至60℃～85℃，通过热水循环泵实现热水的循环利用。

（3）定压及补充水系统用于保证装置热水压力以使系统内热水不汽化，同时补充热水循环过程中所损失的水量。该系统主要由定压及补充水泵、补充水箱组成。

（4）阀门仪表管路是为了保证该装置的安全运行，同时提供热水循环及定压补充水通道。

窑筒体废热回收装置可将窑筒体废热回收利用20%～75%。一般情况下能够满足厂区所需要的生活用热、供暖需求。

3.3　窑筒体辐射热回收实例

以皖北区域气候条件为例，室内供暖系统的供/回水温度设85℃/60℃，系统压力暂定为0.4MPa。

余热回收热量值计算：5000t/d水泥生产线，窑筒体直径约4.8m，满足取热温度范围200～320℃的窑筒体长度约32m，窑筒体部分可以回收的热功率约0.91MW。

表1　系统参数表

窑熟料产量	单位	5000t/d
窑筒体直径	m	4.8
窑筒体可利用长度	m	74m
实际利用窑筒体长度	m	30 m
实际利用窑筒体周长	m	50%×4.8×3.14
实际利用的窑筒体外壁平均温度	℃	280
实际利用的窑筒体废热量	MW	0.91
热水压力	MPa	0.40
进口水温度	℃	60
出口水温度	℃	85
热水流量	t/h	31

窑筒体辐射热回收装置布置见图4。

制作加工集热器6套（6.5m3套、3.5m1套、5.0m2套）分别安装在窑筒体上。护板采用3mm厚不锈钢板，内筋板、外筋板采用10mm厚普通碳钢板，内衬100mm矿棉保温材料。加热管采用DN50无缝钢管，弯头连接。集热罩安装前需涂刷银粉面漆，美观且耐高温。设计前需复核轮带基础承重，如不能满足承重要求，需在轮带基础两侧安装钢构立柱两套，固定在轮带基础侧面。其余支柱可利用窑头、窑尾基础。

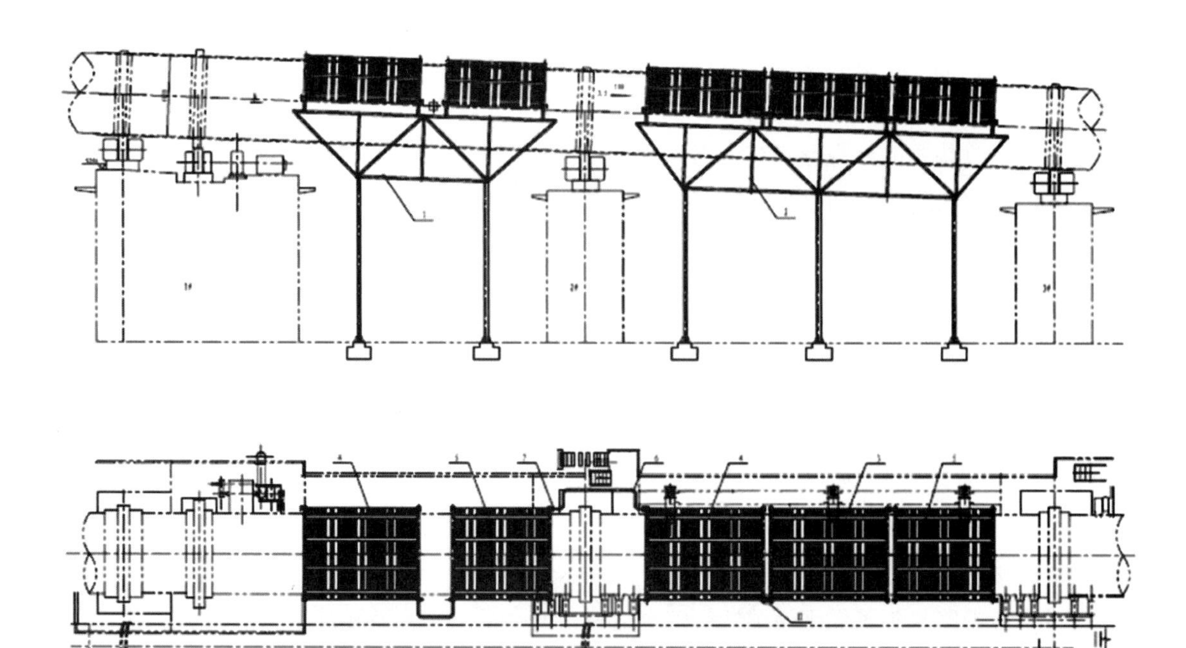

图 4 窑筒体辐射热回收装置布置图

4 结 语

为了更好地节约和合理利用能源，在水泥熟料生产线的基础上，充分利用水泥窑头熟料冷却机、窑尾预热器、回转窑生产废气余热，通过高效的热交换系统，将其转化为电能及生活用热，以期获得更好的节能效果。

参考文献

[1] 葛然．基于热电联产的新型干法水泥窑余热利用节能技术研究［D］．哈尔滨：哈尔滨工业大学，2011.
[2] 马万龙．水泥回转窑筒体表面余热回收利用技术研究［D］．大连：大连理工大学，2012.
[3] 朱丽华，安大峰．提高水泥厂低温废热回收利用效率的热力系统分析［J］．锅炉制造，2010，1：54-57.

绿色建筑在水泥厂应用探讨

李全平　晋　静　张文楠

摘　要　随着我国建筑业的不断发展，国家对环境保护和绿色节能减排的要求越来越高，绿色建筑设计理念在工业建筑设计的应用越来越广泛。在国家大力发展绿色建筑的背景下，探讨绿色建筑遵循的设计原则及实用的设计方法，总结出适宜于工业项目配套厂前区建筑的绿色建筑设计，具有重要意义。

关键词　工业项目配套厂前区；民用建筑绿色建筑设计

Discussion on the application of green building in cement plant

Li Quanping　Jin Jing　Zhang Wennan

Abstract　With the continuous development of China's construction industry, the national requirements for environmental protection and green energy conservation and emission reduction are higher and higher, and the green building design concept is more and more widely used in industrial building design. Under the background of the vigorous development of green buildings in the country, it is of great significance to explore the design principles and practical design methods followed by green buildings, and summarize the green building design suitable for the buildings in the front area of industrial projects.

Keywords　buildings in the front area of industrial projects; civilian construction, green building design

1　绿色建筑设计的含义

绿色建筑主要指建筑物在设计和施工过程中，使用的建筑材料能够符合环保节能的要求，能够最大程度地降低环境污染，能够实现资源的可持续发展和建设。因此，绿色建筑设计是以节约能源和资源为目的，尽可能利用现有资源来满足当前的建筑使用需求。另外，设计人员还可以利用再生循环的概念，在建筑设计过程中，尽量考虑外部环境和自然资源生态环境，使得建筑能够与外围的环境相适应，力求打造绿色、节能、环保、舒适的工作环境。

2　绿色建筑设计的意义

对于我国建筑行业来说，绿色建筑设计理念直接影响着我国建筑行业的发展。目前，我国正面临着严重的资源短缺问题，可以利用绿色建筑设计理念来缓解我国资源紧缺现象。另外，绿色建筑设计理念带动了我国新型环保材料的研发，有效带动了我国经济的快速发展，更好地满足了我国可持续资源的发展道路。

3 绿色建筑设计原则

3.1 节约能源原则

我国建筑行业绿色建筑设计的原则是节约能源，实现自然资源的可持续利用。节约能源具体表现在新型建筑材料的使用、建筑节能体系的引进等，旨在降低资源浪费的现象。

3.2 防止环境污染原则

防止环境污染是绿色建筑设计及施工的原则之一。绿色建筑施工前的设计工作十分重要，具体来说，设计人员必须结合环境保护原则，这样的建筑可以实现对环境的“零污染”，即使出现小范围的污染现象也可以通过环境的自净能力进行消化，不会对环境产生污染。

3.3 建筑低能耗原则

人们在日常的生活生产中会损耗多种能源，比如水资源、电力资源、天然气资源，运用绿色建筑施工方式可以实现人们生活生产的低能耗现象，比如粒雨水幡系统，太阳能综合利用系统等低能耗措施，实现人们日常生活生产中建筑物运行的低能耗原则。

4 绿色建筑设计内容

绿色建筑设计基于整体设计的策略，通过对场地和建筑功能、特点的分析，就节能环保、绿色生态的具体要求，采用适宜的技术手段，保护生态环境，减少能源和资源浪费；提高投资效益，创造适宜的、健康的生活环境。项目开发遵循因地制宜的原则，结合项目所在地的气候、资源、自然环境、经济、文化等特点，运用适宜、成熟的绿色建筑技术，在原有造价基础上适量增加成本，从规划设计、施工建设及运营管理的全过程中，力求最大限度地做到“四节一环保”，从而实现人与自然、建筑与环境共生的绿色建筑。在综合考虑项目特点与地域环境的基础上，绿色建筑技术的选择以“被动式技术优先、主动技术优化”为设计理念，着重突出被动式的设计手法，强调绿色技术的适宜性、成熟性与可靠性，在尽可能较低的成本下实现绿色建筑的目标。

本文以云南省腾越水泥有限公司厂前区专家公寓、员工宿舍楼项目为例，阐述绿色建筑设计的主要内容。

该项目位于保山市腾冲市固东镇罗坪村，项目厂前区建筑包括专家公寓 1 栋、员工宿舍楼 4 栋（2 栋已建）、食堂 1 栋（已建）、办公楼 1 栋（已建）。见图 1。

员工宿舍楼和专家公寓属于腾冲市腾越水泥有限公司项目的配套厂前区生活用房，因此，在绿色技术选型时应围绕“舒适、适用”的原则，优先采用低成本、易实施的绿色建筑技术。

图1　腾冲市腾越水泥有限公司项目鸟瞰

（1）建筑选址和朝向

腾冲市位于云南省西部，属于温和地区。该场地建筑地形较为平坦宽阔，建筑之间间距均可达到30m以上，通风效果较好，满足日照间距和通风间距。员工宿舍楼朝向优先考虑南向，减少人造光源的使用，充分利用天然光源，降低能源浪费和环境污染。专家公寓因地制宜，结合地形特点，依地势而建，建筑两侧通过挡墙和坡道，解决前后入口标高7.4m高差问题，从而避免了大量土方回填，减少了资源浪费，满足了建筑物与自然协调的要求。

（2）室外风环境

根据项目所处地理位置，通过PKPM-CFD软件，分析云南冬季、夏季和过渡季主导工况下的风向、风速，进行项目室外地面1.5m高度的计算机模拟分析。由分析结果可知，项目朝向及布局合理，场地内无漩涡和死角，项目室外通风效果良好，满足人体活动舒适性的需要。以冬季工况为例，输出风环境计算结果，见图2～图5和表1。

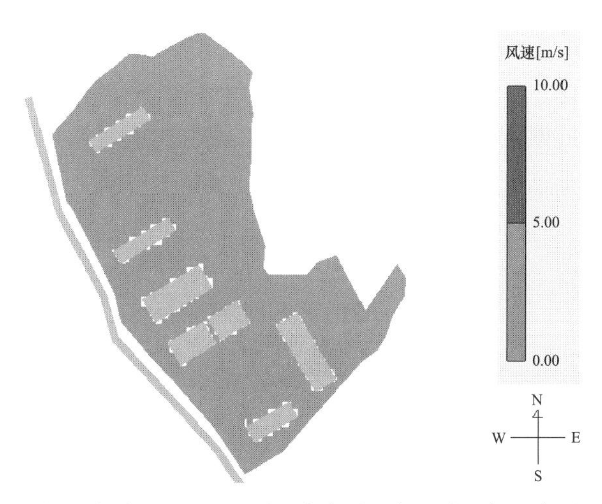

图2　冬季工况1.5m平面高度处人行风速达标示意图

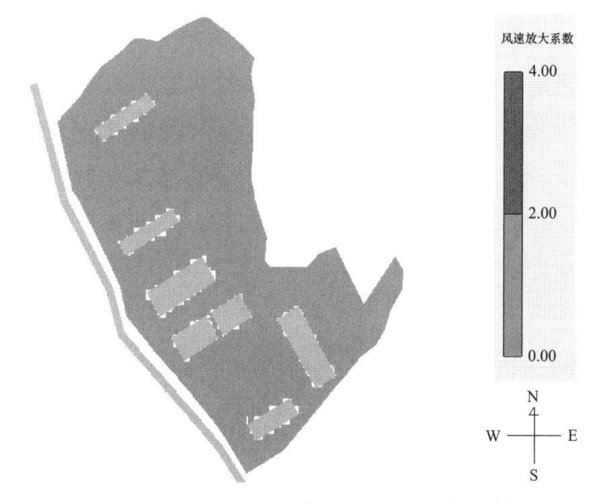

图3　冬季工况1.5m平面高度处风速放大系数达标图

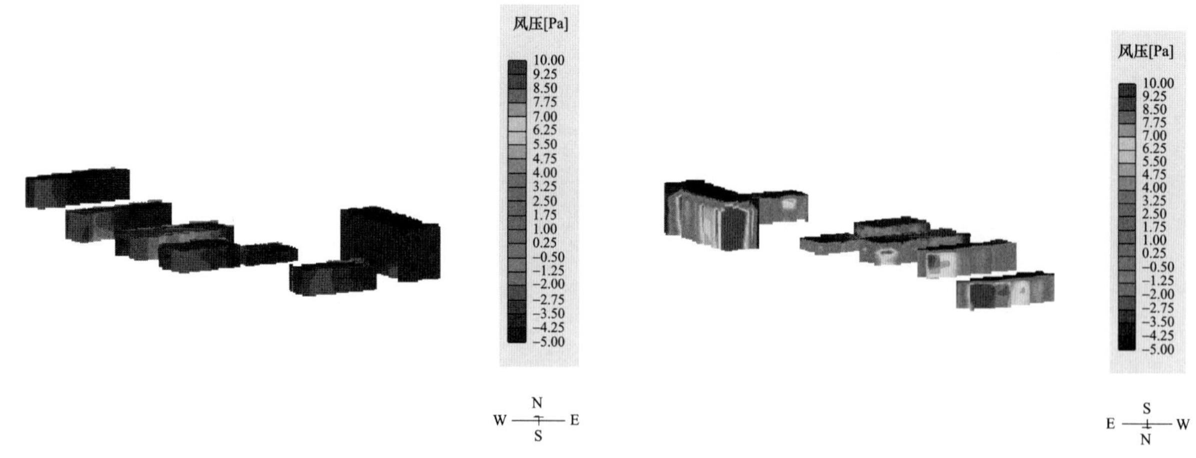

图 4 冬季工况迎风面风压图

图 5 冬季工况背风面风压图

表 1 冬季工况判断汇总

<table>
<tr><th colspan="2">指标限值</th><th>实际计算值</th><th>规范限值</th></tr>
<tr><td colspan="2">人行区最大风速（m/s）</td><td>4.9</td><td>＜5.0</td></tr>
<tr><td colspan="2">风速放大系数</td><td>1.4</td><td>＜2.0</td></tr>
<tr><td colspan="2">建筑迎背风面平均风压压差的最大值/Pa</td><td>5.5</td><td>≤5.0</td></tr>
<tr><td rowspan="3">判断</td><td>最大风速判断</td><td colspan="2">人行区风速＜5.0m/s 的面积比例为 100.0%，故达到了“建筑周围人行区风速＜5.0m/s”的要求</td></tr>
<tr><td>风速放大系数判断</td><td colspan="2">风速放大系数为 1.4，达到了“室外风速放大系数＜2.0”的要求</td></tr>
<tr><td>建筑风压判断</td><td colspan="2">所有参与判断的建筑的迎背风面平均风压的压差值均不大于限值，故达到了标准要求</td></tr>
</table>

根据软件分析可得如下结论：冬季达到了“建筑周围人行区风速＜5.0m/s，户外休息区、儿童娱乐区风速＜2.0m/s（模型中未见相关区域，符合得分条件），且室外风速放大系数＜2.0”的要求，得 3 分；夏季工况达到了“场地内人活动区不出现涡旋或无风区”的要求，过渡季工况达到了“场地内人活动区不出现涡旋或无风区”的要求，得 3 分。故本项目场地风环境得 6 分。

（3）室外声环境

该水泥项目厂前生活区距离生产区 180m 左右，离分贝大的噪声源较远，生活区形成一个相对独立的安全、健康、安静的生活区域，员工能够获得良好的休息。通过 PKPM-Sound 软件进行建模和室外噪声模拟，分析场地内噪声分布情况是否达到《绿色建筑评价标准》（GB/T 50378—2019）和《声环境质量标准》（GB 3096—2008）的要求。

根据软件分析可得如下结论，见表 2。

表 2 受声点噪声达标判断

<table>
<tr><th>区域</th><th>建筑物名称</th><th>受声点总个数（个）</th><th>声功能区等级</th><th>在此范围内受声点个数（个）</th><th>达标情况</th></tr>
<tr><td rowspan="2">区域 1</td><td rowspan="2">专家公寓</td><td rowspan="2">4</td><td>达到 3 类未达到 2 类</td><td>0</td><td rowspan="2">达到 2 类</td></tr>
<tr><td>达到 2 类</td><td>4</td></tr>
</table>

区域 1 环境噪声值达到 2 类环境功能区限值要求，得 10 分。

故本项目场地环境噪声值达到 2 类环境功能区限值要求，得 10 分。

（4）节能设计

① 体形系数

建筑体形系数与建筑物的节能有直接关系。体形系数越大，说明同样建筑体积的外表面积越大，散热面积越大，建筑能耗就越高，对建筑节能越不利；体形系数越小，对建筑节能越有利，减少制冷和制热的能源消耗。

合理设计建筑体形、窗墙面积比，使建筑获得良好的日照、通风和采光，有利于改善室内舒适度，降低空调能耗。并通过计算机模拟计算，真实模拟项目的室内外自然通风、采光、日照等情况，并根据模拟数据结果优化设计。

② 围护结构

建筑围护结构设计需调研了解当地砌体市场情况，优先选择传热系数低、重力密度小、强度高、防火性能好的砌体，如蒸压加气块，使围护结构尽可能做到既保温又节能，同时也能减少结构和保温成本。

③ 外墙保温系统设计

建筑外墙保温技术主要分为自保温系统、外保温系统和内保温系统，其中外墙外保温系统应用最普遍。设计时尽量选用防火性能好、质量轻、传热系数低的保温材料。

本项目位于温和地区，由于蒸压加气块具有保温性，所以外墙先采用自保温系统，根据软件计算结果再确定是否需要增加外保温。经计算，5 号员工宿舍外墙平均传热系数不满足规定性指标，但满足权衡计算条件，再进行围护结构节能动态计算。

④ 门窗设计

该项目处于温和地区，采用塑钢低辐射中空玻璃窗 6＋12A＋6 遮阳型。严寒和寒冷地区，可采用铝合金断热型材、铝木复合型材等材质框料，玻璃可选用中空双玻或者中空三玻，需要根据不同的地区气候进行设计。门窗连接处的设计也是需要特别重视的部分，可以使用橡胶等密封条增加气密性，减少能源损失。

⑤ 屋顶设计

屋顶设计也是绿色建筑设计较为重要的部分。屋面可采用挤塑聚苯板作为保温材料，它导热系数低、不吸水、强度高。另外可以在原有建筑结构的基础上增加绿化布置，形成绿色植物隔离、排水、防水的结构，可以吸收建筑物排放的污染气体并保证节能和保温性。

⑥通过 PKPM-PBECA 软件进行计算，结果见表 3。

表 3　各分项指标校核情况

建筑构件	是否达标
温和（A）区甲类建筑屋顶满足《公共建筑节能设计标准》（GB 50189—2015）第 3.3.1-6 条的标准要求	√
全楼加权外墙平均传热系数满足《公共建筑节能设计标准》（GB 50189—2015）第 3.3.1-6 条的要求	√
立面外窗太阳得热系数满足《公共建筑节能设计标准》（GB 50189—2015）第 3.3.1-6 条的要求	√
立面外窗传热系数满足《公共建筑节能设计标准》（GB 50189—2015）第 3.3.1-6 条的要求	√
立面透明材料的可见光透射比满足《公共建筑节能设计标准》（GB 50189—2015）第 3.2.4 条的要求	√
外窗气密性满足《公共建筑节能设计标准》（GB 50189—2015）第 3.3.5 条的要求	√
玻璃幕墙气密性满足《公共建筑节能设计标准》（GB 50189—2015）第 3.3.6 条的要求	√
无屋顶透光部分	√

与《公共建筑节能设计标准》（GB 50189—2015）相比，该建筑物的各项指标满足规范要求。

（5）天然采光

采光问题直接关系到建筑的舒适性和实用性，设计时应保证经常有人活动的室内能够获得充足的阳光。该项目主要通过门窗和采光顶获得采光。窗户可安装百叶窗，阳光过强时调节百叶窗以使建筑获得适量的阳光，均衡照明，避免产生眩光。另外，可选择浅色室内饰面，减少光线吸收。

通过天然采光模拟分析软件 PKPM-Daylight 进行建模和室内采光计算，根据《绿色建筑评价标准》（GB/T 50378—2019）、《建筑采光设计标准》（GB 50033—2013）的有关规定：公共建筑室内主要功能空间 85.0%面积比例区域的采光照度值不低于采光要求的小时数平均不少于 4h/d，公建部分得 3 分；主要功能房间有合理的控制眩光的措施，得 3 分；不存在地下空间，直接得 3 分。照度达标小时数分布如图 6 所示。

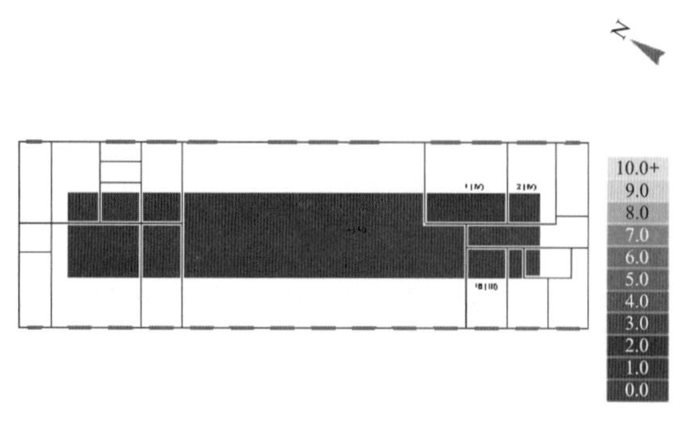

图 6 照度达标小时数分布图

（6）室内自然通风

绿色建筑中的自然通风主要是利用建筑内部和外部的风力、热压所形成的风推进空气流动从而实现通风换气。自然通风的主要作用是通过通风换气来改善室内空气质量，实现降温通风功能。如何将室外风引入室内，主要是通过合理的室内平面设计、室内空间组织以及门窗位置与大小的精细化设计，使室内空间可以形成一定的风压；另外，专家公寓设有中庭，可以利用中庭的热压作用，使中庭可以实现自然通风，降低中庭建设对能源的消耗，从而实现绿色建筑的可持续发展。

本项目在最不利工况下，所选典型评价范围内，换气次数平均达标面积比例为 100.00%。根据软件分析可得如下结论：本项目在最不利工况下，所选典型评价范围内，换气次数平均达标面积比例为 100.00%，总得分为 8 分。

（7）室内构件隔声

室内构件隔声主要对外墙、外窗、隔墙、普通楼板、普通门的空气声隔声性能以及普通楼板、架空楼板的撞击声隔声性能进行计算分析。本项目墙体为 240 厚蒸压加气块＋双面各 20 厚粉刷；走廊、食堂、厨房、卫生间等区域地面做法为地砖地面，房间地面为生态地板；窗户采用塑钢低辐射中空玻璃窗 6＋12A＋6 遮阳型；门采用 60 厚生态门。经计算，本项目达到了《绿色建筑评价标准》（GB/T 50378—2019）中 5.1.4 条第 2 款控制项的要求，也达到了第 5.2.7 条评分项的要求。

根据软件分析可得如下结论：所有构件的空气声隔声性能均满足《民用建筑隔声设计规范》（GB 50118）中的低限限值要求，达到了《绿色建筑评价标准》（GB/T 50378—2019）中 5.1.4 条第 2 款控制项的要求，但未达到 5.2.7 条评分项的要求；楼板的撞击声隔声性能均满足《民用建筑隔声设计规范》（GB 50118）中的低限和高限平均值的要求，达到了《绿色建筑评价标准》（GB/T 50378—2019）中 5.1.4 条第 2 款控制项的要求，也达到了 5.2.7 条评分项第 2 款的要求，得 3 分 。故该项总得分为 3 分。

（8）建筑背景噪声性能分析

根据现场踏勘和对地块周边现状的了解，可能对建设项目产生影响的外环境噪声源主要为道路交通噪声与水泥厂生产噪声。因此选取离水泥厂生产区较近的房间，昼间噪声为 59dB。

根据软件分析可得如下结论：所有参与计算的主要功能房间的室内背景噪声均满足《民用建筑隔声设计规范》（GB 50118）中的高限限值的要求，达到了《绿色建筑评价标准》（GB/T 50378—2019）中 8.1.1 条控制项的要求，也达到了 8.2.1 条评分项的要求，得 6 分。

（9）无障碍设计

本项目无障碍设计范围：建筑入口、入口平台及门、楼梯、无障碍宿舍、无障碍公共卫生间等。

（10）结构设计

本项目现场浇筑混凝土全部采用预拌混凝土（图7），建筑砂浆全部采用预拌砂浆，不仅节约了材料资源，而且减少了施工现场噪声和环境污染。

图7　预拌混凝土

另外，结构全部采用HRB400高强度钢筋，耐久性和节材方面具有明显优势，同时还可以解决建筑结构中肥梁胖柱问题，增加建筑使用面积。

（11）应用可再生能源

太阳能是一种清洁的自然可再生能源，取之不尽、用之不竭。开发和利用太阳能，既不会出现大气污染，亦不会影响自然界的生态平衡，而且阳光所及的地方都有太阳能可以利用，太阳能以其长久性、再生性、无污染等优点备受人们的青睐，应用也最为普遍。本项目均在平屋面上设置太阳能系统，加上电辅加热系统，解决员工热水供给问题。

（12）循环材料设计

绿色建筑施工需要使用的材料种类和数量都较多，一旦管理的力度和范围有缺失就会造成资源的浪费，必须做好材料的循环使用设计方案。对于大部分的建筑施工而言，多数材料都只使用了一次便无法再次利用，而且使用的塑料材质不容易降解，对环境造成了相当严重的污染。对此，在绿色建筑施工管理的要求下，可以先将废弃材料进行分类，一般情况下建材垃圾的种类有碎砌砖、砂浆、混凝土、桩头、包装材料以及屋面材料，设计方案中可以给出不同材料的循环方法，碎砌砖的再利用设计可以是作脚线、阳台、花台、花园的补充铺垫或者重新进行制造，变成再生砖和砌块。

（13）其他专业绿色建筑设计

给排水专业：选用优质管材、管件、阀门等，并安装分级计量水表；按照用途、管理单元等设置各级计量水表；选用用水效率达到二级的卫生器具。

暖通专业：选用能效等级为2级的分体式空调。

电气专业：选用高效节能光源以及智能照明控制，各房间照明功率密度值按目标值设计；变压器、水泵、风机、空调均满足节能评价值要求；设置智能型免维护自动无功补偿装置，补偿后功率因数不小于0.95。

5 结 论

通过以上设计计算，本项目可以达到绿色建筑基本级设计标准。当然，绿色建筑设计还有很多方面可以得分，本文仅阐述在有效控制增量成本的基础上，工业项目配套厂前区建筑比较容易实现的绿色建筑设计内容，为类似工业配套建筑实施绿色建筑适宜技术起到较好的示范作用。

参考文献

[1] 李汉章．建筑节能技术指南［M］．北京：中国建筑工业出版社，2006.
[2] 李宗沛．绿色建筑节能设计应用对策探讨［J］．商品与质量，2012（S3）．
[3] 顾湘．建筑节能技术创新探讨［J］．科技创新导报，2010（13）：37.
[4] 朱德铭．浅析绿色建筑设计的要点［J］．中华民居（下旬刊），2014，07：19.
[5] 李淑林．可持续发展在当前民用建筑设计中的应用［J］．山西建筑，2012，38（18）：22-23.
[6] 林旭．可持续发展在当前民用建筑设计中的应用［J］．民营科技，2014，14（5）：218.

光储技术在水泥工厂的应用分析

刘明同　文　翔　周　湘

摘　要　为加快推动新能源开发及应用，海螺集团不断加大新能源的投资和布局力度；海螺设计院紧跟集团发展步伐，从光伏发电及储能技术入手，研究其在水泥工厂的应用，全面切入新能源行业，持续提高服务集团的硬实力。

关键词　光伏；储能；应用

Application analysis of PV and energy storage technology in cement plant

Liu Mingtong Wen Xiang　Zhou Xiang

Abstract　In order to accelerate the development and application of new energy, Conch Group has continuously increased the investment and layout of new energy. ACDI follows the development pace of the group, starting with PV and energy storage technology, to study its application in cement plants, Fully enter the new energy industry and continue to improve the hard power of the service to Group

Keywords　PV；energy storage；application

1　应用背景

进入21世纪，经济高速发展。由于人们对工业高度发达的负面影响预料不够、预防不利，导致了全球性的三大危机：能源短缺、环境污染、生态破坏。我国能源长期依赖传统化石能源，煤炭等不可再生能源消耗严重，不可持续，需要转变能源结构，向清洁可再生能源发展。

根据《水泥行业绿色工厂评价导则》的要求，"用地集约化、原料无害化、生产洁净化、废物资源化、能源低碳化"是水泥行业绿色工厂的五大评价指标。推进绿色制造是水泥行业转型升级的关键所在，是实现"绿色发展、循环发展、低碳发展"的有效途径，同时也是企业主动承担社会责任、提升企业竞争力和实现可持续发展的必然选择。本文从"能源低碳化"入手，研究光伏发电和储能技术在水泥工厂的应用。

本文选定SZ海螺项目作为载体对光伏发电和储能技术进行应用分析。SZ海螺总降压变电站共配置两台主变，1号主变容量为35000kV·A，2号主变容量为30000kV·A，电压等级为110kV，属大工业用电，1号主变下接18MW余热发电机组。该项目位置处于纬度33.97°，经度117.12°。

2 应用分析

2.1 应用方案

光伏发电采用分块发电，集中升压并网。总装机容量 5864.18kW。本项目共铺设单晶硅单玻 400Wp 光伏组件 6344 块、单晶硅单玻 405Wp 光伏组件 7428 块、单晶硅双玻 340Wp 组件 936 块。

光伏组件布置地点共分为 12 个屋面、1 个水面、1 个停车棚、1 个光伏走廊、1 个长皮带（分 2 段）、1 个地面（分跟踪支架和固定支架 2 类）。整个厂区共配置 2 台 1250kV·A 箱变、2 台 1000kV·A 箱变和 1 台 400kV·A 箱变。水面和地面固定支架倾角为 10°，正南方向安装；双轴跟踪支架倾角范围 0°～65°，方位角范围－120°～＋120°；其他屋面车棚走廊灯组件沿屋面平铺。

建设场所及组件排布容量关系见表 1。

表 1 建设场所及组件排布容量关系

序号	屋面（地块）名称	组件数量（块）	组件规格（Wp）	安装容量/kW	升压变/kV·A	光伏容量/kW
1	1 号公寓	56	405	22.68	1000	1130.38
2	2 号公寓	119	405	48.195		
3	3 号公寓	119	405	48.195		
4	4 号公寓	56	405	22.68		
5	5 号公寓	118	405	47.79		
6	光伏走廊	936	340	318.24		
7	食堂	240	400	96		
8	固定支架	120	405	48.6		
9	双轴跟踪	40	405	16.2		
10	综合办公楼	200	405	81		
11	车棚	952	400	380.8		
12	鱼塘	3660	405	1482.3	1250	1482.3
13	包装栈台	1040	405	421.2	1250	1530
14	机修仓库	800	400	320		
15	石膏堆棚	1972	400	788.8		
16	联合储库	1800	400	720	1000	1170.7
17	原煤卸车	580	400	232		
18	传送带 1	540	405	218.7		
19	传送带 2	1360	405	550.8	400	550.8
20	合计	14708				5864.18

根据宿州市的政策要求，项目需配备 10%左右光伏出力的储能电站，本项目光伏装机容量为 5.86MW，考虑光伏系统综合效率在 80%左右，故配置 4MW 的储能，按 1h 充放电考虑，即储能电站规模为 4MW/4MW·h。考虑储能系统效率，为保证循环功率，储能电池需要进行超配，本项目储能电站系统标称容量为 4.896MW·h，采用 4 套 40 尺集装箱储能系统，每套集装箱含 1.224MW·h 电池

系统、BMS电池管理系统、消防系统、空调系统、接地系统、照明系统、视频监控系统、动环监控系统、SCU、配电系统等。电池簇采用电芯为3.2V/12.1A·h，17个16P12S电池插箱（38.4V/193.6A·h），簇容量122.4kW·h。

储能电站采用2套20尺箱式储能变流器，型号为SC2000TS-MV，每套箱式储能变流器含4台储能变流器和1台升压变压器。储能变流器型号SC500TL，其额定功率500kW，交流输出360V/50Hz。变压器容量为2500kV·A，电压等级为10.5kV/0.36kV，接线组别为Dy11。

2.2 接入方案

光伏电站接入电力系统应根据自身装机容量、当地供电网络情况、电能质量等技术要求选择合适的接入电压等级。分布式光伏发电项目接入系统典型设计，根据《国家电网公司关于印发分布式电源接入系统典型设计的通知》（国家电网发展〔2013〕625号），对于单个并网点，接入的电压等级应按照安全性、灵活性、经济性的原则，根据分布式光伏发电容量、导线载流量、上级变压器及线路可接纳能力、地区配电网情况综合比选后确定。

单个并网点容量400kW～6MW推荐采用10kV接入；单个并网点容量300kW以下推荐采用380V接入；当采用220V单相接入时，应根据当地配电管理规定和三相不平衡测算结果确定接入容量，一般情况下单点最大接入容量不应超过8kW。

光伏发电新建1座10kV开关站。光伏部分共1个10kV接入点：水泥厂区及矿山长皮带区3台箱变T接组成1回10kV集电线路，厂前区及循环水池2台箱变T接组成1回10kV集电线路，两个集电线路分别接入10kV开关站后以1回10kV电缆线路接入SZ海螺水泥厂变电站10kV母线Ⅱ段备用间隔。

储能电站新建1座10kV开关站。2套2MW PCS系统经过2台2500kV·A变压器升压后接入10kV开关站，然后采用1回电缆线路接至总降10kV母线Ⅰ段备用间隔。

2.3 核心产品选型方案

本项目选用单晶硅光伏组件，单晶硅与多晶硅组件比较见表2。

表2 单晶硅与多晶硅组件比较

序号	比较项目	多晶硅	单晶硅
1	技术成熟性	目前常用的是铸锭多晶硅技术，70年代末研制成功	商业化单晶硅电池经50多年的发展，技术已达成熟阶段
2	光电转换效率	产业化用电池片一般18.7%～19.1%，实验室最高22.3%	产业化用电池片一般20.2%，实验室最高26.3%
3	价格	材料制造简便，节约电耗，总的生产成本比单晶硅低	单晶硅成本价格与多晶硅相近
4	对光照、温度等外部环境适应性	输出功率与光照强度成正比，在高温条件下效率发挥不充分	弱光响应好，高温性能好，受温度的影响比多晶硅太阳能电池要小
5	组建运行维护	组件故障率极低，自身免维护	同多晶硅电池
6	组件使用寿命	经实践证明寿命期长，可保证10年使用期	同多晶硅电池
7	外观	不规则深蓝色，可做表面弱光着色处理	黑色、蓝黑色

续表

序号	比较项目	多晶硅	单晶硅
8	安装方式	利用支架将组件倾斜或平铺于地面建筑屋顶或开阔场地，安装简单，布置紧凑，节约场地	同多晶硅电池
9	国内自动化生产情况	产业链完整，生产规模大、技术先进	同多晶硅电池

本项目选用组串式逆变器，组串式逆变器与集中式逆变器比较见表3。

表3 组串式逆变器与集中式逆变器比较

序号	比较项目	组串式逆变器	集中式逆变器
1	容量大小	目前主流功率为36kW至136kW不等	400kW～1.25MW
2	MPPT数量/最大转换率	多个MPPT，正常在97%～98%之间	单个MPPT>98.5%
3	安装要求	安装在支架上，不需单独建房子，安装简单	需单独建房子，占地面积较大，需要辅助设施
4	经济性	每瓦价格在0.27元左右	每瓦价格在0.17元左右
5	技术成熟性	目前市场应用较多，技术成熟，尤其在小型系统中应用较多	目前市场应用较多，技术成熟，尤其在MW级地面电站上应用较多
6	系统效率影响	由于组串型逆变器正常有两个MPPT以上，降低组串匹配影响，其效率介于微型逆变器与集中型逆变器之间	由于集中型逆变器由多个组串并联，因此有组件匹配损失较大
7	启动功率	启动功率小，可提高发电量	启动时需要总输入功率需大于5%
8	其他	组串型逆变器在同等容量条件下设备数量介于微型逆变器及集中型逆变器之间，其发电影响范围也介于两者之间，不需配直流汇流箱及直流柜	由于集中型逆变器容量较大，故逆变器数据较少，管理方便，但单台设备故障影响发电量较大。需配汇流箱及直流柜

本项目选用磷酸铁锂电池，集中常用电池比较见表4。

表4 常用电池参数比较

参数	铅碳电池	磷酸铁锂电池	全钒液流电池
能量密度	中	优	差
成本［元/（kW·h）］	1000	2000	4000
充放电倍率	<0.3C	<1C	0.25C
循环次数	2000	5000	>10000
效率	0.8	0.95	0.7
充放电深度	0.5	0.8	0.9
优势	价格低	能量密度高、功率特性好、占地少	循环寿命长
劣势	能量密度低，不能深度充放电	成本较高，大规模应用的安全性有待实证检验	成本高、占地面积大

2.4 电力平衡

根据已建光伏电站的运行数据，综合考虑光伏阵列效率、逆变器的转换效率、温度对发电量的影响和其他功率损耗后，本项目光伏系统综合效率按 80%考虑。本工程光伏电站项目本期计划铺设 5.82MWp 光伏板，系统输出功率约 4.7MW。本项目设有储能电站，用于厂区光伏所发电力消纳，储能电站储能容量为 4MW/4MW·h。

在本项目光伏电站周边的宋湖 220kV 变电站（180MV·A）供电区域进行电力平衡，其中高峰负荷为夏季晚间高峰负荷，根据埇桥区相关规划，宋湖变周边负荷增长率按 6%计算。考虑光伏发电功率特性受光照强度及环境温度影响，预计春秋季午间光伏可达满出力，而此时系统负荷为日间低谷。针对此条件进行相关供电区域电力平衡见表 5。

表 5 电力平衡 MW

	2018 年	2019 年	2020 年	2021 年	2022 年
1 高峰负荷（最大供电负荷）	153.6	162.8	172.6	182.9	193.9
2 春秋季午间时段负荷（40%高峰负荷）	61.4	65.1	69.0	73.2	77.6
3 地区年末装机容量（接入 220kV 以下等级）	173	269.6	275.42	275.42	275.42
其中：秦山风电场	33	33	33	33	33
晶科光伏	80	80	80	80	80
旭强光伏	20	20	20	20	20
云阳光伏	40	40	40	40	40
埇桥香山、大龙山风电场		96.6	96.6	96.6	96.6
SZ 海螺光伏+储能			5.82	5.82	5.82
4 春秋季午间时段本地区电源供电出力（扣厂用电）	145	241.6	242.3	242.3	242.3
5 春秋季午间时段负荷电力盈亏	83.6	176.5	173.3	169.1	164.7

220kV 宋湖变现有主变 1×180MV·A，电压等级为 220kV/110kV/35kV。由表 5 可见，现宋湖变中低压侧接入电源较多，在春秋季午间时段主变需上送 83.6MW 负荷，2020 年本项目投运后春秋季午间时段主变需上送 176.3MW 负荷，考虑宋湖 220kV 主变扩建工程（2019 年实施，新增 1 台 180MV·A 主变）后已达主变上送电力典型值（不超过主变容量的 60%），综上，建议本项目光伏电站所发电力在厂区内就地消纳。

2.5 短路电流水平

系统投运后 SZ 海螺厂区电网接线示意图如图 1 所示。

对方案进行远景短路电流计算，海螺水泥变 110kV 母线三相短路电流 6.5kA、单相短路电流 6.94kA、10kV 母线三相短路电流 21.51kA。

现海螺 110kV 变电站 110kV 母线所接元件（断路器、隔离开关）额定短路开断电流为 31.5kA、10kV 母线所接元件（断路器）额定短路开断电流为 40kA，满足本项目接入的需求。

2.6 电能计量方案

并网项目的关口计量点原则上设在产权分界点，在用户电源至系统的线路产权分界点配置 2 块关口计量电能表（主、副表），在对侧设置校核点，配置 1 块校核电能表。

因此本工程计量点设置方案为：新建开关站-厂区配电房 10kV 线路厂区配电房侧设置关口计量点，配置 2 块关口计量电能表（主、副表），新建开关站出线侧设置校核点，配置 1 块校核电能表。

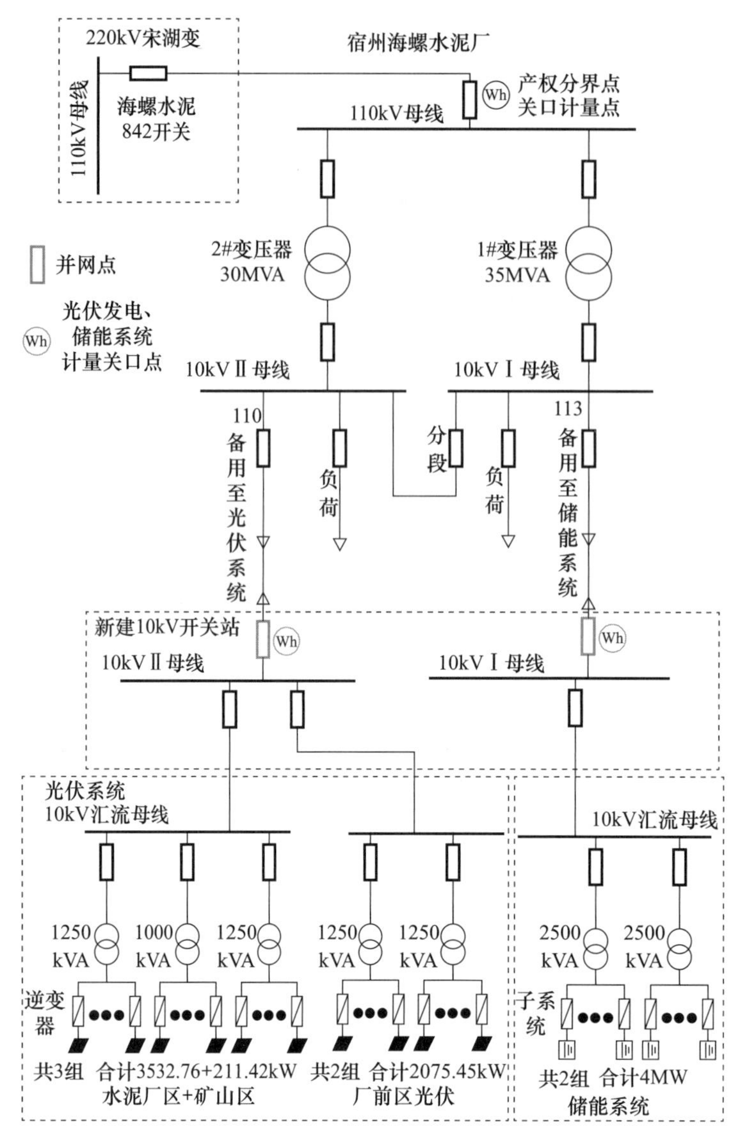

图 1　电网接线示意图

上网电量（本工程原则上光伏发电不上网）利用原 110kV 进线侧表计（具备双向计量功能）。以上配置表计均为双向有功电能量、无功电能量组合表计，RS485 串口输出接口，表计精度：有功 0.2S 级、无功 2.0 级。

2.7　二次保护方案

海螺 110kV 变现有 110kV 出线 1 回（宋湖 1 回），110kV 出线已配置 110kV 线路光纤差动保护装置。110kV 电气主接线采用单母线接线，配置 1 套 110kV 线路、主变合用的故障录波装置。海螺 110kV 变现有 10kV 出线 18 回，每回出线均配置有 1 套 10kV 线路保护测控一体化装置。配置有 10kV 母线保护装置 1 套、微机失步解列装置 1 套。

宋湖 220kV 变现有 110kV 出线均已配置 110kV 线路保护装置。110kV 电气主接线采用双母线接线，配置 1 套 110kV 母线保护装置、1 套 110kV 线路故障录波装置。其中 110kV SZ 海螺出线配置有 1 套 110kV 线路光纤差动保护装置及 1 台线路 PT。

本工程光伏系统-厂区配电房10kV线路，厂区配电房侧已配置有1套10kV线路保护测控一体化装置；储能汇系统-厂区配电房10kV线路，厂区配电房侧已配置有1套10kV线路保护测控一体化装置。

本工程系统继电保护及安全自动装置配置见表6。

表6　继电保护及安全自动装置配置

	序号	项目或设备名称	数量	备注
储能系统	1	10kV变压器保护装置	2套	
光伏系统	1	10kV变压器保护装置	5套	
新建开关站	1	10kV线路光差保护测控装置	2套	储能、光伏系统并网各1套
	2	10kV集电线路保护装置	3套	储能系统1套、光伏系统2套
	3	防孤岛保护装置	2套	储能、光伏系统并网各1套
总降压变电站	1	10kV线路光差保护测控装置	2套	储能、光伏系统并网各1套
	2	10kV线路故障录波装置	1套	储能、光伏系统合用1套

2.8　新科技、新产品

结合水泥厂建筑物特点，水泥厂内大型堆棚多数是弧形彩钢瓦屋面，且多数存储库均为圆形储库，如水泥库、熟料库等，这些区域常规晶硅组件无法敷设，为了充分利用水泥工厂内的现有资源，柔性薄膜组件逐渐进入行业视野。薄膜组件自身转换效率高、温度系数低，具备弱光发电的能力，其在水泥厂内应用可大幅度提升项目的光伏装机容量和发电量；且薄膜组件轻薄、柔软，对屋面承载要求低，可对晶硅组件因荷载问题无法安装的区域进行弥补。

水泥工厂环境较为恶劣，储能行业主流的磷酸铁锂电池对环境要求高，且磷酸铁锂电池由于内部结构和锂元素等活性物质因素影响，热管理难度大，安全管理仍是当前技术难点问题。水泥行业内已开始将目光放在其他较为成熟的电池上，其中最具应用价值的为全钒液流电池。全钒液流储能电池因其突出的安全性、超长的使用寿命、钒电解液的可循环利用性、电池的零衰减性、响应速度快及可深度充放等优势，发展迅速，并已逐步成为安全、长时和大规模储能的首选技术。

3　结　语

随着化石能源储量的逐步降低，全球能源危机也日益迫近，以化石能源为主的能源结构具有明显的不可持续性。太阳能是人类取之不尽、用之不竭的可再生能源，具有充分的清洁性、绝对的安全性、相对的广泛性、确实的长寿命和免维护性、资源的充足性及潜在的经济性等优点，开发太阳能资源是改善生态、保护环境、适应持续发展的需要，光伏发电属国家大力支持的可再生能源产业，具有明显的环保和节能效果。

储能电站可调节峰谷时段的用电负荷率，提高系统设备容量的利用效率和节约能源，该系统具有能量搬移的功能，利于实现电网平滑输出。对用户，高峰时段少用电、低谷时段多用电，有利于降低用电成本；对社会，有利于减少或延缓电力投资，促进社会资源的合理配置。

水泥工厂中存在的各类车间屋面、附属土地、水池、矿山开采区等均具备光伏发电建设条件，推广此应用既能实现土地资源的充分利用、减少传统化石能源的消耗，又能优化厂区电力能源结构。

参考文献

[1] 中国建筑材料联合会．水泥行业绿色工厂评价导则：JC/T 2562—2020：[S]．北京：中国建材工业出版社，2020.
[2] 光伏发电站接入电力系统技术规定：GB/T 19964—2012 [S]．北京：中国标准出版社，2012.
[3] 光伏发电并网逆变器技术要求：GB/T 37408—2019 [S]．北京：中国标准出版社，2019.
[4] 电化学储能电站设计规范：GB 51048—2014 [S]．北京：中国计划出版社，2014.
[5] 光伏发电站设计规范：GB 50797—2012 [S]．北京：中国计划出版社，2012.

第二篇
工程设计与应用

水泥工艺部分

骨料生产线工艺设计探讨

张邦松　吴少龙　周金波

摘　要　随着国内基础设施建设对砂石骨料需求的日益增长，砂石骨料资源开发利用正处于行业高速发展期。砂石骨料原矿资源条件、破碎技术路线及主机设备选型对骨料产品质量、项目经济效益有着重大影响。本文总结 HL 骨料工厂设计经验，探讨骨料生产线的总体规划、主机配置、加工工艺，车间布置等。

关键词　骨料；岩石特性；工艺设计

Discussion on planning and process design of aggregate production line

Zhang Bangsong　Wu Shaolong　Zhou Jinbo

Abstract　With the increasing demand for sand and gravel aggregates in domestic infrastructure construction, the development and utilization of sand and gravel aggregate resources is in a period of rapid development in the industry. The raw ore resource conditions of sand and gravel aggregates, the crushing technology route and the selection of main equipment have a significant impact on the quality of aggregate products and the economic benefits of the project. This paper summarizes the design experience of HL aggregate factory, and discusses the overall planning, main equipment configuration, processing technology, workshop layout, etc. of the aggregate production line.

Keywords　aggregate; rock properties; process design

1　概　述

近年来，随着砂石骨料行业的关注度越来越高，砂石产业发展迅速，2018 年 6 月自然资源部发布《砂石行业绿色矿山建设规范》，砂石上升到九大矿业之一，到 2021 年我国砂石需求量增加到 187 亿吨。早期我国水电行业建设了大量的机制骨料系统，形成了较为齐全的行业标准和规范。但对于国内建筑市场来说，机制骨料行业发展方式仍较粗放，存在产品杂、生产工艺水平不高问题。

随着我国砂石矿山的供给结构持续改善，生产规模等级由小到大逐年上升，大型、超大型砂石矿山和生产线持续增加，同时水泥企业也积极向上游砂石行业延伸，纷纷建设大型骨料加工基地。为适应建筑材料绿色化、规模化要求，对骨料生产线的规划、加工工艺、系统设计等的研究有着重要意义。

2 骨料岩石性质

2.1 岩石分类

岩石是指造岩矿物按一定的结构集合而成的地质体，依据其成因可分成岩浆岩、沉积岩和变质岩三大类。岩浆岩又称火成岩，是由地壳下面的岩浆沿地壳薄弱地带上升侵入地壳或喷出地表后冷凝而成的，如花岗岩、玄武岩、辉绿岩等。沉积岩又称为水成岩，是由成层堆积于陆地或海洋中的碎屑、胶体和有机物等疏松沉积物团结而成的岩石，如石灰岩、砂岩、白云岩等。变质岩是地壳中的原岩由于地壳运动、岩浆活动等所造成的物理和化学条件的变化改变了原来岩石的结构、构造甚至矿物成分，形成的一种新岩石，如片麻岩、大理岩、板岩等。

2.2 岩石特性

骨料生产加工系统建设前需要收集岩石的特性资料，主要包括岩石的类型、抗压强度、磨蚀性、可碎性、含泥量等。岩石类型与强度、磨蚀性密切相关，强度和磨蚀性决定着初级破碎机的选择，给料级配决定着最大给料尺寸和需要的给矿口，可碎性影响初碎后的产品粒度，含水率对破碎筛分设备的处理量、磨耗影响较大，含泥量决定着是否要增加除泥设备。详见表1。

表1 常用岩石物理性能指数

岩石名称	干抗压强度/MPa	可碎性 Wi	磨蚀性 Ai	备注
石灰岩	60～150	12+2.8	0.01～0.03	易碎、中等易碎
砂岩	60～150	11.9+2.9	0.45+0.11	易碎、中等易碎
石英岩	100～300	15.8+2.8	0.75+0.12	中等易碎、难碎
花岗岩	100～250	15.7+5.8	0.55+0.11	中等易碎、难碎
安山岩	150～250	16.5+5.9	0.60+0.11	中等易碎、难碎
玄武岩	200～400	20.3+3.9		难碎

虽然对骨料流程设计的影响因素较多，但只要确定矿山上述指标即可通过相关试验进行检测，其中对骨料流程设计至关重要的有两大因素，为岩石性质、输出产品规格，这两大因素往往决定着骨料生产工艺流程设计及设备的选择，因此在骨料流程设计前要勘察了解矿山地质情况，调研周边骨料产品规格。

不同性质的岩石强度相差较大，对骨料的生产加工影响也最大，其他的指标如磨蚀性、可碎性等都与岩石的强度有直接关系，所以岩石的强度对骨料加工生产格外重要。岩石的强度并不直接关系到破碎后的针片状含量，每种岩石自己的内部晶像结构决定其破碎时是否容易产生针片状。但从图1统计基本可以看出，岩石越软，越不易产生针片状；破碎后产品越粗，针片状越少。所以在项目前期就必须考虑所开采的矿山岩石类型情况，采用合适的生产流程和设备，从而尽量减少针片状含量所占比例，有利于提高骨料产品的品质。

2.3 不同性质岩石对骨料加工流程的影响

由于沉积岩一般呈片层状构造，可碎性较好，磨蚀性也很低，所以对设备的结构强度要求不高，

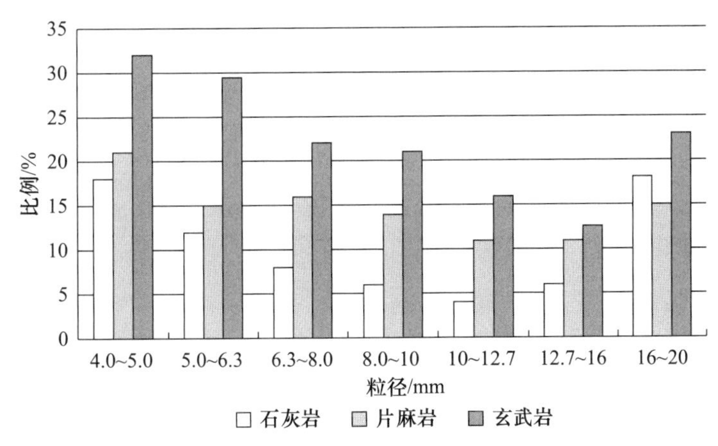

图 1　不同性质岩石对骨料针片状影响统计

磨损消耗也较低。沉积岩的本身强度不是很高，用于公路集料或普通混凝土较多，对粒形的要求不严，另外考虑沉积岩的可碎性较好，所以一般选用两级破碎两级筛分流程即可。与沉积岩相反，岩浆岩或变质岩一般可碎性较差，磨蚀性也很高，所以对设备的结构强度要求较高，磨损消耗增大，所以一般选用三级破碎和两级（三级带预筛）筛分。

3　加工工艺及主机配置

3.1　破碎主机的选择

易碎岩石常规采用反击破作为粗碎和中细碎。对于中等及难碎岩石，粗碎选用颚式破碎机或旋回破，中碎选用圆锥破碎机，细碎选用短头型圆锥破碎机。因岩石特性及破碎工艺导致骨料成品针片状含量较多，如市场对产品有粒形需求，流程中应当增加冲击式立轴整形破碎。

常用破碎机的破碎比范围见表 2。

表 2　常用破碎机的破碎比范围

破碎机类型	破碎比范围	进料粒度 mm	出料粒度 mm	备注
颚式破碎机	3～5	≤1200	≤300	粗碎
旋回破	3～5	≤1200	≤300	粗碎
标准圆锥破	3～5	≤300	≤100	中碎
圆锥破	3～6	≤100	≤40	细碎
反击破	10～20	≤1200	—	细碎
立轴破	3～8	≤40	—	

若骨料生产中明确要求降低粉料含量，应尽量采用多段闭路破碎流程，降低每一层破碎比，如采用双段反击破生产的产品中，粉料（0～5mm）、瓜子片（5～10mm）占比较高，如项目没有机制砂，应尽量避免采用该种工艺流程。

3.2　加工工艺流程

图 2 为目前典型的骨料生产工艺流程，原料经过振动给料筛（滚轴筛）和筛分机组合筛除泥土以

后进入一级粗碎，一般在粗碎和中细碎之间设一座中间料场，碎石再经中碎后进入检查筛分，通过筛分将矿石分成两部分：达不到产品粒度要求的最粗一级矿石返回细碎设备继续破碎，这部分返料在细碎和筛分之间形成一个闭路循环；余下半成品矿石通过二级筛分筛选后作为骨料成品进入产品仓或者堆场。不同规模骨料设备配置见表3。

表3 不同规模骨料设备配置（按5000h/年平衡计算）

序号	设备名称	1000万吨/年	500万吨/年	200万吨/年
1	一级破碎	颚破（旋回破） 1500t/h，2台	颚破（旋回破） 1500t/h，1台	颚式破碎机 能力：700t/h
2	二级破碎	圆锥破（中碎） 600t/h，4台	圆锥破（中碎） 600t/h，2台	圆锥破（中碎） 能力600t/h
3	三级破碎	圆锥破（细碎） 600t/h，4台	圆锥破（细碎） 600t/h，2台	圆锥破（细碎） 600t/h
4	检查筛分	600t/h，8台	600t/h，4台	600t/h，2台
5	成品筛	600t/h，4台	600t/h，2台	600t/h，1台

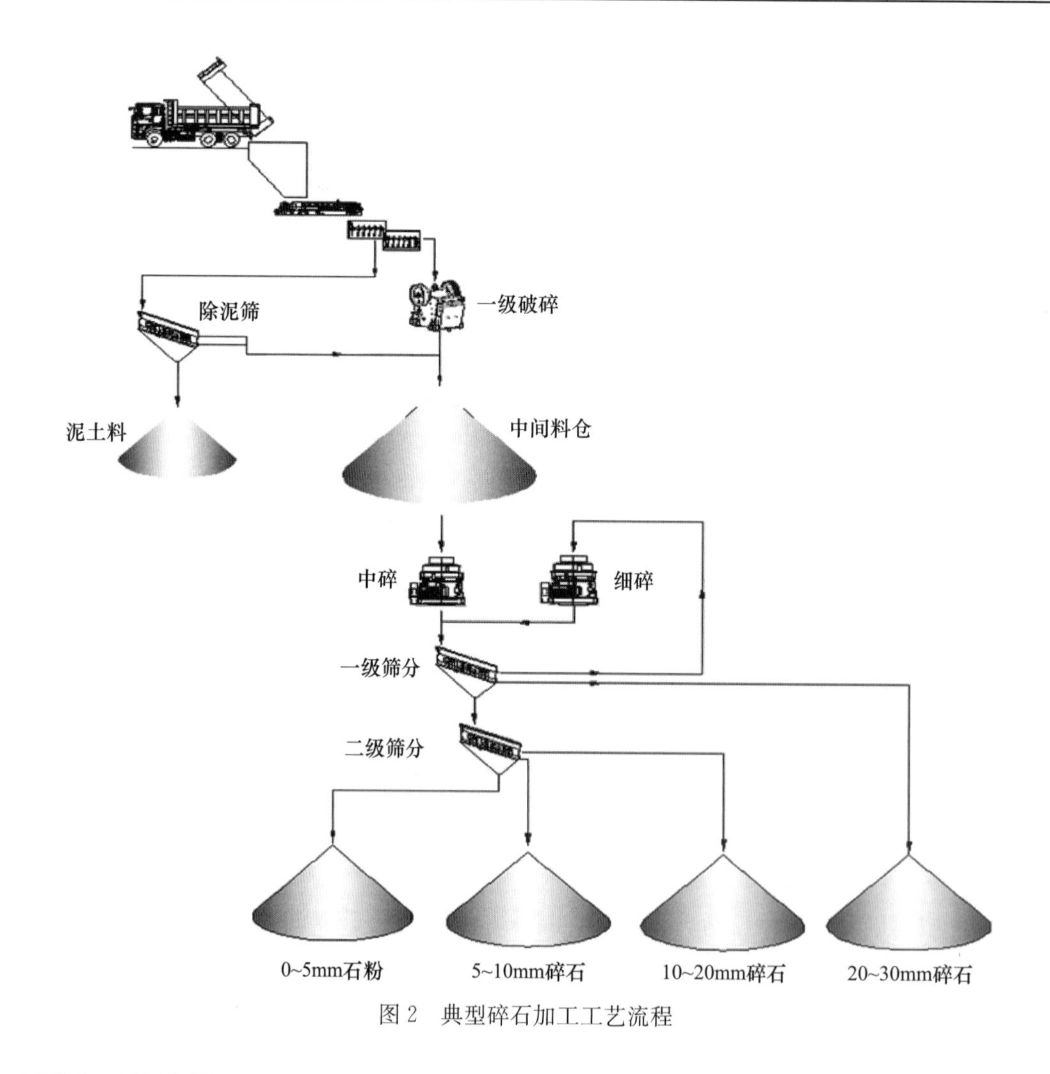

图2 典型碎石加工工艺流程

3.3 干湿法工艺选择

干法工艺近年来通过流程优化，除泥风选等设备的开发，生产中泥土、风化岩、石粉含量过高的问题基本得到了解决，已经成为目前大型骨料生产线首选工艺。其主要流程在于在矿山破碎段原料经过振动给料筛（或滚轴筛）和筛分机组合筛除泥土，而制砂部分产生的石粉可通过选粉机和空气除尘设备收集起来，进入密闭的石粉仓。

该工艺优缺点如下：①成品骨料及人工砂含水率低，便于运输和使用，适用性更强；②通过对选粉机风量、风压的调节，可以控制成品砂中石粉含量，相对于湿法来说产砂率高。③生产过程中收集起来的副产品细石粉可出售用于路基垫层或水泥免烧砖原料，资源利用率高，基本可以实现零排放；④由于生产过程中基本上不用水，减少了给排水和污水处理设备，投资和生产成本较低；⑤对原料中泥土、有机物等杂质含量比较敏感，应严格控制泥土等杂质含量，否则产品质量不宜控制[1]。

湿法生产工艺生产过程中，水作为工作介质和抑尘措施，一般在水资源较丰富的地区采用，在我国南方浙江、广东地区的砂石骨料线，采用湿法工艺较多。该工艺主要通过在筛分工序采用水压冲洗筛面，获得洁净的各种规格骨料，细料再经螺旋或斗轮洗砂机冲洗和脱水筛作业后成为成品砂。

其主要特点：①成品砂石骨料外观好，生产过程中泥土和石粉被水流带走，不产生粉尘，避免了空气污染；②消耗大量水资源，吨砂石料约耗水 2～3.5t，对水资源依赖性大，同时制砂过程中产生的泥粉污水如果直接排放会造成环境污染，回收利用又需要增加大量设备投资和成本。

新建砂石骨料生产线项目在前期设计时，必须首先考虑水资源供应状况和水资源保护治理情况，因此，在其他条件允许的情况下，优选干法工艺，在产品质量不满足市场或工程建设要求时才考虑采用湿法生产工艺；其次从资金投入、设备管理、自动化程度、单位成本等综合因素考虑，也是优先考虑干法生产工艺，次之干湿结合法，最后是湿法工艺。

4　生产线系统布置

4.1　总图布局

骨料生产系统的布置应根据工程总布置、地形地质条件、生产工艺、系统规模、周边环境等情况进行合理规划。主要原则及注意事项如下：

(1) 总体布置要满足生产工艺的要求，应根据工艺流程特点，做到投资省、建设快、指标先进、运行可靠、生产安全并符合环境保护要求。

(2) 总图布局要集中紧凑，充分利用地形、地势，减少土方工程，并尽量简化内部物料运输和转运环节，提高系统运行的经济性。

(3) 功能分区要明确，一般按破碎及筛分主生产区、储存及发运区、生产管理及生活厂前区等划分。

(4) 结合矿山来料方向及骨料成品发运出厂方向布置，骨料成品发运广场靠近外运方向且与厂外道路布置相协调，运输线路力求短捷。

4.2　破碎车间布置

采用反击破碎机或颚式破碎机，应采用连续给料方式，需配置重型板式给料机、振动给料机。采用大、中型旋回破碎机，可采用直接入仓挤满给料方式，机下应设排料缓冲仓，其活容积不宜少于两个车厢的卸料量[2]。细碎车间与筛分楼构成闭路生产，采用圆锥破时宜将中、细碎设备并列布置在一个车间内。如矿区离生产线较远，存在长距离输送，也可将中碎布置于矿山。

破碎机优先考虑布置于地面上，便于检修、维护，圆锥破下料口需设置事故排料仓。中、细碎车间一般情况下应设调节料仓，以满足中、细碎设备满负载生产安全；中、细调节料仓的容量为破碎机的 10～20min 处理能力的用量，调节料仓和中、细碎机组之间须加设稳定给料设备。不同类型和大小的破碎机卸料平台高差差异较大，设计应予以注意。

4.3 筛分车间布置

筛分一般与细碎车间配套布置，中间调节料仓出料皮带机数量根据筛分机台数确定。当一台皮带机对应两台筛时，需设置分料仓，并使物料沿全宽均匀进入筛分机。二级（成品）筛布置方向应结合骨料库定位和入库廊道确定，尽量减少车间内物料的多次中转。干式筛分应做好封闭、配套除尘设施布置，采用湿法工艺应根据筛洗车间的用水量合理布置给排水设施。典型碎石加工区工艺平面布置如图 3 所示。

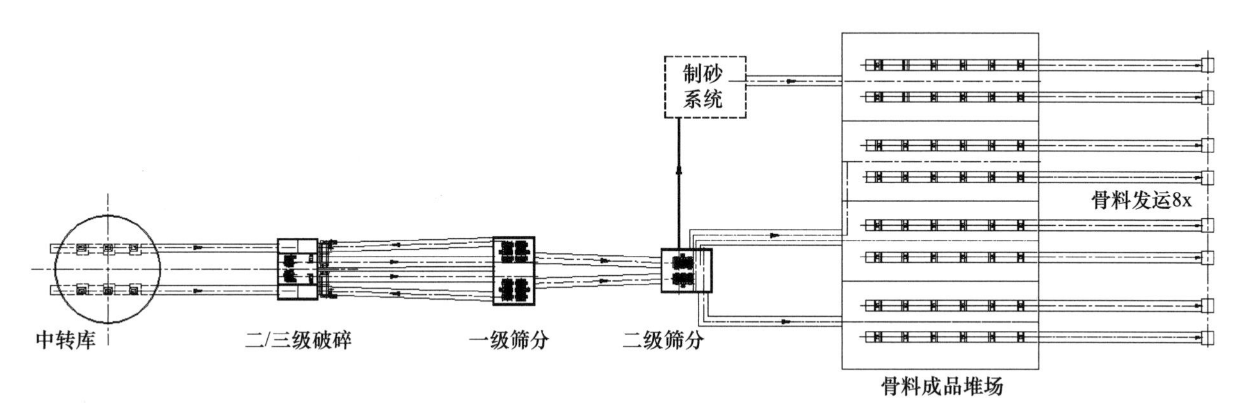

图 3　典型碎石加工区工艺平面布置图

5　物料储存及运输

为了保证骨料生产与供应连续、质量稳定可靠和提高设备的运行效率，骨料生产系统一般需要设置堆存料场，主要包括半成品和成品料堆场（储库）。各种物料的存取应综合考虑系统规模、工艺流程、地形条件、发运模式等因素。

大型骨料生产线，矿山远离骨料生产厂区的时候，宜设中转堆场（库），储期按 10h 设计，以调节矿山和骨料车间工作班制不均衡的问题，采用圆库或矩形堆棚的形式（结合出料地廊设计）。制砂车间有条件时应增加中间料仓设计，储期可设计为 2～4h，保持给料量的连续和稳定，提高产品质量的稳定。

成品库产品堆场（仓）储存形式应根据地形、运输装车方式等条件，经技术比较后确定。大型骨料项目宜按堆场设计，减少工程投资，储期可按 2～3d 设计，满足产销需求，成品堆场底设自动出料地廊，并在发运广场配置独立发散仓。规模较小的骨料项目可直接采用带库底散装的圆库，减少物料倒运。针对水路运输的项目，储库设计应充分考虑码头装运能力和船型大小。

不同规模骨料储库能力配置见表 4。

表 4 不同规模骨料储库能力配置

序号	储库名称	1000 万吨/年	500 万吨/年	200 万吨/年
1	中转库	储量：25000t 储期 10h	储量：12000t 储期 10h	储量：5000t 储期 10h
2	骨料储库	储量：100000t 储期 3d	储量：50000t 储期 3d	储量：20000t 储期 3d
3	发运设施 （汽运）	能力：16×400t/h	能力：8×400t/h	能力：4×400t/h

6 粉尘、废水处理

骨料破碎、筛分、物料转运以及制砂阶段都会产生较多粉尘，对设备封闭、除尘要求较严格，在工艺布置上主要生产设备和输送设备均要求在全封闭厂房内布置。目前骨料生产线一般采用喷雾除尘和收尘器除尘结合的处理方式进行粉尘控制，前者常用于破碎卸料、成品堆场及产品发运环节。一般在整个骨料生产环节，石粉的产生量约 2～6%，设计上可将收尘器收集的微粉采用机械输送或气力输送等方式集中储存在粉料仓内，减少二次扬尘及石粉对骨料品质的影响。

湿法生产中排放的废水没有化学污染，处理技术一般只采取物理法，即利用物理作用分离污水中主要呈悬浮状态的污染物质。根据砂石加工系统工艺流程的特点、生产原料岩石类型的不同以及生产系统用地范围的大小等情况，废水处理工艺一般采取沉淀与机械分离相结合的方式，即先将一部分粗颗粒沉淀分离，细颗粒通过浓缩后再利用机械方式进行脱水。其一般由预平流沉淀池、斜管沉淀池、加药间、设备脱水车间、水回收车间、加压泵站等车间组成。

产能与水处理规模对应见表 5。

表 5 产能与水处理规模对应

产能	600t/h	1200t/h	2400t/h
砂含量	30%～40%	30%～40%	30%～40%
进入水处理系统废水量	350～400m³/h	700～800m³/h	1400～1600m³/h
设计补水量	45t/h	90t/h	180t/h
备注	① 上述规模中砂水比例按 1∶1.5。 ② 滤饼出泥含水率 30%，沉淀池底部污泥浓度 50%。 ③ 由于补充水水源各项目情况不同，因此补充水分为进沉淀池和进清水池两种情况。		

7 结 论

砂石骨料生产线工艺设计与规划对整个项目建设及后期运行至关重要，影响骨料加工流程的因素较多，流程设计也不是一成不变的，同种产品可以有不同生产流程。生产线的规划及工艺设计对整个骨料项目的工程投资、产品质量和运行成本有着关键性的影响。在设计与设备选型时，应对料源岩石的性质、骨料成品质量要求、加工工艺和主要设备选型等进行充分研究和论证，既要满足砂石成品的级配和质量要求，又要适应料源岩石的性质，同时减少废渣的产生量；在加工生产线的工艺布局和车间布置上要考虑经济上的合理性，还要保证系统运行的可靠性。

参考文献

[1] 杜自彬，高源，刘俊．大型砂石骨料加工工艺和设备探讨［J］．矿山机械，2019（5）：20-21.
[2] 刘志和，刘金明．混凝土骨料生产［M］．北京：中国水利水电出版社，2016：77.

水泥工业首套国产化高温高尘型 SCR 脱硝系统工艺设计

李祥超　周金波

摘　要　SCR 脱硝技术是目前应用最广泛的烟气后处理技术，是当前效率最高的脱硝手段之一，在燃煤电厂、钢铁、玻璃等行业已有广泛应用，随着国家环保政策收紧，水泥行业推行 SCR 脱硝势在必行。本文结合工程实践就高温高尘 SCR 系统在水泥行业的研究应用进行分析，探讨高温高尘 SCR 系统设计、运行存在的问题和解决方案。

关键词　SCR；高温高尘；设计；运行

Research and application of the first all domestic equipment of high temperature and high dust SCR in cement industry

Li Xiangchao　Zhou Jinbo

Abstract　SCR denitration technology, as a flue gas post-treatment technology, which is one of the most efficient denitration methods at present, and has been widely used in coal-fired power plants, steel, glass and other industries. With the national environmental protection policy tightening, the implementation of SCR denitration in the cement industry is inevitable. In this paper, we analyzed the application of high temperature and high dust SCR systems in the cement industry and discussed the problems and solutions in the design and operation of high temperature and high dust SCR systems.

Keywords　SCR; high temperature and high dust; design; operation

1　项目概况

近年来我国大气污染治理工作成效显著，污染物总量逐渐下降，但氮氧化物排放量依然居高不下，水泥行业氮氧化物排放量大约占全国总量的 10%～12%[1]。随着国家环保标准日益提高，各地相继出台了日渐严苛的 NO_x 排放控制标准，水泥行业 NO_x 超低排放已经提上日程。作为超低排放最有效治理手段——SCR 脱硝技术，在国内燃煤电厂、钢铁、玻璃等行业已有广泛应用[2]。SCR 技术与水泥工业的结合是水泥工业超低排放的必由之路。

国外水泥工业 SCR 建设始于 2000 年左右，国内开始于 2016 年左右，近年国内各大水泥集团和环保公司都在陆续开展水泥工业SCR改造试点工作，主要技术路线有高温预除尘、中温中尘、高温低尘等。作为水泥行业的龙头，海螺集团通过多年的技术储备和技术开发，于2020年在芜湖市BMS水泥厂5000t/d生产线上建成第一条国产高温高尘SCR脱硝系统，实现了水泥工业国产高温高尘SCR的技术突破。高温高尘SCR具有流程简单、催化剂活性高、系统温降小、能耗低等一系列优点，但对催化剂的抗磨损、抗堵塞和清灰系统设计要求较高。

2 高温高尘SCR系统开发

高温高尘SCR系统的开发建设可分为催化剂选择与设计、反应器开发与设计、吹灰系统开发与设计等环节。

2.1 催化剂选择与设计

温度窗口的选择：SCR催化剂活性有一定的温度窗口，目前市场比较成熟的高温催化剂活性窗口温度在280～400℃，适用于预热器出口的烟气温度。当烟气温度降低（至200℃左右）时，NO_x 的反应速率下降，脱硝效率降低（至60%～70%）。选择水泥窑预热器出口的高温段脱硝，可利用现有成熟催化剂技术，获得较高的脱硝效率，这也是高温脱硝的优势所在。详见图1。

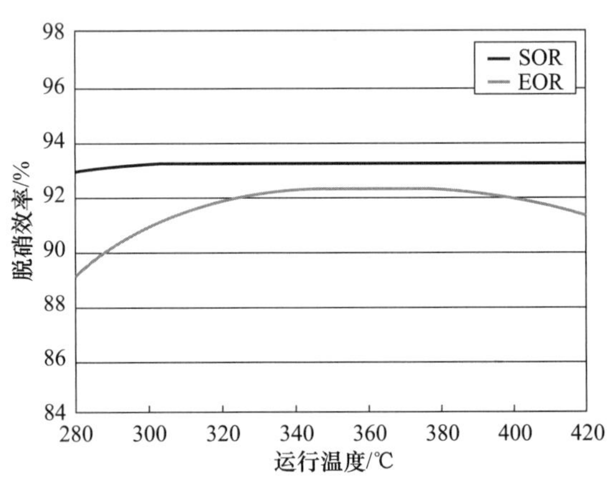

图1 SCR脱硝效率与温度的关系

废气 SO_2 在催化剂 V_2O_5 的作用下，被氧化为 SO_3，会与氨发生反应，生成硫酸氢铵（ABS），极易堵塞催化孔道，影响脱硝效率。但当烟气温度高于280℃时，ABS会气化，对催化剂的影响会消除。采用高温脱硝温度窗口能有效解决ABS问题。

催化剂类型的选择：目前常用催化剂类型主要有蜂窝式（图2）和平板式（图3）两种，其中蜂窝式催化剂占有率约60%～65%。蜂窝式催化剂属均质催化剂，催化剂本体全部为催化剂活性材料，表面磨损后仍能保持原有活性，具有单位体积比表面积大、达到相同脱硝效率催化剂使用量小的特点。平板式催化剂具有单位成本低、防堵性能强的特点，但单位体积比表面积小，达到相同脱硝效率催化剂使用量大。考虑到技术成熟及可靠性等因素，水泥行业选用蜂窝式催化剂居多。

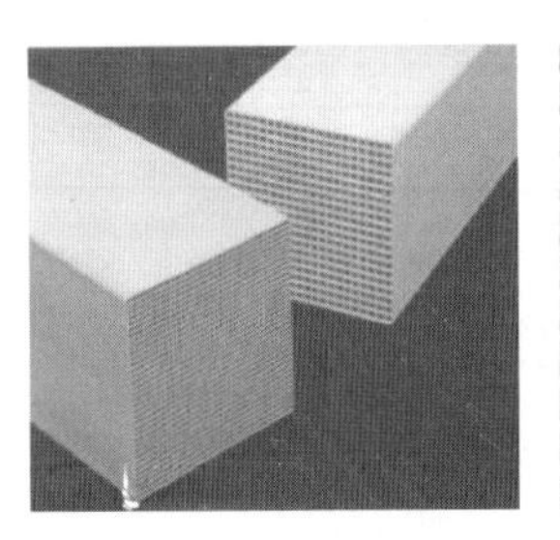

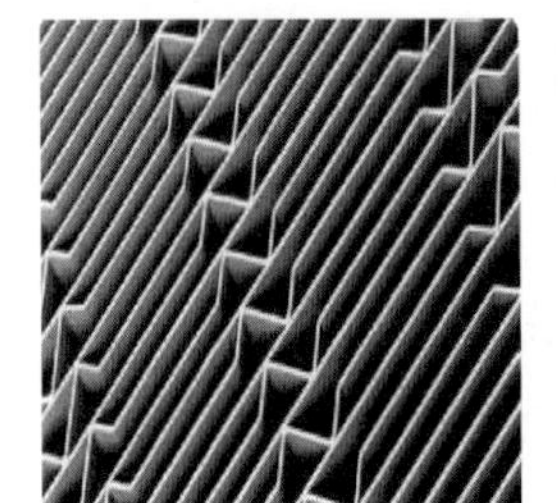

图2 蜂窝式催化剂

图3 平板式催化剂

飞灰中碱金属对催化剂的影响：一般认为在SCR反应过程中，碱金属离子（Na+、K+等）能够直接与催化剂的活性位发生结合，在占据活性位的同时中和催化剂表面活性位的酸性，从而影响还原

剂 NH_3 的吸附，导致催化剂失活。碱金属中毒作用强弱程度依次为：K>Na>CaO>MgO。

水泥窑废气虽然粉尘含量高，碱土金属成分含量高，但大多以稳定的矿物盐成分存在，真正能引起催化剂中毒的离子态碱土金属成分并不多。例如：窑尾废气中 CaO 虽多，但主要以 $CaCO_3$ 矿物形式存在，不会与催化剂反应，K、Na 也是微量，且只有在有水的条件下才会和催化剂发生离子交换，引起催化剂失活反应。只要保持催化剂不受潮，一般不会发生催化剂中毒。

水泥窑废气粉尘矿物成分见表 1。

表 1　水泥窑废气粉尘矿物成分

矿物	化学式	含量/%
方解石（Calcite）	$CaCO_3$	85.33
石英（Quartz）	SiO_2	7.69
白云石（Dolomite）	$CaMg(CO_3)_2$	0.69
云母（Muscovite）	$KAl_2(AlSi_3O_{10})(OH)_2$	2.63
斜绿泥石（Clinochlore）	$(Fe, Mg)_6(Al, Si)_4O_{10}(OH)_8$	0.53
硫铁矿（Pyrite）	FeS_2	0.24
伊利石（Illite）	$KAl_2(AlSi_3O_{10})(OH)_2$	0.67
高岭土（Kaolinite）	$Al_2Si_2O_5(OH)_4$	0.21
赤铁矿（Hemathite）	Fe_2O_3	1.27
针铁矿（Goethite）	FeO(OH)	0.44
碳酸铊（Thallium Carbonate）	Tl_2CO_3	0.31

为防止粉尘中微量碱金属离子与催化剂反应，一般应避免阴雨天打开 SCR 反应器进行检修和清灰作业，防止催化剂吸收空气中水分受潮。施工中要做好反应器焊接质量检查，保证严密性，严禁雨水渗入反应器内部。

重金属对催化剂的影响：一般认为砷、铊（Tl）很容易引起催化剂中毒。水泥厂窑尾废气粉尘经过反复回收再利用，会富集较多的重金属元素。白马 5000t/d 熟料线窑灰重金属分析见表 2。

表 2　白马厂 5000t/d 熟料线窑灰重金属分析结果

检测类别	Hg	As	Tl
含量/(mg/kg)	0.04	25.7	2000

原本担心粉尘中重金属元素会引起催化剂中毒，实际生产中并未暴露出此类问题，分析主要原因为：高温高尘 SCR 系统设计，废气含尘浓度达 $100g/Nm^3$ 左右，粉尘粒度基本在 $10\mu m$ 左右，重金属元素主要吸附于粉尘颗粒，对催化剂的影响相对较低。

催化剂模块形式的设计：水泥行业 SCR 技术最初借鉴于电力行业，电力行业催化剂模块一般采用内陷式设计，上部有保护钢丝网，下部设防坠网（图 4）。电厂气体含尘浓度低，飞灰一般为球状颗粒，流动性好，且飞灰烧结程度高、黏附性差，积灰易清理，一般堵塞问题并不突出。水泥厂行业气体粉尘浓度高，飞灰为扁平状颗粒，尤其是原料磨为辊式立磨的生产线，流动性较差，且飞灰烧结程度低、黏附性强，积灰相对不易清理。传统的催化剂模块包装模式，很难满足高浓度粉尘通过和清灰要求，容易造成催化剂堵塞问题，会造成粉尘很容易以催化剂模块下部的钢丝网为基础堆积、架桥，从下向上堵塞催化剂。如图 5、图 6 所示。

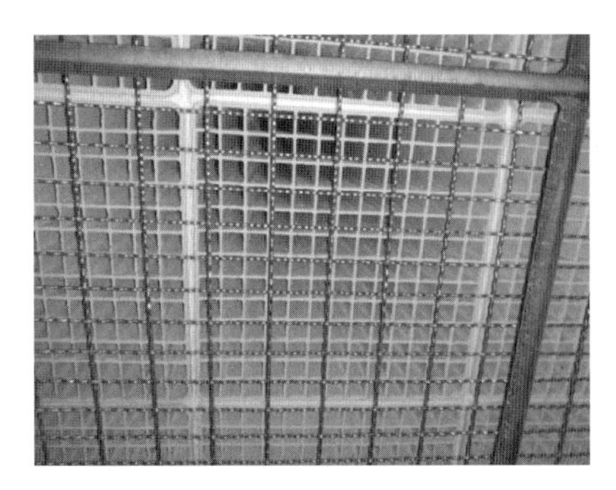

图 4 催化剂下部防坠网

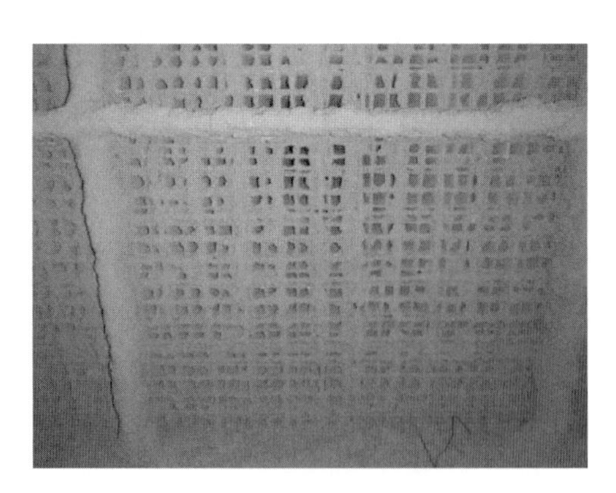

图 5 防坠网上积灰的生长

图 6 催化剂上部内陷设计影响清灰

水泥工业 SCR 催化剂要有针对性地进行设计，上部尽量将催化剂条上下端外露出来，方便清灰。催化剂模块上下端取消钢丝网，尽量减少附属部件，下部不得有可供粉尘生根堆积、生长的结构，保证粉尘能从催化剂模块顺利通关。改进后的模块设计如图 7、图 8 所示。

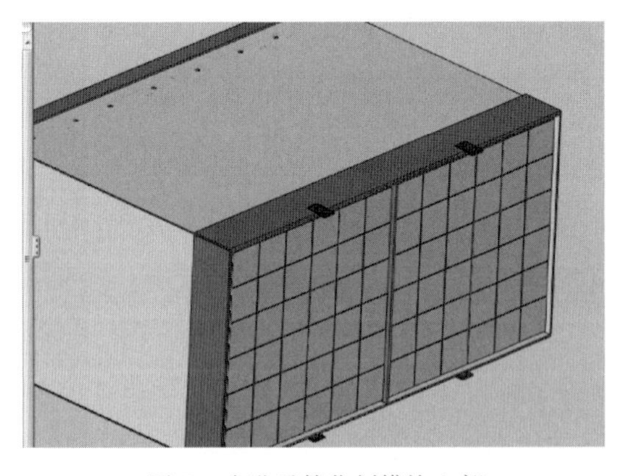

图 7 改进后催化剂模块上部

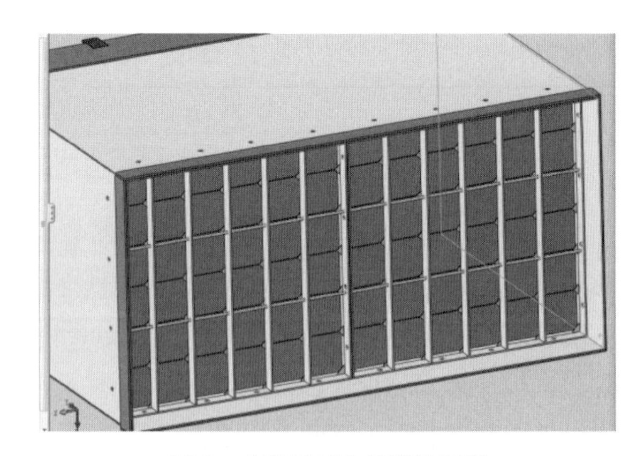

图 8 改进后催化剂模块下部

2.2 反应器设计

SCR 反应器是烟气脱硝系统的核心设备，其主要功能是搭载催化剂，保证已混合氨（还原剂）的烟气均匀通过催化剂层，为脱硝反应的顺利进行创造条件。反应器本身包括进风口、气流均布装置、催化剂支撑装置、清灰装置、检修装置及平台、灰斗、回灰系统、出风口、支撑底座等部分。

为了保证良好的脱硝效果，要求烟气在SCR反应器内部必须均匀分布，顶部入口截面上的烟气速度分布最大偏差不宜超过10%，烟气温度分布偏差≤±10℃，NH_3/NO_x 摩尔比分布偏差≤±5%。

白马山项目反应器气流均布装置经CFD模拟，最初设计为一层导流板＋两层整流格栅设计（图9），整体分布均匀，阻力257Pa，但使用中发现有中部气流过度集中现象，随后对气流均布装置进行优化，采用三层整流格栅设计（图10），通过CFD模拟发现，整流系统整体阻力上升到317Pa，均布效果变优。

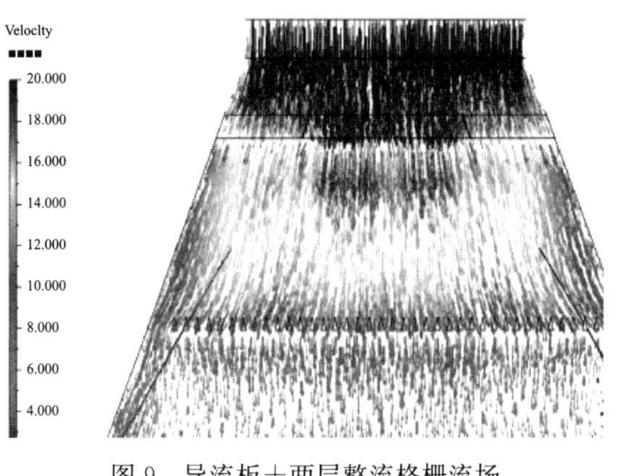

图9　导流板＋两层整流格栅流场

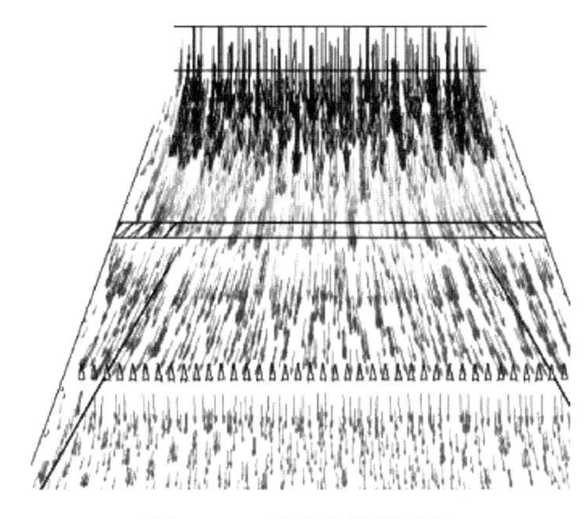

图10　三层整流格栅流场

增加整流格栅设计层数会增加反应器的阻力，同时提高进口的气流均布效果，可减少气流和粉尘集中效应，减小催化剂堵塞风险。

2.3　吹灰系统设计

高温高尘SCR吹灰系统设计主要采用耙式吹灰器和声波吹灰器，由于水泥废气粉尘浓度较大，实际使用中声波吹灰器效果不明显，主要依靠耙式吹灰器清灰。

耙式清灰器是一种伸缩式清灰器，广泛应用于电站锅炉烟气脱硝装置、锅炉省煤器、管式空气预热器等部位清扫，主要以蒸汽或压缩空气作为吹灰介质，通过特制喷嘴喷出，对催化剂表面灰尘进行清理。目前水泥工业高温高尘SCR吹灰大体分为以空压机为动力的高压吹灰（0.1～0.2MPa）和罗茨风机或螺杆风机为动力的低压吹灰（0.12MPa）两种模式，两种模式各有优缺点，整体上低压吹灰具有更节能的优势。

高压吹灰工艺：高压吹灰采用供气压力0.7MPa以上的螺杆压缩机供气，由于气体压力大，吹灰耙可以采用较高的喷吹高度，单个喷嘴气流扩散面积较大，可以采用较少的喷嘴实现吹扫覆盖面。由于压缩空气压力较大，扩散远，吹灰器设备规格较小，对设备精度要求较低。气体吹扫原理如图11所示。

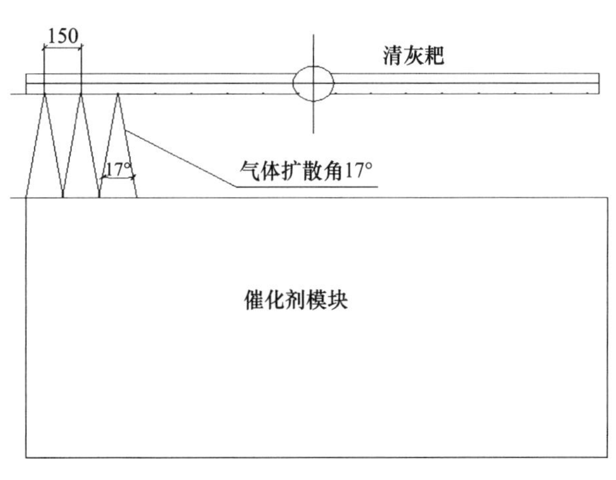

图11　气体吹扫原理图

高压吹扫还具有较强的扬尘能力，能将催化剂表面积灰扬起较大高度，即使局部催化剂发生堵塞，粉尘也能通过气流带动从周边的催化剂孔通过。但高压吹灰压缩空压压力大，气体含水量较大，需要采用换热装置对气体进行加热，防止液态水的出现。一旦液态水喷到催化剂表面，会造成粉尘在催化剂表面固结，堵塞催化剂孔。特别是反应器冷态时，压缩空气换热装置不能提供足够热量将气体加热，此时压缩空气含水量将会增加，易造成催化剂表面结壳（图 12）。

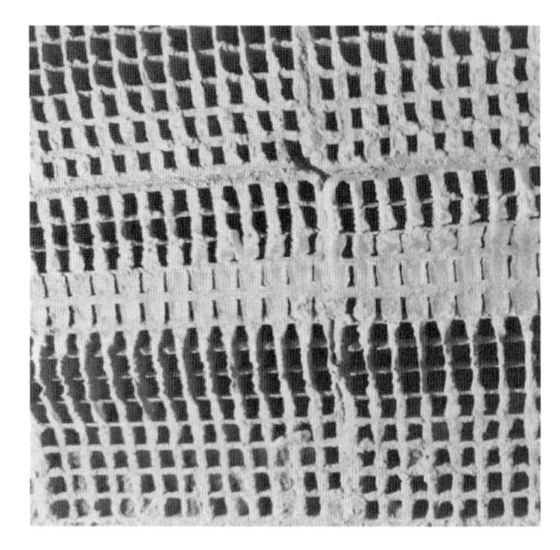

图 12　催化剂表面结壳堵塞

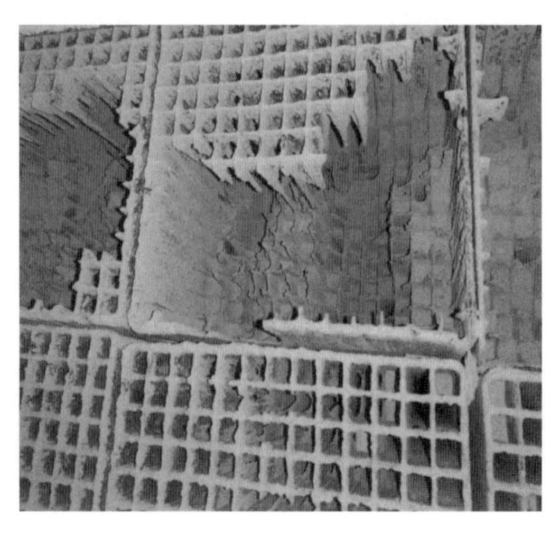

图 13　催化剂面下掏蚀

高压吹扫系统耗气量较大，通常一台吹灰器工作时需要配备 45～55m^3/min 的供气能力，若是两台吹灰器同时工作，耗气量将翻倍。

低压吹灰工艺：低压吹灰采用供气压力 0.1～0.2MPa 的螺杆风机或罗茨风机供气，由于气体压力小，吹灰耙必须采用较小的喷吹高度才能保证足够的吹扫压力，单个喷嘴气流扩散面积较小，必须采用较多的喷嘴才能达到要求吹扫覆盖面。低压吹扫喷嘴数量较多，喷吹高度低，不易产生吹灰死角，对催化剂孔内的清孔能力较强。从投运项目运行情况看，低压吹扫对催化剂孔的清堵能力可达 100mm 以上，若催化剂堵孔无法清通，在粉尘和气流冲刷下会造成催化剂面下掏蚀（图 13）。

低压吹灰工艺气体压力只有高压吹灰的 1/5 左右，可减小压缩机功耗，在同样功率配置下，低压吹灰可以实现两台吹灰器同时工作，能实现更短的吹灰周期和更慢的吹扫速度，提高清孔效果，减少催化剂的堵塞风险。低压吹灰系统气体中一般没有液态水，不会产生水和粉尘结壳堵塞催化剂孔问题，更有利于系统的长期稳定运行。但低压吹灰扬尘能力相对较差，一旦催化剂发生堵塞较多，粉尘不容易扩散到周边催化剂孔通过，将很难持续稳定运行。低压吹灰由于气体压力较低，为保证气体流量，吹灰器规格相对较大，设备制造精度要求较高。

从目前已经投运的两种吹灰系统实际运行情况看，低压吹灰工艺整体吹灰效果优于高压吹灰系统，随运行时间催化剂层压上涨速度明显低于高压吹灰工艺。

2.4　反应升温装置

为了方便反应器投入前的预热升温，在反应器内设置电加热装置，SCR 反应器投用前，使用电加热器对催化剂进行升温，既是对催化剂的保护，也是防止系统内挂灰的重要手段。一方面催化剂有升温速度限制，若不对催化剂预热升温，直接通入窑系统热气，容易造成温升过快，催化剂炸裂；另一方面，由于催化剂在运输、安装过程中会吸附空气中的水分，预热升温是对催化剂的烘干过程，催化剂孔道水分蒸发后内壁干燥，可减少粉尘粘附堵孔问题。

催化剂箱体和支撑结构全部为金属结构，不预热直接通窑尾废气，废气中的水蒸气会在钢结构表面凝结再进一步吸附粉尘，钢结构表面吸附粉尘后将变得不再光洁，为运行中的粉尘大量富集打下基础。常见情况为催化剂模块下部倒挂灰尘，形状类似于钟乳石，在催化剂下部生长。下部挂灰会从下端堵塞催化剂，此种堵塞是无法通过上部吹灰器清通的，如图 14 所示。

图 14　催化剂下部挂灰

对采用压缩空高压吹扫的 SCR 系统，升温阶段开启吹扫系统和冷态开启吹扫系统，压缩空气带入的水汽会在反应器金属壳壁、催化剂表面、催化剂金属箱体上凝结，进一步造成粉尘在金属结构上结块生长。停机检查通常能发现反应器内空气湿度大，墙壁、气流均布板等部位有较厚的生料结块。如图 15、图 16 所示。

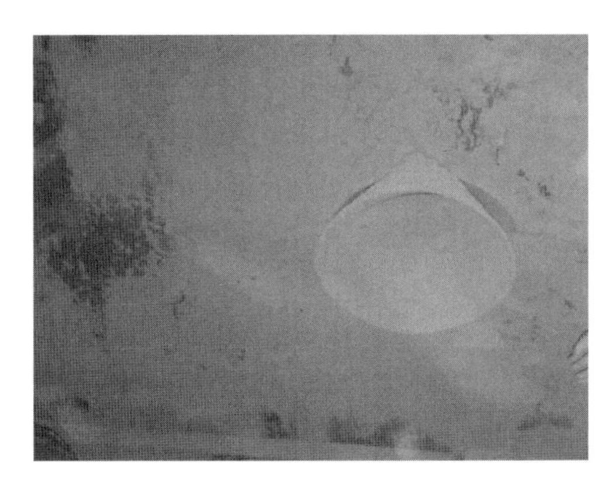

图 15　反应器壁上的结块

图 16　整流格栅上的结块

反应器的升温工作，是排出反应器内的水汽，防止水蒸气结露引起粉尘结块堵塞催化剂的重要措施，生产运行中应充分重视。

3　结　语

烟气中粉尘、碱金属中毒、重金属中毒等因素对高温高尘型 SCR 系统影响较小，目前常用的催化剂均能满足要求。在保证反应器内干燥、催化剂不受潮的情况下，一般不会出现催化剂失效，但系统粉尘含量高，设计应重点围绕清灰防堵，从气流均布、催化剂模块设计形式、吹扫模式、升温干燥等方面，保证含尘气流均匀地从催化剂通过，防止结露、结皮、粉尘局部堆积等因素造成催化剂堵塞。运行中发生故障需要及时切换处理，保证催化剂通孔率是系统长期运行的关键。

参考文献

[1] 李俊华，杨恂，常化振，等．烟气催化脱硝关键技术研发及应用［M］．北京：科学出版社，2015.
[2] 刘后启，窦立功，张晓梅，等．水泥厂大气污染排放控制技术［M］．北京：中国建材工业出版社，2007.

大型皮带机输送廊道降噪设计

张中建　杨　帅　吴义德

摘　要　皮带输送机因输送能力大、输送距离远、对散状物料适应性强等优势，在工业生产中被广泛应用，但皮带机廊道穿越村庄时设备噪声会对居民区声环境造成影响。如何降低设备噪声、保护人民身心健康，是皮带机廊道设计工作的重点。本文以某水泥生产线物料输送系统为例，介绍了皮带机廊道噪声防治设计技术应用。

关键词　皮带机；噪声；廊道；设计

Noise reduction design of heavy-duty belt conveyor corridor

Zhang Zhongjian　Yang Shuai　Wu Yide

Abstract　Belt conveyors are widely used in industrial production due to their large conveying capacity, long transport distance, and strong adaptability to bulk materials, but when the belt conveyor corridor passes through the village, the noise of equipment will affect the acoustic environment of residential areas. How to reduce equipment noise and protect people's physical and mental health is the focus of the design of the corridor of belt conveyor. This paper takes the material conveying system of a cement production line as an example, and introduces the application of the design technology of noise prevention and control in the corridor of belt conveyor.

Keywords　belt conveyor; noise; corridor; design

1　项目概况

某水泥熟料生产线原煤进厂和熟料出厂均通过长皮带机输送，廊道沿程分布有多个居民村庄，项目执行《声环境质量标准》（GB 3096—2008）二类要求，即皮带廊道两侧环境敏感点噪声昼间≤60dB（A）、夜间≤50 dB（A）。因皮带机运行产生的噪声对沿程村庄处声环境产生影响，公司对皮带机靠近村庄段实施了降噪治理：采用复合吸音隔声板在皮带机廊道面上设置隔声屏，降低皮带机运行噪声对居民点的传播影响。工程实施后，运用声级计在居民房屋外监测噪声值，大部分敏感点的噪声值比治理前下降约 6～8 dB（A），白天均能满足治理目标要求，但有 3 处敏感点夜间噪声仍然超过 50 dB（A），监测值见表 1。3 个超标居民点与廊道位置关系如图 1 所示。

表 1 居民房屋外监测噪声值 dB（A）

敏感点	时间	环评报告	治理前	治理后
1 号点	昼间	49.8	58	50.58
	夜间	43.5	56	50.5
2 号点	昼间	48	62	52.2
	夜间	43	61	51.9
3 号点	昼间	49.3	56	49.7
	夜间	45.1	53	49.2
4 号点	昼间	46.7	55	47
	夜间	46.5	54	46.3
5 号点	昼间	47.2	61	52.7
	夜间	44.3	60	52.4

1号点

2号点

5号点

图 1 3 个超标居民点与廊道位置关系图

2 噪声值监测分析

对 3 个超标敏感点噪声频谱特性进行了监测，具体数值见表 2、表 3。

2.1 皮带机廊道噪声

皮带机廊道噪声监测数据见表 2 和图 2。

表 2 皮带机廊道噪声监测数据

监测点位	噪声值 dB（A）	频率峰值范围（Hz）
皮带机旁 1m	88.4	25～500
预制板廊道底	70.8	25～100
钢桁架廊道底	73	25～100
现浇混凝土廊道底	70.3	160～500

2.2 敏感点噪声

敏感点噪声监测数据见表 3 和图 3。

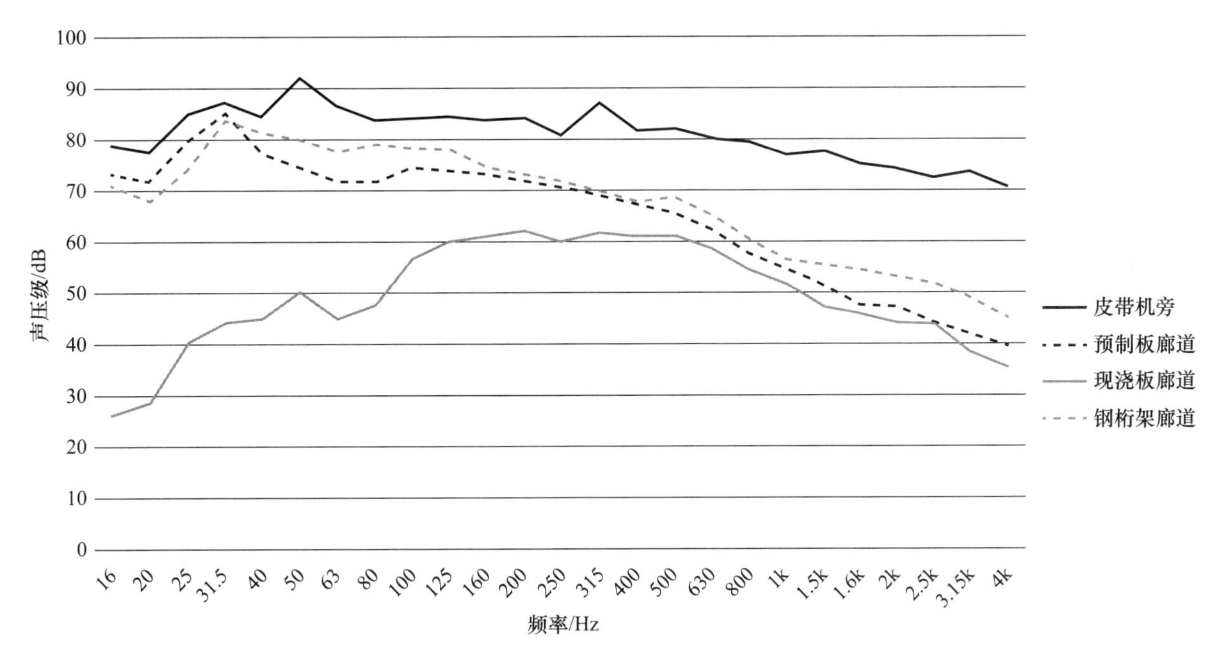

图 2 皮带机廊道噪声监测数据分析图

表 3 敏感点噪声监测数据

监测点位	噪声值 dB（A）	主导频率范围（Hz）	备注
1 号点	51.9	25～80	距廊道约 60m
2 号点	54.6～56.2	25～80	距廊道约 90m
3 号点	52.4	25～80	距廊道约 80m

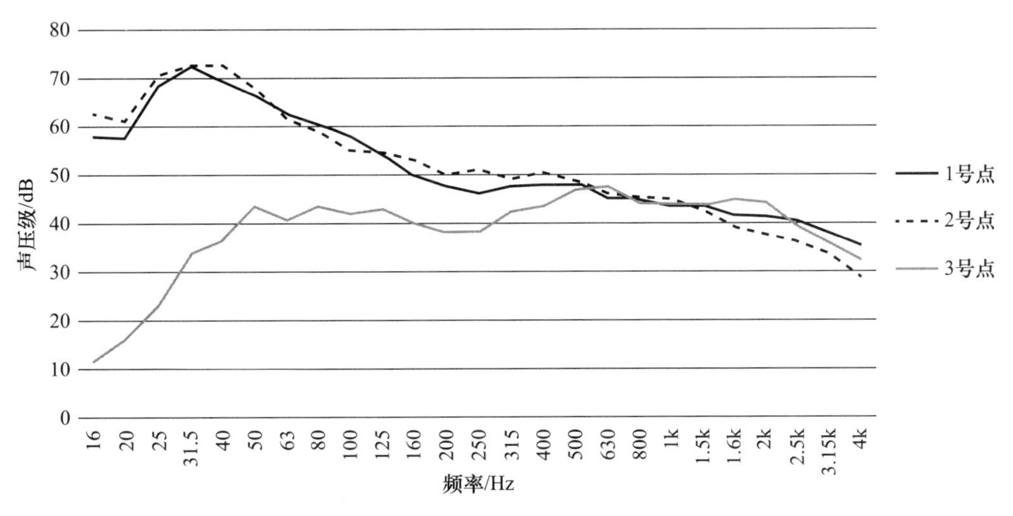

图 3 敏感点噪声监测数据分析图

通过数据对比分析：

（1）皮带机侧噪声频率带较宽，有两个峰值分布在 25～800Hz 频率范围内，表明此处噪声受皮带机运行机械噪声与皮带机廊道振动产生的噪声相互叠加，两者对测量结果均有较大的贡献值。

（2）预制板廊道底部与钢桁架廊道底部噪声频率曲线相似，主要集中在 25～100Hz 频率范围内，而现浇混凝土廊道底部测得噪声频率明显比预制板和钢桁架廊道底部噪声频率更高，集中分布在160～500Hz，表明现浇混凝土廊道对低频振动噪声阻隔优于预制板和钢桁架廊道。

(3) 皮带机廊道向外部传播的噪声主要为皮带机本体产生的机械噪声和皮带机廊道产生的振动噪声。皮带机廊道振动噪声为25～100Hz的低频噪声，皮带机本体产生的机械噪声为160～500Hz的中低频噪声。

(4) 廊道底部和居户房屋旁测得噪声频率主要分布在30～80Hz频率范围内，与廊道振动噪声频率曲线较为吻合，敏感点噪声主要受廊道振动噪声影响，低频噪声沿距离衰减比中高频噪声慢。

3 皮带机廊道降噪设计建议

(1) 皮带机设计选型宜选用低带速和大直径静音托辊配置，降低托辊转速，减小托辊轴承快速转动产生机械噪声，生产运行中要加强检修维护，防止设备磨损后产生异声。

(2) 靠近厂界和敏感点布置的皮带机廊道可采用复合吸声板（如镀锌钢板+阻尼隔声毡+多孔吸声材料的复合结构）进行全封闭设计，廊道面宜选用混凝土预制板形式，预制板之间的连接缝隙需做好密封，B1200型以上的大宗物料输送皮带机廊道条件允许时可采用现浇混凝土梁板结构。如图4所示。

图4 混凝土梁板结构设计

(3) 廊道采用钢桁架且距离敏感点较近时，皮带机廊道底部可增加复合隔声板降低噪声对外传播影响。按照监测数据，廊道底部增加复合隔声板（厚50mm）后噪声值可降低约10 dB（A）。如图5所示。

图5 廊道底部增加复合隔声板

（4）以皮带机距离村庄约80m为例，运用CadnaA声学软件模拟皮带机廊道封闭长度对居民点的影响（图6）。从模拟结果看：若要保证皮带机廊道噪声在居民点的贡献值不超过50dB（A），廊道封闭端点距离居民点需超过150m。

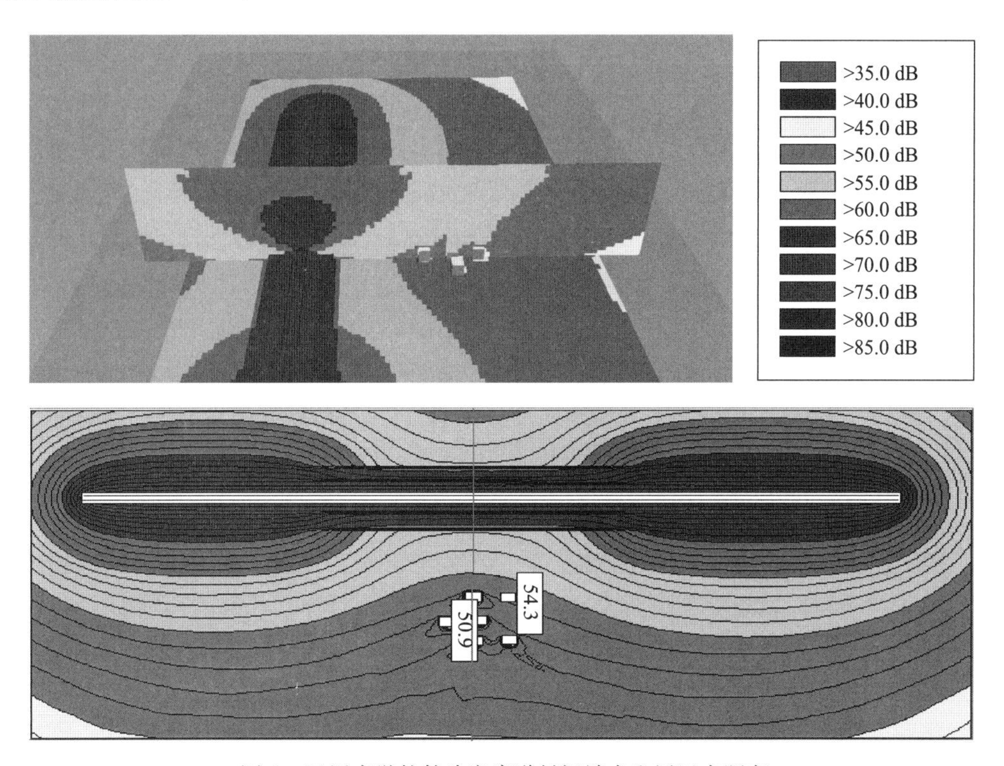

图6　运用声学软件确定廊道封闭端点和居民点距离

（5）对皮带机增加减振设计，在支腿与廊道面之间安装减振器（图7），消除皮带机运行振动产生的低频噪声，单条皮带机廊道全封闭状态下相同运行工况，增加减振器后廊道外侧（约10m处）噪声监测值下降约4～5dB（A）。

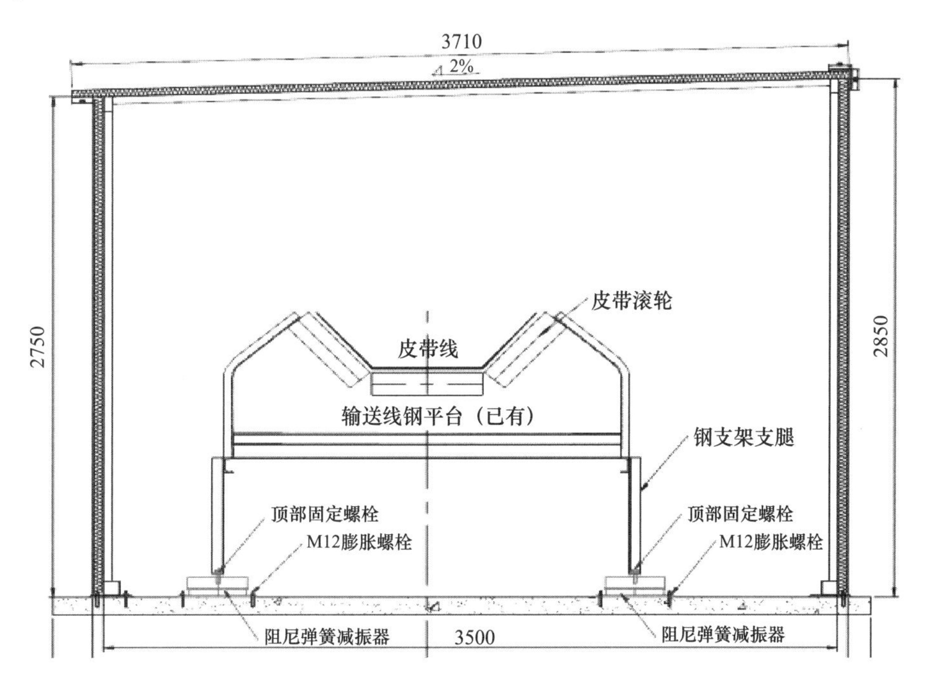

图 7　支腿与廊道面之间安装减振器

4　结　论

通过对皮带机运行过程中设备噪声和敏感点噪声频谱值的采集分析，并运用 CadnaA 声学软件模拟对比，皮带机本体产生的中高频噪声随距离衰减较快，但振动引起的低频噪声传播距离远，对卫生防护区之外的敏感点影响贡献大，特别是布置有两条或多条皮带机的输送廊道，设备同步运行时会因共振产生噪声叠加，加剧对周边声环境的影响。皮带机输送系统设计时需综合考虑设备选型配置、廊道结构形式，并对重点区段设置减振或隔声封闭，降低皮带机及廊道噪声对周边环境敏感点的影响，满足相关规范要求。

参考文献

[1] 吕玉恒，燕翔，魏志勇，等．噪声与振动控制技术手册［M］．北京：化学工业出版社，2019.

[2] 工业企业厂界环境噪声排放标准：GB 12348—2008［S］．北京：中国环境科学出版社，2008.

[3] 工业企业噪声控制设计规范：GB/T 50087—2013［S］．北京：中国建筑工业出版社，2013.

（原文发表于《中国水泥》2020 年第 08 期）

浅析全自动实验室设计及在全智能工厂中的应用

徐寅生　王翠翠　刘　帅

摘　要　近年来，随着工业 4.0 智能化概念的提出，按照《海螺集团智能工厂建设方案》规划，海螺集团首套智能实验室系统于 2018 年 5 月在 QJ 海螺投入运行。该系统实现了水泥生产从原、燃材料进厂—生产过程质量控制—熟料、水泥出厂整个过程的数据化、智能化控制。

关键词　智能化；中央实验室；自动取样

Brief analysis of automatic laboratory design and application in Quanjiao intelligent factory

Xu Yinsheng　Wang Cuicui　Liu Shuai

Abstract　In recent years, with the proposal of the concept of industry 4.0 intelligence, Conch Group's first fully automatic laboratory system was put into operation in Quanjiao Conch in May 2018 in accordance with the *Conch Group Intelligent Factory Construction Plan* planning. The system realizes the digitization and intelligent control of the whole process of cement production from raw material and fuel into the factory to quality control of production process to clinker and cement leaving factory.

Keywords　automatic sampling; central laboratory; intelligence

0　引　言

全椒智能实验室系统（图 1）主要由：①分布于现场各取样点的自动取样-发送站、在线式跨带分析仪；②炮弹（样品载体）输送管网；③含有接收站、制样系统、样品调度系统（机械手等）、XRF 和 XRD 组成的样品处理与分析系统-中央实验室；④海螺水泥主导开发的先进配料系统组成。

1　自动取样-发送站

主要由取样器、制样、缩分单元以及发送站组成。取样器根据物料性质分为粉料取样器和块状物料取样器，由于样品输送为炮弹载体输送，以及实验室样品处理设备对物料粒径有一定要求，块状物料取样后在发送前，需要破碎处理后，方可封装发送。QJ 海螺项目根据智能实验室系统的控制思想，配置了 10 套自动取样发送点，其中生料、水泥粉料取样器共计 8 台、熟料取样器 2 台。该项目在发送

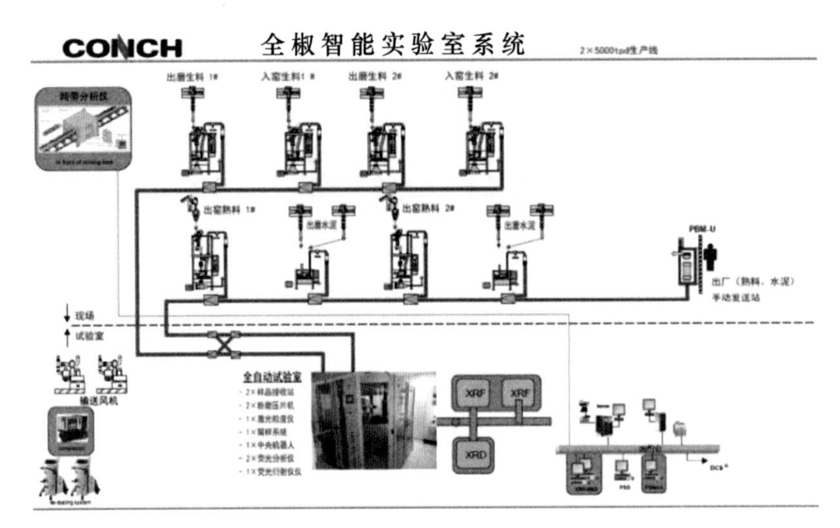

图 1 全椒智能实验室系统图

站配置上结合现场情况做了优化，1 号、2 号水泥磨取样器和 3 号、4 号水泥磨取样器分别共用了发送站，其他各取样点分别共用 6 台发送站，另考虑水泥出厂发运量大、取样分散的特点，在散装广场水泥库侧配置了一台手动发送站，大幅降低了人工送样的劳动强度。

表 1 QJ 海螺取样、发送站配置表

生产线	编号	物料性质	取样器	发送站	取样频次
熟料 1 线	出磨	粉料	1 台	1 台	1 次/h
	入窑	粉料	1 台	1 台	0.5 次/h
	出窑	颗粒状	1 台	1 台	1 次/h
熟料 2 线	出磨	粉料	1 台	1 台	1 次/h
	入窑	粉料	1 台	1 台	0.5 次/h
	出窑	颗粒状	1 台	1 台	1 次/h
水泥磨	1 号	粉料	1 台	共用 1 台	1 次/h
	2 号	粉料	1 台		1 次/h
	3 号	粉料	1 台	共用 1 台	1 次/h
	4 号	粉料	1 台		1 次/h
出厂	熟料/水泥	颗粒/粉料		1（手动）	2 次/h
合计			10	9	11

粉料取样器根据安装位置，主要有螺旋铰刀取样器、斜槽取样器（图 2）和活塞取样器。由于工作原理的不同，螺旋铰刀取样器安装于竖直溜子上（通常为生料入窑、入库斗提入口溜子），取样的连续性、代表性均优于其他取样器，但取样器下方接有混料器和发送站，要求至少 2.5m 的净高，在多数情况下，生料斗提入口溜子下方净高和横向空间难以满足。而斜槽取样器由于其纵穿斜槽取样的特点，可沿斜槽输送方向比较自由地布置，混料器和发送站对应放置于斜槽廊道下方。QJ 海螺出磨生料、入窑生料以及水泥取样器均选用了斜槽取样器。如图 3 所示。

取样、发送站在实际运行中由于样品缩分后，多余的样品需要返回原输送系统，以及发送站本身吹扫系统均需要用到压缩空气，并且对压缩空气品质要求较高，其中压力露点温度要求≤−20℃，而水泥工厂空压机站配置的冷冻式干燥机出口露点最多只能做到≤10℃，无法满足该系统用气，因此

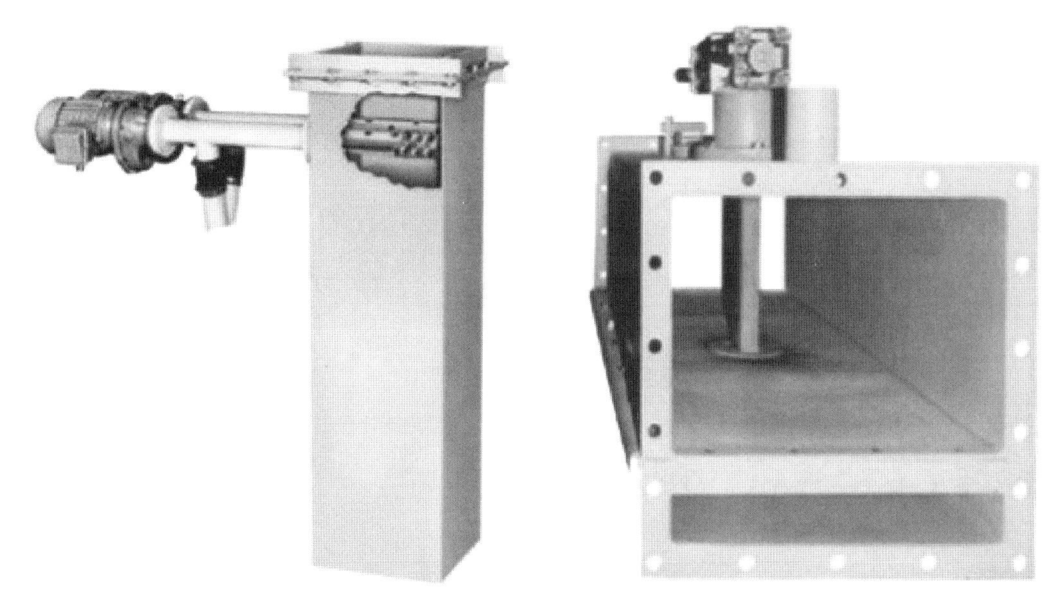

图 2 螺旋铰刀取样器和斜槽取样器

图 3 全椒入窑生料和 3 号、4 号出磨水泥取样、发送站

QJ 海螺各取样、发送站在就近取气时，额外配置了吸附式干燥器对压缩空气进行预处理。值得注意的是，吸附式干燥机的干燥剂再生需要耗气，一般为 7%～15%，选型时需要考虑富余。

2 中央实验室

中央实验室主要由全自动实验室、质量技术室、除尘室、空压机房、辅助间及配套电力室组成，全自动实验室由一套样品接收、准备单元和若干分析设备组成。样品接收、准备单元主要集成了样品接收站、粉磨压片一体机、留样单元，这些设备之间的工作衔接由一台定制的机械手服务完成。中央实验室工作原理图如图 4 所示。中央实验室如图 5 所示。

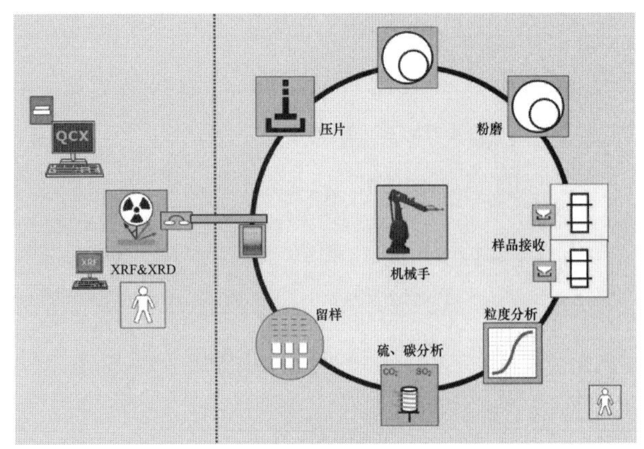

图 4 中央实验室工作原理图

图 5 中央实验室

分析设备主要有激光粒度仪、荧光仪、衍射仪等。中央实验室将替代传统实验室里的控制室、荧光制样室和荧光分析室。如全自动实验室与生产线同步实施，可将中控室、实验室统筹考虑；如为后期增加项目，可考虑利用已有中控楼改造或扩建。一般 2×5000t/d 熟料生产线配套 4-ϕ4.2m×13m 水泥磨全能工厂中央实验室，配置见表 2。

表 2 2×5000t/d 全能工厂全自动实验室设备配置

序号	功能室	主要设备	面积/m^2
1	全自动实验室	样品接收站 ×2 机械手 ×1 粉磨压片一体机 ×2 激光粒度仪 ×1 荧光分析仪 ×2 荧光衍射仪 ×1	≥80
2	质量技术室	配料系统、服务器等	≥60
3	空压机房	空压机 ×1 吸附式干燥机 ×1 储气罐 ×1	≥30
4	除尘间	除尘器 ×3 输送风机 ×2	≥30
5	辅助间	荧光/衍射仪水冷内机	≥25
6	电力室	电器柜、UPS 电源等	≥30

全椒中央实验室属于质量控制系统优化扩建项目，选择了现有综合办公楼扩建的方案。位置上，选取中控室北侧空地扩建，将全自动实验室设置于与二楼中控相邻的位置，楼下房间用于管道进样和布置除尘间、空压机房等辅助设施。在不失建筑设计的同时，保证了全自动送样管网走向的最优线路。

3 自动送样管网

自动送样管网是连接现场各取样发送站—实验室接收站间的管道系统，通过气力负压输送将载有试样的炮弹输送至实验室，经接收站及机械手配合完成卸样后，炮弹原路正压返回至发送站准备下一次送样。组成管网的主要设备、管件有：输送风机、管道换向器（站）、ϕ80mm×2.5mm 无缝管道、R1000 弯头、T 型阀、连接抱箍和管卡等。

自动送样管道虽同常见的煤粉输送管道、压缩空气管道同为气力输送管道，但管道的设计和安装要求相对较高。三者之间主要区别见表 3。

表 3 2×5000t/d 全能工厂全自动实验室设备配置

管道类型	自动送样管道	煤粉输送管道	压缩空气管道
管径	设备一经选定后，整个输送系统管径不再变化	根据输送风速，确定管径，经分料阀后管道变径	根据输送风速，确定管径，经三通或变径管变径
输送介质	载有试样的炮弹	煤粉	压缩空气
管道材质	碳素钢或不锈钢	碳素钢	10 号钢
变向方式	通过弯头变向，曲率受炮弹尺寸影响，一般≥1000mm	通过弯头变向，曲率一般≥10D	通过弯头或三通变向，曲率要求低
分支形式	通过换向器合并或换向	通过分料阀分支	通过三通或直接焊接方式分支
连接方式	管道对接通过抱箍紧固，管道内壁光洁度要求很高，不允许焊接	法兰连接/焊接，内壁光洁度要求较高	法兰连接/螺纹连接/焊接
输送方式	炮弹至实验室负压输送，返回时正压输送	正压输送	正压输送
气体去向	负压输送时经风机外排，正压输送时通过 T 型三通外排	参与系统燃烧	作为用气点气源

全自动送样管道因为取样点分散、管网覆盖范围大的因素，在输送距离方面，比煤粉管道长得多；同时受管道弯调整的余量将会很小。因此管道系统设计精度要求更高，应尽量避免后期安装过程中客观因素造成的调整。在管网的实际设计过程中，为避免上述问题出现，重点从以下几方面进行了考虑：

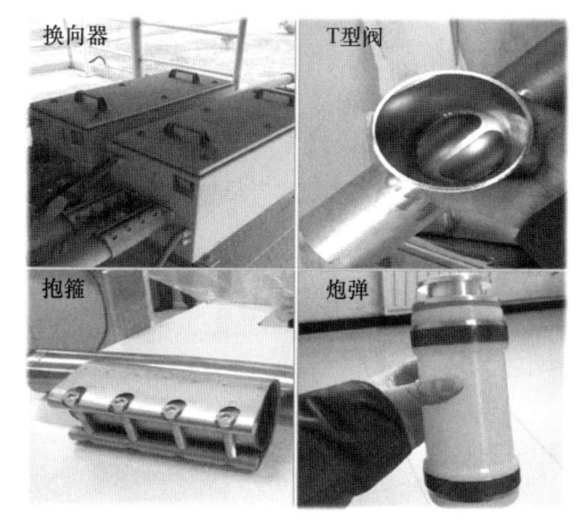

图 6 自动送样管道组件

图 7 1 号窑中广场至中央实验室双管廊道

（1）管道平面/竖向布置尽量横平竖直，以减少弯头数量，在必要时，采用了带坡度设计。如 1 号窑中广场标高为 51.0m，而扩建中央实验室位置标高 47.5m，高差 3.5m，管道架空在满足窑中广场通行要求的情况下，管道将无法从实验室一楼进入接收站，如果改变管道标高将增加两个 90°弯头。而在实际设计中，管道经窑中广场 90°转弯后，采用了 1.6°的下坡设计，管道下坡带来的折点通过窑中广场和实验室附近两个 90°弯头处理掉，既节省了弯头数量，又使管道竖向布置与工厂地形更和谐。如图 7 所示。

（2）结合 QJ 海螺总平面布置情况，优化自动送样管网系统，采用了双路管道进中央实验室的设计方案：两条熟料线出磨和入窑生料汇总一路，另外出窑熟料×2、出磨水泥×4 样和出厂手动样汇总一路，两路管道在冷却塔西侧路边汇合并行，考虑两边样品数量不平衡性，在汇总之后设置了一个两进两出的换路站，解决了两路样品数量的不平衡问题。管道系统示意图如图 8 所示。

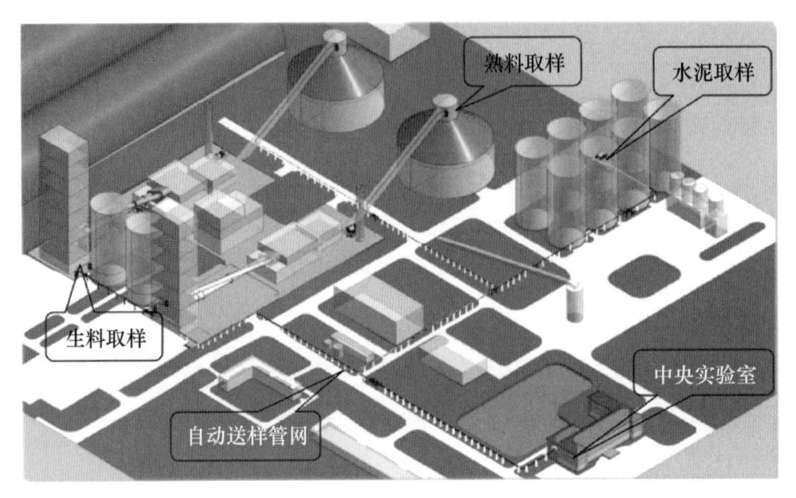

图 8 管道系统示意图

（3）全椒智能实验室是集团内第一套智能实验室系统，既无前车之鉴又无相关标准可寻。设计中，相关专业设计大胆创新，并借助三维软件辅助设计。首先由于中央实验室动力电源要求较高，需从一线窑头电气室取电，希望电缆能够借助自动送样管廊架设；与此同时，建筑专业在设计管廊支架管时，结合管廊单、双管不同类型，部分双管廊道需要承载电缆桥架以及管廊过路跨度大等多种情况，分类对管廊支架形式进行了优化。同时借助三维软件辅助设计预期效果，并组织院相关专业评审研讨，最终电缆桥架利用了一线窑中广场至中央实验室段管廊顶端横梁架设，并且管廊支架在满足相关专业要求的前提下，兼顾了设计的整体视觉效果；最后在管道系统设计出图时，在普通二维平剖面图的基础上，增加了管道系统三维图纸，使设计信息传达更有效，提高了现场的制作、安装精度。管廊三维优化方案与实际效果如图 9 所示。

图 9 管廊三维优化方案与实际效果

4　智能实验室的应用

全椒智能实验室系统的实施，首先有效提高了品质检测的时效性和准确度，避免了实验过程人为干扰，产品质量稳中有升。石灰石、原煤实现了分钟级在线检测，水泥、熟料实现了自动配料且稳定性得到提升，试验频次提升了50%；其次，取样效率有效提高，减少了劳动用工，人员劳动强度下降了24%；同时，及时提供了质量数据指导数字化智能矿山系统进行石灰石的合理开采与搭配，提高了资源利用率，帮助专家优化控制系统优化工艺参数，实现节能降耗。

继全椒之后，智能实验室在海螺沿江芜湖、池州、枞阳、铜陵、荻港等五大基地相继投用，智能实验室系统与数字化智能矿山系统、专家优化控制系统相互协作已取得一定成效，未来在水泥生产全流程智能工厂探索、建设中将扮演重要角色。

参考文献

[1] 马振珠，王瑞海．水泥化验室手册 [M]．中国建材工业出版社，2012.
[2] 通用硅酸盐水泥：GB 175—2007 [S]．北京：中国标准出版社，2008.

三维协同设计在预热器系统工程设计中的应用研究

乔　宝　徐寅生　曹　毅

摘　要　随着工程技术的发展，二维设计的局限性越来越突出。近几年许多水泥设计企业进行了三维技术探索、积累和工程试点应用，结果表明，三维技术可有效提高工程设计效率，降低设计成本，有效避免“错漏碰缺”等问题的发生。本文通过具体项目设计应用，总结了三维设计的特点，并且应用Revit三维设计软件，详细介绍了项目设计流程。

关键词　Revit；三维；预热器；碰撞检查

Application research of three dimensional collaborative design in preheater system engineering design

Qiao Bao　Xu Yinsheng　Cao Yi

Abstract　With the development of engineering technology, the limitations of two-dimensional design become more and more prominent. In recent years, many cement design enterprises have carried out the exploration, accumulation and project pilot application of three-dimensional technology. The application results show that the application of 3D design technology can improve the efficiency of cement engineering design, reduce the design cost, and effectively avoid the occurrence of "error, missing, collision and deficiency" which is easy to happen in the traditional 2D design mode. This paper summarizes the characteristics of three-dimensional design, taking cement plant preheater transformation project as the carrier, using Revit three-dimensional design software, introduces the project design process in detail.

Keywords　Revit; three-dimensional; preheater; collision check

1　引　言

三维设计是新一代数字化、虚拟化、智能化设计平台的基础，是培育创新型人才的重要手段。在当前制造业全球化协作分工的大背景下，我国企业广泛、深入应用三维设计技术，院校加大三维创新设计方面的教育，已是大势所趋。工程语言从二维向三维转变，用三维模型表达产品设计理念，不仅更为直观、高效，而且基于包含了质量、材料、结构等物理、工程特性的三维功能模型，可以实现真正的虚拟设计和优化设计。

近年来，环保标准越来越严格，国内新建水泥生产线越来越少，水泥行业发展形势日趋严峻。为了提高企业的竞争力，海螺集团在2020年以CZ三线为试点，2021年同时开展十多条熟料线能效提升改造项目。能效提升项目重点在于对常规5000t/d熟料线预热器系统进行全面改造，工程难度大，工期仅有50天左右。面对复杂的设计局面，我院创新设计手段，采用三维协同设计，高质量地按时完成了项目设计。

2　三维设计的特点

通过CZ三线项目三维设计的初步尝试以及后续预热器系统改造三维技术的广泛推广，对比传统二维设计，三维设计的优势主要从以下几个方面进行阐述。

2.1　设计方案表达展示形式

在目前广泛使用的CAD二维设计中，设计人员均是通过三视图的各种二维视图对设计方案进行表达，对二维图纸的空间视觉转化需要专业的学习和训练才能胜任，这就使得非专业人员无法清晰准确地了解设计内容，从而对项目产生误解等。而在三维设计中，所见即所得。在项目前期方案介绍及施工前的设计交底中，通过三维展示，生动形象地介绍了预热器系统改造的内容：

（1）C1旋风筒全部更换，采用“顶部喂料、逆流换热、气体下出口、中心内筒向上”独特CCX型旋风筒；

（2）C2～C5旋风筒蜗壳结构优化，进风口扩大，降低阻力，柱体及锥体保留利旧，各级换热管道及溜管优化布置；

（3）分解炉采用外挂炉或者加高高度增加炉容；

（4）三次风管入分解炉接口抬高，增大还原区，优化燃烧器及撒料点布置，降低分解炉出口NO_x含量。

CZ三线预热器改造方案和整体效果如图1、图2所示。

图1　CZ三线预热器改造方案

图2　CZ三线预热器整体效果

2.2 多专业协同设计

在 CAD 二维设计中，各专业间的协同工作主要靠专业之间的资料传递即专业互提资料单的形式进行。而设计工作不可能一次性完成，其每一项内容一般都会经历多次修改和调整才能形成最终的成果。这样就使得互提资料单要根据设计的修改和调整反复地在专业间进行传递，不仅因重复劳动降低效率，还会因为修改版本过多导致设计疏漏出错。而在三维设计中，通过服务器上传、下载中心文件，分专业设置工作集以及及时更新设计模型，避免设计变更不及时出现的错误。多专业工作集设置如图 3 所示。

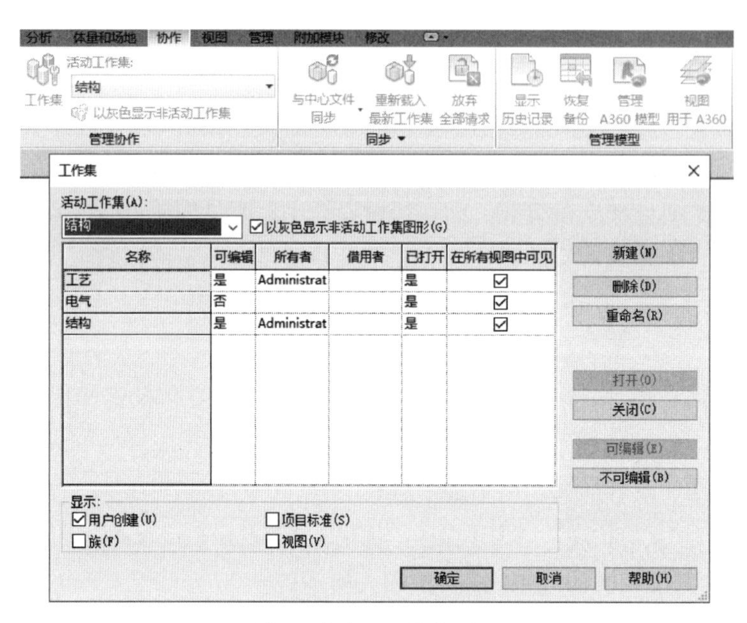

图 3　多专业工作集设置

2.3 参数化设计

二维设计的问题在于相关图纸间没有数据的关联性，一旦某个内容发生设计修改，与该内容相对应的各个视图都需要一一修改，工作量相当大，而且容易产生修改不完整现象。三维设计通过模型参数化，以尺寸驱动形状，对模型建立需要的各个尺寸及线条设置几何、运算及逻辑关系约束。如此一来，仅仅通过修改尺寸数据就可以得到需要的外形，涉及该模型的各个视图均会同时得到修改。

2.4 碰撞检查

工程设计中最常见的问题就是各专业及专业内部间的碰撞。施工过程中常常因为设计复核不仔细导致碰撞，进而引起现场返工修改。三维软件带有碰撞检查功能，可以检查各个设备与其他专业内容是否相互碰撞，根据软件的提示，及时修改即可。

3 预热器系统设计

目前市场上流行的三维软件较多，如电力化工行业的 Bentley、博超，机械制造行业的 Solid-Works、Proe，汽车及航空行业的 Catia 以及建筑行业的 Revit 等。我院根据自身需要及行业特性选择

Revit 三维设计软件。

使用 Revit 进行预热器系统建模主要分为建立各组件族库与系统组对两个部分。组件包括分解炉、旋风筒、换热管道、撒料装置、翻板阀及烟室等。各组件均以单独的载入族的方式建立参数化的族文件，建立过程包括族样板文件选择，利用参考线（面）与原点确定模型位置，设立尺寸标注，设立标签，添加参数，利用几何约束以及数学表达式来对不同尺寸之间的依存关系进行描述、参数化，通过拉伸、旋转、融合、放样等命令构建族模型，进行族的管理等步骤。

3.1　族库建立

以旋风筒族为例，首先选择新建公制常规模型，在族类型中设置建模需要的各个尺寸参数，对各个尺寸建立相关联的公式关系。在平面和立面中设置需要的参照平面及参照线，并对它们赋予标签尺寸标注，即族类型中的各个参数。通过拉伸、旋转、放样、融合等方式建立模型，使用空心形状对实体模型进行切割。最后对模型设置材质及填色，使模型美观并便于统计材料量。参数化完成的模型通过修改族类型参数值便可调整整个旋风筒外形。旋风筒三维模型如图 4 所示，参数化族类型如图 5 所示。

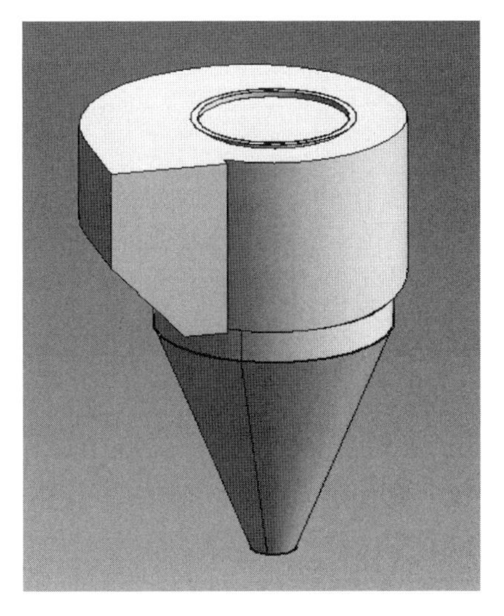

图 4　旋风筒三维模型

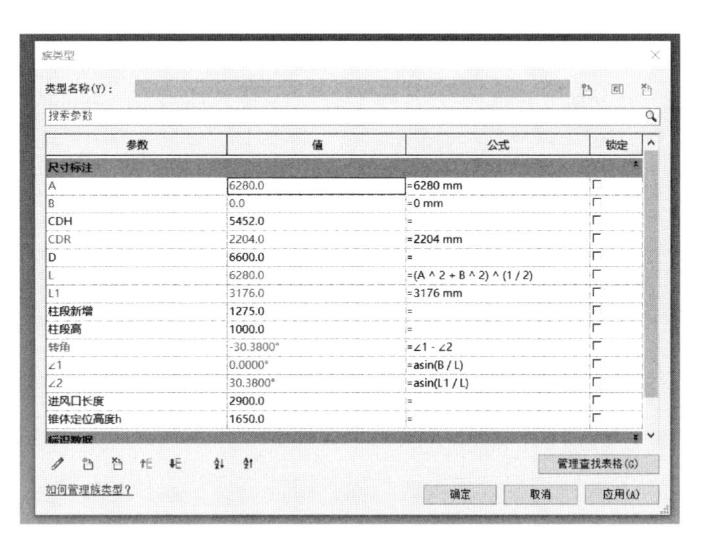

图 5　参数化族类型

三维模型参数化关联需考虑的因素很多，并且要应对突发的问题，如：

（1）不满足约束：创建参数时没问题，调整参数时却发生不满足约束的问题。原因是某些特殊的不规则模型，参数之间相互约束，当过多参数之间存在错误的逻辑定义，修改时影响其他约束条件，系统就会报错。解决方法就是删除或更改相应的参数和表达式，避免产生过约束的情况。

（2）软件自身问题：目前 Revit 的族文件建模功能不完善，面对复杂模型较为吃力；建模思路依然以建筑设计为主，缺乏机械设计思维；与其他三维软件的兼容性差，或者无法打开其他格式的模型文件，或者打开后无法完整显示，某些特征丢失。

3.2　预热器系统模型搭建

首先新建项目选择建筑样板，进入楼层平面和建筑立面绘制预热器框架轴网和各层标高，按照结构图绘制立柱、钢梁、斜撑、各层面楼板等建构物；然后载入分解炉、旋风筒、换热管道等组件族，通过移动、旋转、镜像等操作在各层面调整组件布置，再转入各个立面及剖面中调整组件定位高度。

其间可以采用参照平面、详图线等手段辅助定位组件。

预热器系统模型鸟瞰图如图6～图8所示。

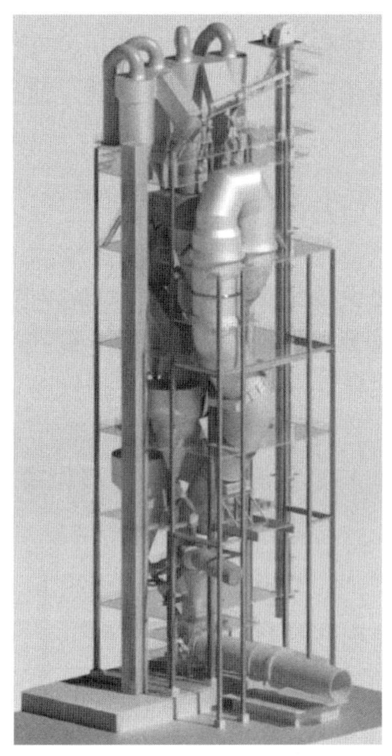

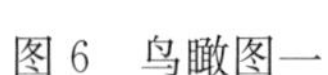

图6 鸟瞰图一

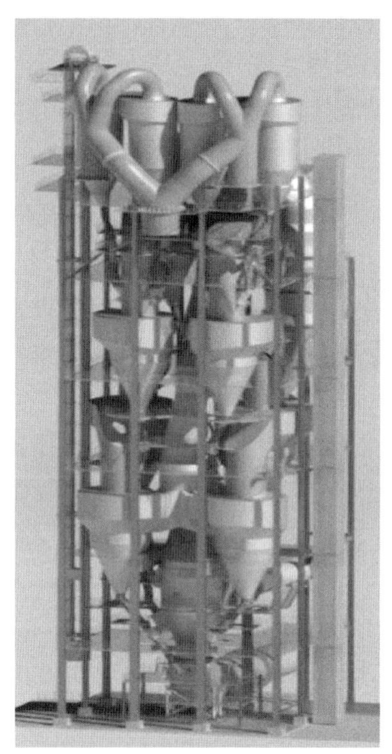

图7 鸟瞰图二

图8 鸟瞰图三

3.3 溜管设计

由于溜管具有自适应性，需要根据旋风筒与换热管道的布置调整，同时Revit提供了强大的系统风管设计手段，所以溜管采用系统风管方式在项目中直接建模。翻板阀、膨胀节、支架等作为风管组件，弯头、方变圆、变径管等作为风管附件直接从系统族中载入修改，减少了建模工作量。

首先在平面视图中添加溜管中心线 A，并增加两条垂直轴线 B 和 C 分别作为该段溜管的起点和终点，平行于溜管中心线添加剖面视图；然后拾取 A 作为工作平面，切换到对应的剖面视图，选择系统风管管径，根据 B、C 轴线定位溜管起始点，按需要的路径拉出溜管模型。以同样的方式设置下一段溜管，通过修剪延伸命令分别点击两段溜管，便自动得出连接弯头，弯头的曲率半径及分段数可以通过属性及类型调整。

3.4 碰撞检查

预热器系统模型搭建完成之后，通过协作-碰撞检查-生成报告，查看各个建构物及设备组件之间的干涉情况，随后调整布置避免干涉。碰撞检查报告如图9所示，翻板阀与钢梁干涉如图10所示。

3.5 烟室开发

烟室进料点的位置至关重要，如果设计不当会导致窑尾漏料、积料、结皮等现象。回转窑内二次风入预热器系统风速与烟室有效截面积大小息息相关，对预热器产量影响较大。而窑尾烟室通常是不规则的异型结构，有效截面积往往通过默认简易多边形进行估算，与真实数据差别较大。

图 9 碰撞检查报告

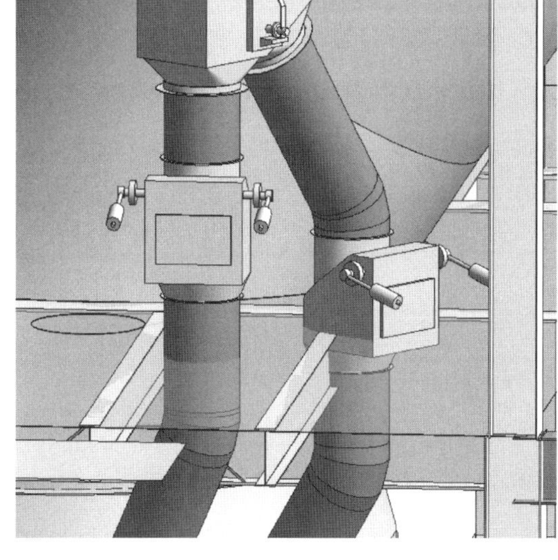

图 10 翻板阀与钢梁干涉

使用 Revit 参数化建立烟室三维模型，通过连续剖面视图设置，准确截取内部断面，进而得到烟室实际有效截面积。根据有效截面积调整参数化设置，最终确定合理的烟室外形。对进料管添加中心线，进入三维视图检查落料点位置是否在窑尾密封舌板合理范围内。

烟室模型如图 11 所示。

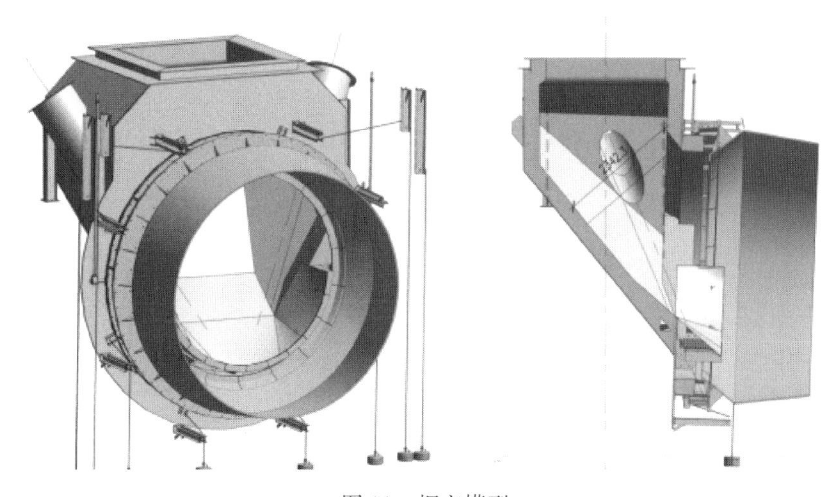

图 11 烟室模型

4 结 语

随着三维设计的发展和推广，三维设计取代二维平面设计是一个必然趋势。本文通过海螺集团 CZ 三线的试点应用和能效提升项目的大规模推广，总结了三维设计的特点：展示直观丰富，协同设计、参数化设计和碰撞检查。通过预热器系统设计介绍了基于 Revit 软件的三维设计方法：组件族库建立—项目样板搭建—系统风管设计—碰撞检查。采用参数化建模方式建立和完善水泥厂模型数据库，可以减少建模工作量，提高效率，使水泥工程设计信息化、精细化。

虽然 Revit 三维设计有很多优点和应用前景，但若要彻底取代 CAD 二维设计，在工程设计中全面应用，还有很多基础工作需要完善：

（1）三维车间模型和设备族库等需提前策划，三维设计需要一步步建立族库，以便在各车间设计时引用。

（2）Revit 软件针对设备建模功能不全面且适用性窄，与其他三维格式兼容性差，需要联系软件开发商进行二次开发。

（3）Revit 设计体系及出图标准与 CAD 二维设计差别较大，需要重新建立一套规范的标准体系。

一旦三维设计体系建立完善，三维设计的优越性将淋漓尽致地展现出来，给工程设计带来非常可观的经济效益。

参考文献

[1] 郝雷．水电工程三维协同设计与应用［D］．北京：清华大学水利水电工程系，2018.

[2] 曹正，汤升亮，朱永长，等．基于 Revit 的水泥厂预热预分解系统参数化建模介绍［J］．水泥工程，2020（11）：29-30.

[3] 方旭彬，张智凯．浅谈 BIM 技术在水泥工厂设计中的应用［J］．水泥，2016（02）：40-43.

水泥窑协同处置生活垃圾工程优化设计

王广要　周治磊　张仲恺

摘　要　利用水泥窑协同处置城市生活垃圾作为一种安全环保的处置技术，有其独特的优势。本文主要针对水泥窑协同处置生活垃圾的设计环节进行优化，进一步降低工程投资，提高运行质量。

关键词　水泥窑；城市生活垃圾；协同处置；优化

Optimization design of cement kiln co-processing domestic waste project

Wang Guangyao　Zhou Zhilei　Zhang Zhongkai

Abstract　The application of cement kiln co-processing of municipal solid waste, as a safe and environmentally friendly disposal technology, has its unique advantages. This paper mainly optimizes the design link of cement kiln co-processing of domestic waste to further reduce project investment and improve operation quality.

Keywords　cement kiln; household waste; co-processing; optimization

1　概　述

利用水泥窑系统协同处置城市生活垃圾，近几年在水泥行业得到推广应用。该系统工艺布局简洁，垃圾适应性强，不用分选；垃圾前处理及焚烧过程中采用负压抽吸，全密封式操作无废气、废水泄漏；垃圾处理产物（气化气体、垃圾灰渣、渗滤液）全部投入水泥生产线，均得到资源化利用和无害化处理。

根据早期项目设计经验总结，秉承不断降低投资、运行成本的设计理念，先后对垃圾主厂房、气化炉至分解炉输送管道、窑尾除氯系统、窑灰储存及输送等子项进行了优化设计，在实现工艺布置合理、流程简洁、运行可靠的同时，更加节能环保、节省投资。

水泥窑系统协同处置生活垃圾工艺流程如图1所示。

2　生活垃圾主厂房

垃圾主厂房是水泥窑系统协同处理城市生活垃圾的核心，生活垃圾在主厂房内储存，破碎后投入

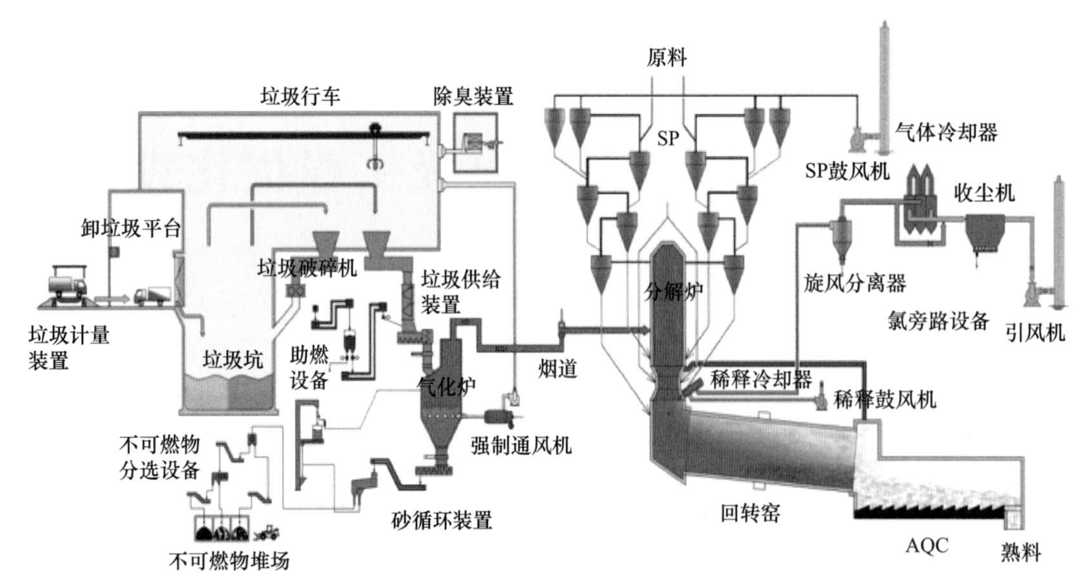

图1　水泥窑系统协同处置生活垃圾工艺流程

气化炉中焚烧，烟气引入窑尾分解炉进行高温燃烧，灰渣搭配掺入到水泥生产原料中。优化设计主要在保留主厂房功能性要求的基础上，对内部布局如卸料大厅、垃圾储坑、卸料门配置进行了调整，降低了工程投资。

一是在保留功能性要求的基础上，尽量减少办公室、厂房楼层、楼板数量。早期铜陵 2×300t/d 项目厂房建筑面积约为 21000 m^2，后期贵定 200t/d 优化后厂房建筑面积仅为 4500m^2，吨垃圾处理建筑面积降低 37%，降低土建工程总造价约 1000 万元。

二是对卸料大厅进行优化，由原垃圾车在卸料大厅内部倒车卸料，改为在外部广场倒车卸料，缩小卸料大厅尺寸，减少了工程造价。

三是在满足规范要求的基础上，合理配置卸料门的数量，一般设置 4 台垃圾车卸料门，满足规范要求的同时，更符合现场实际需求。

四是在设备配置上取消了大件垃圾破碎机，将垃圾行车自动运行功能改为半自动，合理节约设备费用。

优化后的垃圾主厂房卸料平台如图 2 所示。

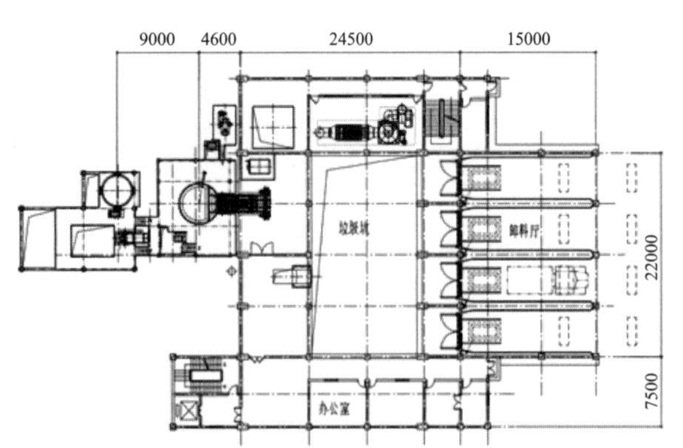

图2　优化后的垃圾主厂房卸料平台

3　气化炉至分解炉管道

气化炉中垃圾气化燃烧产生的烟气，通过管道引入到分解炉内进行高温燃烧，代替了熟料生产中的部分燃料。二噁英在 900℃温度下彻底分解，同时得益于窑尾预热器高温、高细度、高浓度、高吸附性、高均匀性分布的碱性环境，抑制二噁英类物质的二次生成。气化炉至分解炉管道在设计时，从风管跨度和支撑方式方面优化考虑，除跨越主干道等特殊情况外，支架尽量采用两点简支梁方式替代三点支撑，通过合理选取计算参数，加大风管安全跨度，节约土建桁架钢材规格及材料用量。气化炉至分解炉输送管道典型立面如图 3 所示。

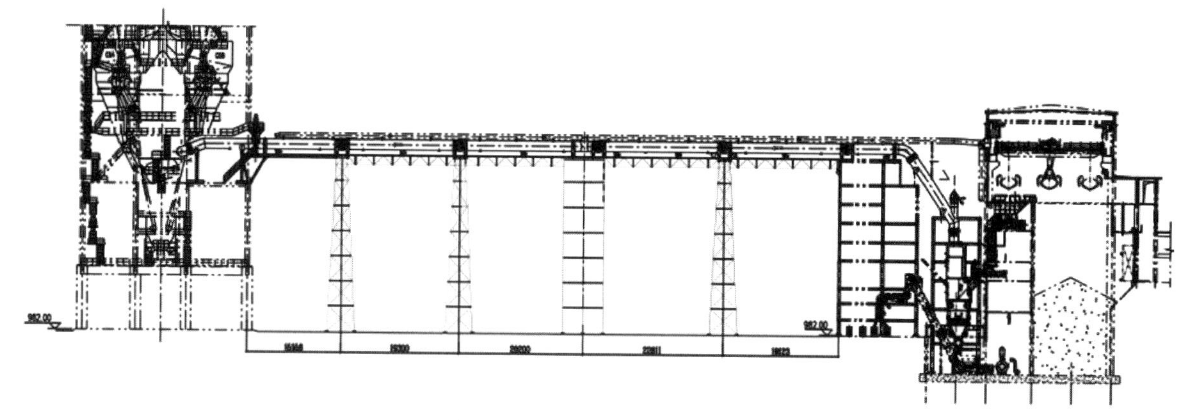

图 3　气化炉至分解炉输送管道典型立面

4　窑尾除氯系统

垃圾烟气在分解炉焚烧过程中，Cl^- 以气态形式在预热器系统内循环，夹带在二次风中由窑内向分解炉中移动，不断富集，除氯系统是通过在烟室氯富集区域抽出一部分气体，降低窑尾氯元素的百分含量，来缓解预热器结皮，保证窑系统的正常运行。初期设计时，从气体冷却器、袋收尘器收下的窑灰通过拉链机和斗提送入窑灰仓，由于窑灰的黏性大，斗提进口堵塞现象时有发生。后期通过优化将气体冷却器和收尘器抬高，窑灰仓直接设置在下方并增加荷重传感器，风机放置于车间内部，取消了转运拉链机和斗提，简化系统流程，保证了系统运转更加稳定。同时降低了风机的噪声污染，减少了系统占地面积。除氯系统优化前后对比如图 4 所示。

5　除氯窑灰输送及废气处理

除氯系统收集下来的窑灰，初期设计时作为混合材均匀掺入到水泥生产配料中，但在装车倒运时，对窑中广场的环境卫生影响大。后期优化后取消装车散装机，直接在窑灰仓下增加计量及稀相气力输送装置，通过耐磨钢管将窑灰均匀地送入篦冷机内与熟料混合，输送过程密闭无尘，满足了清洁生产需要。

将除氯排风机废气通过管道引至篦冷机前端，入窑进行高温二次处置，这种处置方式的优化，有效地解决了废气直接外排 NO_x 不达标的问题，无害化协同处置的优势得到体现。

除氯窑灰、废气处置流程如图 5 所示。

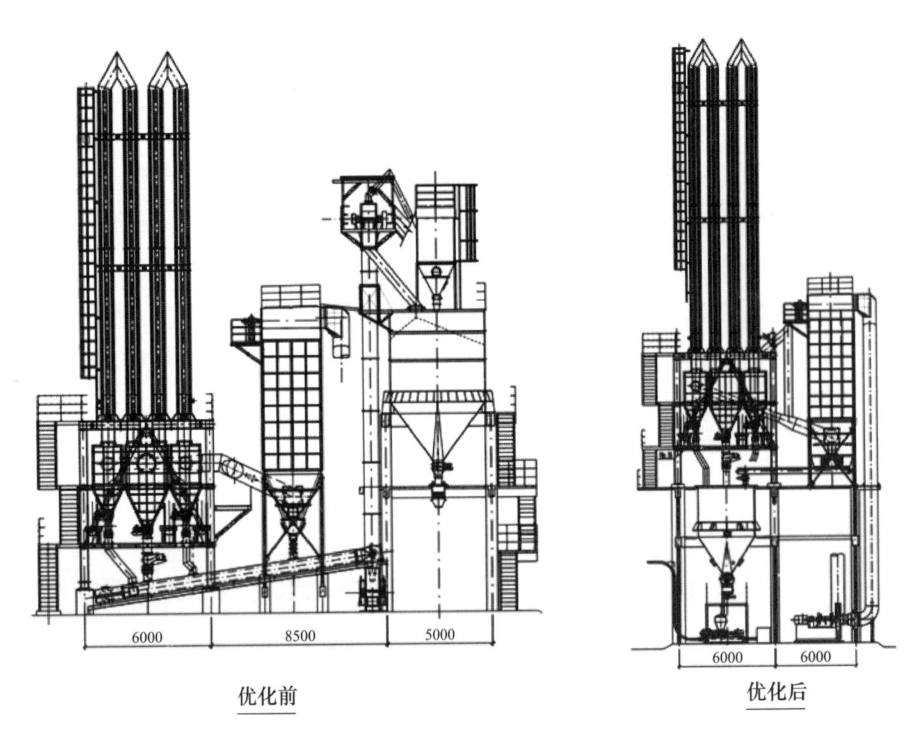

图4 除氯系统优化前后对比

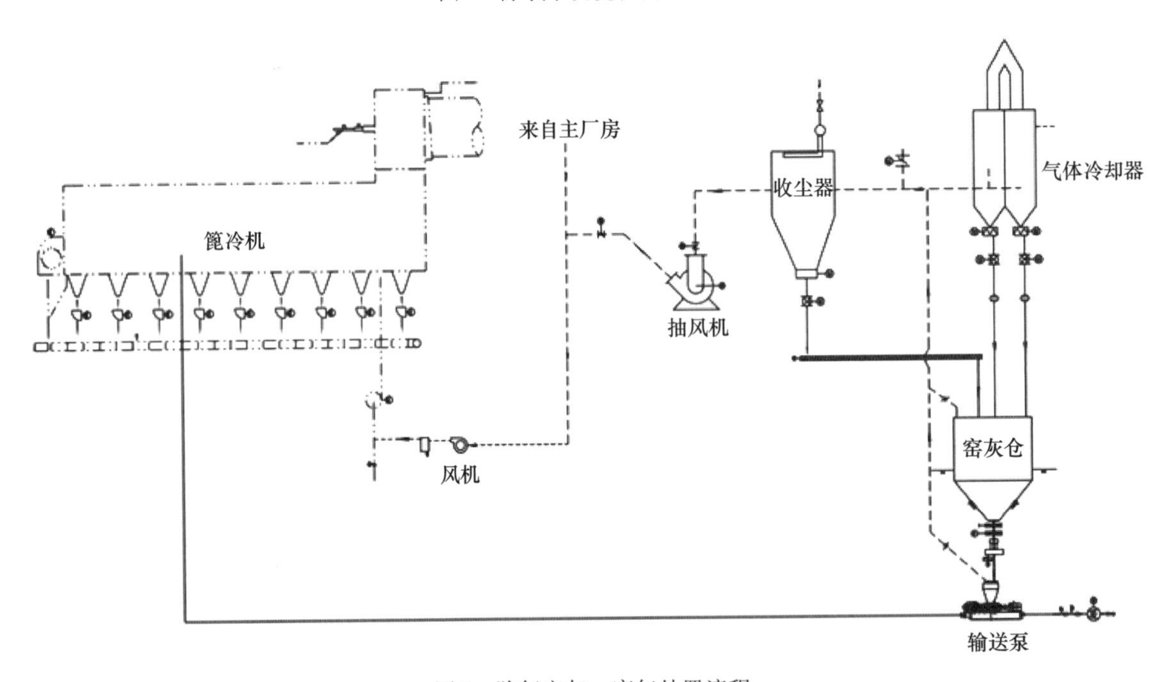

图5 除氯窑灰、废气处置流程

6 实施效果

利用水泥窑系统协同处理城市生活垃圾系统，在海螺水泥窑系统得到广泛应用，为解决城市环境问题做出了应有贡献。项目运行稳定，排放指标优于国标要求，二噁英排放值小于 0.01ngTEQ/m^3。通过对设计环节进行优化，使得投资更加节省，协同处置更加一体化融合，行业前景更加绿色环保。

参考文献

[1] 董家明，郭彦鹏，杨东方，等．水泥窑协同处置生活垃圾过程中臭气控制研究 [J]．水泥工程，2018 (4)：67-69.
[2] 张云，纪恪敏，王浩舟．水泥窑协同处置生活垃圾的优势分析 [J]．建材发展导向，2019 (8)：71-76.

并联选粉机在单闭路球磨增加辊压机升级改造中的应用

周长华　张邦松　刘康卿

摘　要　联合粉磨流程比较充分地利用了辊压机的节能优势，辊压后产生的较细颗粒选出入磨，从而大大改善后续磨机的粉磨状况，提高整个系统的粉磨效率。针对现有单闭路磨选粉系统制约产能提升的问题，充分利用粉磨系统尾排收尘并联一套选粉机，增加整个粉磨系统的选粉能力，达到提产、节能、降耗的目的。本文重点结合工程实践，介绍了180-160辊压机在ϕ4.2m×14.5m单闭路球磨机系统上的技改优化设计及首次成功应用。

关键词　水泥；联合粉磨；辊压机；并联选粉；节电

Application of parallel separator in technical transformation of adding roller press intosingle closed-circutball mill

Zhou Changhua　Zhang Bangsong　Liu Kangqing

Abstract　The combined grinding process makes full use of the energy-saving advantages of the roller press, and the fine particles generated after the roller press are selected for mill grinding, which greatly improves the grinding condition of the subsequent mill and improves the grinding efficiency of the whole system. In view of the problem that the existing single closed-circuit mill and separator system restricts the improvement of production capacity, the tail exhaust dust collector of the grinding system is fully utilized to parallel a set of powder separator to increase the powder separating ability of the whole grinding system, so as to achieve the purpose of increasing production, energy saving and reducing consumption. Combined with engineering practice, this paper introduces the technical optimization design and first successful application of 180-160 roller press in ϕ4.2m×14.5m single closed-circuit ball mill system.

Keywords　cement; combined grinding; roller press; parallel separator; power saving

0　引　言

MA海螺于2005年投产，为早期建设粉磨站，拥有4台ϕ4.2m×14.5m单闭路球磨机，P·

O42.5 台产 125t/h，工序电耗 38～39kW·h/d。为进一步优化指标，解决现有粉磨系统电耗超标的问题，本项目对 1 号、2 号水泥磨首次采用增加 180-160 辊压机联合粉磨系统改造，磨机台时产量由 125t/h 提高到 250t/h，粉磨工序电耗由 38kW·h/t 下降到 31kW·h/t（P·O42.5）。

1　设计内容

本项目主要建设内容包括：

（1）新增辊压机预粉磨系统，包含辊压机车间及进出料系统的建设；

（2）水泥磨选粉机及物料循环系统改造，内容包括原磨房内磨机内部结构改造、更换循环斗提及新增 O-Sepa2000 选粉机系统；

（3）优化成品水泥输送通道，新增 1 套入库斗提及库顶分料系统；

（4）相配套的原料输送系统等提产改造。

2　改造方案

2.1　工艺方案对比分析

根据 ϕ4.2m×14.5m 球磨机单闭路生产线现有技术条件，充分利用现有设备、设施。

项目前期方案一：采用集团内成熟应用的 170-120 辊压机＋ϕ4.2m×14.5m 球磨机联合粉磨系统，现有水泥磨选粉机系统不做修改，简要流程如下：

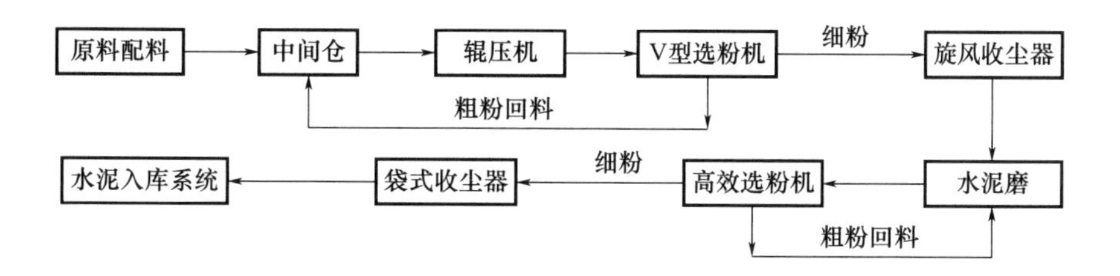

方案二：采用 180-160 辊压机＋ϕ4.2m×14.5m 球磨机联合粉磨系统，粗粉分离器改为 N2000 选粉机，简要流程如下：

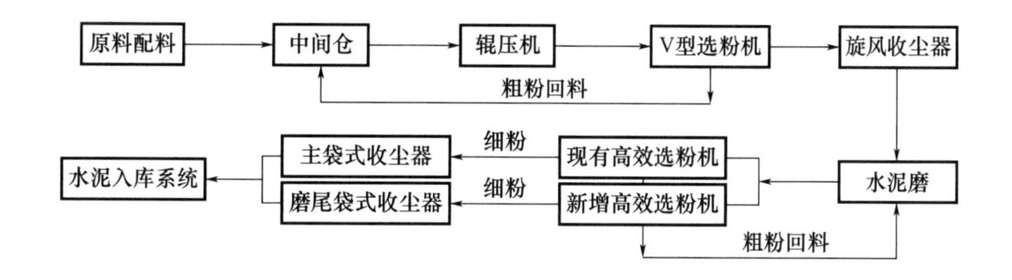

2.2　技术经济指标分析

辊压机技改方案经济技术对比见表 1。

表1 辊压机技改方案经济技术对比

	ϕ170-120 辊压机配 ϕ4.2m×14.5m 球磨机	ϕ180-160 辊压机配 ϕ4.2m×14.5m 球磨机
原料综合水分	≤1.5%	≤1.5%
产品比表面积	350±10m^2/kg	350±10m^2/kg
产量（P·O42.5）	200t/h	250t/h
工序电耗	32.6kW·h/t	30.8kW·h/t
系统装机功率	～7800kW	～9900kW
主机设备费用	约1300万元	约1700万元
土建费用	土建费用基本相当，方案一略低	

2.3 主机设备

辊压机技改方案主机配置对比见表2。

表2 辊压机技改方案主机配置对比

序号	设备名称	规格、型号及选型参数	
		方案一 170-120 辊压机配 ϕ4.2m×14.5m 球磨机	方案二 180-160 辊压机配 ϕ4.2m×14.5m 球磨机
1	辊压机	170-120 辊压机 通过量：610～710t/h 额定功率：2×1000kW	180-160 辊压机 通过量：930～1050t/h 额定功率：2×1600kW
2	循环斗提	型号：NSE1000×45500mm 能力：700t/h（正常），1000t/h（最大） 功率：2×110kW	型号：NSE1400×45500mm 能力：1000t/h（正常），1300t/h（最大） 功率：2×160kW
3	V型选粉机	V型-1000 选粉机 选粉风量：240000m^3/h	V型-1200 选粉机 选粉风量：300000m^3/h
4	循环风机	流量：270000m^3/h 功率：500kW	流量：300000m^3/h 功率：630kW
5	球磨机 （原有设备）	规格：ϕ4.2m×14.5m 球磨机 装机功率：4000kW	规格：ϕ4.2m×14.5m 球磨机 装机功率：4000kW
6	循环斗提 （入选粉机）	型号：NSE700 输送能力：750t/h	型号：NSE700 输送能力：750t/h
7	高效选粉机 （原有设备）	型号：O-Sepa N3000 最大循环量：450t/h	型号：O-Sepa N3000 最大循环量：450t/h
8	粗粉分离器	利用原有设备 型号：FTA50，规格：ϕ5m	更换为 N2000 选粉机 选粉空气量：120000m^3/h

从指标上分析，在联合粉磨系统中，辊压机承担的功耗越大，系统整体电耗越低。通过计算，该系统中辊压机承担的功耗超过10kW·h/t，考虑辊压机的增效系数，系统电耗预期可降低7～8kW·h/t。

3　现有选粉机制约生产问题的创新优化方案

现有 ϕ4.2m×14.5m 磨为双风机系统，单独配置磨尾通风。通过实施辊压机技改，原有 O-Sepa3000 选粉机及收尘系统不能满足技改后生产能力的提升需要，采用传统的方案全部更换选粉机及收尘系统，不仅工作量太大、投资过高，现场空间尺寸也不能满足设备安装。

通过反复研讨及评审，本项目创新地采用并联选粉机方案，保留现有选粉及收尘系统不做调整，增加一套 O-Sepa2000 选粉机系统并兼顾磨尾通风（替换原有的粗粉分离器），满足增设辊压机技改后产量提升的需要，生产中通过调节出磨粗粉分料器，实现两个选粉机处理量的分配。该流程目前已获得实用新型和发明专利，并对后续的江门、八菱辊压机等改造项目提供了参考并成功推广。并联选粉机改造流程图及现场照片如图 1 所示。

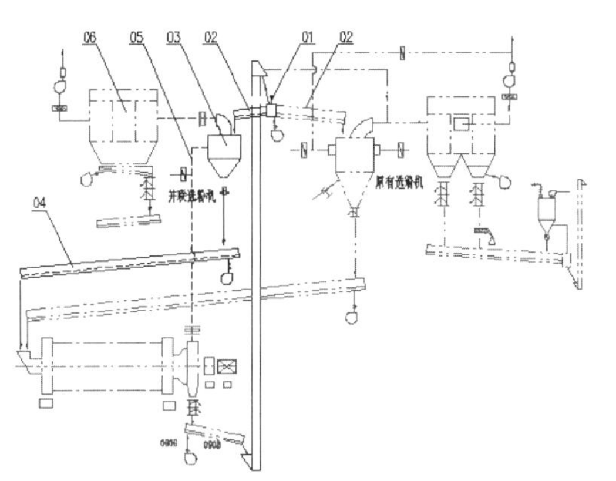

图 1　并联选粉机改造流程图及现场照片

4　设计优化措施

4.1　检修优化

合理优化辊压机检修方案，降低辊压机中心高，由 4.5m 调整至 2.8m，采用 12.000 平面上设置检修小车、可移动小仓的方式，为方便现场检修，每台辊压机各设置一套检修行车。如图 2 所示。

图 2　辊压机检修设置

4.2 辊压机小仓优化

辊压机缓冲仓锥度倾角加大，避免锥部下料速度偏差大引起离析，同时在锥体中部增设缓冲撒料板有效提高物料混合以减少离析，并可防止小仓冲料。缓冲仓撒料板如图3所示。

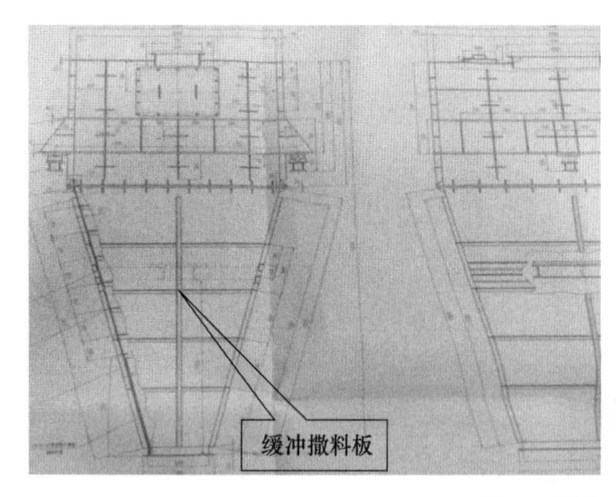

图3 缓冲仓撒料板

4.3 辊压机进料优化

优化辊压机进料控制系统，采用自上而下手动棒形阀、气动棒形阀和辊压机弧形翻板，彻底解决前期联合粉磨系统进料波动大、易冲料等问题。

4.4 V选收尘回粉改造优化

ϕ4.2m×14.5m磨配180-160改造中，辊压机房V选收尘器收尘物料比表面积500m^2/kg以上，45μm筛余细度为2.7%，3d抗压强度为34MPa，各项化学指标均反映此物料可作为水泥成品，每小时约10t，后期自V选收尘器引一斜槽至成品斜槽，减轻磨机负担，改善磨机过粉磨现状。

5 生产运行及改进措施

（1）因辊压机配置较大、有效做功高，原磨机配球调整较大，钢球平均球径较小，磨机研磨能力大幅提高，系统整体功效发挥较好。球磨机钢球配置见表3。

表3 球磨机钢球配置表

	第一仓	第二仓	合计
有效内径/mm	ϕ4100	ϕ4100	
有效长度/mm	3840	10040	13880
有效容积/m^3	50.7	132.6	183.3
仓长比例/%	27.7	72.3	100
介质容量/（t/m^3）	4.8	4.9	
装载量/t	72	193	265
填充率/%	29.6	29.7	

续表

	第一仓	第二仓	合计
级配（1号磨）	ϕ25球：12t	ϕ20球：25t	
	ϕ20球：28t	ϕ17球：78t	
	ϕ17球：32t	ϕ15球：90t	
	平均球径：19.5mm	平均球径：16.46mm	
级配（2号磨）	ϕ25球：12t	ϕ20球：67t	
	ϕ20球：28t	ϕ20球：67t	
	ϕ17球：32t		
	平均球径：19.5mm	平均球径：18.0mm	

（2）为提高辊压机有效做功，现场采取下列措施：调整原始辊缝，将辊压机垫铁由40mm减至27mm；提高辊压机压力，由7.0～8.0MPa调整至8.5～9.5MPa。调整后辊压机做功效果提升明显。

（3）针对辊压机偏辊现象，首先保证原料新鲜料与V选下料均匀进料，对入稳流仓溜子现已延伸至80cm（原延伸至20cm），针对两辊压均布机总是非驱侧辊缝大的情况，于溜子下部加一斜板，偏辊现象明显改善。

（4）缓冲计量仓下电液动闸阀及辊压机斜插板故障率影响辊压机稳定运行，后期将原配置电液动闸阀改为气动棒形阀，效果良好。

6　技改实施效果

2016年3月3日—6日MA海螺进行了72h性能测试，辊压机技改项目性能考核结果：P·O42.5水泥综合台产253.88t/h，工序电耗30.93kW·h/t，比表合格率100%。目前P·O42.5水泥产量最高，达320～330t/h（电耗24～25kW·h/t）。

2016年4月，通过热工标定，MA海螺1号磨系统N3000选粉机物料80μm筛余计算循环负荷率为36.86%、选粉效率为77.52%，N2000选粉机物料80μm筛余计算循环负荷率为157.37%、选粉效率为44.43%，并联选粉机的使用达到了预期效果。

参考文献

[1] 杨道连．浅谈水泥选粉机的优化与改造［J］．机械管理开发，2016，11：79-80.

大辊压机配小磨机建设水泥联合粉磨系统的实践

周长华　张邦松　王广要

摘　要　海螺水泥CF公司G180-160辊压机配ϕ3.8m×13m球磨联合粉磨系统辊压机（3200kW）与磨机（2500kW）装机功率比达到1.2以上，理论辊压机吸收做功达到11kW·h/t。结合性能考核，介绍了该粉磨系统工艺方案比较和运行中需要注意的关键问题，生产运行的相关优化措施，实现提质增效、节能降耗的目的，提出今后水泥联合粉磨系统的发展方向。

关键词　辊压机；联合粉磨；节能降耗

The practice of cement combined grinding system consist of large roller press with small mill

Zhou Changhua　Zhang Bangsong　Wang Guangyao

Abstract　In the cement combined grinding system of Conch CF Company，installed power ratio of G180-160 roller press（3200kW）and ϕ3.8m×13m ball mill（2500kW）is more than 1.2，the theoretical roller press absorption work reached 11kW·h/t. Combined with the performance assessment，this paper introduces the key issues that need to be paid attention to in the comparison and operation of the grinding system，and the relevant optimization measures of the production operation，how to achieve the purpose of improving quality and efficiency，saving energy and reducing consumption，and the development direction of the cement joint grinding system is proposed in the future.

Keywords　roller press；combined grinding；energy saving and consumption reduction

0　引　言

海螺水泥CF公司于2020年春夏建成两套G180-160+ϕ3.8m×13m水泥联合粉磨系统，是大辊压机配小磨机的典型案例。目前，两套联合粉磨系统生产运行稳定，P·O 42.5级水泥产量稳定在280～290t/h，电耗在25kW·h/t以内，各项运行指标均达到或超过了设计要求。本文介绍水泥联合粉磨系统建设方案的选择、建设效果，并总结试运行中的相关优化措施。

1　方案的选择

海螺水泥CF公司于2018年计划建设年产165万吨水泥粉磨站，要求水泥磨产量：≥235t/h（按

P·O42.5)，水泥粉磨电耗：≤27kW·h/t。根据该要求，公司决定建设两套粉磨系统，并对系统工艺配置方案（表1）进行论证。

表1　联合粉磨系统工艺配置方案

项目		方案一	方案二	方案三
主机设备	辊压机	G170-120	G180-160	G180-160
	V型选粉机	V-1000	V-1400	V-1400
	动态选粉机	—	TS-5000	TS-5000
	循环风机	270000m^3/h 4200Pa，500kW	300000m^3/h 5800Pa，800kW	300000m^3/h 5800Pa，800kW
	磨机	ϕ4.2m×13m	ϕ3.8m×13m	ϕ4.2m×13m
	高效选粉机	N-4000	N-4000	N-5000
工艺指标	总装机功率	7500kW	7900kW	9300kW
	辊压机/磨机功率比值	0.56	1.28	0.9
	系统能力	210t/h	220t/h	250t/h
	计算电耗	29kW·h/t	27kW·h/t	28kW·h/t

从表1可知，方案二辊压机/磨机功率比值为1.28，这是典型的大辊压机配小球磨方案。结合国内同类水泥粉磨生产线的生产实际情况，为获得优秀的技术指标、保证系统技术先进性和可靠性，公司决定采用方案二。

2　系统设计

2.1　平衡计算

对G180-160辊压机+ϕ3.8m×13 m水泥磨系统平衡计算，水泥配比、成品指标、辊压机与球磨机技术参数见表2～表5。

表2　水泥配比

项目	熟料	石膏	石灰石	混合材	水泥（P·O 42.5）
干基配比/%	78.5	2.5	7	12	100

表3　成品指标

名称	成品指标
成品水泥80μm筛余/%	<3
成品水泥比表面积/（$m^2\cdot kg^{-1}$）	350

表4　辊压机参数

名称	辊压机参数	名称	辊压机参数
循环负荷率/%	280	通过量/（$t\cdot h^{-1}$）	930～1050
辊径/mm	1800	辊缝宽度/mm	30～40
辊宽/mm	1600	功率/kW	2×1600

表 5 球磨机参数

名称	球磨机参数	名称	球磨机参数
循环负荷率/%	150	钢球填充率/%	29
磨机外径/m	3.8	磨内风速/（m·s^{-1}）	1.0
磨机长度/m	13	主电机功率/kW	2500

2.2 工艺流程及系统平衡指标

工艺流程及系统平衡指标见图 1。

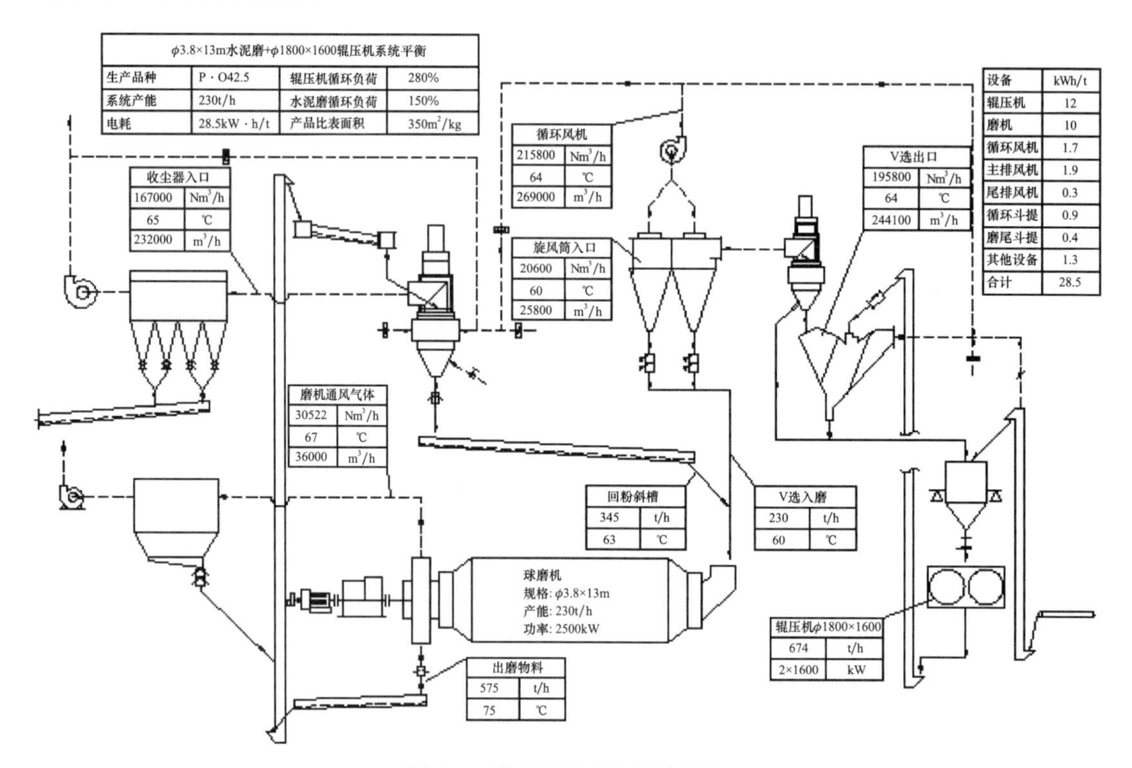

图 1 工艺流程及系统平衡指标

2.3 辊压机与球磨机的合理匹配

大辊压机配小球磨，辊压机吸收功率 10kW·h/t 以上，才能显示出预粉磨节电的优越性能。该项目辊压机（3200kW）与磨机（2500kW）装机功率比达到 1.2 以上，理论辊压机吸收做功达到 11kW·h/t。

2.4 配套动态选粉机的应用

由于辊压机配置较大，在 V 型选粉机和旋风收尘器之间增设一台动态选粉机，出 V 型选粉机后的细粉进一步分级，控制入磨物料 80μm 筛余（P·O 42.5）在 12%～18%，以降低球磨机的负荷，提高辊压机预粉磨功效，确保磨机与辊压机整体效能的发挥。

3 生产运行结果及分析

2020 年 11 月 10 日，该项目进行性能考核（图 2），当日 00：00 至次日 00：00 两套系统连续运行

24h 生产 P·O 42.5 级水泥，系统总体运行状况良好，操作维护便利，各项技术指标均达到或超过预期。

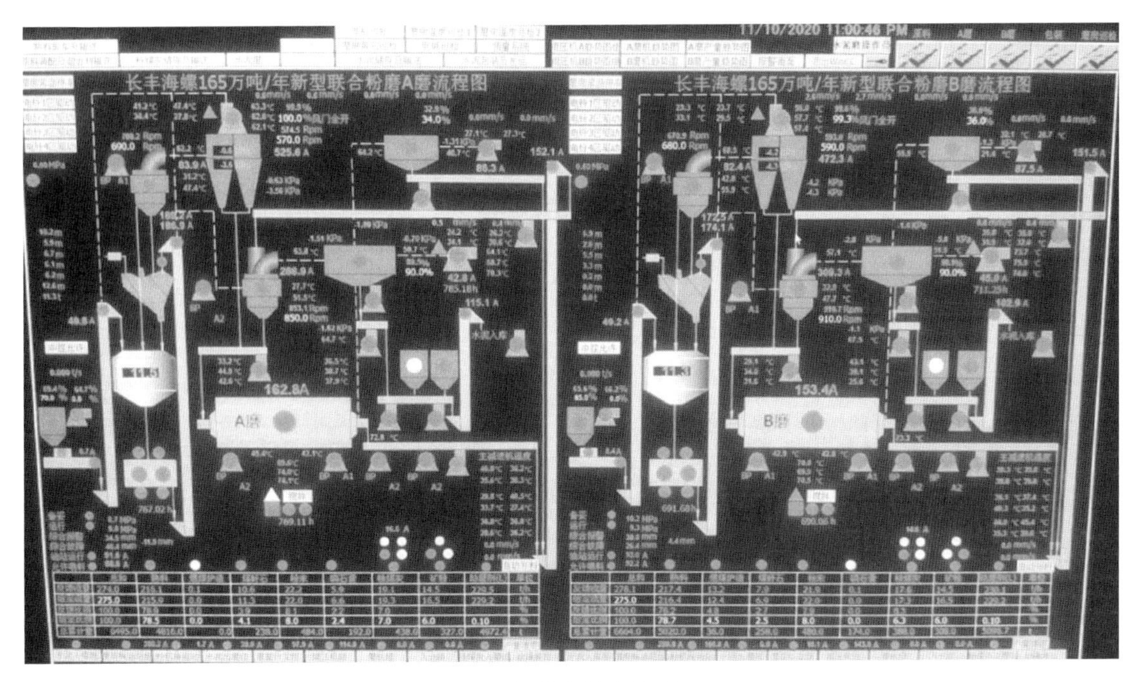

图 2　性能考核中控画面

考核期间 A 磨综合台产为 265.08t/h，超过考核值 30.08t/h，水泥粉磨工序电耗为 26.54kW·h/t，低于考核值 0.46kW·h/t；B 磨综合台产为 272.79t/h，高于考核值 37.79t/h，水泥粉磨工序电耗为 26.66kW·h/t，低于考核值 0.34kW·h/t，水泥细度、比表面积等质量指标稳定受控。

4　存在的不足及优化措施

4.1　入磨细度偏粗，磨机研磨不足

当前 P· O 42.5 入磨细度偏粗，80μm 筛余约 18%，P·O 42.5 成品 45μm 筛余 8%～10%，受磨系统负荷影响，高效选粉机转速调节空间不大。

解决措施：后期需同步调整优化动态选粉机及循环风机风量；针对磨内研磨不足，通过调整一、二仓填充率，适当降低一仓、增加二仓填充率，降低料速，取得较好的效果。

4.2　辊压机运行电流阶段性偏低且波动较大，做功不足

受入辊物料粒度变化较大影响，辊压机电流偏低（不到 95A），做功功率仅 79%。

解决措施：辊压机做功压力上调至 10.0MPa，辊压机做功电流上升到 110A 左右；辊压机电流阶段性波动大，后经对稳流仓增设导料板，电流波动现象有所缓解。

4.3　系统部分设计风管、除铁器、非标耐磨设计下料口等磨损较为严重

解决措施：提升 V 型选粉机和动态选粉机选粉效率、降低斗提循环负荷率和物料通过量，在关键

非标溜子增加复合耐磨板的使用。

4.4 磨内进出料细度变化小，比表面积提升不足

解决措施：需要尽快做磨内筛余曲线和比表曲线，找出影响磨内有效做功区域，尤其是一仓入料段存在的无效区、磨内功效发挥不足，采取活化一仓有效粉磨空间等针对性措施，提升磨内进出料比表增加值，增加磨机有效功。

4.5 成品水泥比表高、细度偏粗

M32.5 成品比表面积高（超过 $390m^2/kg$），细度 $45\mu m$ 筛余 1.8%，偏粗，需优化选粉机叶片间距，同时磨内粉煤灰研磨不足，出磨物料存在跑粗现象。

解决措施：后期建议在一仓增改导流装置，降低无效磨内段长度，提高一仓粉磨功效，减少粉煤灰磨内飘移，提升 O-Sepa 选粉机选粉效率，降低磨机循环负荷。

5 结束语

为充分发挥辊压机功效，采用大辊压机配小磨机是联合粉磨系统的发展方向，通过工艺方案对比和论证，首次在长丰项目采用 G180×160 辊压机配 ϕ3.8m×13m 球磨系统。辊压机的功效得到了充分发挥，相对于前期联合粉磨系统电耗更低。针对生产运行中出现的成品细度偏粗、磨内研磨不足等问题，经过现场工艺调整和完善，目前从运行指标来看，得到了进一步的优化和提升。

通过该项目的成功应用，实现了大辊压机联合粉磨系统的再一次技术升级，为水泥粉磨的发展提供了有益的探索和参考。

参考文献

[1] 徐从站，张国栋，董江波．用大型辊压机配套小型球磨机的原理分析及应用［J］．水泥，2013（11）：29-31.

海螺首套水泥立磨终粉磨系统工程化设计及应用

周长华　汪克春　邢　超

摘　要　水泥立磨以其高度节能、流程简单、占地小、易操作等优势越来越广泛地被全世界的水泥生产商采用。目前国外现代新型干法水泥生产线建设中，立磨占有率超过80%。本文通过分析工艺流程的选择、工艺方案的优化及生产运行实际，结合现场水泥立磨终粉磨系统性能考核，介绍了JD海螺CK490水泥立磨终粉磨系统首次成功应用的情况。

关键词　水泥；CK490立磨；终粉磨；应用；节能

System engineering design and Application of CONCH’s first cement vertical mill as final grinder

Zhou Changhua　Wang Kechun　Xing Chao

Abstract　With the advantages of high energy saving, simple process, small space occupied and easy operation, cement vertical mills are increasingly widely used by cement producers worldwide. At present, in the construction of new dry process cement production line abroad, the occupancy of vertical mill is more than 80%. This paper introduces the first successful application of CK490 cement vertical grinding system in Jian de Conch by analyzing the selection of process flow, the optimization of process scheme and the actual production operation, combined with the performance evaluation of the cement vertical grinding system.

Keywords　cement; CK490 cement vertical mil; final grinding; application; energy saving

1　概　述

立磨运用于生料制备技术已经十分成熟，但是应用于水泥终粉磨在国内比较少见。主要原因是熟料的易磨性比石灰石差很多，而且水泥的细度要求比生料细度要求高。随着立磨装备制造技术的升级提高，立磨应用于水泥终粉磨技术已逐渐发展，其工艺流程简单、易操作、节能等优越性逐渐显现。

为进一步优化水泥粉磨技术指标，实现水泥粉磨的技术升级，海螺集团在JD海螺采用2套CK490水泥立磨终粉磨系统。建德水泥立磨项目从2017年11月开工，至2018年8月1号水泥立磨顺利试投产，11月2号水泥立磨顺利投产。该水泥立磨系统经过性能考核，设备运行稳定，整体指标较好。

2 工艺流程及主机配置

2.1 CK 立磨与 CKP 立磨工艺系统比较

CK 水泥立磨终粉磨系统集研磨、选粉为一体，流程简单、操控方便。而 CKP 系统选粉机为外置式，出磨物料通过斗提输送直接进入选粉机。其设备配置对比详见表 1。

表 1 CK 立磨与 CKP 立磨设备配置对比

项目	CK 系统	CKP 系统
磨机型号	CK490	CKP490
主电机功率	5100kW	5100kW
选粉机	CKS700	O-Sepa N6000
袋收尘器	$600000m^3/h$	$360000m^3/h$
袋收尘风机	$630000m^3/h$，1000mmAq	$378000m^3/h$，650mmAq
循环风机	—	$240000m^3/h$，500mmAq

经过研讨和方案比选，选取工艺方案成熟、技术可靠的 CK 立磨系统。而 CKP 系统尚处于研发初期，行业内业绩较少，同时在流程上出磨粗颗粒无初级选粉直接进选粉机，存在选粉系统易磨损等情况。

2.2 设计指标

水泥磨产量：≥220t/（h·台）（P·O 42.5 水泥，比表面积 $355m^2/kg$）；

水泥粉磨工序电耗：≤27.5kW·h/t（P·O 42.5 水泥）。

2.3 CK 立磨系统工艺流程图

CK 水泥立磨工艺流程如图 1 所示。

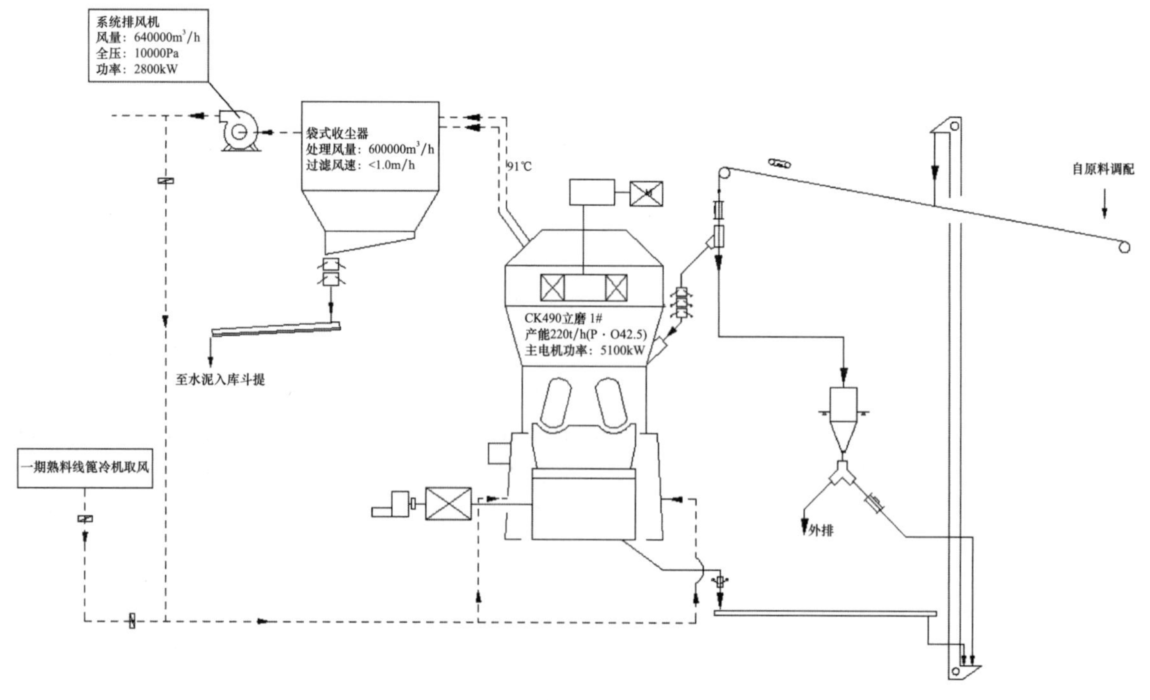

图 1 CK 水泥立磨工艺流程图

2.4 主机设备选型

主机设备选型见表 2。

表 2　主机设备选型

编号	设备名称	规格、工艺参数	设备供货厂家
1	水泥立磨	型号：CK-490 生产能力：220t/h（P·O 42.5） 电机功率：5100kW	海螺川崎
2	选粉机	型号：CKS-650 转子直径：ϕ5370mm 电机功率：500kW（变频调速）	海螺川崎
3	气箱脉冲主袋式收尘器	型号：DMC180-2×10A 处理风量：600000m^3/h 总过滤面积：12660m^2 出口浓度：<10mg/m^3	西矿
4	主风机	型号：Y6-2×39No29F 风量：640000m^3/h 全压：10000Pa 电机功率：2800kW（变频调速）	

3　项目设计特点

（1）该水泥立磨终粉磨工艺系统流程简单、性能可靠。试生产运行初期立磨振动值较大，通过调整液压管道及挡料环高度，运行逐步稳定。生产能力在 260t/h 以上，工序电耗 24kW·h/t，成品细度 3500cm^2/g，水泥成品质量均达到设计要求，产品质量与球磨机相当。水泥立磨现场照片图 2 所示。

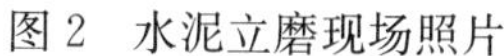

图 2　水泥立磨现场照片

图 3　窑头废气取风管道照片

（2）总图布局合理，物流顺畅，整体美观。该项目布局较为紧凑，采用立磨有效解决了场地较小、总图布置困难的问题。综合利用原有熟料发散库改造为水泥调配库，利用原有骨料石灰石堆棚改造为脱硫石膏堆棚，合理节省工程投资，加快了施工进度。工厂物流通畅，整体布局美观。

（3）合理利用窑头废气热风，为水泥立磨提供了稳定的热源。水泥立磨需要烘干，热源采用窑头的废气（图3），废气温度为95℃，能够保证水泥立磨的正常运行，较为节能。

（4）环保功能同步设计、同步施工，效果明显。新建项目距离厂界非常近，厂界外150m有居民区，环保压力较大。主要措施：一是在水泥立磨、输送廊道、转运点等噪声源地方，全部采用隔声封闭，门窗选用通风消声窗＋隔声门，主袋收尘器采用脉冲箱隔声罩封闭。二是所有收尘风机排风口设置消声器，排放口朝向设计往熟料线方向，降低噪声的污染。三是堆棚等设置了全封闭和快开门，在水泥包装发运栈台采用移动式微负压收尘和进出两道快开门，有效抑制扬尘，改善现场作业环境。项目同步设计，一次性安装和施工，环保效果明显。如图4所示。

（5）设计过程通过应用噪声模拟软件CadnaA进行计算分析，严格控制噪声值。噪声分布模拟示意如图5所示。

图4 水泥包装发运站台

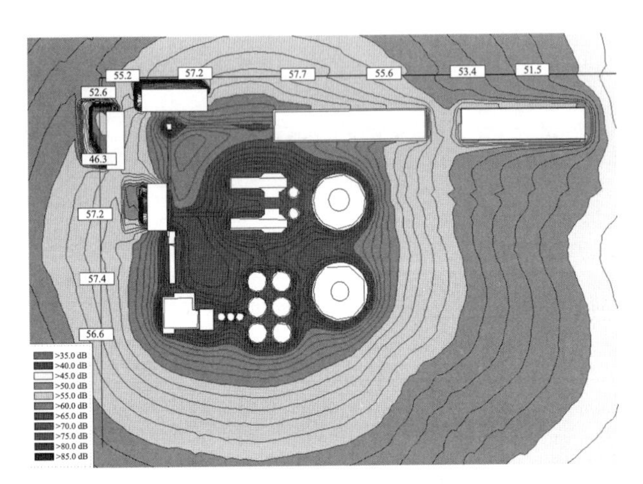

图5 水泥立磨噪声分布模拟图

4 生产运行指标

项目于2019年3月29日至31日分别对1号、2号水泥磨进行设备性能考核。该水泥立磨系统，磨机连续运行稳定，水泥成品质量受控，各项运行指标均达到设计性能考核要求。该系统的产能较好，节电效果明显，主要技术指标完成情况：

表3 性能考核指标测试结果

性能考核项目	考核指标	1号磨考核结果	2号磨考核结果	备注
水泥品种	P·O 42.5级水泥	P·O 42.5级水泥	P·O 42.5级水泥	
出磨产品比表面积/（m^2/kg）	355±15	354	351	达标
生产能力/（t/h）	220（干基）	252.6	260.6	达标
出磨产品水分/%	＜0.3（湿基）	0.22	0.22	达标
产品电耗/（kW·h/t）	≤26.8	20.98	21.38	达标
	≤27.5	24.00	24.68	达标
磨机振动/（mm/s）	＜3	1.4～2.0	1.1～1.6	达标
出磨产品温度/℃	≤90	85.6	80.9	达标

经过两年的运行和探索后，JD海螺通过更换密封喂料阀减少系统漏风，利用改善型助磨剂等优化

措施，目前水泥磨台时产量稳定在 300t/h，工序电耗平均在 20kW·h/t。

5 水泥立磨终粉磨系统的建议

JD 海螺水泥立磨终粉磨系统应用较为成功，结合对国内其他公司应用的了解，相对于同规模水泥立磨节电约 3～4kW·h/t。关于水泥立磨的优化建议如下：

（1）磨机运行稳定，是水泥立磨的关键因素。通过设备调整蓄能器管道、增设液压稳定阀、调整密封喂料阀，以及添加改良型助磨剂等措施，大大改善了水泥立磨的运行稳定，提高了生产能力，降低了单位产品的电耗。

（2）系统风机配置可进一步优化。根据系统标定的情况，水泥立磨系统磨机本体阻力考虑了一定的富余，系统风机效率偏低。通过计算各设备系统阻力，风机风压选型可下降约 1500Pa。不过根据现场经验，设备运行后期收尘器阻力会逐步增大，随着产量的提高，系统阻力会有一定增加，风机效率会有所提升。

6 结　语

建德水泥立磨终粉磨项目的实施，证明立磨用于水泥终粉磨是完全可行的。该项目的成功应用，实现了海螺集团水泥粉磨的技术升级。后期通过优化系统操作，将进一步发挥水泥立磨的节能优势。

参考文献

[1] 高长明．国内外水泥立磨应用的历史、现状和发展 [J]．新世纪水泥导报，2017，23（3）：22-26，5.

RP200-180 辊压机原料终粉磨系统工程化应用及运行分析

周长华　王天新

摘　要　自20世纪80年代辊压机问世以来，以它显著的节能和大幅度提产而被迅速推广。由于原料辊压机终粉磨系统不再需球磨机，其系统节电效果最显著、流程最简单，质量满足要求，投资也较节约。本文通过分析工艺方案的优化，结合现场生产运行实际及辊压机终粉磨系统性能考核，介绍了宁国一线/二线综合技改效果，为老厂转型升级、节能技改提供示范。

关键词　原料；辊压机；终粉磨；技改；系统节能

Application and operation analysis of raw material final grinding system engineering about RP200-180 roller press

Zhou Changhua　Wang Tianxin

Abstract　Since the advent of the roller press in the 1980s, it has been rapidly promoted for its significant energy savings and substantial production increases. Because the final grinding system of the raw material roller no longer needs the ball mill, its system has the most significant power saving effect, the simplest process, the quality meets the requirements, and the investment is more economical. Through the optimization of the analysis of the process scheme, combined with the actual production and operation of the site and the performance assessment of the roller press final grinding system, this paper introduces the comprehensive technical transformation effect of the first line/second line in Ningguo factory, and provides a demonstration for the transformation and upgrading of the old factory and the energy-saving technical transformation.

Keywords　raw materials; roller press; final grinding; technical transformation; system energy saving

0 引　言

NG水泥厂一线4000t/d水泥熟料线于1985年试生产，运行三十多年来，该生产线受工艺流程、设备配置等因素限制，系统能耗水平已落后于行业标准。1号原料磨台产不足300t/h、电耗接近24kW·h/d，二线（2000t/d）原料磨台产180t/h，电耗24kW·h/d，经济技术指标落后，企业面临较大的生产经营风险。为进一步优化一、二线生产运行指标，提高企业竞争力，决定实施以宁国一线辊压机终粉磨为核心的综合节能技改。

1　一线/二线原料系统主要问题

1.1　一线/二线原料磨产量低、电耗高

NG 水泥厂一线 4000t/d 原料磨为 ϕ5m×15.6m 中卸烘干磨，平均台时为 295t/h，生料工序电耗为 23.6kW·h/t；NG 水泥厂二线（2000t/d）为 ϕ4.6m×7.5＋3.5m 中卸磨，台产 180t/h、电耗 24kW·h/t。取料机取料能力不足，一线为 400t/h，二线为 250t/h。

1.2　黏土配料不能满足生产需要

工厂可采黏土资源总量不足，需持续外购黏土，新征黏土矿尚未实际开采。

1.3　窑尾电收尘为正压操作，生产操作困难

尾排风机布置在增湿塔和电收尘之间，电收尘正压操作，系统存在漏风、运行中设备维护困难，原料磨停机时，系统必须减产运行。

2　项目前期方案论证

为优化评审宁国一线原料磨设计，制定了“辊压机终粉磨”和“CK 立磨”两套原料技改技术方案。

采用辊压机终粉磨系统与立磨系统技术经济指标比较如下：

序号	项目	单位	辊压机终粉磨	立磨方案
1	主机型号		HFCG200-180	CK450
2	系统设计产量	t/h	450	450
3	系统实际产量	t/h	450～480	450～460
4	装机容量	kW	7680	8020
5	粉磨工序电耗	kW·h/t	13～14	16～17
6	耐磨件		铸钉辊面	磨辊堆焊
7	辊面寿命	h	30000	6000
8	主机设备投资	万元	2850	3000

辊压机终粉磨通过高压料床粉碎完成对物料的剪切破坏，与立磨相比粉磨效率更高，也更节电。相对于立磨系统，辊压机物料循环次数较多（约 4 次），喂料斗提和循环斗提负荷较大（2000t/h），对设备的制造和维护要求高，系统的操作要求更高。

经过综合比较、现场论证和评审，确定宁国一线原料粉磨采用辊压机终粉磨改造方案。

3 生产工艺流程及系统平衡

3.1 工艺流程

一线现有磨头仓中混合料、石灰石、铁粉与二线新增混合料仓混合料计量配料一同输送至V型选粉机。V型选粉机利用一线窑尾热风作为物料烘干和风选，风选后的细粉通过动态选粉机选粉至旋风筒收集成品进入一、二线生料库。V型选粉机选粉后的粗颗粒和动态选粉机风选出的粗粉进入辊压机挤压后通过斗提进入V型选粉机重新选粉和进一步烘干。工艺流程如图1所示。

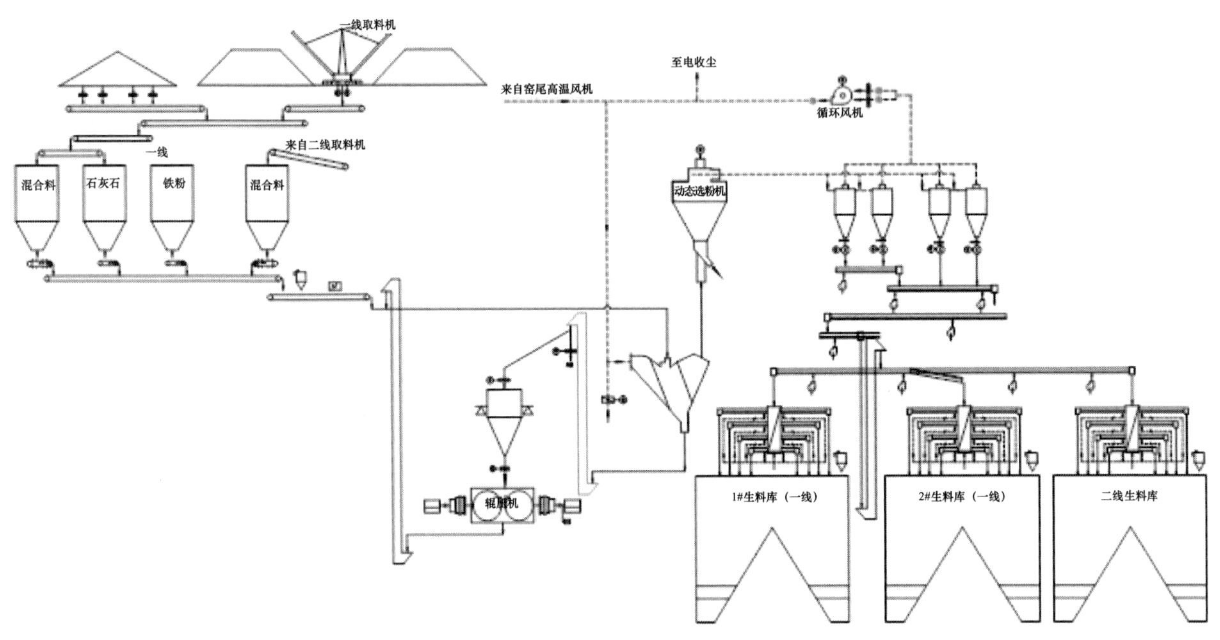

图1 工艺流程图

3.2 工艺条件和平衡计算

（1）物料配比方案如下：

物料名称	石灰石	低硅页岩	高硅页岩	铁 粉
物料配比/%	85.1	8.5	4.2	2.2
物料水分/%	1.3	5	5	11
综合水分/%	～2			
物料邦德功指数	综合为12.63kW·h/t，其中石灰石为11.72kW·h/t			

注：根据试验结果显示，石灰石比较好磨，页岩尤其是高硅页岩难磨。

（2）工艺计算

① 计算用原始数据如下：

系统产量	G：450t/h
主电机功率	N：2×2000kW
原料水分	W_1：2.0%
热风温度	T_1：240℃
原料平均温度	T_{s1}：10℃
排出废气温度	T_{s2}：80℃
生料终产品综合水分	W_2：0.2%
系统需热风量	19×10^4 Nm^3/h

② 主机功率计算如下：

主要设备	型号	选型能力	单位	机选功率/kW	功耗/（kW·h/t）
V型选粉机斗提	NSE2000	1743	t/h	332	0.51
辊压机斗提	NSE2000	2013	t/h	288	0.56
辊压机	RP200-180	1677	t/h	3707	5.98
动态选粉机	TS12000	645559	m^3/h	226	0.33
循环风机	风压：7000	800493	m^3/h	2281	4.21
合计				7333	11.59

③ 主机设备选型如下：

编号	设备名称	规格、型号、工艺参数
1	辊压机	型号：RP200-180　通过量：1600～1800t/h 额定功率：2×2000kW
2	高效选粉机	型号：TS12000 动态选粉机 产量：500t/h（R80μm<15%，R200μm<1.5%） 选粉空气量：720000m^3/h　电机功率：280kW
3	V型选粉机循环风机	流量：780000m^3/h 全压：7500Pa　电机功率：2500kW
4	窑尾电收尘器（现有）	处理风量：630000m^3/h 入口废气温度：110℃（最高350℃瞬时）
5	窑尾废气风机	原料磨开时：460000m m^3/h，停时：700000 m^3/h 全压：2300Pa　电机功率：630kW

4　主要技改方案

（1）根据评审方案，对一线原料中卸磨实施辊压机终粉磨改造。以充分利用余热为计算基准，初步确定原料磨的合理产能约450t/h，相对回转窑的运转率为70%（窑实际产量为4600t/d）。

配料系统优化：在二线原料磨边新增一个混合料仓，由一、二线取料机同时为一线新增辊压机系统供料，一线生料制备实现四组分配料。

生料入库优化：利用现有入库系统，一线辊压机富余产能可倒运至二线生料库，实际一台辊压机满足两台窑生产，二线原料磨作为备用利用谷电运行。

（2）主要技改内容：

① 利用一、二线原料磨中间空余场地，新增一套生产能力为 440t/h 的辊压机终粉磨系统；

② 将一线堆料机能力由 600t/h 提升至 900t/h，一、二线取料机可同时向辊压机原料磨供料，满足技改后原料磨满负荷生产；

③ 在二线磨头仓东侧新增一座 600t 的混合料库，由二线取料机取料、配料后与一线磨头仓配料同时为原料辊压机供料；

④ 改造废气处理系统，保留增湿塔及电收尘器，更换系统风机，系统由正压操作优化为负压操作；

⑤ 利用现有生料入库系统，提升入库斗提能力至最大 550t/h，库顶增加至二线生料库的输送斜槽；

⑥ 一线辊压机富余产能每年可向二线提供约 90 万吨生料，二线原料磨年利用率可由 80%降至 20%。

5 主要优化设计措施

5.1 现有原料配料为页岩预配料改造

（1）在现有二破区域增设一套 220t/h 页岩反击式破碎机；

（2）在二破对面空旷场地，增设 50m×30m（储量 5000t）堆棚作为临时堆存，缓冲来料并可控制页岩的水分。

5.2 一、二线协同配料

一线三个磨头仓分别储存混合料、石灰石、铁粉；二线新增一个混合料仓用以弥补一线取料机取料能力不足的问题。

技改后一、二线取料机可同时向辊压机供料，实现辊压机原料“两进”，并充分发挥现有一、二线堆场的储存、均化及取料能力。

一、二线协同配料如图 2 所示。

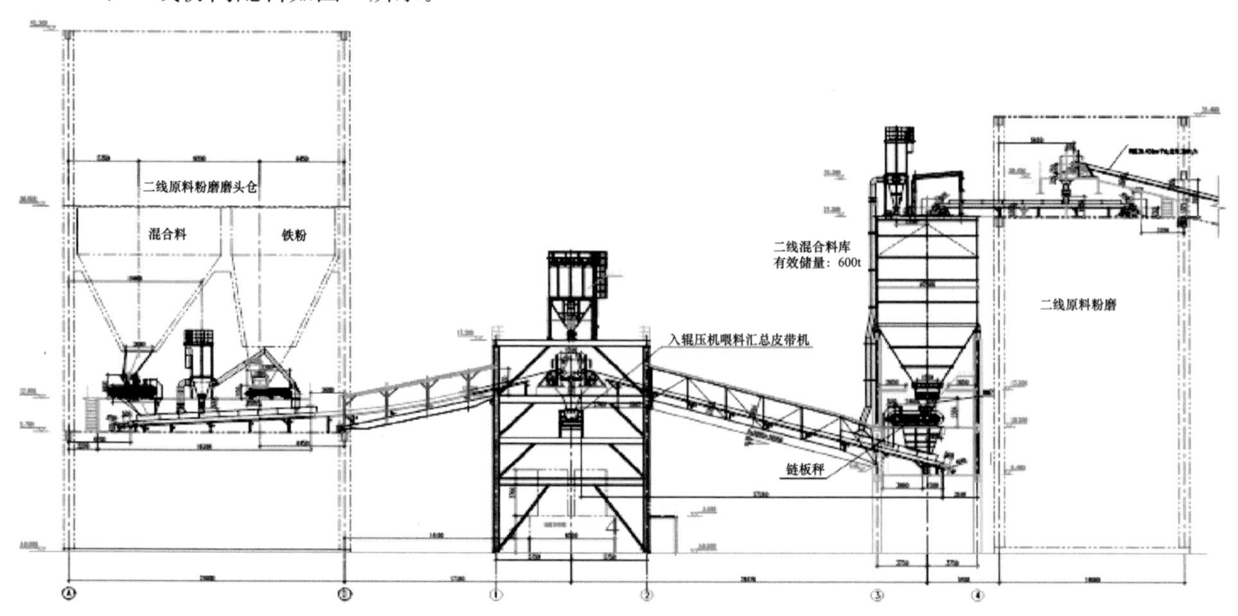

图 2 一、二线协同配料

5.3　原料辊压机终粉磨优化

（1）主机配置优化

① 合理配置了辊压机设备，确定采用 ϕ2000mm×1800mm 辊压机系统，循环风机和尾排收尘系统合理匹配；

② 采用了 NSE2000 循环斗提，最大能力提高至 2000t/h，针对辊压机出现异常情况斗提的适应性大大提高；

③ 系统合理选择高效动态选粉机，相应配置了旋风收尘器，为后期水泥产能大幅提高提供了保障。

（2）厂房布置优化

V 型选粉机部分和旋风收尘、循环风机结构合并，整个厂房结构得到优化，不仅节省投资，相应进出风管也大大缩短；布置上尽量靠近动态选粉机和旋风筒，缩短连接风管，高浓度风管系统阻力也会相应降低，提高选粉效率。

（3）热风管道优化

辊压机原料终磨系统热风管道较多，项目设计通过合理规划管道走向，尽量利用现有热风风管，大量依托原有结构设置风管支架，同时充分考虑现场检修通行空间，降低技改工作量和成本，大幅缩短了工程建设工期。如图 3 所示。

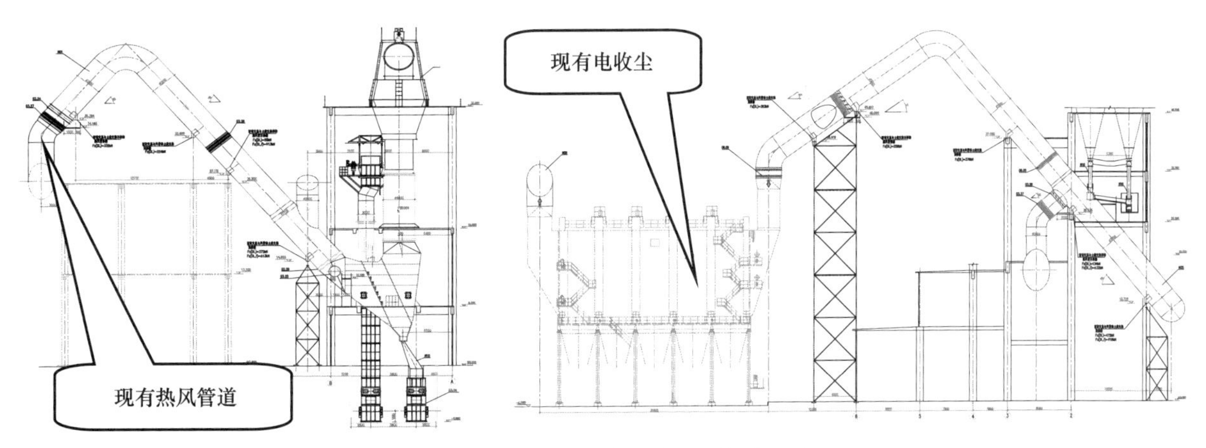

图 3　辊压机原料终磨系统热风管道优化

（4）电收尘由正压优化为负压运行

前期电收尘正压操作，系统漏风点多、灰斗易积料，现场设备维护困难，电收尘排放浓度约 20～25mg/Nm^3，改为负压操作后电收尘运行工况大大改观，粉尘排放浓度下降至 10mg/Nm^3 以下。

（5）设备检修及人性化设计

① 辊压机检修：RP200-180 辊压机单个辊子质量太大，采用前期检修葫芦和吊轨方式难以实现；本次设计采用辊压机房地面设置检修移动架，可直接拖动辊子的方式，直接将辊子拖出辊压机房。

② 循环风机设置于地面上、防雨棚顶部，采用可拆卸设计，便于检修，同时减少了振动，降低了噪声。

③ 整个辊压机房主要巡检通道、楼梯考虑较为充分，通行、检修方便。

④ 生料成品输送增设斜槽，实现辊压机生料可送至一、二线生料库，实现一台生料辊压机可保两条窑同时正常运行。

6 生产运行结果及分析

NG水泥厂一线原料辊压机终粉磨为核心的综合节能技改于2016年11月开工建设，由海螺设计院设计，辊压机由中信重工供货。项目于2017年10月20日投产试运行，2017年12月27日11：00—12月29日11：00顺利完成了48h性能考核。从现场运行结果来看，总体运行状况良好，一、二线运行衔接有序，工艺流程顺畅、简洁，各项运行指标均达到或超过设计性能考核要求。性能考核指标测试结果见表1。

表1 性能考核指标测试结果

序号	项目	单位	考核指标	考核结果	备注
1	辊压机产能	t/h	440	495.4	满足
2	生料系统电耗	kW·h/t	16.0	14.27	满足
3	辊压机系统电耗	KW·h/t	11.6±1	11.53	满足
4	生料成品细度（80μm筛余）	%	18	15.14	满足

通过一年多的实际运行，一线熟料综合电耗由技改前的72kW·h/t下降至56kW h / t。二线原料磨实际运转率仅为5%，二线熟料综合电耗略高于一线0.5kW·h/t。技改前后电耗对比见表2。

表2 技改前后电耗对比

考核期间生料工序电耗与2015—2017年工序电耗对比								
项目	2015年	2016年	2017年	平均	2017年1—9月	性能考核值	与1—9月对比	与2016年对比
台产（t/h）	297.96	295.09	300.3	297.78	285.22	495.4	210.18	200.31
电耗（kW·h/t）	23.65	24.27	22.88	23.6	23.92	14.27	−9.65	−9.70

7 结 语

宁国厂一、二线综合节能技改达到预期效果，核心技改项目——原料辊压机系统达产、达标，满足了两进两出（一、二线原料堆场同时供料，一、二线生料库同时进料）的要求，一台原料辊压机可保两条窑稳定运行。

这套系统的优化设计和成功应用，实现了集团原料粉磨系统的技术升级，通过优化整合老线综合节能技改，让落后生产线焕发生机，也为行业转型升级提供了很好的示范。

参考文献

[1] 王学敏，王虔虔，陈代彦．沂南中联辊压机生料终粉磨系统运行报告［C］．2015第七届国内外水泥粉磨新技术交流大会暨展览会，2015.

高变幅码头散装水泥输送提产技改优化设计

刘康卿　周长华　马亚宁

摘　要　随着水泥中掺加助磨剂后流动性增大、在胶带输送机槽面上不能形成有效料层厚度，给胶带机远距离输送能力提升带来很多问题。本文采用创新型专利技术的实施，解决了水泥在皮带机断面产生翻滚的问题，增大了水泥与皮带机胶面的接触面积，有效提升了胶带机的输送能力。

关键词　胶带机；散装水泥；浮趸式码头

Productivity improvement and optimization design of bulk cement transportation in high amplitude wharf

Liu Kangqing　Zhou Changhua　Ma Yaning

Abstract　Fluidity of cement increased with the grinding aid added into, the effective thickness of material layer cannot be formed on the trough surface of belt conveyor, which brings many problems to the improvement of long-distance conveying capacity of belt conveyor. In this paper, the implementation of innovative patent technology, to solve the problem of cement rolling on the belt conveyor though section, increase the cement and belt surface contact area, effectively improve the conveyor capacity.

Keywords　belt conveyor; cement bulking; floating wharf

0　引　言

水泥粉磨中添加助磨剂具有提高粉磨效率、改善水泥产品性能、提高磨机台时产量、降低水泥粉磨电耗等优点。但因添加助磨剂导致水泥流动性增加，给胶带机远距离输送能力提升带来很多问题。CQ 海螺码头地处长江水域，码头为浮趸式码头，受冬夏季节水位落差较大影响，输送系统能力波动很大。特别是自 2019 年公司使用助磨剂以来，随着水泥流动性的增强，输送系统能力下降高达 40%，严重制约了公司水泥出厂。经技改后极大地提高了水泥输送能力及码头装船效率。

1　CQ 海螺 2 号码头水泥散装技改方案

1.1　装船输送系统现状

CQ 海螺 2 号泊位为浮趸式码头，散装水泥通过陆域斜槽＋栈桥胶带机输送方式（图 1）。码头在夏季枯水季节水位最低为143m，胶带机下行10°倾角输送；冬季丰水季节水位为175m，胶带机上行6°倾角输送；冬、夏季胶带机输送变幅高达16°（图2）。在胶带机运行时，水泥在皮带爬坡及下坡段呈流水状，水泥输送过程中撒料扬尘大，现场环保压力大，同时造成输送能力下降，散装船发运能力大幅下降，制约着船运水泥市场的拓展。

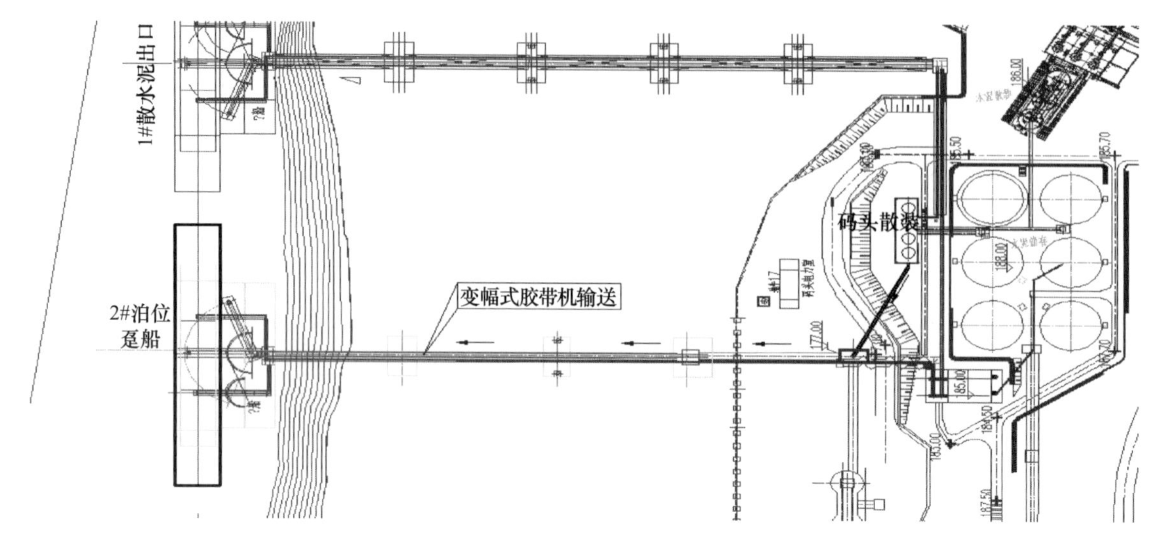

图1　2号泊位水泥散装总图

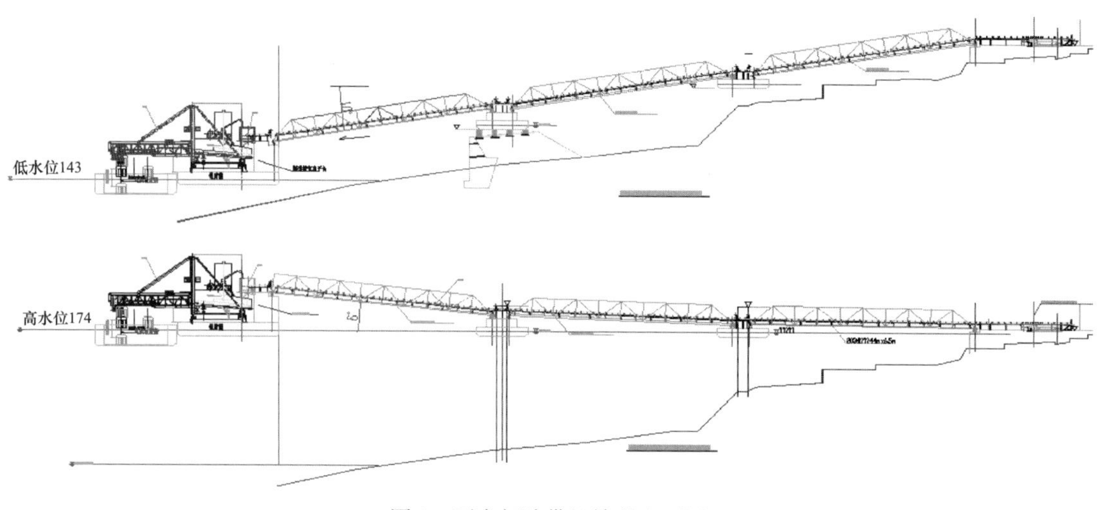

图2　可变幅胶带机输送立面图

为提高发运系统输送能力并解决沿程粉尘无组织排放等问题，公司决定对输送系统进行升级改造。

1.2　技改思路及方案

改造过程中充分利用现有的码头散装仓、浮桥及趸船等基础设施，通过更换陆域斜槽及升级栈桥胶带输送机等措施，避免了基础设施浪费。

针对公司掺加了助磨剂后水泥流动性大、不能形成有效料层厚度，造成输送系统能力下降40%以上的情况，采用创新型专利技术[1]，通过薄料层、宽料面的改进，解决了因水泥内摩擦力减小、水泥在皮带机断面产生翻滚的问题，增大了水泥与皮带机胶面的接触面积，增加了水泥摩擦力，有效提升了胶带机的输送能力。

如图3所示，假设当两种形式胶带机料层厚度相同时（$H_1=H_2$），水泥在带面上形成的有效接触长度$L_1>L_2$，理论上形成的输送断面面积$S_1>S_2$。但是现场实际运行中$H_2>H_1$时，胶带机在上行或下坡时，槽面上的水泥料层在经受槽型托辊有规律的颠簸后，水泥与带面的静态会打破，造成中心料层像水一样流动，流动的水泥一部分会被带面上的空气二次扬起，在输送廊中形成粉尘带，加上江面风大，从外面看，整个输送廊道不同程度存在冒灰点，现场环保压力大。

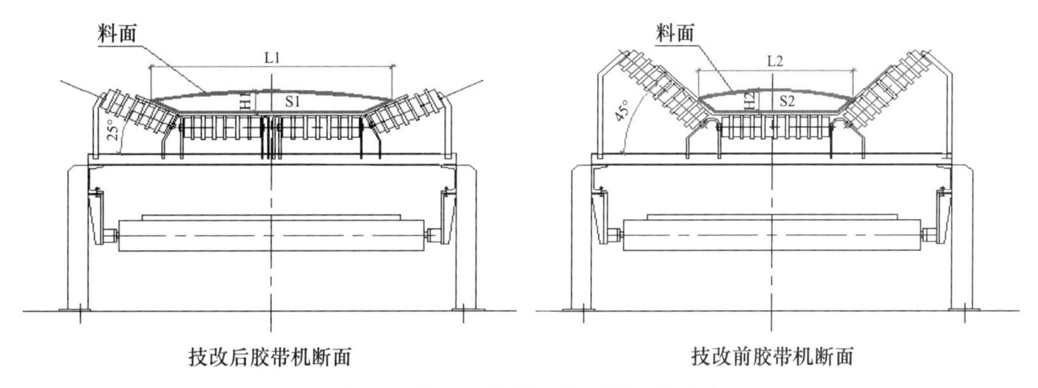

图3　胶带机改造断面方案断面示意图

技改实施后CQ海螺码头水泥输送能力从300～350t/h提升到约800t/h（图4），解决了水泥磨节能技改后装船输送能力不足的问题。

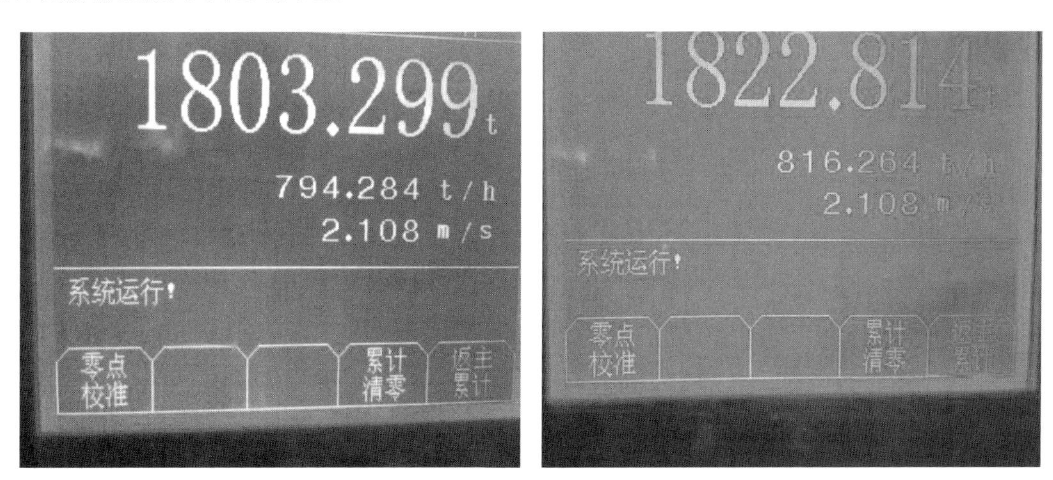

图4　改造后现场实际输送能力

1.3　粉体物料转运点优化设计

大流量散装水泥输送时上下游设备转运点设计尤为重要，针对水泥特性，结合同类项目经验对接口非标设备进行优化，采取阶梯型多点落料，使水泥在皮带机上能够形成稳定料面高度，提升输送能力。

1.4　环保优化设计

水泥输送系统采用全封闭设计，减少粉尘外溢，同时优化水泥物料输送过程收尘系统设计，合理选择收尘设备，多点收尘，保证现场转运站内拥有较好工作环境（图5）。

图 5　技改后现场实景

2　实施效果

项目实施后，CQ 海螺码头水泥输送能力从 300～350t/h 提升为 800t/h，日发运量达到 1.5 万吨以上，有效解决了水泥磨节能提产技改后现有输送系统能力不足制约产能发挥的问题，同时极大改善了码头区域水泥输送过程中扬尘撒料、无组织排放等状况。

3　结　语

随着助磨剂在水泥粉磨中的推广使用，成品水泥流动性增加导致胶带机输送能力下降，影响系统发运能力，本项目通过专利技术应用，有效提升了胶带机输送能力，解决了制约工厂正常生产的瓶颈问题，与斗提＋斜槽多级变幅输送相比，具有改造工程量小、投资省、工期短等优势，对同类项目有较好的借鉴意义。

参考文献

[1] 江斌，周长华，刘康卿，等．一种粉料输送胶带机：ZL 2021 2 2258588.9 [P]．2022-02-01.

浅谈大型工艺热风管道设计与维护

李祥超　项佳伟　程　浩

摘　要　随着水泥新型干法生产线的大型化，大型热风管道在水泥生产线中发挥着越来越重要的作用。本文着重对热风管道使用中发生的负压损坏问题，从设计强度、使用、维护等角度进行分析，探讨管道在设计、安装、使用、维护方面应注意的问题。

关键词　热风管道；负压损坏

Discussion on the design and maintenance of large-scale process hot air duct

Li Xiangchao　Xiang Jiawei　Cheng Hao

Abstract　With the scale of the new dry process cement production line become larger, the large-scale hot air duct plays a more and more important role in the cement production line. This paper focuses on the negative pressure damage in the use of hot air duct from the perspective of design strength, use and maintenance, and discusses the problems that should be paid attention to in the design, installation, use and maintenance of the duct.

Keywords　hot air duct; negative pressure damage

1　简　介

新型干法水泥生产线的一个显著特点是余热利用充分，能耗指标低，其余热可以用于生料制备系统、煤粉制备系统、余热发电等。而连接这些工艺系统的热风管道大多在高温、高湿、高负压、高粉尘等恶劣工况下工作，管道的使用与维护显得尤为重要。热风管道的负压损坏问题是目前生产线中发生的最为严重的问题之一，我们着重结合实际生产中暴露出的问题，对熟料生产线热风管道在设计、使用中发现的问题进行分析，探讨熟料生产线热风管道设计使用与维护问题。

1.1　项目情况

某水泥生产线于2005年11月投产，原料粉磨/废气处理系统为两风机系统，原料磨出风经汇风箱直接入窑尾电收尘。该系统负压较大，窑尾排风机全压最大为10500Pa。窑尾电收尘出口风管（损坏的风管），下部立管直径为4m，采用$t=8$mm钢板设计，上部分为两路$\phi 3$m支管接电收尘出口，采用$t=6$mm钢板设计，10mm×60mm扁钢间隔1m环向加强。本次发生损坏的位置在叉管及其靠上部位。

窑尾收尘器出口风管原设计厚度为6mm钢板，理论上可以满足此处10500Pa的负压工况，风管损坏的原因可能为管道生产磨损变薄。

2011年8月24日，窑尾电收主出口风管发生顶压损坏（图1）。

图1 某水泥生产线窑尾主收尘器风管变形

1.2 原因分析

对管道进行了强度计算如下：

已知：	计算外压力 P_c=	−10500	Pa=	(−0.0105MPa)
	管道外直径 D_0=	4000	mm	
	管道的有效厚度 δ_e=	3	mm（此处考虑管道磨损）	
	加强圈横截面积 A_s=	900	mm^2（扁钢10×90）	
	加强圈中心线距 L_s=	1000	mm	
	设计温度下材料的弹性模量 E=	150000	MPa	
计算：	系数 $B=\frac{P_cD_0}{\delta_e+(A_s/L_s)}$=	12.35	MPa	
	系数 $A=\frac{1.5B}{E}$=	12.35×10^{-5}		
	加强圈与管道组合段所需的惯性矩 $I=\frac{D_0^2L_s(\delta_e+A_s/L_s)}{10.9}A$=	652779	mm^4	
已知：	$B=90$			
	$e_1=25.9$			
	$e_2=64.1$			
	$b=80$			
	$h=20.9$		随管道壁厚变化	
	$a=10$			
计算：加强圈与壳体起加强作用的有效段的组合截面对通过与壳体轴线平行的该截面心轴的惯性矩				
	$I_{s2}=(Be_1^3-bh^3+ae_2^3)/3$=	1155686.333	mm^4	
	结论：$I_{s2}>I$，符合补强条件			

以加强圈与壳体起加强作用的有效段组合截面（图 2），将本管道建立实际的三维模型，以承受负压−10500Pa、ϕ4m 风管、10×90 的扁钢间距为 1000mm 作加强筋为例，计算当管壁减少为 3mm 时的强度情况。利用 simcenter 软件进行有限元应力分析如图 3 所示。

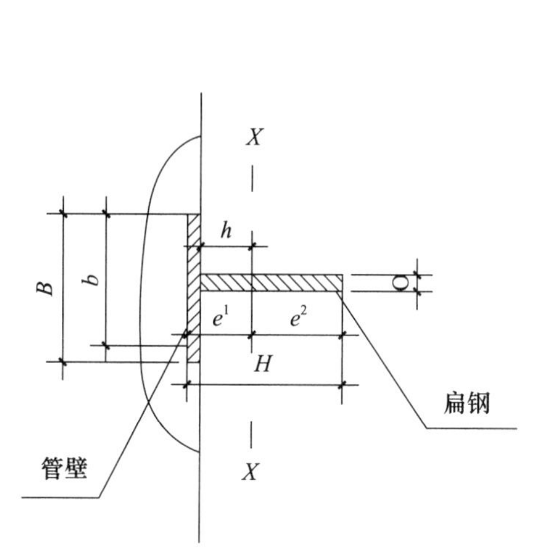

图 2　加强圈与壳体组合截面

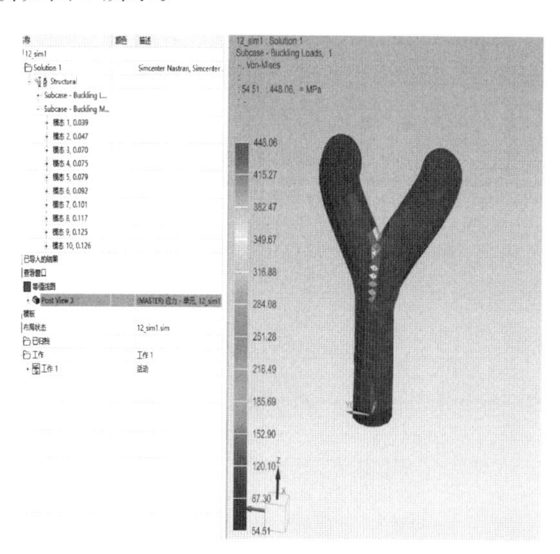

图 3　有限元分析结果

屈服应力值超过 350MPa，稳定性计算特征值仅为 0.039，远小于 1。此种工况需避免。

从计算结果来看，按设计制作，即便使管道厚度减少为 3mm，ϕ4m 风管采用间距为 1m 的加强筋加固，管道强度仍然可以满足要求。

从理论上说，只要加强筋足够密，即使管壁比较薄也能满足要求，但实际情况是，在风管制作及安装中，管道加强筋制作、焊接等各方面均存在着不同程度的缺陷，当管壁较薄时，局部地区容易出现凹陷损坏，破坏圆形风管的拱形结构。如图 4，管道的环向加强筋采用多段拼接，接头之间未进行牢固焊接，不能形成有效的环向张力。部分加强圈与管道之间焊接不规范，焊缝太短、太少，甚至是局部点焊。

图 4　管道加强筋焊接情况

将旧管道拆下来后，对其内部进行检查，发现管道内壁腐蚀严重（图 5），管壁减薄已到了非常危险的程度。现场用游标卡尺测量发现，弯头处管壁厚度在 3.2～3.5mm，叉管部分在 2.3～2.5mm，最薄处仅 2mm（图 6）。

由于该生产线投产时间约 6 年左右，时间不算太长，但风管内部的腐蚀却相当严重，因此我们重点对管道产生腐蚀的原因进行了分析：

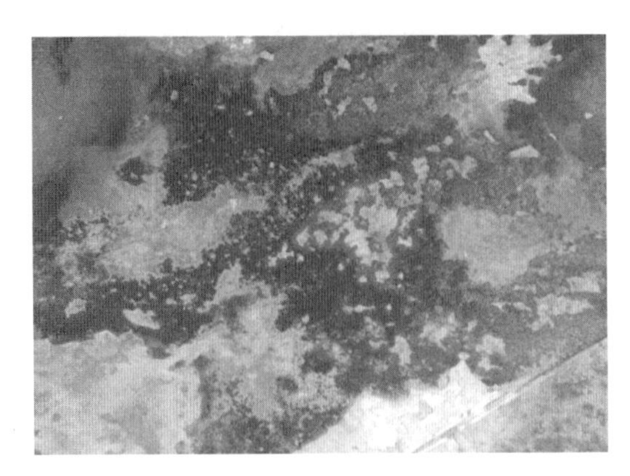

图5 管道内壁锈蚀

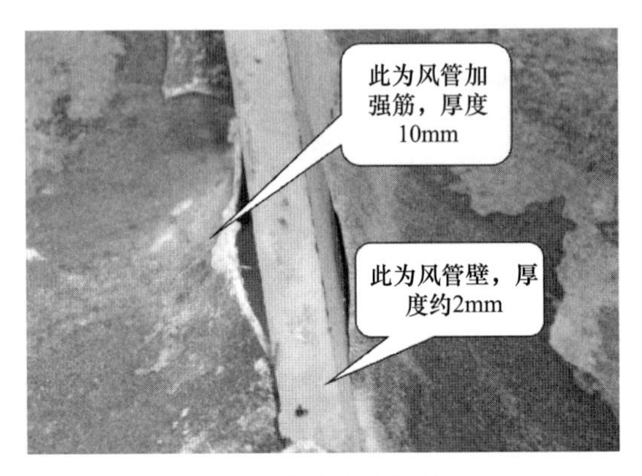

图6 管道内壁情况

(1) 风管没有外保温，管道内壁结露，是引起管道腐蚀的直接原因。该生产线部分热风管道实际未做外保温，风管仅在外表面进行防腐处理，雨天和气温较低时，易造成管壁结露。我们对管道内的气体露点进行了如下计算。

① 计算条件：

入磨原料综合水分 $\omega_1=4.8\%$

出磨生料水分 $\omega_2=0.5$

磨机产量 $G=450t/h$

原料磨烘干用废气量 $V_0=373200Nm^3/h$ (1.6285Nm^3/kg. cl)

原料磨系统漏风系数 $\alpha=10\%$

② 系统漏风量 $I_{漏}$：

$$l_{漏}=0.1\times V_0=0.1\times 373200=37320Nm^3/h$$

③ 物料带入的水分中被蒸发掉的水分：$=450000\times 4.8/100-450000\times(100-4.8)/100\times 0.5/(100-0.5)=19447$ kg/h

空气湿含量：

$$X=m_{水}/1.293(10+l_{漏})=0.0366kg/kg\ 干空气$$

露点对应的饱和水蒸气压力：

$$P_d=x_P/(0.622+x)=5636Pa$$

查水蒸气饱和温度与分压对照表可知，露点 $t_d=35℃$。

实际生产中，为了有效防止气体结露，一般要求气体温度>露点温度25℃以上，即工艺管道内的气体温度控制在60℃以上，即可有效防止管壁结露。

从该厂目前生产运行数据来看，出电收尘气体温度一般在90℃左右，高于露点，但是由于金属管道没有外保温层，管道边壁由于散热，温度很可能低于露点控制温度，再加上当地雨水较多，降雨天气管壁温度可能会降得更低，管道内壁结露，会大大加剧管道锈蚀。如果对管道进行外保温，管壁温度可以认为与内部气体温度相当，即保持在90℃，可以有效防止管道结露。

（2）废气中有害气体含量高，是管道产生腐蚀的主要原因。据了解，该厂石灰石矿山为高硫矿山，原料中硫含量高。日常生产测定显示窑尾烟囱 NO_x、SO_2 排放浓度经常达到1000mmg/Nm^3 以上。再加上原料磨排出的气体为高湿性气体，与 NO_x、SO_2 混合后，在温度下降结露时便会形成酸液，导致设备和管道内部锈蚀严重。

现场通过对管道内壁上的锈蚀层及物料取样化验，结果显示，管道内壁结料内 SO_3 含量高达35%，其成分主要为硫酸盐类物质。可以确定，硫类物质对管道的腐蚀是造成管道损坏的主要原因。

2　结论与总结

通过对上述事故现场的调研及原因分析，为保证系统热风管道的安全运行，后期生产线运行维护中，我们可以从以下几方面着手预防同类事故发生：

（1）完善生产线的保温工作，不仅要对高温部位进行保温，对含湿量较大的工艺管道也要进行全保温设计，避免管道结露、结皮引起内部腐蚀。

（2）对生产线采用脱硫脱硝技术，降低废气中有害气体的含量。

（3）在建工程项目，要及时关注大型工艺非标的制作，检查相关的制作要点，焊接是否符合相关的设计要求。

（4）两风机系统生产线在生产中系统负压较大，易造成系统漏风，除了做好系统堵漏外，生产中应适当控制系统负压，减少系统漏风。

（5）定期对大型管道的管壁厚度进行检查，随时掌握管道壁厚的变化情况。

参考文献

[1] 王君伟，李祖尚．水泥生产工艺计算手册［M］．北京：中国建材工业出版社，2001.

[2] 王礼懋．水泥厂工艺设计实用手册［M］．北京：中国建材工业出版社，1997.

高磨蚀性大粒径砂岩破碎工艺设计

禹燕生

摘　要　砂岩矿产用途广泛，是重要的建筑材料。砂岩可作为水利工程、桥梁建筑、工业及民用建筑的混凝土骨料。随着国民经济的快速发展，特别是水泥、骨料及机制砂等建材工业的崛起，砂岩的需求量越来越大。本文结合水泥配料用砂岩矿山开采过程中遇到的高磨蚀性大粒径砂岩，提出相应的破碎工艺设计。

关键词　砂岩；高磨蚀性；大块；破碎机

Design of high abrasive and large particle size sandstone crushing process

Yu Yansheng

Abstract　Sandstone minerals are widely used and are important building materials. Sandstone can be used as concrete aggregate for water conservancy projects, bridge construction, industrial and civil buildings. With the rapid development of the national economy, especially the rise of building materials industries such as cement, aggregate and mechanical sand, the demand for sandstone is increasing. In this paper, the corresponding crushing process design is proposed in combination with the highly abrasive large-particle sandstone encountered in the mining process of sandstone for cement ingredients.

Keywords　sandstone; high abrasive; large block; crusher

1　引　言

砂岩矿为沉积型矿山，主要为水泥厂等企业提供硅质原料。大部分砂岩矿山在沉积形成过程中节理发育且硬度较高，爆破后大块率高。以CZ海螺姥山砂岩矿为例，该矿主要组分含量SiO_2为71.91%～55.65%、Al_2O_3为22.8%～1.74%，此外开拓下山的物料大块较多且硬度较高（普氏硬度约为8～9）。传统的砂岩破碎为反击式破碎机，下料中较多的大块（一般≥800mm）通过波动辊式给料机进入破碎机，频繁出现下料仓内物料架空及破碎机内部备件损坏等情况，影响设备正常生产。目前水泥厂区推广使用辊压机进行原料加工，进料的砂岩粒度需控制在40mm以下，反击式破碎机出料粒度为70mm，不满足要求。

2 矿山原料性质

矿山原料破碎设备配置和工艺方案应根据矿石性质、试验数据、生产规模、产品要求等因素，结合原料的硬度、可碎性、磨蚀性等参数综合确定。常用岩石物理性能指数见表1。

表1 常用岩石物理性能指数

岩石名称	干抗压强度/MPa	可碎性 Wi	磨蚀性 Ai	备注
石灰岩	60～150	12+2.8	0.01～0.03	易碎、中等易碎
砂岩	60～150	11.9+2.9	0.45+0.11	易碎、中等易碎
石英岩	100～300	15.8+2.8	0.75+0.12	中等易碎、难碎
花岗岩	100～250	15.7+5.8	0.55+0.11	中等易碎、难碎
玄武岩	200～400	20.3+3.9		难碎

3 工艺设计流程

为解决上述此类问题，结合矿山原料性质，通过图1可知石英砂岩宜选用旋回破、颚破、圆锥破等，本次工艺设计采用颚式破碎机与圆锥式破碎机相结合的工艺流程。

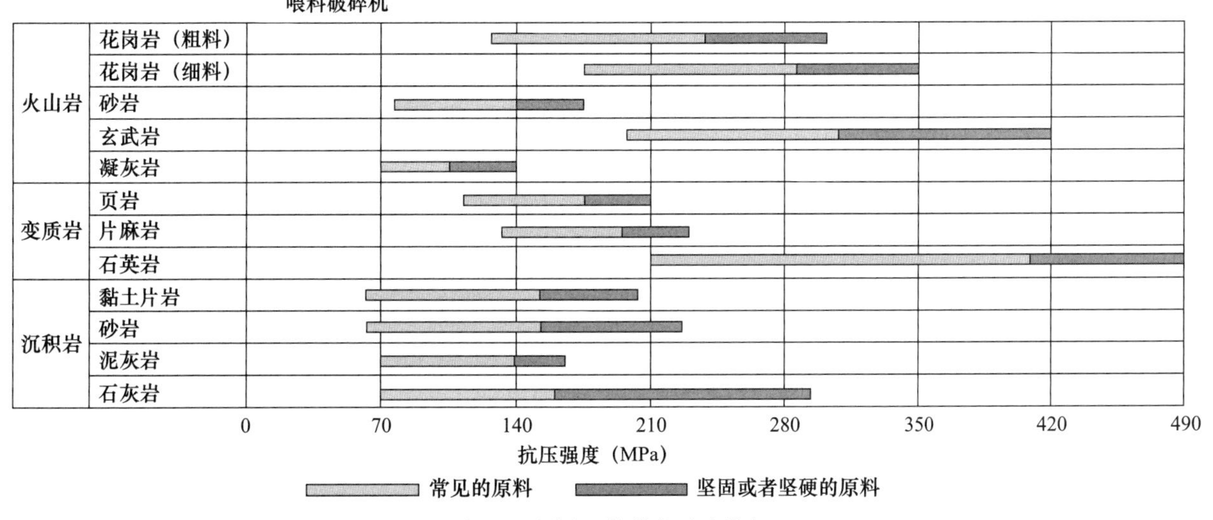

图1 不同岩石推荐的破碎设备

3.1 工艺流程

矿山爆破后的大块砂岩（一般≥800mm）经矿车运输至混凝土料仓，进入棒条给料机（处理能力

700t/h)，其中大于150mm的进入颚式破碎机，小于150mm的泥、粉料通过棒条机头轮的间隙漏料至地坑皮带。颚式破碎机功率160kW，最大给料粒度≤800mm，出料粒度≤150mm，生产能力500t/h。破碎后的物料进入地坑底部皮带机输送至筛分机，筛面层数2层，处理能力1200t/h，筛分后其中小于40mm物料通过输送皮带进入辅材堆棚，大于40mm的物料通过输送皮带进入圆锥破碎机，破碎后物料小于40mm的输送至筛分系统。圆锥破碎机功率315kW，最大给料粒度≤150mm，出料粒度≤40mm，生产能力500t/h。详见图2、图3。

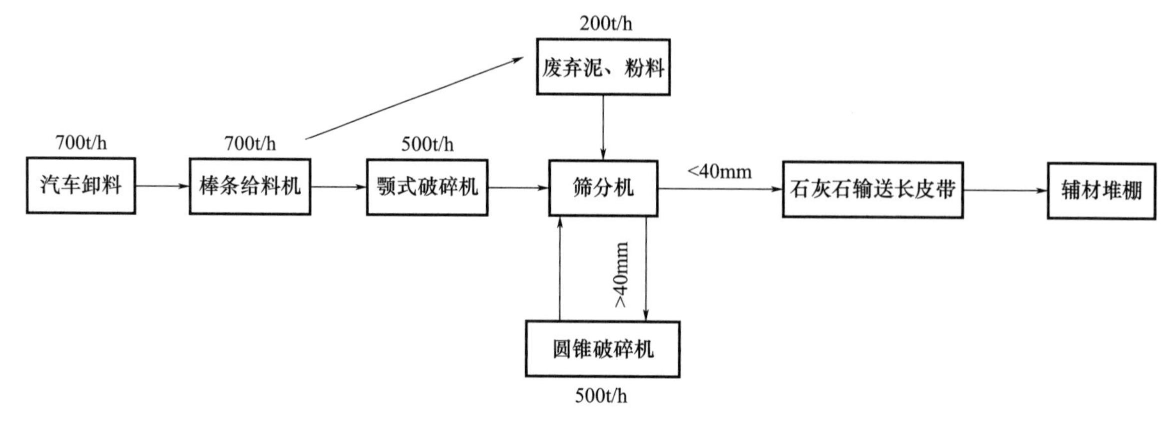

图2 工艺流程图一

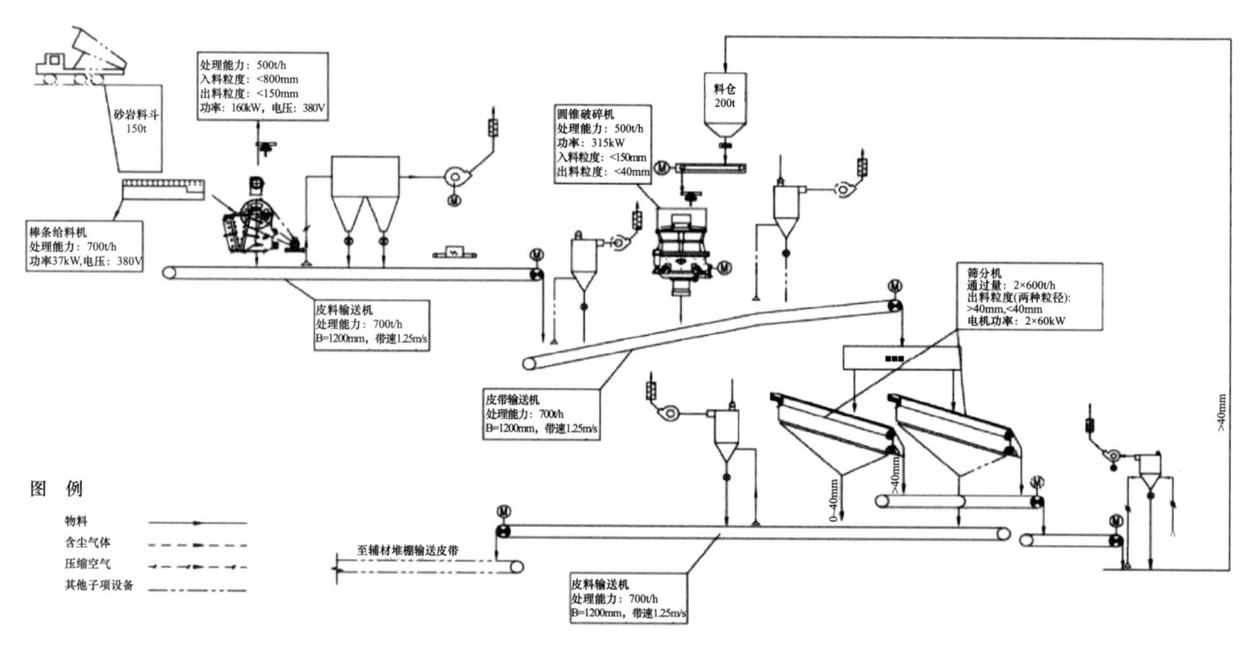

图3 工艺流程图二

3.2 检修

为便于圆锥破碎机后期检修，破碎机上方设置检修行车及储量200t的料仓，通过带宽1600mm、处理能力100～600t/h的移动式皮带秤进行给料。当破碎机进行检修时，移动式皮带秤可回缩，上部检修行车可垂直吊出破碎机壳体和动锥等设备。

3.3　料仓设计

砂岩破碎后大块物料较多且磨蚀性较大，原砂岩料仓常规设计为钢仓（图 4），易磨损，本次经过设计优化为混凝土料仓（图 5），并铺设耐磨钢板。

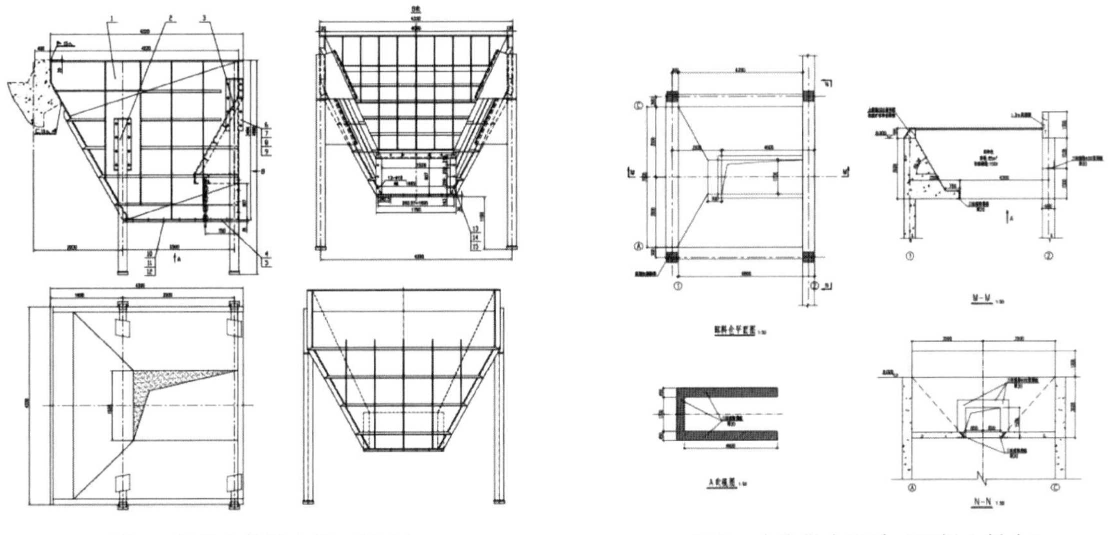

图 4　原料仓设计方案（钢仓）　　　　图 5　本次料仓设计（混凝土料仓）

3.4　总图布置

工艺设备设施较多，现场现有场地狭小，总图充分利用现有场地高差布置，减少皮带长度，筛分机利用现有地坑布置，节省工程投资。平面布置如图 6 所示。

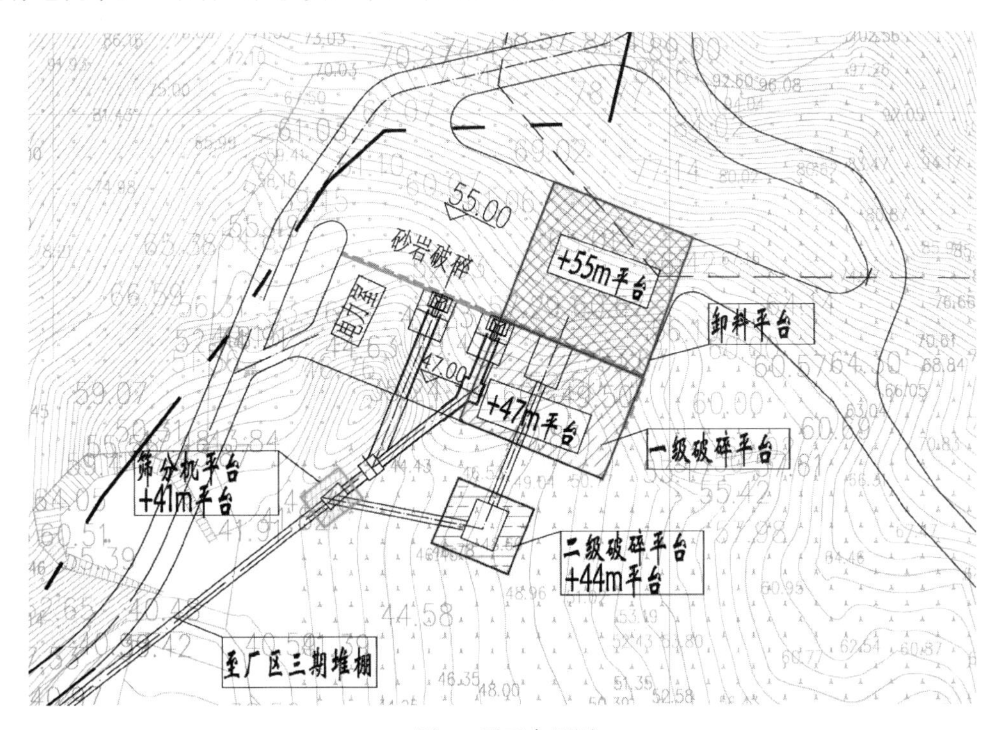

图 6　平面布置图

4 主机设备配置

设备配置见表 2。

表 2 设备配置

工艺流程	设备名称、规格、型号	数量	处理能力	用途	备注
颚式+圆锥工艺布置	振动给料机	1台	500～700t/h	输送至一级破碎机	
	颚式破碎机	1台	500t/h	一级破碎机	
	胶带机	5条	500～800t/h	物料输送	
	圆锥式破碎机	1台	450t/h	二级破碎机	
	振动筛	2台	2×600t/h	物料筛选	
	收尘、风机等辅机设备	5台		收尘	

5 与传统设计方案对比

5.1 投资对比

表 3 投资匡算表 万元

破碎类型	土建工程	机械		电气		合 计	吨投资/（万元/t）
		设备	安装	土建	材料及安装		
颚破+圆锥破	500	650	90	20	100	1360	2.72
反击式破碎机	230	200	40	20	80	570	2.85

根据表 3，本套砂岩破碎加工系统较传统配置总投资增加 790 万元，但吨投资降低 0.13 万元/t，且后期维修运行成本降低。

5.2 优缺点对比

（1）本次采用“颚破+圆锥破+筛分机”的无先例设计，原反击式破碎机生产能力为 200t/h，该套台时生产能力可达到 500t/h，生产能力提高一倍以上，每吨砂岩节省电耗约 25%。同时破碎后粒度可以控制在 40mm 以下，较原有反击式破碎机（出料粒度 70mm）可以满足厂区原料磨系统技改为辊压机对粒度的要求（小于 45mm），节省厂区原料磨电耗。

（2）颚式破碎机、圆锥破碎机均为挤压式破碎机，相对于冲击式破碎机，更能适应大块、高硬度的砂岩，可避免常规设计（反击式破碎机）转子及板锤等备件频繁更换的问题。

（3）破碎机的所有部件均有耐磨保护，包括可更换的动锥球面体、主机架座衬垫、主机架销护套、传动轴套保护板、配重护板、主机架衬板和死角给料斗，从而降低了维修成本。

6 结 语

从破碎选型的适应性、经济性及检修维护角度出发，采用“两级破碎+筛分”的工艺设计流程，一级破碎为颚式破碎机，二级破碎为圆锥式破碎机，并配置棒条给料机、振动筛分机、皮带机等其他设施。

本工艺设计采用颚式破碎机＋圆锥破碎机＋筛分装置的组合提供的矿山硅质原料的破碎系统，克服了现有技术中的缺陷，设备运行稳定，维修率低，出料粒度小于40mm，能够满足后续工艺中使用辊压机进行原料磨加工对进料粒度的要求。

参考文献

[1] 谢学斌，张强．易家坡人工砂石加工系统工艺流程设计及设备配置 [J]．水利水电施工，2009 (3)：85-87.

[2] 王书刚，牛素范．破碎机的选型和配置分析 [J]．科技创新与应用，2012 (5)：25-26.

[3] 赵世隆．人工砂石系统试验标准化探讨 [J]．贵州水力发电，1997 (1)：40-44.

[4] 李本仁，苏醒．圆锥破碎机的特点及选择探讨 [J]．矿山机械，2012 (1)：54-57.

大型化骨料机制砂生产线项目规划设计

徐高峰　张见龙　徐宝林

摘　要　本文通过对大型化骨料机制砂生产线项目生产流程选择、主机设备选型、环境保护设计优化及控制进行分析并对项目投产后进行总结，最后得出后续项目设计中应遵循的原则和设计中的注意事项。

关键词　骨料；机制砂流程配置；主机选型；环保设计分析优化及控制

Project planning and design of large-scale aggregate-made sand production line

Xu Gaofeng　Zhang Jianlong　Xu Baolin

Abstract　This dissertation analyzes the production process selection, main equipment selection, environmental protection design optimization and control of the large-scale aggregate manufactured sand production line project, and summarizes the project after it is put into operation. Finally, the principles that should be followed in the subsequent project design and the precautions in the design are obtained.

Keywords　aggregate; manufactured sand process configuration; main equipment selection; environmental design analysis optimization and control

0　引　言

随着国家基础化建设不断的提速加码，砂、石作为不可缺少、不可替代的重要的原材料之一，需求量在不断的增加，同时随着工程质量要求的不断提高，国家对砂、石提出了“严格质量管控、实施标准引领”的要求。

本文以某公司年产 1000 万 t 骨料机制砂项目为载体，结合项目特点，从项目前期策划组织、生产工艺流程的选择、主机设备的选型、环境保护设计优化及控制进行分析、总结，并对后续大型化项目设计起到一定的借鉴作用。

1　设计内容及方案

1.1　签订设计合同，确定设计范围

与业主公司签订设计合同，确定设计内容、设计范围。项目设计内容主要有工艺流程选择、主

机设备选型、辅机设备配置、电气设计、建筑结构设计、给排水设计以及配套的生产生活辅助设施设计。

主要设计范围分为三大块，从汽车卸车坑开始，以及矿山破碎系统、12km长输送系统、成品生产加工区及配套的生产辅助设施。

1.2　前期方案确定

该项目中，矿山开采区域距离生产加工区有12km。在项目规划上有两种方案可选择：一是破碎系统与生产加工区合并设置在加工区场地上；二是将破碎系统就近设置在矿山开采区域，破碎后半成品通过长输送系统运送到加工区场地进行成品加工。两种方案进行对比：方案一，破碎系统设置在加工区域，导致原料运送距离有12km，且运输量巨大，运输成本高，车辆运输安全得不到保障。方案二，将破碎系统就近设置在矿山开采区避开爆破区，半成品通过胶带运输至骨料加工区域，运输安全性、可靠性得到保障，且运输成本较汽运大大降低。

因此，通过比较并和业主公司共同评定综合考虑，采用方案二作为本项目规划设计方案。

2　设计条件

2.1　原料条件

根据该项目矿山勘探报告情况，矿山探明总资源量达1.7亿吨，后备资源储量预估0.8亿吨。按照年产规模量核算该项目资源量可供生产线满负荷运行25年。

矿山建筑石料用灰岩矿石的物理性质特征类比同类型矿床，矿石的表观密度、堆积密度、含泥量、泥块量、坚固性和压碎值均符合《建设用卵石、碎石》（GB/T 14685—2011）标准Ⅱ类要求，矿石质量较好。

矿区矿石中主要化学成分为：CaO 41.05～55.83%，平均54.85%；MgO 0.12%～12.46%，平均0.62%。全矿层 SiO_2 含量平均0.47%、Al_2O_3 含量平均0.15%、Fe_2O_3 含量平均0.079%、K_2O＋Na_2O 含量平均0.028%、SO_3 含量平均0.023%、Cl含量平均0.002%、LOI含量平均43.18%。矿石抗压强度为86MPa，压碎值符合Ⅱ类品要求，均符合建筑骨料的要求。矿石的实密度平均2.70t/m^3，可碎性平均40%，磨蚀性平均40g/t。

2.2　市场需求条件

根据业主公司对项目销售辐射范围内市场调研情况，确定该项目的产品，骨料品种：5～10mm、10～20mm、20～30mm，熔剂品种：30～40mm、40～80mm，机制砂：0.075～4.75mm。各级配产品市场需求总和在2600万t以上。

2.3　供水、供电条件

项目建设场地在该公司现有工厂附近，本项目新增加用电装机负荷8300kW，计算负荷6225kW，全年总用电量 1875×10^4kW·h。经复核，现有工厂总降供电系统满足新建项目用电负荷。本项目用电仅需从总降牵引一路电源分散式辐射至各个单体车间电力室即可。

本项目主要用水为：生产给水、循环给水、消防给水、生活给水系统、生产辅助用水（含道路洒水、降尘喷水）等。考虑到生产、生活未预见水量按15%计，因此项目平时水源供水量为345m^3/d。经核实，现有工厂给水泵站供水富余量满足项目建成后用水需求。

3　生产工艺流程的选择

3.1　工艺流程确定的原则

结合本项目特点，工艺流程的选择原则上尽量减少物料转运环节，流程的选择在满足生产功能的情况下尽可能的简单化、易操作、好调配。

3.2　主要单体子项流程配置

（1）一级破碎系统，结合矿山原料物理性质、化学性质特点，避免原料在生产过程中过破碎产生大量的细粉料。采用矿坑卸料→重型板喂机给料→两段辊轴筛分分料→破碎机破碎→长输送运输→辊轴筛下料→除泥筛分→长输送/除泥输送。

本流程最大程度上减少原料过破碎，同时通过除泥筛分最大限度上将除泥料中的可用物料回收利用，避免资源浪费的同时又提高了系统产量，降低了系统能耗。

（2）一级破碎至加工区缓存库距离12km，为避免物料倒运过度，造成物料“运输破碎”产生粉料。本项目通过多次方案论证研讨，最终采用两条可转弯输送流程，减少了5个转运点，大大降低了运输破碎的比例。

（3）成品加工车间流程配置，结合项目规划生产的产品品种，采用“两筛一破”流程，即一级筛分→成品输送/二级筛分/二级破碎→成品储存发散/成品输送/一级筛分。

本流程中一级筛分出骨料成品，减少骨料倒运次数，同时根据生产产品品种情况，二级破碎在流程上考虑离线式和在线式两种流程工况，做到可控、可调多种手段，最大程度上实现市场对产品变化的需求。

（4）机制砂系统流程配置：本项目采用干法制砂生产工艺流程，原料来自于现有骨料筛分系统，通过输送系统将0～5mm粉料或小于31.5mm骨料输送至制砂破碎机，破碎整形后的半成品，通过斗式提升机提升至制砂筛分机进行分级筛分，分级后大部分小于5mm物料进入选粉系统，进行除粉成砂。部分3～5mm物料进入破碎机进行循环破碎成型。通过料成品分料调节阀和选粉系统实现机制砂细度模数调节，生产出不同品质的机制砂产品。

粉尘采用系统集中脉冲收尘器进行收集，收集粉尘与选粉系统产生的粉尘一并进入单独设立的粉料仓进行储存后并外运。

成品机制砂通过拌湿器加湿后输送至新增加的砂库进行储存，再发运销售。

4　主机设备的选型

4.1　主机设备选型的原则

（1）依据项目年产量1000万t和作业班次年运转天数300天，每天生产10h，确定主机设备选型能力。

（2）设备以性能可靠、技术先进、节省投资、节能降耗为原则。

（3）以“国产化、低投资、方便施工、加快工程进度”为指导思想，设备选型充分考虑骨料技术与装备发展水平，兼顾先进、节能、省投资及大件运输方便等因素。

（4）设备选型以满足国家对环保的要求，在确保设备运行稳妥可靠、确保产品质量和环保水平的前提下，优先选用引进技术、国内制造的高效节能设备，实现全厂设备国产化，降低基建投资。

4.2　一级破碎系统设备选型

结合本项目规划年产能和原料物理、化学特性特性，一级破碎采用较为成熟的反击式破碎，能力3000t/h，配套给料设备重型板喂机、辊轴筛分机能力选取3500t/h，与之相匹配。

矿坑采用多边形卸料方式，容量400m^3，矿山铲装设备通过开采区运矿距离的长短，选取TR100型矿车，载重量100t/车，共配置4台。后期根据开采区运矿距离的增加考虑再增加2台。

4.3　长输送设备选型

为了减少物料在运输过程中产生“运输破碎”，本项目结合输送线路情况，径过多次论证核实，最终确定长输送系统采用2条带转弯钢丝胶带机，带宽选用B1400，带速4.15m/s、能力3500t/h，每条输送采用双驱动，每组配置2台高压机驱动电机，功率为2×2×1000kW。

4.4　成品加工车间主机设备选型

厂区生产加工区根据项目年产能和生产作业时间确定一级筛分系统能力4800t/h，考虑到目前国内筛分机单台设备能力最大只能做到900t/h，一级筛分选配6台（能力含二破循环料）。

二级破碎选用成熟的反击破碎机，能力600t/h。

二级筛分系统能力配置，根据物料的原料级配、一级破碎机原料破碎级配、二级破碎机原料破碎级配，综合考虑选取设备系统能力为3600t/h，共4台，与一级筛分同型号。

5　储存设施的配置

5.1　储库配置原则

（1）骨料储存、转运及发散过程中由于物料间的碰撞摩擦易产生大量微粉，因此储库配置优先考虑密封性能，其次考虑项目的场地情况和工程投资造价情况。

（2）根据项目特点，中转库设置储量一般情况下考虑满足富余生产班制10个小时即可。成品库的设置储量原则上满足成品储量2天销售量即可。

5.2　本项目储存配置

（1）中转库配置：由于本项目一级破碎系统布置在矿山开采区域爆破警戒线外，运输距离12km，因此本项目考虑在生产加工区设置一座储量为50000t储库，用于平衡矿山和厂区生产。

（2）成品储库配置：根据生产品种和单品种产量情况，本项目配置骨料成品库5座，总储量

50000t，机制砂库 2 座，总储量 10000t。骨料散装均采用自动发散装车系统。

6 环保优化分析及控制

6.1 粉尘控制要求

本项目骨料生产线配置为干法生产，生产过程中从原料破碎开始直到成品加工储存以及成品发运，各个环节均易产生扬尘污染环境，特别是振动筛分机车间粉尘量巨大，且难以控制。本项目结合骨料干法生产线特点，核算各个车间粉尘产生量，合理配置滤袋式收尘器，收尘器排放浓度控制在环保要求 $10mg/Nm^3$ 范围内。

6.2 主要车间粉尘分析控制

（1）粗级破碎车间。粗破碎车间主要扬尘点来自于两个方面：①粗破是骨料生产第一道工序，由于原矿石中含有泥土量的多少存在不确定性，矿石在爆破开采、装运过程中产生粉尘。②原矿石在卸车和经过破碎机破碎时产生粉尘，其主要扬尘点在卸车坑位置和破碎机出料口位置。

经试验测算，卸料口位置粉尘含量一般大于 $50mg/m^3$，破碎机卸料口位置粉尘含量一般在 100～$200mg/Nm^3$（原矿的物理性质不同，矿石破碎后产生的粉含量不同）。

因此，针对粗级破碎生产车间的粉尘产生特点，主要采取两种控制手段：①密封手段：对破碎卸料坑采取三面封闭形式，卸车门采用软帘或堆积门，一是防止自然穿堂风造成的粉尘外溢，二是减小破碎坑收尘面积，减少收尘器风量的配置。②粉尘收集手段：在卸料坑处增加滤袋式收尘器，卸料坑和车道密封后收尘风量按照 1000～$1500m^3/m^2$ 即可有效控制粉尘外溢，满足环保要求。

破碎机卸料口根据不同物料破碎后的粉尘含量配置收尘器。收尘风管的设置要同时在卸料口前段和末端同时设置才能达到理想效果。

（2）筛分车间。筛分车间主要扬尘点来自于三个方面：①由于筛分机本身的结构形式为多层面筛网结构，加上筛分机本身的工作原理特性，设备安装及后期运行过程中密封效果不好，容易漏风，从而导致配置的收尘器效果变差。②物料在筛网上进行机械式碰撞分离时，会导致物料在分级过程中产生大量微粉，从而导致扬尘。③收尘器回灰点设置不合理会使大量收尘后的微粉二次进入筛分机，使微粉在筛分机上产生“扬粉”现象，从而导致收尘器收尘负荷增加，造成收尘器收尘效果变差。

因此，针对筛分系统生产车间的粉尘产生特点，主要采取三种控制手段：①密封手段：在不影响筛分机设备正常运行的情况下，对筛分机设备本身采用软质帆布进行密封，尽量避免自然风的进入，降低收尘风量，提高收尘效率。②采取均匀布料措施：在筛分机入料口处增加均匀布料设备，使物料进入筛分机筛网时物料无堆积现场，均匀分布，从而使下一层粉尘能够最大限度地通过上一层筛面，提高收尘效率。③收尘回灰集中收集：在收尘器下方配置气力输送设备，将收尘器回灰通过气力输送运输到特定的微粉仓，避免微粉进入筛分系统，提高筛分系统的收尘效率。

（3）成品库发散。骨料装车主要采用板链秤给料计量、散装机装车方式进行汽车发运，在此过程中主要扬尘点来自于散装机口位置。骨料岩石物料特性不同，散装机所需要的收尘器配置风量也不相同，一般情况下散装机口粉尘含量在 50～$100mg/Nm^2$，收尘器配置风量按照 $500m^3/t\cdot h$ 即可满足收尘需求。

散装机收尘口的位置尽量靠近物料面，距离不宜大于1m，同时设置收尘罩时需要充分考虑收尘罩檐口处的风速需大于粉尘逃逸末速度的1.5～2.5倍。

6.3　噪声控制

骨料生产线的噪声控制，结合当地厂界噪声执行标准，主要采用以下几种措施手段：①对输送胶带廊道及筛分破碎车间进行封闭，必要的时候在封闭内侧安装多孔板加吸声棉降噪设置。②对收尘器脉冲阀、提升阀加装消声罩，风机排风口安装阻尼式消声器，对布置在楼板面上的风机在底座上采取减振隔声措施。③对落差较大、流量较大的下落点采取减缓下料溜子角度、降低落料高差等措施，必要时对溜子外侧加装隔声、吸声棉。

7　项目投产后的效果

该项目投产后，电耗指标、产量指标、质量指标以及环保噪声等指标均达到预计目标。指标数据见表1。

表1　项目综合指标

序号	名称	设计值	实际值	备注
骨料产品				
1	产量/（万t/年）	1000	1050	
2	泥块泥量（按质量计）/%	≤0.2	≤0.15	
3	针片状颗粒（按质量计）/%	≤10	≤6	
4	质量损失/%	≤8	≤5	
5	碎石压碎值/%	≤20	≤15	
6	空隙率/%	≤45	≤44	
机制砂产品				
1	石粉含量（MB≤1.4）	0.075-4.75	165	
2	石粉含量（按质量计）/%	≤10	≤5～7	
3	泥块含量（按质量计）/%	1	0	
4	细度模数	3.0～2.3	2.6	
能耗环保指标				
1	电耗/（kW·h/t）	4	3.5	
2	噪声/dB（A）	昼间：65 夜间：55	昼间：60 夜间：50	
3	废气/（mg/m^3）	10	10	

8　后续项目设计优化建议

（1）骨料机制砂设计项目前期要充分了解掌握原料的化学特性、物料特性等基础性数据资料，便于后续选择合理的生产工艺流程和主机设备。

（2）对于大型化粗级破碎系统，要全面分析粉尘产生的原因，优先选择控制扬尘再考虑收集扬尘。

在收尘管道、收尘点的设计布置上，需充分考虑收尘罩的风量、风速以及位置的合理性。

（3）骨料线设计，在满足生产产品的情况下尽可能地减少物料倒运次数，简化生产工艺流程，降低能耗指标。

（4）对于矿区距离加工区较远、中间采用长胶带运输的方式，可选用弧形胶带，既减少了物料倒运次数又降低了投资成本。

（5）骨料机制砂生产线项目规划，需充分掌握当地市场需求及变化情况，生产的产品要能随着市场的变化而可随时调整产品结构。

建筑结构部分

空间结构在水泥熟料库结构中的应用

李家发　朱明涛　孙　侠

摘　要　水泥熟料库是水泥生产线的重要组成部分。本文对传统熟料库设计中存在的问题进行了分析，提出熟料库无中心支撑屋盖结构体系。文中还针对新结构体系设计中的关键因素及相关设计要素进行了分析，提出设计分析方法。实际工程应用也表明这一结构体系经济、合理、安全、可靠。

关键词　水泥熟料库；无中心支撑屋盖；动力分析

Application of spatial structure in cement clinker library structure

Li Jiafa　Zhu Mingtao　Sun Xia

Abstract　Cement clinker warehouse is an important part of cement production line. In this paper, the problems existing in the design of traditional clinker libraries are analyzed, and the structure system of clinker warehouse without center support roof is proposed. In this paper, the key factors and related design elements in the design of the new structural system are also analyzed, and the design analysis method is proposed. Practical engineering applications also show that this structural system is economical, reasonable, safe and reliable.

Keywords　cement clinker library; roof without center support; dynamic analysis

1　引　言

随着我国经济的迅猛发展，大量土建工程启动，水泥需求量大增，我国水泥消费量连续20多年位居世界第一。水泥产量逐年递增，已经连续20年居世界首位，全国各地大量上马5000t/d甚至10000t/d的超大型水泥生产线，并对原有生产线进行改造，以增加水泥产量。

熟料库是水泥生产线的重要组成部分，用于储存水泥熟料。水泥熟料库主要由混凝土筒仓、屋盖及库顶房构成。库顶房是拉链机桁架、皮带输送桁架等结构的支承结构，其内部安装有拉链机、收尘器等生产设备。水泥熟料通过拉链机桁架从库顶房下料口送入熟料库内。由于库顶房承受较大的荷载作用，传统熟料库在筒仓中间设计有混凝土框架或直径14m的混凝土筒仓以支撑库顶房。屋盖结构主要起遮风挡雨的作用。如图1所示。

随着超大型水泥生产线的发展、水泥日产量的增加，传统熟料库存在的一些问题也在使用中凸显出来。使用中存在的主要问题有以下几点：

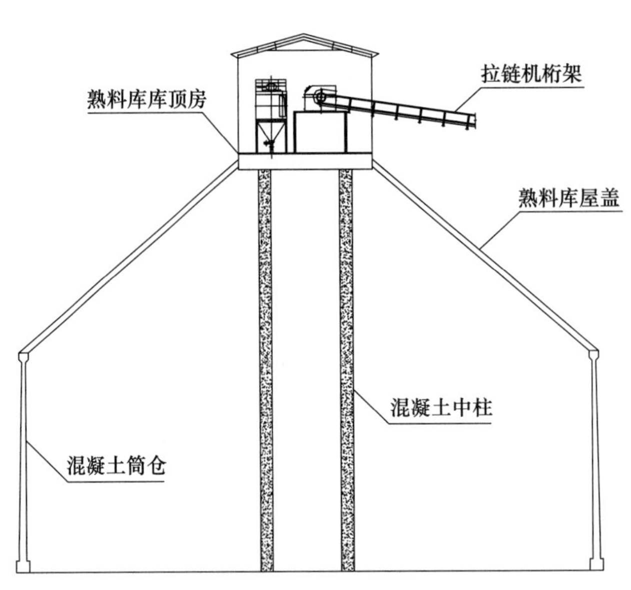

图1 传统熟料库结构布置

(1) 水泥熟料对混凝土中柱冲刷严重。日产5000t水泥熟料库拉链机平台距地面通常高达45m，水泥熟料对混凝土中柱的冲击力很大。根据现有水泥熟料库使用情况的统计，水泥熟料库使用2～4年后，混凝土中柱即会受到严重损伤。

(2) 水泥熟料库建成后是一个封闭的筒体，只有很小的出入口，大型机械设备无法进出。一旦混凝土中柱受到损伤，需全线停产以进行修复，修复难度大、成本高。

(3) 混凝土中柱受到严重损坏后，会产生较大的安全隐患；同时，熟料库内环境恶劣，监控损伤困难。

大量的调查分析表明，传统水泥熟料库的主要问题在于库顶房支撑结构与水泥熟料的运输途径有交叉，新建大型熟料库顶部熟料下料位置通常高达45m，冲击力大，冲刷破坏明显。通过对以往水泥熟料库功能与受力情况进行全面分析，提出在水泥熟料库设计中采用无中心柱水泥熟料库屋盖结构体系来解决这一问题，即取消原有的混凝土中心柱，加强熟料库屋盖结构功能，以屋盖结构承担库顶房荷载的新型无中心支撑屋盖结构体系。

2 无中心支撑水泥熟料库屋盖结构研究

2.1 结构布置

日产5000t水泥熟料库直径通常达60.4m，跨度较大，同时又承受库顶房设备及拉链机桁架等结构反力，受力较大，为充分发挥熟料库屋盖结构的承载能力，屋盖结构采用了空间作用较好的正放四角锥螺栓球网架结构。为避免支撑结构与水泥熟料的运输途径出现交叉，消除使用过程中的隐患，屋盖结构中心开洞，以避让混凝土熟料。屋盖结构设置32个支座，沿熟料库筒仓顶环梁均匀布置。熟料库屋盖结构模型三维视图如图2所示。

库顶房平台上安装有大量生产设备，根据工艺要求，库顶房楼板还需开设大量孔洞来满足生产需要。另外，拉链机桁架、皮带机桁架等设备支承结构也支撑于库顶房平台上，对库顶房产生较大的反力作用。因此库顶房结构选型时采用了易于布置的钢结构形式，在钢结构平台上铺设混凝土楼板。库

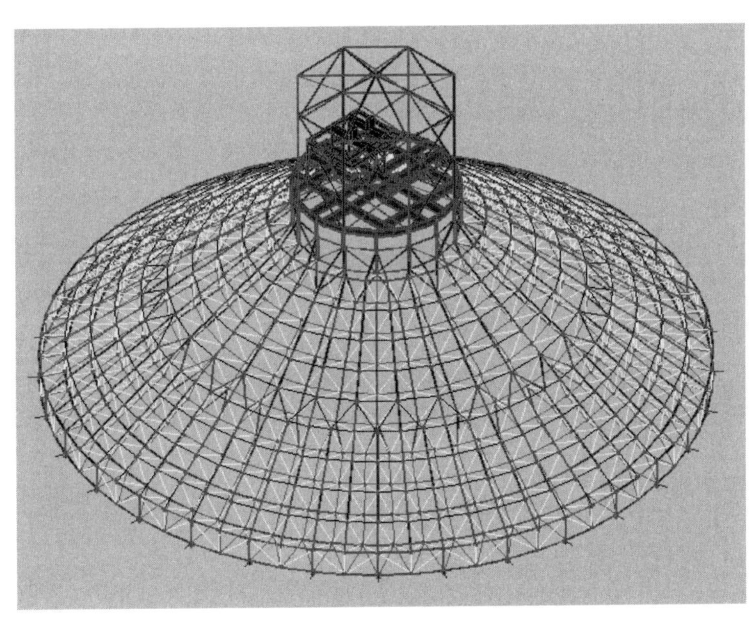

图 2　熟料库屋盖结构模型三维视图

顶房与熟料库屋盖之间通过钢结构柱相连接，钢柱从网架内环下弦升起，经上弦支撑到钢结构平台底部。熟料库屋盖采用单层压型钢板屋面以利于熟料散热。

2.2　关键问题分析

由于熟料库的特殊用途，熟料库屋盖结构所承受的荷载主要分以下三类：常规荷载、温度作用、动力作用。常规荷载主要包括以下几类：恒荷载、活荷载、积灰荷载、雪荷载、风荷载、地震作用、设备反力与拉链机桁架结构反力等。常规荷载可根据建造地域、相关规范及设计要求确定。温度作用与动力作用是熟料库结构设计中的关键问题。

（1）温度作用

温度作用是结构里常见的作用，但对于熟料库结构而言，温度作用是影响设计的关键因素之一。由于水泥熟料温度高、数量大，熟料库内温度高达 120℃。熟料库屋盖采用钢结构，导热快，受温度影响大；熟料库的下部结构混凝土筒仓相对较厚，筒仓内外侧有较大温差，温度变形较小；另外，钢与混凝土热膨胀系数不一样。这些因素都决定了在温度变化时，屋盖部分与混凝土筒仓部分变形不一致。屋盖结构设计必须协调好屋盖结构与混凝土筒仓间的相对变形。分析发现，熟料库屋盖结构中心对称，当温度发生变化时，结构变形均为径向方向变形，因此在设计中采用了沿熟料库径向释放、沿环向固定的单向滑动支座，解决了这一问题。

（2）动力作用

动力作用主要由设备运行产生，实测发现设备运行振动有频率高、振幅小、持续时间长的特点，属于超高次疲劳问题。动力作用对结构的影响主要表现在结构疲劳影响上。我国现行钢结构规范对于超高次疲劳问题尚无明确规定，这一问题的解决主要参考相关行业设计方法及国外相关规范。

疲劳问题的研究始于机械行业。机械行业用于疲劳问题的设计方法主要有无限寿命设计、安全寿命设计与破损安全设计，对于要求长期安全使用的结构通常采用无限寿命设计，即要求由动力作用引起的结构各构件及构件间连接的循环应力幅低于其疲劳极限[1]。国外相关规范，如 ABS（美国船级社）、DNV（挪威船级社）、欧洲规范、美国钢结构规范等，均采用了疲劳极限的概念，认为小于疲劳极限的循环应力不产生疲劳损伤。基于这一理论，熟料库屋盖结构设计应采用无限寿命设计的概念，针对屋盖的振动情况进行分析，保证结构屋盖各构件及连接在设备正常运行时循环应力幅值低于其疲劳极限[2]。

2.3 拉链机的影响

库顶房内的主要设备有拉链机、风机和收尘器，部分熟料库还设置有库间皮带机以在两个熟料库之间传送熟料。拉链机一般由驱动部分、输送料斗构成，驱动部分位于熟料库顶的库顶房内，输送料斗由拉链机桁架支撑。作为熟料传递的主要设备，拉链机运行时会产生较大拉力。随着传送距离的增长，拉链机桁架所承受荷载也随之增加。在众多设备中，拉链机及拉链机桁架反力较大，对熟料库屋盖结构的影响最大。拉链机设备选型与水泥生产线工艺布置有很大关系，通常分为以下两种类型：

（1）熟料库外另设有小库，拉链机桁架从小库顶架设到熟料库库顶房；

（2）拉链机桁架从地面直接架设到熟料库库顶房。

对于第（1）类情况来说，拉链机桁架长度较短、水平夹角较小，拉链机水平反力多小于 200kN。对于这一类型工艺设计，结构设计时将拉链机平台安装在库顶房内，设备反力由熟料库屋盖结构直接承受。WH 海螺水泥厂熟料库、XC 海螺水泥厂熟料库均采用了这一方式。

对于第（2）类情况，拉链机桁架长度大、水平夹角大，拉链机水平反力可达 1000kN 以上。将拉链机平台直接安装在库顶房内，会对熟料库屋盖结构产生很大影响，结构处理难度大、成本高。针对这类工艺布置情况，需将熟料库屋盖结构设计与拉链机桁架结构设计综合考虑。经各专业协商，确定以下方案：拉链机安装于拉链机桁架上，设备反力由拉链机桁架承受；拉链机桁架与熟料库屋盖结构采用竖向连接，水平方向滑动的连接方式，使得屋盖结构只承受拉链机桁架的竖向反力与相对应的摩擦力，很好地解决了这一问题。DG 海螺水泥厂熟料库、CZ 海螺水泥厂熟料库均采用了这一布置方式。

2.4 振动测试与分析

考虑到动力作用的重要性，设计时对熟料库库顶房内设备的振动情况进行了实地测量，通过对测量结果的分析，指导新型无中心柱水泥熟料库屋盖结构设计。

针对第 2.3 节提到的拉链机与熟料库库顶房的两种不同连接形式，振动测试选择 WH 海螺水泥厂熟料库与 CZ 海螺水泥厂熟料库分别进行测试，测试详细情况可见文献［3］。根据测试结果，熟料库库顶房内设备动力作用有以下特点：

（1）振动位移幅值非常小，小于 1.0mm；

（2）引起熟料库屋盖结构振动的因素很多，振动频率分布范围广，每条振动波形均有多个峰值出现；

（3）熟料库屋盖结构整体性较好，基本可视为整体振动；

（4）拉链机桁架与熟料库屋盖的连接形式对熟料库库顶房的振动有直接影响，池州熟料库振动的卓越频率在 3.7Hz 左右，主要振动频率集中于 0～10Hz；芜湖熟料库振动频率分布较广，集中于 0～30Hz，卓越频率在 4.2Hz 左右。

根据振动测试结果，针对不同熟料库分别进行了振动分析。分析采用时程分析方式，统计了熟料库结构各构件在振动作用下内力变化情况，并分别针对不同构件与连接形式进行了疲劳分析，详见文献［4］。分析结果表明，熟料库屋盖结构控制点的位移和构件内力响应均在结构安全范围内，结构振动周期与熟料库振动周期有较大差别，避免了共振情况。疲劳分析表明结构构件在动力作用下是安全的，不会出现疲劳问题。

2.5　支座变形

支座除传递竖向力与环向水平力，还需保证沿径向自由滑动。根据现有熟料库屋盖结构计算分析情况统计，在各种工况组合作用下，支座沿环向最大水平反力160kN、最大竖向反力480kN。支座在不同工况组合下的最大变形见表1。

表1　支座在不同工况组合下最大变形

运行工况	结构自重作用	正常运行状态（恒载+设备荷载+温度上升120℃）	考虑活载、积灰荷载共同作用的正常运行状态	考虑风荷载共同作用的正常运行状态
支座变形/mm	9.0	55.1	61.1	62.2

3　无中心支撑水泥熟料库屋盖结构的应用

作为一种用于水泥熟料库建筑的新型结构，无中心支撑熟料库屋盖结构受力复杂，保证屋盖结构施工质量对保证设计的有效性特别重要。根据现有工程经验，应用无中心支撑熟料库屋盖结构时应注意以下事项：

（1）拉链机桁架与屋盖结构连接形式应采取滑动连接形式，避免过大水平力作用于库顶结构；

（2）应保证屋盖支座埋件位置准确，网架支座应能在一定范围调平，保证支座水平方向滑动不因平整度不够受到影响；

（3）网架杆件须施工到位，不得出现套筒松动现象，施工完成后应多次检查；

（4）库顶房内设备宜采取减振措施；

（5）生产中要有计划地利用检修时间对结构进行检查，生产应避免过载现象，一旦出现过载现象应立即对屋盖结构进行检查，避免出现结构整体破坏。

对应于传统有中心支撑柱的熟料库屋盖，无中心支撑熟料库屋盖体系起到了支撑库顶房及房内设备的作用，就屋盖结构本身而言，网架结构用钢量有一定的增加。但从熟料库工程整体来看，采用无中心柱熟料库屋盖体系，减少了中心柱及中心柱基础的费用，造价不高于传统的熟料库。目前这一结构体系已经用在了20个新建熟料库项目中，实际建造成本统计也表明这一新型结构体系造价不高于传统的熟料库。

图3为CZ海螺水泥厂无中心支撑熟料库屋盖照片。

图3　CZ海螺水泥厂无中心支撑熟料库屋盖照片

从长期运营上来看，新型无中心柱熟料库屋盖体系解决了影响传统熟料库正常运行的隐患，减少了传统熟料库使用中所需的大量维修费用与时间，大大提高了水泥生产线的经济效率。目前已经有9个采用这一体系的熟料库安全投产，运行状况良好。

4 结 语

无中心支撑水泥熟料库屋盖结构改进了传统熟料库结构的设计形式，消除了传统熟料库结构运行中的隐患。在无中心支撑水泥熟料库屋盖结构研究中，对影响熟料库屋盖结构的关键因素——温度作用和动力作用进行了深入分析，提出了从布置到计算分析上的一系列措施，充分保证了结构的安全。

无中心支撑水泥熟料库屋盖结构主体采用网架结构，施工方便，施工费用相对低廉，便于各地应用。同时，无中心支撑屋盖熟料库的造价不高于传统的熟料库，取得了较好的经济效益。实际工程的应用也说明这一结构体系是安全可靠的，有助于提高水泥生产线的经济效率。

参考文献

[1] 赵少汴，王忠保．抗疲劳设计：方法与数据［M］．北京：机械工业出版社，1997.

[2] 马明，张长乐，郝成新，等．水泥熟料库无中心支撑屋盖结构设计要点［J］．水泥，2008（2）：32-35.

[3] 李俊，郝成新，李永双，等．水泥熟料库无中心支撑屋盖结构动力检测［C］．第十二届空间结构学术会议论文集，北京：2008.11.

[4] 李俊，李永双，郝成新，等．水泥熟料库无中心支撑屋盖结构动力分析［C］．第十二届空间结构学术会议论文集，北京：2008.11.

水泥工厂湿陷性黄土地基处理方法

罗勤桂　王怀伟　张选茂

摘　要　水泥工厂的大型建（构）筑物多，设备荷载大，对地基基础的要求高，为确保结构安全和地基沉降在合理范围，本文就如何消除黄土湿陷性的方法进行探讨。

关键词　湿陷性黄土；地基处理；DDC 桩；检测；设计

Treatment of collapsible loess foundations for cement plants

Luo Qingui　Wang Huaiwei　Zhang Xuanmao

Abstract　Cement plant large-scale buildings（structures）have many structures，large equipment loads，and high requirements for foundation foundations，in order to ensure structural safety，this paper discusses how to eliminate the lashing of loess.

Keywords　collapsible loess；foundation treatment；DDC pile；detection；design

1　背　景

海螺 LQ 工厂位于陕西省咸阳市礼泉县烟霞镇，场地高程在 580～625m，属山丘地，场地表层均覆盖几米到二十几米厚的湿陷性黄土，这种土是一种非饱和的欠压密土，具有大孔和垂直节理，在天然湿度下，其压缩性较低，强度较高，但遇水浸湿时，土的强度则显著降低。在附加压力或在附加压力与土的自重压力下引起的湿陷变形，是一种下沉量大、下沉速度快的失稳性变形，对建筑物危害极大，且对桩基产生向下的负摩阻力，因此必须先消除湿陷性后，方可作为建筑物的持力层。

2　水泥工厂对地基载荷的要求

水泥厂大部分为构筑物，具有体形复杂、荷载大、对沉降要求高的特点，具体见表 1。

表 1　主要车间结构特征及基础荷载

建（构）筑物名称	层数	高度/m	结构类型	建（构）筑物基础		沉降要求	荷载
				基础类型	埋深/m		
石灰石堆场	1	约 35	网架结构	独立基础	－7	敏感	堆料高 15m
生料制备			磨基础	桩基础	－5	敏感	6000kN

续表

建（构）筑物名称	层数	高度/m	结构类型	建（构）筑物基础		沉降要求	荷载
				基础类型	埋深/m		
联合储库	1	25	排架结构	独立基础	−3		3000kN/柱
废气处理	6	24	钢筋混凝土框架	独立基础	−2/-8	敏感	7000kN/柱
生料库		60	钢筋混凝土筒仓	桩基础	−5		350000kN/库
煤粉制备	4	27	框架结构	独立基础	−3.5	敏感	5000kN/柱
烧成窑尾	8	88.5	钢筋混凝土、钢管混凝土框架	桩基础	−7	敏感	20000kN/柱
烧成窑中		8	大块实体基础	桩基础	−2.5	敏感	12000/墩
烧成窑头	2	16.4	钢筋混凝土框架	独立基础	−4.5	敏感	5500kN/柱
熟料库	3	55	钢筋混凝土筒仓	伐板基础	−4		3500000kN/库

3 项目地质及地基处理方法

3.1 项目地质情况简介

本场地抗震设防烈度为7度，设计基本地震加速度值为0.15g，设计的特征周期值为0.40s。

主要土层自上至下为：

① 层黄土，不具有湿陷性，厚度2～6m；

② 层黄土，具自重湿陷性，厚度2～18m，一般厚14m左右；

③ 层粉质黏土，中压缩性，厚度11～19m；

④ 层粉质黏土，中压缩性，厚度7～12m；

⑤ 层粉质黏土，中压缩性，未穿透。

地基土承载力特征值见表2。

表2 地基土承载力特征值建议

层号	①	②	③	④	⑤
地层名称	黄土状土	黄土状土	粉质黏土	粉质黏土	粉质黏土
承载力特征值 f_{ak}/kPa	160	150	220	240	260

场地湿陷深度介于16.5～24.0m，湿陷量Δ_s介于23.46～71.865cm，自重湿陷量Δ_{zs}最大达到11.07～49.455cm，场地湿陷等级为Ⅱ～Ⅲ级。场地下无较深的卵石和岩石等较好的基础持力层。地下水埋藏较深，可不考虑，黏土层中局部夹部分卵石尖灭、透镜体，场地土对钢筋和钢结构不具有腐蚀性。

3.2 常用消除黄土湿陷性的地基处理方法

（1）复合地基，如灰土垫层法、灰土挤密桩、DDC工法（又称孔内深层强夯，可换填不同材料达到不同的承载力）、强夯法等；复合地基由于处理深度有限，一般为消除地基的部分湿陷量，只有在湿陷性黄土厚度不大时，才可以消除地基的全部湿陷量。

（2）桩基，如钻（挖）孔灌注桩、挤土成孔灌注桩、静压或打入的预制钢筋混凝土桩等。《湿陷性黄土地区建筑标准》（GB 50025—2018）第 5.7.3 条规定：湿陷性黄土场地的甲类、乙类建筑物桩基，其桩端必须穿透湿陷性黄土层，并应选择压缩性较低的岩土层作为桩端持力层。

4　DDC 桩简介及优缺点

4.1　DDC 桩简介

我国西北地区长年干旱少雨，水资源缺乏，DDC 技术就是在该地区特殊的自然环境下产生的。

DDC 技术，即孔内深层强夯法（down-ole dynamic compaction），是一种新型深层地基处理方法。其预先用机械洛阳铲或长螺旋钻机排土成孔（400mm 直径），再用 1.5～2t 的重锤多次填料、多次夯击扩大桩径，进而对土体产生挤密作用，达到消除湿陷和大幅提高承载力的目的。利用机械洛阳铲，成孔深度可达到 30～40m，每次填料 0.15m^3，将大型夯实机的 1.5～2.0t 重锤提高 4.0～4.5m 夯击 8～12 击，如此反复夯击，可使桩径达到 550～600mm，在合适的桩间距条件下，完全可满足厚度不超过 30.0m 的湿陷性土层消陷要求，达到提高承载力的目的。换填不同的填料，承载力会有不同的提高，其后期水稳性也会有不同的增强幅度。

DDC 渣土桩复合地基（composite subgrad of slag-oil pile）是指用建筑垃圾、杂土、素土、石料、灰土、无毒工业废料及它们的混合物等为填料，以 DDC 法形成具有较高承载力的复合地基。

4.2　技术优势对比

与其他地基处理方法相比，该技术有以下优势：

（1）使用范围广泛，可用于各类地基处理：如深厚层湿陷性黄土、液化土、软弱土、腐蚀性土、不均匀地基及回填垃圾地基等各种复杂建筑场地的处理。

（2）用料标准低，就地取材：DDC 技术的最大特点之一就是对填料要求不严，可就地取材，凡是无机固体材料均可，如土、砂、碎石、建筑垃圾、碎砖块、混凝土块、粉煤灰等工业废料均可加以利用，而且不需要严格加工。

（3）施工周期短：由于成孔和夯扩设备造价低，占地面积小，成孔速度快，每套设备每天能成 20 个孔，可以根据施工进度增减设备，满足施工进度的需要，施工速度比传统的灌注桩能缩短一半。

（4）承载力高：采用不同填料的 DDC 工法得到 300～600kPa 不等的承载力特征值，基本能满足熟料线绝大部分车间的承载要求，减小基础设计的难度。

(5) 地基处理深度大：一般处理深度 20m 左右，最深可达 30m。

(6) 复合地基变形模量大，沉降变形小：变形模量显著提高，承载性状明显，地基变形量大为降低，E_0 值可达 30～40MPa 以上。

(7) 社会经济效益好：该技术具有孔内深层强夯的特征，故振动小、噪声低；消除渣土污染；可大量节约钢材、水泥，降低工程造价，一般可降低造价 25%以上。

与其他地基处理方法相比，该技术有以下缺点：

(1) 对地下水的影响较敏感。特别是灰土桩，若经常遭到地下水等浸湿会降低承载力。洛阳铲成孔时，遇到较大块石或卵石成孔困难，需要配备其他机械或人工成孔。

(2) 处理后的地基承载力虽然较高，但由于此种桩采用灰土、水泥土等填料，抗弯和抗拔能力弱，因此不适用于对抗拔要求较高的高耸建（构）筑物基础。用此种方法处理后的地基，适用建造的高层建筑一般不超过 12 层。

(3) 对于需要整片处理的基础，造价降低明显；对于以独立基础为主的建筑物，造价优势不明显。

(4) 土方开挖量大，现场不便管理，多台机械同时施工时，对总功率要求较大，对临时用电要求较高。

5 本项目在 DDC 桩设计上的几点心得

5.1 基本设计方案及设计要点

根据上部结构形式及荷载特点，采用不同的基础及地基处理方式，本工程主要采用了以下三种基础形式：

(1) 荷载小的单层建（构）筑物，采用天然地基，对浅层湿陷性黄土采用 3∶7（2∶8）灰土换填，换填深度约 3m，消除部分湿陷性，采用条基或独基。

(2) 荷载较大建（构）筑物，用 DDC 工法处理地基，根据上部荷载情况，对比造价，填料分别采用 2∶8 灰土、3∶7 灰土、1∶6 水泥土，处理后的地基承载力从 250～550kPa 不等，采用柱下独立基础或条形基础。

(3) 荷载很大，对沉降敏感的建（构）筑物，仅用 DDC 工法处理后满足不了要求，先采用 DDC 工法消陷，再采用灌注桩，桩长约 40m，用机械成孔干作业灌注桩。

根据本场地地基土特征，采用不同填料的 DDC 工法得到不同的承载力特征值：

(1) 若 DDC 工法填料用 2∶8 灰土，建议桩间距 0.9m，正三角形满堂布设，成孔直径 400mm、成桩直径 550mm，单桩复合面积 0.7m^2，桩长 20.0m，湿陷性可完全消除，承载力特征值可达到不小于 250kPa，整体变形较小。

(2) DDC 工法填料用 3∶7 灰土，建议桩间距 0.9m，正三角形满堂布设，成孔直径 400mm、成桩直径 550mm，单桩复合面积 0.7m^2，桩长 20.0m，湿陷性可完全消除，承载力特征值可达到不小于 300kPa，整体变形较小。

(3) DDC 工法填料用 1∶6 水泥土，建议桩间距 0.9m，正三角形满堂布设，成孔直径 400mm、成桩直径 600mm，单桩复合面积 0.7m^2，桩长 20.0m，湿陷性可完全消除，承载力特征值可达到 550kPa 以上，整体变形较小。

5.2　桩基检测情况

施工完毕后，按《湿陷性黄土地区建筑标准》(GB 50025—2018) 要求进行了复合地基检测，桩身灰土压实系数小于0.97的大于10%，桩间土平均挤密系数小于0.93的大于10%，说明湿陷性基本消除，满足工程需要；根据静载试验，复合地基的承载力特征值均满足设计要求，2∶8灰土一般承载力特征值为250kPa，3∶7灰土承载力特征值为300～350kPa，1∶6水泥土的承载力特征值大于550kPa。

5.3　生产线投运及沉降观测情况

LQ海螺水泥公司基础工程于2009年8月开工，仅2个月时间就完成全部基础处理工作，比同类地基采用传统的灌注桩节约工期约45天，节约造价约1500万元，水泥熟料线于2011年1月14日投产，生产运行正常。现场在施工过程中及投产后的沉降观测数据显示，采用DDC工法处理建（构）筑物，均无异样沉降。

6　设计和施工应注意的问题

(1) 在设计工程桩之前，应根据黄土的湿陷性等级，设计几组不同直径和间距的DDC桩进行检测，根据检测结果，合理确定DDC桩工程桩的直径和间距，最大限度地消除黄土的湿陷性。

(2) 合理确定桩顶的设计标高，必要时可施工部分空头桩，以减少土方开挖量。

(3) 施工中应根据设计要求，控制好落锤的垂直度和锤击数，当桩孔较深时，夯锤下落时往往会碰撞上部孔壁，减小桩锤对底部的夯击能，导致下部土体不能完全消陷。锤击数不够，也是导致下部土体不能完全消陷的原因之一。

7　结论及建议

通过以上分析，我们认为：

(1) 在湿陷性黄土地区建造的建（构）筑物，不论何种基础形式，消除湿陷性和提高承载力均是处理地基的关键。

(2) DDC工法是我国西北地区处理湿陷性黄土的一种常用方法，处理湿陷性黄土地基时，具有用水少、工期短、造价相对较低等特点，一般工程均可以采用。

(3) 对于重要的高耸结构，由于对地基承载力要求较高，为确保结构安全，先采用DDC工法对湿陷性黄土进行消陷，再采用干作业灌注桩。

(4) 由于DDC桩数量多、土方开挖量大、先期施工用电量大，应提前编制好施工方案，合理组织施工，控制好施工质量。

水泥工厂钢桁架设计要点

全东篱　史艳想　戴文婷

摘　要　桁架是指由直杆在端部相互连接而组成的格构式结构。在工业与民用房屋建筑中，当跨度比较大时，用梁作屋盖的承重结构是不经济的，这时都要用桁架，这种用于屋盖承重结构的梁式桁架叫屋架。此外，皮带机输送廊道、大跨度的检修通道等也经常采用梁式桁架作为承重结构。本文主要结合规范，分析桁架的受力特点，阐述桁架设计中可能遇到的各种问题。

关键词　钢桁架；受力分析；设计要点

Cement plant steel truss design points

Tong Dongli　Shi Yanxiang　Dai Wenting

Abstract　Truss refers to a lattice structure composed of straight rods connected to each other at the ends. The members in the truss are mostly subjected to only axial tension or pressure. The stress is evenly distributed across the cross-section, so it is easy to play the role of the material. In industrial and civil housing construction, when the span is relatively large, the use of beams as the load-bearing structure of the roof is not economical, then the truss must be used, this kind of beam truss for the load-bearing structure of the roof is called the roof truss. In addition, belt conveyor conveyor corridors, large-span maintenance channels, etc are often used as beam trusses as load-bearing structures. This paper mainly combines the specifications, analyzes the stress characteristics of trusses, and elaborates on various problems that may be encountered in truss design.

Keywords　steel truss; force analysis; design points

1　桁架的外形及选用原则

桁架的外形宜受到其用途的影响。就屋架来说，外形如图1所示。其中前四种为单系腹杆［图1（a）～图1（d）］，第五种即交叉腹杆为复系腹杆［图1（e）］。

桁架外形与腹杆形式，应该经过综合分析来确定。确定的原则应从下述几个方面考虑：

（1）满足使用要求。对屋架来说，上弦的坡度应适合防水材料的需要。此外，屋架在端部与柱是简支还是刚接，房屋内部净空有何要求、有无吊顶、有无悬挂吊车，有无天窗及天窗形式以及建筑造型的需要等，也都影响屋架外形的确定。

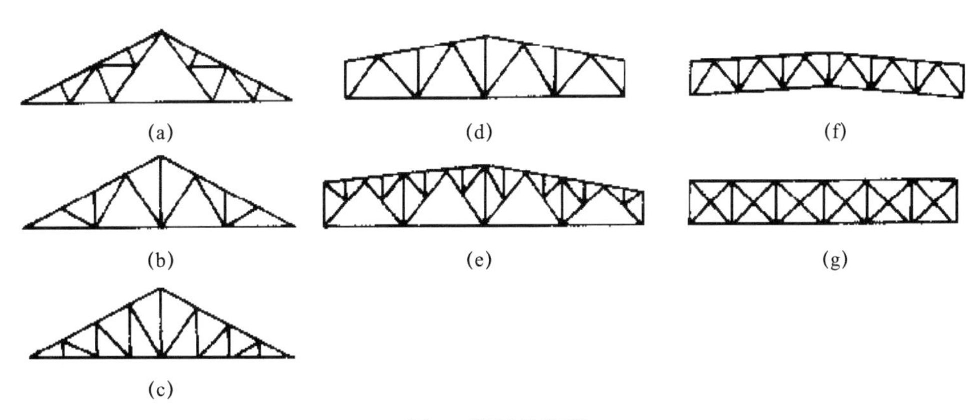

图 1　桁架的外形

（2）受力合理。只有受力合理时才能充分发挥材料作用，从而达到节省材料的目的。对弦杆来说，所谓受力合理是要使各节间弦杆的内力相差不太大，这样，用一根通长的型钢来做弦杆时对内力小的节间就没有太大的浪费。一般讲，简支桁架外形与均布荷载下的抛物线形弯矩图接近时，各处弦杆内力才比较接近。但是，弦杆做成折线形时节点费料费工，所以桁架弦杆一般不做成多处转折的形式，而经常做成矩形、三角形和梯形等形式。

拉杆及压杆的分析：根据图 2，从图示线切开，F_x 为左侧等效荷载，$F/2>F_x$，$F_1>0$，斜腹杆受拉，同理，当腹杆方向与此相反时，斜腹杆受压。当腹杆受力较小时，长细比是决定腹杆截面大小的主要因素，通常桁架腹杆选择拉杆较为合理。

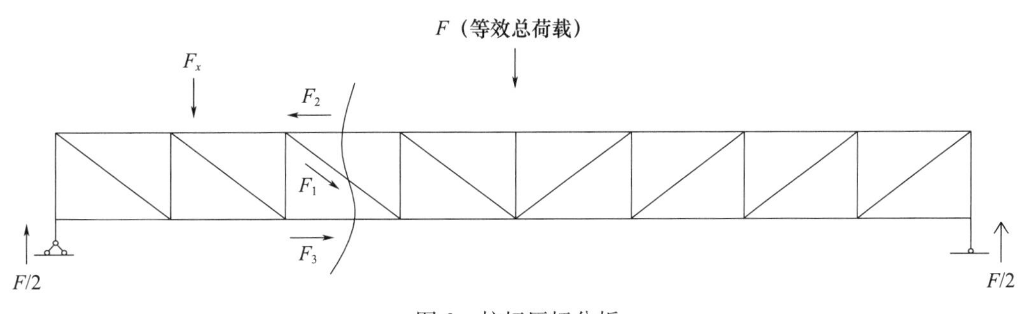

图 2　拉杆压杆分析

（3）制造简单及运输与安装方便。制造简单、运输及安装方便，可以节省劳动量并加快建设速度。

（4）综合技术经济效果好。传统的分析方法多着眼于构建本身的省料与节省工时，这样是不全面的。在确定桁架形式与主要尺寸时，除上述各点外还应该考虑到各种有关的因素，如跨度大小、荷载状况、材料供应条件等，尤其应该考虑建设速度的要求，以期获得较好的综合技术经济效果。

2　桁架的内力计算和组合

桁架杆件的内力，按节点荷载作用下的铰接平面桁架，用图解法或解析法进行分析。为便于计算及组合内力，一般先求出单位节点荷载作用下的内力（称作内力系数），然后根据不同的荷载及组合进行计算。

桁架节点多数为焊接连接（少数也有用高强螺栓连接的），且交汇的杆件大多通过节点板相连。因此，节点有一定刚性，节点刚性在杆件中引起的次应力一般较小，不予考虑。但荷载很大的重型桁架有时需要计入次应力的影响。

屋架中部某些斜杆，在全跨荷载时受拉而在半跨荷载时可能变成受压，这是应该注意的。半跨荷载是指活荷载、雪荷载或某些厂房受到的积灰荷载作用在屋盖半边的情况，以及施工过程中由一侧开始安装大型屋面板所产生的情况等。所以内力计算时除应该按满跨荷载计算外，还要按半跨荷载进行计算，以找出各个杆件可能的最不利内力。

有节间荷载作用的桁架，可把节间荷载分配在相邻的节点上，按只有节点荷载作用的桁架计算各杆内力。直接承受节间荷载的弦杆则要用这样算得的轴线内力，与节间荷载产生的局部弯矩相组合，然后按压弯构件设计。这一局部弯矩，理论上应按弹性支座的连续梁计算，算起来比较复杂。考虑到桁架杆件的轴力是主要的，为了简化，实际设计中一般取中间节间正弯矩及节点负弯矩为 $M=0.6M_0$，而端节间正弯矩为 $M'=0.8M_0$，其中 M_0 为将上弦节间视为简支梁所得跨中弯矩，当作用集中荷载时其值为 $p_d/4$。

3 桁架杆件的计算长度

桁架中无论压杆或拉杆都需要找出其计算长度，因为有了计算长度才能进行压杆的稳定性验算，以及压杆和拉杆的刚度验算。

长细比的取值：弦杆、支座斜杆、支座竖杆的桁架平面内计算长度 $l_{0x}=l$（节间长度）；腹杆的平面内计算长度 $l_{0x}=0.8l$；

PKPM 计算时经常会忽略此长细比的取值，默认的计算长度系数为 1，见图 3、图 4。

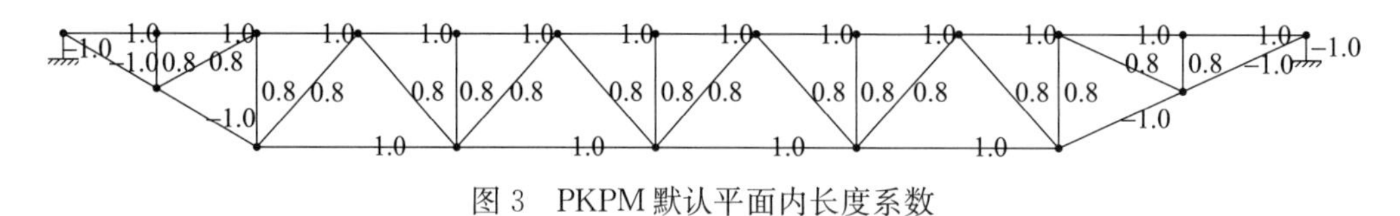

图 3 PKPM 默认平面内长度系数

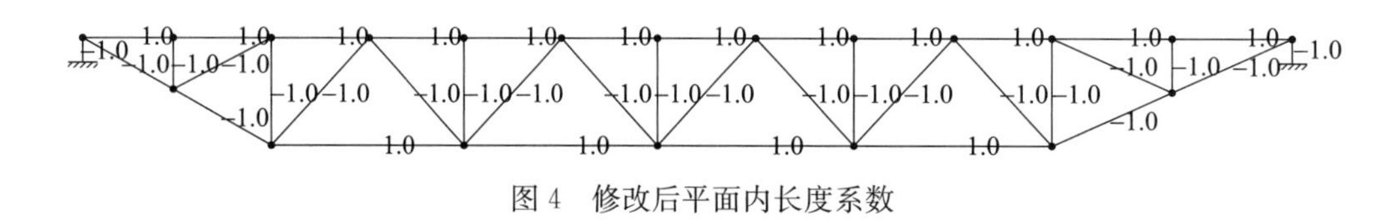

图 4 修改后平面内长度系数

弦杆的平面外长细比 $l_{0y}=l_1$（侧向支撑间距而非节间长度），部分桁架 2 个节点设一侧向支撑，此时 $l_{0y}=2l_{0x}$（多见于屋架）；腹杆的平面外计算长度 $l_{0y}=l$。

桁架及支撑的杆件都应满足刚度要求，其标志是长细比的大小要符合规范规定的容许值。因受力条件和杆件的重要程度不同，规范规定了不同的容许值。桁架中受压杆件的容许长细比为 150。直接承受动力荷载的桁架中的拉杆为 250，只承受静力荷载作用的桁架的拉杆，可仅计算在竖向平面内的长细比，容许值为 350。

容易忽略的问题：《钢结构设计标准》7.4.6 条附注 2 说明：桁架的受压腹杆，当其内力等于或小于其承载能力的 50%时，容许长细比可取 200。

PKPM 判别压杆长细比均按 150 考虑，设计过程中容易造成腹杆截面偏大。图 5 中间 4 根腹杆显示超限，实际满足规范要求。

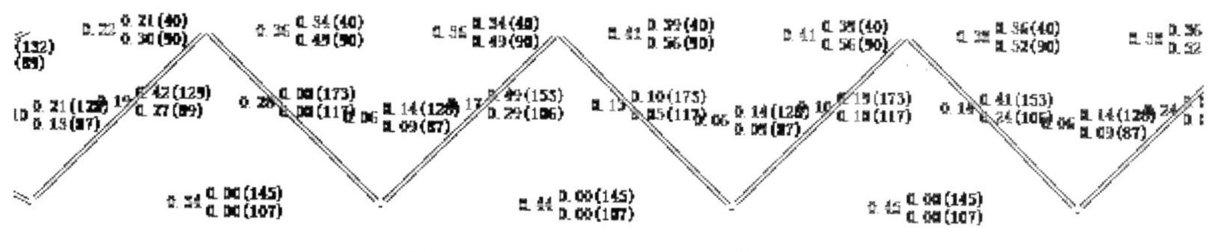

图 5 PKPM 腹杆长细比取值错误

4 杆件的截面形式

桁架杆件截面的形式，应该保证杆件具有较大的承载能力、较大的抗弯刚度，同时应该便于相互连接且用料经济。这就要求杆件的截面比较扩展，壁厚较薄，同时外表平整。根据这一要求，多年来主要采用双角钢来做屋架以及跨度相近的桁架如皮带运输机桥等的杆件。压杆应该与截面的两个主轴具有相等或接近的稳定性，即 $\lambda_x = \lambda_y$，以充分发挥材料的作用，拉杆则常用等边角钢来做，因为等边角钢一般比不等边角钢容易获得。受拉弦杆角钢的伸出肢宜宽一点，以便具有较好的出平面刚度。需要注意的是，双角钢属于单轴对称截面，绕对称轴 y 屈曲时伴随有扭转，λ_y 应取考虑扭转效应的换算长细比 λ_{yz}。

受压弦杆，在一般支撑布置的情况下，常为 $l_{0y} = 2l_{0x}$（见长细比分析），为获得近于等稳的条件，经常采用两等肢角钢或两短肢相并的不等肢角钢组成的 T 形断面［图 6（a）或（b）］。二者之中以用钢量较小的为好。鉴于 $\lambda_{yz} > \lambda_y$，后一截面比较容易做到等稳定。当有节间荷载时，为增强弦杆在桁架平面内的抗弯能力，可采用两长肢相并的不等肢角钢组成的 T 形截面［图 6（c）］；受拉弦杆，往往 l_{0y} 比 l_{0x} 大得多，此时可采用两短肢相并的不等肢角钢组成的或者等肢角钢组成的 T 形截面［图 6（a）或（b）］。

值得注意的问题：上翻式钢桁架当不采用混凝土屋面板时无节间荷载，采用图 6（a）截面较为合理，图 6（c）的截面形式较为浪费。

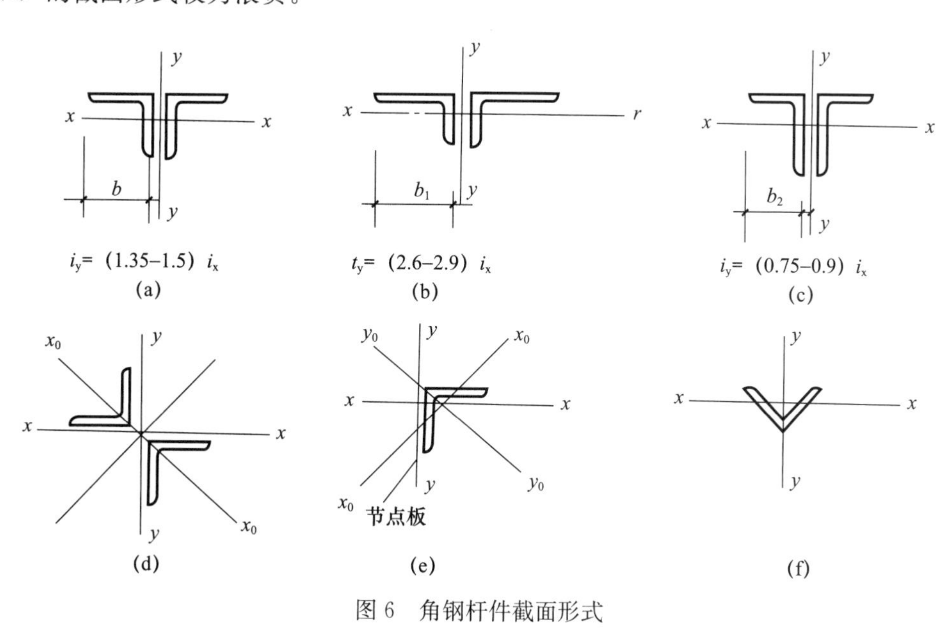

图 6 角钢杆件截面形式

梯形屋架支座处的斜杆（主节点在下时受压，主节点在上时受拉）及竖杆，由于 $l_{0y} = l_{0x}$，故可采用图 6（a）或（c）的形式。考虑到扭转影响，前者更容易做到等稳定。屋架中其他腹杆，因为 $l_{0y}=0.8l$，$l_{0y}=l$，即 $l_{0y}=1.25l_{0x}$，所以一般采用图 6（a）两等肢角钢的形式。连接垂直支撑的竖杆，常采用两个等肢角钢组成的十字形截面［图 6（d）］，因为垂直支撑如需传力时则竖杆不致产生偏心，并且吊装时屋架两端可以任意调动位置而竖杆伸出肢位置不变。受力小的腹杆，也可采用单角钢截面，如图 6（e）和（f）所示，前者因连接有偏心，设计强度有降低（参见单角钢缀条的计算），后者虽无偏心但角钢端部需切口以插入节点板进行焊接，工作稍繁。

随着厂房结构的发展，屋架杆件已有用 T 型钢取代双角钢的趋势，特别是屋架的弦杆。T 型钢弦杆、双角钢腹杆的屋架比传统的全角钢屋架约节省钢材 12%～15%。这主要是由于减小了节点板尺寸，上弦用料比角钢经济，以及省去缀板等原因。这种屋架在国外已广泛采用，我国在宝钢工程中也已采用。不过目前生产的 T 型钢规格较少，在一定程度上制约了其应用。

当屋架跨度较大（如 $L>24$m）并且弦杆内力相差较大时，弦杆可改变一次截面，以便节省钢材。但以改变一次为度，如果改变两次则制造工作量加大，反而不经济。改变弦杆截面时，可保持角钢厚度不变而改变肢宽，以方便连接。T 型钢弦杆则可改变腹板高度。

除上述截面外，圆管在网架结构中用得较多，矩形管近年来国外用得较多。H 型钢则可以用于跨度和荷载较大的桁架。

5 一般构造要求与截面选择

5.1 桁架构造的一般要求

在一榀桁架中，所用角钢的规格不应超过 5～6 种。普通桁架中所用的角钢，最小规格应是∟45m×4 或∟56×36×4。

双角钢截面杆件在节点处以节点板相连，T 形钢截面杆件是否需要用节点板相连应根据具体情况而定。节点板受力复杂，对一般跨度的桁架可以不做计算，而由经验确定厚度。梯形桁架和平行弦桁架的节点板把腹杆的内力传给弦杆，节点板的厚度即由腹杆最大内力（一般在支座处）来决定。三角形屋架支座处的节点板要传递端节间弦杆的内力，因此，节点板的厚度应由上弦杆内力来决定。此外，节点板的厚度还受到焊缝的焊脚尺寸 h_f 和 T 形钢腹板厚度等因素的影响。一般桁架支座节点板受力大，该处节点板厚度可参照表 1 取用。中间节点板受力小，板厚可比支座处节点板的厚度减小 2mm。在一榀桁架中，除支座处节点板厚度可以大 2mm 外，全屋架节点板取相同厚度。20 世纪 70 年代后期国外有的研究证明，提高节点板的屈服强度并不提高腹杆的承载能力，而在试验研究中将节点板厚度由 10nm 加厚到 20mm 时却提高腹杆屈曲荷载近 40%。由此可见，桁架节点板的厚度稍大些是有利的。

表 1 屋架节点板厚度参考（Q235）

梯形桁架、平行弦桁架腹杆最大内力三角形屋架端节间弦杆内力/kN	≤200	201～320	321～520	521～780	781～1170
支座节点板厚度/mm	8	10	12	14	16

容易出现的问题：PKPM 选择截面的时候新手往往会忽略掉节点板厚度的选择（默认厚度为 0），节点板厚度对双角钢截面的回转半径影响较大，对杆件的平面内、平面外稳定应力影响很大，见图 7、图 8 示例。

桁架上弦杆为 2]［12.6，图 7 为未设置节点板厚度时的应力比（默认为 0）：平面外稳定性应力比为 1.12，超限；图 8 为正确设置节点板厚度（8mm）时的应力比：平面外稳定性应力比为 0.99，满足要求。

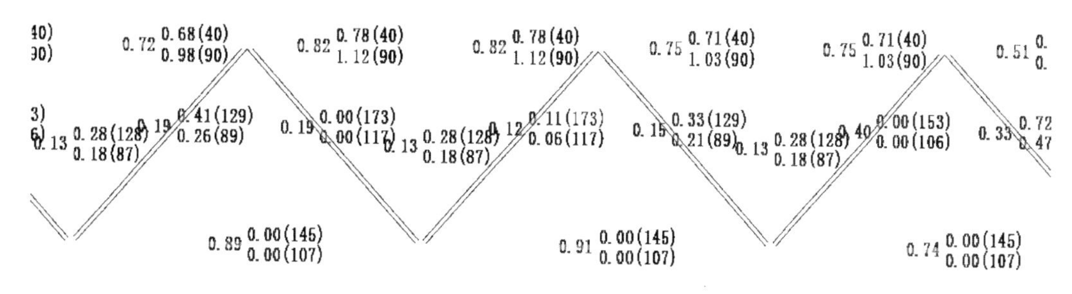

图 7　未设置节点板厚度时的钢桁架应力比

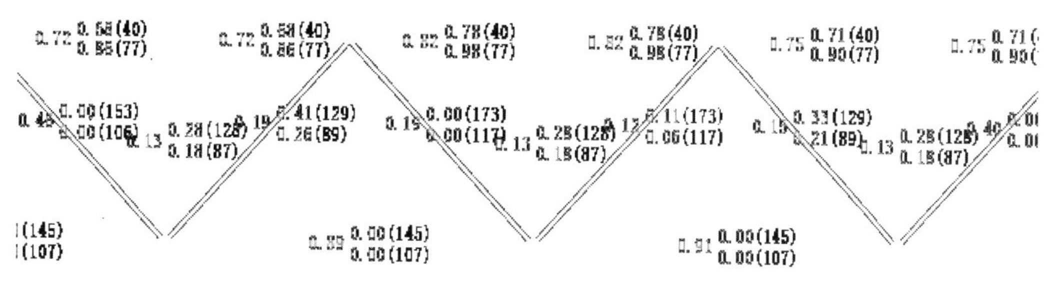

图 8　正确设置节点板厚度时的钢桁架应力比

由双角钢组成的 T 形或十字形截面的杆件，为了保证两个角钢共同工作，两角钢间需有足够的连系。做法是每隔一定距离在两角钢间加设填板（图 9），填板尺寸由构造决定。在十字形双角钢杆件中填板应横竖交错放置。填板应比角钢肢宽伸出（十字形截面则缩进）10～15mm 以便焊接，填板间距，对压杆取 $l_z \leqslant 40i$，拉杆取 $l_z \leqslant 80i$，式中 i 为一个角钢的回转半径，回转半径所对应的形心轴在 T 形双角钢［图 6（a）］中为平行轴 a—a，在十字形双角钢［图 6（b）］中为最小轴 b—b。在压杆的两个侧向固定点之间的填板不宜少于两个，且每节间不应少于两个（无法放置时至少放一个）；拉杆同此处理。

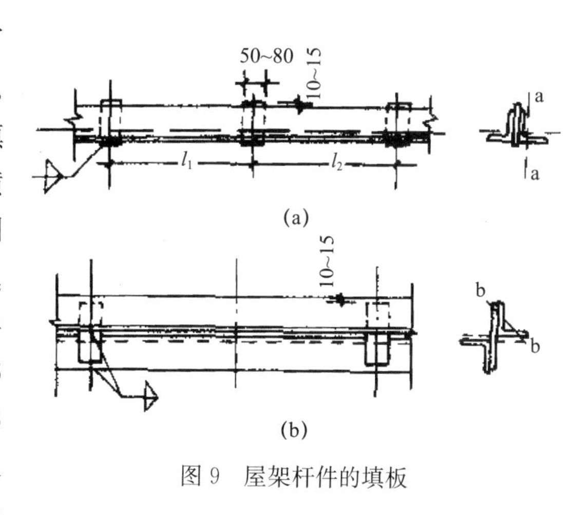

图 9　屋架杆件的填板

5.2　桁架杆件截面选择

桁架中的杆件，按前述原则先确定截面形式，然后根据轴线受拉、轴线受压和压弯的不同受力情况，按轴心受力构件或压弯构件计算确定。为了不使型钢规格过多，在选出截面后可做一次调整。

拉杆应进行强度验算和刚度验算。强度验算中在有螺栓孔削弱时，应该用净截面，如果螺栓孔位置处于节点板内且离节点板边缘有一定距离，例如≥100mm 时，可考虑不计截面削弱，因为焊缝已传走一部分内力，截面有减弱处内力也已减小。刚度验算应使杆在两个方向的长细比中的较大者 λ_{max} 小于容许长细比。规范对于承受静力荷载的桁架拉杆只限制在竖向平面内的长细比。但从运输和安装的角度考虑，受拉下弦出平面的刚度还是大些为好。

压杆应进行稳定性和刚度的计算，压弯杆（上弦杆有节间荷载时）应进行平面外的稳定性和刚度的验算。双角钢压杆和轴对称放置的单角钢压杆绕对称轴失稳时的换算长细比可以用下列简化公式计算：

（1）等边双角钢截面［图 6（a）］

当 $b/t \leqslant 0.58l_{0y}/b$ 时

$$\lambda_{yz}=3.9\frac{b}{t}\left(1+\frac{l_{0y}^2t^2}{18.6b^4}\right) \tag{1-a}$$

当 $b/t > 0.58l_{0y}/b$ 时

$$\lambda_{yz}=\lambda_y\left(1+\frac{1.09b_2}{l_{0y}^2t^2}\right) \tag{1-b}$$

（2）长肢相并的不等边双角钢截面［图 6（c）］

当 $b_2/t \leqslant 0.48l_{0y}/b_2$ 时

$$\lambda_{yz}=\lambda_y\left(1+\frac{0.475b^4}{l_{0y}^2t^2}\right) \tag{2-a}$$

当 $b_2/t > 0.48l_{0y}/b_2$ 时

$$\lambda_{yz}=3.7\frac{b_1}{t}\left(1+\frac{l_{0y}^2t^2}{52.7b_1^4}\right) \tag{2-b}$$

（3）短肢相并的不等边双角钢截面［图 6（b）］

当 $b_1/t \leqslant 0.56l_{0y}b_1$ 时 $\lambda_{yz}=\lambda_y$

否则

$$\lambda_{yz}=5.1\frac{b_2}{t}\left(1+\frac{l_{0y}^2t^2}{17.4b_2^4}\right) \tag{3-a}$$

（4）等边单角钢截面［图 6（f）］

当 $b/t \leqslant 0.5l_{0y}/b$ 时

$$\lambda_{yz}=\lambda_y\left(1+\frac{0.85b^4}{l_{0y}^2t^2}\right) \tag{4-a}$$

当 $b/t > 0.54l_{0y}/b$ 时

$$\lambda_{yz}=4.78\frac{b}{t}\left(1+\frac{l_{0y}^2t^2}{13.5b^4}\right) \tag{4-b}$$

式中，b、b_1 和 b_2 分别为等边角钢肢宽、不等边角钢的长肢宽和短肢宽；t 为角钢厚度。公式（2-a）、（2-b）都由两个式子组成，其中前一个式子为 λ_y 乘以放大系数，表明弯曲是屈曲变形的主导模式；后一个式子以宽厚比为基础，表明扭转成为屈曲变形的主导棋式，此时 λ_{yz} 和 λ_y 相比，增大较多。这种情况发生在 λ_y 较小的杆件。

在确定双角钢截面时，如果 $\lambda_x > \lambda_{yz}$，即在桁架平面内弯曲屈曲时选用薄而宽的角钢比较经济。但是，如果 $\lambda_x < \lambda_{yz}$，则还要看杆件长宽比和宽厚比之间的关系。以等边角钢为例，如果选用薄而宽的角钢致使 $b/t > 0.58l_{0y}/b$ 时，很可能不是最佳选择。

压弯杆的容许长细比近似采用轴心压杆的数值。这两种杆件，必要时还应进行强度验算。

初选压杆截面的尺寸时，如无合适资料与经验，亦可先假设 $\lambda=40\sim100$（对于弦杆）或 $\lambda=80\sim120$（对于腹杆），最后以验算合适的截面为准。

内力很小的腹杆，以及支撑中受力不大的杆件，常由刚度条件即由容许长细比最后确定截面。当雪荷载或活荷载作用在半跨上时，梯形屋架跨中的一些受拉腹杆可能变成压杆，这些杆件应按压杆来考虑刚度要求。双角钢压杆由容许长细比控制截面时，平面外计算以 λ_y 为准。

6　桁架节点设计和施工图

施工图是在钢结构制造厂进行加工制造的主要依据，必须清楚详尽。现主要说明施工图的绘制要点。

（1）通常在图纸上部绘一桁架简图作为索引图。对于对称桁架，图中一半注明杆件几何长度（mm），另一个注明杆件内力（N 或 kN）。桁架跨度较大时（梯形屋架 $L \geqslant 24$m，三角形屋架 $L \geqslant 15$m）所生挠度较大，影响使用与外观，制造时应予起拱，以避免在竖向荷载作用下屋架跨中下垂。实际制造时，只在下弦有拼接处起拱，拱度一般采用 $f = L/500$。

（2）在施工图中，要全部注明各零件的型号和尺寸，包括其加工尺寸、零件（杆件和板件）的定位尺寸、空洞的位置，以及对工厂加工和工地施工的所有要求。定位尺寸主要有轴线至角钢肢背的距离，节点中心至腹杆等杆件近端的距离，节点中心至节点板上、下和左、右边缘的距离等。螺孔位置要符合型钢线距表和螺栓排列规定距离的要求。对加工及工地施工的其他要求包括零件切斜角，孔洞直径和焊缝尺寸都应注明。拼接焊缝要注意区分工厂焊缝和安装焊缝，以适应运输单元的划分和拼装。

（3）在施工图中，各零件要进行详细编号，零件编号要按主次、上下、左右一定顺序逐一进行。完全相同的零件用同一编号。当组成杆件的两角钢的型号尺寸完全相同，然而因开孔位置或切斜角等原因，而呈镜面对称时，亦采用同一编号，但在材料表中注明正反二字以示区别。此外，连接支撑和不连接支撑的屋架虽有少数地方不同（比如螺孔有不同），但也可画成一张施工图而加以注明。附图是标准图，既可用于和柱铰接，也可用于和柱刚性连接。材料表包括各零件的截面、长度、数量（正、反）和自重。材料表的用途主要是配料和计算用钢指标，其次是为吊装时配备起重运输设备。

（4）施工图中的文字说明应包括不宜用图表达以及为了简化图面而宜用文字集中说明的内容，如：钢材标号、焊条型号、焊缝形式和质量等级、图中未注明的焊缝和螺孔尺寸以及油漆、运输和加工要求等，以便将图纸全部要求表达完备。标准图集中有些说明集中做总说明，许多参数的选取和制作要求均要设计确定，因而附图的附注应尽量完整。

7　结　语

本文结合规范及 PKPM 计算实例，从桁架选型、受力分析、杆件选择等方面阐述了桁架的设计流程及设计要点，并总结出容易出现的错误，以供同行参考。

参考文献

[1] 钢结构设计标准：GB 50017—2017 [S]．北京：中国建筑工业出版社，2017.

[2] 建筑抗震设计规范（2016 年版）：GB 50011—2010 [S]．北京：中国建筑工业出版社，2016.

[3] 陈渊．桁架式钢屋架设计要点分析 [J]．四川建筑，2013 (10)：157-158.

浅析输送栈桥的改造及加固

李　俊　杨　军　郑承应

摘　要　输送栈桥作为水泥厂的主要物料输送通道，大多采用钢筋混凝土或钢柱，上设桁架或钢梁。在国家对水泥厂产能宏观控制的背景下，水泥厂的环保节能及能力提升改造已成为大趋势，改造需增加荷载，原有桁架杆件强度已不能满足生产的需要，对原有结构进行改造加固已是摆在行业面前的一道难题，本文利用海螺CZ熔剂灰岩项目总结水泥厂输送栈桥改造及加固的经验。

关键词　输送栈桥；改造加固；钢桁架；原结构；杆件强度

Abrief analysis of the transformation and reinforcement of the conveying trestle

Li Jun　Yang Jun　Zheng Chengying

Abstract　As the main material transportation channel of cement plant, the conveying trestle is mostly reinforced concrete or steel column, and the truss or steel beam is provided. In the context of the country's macro control of the production capacity of cement plants, the environmental protection and energy saving of cement plants and the improvement of capacity improvement have become a major trend, the transformation needs to increase the load, the strength of the original truss members can not meet the needs of production, the transformation and reinforcement of the original structure has been a problem in front of the industry, this paper uses the Chizhou Conch melt limestone project, and share with you the experience of cement plant conveying trestle transformation and reinforcement.

Keywords　conveying trestle; retrofit reinforcement; steel truss; original structure; member strength

0　引　言

输送栈桥作为水泥厂的主要物料输送通道，输送物料从一个车间到另一个车间，使水泥厂数十个独立的生产车间形成完备的水泥生产系统，是水泥厂的重要组成部分。输送栈桥大多采用钢筋混凝土或钢柱，上设桁架或钢梁，作为物料输送皮带及斜槽的纵向承重结构，兼顾人员巡检通行功能。在国家对水泥厂产能宏观调控的背景下，新建水泥厂时代已一去不复返，水泥厂的环保节能及能力提升改造已成为大趋势，但栈桥在长期使用过程中，由于生产环境的侵蚀，栈桥结构自身的承载能力逐年下降，再加上改造增加荷载，原有桁架杆件强度已不能满足生产的需要，对原有结构进行改造加固已是摆在行业面前的一道难题，特别是在正常生产状态下对栈桥的改造加固。

海螺CZ熔剂灰岩项目是海螺集团投资的大型熔剂灰岩项目，年产500万t熔剂灰岩，项目从矿山至厂区到码头，输送栈桥长约11km，新增输送栈桥利用海螺CZ原有输送栈桥改造而成，从升金湖国家级保护实验区的边缘穿过，根据保护区要求，“不能破坏现有植被，利用原有结构建造”，原结构为2002年建造，使用环境恶劣，结构老化严重，须对原结构复核、加固。

1　利用栈桥支架，加高新增一条输送栈桥

1.1　改造内容

原有输送栈桥为混凝土支架，间距约为12m，预制混凝土梁，上铺预制混凝土板。支架为2柱混凝土排架，独立柱基础，柱间距为5.2m，柱截面0.5m×0.5m，支架高度约4~8m不等。纵向承重构件为4根约12m跨度预制梁，与支架梁简支连接，走道面为预制走道板，板面宽度为6m，两边外侧各悬挑0.4m，走道面布置2条物料输送皮带。本次改造在原输送栈桥顶部增加一条输送皮带，不能新增柱，走道宽度不小于3.5m，原栈桥及新增栈桥要封闭。

新增输送皮带利用原有栈桥支架，加设纵向承重的钢桁架，由于原走道板是两边向外悬挑约0.4m，原柱无法直接加高，也无法直接支承新增桁架，需在原支架柱两侧利用植筋新增钢牛腿外挑，用于支承顶部新增钢桁架结构，新增皮带机放置在新增桁架的翼缘上，采用压型钢板内设吸声棉对皮带机顶部及侧面进行封闭。为了减轻荷载，新增结构均采用钢结构。

改造断面图如图1所示。

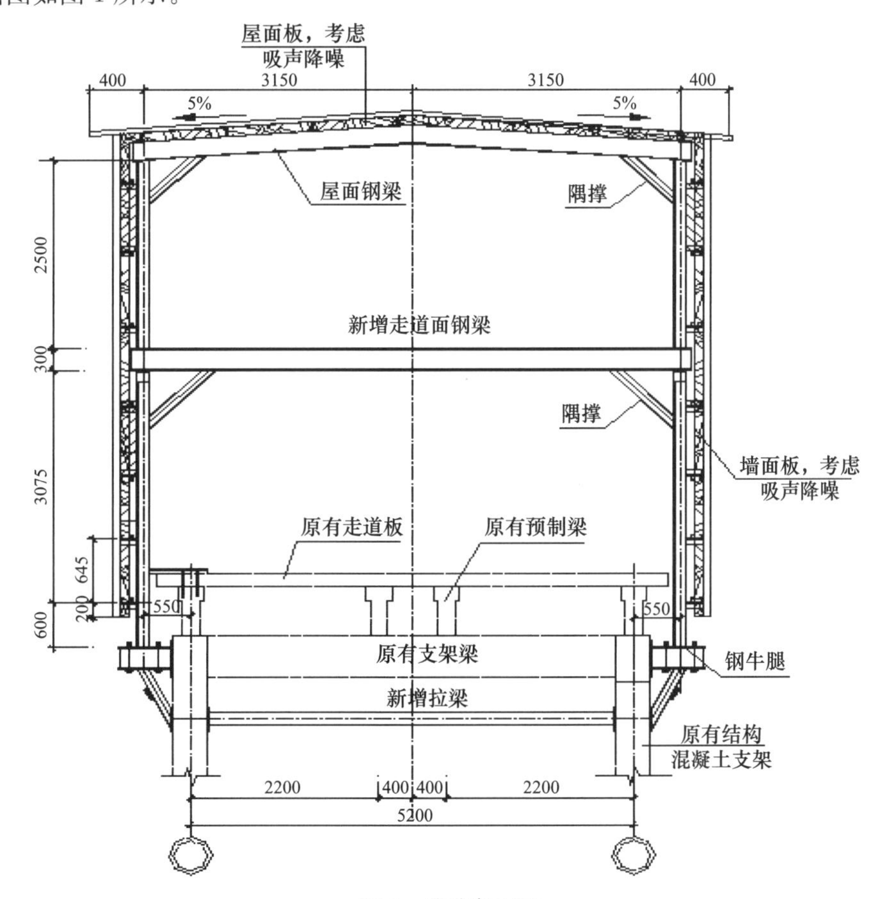

图1　改造断面图

经计算，新增结构及设备在每个牛腿位置新增的荷载约 250kN，新增桁架高度为 2.5m，桁架顶部封闭高度为 2.5m，新增迎风面高度合计为 5m，将新加荷载与原有荷载叠加后对原支架结构及基础进行复核。

1.2 计算条件

（1）原支架混凝土强度为 C25，经对原支架结构鉴定，原结构大部分强度能达到 C25，支架按 C25 进行计算，部分不满足的另行加固处理；

（2）为保证安全，结构使用年限按 50 年；

（3）抗震设防烈度：6 度；基本地震加速度：0.05g；地震分组：第 1 组；

（4）基本风压：W_0=0.40kN/m^2；

（5）基本雪压：S_0=0.35kN/m^2；

（6）积灰荷载：0.5kN/m^2；

（7）走道面活荷载：2.0kN/m^2；

（8）地基承载力：查原设计地勘报告，第 2 层黏土层的承载力特征值为 $f_{ak}\geqslant$300kPa，修正后的承载力特征值 $f_a\geqslant$342kPa。

1.3 支架复核

采用 PKPM 计算软件，对原支架按排架结构进行复核。如图 2 所示。

抗震最大轴压：N=630.07，轴压比=0.211，满足要求。

位移计算：地震作用下支架顶部最大位移=4.58，位移比=0.1145/150<1/150，满足要求。

经复核，原混凝土满足承载要求，计算钢筋小于原柱配筋，满足改造加载要求。

1.4 基础复核

（1）地基承载验算

修正后承载力特征值：f_a=342.00kPa。

轴压验算：p_k=239.00kPa$\leqslant f_a$=342.00kPa，满足要求。

偏压验算：p_{kmax}=392.75kPa$\leqslant 1.2f_a$=1.2×342.00=410.40kPa，满足要求。

考虑多年加载对地基承载力的提高，有一定的安全度。

（2）截面进行冲切验算

冲切验算见表 1。

表 1　X、Y 方向冲切验算

截面	h /mm	a_t /mm	a_b /mm	a_m /mm	A_l /m^2	p_j /（kN/m^2）	F_l /kN	F_c /kN	验算结果
1	250	1300	1700	1500	0.28	118.19	32.80	266.70	满足要求
2	500	500	1400	950	0.51	133.27	67.97	380.05	满足要求
3	500	500	1400	950	0.51	420.23	214.32	380.05	满足要求
4	250	1300	1700	1500	0.28	419.94	116.53	266.70	满足要求

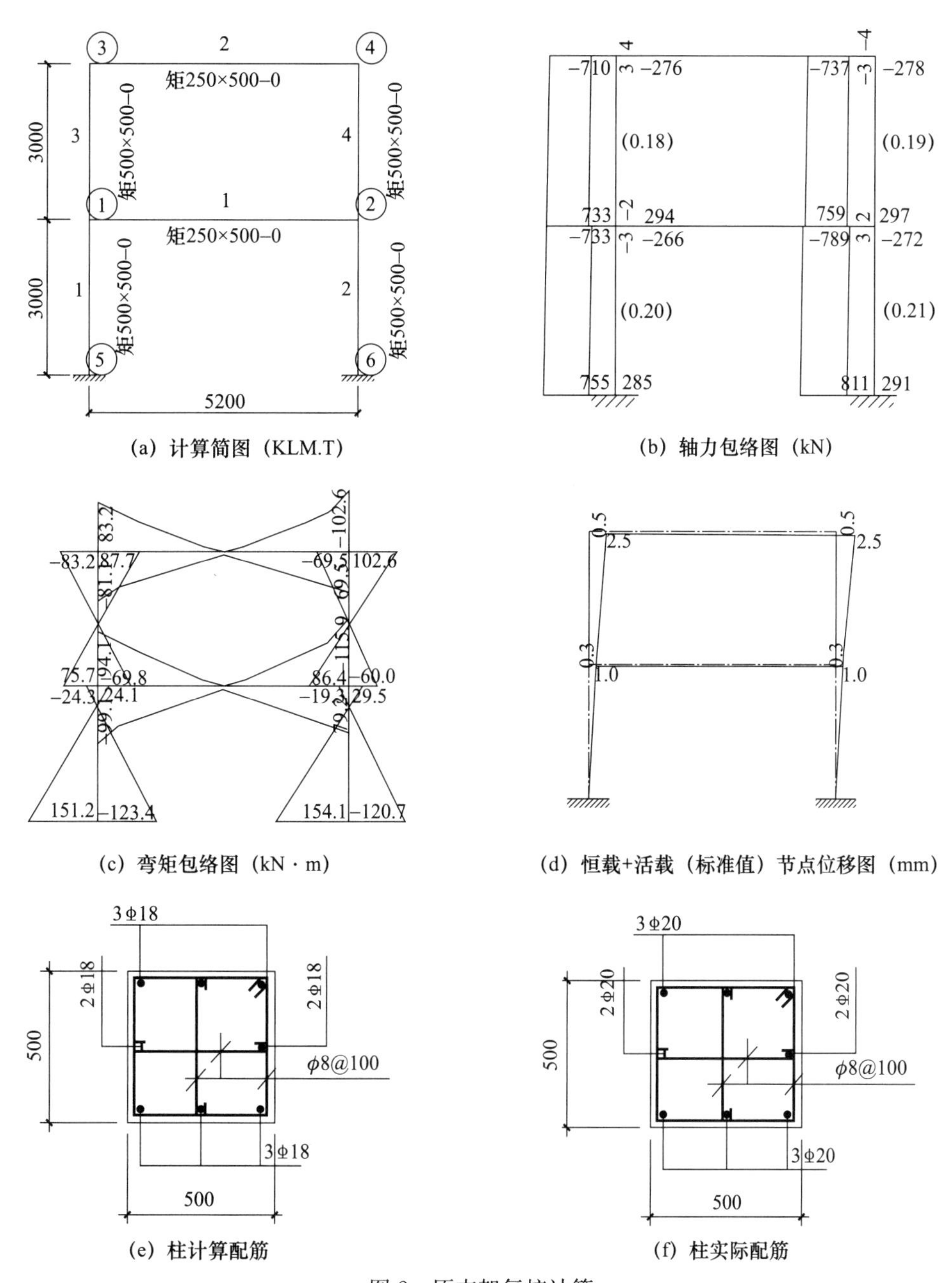

(a) 计算简图（KLM.T）　(b) 轴力包络图（kN）

(c) 弯矩包络图（kN·m）　(d) 恒载+活载（标准值）节点位移图（mm）

(e) 柱计算配筋　(f) 柱实际配筋

图 2　原支架复核计算

（3）受弯计算

计算结果：X 方向计算配置钢筋：Φ12@170；

Y 方向计算配置钢筋：Φ12@200。

实配钢筋：X、Y 方向实际配置钢筋：Φ14@150，验算满足。

1.5　结构改造加固

经计算复核，原支架及基础满足新增输送栈桥及设备的荷载要求，可以进行改造设计。在柱外侧化学植筋增加埋件，焊接钢牛腿，如外挑较小，仅做钢牛腿即可，新增桁架外挑较大，可以将柱侧钢牛腿改三角撑。如图 3 所示。

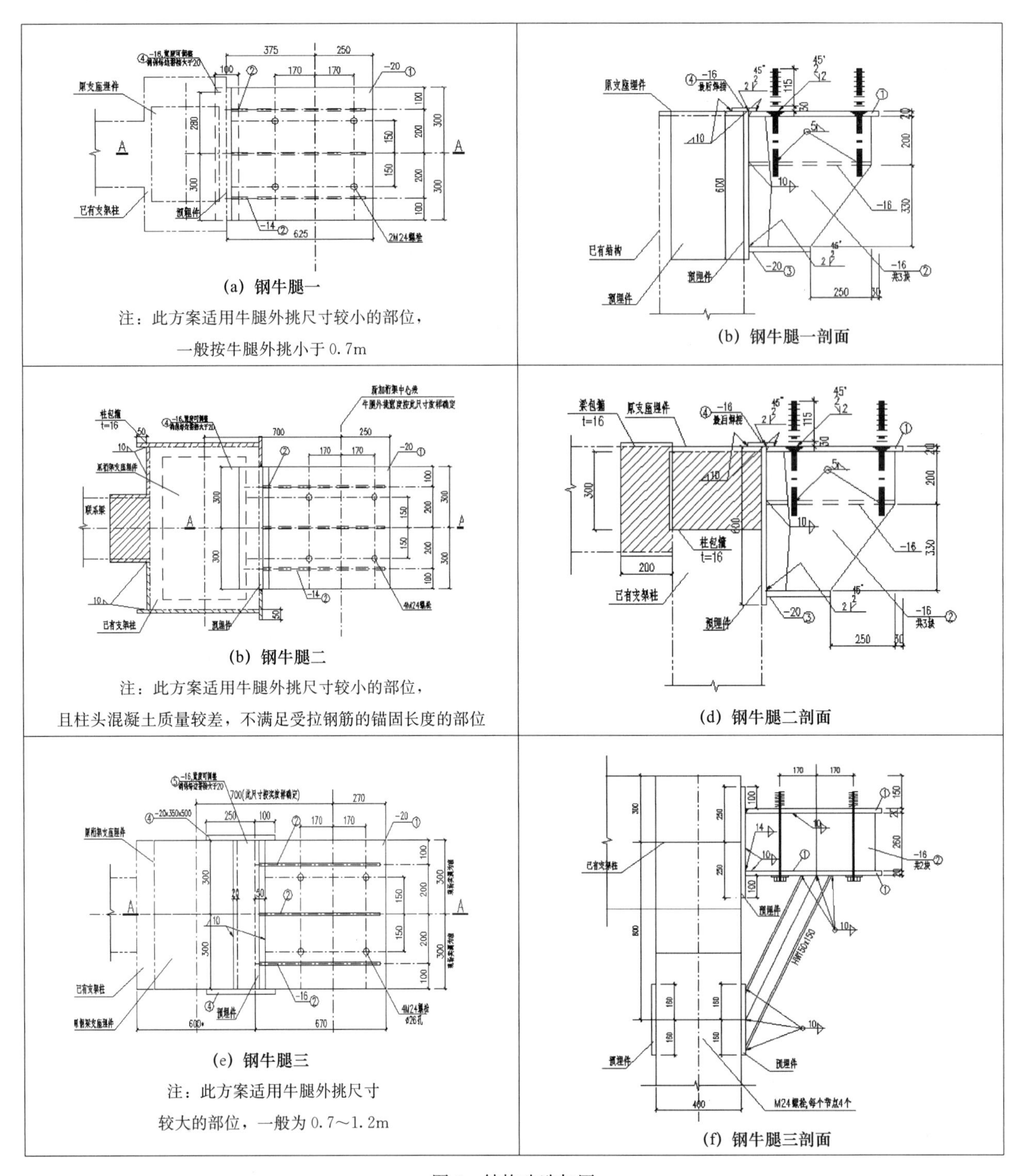

(a) 钢牛腿一

注：此方案适用牛腿外挑尺寸较小的部位，

一般按牛腿外挑小于 0.7m

(b) 钢牛腿一剖面

(b) 钢牛腿二

注：此方案适用牛腿外挑尺寸较小的部位，

且柱头混凝土质量较差，不满足受拉钢筋的锚固长度的部位

(d) 钢牛腿二剖面

(e) 钢牛腿三

注：此方案适用牛腿外挑尺寸

较大的部位，一般为 0.7～1.2m

(f) 钢牛腿三剖面

图 3　结构改造加固

1.6　注意事项

（1）由于是对既有结构的改造，改造前须对原机构进行必要的鉴定，并根据鉴定结果，将新、老结构作为整体进行计算复核，确保原结构的安全。

（2）新加结构尽量采用轻质结构。

（3）柱侧新增的牛腿是本方案最重要的节点，受力集中，必须进行精细的计算，并做好必要的构造措施。

（4）本方案采用了较多的植筋，原结构断面有限，且位于原结构的梁柱节点区域，钢筋密集，植筋间距不能太小，为减少植筋数量可适当加大锚筋直径，并在施工时候防止对原结构钢筋及混凝土的损坏；植筋锚固长度不足时须增加植筋数量，尽量减少受拉钢筋的数量，采用从侧面增加抗剪钢筋，增强结构的安全度；施工完后必须按规范对锚筋质量进行检测。

（5）牛腿设计的时候可利用原有栈桥的柱脚埋件，将新增牛腿焊接在一起，如柱头混凝土质量较差，可将柱头用钢板进行抱箍，加强结构的安全性。

2　利用栈桥桁架，通过荷载置换进行加固改造

2.1　改造内容

原有输送栈桥为混凝土支架，纵向承重构件为下沉式钢桁架，跨度 18～30m 不等，上铺预制混凝土板，原输送栈桥上有输送皮带，改造要求提高皮带的运行能力，皮带支腿荷载由 18kN/对增加到 26kN/对，输送走道面宽度由 3.3m 加宽到 3.8m，同时考虑对改造后的输送栈桥进行环保封闭，经复核，原桁架杆件不满足改造承载要求。

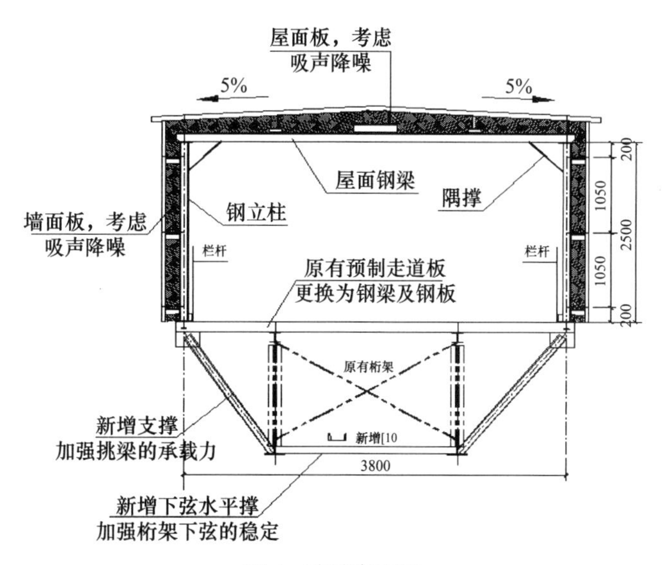

图 4　改造断面图

原输送预制混凝土走道板平均厚度约 50mm，加粉刷及防滑设施，混凝土厚度约有 70mm 厚，走道面均布恒荷载约 1.75kN/m²。拟将原混凝土走道板拆除，更换为钢走道，用钢结构将栈桥封闭。经测算，新增设备、钢走道及封闭总荷载约 1.7kN/m²，按更换后的荷载对原桁架进行复核计算。改造断面图如图 4 所示。

2.2　计算条件

同“改造形式一”。

2.3　支架及基础复核

计算方式同“改造形式一”。经计算，满足改造要求。

2.4　计算复核

经现场检测，原结构钢桁架维护较好，仅有轻微的锈蚀，杆件厚度没有减小，因此按原图纸桁架断面进行复核。经计算，桁架应力比未超限，满足改造要求。

2.5　注意事项

（1）由于是对既有结构的改造，改造前须对原机构进行必要的鉴定，并根据鉴定结果，将新、老结构作为整体进行计算复核，确保原结构的安全。

(2) 新加结构尽量采用轻质结构。

(3) 本方案的主要受力结构是原桁架，由于使用环境比较恶劣，容易有锈蚀等情况，须对原桁架认真检查，特别是节点及容易积灰的部位，确保桁架没有质量问题，加固后要对桁架进行彻底除锈防腐。

3 利用栈桥桁架，对原桁架进行加固改造

3.1 改造内容

本方案的原结构形式与改造内容基本与同“改造形式二”相似，但由于新加荷载比较大，或是原结构锈蚀比较严重，结构断面有一定的削弱，如按“改造形式二”方式改造，在对原桁架复核时发现，原桁架计算时，桁架的下弦及腹板杆件无法满足承载力要求，无法采用“改造形式二”的形式进行改造，必须对杆件进行现场加固。加固采用的方法是在桁架上新增型钢，形成组合截面共同受力。加图改造内容如图 5 所示。

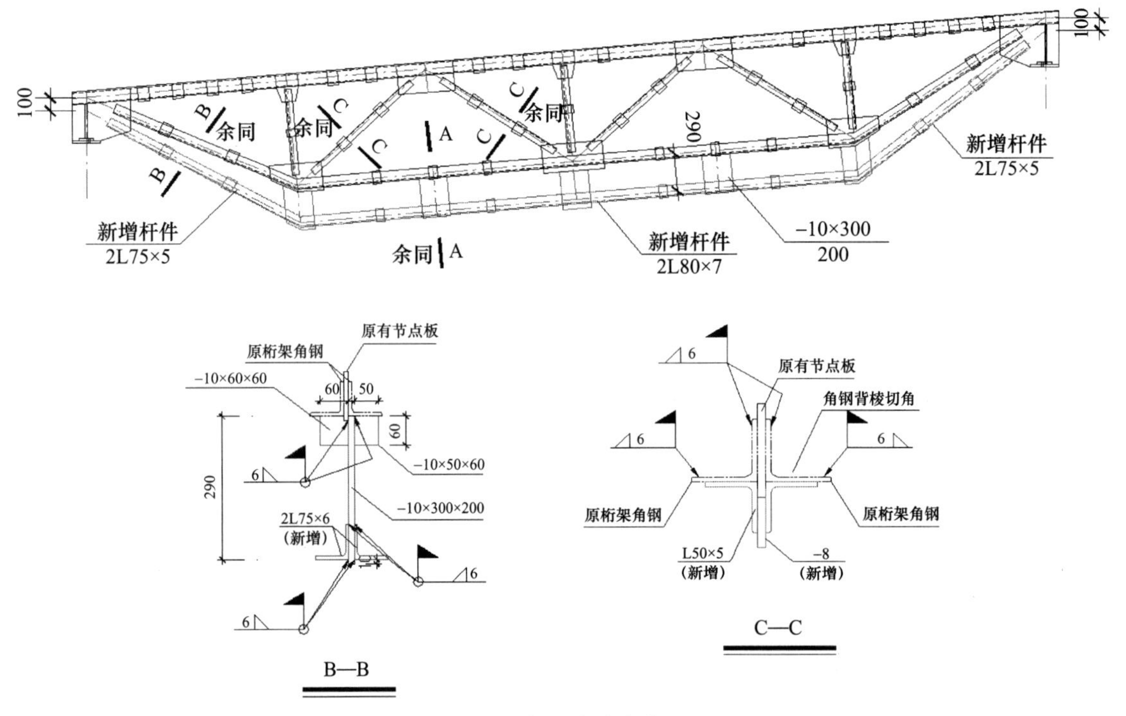

图 5 加固改造内容

通过在原有桁架上增加杆件，使得原有桁架强度大幅提高，很好地解决了桁架由于腐蚀、封闭等增加荷载，部分杆件受力不足的问题。以此种方法加固后的桁架，安全度有了很大提高，满足了生产需求。

3.2 计算条件

同“改造形式一”。

3.3　支架及基础复核

计算方式同“改造形式一”。经计算，满足改造要求。

3.4　计算复核

采用 Midas 软件进行分析。如图 6 所示。

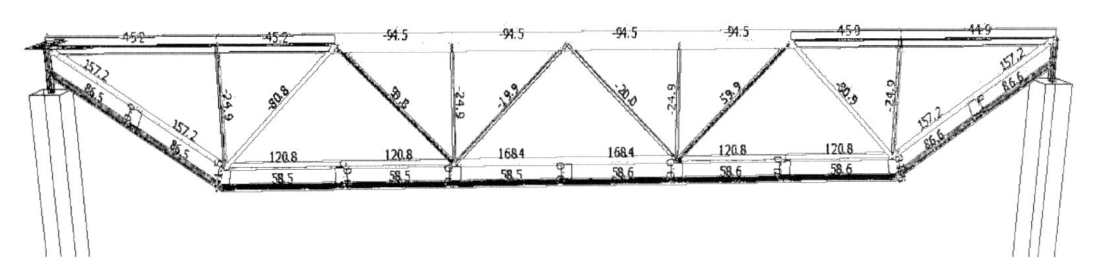

图 6　Midas 软件进行分析

由于本加固是采用叠合构件的桁架，无法采用 PKPM 软件进行计算分析，经采用有限元软件计算，原杆件及新加杆件应力满足规范要求，考虑原杆件的锈蚀引起的断面损失，应力不宜太高，本计算最大应力为 168.4N/mm^2，有一定的安全度。

4　结束语

本研究在近年输送环保改造及水泥厂产能提升改造的基础上，对改造进行系统的总结、提炼，通过研究，对改造做法进行了检验、优化和提升，较大地提升了输送改造加固的水平，较好地指导了池州熔剂项目的改造设计，解决了项目因廊道征地困难、征地及环保报批、建设工期不受控等问题，使得项目 10 个月即顺利建成投产，早投产一天创造约 40 万元经济效益，取得了较高的经济和社会效益。此做法在现有廊道正常生产运行的基础上进行加固改造，不仅加固了已有廊道，同时对廊道进行了噪声和粉尘治理，避免了施工对生产运行的影响。由于利用原有廊道改造，减少征地 1.13hm^2，节约基础费用约 2300 万元。

参考文献

[1] 赵蕾，陈筠，郑莆，等．既有红黏土地基压密固结效应研究［J］．科学技术与工程，2016，16（2）：229-234，248.
[2] 工业建筑可靠性鉴定标准：GB 50144—2019［S］．北京：中国建筑工业出版社，2019.
[3] 建筑抗震鉴定标准：GB 50023—2009［S］．北京：中国建筑工业出版社，2009.
[4] 钢结构加固设计标准：GB 51367—2019［S］．北京：中国建筑工业出版社，2019.

预应力技术在水泥熟料库筒仓中的应用

田素勤　肖天虎　申文萍

摘　要　熟料库筒仓是水泥生产线中最常用的结构形式之一。筒仓结构以受拉力为主，特别适合采用预应力技术。本文结合实际工况，对熟料库筒仓结构应用预应力的方案设计、预应力布置、主要分析工况及分析要点等做了深入的介绍，为预应力混凝土圆形筒仓的设计提供了参考。
关键词　熟料库筒仓；预应力设计

Application of prestress technology in silos of cement clinker warehouses

Tian Suqin　Xiao Tianhu　Shen Wenping

Abstract　Clinker silos are one of the most commonly used structural forms in cement production lines. The silo structure is dominated by tensile forces, which is particularly suitable for prestressing technology. Combined with the actual working conditions, this paper introduces in depth the scheme design, prestress layout, main analysis conditions and analysis points of the clinker warehouse silo structure, which provides a reference for the design of the prestressed concrete circular silo.
Keywords　clinker silos; prestressed design

1　引　言

水泥生产线设计中，需要设置筒仓储存生产过程中需要的散料。随着水泥生产线产量的提高，筒仓也越来越大。筒仓结构多采用钢筋混凝土结构，随着筒仓直径的增加，在储料荷载作用下，筒仓仓壁环向拉力也随之增加。为满足正常使用阶段的抗裂验算，需要大大增加钢筋配筋量，同时也限制了高强钢筋的应用。

预应力技术是混凝土结构设计技术的一个根本性变革。通过在筒仓内引入预应力，改变了筒仓混凝土结构的受力形态，提高了结构抗裂性能，节约了钢筋用量。本文结合 SCG 集团印尼 SJW5000t/d 熟料水泥生产线工程（SB1）直径 60.0m 的熟料库预应力的设计，对预应力技术在水泥熟料库筒仓中的应用加以说明。熟料库设计存储能力为 75000t，筒仓顶标高 17.8m。

2　预应力钢绞线布置

筒仓预应力钢绞线通常采用后张预应力法进行施工，可选用有粘接后张预应力或无粘接后张预应力方法。当采用有粘接后张预应力进行施工时，在绑扎钢筋时就需要预埋波纹管，施工工序相对较多，当施工出现问题时处理难度大，因此工程中多采用无粘接后张预应力进行施工。

为了使仓壁产生较均匀的预压力，通常采用单根预应力筋排列和单根张拉的配筋方案。按照《钢筋混凝土筒仓设计标准》（GB 50077—2017），应根据筒仓的直径大小确定预应力钢绞线的平面包角及锚固点数，包角不宜小于180°或120°，锚固可采用4个或6个锚固壁柱或壁龛[1]。相邻两层预应力筋的张拉端错开90°，以形成完整连续的环向预压力。

3　预应力设计

（1）设计荷载

作用于筒仓结构的荷载与作用有恒载、风荷载、储料荷载、地震作用、温度作用等，对结构影响最大的主要设计荷载是储料荷载，储料产生的水平力是影响筒仓的主要外荷载，熟料库属于浅仓，熟料的水平压力可以按《钢筋混凝土筒仓设计标准》附录C进行计算。对于有多个卸料口的筒仓来说，还需要考虑不均匀卸料的影响，图1是不均匀卸料的一个不利情况。

采用预应力时，预应力所产生的结构效应可以采用等效荷载进行计算。

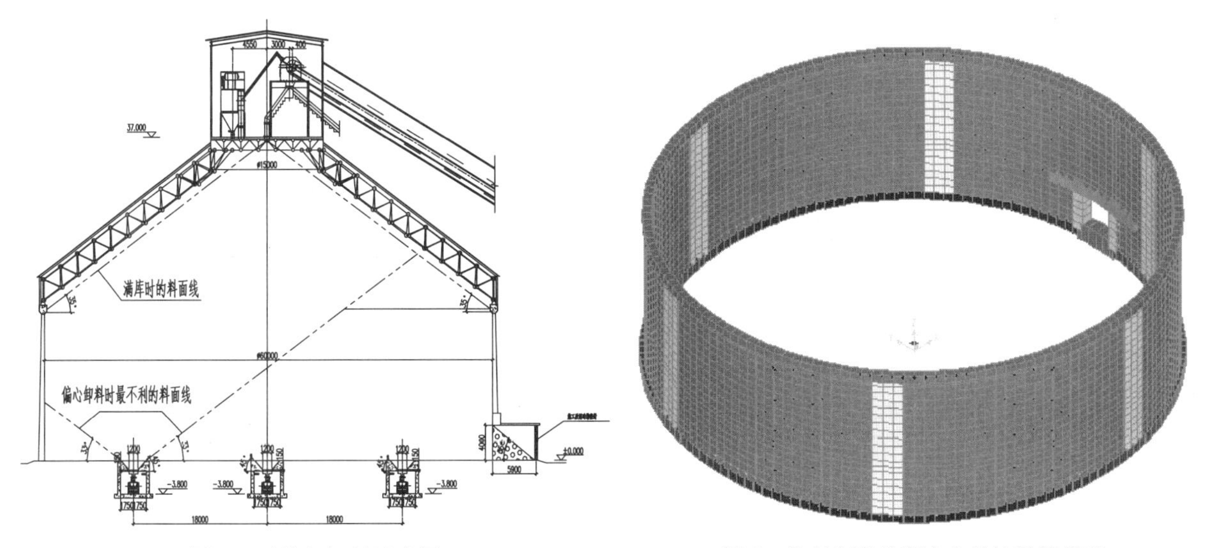

图1　不均匀卸料示意图　　图2　熟料库库壁预应力结构计算模型

（2）预应力设计

结构分析采用SAP2000，熟料库结构模型如图2所示。

对筒仓结构进行无预应力标准组合下整体受力分析，可计算出仓壁的环向拉力标准组合值，用于预应力设计。在满库情况下，仓壁环向水平力分布如图3所示。

根据仓壁环向水平力分布，以及筒仓抗裂性能要求，可以初步布置预应力钢绞线。预应力筋截面面积可按式（1）估算[2]：

$$A_{p}=\frac{N_{pe}}{\sigma_{con}-\sigma_{l,\ tot}} \tag{1}$$

式中，A_p为预应力钢绞线截面面积；N_{pe}为预应力筋的总有效预应力，可以取相应位置的环向拉力；σ_{con}为张拉控制应力，设计中采用1860级低松弛钢绞线，可取$\sigma_{con}=0.75f_{ptk}=1395\text{N/mm}^2$；$\sigma_{l,\ tot}$为预应力损失估计值。对于熟料库来说，预应力钢绞线布置确定后，预应力损失可以直接算出。

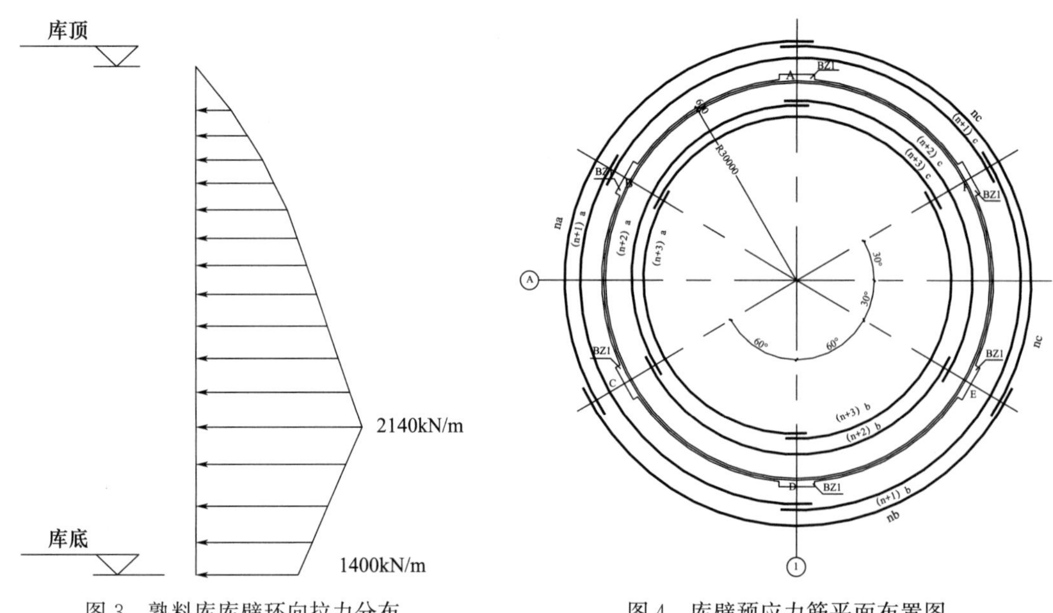

图 3 熟料库库壁环向拉力分布　　图 4 库壁预应力筋平面布置图

预应力设计时，还应注意预应力强度比的要求。根据《建筑抗震设计规范》（GB 50011—2010）附录 C 的规定，预应力混凝土结构的预应力强度比不宜大于 0.75。

（3）预应力损失计算

根据《钢筋混凝土筒仓设计标准》，当无工程经验时，无粘结预应力钢绞线超过 50m 时应分段张拉和锚固，本项目中设置 6 个壁柱，每根钢筋包角 120°（图 4），采用两端张拉。预应力损失包括：张拉端锚具变形和预应力钢绞线内缩损失 σ_{l1}、无粘结预应力的摩擦损失 σ_{l2}、无粘结预应力筋的应力松弛损失 σ_{l4}、混凝土的收缩和徐变损失 σ_{l5}、径向变形引起的预应力损失 σ_{l6}，具体计算可见相关规范。

值得一提的是，根据预应力钢绞线张拉方案，两相邻环预应力钢绞线张拉端锚具变形和钢筋内缩引起的损失 σ_{l1} 最大值和预应力钢绞线的摩擦引起的损失 σ_{l2} 最大值在同一竖向截面，因此，计算第一批损失时，取竖向截面上两者的平均值作为任一截面的预应力损失[3]。4 个壁柱，预应力钢绞线包角 180°时，第一批预应力损失计算如下：

$$\sigma_l = \frac{\sigma_1 + \sigma_2}{2} \tag{2}$$

当采用 6 个壁柱，预应力钢绞线包角 120°时，第一批预应力损失计算如下（3）。

$$\sigma_l = \frac{2\sigma_1 + \sigma_2}{3} \tag{3}$$

根据计算，本项目预应力钢绞线有效预应力 $\sigma_{pe} = 1020\text{N/mm}^2$。

结构设计计算时，预应力可以等效为等效荷载进行计算：

$$q_{eq} = \frac{\sigma_{pe} A_p}{dR} \tag{4}$$

其中，A_p 为钢绞线面积；d 为钢铰线布置间距；R 为熟料库库壁内半径。

（4）次内力计算

预应力张拉会在混凝土筒仓仓壁上产生次内力，次内力分布形式如图 5 所示，在计算高度仓壁上的次内力为 π/β 范围内所有预应力钢绞线所产生次内力的和[4]。

对于大直径熟料库来说，预应力钢绞线布置较多，次弯矩计算值相对较大。同时预应力混凝土筒仓壁厚相对较小，次弯矩直接影响对仓壁受力的影响不容忽视。

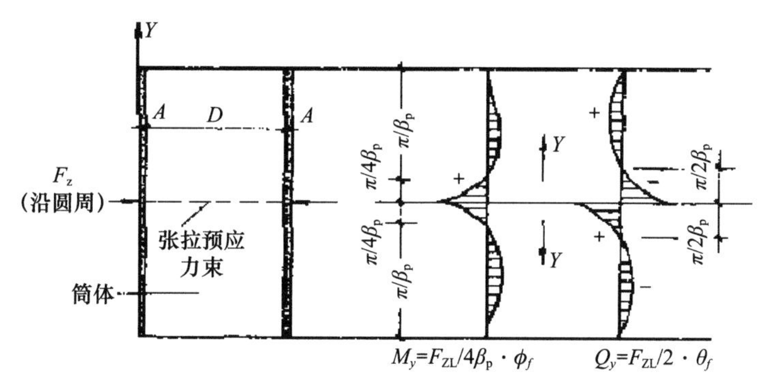

图 5　次弯矩分布示意

（5）主要设计与计算要求

对于预应力混凝土筒仓来说，设计计算中需要考虑以下主要设计工况：

① 满仓情况；

② 空仓情况；

③ 不均匀卸料情况。

设计计算中应对筒仓环向、竖向截面均进行强度与裂缝验算。对于预应力强度比 λ 较高的全预应力筒仓，要重视空仓压应力的验算。在空仓时，仓壁截面内不存在由储料产生的水平拉力，无法平衡预应力产生的压应力，需要对空仓时混凝土主压应力进行验算。

4　结　论

筒仓结构是应用相当广泛的一种储料结构，随着筒仓直径的加大，筒仓内力随之增加，结构工程量直线增加。将预应力技术运用在大直径圆形筒仓结构中，可以减小储料在仓壁内引起的拉应力，消除混凝土的开裂或者控制裂缝开展大小，避免因裂缝过大而引起钢筋锈蚀，降低筒仓结构的安全性与耐久性。本文结合一个特定熟料库预应力设计，为圆形筒仓中预应力结构设计提供一个思路，可为类似工程提供参考。

参考文献

[1] 钢筋混凝土筒仓设计标准：GB 50077—2017 [S]．北京：中国计划出版社，2017.

[2] 无粘结预应力混凝土结构技术规程：JGJ 92—2016 [S]．北京：中国建筑工业出版社，2016.

[3] 刘银利，袁龙飞．无黏结预应力混凝土圆形筒仓预应力设计 [J]．混凝土，2012 (7)：114-119.

[4] 陶学康．后张预应力混凝土设计手册 [M]．北京：中国建筑工业出版社，1996.

锅炉焚烧及烟气处理车间结构方案优化分析

袁绍林　查博文　朱梦佳

摘　要　本文通过对福泉垃圾发电联合厂房-锅炉焚烧及烟气处理车间钢结构厂房的主钢架分析，采用两种不同的结构方案进行分析计算，探讨不同结构形式对钢结构厂房结构的应力及侧移的影响，并比较两种结构方案的综合经济效益，为同类工程厂房的设计提供参考。

关键词　垃圾发电；钢结构厂房；实腹式柱；格构式柱；钢屋架；柱顶位移

Optimization analysis of structural scheme of boiler incineration and flue gas treatment workshop

Yuan Shaolin　Zha Bowen　Zhu Mengjia

Abstract　Through the analysis of the main steel frame of the steel structure plant of the Fuquan Waste Power Generation Joint Plant - Boiler Incineration and Flue Gas Treatment Workshop, two different structural schemes are used for analysis and calculation, the influence of different structural forms on the stress and lateral movement of the steel structure plant structure is discussed, and the comprehensive economic benefits of the two structural schemes are compared. Provide a reference for the design of similar engineering plants.

Keywords　garbage power generation; steel structure plant; solid belly column; lattice column; steel roof truss; column top displacement

0　引　言

随着中国城市化的加速，城市垃圾问题日益突出。我国政府不断加大环保投资力度，垃圾发电项目也从大城市向中小城市推进，小型城市受人口数量限制，项目日处理能力一般以300～400t/d为主。土建工程造价在总投资中约占40%～45%，因此，对结构方案进行合理优化以减少工程用钢量，对降低项目总投资具有重要意义。

1　工程概况

该垃圾焚烧发电项目位于福泉市牛场镇，受功能布置及结构类型影响，垃圾处理联合厂房分为三个分区：A区——汽轮机房及门厅；B区——垃圾池及卸料大厅；C区——锅炉焚烧及烟气处理车间。本文仅针对锅炉焚烧及烟气处理车间进行优化对比分析。采用高低双跨刚架结构。

1.1 建筑特征

锅炉焚烧及烟气处理车间净空高35m及45m，跨度37m＋34m，宽度34m。结构平面布置详见图1。

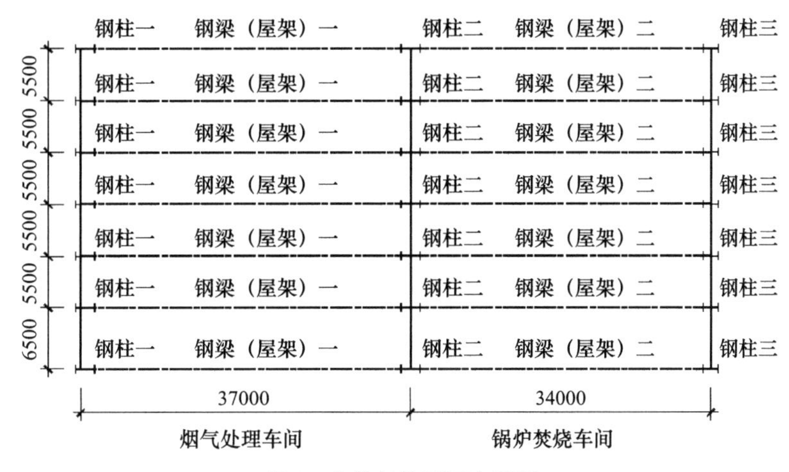

图1 主体结构平面布置图

1.2 荷载取值

恒载：0.5kN/m^2；

活载：0.5kN/m^2（不上人屋面）；

风载：基本风压0.35/m^2；地面粗糙度为B类，风压高度系数及体形系数按《建筑结构荷载规范》（GB 50009—2012）取值；

雪载：基本雪压0.25/m^2（重现期100年），屋面积雪分布系数按《建筑结构荷载规范》（GB 50009—2012）取值；

地震作用：考虑多遇地震，抗震设防烈度按6度，设计基本地震加速度值为0.05g，设计地震分组为一组，场地类别为Ⅱ类。

2 主钢架结构方案设计

为了研究钢架柱及屋架结构形式对结构侧向刚度及工程量的影响，对此类工程结构形式调研，选取两种典型方案模型。模型一：实腹式钢架结构，柱脚为刚接柱脚，梁柱均为等截面；模型二：格构柱＋钢屋架结构，柱脚为刚接柱脚，格构柱采用双肢H型钢格构柱，屋架采用梯形钢屋架。两种方案结构简图详见图2、图3；结构截面尺寸及构件规格见表1、表2。

表1 方案一：实腹式主钢架截面参数

	钢架柱一	钢架柱二	钢架柱三	钢梁一	钢梁二	备注
截面尺寸	H1100×400×20×25	H1200×400×20×25	H800×400×20×25	H1250×350×16×22	H1100×350×16×22	Q235B

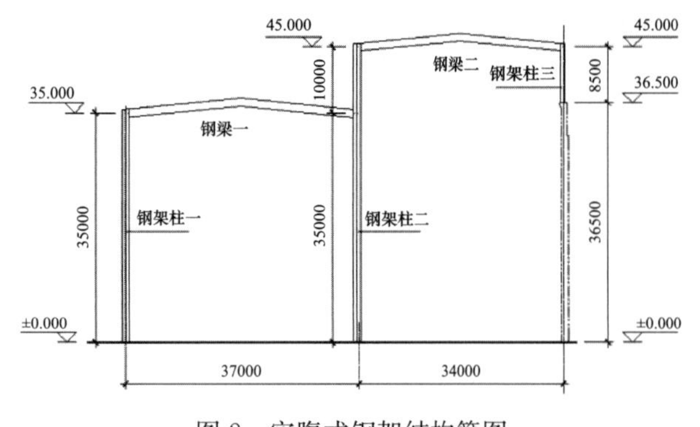

图 2　实腹式钢架结构简图

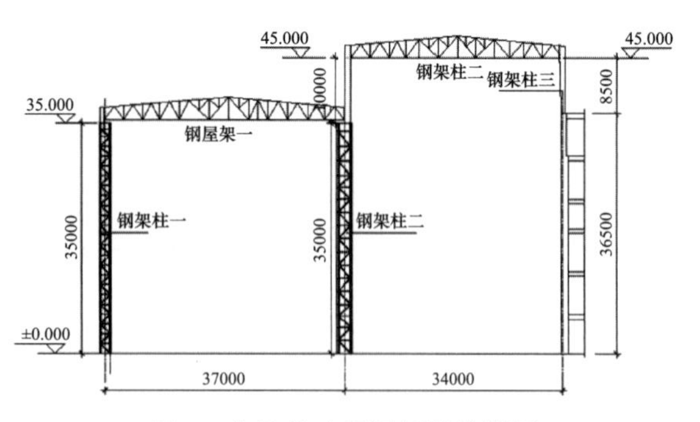

图 3　格构柱＋钢屋架结构简图

表 2　方案二：H 型钢格构柱＋钢屋架钢架柱截面参数

	截面尺寸	左肢	右肢	水平腹杆	斜腹杆	上柱	备注
钢架柱一	1500×500	H440×300×11×2018	H440×300×11×2018	TN100×100×5.5×8	TN150×150×6.5×8	H600×300×14×20	Q235B
钢架柱二	2000×500	H440×300×11×2018	H440×300×11×2018	TN125×125×6×9	TN175×175×7×11	H1000×400×20×25	Q235B
钢架柱三	H800～600×400×18×22						Q235B

	截面高度	上弦杆	下弦杆	斜腹杆	竖向腹杆	备注
钢屋架一	1800～3400	TN225×200×9×14	TN225×200×9×14	TN150×150×6.5×9	TN125×125×6×9	腹杆仅注明主要型号
钢屋架二	1800～3250	TN225×200×9×14	TN225×200×9×14	TN150×150×6.5×9	TN125×125×6×9	

3　计算结果对比分析

经过计算，实腹式钢架结构和格构柱＋钢屋架结构计算均满足《钢结构设计标准》（GB 50017—2017）附录 A 的相关要求[4]。通过结构计算结果可知，此类超高单层工业厂房设计主要以主钢架的水平位移为控制因素，同时构件强度指标须确保满足计算要求。通过 Midas 软件进行有限元计算分析。其计算结果如下。

3.1　结构应力分析对比

经过计算对比分析，其构件应力结果详见图 4、图 5。

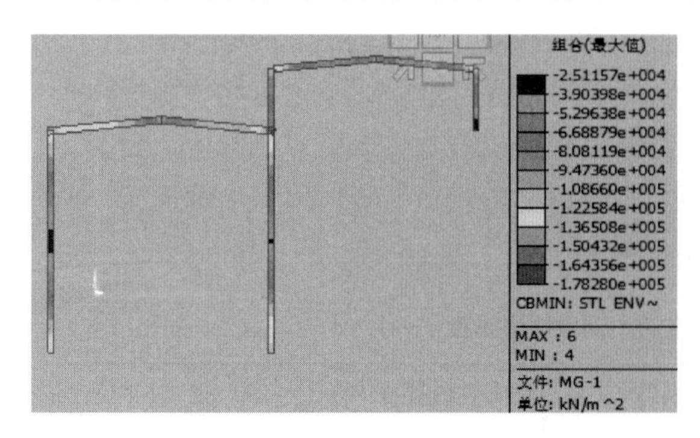

图 4　实腹式钢架结构应力简图

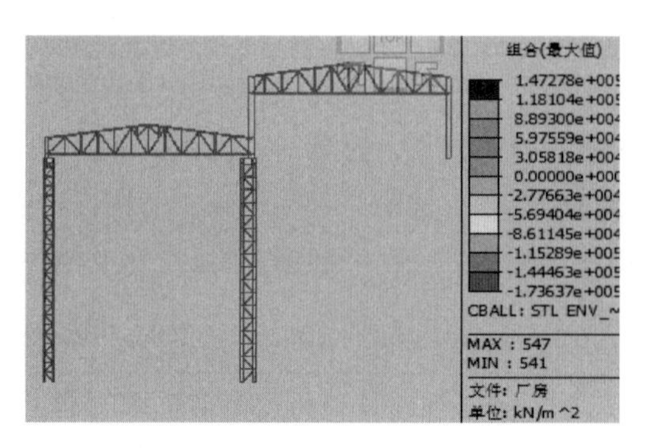

图 5　格构柱＋钢屋架应力图

从图 4、图 5 的对比分析可以看出：两种方案梁柱构件计算最大应力比较为接近，方案二构件最大应力为 173N/mm^2，较方案一构件最大应力 178N/mm^2 小 3%，方案二较大应力出现在格构柱支柱底部，方案一出现较大应力部位为柱底及梁柱连接节点位置，且方案一出现较大应力部位较方案二多，表明方案一结构构件及节点薄弱点较多。

3.2　结构位移分析对比

由于钢结构自重较轻，两种结构方案在地震作用下产生的水平位移比风荷载作用下产生的水平位移都要小，可知对于此类钢结构厂房，水平位移主要受风荷载控制。经过计算分析，对比两种模型风荷载作用下位移，位移结果详见图 6、图 7。

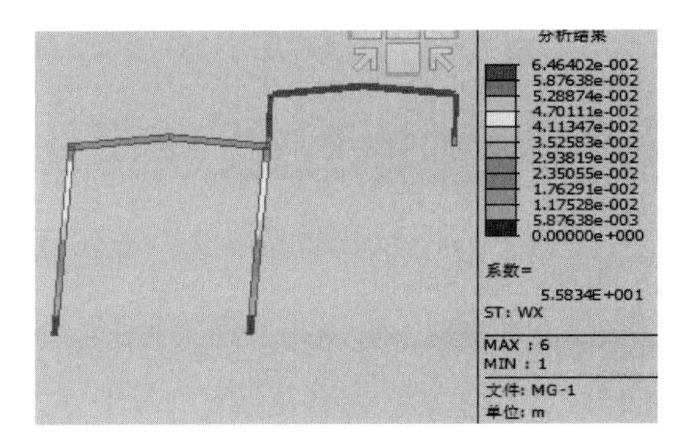

图 6　实腹式钢架结构位移图

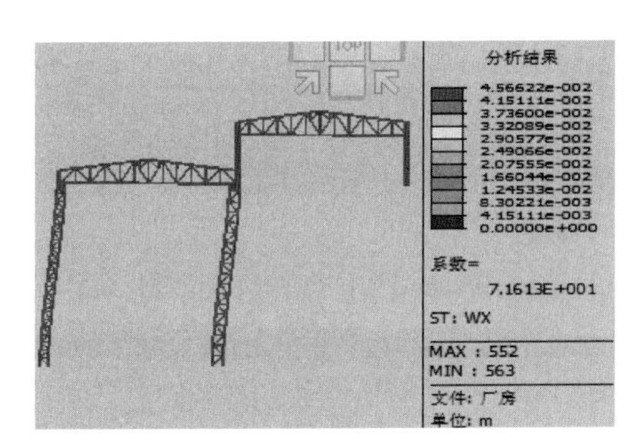

图 7　格构柱＋钢屋架结构位移图

从图 6、图 7 的对比分析可以看出：方案一结构最大位移为 1/727，方案二结构最大位移为 1/1061，两种方案结构位移均满足规范要求，方案二柱顶位移计算值较方案一要小 29%，表明采用 H 型钢格构柱＋钢屋架结构形式时主钢架水平变形及位移更小，对结构安全及使用均更有利。

3.3　用钢量统计对比

对于此类超高单层钢结构厂房，钢结构用量大，结构经济性作为方案对比重要参数，经过计算统计，对比两种方案结构用钢量。考虑两种方案平面布置相同，支撑体系及维护结构大体相同，本文仅对比单榀结构用钢量，对比结果详见表 3。

表 3　方案用钢量对比　　t

	钢柱一	钢柱二	钢柱三	钢梁一	钢梁二	合计
方案一	13.1	17.9	2.5	11.9	9.4	54.8
方案二	12.6	17.3	2.7	7.9	6.2	46.7

从表 3 可以看出：方案一单榀结构结构用钢量约为 54.8t，方案二单榀结构结构用钢量约为 46.7t，方案二较方案一要少 14.7%，本工程主钢架结构方案采用格构柱＋钢屋架结构更为经济合理。

4　主钢架结构方案对比分析

通过上述对比分析可以看出：方案二较方案一构件最大应力比及柱顶位移计算值更小，表明方案二较方案一结构安全度更高；同时，其用钢量反而较方案一约低 14.7%。因此，本工程主钢架结构方案采用格构柱＋钢屋架结构更为经济合理。

综上所述，对这类超高单层钢结构工业厂房，当以主结构受风荷载时的变形为设计主控因素时，H型钢格构柱＋钢屋架较实腹式钢架能够提供更大的截面刚度，能更有效地控制主钢构的水平变形，且用钢量更省，是一种更为经济、合理的形式。以上仅从设计角度提出方案意见。另需说明，采用实腹式柱相较钢格构柱＋钢屋架施工节点较少，焊接工作量也相对较少，有利于缩减工期。

5 结 语

通过对某垃圾发电联合厂房-锅炉焚烧及烟气处理车间钢结构的主钢架设计分析，重点对比分析了两种结构形式的设计指标及用钢量，为本工程主钢架结构形式的选择及优化起到了指导作用。同时，也为类似重型钢结构厂房的结构设计提供了参考。

参考文献

[1] 周瑞．某重型钢结构工业厂房结构设计［J］．建筑结构，2010，40（4）：34-37.
[2] 孙必祥．某单层重型钢结构厂房主钢架结构方案的优化分析［J］．四川建材，2015，41（3）：60-61.
[3]《钢结构设计手册》编辑委员会．钢结构设计手册［M］．北京：中国建筑工业出版社，2004.
[4] 钢结构设计标准：GB 50017—2017［S］．北京：中国建筑工业出版社，2017.

水泥粉磨厂房框架梁裂缝原因分析与加固处理

尹群超　陈中平　黄　玲

摘　要　框架结构是最为常见的结构形式，框架梁会承受建筑整体的大部分重量，在建筑生命周期内，受多种不同因素影响，梁裂缝成为常见的问题之一。若框架梁不能满足承重或变形要求，会极大影响房屋整体的稳定性、安全性。所以，必须及时对梁裂缝进行处理，从而保证结构安全。本文对框架梁裂缝的产生原因与加固设计进行探析。

关键词　钢筋混凝土框架梁裂缝；原因分析；加固设计

Cause analysis and reinforcement treatment of cracks in the frame beam of cement grinding plant

Yin Qunchao　Chen Zhongping　Huang Ling

Abstract　The frame structure is the most common structural form. The frame beam will bear most of the weight of the whole building. In the life cycle of the building, affected by many different factors, beam cracks have become one of the common problems. If the frame beam cannot meet the load-bearing or deformation requirements, it will greatly affect the overall stability and safety of the structure. Therefore, the beam cracks must be treated in time to ensure the safety of the structure. This paper analyzes the causes of cracks and reinforcement design of frame beams.

Keywords　reinforced concrete frame beam; crack cause analysis; reinforcement design

1　房屋框架梁工程概况

某公司水泥粉磨厂房的结构形式为5层钢筋混凝土框架结构，其基础类型为柱下独立基础，当前已经投入使用约7年。其所在地区的抗震设防烈度为7度，基本地震加速度为0.15*g*。在使用过程中，发现3层的框架梁跨中存在明显的裂缝问题，对结构安全产生一定的影响。为了保证建筑工程的安全性，业主公司找到一家具有专业资质的检测单位，委托其对厂房框架梁的裂缝问题进行检测，以此来掌握裂缝的原因，确定加固设计的最终方案。

2　房屋框架梁裂缝的检测鉴定方式

2.1　检测鉴定的内容

（1）详细调查发生开裂的框架梁的外观；

（2）对框架梁的裂缝问题进行详细的检查；

（3）系统检测框架梁中受力钢筋保护层的厚度、梁底受力钢筋配置情况、截面尺寸、混凝土抗压强度等；

（4）结合检测鉴定的结果分析框架梁出现裂缝的原因；

（5）依据原因确定最终的加固设计的方案。

在具体的检测鉴定中，主要利用回弹仪的检测方式，对混凝土的抗压强度进行检测；使用钢筋位置测定仪，对框架梁中的钢筋保护层的厚度、钢筋配置情况等进行检测；使用钢卷尺、裂缝测宽仪测量裂缝的长度、宽度；使用非金属板厚检测仪、钢卷尺对框架梁的横截面进行测量。通过这样的方式，工作人员可以掌握与框架梁裂缝相关的数据，为后续的分析提供参考。

2.2 检测鉴定的结果

基于上述的检测内容、检测方式，发现其框架梁施工、结构布置等均符合《混凝土结构现场检测技术标准》（GB/T 50784—2013）的规定。但是，在检测的区域中，厂房的主梁、次梁的交界处，可以发现主梁确实存在斜向的3条裂缝（图1）。其中，就3条裂缝来说，具有两头窄、中间宽的特征，同时裂缝还与梁的侧梁、底梁连通，呈现出“U”形的状态。具体来说，图1中裂缝1的宽度在0.2～0.3mm之间；裂缝2的宽度在0.1～0.2mm之间；裂缝3的宽度基本在0.3mm左右。经过检测发现某房屋的混凝土墙面并不存在蜂窝麻面的现象，同时主梁、次梁均为发生变形的问题。因此，对某房屋框架梁裂缝问题的检测鉴定结果为：某房屋的混凝土的横截面、抗压强度、受力钢筋保护层厚度、钢梁筋的配置等情况，均符合设计要求以及相关的规范。

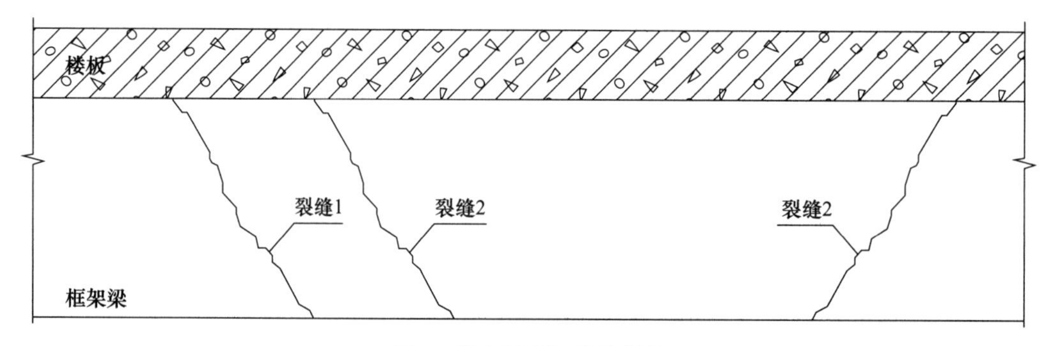

图1 某房屋框架梁的裂缝

2.3 裂缝问题的原因

经过工作人员对开裂的框架梁的勘察、分析，并依据裂缝形态，对产生裂缝的原因进行总结、归纳。厂房在设计时，该部位为开敞式，结构设计时未考虑围护墙体荷载，随着环保要求越来越严格，业主公司私自采用实心砖（容重18kN/m^3）砌筑了墙体进行围护，开裂的框架梁上砌筑的墙高约8m，在完成墙体砌筑3个月之后，发现梁底出现裂缝。因此，该框架梁出现裂缝问题，主要是因为梁上荷载过大、截面不够，导致其开裂。

3 房屋框架梁裂缝的加固设计技术

3.1 确定加固设计的方案

相关工作人员在开展房屋框架梁裂缝加固方案的设计中，要重点遵循安全性原则、经济性原则、耐久性原则以及适用性原则。在加固方案设计中，要尽可能避免加固处理对房屋框架梁以及建筑中的其他结构产生影响，也要避免影响室内空间的使用效果。根据实际加固经验，给出了碳纤维加固设计的方案，具体如下：

首先使用黏度低、渗透性好的修补胶液完成裂缝通道的封闭，实现裂缝修复的同时也防止钢筋腐蚀介质进入。在完成裂缝修复后，相关工作人员要使用碳纤维布贴于混凝土表面，提升封护效果。在粘贴碳纤维布时，要首先粘贴垂直于裂缝方向的碳纤维布，再粘贴水平方向的碳纤维布，在防止裂缝加大的同时，实现封护效果的加强。笔者在使用碳纤维布完成房屋框架梁裂缝的加固时，主要使用了高强度Ⅰ级的碳纤维布，使用量为 $300g/m^2$，控制抗拉强度大于等于3400MPa。同时，为了进一步提升碳纤维布对房屋框架梁裂缝的加固效果，使用了与碳纤维布性能更为匹配的专用胶完成了粘贴。

3.2　实施加固设计的工艺

（1）施工准备。在这一环节中，相关人员要对加固时使用的碳纤维布以及专用胶的质量进行检验。也要对房屋框架梁裂缝产生的实际情况展开分析，并完成施工工艺流程的设计。

（2）完成混凝土表面的杂质清理。为了避免杂质对加固效果产生负面影响，相关工作人员要在粘贴碳纤维布前对混凝土表面的杂质、油污等进行清理。同时，要将其打磨至坚实基层。依照相应的要求，对缺陷的部位展开处理，并清理修复过程中产生的粉尘。

（3）调配找平材料。相关工作人员在完成找平材料的配置后，要展开找平处理。当通过指尖触碰的方式确定其干燥后，进行下一环节的施工。

（4）调配结构胶（专用胶）。在调配结构胶的环节中，相关工作人员要确保配制比例与说明书中设定的一致。在一次结构胶调配的过程中，避免调配过多，要确保能够在40～50min以内完成一次调配。在结构胶拌和环节中，相关工作人员可以使用低速搅拌机，确保搅拌后胶液中不存在气泡且色泽均匀。

（5）碳纤维布的粘贴。在这一环节中，相关工作人员要将碳纤维布剪裁至实际设计的尺寸，且不能折叠。若是碳纤维布存在折痕，则需要在剪裁的过程中将折痕位置除去；完成剪裁后，相关人员要将结构胶均匀地涂抹至需要加固的混凝土表面，并将剪裁好的碳纤维布粘贴至相应的部位。在粘贴的过程中，相关工作人员要保证碳纤维布的平整，不能存在褶皱；相关工作人员要使用特制的滚筒沿着碳纤维布粘贴的方向展开多次滚压，让胶液充分渗入碳纤维布中。此时，相关工作人员要避免粘贴的过程中产生气泡。在碳纤维布粘贴的过程中，相关人员要控制粘贴位置与设计位置中心线的偏差小于等于10mm、长度负偏差小于等于15mm。

（6）静止固化。在这一环节中，相关工作人员要严格依照说明书中的规定，对固化的环境温度、时间等进行控制，保证碳纤维布静止固化的效果。

（7）加固结果检测。在加固结果的检测中，相关工作人员可以使用锤击法实现碳纤维布与混凝土粘贴质量的检测。当检测结果证实粘贴的有效面积大于等于总粘贴面积的95%时，则能够判定加固效果符合标准以及实际要求。此时，碳纤维布与混凝土之间的正拉结粘结强度符合要求。

（8）后期防护。相关工作人员要在碳纤维布加固处理的表面粉刷聚合物砂浆，使得房屋框架梁加固处理后能够达到耐火等级的相关要求，完成对加固构件的防护（图2）。

图 2 加固构件的防护

4 结 语

综上所述，房屋框架梁裂缝的检测与加固是提升房屋框架梁以及建筑整体质量的重要步骤，需要相关人员重点关注。通过对梁外观、裂缝情况等的调查，结合框架梁混凝土抗压强度、裂缝产生原因等的分析，完成了房屋框架梁裂缝检测；通过粘贴碳纤维布，实现了房屋框架梁裂缝的加固，提升了建筑的整体质量。

参考文献

[1] 高志勇．高层建筑钢筋混凝土框架梁结构裂缝分析与处理措施的思考［J］．四川水泥，2018（09）：306.
[2] 徐强，卢全中，刘聪，等．考虑地裂缝活动影响的钢框架结构地震易损性分析［J］．钢结构，2018，33（5）：1-5.

浅析高烈度地区混凝土结构的抗震设计

姚成莲　刘晓明　王　朋

摘　要　随着公司业务的转型拓展，不断有新的厂房在全国各地进行建设，其中有一些工程处在高抗震烈度地区，在结构设计中高烈度抗震要求给我们带来不少难度。本文以嵩明发电联合主厂房为例，介绍高烈度地区结构抗震设计中的要点。

关键词　高烈度；钢筋混凝土结构抗震设计

Analysis on seismic design of concrete structures in high intensity areas

Yao Chenglian　Liu Xiaoming　Wang Peng

Abstract　With the transformation and expansion of the company's business, new plants have been built all over the country, some of which are in areas with high seismic intensity. In the structural design, high intensity seismic requirements bring us many difficulties. This paper takes Songming power plant as an example to introduce the key points of structural seismic design in high intensity areas.

Keywords　high intensity; reinforced concrete structures seismic design

0　引　言

本工程概况为：本工程位于云南省昆明市嵩明县，抗震设防烈度为 9 度，建筑高度 35.5m，中间为 25m 深垃圾坑，外围为框架设备区域及卸料区域，屋顶为轻钢屋顶。项目鸟瞰图如图 1 所示。

1　建筑结构抗震设计

在高抗震设防烈度地区，建筑结构形式优先选用型钢混凝土结构以及钢结构，这是作为建筑结构抗震要求的首选结构材质。本工程受到工艺等限制条件较多，为满足工艺设备，及垃圾坑防水抗渗防腐等要求，只能采用钢筋混凝土作为主要结构材料，综合以上考虑，最终选用由框排架、剪力墙、钢结构柱间支撑共同组成的一种具有多道抗震防线的高层结构体系。这种结构体系主要是由中心垃圾坑及外围剪力墙作为主要受力构件，并且利用了外框柱轴向刚度及合理的柱间支撑来提高结构的整体抗侧刚度。如图 2-1、图 2-2 所示。

图 1 生活垃圾综合处理项目鸟瞰图

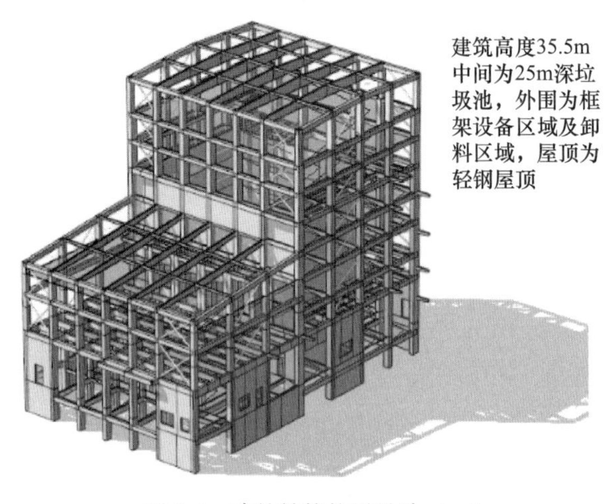

图 2-1 建筑结构抗震设计（一）

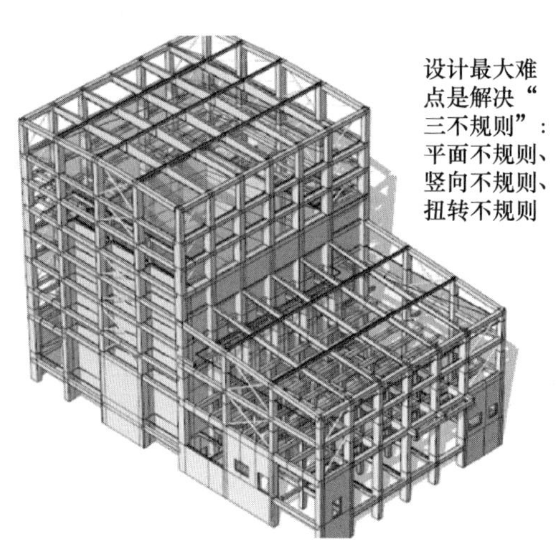

图 2-2 建筑结构抗震设计（二）

高烈度地区高层建筑结构抗震设计目标及原则如下。

（1）建筑结构抗震设计目标

本工程结构分析以及设计，主要目标就是使设计的结构体系在强度、稳定性、刚度、延展性以及耗能能力等方面达到最佳效果，最终实现“小震不坏、中震可修、大震不倒”的目的。

（2）建筑结构抗震设计原则

① 结构材料以及体系的选择

建筑使用的材料应该具有材质轻、密度大以及强度高的特点，这样，构造的建筑才有连续性、整体性以及延展性，将建筑结构的整体强度发挥出来，最终提高防震的功效。本工程混凝土选用 C40 强度等级，较常用的 C30 混凝土轴心抗压强度提高 33.5%，梁柱主筋选用 HRB500 级高强度钢筋，较常用的 HRB400 抗拉强度提高 20.8%。填充墙材料选用容重较轻的混凝土加气砌块，混凝土加气砌块的容重是普通多孔砖容重的 50%。

结构体系选用混凝土竖向框排架结构，利用外围剪力墙和中心垃圾坑壁作为主要的受力构件，并且利用了外框柱轴向刚度及合理的柱间支撑来提高结构的整体抗侧刚度，减小变形，增加延性。由于本工程为带吊车工业厂房，结合构筑物抗震设计规范，对本工程的变形限值准确定位，做到结构设计安全经济。

② 建筑结构的规则性

建筑结构的规则性对抗震的作用比较大，不规则的建筑结构不利于抗震。因为建筑结构具有规则以及对称的剖面结构，对地震给建筑物带来的摇晃有一定的支撑作用，从而起到很好的抗震效果。从建筑竖向剖面理论来说，竖向抗侧力构建的截面尺寸以及材料强度应该自下而上逐渐减少，这样就能够避免侧力结构的承载力突变。因此，对于没有特殊要求的建筑物，应该尽量避免过于不规则的结构组成，不能一味地追求其视觉效果，要更多的注重抗震要求。但是，对于本工程，由于受到工艺的限制，平面和立面都存在不规则的地方，此时只能通过在合理位置布置剪力墙和柱间支撑来平衡结构平面及立面的不规则，经过多次的建模试算找到最优的布置形式，最终提高整体的抗震能力，这也是本工程最主要的难点。

③ 多道防震体系

一般情况下，一次地震不会造成持续的震动，但是可能会造成接连不断的余震，尽管强度不大，但从持续时间以及反复次数上来说，在一定程度上会对建筑物造成不同程度的损坏。尤其高层建筑物只是采取单体的结构，一旦遭遇到破坏就会难以应付接踵而来的持续余震，最终导致建筑物坍塌。针对此种现象，就必须设立多道防震体系。设立多道防震体系，即使第一道防震线被摧毁，还有第二道以及第三道防震线，就能够很好地躲避反复的余震带来的破坏，大大地降低了危险指数，增强了抗震能力。如本工程就设置了中心垃圾坑壁、外围框架柱、外围剪力墙、柱间支撑等多道抗震体系。如图 2-3 所示。

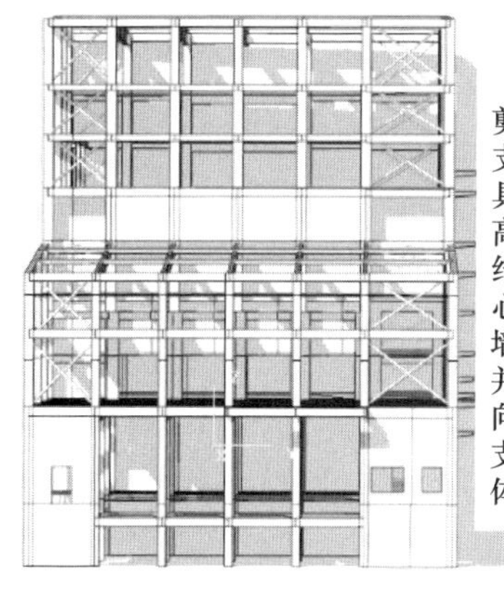

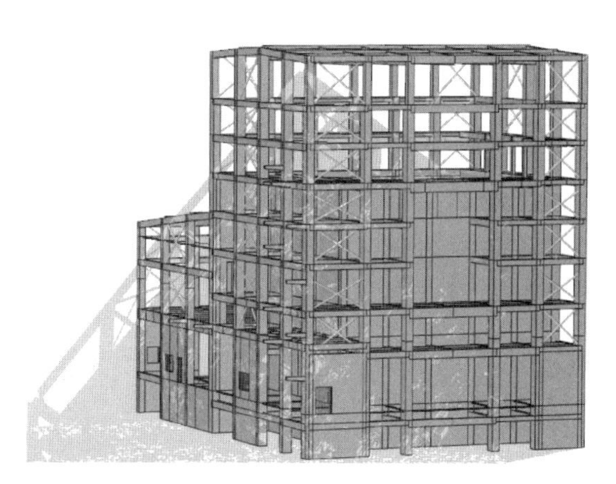

图 2-3 建筑结构抗震设计（三）

2 总 结

高烈度地区的建筑结构设计应该根据当地的实际条件，采取合理的措施进行设计。在建筑结构的抗震设计中尤其以工业建筑为主的构筑物、建筑物，更应根据实际情况合理定义结构类型，准确定位结构限值，找准规范依据，从而制定出科学合理的抗震设计方案，达到建筑抗震目的。结构的设计就是反复调整结构强度和刚度的过程，通过反复的调整达到结构的安全、合理、经济，这也是结构设计难度最大的地方。每个建筑物的结构都是不同的，因此不能一概而论，唯有找到结构设计的原则，再通过模型计算与调整，认真地对比才能找到最优的结构方案。本文以此工程为例，简单说明高烈度地区结构设计，与所有结构设计同人共勉。

参考文献

[1] 建筑抗震设计规范（2016 版）：GB 50011—2010［S］. 北京：中国建筑工业出版社，2016.
[2] 构筑物抗震设计规范：GB 50191—2012［S］. 北京：中国计划出版社，2012.

徽派建筑在海螺环保项目上的设计应用

余明锐　张　楠　汪佳林

摘　要　现代建筑风格与传统的建筑风格相融合已成为当下主流的建筑设计思路。本文将主要论述徽派传统建筑元素的重要性以及如何使传统建筑语汇与现代手法协作。通过一两个关于徽派建筑在固危废处理、垃圾发电项目的实例，阐释如何以现代思维释放传统建筑形制背后的文化力量。

关键词　徽派建筑；建筑设计；固危废处理；垃圾发电

Design and application of Huizhou architecture in conch environmental protection project

Yu Mingrui　Zhang Nan　Wang Jialin

Abstract　The integration of modern architectural style and traditional architectural style has become the current mainstream architectural design idea. This article will mainly discuss the importance of Huizhou traditional architectural elements and how to make the traditional architectural vocabulary co-operate with modern techniques. Through oneortwo examples of Huizhou architecture in solid and hazardous waste treatment and garbage power generation projects, this paper explains how to release the cultural power behind the traditional architectural form with modern thinking.

Keywords　huizhou architecture; architectural design; solid and hazardous waste treatment; waste power generation

1　引　言

徽州是一个有独特生态环境与人文历史的地方，由于自然条件的限制，长期以来都处于建筑文化的原生状态，逐渐形成自己特有的风格并成为中国古建筑风格的重要组成部分。然而，随着它逐步走向开放，地域更新步伐的加快，尤其是旅游经济的发展，建筑文化也在不断发展与创新。因此，选择这样一个地域进行分析研究，具有典型性和现实意义。本文在分析徽派建筑文化特点的基础上，重点对徽派建筑中的建筑单体、街巷和村落的建筑特点进行分析，结合时代发展及海螺环保业务拓展形成有机融合并产生出具体案例，文化创新的同时也是公司前进发展的重要源泉。

2 徽派建筑的特点

徽州古代民居、街巷与村落在其发生、发展和演变的过程中与其周围的自然与社会环境构成了一个相对和谐的体系，形成了自己的地域风格，即闻名遐迩的“徽派”。徽州现存的古迹有宏村古村落、西递古村落和潜口民居、歙县古城、渔梁古镇等明清民宅，都比较集中地体现了徽派建筑风格。

2.1 建筑单体

徽州民居的平面布局基本方整，绝大多数以围绕扁平长方形天井为基本单元，单元之中的房屋呈三面或四面围合，轴线取中，两厢对称。正房一般面阔三间，明间临天井。两侧辟有厢房，可住人或起到调节起居的作用。徽州地区民居的屋面绝大部分是双向坡顶，覆以青瓦，在附属房屋部分也间以宽窄不同的单向坡屋顶。山墙多数做成硬山封火山墙，墙头部分的造型丰富，如图1。徽州民居在装修雕饰上突出的地方性特色，是将架梁斧砍略带弧形，做成月梁。一般梁断面粗大，梁头部浅刻一条凹槽曲线，形似新月。另外，窗扇的形式规整美观，窗下的木雕镂刻栏板刻工精细。连续的排窗衬托在大片木墙之间，相互对比，显得格外精巧细致。外部的砖雕，无论是出现在门罩窗楣上，还是庭院隔墙上，刻工磨工都堪称艺术佳作。徽州民居混合运用了干栏巢居的穿斗式与北方四合院的抬梁式结构，各取其长。这种混合木构架既满足了住宅使用空间功能划分，又发挥了两种木构架的材料力学性能。室内隔墙用木板镶嵌在柱间。一般不做吊顶，楼层用搁栅楼板。

图1 建筑单体

图2 街巷

2.2 街巷

徽州的街巷多半不是平直的，穿透的距离不远。不同走向的街巷交织成网状的交通。不迷失其中需要依靠街巷中的标志，在此，一块石头、一眼井都是人们定位的标志。另外，徽州街巷序列本身也可以形成方向感，它是主街-巷道-次巷道的环状多级网络系统。徽州街巷疏密有致，宽窄变化呈现出一种舒缓的状态，所以连续性好，同时体现出变化多样的特点。

街巷交叉形成节点，街巷的起始也形成节点。节点可分出层次，普通的小节点只是巷道的转折和连接点，而大的节点可发展成中心、小广场。起始点是街巷的序幕，多做高差变化，有很强的标志性和导向性。街巷的交汇点使道路连接、转折，给人以方向。交汇点依据整个街巷的空间需求有疏有密，使街巷既统一连续又变化丰富。交汇点尺寸扩大还可以形成各种各样的中心，如生活中心、祭祀中心、交往中心等。中心空间的豁然很好地调节了巷道整体的封闭与幽深感。如图2。

2.3 村落

由传统民居集聚而成的徽州村落融合于山水之间，或背山临水，或依山跨水，或枕山面水。村落一般都是坐落在缓坡上，随着地形、道路方向逐步延伸。从徽州传统村落总体来看，都是山峦为溪水的骨架，溪水是村落的血脉。房屋群落与周围环境巧妙结合，村落顺溪水走向展开，形成优美的村镇风貌。

3 徽派建筑文化

在徽州建筑的物质文化中隐含着深层的精神文化。它们是无形的文化，却时刻影响着人们的行为方式、价值观念与审美情趣，从而为建筑物质文化的产生与发展提供了感性的限定条件。

3.1 风水理论

风水对徽州建筑从选址、规划、设计到营造各个环节有深刻影响，通过对人的生活、居住环境的选择与处理，以满足人们避凶就吉的心理需要，而实质上是古人用来协调人与自然关系的一种手段；审慎周密地考察、了解自然环境，利用和改造自然，创造良好的居住环境，赢得最佳的天时地利与人和，达到天人合一的至善境界。

3.2 哲学思想

程朱的创始人程颢、程颐兄弟以及朱熹原籍都在徽州。其中朱熹多次回到徽州讲学，弟子众多，影响很大。理学思想在徽州得到了彻底的贯彻和实现。“礼仪之国，有先王遗风焉”，这里推崇的是知书达理、循规蹈矩。程朱理学赋予了徽州建筑内敛的品质与淡泊的色彩。

3.3 徽商的影响

徽商的发展积累了大量的财富，为徽州文化的发展提供了雄厚的物质基础。他们捐置田产，兴办书院，培养了大批的人才。同时，徽商在潜移默化中影响了当地人们的价值观念。中国传统社会对商业是极其蔑视的，“士、农、工、商”中以商为最低阶层。然而经商在徽州已成风气，为人们所接受和推崇。但即使经商，他们也以儒家理论规范交易行为，保持着亦儒亦商的特质，在其经营活动中表现出以诚待人、以信接物、以义为利。因而徽州的建筑也体现出中庸对称的祥和感。

4 关于海螺环保项目徽派建筑设计的应用

海螺环保专注于节能环保领域，集科研开发、设计、生产、销售和售后服务于一体，以打造节能环保新技术的产业化、规模化，实现企业低能耗、低污染的可持续经济发展为导向。

目前公司拥有世界先进的固体废物处置工艺技术，工艺类别涉及水泥窑协同处置固危废、飞灰水洗工艺、油泥处置等，主要业务类型有利用水泥窑协同处置工业固废危废、炉排炉生活垃圾发电、利用水泥窑协同处置城市生活垃圾等。

根据公司统一要求，环保项目办公楼及主厂房主要考虑徽派建筑风格，固废项目徽派建筑主要运用了黛瓦、粉壁、马头墙等主要特征元素，如图3，同时以木雕、石雕为主要装饰特色。青瓦白墙和马头墙的元素自然是必不可少的精华，这是千百年的建筑设计历史中提取的必要象征性元素，这些元素的神奇之处，是给所见之人以返璞归真的渴望，如图4。该项目是基于徽州文化传统的创新，以明清时期的徽派建筑为原型，结合现代建筑材料与技术，创作符合现代人生活生产需求，又具备传统徽州建筑神韵的现代建筑形式。

图3 固废项目徽派建筑

徽派建筑在相关固废项目中的首次运用使得原本枯燥无味的厂房建筑拥有了徽派建筑的内在神韵，并且给整个厂区全新的装饰趣味。但是与此同时，传统徽派建筑带来的青瓦白墙、马头墙等造型也使得建筑的造价大大提升。如何在传统徽派建筑的基础上，既保留徽派建筑的风采神韵又能合理控制造价成本，现代简徽派风格应运而生，如图4。

图4 现代简徽派风格

图5 垃圾焚烧发电项目徽派建筑

在某生活垃圾焚烧发电项目中，整个厂区建筑均采用了现代徽派的设计风格，项目以徽派建筑为蓝本，但没有直接运用具象的中式构成和装饰，而是通过纯粹的建筑形体和空间呈现“粉墙黛瓦、墙瓦叠错”的神韵，以建筑最本质的语言诠释现代徽派风格。为了避免传统马头墙造型复杂、造价昂贵的问题，片墙压顶为极简的设计线条配合灰色外墙涂料。这种设计手法不仅运用在主厂房，同时在厂区其他建筑中也得到体现，如图5。外墙也不再仅仅是单一的白色外墙涂料，同时结合了白色彩钢板，使得整个厂区的文化韵味大大提升。现代徽派设计手法利用简洁的线条勾勒和设计手法加之现代的技术、材料、产品的运用，使得事情可以事半功倍，并且符合现代人的审美需求。尺度依然是以人为本，符合现代人行为模式的尺度。在视觉上，视觉元素中主次相宜、层次分明，简洁效果中蕴含丰富，提高了可观性，值得玩味。另外，简徽风格的设计不仅使工程费用大大降低，而且可以大大缩短工期。

5 关于徽派建筑的思考

在皖南古徽派建筑到新徽派建筑的演变过程中，平面造型的变化、装饰的简化、建筑新材料的运用等，是人们一直积极努力探索新生活的热情和天然创造力的表现，也是我们应该正视和学习的地方。地域更新是不可阻挡的历史潮流，建筑文化的不断发展创新将是历史的必然。随着社会的发展、科技的进步，人们的生活方式也在发生转变。作为徽派文化的重要载体，它的更迭告诉我们，创新并不是抛弃传统，相反，只有不断地发展创新才是对传统最好的继承和保护。

同时，面对信息化的时代，地域建筑文化的发展速度越来越快。而作为徽派文化的重要载体，徽派建筑的创作也是一个动态、发展的过程。对建筑地域性和建筑文化的探讨一直是业界热点。当前，面对传统与现代所发生的碰撞，如何创作出“现代的”地域性建筑，人们在不断积极努力地探索。比如，80～90 年代初期，一方面是省外的建筑师对我省的传统地域建筑文化的关注，为我们留下了许多优秀的作品，对省内地域建筑创作起到了极大的促进作用，如汪国瑜先生与单德启教授创作的黄山云谷山庄、齐康大师设计的黄山国际大酒店、单德启教授创作的黄山玉屏楼风景建筑等。另一方面，省内的建筑师在探索地域传统文化的继承与创新的实践中也做了大量的工作，留下了许多有价值的作品，如黄山轩辕大酒店、合肥亚明艺术馆、徽州文化园、安徽省徽文化博物馆。这些建筑作品从多角度对徽派传统地域建筑进行了新的诠释，反映了省内地域建筑设计思维的活跃以及在实践中达到的新高度。因此，新徽派建筑在经历了 20 世纪的创作高峰后，必然会引起更大的关注和发展，必然会在中华的大地上生根、开花、结果。

参考文献

[1] 单德启，李小妹．徽派建筑与新徽派的探索［A］．中国徽派建筑文化研讨会论文集，2007.

[2] 申玉洁，方帅，李天豪，等．徽派建筑的特色［J］．黄山学院学报，2006（2）：44.

现代化酒店居住空间的人性化设计

许启香　姜　锐　江　斌

摘　要　随着社会进步和人们生活水平的日益提高，酒店作为一种向顾客提供住宿的综合服务型建筑，最重要的是要考虑顾客的使用感受，而客房是顾客停留时间最长，最能让顾客对酒店功能设置是否齐全、住宿是否舒适、设施使用是否人性化等做出判断的场所。本文对 YJ 海螺酒店居住空间人性化设计的创造途径和应注重的细节方面进行分析总结。

关键词　酒店；客房空间；人性化设计

Humanized design of living space in modern hotel

Xu Qixiang　Jiang Rui　Jiang Bin

Abstract　With the social progress and the increasing improvement of people's living standards，as a comprehensive service-oriented building that provides accommodation to customers，the most important thing is to consider the use feelings of customers，and the guest room is the place where customers stay for the longest time，and it is the place where customers can make judgments on whether the hotel function settings are complete，whether the accommodation is comfortable，and whether the facilities are humanized. This paper analyzes and summarizes the creative ways and details of the humanized design of the living space of YJ Conch Hotel.

Keywords　hotel；room space；humanized design

0　引　言

酒店又称为宾馆，是旅馆建筑中的一种，是主要为旅客提供住宿、饮食以及娱乐活动的公共建筑。按照类型又可分为旅游度假型、商务型、招待所和汽车旅馆等。我国传统酒店都比较重视公共空间如大堂等的设计，而忽略对客房的设计，在客房的人性化设计方面还存在诸多不足。随着物质生活水平的提高，人们越来越注重精神生活的追求，客房作为酒店最主要的组成部分，是为消费者提供休息居住的空间，越来越多地受到消费者的关注。可以说酒店客房设计的成功与否直接影响到酒店在消费者心目中的整体印象好坏，是消费者给酒店打分的关键因素。本文将结合笔者近年来参与完成的 YJ 海螺酒店设计实例（图 1），结合客房平面布局，分析其人性化设计的创造手法，对该酒店居住空间人性化设计的创造途径和应注重的细节进行小结。

图1　酒店设计实例

1　客房平面尺寸和层高的选择

客房设计的第一步就是要确定柱网尺寸（图2），同时，客房的柱网落到底层也决定了酒店公共空间的尺寸。确定柱网前要先结合酒店的地理位置、周边环境、酒店规模、服务对象、装修档次等综合因素确定好酒店的设计等级，再根据酒店的设计等级来确定合理的柱网尺寸。

美国假日酒店创始人凯蒙斯·威尔森设计的客房标准形式（一般称为标准间），净宽一般在3.7m左右。当时的标准间柱网尺寸一般为7.2～7.5m，层高3.0m，建筑面积为26～28m²。现代星级酒店客房中，为了家具布置更丰富，活动空间更宽敞，净宽一般都做到4m以上，柱网尺寸基本都在8.4m×8.4m以上，有些豪华型酒店客房柱网尺寸甚至做到了9～10m，建筑层高一般为3.9～4.2m，室内吊顶装修后净高在2.4～2.8m。常规酒店设计中，开间柱距一般为3.7～5.0m，进深柱距一般为7～10m，建筑面积（包括卫生间）30～50m²，其中净面积（不包括卫生间）20～40m²，卫生间5～8m²，当房间的尺寸在3.9m×7.5m左右时，最为经济。

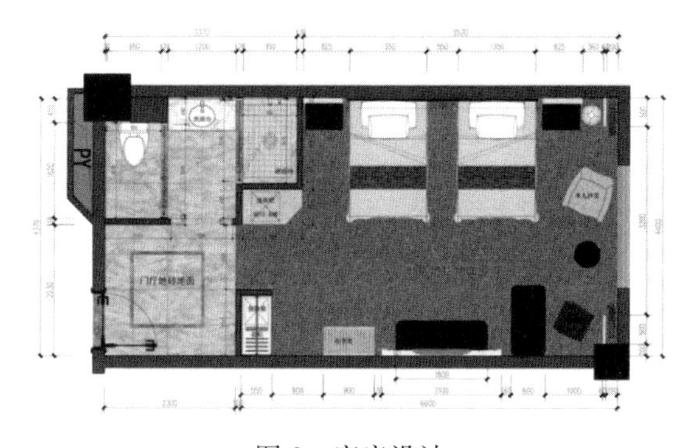

图2　客房设计

图3　盥洗空间（一）

2　客房主要功能组成

酒店客房的主要功能是满足客人的休息和睡眠需求，商务型酒店还要考虑客人的办公、会客功能。客房部分与酒店的公共部分、辅助部分宜分区设置，客房的空间上主要由盥洗空间、起居空间、办公空间、会客空间、储存空间等组成。

2.1 盥洗空间

盥洗空间一般就是指卫生间，主要有云台、坐便器和淋浴三大基本设施，是满足客人基本需求的重要空间。其中云台包括脸盆、冷热水龙头、镜面、电源插座、基本洗漱用品等（图3），有的除了淋浴外，另设有浴缸，浴缸应考虑防滑，坐便器的选择上注重节水、静音及带有缓降功能的马桶盖板。近年来随着酒店客房面积的加大，卫生间的面积也随之加大，卫生间的布置也越来越灵活、开敞，设计上越来越强调各种设施布置的独立性（图4），卫生间的设计已经从传统的矩形隔墙中解放出来。很多现代的手法已经将浴缸、洗手池等四面临空，浴缸靠近卧室，与卧室之间用玻璃隔断，内侧安装可调节的百叶，让顾客在沐浴的同时也可欣赏窗外的风景，可调节百叶又可避免使用上可能出现的尴尬。

2.2 起居空间

标准的酒店客房一般会将起居空间设置在靠近窗户侧，带阳台的客房靠近阳台侧，主要是为了满足顾客的休息、会客需求，配备设施主要包括床、沙发、茶几、落地灯等（图5）。如果是酒店套房，则设有单独的起居室。

图4 盥洗空间（二）

图5 起居空间

2.3 办公、会客空间

在酒店标准间中，办公书写空间的位置一般处于床对面，用于满足顾客办公、阅读、书写等需求，具体设备包括写字台、座椅、台灯等（图6）。如果是酒店套房，则设有单独的办公、会客空间（图7）。

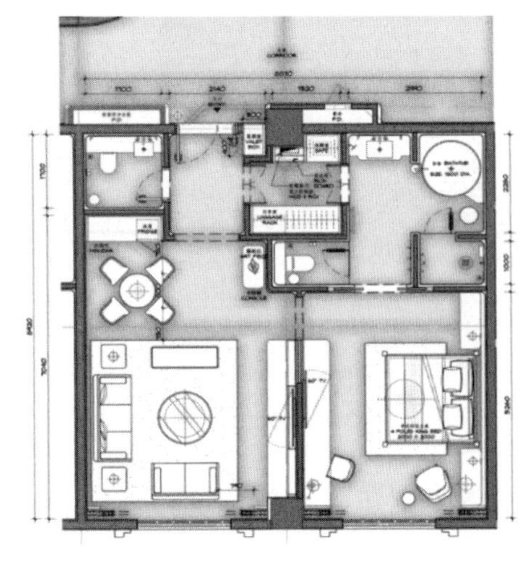

图6 酒店标准间

图7 办公、会客空间

2.4　储存空间

在酒店标准间中，储存空间主要用于存放被子、枕头等客房备用物品，常见的设施包括衣柜、壁橱、茶水吧、行李架等，一般设置在进出房门的过道侧面，按照衣柜、壁橱、茶水吧、行李架的顺序安放（图8），当卫生间开间尺寸较大、过道尺寸受限时，也可将衣柜、壁橱单独设置在房间内靠卫生间隔墙的一侧，行李架则单独与电视柜、书桌成组摆放。

3　客房设计中人性化理念的渗透

客房设计首先要坚持以实用性为基本原则，同时应兼顾住宿客人来自全国各地，类型多样，因此设计时应根据客人身份的不同，充分考虑合理化的功能设置、气氛营造，小饰物的搭配以充分展示设计的人性化。客房的设计要体现“麻雀虽小，五脏俱全”的特点，除了满足客人休息、洗浴、储物、办公会客等基本需求外，同时还要在客房平面的布置与门窗、洁具、家具、五金和配套电器的选择上，通过细节搭配完善其功能的划分，营造出舒适温馨的住宿环境（图9）。

图8　储存空间

图9　客房

3.1　卫生间设计

储物空间的大小尺寸要合适，柜门选用低噪声、高质量的合页或滑道；在过道合适位置设置夜灯；安装具有密封遮光作用的窗帘；洗手盆台面转角处做成圆弧角，水池深度要深，方面客人清洗衣物；选用防雾镜面、防滑耐脏的地砖；保证所在位置通风和照明良好，将厕纸架、小书架等设置在客人方便拿取的位置，并选用静音、抽水力强的马桶；电源插座要考虑吹风机、手机等设备的充电使用等（图10）。

图10　卫生间设计

图11　无障碍设计

3.2 功能设计

针对不同的客人设置相应的功能，如商务型客人的要求远高于传统的标准客房，因此要安排适量的套房，划分出会客室、会议室、餐厅等空间，并安装灵活的隔断，配置办公座椅、洽谈桌等办公设施，以满足商务型客人的办公需求。

3.3 无障碍设计

无障碍客房设计，根据相关设计规范设置一定数量的无障碍客房，无障碍客房应设置在离安全出口最近的楼层，并应设置在该楼层进出便捷的位置，如将最靠近无障碍电梯、无障碍楼梯的客房做成无障碍客房。无障碍客房的设计应满足相关规范，如卫生间的门净宽尺寸不小于 900mm；房间端部和卫生间内应保证至少 1500mm 的轮椅回转半径；卫生间内设置紧急呼叫系统；卫生洁具、家具的选择上要方便残疾人士的操作、活动，开关面板、插卡取电的高度与地面的距离以 1m 为宜，以满足轮椅上的残疾人士手能达到的高度等（图 11）。

3.4 色彩设计

客房的色彩设计，酒店客房的色彩设计照顾大多数旅客舒适的感、惬意感。在色彩的使用中，人们对某些色彩的感觉存在着共性。酒店的客房对于入住的人来说是个暂时的私人空间，而对于酒店的经营性质来说，它又是个公共的空间。所以，选择色彩首先要强调基调色彩的选择，即要去寻找有共性的色彩组合，再根据酒店的总体装饰风格，结合当地的气候、空间朝向、文化特色等适当地加以个性元素，以此来满足不同旅客的视觉需求和体现酒店自身的独特风格（图 12）。

图 12　客房色彩设计

4 结　论

客房作为顾客前往酒店消费的重要价值体现，决定了客房设计在酒店设计中处于重中之重的地位。人性化的设计，就是在保证客房功能齐全和独特风格的基础之上达到方便、私密、舒适、安全、个性的目标，满足顾客从视觉到听觉、触觉、嗅觉等一系列的感官感受，实现功能、结构、审美、空间与客人需求的协调统一，让客人真正能体会到宾至如归的舒适感和满足感。

参考文献

[1] 张文忠．公共建筑设计原理［M］．4 版．中国建筑工业出版社，2008.
[2] 旅馆建筑设计规范：JGJ 62—2014［S］．北京：中国建筑工业出版社，2014.
[3] 无障碍设计规范：GB 50763—2012［S］．北京：中国建筑工业出版社，2012.

浅析海螺水泥厂前区欧式建筑风格设计与应用

孙耀华　黄　河　徐　苏

摘　要　从山区工厂到世界500强，大国工厂伴随祖国复兴共同成长。企业文化是精神品质，海螺厂区建筑是实体空间，它不仅服务生产，还体现出了海螺企业文化。本文通过对海螺企业部分典型建筑的风格来源及形成进行分析，透视建筑风格、建筑语言所反映出的企业文化。

关键词　企业文化；建筑；风格

Analysis on the design and application of European architectural style in the front area of Conch cement plant

Sun Yaohua　Huang He　Xu Su

Abstract　From mountain factories to the world's top 500, factories in large countries grow together with the rejuvenation of the motherland. Corporate culture is the spiritual quality, and the Conch factory building is the physical space. It not only serves production, but also reflects the Conch corporate culture. This paper analyzes the style source and formation of some typical buildings in Conch enterprises, and analyzes the corporate culture reflected by architectural style and architectural language.

Keywords　corporate culture; architecture; style

1　引　言

企业文化是一个组织由其价值观、信念、仪式、符号、处事方式等组成的特有的文化形象，是企业在日常运行中所表现出的各方各面。海螺集团在快速发展的过程中，新建、扩建、改建大量生产基地，在大量的项目建设中逐步形成了具有其鲜明特征的建筑风格。海螺企业文化中的经营理念——为人类创造未来的生活空间，企业精神——团结、创新、敬业、奉献，经营宗旨——至高品质，至诚服务等这些看不见的价值观，通过海螺厂区建筑，通过海螺人的拼搏奋斗，通过丰富的产品结构和优质的产品质量，通过从山区工厂到世界500强的坚实步伐，给人以深刻印象。

2　海螺建筑风格

海螺集团起源于宁国厂，随着总部迁至芜湖，迎来了企业高速发展，在高速发展的过程中部分特色鲜明的建筑风格为海螺人所肯定，逐渐形成了海螺特有的建筑风格。

2.1　欧式建筑起源

欧洲建筑起源于古希腊，兴起于古罗马帝国。在总体布局上，建筑平面和立面造型中强调轴线对称、主从关系，突出中心，倡导规则的几何形体，强调建筑的比例如同人的比例，讲究秩序与规律，拥有严谨的立面和平面构图。使用对称的形状，集中式，显得有条理性、整齐并稳定。建筑轻快和透气，常常有敞开式的拱形长廊和修长的廊柱。平面以尺规制图，以圆形和正方形为主，欧式建筑以突出的个性化、精美的造型、华丽的装饰和浓烈的色彩而著称。富丽华贵、雍容典雅，百看不厌，富有浪漫主义色彩。立面强调严谨构图，倡导横三段和纵三段的构图手法，并严格规定各部分之间的比例关系，以此来象征永恒感与秩序感。在建筑外形上追求端庄、宏伟、简洁，室内则追求豪华，在空间效果和装饰上常表现为强烈的巴洛克风格。

2.2　海螺欧式建筑

海螺建材设计院大楼和WH海螺大酒店是企业内早期欧式风格的建筑（图1、图2）。

图1　海螺建材设计院

图2　海螺国际大酒店

欧式风格建筑当时在水泥企业建筑中较少，优美的外形为海螺人所认可，为人类创造未来生活空间的信念随着企业的发展而传播，人们逐渐熟悉了这个粗壮的黑体字和红色平行四边形构成的CONCH企业标识。

2.3　欧式建筑元素在建筑立面中的运用

多立克柱式（Doric Order）的柱身高度与粗细程度的比例最为接近，柱子整体比较粗壮，多用于海螺办公楼外门厅柱。爱奥尼柱式（Loric Order）有两个向下的柱头装饰，就好像女性的发髻。科林斯柱是所有柱式里面装饰性最强的。它的柱头上装饰的是一种地中海地区（欧洲文化发源地）所特有的一种植物，多用于海螺专家公寓外门厅柱。如图3～图5所示。

外窗以窗套装饰，栏杆及扶手采用宝瓶柱，屋面檐口及外墙勒脚采用欧式线条，这些基本欧式元素体型组合，运用一定的艺术手法和构图规律，构成了海螺欧式建筑风格。欧式装饰构件如图6所示。

建筑艺术从最初的满足生产办公等需求的房屋，演变成了艺术与功能的综合体。通过建筑物的形体、结构、空间、色彩、质地等的审美处理共同形成一种造型艺术。

海螺以内部管理著称，这一点也体现在建筑风格上，屋面是统一的绯红色，墙面是统一的琥珀色，通过大量的标准化定型设计，形成了自己的特色，被大众所认同，成为了海螺的建筑文化。远看到红色屋面和琥珀色外墙，就会想到海螺企业。见图7、图8。

图 3　三种经典古典柱式

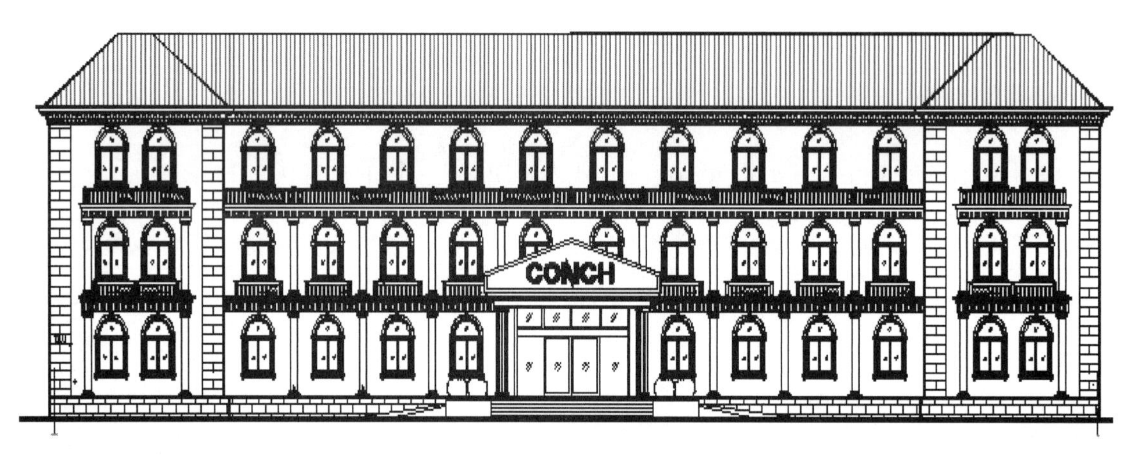

图 4　办公楼

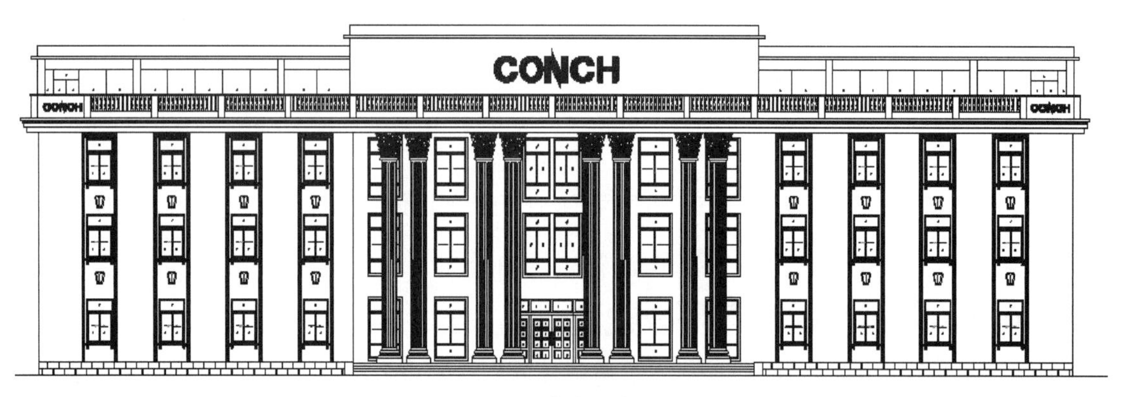

图 5　专家公寓

图 6　欧式装饰构件

图 7　综合办公楼实景

图 8　厂前区鸟瞰实景

企业形象是企业通过外部特征和经营实力表现出来的，而被消费者和公众所认同的企业总体印象，海螺通过大量有鲜明辨识度的建筑风格，营造了和谐的厂区环境，形成了自己的建筑风格。

参考文献

[1] 刘松茯．外国建筑历史图说［M］．北京：中国建筑工业出版社，2019.8.

[2] 陈志华．外国建筑史：19 世纪末叶以前［M］.4 版．北京：中国建筑工业出版社，2010.

[3] 罗小未．外国近现代建筑史［M］.2 版．北京：中国建筑工业出版社，2004.

[4] 胡恒．建筑文化研究［M］．上海：同济大学出版社，2020.

水泥工厂软弱地基处理常用方法

吴　超　李　阳　李　灿

摘　要　软弱地基处理的优劣关系到整个工程的质量。合理的软弱地基处理、上部结构设计，可以减轻和消除软弱地基对上部建筑物的不利影响。软弱地基通常要经过人工处理才能满足地基承载力的要求。文章就地基处理的概念、结构设计、适用范围及施工要点进行了论述。

关键词　软弱地基；结构设计；施工技术

Common methods for treatmentof soft ground in cement plant

Wu Chao　Li Yang　Li Can

Abstract　The quality of soft ground treatment is related to the quality of the whole project. Reasonable soft ground treatment and superstructure design can reduce and eliminate the adverse effects of soft ground on topside. Soft ground usually needs to be treated manually to meet the requirements of foundation bearing capacity. This paper discusses the concept，structural design，scope of application and constructionpoints of foundation treatment.

Keywords　soft ground；structural design；construction technique

0　引　言

随着集团沿江“T”型战略及进军海外策略的成功实施，集团水泥工厂不仅在国内，在印尼、柬埔寨、老挝、缅甸、俄罗斯和乌兹别克斯坦等国的布局进程也日益加快，我院服务于集团，在工程设计中也面临各种复杂的地质情况，其中软弱地基是最常出现的情况之一。软弱地基不能满足建筑物对地基的要求，应通过对软弱地基的处理来提高地基土的承载力，保证地基稳定，减少上部结构的沉降或不均匀沉降，消除湿陷性黄土的湿陷性及提高抗液化能力。对软弱地基处理措施的选择应按照安全适用、经济合理以及技术先进可行的原则。本文就对此问题展开相关的论述。

1　软弱地基的概念与工程特征

（1）软弱土的概念

软弱土是指滨海、湖沼、谷地、河滩沉积的天然含水量高、孔隙大、压缩性高、抗剪强度低的细粒土，具有天然含水量高、天然孔隙比大、压缩性高、抗剪强度低、固结系数小、固结时间长、扰动性大、透水性差等特点。软土层状分布复杂，各层之间物理力学性质相差较大。软弱土包括淤泥、淤泥质土、冲填土、杂填土及饱和松散粉细砂与粉土。这类土的工程特性差，如何保证在软弱地区修建的建筑物的稳定性和正常使用，一直以来都是一个重大的技术课题。

（2）软土地基的特征

地基是指承受建筑物或构筑物荷载的地层。软土地基指压缩层，主要由淤泥、淤泥质土或其他高压缩性土构成的地基。地基处理是指对天然地基进行加固改良，形成人工地基，以满足建筑物或构筑物对地基的要求，保证其安全正常使用。建筑物的地基问题包括以下三类：①地基承载力及稳定性问题；②沉降、水平位移及不均匀沉降问题；③渗流问题。当天然地基存在上述三类问题之一或其中几个问题时，需要采取各种地基处理措施。

地基处理的对象是软弱地基和特殊土地基。地基处理的方法有多种，按时间可分为临时处理和永久处理；按处理深度可分为浅层处理和深层处理；按土性对象分为砂性土处理和黏性土处理、饱和土处理和非饱和土处理，按性质可分为物理处理、化学处理、生物处理；按加固机理可分为置换、排水固结、灌入固化物、振密或挤密、加筋、冷热处理、托换、纠倾等。

选用地基处理方法的原则是：坚持技术先进、经济合理、安全适用、确保质量。对具体工程来讲，应从地基条件、处理要求、工程费用及材料、机具来源等各方面进行综合考虑，因地制宜确定合适的地基处理方法。必须指出，地基处理方法很多，每种处理方法都有一定的适用范围、局限性和优缺点。

2　软土地基造成的危害

软土地基由于其具有强度低、压缩性大、渗透性小等特征，会造成以下问题：

（1）强度和稳性问题。当地基的抗剪强度不足以支承上部结构的自重及外荷载时，地基就会产生局部或整体剪切破坏。

（2）压缩及不均匀沉降问题。当地基在上部结构的自重及外荷载作用下产生过大的变形时，会影响结构物的正常使用。特别是超过结构物所能容许的不均匀沉降时，会引起建筑物地上主体的墙体开裂甚至破坏。

（3）地基的渗漏量超过容许值时，会发生水量损失导致发生事故。因此必须对软土地基进行处理。

3　软土地基的处理方法

（1）堆载预压法（图 1）

堆载预压法可以分为三小类：①超载法：一般用于要求预压期较短，软土地基不致于发生剪切滑移的场合下；②等载法；③欠载法：通常只等于设计的路基所产生的压强，只需轻度处理或有充分预压期的软土地基可采用这种方法，堆载土土源紧缺或者不便废弃余土的场合下，也可以采用这类方法。

堆载预压法：天然地基在预压荷载下压密固结，地基产生变形而强度提高，卸载后建筑物沉降减小，地基承载力提高。堆载预压通常是在软土上预先堆置相当于建筑物重量的荷载，有时也利用建筑物的自重进行。当天然土地基渗透性较小时，为了缩短土体排水固结的排水距离，加速土体固结，在地基中设置竖向排水通道，如砂井、袋装砂井或排水塑料板等。

适用范围：软黏土、粉土、杂填土、冲填土、泥炭土地基。

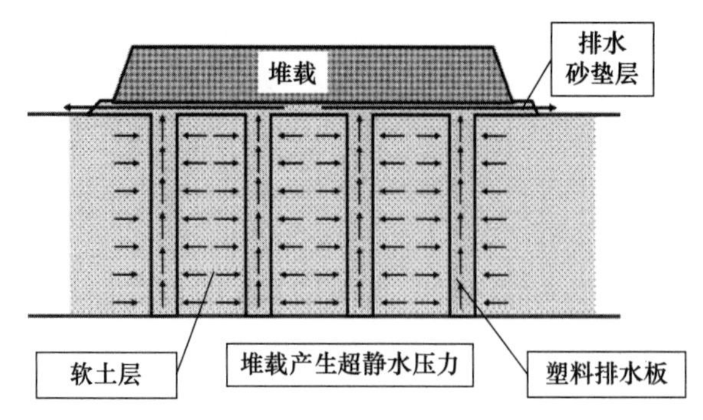

图 1 堆载预压法

特征：本法施工机具和施工方法简单，可加速饱和软弱土的水固结，使沉降及早完成和稳定的同时可以防止土基滑动破坏，大大提高了地基的抗剪强度和承载力。

（2）水泥土深层搅拌法

基本原理：利用深层搅拌机械将水泥和地基水泥土原位搅拌，形成具有整体性、水稳性，以及较高强度的圆柱状、格栅状、或连续水泥土增强体，从而提高地基承载力、增大变形模量、减小沉降。搅拌桩多采用双头 8 字形式，由两根直径为 700mm 桩中间咬合 200mm 组成，外包尺寸为 1200mm×700mm。用水泥土搅拌桩处理地基要注意水灰比的确定，明确喷浆座底的要求。喷浆分段位置要设在桩长偏下的地方。为检验设计和施工，要进行水泥土搅拌桩的单桩静载试验和复合地基静载试验。该方法的优点是可以最大限度地利用原土，搅拌时无侧向挤土，无振动、无噪声、无污染。缺点是施工工艺要求严格。

加固软土地基宜采用“二喷浆、三搅拌”的施工工序（图 2），即：机械就位→搅拌下沉→喷浆搅拌提升→重复搅拌下沉→重复喷浆搅拌提升→再重复搅拌下沉→再重复搅拌提升到孔口。

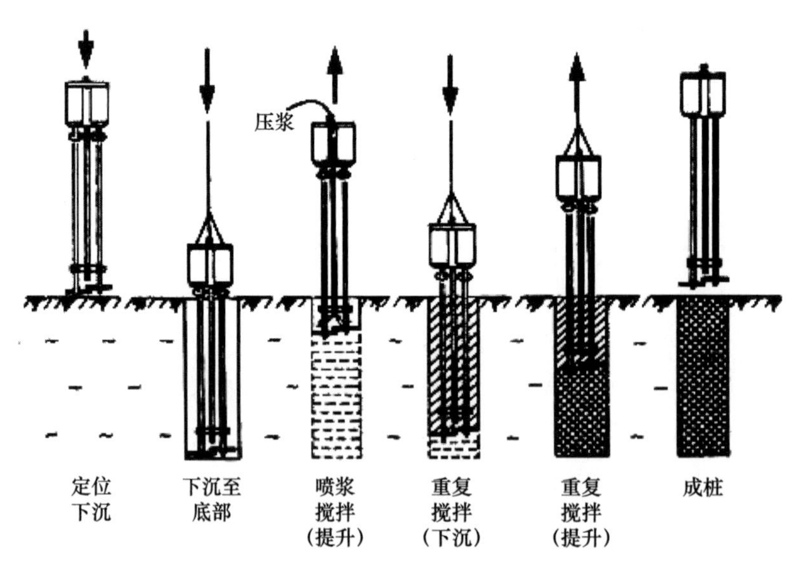

图 2 水泥土深层搅拌法施工工序

适用范围：淤泥、淤泥质土和含水量较高、地基承载力低于 120kPa 的黏性土、粉土等软土地基。

特征：在地基深处就地将软土和固化剂强制拌和，经一系列物理、化学反应后硬结，凝结成较高强度的水泥加固体，与天然地基形成复合地基，提高土的稳定性和强度指标。同时施工工期较短，效果显著。

(3) 高压喷射注浆法

高压喷射注浆法对淤泥、淤泥质土、黏性土（流塑、软塑和可塑）、粉土、砂土、黄土、素填土和碎石土等地基都有良好的处理效果。但对于硬黏性土，含有较多的块石或大量植物根茎的地基，因喷射流可能受到阻挡或削弱，冲击破碎力急剧下降，切削范围小或影响处理效果。对于含有过多有机质的土层，其处理效果取决于固结体的化学稳定性。

高压喷射有旋喷（固结体为圆柱状）、定喷（固结体为壁状）和摆喷（固结体为扇状）等三种基本形状，它们均可用下列方法实现：

1）单管法：喷射高压水泥浆液一种介质；有效处理长度最短。

2）双管法：喷射高压水泥浆液和压缩空气两种介质；有效处理长度居中。

3）三管法：喷射高压水流、压缩空气及水泥浆液三种介质；有效处理长度最长。高压喷射注浆基本工序（图 3）：钻机就位→钻孔→置入注浆管→高压喷射注浆→拔出注浆管。

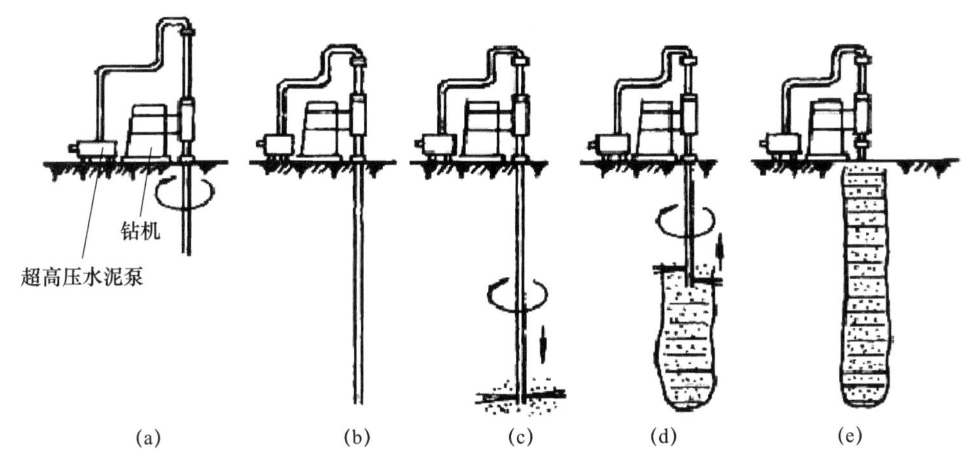

图 3 高压喷射注浆法施工工序

(a) 开始钻进；(b) 钻进结束；(c) 高压旋喷开始；(d) 喷嘴边旋转边提升；(d) 旋喷结束

(4) 土工合成材料法

土工合成材料具有特有的工程性质，利用其较高的抗拉强度性质、良好的透水性质和耐久性，将具有一定刚度和抗拉力的土工合成材料铺设在软土地基表面，再在其上填筑一定厚度的砂垫层（砂土或砾石土），在荷载的作用下产生地基沉降，同时在其周边地基产生侧向形变和部分隆起时，使基础底部的土工合成材料产生拉应力；而作用于土工合成材料与地基土间的抗剪阻力就能相对地约束地基的位移；作用于土工合成材料上的拉力也能起到支承荷载的作用。同时土工合成材料具有较高的延伸率，可使上部荷载应力扩散，相应提高原地基的承载力。

一般情况下土工合成材料与砂垫层联合使用，建筑物荷载通过垫层传递到软土地基中，它既是软土地基固结时的排水层又相当于建筑物结构的柔性基础，土工合成材料作为基础底面的垫层，不仅提高地基承载力和增加地基稳定，还可以减少基础底部的差异沉降，减少使地基变形的不均匀性。

(5) 真空预压加固法（塑料排水板法）（图 4）

用插板机将带状塑料排水板插入软弱土层中，板头埋入上部的砂垫层中，二者组成垂直和水平排水体系。在砂垫层中敷设滤管，并与真空泵相接。启动真空泵后，膜下形成负压（相对大气而言），在此负压作用下，土体内的孔隙水沿塑料排水板的沟槽上升进入到砂垫层，再通过滤管汇集后由真空泵抽取至膜上。孔隙水的不断排出，使土体内的土颗粒间距缩小、孔隙率降低（即固结）。其外在特征是：地下水（含气）陆续排出，软弱地基逐渐沉降，地基承载能力得到提高。

特征：真空预压法与堆载预压法相比，具有无污染、低噪声、工期短、能耗小、投资省等特点。

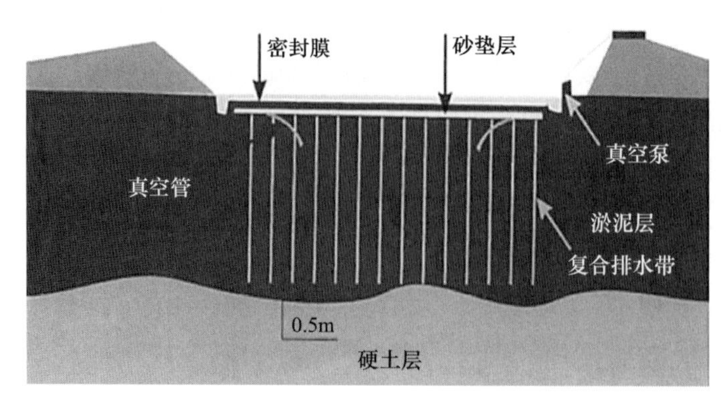

图4 真空预压（塑料排水板法）加固法

施工工艺：测量放线→铺设排水砂垫层（中粗砂）→测量砂垫层顶面标高→打设塑料排水板→埋设监测仪器→埋设塑料板板头→铺设真空滤管、埋膜下真空度测头→测插板后高程→挖压膜沟→铺密封膜→安装射流泵→布置沉降杆→抽气到真空满载预压→地基加固监测→满足卸载标准（固结度和沉降速率满足设计要求）后停止抽气。

控制要点：①板的连接。应严格按照规范的规定进行连接，先剥开两板的滤膜，使板心直接相连，再将滤膜包好裹紧，穿扎牢固；搭接长度≥200mm。接长板的总量不超过总打设根数的10%。②为保证塑料排水板在土体中均匀分布，确保加固效果，应控制好板的位置和垂直度，规范规定平面位置允许偏差为100mm，垂直度不大于1.5%。③孔洞处理。此孔洞必须及时用垫层砂土回填，回填时最好先将孔洞中充水，用水中倒砂法慢慢填满，切忌一次大量干填，再次因起拱作用而形成新的孔洞，并将塑料排水板埋置于砂垫层中。

4 软土地基设计关键

软弱地基设计时要在保证承载力、降低其压缩性、确保基础稳定、减少基础不均匀沉降的前提下，结合工程地质、水文条件、各地的施工机械、技术水平、建材品种及价格差异等实情，因地制宜选用地基处理方案。

软土地基设计和施工的关键是搞清楚地基工程地质和水文地质条件，收集详细的工程地质、水文地质及地基基础的设计资料。根据地基处理的目的（如解决稳定性或变形问题）、使用要求（如工后沉降及差异沉降）、结构类型、荷载大小等，并结合地形地貌地层结构、土质条件、地下水特征、周围环境和相邻建筑物等因素，初步选定几个方案然后进行比选。对初步选定的各种地基处理方案，分别从处理效果、材料来源、机具条件、施工进度、环境影响等方面进行认真的技术经济比较，根据安全可靠、施工方便、经济合理的原则选择最佳处理方案。

在进行软基处理设计时必须明确每种处理方式的适用范围和局限性，经过正确、严谨的比较后，选择出最适合该工程软土地基的处理方式。

5 软弱地基处理过程中常遇到的问题

具体工程情况很复杂，地质条件千变万化，施工机具、设备、材料等也有较大差别。因此，为了确定合理的处理方法，应对特定的施工要点进行细致分析，综合考虑各种因素。以下讨论几个工程中常遇到的问题。

软弱地基处理的目的在于提高地基强度，防止建造在这类地基上的构筑物的破坏、滑动等。但有时则在结构物发生了滑动或过大的沉降甚至发生旋转，影响正常使用时，为了控制这类变形的继续发展而进行地基处理。软弱地基处理通常在工程建造前进行，但有时也不得不在结构物竣工后出现问题时进行。对于后一种情况，施工较为困难，工程费用昂贵。在上述软弱地基的各种处理方法中，堆载预压法最简单。如果堆载用的土料能够既价廉又运输方便的话，可谓是一种稳妥的地基处理方法。当然，若预压用的土料不易于得到，可采用真空预压法。但利用作用在铺设于地表面的塑料薄膜上的大气压作为荷载时，残余沉降将更严重。因此，在上部结构设计时，必须考虑结构物能够承受某种程度的均匀沉降与不均匀沉降，遇有基础的残余沉降特别大的情况时，对上部结构尚需采取特殊措施。

地基改良需要费用和时间，在选择地基改良方案时，必须慎重研究哪一部分地基需要改良，以及需改良到什么程度即可满足工程需要。假如把对整个建设场地的地基处理费用集中用到特别需要改良的薄弱部位进行局部改良，则往往可得到更理想的效果。有时甚至可不做地基处理，即使结构物产生一些局部的小的破坏或变形，这对工程影响也不大，只要在事后做局部调整、修补即可。这远比一开始就对整修地基场地进行改良的方案优越得多。

建筑设计包括上部和基础设计两部分。一方面，如果设计基础时多花费一些钱，把基础设计得坚固些，安全性也可相应得到保证。另一方面，如果设计时注重对上部结构予以加强，即使地基产生一些沉降，结构物也能与其适应，这样做还可节省地基改良费用。

6 建筑结构设计中采取的措施

（1）增强结构整体刚度

建筑物常因功能的需要，使本身具有一定的刚度，一般工业及民用建筑刚度比较大的有两种，一种为绝对刚性，如钢筋混凝土筒仓、烟囱等；另一种为相对刚性，如多层砖石房屋、多层钢筋混凝土框架，它具有一定的刚度，可是它的强度较低，不能与它的刚度协调一致，其抗拉能力尤弱，因此碰到软土地基时应适当增加其关键部位的抗拉强度，这样有利于利用建筑物的刚度来调整建筑物部分不均匀沉降。此外，在建筑物的相应部位可设置沉降缝以减少不均匀沉降。沉降缝设置的部位应在：①建筑物长高比过大的适当部位；②平面形状复杂建筑物的转折部位；③地基压缩性有明显不同处；④建筑结构类型不同处；⑤建筑物高度和荷载差异处；⑥分期建造房屋的交界处；⑦拟设置伸缩缝处。以上部位通过设置沉降缝，可大大减少由于地基土软弱引起的不均匀沉降。

（2）注意相连建筑物的相互影响

建筑物荷载不仅使本建筑物下的土层产生压缩变形，在它以外一定范围内的土层，由于受到基础压力扩散的影响也将产生压缩变形，这种变形随着距离的增加而逐渐减小，由于软土地基的压缩性很高，当两建筑物之间距离较近时，这类附加不均匀压缩变形甚大，常造成邻近建筑物的倾斜或损坏，若被影响建筑物的刚度强度较差时，危害主要表现为产生裂缝；当刚度强度较好时则表现为建筑物的倾斜。

（3）减轻建筑物的自重

减轻自重可减少建筑物的总沉降量，从而有利于对不均匀沉降的控制。也可在预先估计沉降量大的部分减轻自重，用以直接调整不均匀沉降。由于一般砖石结构民用建筑墙身重量所占比例很大，故若能用轻质材料和改变结构体系来减轻这部分的重量，对控制沉降会有明显效果。另一个减轻自重的途径是采用架空地面来代替填土，一般此部分约占地基容许承载力的10%～40%，因此这部分若应用得当会有很好效果，此时基础形式可做空心基础、薄壳基础、沉井等，有时也可做成地下室，在大量减轻自重的同时，还会增加一定的使用价值。

7 结 语

综上所述，可以了解到软弱地基的相关概念、工程特征以及相应的一些处理方法，也从中了解了各种方法的适用范围及优缺点，软土地基处理的目的是增加地基稳定性，减少施工后的不均匀沉陷，所以设计及施工的技术人员必须意识到软土地基的危害性，坚持严谨的治学态度，认真测定基底的承载力，并根据不同的土质情况、不同的投资和工期要求，采用切实可行的处理方案。

参考文献

[1] 何锋．换填法在软基处理中的应用［J］．科技咨询导报，2007（14）：9.
[2] 宋波，李会兴．浅谈浅层软弱地基处理中换填垫层法的应用［J］．内蒙古水利，2009，(3)：93-94.
[3] 王哲，李侠．换填法处理软弱地基在施工中应注意的问题［J］．山西建筑，2009（17）：76-77.
[4] 潘日进．地基处理中换填砂垫层的设计与施工［J］．建材与装饰（中旬刊），2007（8）：77-78.
[5] 黄健云．砂石换填法在地基处理中的应用［J］．建筑，2008（8）：57-59.
[6] 徐通礼．强夯法地基处理施工技术［J］．西铁科技，2006（S1）：46-47.
[7] 徐至钧，曹名葆．水泥土搅拌法处理地基［M］．北京：机械工业出版社，2004.
[8] 左名麟，刘永超，孟庆文，等．地基处理实用技术［M］．北京：中国铁道出版社，2005
[9] 刘玉卓．公路工程软基处理［M］．北京：人民交通出版社，2003.
[10] 孙更生，郑大同．软土地基与地下工程［M］．北京：中国建筑工业出版社，1984.
[11] 王忠和，吕扬．浅谈软弱地基的处理［J］．林业科技情报，2003，35（1）：7，9.
[12] 杨峰．软弱地基处理方法的运用［J］．工程建设与档案，2003（3）：37-38.

电气自动化部分

多发电并网点技术在水泥厂供电系统设计中的应用

徐　刚

摘　要　随着国内水泥产量的过剩，产品供大于求的矛盾日显突出，企业要想在市场中赢得竞争优势，必须通过多种手段降低成本。JXSBST 水泥工厂在扩建水泥生产线时，电气设计采用余热发电并网在烧成窑头配电站，并增加 30MW 带补燃炉的煤矸石低温发电机组来有效降低电耗及基本电费。

关键词　余热发电并网；节能降耗；成本控制；低频减载

Application of multi-generation grid-connected technology in the design of power supply system of cement plant

Xu Gang

Abstract　With the excess of domestic cement production, the contradiction between product oversupply and demand is becoming more and more prominent, and enterprises must reduce costs through a variety of means to win a competitive advantage in the market. When Jiangxi Cement Shengta Cement Factory expanded the cement production line, the electrical design adopted waste heat power generation and grid connection in the firing kiln head distribution station, and added 30MW coal gangue low-temperature generator set with supplementary combustion furnace to effectively reduce power consumption and basic electricity costs.

Keywords　waste heat recovery (WHR) power generation is connected to the grid; energy saving and consuption reduction; cost control; low-frequency load reduction

1　引　言

JXST 集团 2×4500t/d 熟料水泥生产线暨余热发电工程一、二期总体规划建设了 2×4500t/d 熟料水泥生产线、一套 30MW 低温发电工程（带补燃炉），并配套建设了 220 万吨/年水泥粉磨系统。工程一次规划，分两期实施。项目一、二期均已投产，并达产达标。此工程熟料水泥生产线为海螺设计院总包工程，通过前期现场调研及与业主的多次交流沟通，根据业主在减少改造投资的情况下有效降低基本电费的需求，制定了余热发电并网在烧成窑头配电站的方案。并结合江西区域煤价低的特点，在生产线增加了 30MW 带补燃炉的煤矸石低温发电机组。

本项目中首次采用了负荷调节系统及过流减载保护系统，解决了频繁投切引起的负荷波动问题，保证了整个孤网供电系统的稳定性。以下就结合该项目的难点、成本控制及推广运用情况等问题进行探讨。

2　项目难点及解决方案

难点1：项目电源供电困难，原有线路无法满足负荷要求。

ST公司主变配置容量为20000kV·A，线路总长3km，线径185mm^{2}的钢芯铝绞线，供原有两条新型干法旋窑水泥生产线及水泥粉磨系统使用，未考虑后续两条熟料线及粉磨站（一期新增有功负荷约15000kW，二期新增有功负荷约27000kW）负荷，110kV变电站原有线路也无法满足新增负荷要求。

解决措施：增容主变，并增加30MW低温发电机组（带补燃炉）。

经过详细计算、现场调研，针对新增负荷（并兼顾考虑二期工程），一期对原主变进行增容，由20000kV·A调整为35000kV·A，以满足一期新增负荷要求。二期工程同步配一套带煤矸石补燃的30MW发电机组。

在计算主变容量的过程中，考虑到余热发电的运行率较高，将新增的9MW余热发电的发电量并入主变的计算容量内，有效地降低了主变的容量，优化了电量平衡的方案。

难点2：总降负荷大，发电如仍并网在总降短路电流大，难度高。

总降原有系统均未考虑一、二期新增负荷，总降内空间受限；且一、二期整体负荷较大，最终要实现一台35000kV·A的主变＋一套30MW发电机组＋一套9MW发电机组（原有）供2×4500t/d熟料线＋年产220万吨粉磨站＋原有生产线负荷使用，并且这么多电气设备最终要实现并列运行，如仍从总降内配电，短路电流需增大，会增加整体投资。

解决措施：设立发电第二并网点（窑头配电站）。

将窑头配电站设为第二总降配电站，原料粉磨、窑尾配电站电源均取自窑头配电站，余热发电并网在窑头配电站，这样可保证最大程度的负荷利用率，所有发电电量均可直接用于生产线，同时减少了从窑头配电站到总降压配电站的高压电缆数量。同时通过详细计算、多重论证，确定了在总降和一期窑头配电站各增加一套XKDGK-10-2000-6％限流电抗器，一期熟料线中压开关柜分断能力按31.5kA配置（一期无须更换总降设备），二期熟料线及粉磨站中压柜分断能力按40kA配置。

3　项目成本控制

ST公司在扩建工程时，不同于海螺集团常规生产线电气配置，在满足使用、安全的前提下，业主要求减少一次性投资及后续生产成本；通过调研及精心设计，针对该项目特点，进行了区别于海螺常规生产线的多处优化，节约了大量的成本，为后续海螺集团海外项目的扩张提供了大量节约成本的方案和经验。

成本控制1：减少土建改造量。

优化系统主接线，将窑头配电站设置第二总配电站，并将新增窑尾配电站、原料粉磨配电站等中压出线柜放置于窑头配电站内，减少了总降内的电气柜数量。虽然整体电气柜数量不变，但减少了总降的土建部分的改造量，节约了土建成本和工期。同时如对总降改造，势必会造成总降的停电，影响原有生产线的使用。

成本控制 2：大幅减少生产运行成本。

除节约上述一次性投资成本外，并网在窑头配电站并配套带煤矸石补燃的 30MW（30000kV·A）发电机组可大幅减少生产运行成本（按一年运行 330 天计算）。项目成本见表 1。

表 1 项目成本

序号	类别	减少量	单价	节约费用/（万元/年）
1	基本电费	30000kV·A	26 元/kV·A/月	936
2	用电成本（仅考虑 13MW 的煤矸石补燃）	102960000kW·h	每 kW·h 节约 0.1 元	1029
			合计：	1965

通过投产后的实际运行和生产运行成本来看，全部达到设计节约成本的要求。

4 新技术推广运用

4.1 负荷调节系统

孤网运行一般采用 DEH 数字调节系统，但不能满足频繁的大功率负荷投切；在该项目中采用了负荷调节系统，利用能量转换，将电厂孤网运行中由于负荷减小而多余的电量转化后储存起来，当电厂负荷突然增大时，将储存的电量通过转化再释放回去，响应时间$<1s$，达到灵活调整电力负荷的目的，为企业降低了生产成本，解决了传统孤网运行技术产生的噪声大、环境污染、能源浪费等弊端，实现了企业自备电厂孤网安全稳定运行。

4.2 过流减载保护系统

STSN 公司项目为了提高供电质量、保证供电的可靠性，采用了过流减载保护系统，当系统中出现有功功率缺额引起频率下降时，根据频率下降的程度，自动断开一部分不重要的用户，阻止频率下降，以使频率迅速恢复到正常值。

5 结束语

STSN 公司项目的优化很多是基于业主的要求而进行的，对推动设计院由单纯的设计优化观念转变为成本优化观念有很大的积极作用，如何在后续投标项目及海螺内部的新建项目中得到体现并加以运行值得我们深思及做进一步的工作。

在 STSN 公司项目的设计中也锻炼了一批有能力的设计者，提高了设计院后续外接总承包项目的适应能力，更可控的一次性投资成本及持续减少的运行成本也有利于对外扩展业务的竞争力。

参考文献

[1] 汤继东．中低压电气设计与电气设备成套技术［M］．北京：中国电力出版社，2009.
[2] 中国航空规划设计研究总院有限公司．工业与民用供配电设计手册［M］．4 版．北京：中国电力出版社，2017.
[3] 刘介才．工厂供配电［M］．北京：机械工业出版社，2016.

低压断路器的实用设计选型要点

张　伟　杨　洁

摘　要　低压断路器在低压系统中用量巨大，正确合理地选用断路器既有技术上的要求，也有一定的经济意义。本文依据断路器的选择要求，重点对低压断路器的分断能力及极数等相关问题进行探讨，得出低压断路器分断能力和极数选择的一般原则，具有一定的实用性。

关键词　断路器；分断能力；极数

Practical design and selection key point of low voltage circuit breaker

Zhang Wei　Yang Jie

Abstract　Low voltage circuit breakers are widely used in low-voltage systems. The correct and reasonable selection of circuit breakers has both technical requirements and certain economic significance. According to the selection requirements of circuit breakers, this paper focuses on the breaking capacity and pole number of low-voltage circuit breakers, and obtains the general principles for the selection of breaking capacity and pole number of low-voltage circuit breakers, which has certain practicality.

Keywords　circuit breaker; breaking capacity; pole number

1　引　言

在低压系统中，断路器的使用量非常大，尤其现在多数断路器又兼有隔离功能，使其使用的范围更为扩大。一般情况下，断路器在所用配电装置中占成本的30%左右，因此合理选择断路器是一项重要的工作。

通常断路器选择应注意以下几点：①由线路的计算电流来决定断路器的额定电流；②断路器的短路整定电流应躲过线路的正常工作启动电流；③按线路的最大短路电流来校验低压断路器的分断能力；④按照线路的最小短路电流来校验断路器动作的灵敏性，即线路最小短路电流应不小于断路器整定电流的1.3倍；⑤按照线路上的短路冲击电流（即短路全电流最大瞬时值）来校验断路器的额定短路接通能力（最大电流预期峰值），即后者应大于前者。

结合工程设计实际，断路器分断能力提高一级价格约贵30%，甚至将近一倍；另外，四极断路器比同等型号、同容量的三极断路器贵25%～30%，两极断路器比单极价格贵将近一倍，因此本文重点对变压器低压侧短路电流计算、低压断路器的分断能力及极数等相关问题进行探讨，得出低压断路器分断能力和极数选择的一般原则，具有一定的实用性及经济意义。

2 变压器低压侧短路电流计算

低压短路电流值是低压断路器分断能力选择的重要依据、低压断路器分断能力的正确选择，对系统的安全性、稳定性、经济性有重大影响。然而，低压短路电流的计算涉及各种元件的阻抗，如变压器阻抗、变压器低压侧母线阻抗、配电线路阻抗、上级电网参数等，计算不仅十分复杂烦琐，而且很多参数在项目设计过程中也很难收集及确认。

在 220/380V 供电网络中，一般以三相短路电流为最大，计算 220/380V 网络短路电流时，变压器高压侧系统阻抗需要计入。在一些假定计算条件下，一台变压器供电的低压网络三相起始短路电流交流分量有效值按下式计算：

$$I''=\frac{cU_{\mathrm{N}}/\sqrt{3}}{Z_{\mathrm{k}}}=\frac{cU_{\mathrm{N}}/\sqrt{3}}{\sqrt{R_{\mathrm{k}}^{2}+X_{\mathrm{k}}^{2}}}(\mathrm{kA}) \tag{1}$$

计算变压器低压侧母线处三相短路电流时，若不计总电阻，不考虑低压侧电动机和补偿电容器等的反馈电流对短路电流的正面影响，忽略配电线路、母线段及变压器高压侧系统阻抗，电压系数 c 取 1，则式（1）可变为：

$$I''=\frac{U_{\mathrm{N}}/\sqrt{3}}{X_{\mathrm{T}}}=\frac{U_{\mathrm{N}}/\sqrt{3}}{\frac{U_{\mathrm{k}}\%U_{\mathrm{N}}^{2}}{100S_{\mathrm{N}}}}=\frac{100S_{\mathrm{N}}}{\sqrt{3}U_{\mathrm{k}}\%U_{\mathrm{N}}}=\frac{100I_{\mathrm{N}}}{U_{\mathrm{k}}\%} \tag{2}$$

式（2）表明变压器低压侧三相短路电流的计算，可以依据变压器的额定容量、变压器的短路阻抗以及低压侧额定电压 3 个参数来估算出，而这 3 个参数是极易得到的，因此大大简化了计算过程；由推导过程不难看出，该简化公式计算出的三相短路电流值比实际值要大一点，因此以这个估算值选择和校验电气设备是比较合理的。

3 断路器极限分断能力与使用分断能力

断路器的极限分断能力（Icu），是指按试验程序所规定的条件，不包括断路器继续承载其额定电流能力的分断能力，即切除故障短路电流的极限能力。在此电流作用下，断路器不但能保证可靠分断，而且还可避免遭受不可逆转的损坏。切除此短路电流后，必须经过检查及维护后才能继续运行。

断路器的额定运行分断能力（Ics），是指按试验程序所规定的条件，包括断路器继续承载其额定电流能力的分断能力，即使用分断能力。在此电流作用下，断路器切除故障后，不经维修就能继续使用。

根据制造厂所生产断路器型号、规格、性能的不同，有的厂家生产的断路器极限分断能力与使用分断能力相同，有的使用分断能力只有极限分断能力的 25%、50%或 75%。在选用断路器的分断能力时，若使用分断能力只为极限分断能力的一半，选取断路器分断能力就要综合考虑。在实际设计中，大多数设计者采用使用分断能力，而且为保证可靠性，往往又使断路器的开断能力大于计算短路电流一个级别，总觉得采用极限分断能力不能保证安全，采用保守设计；若采用极限分断能力，肯定会降低造价、节省投资。采用断路器的极限分断能力来校验所计算的短路电流是可取的，理由如下：

① 工程设计计算电流往往偏大，实际达不到极限电流值，主要原因是在设计计算中，为方便计算，

有一些诸如忽略系统阻抗、低压母线及接头阻抗等假设；②极限分断后，往往不必立即再投入运行，因是重大事故，排除事故需要一定的时间，断路器维修与更换对生产来说应是允许的；若是重要用电设备，一旦回路故障，备用回路立即自投，不会因极限分断使断路器受损而影响工作；③断路器切除短路故障后，一般都要进行检查维护；④纯金属短路基本不存在。

因此一般情况下，断路器的使用分断能力即额定运行短路分断能力（Ics）应不小于被保护线路最大三相短路电流有效值；如有困难，至少应保证断路器的额定极限短路分断能力（Icu）不小于被保护线路最大三相短路电流有效值。如果断路器为下进线，在动触头断开、分断短路电流的过程中，电弧、金属蒸汽及游离气体不能有效地进入灭弧室而向四周喷射，使断路器内部绝缘迅速下降；而动触头及其相连的导电部件，仍处于电源全电压作用下，致使断路器内部发生单相或相间短路，引起主触头严重烧毁，因此要考虑其对断路器分断能力的影响。

4　断路器极数的确定

谈及断路器的极数，将涉及中性线 N 是否对它设极的问题，也就是是否对 N 线进行通断操作，即 N 线是否要进入断路器的极的问题。

在 TN 系统中，一般中性线 N 不宜装设保护电器，不宜将 N 线断开，不宜采用四极断路器。但有些情况需要装设四极断路器，同时切断相线和 N 线。

三相系统中，宜采用三极断路器，尤其对变电所而言，更是如此。变电所两台变压器互为备用时，若总开关采用三极断路器，联络开关也采用三极断路器，两台变压器低压中性干线无断开点，当一台变压器停电检修时，联络开关闭合，形成一套供电系统，这与单独运行无异。如果一台变压器的整个低压系统检修，母联断开，所带低压系统全部停电，因两台变压器的 N 线系统连成一体，运行中的系统 N 线所带电位会窜入停电检修系统，由于变电所低压配电室距变压器很近，变电所 N 干线对变压器中性点的电压也很小，可忽略不计，停电检修的低压系统 N 线电位与运行变电所 N 干线电位一致，不会对检修人员带来人身安全隐患。

若担心设备检修时 N 线带电，可在末端配电箱或单台设备上配备四极开关；为了不使 N 线电位对两个系统互相影响，两台变压器 N 干线通过四极联络开关，N 线随相线一起通断。对于 TN-C 或 TN-C-S 系统，由于 PEN 线不得接入任何开关电器，因此在变电所低压配电柜内所装的断路器处于电源端，应采用三极断路器。不论是 TN-S 系统，还是 TN-C、TN-C-S 系统，对居民用户，家用配电箱三相供电宜采用四极开关，单相供电宜采用双极开关。在 TN-C-S 系统中，配电末端若采用重复接地措施 N 线看成地电位，三相采用三极开关或单相采用单级开关是可行的。

有关规范规定漏电保护装置必须保证所保护的一切带电导体断开（但若确定 N 线为可靠的地电位则可例外），因此，带有接地故障保护的断路器，三相采用四极的、单相采用双极的。

当两台变压器（或两个电源）总断路器具有接地故障保护功能但又有联络断路器进行联络、互为备用时，为防止正常运行时误动作及发生接地故障时因灵敏度降低而拒动，三相电源总断路器及联络用断路器应采用四极断路器。

因此三相四线（0.4/0.23kV）电力系统中四极开关选用的一般原则为：①正常供电电源与备用发电机之间的转换开关应用四极开关；②带剩余电流动作保护的双电源转换开关应采用四极开关，在同一接地系统中，两个电源转换开关带剩余电流动作保护的其下级的电源转换开关应采用四极开关；③在两种不同接地系统间的电源切换开关应采用四极开关；④TN-C 系统严禁采用四极开关；⑤保证电源转换的功能性开关电器必须作用于所有带电导线，且必须不可能使这些电源并联，除非该装置是为这种情况而特殊设计的；在有总等电位联结的情况下，TN-S、TN-C-S 系统一般不需要设四极开关；⑥TT 系统的电源进线开关应采用四极开关；⑦IT 系统中当有中性线时应采用四极开关；⑧每幢住宅的总电源进线断路器应用四极开关。

5 结 论

合理正确地选择低压断路器的分断能力和极数，可以有效地降低造价，具有节省投资的好处；本文结合相关规范，通过对变压器低压侧短路电流简化算法、低压断路器的分断能力和极数的相关问题进行探讨，得出低压断路器分断能力和极数选择的一般原则，具有一定的实用性及经济意义。

参考文献

[1] 中国航空工业规划设计研究院．工业与民用配电设计手册［M］．北京：中国电力出版社，2005.
[2] 汤继东．中低压电气设计与电气设备成套技术［M］．北京：中国电力出版社，2009.
[3] 刘介才．工厂供电［M］．北京：机械工业出版社，2003.

浅谈工厂设备智能巡检管理系统

王其辉　李钱军　徐　刚

摘　要　随着我国水泥行业供给侧结构性改革的不断深入，转型升级向纵深转折，如何提高企业的自动化控制水平已成为目前水泥行业生存和发展亟待解决的问题。本文阐述了某水泥借助当今主流的工控信息网络技术，并结合多年自身运行与维护经验，在大型设备智能化升级改造做了新的尝试，进一步提升设备效率和劳动生产率，取得一定的综合效益。

关键词　水泥行业；工厂设备智能巡检管理系统

Introduction to intelligent inspection management system for factory equipment

Wang Qihui　Li QianJun　Xu Gang

Abstract　As the supply-side structural reform of China's cement industry continues to deepen and the transformation and upgrading turn deeper, how to improve the level of automation control of enterprises has become an urgent problem for the survival and development of the current cement industry. This paper describes a cement with the help of today's mainstream industrial control information network technology, and combined with many years of their own operation and maintenance experience, in the large equipment intelligent upgrading and transformation made a new attempt to further enhance the efficiency of equipment and labor productivity, to achieve certain comprehensive benefits.

Keywords　cement industry; plant equipment intelligent inspection management system

1　概　述

为了适应当今工矿企业“两化”融合趋势，实现企业创新发展的目标，我公司拟对某工厂实施IPMS系统应用，该系统的在线监测采用多模式交互概念，利用新增传感器、视频监控取代员工大部分日常工作，创新点检模式，将以往通过看、听、闻、摸人工巡检方式由智能检测元件输送到IPMS系统界面，用更直观的数据图文形式展现。系统功能中设有可填写保存的设备基本信息、备件目录、维修派单等，管理上将维修、维护合并，既发挥了人员上的规模效率，也减少了大量的纸质办公，降低风险的同时提高了整体效率。通过该系统的实施，逐步实现了设备管理信息化、组织结构扁平化。

系统需采集的信号种类有：温度、振动、压力、液位、行程、噪声、电流、烟感、防堵等，分布区域为调配、原料、窑尾、窑头、发电等。

2 系统的主要作用及功能

IPMS系统包括九大功能，具体如下：

（1）在线监测：安装测温、测振、压力、液位等传感器857处，实时采集现场传感器数据，实现设备运行状况实时监测、历史趋势的记录查询。通过数据记录各监测点的动态报警、停机统计等功能，提升设备运行状态的可追溯性。

（2）主机智能判断：实时报警、趋势分析及故障诊断等功能。对13台主机设备冲击参数进行频谱分析、故障诊断，预知齿轮、轴承的疲劳或损坏情况。

（3）设备台账管理：包括设备浏览、设备分析、设备台账及采集点四大模块，将设备信息进行分类管理。记录了515台主要设备生命周期内所有维修及维护情况，方便设备各运行参数的查询。

（4）设备信息查询：以设备为核心，将设备与其所用备件信息进行关联，通过对设备基础信息的检索，可实时、便捷地查询该设备的各类备件相关信息。

（5）视频监控：在关键设备、物料通道、安全管理的关键场所安装63套摄像头，将视频信号整合到系统中，既可以实时点播也可以实现整屏循环播放。

（6）检修管理：待修隐患、维护工单、在修设备、已修设备、检修计划及工作日志。过程中形成检修闭环。

（7）润滑管理：录入21类润滑油品和7类润滑油脂的台账、润滑卡片机润滑点4416处。系统通过录入数据对润滑周期和润滑记录的时间差进行判断，实现设备润滑的提前预警，保证了设备润滑的“五定”，使润滑管理受控。

（8）运行统计：按照设备的运行状态，分别以周、月和年为单位建立设备运行时间统计，实现设备运行周期监控，为设备的运转率、维修周期和备件使用周期奠定了基础。

（9）手机客户端：设备信息查询、维修工单处理、巡检记录录入、报警信息查询等。通过设备报警趋势查看、运行率统计及故障处理意见等，即能快捷、直观地看到设备运行情况。

3 采集系统配置原则

（1）尽量减少对主生产线以及发电系统正常生产的影响，主厂区配置一套专门的智能监测采集控制站。

（2）采用Profibus DP现场总线技术，测温变送器尽量集成在数据采集器中，减少现场测点安装的施工材料及电缆敷设的工作量，缩短施工时间。

（3）个别现场开关量及电力室新增的变压器油温、烟感等信号，就近接入附近DCS系统。

（4）现场测温、测振测点采用标准通用PT100及测振探头，压力变送器及测振变送器采用通用4～20mA变送器，便于后期维护和更换。

4 采集系统配置方案

本采集系统利用现有DCS系统平台，扩展独立的控制站，对主生产线的现场监控仪表测点数据进行采集处理；拟在A线及B线窑尾站（厂区中心位置）增设智能监控采集控制站，采用光缆，分别向原料、窑尾、窑头及发电区域设置4条Profibus DP总线，连接现场数据采集器、堆场部分测点，就近从原料调配站增设1条Profibus DP总线，对现场监控数据进行采集，见图1和图2。

数据采集器采用Profibus DP协议与DCS控制器进行通信，每个数据采集器作为1个DP从站，占用1个DP地址，每个数据采集器采集4路检测信号，按照类型可分为温度数据采集器和通用4～20mA模拟量数据采集器两种类型。其中温度数据采集器输入PT100信号，模拟量数据采集器要求具有四线制及带有两线制变送器供电可选功能。

每条总线数据采集器数量控制在100个以内，每20个采集器配置一台中继器，每段以电缆传输的DP总线长不超过300m，若超过，增加OLM，用光缆进行传输。

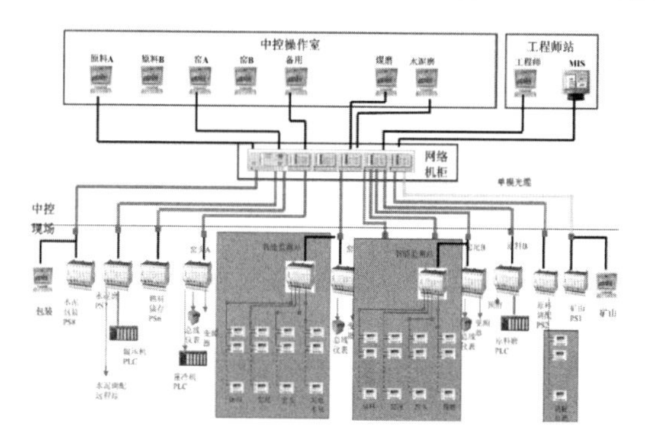

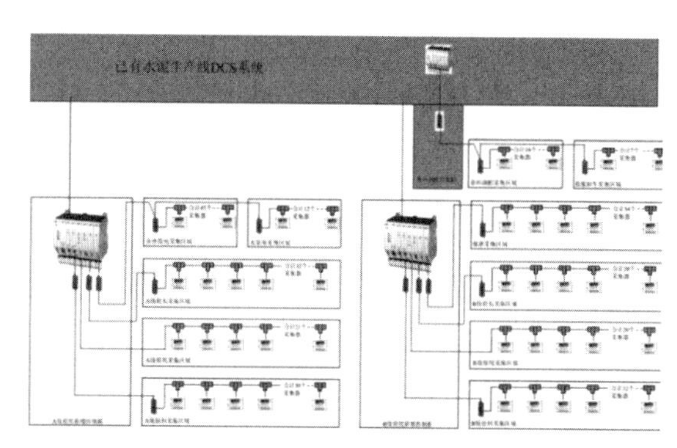

图1　现场数据采集系统

图2　现场采集设备网络

5　采集系统设备配置清单

序号	设备名称	规格型号	数量
1	测温端面热电阻		506
2	测温电阻		95
3	热电偶		5
4	水位计		5
5	油位计		132
6	测振探头		145
7	分贝仪		2
8	位移传感器		6
9	压力变送器		107
10	电流变送器		32
11	振动变送器		145
12	4路温度采集器		150
13	4路模拟量采集器		125
14	Profibus DP中继器		12
15	Profibus DP有源终端		10
16	Profibus光电转换器		16
17	Profibus DP电缆		2000
18	Profibus DP接头		50

续表

序号	设备名称	规格型号	数量
19	PM803F	控制器主单元（CPU），16MB	2
20	SA811F	控制器冗余电源模板	2
21	EI813F	控制器以太网模板（10Base-T）	2
22	FI830F	Profibus 通信模板	9
23	AM895F	空前面板（4 块）	1
24	SB808F	电池	2
25	TK807F	电源电缆（用于 SA811F，2M）	2
26	CI801	Profibus 通信模件	4
27	DI810	数字输入模件，24VDC	15
28	DO810	数字输出模件，16 通道，24VDC	0
29	AI810	模拟量输入模件，8 通道，0/4…20mA	10
30	AI830	模拟量输入模件，8 通道，RTD	4
31	AI835	模拟量输入模件，(7+1 通道)，TC	1
32	AO810	模拟量输出模件，8 通道，0/4…20mA	0
33	TU830	模件接线端子，24VDC，扩展	15
34	TU810	模件接线端子，24VDC	12
35	中间继电器		240
36	控制机柜		2
37	CBF V9.1 授权扩充	2 个控制器 1000 点	1
38	光缆及附件		2000

6 结束语

生产组织中 IPMS 系统以远程网络、数据处理及智能监测与诊断为基础，对设备进行全生命周期的在线管理，解决现场设备信息孤岛问题，切实提高了生产线设备巡检效率及监控质量，减少了巡检人员劳动强度，方便了技术人员掌握设备运行动态，提高设备隐患的预知和判断能力，使得“人-网络-设备（物）”高效有序结合，实现了“设备巡检智能化、维护维修可控化”，为后续整个工厂的全面的智能管理物联网平台组建创造坚实的基础。

参考文献

[1] 中国航空工业规划设计研究总院有限公司. 工业与民用供配电设计手册［M］.4 版 . 北京：中国电力出版社，2016.

老挝 KCL1 项目电气设计总结分析

文　翔　刘荣春　施其元

摘　要　KCL1 项目是海螺设计院承接的第二个国际总承包项目，该项目为泰国 SCG 集团在老挝甘蒙省投资建设的一条日产 5000t 熟料水泥生产线及配套余热发电工程。本文从电气设计的角度，对电气设计的方案、难点进行了总结评价及分析，同时对其不足之处提出了改进建议。

关键词　KCL1；电气；设计方案；设计难点

Summary and analysis of electrical design of Laos KCL1 project

Wen Xiang　Liu Rongchun　Shi Qiyuan

Abstract　The KCL1 project is the second international EPC project undertaken by ACDI. This project, invested by Thailand SCG Group in Khammouane Province, Laos. , is a 5000t/d clinker cement production line with waste heat power generation. From the point of electrical design, this article summarizes, evaluates and analyzes the schemes of electrical design and difficult points, and puts forward suggestions for improvement.

Keywords　KCL1; electrical; design scheme; design difficulty

1　电气设计条件

结合总包合同要求，KCL1 项目相关电气设计条件见表 1。

表 1　电气设计条件

内容		设计值
进线电源电压		115kV/50Hz
中压电压等级	中压配电	6.9kV
	中压电动机	6.6kV
低压电压等级	低压配电	400/230V
	低压电动机	380V
直流电压等级	直流操作电源	110V
COM 电压等级	COM 电压	DC24V

续表

内容		设计值
照明电压等级	照明	380/220V
	检修照明	DC24V

2 设计方案及评价

本项目在设计人员共同努力以及各部门的配合和帮助下，最终通过项目实施过程的检验和投产后的验证，该项目各项电气设计方案基本符合合同要求。

2.1 供电电源

本项目在厂区内西北角位置设置一座户外开关站（图 1），其电源引自上级 Mahaxay 变电站，1 路 115kV 架空线引入。开关站预留二期接口，同时预留远期场地。

在厂区内熟料库北侧设置总降压变电站（图 2），供电电源采用一路 76/132kV 高压电缆引入至 GIS，GIS 为一进两出回路；总降设置 2 台 31500kV·A 电力变压器（本工程装机负荷约 67000kW，计算负荷约 43000kW），将 115kV 电压变为 6.9kV，分别接两段 6.9kV 母线，其中一段负荷主要为熟料烧成系统（余热发电并网段），二段负荷为水泥粉磨系统，两段之间设置母线联络；变压器接线组别为 YNyn0+d，变压器 6.9kV 侧采用电阻（40Ω 金属电阻）接地；6.9kV 配电系统采用放射式向各车间配电。

根据合同要求以及经计算，在总降附近设置了一台 6.6kV、1500kV·A 的应急柴油发电机，接入总降 6.9kV 母线，满足一级负荷的需要。

评价：

① 开关站按近期两期工程配置，预留二期接口，同时预留远期四期工程场地；

② 供电方案比较合理，窑系统和水泥磨分两段配电，供电可靠性提高；

③ 应急柴油发电机采用 6.6kV 接入总降中压母线，供电灵活性较好；

④ 应急柴油发电机靠近总降布置，线路压降较小。

图 1　开关站

图 2　总降压站

2.2 供配电系统

2.2.1 电力室设置

根据电力室设置的一般原则和合同要求，含总降在内全厂共设置了 15 个电力室，详见表 2。

表 2　电气室设置原则

序号	代号	名称	布置位置	供电范围
1	SS1	总降压站	熟料库北侧	为全厂各车间电力室和车间变压器供电
2	SS2	柴油机房电力室	总降附近	柴油发电机及其并网柜
3	SS3.1	石灰石破碎电力室	石灰石破碎车间附近	为石灰石破碎及输送设备供电
4	SS3.2	石灰石储存电力室	石灰石预均化堆场附近	为石灰石预均化堆场及石灰石输送设备供电
5	SS3	辅料破碎电力室	辅料破碎车间旁边	为辅料破碎及输送及其上下游设备供电
6	SS4	水处理电力室	水处理车间旁	为水处理设备供电
7	SS5	原料粉磨电力室	原料磨车间旁	为原料配料库底、原料磨、生料均化库顶等设备供电
8	SS6.1/SS6.2	窑及熟料冷却系统电力室	大窑北侧	为窑尾废气处理、生料均化库底，预热器，烧成窑中，熟料冷却、熟料库顶等设备供电
9	SS7	煤磨电力室	煤磨车间旁	为煤磨及煤堆场出料等设备供电
10	SS7.1	原煤卸车电力室	原煤卸车车间旁	为原煤卸车、煤堆场进料等设备供电
11	SS8	石膏破碎电力室	水泥调配仓附近	为石膏破碎、熟料库出料至仓顶等设备供电
12	SS9	水泥粉磨电力室	水泥磨车间旁	为调配仓底、水泥磨、水泥库顶等设备供电
13	SS10			
14	SS11	包装电力室	包装车间旁	为包装、水泥库底等设备供电
15	SS12	余热发电电力室	余热发电 TG 厂房内	为 TG 厂房、冷却塔、PH 及 AQC 锅炉等设备供电

关于电力室的一些做法要求：

① 电力室接近负荷中心，独立设置，根据合同要求不允许设置在建筑物或构筑物下方；

② 主体车间电力室采用框架结构；总降及中压柜数量大于 1 的电力室为两层结构，一层为电缆夹层（层高为 2600mm），二层为设备布置层；中压柜数量等于 1 的电力室为一层结构，室内设置电缆沟；

③ 所有电力室设备布置层设置门斗，防止灰尘进入；

④ 变压器油池采用全封闭的结构，油池的容积应为变压器油体积的 3 倍以上，变压器室油池旁边设置供电缆敷设的电缆沟；

⑤ DCS 柜单独布置在一个房间；

⑥ 电力室检修大门外按合同要求增设防火卷闸门；

⑦ 电力室内隔间 1.2m 以下采用砖墙，1.2m 以上采用玻璃隔墙。

下面以窑系统电力室布置图（图 3、图 4）为例：

图 3　窑系统电力室照片

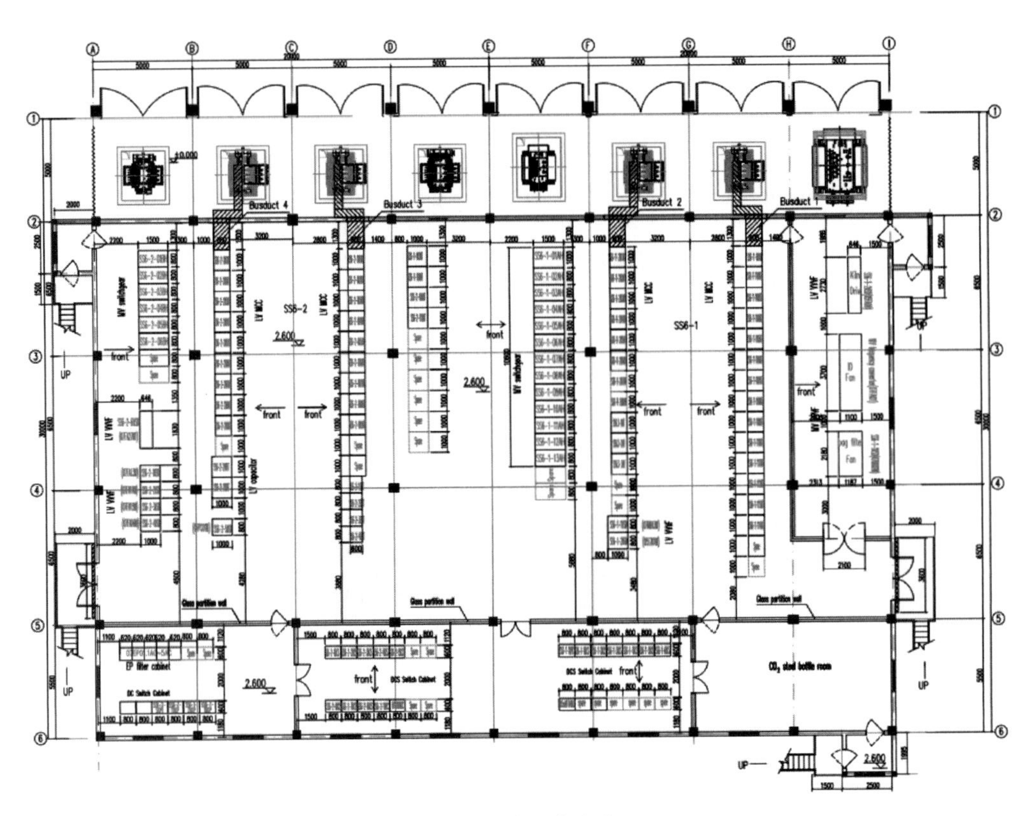

图 4　窑系统电力室布置

评价：

① 总降 GIS 采用室内布置，主变压器上方设置钢屋架，有效防止日晒雨淋，提高设备使用寿命；

② 电力室的布置合理、宽敞，接近负荷中心设置，提高了配电质量；

③ 设置电缆夹层，电缆散热空间大，通风效果较好；

④ 设置检修跨，隔墙 1.2m 以上设置玻璃隔墙等措施利于巡检和设备维护；

⑤ 相较于常规项目，窑及原料磨电力室脱开车间独立设置增大了电缆的使用量，虽增加了初期投资但从长远来看利于运行并降低火灾危害性。

2.2.2　车间配电及电力拖动

石灰石破碎电力室（SS3.1）和石灰石储存电力室（SS3.2）由辅料破碎电力室（SS3）配电，原煤卸车电力室（SS7.1）由煤磨电力室（SS7）配电，其他车间电力室均由总降配电，配电级数不超过两级；各电力室以放射式向相应的车间中压电机和配电变压器供电，最后由各电力室低压柜向各车间低压设备供电。

200kW 以下定速电机电压等级为 380V；200kW 及以上的定速电机电压等级为 6.6kV；350kW 以下变频电机电压等级为 380V；350kW（含）至 1000kW 变频电机电压等级为 660V；1000kW 及以上变频电机电压等级为 6.6kV。

400kW 及以上绕线式电机采用水电阻启动；160kW 及以上普通低压电机采用软启动；22kW 及以上的输送设备电机不配置液耦，需要软启动；需要调速的电机采用变频电机。

2.2.3　无功补偿

根据合同要求，总降中压母线与各电力室低压母线功率因数不小于 0.95。

无功补偿采用高压补偿和低压补偿相结合、集中补偿和就地补偿相结合的补偿方式；总降高压补偿采用自动补偿、车间大功率电机采用就地补偿、配电变压器低压侧采用自动补偿。

2.2.4　电能计量

根据合同要求，在115kV侧进行计量，计量装置采用兰吉尔电度表；按照性能测试中工序划分子项，设置相应的计量。

低压配电系统需考虑工序计量，应尽可能地按照合同中的工序电耗考核进行配电设计；辅料破碎等电力室有多个工序布置在一起，需要分开组柜并单独设置计量。中压柜选用带有标准电流信号输出的智能数字电能表计，以满足计算机网络通信和统计需要的条件。

评价：车间配电系统、电机拖动、无功补偿、电能计量等按合同要求配置，符合要求并通过业主验收。

2.3　配电线路

根据业主要求，结合该项目所在地常年高温，季节性潮湿、多雨的特点，室外电气通道以电缆隧道为主，部分线路采用桥架架空敷设；电力室和车间室内配电线路主要采用桥架、电缆沟相结合的敷设方式。

电缆隧道设有集水井，集水井设置间距在100m左右，局部地区根据布置的分岔及地形情况适当增加集水井设置，井内排水泵采用浮球控制自动排水。

电缆隧道通风采用无动力通风装置，设置间隔为50m左右，有效确保隧道内环境不会过于湿热。

电缆穿墙、穿楼面等处，均采用防火堵料等进行封堵，且洞口两侧1.5m范围内电缆均刷防火涂料。

评价：

① 配电线路整体方案合理，且充分考虑了后期项目敷设空间；部分电缆采用桥架架空敷设，减少了工程投资；

② 应业主要求，电缆隧道尺寸较常规项目更大，利于巡检、通行和通风散热。

2.4　控制及保护系统

2.4.1　控制系统

本项目为中控优先的控制思想，现场开机需要中控授权。

部分现场设备至DCS系统的反馈及控制信号采用总线通信方式，不采用点对点方式，如水泥磨辊压机、原料磨主减速机油站、重油系统等。

生产线DCS集散控制系统采用ABB AC800×A；中央控制室设有工程师站和操作站，现场电力室设有控制站；现场不设“中控/现场”选择开关，选择开关设置在DCS；现场设置启停开关和急停开关。

2.4.2　继电保护

继电保护根据合同要求设置。

115kV 进线：线路差动保护、电流速断保护和带时限过流保护、接地保护、低电压/过电压保护、频率保护、逆功率保护。

115kV 主变压器：纵联差动保护、高压侧电流速断保护和带时限过电流保护、高压侧接地保护、高压侧过负荷保护、高压侧低电压/过电压保护、低压侧电流速断保护和带时限过电流保护、低压侧接地保护、低压侧过负荷保护、低压侧低电压/过电压保护、瓦斯保护、温度保护。

6.6/0.4kV 变压器：电流速断保护和带时限过电流保护、接地保护、瓦斯保护、温度保护。

6.6kV 线路：电流速断保护和带时限过流保护、热过负荷保护、接地保护、低电压保护、过电压保护。

6.6kV 电动机：电流速断保护和带时限过流保护、接地保护、负序过流保护、热过负荷保护；功率大于 2000kW 增加差动保护。

评价：

① 通过项目投产运行效果看，现场的控制及操作比较合理，技术先进、性能可靠，实现了对整个生产线的集中操作、监视、管理，分散控制，满足现场生产操作需要；

② 部分现场设备至 DCS 系统的反馈及控制信号采用总线通信方式，既节约了电缆、桥架，又减少了工作量；

③ 从试生产阶段及后续运行来看，继电保护和其他保护性能可靠。

2.5 照明系统

采用 TN-S 系统供电；控制方式分为手动控制、光时控制（为业主预留时控接口）两种方式，其中电力室、配件间、局控室、电缆隧道及纸袋库等车间照明采用手动控制，其他车间及道路照明采用光时控制。

各车间和建筑物在合适位置设置照明配电箱，电源分别引自相应的电力室。车间照明采用均匀照明和局部照明相结合的方式，以均匀照明为主、局部照明为辅；车间照明灯具主要采用金卤灯。

电力室及车间内危险场所设置应急照明，煤粉制备、重油系统等采用防爆灯具，检修照明采用 24V 安全电压。

评价：

① 车间照明采用光控，电力室照明采用翘板开关控制，均不需要人为去操作断路器，杜绝触电风险；

② 灯具选型及布置合理，照度满足现场操作、办公要求。

2.6 防雷及接地系统

厂区建筑物均按二类防雷建筑物进行设计，防雷接地电阻值要求为 5Ω。

一般建筑物利用屋顶金属屋面和钢栏杆作为接闪器，部分建筑如电力室等在顶部设置避雷网；$50mm^2$ 裸铜绞线作引下线，利用 $95mm^2$ 裸铜绞线环绕构筑物作为环形水平接地体。

接地系统分为动力接地、变频设备接地、自动化设备接地、计算机接地等 4 个接地系统，各系统均设置一个接地铜排，所有接地铜排采用绝缘铜导线与室外接地装置连接。电收尘接地单独设置。

6.6kV 系统为电阻接地系统，400/230V 系统为 TN-S 接地系统。

评价：

① 按合同要求配置，实测接地电阻均能满足设计及规范要求；

② 调试过程中，发现窑系统存在感应电干扰情况，后将窑系统电力室变频接地分开单独设置以满足调试及运行需要。

2.7 自动化仪表设计

现场仪表除了常规设置的仪表外，部分设备增加了许多测点，如所有旋转的输送设备都设置了速度开关，90～159kW 电机需测量一相绕组温度，160kW 及以上电机需测量分别三相绕组温度与轴承温度，700kW 及以上电机的温度需同时在现场仪表显示，700kW 及以上电机需设置振动检测，所有的仓或库等都要设置料位开关等。

现场温度信号采用温度变送器转换成 4～20mA 至 DCS，温度变送器在现场保护箱内集中设置。

评价：

① 现场仪表均按合同要求设置，符合业主要求的同时满足操作需要；

② 在现场集中设置温度变送器箱，解决了信号转换问题，同时减少了大量计算机电缆。

2.8 安全、人性化设计

(1) 安全方面的设计主要体现如下：

① 中压柜、低压柜回路都设置了上锁装置，防止检修时误送电；

② 现场紧停按钮设置了上锁装置，防止检修时有人误合闸而开机；

③ 所有电气装置不带电的外壳都接地，防止触电；

④ 所有照明配电箱、检修电源箱等都设置了漏电保护装置，防止触电；

⑤ 主机区域设置 24V 检修电源箱，确保检修用电安全；

⑥ 现场按钮盒、控制箱等设置防雨罩，现场控制柜单独制作防雨设施；

⑦ 车间变压器油池设置格栅和储油坑，可以定期检查去油，减少火灾危险；

⑧ 不同电压等级及不同类型的电缆护套进行颜色区分，巡检及检修时做到一目了然；

⑨ 现场接线存在转接时采用接线盒过渡，不直接绞接在一起，利于后期检修及其检修安全；

⑩ 煤粉制备、油库等车间灯具采用防爆灯具，线路采用阻燃线路，防止火灾发生；

⑪ 煤粉制备等车间桥架采用立放，有效地减少煤粉聚集，减少火灾的危险；

⑫ 防雷接地系统的设置高于规范要求，更好地保护人身及设备安全；

⑬ 照明系统设置了应急照明和疏散照明；

⑭ 在中控室、纸袋库、煤磨车间等设置了火灾自动报警系统，其他电力室空调设计预留了与业主消防系统的联动接口。

(2) 人性化方面的设计主要体现如下：

① 厂区电缆隧道、地坑集水井排水都设置自动排水装置；

② 电力室设置门斗，减少灰尘进入；

③ 电力室设电缆架空层，一方面方便后期运行维护，另一方面也使得电缆的散热空间更大；

④ 电力室设单独的设备检修空间和进出通道，既利于前期施工，也利于后期维护；

⑤ 电缆隧道交叉点设置沉降点便于巡检人员通行；

⑥ 电力室设置空调，降低室内温度，提升作业环境，延长设备使用寿命；

⑦ 电力室内中、低压柜，DCS 柜等均预留了 2 台备用柜位置，方便将来的技改或扩建；

⑧ 总降后台与中控进行通信，方便 CCR 监视总降设备运行情况，总降可实现无人值守。

3 设计难点及应对措施

本项目为总包项目，设计必须符合合同要求，同时确保运行的安全可靠。总包合同及相关纪要中对设备控制原理的特殊要求、需要达到的特殊功能，以及 SB1 项目执行过程中多次遇到的干扰问题等，这些都是本项目在执行过程中需要面对和解决的难点问题。

3.1 抗干扰问题

针对 SB1 项目出现的干扰问题，本项目从以下方面针对性地做出了修改：

（1）合理设置接地系统；电缆布线时不同电压等级电缆分层布置，布置在同一层时在桥架中增加隔板；电气柜采用符合标准的结构形式，合理布置不同功能的小室，避免出现柜内的干扰等。

（2）现场保护信号（如速度、料位等）不通过低压柜转接，直接接入 DCS 系统，DCS 系统信号模块均采用直流电源，抗干扰能力强。

（3）DCS 的驱动信号采用有源驱动，确保控制系统中 AC220V 和 DC24V 电源完全分开，避免出现干扰的情况。

（4）接入 DCS 的电缆或其他设备的保护信号电缆均采用屏蔽电缆，进一步增强线路敷设时的抗干扰能力。

3.2 控制原理非常规

本项目控制原理采用中控优先的控制方式，所有回路 COM 电源取自 DCS，设备在现场驱动必须得到中控授权，运行有问题时中控和现场均能停止设备。区别于 SB1 项目的是本项目二次控制回路中只有急停按钮，没有启动按钮，启停按钮设置于 DCS 信号回路中，作为信号回路的一部分而不能直接参与控制。

本次原理图（图 5）的设计采用了带模拟量输出的表计，可以直接将电流信号送至 DCS，不用另外配置电流变送器；由于合同要求现场信号直接进 DCS，原理图设计时针对皮带机和斗提两种现场保护信号较多的设备设计了中间接线盒，将现场信号全部接到中间接线盒汇总之后再接入 DCS 系统，减少了电缆的使用量。

3.3 全厂急停功能的实现

总包合同要求实现一种急停功能，此功能使得中控室（或局控室）操作人员在紧急或特殊情况下能在中控室（或局控室）直接操作跳停某一区域的设备。

为了实现此功能，本项目全新设计了两套急停装置，其中一套用于每面 DCS 柜的 DO 点电源，紧急情况下可以断开 DO 点驱动电源，停止运行其控制的现场回路（需协调自动化所在 DCS 柜中预留急停接口）；另一套用于总降的各个馈线柜，紧急情况下可以单独切断某个电力室的电源，通过断电使得该电力室下所有由其配电的设备停止运行。两套急停装置一个从二次控制层面，一个从一次配电层面，互相配合，完美达到了业主合同要求。急停控制原理图如图 6 所示。

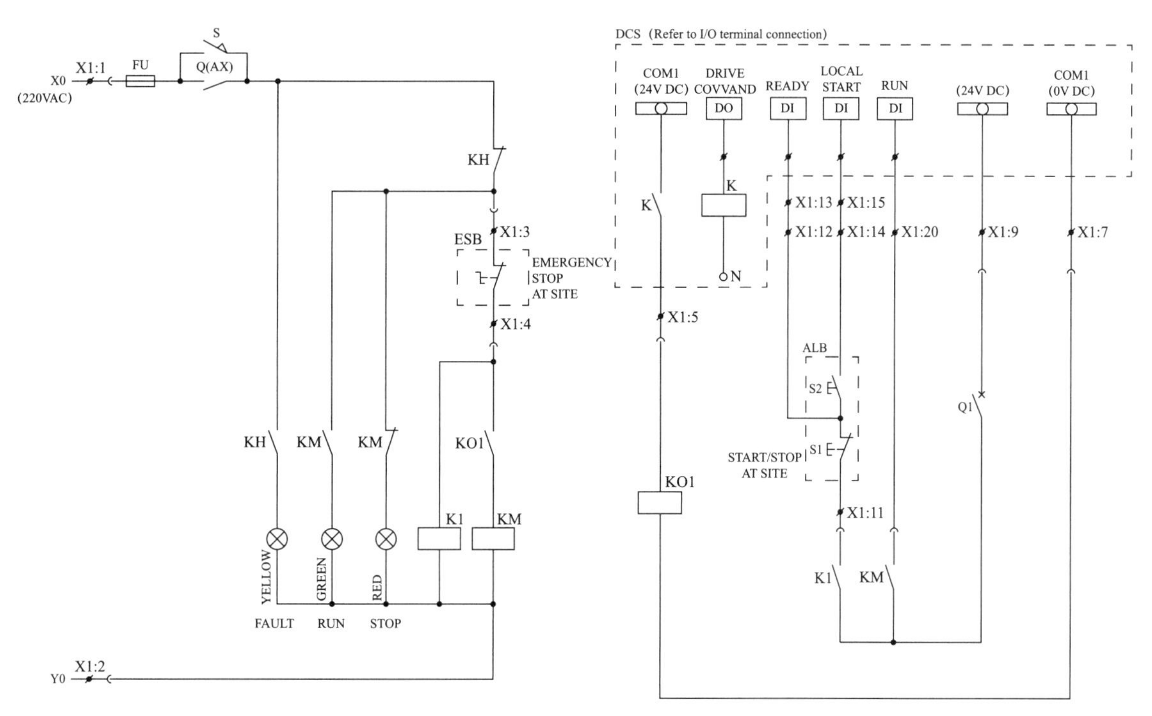

图 5　电机二次控制原理图

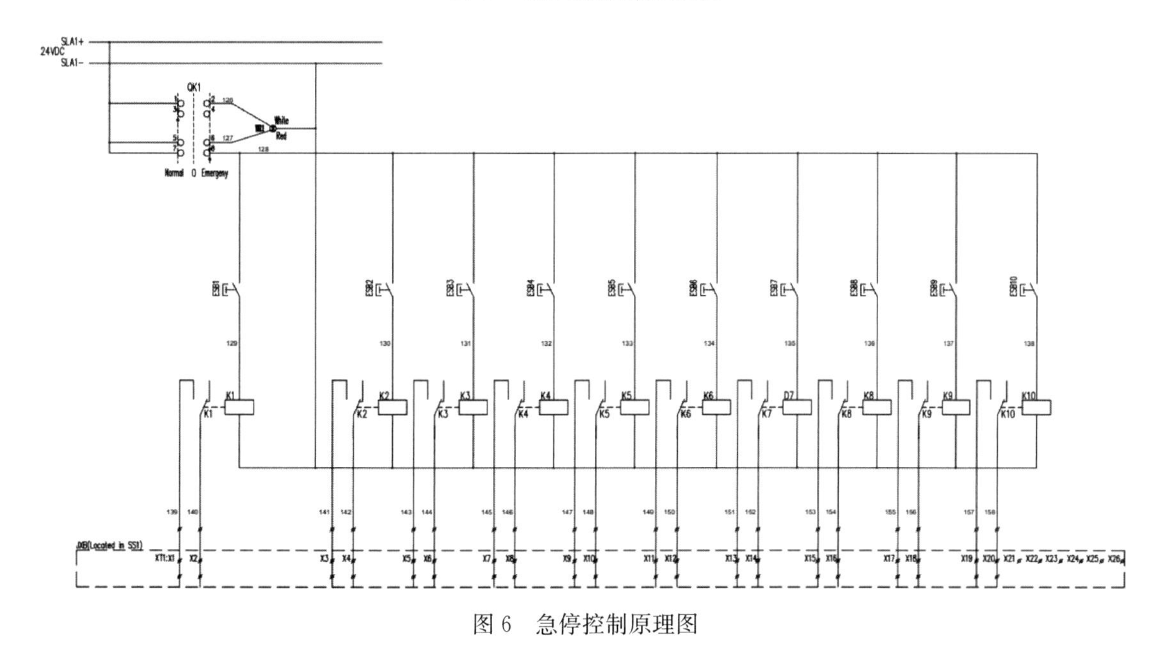

图 6　急停控制原理图

4　设计不足及改进建议

4.1　供配电系统

配电系统设计时未对照总包合同关于性能考核方面的条款，设备在低压柜上的排布未完全按照条款要求进行，造成性能考核时需要卡表的设备回路过多，操作烦琐。虽然对最终考核结果无影响，但后续总包项目设计时应引以为戒，前期工作做细致，从而方便后期性能考核工作的进行。

4.2　车间配电及线路

（1）余热发电低压母联母线桥与桥架安装空间受限，设计时未对竖向空间进行核实，如土建梁高、电气柜高度、母线桥高度、桥架安装空间等，导致现场按图施工时空间不足。由于母线桥安装空间无法变动，现场对桥架走向进行了调整。

（2）石膏破碎电力室内电缆沟桥架设计不够，电缆积压。

（3）水泥库底设备流程较为混乱，造成DCS编程测试进展缓慢，修改量较大。主要表现为电气流程图与动力布置图不对应；工艺流程图与工艺布置图不对应；动力布置图与工艺流程图不对应。现场核实实际设备安装情况后，按现场设备编号重新梳理流程，DCS按现场核实的流程图重新梳理调整程序，相关专业图纸也在竣工图时进行修改。

后续设计应加强细节方面的处理，结合工艺、土建等上游专业图纸细化安装图；仔细梳理流程图与布置图，及时发现上游专业与本专业的图纸问题，将问题解决在设计阶段而不是将问题留给现场。

4.3　照明系统

应急照明灯具插头与插座标准不统一：插座按要求设计为泰国标准，应急灯具在国内采购，灯具带的插头采用的是中国标准，导致插头与插座不匹配，设计与采购均忽略了这一问题。最终通过现场采购一批转换插头解决了此问题。后续设计应举一反三，加强对关联使用的元器件或设备的敏感性，做到全面、无误差。

4.4　设备资料转化

（1）原煤液压油站控制柜及操作台移位问题

厂家资料中液压油站控制柜及操作台放置在液压站旁边的操作室内，设计放在原煤卸车局控室内。

液压油站的相关电缆由厂家配套提供，位置更改后未要求厂家按设计位置提供电缆，导致现场长度不够。

最终按厂家现场服务人员要求将控制柜及操作台移至操作室内安装，同时在操作室内配置了空调。

（2）CP篦冷机驱动回路电压等级问题

CP要求DCS的驱动回路电源为AC230V，经实地查看到货的SCP1和SCP2柜内配置的继电器线圈亦均为AC230V。现场到货照片如图7所示。

图7　现场到货照片

合同要求所有进出 DCS 的信号均为 DC24V。见图 8。

5 Control Voltage	
- For 115kV, MV Switchgear	110 Vdc, from battery charger panel
- For MDB/MCC	220 Vac, with miniature circuit breaker for short-circuit protection in individual MCC module.
- For Solenoid Valve	220 Vac or 24 Vdc, from IO cabinet with fuse protection
- For Power Supply to DCS and IO System	220 Vac main source from UPS with fuse or circuit breaker protection
- Input/output Signal of DCS, PLC' s Card	24 Vdc
- Power Supply to Instrument	Power Supply to instrument - 24Vdc or 220Vac for 4 wires instrument (separated power supply from signals) - 24Vdc for 2 wires or 3 wires instrument

图 8　合同条款要求

设计者在设备返查及设计出图阶段均未发现此问题，调试时发现此问题后由厂家及时补发一批 DC24V 继电器才使得调试工作顺利进行。

后续设计人员在返查设备资料时应更加仔细，细节部分需核对合同条款，设计必须满足设备安装调试要求，如有优化修改也应该及时通知厂家配合对设备及供货材料等做出相应修改。

5　结束语

本项目于 2016 年 1 月完成全部电气施工图设计，户外开关站 2016 年 9 月 21 日送电成功，总降 2016 年 9 月 22 日受电成功，大窑 2016 年 11 月 7 日一次性点火成功，整体进度受控并通过了业主的考核验收。该项目的成功执行考验和锻炼了一批电气设计人员，拓宽了我们的设计视野，丰富了我们的设计阅历，也为我院完成了一次技术积累，为我院迎接下一个项目打下了更加扎实的基础。

参考文献

[1] 水泥工厂设计规范：GB 50295—2016 [S]．北京：中国计划出版社，2016.
[2] 20kV 及以下变电所设计规范：GB 50053—2013 [S]．北京：中国计划出版社，2013.
[3] 供配电系统设计规范：GB 50052—2009 [S]．北京：中国计划出版社，2009.
[4] 建筑照明设计标准：GB 50034—2013 [S]．北京：中国建筑工业出版社，2013.
[5] 建筑物防雷设计规范：GB 50057—2010 [S]．北京：中国计划出版社，2010.

水泥工厂智能物流系统设计

张妮娜　陈佩文　杨浩东

摘　要　水泥行业正面临严重的产能过剩，传统生产模式已无法满足工业 4.0 的发展需求，水泥产业必然要逐步转型实现生产自动化。本文结合工程实例，主要从水泥发散系统和无人值守称重系统如何实现集中控制等问题进行探讨。

关键词　工业 4.0；水泥发散集中控制；无人值守称重系统智能控制

Design of intelligent logistics system for cement plant

Zhang Nina　Chen Peiwen　Yang Haodong

Abstract　The cement industry is facing serious overcapacity, and the traditional production mode has been unable to meet the development needs of industry 4.0. The cement industry is bound to gradually transform and realize production automation. Combined with engineering examples, this paper mainly discusses how to realize centralized control of cement divergence system and unattended weighing system.

Keywords　industry 4.0; cement divergence centralized control; unattended weighing system intelligent control

1　引　言

由国务院总理李克强与德国总理默克尔共同主持的第三轮中德政府磋商会议上，中德双方发表《中德合作行动纲要：共塑创新》。多达 110 条的《中德合作行动纲要》涵盖了政治、经济、文化、农业、工业、文明等诸多内容，而“工业 4.0”的内容则颇为引人瞩目。何为“工业 4.0”？德国学术界和产业界认为，“工业 4.0”概念即是以智能制造为主导的第四次工业革命，是一种革命性的生产方法。

当前国内水泥企业基本上已经引入了 DCS 自动化控制系统，但仅仅是实现了一种初级的工业自动化，系统的优化集成能力与世界先进水平相比差距明显，挖掘潜力十分巨大。本文就目前新建项目如何实现水泥集中发散控制和无人值守称重系统两个方面进行探讨。

2　水泥集中发散控制系统

2.1　水泥集中发散系统的设计思路

以海螺 NT 为例，整个发散过程以“分散控制、集中操作、视频监控、语音调度”的原则划分为四个部分，对水泥散装自动化控制进行规划和实施。

一是现场增加一套 DCS 系统，将各水泥库发散头、下料阀、风机等设备信号接入系统进行集中控制。

二是通过在散装库安装摄像头将散装的视频画面传送至集中控制室，通过喇叭将发散信息传递给驾驶员，从而实现操作人员视频监控和语音调度功能。

三是通过在每个库底设置 IC 卡读卡装置，将水泥发散品种等信息输入匹配，实现插卡取电功能。

四是在每个发散头上增加料位检测开关和振动电机，实现所有发散库自动装料功能。

通过这四个部分的有机结合，实现了水泥集中发散全过程监控和自动控制，从而提高了发散效率，优化了岗位用工，改善了工作环境。考虑到实施的标准化，操作站、监控电脑及液晶电视控的视频信号汇总、采集、处理放置于包装电力室的局控室内。

2.2　水泥集中发散系统

2.2.1　DCS 中控系统

将水泥发散系统（水泥库散装头、下料阀、罗茨风机、收尘器等设备）操作信号接入包装系统，实现发散系统设备远程控制和机旁控制两种模式。

2.2.2　视频监控和语音调度系统

每个散装库附近对准散装头的位置安装一个可夜视的摄像头来实现发散实时监控，将水泥发散实时图像传送至控制室内，全面监视散装车的发散过程。在控制室内设置语音功放系统，现场每个散装头罐车驾驶室侧安装 1 个喇叭，通过控制室麦克风并选择相应的按钮将语音输出至现场喇叭，从而实现操作人员对现场发运车辆语音调度。发散操作室配视频操作电脑 1 台、43 寸液晶电视 1 台（或 2 台 22 寸监视器），用于对每个发散头及车辆进行全过程监控。水泥集中发散控制室操作场景如图 1 所示。

图 1　水泥集中发散控制室操作场景

2.2.3　IC 卡系统

通过在每个发散库底设置 IC 卡读卡器和通道指示等，当司机将发货卡插入相应的卡槽内，相应的散装下料画面上设备就会显示“IC 卡投入”信号，此时才能进行操作，同时将状态信号驱动现场库上指示灯，方便司机快速辨认发运库的发运状态，从而实现工控系统和销发系统有效结合。IC 卡刷卡发货如图 2 所示。

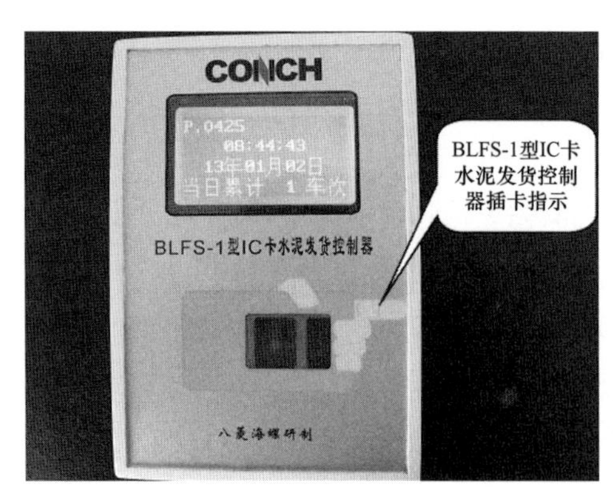

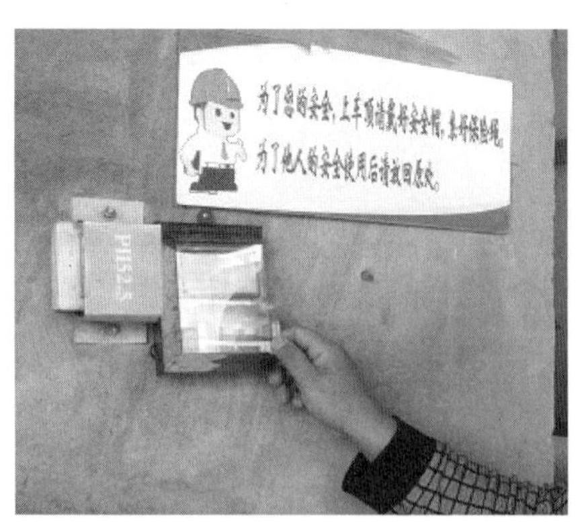

图 2 IC 卡刷卡发货

2.2.4 料位控制系统

在散装头上增加压力式料位开关和振动电机，当水泥散装车装满时料位开关动作，自动联锁控制下料的气动阀关闭，实现了水泥散装车装满时能够及时自动止料；每车水泥装载完毕 15s 后自动启动振动器 1min（时间程序可调），清理干净发散头上积存的水泥，方可进行提升发散头操作，防止产生扬尘。料位控制装置如图 3 所示。

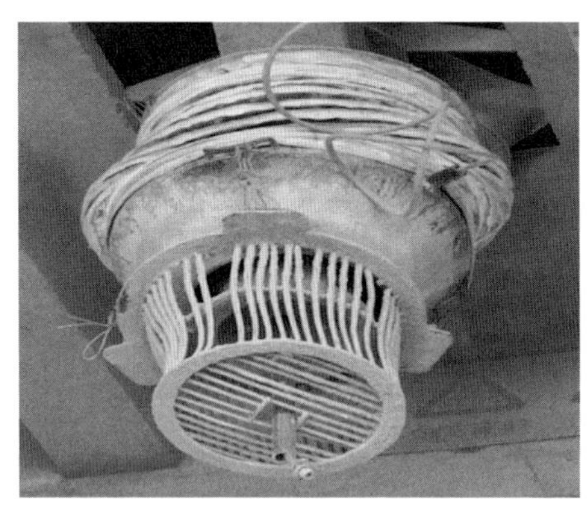

图 3 料位控制装置

通过这四个方面的有机结合，实现了水泥集中发散全过程监控和自动控制，从而大大提高了发散效率，提升了操作人员工作环境，降低了发散安全风险。

2.3 运行

结合 NB、YD 海螺等公司水泥发散集中控制改造经验，目前集团下属水泥股份有限公司第一批 20 家公司现场实施已全部完成并投入使用，经年中检查组对改造效果进行评估验收，实施后优化岗位用工 67 人，缩短水泥发散装车时间 30%，同时减少了水泥溢料现象，有效提高了发运效率，改善了现场环境，达到了预期改造效果。

3 无人值守称重系统的实施方案

3.1 系统配置

3.1.1 自助发卡

固定卡车辆到厂区自助发卡点，登记提货信息（包括车号、提货品种、预提数量等）自助制单，一车一卡，可打印装车小票。自助制卡机包含工控机、摄像头、读卡机、触摸屏等；内设视频监控。

3.1.2　人工发卡

（1）登记提货信息，人工制单，发放临时卡；

（2）一车一卡，可打印装车小票；视频监控。

3.1.3　门岗

（1）出门刷卡验证（验证车辆提货或送货流程是否完整），确认出厂；

（2）临时卡收回。

3.1.4　磅房

地磅采用双向设计，硬件配置含道闸控制、红外、红绿灯、语音提示、语音对讲、自助称重终端（含显示）、监控。

3.2　业务流程

水泥（熟料）销售发货业务流程。

3.3　系统功能及作用

3.3.1　发卡子系统

（1）自助发卡：厂区配置自助发卡机，有固定卡的车辆可直接到自助发卡机制单。

（2）人工发卡：设立发卡中心，有专人对车辆制卡。临时车辆凭“委托书”或“计划单”到人工发卡点制单领取临时 IC 卡。

3.3.2　自动称重子系统

该系统可以与视频集成实现车态图同步抓拍存储备查，远程视频监控；可以与红外对射装置集成，实现车辆过磅压边控制；可以与红绿灯集成，实现有序的过磅称重管理；可以与地感线圈、智能道闸集成，实现触发式道闸控制集成；可以与遥控检测仪集成，实现磅房遥控检测，杜绝遥控作弊现象。每台地磅可根据实际情况分不同业务类型双向过磅。自动称重现场如图 4 所示。

图 4　自动称重现场

主要功能：

① 对合法车辆自动称重；

② 语音提示；

③ 防作弊控制（遥控检测、红外检测、视频监控）；

④ 车辆交通指引（地感线圈、道闸、红绿灯）；

⑤ 验证出厂车辆业务流程是否处理完毕。

销售地磅外设硬件构成如图 5 所示。

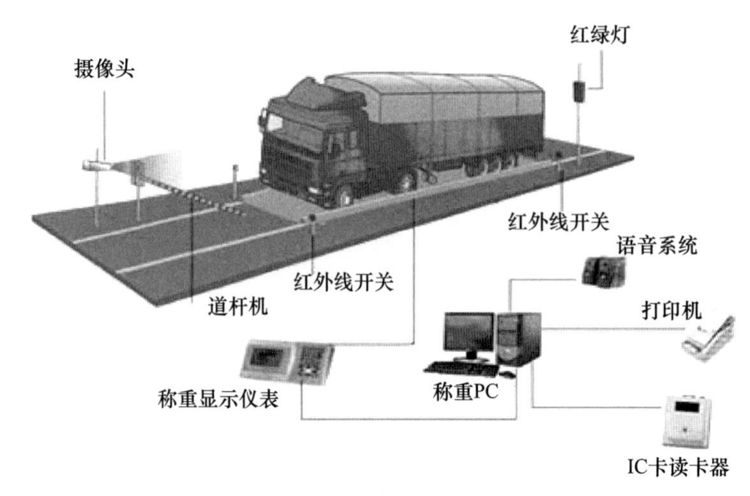

图 5 销售地磅外设硬件构成示意图

3.3.3 打印审核子系统

打印审核系统主要监控车辆装车流程是否合法和打印票据业务。工作人员刷卡自动调出车辆从进厂到出厂整个过程中所拍摄的图片、记录等信息，系统自动提示所有流程是否走完，核对无误打印磅单，确认出厂。

3.4 效益评估

3.4.1 社会效益

实施地磅无人值守系统后，通过自动称重、视频监控、发货控制等技术手段，可更加规范发运流程、防范经验风险、提升发运效率、提高客户服务水平。

3.4.2 经济效益

海螺 MAS 3 台地磅、2 个门岗现人员配置共计 22 人，实施地磅无人值守系统后，预计可减少 8～10 人，每人每年平均支出按 6 万元计算，每年至少可节约 48 万元，一年内即可收回项目投资成本。

4 结 论

综上所述，改造后的水泥发散系统通过将工控系统、视频语音系统、销发系统有机结合，大大提高了水泥发散的自动化控制水平。通过集中操作，一名操作人员可同时对所有水泥发散头进行控制，提升了水泥发散效率，提高了劳动生产率，改善了操作环境。语音系统可有效增加操作人员和驾驶员的互动，通过IC卡的结合，减少了水泥品种发错的概率，增强了系统安全风险能力。但同时也应加强自动化系统的日常维护及工作人员自身技能素质的提高，以此来适应工业自动化的要求。

无人值守称重系统能够提升自动化管理水平，提高称重的信息化水平，引领行业称重管理方向，彻底堵住称重中的漏洞及不安全隐患，杜绝称重过程中出现的作弊现象给公司造成的经济损失以及人为失误给客户造成的不良影响，降低人员成本的同时改善员工的工作环境。

水泥工厂智能物流系统的设计与完善是水泥厂智能化的又一发展，也是必经一步，终将成为新时代工业革命的发展趋势。

参考文献

[1] 陈倩，孙愚，胡雅涵．大力开展两化融合推动建材行业转型升级［J］．建材发展导向，2018，16（16）：4-6.

[2] 郭占山，徐功武，汪峰，等．利用物流一卡通优化水泥企业物流系统［J］．新世纪水泥导报，2019（2）：78-80.

[3] 贾杰．打造以MES系统为核心的智慧工厂化工管理［J］．化工管理，2016，15：23.

[4] 陈志威．水泥厂智能物流一卡通系统介绍［J］．电子技术，2019（32）：69-72.

CCS 项目仪表控制系统介绍与设计

王礼龙　王　湛　徐　刚

摘　要　随着经济的迅速发展，能源需求有增无减，造成 CO_2 排放量难以控制的局面。利用新技术在新的产业结构中对 CO_2 的分离回收利用是控制全球 CO_2 排放总量的有效方法之一，利用水泥窑烟气捕集 CO_2 项目的建设将开创中国水泥行业回收利用 CO_2 的先河，对水泥行业 CO_2 减排具有重要意义。

关键词　碳捕集；节能减排；控制仪表系统；安全仪表系统

Introduction and design of instrumentation control system for CCS project

Wang Lilong　Wang Zhan　Xu Gang

Abstract　With the rapid development of the economy, the demand for energy has increased, resulting in a situation where CO_2 emissions are difficult to control. The separation and recycling of CO_2 in the new industrial structure using new technologies is one of the effective ways to control the total amount of global CO_2 emissions, and the construction of the project of using cement kiln flue gas to capture CO_2 will create a precedent for the recycling of CO_2 in China's cement industry, which is of great significance to the reduction of CO_2 emissions in the cement industry.

Keywords　carbon capture; energy saving and emission reduction; control instrumented system; safety instrumented system

1　引　言

海螺集团率先在水泥窑上积极探索和研究碳捕获技术，在低碳、绿色、环保领域继续引领行业技术进步，走可持续发展之路，减少 SO_2 和其他污染物排放，积极发挥在安徽省“蓝天工程”中的作用。

海螺集团响应国家和省委省政府号召，在 BMS 水泥厂建设一套水泥窑烟气碳捕集纯化示范装置，CO_2 捕集示范项目的建设将开创中国水泥行业回收利用 CO_2 的先河，对水泥行业 CO_2 减排具有重要意义，装置的建成将使白马水泥厂成为全国第一家回收水泥窑 CO_2 的企业，成为同行业中的标杆。

2　项目概况

CO_2 捕集示范项目位于安徽省芜湖市，厂区是距海螺集团公司总部最近的水泥生产基地，位于芜湖市南郊，北临长江，紧邻205国道。距离芜湖市市区约15km，交通便利。CO_2捕集示范项目在厂区内建设烟气采集、水洗脱硫、吸附干燥、精馏储运等内容，包括配套循环泵房、压缩机房、控制楼及水、电、汽改造增设等。项目利用日产5000t新型干法熟料生产线捕集纯化CO_2，建设年产5万吨CO_2捕集装置（可生产3万吨食品级CO_2）。

此工程碳捕集生产线为海螺设计院总包工程，因该项目为世界首条利用水泥窑烟气捕集CO_2的项目，没有同类型项目可以借鉴，在该项目电气设计中，通过与相关技术部门、科研院校交流确认，项目采用两套电气仪表系统，即控制仪表系统（DCS）及安全仪表系统（SIS）。

3 控制仪表系统（DCS）

3.1 控制系统选择

根据工艺生产的要求，自控系统要能确保装置的安全操作、运行。本项目是水泥窑烟气CO_2捕集纯化（CCS）示范项目，既要求生产过程自动化控制比较先进，又需充分考虑经济实用性。参照同类装置自动控制的水平，确定自动化仪表采用一套集散控制系统（DCS）对整个装置进行控制、监视，DCS系统的控制器、控制器电源、通信卡、网络总线等均冗余设置。现场仪表选型按照自控设计统一规定的要求，本着安全可靠、技术先进、安装维护方便、经济合理的原则，完成各类仪表的选型。

3.2 控制系统设置

本套系统为实现对主生产装置和罐区、系统管网等的集中监视和控制，通过与其他单元控制系统、成套设备DCS系统及安全仪表系统等进行通信。DCS具有工艺流程图显示、工艺参数显示以及趋势记录等功能，主要工艺参数、程序控制阀门状态和动设备状态等都可以在工艺流程图上实时显示，对一些重要参数进行串级、比值、分程及单回路调节，参与经济核算的参数要进行累积，并按生产要求编制和打印各类报表。报警事件发生后，除在屏幕上显示和打印机上打印外，同时要声光信号警示操作人员，从而实现对全厂工艺操作的监控。

在装置DCS系统的AI/AO卡选用智能型，与现场智能仪表通信，在DCS上实现AMS设备管理。对现场智能仪表、智能阀门定位器等进行在线组态、调试、校验管理、诊断及数据库事件记录。整个装置DCS系统对于CPU、电源、通信模块、过程控制网络考虑双重化，I/O卡考虑15%的备用量。

3.3 控制系统接地

根据控制系统的要求来设置接地系统。一是将现场及机柜间内的用电仪表、用电设备、仪表盘（台）、控制系统机柜和接线箱的金属外壳进行安全保护接地，设置保护接地系统；二是屏蔽电缆的屏蔽层和控制系统的工作接地系统，其接地电阻根据制造厂的要求而定。接地系统采用等电位方式接地。

3.4 控制室的操作

利用大屏分隔墙将操作室与控制室分开，各分装置设现场机柜间，整个装置的操作集中在控制室内，并在控制室内加装防静电地板，避免信号干扰；在控制室的辅助操作台，设置装置的紧急停车按钮及相应的硬报警灯屏，控制室的操作人员可以在生产装置的紧急状态时进行手动停车。装置区、冷冻机房、压缩机房内有毒气体探测器检测信号送至有毒气体报警控制器，报警控制器安装于控制室，并由有毒气体报警控制器将气体浓度 RS485 信号送至火灾自动报警控制器，并连锁启动事故风机及喷淋装置。

项目操作室、办公室均采用中央空调，为本项目整个生产装置主监控室，负责整个装置生产过程的监视、操作和调度。控制室为大理石地面，有电缆沟与机柜间相连，机柜间内设防静电活动地板。电缆在防静电活动地板下沿汇线槽敷设，操作间内电缆沿地沟敷设，电缆自现场进入控制室应加密封，以防有害物质及雨水等进入室内。

4 安全仪表系统（SIS）

4.1 控制系统的选择

根据《安徽省人民政府办公厅关于印发安徽省危险化学品安全综合治理实施方案的通知》及《国家安全监督总局关于加强化工安全仪表系统管理的指导意见》，考虑在 DCS 系统失灵的情况下，对涉及液氨、CO_2 安全部分的化工装置装备安全仪表系统（SIS），建立健全安全监测监控体系；本系统为首次在 CO_2 捕集中运用。

设计包括新增仪表的选型、配线及相关连锁控制。

4.2 控制系统设置

本项目采用 SIS 系统对装置区和罐区进行控制、监视。SIS 系统设有一个工程师站（兼操作员站）、一个操作员站，控制连锁在 SIS 系统中实现。

装置区和罐区内压力变送器、液位变送器、物料进出口切断阀及相关的电气全部送至机柜室内，SIS 系统控制柜、端子柜、电源柜放置于机柜室内。

SIS 硬件、软件、隔离器由 SIS 供货商成套提供，包括 UPS 电源。UPS 容量由 SIS 供货商根据其自身系统的耗电量大小以及供电系统图的要求确定。

4.3 安全仪表系统设计关键点

（1）在冷凝器氨入口管道上新增液位计高高位连锁，液位高位时 DCS 报警，当液位达到高高位时 SIS 系统关闭液位调节阀。

（2）在冷凝器氨出口与压力调节阀组之间增加安全阀，并增加压力表高高位报警连锁，压力调节阀两端增加切断阀，压力达到高位时 DCS 报警，当压力达到高高位时 SIS 系统关闭液位调节阀。

（3）在脱硫床/干燥床/吸附床电加热器气相出口与管道上新增压力变送器和切断阀，新增压力高高报警连锁，当压力表达到高高位时 SIS 系统连锁打开切断阀，同时切断脱硫床/干燥床/吸附床电加热器电源。

（4）在塔顶冷凝器氨入口管道上新增液位高高位报警连锁，当液位达到高高位时 SIS 系统关闭液位调节阀。

（5）在食品级成品罐的进料管线和出料管线上各增加一台切断阀，新增液位高高限和低低限报警连锁。当液位达到高高位时 SIS 系统连锁关闭管线的切断阀同时连锁停 CO_2 压缩机；当液位达到低低位时 SIS 系统连锁关闭切断阀并连锁停食品级装车泵。

（6）在工业级成品罐的进料管线和出料管线上各增加一台切断阀，新增液位高高限和低低限报警连锁。当液位达到高高位时 SIS 系统连锁关闭管线的切断阀同时连锁停 CO_2 压缩机；当液位达到低低位时 SIS 系统连锁关闭切断阀并连锁停工业级装车泵。

5　结束语

以矿石分解为主要原料的水泥厂，CO_2 排放量占到了全国总排放量的第二位。因此我国控制和减缓电力和水泥生产中 CO_2 排放的工作对于解决全球变暖和温室效应问题具有重要意义。利用水泥窑烟气捕集 CO_2 是个全新的课题，不但是工艺方面，在电气设计中更是有很多全新的尝试，在规范及政府法规中如何找到最经济、最安全、最可靠的控制运行方式是一个长期优化的过程，需在项目设计中锻炼出一批有能力的设计者，要不断完善设计、更新设备，形成真正既节能减排又创造经济效益的产业结构，成为水泥厂继水泥熟料生产线窑头和窑尾废气余热发电、水泥窑垃圾处理后的又一经济增长点。

参考文献

[1] 化工自控设计规定：HG/T 20505—2014，HG/T 20507—2014～HG/T 20516—2014 [S]．北京：中国计划出版社，2014.

[2] 分散型控制系统工程设计规定：HG/T 20573—2012 [S]．北京：中国计划出版社，2012.

浅析垃圾发电中压保护系统设计要点

王礼龙　谢林坡　胡　瑾

摘　要　垃圾处理问题是一个全球化问题，以往解决的方式如填埋、焚烧等都对环境有着极大的破坏，如何变废为宝，成为各国政府近年来关注的重点。而采用垃圾发电的方式以实现垃圾无害化、减量化、资源化为目的，以技术先进、运行可靠、环保达标为目标。本文以罗平垃圾发电为例，介绍一个垃圾发电项目最核心的中压配电装置及汽轮机发电机保护系统。

关键词　垃圾发电；汽轮机发电机；保护系统

A brief analysis of the key points of design for medium voltage protection system in waste-to-energy generation

Wang Lilong　Xie Linpo　Hu Jin

Abstract　The problem of garbage disposal is a global problem, and the ways to solve it in the past, such as landfilling and incineration, have great damage to the environment, and how to turn waste into treasure has become the focus of attention of governments in recent years. The use of waste power generation to achieve the purpose of waste harmlessness, reduction and resource utilization, with advanced technology, reliable operation and environmental protection as the goal. Taking Luoping waste-to-energy generation as an example, this paper introduces the most core medium-voltage distribution device and steam turbine generator protection system of a waste-to-energy generation project.

Keywords　waste-to-energy; turbine; generator; protection system

1　引　言

随着经济的发展、节能环保形势的严峻，垃圾发电正成为各城市解决垃圾处理的主要方式。而垃圾发电设计中，中压配电装置、汽轮机发电机保护系统一直是垃圾发电设计的重点及难点。

2　中压配电装置主接线及重要元器件

目前垃圾发电小机组接入主要有 35kV 接入和 10kV 接入两种，下面以罗平垃圾发电主接线为例进行介绍。垃圾发电主接线流程图如图 1 所示。

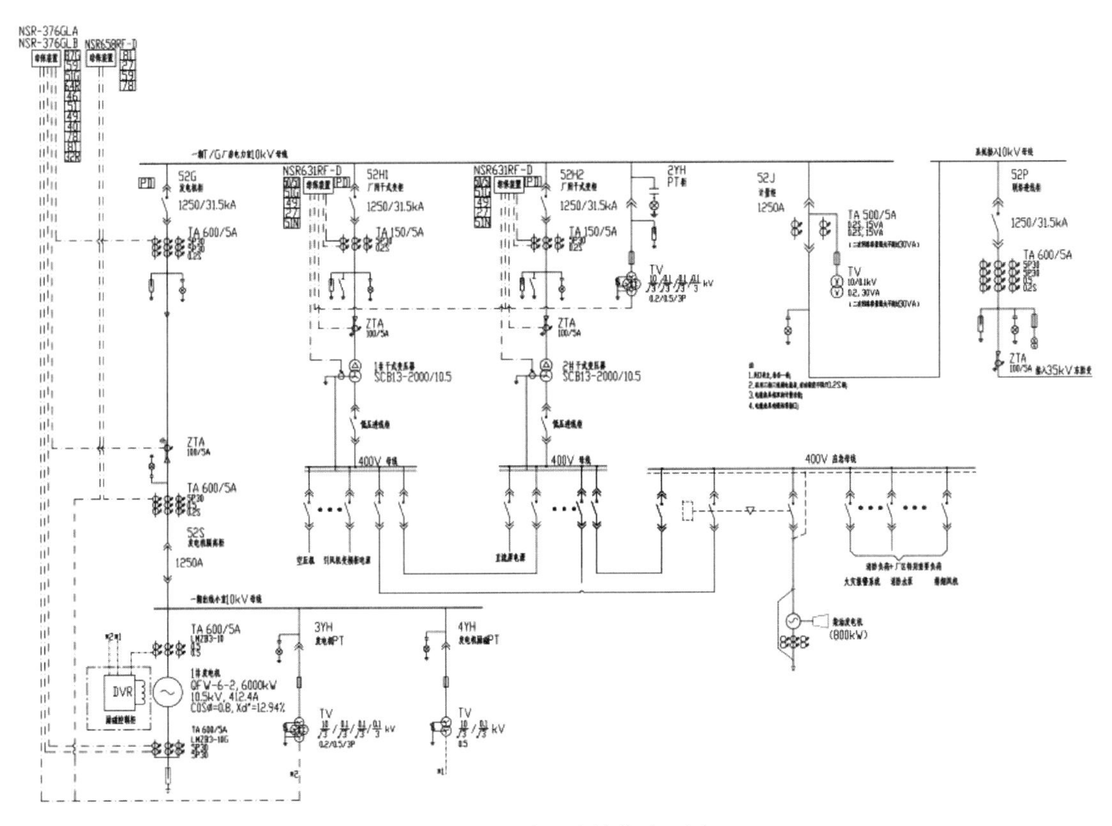

图 1　垃圾发电主接线流程图

2.1　中压配电装置主接线

根据接入系统报告，罗平项目采用 10kV 接入，接入 35kV 东胜变。

主接线的特点：电站的受电与馈电共用一条线路。

并网前：通过上一级东胜变的 52F 开关柜将变电站的电能输送至 52P、52H1/52H2 开关柜，向站用变压器供电，供电站启动辅机设备。

并网后：通过 52G、52P 及 52F 开关柜将发电机的电能输送到变电站的某段母线上；同时通过 52G、52H1/52H2 开关柜，向站用变压器供电，供电站辅机设备运行。

2.2　高压开关柜的配置

52J：在母线下设置的一台计量柜；

52P：在电站侧设置的一台与电站上侧联络的开关柜；

52G：发电机的同期并列开关柜，与 52P 柜串联；

52H1、52H2：并联在 52P 与 52G 开关柜之间，作为站用变压器的上位开关；

2YH：系统侧电压互感器柜，作测量及保护用；

3YH、4YH：发电机机端侧电压互感器柜，作测量及保护用；

52S：隔离柜，发电机同期开关前的设备发生故障时，以此柜作明显断开点。

2.3　高压电气设备的连锁

52G 投入：52P 闭合→52S 闭合→52H1/H2 闭合→同期合闸→52G 可投入；

52G 解列：52P 解列，或 52H1/H2 解列，或发电机综合保护动作，或接入系统解列信号，或励磁屏分闸信号，或 DCS、DEH 分闸信号。

3 重要元器件介绍及主要作用

一次元器件主要包括断路器、电流互感器、电压互感器、零序电流互感器、避雷器、接地开关、带电显示器等。

（1）断路器：用来接通或断开有载或无载线路及电气设备，以及发生短路故障时，自动切断故障或重新合闸（此功能很少用），能起到控制和保护两方面的作用。

真空断路器：灭弧介质是真空。

断路器主要技术参数：

例：VD4-12/1250A-31.5kA

额定电压，是指断路器所能承受的正常工作电压（12kV）。额定电压指的是线电压，并在铭牌上予以标明。额定电压为所在系统的最高电压。（系统最高电压：当系统正常运行时，在任何时间内，系统中任何一点上所出现的电压最高值，不包括系统的暂态和异常电压，例如系统的操作所引起的暂时和瞬时的电压变化。）

标称电压，系统被指定的电压。例如：6kV 系统、10kV 系统。

额定电流，是指铭牌上所标明的断路器在规定环境温度下可以长期通过的最大工作电流（1250A）。断路器长期通过额定电流时，断路器导电回路各部件的温升均不得超过允许值。额定电流的大小决定了断路器的发热程度，因而决定了断路器触头及导电部分的截面，并在一定程度上决定了它的结构（柜宽受到影响）。

额定短路开断电流，是断路器在额定电压下能可靠切断的最大电流（31.5kA）。当断路器在不等于额定电压的情况下工作时，断路器能可靠切断的最大电流，称为该电压下的开断电流。当断路器工作在低于额定电压时，其开断电流将较额定开断电流有所增大，但有一个极限值，并称其为极限开断电流。断路器的额定开断电流标明了它的断流能力。它是由断路器的灭弧能力和承受内部气体压力的机械强度所决定的。

（2）电流互感器、电压互感器：互感器是一种特殊的变压器，可以分为电压互感器（PT）和电流互感器（CT），主要用途是与仪表配合测量线路上的电流、电压、功率和电能，与继电器配合对线路及变配电设备进行保护（例如短路、过电流、过电压、欠电压等故障保护）。

为配合仪表测量及配电保护的需要，电压互感器将系统中的高电压变换成标准的低电压（100V 或 $100/\sqrt{3}$），电流互感器将高压系统中的电流或低压系统中的大电流变换成标准的小电流（5A 或 1A）。由于采用了互感器，使测量仪表和继电器均接在互感器的二次侧与系统的高电压隔离，从而保证了操作人员和设备的安全。

（3）零序电流互感器：它的一次线圈就是被保护线路的三相，在正常工作状态时，由于三相电流向量之和等于零，即 $I_A+I_B+I_C=0$，铁芯中不会产生磁通，故二次线圈也不会产生感应电流。当被保护线路发生单相接地事故时，三相电流之和不再等于零，此时铁芯中产生磁通，二次线圈将有感应电流，从而带动继电器使保护装置动作。

（4）避雷器：它是一种保护电器，用来限制电器设备绝缘上承受的过电压。避雷器除限制雷电过电压外，还能限制一部分操作过电压。避雷器并联在被保护电器与地之间，当雷电波沿线路侵入时，过电压的作用使避雷器动作即放电，使导体通过电阻或直接与大地相连接，雷电流经避雷器泄入大地，从而限制了雷电过电压的幅值，使避雷器上的残压不超过被保护电器的冲击放电电压。

（5）接地开关：它的主要作用是在电路检修时，合上接地开关，可以保证人身安全。

（6）位置指示器：直观地指示断路器处在试验及工作位置的分、合状态以及接地开关分合状态。

二次元器件主要包括综合保护装置、消谐器（不常用）、测控表计、继电器、温控器和加热器、转换开关和按钮等。

4　汽轮机发电机保护系统

继电保护装置就是指能反映电力系统中电气元件发生故障或不正常状态，并动作于断路器跳闸或发出信号的一种自动装置。

4.1　继电保护的基本任务

（1）继电保护装置应能自动、迅速、有选择性地将故障元件从电力系统中切除，保证其他无故障元件部分迅速恢复正常运行，使故障元件免于继续遭到破坏。

（2）反映电气元件的不正常运行状态，并根据运行维护条件，动作于发出信号、减负荷或跳闸。此时，一般不要求保护迅速动作，而是带有一定的延时，以保证选择性。

4.2　电力系统继电保护的基本要求

动作于跳闸的继电保护，在技术上应满足四个基本要求，即

① 选择性：继电保护动作的选择性是指保护装置动作时，仅将故障元件从电力系统切除，使停电范围尽量缩小，以保证系统中的无故障部分仍能继续安全运行。

② 速动性：快速地切除故障，可以提高电力系统并列运行的稳定性，减少用户在电压降低情况下的用电时间，以及缩小故障元件的损坏程度。因此，在发生故障时，应力求保护装置能迅速动作，切除故障。

③ 灵敏性：继电保护的灵敏性是指对于其保护范围内发生故障或不正常运行状态的反应能力。满足灵敏性要求的保护装置，应该是在事先规定的保护范围内部故障时，不论短路点的位置以及短路的类型如何，都能敏锐感觉，正确反应。保护装置的灵敏性，通常用灵敏系数来衡量，各类继电保护的灵敏系数都有具体规定。

④ 可靠性：保护装置的可靠性是指在规定的保护范围内，发生了属于它应该动作的故障时，它不应该拒绝动作，而在任何其他不属于它应该动作的情况下，则不应该误动作。

4.3　发电机保护配置（以国电南瑞科技股份有限公司的 NSR 系列为例）

（1）对于电压在 3kV 及以上、容量在 50MW 及以下的发电机，应配置定子绕组相间短路、定子绕组接地、定子绕组匝间短路、发电机外部短路（后备）、定子绕组过负荷、定子绕组过电压、转子表层（负序）过负荷、励磁回路接地、励磁电流异常下降或消失、逆功率保护，同时还应设置低电压、低频、高频保护。

（2）发电机保护屏主要设备有 NSR-376GLA 发电机主保护装置、NSR-376GLB 发电机后备保护、

NSR685RF-D 公用测控装置、NSR-654RF-D 发电机出口操作箱。

（3）发电机的同期采用自动准同期装置 NSR-3652S，同期点为发电机 10kV 出口断路器（52G 柜），同期电压为 A、B 相。

（4）故障解列装置采用 NSR658RF-D，解列点为发电机 10kV 出口断路器（52G 柜）。

（5）本次计量点设在发电机出口（52G 柜），10kV 联络出线柜（52P 柜）；发电机励磁采用 DVR-2000B 微机励磁调节器。

（6）发电机保护装置需设置四个非电量：主汽门关闭、励磁故障、ETS 动作、超温跳闸。

5 结束语

发电机中压保护是垃圾发电的核心内容，需要在接入系统设计前期和供电部门进行多次交流，确认相应参数和接入电压，并根据不同厂家综保类型进行仔细学习并核对保护装置实现的功能是否满足供电部门要求及相应规范。

参考文献

[1]《钢铁企业电力设计手册》编委会．钢铁企业电力设计手册［M］．北京：冶金工业出版社，1996.

[2] 中国航空规划设计研究总院有限公司．工业与民用供配电设计手册［M］．4 版．北京：中国电力出版社，2017.

浅析垃圾发电项目火灾报警系统设计要点

陈金丹　孙文静

摘　要　垃圾焚烧因垃圾的种类多样化，燃烧过程可能会产生各种可燃及有毒气体，增大了建筑的火灾危险性，本着以人为本的原则，消防设计就变得举足轻重。

关键词　火灾探测器的选择；探测器防爆等级；非消防电源切断

A brief discussionon the key points in firefighting design of garbage incineration power generation project

Chen Jindan　Sun Wenjing

Abstract　Due to the variety of garbage，it may produce a variety of combustible and toxic gases in the garbage combustion process，meanwhile，it increases the fire risk of buildings. Based on the principle of people-oriented，firefighting design becomes significant.

Keywords　choice of the fire detector；detector explosion-proof grade；non-firefighting power dump

1　引　言

随着人们环保意识的提高，垃圾焚烧技术便应运而生，由于垃圾种类的多样性，垃圾焚烧过程就可能产生多种可燃气体、有毒气体，为贯彻“预防为主、防消结合”的消防工作方针，建筑电气防火逐渐成为消防工作的重点。一旦发生火灾，就会严重危害人们的生命财产安全，造成惨重的损失。垃圾焚烧项目电气消防设计遵照国家有关基本建设的方针、规范要求来设计，本文将以某利用水泥窑协同处理城市生活垃圾项目为载体，简述电气消防设计过程中的要点。

2　项目设计描述

2.1　设计项目概况

（1）项目火灾危险性分类：本建筑生产的火灾危险性分类：9.000平面液压油站为丙类，其余部分为丁类，耐火等级为二级。

（2）项目主厂房建设概况：垃圾焚烧联合厂房室内消火栓用水量25L/s，室外消火栓用水量20L/s，火灾延续时间2h；室内消防水炮用水量60L/s，火灾延续时间1h；消防设计流量105L/s，消防用水量

540m^3。根据《建筑设计防火规范》（GB 50016—2014，2018年版）10.1.1、10.1.2条款相关要求，以及此项目信息，可明确此项目消防用电负荷供配电等级为三级，并据此开展设计。

2.2 子项设计内容

电气消防系统本着以人为本的理念，从预防火灾和控制火灾两方面着手，配置了火灾预警系统、火灾探测报警系统、消防电源监控系统和消防联动控制系统。

火灾预警系统能够探测火灾早期特征，预警火灾可能发生，提醒监控人员及时切除故障避免火灾。此系统包括可燃气体报警系统及电气火灾报警系统、气体浓度探测系统。垃圾坑、渗滤液池由于垃圾发酵可能产生硫化氢、甲烷等多种可燃气体，因此采用可燃气体报警系统和气体浓度探测系统作为本项目火灾预警系统，若所设计项目室外用水量超过25L/s时，需配置电气火灾监控系统。

火灾探测报警系统通过不同环境设置的各种类型的探测器发出火灾报警信号，为人员疏散、启动自动灭火设备提供控制和指示。

消防电源监控系统实时监测消防设备电源供电情况，保证消防设备用电的可靠性。

消防联动控制系统按照设定的控制逻辑启动灭火设备，防止火灾蔓延。

当发生火灾时，防火门监控系统会根据一定的逻辑关系将防火门开启或关闭，以有效阻隔火灾蔓延以及满足人员疏散要求。

自动跟踪定位射流灭火系统采用集防火、防盗、监控于一体的自动跟踪定位射流灭火装置，现场一旦发生火灾，图像信息处理主机发出报警信号，驱动现场的声光报警器进行报警，显示报警区域的图像，并自动开启录像机进行记录，同时通过联动控制台发出指令联动打开相应的电磁阀或闸阀，采用人机协同的方式启动消防水炮及消防水泵进行定点灭火，扑灭火源后，若有新火源，则系统重新上述动作。

火灾自动报警系统的构成如图1所示。

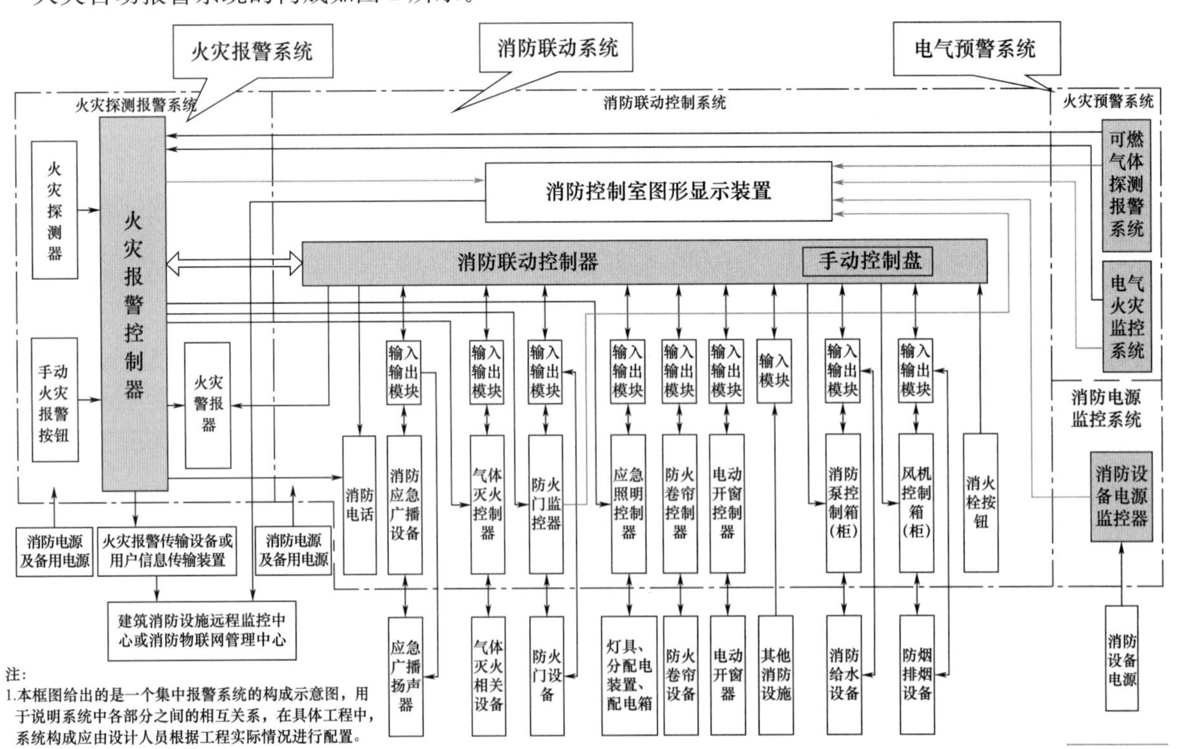

图1 火灾自动报警系统的构成

3　项目设计的难点及先进性

3.1　设计的先进性

（1）电缆沟采用线型感温火灾探测器

本项目消防设计首次在新增电缆沟内采用线型感温火灾探测器。在所有电力电缆层表面设置线型感温火灾探测器，线型感温探测器采用“S”形布置，当感应到电缆温度超过80℃时，线型感温探测器动作报警，消防指挥人员可根据报警显示盘显示内容及时切除隐患，从而保证了人身和财产安全。

（2）可燃气体探测系统设置为单独的子系统

由于可燃气体探测器功耗很大，直接接入火灾自动报警系统会造成火灾自动报警系统工作的不稳定性，甚至造成火灾报警系统误动作；其次，可燃气体报警系统的寿命较短，到寿命后会影响同一总线配接的火灾探测器正常工作。通过多方请教学习，最终将可燃气体设置为单独的子系统，通过联动控制接入消防报警系统。

3.2　设计难点

（1）消防控制室定位困难

《建筑设计防火规范》（GB 50016—2014）第8.1.7条要求消防控制室布置在首层且疏散门直通室外（后者为强条）。由于垃圾焚烧项目首层布局相当紧凑，也经常会有参观人员出入，消防控制室很难在首层找到合适的位置，经过多方评审，最终将消防控制室设置在了9.000平面，利用建筑的天然高差，将疏散门直通室外，满足了规范要求，保证了消防指挥人员的安全。

（2）探测器的选择困难

探测器需要根据保护场所可能发生火灾的部位和燃烧材料的分析，以及火灾探测器的类型、灵敏度和响应时间等选择。

① 本项目设计在垃圾焚烧联合厂房一层～八层人员经常出入的区域设置智能点型火灾感烟探测器；

② 在垃圾焚烧联合厂房主要疏散出入口附近及明显部位处设置手动报警按钮和声光报警器，便于人员疏散时报警并能够第一时间启动全厂的声光报警器，警示所有在场人员火灾已然发生；

③ 消防控制室内设置火警电话总机，设置专用的可以直接外接消防部门的消防远传电话，并在厂房适当的位置配置了消防专用电话；

④ 消防控制室内设图形显示装置，各层适当位置设置火灾显示盘。

（3）探测器设备的防腐防爆等级确定困难

探测器设备防爆等级是按照爆炸性气体混合物的最大试验安全间隙（MESG）和最小点燃电流比（MICR）来选择的。计算公式如下：

$$MESG_{mix}=\frac{1}{\sum_{i}(\frac{x_i}{MESG_i})}$$

式中：$MESG_{mix}$——混合气体的最大试验安全间隙（mm）；

$MESG_i$——混合气体中各组分的最大安全间隙（mm）；

X_i——混合气体中各组分的体积百分含量（%）。

根据上式要求，首先必须明确垃圾池内会产生可燃气体的种类，其次，必须明确可燃气体的百分比含量，因为垃圾坑及渗滤液池等处可燃气体种类繁杂，然而这些准确的数据上游专业根本无法提供，最后通过网上查找，专业室多次商讨计算出相关数据，从而明确了设备的防爆等级。

（4）探测器的安装位置确定困难

探测器的安装位置需根据混合性可燃气体的密度确定，而混合性可燃气体的密度不好确定。混合性可燃气体密度确定：小于空气密度的可燃气体探测器应设置在保护空间顶部；混合性可燃气体密度大于空气密度的可燃气体探测器应设置在被保护空间的下部；混合性可燃气体密度与空气相当时，可燃气体探测器可设置在被保护空间的中间部位或顶部。本项目可燃气体探测器设置在相应平面的顶部。

（5）非消防电源联动设计困难

为确保火灾情况下消防设备正常工作，必须切断一部分非消防电源设备。考虑到本项目存在火灾及爆炸的危险，生产车间部分一级负荷不能断电，所以生产车间非消防负荷不能贸然全部断电。为克服此困难，最终将不能停电负荷划区域从熟料生产线引入可靠电源作为这类负荷的备用电源。当确认火灾时，消防控制器联动切断生产车间，同时投入备用电源，供部分一级负荷继续工作。

（6）消防视频监控系统的安装位置的确定

经与建设单位多次协商研讨，最终确认在垃圾焚烧厂房中控室内、厂房电气室一层（低压电力室）、二层电力室（变频室及控制室）等处人员经常出入或容易引发火灾的位置设置带云台控制的摄像头，通过视频监视系统对各处火灾情况进行监控。

4 总 结

完备的电气消防设计是人身及财产安全的可靠保障，设计前期必须要收集全资料，多方分析考证建筑物特性，有针对性地合理选择探测器，方能规避火灾隐患。

参考文献

[1] 生活垃圾焚烧处理工程技术规范：CJJ 90—2009 [S]．北京：中国建筑工业出版社，2009.
[2] 建筑设计防火规范：GB 50016—2014 [S]．北京：中国计划出版社，2015.
[3] 火灾自动报警系统设计规范：GB 50116—2013 [S]．北京：中国计划出版社，2014.

应用于水泥工厂的电气绿色节能设计研究

孙剑飞　储菲菲　蔡云龙

摘　要　近年来，我国水泥工厂在绿色节能技术、自动化控制及其环境保护方面均有一定程度的进步，很多工程项目也都近乎达到了世界先进水平。因此，在这样的环境下，越来越多的水泥工厂已经开始考虑如何进行自身企业的电气绿色节能技术。本文就水泥工厂的电气绿色节能技术及应用进行了研究分析。

关键词　水泥工厂；电气绿色节能技术；应用

Research on electrical green energy-saving design applied to cement plants

Sun Jianfei　Chu Feifei　Cai Yunlong

Abstract　In recent years, our country's cement factories have made some progress in green energy-saving technology, automatic control and environmental protection, and many engineering projects have almost reached the world's advanced level. Therefore, in such an environment, more and more cement factories have begun to consider how to carry out the electrical green energy-saving technology of their own enterprises. This paper studies and analyzes the electrical green energy-saving technology and application of cement plants.

Keywords　cement factory; electric green energy saving technology; application

1 引　言

我国在可持续发展道路中的基本国策之一就是节约能源。尤其在当前国内外资源紧缺的情况下，水泥等材料对电气的质量要求较高，具有比较明显的经济优势。但水泥本身对电能的消耗也较高，在很大程度上因这一特点限制了其自身的使用与发展。在当前的市场环境中，我国的相关工程建设部门需要对此类问题有所注意，通过多方面的手段对水泥的能耗进行有效的降低，以此提升水泥所带来的经济效益，使社会的工程建设情况向良性方向发展。在我国的很多水泥工厂中，相关的能源技术部门与工作人员需要通过一定的合理手段对此进行完善，保证资源上的利用程度，使其具有更高的发展空间。

2 绿色节能技术及应用

2.1 供配电系统的绿色节能技术及应用

（1）合理选择变压器

水泥工厂的每个电力室都需要配备一台或者多台配电变压器。由于传输功率的过程中会产生一定的空载损耗和负载损耗，因此，需要在选择变压器时进行科学合理的选择，采用低损耗的变压器。现阶段，大部分水泥工厂都采用S13系列节能变压器。与S11系列相比，其节能效用更加明显，空载损耗和负载损耗均可降低20%，S20系列已经上市，并将逐步推广。

水泥工厂在选择变压器时，应注意变压器的容量选择，保证其运行效率、负荷率为最佳，损耗为最低。一般认为配电变压器负荷率为额定容量的70%～80%较合适，主变压器应尽量按最大需求量选择容量。并根据这一标准计算基本电费，以保证变压器的节能、安全、经济。

（2）合理选择供配电电压

在额定电压允许下，为减少线损率，应提升引入的高压电等级。通常在高于或等于35kV的供电网中，每提升1%的运行电压，会降低1.2%的线损率。目前水泥工厂已经将原有的6kV电压逐步调整为现今的10kV电压，虽然这一措施所投入的资金并不会很多，然而这一措施将有效地降低水泥工厂的运行成本。

（3）采用节能型的无功补偿装置

无功补偿装置的作用，就是通过提供必要的无功功率，使系统的功率因数能够得以提升，从而使能耗降低。为了保证电网电能的质量，水泥工厂需要遵照电力部门的相关要求标准，其使用的无功补偿装置在分级补偿、集中补偿方面已经充分发挥了作用，但是对就地分散补偿方面还有所不足。现阶段，新型的节能无功补偿装置已经开始投入使用，例如SVG型无功补偿装置，能够结合实际要求，实现等量或不等量电容的自动投入，从而达到三相对称或不对称补偿，并能够利用RC吸收回路滤除高次谐波。

（4）合理选择节能型金具

水泥工厂的配电网络中连接了大量的金具，其中非节能的金具所造成的损耗为10～15W，若是能够选择节能型的金具，则会对能耗的降低，尤其是过高连接点和温度差异较大的位置能耗的降低，具有显著的效果。

2.2 运行管理的电气绿色节能技术

（1）保持系统总体负荷平衡

配电系统的总体负荷应与分级负荷保持平衡状态，一旦变压器出现三相负荷不平衡的情况，就会造成三相电流的不平衡，严重影响变压器的安全运行，并会造成有功功率损耗。例如负荷波动较大的辊压机，在运行时十分容易引起三相电流的不平衡，因此，需要安装无功补偿装置。

（2）合理利用谷峰电力

谷峰电力的电价要比一般时期的电价高出很多，水泥工厂作为高耗能产业，应合理安排谷峰时期的电力使用，并尽量在非谷峰时期进行水泥粉磨系统生产，从而实现节能目标。

（3）降低空载损耗

及时断开暂时不会使用的供电回路的电源线路，能够有效地降低空载损耗，通常可以达到3%～5%。

（4）进行经济调度

变压器所消耗的无功功率通常是额定容量的10%～15%，为了有效实现经济调度、改善水泥工厂功率因数，应提升变压器的运行效率，使其负荷率为最佳。

3 照明的绿色节能技术及应用

3.1 合理选择光源用电附件

光源用电附件应选择具有高性能、低耗能的元件。对于水泥工厂办公楼等场所的气体放电灯和荧光灯，应分别选择节能型电感镇流器和电子镇流器，并积极引进新型LED节能灯。

3.2 合理利用自然光

水泥工厂在进行宿舍楼、办公楼、食堂等建筑的照明设计时，应与相关专业人员相互配合，充分利用自然光，使室内照明能够与自然光相互补充，降低电能消耗，起到节能的作用。

3.3 不可随意变更照度标准

对于水泥工厂各部门的照度标准，不可以随便降低或是提高，要严格保证照明质量，在一些对于照明质量相对较高的区域可以采用高压汞灯等高效气体放电灯，对于其他一般场所可以采用合适的荧光灯。

3.4 完善灯具控制方法

水泥工厂照明节能方式之一就是利用不同的节点、节能开关装置。可以将专门的节点装置安装于配电箱内，进行统一的灯具控制，并在走廊、道路安装声控、光控自熄开关，在室外安装程序控制开关等。

4 电动机的绿色节能技术及应用

在水泥工厂的设备使用中，电动机的耗能十分庞大，为了降低电动机的耗能，应尽量使用高效率的电动机，以提升其功率因数。但是由于电动机的选取一般都是由暖通专业、工艺专业进行配备，因此难以选取高效率电动机，只能在其运行过程进行能耗控制。例如，就地补偿、降低空载损耗、利用变频调速控制电动机等。

5 交流变频调速系统的绿色节能技术及应用

现阶段水泥工厂中已经开始广泛应用大型高压变频器，并在风机、水泵类等高压大功率的设备中逐渐使用大功率高压变频器，水泥工厂在选取大功率高压变频器时，应注意其价格的合理性、使用的安全以及对电网的谐波干扰程度等。

在进行交流调速装置的应用时，为了保证装置产生的谐波对电网干扰为最小，应安装滤波器或电抗器。隔离电源、电动机等的电缆走线，尽量减少外界对变频调速器的干扰，并根据实际情况设置进线电抗器等。同时，要在低速运行时有效防止轴系振荡，并在高速运行时进行超速预防。

6 结束语

综上所述，我国水泥工厂的电气节电措施目前比较有效，可在极大程度上对电气的绿色节能情况进行改善，但当前的程度仍旧是远远不够的。在我国的可持续发展道路中，水泥工厂应当继续考虑采取生产过程中的电气绿色节能措施，使整体效果更加明显，从而更好地满足我国的节能减排战略要求，以此完善我国的整体能源水平，将对我国的整体建设有着重要的现实意义。

参考文献

[1] 李晓涛．水泥行业的电气节能技术应用思考［J］．电子制作，2014，4（4）：268-269.
[2] 李超．论电气节能技术的合理应用［J］．科技创新导报，2011，9（9）：101-102.

水泥厂电能损耗和电能质量综合治理研究

王道连　吴志林

摘　要　当前，各水泥厂在实施变频改造，变频器大量使用后，加剧了配电系统的波形畸变。配电系统的电容补偿模块对谐波源起到放大作用，进而引发谐振波动，造成电容器等设备损坏，从而导致功率因数偏低，出现电能损耗。本文针对水泥行业出现的补偿不足、补偿不及时及谐波问题提出合理的解决方案，从而解决企业功率因数低、节省电能损耗的问题。

关键词　谐波；功率因数；电能损耗；电能质量

Research on comprehensive treatment of power loss and power quality in cement plant

Wang Daolian　Wu Zhilin

Abstract　At present, many cement plants are implementing frequency conversion transformation. After the extensive use of frequency converter, it intensifies the waveform distortion of distribution system. The capacitance compensation module of the distribution system amplifies the harmonic source. And then cause resonance fluctuation, causing damage to capacitors and other equipment, resulting in low power factor and power loss. This paper puts forward reasonable solutions to the problems of insufficient compensation, untimely compensation and harmonics in the cement industry, so as to solve the problems of low power factor and saving power loss in enterprises.

Keywords　harmonic; power factor; power loss; power quality

0　引　言

随着现代电力电子技术的飞速发展及工业生产水平的提高，非线性用电设备在电网中大量使用，电网中的谐波含量占比越来越大，从而对电网中的其他设备产生影响。而在水泥企业中，由于变频器的大量使用，谐波问题也越来越严重。谐波影响了电气设备的正常运行，造成电容器损坏，感性负载在工作过程中由于需要建立磁场，因此需要从系统吸收大量的容性无功功率，从而导致功率因数偏低。同时，水泥企业存在补偿不足、补偿不及时及部分退出电容补偿的问题，这些问题造成了电能损耗。一些新型电气设备，如有源滤波装置及 SVG 的应用，对治理企业电能质量和节能降耗变得尤为重要。通过对电能质量的治理，在一定程度上能够给企业节约经济成本，保障企业电气设备的安全运行。

1 谐波概述及危害

在交流电网中，许多非线性电气设备的投入运行，其电压、电流会产生波形畸变，实际上不是完全的正弦波形，而是一定程度畸变的非正弦波。对周期性非正弦电量进行傅里叶级数分解，得到频率与工频相同的分量称为基波，得到的频率大于1整数倍的基波频率分量称为谐波。不管3次谐波还是5次谐波，其都是正弦波形。

谐波是造成电网电能质量污染的重要原因，工业中常见的谐波源主要有换流设备（变频器）、铁芯设备（变压器）、电弧炉、照明设备（LED灯具）等非线性电气设备。

谐波的存在会严重影响电网的安全运行，其危害主要表现在以下几个方面：

（1）谐波电流在变压器中产生附加高频涡流铁损，使变压器过热，降低了变压器的输出容量，使变压器的噪声增大，严重影响变压器的寿命。

（2）谐波电流的趋肤效应使导线等效截面变小，增加线路的损耗。

（3）谐波电压、电流对附近的通信设备正常运行产生干扰。

（4）谐波产生的暂时过电压和瞬态过电压破坏电机等设备的绝缘，引发三相短路，烧毁变压器及相关电容柜投切设备。

（5）谐波电压、电流会引起公共电网中局部产生并联谐振和串联谐振，造成严重事故。

2 谐波与电容器的关系

谐波产生谐振，电力网中存在电容补偿，其与系统的感性部分组合，在一定频率下，可能存在串联或并联的谐振条件，当系统中某次频率的谐波足够大时，就会造成危险的过电压或过电流。危险的过电压或过电流往往会引起电容器熔丝熔断或使电容器损坏。电容器的容抗与频率成反比，频率越高电容器的容抗越小，施加的电压不变，长期过电流运行，为了躲过电容器的启动涌流，保护电容熔断器的整定值会较大，不能有效保护，造成电容器烧毁。

3 谐波治理措施

目前，企业大量的非线性用电设备产生的谐波必须要进行治理，使谐波分量不超过国家标准，笔者选择采用有源滤波装置治理谐波。有源滤波装置通过外部电流互感器采集负载电流信号，通过内部的检测电路模块分离出其中的谐波，通过内部电路模块产生一个和系统的谐波频率相同、幅值相同，但相位相反的谐波电流，触发IGBT逆变器将谐波补偿电流注入到电网中，用以消除谐波电流。其工作原理简图如图1所示。

谐波治理的作用：延长设备寿命，减少设备采购投资；保证设备稳定工作，确保生产稳定；减少能耗，节能减排，保护环境；降低公用电网谐波污染，获得供电部门的奖励。

4 SVG补偿措施及优势

功率因数是衡量电气效率高低的系数，功率因数越低，有功功率就越小，同时无功功率越大，供

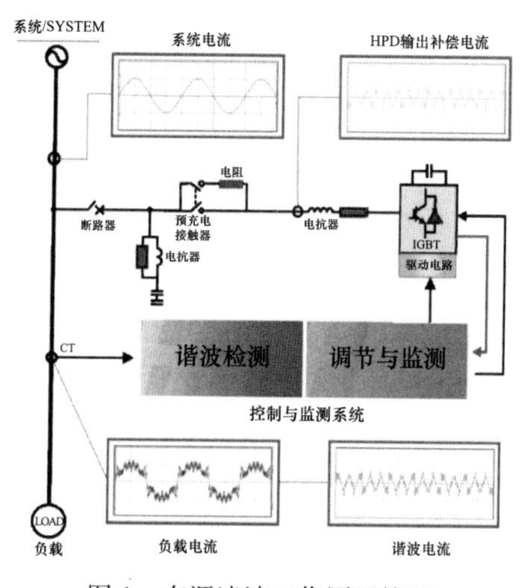

图 1　有源滤波工作原理简图

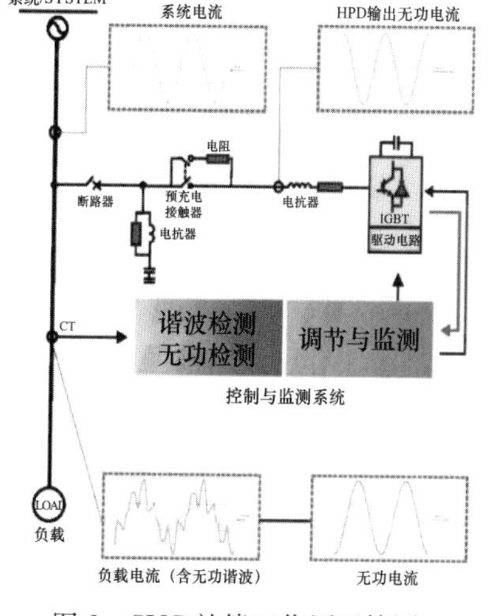

图 2　SVG 补偿工作原理简图

电设备的容量就不能得到充分的利用，采用先进的电子设备提高功率因数是解决电能损耗的主要措施。目前，企业采用的无功补偿装置多为电容器补偿，随着电力电子技术的快速发展，电容补偿较 SVG 静止无功补偿存在的劣势较为明显，一种新型的 SVG 静止无功补偿装置应运而生。SVG 静止无功发生器是利用可关断电力电子器件（IGBT）组成自换相桥式电路，经过电抗器并联在电网上，工作中通过调节逆变桥中 IGBT 器件的开关，可以控制直流逆变到交流的电压的幅值和相位，或者直接控制其交流侧电流。其可以迅速发出大小相等、相位相反的无功功率，从而发挥出动态无功补偿的作用。SVG 补偿工作原理简图如图 2 所示。

SVG 补偿的优势：SVG 无功补偿装置是利用电源模块进行补偿的，补偿功率因数能够达到 0.99 以上；SVG 无功补偿相应快速，实施跟踪、动态补偿，SVG 在 10ms 左右的时间内就能够实现一次无功补偿；SVG 可以从 0.1kV·A 开始进行无极补偿，完全实现了精确补偿；SVG 既不会增加谐波又不会放大谐波，而且能够过滤 50%以上的谐波；使用寿命长，SVG 正常使用寿命可达十年以上，基本上不需要维护，自身损耗也极小。

5　谐波治理和 SVG 补偿实施方案

以下为在某水泥企业项目熟料冷却配电系统中配置的 SVG 补偿柜和有源滤波柜低压系统，SVG 补偿柜容量是通过需要系数法计算该项目补偿容量后选择的，根据负荷计算无功补偿量为 536kV·A，考虑一定的余量，设备选择 300kV·A 的 SVG 无功补偿柜两台。具体计算如表 1 所示。

表 1　负荷计算表

篦冷机改造新增变压器负荷计算表													
序号	用电设备名称	设备台数	容量/kW	其中备用	需要系数/K_c	功率因数	$\tan f_\varphi$	有功功率/kW	无功功率/kV·A	视在计算负荷/kV·A	补偿后功率因数 $\cos\varphi$	变压器容量/(kV·A)	变负器负荷率/η	备注
						$\cos\varphi$								
1	FA 冷却风机	1	160	0	0.8	0.82	0.70	128	89.34	156.10				
2	FB 冷却风机	1	250	0	0.8	0.82	0.70	200	139.60	243.90				
3	F1 冷却风机	1	185	0	0.8	0.82	0.70	148	103.30	180.49				
4	F2 冷却风机	1	250	0	0.8	0.82	0.70	200	139.60	243.90				

续表

篦冷机改造新增变压器负荷计算表														
序号	用电设备名称	设备台数	容量/kW	其中备用	需要系数/K_c	功率因数 cosφ	$\tan f_{\varphi}$	有功功率/kW	无功功率/kV·A	视在计算负荷/kV·A	补偿后功率因数 cosφ	变压器容量/(kV·A)	变负器负荷率/η	备注
5	F3 冷却风机	1	160	0	0.8	0.82	0.70	128	89.34	156.10				
6	F4 冷却风机	1	185	0	0.8	0.82	0.70	148	103.30	180.49				
7	F5 冷却风机	1	250	0	0.8	0.82	0.70	200	139.60	243.90				
8	F6 冷却风机	1	200	0	0.8	0.82	0.70	160	111.68	195.12				
9	F7 冷却风机	1	200	0	0.8	0.82	0.70	160	111.68	195.12				
10	F8 冷却风机	1	200	0	0.8	0.82	0.70	160	111.68	195.12				
11	FR 冷却风机	1	200	0	0.8	0.82	0.70	160	111.68	195.12				
12	小计		2240.00					1648.64	1188.28	2032.25	0.93	2500	70.02%	
		本计算根据《工业与民用配电设计手册》第一章第二节“需要系数法确定计算负荷”；有功功率 $P_c=K\sum p\sum(K_xP_e)$kW，有功同时系数 $K\sum p$ 取值 0.92；无功功率 $Q_c=K\sum p\sum(K_xp_e\tan\varphi)$kW，无功同时系数 $K\sum p$ 取值 0.95；视在功率 $S_c=\mathrm{SQRT}(P_c\cdot P_c+Q_c\cdot Q_c)$kV·A												
		补偿前功率因数 $\cos\varphi=P_c/S_c$							0.81					
		补偿器容量 $Q_c'=Q_c-Q_c'$							536.70			取值	600.00	
		补偿后变压器容量							1750.45					

有源滤波柜的容量选择是通过非线性负载的功率估算的，谐波电流计算如下：

$$I_{\mathrm{THD}}=\frac{P}{\sqrt{3}\times U}\times T_{\mathrm{HDi}}\times\cos\varphi\times K_c=\frac{2240}{\sqrt{3}\times0.4}\times30\%\times0.8\times0.8=620\mathrm{A}$$

考虑到设备余量，选择 350A 有源滤波柜两台。有源滤波配置专用的电流互感器安装在低压柜母排上，SVG 补偿柜通过电源进线互感器采集电流信号，有源滤波柜和 SVG 补偿柜并联在低压母排上，如图 3 所示。

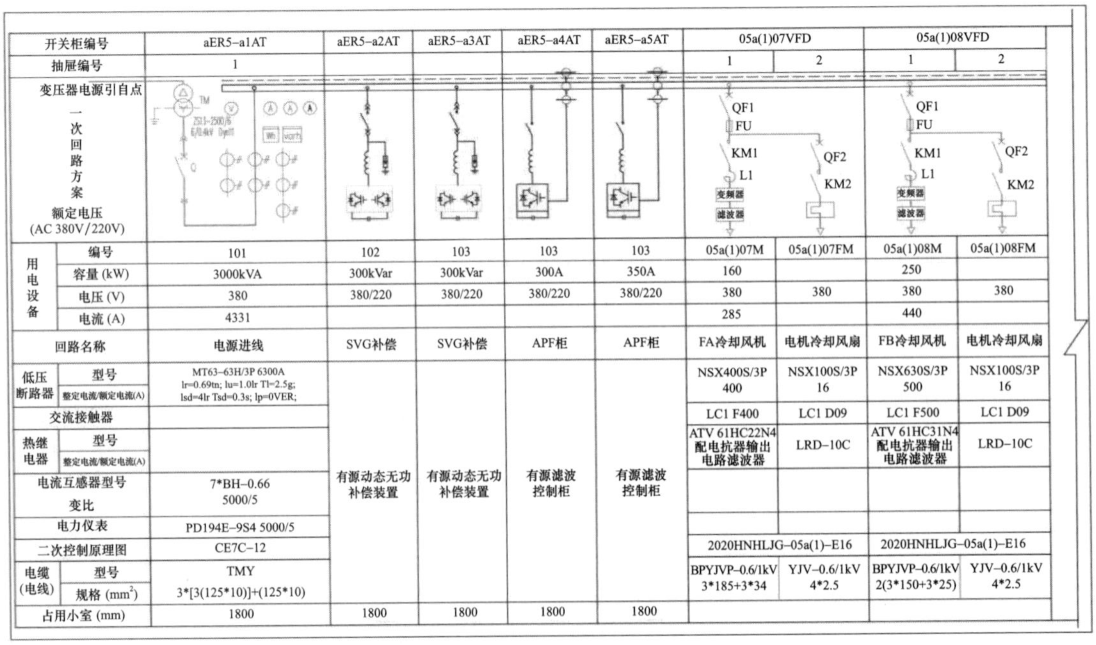

开关柜编号	aER5-a1AT	aER5-a2AT	aER5-a3AT	aER5-a4AT	aER5-a5AT	05a(1)07VFD		05a(1)08VFD	
抽屉编号	1					1	2	1	2
变压器电源引自点 一次回路方案 额定电压 (AC 380V/220V)	TM					QF1 FU KM1 L1 变频器 滤波器	QF2 KM2	QF1 FU KM1 L1 变频器 滤波器	QF2 KM2
用电设备 编号	101	102	103	103	103	05a(1)07M	05a(1)07FM	05a(1)08M	05a(1)08FM
用电设备 容量 (kW)	3000kVA	300kVar	300kVar	300A	350A	160		250	
用电设备 电压 (V)	380	380/220	380/220	380/220	380/220	380	380	380	380
用电设备 电流 (A)	4331					285		440	
回路名称	电源进线	SVG补偿	SVG补偿	APF柜	APF柜	FA冷却风机	电机冷却风扇	FB冷却风机	电机冷却风扇
低压断路器 型号 整定电流/额定电流(A)	MT63-63H/3P 6300A lr=0.69tn; lu=1.0lr Tl=2.5g; lsd=4lr Tsd=0.3s; lp=0VER;	有源动态无功补偿装置	有源动态无功补偿装置	有源滤波控制柜	有源滤波控制柜	NSX400S/3P 400	NSX100S/3P 16	NSX630S/3P 500	NSX100S/3P 16
交流接触器						LC1 F400	LC1 D09	LC1 F500	LC1 D09
热继电器 型号 整定电流/额定电流(A)						ATV 61HC22N4 配电抗器输出电路滤波器	LRD-10C	ATV 61HC31N4 配电抗器输出电路滤波器	LRD-10C
电流互感器型号 变比	7*BH-0.66 5000/5								
电力仪表	PD194E-9S4 5000/5								
二次控制原理图	CE7C-12					2020HNHLJG-05a(1)-E16		2020HNHLJG-05a(1)-E16	
电缆(电线) 型号 规格 (mm²)	TMY 3*[3(125*10)]+(125*10)					BPYJVP-0.6/1kV 3*185+3*34	YJV-0.6/1kV 4*2.5	BPYJVP-0.6/1kV 2(3*150+3*25)	YJV-0.6/1kV 4*2.5
占用小室 (mm)	1800	1800	1800	1800	1800				

图 3 SVG 补偿柜和有源滤波柜系统配置图

结合以上系统配置，SVG 补偿柜和有源滤波柜具体实施布置方案如图 4 所示。

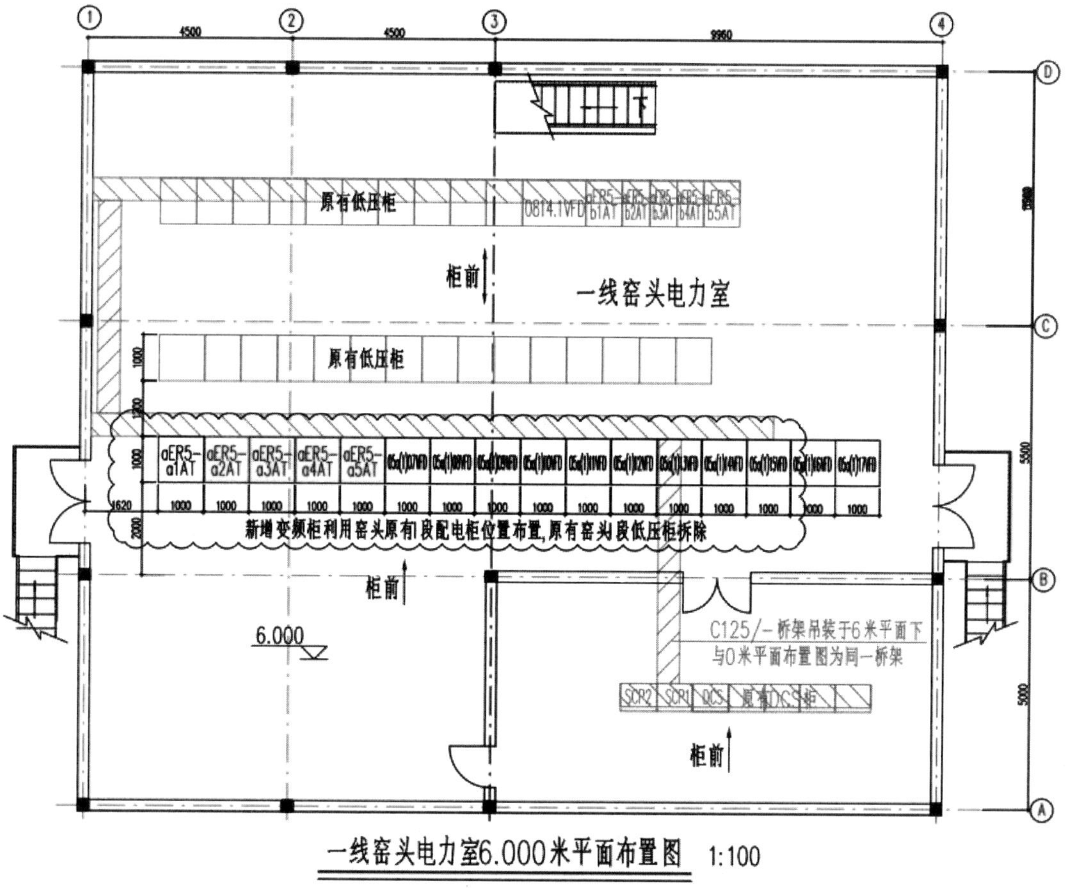

图 4　SVG 补偿柜和有源滤波柜布置图

项目实施 SVG 补偿和有源滤波柜后，熟料冷却系统谐波治理满足国家标准要求。谐波得到治理后，设备运行环境得到了保障，从而保证了设备安全，功率因数提高到 0.93 以上，节约了经济成本。本次项目的实施成功便于在其他项目中推广应用。

6　谐波治理和 SVG 补偿的意义

水泥企业低压系统谐波治理后，无功补偿柜就可正常投入使用了，从而提高功率因数，减少变压器的有功和无功损耗。根据以下公式计算，形成如表 2 所示的节能效益表。

节约变压器的有功功率：$\Delta P=\left(\frac{P_2}{S_N}\right)^2\left(\frac{1}{\cos^2\varphi_1}-\frac{1}{\cos^2\varphi_2}\right)P_k$

节约变压器的无功功率：$\Delta Q=\left(\frac{P_2}{S_N}\right)^2\left(\frac{1}{\cos^2\varphi_1}-\frac{1}{\cos^2\varphi_2}\right)Q_k$

表 2　节能效益表

变压器参数		经济效益	
变压器容量/（kV・A）	2000	补偿后功率因数	0.94
变压器实际功率/kW	1200	节约有功功率/kW	3.98

续表

变压器参数		经济效益	
自然功率因数	0.75	节约无功功率/（kV·A）	20.9
变压器满载功率损耗/kW	17.1	无功经济当量	0.1
变压器阻抗电压百分数/%	4.5	节约总损耗/kW	6.07
平均电费/元	0.68	每年节能效益/元	36157

注：变压器的参数参照厂家提供的数据，无功经济当量取值见钢铁企业电力设计手册。变压器的实际运行功率由某水泥企业现场提供数据。

提高功率因数能够减少线路损耗。由于提高了功率因数、减少了无功负荷，从而减少了供电线路及变压器的电流，详见如图5所示的有功功率、无功功率和视在功率的关系图。

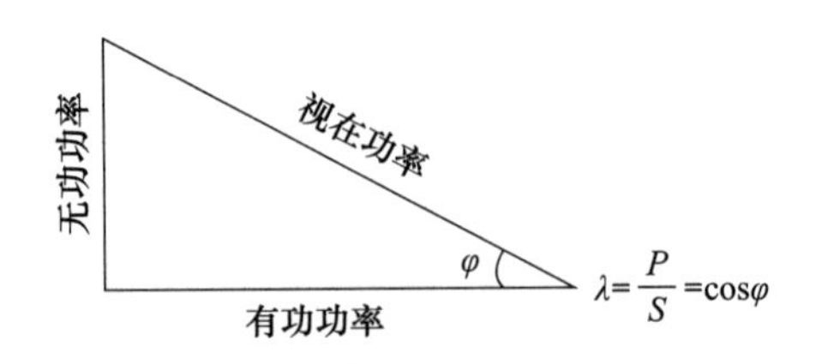

图5 有功功率、无功功率和视在功率关系图

λ 为功率因数，φ 表示有功功率与视在功率之间的夹角，即为功率因数角，通过功率因数能够清晰地表达出有功、无功以及视在功率的关系。

功率因数的提高可以增加配电设备的供电能力，由图5可知，提高了功率因数，在有功功率一定的情况下所需的视在功率及负荷电流均会减少。所以，对现有设备而言，需要变压器的容量和电缆截面就有了剩余，在一定程度上可用来增加企业负荷。当企业增加一定的改造设备容量时，已有配电设备的容量也可以满足。同时，在新建项目时由于功率因数的提高，可减少供电电缆线路的截面及变压器容量，在设备选择上节约了投资成本。

7 结　语

本文通过对企业谐波问题的治理，解决了谐波电容补偿问题，从而提高了企业的功率因数。目前，很多水泥企业都存在变压器利用率不高、电能损耗的问题，提高供配电系统的功率因数，能够降低变压器的容量配置，从而为企业创造经济价值。通过引进先进的电气设备，如有源滤波装置及SVG补偿设备，对企业电能质量和节能降耗起到了重要作用，为企业节约了经济成本。通过治理谐波，也保障了企业电气设备的安全运行。

参考文献

[1]《钢铁企业电力设计手册》编委会．钢铁企业电力设计手册［M］．北京：冶金工业出版社，1996.
[2] 中国航空规划设计研究总院有限公司．工业与民用供配电设计手册［M］．4版．北京：中国电力出版社，2017.
[3] 刘介才．工厂供配电［M］．北京：机械工业出版社，2016.

建筑防雷工程的评估计算

储菲菲　都　康　徐　刚

摘　要　本文以LX海螺熟料线一期工程1号单身宿舍为例，分别计算了年预计雷击次数、地电阻、避雷线的保护范围，评估了雷击危险度。

关键词　雷击；接地；保护；危险度

Evaluation and calculation of building lightning protection engineering

Chu Feifei　Du Kang　Xu Gang

Abstract　Taking the 1# single dormitory of Linxia conch clinker line phase I project as an example, this paper calculates the annual estimated number of lightning strikes, ground resistance and the protection range of lightning wires, and evaluates the lightning risk.

Keywords　lightning; grounding; protection; risk

1　引　言

防雷设计中主要计算年预计雷击次数和接地电阻，以及平时很少计算的避雷针、避雷线的保护范围，同时评估工程的雷击危险度。

2　年预计雷击次数计算

2.1　建筑物年预计雷击次数

建筑物年预计雷击次数按下式计算：

$$N=k\times N_g\times A_e \tag{1}$$

式中：N——建筑物年预计雷击次数（次/年）；

　　k——校正系数，在一般情况下取1；位于河边、湖边、山坡下或山地中土壤电阻率较小处、地下水露头处、土山顶部、山谷风口等处的建筑物，以及特别潮湿的建筑物取1.5；金属屋面没有接地的砖木结构建筑物取1.7；位于山顶上或旷野的孤立建筑物取2；

N_g——建筑物所处地区雷击大地的年平均密度［次/（km^2·a）］；

A_e——与建筑物截受相同雷击次数的等效面积（km^2）。

雷击大地的年平均密度，首先应按当地气象台、站资料确定，若无此资料，按下式计算：

$$N_g=0.1\times T_d \tag{2}$$

式中：T_d——年平均雷暴日，根据当地气象台、站资料确定（d/a）。

与建筑物接受相同雷击次数的等效面积应为其实际面积向外扩大后的面积，计算方法应符合下列规定：

① 当建筑物的高 H 小于 100m

$$D=\sqrt{H(200-H)} \tag{3}$$

$$A_e=[LW+2(L+W)\sqrt{H(200-H)}+\pi H(200-H)]\times 0.000001 \tag{4}$$

式中：　D——建筑物每边的扩大宽度（m）；

L、W、H——建筑物的长、宽、高（m）。

② 当建筑物的高 H 大于或等于 100m

$$A_e=[LW+2H(L+W)H+\pi H^2]\times 0.000001 \tag{5}$$

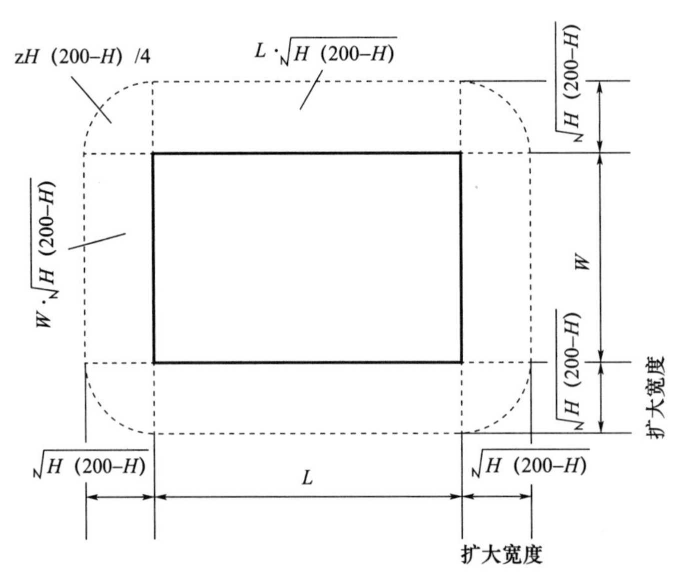

图1　建筑物截收相同雷击次数等效面积

注：建筑物平面积扩大后的面积 A_e 如图1周边虚线所包围的面积。

2.2　保护范围计算

通常用滚球法来计算避雷针、避雷线的保护范围。

2.2.1　单支避雷针的保护范围

① 距地面 h_r 高度作一平行于地面的平行线。

② 以针尖为圆心、h_r 为半径，作弧线交于平行线 A、B 两点。

③ 分别以 A、B 为圆心，h_r 为半径作弧线，该弧线与针尖相交并与地面相切，从此弧线起到地面上就是保护范围（图2）。

④ 避雷针在 h_x 高度的 xx' 平面和地面上的保护半径按下列方法确定：

$$\sqrt{h_r^2-(h_r-h_x)^2}=OP \tag{6}$$

$$\sqrt{h_r^2-(h_r-h)^2}=CB \tag{7}$$

$$r_x=CB-OP=\sqrt{h_r^2-h_r^2+2h_rh-h^2}-\sqrt{h_r^2-h_r^2+2h_rh_x-h_x{}^2} \tag{8}$$

根据上述推导，单支避雷针的保护范围的计算式确定如下：

$$r_x=\sqrt{h_r^2-h_r^2+2h_rh-h^2}-\sqrt{h_r^2-h_r^2+2h_rh_x-h_x{}^2} \tag{9}$$

$$r_x=\sqrt{h\ (2h_r-h)}-\sqrt{h_x\ (2h_r-h_r)} \tag{10}$$

$$r_0=\sqrt{h\ (2h_r-h)} \tag{11}$$

式中：r_x——避雷针在 h_x 高度的 xx' 平面上的保护半径（m）；

h_r——滚球半径，第一、二、三类防雷建筑物分别为 30m、45m、60m；

h_x——被保护物的高度（m）；

r_0——避雷针在地面上的保护半径（m）。

当 h 大于 h_r 时，在避雷针上取高度 h_r 的一点代替单支避雷针的针尖作为圆心。其余做法同本款第①项。式（10）和式（11）中的 h 用 h_r 代入。

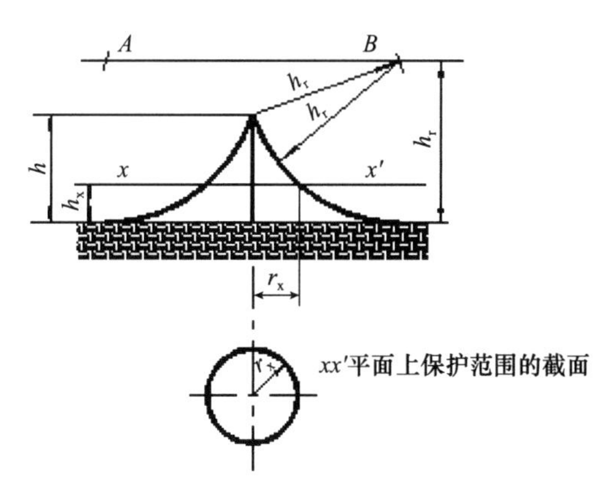

图 2　单支避雷针的保护范围

2.2.2　单根避雷线的保护范围

当避雷线的高度 h 大于或等于 $2h_r$ 时，无保护范围；当避雷线的高度 h 小于 $2h_r$ 时，应按下列方法确定（图 3）。确定架空避雷线的高度时应计及弧垂的影响。在无法确定弧垂的情况下，当等高支柱间的距离小于 120m 时架空避雷线中点的弧垂宜采用 2m，距离为 120～150m 时宜采用 3m。

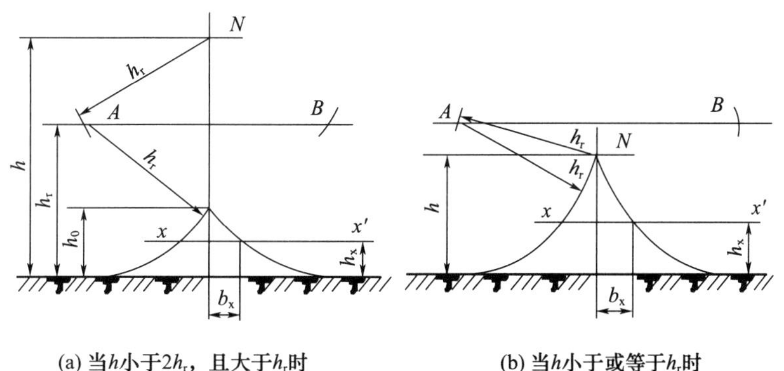

(a) 当h小于$2h_r$，且大于h_r时　　(b) 当h小于或等于h_r时

图 3　单根避雷线的保护范围

① 距离地面 h_r 处作一平行于地面的平行线；

② 以避雷线为圆心、h_r 为半径，作弧线交于平行线的 A、B 两点；

③ 以 A、B 为圆心，h_r 为半径作弧线，两弧线相交或相切并与地面相切，从该弧线起到地面止就是保护范围；

④ 当 h 小于 $2h_r$ 且大于 h_r 时，保护范围的最高点的高度 h_0 按下式计算：

$$h_0=2h_r-h \quad (12)$$

⑤ 避雷线在 h_x 高度的 xx' 平面上的保护宽度 b_x，按下式计算：

$$b_x=\sqrt{h\ (2h_r-h)}-\sqrt{h_x\ (2_r-h_x)} \quad (13)$$

式中：b_x——避雷线在 h_x 高度的 xx' 平面上的保护宽度（m）；

h——避雷线的高度（m）；

h_r——滚球半径（m）；

h_x——被保护物的高度（m）。

⑥ 避雷线两端的保护范围按单支避雷针的方法确定。

3 接地电阻的计算

接地体或自然接地体的对地电阻和接地线电阻的总和，称为接地装置的接地电阻。接地电阻的数值等于接地装置对地电压与接地体流入地中电流的比值。

3.1 自然接地体的接地电阻

利用建（构）筑物基础中的金属结构作为接地体，就称为基础接地体（或自然接地体）。

① 水平敷设成闭合矩形的圆柱形钢筋混凝土接地体的接地电阻 R 按下式计算：

$$R=\frac{\rho_1}{2\pi\times l}\ln\frac{d_1}{d}+\frac{\rho}{5\pi\times l}\left(\ln\frac{l^2}{d_1h}+A\right)\ (\Omega) \quad (14)$$

式中：h——水平接地体（钢筋体或圆柱形混凝土体）埋深（m）；

l——接地体的长度（m），接地体成闭合矩形时的周长；

A——闭合矩形接地体的形状系数，见表 1；

ρ——土壤的电阻率（Ω·m）；

ρ_1——混凝土的电阻率（Ω·m）；

d_1——圆柱形混凝土体的直径（m）；

d——接地体（圆柱形混凝土体内钢筋）的直径（m）。

表 1 闭合矩形接地体的形状系数 A 值

长短边比	1	1.5	2	3	4	5	6	7	8	9	10
A 值	1.69	1.76	1.85	2.1	2.34	2.53	2.81	2.93	3.12	3.29	3.42

② 当钢筋混凝土体断面是矩形时，则式（14）中 d、d_1 为等效直径，其值等于$\frac{2\ (a+b)}{d_1h}$（m），其中 a 和 b 分别为混凝土体或钢筋体矩形横截面的长、短边之长（m）。

3.2 人工接地体的接地电阻

① 垂直接地体接地电阻的计算

当 $l\gg d$ 时：

$$R=\frac{\rho}{2\pi l}\ln\frac{4l}{d}\ (\Omega) \tag{15}$$

式中：ρ——土壤的电阻率（Ω·m）；

l——接地体的长度（m）；

d——接地体的直径或等效直径（m），型钢的等效直径见表2。

表2　型钢的等效直径

种类	圆钢	钢管	扁钢	角钢
d	d	$d'=1.2d$	$b/2$	等边时：$d=0.84b$ 不等边时：$d=0.71\sqrt{b_1b_2(b_1^2+b_2^2)}$

② 水平接地体接地电阻的计算

$$R=\frac{\rho}{2\pi l}\left(\ln\frac{l^2}{hd}+A\right)\ (\Omega) \tag{16}$$

式中：ρ——土壤的电阻率（Ω·m）；

l——接地体的长度（m）；

h——水平接地体埋深（m）；

d——接地体直径或等效直径（m），见表2；

A——水平接地体的形状系数。

4　雷击危险度评估

建筑物和电气/电子系统因遭受直击雷及雷击电磁脉冲所引起的设备损坏危险度，应考虑设备所在的雷电环境因素、设备的重要性以及遭受雷击灾害所引起的后果严重程度，进行雷击危险度评估，以确定适当的保护措施。

因直击雷和雷击电磁脉冲引起电气/电子系统设备损坏的可接受的最大年平均雷击次数 N_c 为

$$N_c=5.8\times10^{-1.5}/(C_1+C_2+C_3+C_4+C_5+C_6)\text{（次/年）} \tag{17}$$

式中：C_1——电气/电子系统设备所在建筑物材料结构因子；当建筑物屋顶和主体结构均为金属材料时，C_1 取0.5；当建筑物屋顶和主体结构均为钢筋混凝土材料时，C_1 取1.0；当建筑物为砖混结构时，C_1 取1.5；当建筑物为砖木结构时，C_1 取2.0；当建筑物为木结构或其他易燃材料时，C_1 取2.5；

C_2——电气/电子系统设备重要程度因子；使用架空线缆的设备，C_2 取1.0；等电位联结和接地以及屏蔽措施较完善的设备，C_2 取2.5；集成化程度较高的低电压微电流的设备，C_2 取3.0；

C_3——电气/电子系统设备耐冲击能力因子，本因子与设备的耐各种过电压冲击性能、采用的等电位联结及接地措施、供电及信号线缆的屏蔽接地状况有关，可原则分为：一般，C_3 取0.5；较弱，C_3 取1.0；相当弱，C_3 取3.0；

C_4——电气/电子系统设备所在的雷电环境因子；设备在LPZ2或更高层雷电防护区时，C_4 取0.5；设备在LPZ1区内时，C_4 取1.0；设备在$LPZ0_B$区内时，C_4 取1.5～2.0；

C_5——电气/电子系统发生雷击事故的后果因子；电子信息系统业务中断不会产生不良后果时，

C_5 取0.5；电子信息系统业务原则上不允许中断，但在中断后无严重后果时，C_5 取1.0；电子信息系统业务不允许中断，中断后会产生严重后果时，C_5 取1.5～2.0；

C_6——区域雷暴等级因子；年平均雷暴日 $T_d<25$d/a时，C_6 取0.8；年平均雷暴日 $20<T_d\leqslant 40$d/a时，C_6 取1.0；年平均雷暴日 $40<T_d\leqslant 60$d/a时，C_6 取1.2；年平均雷暴日 $T_d\geqslant 60$d/a时，C_6 取1.4。

电气/电子系统所在的建筑物及入户设施年预计雷击次数 N 为

$$N=N_1+N_2 \tag{18}$$

其中：$N_2=N_g\cdot A'_e=0.1\times T_d\ (A'_{e1}+A'_{e2})$

式中：N_1——建筑物年预计雷击次数（次/年）；

N_2——建筑物入户设施年预计雷击次数（次/年）；

N_g——建筑物所处地区雷击大地的年平均密度［次/（km^2/年）］

T_d——年平均雷暴日，根据当地气象台、站资料确定（d/a）

A'_{e1}——电源线缆入户设施的截收面积（km^2）；

A'_{e2}——信号线缆入户设施的截收面积（km^2）。

入户设施的截收面积见表3。

表3 入户设施的截收面积

线路类型	有效截收面积（km^2）	
低压架空电源电缆	A'_{e1}	$2000L\times10^{-6}$
高压架空电源电缆（至现场变电所）		$5000L\times10^{-6}$
线路类型	有效截收面积（km^2）	
低压埋地电源电缆	A'_{e1}	$2d_sL\times10^{-6}$
高压埋地电源电缆（至现场变电所）		$0.1d_sL\times10^{-6}$
架空信号线缆	A'_{e2}	$2000L\times10^{-6}$
埋地信号线缆		$2d_sL\times10^{-6}$
无金属铠装或带金属芯线的光纤电缆		0

注：1. L 是线路从所考虑建筑物至网络的第一个分支点或相邻建筑物的长度（m），最大值为1000m，当 L 未知时，应采用 $L=1000$m。

2. d_s 表示埋地引入线缆计算截收面积时的等效宽度（m），其数值等于土壤电阻率值，最大值取500m。

将 N 和 N_c 进行比较，当 $N\leqslant N_c$ 时可不装设雷击电涌防护装置，当 $N>N_c$ 时则应安装雷击电涌防护装置。

根据防雷装置拦截效率 E 的计算式（$E=1-N_c/N$）确定建筑物电气/电子系统雷击电涌防护的分级为：

当 $E>0.98$ 时，电涌防护级别为A级；

当 $0.90<E\leqslant 0.98$ 时，电涌防护级别为B级；

当 $0.80<E\leqslant 0.90$ 时，电涌防护级别为C级；

当 $E\leqslant 0.80$ 时，电涌防护级别为D级。

5 设计实例

以海螺LX水泥有限责任公司2×4500t/d熟料水泥生产线一期工程1号单身宿舍防雷设计为例，

计算避雷线的保护范围、年预计雷击次数和接地电阻。

滚球法计算保护范围如图 4 所示。

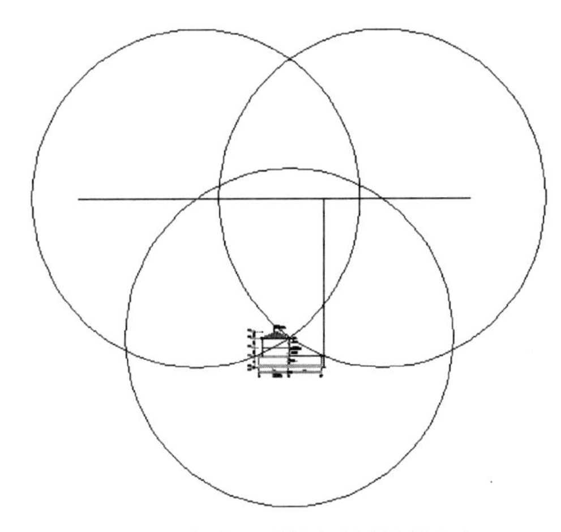

图 4 滚球法计算保护范围图示

5.1 避雷线保护范围的计算

设计时在屋顶周围敷设一圈避雷带，一层高为 4m 的门窗组装厂顶部没有防雷措施，通过计算，其在避雷带的保护范围之内。计算过程如下：

$$r_x=\sqrt{h(2h_r-h)}-\sqrt{h_x(2h_r-h_x)}$$
$$=\sqrt{11.15\times(2\times60-11.15)}-\sqrt{4\times(2\times60-4)}$$
$$=34.84-21.54$$
$$=13.30$$

5.2 年预计雷击次数计算

（1）建筑物尺寸（长 $L=93.6$、宽 $W=22.8$、高 $H=13.1$）(m)；

（2）建筑物所处地区年平均雷暴日 $T_d=39.9$ (d/a)；

（3）校正系数 $k=1.7$。

$$A_e=[93.6\times22.8+2\times(93.6+22.8)\text{sqrt}(13.1\times(200-13.1))+\pi\times13.1\times(200-13.1)]\times0.000001=0.021$$

$$N_g=0.1\times T_d=0.1\times39.9=3.99$$

$$N=k\times N_g\times A_e=1.7\times3.99\times0.021=0.14\text{（次/年）}$$

5.3 接地电阻计算

（1）混凝土直径 $d_1=0.48$ (m)；接地体直径 $d=0.016$ (m)；

（2）单根接地极长度（水平接地线总长）$L=262$ (m)；

（3）土壤电阻率 $\rho=100$，混凝土电阻率 $\rho_1=500$ (Ω·m)；

（4）水平接地线形状系数 $A=2.34$；

（5）水平接地线埋设深度 $h=1.5$ (m)。

$$R=(100/2\times3.14\times262)\times\ln(0.48/0.016)+(500/5\times3.14\times262)\times[2.34+\ln(262^2/1.5\times0.48)]=1.86\ (\Omega)$$

5.4 雷击危险度评估

建筑物屋顶和主体结构：钢筋混凝土材料

电气/电子系统设备所在建筑物材料结构因子 $C_1=1$

系统设备重要程度：等电位联结和接地以及屏蔽措施较完善的设备

电气/电子系统设备重要程度因子 $C_2=2.5$

系统设备耐冲击能力：较弱

电气/电子系统设备耐冲击能力因子 $C_3=1$

系统设备所在雷区环境：LPZ1 区

电气/电子系统设备所在的雷区环境因子 $C_4=1$

发生雷击事故的后果：无严重后果

电气/电子系统发生雷击事故的后果因子 $C_5=1.0$

年平均雷暴日：$20<T_d\leqslant 40\text{d/a}$

区域雷暴等级因子 $C_6=1$

$$N_c=5.8\times 10^{-1.5}/(C_1+C_2+C_3+C_4+C_5+C_6)$$
$$=5.8\times 10^{-1.5}/(1.000+2.500+1.000+1.000+1.000+1.000)$$
$$=0.0245\ (次/a)$$
$$N_1=k\times Ng\times A_e=1.7\times 3.99\times 0.021=0.14\ (次/年)$$
$$N_2=N_g\cdot A_e'=0.1\times T_d\ (A'_{e1}+A'_{e2})$$
$$=0.1\times 39.9\times (2\times 100\times 1000\times 10^{-6}+2\times 100\times 1000\times 10^{-6})$$
$$=1.596\ (次/年)$$
$$N=N_1+N_2=0.14+1.596=1.736\ (次/年)$$

电涌等级评估：

$N>N_c$，应安装雷击电涌防护装置

防雷装置拦截效率 E：

$$E=1-N_c/N=1-0.0245/1.736=0.986$$

当 $E>0.98$ 时，电涌防护级别为 A 级。

6 总　结

在防雷设计中，对建筑的雷击危险度进行评估，实施合理的雷电防护；计算建筑的年预计雷击次数，来定量地分析建筑的防雷等级；计算避雷针、避雷线的保护范围以及接地电阻，来验证设计的防雷措施是否满足规范要求。

参考文献

[1] 梅卫群，江燕如．建筑防雷工程与设计 [M]．3 版．北京：气象出版社，2008.

[2] 建筑物防雷设计规范：GB 50057—2010 [S]．北京：中国计划出版社，2010.

[3] 丁伟．IEC 与 GB 防雷标准中建筑物直击雷防护对比分析 [J]．南方能源建设，2016，3 (01)：110-114，95.

矿山、总图部分

生活垃圾焚烧发电产业发展现状及规划选址要点

孔园园

摘　要　生活垃圾焚烧发电是近年来生活垃圾处置的主流方式，是解决“垃圾围城”“垃圾上山下乡”等突出环境问题的有效方式。但是在项目选址过程中存在着诸多问题，“邻避效应”频繁发生。本文尝试从政策法规角度并结合工程实践角度分析选址过程中需注意的问题。

关键词　垃圾焚烧发电；产业发展；选址；规划

Domestic waste incineration power generation industry development status and planning site selection points

Kong Yuanyuan

Abstract　Household garbage incineration for power generation is the mainstream way of household garbage disposal in recent years. It is an effective way to solve outstanding environmental problems such as “garbage besieging cities” and “garbage going to the countryside” . However, there are many problems in the process of project site selection, and “NIMBY effect” occurs frequently. This paper tries to analyze the problems needing attention in the process of site selection from the perspective of policies and regulations and personal practice.

Keywords　waste incineration power generation; industrial development; the location; planning

0　引　言

生活垃圾焚烧发电是生活垃圾处理的重要方式，对实现垃圾减量化、资源化和无害化，改善城乡环境卫生状况，解决“垃圾围城”“垃圾上山下乡”等突出环境问题具有重要作用。科学合理确定生活垃圾发电厂规划和选址，对推进垃圾焚烧设施项目顺利实施、提高垃圾无害化处理能力具有重要意义。笔者有幸参与了不少垃圾焚烧发电项目的前期选址工作，深刻体会到生活垃圾焚烧发电项目选址的不易，如何变“邻避效应”为“邻利效应”，是每个生活垃圾焚烧发电项目选址过程中应该关注的重点问题。笔者现就垃圾焚烧发电项目选址过程中需要注意的几个问题试做初步研究，不当之处，敬请读者斧正。

1　我国垃圾焚烧发电产业发展现状

我国自1985年在深圳首次建造垃圾焚烧发电厂以来，经历了30多年的发展与探索，在最近几年才形成稳定的产业格局。2020年6月10日，生态环境部副部长赵英民在《第二次全国污染源普查公报》发布会上提到，“十二五”和“十三五”期间（2011—2020年），我国垃圾焚烧厂的数量增加了303%，焚烧处理量增加了577%。2010年我国在运行焚烧厂104座，城市生活垃圾焚烧处理量约2300万吨/年；到2019年增长到401座，处理量达1.2亿吨/年。10年间，城市生活垃圾中焚烧处理占比由18.8%上升至51.2%。截至2020年6月1日，我国在运行的垃圾焚烧厂总计455座，过去5年间垃圾焚烧厂数量的年均复合增长率为15.6%。

根据《生物质能发展“十三五”规划》，到2020年我国城镇生活垃圾焚烧发电装机容量将达到750万千瓦；《可再生能源发展“十三五”规划实施的指导意见》则提出了垃圾焚烧发电“十三五”规划布局，明确在30个省（直辖市、自治区）及新疆生产建设兵团布局529个垃圾焚烧发电项目，装机容量1022万千瓦；根据《“十三五”全国城镇生活垃圾无害化处理设施建设规划》（发改环资〔2016〕2851号），截至2020年年底，设市城市生活垃圾焚烧处理能力占无害化处理总能力的50%以上，其中东部地区达到60%以上。因此，从宏观总体而言，全国垃圾焚烧发电产业发展势头良好，垃圾焚烧发电已成为垃圾处理的一种主流方式。

从发展速度与规模而言，我国目前垃圾焚烧发电装机容量、发电量和垃圾处理量“三大总量”均居世界第一；从发展质量而言，我国当前垃圾焚烧发电的焚烧炉、烟气处理、渗滤液处理和固废处理等工艺和环保最新技术，已达到国际先进水平；从区域分布而言，垃圾焚烧发电的分布与经济发展水平基本一致，主要分布在沿海经济发达地区、内地省会城市以及部分大型城市；就垃圾焚烧发电装机及垃圾处理能力而言，近5年来，我国垃圾焚烧发电装机单机容量规模、单位垃圾处理能力、处理单位垃圾产生的发电量均大幅增加；从发展空间而言，随着我国经济进入高质量发展阶段，以及增长动力转换、推动动力变革，垃圾焚烧发电发展空间仍然巨大，详见图1、图2。

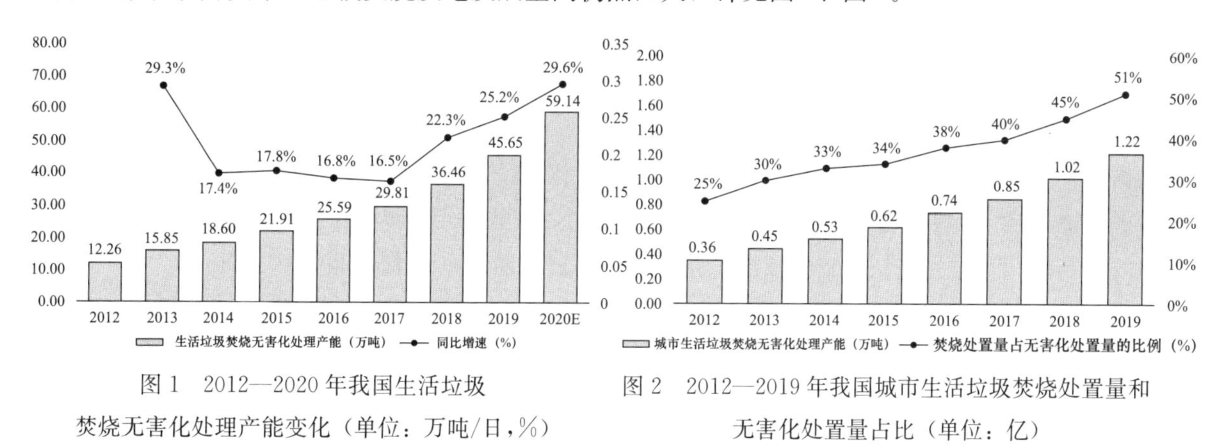

图1　2012—2020年我国生活垃圾焚烧无害化处理产能变化（单位：万吨/日，%）

图2　2012—2019年我国城市生活垃圾焚烧处置量和无害化处置量占比（单位：亿）

2　对垃圾焚烧发电项目选址相关的文件要求

2.1　环境保护部文件对项目选址的要求

2018年3月4日，生态环境部（原环境保护部）下发了《环境保护部办公厅关于印发《生活垃圾焚烧发电建设项目环境准入条件（试行）》的通知》（环办环评〔2018〕20号），文件对项目选址有以下要求：

（1）项目建设应当符合国家和地方的主体功能区规划、城乡总体规划、土地利用规划、环境保护规划、生态功能区划、环境功能区划等，符合生活垃圾焚烧发电有关规划及规划环境影响评价要求。

（2）禁止在自然保护区、风景名胜区、饮用水水源保护区和永久基本农田等国家及地方法律法规、标准、政策明确禁止污染类项目选址的区域内建设生活垃圾焚烧发电项目。项目建设应当满足所在地大气污染防治、水资源保护、自然生态保护等要求。

鼓励利用现有生活垃圾处理设施用地改建或扩建生活垃圾焚烧发电设施，新建项目鼓励采用垃圾处理产业园区选址建设模式，预留项目改建或者扩建用地，并兼顾区域供热。

（3）根据项目所在地区的环境功能区类别，综合评价其对周围环境、居住人群的身体健康、日常生活和生产活动的影响等，确定生活垃圾焚烧厂与常住居民居住场所、农用地、地表水体以及其他敏感对象之间合理的位置关系，厂界外设置不小于300m的环境保护距离。防护距离范围内不应规划建设居民区、学校、医院、行政办公和科研等敏感目标，并采用园林绿化等缓解环境影响的措施。

2008年，生态环境部（原环境保护部）下发的《关于进一步加强生物质发电项目环境影响评价管理工作的通知》中将生活垃圾焚烧发电项目纳入到生物质发电项目中，并对其规划选址提出了具体的要求：

（1）厂址选择

选址必须符合所在城市的总体规划、土地利用规划及环境卫生专项规划（或城市生活垃圾集中处置规划等）；应符合《城市环境卫生设施规划规范》（GB/T 50337—2018）、《生活垃圾焚烧处理工程技术规范》（CJJ 90—2018）对选址的要求。

除国家及地方法规、标准、政策禁止污染类项目选址的区域外，以下区域一般不得新建生活垃圾焚烧发电类项目：

① 城市建成区；

② 环境质量不能达到要求且无有效削减措施的区域；

③ 可能造成敏感区环境保护目标不能达到相应标准要求的区域。

（2）环境防护距离

根据正常工况下产生恶臭污染物（氨、硫化氢、甲硫醇、臭气等）无组织排放源强计算的结果并适当考虑环境风险评价结论，提出合理的环境防护距离，作为项目与周围居民区以及学校、医院等公共设施的控制间距，作为规划控制的依据。新改扩建项目环境防护距离不得小于300m。

2.2 发展改革委文件对项目选址的要求

2017年12月12日发展改革委2166号文件中明确要求，垃圾发电项目应由省级主管部门（省发改委或者能源局）于2018年年底编制完成本省省级生活垃圾焚烧发电中长期专项规划（以下简称专项规划），列入专项规划的项目及时纳入国家发展改革委重大建设项目库和国家能源局可再生能源项目管理系统规划库。也就是说，在项目选址过程中，我们要关注该项目是否“进规划”“入库”。

同时，在2166号文中，对垃圾焚烧发电项目选址提出了三点要求以及三种鼓励方式。三点要求：①选址应符合与“三区三线”配套的综合空间管控措施要求，所谓的“三区”指的是城镇、农业、生态三个区块空间，所谓“三线”指的是城镇开发边界、永久基本农田保护线、生态保护红线；②尽量远离生态保护红线区域；③严格按照《生活垃圾焚烧处理工程项目建设标准》要求。三种鼓励的方式：①鼓励利用既有生活垃圾处理设施用地建设；②鼓励采取产业园区选址建设模式，统筹生活垃圾、建筑垃圾、餐厨垃圾等不同类型垃圾处理，形成一体化项目群；③在京津冀、长三角等国家级城市群打破省域（市域）限制，探索跨地市、跨省域生活垃圾焚烧发电项目建设，实现一定区域内共建共享。

2.3 住房城乡建设部文件对项目选址的要求

《生活垃圾焚烧处理工程项目建设标准》(建标 142—2010)中第十五条关于项目选址的要求:

(1)焚烧厂的选址应符合城镇总体规划、环境卫生专项规划以及国家现行有关标准的规定。

(2)应具备满足工程建设的工程地质条件和水文地质条件。

(3)不受洪水、潮水或内涝的威胁,受条件限制,必须建在受威胁区时,应有可靠的防洪、排涝措施。

(4)宜靠近服务区,运输距离应经济合理,与服务区之间应有良好的交通运输条件。

(5)应充分考虑焚烧产生的炉渣及飞灰的处理与处置。

(6)应有可靠的电力供应。

(7)应有可靠的供水水源。

(8)应有完善的污水接纳系统或有适宜的排放环境。

(9)对于利用焚烧余热发电的焚烧厂,应考虑易于接入地区电力网。

《生活垃圾焚烧处理工程技术规范》(CJJ 90—2009)中 4.2 条关于项目选址的要求:

(1)焚烧厂的选址应符合城乡总体规划和环境卫生专项规划要求,并应通过环境影响评价的认定。

(2)厂址选择应综合考虑垃圾焚烧厂的服务区域、服务区的垃圾转运能力、运输距离、预留发展等因素。

(3)厂址应选择在生态资源、地面水系、机场、文化遗址、风景区等敏感目标少的区域。

(4)厂址选择应符合下列要求:

① 厂址应满足工程建设的工程地质条件及水文地质条件,不应选在发震断层、滑坡、泥石流、沼泽、流沙及采矿陷落区等地区;

② 厂区不应受洪水、潮水或内涝的威胁,必须建在该类地区时,应有可靠的防洪、排涝设施,其防洪标准应符合现行国家标准《防洪标准》(GB 50201)的有关规定;

③ 厂址与服务区之间应有良好的道路交通条件;

④ 厂址选择时,应同时确定灰渣处理与处置的场所;

⑤ 厂址应有满足生产、生活的供水水源和污水排放条件;

⑥ 厂址附近应有必需的电力供应,对于利用垃圾焚烧热能发电的垃圾焚烧厂,其电能应易于接入地区电力网;

⑦ 对于利用垃圾焚烧热能供热的垃圾焚烧厂,厂址的选择应考虑热用户分布、供热管网的技术可行性和经济性等因素。

3 对相关文件及规范要求的解读

3.1 生活垃圾焚烧项目选址与国土空间规划之间的符合性要求

从各种文件和规范中的条文不难看出,对生活垃圾焚烧发电项目合理规划的要求越来越高,对项目选址的要求越来越具体,只是侧重点不同而已。环保主管部门侧重于项目选址对区域生态环境以及环境敏感点的影响,避免发生生态事故;发展改革委侧重于项目的综合规划方面,要求的是规划的科学性和合理性，避免盲目建设和重复建设；住房和城乡建设部门则偏重于项目选址本身的合理性，侧重于工程建设难易程度的实际角度。但是无一例外的，各部门都要求生活垃圾焚烧发电项目与城市的总体规划、土地利用规划、环境专项规划之间的符合性。因此垃圾焚烧发电项目的选址首先应结合国土空间的综合规划来进行，“十八大”以来，国家越来越重视顶层设计及规划，在国土空间利用方面，明确了国土空间规划的科学性及严肃性，提出了“多规合一”的理念。在实践操作过程中，“三区三线”是比较符合我国国土空间规划的实际情况，将国土空间划分为城镇空间、农业空间、生态空间“三区”，对应提出了城镇开发边界、永久基本农田以及生态保护红线“三线”，其中城镇开发边界由规划部门和国土部门共同划定，永久基本农田由国土部门划定，生态保护红线由环保部门划定。生态保护红线及永久基本农田在垃圾发电选址过程中必须完全避开，但是城镇开发边界与城市建成区是否是同一个概念值得商榷。2008年，生态环境部下发的《关于进一步加强生物质发电项目环境影响评价管理工作的通知》中明确规定城市建成区内一般不得新建生活垃圾焚烧发电类项目，但城市建成区与城市开发边界应该不是重合的规划，笔者认为城市开发边界范围应大于城市建成区范围。

3.2 降低生活垃圾焚烧项目对周边环境敏感点的影响

在生态环境部下发的文件中多次提到在垃圾焚烧厂周边应设置环境防护区。《生物质发电项目环境影响评价文件审查的技术要点》中的相关要求规定，新改扩建项目环境防护距离不得小于300m；住房城乡建设部等四部门联合发布的《关于进一步加强城市生活垃圾焚烧处理工作的意见》，控制范围按核心区周边不小于300m；环境保护部《生活垃圾焚烧发电建设项目环境准入条件（试行）》中要求厂界外设置不小于300m的环境防护距离，防护距离范围内不应规划建设居民区、学校、医院、行政办公和科研等敏感目标，并采取园林绿化等缓解环境影响的措施。所以300m的大气环境防护距离是不能突破的红线，即使经过环境评估模型预测不需要设置也不行。

3.3 生活垃圾焚烧项目的工程建设经济合理性

在住房城乡建设部的文件中，无论是工程建设标准，还是工程技术规范，都要求拟选厂址应靠近项目的服务范围，并且都要求厂址所在地避开工程地质及水文地质不良地方，厂址的周边还应有良好的交通条件、水电条件，这些因素都是节省工程投资的必要条件。

4 厂址选择过程中的困难及需要注意的事项

随着社会公众环保意识日益增强，项目选址难、落地难等问题也日趋突出。同时由于垃圾焚烧发电厂的特殊性和公益性，在保证焚烧炉可靠、稳定、连续运行外，还必须综合考虑各种因素，其中既有规划因素，也有环保因素。近年来，由垃圾电厂选址造成的信访事件日益增多，杭州中泰、湖北仙桃、天津蓟县、北京六里屯、南京天井洼等各地民众均以环保问题为由，以不同的方式表达了他们对垃圾焚烧发电项目的质疑与反对。我国垃圾焚烧发电厂的选址因环保因素仍然显得很困难。

（1）选址过程中应留心收集当地的气象资料，尤其是风频玫瑰图，拟选厂址应尽量布置于全年主频风向的下风向。

（2）在选址过程中还应充分结合地域特点，比如在贵州地区选址应重点关注厂址的工程地质及水文地质情况，尽量避开溶洞及有地质灾害发生的地方，在华南地区选址则应重点关注洪涝灾害对选址的影响，诸如此类，不一而足。

（3）在选址过程中还应适时了解各个地方对环境保护的最新要求，比如在长江流域的省份选址，就应该重点关注该省份对长江流域干支流环境保护的最新法规条文。

5 结　语

随着国家重点区域城市群协调发展、城镇化战略以及乡村振兴战略的不断推进，我国城市化发展程度逐渐提高，近年来城市规模迅速扩大，人们的消费水平不断提高，垃圾产生量日益增加，许多城市已被垃圾所包围。十九大报告在“加快生态文明体制改革，建设美丽中国”章节中将垃圾处理问题列入了“突出环境问题”，明确要求“加强固体废弃物和垃圾处置”，形成节约资源和保护环境的空间格局、产业结构、生产方式、生活方式，如何合理有效地处理垃圾已成为政府及公众关心的环境保护焦点问题，同时如何合理地选址是决定着工程项目的合规性、经济性的头等大事，必须慎之又慎！

参考文献

[1] 生活垃圾焚烧污染控制标准：GB 18485—2014 [S]．北京：中国环境科学出版社，2014.
[2] 生活垃圾焚烧处理工程技术规范：CJJ 90—2009 [S]．北京：中国建筑工业出版社，2009.
[3] 生活垃圾焚烧处理工程项目建设标准：建标 142—2010 [S]．北京：中国计划出版社，2010.

浅析复杂地形条件下垃圾发电项目总体设计思路

田文刚

摘　要　垃圾发电环保类项目因其项目自身的特殊性，往往选址在地形崎岖、交通不便的山地，且受农业生产用地影响，厂区用地范围往往极不规整。对于此类极端条件的场地，总平面及竖向处理上往往要打破传统思维的桎梏，灵活加以处理；另一方面，可因势利导，“变不利为有利”，若处理得当，往往能体现出山区工厂独特的设计风格。

关键词　垃圾发电；复杂地形；总体设计

A brief analysis of the overall design ideas of waste-to-energy projects under complex terrain conditions

Tian Wengang

Abstract　Because of the particularity of the project, waste-to-energy generation environmental protection projects are often located in mountainous areas with rugged terrain and inconvenient transportation. And affected by the agricultural production land, the scope of land use in the factory area is often extremely irregular. For such extreme conditions, the general plane and vertical treatment often break the shackles of traditional thinking and deal with them flexibly; on the other hand, it can be guided by the situation, “turning disadvantage into advantage”, if handled properly, it can often reflect the unique design style of mountain factories.

Keywords　waste power generation; complex terrain; overall design

0　引　言

垃圾发电环保类项目因其项目自身的特殊性，往往选址在地形崎岖、交通不便的山地，且受农业生产用地影响，厂区用地范围往往极不规整。对于此类极端条件的场地，总平面及竖向处理上往往要打破传统思维的桎梏，灵活加以处理；另一方面，可因势利导，“变不利为有利”，若处理得当，往往能体现出山区工厂独特的设计风格。

笔者结合自己在工作中接触的实际项目，分享设计过程中的经验和得失，以期抛砖引玉。

弋阳县生活垃圾焚烧发电项目位于弋阳县南岩镇宝丰村蛤蟆垄，建设规模为 2 条 300t/d 的垃圾焚烧炉处理线，配套 2 套中温中压、单锅筒自然循环余热锅炉，以及中温中压 N6MW 凝汽式汽轮发电机组。项目为一次建成、分期投产，该项目已于2018年验收并投产运行。

1 现状条件的特殊性

1.1 地形地貌多变

该项目所在地属武夷山山脉余脉，属重度丘陵地区，原始场地为山间一处人工挖掘的小谷地，四周均为高度超过50m的砂岩质陡壁，地势垂直变化剧烈，且呈现不规则分布，导致平面布置难以展开，竖向处理也极为困难（图1～图3）。

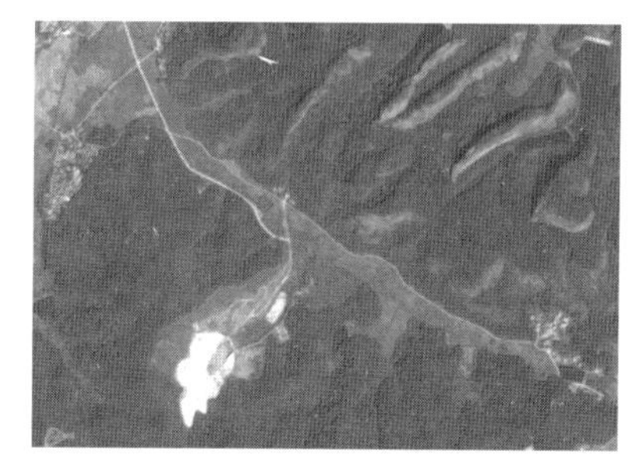

图1 最终政府同意的用地范围

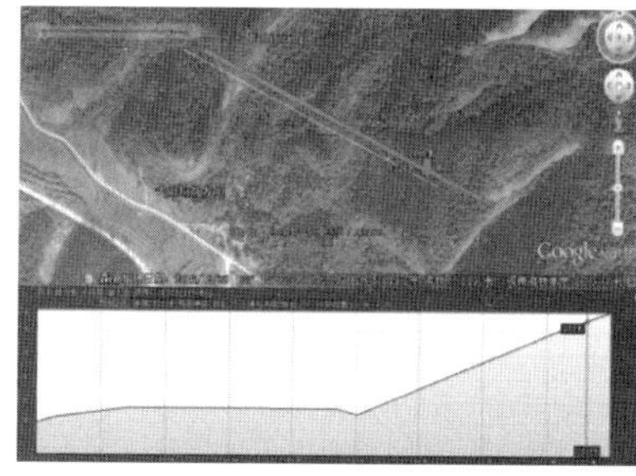

图2 原始地形（一）

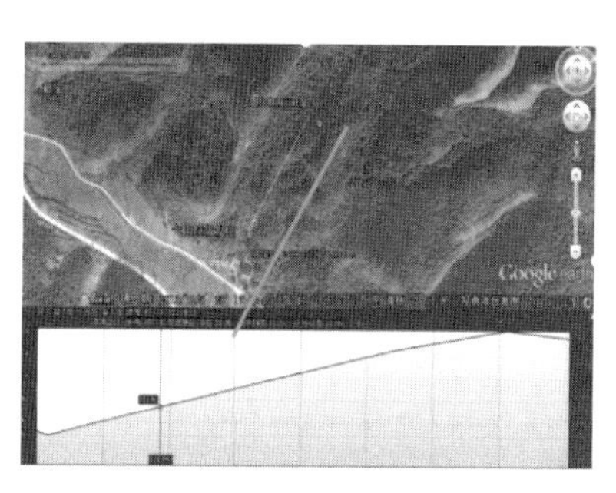

图3 原始地形（二）

1.2 土地性质复杂，用地极不规整

该地块属工业用地性质的仅有30余亩，其余用地涉及林地、基本农田和仓储用地，各地块犬牙交错，经甲方与政府主管部门多次协调，用地范围线多次变更，最终确定的用地范围平面极不规整，给总图布置带来更多的困难（图4）。

图4 最终政府同意的用地范围

1.3　委托方的特殊要求

鉴于垃圾焚烧企业的特殊性，本工程地方政府要求严格做到“土方就地平衡，零外运”，这一要求给地处重度丘陵区域的工厂带来难以想象的困难。

2　平面布局和竖向处理

鉴于该项目的特殊性，设计时在平面布局和竖向设计两个方面采取了一些针对性的处理措施。

2.1　采用“大分隔、小融合”的方式处理厂区平面布局

由于场地地形极为局促，平面布置时采取了“大分隔＋小融合”的方式，“抓大放小”，在仅有的相对平缓的区域先安排布置厂房，其他辅助车间则因势利导，尽可能采用组合式或叠合式的设计方案，以克服用地局促的困难，辅助车间、行政办公与主厂房既分隔又联系，随形就势，不刻意追求平面的规整。这种处理方法虽不比开阔场地上的厂区布置显得“舒展大气”，却有效地使厂区与周边“紧密贴合”，融为一体。

2.2　采用“完整性、层次性、连续性”的原则处理竖向布置

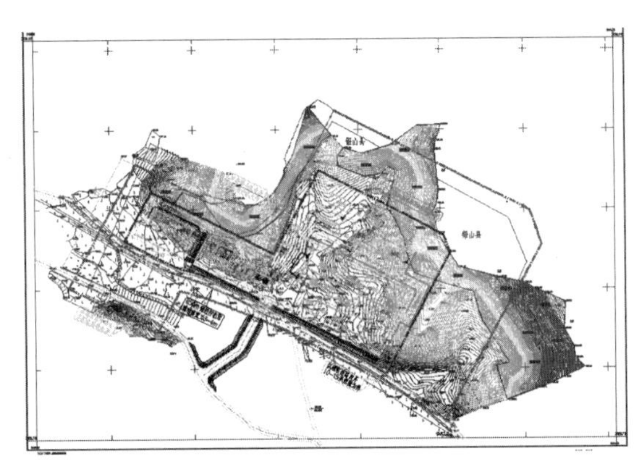

图 5　场地地形分析

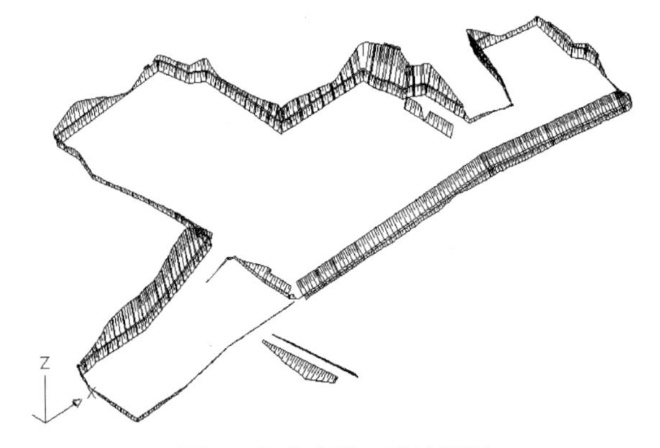

图 6　完成地形三维轴侧图

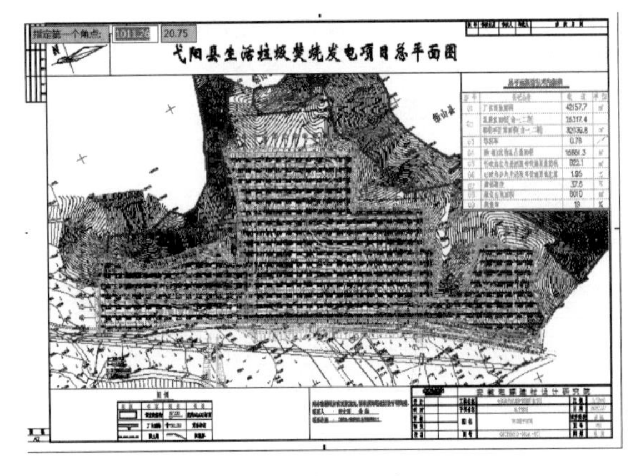

图 7　场地土方

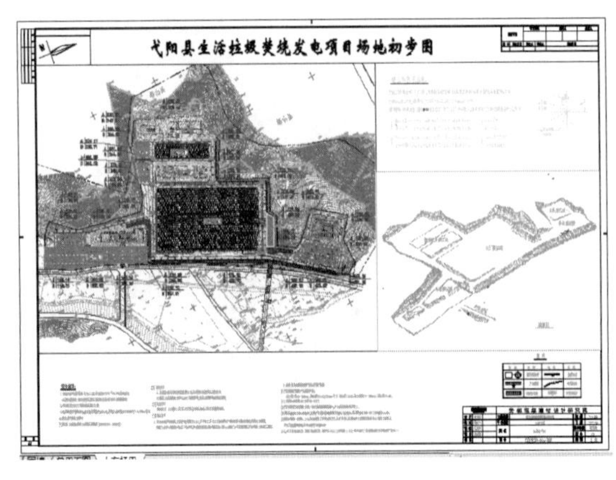

图 8　场地平整图

竖向处理时针对该工程最突出的难点，布置时采用“整分块”“大台段”的处理方式，忽略局部变化复杂的场地，不设置零碎台段，避免台段设置过多带来的车间布置和交通连接的问题，确保主要车间的整平标高，对于辅助车间则随形就势、灵活分隔，经过反复调整，最终厂区挖填均控制在10万立方米以内，并严格做到土方就地平整、零排零运（图5～图8）。

3　“立体化”交通物流的处理

由于该工程不得产生“弃方”，因而场平平整标高较之周边场地高出许多，该工程紧邻乡道，该乡道为周边村民出入的主要通道，无法做到封闭，加之该路与厂区高差很大，直接连通非常困难，且易引发与周边村民的矛盾。

针对项目特殊现状，设计时打破常规，采用了“立体出入口”的处理措施。选择离厂区较近、高差接近的坡地，对该工厂两个出入口和乡道之间做立交架空处理，设置通行桥两座，分别用于物流运输和行政办公。

这一处理措施彻底地解决了厂区物流及与周边道路的干扰问题，也使得进厂通道坡度更加平缓，安全可靠（图9～图10）。

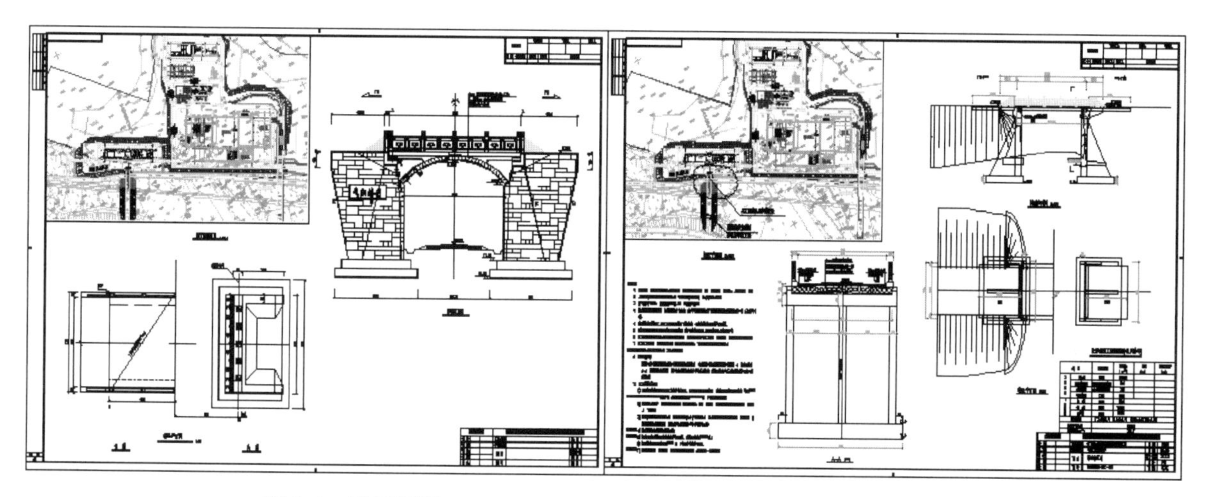

图9.1　进厂桥梁　　　图9.2　进厂桥梁

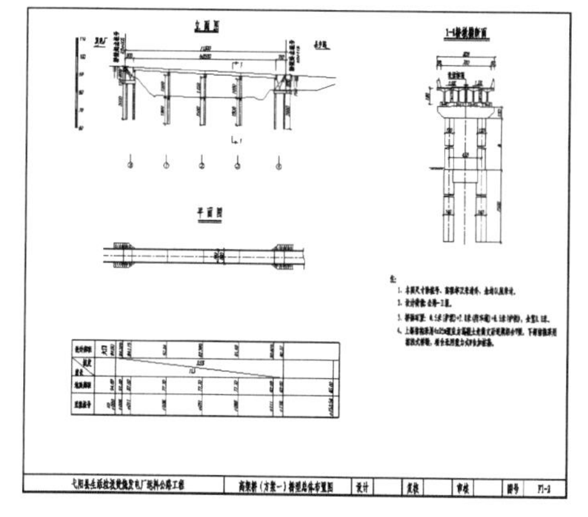

图9.3　进厂桥梁

图10　厂区鸟瞰效果图

4 工程细节的处理

4.1 非常规的支护结构解决用地局促和施工干扰问题

由于紧邻厂外社会道路，厂区外侧边坡最大高度达到 12m 以上，采用常规挡土墙加放坡的支挡结构势必会挖断道路且挤占厂内空间，为压缩放坡用地和减少施工作业面，设计采用了人工挖孔桩板式挡土墙形式，在满足高回填区稳定安全的前提下最大限度减少了对周边的影响（图 11）。

4.2 深幅多槽室跌水解决雨水排放问题

厂区雨水平均排放高度远高于周边，为消解排放雨水的冲击，避免对周边环境带来不利影响，采用了多槽室深幅跌水井的措施，有效解决了厂区雨水排放的问题（图 12）。

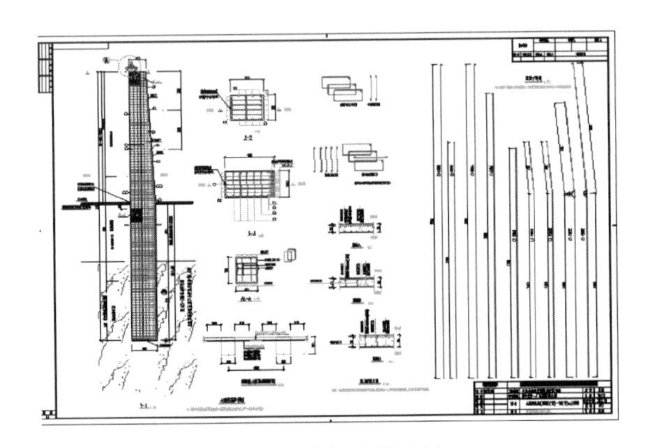

图 11 桩板式挡土墙

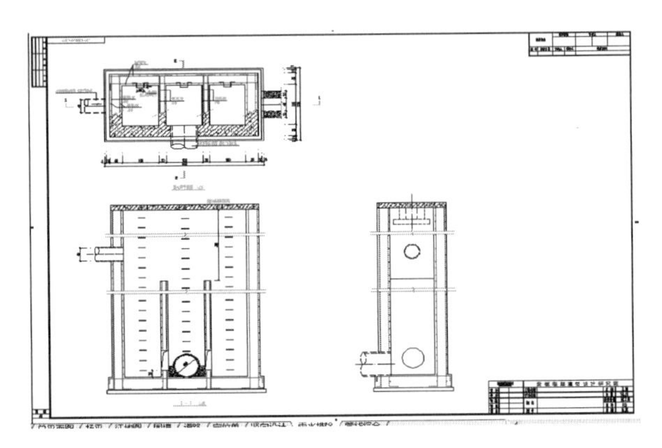

图 12 跌水处理

5 细节设计植入地方建筑文化，与环境和谐统一

弋阳地区属古徽州，文化上与“新安文化”一脉相承，本工程设计中在厂外支护结构、桥梁工程等细部设计中特意植入诸多“徽派文化”建筑风格，使得厂区整体设计与周边人文环境融为一体（图 13～图 16）。

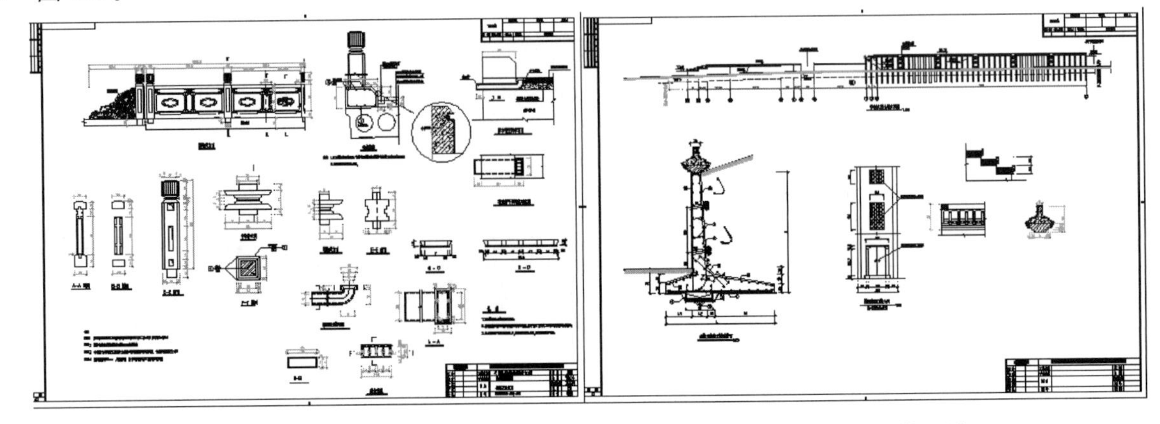

图 13.1 行政通行桥栏杆图　　图 13.2 正交立面挡土墙 1

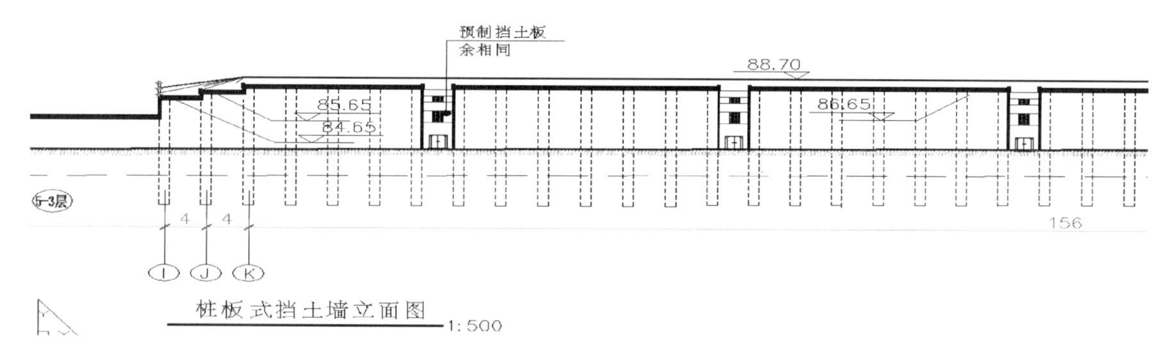

图 13.3　正交立面挡土墙 2

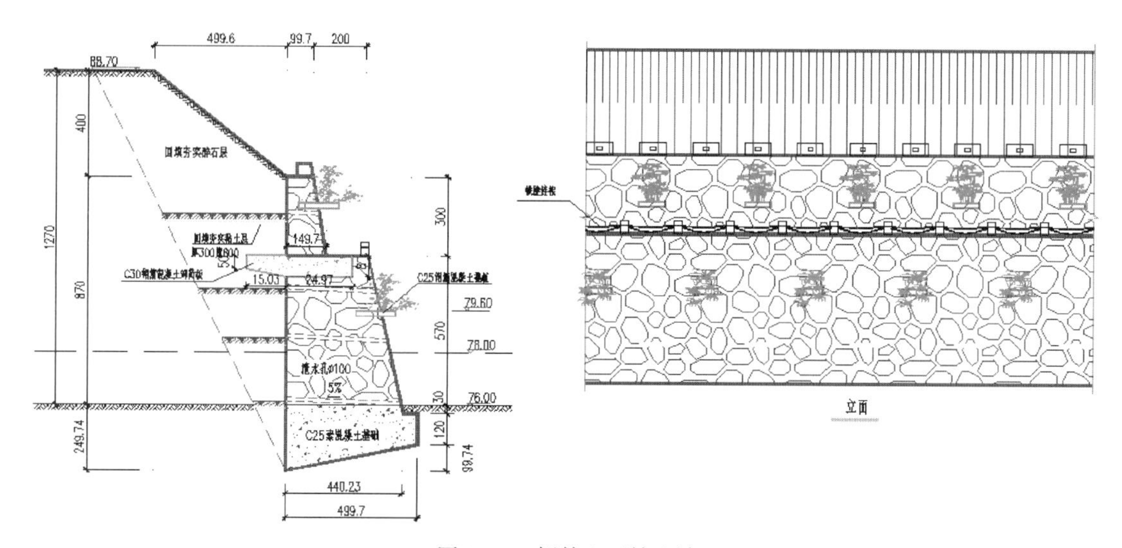

图 13.4　侧外立面挡土墙

图 14　入口通行桥的栏杆实景

图 15　通行桥及支护结构“风火山墙”元素

图 16　厂区实景图

6　结　语

山区工厂尽管工程投资和建设难度上较平整场地项目为高，但随着我国农业用地的减少，建设用地规模日趋紧张，今后对于三类工业项目（允许产生一定的污染物）可能会是常态化，对于这类特殊场地的项目，在设计中不能“因循守旧”，必须结合项目具体的环境特点，平面、竖向通盘考虑，反复比选，才能保证最终的设计成果最大限度地满足投资方的要求。

水泥原料露天矿山终了边坡稳定性分析

吴长振

摘　要　终了边坡稳定性是露天矿山日常安全管理的重点之一，所以在矿山开采设计阶段需对设计终了边坡的安全稳定性进行分析计算。本文运用GeoStudio岩土工程系列软件，以某水泥原料露天矿山为例进行边坡稳定性计算分析，对终了边坡参数选取的合理性进行验证，为同类型矿山设计阶段分析终了边坡稳定性提供了一种思路。

关键词　终了边坡；水泥原料露天矿山；边坡稳定性

Final slope stability calculation of cement caw material open-pit mine

Wu Changzhen

Abstract　The stability of final slope is one of the key points of daily safety management in open-pit mine，so it is necessary to analyze and calculate the safety and stability of fina slope in the stage of mining design. In this paper，GeoStudio geotechnical engineering software is used to calculate and analyze the slope stability of a cement raw material open-pit mine，and verify the rationality of the final slope parameter selection.

Keywords　final slope；cement raw material open-pit mine；slope stability

0　引　言

露天矿山终了边坡的安全稳定性直接关系到矿山的生产安全，在设计阶段确定终了边坡的稳定性尤为重要。文献[1]提出边坡稳定性评价精度概念，为长期以来困扰矿山边坡设计安全系数取值问题提供了一种确定性解决方案。文献[2]采用赤平投影法对矿山边坡进行理论分析，同时基于强度折减法对边坡爆破工况以及地震＋暴雨工况进行数值模拟，进而确定矿山边坡稳定性，具有较好的实践意义。文献[3]将有限元法和极限平衡法结合综合分析矿山边坡稳定性，综合确定矿山边坡的稳定性，为矿山边坡设计与稳定性评估提供理论依据。文献[4-7]针对具体矿山，采用数字模拟技术对矿山边坡参数进行优化，确保矿山边坡的安全稳定性。

伴随中国经济高速进展，水泥行业发展迅速，水泥原料露天矿山数量较多，该类矿山终了边坡稳定性需重点关注。本文结合某水泥原料露天矿山实例，在设计阶段对矿山终了边坡稳定性进行分析计算，对露天矿山边坡参数的可靠性进行验证，确保矿山生产过程中的边坡安全。

1　矿山概况

矿区地处江南，地形属低山丘陵。区内最高海拔标高 259.0m、最低海拔标高 14.80m，相对高差 244.2m，地形坡度中等，且植被较发育，基岩基本裸露。

矿区内出露地层有志留系下统高家边组（S_1g）、中统坟头组（S_2f）、上统茅山组（S_3m）、泥盆系上统五通组（D_3w）及第四系（Q）。

矿区内矿体裸露，属裸露型大气降水补给、以基岩裂隙含水层为主的裂隙充水矿床。矿床最低开采标高＋30m，位于当地排水基准面以上。矿区附近未有大的地表水体分布，主要含水岩组富水性弱，地下水补给条件好，第四系主要分布于矿区边缘。

矿区内岩石节理裂隙较不发育，主要矿层及顶底板岩体质量良好。矿坑开采最终边坡坡高较大，对矿床开采有一定影响。矿床工程地质类型为半坚硬岩石组成的层状矿床。矿区范围内山体在自然条件下处于稳定状态，自然坡角为 15°～55°。矿区地质环境良好，周边植被覆盖率高，远离居民区，采矿噪声对附近居民生活影响不大，无地表水体。

根据现行规范划分，本矿床水文地质条件简单，工程地质条件简单一中等复杂，环境地质条件简单。

本矿床开采技术条件类型为以工程地质问题为主的矿床，归类为Ⅱ-2。

2　矿山边坡设计

2.1　采场总平面

矿山开采完毕后，矿区将形成东西长约 1110m、南北宽约 600m、深约 20m、底部面积约 29.5hm^2 的采坑。矿山采掘终了情况如图 1 所示。

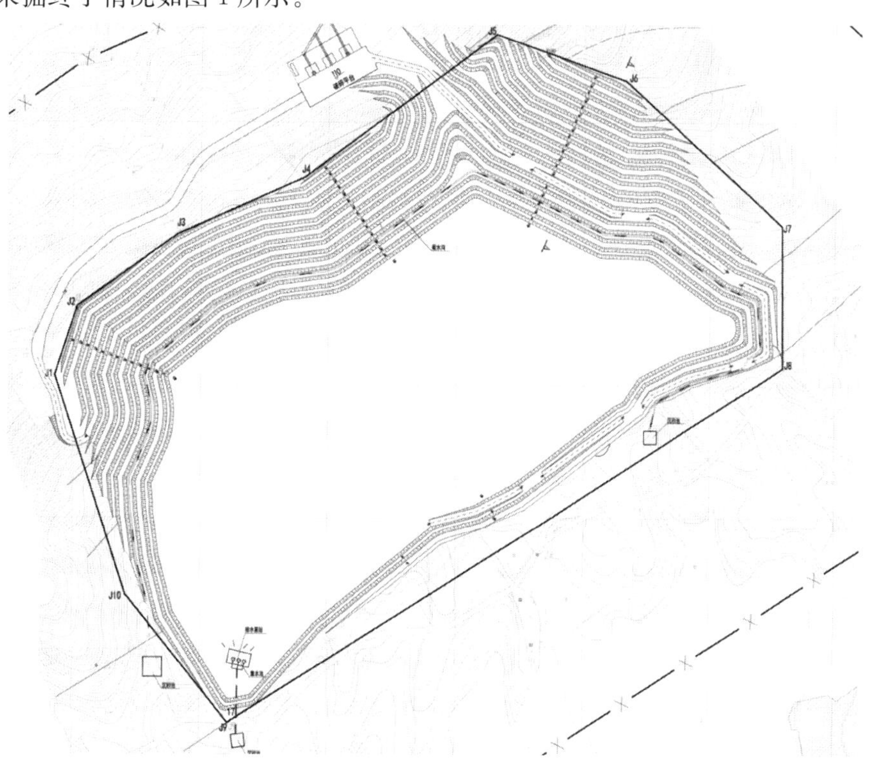

图 1　矿山采掘终了

2.2 采场边坡设计参数

根据矿体赋存条件、地形地貌及目前矿山现状，本次设计采用露天开采方式，选用自上而下分台阶开采的采矿方法，此采矿方法技术成熟，在多个矿山得到应用。

根据《水泥原料矿山工程设计规范》，本矿山台阶高度10m，安全平台宽4m，清扫平台宽8m，安全平台和清扫平台间隔设置。终了台阶坡面角60°，最小工作平台宽度为45m。

根据矿山开采终了情况，矿山设计范围内最低开采标高为+30m，露天采场最终边坡最高开采标高为+225m，终了边坡最大高差195m；南侧边坡高度较小，最终边坡角为49.02°，北、东、西三侧最终边坡角均小于39°。详见表1。

表1 设计采场终了边坡要素

边坡位置	终了边坡角	最终边坡高度
东侧	38.92°	最大边坡高度195m
南侧	49.02°	最大边坡高度25m
西侧	39.31°	最大边坡高度110m
北侧	40.63°	最大边坡高度145m

2.3 边坡稳定性分析

根据岩体结构面（岩层层面、节理裂隙面）与边坡的关系，可将矿区的边坡类型划分为如下三类：

（1）顺向边坡：位于矿区南侧，位于S_2f^1地层中。其走向、倾向与岩层产状相同，岩层倾角一般在55°～67°，局部大于55°，设计终了边坡角不超过50°。小于55°，未形成楔形下滑体，边坡高度在25m以下，属稳定型边坡。

（2）反向边坡：位于矿区北侧，其设计终了边坡角为39.63°，边坡倾向与岩层倾向相反，为反向坡，边坡高度一般在145m以下，属稳定型边坡。

（3）走向边坡（切层边坡）：位于矿区东侧和西侧，本次设计的东、西侧设计终了边坡角分别为38.92°、39.31°，均小于41°，岩石半坚硬—坚硬的矿石，边坡高度一般在190m以下，属稳定型边坡。

同类型矿山顺向边坡稳定性较差，需结合实际边坡参数进行稳定分析。

2.4 边坡稳定性计算典型剖面

根据矿区工程地质岩组特征、构造和结构特征，边坡水文地质条件、工程地质条件及潜在破坏模式，并考虑采场不同部位的采矿工艺要求、边坡几何要素等因素，按其相似性与差异性，选取了4个典型剖面进行边坡稳定性计算。计算剖面相关参数见表2，A、B、C、D剖面的剖面平面图见图2。

表2 计算剖面相关参数

剖面	边坡高度 H/m	台阶边坡角/°	整体边坡角/°
A—A	195	60	37.6
B—B	25	60	31.2
C—C	140	60	39.6
D—D	145	60	39.7

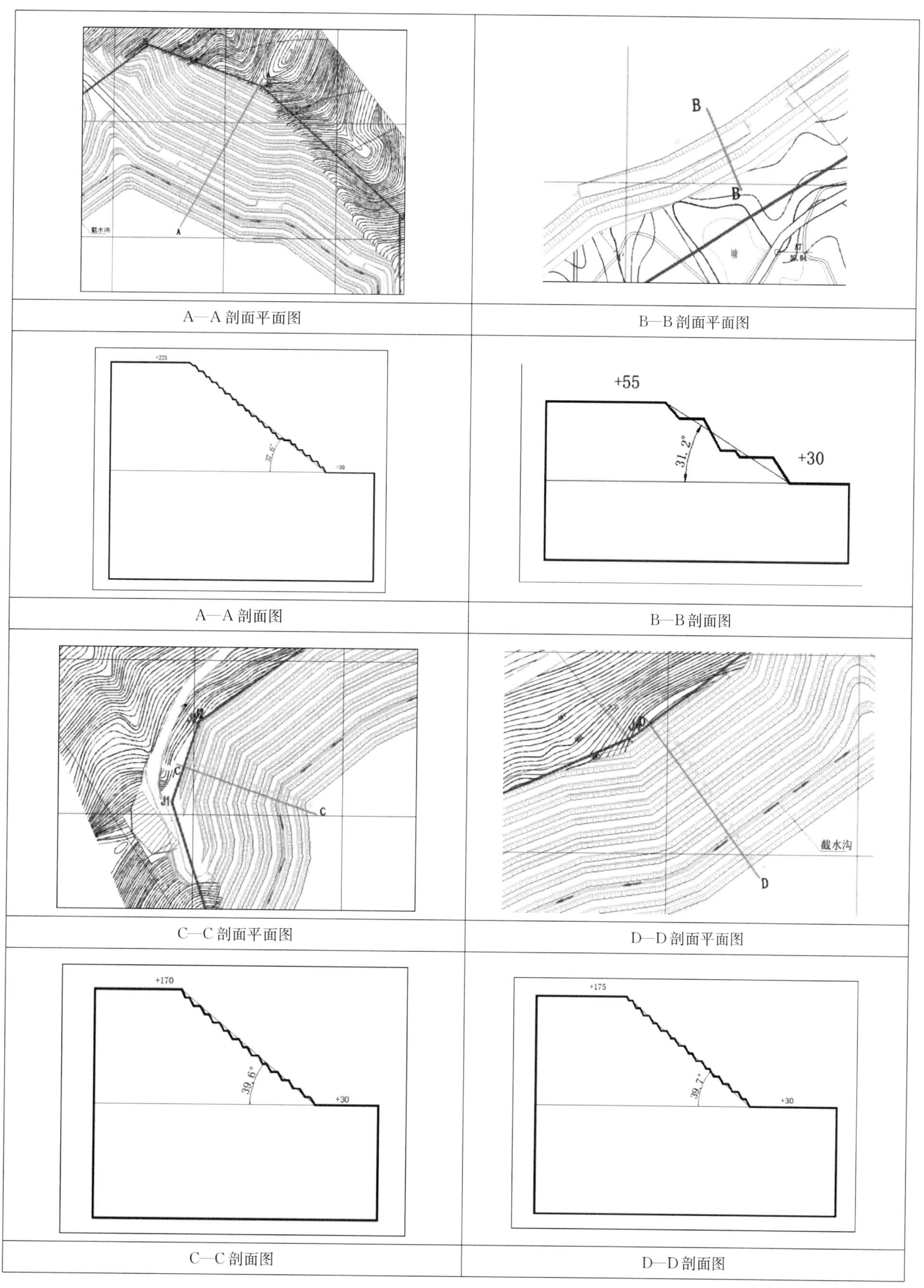

A—A 剖面平面图　B—B 剖面平面图

A—A 剖面图　B—B 剖面图

C—C 剖面平面图　D—D 剖面平面图

C—C 剖面图　D—D 剖面图

图 2　典型计算剖面图

2.5 边坡稳定性计算参数

根据《非煤露天矿边坡工程技术规范》（GB 51016—2014），本次边坡工程安全等级Ⅱ级，设计允许安全系数见表3。

表3 边坡设计安全系数

边坡工程安全等级	边坡工程设计安全系数		
	荷载组合Ⅰ	荷载组合Ⅱ	荷载组合Ⅲ
Ⅱ	1.20～1.15	1.18～1.13	1.15～1.10

注：荷载组合Ⅰ为自重+地下水；荷载组合Ⅱ为自重+地下水+爆破震动力；荷载组合Ⅲ为自重+地下水+地震力。

本次边坡稳定性计算一方面参考《矿资源储量核实报告》中提供的数值，另一方面参考类比《岩土工程实用手册》及《非煤露天矿边坡工程技术规范》（GB 51016—2014），根据《现代采矿手册》（上册）中5.1.4.3节表5-19：砂岩内摩擦角一般在35°～50°，内聚力一般在8～40kPa，因此本次选取边坡岩石的物理力学参数如表4所示。

表4 矿石主要物理力学参数

岩体类型	天然重度/（kN/m^3）	内聚力/kPa	内摩擦角/°
砂岩	26.7	30	40

2.6 边坡稳定性计算结果

（1）计算方法

本次稳定性计算软件采用的是加拿大D. G. Fredlund于1977年创立的GEO-SLOPE公司开发的GeoStudio岩土工程系列软件，该公司已成为全球最著名的岩土软件开发公司之一，用户覆盖全球100多个国家。GeoStudio系列软件是一套专业、高效而且功能强大的适用于岩土工程和岩土环境模拟计算的仿真软件。计算结果见图3及表5。

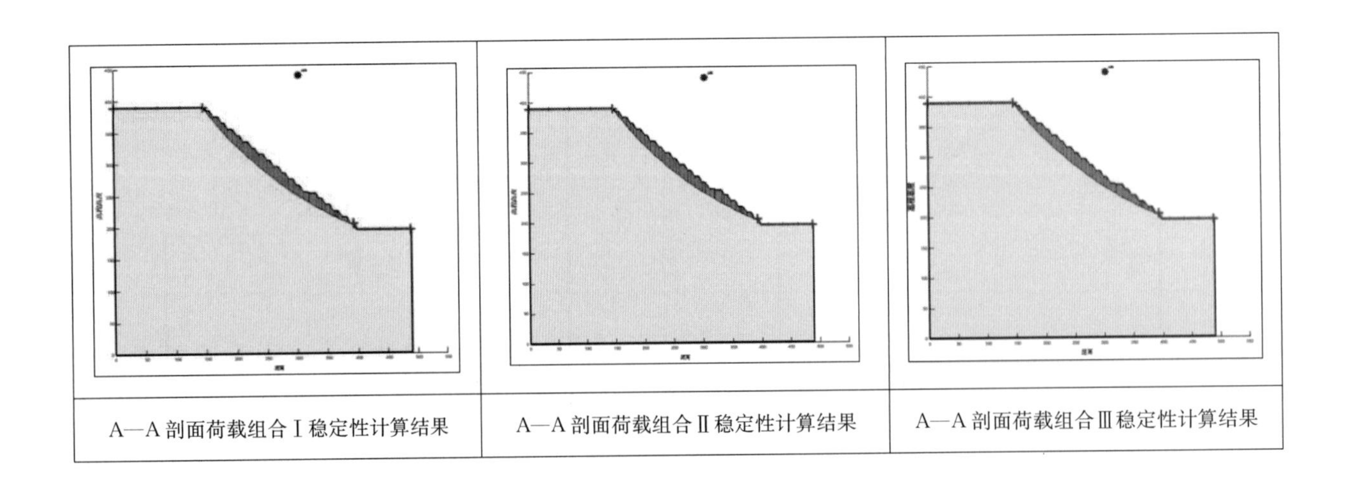

A—A剖面荷载组合Ⅰ稳定性计算结果　A—A剖面荷载组合Ⅱ稳定性计算结果　A—A剖面荷载组合Ⅲ稳定性计算结果

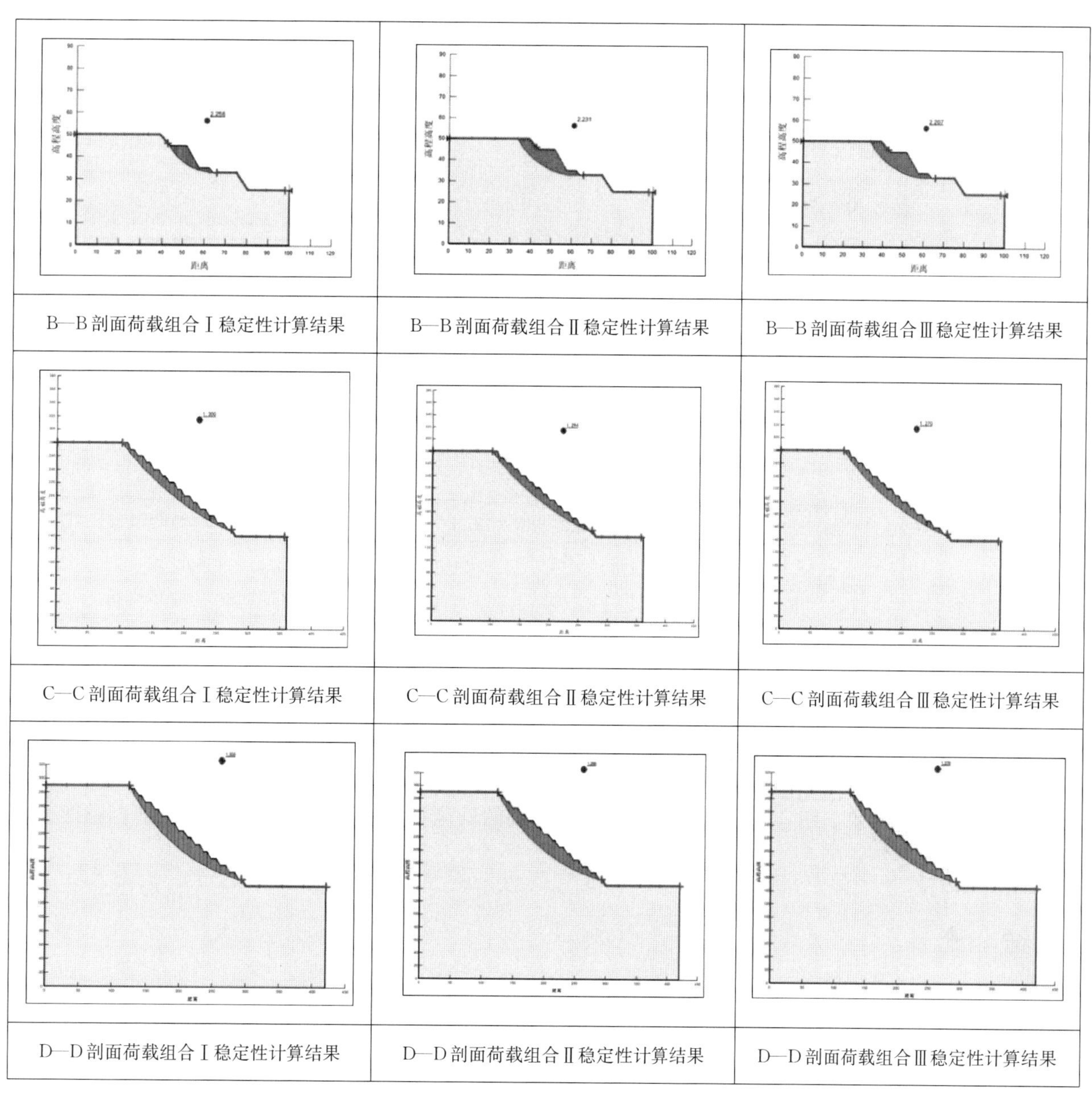

图3 典型剖面计算结果图

(2) 计算结果

边坡稳定性计算结果见表5。

表5 各剖面在三种工况下的稳定性计算结果

典型剖面		最小安全系数	允许安全系数	备注
A—A剖面	荷载组合Ⅰ	1.312	1.20	Bishop法
		1.310		Morgenstern-Price法
	荷载组合Ⅱ	1.305	1.18	Bishop法
		1.302		Morgenstern-Price法
	荷载组合Ⅲ	1.281	1.15	Bishop法
		1.279		Morgenstern-Price法

续表

典型剖面		最小安全系数	允许安全系数	备注
B—B剖面	荷载组合Ⅰ	2.256 2.253	1.20	Bishop法 Morgenstern-Price法
	荷载组合Ⅱ	2.231 2.226	1.18	Bishop法 Morgenstern-Price法
	荷载组合Ⅲ	2.207 2.202	1.15	Bishop法 Morgenstern-Price法
C—C剖面	荷载组合Ⅰ	1.300 1.297	1.20	Bishop法 Morgenstern-Price法
	荷载组合Ⅱ	1.294 1.291	1.18	Bishop法 Morgenstern-Price法
	荷载组合Ⅲ	1.270 1.267	1.15	Bishop法 Morgenstern-Price法
D—D剖面	荷载组合Ⅰ	1.305 1.299	1.20	Bishop法 Morgenstern-Price法
	荷载组合Ⅱ	1.288 1.282	1.18	Bishop法 Morgenstern-Price法
	荷载组合Ⅲ	1.276 1.270	1.15	Bishop法 Morgenstern-Price法

表5分析计算结果表明，该采场四个剖面整体边坡的安全稳定性均满足相关规范要求，设计选取的边坡参数是合理可靠的。

3 结 论

本文以某水泥原料露天矿山为例进行边坡稳定性计算分析，依据《非煤露天矿边坡工程技术规范》（GB 51016—2014）允许安全系数要求，对四个代表性剖面利用国际通用的大型计算软件GeoStudio岩土工程系列软件，导入相应数据，通过分析计算得到采场总体边坡稳定性最小安全系数，从而验证设计选取的各边坡参数是合理的，实践证明该计算分析方法对矿山设计阶段确定矿山终了边坡的稳定性具有很强的理论指导意义，可以在同类型矿山设计阶段使用。

参考文献

[1] 杜时贵．大型露天矿山边坡稳定性等精度评价方法［J］．岩石力学与工程学报，2018，7（6）：1301.

[2] 冯德润．基于赤平投影-强度折减法的露天矿边坡稳定性研究［J］．有色金属，2021，73（5）：52-57.

[3] 罗瑞，马锟辉，周平，等．极限平衡法与有限元法相结合的露天矿山边坡稳定性分析［J］．矿业工程，2019，17（1）：14-17.

[4] 邓帆，王雄，王曦，等．某露天矿山高陡岩质边坡稳定性的优化设计研究［J］．采矿技术，2021，21（25）：82-89.

[5] 童志鹏，李栓柱，吕林洪．平坝山大型石灰岩露天矿边坡稳定性分析［J］．有色金属设计，2021，48（1）：12-18.

[6] 蒋正．露天矿山边坡稳定性的研究：以广德县青岭页岩矿为例［D］．合肥：安徽理工大学，2018.

[7] 宋林．腾龙铁矿露天转地下开采边坡稳定性研究［D］．北京：中国地质大学（北京），2021.

生活垃圾焚烧发电项目总图消防设计要点

崔云飞

摘　要　我国垃圾焚烧发电行业目前正处于快速发展阶段，国务院发布的《“十三五”生态环境保护规划》指出大中型城市重点发展生活垃圾焚烧发电技术。随着我国城镇化进程的推进，中小城镇市场将逐渐打开，垃圾焚烧发电行业的市场化程度将进一步提高。环境保护问题的日益凸显，图审、消防验收等行业监管趋严，总图设计需更加严格、规范地执行各项消防要求。

关键词　垃圾发电；总图；消防间距；消防通道

Key points of fire protection design for general drawing of living waste incineration power generation project

Cui Yunfei

Abstract　The waste incineration power generation industry in China is currently in the stage of rapid development，*the 13th five-year plan for ecological and environmental protection* issued by the State Council points out that large and medium-sized cities focus on the development of domestic waste incineration power generation technology. With the advancement of urbanization，small and medium-sized town market will gradually open，the marketization degree of waste incineration power generation industry will be further improved. Environmental protection issues are becoming increasingly prominent，industry regulation is becoming stricter，general drawing design needs to be more strict，implement all fire protection requirements.

Keywords　garbage power generation；general drawing；fire fighting distance；fire road

1　车间平面布置时消防间距的考虑

1.1　垃圾焚烧发电消防审查主要有规划设计、施工图审查以及消防验收三个阶段。设计作为被监管对象，在规划阶段的总平面布置时，车间的距离应以《建筑设计防火规范》(GB 50016—2014)(2018 版) 为基本准则，同时严格执行各项行业规范。

1.2　垃圾焚烧发电项目总图平面布置时需要特别注意消防间距的车间主要有发电主厂房（高层建筑)、点火油泵房（易燃易爆）及氨水储存（危险化学物品）车间，其余车间均为单/多层丁、戊类车间，没有特别的消防要求。

1.3 发电主厂房为丁类高层厂房，与厂区其余丁、戊类单/多层车间消防间距不得小于13m。点火油泵房应单独布置，目前油罐设计一般为两种形式，北方多为埋地油罐，南方多为立式储罐，存储柴油，容积50m^3。根据《汽车加油加气加氢站技术标准》（GB 50156—2021）中3.0.9条的规定，油站为三级。与甲、乙类厂房的消防间距为12.5m，与丙、丁、戊类厂房及仓库的消防间距为10.5m。氨水储存车间的生产火灾危险性类别为乙类。存储的主要是25%的氨水，氨水是氨的水溶液，不属于有毒、易燃或爆炸性物质，但易分解放出氨气，温度越高，分解速度越快。氨水的挥发物氨气为一般毒性物质，易燃，与空气混合能形成爆炸性混合物。一般在总图布置时尽量靠近厂区边缘布置，以减小其发生危险时的伤害性。根据设计的氨水罐的储量不同，其对应的消防间距不同，容量小于50m^{3}的，与其他车间消防间距均为12.0m；罐体容量大于等于50m^{3}小于200m^{3}的，与其他车间的消防间距均为15.0m。具体各车间之间的消防间距详见表1。

表1 垃圾发电厂防火间距一览表

名称				冷却塔	主厂房	渗滤液系统	点火油泵房	飞灰暂存库	清水池及泵房	门卫	综合楼
				戊	丁	戊	丙	戊	戊	—	—
				单/多层	高层	单/多层	单/多层	单/多层	单/多层	单/多层	单/多层
				二	二	二	二	二	二	二	二
冷却塔	戊	单/多层	二	—	13	10	10.5	10	10	10	10
主厂房	丁	高层	二	13	—	13	13	13	13	13	13
渗滤液系统	戊	单/多层	二	10	13	—	10.5	10	10	10	10
点火油泵房	丙	单/多层	二	10.5	13	10.5	—	10.5	10.5	10.5	10.5
门卫	戊	单/多层	二	10	13	10	10.5	—	10	10	10
清水池及泵房	戊	单/多层	二	10	13	10	10.5	10	—	10	10
门卫	—	单/多层	二	10	13	10	10.5	10	10	—	6
综合楼	—	单/多层	二	10	13	10	10.5	10	10	6	/

注：1. 本表中未列氨水储存车间，根据罐体容量不同，其与其他车间的消防间距不同，详见1.3。

2. 本表中点火油泵房是按照目前设计的容积（单罐容积≤50m^3，总容积≤90m^3）的消防间距，若总容积>90m^3，则本表格中的数据不适用。

3. 若场地受限，总图按照表1所列间距布置有困难时，可按照《建筑设计防火规范》（GB 50016—2014）（2018版）表3.4.1注释考虑防火设置，距离可以相应缩减。

2 消防通道的布置

2.1 厂区的消防车道出入口不应少于两个，其位置应便于消防车出入。厂区尽量设置两个出入口，满足消防的要求，同时也满足人车分流的要求。有些工厂较偏僻，由于受先天条件限制，距离厂外主干道较远，或是受地形等原因限制，只能设计一条进厂道路的，应将进厂道路适当加宽，路面宽度不小于8m。

2.2 垃圾焚烧厂房周围应设置宽度不小于4m的环形消防车道，环形消防车道至少应有两处与其他车道连通。尽头式消防车道应设置回车道或回车场，回车场的面积不宜小于15m×15m。其他车间的消防车道，若为尽头式，同样需设置回车道或回车场，回车场的面积不宜小于12m×12m。消防车道的路面、操作场地等，应能承受重型消防车的压力。

2.3　消防通道应符合以下要求：①车道的净宽度和净高度均不小于 4.0m；②转弯半径应满足消防车转弯的要求（一般要求不小于 9m）；③消防车道与建筑之间不应设置妨碍消防车操作的树木、架空线等障碍物；④消防车道靠建筑外墙一侧的边缘距离建筑外墙不宜小于 5m；⑤消防车道的坡度不宜大于 8%。

2.4　消防车道也可以利用城乡道路等厂外道路，但该道路应满足 2.2 中消防车通行、转弯和停靠的要求。

3　消防登高操作场地的相关要求

《建筑设计防火规范》7.2.1 条要求高层建筑需设置消防登高操作场地，对应生活垃圾焚烧发电项目需设置消防登高操作场地的为发电主厂房（建筑高度 50.0m 左右）。

3.1　发电主厂房应至少沿一个长边或周长的 1/4 且不小于一个长边的底边连续布置消防登高操作场地。建筑高度不大于 50m 的建筑，连续布置消防登高操作场地有困难时，可间隔布置，但间隔间距不宜大于 30m。目前设计的主厂房建筑高度大多在 48.0～51.0m 之间，若高度超过 50m，则登高操作场地不可间隔布置。

3.2　消防登高操作场地应符合以下规定：①场地与主厂房之间不应设置妨碍消防车操作的树木、架空管线等障碍物。②场地的长度和宽度分别不应小于 15m 和 10m。对于建筑高度大于 50m 的建筑，场地的长度和宽度分别不应小于 20m 和 10m。③场地及其下面的建筑结构、管道和暗沟等，应能承受重型消防车的压力。④场地应与消防车道连通，场地靠建筑外墙的一侧边缘距离建筑外墙不宜小于 5m，且不应大于 10m，场地的坡度不宜大于 3%。

3.3　建筑物与消防车登高操作场地相对应的范围内，应设置直通室外的楼梯或直通楼梯间的入口。总图专业在设计消防车登高操作场地时需与建筑专业设计人员沟通、核对直通室外的楼梯或直通楼梯间的入口的位置。

4　结　论

目前总图消防设计存在规划、图审、消防验收等各个环节的行业监管。设计环节，是与现场施工联系最紧密，直接指导施工的环节，应严格按照规范执行，落实消防规范的各项要求，避免因消防间距不足、未按要求设置消防通道及登高操作场地等产生安全隐患，杜绝安全事故。

参考文献

[1] 建筑设计防火规范（2018 版）：GB 50016—2014 [S]．北京：中国计划出版社，2018.

[2] 火力发电厂与变电站设计防火标准：GB 50229—2019 [S]．北京：中国计划出版社，2019.

[3] 生活垃圾焚烧处理工程技术规范：CJJ 90—2009 [S]．北京：中国建筑工业出版社，2009.

[3] 汽车加油加气加氢站技术标准：GB 50156—2021 [S]．北京：中国计划出版社，2021 .

[4] 石油库设计规范：GB 50074—2014 [S]．北京：中国计划出版社，2014.

浅谈复杂地形条件下的长输送廊道选线设计方案优选

张立春

摘　要　胶带机是水泥行业最常使用的一种输送设备，长距离的胶带机输送廊道受周边环境、地方政策等影响比较大，因此其前期线路的选择尤为重要，可谓是项目成败的关键。廊道线路的选择不仅包括平面选择，也包括剖面上的布置。本文以某水泥工厂灰岩输送廊道为例对廊道前期选线设计做简要的剖析。

关键词　胶带机廊道；选线；前期；复杂地形

Long conveyor corridor line selection design under complex terrain conditions

Zhang Lichun

Abstract　The tape machine is the most commonly used conveyor equipment in the cement industry, and the long-distance tape machine conveyor corridor is greatly affected by the surrounding environment and local policies, so the choice of its early route is particularly important, which can be described as the key to the success or failure of the project. The choice of corridor routes includes not only the choice of planes, but also the arrangement of sections. In this paper, a brief analysis of the design of the pre-selection of the corridor is carried out by taking the limestone conveying corridor of a cement factory as an example.

Keywords　tape machine corridor; line selection; pre-complex; terrain

1　胶带机廊道简介

胶带运输机又称为带式输送机，是一种连续运输的机械，其性能稳定可靠，目前被广泛应用于水泥、电厂、钢铁、煤矿等行业的生产线，其运输物料可为块状、粒状、粉状等，适应性强。胶带输送机仅为一种输送设备，通常在架空输送段需要设置检修通道等，该类检修通道与胶带机共同称为输送廊道，简称廊道。廊道线路的选择对物料的输送效率及成本起着决定性作用，因此一个项目前期输送廊道的选线至关重要。本文以贵阳市某水泥工厂 2 号灰岩矿廊道选线设计为例，对长距离输送廊道的线路选择做简要的剖析。

2 水泥工厂简介

2.1 自然地理及气候

本项目水泥工厂及配套的灰岩矿山地形属云贵高原中部低山地形，以低山、丘陵为主的岩溶峰丛丘陵洼地槽谷地貌，由近南北向的山脉组成。气候属于亚热带季风温和湿润气候，年平均气温14℃，年平均降雨量1186.7mm，降水量多集中在五至七月。

2.2 工厂简介

本项目水泥工厂坐落于贵州省贵阳市清镇市循环经济园区，工厂目前采用3×4500t/d熟料水泥生产线，具有年产660万吨水泥粉磨并配套3×9MW余热发电系统，是贵州省单一产能最大的工厂。公司秉承“至高品质、至诚服务”的企业宗旨，生产的水泥广泛用于交通、工业、民用、建筑等工程，主要销往贵阳、毕节地区等贵州各地，为推动地方经济发展做出了突出贡献。

2.3 配套2号灰岩矿山简介

本项目水泥工厂配套灰岩矿山2座，1号灰岩矿与水泥主厂区相连，矿山生产规模为600万t/a；2号灰岩矿位于主厂区北侧约5.5km处，矿山生产规模为200万t/a，目前通过载重汽车将矿石运输至主厂区水泥生产使用。

2号灰岩矿位于清镇市北27km处，隶属于清镇市卫城镇金安村所辖。矿区为一近南北向的长方形，矿区西侧距004县级公路（清镇—卫城）800m，矿区有简易公路与004县道相通，矿山至水泥厂直线运距约5.5km，至清镇市运距约27km，至站街镇运距约9 km，交通十分方便。

根据2号灰岩矿《2021年度矿山储量年报》，截至2021年12月31日，矿山在+1370m～+1230m标高范围内目前保有资源量5275.82万吨，按年开采200万吨计算，该矿山可服务约26年。

2.4 现有矿石运输系统简介

由于2号灰岩矿距主厂区约5.5km，矿山脚下距开采工作面的运矿道路长约2km，目前该矿山所生产的矿石全部通过外委民用载重汽车运输至主厂区石灰石破碎站进行破碎加工，该破碎站距省道距离约2.5km，因此2号灰岩矿生产的矿石需通过汽车运输约10km方可破碎加工。该运输距离相对较远，运输成本及风险相对较大。

3 廊道选线设计

3.1 新建廊道缘由

考虑2号灰岩矿矿石汽车运输距离约10km，经了解，吨运输成本约5.8元，相对较高。汽车运输需经过约5.5km社会公路（铝城大道），该道路两侧居民较多，且附近农田较多，存在安全、环保等一系列问题。为避免车辆行驶过程中的不可预测风险，同时响应国家环保部门的要求，提出使用胶带机输送廊道的方案。经细致研讨、经济比选，发现该方案前期投入成本较大，建设周期较长，但项目建成后的运营成本较低，且能够满足安全、环保等要求，因此2号灰岩矿山至水泥工厂间拟增设胶带机输送廊道。另外，胶带机廊道的建设需配套建设破碎系统，破碎系统拟选位置位于2号灰岩矿山西南侧脚下。

3.2　新增廊道选线设计

目前常用的胶带运输机主要为普通胶带机、曲线胶带机和管状胶带机三种，优缺点及适用范围见表1。

表1　不同胶带运输机对比

类型	优点	缺点	适用范围
普通胶带机	1. 设备简单、成熟，运行较好，设备故障率低； 2. 投资成本低	1. 仅能够在平面上直线布置，不得转弯，受环境影响较大 2. 胶带机爬坡一般不超过14°	周边环境简单处
曲线胶带机	1. 设备简单、成熟，运行较好，设备故障率低； 2. 能够平面曲线布置，满足一定的使用要求	1. 曲率半径较大； 2. 对施工、安装及控制系统要求较高； 3. 胶带机爬坡一般不超过14°	周边环境中等复杂处
管状胶带机	1. 设备适应能力强，能够满足复杂环境下的运输条件； 2. 平面转弯处曲率半径相对较小，可小于100m； 3. 胶带机爬坡能力大	1. 对施工、安装及控制系统要求较高； 2. 设备成本相对较高，且钢材使用量较大，运输能力相对较小； 3. 运行时噪声相对较大	周边环境较为复杂且地形变化较大处

结合表1中不同类型胶带机的特点，经现场踏勘，2号灰岩矿至水泥工厂主厂区间地形和环境均较为复杂，包含高山、深谷、农田、村庄、工厂、水塘、树林、坟地等，因此对廊道选线影响较大。

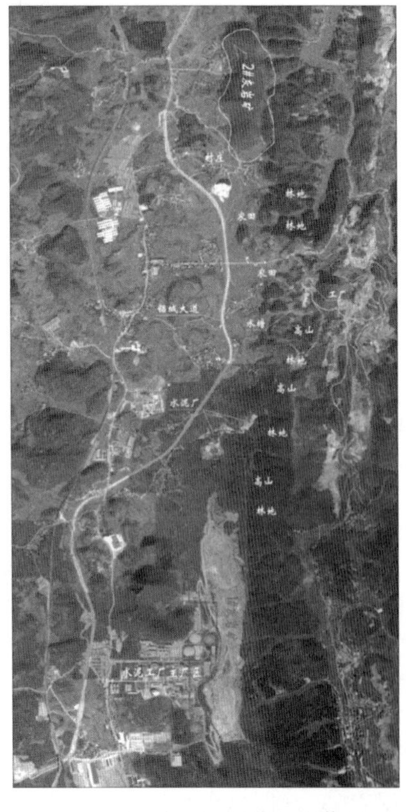

图1　矿山与厂区的位置影像图

图2　矿山与厂区间林地范围图

由图 1、图 2 可看出，2 号灰岩矿山至水泥工厂主厂区间环境较为复杂，建设胶带机输送廊道选线难度较大，且廊道建设期间不得影响水泥工厂现有 1 号灰岩矿的采矿作业，因此需要精准地选择廊道走向及胶带机类型方可。

通过观察和分析，铝城大道与林地范围之间有一定的空间可用于廊道的贯穿使用，但该区基本农田较为密布，因此方案实施的可行性基本为零，予以否决。根据贵阳市相关政策，林地范围可予以调规，但调规难度较大、调规时间较长，因此本次廊道选线需避开农田、林地范围及 1 号灰岩矿矿权范围等影响因素。基于以上问题，本次设计胶带机廊道选线本着尽量少占地的原则，采用转折或转弯+隧道形式较为合理，因此主要方案如下：方案一：全部采用普通胶带机；方案二：采用普通胶带机+曲线胶带机；方案三：采用管状胶带机+曲线胶带机。

图 3　方案布置图（一）

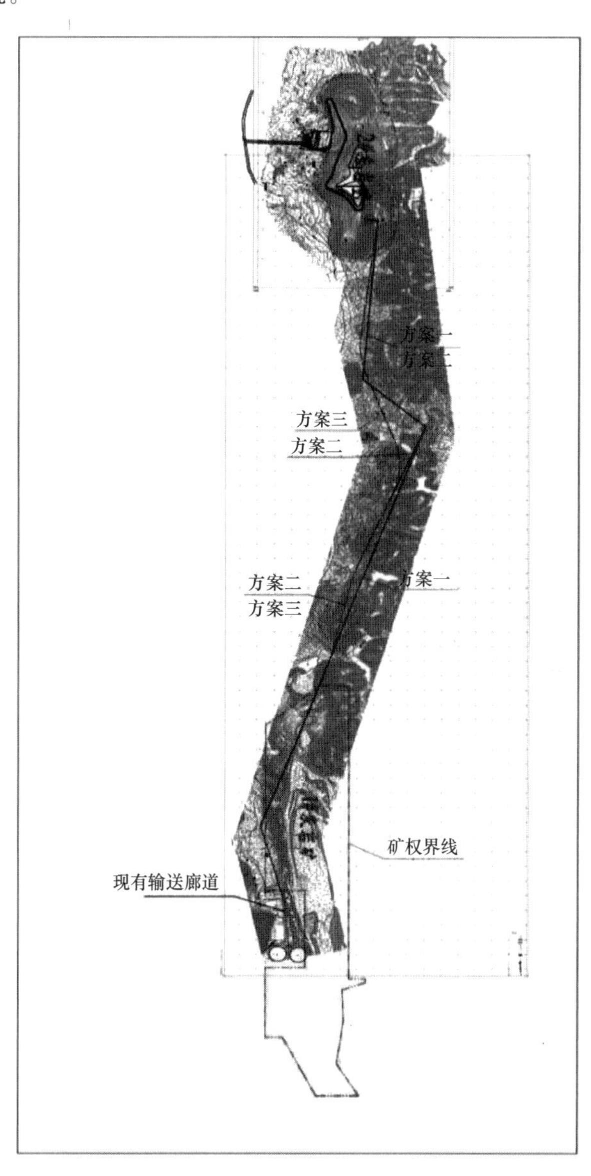

图 4　方案布置图（二）

根据图 3 或图 4，方案一与方案二的第一、二段布置相同，为普通胶带机廊道；方案二与方案三后半段布置相同，均为曲线胶带机布置廊道；方案三前半段为管状胶带机廊道；所有方案最后一段廊道均为普通胶带机廊道，该段廊道将物料输送至水泥工厂现有输送廊道上。以下简要对三个方案进行定性比选分析：

方案一：该方案第一段廊道途经山体、村庄、农田边缘、坟墓等，环境复杂；第二段廊道主要经过山体和山谷，工程量偏大；第三段廊道需与林业部门协调，进行林地规划调整。沿该方案廊道中心线绘制廊道纵向剖面图进行详细布置，发现该方案前两段廊道工程量均较大，高开挖和高支架位置较多，拆迁工程量较大，因此前期的基建、拆迁费用较高；第三段廊道为避免占用林地和影响沿线的工厂等，需采用地下隧道方案，但整段廊道约90%为隧道，投资成本较高，性价比较低。另外，目前环保要求越来越高，采用普通胶带机廊道虽运行稳定、施工简单、维护方便，但无形中增加了转运点数量，即扬尘点和安全隐患点数量增加，对运行管理不利。

方案二：该方案第一段和第二段廊道与方案一相同；第三段廊道采用曲线胶带机，人为地调整廊道的输送方向，避开林地范围界线。该方案相比于方案一最大的优点在于输送方向的灵活性，可根据实际需要进行调整，能够避免许多用地方面的问题，一定程度上对方案一的第三段廊道选线进行了优化设计，但隧道长度基本无变化。该方案前两段廊道与方案一有着同样的缺陷，总体性价比不高。

方案三：该方案采用管状胶带机取代方案一、方案二中的第一段和第二段廊道，由于管状胶带机为圆筒状，可在空间上任意方向地转弯运行，且爬坡能力较大，因此在地形条件允许的情况下尽可能地减少基建工程量、拆迁费用，降低对周边环境的影响。通过使用管状胶带机，可至少减少1个转运站，考虑该类型胶带机设备的成本相对较高，约为普通胶带机价格的1.5倍，因此本着节约投资的理念，该方案未能全部使用该类型胶带机，而是在靠近林地边缘处设置转运站，下游胶带机与方案二的第三段基本相同，采用曲线胶带机。通过对本方案胶带机廊道中心线剖面的绘制，不断地调整胶带机的纵向布置，力求达到最优化布置。在优化第二段曲线胶带机廊道时，沿胶带机运行方向布置三段隧道，三段隧道的长度根据周边环境及胶带机运行的坡度确定。由于第三段隧道位于1号灰岩矿区内部，考虑2号灰岩矿山的服务年限（胶带机廊道的寿命），结合1号灰岩矿矿权位置、终了开采边坡及该区域矿石的品位等因素，第三段隧道需下行至1号灰岩矿最低开采标高以下，以确保矿山开采和廊道施工相互无影响。输送廊道第二段剖面图见图5。

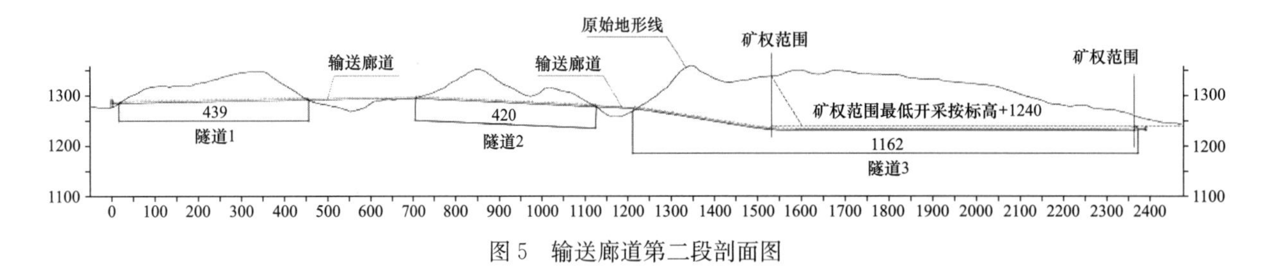

图5　输送廊道第二段剖面图

不同方案参数对比见表2。

表2　不同方案参数对比表

方案	胶带机类型	参数	备注
方案一	普通胶带机	第一段长约1095m；第二段长约500m；第三段长约2905m，其中隧道段长约2600m；第四段长约565m。转运站4座	
方案二	普通胶带机+曲线胶带机	第一段长约1095m；第二段长约500m；第三段长约2910m，其中隧道段长约2600m；第四段长约565m。转运站4座	
方案三	管状胶带机+曲线胶带机	第一段长约1970m；第二段长约2352m，其中隧道段长约2021m；第三段长约565m。转运站3座	

3.3　方案经济比较

由于本项目目前属于前期阶段，廊道所经之处总体位置相差较小，因此项目方案经济比选仅需考虑设备费用、施工费用（含隧道施工费用）及安装费用即可。不同方案经济造价对比见表3。

表3　不同方案经济造价对比

方案	胶带机类型	主要参数	投资造价/万元			
			设备费用	施工费用	安装费用	合计
方案一	普通胶带机	普通胶带机总长约5065m，其中廊道段长约2465m，隧道段长约2600m。转运站4座	2733	5826	273	8832
方案二	普通胶带机＋曲线胶带机	普通胶带机总长约2160m，曲线胶带机总长约2910m；廊道段长约2470m，隧道段长约2600m。转运站4座	2735	5845	274	8854
方案三	管状胶带机＋曲线胶带机	普通胶带机总长约565m，曲线胶带机总长约2352m，管状胶带机总长约1970m；廊道段长约2866m，隧道段长约2021m。转运站3座	3086	5303	309	8698

设备购置费用：参照同规模其他工程的实际订货合同价及部分设备制造厂的报价计算，普通胶带机设备综合单价约5000元/m，曲线胶带机设备综合单价约5000元/m，管状胶带机设备综合单价约7500元/m。转运站设备费用50万元/座。

施工工程费用：建筑工程费用参照国内现行类似工程建设项目造价水平，结合贵阳市人工单价水平，按本方案所提供的工程内容进行估算，普通胶带机土建施工（包括混凝土或钢结构支架、钢行架、廊道封闭等）综合单价约7000元/m，曲线胶带机土建施工综合单价约7500元/m，管状胶带机土建施工综合单价约7500元/m，隧道施工费用约15000元/m。转运站土建施工费用暂按50万元/座计算。

安装工程费用：采用类似工程概算指标进行计算，约为设备购置费用的10%。

根据表3得知，方案一、方案二投资造价高于方案三。

3.4　方案比选小结

通过对三个方案进行比较，结合本项目周边环境的实际情况，方案三优于方案一、方案二，因此本项目廊道的选线建议采用管状胶带机＋曲线胶带机的结合方式，廊道平面布置总体按图4进行微调、细化设计即可。

4　结　论

胶带机廊道在水泥行业的用处比较广泛，属常用的输送设备，在进行长输送廊道前期线路比选时，应进行比较细致的调研、收集现场实际材料，方案设计时应综合考虑多种潜在影响的因素，如地形、高差、周边环境、地方政策等，择中取优，实现最合理的选线方案。

参考文献

[1] 马彦飞，尤利剑．浅谈胶带机走廊空间整体模型的分析设计［J］．煤炭工程，2011，1（8）：11-13.

不同结构类型的道路路基和基层分析与研究

彭　青

摘　要　路基和路面是道路线形主体结构密不可分的主要组成部分，其中路基和基层主要承受和满足汽车荷载的重复作用和经受各种自然因素的长期侵蚀。没有稳固的路基和基层，就没有稳固的道路。因此，路基和基层的设计是非常重要的。本文就路基和基层的设计要点展开分析与研究。

关键词　道路；路基和基层；设计要点；分析与研究

Analysis of different types roadbed structure

Peng Qing

Abstract　Roadbed and pavement are the main parts of road structure, it mainly sustains and satisfies the repeated action of vehicle loads, and it suffered from the long erosion of nature. If there is no stable roadbed and base, there is no stable road. Therefore, the design of roadbed and base is very important. This article analyzes the key points of roadbed and base.

Keywords　road; roadbed and base; key points of design; analysis and research

0　引　言

道路路基是指在一定水文和地质条件下，填方高度和挖方深度小于规范规定的高度和深度的路基。一般路基设计可以结合当地的地形和地质情况，直接参考典型横断面图或设计规范；对于工程地质特殊路段和高度（深度）超过规范规定的路基，应进行针对性设计和稳定性验算。路基的基本构造主要由宽度、高度和边坡坡度构成。

道路基层为路面结构的主要承重层，道路基层的强度与稳定性，对路面的整体强度，特别是混凝土和沥青路面的强度和使用寿命，都起着重要的作用。道路基层主要分为柔性基层、半刚性基层和刚性基层三类。

1　路基设计的主要内容

（1）做好沿线自然地形的勘察工作，收集必要的设计输入资料，作为路基设计的依据，如沿线地区地质、水文、地形、地貌及气象等资料。

（2）根据路线纵断面设计确定填挖高度，结合沿线地质、水文调查资料，进行路基整体工程设计。一般路基可根据规范规定，按照路基典型断面直接绘制路基横断面图。对于工程地质、水文地质复杂或边坡高度超过规范规定的路基高度，修筑在陡坡上的路堤，在各种特殊条件下的路基，如浸水路堤、软土和黄土地区的路基等情况，需进行针对性设计。

（3）根据道路沿线地下水和地表水的深度及流水情况，进行排水系统的设计，以及地面地下排水结构物的设计。

（4）路基防护与加固设计，包括坡面防护、冲刷防护与支挡结构物等的布置与设计计算。

（5）路基工程其他设施的布设与计算，如取土、弃土堆和护坡道等。

2　路基设计的要点分析

道路路基设计，主要包括路基断面形式及填料的选择、路基的压实标准及坡度的规定、路基排水和路基附属设施及边坡防护设计等几个方面。

2.1　合理选择路基的断面形式

根据路基填挖后横断面呈现出的形状，路基分为三种形式：路堤、路堑及半填半挖路基。路堤是指经过填土填充后顶面超过原地面的路基（图 1）；路堑是指由原地面不断往下开挖而低于原地面的一种路基形式，对缓和路坡和控制标高起到一定的作用（图 2）；半填半挖路基横断面由挖方和填方构成（图 3），挖方和填方各在路基中心线的两侧且均分的形式最为常见，半填半挖路基处理得当，可以起到均衡土石方量、稳定路基的作用。

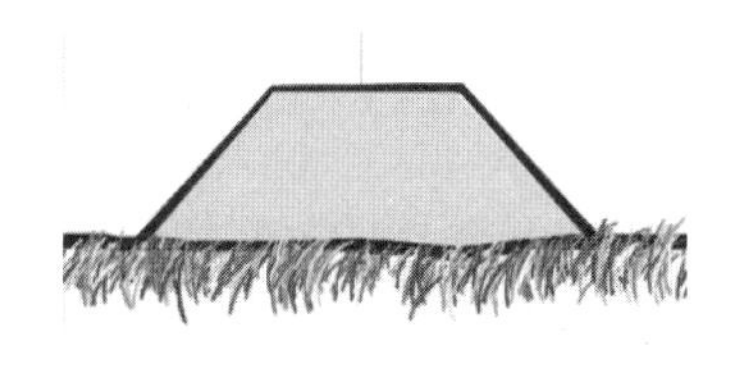

图 1　路堤

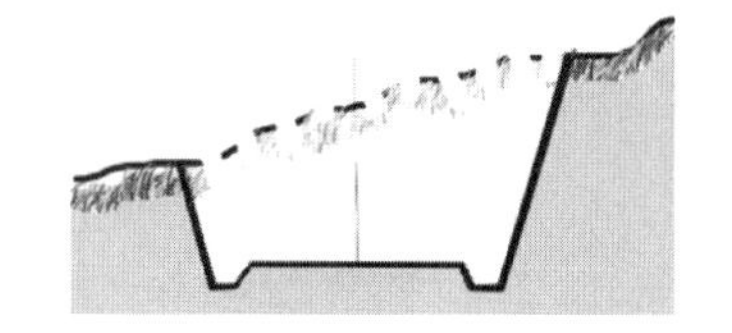

图 2　路堑

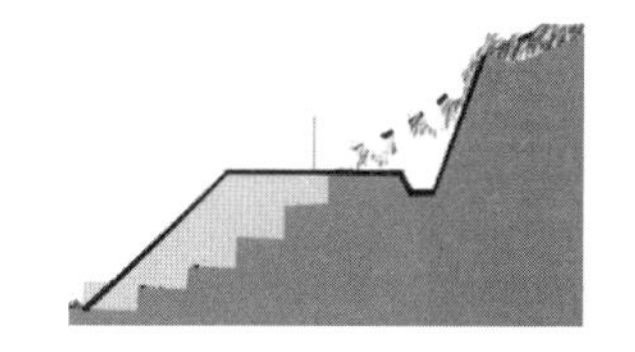

图 3　半填半挖路基

在选择断面形式之前，需要对路基的宽和高进行详细的测量，以了解路基的整体概况，进而确定合适的断面形式。对路基的横断面进行设计是开展整个路基设计工作的首要任务。

2.2　路基填料的选择和压实度要求

路基填料应选用具有良好力学性能的土，对力学性能较差的土需进行特殊处理。压实度是衡量填料力学性能的重要指标，国际上通用的是用 CBR（加州承载比）指标来衡量路基填料的强度。在填料选定后，就要对路基进行压实，可通过重型机械进行分层压实，确保路基压实度达到一定的要求。

2.3　确定合理的边坡坡度

确定合理的边坡坡度也是路基设计过程中需要注意的一个环节，可以从填料的性质、边坡的自然地貌、地质方面进行综合考量，进而确定路堤的边坡坡度及形状，保证路基的整体稳定性。

2.4 路基排水系统的设计

道路施工过程中最常用的排水方式采用明沟，它在地面坡度较大时作用较明显，可以快速排水，在遇到超出设计范围的洪流时，便会出现溢流现象，明沟也可以以更快的速度将流水排出。排水系统设计时，需结合道路技术标准和等级、该区域降雨资料和数据等，进行流量计算，确定合理的明沟截面和坡度。

2.5 边坡防护的设计

在路堤的路肩边缘以下和在路堑路基两侧的侧沟外，因填挖而形成的斜坡面，称为路基边坡。边坡的坡形在路基中常修筑成单坡形、折线形或阶梯形，在路基本体构造中，边坡的形状和坡度的缓陡对路基本体的稳定和工程费用有重要影响。在设计边坡时，需要增加一些截水、排水设施，以最大限度地减少雨水对边坡的侵蚀。

2.6 特殊地基路段的路基加固设计

在道路选线过程中，难以避免地会出现一些特殊地基的情况，而特殊地基因为土质的原因对道路路基的影响很大，需要采取特殊的处理方式对地基进行加固，避免道路施工完以后出现不均匀沉降。下面主要针对黄土或软土路基进行相应处理。

对于软土路基的加固，根据工程的实际情况，主要有固化剂法、粉喷桩法和压力注浆法等。固化剂法主要用于当高填方路段的地基是软土，并且其填料的数量不大时，在原来的填料中加入一定的固化剂进行处理；粉喷桩法主要通过在软土地基中发生一系列的反应，在原来的软土地基中形成刚度和强度都很大的桩体，使桩体周围的土质也得到相应的改变，以桩体和其周围土体来共同承担路基的上部荷载；压力注浆法主要对软土地基进行大面积大方位的注浆加固。

对于黄土地区路基的加固，在设计中常采用加强排水和地基处理。地基处理的方法有许多种，常用方法有灰土垫层法、强夯法、挤密法和冲击压实法等。垫层法是以灰土或素土做成垫层的处理方法，通过处理基底下的部分湿陷性达到减少地基的总湿陷量，控制未处理图层的剩余沉降量；强夯法是采用设备对土体进行动力夯击，使土产生强制压密而减少其压缩性和提高强度；挤密法通过在成孔和夯实过程中，原处于桩孔周围的土全部挤入周围土层中，使距桩一定距离内的天然土得到了挤密，从而消除桩间土的湿陷性并提高承载力。

3 道路基层的分类

道路基层一般分为柔性基层、半刚性基层和刚性基层三类。柔性基层主要有级配碎石、级配砾石、沥青混合料或沥青碎石基层等；半刚性基层主要采用无机结合料稳定集料或土类材料铺筑的基层，如石灰稳定类、水泥稳定类和综合稳定类基层等；刚性基层主要是普通混凝土、碾压式混凝土、贫混凝土或钢筋混凝土等材料做成的基层。

3.1 级配碎石基层

粗细碎石料和石屑各占一定比例的混合料，当其颗粒组成符合密实级时，称为级配碎石，级配碎石基层强度因为有碎石本身强度及碎石颗粒间的嵌挤力，所以广泛用于各等级道路的基层和底基层。

3.2　石灰稳定类基层

石灰稳定类基层一般是采用粉碎的土，掺和适量石灰，按照特定的比例搅拌以后，晾干、压实得到的材料。土中掺加石灰石后会发生一系列的物理、化学变化，能改变土的性质。通常情况下可以发生以下化学反应：离子交换作用、结晶硬化作用等。石灰稳定类的缺点是有良好的板体性，但其水稳性、抗冻性以及早期强度不如水泥稳定类。

3.3　水泥稳定类基层

水泥稳定类基层是在粉碎的土中掺入适量的水泥和水，按照技术要求给定的比例配方，经搅拌，在最佳含水量下压实成型，保证其抗压强度符合规定要求。水泥稳定类基层具有良好的整体性、足够的力学性能、水稳定性和抗冻性。

4　半刚性基层的应用和分析

目前我国较常用的是半刚性基层。半刚性基层是指用无机结合料稳定土铺筑的能结成板体并具有一定抗弯强度的基层。半刚性基层通常分为三种类型，即上述的水泥稳定基层、石灰稳定基层和综合稳定基层。其中石灰稳定基层标准较低，一般适用于道路底基层以及低级别道路的基层，水泥稳定基层和综合稳定基层适用于重级交通和市政道路的基层。

半刚性基层具有较高的刚度，具备较强的荷载扩散能力，板体性强，刚度强，且具有一定的抗拉强度、抗疲劳强度、良好的水稳定及收缩裂缝小等特性。近几年被作为高等级道路的基层得到了一定的应用。半刚性基层能有效地承载路面的载荷，具有较高的强度和承载能力，其后期的强度会随着时间的增加而不断的增强。并且半刚性基层具有较高的水稳定能力，使得其在冰冻条件下也能良好地发挥其作用。

5　结　语

路基和基层设计对后期路基和路面的质量有着直接的影响，设计时须充分考察实际地形和地貌，了解项目要求，严格按照设计规范及标准，无论是方案设计、初步设计还是施工图设计阶段，都要以严谨的设计态度对待，必须做到精益求精，最终达到提高路面使用寿命的目的。

参考文献

[1] 程宇科．关于市政道路路基设计的要点探讨［J］．科技创新与应用，2017（22）：111-112.
[2] 李国辉．关于市政道路路面与路基设计的研究［J］．低碳世界，2017（15）：190-191.
[3] 景茂武．软土地区路基设计和处理应注意的问题［J］．黑龙江交通科技，2007（9）：50-51.

无人机航摄技术在矿山地形图测绘中的应用与精度分析

王大维

摘　要　无人机航摄是近年来迅速发展的空间数据获取手段，具有较高的机动灵活性，受地形限制小，能够避免因地形复杂无法完成测量而产生盲区，大大降低了外业工作的劳动量和难度。本文介绍了无人机航摄技术在矿山地形图测绘中的应用，并通过具体实例对比无人机测绘地形图与RTK方式测绘地形图，得出无人机航摄技术应用在矿山地形图测绘中时，精度满足规范测图要求。

关键词　无人机；露天矿山；地形图测绘；精度分析

Application and accuracy analysis of UAV aerial photography technology in mine topographic mapping

Wang Dawei

Abstract　UAV aerial photography is a rapidly developing means of spatial data acquisition in recent years, which has high mobility and flexibility, is less restricted by terrain, and can avoid blind areas due to complex terrain that cannot complete the measurement, which greatly reduces the workload and difficulty of field work. This paper introduces the application of UAV aerial photography technology in mine topographic map mapping, and compares UAV mapping topographic map with RTK mapping topographic map through specific examples, thus verifying the superiority of UAV aerial photography technology in mine topographic map mapping, while the accuracy can meet the standard mapping requirements.

Keywords　UAV; open-pit mine; topographic mapping; accuracy analysis

1　引　言

传统矿山测绘主要采用全野外测量方式（GPS-RTK或全站仪实测）对矿山进行测绘及储量计算。无人机航摄是近年来迅速发展的空间数据获取手段，具有较高的机动灵活性，受地形限制小，能够避免因地形复杂无法完成测量而产生盲区，大大降低了外业工作的劳动量和难度。相比难度大、周期长的传统矿山测量方式，无人机遥感技术可快速对地质环境信息和过时的GIS数据库进行更新、修正和升级。无人机所体现的低成本、高效率，且所获取的数据具有很强的现势性等特点，在小区域和飞行困难地区高分辨率影像快速获取方面有明显优势，对数字矿山建设和矿山灾害应急等工作均具有重要的意义。

2　无人机航摄平台的搭建

无人机航摄系统一般包括无人机飞行平台、影像传感器以及内业处理系统。

2.1　无人机飞行平台

我院无人机飞行平台采用大疆经纬 M300RTK 平台，包含地面站、自动避障系统、RTK 测量系统、自动巡航系统。具体参数见表 1。

表 1　无人机飞行平台主要参数

最大飞行时间	≥55min	图传模式	实时图传
空机质量	≤4kg	最大可承受风速	≥15m/s
定位模式	RTK 定位	障碍物感知范围	前后左右 0.7～40m；上下 0.6～30m
最大起飞海拔	≥7000m	IP 防护等级	IP45
通信距离	15km 或以上	最大飞行速度	23m/s
最大起飞质量	9kg	最大倾斜下降速度	7m/s

2.2　影像传感器

影像传感器采用睿铂 DG3Pros，具有质量轻、体积小、焦距合理、可靠性高、兼容性高、用户群体基数大等一系列优点，可兼容市面上主流航测多旋翼及固定翼无人机。DG3Pros 相机镜头采用复消色差技术，内置散热除尘系统，增强了环境适应能力。配套数据预处理软件，能大幅度提高空三及刺点效率，降低空三报错概率。

2.3　内业处理系统

主要软件为数据后处理软件 ContextCapture——一款基于影像自动生成高质量三维模型的优秀软件。它通过已知的基准点坐标、无人机获得的航片影像和 POS 数据自动完成影像定向、空三加密过程，实现免像控自动拼接处理，从而获得高精度的 DEM、DOM 数据。

3　低空摄影测量工作原理

无人机低空摄影测量系统搭载的非测量数码相机的成像模型为小孔模型，物方的任意点的构象都是通过中心投影的方式成像在像平面上，而共线条件是中心投影构想的数学基础，如图 1 所示。

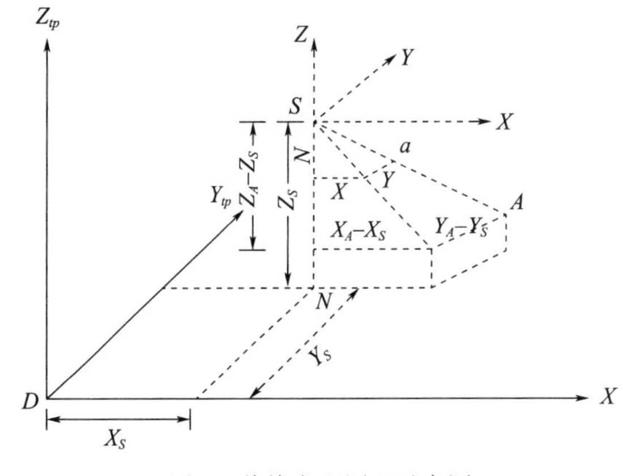

图 1　共线方程原理示意图

如图所示，S（X_S，Y_S，Z_S）为摄影中心，A（X_A，Y_A，Z_A）为物方任意一点，a 为 A 在影像上的构想，对应的像空间坐标和像空间辅助坐标为（x，y，$-f$）和（X，Y，Z）。满足 S、A、a 三点共线，像点的像空间辅助坐标和物方点物方空间坐标之间的关系为：

$$\frac{X}{X_A-X_S}=\frac{Y}{Y_A-Y_S}=\frac{Z}{Z_A-Z_S} \tag{1}$$

结合像空间坐标和像空间辅助坐标关系，考虑像主点坐标（x_0，y_0）得到的共线方程式为：

$$x-x_0=-f\frac{a_1\ (X_A-X_S)\ +b_1\ (X_A-X_S)\ +c_1\ (X_A-X_S)}{a_S\ (X_A-X_S)\ +b_S\ (X_A-X_S)\ +c_S\ (X_A-X_S)}$$

$$y-y_0=-f\frac{a_2\ (X_A-X_S)\ +b_2\ (X_A-X_S)\ +c_2\ (X_A-X_S)}{a_S\ (X_A-X_S)\ +b_S\ (X_A-X_S)\ +c_S\ (X_A-X_S)} \tag{2}$$

式中：x、y 为像点的像平面坐标；x_0、y_0、f 为摄影的内方位元素；系数 a_i、b_i、c_i（$i=1$，2，3）为影像的 3 个外方位角元素组成的 9 个方向余弦。

在低空摄影测量中将航摄仪固定安装在无人机上后，机载 GPS 接收天线的相位中心位置与航摄仪投影中心的偏心矢量为一个常数，故根据每次曝光瞬间镜头的中心点 S 的空间位置（X_S，Y_S，Z_S）便可测定出来当作已知值，再求解相片摄影时姿态角的辅助设备，便可以得到相片的 6 个外方位元素。将外方位元素引入到解析空中三角测量进行区域网联合平差计算，通过地面上的一个基准点，便可获得相当精度的地面加密点坐标。

POS 系统又称定位定向系统，集 DGPS（Differential GPS）技术和惯性导航系统（INS）技术于一体，主要包括 GPS 信号接收机和惯性测量装置（IMU）两部分，亦称 GPS/IMU 集成系统。已知 GPS 天线相位中心、IMU 以及航摄仪三者的空间位置关系，通过 GPS 载波相位差分定位获取航摄仪的空间位置参数以及 IMU 获取无人机侧滚角、俯仰角和航偏角，获取航空影像曝光瞬间摄站三维空间坐标和航摄仪的姿态角，经过对系统误差的检校，便可直接获得影像外方位元素，从而实现恢复航空摄像的成像过程。

4 工程应用

为了更好地检验无人机航摄系统在露天矿山地形图测绘中的应用，选取 WH 海螺水泥有限公司箬帽山矿区，矿区位于繁昌县城北西约 6km，西北距新港码头约 9km、西南距宁铜铁路约 8km、东南距沿江高速约 10km。测区面积约为 4km^2。

4.1 航摄规划与数据采集

航摄设计根据软件 DJI Pilot 自带影像为基础，根据摄影区域地形情况、起飞场地情况以及摄影分辨率要求等因素，使用自带程序进行自动航线设计。本次航线按矿区红线外扩 300m 范围，使用自动拍摄模式，行高为相对行高，为 180m，旁向重叠度为 70%，航向重叠度为 80%。具体见图 2、表 2。

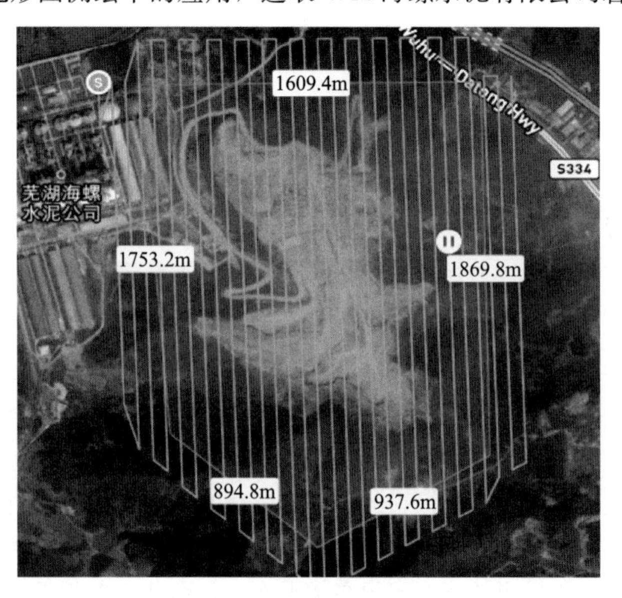

图 2　航线规划图

表 2　航线规划参数

项目	参数设置
行高	相对行高 180m
航向重叠度	80%
旁向重叠度	70%
地面分辨率	2cm
飞行速度	8m/s
曝光间隔	等距离曝光
拍照模式	摆动拍摄

像片控制点及检查点是航测内业加密测图及成果检查的依据，分为平高点和高程点。本项目采用千寻 CORS 网络 RTK 技术施测，一般情况下均为平高点。利用区域似大地水准面数据求定像控点高程。有关技术规定按照《全球定位系统实时动态测量（RTK）技术规范》（CH/T 2009—2010）执行。本项目共布设像控点 40 个、检查点为 30 个，均为平高点。

4.2　内业处理

空三及三维建模软件技术已趋于成熟，使用较多的有 ContextCapture、Photoscan、info 等，瞰景 Smart3D、大疆智图、大势智慧等国产软件也表现出色。本次使用的 ContextCapture 软件是一款基于影像自动生成高质量三维模型的优秀软件，可以自动完成影像定向、空三加密、三维建模等过程。

空三计算根据外业测定的像片控制点的成果，采用自动空三软件 ContextCapture 进行区域网整体平差、IMU/GNSS 数据处理、偏心角系统误差改正，以及每张像片外方位元素计算，得到加密点成果，如图 3 所示。

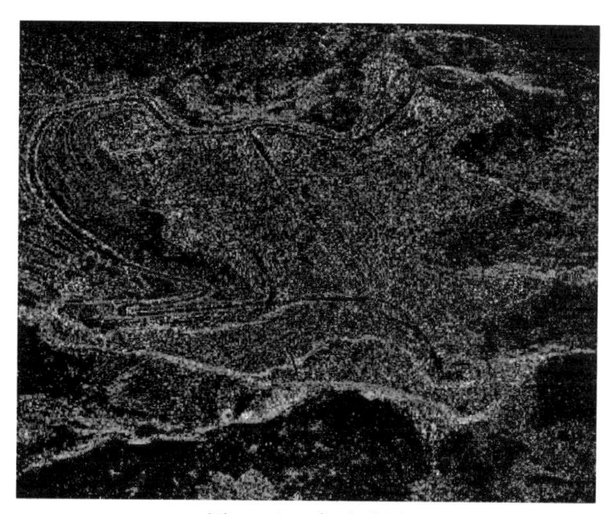

图 3　空三加密成果

根据空中三角测量加密成果，利用 CC 软件建立矿山三维模型与正射影像。模型与 DOM 影像清晰，反差适中，色调均匀，纹理清楚，层次丰富，不出现模糊、重影、错位、扭曲、拉花等现象。依据矿山三维模型与正射影像，利用 DP-mapper 进行现状地形图采集。

4.3　精度评定

通过测量成果数据中的检查点的坐标值与野外 RTK 实测对应点的坐标进行分析评定。具体见表 3、表 4。

表 3　平面检查点精度

比例尺	检查点个数	平面位置中误差 Δy	平面位置中误差 Δx
1∶1000	30	3.2cm	2.9cm

表 4 高程检查点精度

比例尺	检查点个数	高程中误差
1∶1000	30	4.4cm

在本次精度统计中，平面位置 y 方向最大误差为 5.6cm、最小误差为 0.6cm、中误差为 3.2cm，平面位置 x 方向最大误差为 5.4cm、最小误差为 0.5cm、中误差为 2.9cm、高程最大误差为 7.2cm、最小误差为 1.1cm、中误差为 4.4cm。综上所述，平面位置和高程中误差均未超限，符合规范要求。

5 结束语

综上所述，无人机航摄技术有着良好的适应性与便捷性，有效弥补了传统测绘技术的缺陷，避免了因地形复杂无法完成测量而产生盲区，同时大大降低了外业工作的劳动量和难度。结合相关案例的分析，合理选择精度分析方法，完成无人机航测技术的精度检测后可以发现，航摄平面与高程中误差皆未超限，虽然与传统测绘方法相较，误差偏大，但可满足地表建模及大空间三维建模的需要，也能达到地形图测绘规范要求。在矿山生产过程中，无人机航摄技术在地表现状更新、模型建立、储量计算及年报更新等方面具有广泛的应用前景。

参考文献

[1] 王春来，李胜利，赵蕊．无人机航摄系统测绘 1∶1000 大比例尺地形图精度分析 [J]．城市地理，2016 (20)：141.
[2] 刘世飞，史华林，杜力立．无人机航摄技术测绘地形图的精度探讨 [J]．工程建设与设计，2019 (02)：269-270.

给排水、暖通部分

城市生活垃圾水泥窑协同处置项目给排水设计

李东祥

摘　要　针对城市生活垃圾与水泥窑系统协同处置应达到“无害化、减量化、资源化”的要求，结合某1×300t/d项目投产运行情况，对给排水设计中的水量配置、污废水处理以及消防系统等进行分析、总结，为类似项目的实施和改进提出优化建议。

关键词　水泥窑；垃圾焚烧；协同处置；给排水

Water supply and drainage of MSW co-processing of in cement kiln

Li Dongxiang

Abstract　According to the requirement of harmlessness, reduction and resource utilization for the co-processing of municipal solid waste and cement kiln system, the water allocation, sewage treatment and fire fighting system in the design of water supply and drainage are analyzed and summarized in the light of the operation of a 1×300t/d project. It can provide optimization suggestions for the implementation and improvement of similar projects.

Keywords　cement kiln; waste incineration; co-processing; water supply and drainage

0　引　言

城市生活垃圾处置的方式主要有填埋、焚烧、堆肥和综合利用，随着城市的发展，传统的填埋处理受占地面积、处理能力和对周边环境影响等因素的限制，已无法满足居民生活垃圾日益增长而急需消纳的要求；垃圾焚烧则是系统解决城市垃圾处置的有效途径。垃圾焚烧主要有两种形式，一是建设独立的垃圾焚烧发电厂，二是与工业生产过程相结合的协同处置。

特别是水泥工业新型干法生产线，可利用其配套的窑和分解炉装置，将垃圾气化生成的可燃气体送到水泥窑系统中进行无害化燃烧。该类利用水泥工业新型干法窑和气化炉相结合处理城市生活垃圾项目简称CKK项目，其处理过程为：垃圾车运至CKK联合厂房垃圾储存坑→垃圾供给装置至气化炉焚烧→产物①炉渣用于水泥原料（其中不可燃物回收）/产物②可燃气体进入水泥窑系统对有害成分进行处置。

CKK项目给排水设计主要包括循环冷却水、消防、生产生活辅助用水及污废水四个系统，第一个原创性技术应用在安徽省铜陵市于2011年6月通过了中国建筑材料联合会组织的科技成果鉴定，技术水平为国际先进；2013年10月，国务院发布了《关于化解产能严重过剩矛盾的指导意见》（国发41号），要求水泥窑协同处置生活垃圾生产线数量比重不低于10%；环境保护部等七部委于2014年5月联合发布了《关于促进生产过程协同资源化处理城市及产业废弃物工作的意见》，利用新型干法水泥窑协同处置城市生活垃圾，可促进废弃物的资源化利用和无害化处理；通过协同资源化可以构建循环经济链条，促进企业减少能源资源消耗和污染排放，实现企业与城市和谐共存，按此要求以及第一个项目的投用和项目所产生的良好的社会、经济效益。截至目前，近30个CKK项目完成了设计并陆续运营，项目覆盖范围广、时间跨度大，结合其间的规范和标准更新及现场运行反馈，拟对配套给排水设计进行梳理、归纳和总结尤为必要。

1　工程概况

某CKK项目处理城市生活垃圾规模为2×300t/d（21.9万吨/年），分两期建设，项目位于水泥熟料生产线厂区。熟料生产线规模为2×5000t/d，其工艺流程为：石灰石等原材料均化/粉磨→水泥窑分解炉系统→熟料冷却系统，配套建设有工艺冷却水、消防、生产生活辅助用水及生产生活污废水处理系统。CKK项目系统图及建成图如图1所示。

CKK项目运行中产生的主要污染物有臭气、垃圾可燃气体和垃圾渗滤液等，给排水系统设计类别与熟料线相同；同时，在熟料煅烧过程中，水泥回转窑内的物料温度在1450～1550℃，气体温度则高达1700～1800℃。高温环境下，气化炉中垃圾气化产生的烟气进入水泥窑分解炉后继续燃烧，烟气中的二噁英在分解炉近900℃温度下彻底分解；同时，也为垃圾渗滤液高温氧化处理、完全分解有机成分提供了条件。

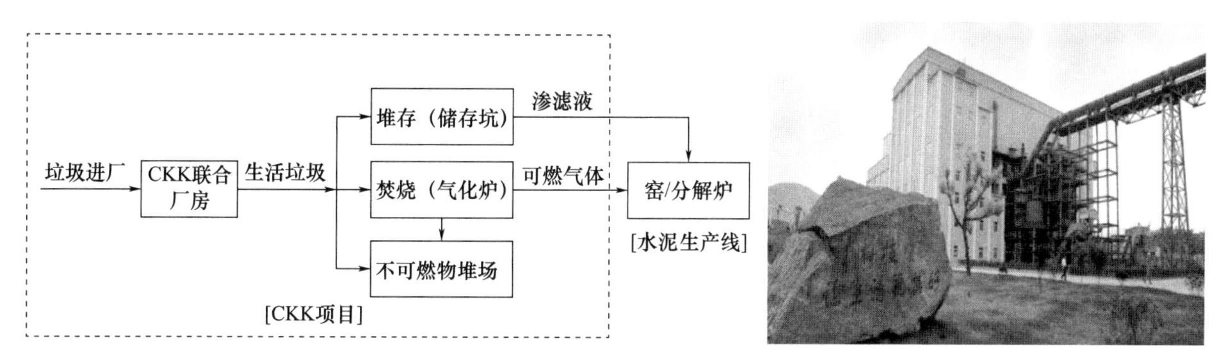

图1　CKK项目系统图及建成图

2　给排水系统设计

2.1　给水系统

CKK项目单套机组总焚烧能力一般介于150～600t/d（含150t/d）之间，属于Ⅲ类垃圾焚烧厂。以1×300t/d项目为例，给排水系统主要包括循环冷却水、消防、生产生活辅助用水及污废水等四个部分。项目位于长江流域安徽境内某水泥厂可利用的有效区域内，生产、生活及消防耗用水量均由工厂生产、生活管网提供，其水压和水质与水泥厂使用要求一致；项目正常生产及生活消耗水量为

$80m^3/d$，基本不增加现有工厂的用水负荷。具体见表1。水量平衡图见图2。

表1 耗用水量组成

系统类别	用水量/（m^3/d）	用途
生产补充水	30	用于循环冷却水系统补充水（熟料线循环泵站）
生活用水	20	用于茶吧和卫生设施（CKK联合厂房）
生产辅助用水	30	用于清洁及冲洗水（CKK联合厂房）
消防用水	（216）	室内外消火栓、消防炮（消防后补充水）

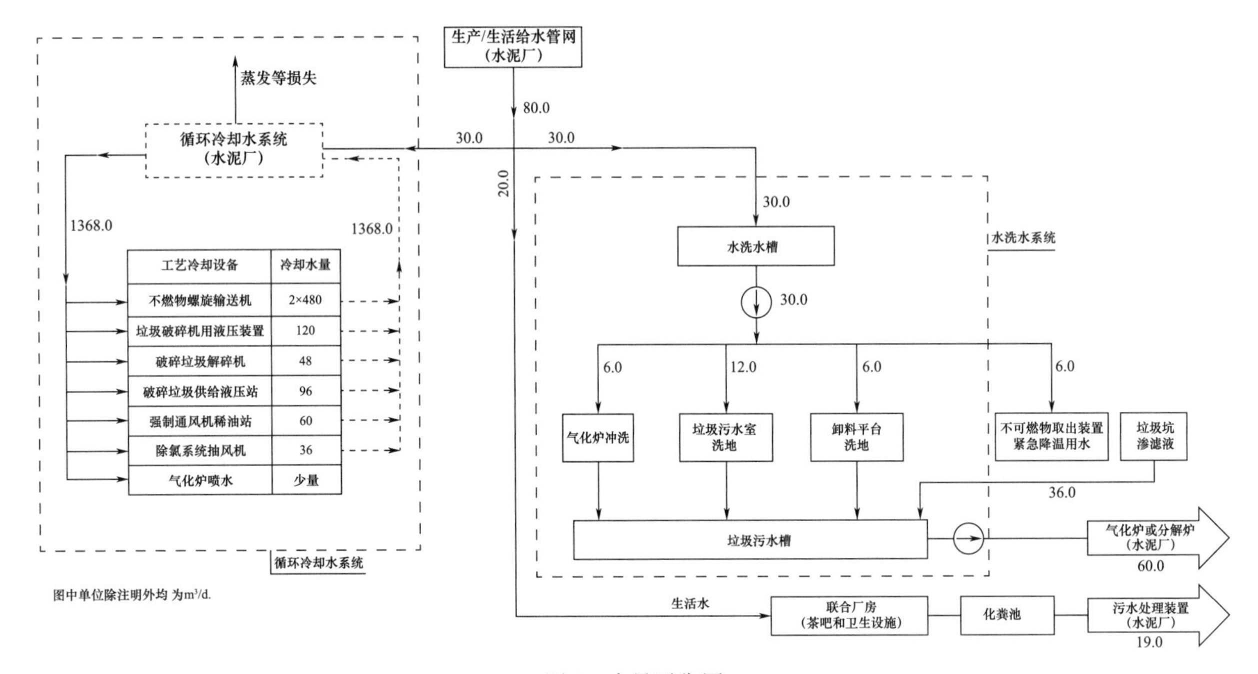

图2 水量平衡图

2.2 循环水系统

循环冷却水系统按照《工业循环水冷却设计规范》（GB/T 50102—2014）和《工业循环冷却水处理设计规范》（GB/T 50050—2017）的要求进行配置，循环水量约$60m^3/h$，其水量、水压、水温、水质与水泥厂使用要求一致，一般2×5000t/d熟料水泥生产线含粉磨系统设计循环水量约$1500m^3/h$，供水压力约0.35MPa，CKK项目所增加的循环水量基本对生产线运行不产生影响，CKK项目循环水系统经核实后直接接入。

但部分CKK项目可能离生产线循环水管网较远，需要设置独立的循环水泵站及冷却塔系统，其设备配置为：圆形逆流玻璃钢冷却塔$1\times75m^3/h$，5℃温差；钢筋混凝土水池$1\times100m^3$，地上式；循环水泵2台（一用一备），单级单吸离心泵；压力过滤器1台，处理能力$3\sim5m^3/h$。

2.3 消防水系统

CKK联合厂房为本项目主要功能性建筑物，其生产火灾危险性为丁类，厂房耐火等级为二级，建筑高度$24m<h<50m$，建筑体积$20000m^3<V<50000m^3$，消防设计范围包括大空间垃圾储坑、中控室、电力室、生产及巡检区域，消防系统类别主要有消火栓、消防炮、灭火器、气体灭火及火灾报警

等，其中消火栓、灭火器、火灾报警属于常规性消防设施，消防炮、气体灭火属于特殊要求的消防设施。

设计流量及延续时间、火灾次数见表 2。

表 2　设计流量及延续时间、火灾次数

类别	设计流量/（L/s）	火灾延续时间/h	参考规范	备注
室内消火栓	15	2.0	《建筑设计防火规范（2018 版）》(GB 50016—2014) 《消防给水及消火栓系统技术规范》(GB 50974—2014)	同一时间内发生火灾次数按一次考虑
室外消火栓	15	2.0		
消防水泵接合器	(15)			
消防水炮	60	1.0	《固定消防炮灭火系统设计规范》(GB 50338—2003)	

(1) 消火栓及水泵接合器：室外消火栓主要利用水泥厂区域现有消火栓及管网系统；室内消火栓口动压不小于 0.35MPa，消防水枪充实水柱按 13m 计算，共配置单栓减压稳压型室内消火栓（丙型）33 套，配消防按钮，其中试验消火栓 1 套，地下式消防水泵接合器 3 套。

(2) 消防水箱：消防系统为临时高压，高位消防水箱的有效容积为 $18m^3$，设置在联合厂房屋面层设备间，受层高限制，其最低有效水位不能满足消防设施最不利点静水压力，设计配套卧式增压稳压设备 1 套，含隔膜式气压罐（卧式，工作压力比 0.80），立式离心泵 2 台（一用一备）。

(3) 气体灭火：在联合厂房中控室设置气体灭火系统，采用无管网柜式七氟丙烷灭火装置；其他场所配置 MF/ABC4 型手提式磷酸铵盐干粉灭火器共 98 具，灭火剂量 4kg，灭火级别 2A。

(4) 消防炮：联合厂房内的垃圾储存坑相对封闭，空间体积大，自坑底到行车轨高度接近 35m，采用固定式消防水炮灭火系统；共配置防腐防爆型消防水炮 2 套，单套射水流量 30L/s，工作压力 0.80MPa。

(5) 消防泵站：由于 CKK 项目生产过程控制及要求与水泥厂存在较大的差异，水泥厂配套的消防泵站及管网系统不能完全满足室内消火栓和消防炮系统，为便于消防设施的集中控制和管理，CKK 项目设置独立的消防泵站，泵站内配置消火栓及消防炮给水泵及相关控制系统；共配置立式单级离心消防泵 3 台（两用一备），流量 40L/s，扬程 120m。

消防系统原理如图 3 所示。

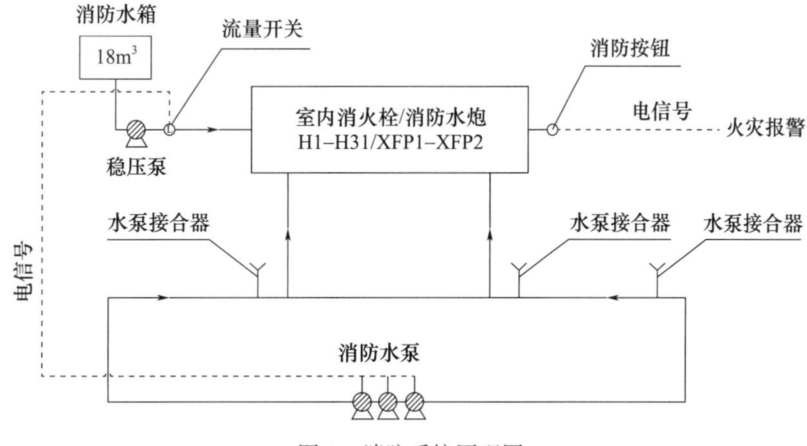

图 3　消防系统原理图

2.4 污废水系统

生活垃圾焚烧过程中，主要污染物为大气污染物、恶臭和污废水等，污废水则包括生活污水、冲洗水和垃圾渗滤液，其中生活污水主要来自联合厂房内设置的茶吧和卫生设施排水，污水量为 $19m^3/d$，污水经化粪池处理后，通过室外排水管网送至水泥厂现有的污水处理装置，该类污水采用常规性生化处理，也可在项目区域内设置 $1m^3/h$ 污水处理装置；冲洗水及垃圾储库渗出的污水经过垃圾污水过滤器送入污水储存槽，该类污水含有大量有机物，具有 COD_{Cr}、BOD_5 浓度高和不耐热的特性，给排水设计重点为污废水中的垃圾渗滤液的处置。

本项目垃圾渗滤液产生量平均为 $60m^3/d$（在雨季或含水量较高时约为 $100m^3/d$，具体设计时应考虑项目所在地地域和季节的影响）。当 $BOD_5/COD_{Cr}>0.3$ 时，渗滤液的生化性较好，可采用生物处理法；$BOD_5/COD_{Cr}<0.2$ 时，可采用物化法。本项目渗滤液 BOD_5 为 2000～4000mg/L，COD_{Cr} 为 5000～10000mg/L，可采用生物处理法。污废水产生量见表 3。

表 3 污废水产生量

污废水类别	废水量	污染物名称（单位：mg/L，pH 除外）				
	m^3/d	pH	COD_{Cr}	BOD_5	NH_3-N	SS
垃圾渗滤液	* 36（max. 70）	5～7	5000～10000	2000～4000	～400	2000
水洗水	24	8～10	150～300	100～200	～20	800
生活污水	19	～8	～300	100～200	～25	100

在进行渗滤液处置方案设计时，选取了两种方式，一是采用生物膜法处理，二是采用焚烧法。考虑协同处置的特点，本项目采用焚烧法，即通过窑系统的高温对渗滤液进行氧化处理，完全分解其有机成分，从源头上解决渗滤液对环境的影响，消除垃圾渗滤液对环境的污染风险，实现无害化处理和零排放。主要设备有：垃圾污水储存槽提升用污水泵 2 台（一用一备），流量 $6m^3/h$，扬程 30m；垃圾渗滤液输送泵 2 台（一用一备），流量 $4.5m^3/h$，扬程 70m；用于清除垃圾污水中的微小固体物楔形丝过滤器 1 套，过滤精度 $150\mu m$。

初始设计时直接采用污水泵将渗滤液提升后小部分喷入气化炉，大部分引入熟料线分解炉和篦冷机内进行焚烧，以篦冷机内焚烧为主，在水量较大时，分解炉和篦冷机同时喷入。经过一定时间运行，现场反馈垃圾渗滤液长期在水泥厂分解炉内焚烧会产生大量的氯离子，影响熟料线窑系统的运行；垃圾渗滤液在分解炉和篦冷机内进行焚烧减低了熟料线的产能；同时，熟料线系统在检修时，垃圾渗滤液的处理量会下降。因此，设计认为采用焚烧法时，应满足以下条件：①水泥厂应有 2 条及以上生产线可以接纳渗滤液处理，生产线不安排同时停产或检修；②在渗滤液处理系统故障或出现其他无法及时处理的情况下，连续产生的垃圾渗滤液应进入事故收集池内进行储存，并在可靠的时间周期内全部处理完毕；③工厂具备相应的措施确保处理的经济性和渗滤液长距离输送的安全性。

3 结 语

作为城市生活垃圾焚烧协同处置项目，应尽可能充分利用与水泥厂共建和共享资源，充分利用水泥厂基本设施进行处置，但 CKK 项目部分给排水系统需要比较后进行选用，如循环水系统与水泥厂的供水同步性、垃圾渗滤液直接焚烧的经济性和安全性，部分系统则需要独立设置，如消防系统。同时，还要注意设计中对如下子项的优化：

（1）水洗水系统：应采用独立的供水系统，包括水泵、水箱和管路等，不得与水泥厂生活水及生产水系统连接。

（2）污废水系统：垃圾渗滤液的收集及输送应采用密闭系统，其泵阀及管网必须满足耐腐蚀和输送压力要求；为避免垃圾预处理和储存过程中产生的污水渗透至地下，垃圾预处理车间地面应做防渗处理；垃圾坑排水格栅应设置在垃圾坑侧。垃圾渗滤液独立处置既不受水泥厂生产周期的影响，同时也可降低渗滤液长距离输送的风险，较为安全、可靠；与焚烧法相比，需要占用场地，增加管理难度，且费用高，设计时需结合不同的项目特点进行比较后选用。

（3）消防系统：室内消防采用两路进水，立管设置时应综合考虑建筑功能要求，尽量避免设置在参观通道等处，同时要与土建和后续装饰等专业紧密配合；中控室围护结构及隔断需满足气体灭火要求；消防水炮应能实现自动或远距离遥控操作，垃圾坑内任意位置均能同时被消防水炮两股充实水柱覆盖，消防水炮需采用防腐防爆材质。

（4）事故水池：其位置及容积应满足项目建设场地初期雨水、垃圾储存坑渗滤液及消防排水等要求，必要时要考虑生产线检修期间的水量储存，一般按照 7～10d 污水量考虑。

（5）计量：设计应避免资源性共享而忽略对给排水系统设置必要的计量装置。

参考文献

[1] 生活垃圾焚烧处理工程技术规范：CJJ 90—2009 [S]．北京：中国建筑工业出版社，2009.

[2] 消防给水及消火栓系统技术规范：GB 50974—2014 [S]．北京：中国计划出版社，2014.

[3] 建筑设计防火规范（2018 版）：GB 50016—2014 [S]．北京：中国计划出版社，2014.

[4] 固定消防炮灭火系统设计规范：GB 50338—2003 [S]．北京：中国计划出版社，2004.

（本文发表于《工业用水与废水》2020 年第 2 期）

垃圾焚烧等高层工业类建筑特殊消防设计

王亭如　谢修安　徐　震

摘　要　垃圾焚烧发电厂的高层工业类建筑和普通的工业厂房在建筑规模、火灾危险性等方面有很大的区别，这就意味着垃圾焚烧发电厂不能简单按照普通的工厂进行消防设计，应在满足国家、行业以及地方标准的前提下，结合国内外先进的经验优化消防设计，从而消除消防安全隐患。本文对垃圾焚烧发电厂房的消防灭火系统进行了分析，并探讨了设计的要点与难点，供广大设计工作者探讨。

关键词　垃圾焚烧；发电厂；高层工业建筑；消防设计；消防灭火系统

Special fire protection design of high-rise industrial buildings such as waste incineration building

Wang Tingru　Xie Xiuan　Xu Zhen

Abstract　There are great differences between high-rise industrial building of waste incineration power station and ordinary industrial building in terms of building scale and fire risk, which means that waste incineration power station cannot simply carry out fire protection design according to ordinary factories. On the premise of meeting national, industrial and local standards, they should optimize fire protection design in combination with advanced experience at home and abroad, so as to eliminate fire safety hazards. This paper analyzes the fire extinguishing system of waste incineration power station, and discusses the key points and difficulties of design for the majority of designers.

Keywords　waste incineration; power station; high-rise industrial building; fire protection design; fire fighting system

1　建筑概况

某垃圾焚烧发电项目处理城市生活垃圾规模为300t/d，机械配置为300t/d炉排炉和6MW凝汽式汽轮机，配套垃圾焚烧发电厂房的建筑功能主要包括卸料大厅、锅炉焚烧间、垃圾坑、烟气净化间、汽轮机房、渗滤液收集池以及辅助间等。建筑高度见表1。

表 1　建筑高度

功能区	层数	建筑高度/m
主体部分（锅炉焚烧间、垃圾坑、烟气净化间）	1	49.6
辅助部分（门厅、电力室、汽轮机房等）	7	31.3

通过对垃圾焚烧发电厂房工艺流程及建筑功能的了解，根据《建筑设计防火规范》（GB 50016—2014）（2018 年版）第 3.1.1 条表 3.1.1 中的规定，利用气体、液体、固体作为燃料或将气体、液体进行燃烧作其他用的各种生产的厂房为丁类。根据《生活垃圾焚烧处理工程技术规范》（CJJ 90—2009）第 11.3.1 条，垃圾焚烧厂房的生产类别应为丁类，建筑耐火等级不应低于二级。

国内常见的垃圾焚烧发电厂房多为丁类高层厂房（建筑高度大于 24m 的非单层厂房），此类垃圾焚烧发电厂的消防设计具有消防灭火系统种类多、消防流量大的特点，主要包括消火栓灭火系统、自动消防水炮灭火系统和多种介质的灭火器配置。

2　消防灭火系统

2.1　消火栓系统

根据《建筑设计防火规范》（GB 50016—2014）（2018 年版）第 8.2.1 条，建筑占地面积大于 $300m^2$ 的厂房和仓库应设置室内消火栓。虽然第 8.2.2 条规定耐火等级为一、二级且可燃物较少的单、多层丁、戊类厂房（仓库）可不设置室内消火栓系统，但是垃圾焚烧发电厂房属于丁类高层厂房且可燃物较多。另根据《火力发电厂与变电站设计防火标准》（GB 50229—2019）第 7.1.5 条，厂区内应设置室内、室外消火栓系统。经综合考虑，垃圾焚烧发电厂房需设置室内、外消火栓系统。

2.2　自动灭火系统

《建筑设计防火规范》（GB 50016—2014）（2018 年版）第 8.3.5 条规定，根据本规范要求难以设置自动喷水灭火系统的展览厅、观众厅等人员密集的场所和丙类生产车间、库房等高大空间场所，应设置其他自动灭火系统，并宜采用固定消防炮等灭火系统。垃圾发电厂房内垃圾坑不适用于保护半径和净空高度都较小的消火栓和自动喷水灭火系统，故选用流量大且保护半径也较大的自动消防水炮灭火系统。

2.3　灭火器配置

垃圾焚烧发电厂房由于工艺的特殊性，建筑功能复杂，根据场所的火灾种类和火灾危险等级的不同配置不同类型的灭火器。详见表 2。

表 2　灭火器配置

功能区	火灾类别	火灾危险等级	灭火器类型
配电间、控制室	E	严重危险等级	二氧化碳灭火器
汽轮机房	B	严重危险等级	泡沫灭火器
化水车间、空压机房	E	中危险等级	磷酸铵盐干粉灭火器
烟气净化间、锅炉焚烧间	C	中危险等级	磷酸铵盐干粉灭火器
其他功能间	A	中危险等级	磷酸铵盐干粉灭火器

3　消防用水量

3.1　室内消防设计流量

垃圾焚烧发电厂房内消防水系统主要包括消火栓和自动消防炮给水系统，其中垃圾坑设置2门自动消防水炮，其他场所设置若干套室内消火栓。

（1）消火栓系统

根据《消防给水及消火栓系统技术规范》（GB 50974—2014）第3.5.2条表3.5.2中规定的建筑高度$24m \leqslant h < 50m$的丁类厂房室内消火栓设计流量为25L/s，且备注丁类高层厂房室内消火栓的设计流量可减少10L/s，综上，室内消火栓设计流量折减后为15L/s。

（2）自动消防炮系统

《自动消防炮灭火系统技术规程》（CECS 245：2008）第5.5.4条规定，工业建筑的消防水炮灭火用水量不应小于60L/s。根据《自动跟踪定位射流灭火系统技术标准》（GB 51427—2021）第4.2.2条，自动消防炮灭火系统用于扑救工业建筑内火灾时，单台炮的流量不应小于30L/s；第4.8.2条，自动消防炮灭火系统和喷射型自动射流灭火系统在自动控制状态下，当探测到火源后，应至少有2台灭火装置对火源扫描定位，并应至少有1台且最多2台灭火装置自动开启射流，且其射流应能到达火源进行灭火。综上，室内消防水炮设计流量为60L/s。

3.2　室外消防设计流量

《消防给水及消火栓系统技术规范》（GB 50974—2014）第3.3.2条表3.3.2中规定，建筑体积$V > 50000m^3$的丁类厂房室外消火栓设计流量为20L/s。综上，室外消火栓设计流量为20L/s。

3.3　消防用水量

消防用水量见表3。

表3　消防用水量

消防系统名称	消防设计流量/（L/s）	火灾延续时间/h	消防总用水量/m^3
室内消火栓流量	15	3	
室外消火栓流量	20	3	594
消防水炮设计流量	60	1	

4　消防系统设置

4.1　消防水泵及管网

（1）根据《火力发电厂与变电站设计防火标准》（GB 50229—2019）第7.1.5条，厂区内应设置室内、室外消火栓系统。消火栓系统、自动喷水灭火系统、水喷雾灭火系统、泡沫灭火系统、固定消防炮灭火系统等消防给水系统可合并设置。

（2）根据《消防给水及消火栓系统技术规范》（GB 50974—2014）第 8.1.7 条，室内消防栓给水管网宜与自动喷水等其他灭火系统的管网分开设置，当合用消防泵时，供水管路沿水流方向在报警阀前分开设置。

（3）根据《自动跟踪定位射流灭火系统技术标准》（GB 51427—2021）第 3.1.1 条，自动跟踪定位射流灭火系统可用于扑救民用建筑和丙类生产车间、丙类库房中；第 4.5.2 条，自动消防炮灭火系统应设置独立的消防水泵和供水管网。

（4）根据《自动消防炮灭火系统技术规程》（CECS 245：2008）第 5.1.1 条，消防炮给水系统应独立设置。

综上，多项规范、标准对消防给水管网系统进行了规定，有矛盾之处，结合规范、标准的适用性综合考虑，截至目前，所设计的垃圾焚烧发电项目消防给水系统共用消防水泵和室外消防给水管网，室内消火栓和消防水炮给水管网独立设置。

4.2　消防水箱

根据《自动跟踪定位射流灭火系统技术标准》（GB 51427—2021）第 4.5.15 条，自动跟踪定位射流灭火系统可与消火栓系统或自动喷水灭火系统合用高位消防水箱。在垃圾焚烧发电厂房最高层平面设置一座 $18m^3$ 高位消防水箱，供室内消火栓及消防水炮系统前期消防用水。

4.3　消防水泵参数

消防水泵的参数见表 4。

表 4　消防水泵参数

水泵类型	流量/（L/s）	扬程/m	数量/台
消防主泵	60	120	3（2 用 1 备）
消防稳压泵	3	100	2（1 用 1 备）

5　结　语

消防问题一直是我国非常重视的一个问题，为了预防火灾，减少火灾的危害，增强每个人对火灾的意识，消防规范一直在不断更新、不断改进。本文对垃圾发电项目高层工业厂房的消防设计依据新、老版的消防规范进行了梳理及总结，主要涉及消火栓系统、消防水炮系统及灭火器配置的如何选用及注意事项，并将根据后续规范更新及项目所在地图审要求不断完善设计内容。

参考文献

[1] 蓝优生．广东某垃圾焚烧发电厂消防灭火系统设计 [J]．工程设计，2019（1）：195-196.
[2] 刘鸿艳，储志利．某垃圾焚烧发电厂消防设计 [J]．消防科学与技术，2012（6）：611-614.
[3] 周宏波．消防新规范在设计应用中的探讨 [J]．中华建设，2017（3）：96-97.
[4] 赵平歌，曹晓龙．对新消火栓消防规范中若干问题的探讨 [J]．西南给排水，2015（6）：35-41.

[5] 建筑设计防火规范（2018年版）：GB 50016—2014 [S]．北京：中国计划出版社，2014.
[6] 消防给水及消火栓系统技术规范：GB 50974—2014 [S]．北京：中国计划出版社，2014.
[7] 火力发电厂与变电站设计防火标准：GB 50229—2019 [S]．北京：中国计划出版社，2019.
[8] 自动跟踪定位射流灭火系统技术标准：GB 51427—2021 [S]．北京：中国计划出版社，2021.
[9] 自动消防炮灭火系统技术规程：CECS245：2008 [S]．北京：中国计划出版社，2008.
[10] 建筑灭火器配置设计规范：GB 50140—2005 [S]．北京：中国计划出版社，2005.

长江蓄洪区高变幅水源自移式取水设计

李东祥　李永志　王亭如

摘　要　CQ海螺以三峡水库长江水为取水水源，库区高低水位变幅为30.4m，取水系统要求“投资少、运行安全和维修方便”，设计采用自控自吸泵，既有岸边固定式取水水质好、运行安全可靠、管理维修方便的优点，又达到了淹没式取水工程量小、投资省的效果。

关键词　高变幅水位；自控自吸泵；趸船；软管接头

Design of self moving water intake for high amplitude water source in flood storage area of the Yangtze River

Li Dongxiang　Li Yongzhi　Wang Tingru

Abstract　Chongqing Conch takes Yangtze River water from the Three Gorges Reservoir as its water source, and the variation range of high and low water levels in the reservoir area is 30.4m. The water intake system requires less investment, safe operation and convenient maintenance. The design adopts automatic control self-priming pumps, which not only have the advantages of good water quality, safe and reliable operation, convenient management and maintenance of fixed water intake on the bank, but also achieves the effect of small amount of water intake works and low investment.

Keywords　high amplitude water level; automatic control self-priming pump; pontoon; hose connector

1　概　述

CQ海螺厂区靠近长江，以三峡水库为取水水源，项目生产及生活用水就近自长江取水；三峡水库正常蓄水位为175.00m（最高运行水位180.00m），本项目设计高水位为174.07m、低水位为143.67m，水位变幅为30.4m。

项目一、二期用水量为660m^3/h，加上10%的自用水量和其他未预见水量，水源取水能力按790m^3/h设计。

水厂地面高程203.70m，水净化设备进水高程为210.70m，按设计低水位143.67m计算，考虑沿程及局部水头损失，水泵设计扬程为75.0m。

2 取水方式研究

对高变幅水位的源水取水，根据水源的周边环境（包括地形、地质和地势）、水工构筑物（包括在建和已建）以及取水规模等条件，普遍采用固定式和移动式取水泵站或泵船。固定式取水泵站多为竖井泵房（分为干式和湿式），移动式多采用泵船（浮船）和缆车等取水方式。湿式竖井泵房是以深井井筒下部为集水井、上部在高于设计洪水位以上建泵房，装设深井泵机组。干式深井泵房多采用卧式或立式离心泵，机组多设在洪水位以下的井筒底部进行取水，因而取水泵房和集水井布置形式计有合建式、分建式和直接用水泵吸水管取水等三种。

为适应 30.4m 的高变幅水位取水要求，设计研究了缆车式取水、淹没式取水、岸边固定式取水及自控自吸泵等 4 种不同的取水方式。

2.1 缆车式取水

根据本工程特点，缆车式取水泵站按最低运行水位 143.67m、最高运行水位 180.00m 计算，取水滑道宽度为 17.5m，坡度按 1∶2.5 布置，坡道总长约 115m。

缆车式取水的优点是施工简单、相对投资较小，但只能取岸边水，水质较差；泵车内面积和空间较小，工作条件差；移动泵车时劳动强度大，人员较多；泵车移动要停水，若要保证不停水，必须布置两组泵车，则相应工程量将增加 1 倍。

2.2 淹没式取水

淹没式取水泵站由泵房、岸边连接交通廊道及卷扬机房组成，泵房可布置在距岸边 98.00m、高程 149.50m 的坡脚下，泵房内直径 12m；与岸边连接的交通廊道宽 2.2m、高 3.0m、长 90m；岸边卷扬机房（9.0m×5.0m）承担泵房内的设备运输。

该取水形式的优点是不受水位变幅影响，且泵房高度低，建筑物掩蔽性好，泵站取水为深层水；但三峡水库正常蓄水位为 175.0m，泵房及廊道长期处于淹没状态，泵房通风条件差，噪声大，土建投资高，设备检修、运输不方便。

2.3 岸边固定式取水

岸边固定式取水泵站由取水泵房和交通桥组成，其中泵房内直径为 12.0m，泵房总高 40.0m，并在泵房集水井的底部和中部分别设自流管、进水孔（图 1），汲取低水位和常水位时的长江水。

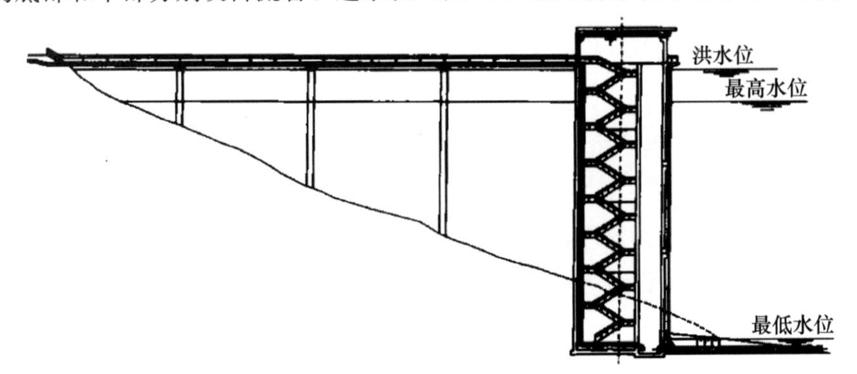

图 1 岸边固定式取水

岸边固定式取水泵站的优点是可分层取水，取水水质好，水泵运行安全可靠，运行管理及设备检修方便；缺点是工程量及投资都相对较大。

2.4 自控自吸泵取水

该泵移植真空泵原理，自吸性能稳定可靠，特别是采用“电动空气控制阀”，达到了“首次引流，永久自吸”的目的，机组振动小、噪声低、移动灵活、拆装方便，且具有优越的自控功能，可与相关控制系统配套实现高度自动化。

自控自吸泵的优点是可以结合水工构筑物设置，在本项目中，可以结合趸船进行布置；可按设计要求分层取水，取水水质好，水泵运行安全可靠，运行管理及设备检修方便；造价低。缺点是对安装高度有一定要求（安装高度距取水水面不超过 6m），对产品质量和配电要求均较高。

2.5 取水形式比较

缆车式、淹没式、岸边固定式及自控自吸泵 4 种形式的技术经济比较如下。

（1）土建工程量

岸边固定式取水泵站的土建工程量最大，淹没式次之，缆车式再次之，自控自吸泵无土建工作量。

（2）输水管道工程量

自控自吸泵、缆车式和淹没式取水泵站输水管线最短，岸边固定式较长。

（3）取水水质

岸边固定式和自控自吸泵的取水口离岸较远，水质较好，缆车式只能取岸边水，水质较差，淹没式在水库蓄水位高时取深层水。

（4）运行条件

除缆车式必须按水库水位变化及时移动泵车、操作管理复杂外，其他方案不受水位变幅影响，运行维护方便。

综上所述，以“取水安全可靠、运行维护方便、节省工程投资”为条件，选取自控自吸泵取水方案。

3 自控自吸泵取水泵站设计

3.1 特性及配置

（1）水泵特性

① 密封可靠：采用无泄漏密封装置，具体由动力密封和辅助密封组成，替代了传统水泵的填料密封、机械密封，避免了传统密封的“跑、冒、滴、漏”等问题。

② 运行过程中密封装置不摩擦、无磨损，使用寿命较传统产品长。

③ 自动化程度较高。

（2）取水特性

水泵直接设置在趸船上，泵吸水口安装在固定高度（水面在 1m），水位变化时，泵随趸船同步移动，从而保证取水的可靠性和稳定性。

（3）配置

根据工程运行特点，水泵基础分两期设置：初期水泵配置为 2 台，1 用 1 备；预留二期水泵基础 1 台；单泵参数：流量 420t/h，扬程 75m，功率 160kW。

自控自吸泵外形图见图 2，水泵安装剖面图见图 3。

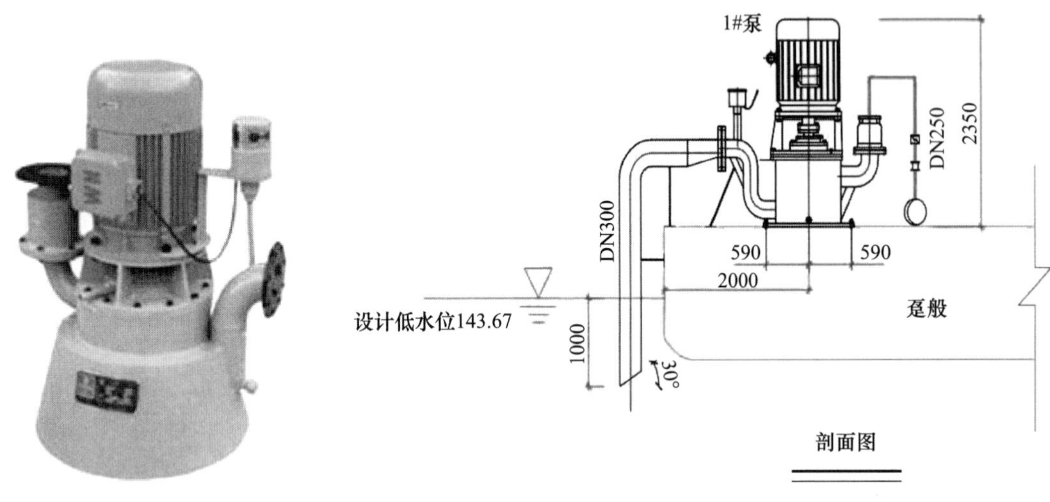

图 2 自控自吸泵外形图　　　　图 3 水泵安装剖面图

3.2 泵房布置图

泵房相关布置图如图 4～图 7 所示。

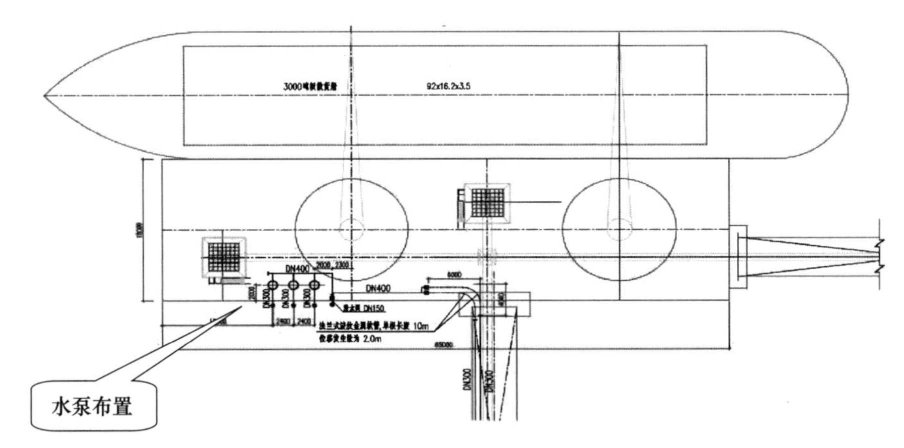

图 4 平面位置图

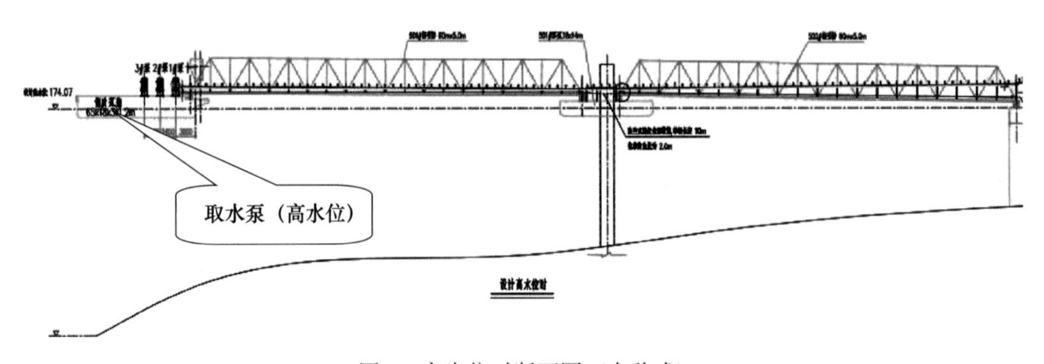

图 5 高水位时断面图（自移式）

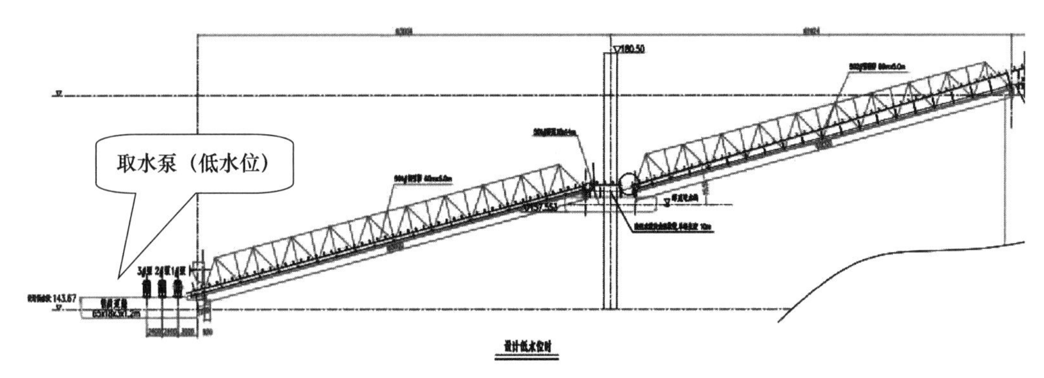

图 6　低水位时断面图（自移式）

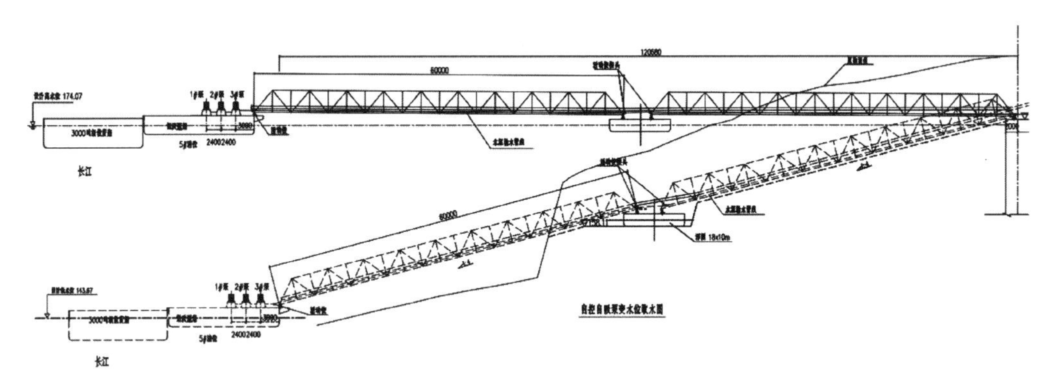

图 7　自控自吸泵变水位取水图（自移式）

4　几个技术问题的处理

4.1　安装与检修

自控自吸泵为无基础安装，为保持水泵不因趸船的晃动产生倾覆，设计时在水泵底座处预埋 ϕ1300×10mm 钢板，将水泵直接固定在趸船甲板面上；由于水泵不需要采用真空泵等引水装置，检修及维护较为简易。

4.2　防漂浮物措施

水泵吸水管道处于水中，为防止水草杂物等漂浮物缠绕，设计在吸水管道的背水侧采用 30°倾角，并在四周设置滤网，以保证水泵的吸水安全。

4.3　管道伸缩接头

为适应高变幅水位的变化，趸船与岸边采用两跨廊道连接，共有 3 处铰接头。如图 8、图 9 所示。

由于铰接点处存在横向和竖向的位移，且处在露天环境，为保证钢管之间在水位变化时具有良好的适应性，设计查阅了大量资料，在借鉴类似项目的基础上，选择法兰式波纹金属软管接头。

波纹金属软管接头有较好的延伸性，但在设计时必须计算好必要的伸缩量，以保证在最小和最大位移量时可以完好地工作。

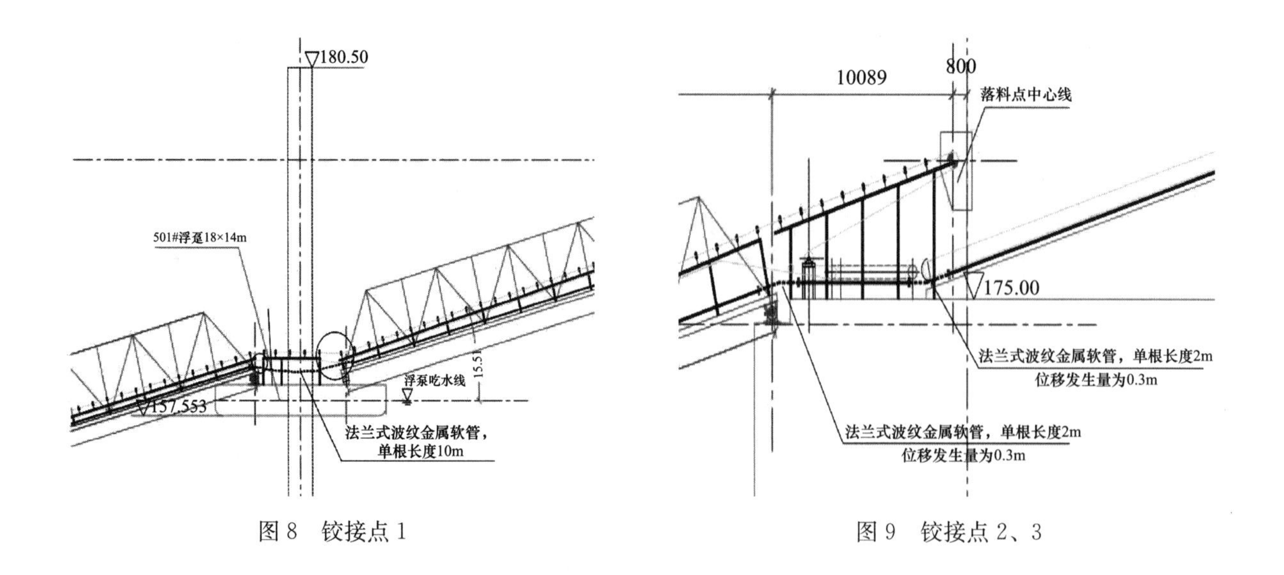

图8 铰接点1

图9 铰接点2、3

5 结 语

本工程为首次设计，特别是采用新型的自控自吸泵，无相关资料可以参考；高变幅水位不仅对取水方案的选择要求高，同时对输水管线的连接和接头处理也有很高的约束性。

由于水源正常蓄水位为175.00m（最高运行水位180.00m），设计高水位与低水位之间变幅为30.4m，通过铰接点1处的滑座与自吸泵所在的趸船同步自移式浮动，解决了高变幅水位对水源取水的不利影响。

项目的成功实施，表明自控自吸泵是适应取水水位变幅大的新型取水方式。与传统取水方式相比，有效降低了工程投资，具有取水水质好、运行安全可靠、管理维修方便的优点，对于类似工程运用此种取水方式具有一定的借鉴意义。

参考文献

[1] 李亚峰．水泵及水泵站［M］：北京：机械工业出版社，2009.

[2] 北京市市政工程设计研究院总院．给水排水设计手册［M］．北京：中国建筑工业出版社，2002.

[3] 张晓红．三峡工程投运后长江蓄滞洪区规划建设建议［J］．人民长江，2010（1）：11-13.

探析大高差重力自流输水管线设计要点

李晓娟　王亭如

摘　要　以GD海螺长距离输水工程为例，论述大高差重力自流输水时，水源选择、管材选择及消能减压措施等设计要点。

关键词　高原；大高差；重力自流；输水设计

Analysis on the design points of gravity water pipeline with large height difference

Li Xiaojuan　Wang Tingru

Abstract　Taking the long-distance water conveyance project of Guiding Conch Panjiang Cement Co., Ltd. as an example, this paper discusses the design points of water source selection, pipe material selection, energy dissipation and pressure reduction measures, etc. when gravity water conveyance with large height difference is carried out.

Keywords　plateau; large height difference; gravity flow; water conveyance design

1　项目概况

GD海螺盘江水泥有限公司位于贵州省贵定县德新镇，项目规划为2×5000t/d熟料生产线，配套4台水泥磨和18MW余热发电工程。工程分两期实施，需水源总供水量为196万立方米/年，输水管线总长约3.6km。

贵州省地处云贵高原，境内山脉众多，重峦叠嶂，地表崎岖，山高谷深，多为喀斯特地貌，地形复杂。GD海螺盘江水泥有限公司位于贵州省贵定县，该区域四季分明、雨量充沛。GD海螺水源地所处地势较高，与厂区高差约240m，利用大高差重力自流输水是比较经济可靠的输水形式。输水管线沿途地质条件差，均为山地，管道沿途明露或浅埋敷设，并在合适的位置设置相应的减压消能设施。

2　水源选择

根据项目前期现场踏勘和当地水利水务部门提供的资料，GD海螺所在区域地下水资源较为丰富，且水质优良，但由于受喀斯特地貌及煤矿开采的影响，不具备大量采用地下水的条件，因此本项目水源取水只能取自地表水源。

当地可取用地表水源有四寨水库（图1）、落北河和沙坝河（图2），水源条件详见表1。经设计比选，采用四寨水库作为项目水源地。

表1 项目可取用水源

序号	水源	水源条件	取水及输水方式
1	四寨水库	库容386万立方米，由于水库坝体未能施工至设计高程，目前库容仅100万立方米，主要用于农业灌溉	从水库输水干渠取水，重力自流，管线长约3.6km
2	落北河	水量丰富，但受市政生活污水排放影响大	距厂区较远，沿途地形复杂，需设置多级水泵提升
3	沙坝河	季节性地表河流，非雨季时水量接近干涸	距离厂区很近，需设水泵取水

综上分析，与落北河和沙坝河的水源条件相比较，四寨水库取水水量有保障，水质受外界影响小，且四寨水库与GD海螺厂区高差约240m，通过重力自流的输水方式，可大大降低能源消耗，节约建设和生产成本，适宜作为项目取水水源地。国内很多大型输水工程都选择合理利用地势优势，通过重力流的方式输水，如天津市“引滦入津”工程、邯郸市“引岳济邯”工程（二期）等。

图1 四寨水库输水渠道

图2 落北河（上）沙坝河（下）

3 输水管线设计要点

3.1 管材选择

在长距离输水工程中，管材的选择一般要根据工程的规模、管道的工作压力、输水距离的长短、工程的进度与重要性以及工程所在地的地形、地貌、地质情况，进行技术、经济、安全等方面论证综合比较后确定。详见表2。

表2 输水管材比较

序号	管材类别	优点	缺点
1	钢管	应用历史较长、使用范围广、技术成熟、耐高压、耐振动	管道易受腐蚀，需做防腐处理

续表

序号	管材类别	优点	缺点
2	球磨铸铁管	较高的拉伸强度和延伸率、耐腐蚀、抗氧化	质地较脆、抗冲击和抗震能力较差
3	聚乙烯管	内外壁光滑、安装敷设方便、水流阻力小、耐腐蚀	易老化

本项目地处高原，多山地，敷设条件差，管线弯折多，大部分管道需明敷。结合目前在用的输水管线主要管材类别及特点，球磨铸铁管需要承插连接，在山地地质条件差、地势起伏较大的情况下，输水安全性不好；聚乙烯管在贵州区域紫外线较强、风雨天气较多的情况下明露敷设易老化。经过比较，选用钢管更加适合本项目的输水管线沿途复杂的地形条件。钢管具有良好的耐压特性和强度，由于取水点至厂区高差近 240m，且水中有一定的含沙量，设计采用 DN300 无缝钢管进行源水输送。

3.2 主要构筑物

主要构筑物应结合输水管线沿途的地形和地貌特点，如大高差、软弱土层、湿陷性黄土、山谷、河流及耕作区等进行因地制宜的设置，但在主要构筑物的设置上必须避免造成管道系统阻力的增加，特别是动力输水，应避免引起动力费用的增加，故设置时一定要经过充分、合理的计算、评估。

由于本项目输水管线取水点四寨水库输水渠道所处地势较高，输水点至厂区高差 236m，其重力势能可以转化为动能，故直接从四寨水库输水渠道上开槽取水，不需设置水泵进行增压，省去输水动力费用。沿途根据地形地势情况设置沉砂池及减压池。其中沉砂池主要将悬浮物及大颗粒泥沙进行拦截沉淀后由 DN300 管道进行输送。减压池的主要作用为消能，防止因局部管道压力过大而爆管泄流，以保证后续输水管线及水净化设施的安全运行。结合地形，在标高 1050.0m 处设置减压装置，由减压阀组和减压池构成。其中减压阀组对阀前压力进行调节，源水经过减压后进入减压池，以避免因高差过大产生的水锤作用对管道造成破坏，保证后续输水管线及水净化设施的安全运行。输水流程如图 3 所示。

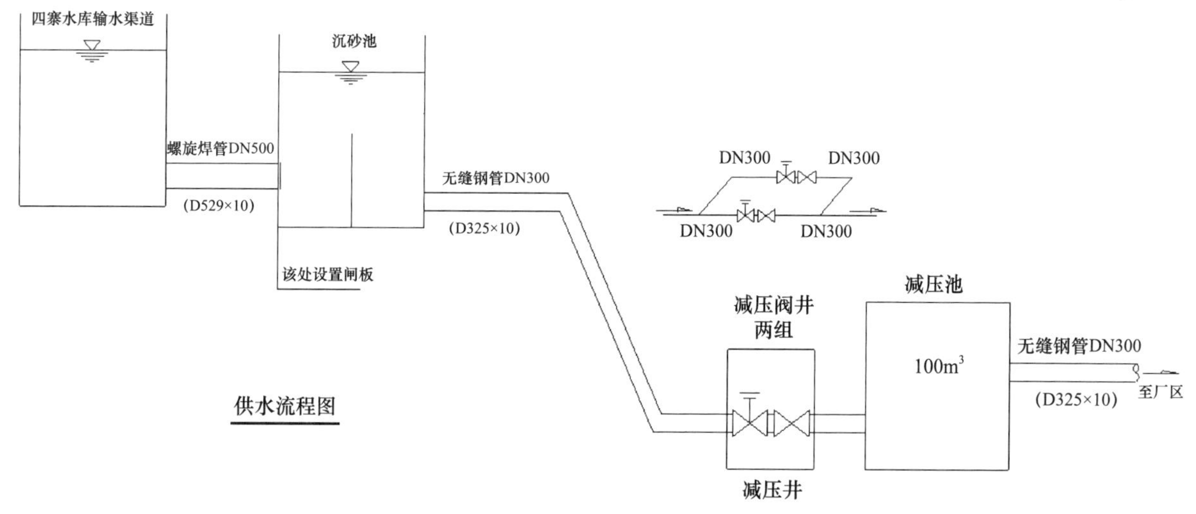

图 3 输水流程图

在长距离输水管道中，流速变化是经常出现的。管道中水流速度的变化，致使管道中水压力升高或降低，很容易形成水锤。由水锤产生的瞬时压强可达管道中正常工作压强的几十倍甚至于数百倍。有的造成压力管道破坏（即爆管），在压力输水管线工程中还可能造成泵房被淹、设备损坏，甚至伤及操作人员等，带来严重的影响和经济损失。

长距离输水管线工程设计中，采用安全、合理、经济的水锤防护措施对保护管道和输水安全都很重要。不同的输水形式，对减压及水锤的防护可采用不同的措施。长距离输水采用压力流输水时，在泵站系统为防止水锤的危害，一般采用调压井（双向、单向）、水锤消除器、液控蝶阀、缓闭止回阀、旁通管泄压等形式。本工程采用重力流输水，对大高差引起的管道危害采用设置减压阀组和减压池的形式也收到很好的效果。减压池位置见图 4。

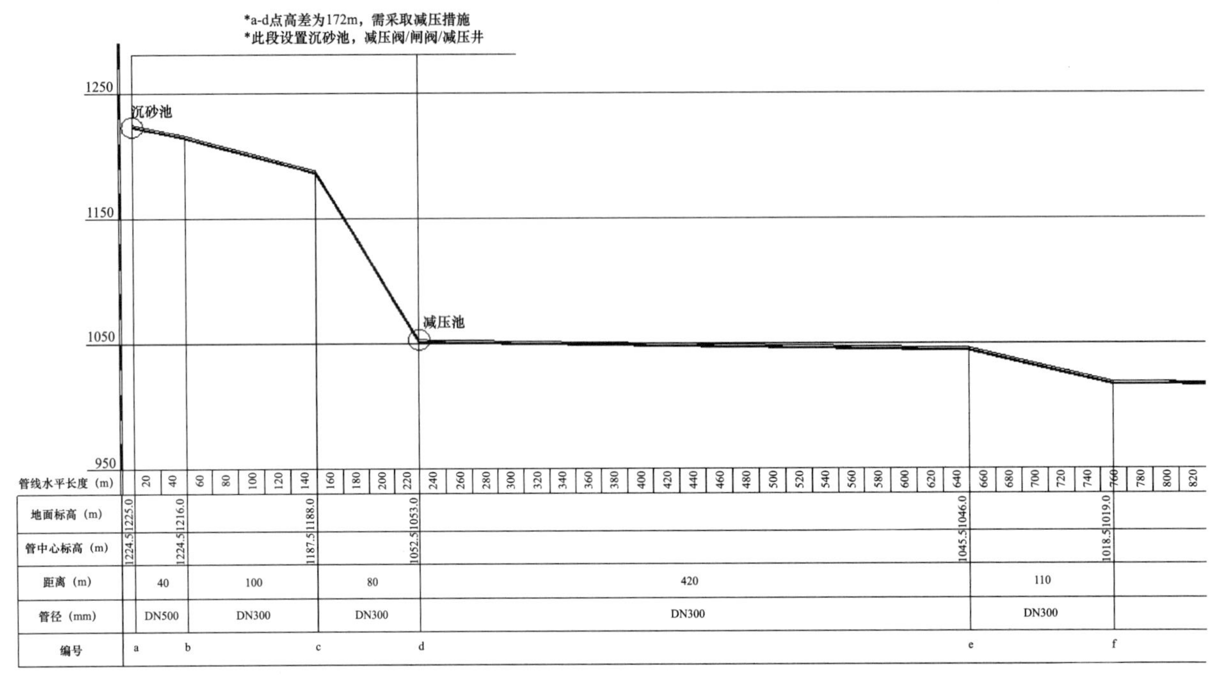

图 4　减压池位置

3.3　附属设施

管道敷设时根据地形条件埋地浅敷或明露敷设；局部明敷管道由支/镇墩垫高，明敷管道在转折处设置镇墩，支墩间距根据管道焊接长度、荷载及地质情况进行施工核算；在地形变化点设置凹形镇墩或凸形镇墩；管道穿公路时在涵洞内设置管道支墩；在整个输水管线最高点设置排气阀，最低点设置排泥阀。

在长距离输水工程中，因水源取水在工程建设中作用重大，其安全运行也备受人们重视。选择合理、经济、高效的取水及输水方式，并采取有效的输水安全措施，对于工程建设及后期运行意义重大。

4　结　语

大高差重力自流输水方式在有地理优势条件的情况下选用，是非常合理的。源水借助地势的高差自流至厂区，不需设置加压泵房和输电线路等，不仅大大减低能源消耗，同时也节约了建设和运行费用，是一种节能、高效、环保的取水输水方式。但由于本项目沿途地形地质条件复杂，对管材选择、主要构筑物的设置及消能、减压措施等方面要求较高，具体设计时应结合工程特点进行相应的处理。

参考文献

[1] 刘慧，孙勇，米海蓉，等．给水排水管材实用手册［M］．北京：化学工业出版社，2005.
[2] 上海市建设和交通委员会．室外给水设计标准［M］．北京：中国计划出版社，2019.

高含沙率水源远岸自吸式取水设计

谢修安　李永志

摘　要　地表河流的河岸与河床大多存在一定的高差，包括洪水和枯水季节存在的水位高差和自然地形高差，特别是丘陵地区的河流，大多随地形出现起伏，部分地区岸坡较陡峭，加上丘陵地区的地质特点，河水含沙率较高。本文主要探讨一种在河岸与河床存在较大高差、河水含沙率高且不允许在河道内设置取水构筑物的地表水源取水的方法，供后续类似项目借鉴参考。

关键词　大高差；高含沙率；自吸泵；取水头部

Far-shore self-suction water intake design of sediment-bearing water source

Xie Xiuan　Li Yongzhi

Abstract　Most of the surface rivers have a certain height difference between the banks and the riverbed, including the water level and natural terrain in the flood and dry season, especially the rivers in hilly areas, mostly fluctuate with the terrain, the bank slope in some areas is steep, and the geological characteristics of hilly areas, the sediment content of the river is high. This paper mainly discusses a method of water intake from surface water sources with large height difference between the river bank and the riverbed, high sediment content and no water intake structures in the river channel, for reference for subsequent similar projects.

Keywords　large high difference; high sand content; self-priming pump; intake head

1　项目概况

某工厂在柬埔寨建设新型干法熟料生产线，同时配套建设燃煤电站和余热发电系统，项目生产用水量为 220m^3/h（5280m^3/d），根据当地的建设条件，需要自 4km 外的 Battambang 河取水，并建设自备水源泵站。Battambang 河位于丘陵地区，属于季节性河流，洪水季节河水浑浊，含沙量高，河岸与河床高差约 12m，属地管理部门明确要求不允许在河道内建设取水泵站等构筑物。

由于不能在河道包括近岸处设置取水构筑物，为解决在大高差和高含沙率的河流取水，结合地形特点，常规可选择的取水方式为“缆车式取水”。缆车式取水泵站按最低、最高运行水位及取水量计算取水缆车滑道宽度，并按照岸坡坡度设置缆车滑道。缆车式取水的优点是施工简单、相对投资较小，但泵车内面积和空间较小，工作条件差，不易维护；受河流水位变化影响需移动泵车，操作劳动强度大，且单组泵车移动时需停水，影响工厂生产；泵车为露天设置，洪水季节运行可靠性差。因此，采用常规的技术措施无法满足本项目实际取水需求，需要考虑新的取水方法和技术手段。

2 技术方案

本项目在水源取水上存在如下的技术难点：①确定水源泵站的位置及形式；②确定取水泵的形式和能力；③确定取水管道、取水泵和水源泵站三者之间的技术性匹配；④确定取水管道的管径及敷设高度和长度，同时解决取水头部的清淤。

为确保取水管道、取水泵和水源泵站三者之间的技术性匹配，首先对河流的岸坡地形、地质特点进行分析，在确保地质稳定和施工便捷的情况下，选取在岸坡的适当位置处设置半地下式水源泵站。

为满足本项目所涉及的河流具有的大高差和高含沙率的取水特点，结合水源泵站的初步位置确定取水泵的形式。由于泵站安装位置高于河流最高水位，取水泵的吸上高度必须充分满足水泵安装和运行要求，设计对方案所选用的参数进行了详细的计算和比较，包括水源泵站的标高对岸坡开挖的影响、施工措施及造价、运行维护和水泵对高含沙率介质水的适应性等，以及对水源泵站配套的通风、排水及检修通道的技术处理。取水泵站总体布置图如图 1 所示。

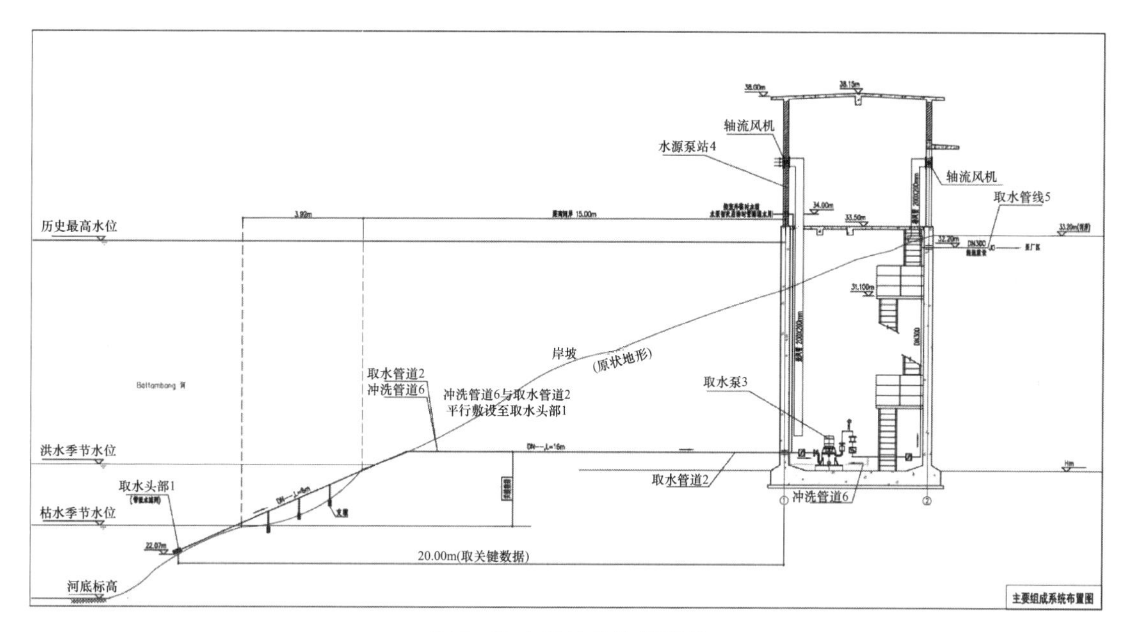

图 1 取水泵站总体布置图

由于取水头部设置在河岸边，在长期吸取地表水的过程中，会吸附河水中的漂浮物等杂质，从而导致取水头部出现不同程度的淤塞，取水量减少，需要不定期进行清淤，由于无法进行人工清淤，本方案采用冲洗管道引用取水泵的压力水对取水头部进行冲洗。

同时，取水头部采用蘑菇形，外设滤网，以阻止河流中的漂浮物进入取水管道和取水泵中导致设备故障，并将冲洗管道接入到取水头部的蘑菇结构中，当取水泵中的某一台泵处于备用状态时，可以根据需要，采用冲洗管道中的压力水对取水头部进行冲洗，将附着在取水头部滤网上的漂浮物冲洗干净，确保取水正常。取水泵站及取水头部设计图如图 2 所示。

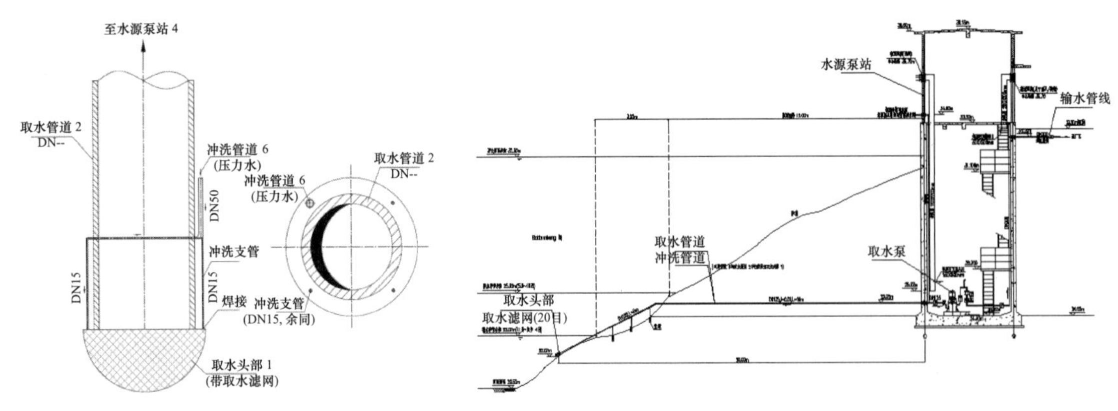

图 2　取水泵站及取水头部设计图

3　运行效果

该项目于 2018 年 3 月投入运行，目前已稳定、可靠、安全运行 4 年时间，未出现系统性问题导致取水能力不足，也未出现因为河流水位、水质变化和设备故障导致停水。

取水泵共设置 3 台，2 用 1 备，水泵运行信号远传至厂区中控室，主要包括水泵运行电流 I、出水压力 P 和出水流量 Q，监控信号出现异常会进行报警，不同的信号参数可以反映取水头部、取水管道和取水泵的工况。

水源泵站采用无人值守，正常情况下，工厂每天固定时间派人巡检（由于受条件限制，水源泵站暂不能实现远程可视监控），当出现异常报警时，工作人员可以在短时间内到达现场进行处理。取水泵站如图 3 所示。

图 3　取水泵站

4　结　语

大高差和高含沙率的水源取水是一直困扰众多设计者的专业性难题，本文提供一种配置简单，能够适应大高差和高含沙率水源特点的远岸自吸式取水方法，该方法不受河流水位变化影响，能充分满足取水可靠性和可维护性要求，同时在运行时不占用河道，施工时能够有效缩短周期、降低难度。本文所述的取水装置及方法已取得实用新型专利（专利号：ZL202020474453.9），发明专利实质审查中，可供后续类似项目借鉴参考。

参考文献

[1] 费祥俊，吴保生．黄河下游高含沙水流基本特性与输沙能力［J］．水利水电技术，2015（6）：59-66.

[2] 张湘隆，陈坚，张小军．大变幅水位水源泵站取水方式及机组选型研究［J］．中国农村水利水电，2006（5）：97-101.

[3] 雪力卡提·阿里木．山区河流截潜流工程取水口的布置研究［J］．河南水利与南水北调，2015（10）：55-56.

[4] 泵站设计规范：GB 50265—2010［S］．北京：中国计划出版社，2010.

[5] 室外给水设计标准：GB 50013—2018［S］．北京：中国计划出版社，2018.

[6] 水泥工厂设计规范：GB 50295—2016［S］．北京：中国计划出版社，2016.

[7] 给水排水管道工程施工及验收规范：GB 50268—2008［S］．北京：中国建筑工业出版社，2008.

[8] 建筑给水排水及采暖工程施工质量验收规范：GB 50242—2002［S］．北京：中国标准出版社，2002.

高海拔及泥石流频发山区河流取水设计

李永志　徐　震

摘　要　以西藏 BSHL 高海拔山区河流取水设计为例，设计取水量 2400m^3/d，水源地为高海拔河流——冷曲河，水源输水管线全长 1.8km，经两级提升至厂区给水处理场。设计依托冷曲河现有水渠提升坝构筑物，侧方设置特殊的低转速取水泵，并于取水泵站附近设置原水除砂预处理系统，上清液提升至厂区给水处理场。本设计可为类似高海拔地域项目的建设提供一定借鉴、参考。

关键词　除砂预处理系统；桥式吸砂机；无密封自吸泵

Design of river water intake in mountainous areas with high altitude and frequent debris flow

Li Yongzhi　Xu Zhen

Abstract　Taking the design of the river intake in the high-altitude mountainous area of Basu Conch in Tibet as an example, the designed water intake is 2400m^3/d, the water source is the high-altitude river - Lengqu River, and the total length of the water source pipeline is 1.8 kilometers, which is upgraded to the water supply treatment field of the plant area through two levels. The design relies on the existing canal lifting dam structure of Lengqu River, a special low-speed water intake pump is set up on the side, and a raw water sand removal pretreatment system is set up near the water intake pump station, and the supernatant is raised to the water supply treatment site in the factory area. This design can provide certain references and references for the construction of similar high-altitude regional projects.

Keywords　sand removal pretreatment system; bridge sand machine; sealless self-priming pump

1　工程概况

本项目为一条日产 2500t 新型干法熟料水泥生产线及配套 4.5MW 纯低温余热发电工程。项目建设地位于西藏自治区八宿县白玛镇西巴村。取水规模为 2400m^3/d，取用水源地为冷曲河（图 1），地表水，海拔标高 3122.84m。取水方式为采用“格栅网防砂吸水管＋岸边固定式取水泵＋强制低转速自吸泵”[1]，提水至厂区原水预除砂系统，上清水再由水泵提升至厂区给水处理场；取水口位于厂址南侧，冷曲河左岸（图 2），供水保证率在 95%以上。冷曲河发源于八宿县吉达乡果绕村境内的苍日山西麓，河长 92km，在八宿县怒江大桥附近注入怒江。

图 1 冷曲河实景

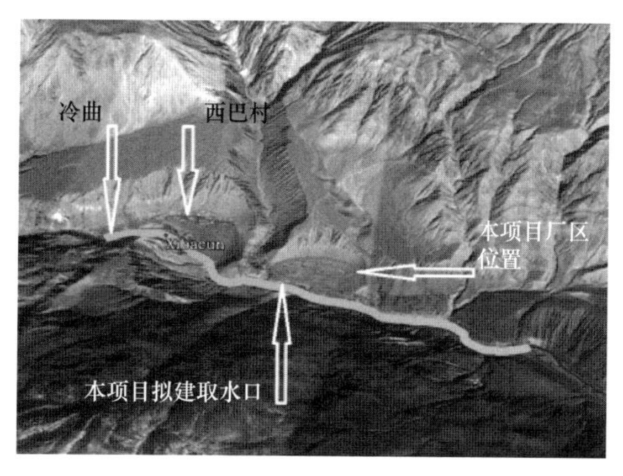

图 2 取水口位置示意图

2 取水设计流量

为解决 BSHL 供水问题，对周围水源进行调研，生活用水由当地市政供水，水管线约 4.0km，高差约 165m，两级提升，市政供水能力为 $20m^3/h$；生产供水由冷曲河和果园供水两部分组合提供，以冷曲河供水为主、果园供水为辅，冷曲河取水量 $100m^3/h$，果园供水按 $100m^3/h$（果园树灌溉使用）。

3 取水水源选择

BSHL 生活用水由当地市政供水，生产供水由冷曲河和果园供水组合提供，选择分析见表 1。

表 1 取水水源选择

水源地	设计条件	针对性措施	备注
冷曲河供水	输水管线约 1.5km，高差约 211m，两级提升；冷曲河水浊度变化大，含砂量较大；取水量 $100m^3/h$	冷曲河含砂量较大，对水泵叶轮磨损严重，采取措施：①河水取水泵采用低转速水泵，降低叶轮磨损；②增加除砂系统，降低后端给水处理负荷，增加前端工作量；③水泵控制系统传输至中控实行远程控制	敷设输水管线受降雨影响较大，存在冲刷断裂风险
市政供水	输水管线约 4.0km，高差约 165m，两级提升；市政供水为 $20m^3/h$	考虑到供水可靠性，在厂前区设置蓄水调节池 $400m^3$，满足生活 2～3 天用水量，为预防雨季高原地区塌方对供水造成的影响	自投产运行以来，雨季出现塌方导致管道破裂损坏事故
果园供水	自流至厂区约 $2000m^3$ 高位水池。丰水期 4 月—11 月，丰水期流量 $160m^3/h$；枯水期 11 月—次年 4 月，流量 $100m^3/h$，仅夜间可供 BSHL 使用，连续供水功能较差	水池进水口采用电动阀门远程控制，雨季切断果园供水，防止含泥沙水源进入	自投产运行以来，生产用水均来自果园水，下雨天比较浑浊。下雨天山顶引水渠塌方出现断水，从该处进行水源供水费用较低

3.1 水源地表水

冷曲河发源于八宿县吉达乡果绕村境内的苍日山西麓，是怒江中游右岸的一级支流，流域面积为

3388km²，河长 92km，主要支流有瓦曲、沙丘弄巴、巴布沟，在八宿县怒江大桥附近注入怒江。水源点水量充沛，多年平均径流量 9.93 亿立方米，95%频率的径流量为 6.51 亿立方米，水质较好，除溶解氧检测指标为Ⅱ类，其他满足《地表水环境质量标准》（GB 3838—2002）Ⅰ类水体的水质要求，洪枯季节浊度变化较大，枯水季节保证率为 $P=95\%$。取水口和退水口随着的河段目前尚未划定水功能区[2-3]。

根据业主提供的《水资源论证报告》及《水资源论证报告审查意见》，水源点取水点设计频率 $P=95\%$的 6.51 亿立方米。本项目的建设符合当地“三条红线”的要求，现状水平年，本项目所在区域的水资源开发利用率为 1.5%，距国际公认的 40 年开发利用红线还有较大的开发利用潜力。本项目取水量占断面 95%频率可供水量的百分比，现状水平年在 0.08%～0.72%，占比均很小，对断面的河川径流量情势影响甚微。结论：冷曲河拟设取水口断面的可供水量完全满足项目的取水量要求。

3.2 水源点果园高位水池

该供水输入条件相对较少，主要为甲方收集信息的反馈，输水管线约 3.0km；重力流至厂区约 2000m³ 水池，丰水期 4 月—11 月（丰水期流量 160m³/h），枯水期 11 月—次年 4 月（枯水期流量 100m³/h），仅夜晚可供 BSHL 使用，连续供水能力较差。

3.3 取水水源选择

（1）冷曲河水量充沛，水质较好，但在雨季时，含砂量较大，《水源地水质检测报告》，除溶解氧检测指标为Ⅱ类，其他满足《地表水环境质量标准》（GB 3838—2002）Ⅰ类水体的水质要求，一年四季供水稳定性较好[4]。

（2）果园供水水质受季节变化，其供水优先当地果园农田灌溉为主，通过重力流至厂区，运行费用低，但若采用生产用水，存在开春季节抢水现象，供水可靠性较差。

（3）两个取水水源优缺点，从工程经济的角度来看，果园取水无疑具有更好的经济性，一次性工程建设投资和常年的提升动力费用远远优于冷曲河水源地取水；从水源供水安全性的角度来看，冷曲河供水优于果园供水。因此，本工程水源选择时重点考虑水源安全可靠性的因素，选择供水安全性较高的冷曲河取水。水源点见图 3。河水中含砂量见图 4。

图 3 水源点远景（雨季）

图 4 河水中含砂量

3.4　取水点描述

（1）冷曲河水源地是典型的山区河流，具有河道现对较窄，洪、枯流量变化大，水位涨幅幅度大、变化快等特点，枯水季水深较浅，水质清澈，而在洪水季节时，由于上游大量泥沙进入水源地，导致汛期河水泥沙含量较高[5]。

（2）本着取水安全可靠、取用水质好、投资节省的原则，并根据水源的水质特点、水质变化、取水点的地形特点，经现场踏勘比较可供比选的取水点。取水点在河岸设置固定式取水泵房 a、灌溉水坝闸板 b 及灌溉水坝前 c（表 2）。

表 2　取水位置比选

取水位置	自然条件	比选结果
取水泵房 a	该点在冷曲河顺直段，基岩出露，地质条件好，但河水旱季较浅，雨季较大，需拦截水坝或河床设置引水管取水	除易于施工外，其他综合投资高和取水稳定性差，不推荐
灌溉水坝闸板 b	该点利用灌溉水坝闸板前，平行设置拦水坝，取水稳定性强，施工安装工程量较小，但水质较为浑浊，洪水季节冲击性较强	对当地灌溉存在一定的影响，且洪水季节取水泵冲击较大，并产生叶轮磨损，不推荐
灌溉水坝前 c	由于拦水坝修筑时，尽量让河流汇集在灌溉水坝前出水，类似形成了河段河段凹岸，水量较深，1.5～2.0m，主流靠岸，可以取到含砂量少的河水	该取水点具有施工难度小、建设周期短等优点，因此，从节约投资和建设工期的角度出发，推荐确定本取水点

4　取水构筑物方案

4.1　取水构筑物类型的比选

取水构筑物类型很多，可以分为固定式取水构筑物与活动式取水构筑物两类。固定式取水构筑物与活动式取水构筑物相比，具有取水可靠、维护管理简单、适应范围广等优点，但投资较大、水下工程量较大，施工周期长。在水源水位变幅较大，供水要求低和取水量不大时，可以考虑采用移动式取水构筑物（浮船式和缆车式）[6]。

由于水源点取水点河面较窄，水位变化幅度大、变化速度快，洪水季节洪水凶猛，采用活动式取水方式，取水安全可靠性较差，管理及运行极不方便，加之现场勘查的水源点岸边地形较陡等因素，因此本工程应采用活动式（浮船式和缆车式）取水方式，应采用固定式取水构筑物[7]。

4.2　固定式取水构筑物形式的比选

江河固定式取水构筑物主要分为岸边式和河床式两种，岸边式适用于江河岸边较陡、主流近岸、岸边有足够水深、水质和地址条件较好、水位变幅不大的情况；河床式用伸入江河中的进水管（其末端设有取水头部）来代替岸边式进水间的进水孔。当河床稳定，河岸较平坦，枯水期主流离岸较远，岸边水深不够或水质不好，而河中又具有足够水深或较好水质时，适宜采用河床式取水构筑物。由于取水点位于弯曲河段凹岸，河流主流近岸，水深较大，且岸边地质条件较好，因此本工程宜采用岸边式取水构筑物。

4.3 岸边式取水泵房形式的比选

结合取水点附近地形地貌，经现场踏勘后提出采用岸边外伸长轴深井泵方案（方案一）和岸上自密封自吸泵方案（方案二）取水进行技术经济比较，以确定最优的取水泵房形式。

方案一：岸边外伸长轴深井泵方案。该方案安装水泵平台从河岸外延伸 1.5～2.0m，扬水管直接深入水中，淹没第一个叶轮。在汛期时，为防止泥沙以及枯枝等漂浮物堵塞水泵，扬水管外部设置防护套管，要求水深条件好。采用该方案，水泵能够自灌启动，检修及维护较为方便，设备购置费低，运行效率高，但固定土建安装费用较高，扬水管外部增设防护套管。

方案二：岸上自密封自吸泵方案（方案二）。该方案水泵安装在岸上，水泵吸水管直接深入河水中，水泵启动前先在泵壳内灌满水（或泵壳内自身存有水）。启动后叶轮高速旋转使叶轮槽道中的水流向蜗壳，这时入口形成真空，使进水逆止门打开，吸入管内的空气进入泵内，并经叶轮槽道到达外缘。采用该方案，水泵能够负压抽水（不要真空泵），检修及维护方便，固定土建安装费用低，但水泵吸水管进水口设置格栅网，运行效率相对较高。详见图 5。

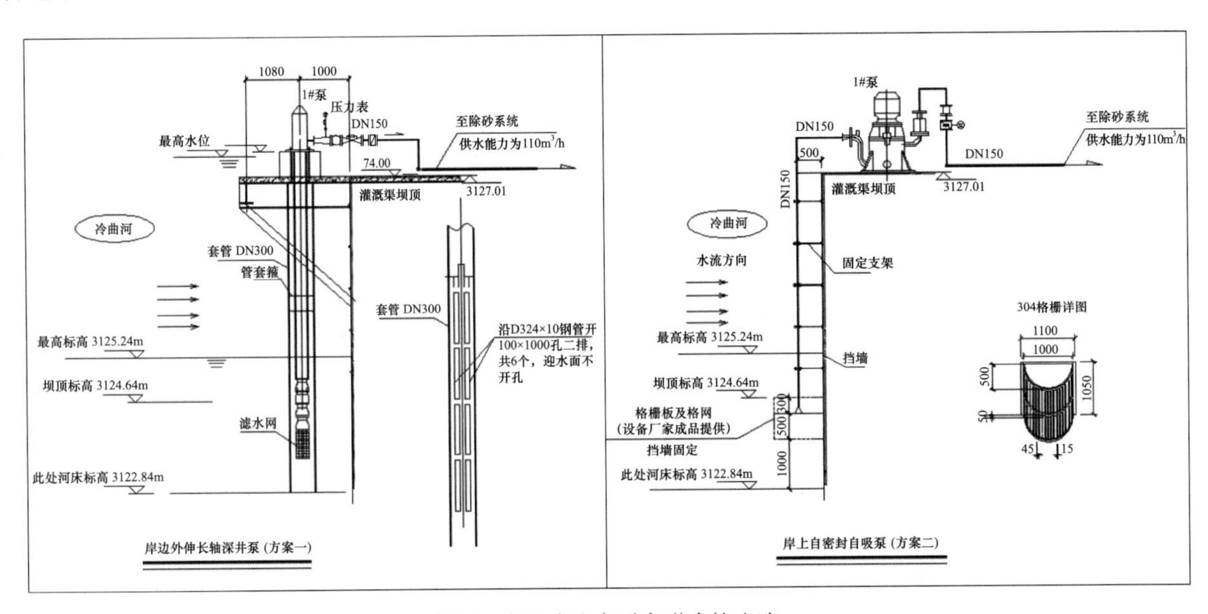

图 5 岸边式取水泵房形式的比选

5 取水泵房工艺设计

取水泵站主体为简易封闭钢结构，采取保温防冻措施，泵站尺寸为 $L\times B\times H=5.0\text{m}\times4.0\text{m}\times3.5\text{m}$。主要设备配置：强制自吸泵 2 台（型号 125WFB-A1），1 用 1 备。为了降低水中含砂对水泵叶轮的磨损，采用低转速 985r/min，采用耐磨不锈钢叶轮，泵进水最大允许砂颗粒直径 12mm，允许吸深 6.0m。

6 除砂工艺设计

由于水源取水泵站至提升泵站约 156m 高差，若采用一次提升，取水泵采用高转速水泵，含砂水对水泵磨损严重，增加维护水泵次数，供水可靠性差。因此，本项目在取水泵站后端增加无投加药剂的原水除砂预处理系统，采用的平流沉淀池呈长方形，由进水装置、出水装置、沉淀区、缓冲层、沉砂区及排砂装置等组成，原水在池内按水平流动，从池一端流入，从另一端流出，上清水至提升泵站。原水中悬浮物（含砂）在重力作用下沉淀，在进水处的底部设置贮泥沟。优点是有效沉淀池大，沉淀效果好，造价低，适应性强；缺点是占地面积大，排泥较困难。本项目采用处理工艺，自然沉淀，不投加药剂，产生的沉淀物排入河道，不会产生二次污染[8]。

设计参数：

（1）平流沉淀池设置两格，单格 $L\times B\times H=12.5\mathrm{m}\times4.05\mathrm{m}\times5.0\mathrm{m}$，按同时运行设计；

（2）沉淀池时间取 1～2h，表面负荷取 1.5～2.5$\mathrm{m^3/(m^2\cdot h)}$，沉淀池效率为 60%；

（3）设计有效水深不大于 5.0m；

（4）池的超高不小于 0.3m；

（5）泥斗坡度为 45°；

（6）桥式吸砂机。

吸砂机是水处理厂内沉砂池的排砂装置之一，主要是将沉淀在池底的泥沙等相对密度较大的颗粒雨水的混合液提升，并输送到池外砂槽。

移动桥式吸砂机采用双槽桥式吸砂机，吸砂机在沉砂池顶面上沿轨道来回行走，设备上与桥架相连的吸砂泵将池底砂水混合物吸出并提升至一定的高度，通过连接软管和出砂管将砂水混合物送入排砂槽内流到砂水分离器进行分离。

吸砂机为自驱动行车式，适用于通过格栅后的污水的除砂。吸砂机行车安装于沿沉砂池长边运行的轮式轨道上，以保持行车的对直。行车由电机驱动，电机的电源通过一安装在适当位置的移动电缆供电装置供给。移动桥式吸砂机主要技术参数见表 3。

表 3 移动桥式吸砂机主要技术参数

设备型号	移动桥式吸砂机	绝缘等级	F 级
数量	1 套	潜污泵流量	$Q=35\mathrm{m^3/h}$，$H=10\mathrm{m}$，$N=1.5\mathrm{kW}$
适用池宽	6.8m	轨道型号	18kg/m
池长	12m	砂含水率	<60%
水深	5.0m	砂粒去除率	粒径≥0.3mm 去除率 100%
行驶速度	$V=\sim1.2\mathrm{m/min}$		粒径≥0.2mm 去除率≥85%
驱动方式	集中驱动式（单驱动）		粒径≥0.1mm 去除率≥65%
防护等级	IP55		

7 自动化控制

取水泵站及除砂预处理系统距离厂区有一定的距离，且高差较大，平时维护管理存在一定的困难。水源取水泵出水管设置电动控制阀、除砂预处理系统桥式吸砂机及池底排泥电动阀，水泵控制接入中控，以实现水泵远程控制和水泵自动切换。另外，水源取水泵及除砂预处理系统均在高处设置监控系统，能够实现自动远传控制及监控。

8 结 论

西藏山区河流取水具有一定的特点，如主流近岸、水位变化幅度大、含砂量大、施工难度高等[9]，在取水工程中的一些工艺设计思路和做法，对于其他类型山区河流取水工程具有一定的参考和借鉴意义。

参考文献

[1] 城镇供水长距离输水管（渠）道工程技术规程：CECS 193：2005 [S]．北京：中国计划出版社，2005.
[2] 室外给水设计规范：GB 50013—2018 [S]．北京：中国建筑工业出版社，2018.
[3] 仝海杰．山区河道泥石流设计水面线计算经验探讨 [J]．甘肃水利水电技术，2019（6）：27-31.
[4] 易文明，雷运华，卫亚军，等．用于泥石流多发地区水工工程的取水结构：ZL 201510392610.5 [P]．2017-02-22.
[5] 何云．贵州省某山区河流取水工程工艺设计方案介绍 [J]．轻工科技，2013（7）：3.
[6] 阳月恒．隔河岩水利枢纽工程施工给水设计：兼论山区河流取水建筑物的选择 [J]．施工设计研究，1990（2）：6.
[7] 张斌，张建，罗雅文．渗渠用于山区河流取水的应用分析 [J]．低碳世界，2015（19）：2.
[8] 陈野鹰，王俊杰．山区河流泥石流灾害防治技术研究 [J]．水道港口，2011，32（2）：4.
[9] 尹小伟，刘海波，彭忠献．山区浅水河流的取水工程设计 [J]．中国给水排水，2014，30（10）：3.

长距离输水管线优化设计及新型管材应用

李东祥　李晓娟

摘　要　长距离输水管线设计对管材选择、压力匹配及施工便捷性、经济性都有很高的要求，由于长输管线一般造价高，以单线运行居多，故对管材长期使用的安全性、可靠性也有相应的要求；传统以铁质材料为主的管材存在自重和摩阻大且易腐蚀等问题，给项目建设和生产带来一定的影响，而新型管材的应用处在起步阶段，本项目的设计及应用对后续项目有较好的指导意义。
关键词　长输管线；水力特性；新型管材

Optimization design of long-distance water transmission pipeline and application of new pipe

Li Dongxiang　Li Xiaojuan

Abstract　The design of long-distance water transmission pipeline has high requirements for the selection of pipe, pressure matching, convenience and economy of construction. Because long-distance water transmission pipeline generally has high costs and are mostly operated by single line, there are also corresponding requirements for the safety and reliability of long-term use of pipe. The traditional pipe made of iron material has problems such as heavy weight, high friction and easy corrosion, which has a certain impact on the project construction and production. The application of new pipe is in the initial stage, and the design and application of this project have good guiding significance for subsequent projects.
Keywords　long-distance water transmission pipeline; hydraulic characteristics; new pipe

1　概　述

DZHL总体规划为2×5000t/d熟料生产线，配套4台水泥磨和18MW余热发电，工程分两期实施，项目水源地为乌木滩水库；输水管线按一、二期工程总用水量设计，采用单根管道；自乌木滩水库至厂区（图1）管线长度约15000m（直线距离13.5km），沿途地形主要为山丘，局部穿越河流、道路及村庄（图2、图3）；取水点区地面绝对标高402m，沿途地形标高变动范围420～360m，厂区接口区处标高370m。

本项目于2009年3月开始设计，在此期间，给排水专业人员广泛收集了国内输水管线所采用管材的类别、适用范围及特点，此时绝大部分输水管线以球墨管、钢管、PE管为主，少量采用新型管材；

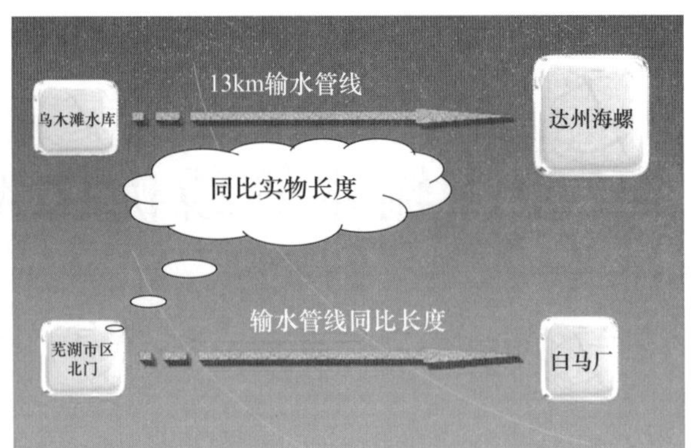

图1　乌木滩水库

图2　沿途地形地貌（1）

图3　沿途地形地貌（2）

而新型管材如夹砂管、涂膜管、缠绕管等大多用于市政类的管道输水，而与本项目匹配的输水管线适用性管材采用不多。

为确保输水管线设计万无一失并确保长期运行，给排水人员又充分了解了类似输水管线工程信息，开展与生产厂家的技术交流，并建立设计模型和制定详细的设计、施工技术参数，经过可行性比较，最终选择采用新型钢丝网骨架聚乙烯复合给水管道。

该类新型管材共有三类，管材内外均为PE材质，中间缠绕层为钢丝网、钢骨架和孔网钢带；PE材质具有良好的水力条件和防腐蚀，中间缠绕层确保管道具有设计压力所需要的强度和刚度。

2 新型管材主要技术指标（表 1）

表 1 新型管材主要技术指标

序号	类别	技术参数	
1	输水管线水力特性	管材	钢丝网骨架聚乙烯复合给水管道（PSP）
		管长	13.6km（计算长度，单管）
		压力等级	1.60MPa
		输水能力	240～440t/h
		设计管径	De400（δ15）
		设计流速	0.66m/s，1.25m/s
2	输水方式	水源泵	压力流，一次性提升
3	经济性	造价	管材/管件/安装：540 元/m①②③
		电耗	0.25kW/t 水
4	施工周期	有效工期	60d（主管道安装）
5	① PSP 管材自重小，人工搬运方便，费用低，适合野外施工； ② 不需要专用焊接电源，施工措施费低； ③ 不需要进行内外防腐，人工费低		

3 新型管材在长输管线设计和应用中的创新点

（1）由于存在地形地貌及输水条件的差异性，本项目无可借鉴的成熟的设计经验，属于原创性设计。该项目的实施，极大地提升了海螺院在超长距离压力输水管线方面的设计技能，特别是在管线选择、技术方案评估/论证和设计优化上，积累了大量宝贵的经验。

（2）首次采用 PSP 新型管材及相关技术。达州项目的实施，一方面表明了 PSP 管材在适应复杂的地质、地形条件和野外施工方面所具有的独特优势，另一方面也从中摸索出一套针对沿途地形复杂（山丘、农田、河流、村庄及道路等）、地质条件差异大（岩石、沙土、湿陷性黄土等）、环境温差大（湿热地区、寒冷地区）等不同项目的合理配置方案。

（3）因地制宜，设计方案在保证供水系统安全可靠的前提下，充分考虑施工工艺要求和适应性。PSP 管为热熔连接，可多段同步施工，有效节省工期；不需要大功率的焊机，避免了钢管焊接对电源的要求，从而较好地适应野外作业的需要；在局部输水技术处理上做到因地制宜，特别是在挡坎设计、河流穿越、管道消能（大高差）、水力计算等方面不断进行创新和优化。

（4）在设计优化的基础上，有效节省造价。大口径 PSP 管较钢管造价低，加上管材自重小，人工搬运方便，便于二次倒运和安装；与同管径钢管相比，降低造价 30%～40%。

（5）深化设计，确保输水工艺及设计参数合理。主要表现在：①系统的可维护性；②系统水量漏失的最小化；③使用寿命；④安全可靠性；⑤水力性能。

（6）建立经济流速模型。合理匹配初投资与运行费用之间的函数关系，以经济流速作为输水管线的选型依据。低于经济流速，运行费用低，但初投资大；反之，则运行费用高。

长输管线走向布置图如图 4 所示。

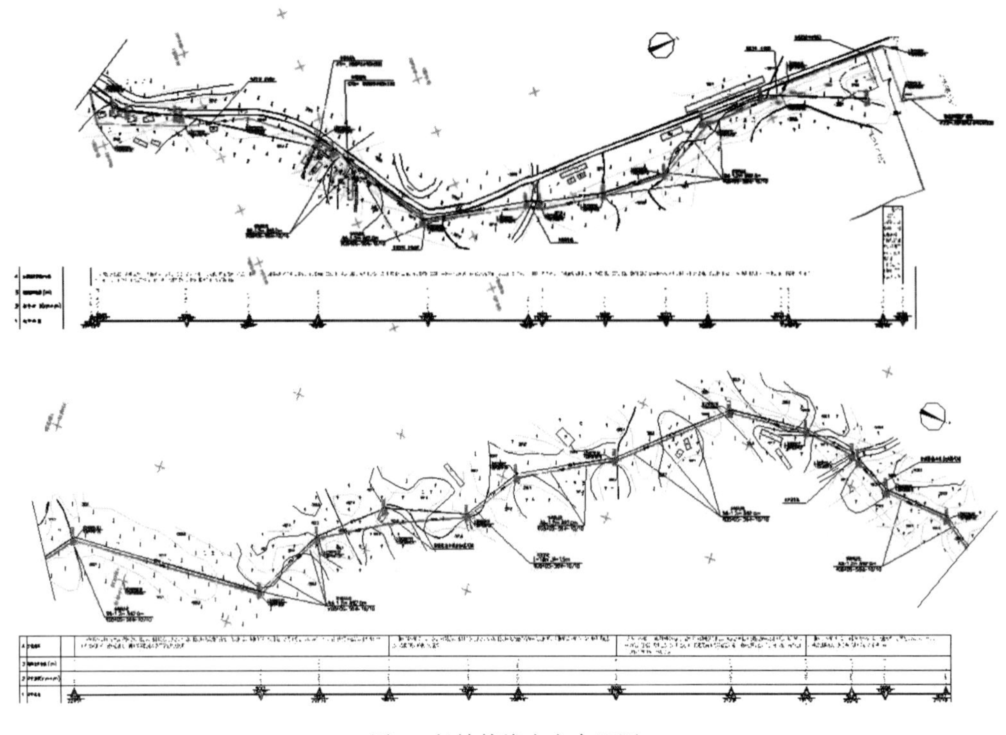

图 4 长输管线走向布置图

4 新型管材在后续项目中的应用

在完成达州项目优化设计的基础上，运用经济流速和水力特性模型，先后完成了全椒、济宁、贵定、弋阳及礼泉等不同区域条件下的输水管线设计，项目投用情况良好，未出现爆管及漏水情况。

随着新型管材技术的发展和广泛应用，设计可参照的技术规范、标准也日趋完善，在水泥厂给排水系统中选用时可作为新建项目或既有项目改造使用。从使用经验看，可借鉴的原则如下：

（1）对于压力等级≥1.60MPa，或架空敷设的管道，可采用孔网钢带管；对于压力等级 1.0～1.60MPa，可采用钢丝网焊接骨架管；对于压力等级≤1.0MPa，可采用钢丝网缠绕骨架管；钢丝网焊接或缠绕骨架管均不适合架空敷设，可浅埋敷设。

（2）对于既有生产线循环水管网改造，应以钢丝网缠绕骨架管为主，主要基于循环水管网具有一定的水温和压力；若采用钢管架空敷设，不仅支架数量多，后期支架防腐维护和管道保温费用高，且架空管道需考虑厂区检修及通行，既不美观也影响供回水压力，可采用新型管材浅埋敷设，不需要防腐、保温，综合造价低。

（3）新型管材在工厂污废水输送上也具有钢管或不锈钢管不可比拟的优势，如垃圾渗滤液、生活污水、脱硫废水的输送等。

参考文献

[1] 王长艳．供水管线工程中管材的比选和应用［J］．科技情报开发与经济，2011（8）：214-216.
[2] 苗艳霞．长距离大管径输水管线工程设计中的经济因素分析［J］．河北水利，2011（7）：26-27.
[3] 北京市市政工程设计研究总院．给水排水设计手册［M］．北京：中国建筑工业出版社，2002.

密闭性异味空间通风及防排烟设计

李　凯　陈守涛

摘　要　本文概述了生活垃圾发电锅炉焚烧间/烟气净化间及车库室内通风方式的选择及气流组织分析，同时进行节能经济效益分析，以供参考。

关键词　密闭性空间；节能；通风方式；防排烟

Design of ventilation and smoke exhaust of closed odor space

Li Kai　Chen Shoutao

Abstract　This paper summarizes the selection of ventilation mode and airflow organization analysis of the incineration room / flue gas purification room and the garage, and conducts the analysis of energy saving and economic benefits for reference.

Keywords　airtight space; energy saving; ventilation way, smoke management

1　概　述

生活垃圾发电项目垃圾焚烧间及汽轮发电机厂房散热量较大且热强度高，属于高温车间，厂房内垃圾焚烧间焚烧炉、引风机、热网管道、汽轮发电机等散热源热流集中，需综合对比通风方式的通风效果，避免造成车间内气流组织恶化形成涡旋区。渗滤液收集池密闭空间的臭气成分主要是甲烷、一氧化碳、氯化氢、硫化氢、甲硫醇、氨、甲基胺等，需做到生产安全、排放环保；防排烟设计是消防设计的重要部分，发挥着重要的作用，因各类建筑内部布局的迥异且可能存在可燃物，如果发生火灾，形成的大量烟气一定程度上加大了消防灭火与人员疏散难度。因此，合理设计防排烟系统，以有效控制并排除烟气，以便人员疏散，降低人员伤亡率与经济损失。

1.1　通风系统

（1）针对大体量垃圾焚烧发电联合厂房各车间功能不一、室内空气环境多样化，采取分功能分区域差异化治理，采用自然-机械复合通风方式改善室内环境，节约能源。同时针对密闭、高热、浓臭等空间采用局部通风并处理，确保系统运行安全和绿色环保。

（2）锅炉焚烧间/烟气净化间全年高散热量，热密度高热流量大，如采用单纯机械排风不仅能耗高而且不易调控，造成车间内气流组织恶化形成涡旋区。设计利用热射流自升力采用屋面圆弧形组合式通风器，借助热压实现全天候排风。合理利用了高大空间热气流的烟囱效应，同时结合底层建筑外窗的自然进风，在车间内形成有利于余热气流的空气密度差，及时通过屋面圆弧形组合式通风器在无动力消耗的情况下排除车间余热。达到既节能又能维持车间适宜温度的目的。

（3）渗滤液收集池密闭空间渗滤液提升泵故障率高，需不定时检修，同时渗滤液收集池箅子也需不定时清堵。不仅要确保人员进入时的安全也要确保正常运行时燃爆气体浓度不超标。设计配套事故排风机及新风补风机，送风机与排风机连锁控制同时开闭。

（4）出渣间含大量水蒸气挥发，湿度大易结尘，需采用耐腐蚀风管，同时要加大风机全压[1]；各电力室采用机械强制排风、自然进风。

（5）对生产辅助间如控制室等，采用 VRV 变频空调加独立新风系统改善办公环境，根据季节变化灵活启用。VRV 变频空调可以很好地适应各功能间需求特点，只有当有人房间的室温超过可耐受温度时才开启空调器，这样能充分发挥行为节能潜力，因此空调器通常是短期间歇运行的，通过各功能间“自适应”调控，可以自动实现局部空间短时间的室温调控。

1.2 防排烟系统

（1）排烟系统的主要作用是为了保证采用该系统的部位的安全，当火灾发生产生烟气的时候，该系统可以尽快把室内使用房间的烟气排至室外。

（2）排烟系统所适用的范围，主要指建筑物内具体的使用房间和疏散走道。该部位的共性是：当火灾发生的时候，其内部不可避免地聚集烟气；可采用机械方式和开启外窗自然通风的方式，将室内的烟气排至室外。

① 当采用机械方式的时候，排烟风机将高热烟气排至室外；同时使上述房间或者走道产生负压；通过排走高热烟气，其他位置的无烟空气可以从其他部位补充进来，从而保证使用房间或疏散走道的安全性。

② 当采用开启外窗自然排烟的时候，由于火灾烟气温度较高，会升至房间顶部，且自然排烟窗设置在蓄烟高度以上；由于高热烟气的压力大于室外空气，所以室内高热烟气可以利用压力差排除至室外。需要注意的是，排烟窗应该尽量贴房间顶部设置，并做到可开启。

2 通风系统设置实例

生活垃圾焚烧发电厂房各功能区室内环境差别大，涉及高散热、恶臭燃爆气体挥发、水处理车间酸碱及药剂挥发、水蒸气挥发等，需针对排放物属性分区考虑通风系统[2]。垃圾焚烧间及汽轮发电机厂房散热量较大属于高温车间，厂房热强度高，其中垃圾焚烧间焚烧炉、引风机及热网管道热量约700kW；汽轮发电机厂房设有 6MW 抽凝汽式汽轮发电机 2 台，凝汽式汽轮发电机、除氧间及热网管道约 160kW。渗滤液收集池密闭空间的臭气成分主要是甲烷、一氧化碳、氯化氢、硫化氢、甲硫醇、氨、甲基胺等，需做到生产安全、排放环保。

（1）锅炉焚烧间/烟气净化间/汽轮发电机厂房通风：锅炉焚烧间/烟气净化间计算通风量 $270000m^3/h$，汽轮发电机厂房计算通风量 $62000m^3/h$，如采用机械通风，耗电量约 220kW·h，夏季运行能耗高且过渡季节风量不易调控。

通过对图 1 中通用厂房自然通风窗形式的比选，结合垃圾焚烧发电厂房散热强度大、屋面结构处理难度、屋面防水要求等，设计选用圆弧形组合式通风器。自然通风器自动启闭执行机构可满足电动及手动需求，热气流上升排风，下部外窗自然补风。厂房气流组织示意图如图 2 所示。

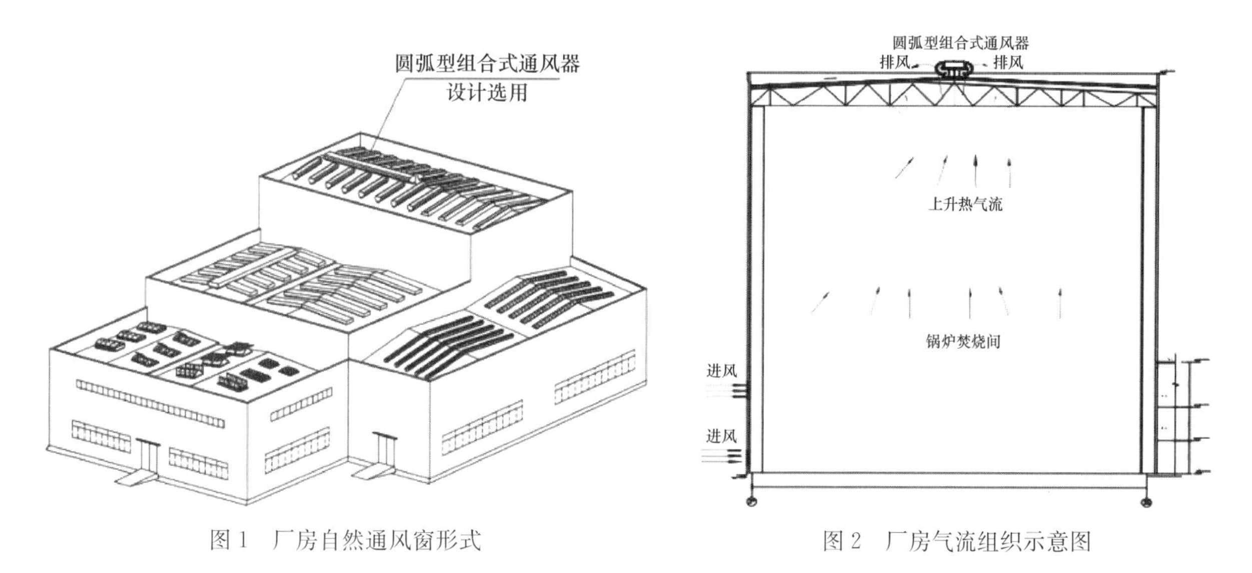

图 1　厂房自然通风窗形式　　　　图 2　厂房气流组织示意图

汽轮机车间通风立面图如图 3 所示。

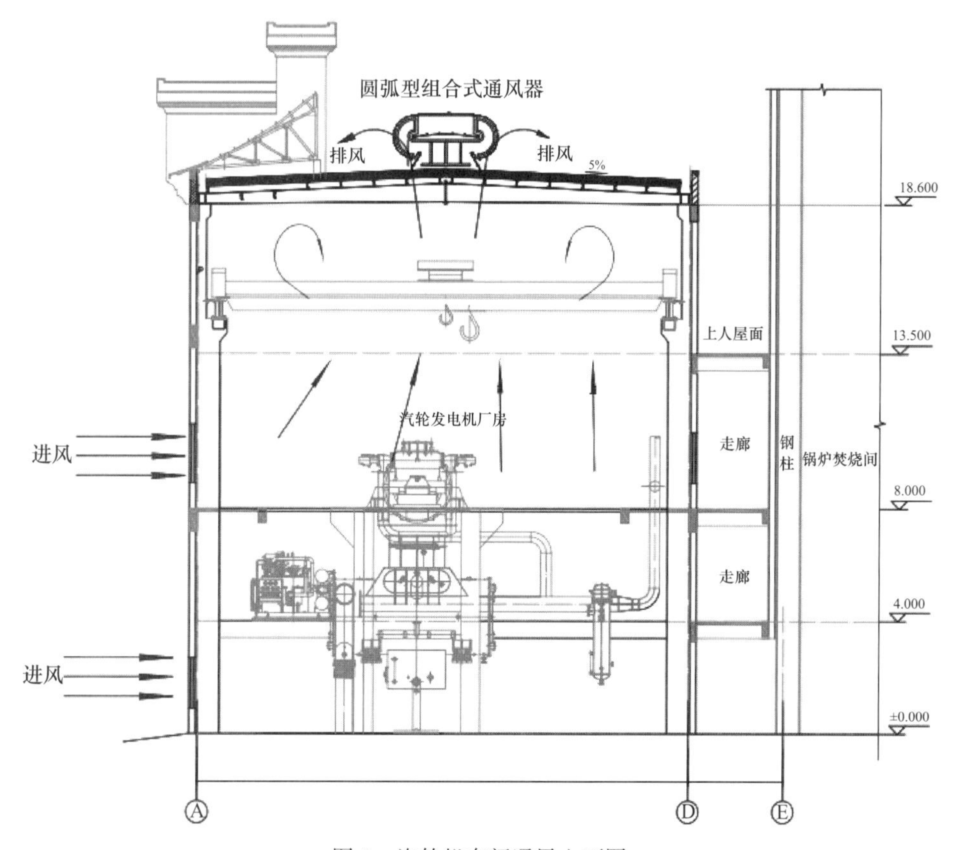

图 3　汽轮机车间通风立面图

（2）渗滤液收集池密闭空间通风：渗滤液池为地下式，空气不流通伴有臭气散发，同时环保要求臭气不得外泄。为了保证该区域燃爆气体浓度不超标及渗滤液提升泵检修时新风供给，配套机械送排风。并分别在室内及靠近外门的外墙上设置电气开关（便于安全操作），送风机与排风机连锁控制同时开闭，排风机抽取臭气后排至垃圾池处，不外排；同时送风机鼓入室外新风。渗滤液池排风、送风立面图如图 4、图 5 所示。

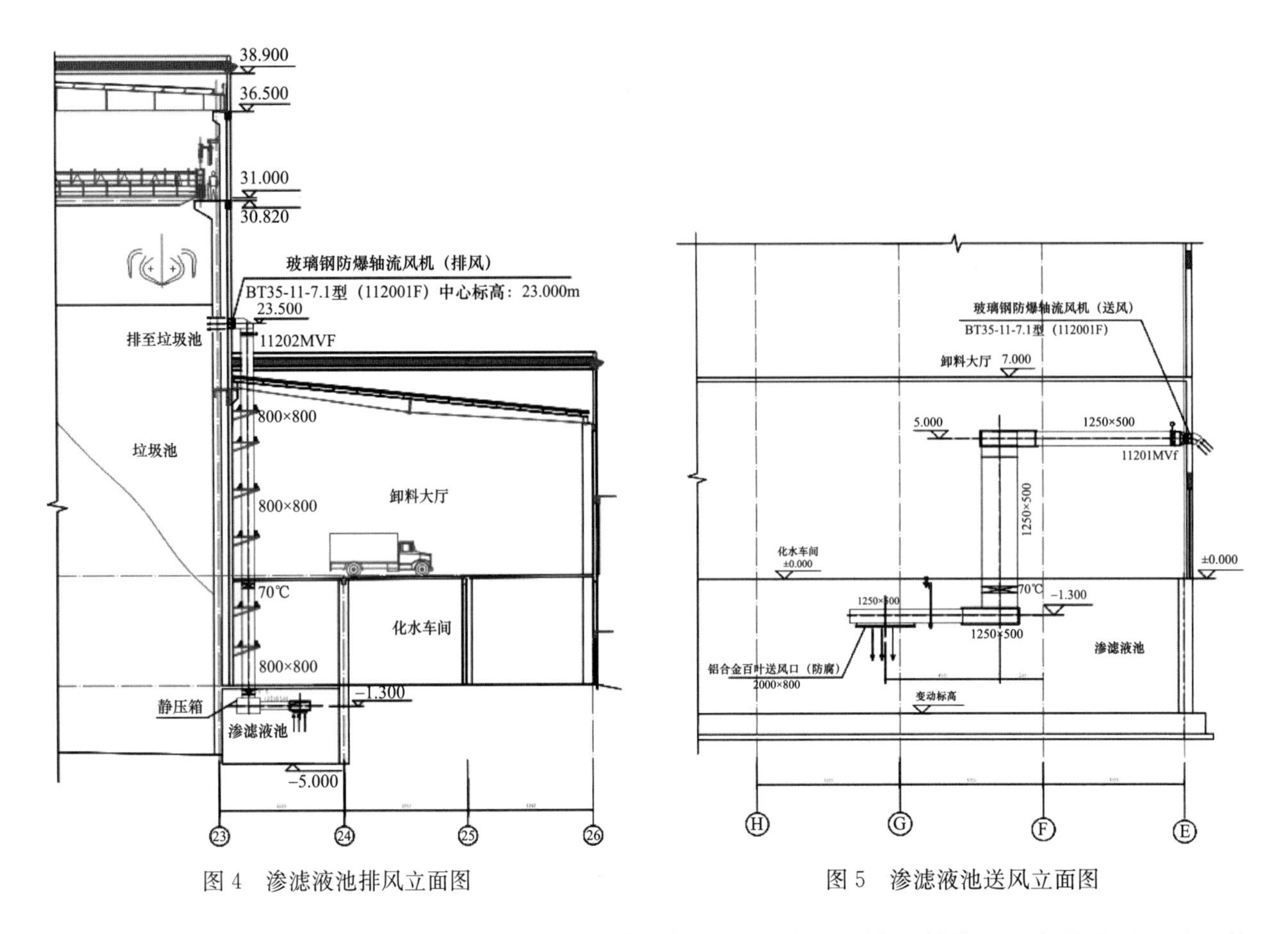

图 4 渗滤液池排风立面图　　　　图 5 渗滤液池送风立面图

（3）出渣间及各电力室通风：出渣间含大量水蒸气挥发，采用机械强制排风、自然进风，独立控制间歇运行；各电力室采用机械强制排风、自然进风。

（4）办公及参观区域：采用 VRV 变频中央空调加独立新风系统。正常情况下，新风量按照总风量的 10%补充，满足每人 30m^3/h 的新风量，并维持室内正压，正压值采用 5Pa 左右，可控制车间臭气渗入。

3 防排烟系统设置实例

地下车库排烟系统设计，见图 6、图 7。

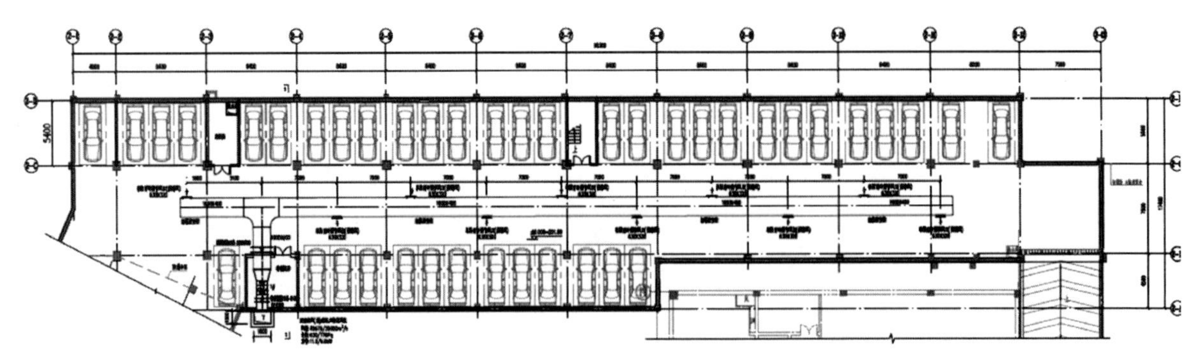

图 6 车库平面布置图

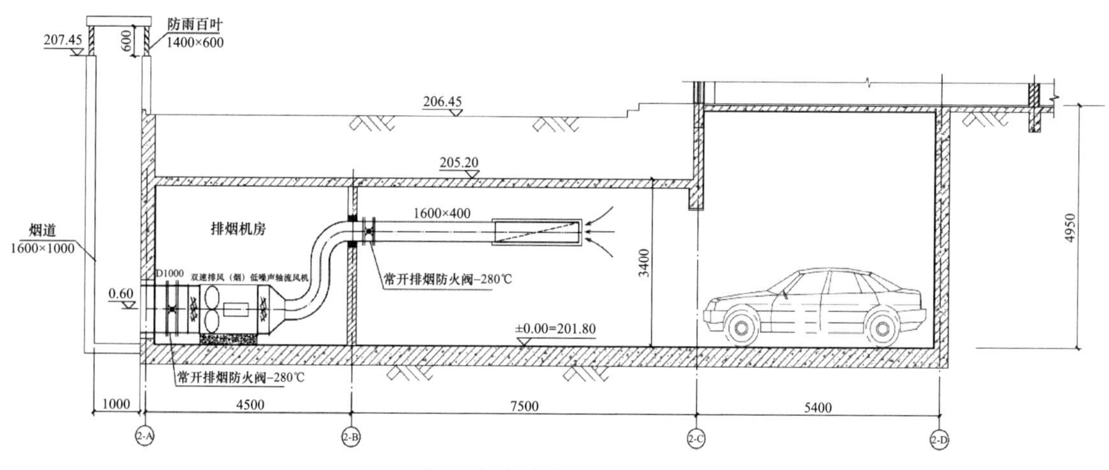

图 7　车库防排烟系统立面图

地下车库室内面积 $S=1447m^2$，设计一套机械排风兼排烟系统，选用双速排风（烟）低噪声轴流风机，平时低速运转，用作排风，火灾发生时高速运转排烟；排风及排烟量均按 6 次/h。通风计算高度取 3.0m，通风量 $Q_1=3.0\times6S_1=26046m^3/h$；实际排烟计算体积 $V=5782.685m^3$，排烟量 $Q_2=6V=34696.11m^3/h$。

4　结束语

项目投产以来通过现场反馈：生活垃圾焚烧发电厂房室温可控，最热月车间内平均温度不高于 41℃；渗滤液收集池密闭空间机械通风按生产需求运行或关闭，室内臭气浓度不超标，无外泄现象发生，能保证检修时新风供给；生产辅助区室内空气质量满足要求。

防烟的目的是将烟气封闭在一定区域内，以确保疏散线路畅通，无烟气侵入；排烟的目的是将火灾时产生的烟气及时排除，防止烟气向防烟区以外扩散，以确保疏散通道和疏散所需时间，因此必须在建筑物中设置可靠的防排烟系统，以确保建筑物内人身和财产安全。

参考文献

[1] 邹俊祥，袁敏，卢铁钢，等．工业通风管道设计中常见问题探讨 [J]．工程技术研究，2020，5 (19)：219-220.
[2] 易灿南，皮子坤，张一夫，等．《工业通风》课程能力培养体系设计与实践 [J]．安全，2020，41 (09)：66-70.

海外 EPC 工程给排水设计

李永志　王亭如　李晓娟

摘　要　以印尼某水泥全能工厂项目给排水设计为例，了解海外 EPC 总承包项目中设计相关内容，如独特的自然条件、不同的设计标准、业主的特殊要求、特定化的设计审核和管理程序等因素，通过这些因素对设计的影响进行分析。

关键词　海外；EPC 项目；给排水设计

Water supply and drainage design of overseas EPC project

Li Yongzhi　Wang Tingru　Li Xiaojuan

Abstract　Taking the water supply and drainage design of a cement all-round factory project in Indonesia as an example, understand the relevant contents of the design in the overseas EPC project, such as unique natural conditions, different design standards, the owner's special requirements, specific design review and management procedures, and analyze the impact of these factors on the design.

Keywords　overseas; EPC project; water supply and drainage design

1　工程概况

本项目为一条日产 5000 吨熟料水泥生产线工程，工程采用 EPC 模式建设，2013 年 4 月 25 日至 2013 年 12 月 28 日完成施工图设计，2015 年 9 月 4 日点火投产运行，项目建设地位于印尼爪哇岛。根据项目建设内容，项目新鲜耗水量为 $1764m^3/d$；项目水源地 Cimandiri 河距厂区约 900m，年平均流量为 $29444m^3/h$，自建净水设施，可满足项目生产生活用水需要。

2　设计条件

2.1　自然条件

项目所在地属热带雨林气候，具有高温、多雨、风小、潮湿的特点；年平均降水量 2000mm 以上；受北半球季风影响，每年可分为旱、雨两季，其雨季为 11 月至次年 4 月，旱季为 5 月至 10 月。由于业主方仅提供月降雨量，无暴雨强度、相对湿度及湿球温度等参数。图 1 所示为 1997 年至 2007 年月降雨量图。

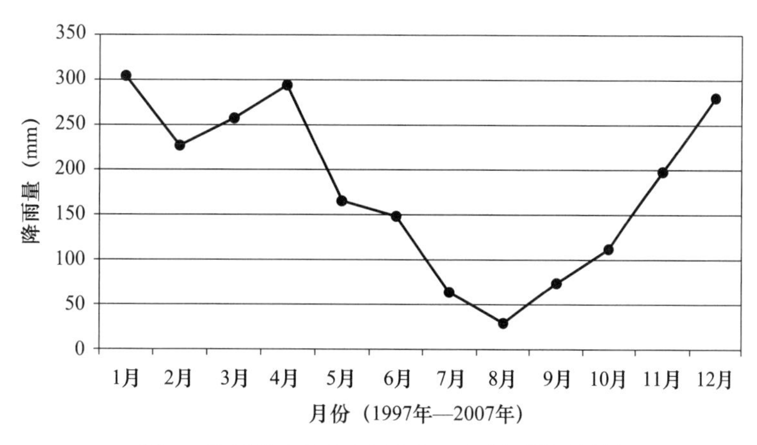

图 1 印尼爪哇岛 1997 年至 2007 年月降雨量图

2.2 设计标准

水泥厂项目在国内设计所采用的技术标准及规范非常成熟，除消防、环保与当地要求可能存在差异外，其他方面设计均无特殊要求，均按中国 GB 标准设计。结合水泥项目的特点，排水系统包括生产废水和生活污水，排水量分别为 $342m^3/d$ 和 $108m^3/d$，污废水不外排，设计采用 GB 标准，消防设计经与业主沟通，由合同要求的 NFPA 标准调整为 GB 标准。

2.3 业主的特殊要求

（1）在签订合同中，本项目的电力室、煤磨、袋收尘、煤粉仓、原煤仓及 CCR 中控室等均需设置洁净气体灭火。在投标阶段，业主方坚持要求采用低压气体消防灭火，设计通过国内气消消防的市场调研，低压气体消防占地面积大，控制要求高。经与业主沟通，偏离改用高压气体消防，既降低综合投资费（与低压消防相比降幅达 150 万元），又利于后期管理维护。

（2）在“生产循环补充水”和“生产用水”两个方面，业主在“招标文件”中均明确采用除盐水，需配能力 60t/h 的 RO 二级反渗透装置 1 套。经与业主沟通，仅生产循环补充水采用除盐水，降低设备净投资费用约 120 万元。

（3）在厂区汇集的初期雨水（含有悬浮物为地表泥土及少量水泥积灰）均需要收集沉淀，方可进行排放。排水流程见图 2。

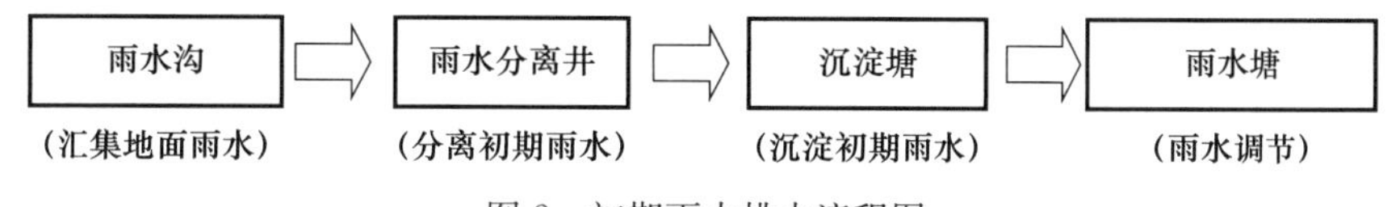

图 2 初期雨水排水流程图

2.4 特定化的设计审核

项目中单体构筑物在初步设计阶段，均需业主批准后开展详细设计，审查往往因理念不同或沟通不便，造成审核周期长、修改反复多，故对于此类设计更多需加大表达深度、提高准确度，即须将涉及的国标图集进行转化，各设备图纸进行明确、接口处理进行细化等。

3 主要车间典型设计

在全厂供水系统设计中，主要由水源取水泵站、给水处理、循环泵站、管网及污水处理等子项组成。

3.1 水源取水泵站

该项目水源地为 Cimandiri 河（图 3），主要汇集上游山区降雨及泉水。本单体取水构筑物设计时，受到业主方提供的水文条件限制（图 4），加上旱季河宽水浅，雨季洪水泛滥，无法采用常规水源取水方式。方案 1（图 5）采用“拦河坝＋岸边固定式取水泵站”（拦河坝由业主方自定），方案 2（图 6）采用“岸边干式取水泵房”（业主推荐），结合取水点河岸地形较陡（水源点至净水装置，高程达 90m），若采用方案 2 将会导致施工难度大、延工周期长及加大投资费高，设计推荐方案 1。

设计负责人及时到现场，一方面仔细踏勘地形及了解水文条件，另一方面将以往设计在用项目与业主沟通，重点介绍了推荐方案的技术工艺可靠、易于施工、便于安装及维护等优点，最终取得业主认可。该取水泵站建成投入后运行良好。

图 3　水源地照片

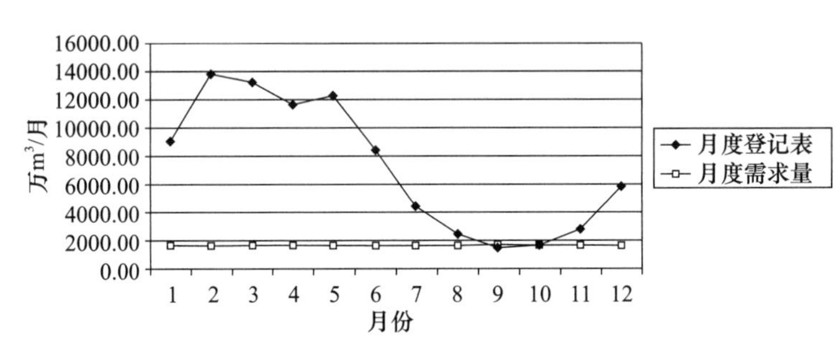

图 4　水源水文资料

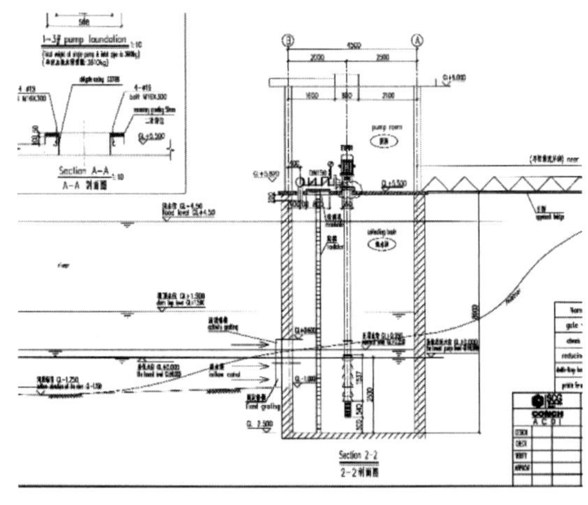

图 5　方案 1 岸边固定式取水泵站

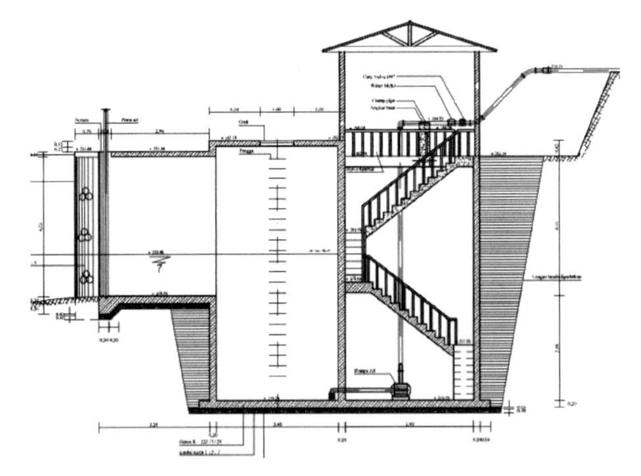

图 6　方案 2 岸边干式取水泵房

3.2 给水处理/清水池及泵房、循环泵站

充分结合所在地气候较热，给水处理泵房及循环泵站（图 7）均采用围护的简易建筑，便于通风散热，同时节省造价。

采用分质供水，生活用水用于办公区、住宅区及零星民用建筑物等，生产用水主要用于窑尾增湿塔、窑头篦冷机、原料磨及水泥磨喷水等，经与业主沟通，将此类用于除盐水调整普通净化水，生产循环补充水仍采用除盐水，其处理工艺为 RO 二级反渗透（图 8）。

图 7　给水处理/清水池及泵房

图 8　RO 二级反渗透

循环泵站（图 9、图 10）采用无围护的简易结构，泵站内设备配置：循环泵 3 台（2 用 1 备）、柴油发电机消防泵 1 台、消防稳压装置 1 套（含消防电泵 2 台、稳压泵 2 台、稳压罐 1 座）。

图 9　循环泵站正面

图 10　循环泵站背面

3.3　雨水泵站

根据合同要求及雨水排除方案选择，本项目采用两种雨水排除方式。

雨水排除方式 1：厂区雨水排除采用有组织排水，设计在雨水汇集排除末端设初期雨水分离井，适用于固体颗粒多且相对密度大、径流小且回流流速慢。见图 11。

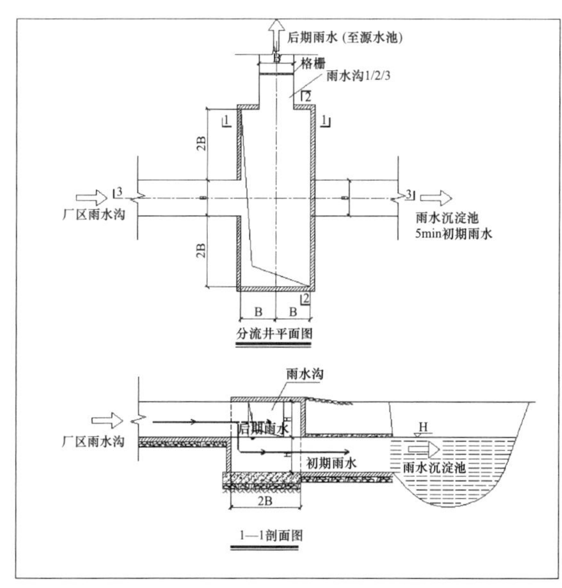

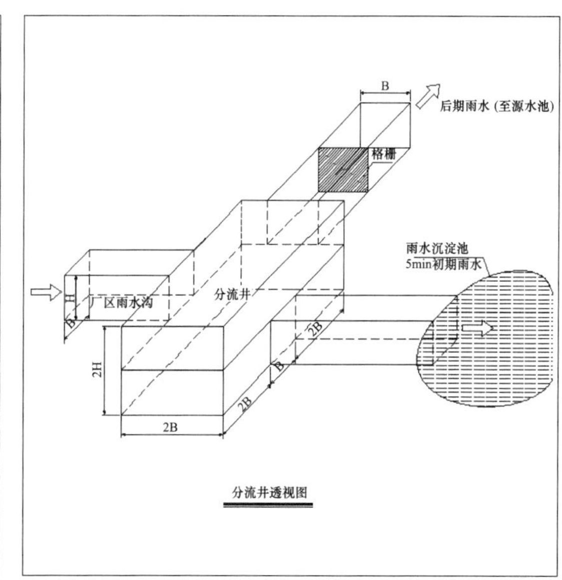

图 11　分流井 1 详图

雨水排除方式2：三级调节蓄水，适用于暴雨流量大、径流系数大及流速大的区域。见图12。

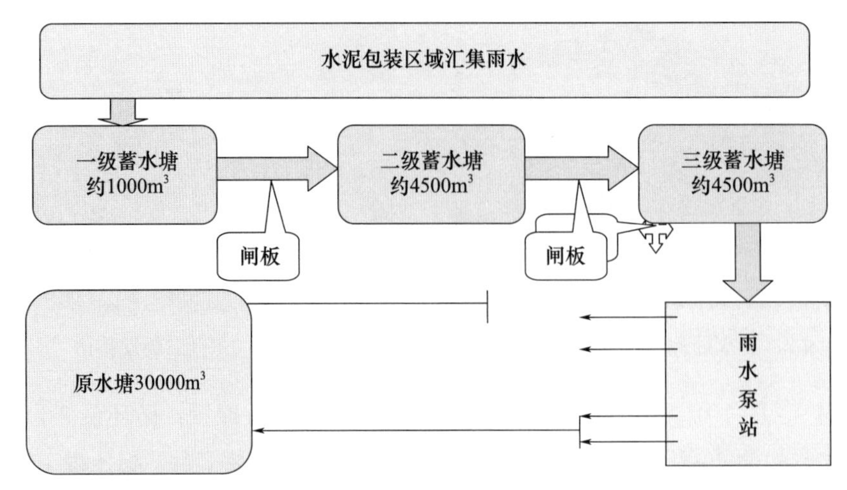

图12 三级调节蓄水排除工艺

3.4 消防设计

3.4.1 类别

电力室、煤磨、袋收尘、煤粉仓、原煤仓及CCR中控室等均需设置气体灭火；纸袋库设置自动喷淋；重油系统设置泡沫灭火；另外，厂区需设置独立的消防给水系统，以供全厂室内外消防给水，该系统供水装置为1套消防供水稳压装置，包括2台消防电泵、2台稳压泵、1座稳压罐、1台柴油发电机及自动化控制系统（通过电接点压力表启停消防水泵）。见图13～图15。

图13 消防水泵房

图14 业主自配消防车

图15 电力室气体消防

3.4.2　重点区域消防设计

用电负荷等级：煤磨一级负荷，柴油发电机、纸袋库及重油系统为二级负荷。

4　技术服务及优化总结

通过对 SB1 项目 3 次现场技术服务，设计、施工安装及调式等方面优化总结，总结内容如下。

4.1　系统调试方面

循环泵站设在粉磨站与熟料线场地之间，两场地地形高差达 14m 以上，需优化控制阀门开度。在试生产期间，循环泵站内 3 台水泵同时开启方可以满足用水点水量及水压要求，通过设计者现场服务调试（供水系统调节如图 16 所示），现水泵运行为 2 用 1 备，每年可节约运行电费约 30 万元。

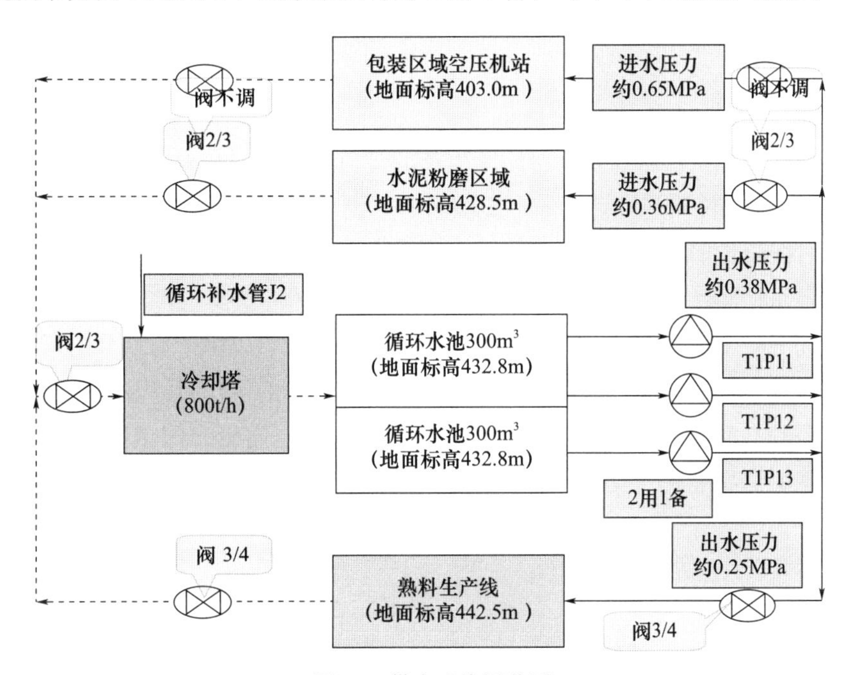

图 16　供水系统调节图

4.2　自动化控制方面

（1）泵站内消防装置 1 套，订货时是通过 DCS 自动启动消防主泵，现整改为“电接点压力自动启动消防主泵”，主要考虑各建筑分布广且未设消防控制报警，不能实现报警连锁控制备用措施。

（2）水池高低液位控制信号（采用雷达或超声波）需进入中控 DCS，通过清水池高低水位信号反馈，对清水池进行及时补水；另外，水泵启停及运行故障信号，同步反馈至中控，便于运行监控及故障维护。给水处理子项自动化控制图如图 17 所示。

通过项目的设备控制过程优化，建议后续设计类似项目“最好设置实现全自动，不能实现全自动的，也要实现控制联动”，否则容易产生水池抽空及设备运行故障得不到反馈，对生产运行产生很大影响。

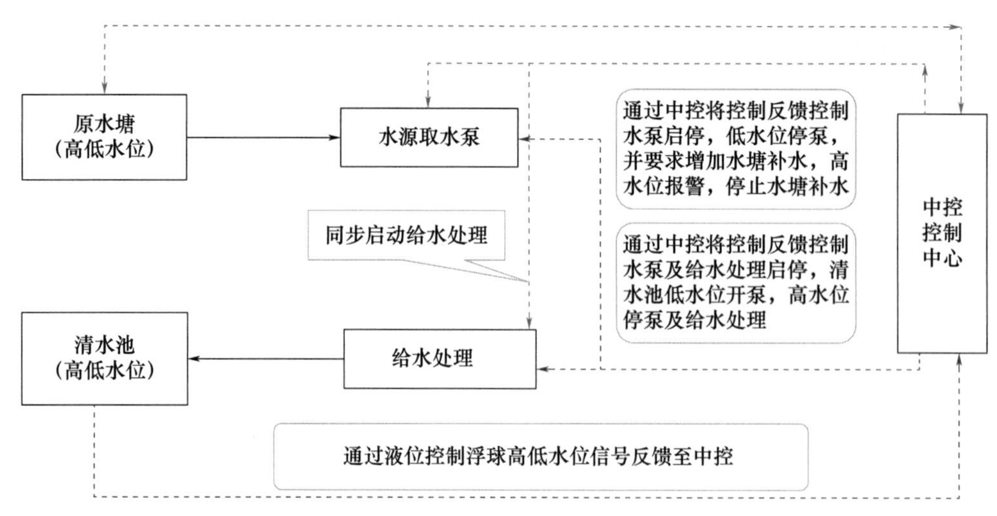

图 17 给水处理子项自动化控制图

4.3 设计细节方面

（1）因项目所在地工业生产落后，管材厂家生产的管道规格系列及采用标准与 GB 不同，生活给水管设计采用的 PE 管以及管件均需统计配齐（提醒采购单位），以便安装实施。

（2）对于供水管线较长的，设计优化配置分段控制阀，以减少部分管段管道损坏后，影响水泥生产线运行，即全线停水检修。

（3）考虑到钢筋混凝土道路破路困难，建议预埋过路段套管，以用于后期临时增加的管道敷设。

（4）在投加或储存药剂的地方，建议增加洗手池，以便因药剂误伤时能及时冲洗稀释。

（5）结合工艺流程批准图（CO_2 气体消防）及合同要求，提高设计图纸的吻合性；设置管道走向尽量在建筑底图布置，提高准确性及施工操作的可行性。

5 结 论

由于首次参与海外 EPC 项目设计，深深体会到“设计”的领航作用，设计直接影响到 EPC 项目的合同签订、投资费用、施工、安装及工期保证等。投标阶段，设计消化招标文件，对技术标准、设计方案及设计内容等风险识别，不可风险防控及时偏离；准备阶段，认真消化签订合同，制订可行的初步方案；设计阶段，认真细化详细设计，切勿“错漏碰缺”，兼顾施工安装及运行控制；后期阶段，及时处理发生的问题，做好专业技术服务，为整个工厂水系统运行保驾护航。针对本项目的浅谈小结，其经验供后续拓展海外 EPC 水泥厂项目借鉴参考。

参考文献

[1] 姚丕强，俞为民，吴秋生，等．高性能贝利特-硫铝酸盐水泥熟料的研究进展［J］．水泥，2015（4）：1-6.
[2] 城镇供水长距离输水管（渠）道工程技术规程：CECS 193：2005［S］．北京：中国计划出版社，2005.
[3] 室外给水设计标准：GB 50013—2018［S］．北京：中国计划出版社，2018.

第三篇

项目管理与调试运行

大型国际水泥 EPC 工程的项目管理实践

江 斌 余 生

摘　要　随着国家“一带一路”政策的实施，国内水泥集团走出国门，去周边国家投资建设水泥生产线，同时国内以设计院为核心的工程公司也积极参与国际水泥总包项目的竞标。本文就海螺设计院以EPC方式总包的国际水泥项目的成功实践提出一些经验总结。

关键词　EPC；国际水泥工程

Project management practice of large international cement EPC project

Jiang Bin　Yu Sheng

Abstract　With the implementation of the national the Belt and Road policy, domestic cement groups have gone abroad to invest in the construction of cement production lines in surrounding countries. At the same time, domestic engineering companies with design institutes as the core have also actively participated in the bidding of international cement turnkey projects. This paper puts forward some experience summary on the successful practice of international cement projects contracted by ACDI in the form of EPC.

Keywords　EPC; international cement project

随着国家“一带一路”政策的实施，国内一些水泥集团走出国门，去周边国家投资建设水泥生产线，同时国内以设计院为核心的工程公司也积极参与国际水泥总包项目的竞标。海螺设计院近些年也是国际水泥总包市场上积极竞标的一员，先后承接了巴西、印尼、老挝及柬埔寨等多条水泥生产线的总包建设。本人有幸全程参与了部分总包项目的投标、项目执行和移交，下面就做好国际水泥总包项目提一些经验总结，供同行参考。

1　下发项目管理流程书，做好项目执行顶层设计

每一个总包项目都编制下发项目管理流程书。流程书是项目全过程管理的纲领性文件，涵盖了项目简介及EPC总包合同管理目标、项目实施管理及职责范围、项目实施管理流程、EPC合同收款审核流程、采购合同审批及费用支付流程等5个方面，明确现场项目部经理人选。特别重要的是，把国际总包项目执行内容按照职能板块划分，落实具体执行部门和责任人。主要按照设计（E）、设备采购及

物流（P）、现场实施（C）和生产调试（SV）明确相关责任部门和人员。把国际工程项目执行分为国内执行和国外执行两部分，根据项目的执行阶段分别有所侧重。初始阶段的执行以国内为主，以设计和设备采购为重点，项目正式开工后，工作重心渐渐移到国外现场。现场项目部作为院总包项目执行的派出机构，统一归口到项目管理部门管理。特别重大的项目可由公司领导兼任项目经理，进一步统筹调动全院的资源。

2 设计管理

设计可以说是整个工程项目的灵魂和思想。招标文件的解读、投标标书的编制、技术方案的澄清、合同谈判及文件的编制、基本设计文件的编制和审批、施工图设计、工程变更及设计交底、竣工图编制、操作指导手册及性能考核的方案的编制都离不开设计环节，都需要设计人员参与和发挥主要作用。

对比国际国内两个市场，设计无论是从理念还是组织架构都需要一定变革，才能适应国际市场对设计提出的全新要求，才能真正通过设计这个龙头来控制海外工程的质量、进度和成本。

2.1 设计组织扁平化

设计组织要突破传统设计院所的垂直部门体制，建立项目设总牵头、专业负责人相互协作的项目设计小组。形式上可以腾出一间办公室，把工艺、土建、给排水、电气、消防等专业负责人集中办公，有利于专业之间相互协同，及时提资、及时沟通，提高设计效率。另外，设总每周组织一次调度会，协调设计各专业提资、订货等之间的矛盾。扁平化的组织管理保证了“问题面对面”，减少中间传递环节，为项目顺利推进奠定良好基础。

2.2 合同研读是关键

为什么要重视合同？合同是根本。每一个参与项目设计的人员都要有设计底线思维，都要保留一份对合同的敬畏之心。

国际总包项目通常为避免或减少项目所在国的税负，合同形式会拆分成设计、采购和现场施工三个独立的合同，但是为落实总包管理责任，合同参与方会签署一份会议纪要，明确项目的总包方及各方的责任。

项目合同相互关联，通常设计不能仅仅解读设计合同，更多地还要查阅采购和施工合同。总包合同内容达到上千页，十分繁杂，而与设计有关的技术部分分散在合同的各个章节，如采购合同对设备性能、规格及制造标准做出要求，施工合同对现场安全防护做出更深层次的要求，这些都要体现在设计文件中。

每一位设计参与人员都要仔细研读合同，设计提资订货或设计出图绝不能照抄照搬，否则容易犯经验主义的错误，极易招致业主的索赔。如某项目的窑头电收尘废气风机，合同附件的设备清单上的功率是710kW，设计人员认为这个功率是自己当初提的，后期与设备厂家交流，不需要这么大的电机，就修改为500kW。事实上该功率电机确实能够满足项目投产后的运行要求。但业主不干了，认为你是偷工减料，特别表明他就需要这么大富余的电机，有利于适应今后生产运行中的复杂工况。这是一个例子，特别对合同主机的规格及主机功率如要变更，需要和业主提前沟通。还有一个石灰石破碎机的例子，由于在项目投标阶段根据业主提供的石灰石参数，由厂家选型。合同签订后，我们得到石灰石样品，寄到专业破碎机厂家分析，厂家提出来破碎机的选型要变，要从齿辊破碎更改为反击破，同时电耗保证指标也要调整。这一次，我们主动和业主进行交流，把厂家的检测报告及选型建议发给业主，由业主内部讨论，最终业主选择接受了专业厂家的意见，取得了较好的使用效果。

2.3 订货先行是保障

对现场施工进度及设计进度影响最大的就是设备采购，特别是交货周期长的主机设备。因此，海外总包项目的设备订货不能和国内项目一样，在项目基本设计完成后才提交订货材料，通常在合同签订后就要根据合同要求编制主机订货标书，在设计工作铺开前就把主机订货资料提出去。同时还要配合施工单位估算施工用钢材、板材、型钢的采购量。整个订货工作在基本设计阶段需要完成80%左右的工作量。只有设备厂家落实了，总包合同执行才落到实处，必要时可以借助厂家的技术力量，消化合同技术要求，定型设计。

2.4 设计审批“请进来，走出去”

国外项目通常都有设计文件审批要求，有的进行基本设计审批，有的需要全部审批（基本设计、施工图及设计计算书），通常进行设计审批的是具备图纸审查资质的业主工程师或外部咨询机构。

设计图纸及文件是合同条款的可视化、情景化再现，是合同文字的具体落实。外方业主通常把审批作为控制设计单位转换合同要求和实现合同目的的手段之一。审批的快慢直接影响现场施工的进度，如果重视不够，极易造成现场施工等图的局面。因此，尽快完成设计文件审批，是海外总包项目设计的重要工作。

为建立双方信任，可邀请业主方审批工程师来设计院进行参观交流，双方对设计规范、建模演示等讨论交流，并借助院内的技术力量对业主提出的问题及时澄清和修正。另外，在设计文件提交后，如果业主不来院里，可在和业主联络后，派出技术骨干，到业主审批人员处，面对面交流澄清。

3 设备采购及物流管理

设备采购是把设计文件、合同及业主招标文件落实到具体设备的关键环节，意义重大，可以说，主机设备的选型正确与否直接决定了项目的成败。设备采购做好两手控制，一手控制采购成本，一手控制技术要求。需要严格落实总包合同中约定的技术指标及装备配置技术要求，特别要把总包合同中的技术要求分门别类地整理出来，在设备采购过程中要和潜在的供应商交好底。要把总包合同中的相关指标等分解到具体的设备采购合同中。对于无法满足业主总包合同要求的指标或要求，要及时和业主进行沟通，取得业主同意，以免给后期设备交货或项目移交带来被动。

相较于国内总包项目，设备订货、排产、过程监造，最后由设备厂家车板交货至项目地点不同，国外总包项目设备采购环节多了一段国内集港、报关及国际物流。所有的设备及材料都要以业主的名义在项目地所在国进口。一条5000t水泥生产线总的物资量将近7万方，散杂货运输为主、集装箱运输为辅，其中包括水泥磨筒体、回转窑筒体等大件。

在国际运输中，由于经过多次装卸和长途运输，需要对设备的包装严格要求，货物包装必须满足国际海运的要求。特别对一些大件的物流发运，必须注意外包装及吊点的标志，避免在吊装、运输环节中发生碰撞。项目的主要设备、关键部件如果在物流运输环节中发生碰撞风险，将会严重影响整个工程项目的工期进度。把包装要求、交货计划等对设备供应商的要求在采购合同条款里有针对性的约束。

由于物流分国内段、海运段及所在国境内运输，通常这三段都由不同的运输公司承担，但是总包项目物流合同尽量分包给一家实力较强的公司来负责，这样的好处是能统一化管理，减少中间过程的协调。

项目现场要提前规划设备堆放场地，建议原料堆棚提前施工，作为设备堆放场地。很多项目现场，现场到货设备因没有防雨棚遮蔽，多数木箱包装出现箱体腐烂现象，设备安装后，在调试期间部分电机的绝缘阻值降低。所以海外项目中，建议原材料大棚网架提前安装，电气设备提前放入大棚内部，另外要求厂家在电气设备发运包装时，多增加干燥剂，以防出现电气设备损坏。对于辅机设备、可按机、电分类管理。

现场对到货的辅机设备开箱清点过程中发现如小皮带机、收尘器等设备都是混包，给现场实际清点、安装带来了一定难度。实际上各生产区域都配置较多的辅机设备，可以尽量安排设备厂家进行分开包装，同时严格要求厂家包装一定要牢固，防止运输过程中发生丢件。在部分机械设备接收中也常发现部分电气元件由于混装发货，在设备安装后期容易发生丢失，所以要求机械厂家对电气元件进行单独包装，并注明箱内为电气元件，仅由电气安装人员保管，这样进行设备的机、电分类管理，有助于设备的查找和使用。

在转口设备方面，因转口设备价值昂贵，生产周期一般较长，加之欧美企业严格执行合同规定的服务时间及服务价格，对此，需结合现场安装进度及安装单位力量，合理排定进口设备的安装计划，科学安排厂家进场服务时间，确保在合同约定服务时间内把进口设备安装好。

施工质量的最基本要求是，通过施工形成的项目工程实体质量经检查验收合格，符合下列规定：符合工程设计文件的要求；符合现行的《建筑工程施工质量验收统一标准》和相关专业验收规范的规定；符合现行的《工业安装工程施工质量验收统一标准》和相关专业验收规范的规定。

合格是对项目质量最基本的要求，鉴于企业自身“十四五”规划对工程管理板块提出了更高的期望，所以除了将工程竣工验收一次性合格率100%定为质量管理目标外，还应做到客户满意度100%，争创“优质工程”。

4 现场施工管理

4.1 安全管理

安全施工目标是坚决杜绝较大及以上生产安全事故，有效防范伤亡事故，减少一般事故。主要采取以下管理措施：

（1）建立月度安全例会制度。定期组织召开月度安全例会及规范日常安全管理要求，把安全管理工作作为现场工作常态化来实施。

（2）加强安全培训、事故预防方面教育。重点进行特种作业培训、职业健康教育培训、项目现场应急预案及演练培训、项目现场危险源教育培训等。

（3）积极开展安全演练活动。根据自身的作业特点、现有的应急资源、人员的配置，在应急管理体系下，细化各专项应急预案的具体内容，将各项职责和程序分解到具体的执行人员，重点安排紧急情况下的人员撤离演练、消防演练、高处坠落演练。

（4）会同业主定期组织现场安全文明生产大检查。重点对脚手架管的搭设、安全施工用电、重点防火区域消防器材的配备、高空作业规范施工等高危点进行逐一排查，与业主进行安全检查及互动，能互相学习各自积累的安全生产经验，增加彼此的信任。

（5）实施现场施工标准化管理。从工程开工开始就对现场施工行为进行标准化管理，比如：现场模拟搭设脚手架程序并制作一个标准化的施工用的脚手架；深基坑护坡要求，从护坡角度、边坡防垮塌保护、基坑现场围护等都一一做了标准要求。

4.2　工程进度管理

根据项目总包合同，排定施工总计划，过程分解落实总计划，分别排定月度计划、周计划。组织召开周例会，评审施工计划及完成情况，研讨计划落实中存在的问题，协调解决，保证项目计划整体推进。

合理统筹现场资源，组织分区域分片交安等方式，根据现场人力、材料、机械设备情况，结合各子项设备安装周期及设备到货进展，做到合理调配施工资源、重点子项优先施工交安，加快工程进度。

做好施工组织，注重重点子项优先施工交安，加快工程进度。根据水泥熟料生产线的建设特点，现场施工以“具备一个，开工一个，合理组织，主辅结合”的原则，熟料线结合窑尾预热器、原料粉磨区域安装周期长的特点，从土方平衡、桩基施工开始，安排人力、机械组织优先开工，管理资源、施工资源重点向该区域倾斜。水泥磨房采用土建一层结构完成后即开始土建安装交叉施工，为土建及安装赢得了更充裕的施工时间。

提前规划施工总图道路、排水、网架，为后续材料运输、堆放等提供便利条件。东南亚国家雨季多暴雨，雨期施工对道路要求较高，提前施工，打通主干道，便于工程材料运输、设备倒运、钢结构制作等施工，极大地提高现场施工效率，为现场施工提供便利。

考虑到耐火材料、电气等设备对防水要求较高，故现场初期提前筹划，组织现场优先施工原料堆场网架，保证设备及材料堆存。

4.3　工程质量管理

注重质量细节控制，严格按照图纸、规范要求施工，确保工程质量受控。

土方场平施工前，详细消化图纸，绘制场平开挖回填分界图，以“土方开挖，就近回填”的原则组织施工，并按照规范分层回填压实及试验工作。

项目所在地多暴雨、高温、太阳直射，混凝土养护尤为重要，现场考虑到成本、施工方便，一般结构混凝土采用自然养护措施中的覆盖浇水养护、薄膜布养护措施，筒仓滑模采用喷水养护，大体积磨机基础采用锯末覆盖，测温及控制外模拆除时间养护等措施保证混凝土在规定龄期内达到设计强度，确保混凝土施工质量。

4.4　设备到货及厂家服务管理

设备到货情况按批次统计到货时间，对窑、磨大件运输情况做运输动态表，时刻关注物流动态。

设备到货管理：建立健全设备到货台账，细化设备到货存放位置，做好出入库管理，设备开箱做好开箱验收单，对设备开箱照片留存，同时做好设备货损统计工作。

随机备件管理：随机备件在开箱验收阶段应注意梳理统计分类保管。在主机设备安装后应依照统计的对应设备清单回收随机备件及专用工具，项目移交阶段根据合同要求将备件移交业主，并建立移交档案。现场应特别注意随机备件及专用工具回收工作，如不及时回收极易造成丢失，影响后期设备的投产运行及设备的维修。

设备厂家服务方面，建立设备厂家服务制度，规范服务工作，根据现场安装情况制订厂家进场计划，并做好厂家服务日志及考勤的留存以及进场厂家的服务统计，同时做好相关设备技术培训工作。

4.5 现场资料管理

现场资料主要有设计资料、施工过程资料、工程管理资料、设备资料等。

设计资料方面：现场项目部接收来自设计院的图纸、函件并登记造册，区分后根据函件内容分别发往施工单位及业主，同时承担着施工图纸打印的任务，在收到现场函件后编号、登记并传送设计院，后续跟踪该项函件的回复情况。

施工过程资料方面：主要参照中国现行的标准和规范编制、整理工程资料。主要包括工程管理与验收资料、施工技术资料、施工测量记录、施工物资资料、施工记录、施工试验记录、施工质量验收记录等方面，资料整理量大、繁杂。这其中以材料的报验和施工过程的隐蔽验收，以及验收阶段的功能性验收资料为主。

工程管理资料方面：作为项目的管理方，项目部在现场建设过程中就工程进度、质量、安全、环保等各方面所发函件均需留存。该项目同样按照国内建设项目规范要求引进专业监理进行管理，相关的工程管理资料体现在以监理资料形式发放。

设备资料方面：设备到场后，要求设备卸货人员对设备到货情况进行检查拍照，损坏的箱件及时在收货单上标注出来，然后扫描留存作为原始依据。

5 试生产工作管理

试生产是工程检验成果的一环，是体现项目总包单位生产组织水平的重要环节。在调试、试生产及后续保驾过程中要做好以下几项工作：

（1）成立试生产调试组，对现场试生产进行全面管理，确保试生产调试有序开展。

（2）调试期间组织业主召开试生产协调会，主要解决施工、设计影响试生产调试的问题，针对试生产期间的组织、工具、材料等相关问题负责澄清，划分我方与业主方的试生产责任，衔接好调试组织工作。

（3）建立调试期间例会制度，及时通报安全、施工、进度、质量等方面协调问题，加强对业主的协同合作。

（4）调动业主生产积极性，利用帮、传、带、教的方式让业主员工参与到生产过程中来，让业主熟悉中国的设备和生产管理思路，为后续项目的移交做好铺垫。

（5）后续项目试生产期间建议以业主人员为主导，以海螺为技术指导理念开展试生产工作，业主越早地掌握生产技能，项目的移交也将会进展得更加顺利。

6 结　论

国际总包项目是一项复杂的系统工程，需要强有力的项目管理团队牵头组织，需要参建各方围绕项目目标齐心协力，只有做好上述各项工作，才能顺利地将项目建成并移交业主，达成合同目标。

全过程工程咨询在EPC项目中的应用

李　咪

摘　要　全过程咨询是整合投资咨询、招标代理、勘察、设计、监理、造价、项目管理等业务资源和专业能力，实现项目组织、管理、经济、技术等全方位一体化，且覆盖工程全生命周期的一体化项目咨询管理服务。本文简述了全过程工程咨询在EPC项目中的应用。

关键词　工程咨询；全过程工程咨询；EPC；总承包

Application of whole process engineering consultation in EPC project

Li Mi

Abstract　The whole process consultation is to integrate the business resources and professional abilities of investment consultation, bidding agency, survey, design, supervision, cost and project management, so as to realize the all-round integration of project organization, management, economy and technology, and the project covers the whole life cycle of integrated project consulting management services. This paper briefly describes the application of the whole process engineering consultation in EPC project.

Keywords　engineering consultation; whole process engineering consultation; EPC; general contract

1　引　言

工程咨询是指遵循独立、科学、公正的原则，运用工程技术、科学技术、经济管理和法律法规等多学科方面的知识和经验，为政府部门、项目业主及其他各类客户的工程建设项目决策和管理提供咨询活动的智力服务，包括前期立项阶段咨询、勘察设计阶段咨询、施工阶段咨询、投产或交付使用后的评价等工作。

当前我国咨询行业普遍使用的是碎片化、阶段化的服务，在时间效率和整体管控方面存在较大问题，同时也无法满足项目业主多元化的需求。全过程工程咨询的出现为咨询服务的转型发展提供了机会。

全过程工程咨询的服务内容包括规划或规划设计、项目投资机会研究、前期策划、立项咨询、评估咨询、工程勘察、设计优化、工程采购、造价咨询、工程监理、竣工结算、项目后评价、运营管理以及拆除方案咨询等覆盖工程全生命周期的一体化项目咨询管理服务。见表1。

表 1 全过程工程咨询工作清单

序号	项目阶段	服务内容
1	前期咨询	工程测量 规划选址与用地预审 项目建议书与评审 可行性研究报告与评审 环境影响评价报告与评审 节能报告 安全评价 社会稳定风险评价 水土保持方案 地质灾害危险性评估 压覆矿产资源评估报告 水资源论证 节地报告
2	工程勘察	选址勘察 初步勘察 详细勘察 勘察报告编制、评审
3	设计咨询	方案设计 初步设计 施工图设计 海绵城市专项设计、绿色建筑专项设计
4	招标采购	根据招标政策需要招标的分析工作
5	造价咨询	设计概算的编制与审核 施工图预算的编制与审核 工程量清单的编制与审核 招标控制价的编制与审核
6	工程监理	根据监理政策需要开展监理的项目
7	工程项目管理	办理项目用地预审与选址意见书 办理项目建设用地许可证手续 办理项目建设规划许可证手续 办理项目建设施工许可证手续 办理项目建设固定资产证手续 办理报建、报监手续
8	建设代理咨询	规划设计审查 方案设计评审 初步设计评审

2 全过程工程咨询的优势分析

2.1 全过程全方位的咨询

全过程工程咨询管理，提供项目决策、准备、实施、运营、评估等各阶段各类型的工程服务，保证信息和管理更加流畅，其咨询结果的应用贯穿整个工程项目的始终，具备连贯、高效的特点。在项目出现问题时，能够及时、迅速地做出反应，同时也可以对尚未实施的阶段起到指导的作用，确保整个工程的整体性与完整性。

2.2　保证工程质量

全过程工程咨询管理由于着眼于整个工程，对工程项目中涉及的质量和危险的关键环节进行重点管控，做到对可能出现的质量和安全问题提前预判，进而协调统筹整个工程办款的衔接，通过提前制定相关安全质量防范措施，弥补碎片式咨询和单一服务咨询下可能出现的漏洞和质量问题。

2.3　投资成本控制

通过实施全过程工程咨询管理，可以进行总体的设计、材料设备、合同等的管理，进而管控整体的费用管理，把控每个工程项目环节的成本预算，从而可以实现项目咨询前后执行的一致性，做到账实相符，最终确保项目的投资收益和投资目标的实现。

2.4　保证项目进度

全过程工程咨询管理有利于整体把控项目的进度，通过实际进度与计划进度的对比，做到进度差距的精确把控，对项目中的进度差进行分析，对未按时完成的任务进行提醒和管理优化，也可以克服项目设计、施工、招标等各个环节间子单位配合脱节、时间连续不到位的问题，从而在整体角度上纠正偏差，保证项目的进度和工期。

2.5　有效规避风险

全过程咨询管理从整个项目周期出发，可以有效发挥全过程管理的优势，有利于提前识别项目中存在的各类风险，并通过加强风险的控制，有效减少风险发生的可能性；同时全过程咨询有利于协调各部门与单位之间的关系，可以降低腐败的风险及促进各方共同承担风险，有效降低风险的冲击。

2.6　提高企业管理运营能力

通过开展全过程咨询服务，有利于更好地做到企业的创新和技术引进，以应对和完善企业的管理运营。通过时间计划管理、资产管理、BIM 技术引进等，提高企业的设计能力和施工的效率，有利于促进整个项目的合理运营，进而降低未来的不确定性，从整体上提高企业的管理和运营能力。

3　全过程工程咨询在 EPC 项目中的应用

EPC 项目一般总投资上限额确定，合同工期相对较紧，业主风险较少，而设计与施工一体的总承包商，可以减少设计和施工的矛盾。传统项目中，业主分别将项目中的可研立项、方案设计、造价咨询、勘察、施工图设计、施工监理等服务功能独立发包给不同的单位，由业主统一进行调度管理。一些业主自身管理经验不足，缺少整体把控能力，很容易导致项目管理中出现各类问题，无形中增加了时间、成本，也分割了建设工程的内在联系。

3.1 项目策划

项目策划主要需解决的问题有：一是项目期望达到的目标，包括：产品规模、总投资、盈利能力、回款方式；二是项目总进度计划；三是项目组织架构、岗位职责、工作制度、工作流程；四是项目各阶段需要投入的投资及现金流；五是风险预判并制定风险对策。

EPC 项目的特点决定了只有合理、清晰、具体的目标，在 EPC 合同实施过程中，矛盾才会少，工期、质量、投资才易于控制。

3.2 规划设计方案和限额设计

规划设计方案中的设计定位、功能定位、文化定位、生态原则、设计标准要准确、清晰，避免将来总承包单位在中标后出现因标准不清晰而超上限值的情况。咨询单位的主要目的是协助业主对规划方案进行优化，对经济性进行评选，编制合理的限额设计指标。项目 80%以上投资额的确定都是在这个阶段。

限额设计的基本思路是按批准的投资限额控制设计。但限额设计并不是简单的压投资或节约投资，咨询单位协助业主选择设计标准，同时编制合理的限额设计控制指标和投资概算，力争方案合理优化达到限额设计目标。

3.3 招标阶段

在 EPC 工程实施过程中，业主不再像传统项目那样去监管，整体控制力度降低，更多体现的是总承包商的实力和履约能力，故总承包内容的把关是重点。咨询单位结合设计资料、资金状况、项目环境等因素，对总承包合同承包范围、甲乙双方应尽的责任和义务，甲乙双方应承担的风险以及合同计价方式、报价原则、变更原则、调价原则、结算原则等予以规范，减少项目实施过程中的争议。

3.4 实施阶段

实施阶段的主要任务是让既定目标落地，此阶段所涉及的单位主体最多，管理难度最大，咨询单位应组建专业、分工协作的项目组，制定有针对性的咨询服务大纲和控制措施，对施工图质量、工程质量、安全、进度、造价进行全面的监督和管理。

4 结束语

全过程咨询单位造价人员参与了项目建设全部过程，掌握了全面、真实的基础数据，结算审核依据更加充分，更加公正、公平。

目前，全过程咨询和 EPC 总承包主要应用在政府投资工程中，国家也多次出台文件推行全过程工程咨询服务，如《国务院办公厅关于促进建筑业持续健康发展的意见》（国办发〔2017〕19 号），发展改革委、住房城乡建设部《关于推进全过程工程咨询服务发展的指导意见》（发改投资规〔2019〕515 号）、2020 年 4 月出台的《全过程工程咨询服务技术标准》（征求意见稿）等，势必会培育出一批引领行业发展的咨询企业。可以预见，行业的整体素质提高，将来不止是应用在政府投资工程中，也会更广泛地应用到民间资本投资的项目中，行业发展潜力巨大。

参考文献

[1] 何衍兴．海外电力 EPC 项目风险分析及对策探讨 [J]．南方能源建设，2016 (S1)．

[2] 于美．基于风险链和风险地图的海外核电项目 EPC 风险识别与分析 [J]．核科学与工程，2019 (01)．

[3] 刘金兰，韩文秀，李光泉．关于工程项目风险分析的模糊影响图方法 [J]．系统工程学报，1994 (02)．

水泥厂土建钢结构工程设计概预算的造价分析

章　洋

摘　要　随着社会经济的持续发展，在水泥厂土建工程当中对钢结构的应用也变得愈加广泛。所以，在工程的设计阶段，需要相关造价人员有效开展钢结构概预算工作，做好造价分析，从而保证土建工程的经济效益。本文针对水泥厂土建钢结构工程设计概预算进行分析，探讨了设计阶段钢结构工程概预算的重要性，并提出具体的概预算造价对策，希望能够为相关工作人员起到一些参考和借鉴作用。

关键词　水泥厂土建；钢结构；设计概预算；造价分析

Cost analysis of civil steel structure engineering design budget in cement plant

Zhang Yang

Abstract　With the continuous development of social economy，the application of steel structure in civil engineering of cement plant has become more and more extensive. Therefore，in the design phase of the project，the cost personnel need to carry out the steel structure budget estimate work effectively，do a good job of cost analysis，so as to ensure the economic benefits of civil engineering. This dissertation analyzes the design budget of civil steel structure engineering in cement plant，discusses the importance of steel structure engineering budget in design stage，and puts forward some concrete countermeasures，hope to be able to play some reference for the relevant staff.

Keywords　civil construction of cement plant；steel structure；design estimates；cost analysis

0　引　言

在重工业发展过程中，水泥生产十分重要的一项环节，就是在具体的生产过程中往往会有较大振动和冲击荷载产生，同时还会产生高温，并生成带有腐蚀性的物质，因此对相关水泥厂的建筑施工质量提出了较高要求。随着我国科学技术的快速发展，许多新型高强材料也在不断出现，这为水泥厂建筑设计工作的开展提供了充足的创作空间。在水泥厂土建工程当中，钢结构的应用十分复杂，在实际建设过程中容易受到人力、市场等相关因素的影响，对此，需要相关咨询单位完善钢结构概预算设计工作。

1 设计阶段钢结构工程概预算的重要性

在钢结构工程施工前期，相关造价人员需要深入分析概预算，并要根据工程实际情况在钢结构工程建设前计算、核算以及评价工程预期造价。与此同时，在工程前开展概预算设计工作时，还需要详细编辑相关文件，并科学编制文件内容。在完成概预算设计后，需要有效进行审核，并在通过审核后将其作为相关工作开展的重要依据。例如，在对投资计划进行编制时，需要将设计概预算作为之后开展概预算工作的主要参考依据，并在对货款、承包合同进行签订时，有效发挥出概预算的凭证作用。除此之外，在对钢结构工程规划以及设计方案进行编制时，需要对设计概预算进行合理使用，同时还需要办理拨款等相关业务手续。由此可以看出，在水泥厂土建钢结构工程当中，设计概预算具有十分重要的作用[1]。

2 水泥厂土建钢结构工程设计概预算的造价对策

2.1 水泥厂土建钢结构工程施工图概预算

在水泥厂土建钢结构工程施工前，需要对施工图进行合理设计，具体需要对钢结构工程的施工图进行预算。在钢结构施工概预算设计过程中，相关造价人员需要结合钢结构工程的预期造价，科学合理地评定相关文件，并对工程施工图概预算编制的可行性进行分析。合格标准的制定是十分重要的一项内容，需要从以下几个方面入手：首先，相关造价工作人员需要严格审核和批准施工图概预算，并按照我国钢结构工程量计算的相关规则，对概预算进行严格计算，从而确保钢结构工程计算工作能够与相关要求相符合，并可以作为具体的造价依据。其次，在概预算当中需要根据概预算定额，准确计算工程中的全部费用。最后，需要按照相关费用标准，对钢结构工程中的间接费用进行计算。在钢结构工程造价工作当中，以上三点内容是十分重要的步骤，可以进一步提升水泥厂土建钢结构工程造价水平，并能够对相关技术指标进行制定。而且上述内容也是在施工图概预算环节当中需要开展的主要工作内容。此外，还需要充分考核成本，从而完善工程施工图概预算，并对水泥厂的土建工程量和招标价格等进行明确，为拨款指标的制定提供依据，使拨款、结算等相关业务得到有效完成。

2.2 水泥厂土建钢结构工程施工概预算

结合相关土建工程实践经验进行分析，在钢结构施工成本控制当中，钢结构工程的施工概预算是十分重要的一项内容，所以需要在设计钢结构概预算的过程中，合理编制施工概预算。以更深层面而言，相关造价人员在对施工概预算进行设计时，需要根据水泥厂土建施工图预算进行分析，而具体的施工图预算工作在开展过程中则需要结合水泥厂的土建施工图纸，对施工消耗费用进行明确，并对相关技术经济文件进行编制。因此，钢结构工程的施工预算可以作为企业开展钢结构工程施工的成本计划文件。除此之外，水泥厂土建钢结构工程的施工预算需要按照实物数量形式，结合具体要求进行表达。与此同时，为了保证水泥厂土建钢结构工程预算的准确性，需要严格按照水泥厂钢结构的工程用料和用工，对施工图纸开展设计工作。详细来说，钢结构工程用工和用料对工程施工成本具有直接影响，因此需要有效定额，并合理组织设计工作。而想要确保这些工作的有效开展，需要对水泥厂土建钢结构工程施工的成本因素进行有效控制。

2.3 水泥厂土建钢结构工程中在厂房设计方面对概预算的控制

在企业经营过程当中，其最终目标在于降低工程施工成本，从而提升企业经济效益。因此，在水泥厂土建钢结构工程项目的厂房设计过程中，钢结构工程的概预算编制对项目最终的施工成本具有重要影响。对此，相关造价人员需要结合具体因素进行分析，对钢结构工程概预算进行编制。具体来说，需要从厂房设计、跨度以及高度等因素进行综合考虑，以此来确保造价的合理性。为了确保能够顺利开展钢结构概预算编制工作，需要在编制概预算时做到以下几点要求：

首先，在水泥厂土建钢结构工程建设过程中，需要从经济角度展开钢结构设计工作，并充分考虑经济因素。

其次，全面评估水泥厂土建钢结构设计方案，对设计方案进行合理选择，并在确定方案后对施工图进行设计，结合施工图设计预算对施工概预算进行控制和衡量。

最后，在对设计方法进行选择时，需要对最低造价进行控制，并合理设计厂房的跨度和高度，从而使工程成本得到有效管理和控制。与此同时，在追求最低造价时还需要进一步保证工程施工质量，结合设计方案提出具体建议，从而使方案得到改进和完善。用钢指标、造价与跨度之间的关系如图 1、图 2 所示。用钢量见表 1、表 2。

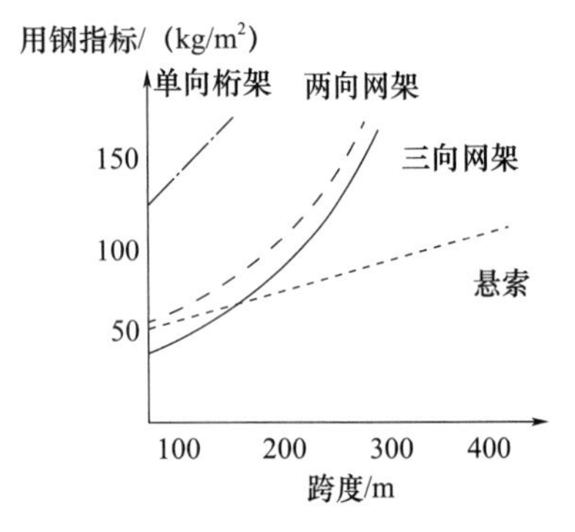

图 1 用钢指标和跨度之间的关系

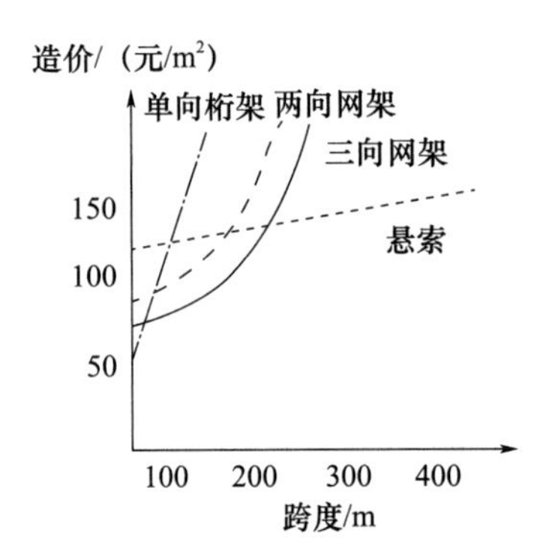

图 2 造价和跨度之间的关系

在对以上几点内容进行落实后，不仅可以使钢结构工程设计质量得到提高，而且还能够使钢结构工程造价得到降低，对工程施工成本进行有效控制。针对水泥厂土建钢结构工程建设进行分析，概预算设计具有十分重要的作用，对此，施工企业需要在保证工程成本合理的前提下，有效提升施工技术水平，从而促进我国工程行业的发展[2]。

表 1 钢柱、钢梁以及主钢梁单位用钢量

构件名称	单位面积用量/（kg/m²）				极差
	柱距 6m	柱距 9m	柱距 12m	均值	
钢柱	23.8	19.1	14.9	19.3	46.2%
钢梁	26.6	19.1	18.6	21.5	37.3%
主钢架	50.4	38.3	33.5	40.7	41.5%

表 2 钢桁架用钢量

下沉式钢桁架	用钢量/kg	每米重/kg	上翻式钢桁架	用钢量/kg	每米重/kg
GJ18-2.7	803	44.61	GJ18-2.7，3.0	1915.1	106.39
GJ18-3.0，3.3	827.2	45.96	GJ18-3.3	2413.5	134.08
GJ21-2.7	1058.77	50.42	GJ21-2.7，3.0	2381.3	113.40
GJ21-3.0，3.3	1225.35	58.35	GJ21-3.3	2887.7	137.51
GJ24-2.7	1403.1	51.97	GJ24-2.7，3.0	3091.2	128.80
GJ214-3.0，3.3	1439.9	53.33	GJ24-3.3	3434.6	143.11
GJ27-2.7	1852.96	68.63	GJ27-2.7	3872.19	143.41
GJ27-3.0，3.3	2089.19	77.38	GJ27-3.0，3.3	4310.47	159.65
GJ30-2.7	2109.3	70.31	GJ30-3.0	5289.2	176.31
GJ30-3.0，3.3	2171.2	72.37	GJ30-3.3	5289.2	176.31
GJ3327-3.0	2524.58	76.50			
GJ33-3.3	2900.8	87.90			

3 结束语

综上所述，在水泥厂土建工程当中，钢结构工程是十分复杂的一项工程，在具体建设过程中可能会受到相关因素的影响，进而导致钢结构工程预算与投资金额不符，对此，需要在钢结构概预算设计过程中加强造价控制，从而减少概预算误差，提升概预算的准确性。

参考文献

[1] 史永力．高层建筑钢结构在土建工程中的应用研究 [J]．建材与装饰，2020，14（12）：18-19.
[2] 李馨，林治丹．土木工程施工技术中钢结构的应用 [J]．城市建设理论研究（电子版），2017，27（34）：196.

浅谈 EPC 总承包项目成本控制与管理

章　洋

摘　要　建筑项目施工中，项目全过程造价控制是控制总承包费用的关键，即从项目决策环节的可行性研究报告，到设计环节中的比选设计方案、初步概算、项目招投标报价及施工图预算，最后是竣工结算，整个过程进行全过程与生命周期造价控制。特别是 EPC 总承包模式下，要全面参考全过程造价控制知识，控制项目造价，这对承担企业管理水平与市场综合竞争力的提高具有深远意义。

关键词　EPC；造价控制；成本管理风险

The cost control and management of EPC general contracting project

Zhang Yang

Abstract　In the building project under construction，the cost control in the whole process of the project is the key to control the total contract cost，that is，the feasibility study report of the project decision-making link，to the design link of the design scheme，preliminary budget，project bidding quotation and construction drawings budget，and finally the completion of the settlement，the whole process and life cycle cost control. Especially under EPC general contracting mode，it is necessary to control the project cost with reference to the whole process cost control knowledge，which has far-reaching significance for the improvement of enterprise management level and market comprehensive competitiveness.

Keywords　EPC；cost control；cost management risk

0　引　言

EPC（engineering procurement construction）是指企业受业主委托，按照合同约定对工程建设项目的设计、采购、施工、试运行等实行全过程或若干阶段的承包，并由总承包企业对承包工程的质量、安全、工期、造价全面负责的工程模式。

EPC 工程总承包项目的费用管理及控制涉及项目的设计、采购、施工以及竣工的各个阶段。本文将通过设计阶段、招标阶段、施工阶段、竣工结算这四个关键环节对费用控制与成本管理逐一进行解读。

1　设计阶段的造价控制

在EPC工程造价管理过程中，总承包企业一般采用总价合同，避免再次对费用进行调价。因此，在EPC工程总承包项目设计阶段，应推行限额设计。限额设计根据总承包合同和预算要求对各个环节的成本进行分配与支出，根据分解后的成本进行施工图控制。并对设计方案进行比选，优选出具有良好的经济性和可行性的设计方案，以将造价控制在限额的范围内。近年来，BIM技术不断发展与完善，并在限额设计中得到了广泛应用，实现了工程的全面限额设计。在设计阶段，可以利用BIM技术建造模型，以及进行施工图设计、工程量统计等。在3D环境使用中，通过建筑模型、结构模型进行3D碰撞检查，可以及时发现方案设计的不足，以采取优化措施，避免设计变更问题的发生。另外，工程量计算、统计也可以建立BIM模型，制作出准确的工程量清单，并结合现行预算定额及总承包项目的合同价进行综合单价编制，确保设计阶段造价得到合理控制。

2　招标阶段的造价管理

在EPC工程总承包项目招标阶段造价管理过程中，应合理编制招标文件，对施工合同的风险进行预测并表述出来，确认采购方、施工方的工作界面，避免双方发生扯皮现象，提升工程造价管理效率。例如，在某EPC工程总承包项目施工前，由于征地拆迁的原因而延误工期，故在施工合同中，我们应对施工安排、征地和拆迁等情况进行约定，尽可能避免延误工期而增加人工费、管理费等费用。在合同条款中要约定部分增加成本。签订分包合同时，除应体现总承包合同中业主对总承包方的相关要求外，还应对分包合同工作的相关内容，如文明施工、质量要求、安全措施、进度要求等有十分详细、清楚的条款来解释，以此来减少施工过程中的变化以及其他原因造成的工程纠纷。此外，付款条款及索赔条款符合双方利益[1]。

3　工程施工阶段的造价控制

施工费用控制作为EPC工程造价控制的重点，其以总包合同为主。在工程总承包项目施工阶段，需要加强施工合同管理力度，减少不必要的纠纷和费用支出。在EPC工程项目实施阶段，要按照施工合同约定执行，严格审核工程现场质量并做好工程验收工作，避免出现质量不达标而重新申请验收，尽可能避免增加施工成本的现象出现。与此同时，要充分考虑到现场施工环境的影响，降低现场签证、变更问题的发生率。另外，要严格审核现场签证、变更工程量，严格执行签证、变更程序，根据施工合同约定，合理地分析变更、签证的可索赔性。对于合同以外的增加变更，严格执行签证手续，加强项目成本控制，降低施工成本。对于分包项目，总承包商必须要选择有资质的专业化公司。总承包商必须要经过严格的招标、审查以及评估来确定分包商。一个好的分包商，会大大降低管理的难度，同时也会有利于成本的控制[2]。

4　竣工结算阶段的造价控制

工程竣工结算是工程总承包EPC项目建设最后阶段的重要工作。在EPC项目结算时，需要对设计变更、变更签证、竣工图等结算材料进行严格审核，且需要业主方、施工方以及审核方三方来确定工程造价。如果按照竣工图进行结算，应注意如下四点：

（1）核对合同条款；应该对竣工工程内容是否按合同条件要求、工程是否竣工验收合格进行核对，只有按合同要求完成全部工程并验收合格才能列入竣工结算。

（2）应按照合同约定的结算方式、计价定额、取费标准、主材价格和条款优惠等，对工程竣工结算进行审核，若发现合同开口或者有漏洞，应找合同签约方认真研究，明确结算要求。

（3）检查隐蔽验收记录。所有隐蔽工程均需要进行验收，实行工程监理的项目应经监理工程师签字确认。审核竣工结算时应对隐蔽工程施工记录和验收签证进行确认，应有手续完整的隐蔽工程施工记录和验收签证，工程量与竣工图一致才列入结算。

（4）落实设计变更签证。设计修改变更应由原设计单位出具设计变更单和修改图纸，并加盖公章，经监理工程师同意并签字，其次还应按图纸审核工程量，严格执行合同价，对于合同内没有的单价，按照约定定额计价，定额套用要严格注意是否合理，注意各项费用的计算，防止计算误差。

5 结束语

基于EPC总承包模式，作为总承包商，应对项目交付需求、质量保障手段及效益等进行宏观体现。而要想实现这一目标，就要摒弃传统甲乙双方合作关系，构建战略合作关系，对项目尤其是造价加强管控，协调项目施工进度、质量与成本等各方关系，尽可能实现项目利润最大化。

参考文献

[1] 曹权鹤.EPC工程总承包项目费用控制策略分析［J］.经济管理（文摘版），2017：329.

[2] 张林锋.EPC工程总承包项目费用控制策略探析［J］.区域治理，2019，（3）：135.

总包项目施工质量管理的完善措施探讨

王晨旭　张春辉

摘　要　公司正在向业务多元化转型，本文通过分析当前总包项目的施工特点，结合质量管理现状与质量管理目标，探讨现阶段施工质量管理的完善措施。

关键词　施工质量管理；完善措施

Discussion on improvement measures of construction quality management of general contracting project

Wang Chenxu　Zhang Chunhui

Abstract　Our company is undergoing business diversification transformation. This paper analyzes the construction characteristics of the current general contracting project, and discusses the improvement measures of construction quality management at this stage in combination with the current situation and objectives of quality management.

Keywords　construction quality management; improvement measures

1　序　言

质量是指客体的一组固有特性满足要求的程度。建设工程项目质量是指通过项目实施形成的工程实体的质量，反映项目满足法律、法规的强制性要求和合同约定与相关技术文件的要求，主要体现在适用性、安全性、耐久性、可靠性、经济性及与环境的协调性六个方面，涉及建设、勘察、设计、施工、监理各参建主体的质量行为。由于项目的质量目标最终是由项目工程实体的质量来体现的，而项目工程实体的质量最终是通过施工作业过程直接形成的，所以施工质量控制是项目质量控制的重点。

2　项目施工特点

当前承揽的总包项目多为熟料线与粉磨站，以及配套的技改工程，如脱硝技改类、辊压机技改类、提产改造类，此类项目主要有以下特点。

2.1　施工类型复杂

一是结构形式多，按建筑材料分有混凝土结构、钢结构、砌体结构，按承重方式分有框架结构、筒仓结构、网架结构等，结构形式的多样性给施工现场的各工种人员配置、施工工艺选择，以及材料的周转都有较大的影响。二是涉及的机械设备、电气设备种类较多，特别是辊压机、大型电机、磨机等大型设备，需要动用大型起重设备进行吊装，在改造工程中，受场地的制约因素较多。三是施工过程中土建与安装、电装与机装施工交叉多。

2.2 施工工期紧

当前业务中，环保工程与提产改造工程比重较大，一面是环保压力，一面是经济利益，各业主都对工期有极高的要求，工期与质量虽有统一性，但更多时候表现的是对立性，对质量管理存在不利影响。

2.3 从业人员综合素质较低

目前中国建筑业工人数量逐年递减，并且“老龄化”严重，具体到从事水泥厂施工的企业上，此现象尤为突出。由于水泥厂大多建设在经济欠发达地区，加上作业环境的影响，对优秀施工人才的吸引力有限，从事水泥厂建设的施工人员在年龄、技术上基本处于建筑行业的中下层，综合素质偏低。

3 施工质量管理的目标

施工质量的最基本要求是，通过施工形成的项目工程实体质量经检查验收合格，符合下列规定：符合工程设计文件的要求；符合现行的《建筑工程施工质量验收统一标准》和相关专业验收规范的规定；符合现行的《工业安装工程施工质量验收统一标准》和相关专业验收规范的规定。

合格是对项目质量最基本的要求，鉴于企业自身“十四五”规划对工程管理板块提出了更高的期望，所以除了将工程竣工验收一次性合格率100％定为质量管理目标外，还应做到客户满意度100％，争创“优质工程”。

4 施工质量管理现状

当前我们正处于向多元化转型阶段，质量管理偏粗放，质量体系在多数项目上未能有效运行，程序文件得不到有效贯彻执行，主要表现为：施工组织设计欠针对性；设计交底笼统、形式化；过程检验不规范，施工班组以完工为目的，质量好坏不管；工程质量检验评定不及时。

5 施工质量管理的完善措施

5.1 建立符合当前形势的质量管理组织架构

现场项目部是施工质量控制的主体，项目经理是质量管理的第一责任人，应牵头组织施工单位项目部，建立健全现场施工质量管理体系，保证各质量管理制度的贯彻实施。同时接受项目管理部与业主、监理的检查监督。项目管理部负责对现场项目部质量管理行为的规范性与全面性进行检查，其自身质量行为接受公司质保部检查。施工单位项目部必须配置质量负责人，各专业施工队设置质量管理员，原则上不允许兼任。形成“纵向到底、横向到边”的质量管理网络。质量管理组织架构如图1所示。

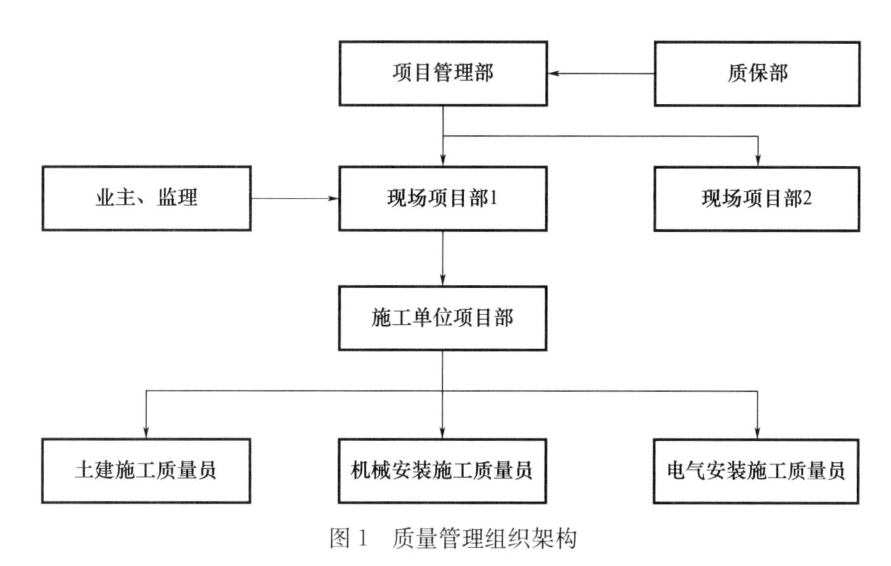

图1　质量管理组织架构

5.2　制定完善的施工质量管理制度

项目管理部牵头编制、完善各施工质量管理制度，例如质量管理例会制度、报告审批制度、质量验收制度等标准制度文本，各现场项目部以此为标准，结合各项目情况，在项目施工之前制定项目施工质量管理制度，作为各相关方共同遵循的管理依据。

分包单位需将其质量控制制度，如施工测量制度、施工技术交底制度、材料进场检验及储存制度等，汇编成册，报送至现场项目部，现场项目部检查其规范性、完整性，对不能满足现场要求的予以退回，修改完善后重新上报。

5.3　做好质量控制的基本环节

现场项目部依据已制定的制度，开展施工前与过程中的质量管理工作，重点做好以下工作：

（1）施工前要会同施工单位，讨论施工质量计划，明确质量目标，设置质量管理点，分析质量风险因素与防范措施，并要求施工单位将上述各内容纳入施工组织设计中，作为日后施工的指导依据。另外组织好设计交底与图纸会审工作。

（2）施工过程中引导施工单位做好质量自控，以工序作业质量控制为基础和核心，落实好工序施工条件，控制好工序施工效果。现场项目部对施工单位的质量行为实施监督，重点检查各项质量管理制度的落实情况，定期检查与不定期检查相结合，对隐蔽工程和各质量控制点进行重点检查。

（3）在施工过程中，注意处理好与监理单位的关系，现场项目部虽然是接受监理监督的客体，但在现阶段，也要利用好监理的力量，来帮助我们监督好施工单位，保证项目施工质量。

5.4　其他岗位的配合

工程质量管理是一个系统性的工作，需要部门全员参与配合。综合组要通过调研，选择一批综合实力相对较强的施工单位为潜在合作对象，完善现有合同条款，进一步明确合同双方各自责任与义务。采购组要保证各甲供材料与设备的质量。另外，对一些施工难度大、技术要求高的项目设置质量激励措施，提高施工单位做好质量工作的积极性。

6 结 论

现阶段，主要还是通过实施组织措施与管理措施来完善现场施工质量管理，重在检查、监督施工单位质量管理人员配备情况与质量管理制度的落实情况，对班组施工质量的管理以抽查为主。在部门盘活现有人力资源、引进外部人才充实到各现场项目部后，需进一步完善现场项目部管理方式，下沉到班组进行质量管理。

参考文献

[1] 戴旭东．工业建筑施工现场质量管理的完善措施［J］．建筑工程技术与设计，2018（12）：2406.

浅谈建设工程各方参与项目管理的目标和任务

焦晨源　叶　飞

摘　要　随着我国经济的发展，建筑业成为经济重要的支柱型产业，其发展空间和未来前景也有着非常良好的趋势，而建设工程具有参与单位多、建设周期长、涉及资金金额大、建设要求高等特点，工程建设的实施需要各参与单位共同努力，协作开展进行项目建设，实现项目管理的目标。基于此背景，本文对目前建设工程项目管理现状进行分析，通过对国内的项目管理目标和任务进行了探究，进一步明确各方项目管理的目标与任务。

关键词　建设工程；项目管理；目标与任务

Brief talk on the objectives and tasks of all construction projectsparties involved in project management

Jiao Chenyuan　Ye Fei

Abstract　With the development of China's economy, the construction industry has become an important pillar industry in the economy, and its development space and future prospects also have a very good trend. However, construction projects have the characteristics of many participating units, long construction cycle, large amount of funds involved, and high construction requirements. The implementation of engineering construction requires the joint efforts of all participating units to carry out project construction and achieve the goal of project management. Based on this background, this paper analyzes the current situation of construction project management, and further clarifies the objectives and tasks of each party's project management by exploring the domestic project management objectives and tasks.

Keywords　construction project; project management; objectives and tasks

1　序　言

建筑工程项目管理是以建筑质量和建设周期为目标对象，运用一系列管理方法，建立科学的管理体系，实现建筑工程质量保证的管理方法。在实际的管理过程中，主要包括了施工过程的检查、监督，施工完成的质量验收、最后竣工验收等工作，以建筑项目的全过程为目标，保证质量符合建筑质量的要求，实现建筑工程的高效进行，从而提升建筑工程行业的整体建设质量水平和整体管理水平。一般而言，建筑工程管理的项目管理内容主要是建立有效的工程管理机制，这有利于明确管理内容和管理范围，使得工程管理工作更加系统化、科学化，实现建筑工程全方位、全过程的质量监督与项目管理。

2 我国项目管理体系现状

2.1 项目管理概念

项目管理是指在项目活动中运用专门的知识、技能、工具和方法，使项目能够在有限资源限定条件下，实现或超过设定的需求和期望的过程。就是项目的管理者，在有限的资源下，运用系统的观点、方法和理论，对项目涉及的全部工作进行有效的管理，从项目的投资决策开始到项目结束的全过程，进行计划、组织、指挥、协调、控制和评价，实现项目目标。

建筑工程项目管理具有临时性、集成性、目的性等，工程项目建设涉及的金额较大，涉及工种、专业性及设备配套的复杂内容，这就决定了业主自行项目管理有着很大的局限性，一般业主单位无法自行承担，从而需要多方协同合作，实现项目建立目标。

2.2 建设工程项目管理现状

国内的大部分建筑企业和国外的建筑企业相比较而言，国内更侧重施工技术、施工方案解决方面的要求，对工程项目管理在实际生产投入中相对较少。建筑企业没有认识到，和技术相比，在整个工程项目的建设中工程项目管理也拥有着举足轻重的地位，熟知的有进度管理、质量管理和目标管理，实则，安全管理在建筑工程项目管理中才是最基础、最重要的，直接关系到人员的人身安全。目前较多的项目管理，通常现场一些具有危险性或交叉作业施工时，没有安排专职安全员进行现场监督，导致施工现场混乱，这是制度上的不健全、管理过程落实不到位造成的。

如果想要对项目的管理和工程进度的控制有良好的把握，那么就要结合各自参与项目建设的性质与特征，了解参与项目建设的任务与目标。同时根据自身参与项目的任务与目标，针对具体项目健全的工程项目管理体系，并在项目实施过程中严格按照体系制度抓好过程落实，那么，就能够使得工程项目管理过程中的安全、质量、进度等管控目标整体受控，完成各自参与项目的任务，实现目标。

3 建设工程各方参与项目管理任务与目标

按照建设工程项目不同参与方的工作性质和组织特征划分，项目管理的类型有业主方的项目管理、设计方的项目管理、施工方的项目管理和项目总承包方的项目管理。

提到工程项目管理，人们首先就想到其任务是项目的目标控制，目标控制包括费用、进度、质量控制等，这里应该指出的是，工程项目管理是建设工程管理中的一个组成部分，项目实施阶段管理的主要任务是通过管理使项目的目标得以实现。

3.1 业主方项目管理的任务与目标

业主方的项目管理是从自身利益出发，能够在最小的投资、最快的时间内完成项目动用或使项目投入使用，这是业主方建设项目的核心。业主方是建设工程项目的总集成者、总组织者，负责各参与单位的选择，在项目管理过程中的地位与作用尤为突出，也是各参与方项目管理的核心。

业主方的项目管理工作涉及项目实施阶段的全过程，业主方项目管理的主要目标有投资目标、进度目标和质量目标，在项目管理过程中的主要任务有安全管理、投资、进度、质量控制，合同、信息管理及与各方的组织和协调。业主方通常会通过以上项目管理任务的分解落实，建立与各方的高效合作关系，发挥业主方项目管理的地位优势，积极参与与各方的协调管理，提高建筑项目管理水平，从而实现业主方项目建设的意义。

3.2　设计方在项目管理中的任务与目标

设计方作为项目建设参与的一方，在项目管理中不仅要考虑自身利益，同时也要考虑项目整体利益，两者之前有着矛盾与统一的关系，在项目管理中的目标有设计成本目标、设计进度目标和设计质量目标，以及项目投资目标。在实际的项目管理过程中的任务有：与设计有关的安全管理、设计成本控制与造价控制、设计进度、质量控制、合同、信息的管理以及相关单位的协调工作。设计方在项目管理过程中应加强与业主及有关设计工作组织者的有效信息沟通，防范低、老、坏等设计问题重复发生，创新改革，实施新的设计平台、新的质量管理方法，切实提高工程质量水平。与此同时，要及时总结经验，吸取教训，改进技术管理。在设计过程中，设计方与施工方及时沟通，对建设工程项目的可行性、操作性、安全性等进行交流，保证项目保质保量地完成，实现自身管理目标。

3.3　项目总承包方与施工方在项目管理中的任务与目标

项目总承包方与施工方均是受业主方的委托承担工程建设任务，为项目建设服务，是项目建设的一个重要参与方，项目总承包方与施工方的项目管理不仅服务于施工方本身的利益，也必须服从于项目的整体利益。其项目管理的目标应符合合同的要求，包括工程项目建设的安全管理目标、项目总投资目标和项目总承包方或施工方的成本目标、进度和质量目标。

项目总承包方项目管理工作涉及项目实施阶段的全过程，管理工作涉及项目设计、采购、施工、运行和收尾等项目管理，项目管理的任务包括项目风险、进度、质量、费用、安全、职业健康与环境、项目资源、沟通与信息、合同管理等。项目总承包方对于整个项目管理具有整体的把控作用，对项目过程中的各个环节都具有重要意义，起着项目承接与各方参与协同的连接作用。

施工方的项目管理工作主要在施工阶段，主要项目管理任务有成本、进度、质量控制，安全、合同、信息管理及与施工有关的组织协调等。

3.4　供货方在项目管理中的任务与目标

在项目管理的工作进程中，供货方在项目管理中主要为自身利益，同时也必须要考虑项目的整体利益。在整个工程项目建设过程中，供货方也是非常重要的，尤其对设备、机电等安装工程的质量具有显著的影响，供货方自身的项目管理目标主要有供货成本目标、供货进度目标和供货的质量目标，主要在施工阶段进行，同时也涉及设计准备阶段、设计阶段、动用前准备阶段和保修期。主要任务包括供货方成本控制、供货的进度、质量控制、供货安全、合同、信息管理及与供货有关的组织协调工作。

4　结　论

本文通过对我国的建筑工程项目管理体系情况进行分析，通过文章探究，认识到工程建设各参与方项目管理的目标与任务，了解各建设工程项目不同参与方在项目管理过程中的重点，结合各参与方自身的工作性质与组织特征，明晰各自的项目管控目标，便于各项目参与方能够更有针对性地开展各项项目管理工作，最终完成工程建设任务，实现各自项目的管理目标，有利于建设工程管理水平的提高，为建设工程项目整体经济效益和社会效益的提升奠定坚实的基础。

参考文献

[1] 赵倩．建筑工程项目管理的现状分析及控制措施探讨［J］．四川水泥，2017（3）：191.

[2] 建设项目工程总承包管理规范：GB/T 50358—2017［S］．北京：中国建筑工业出版社，2017.

EPC 总承包现场项目部安全生产管理工作浅析

张新生　余　生

摘　要　随着我国国民经济发展到新的水平，基础建设和各种民生项目建设进入到新的发展阶段，项目建设已经从量的要求提升到了质的要求，在此背景下，业主对质量的要求越来越高，先进的 EPC 总承包项目模式优势凸显，得到了投资建设方的高度认可，EPC 模式得到大面积推广和应用。在此背景下，如何管控 EPC 总承包项目安全风险，探索安全管理模式及对应管理制度，对做好 EPC 项目安全管理工作和提升其水平具有重要的意义。

关键词　EPC；总承包现场项目部；安全管理模式及制度

Brief analysis on safety production management of EPC site project department

Zhang Xinsheng　Yu Sheng

Abstract　With the development of China's national economy to a new level, the construction of infrastructure and various livelihood projects has entered a new stage of development, and the project construction has been upgraded from the requirements of quantity to the requirements of quality. Under this background, the owner's requirements for quality are getting higher and higher. The advantages of the advanced EPC project mode are prominent, which has been highly recognized by the investors and builders. The EPC mode has been widely promoted and applied. In this context, how to control the safety risk of EPC project and explore the safety management mode and corresponding management system are of great significance to improve and do a good job in the safety management of EPC project.

Keywords　EPC; site project department; safety management mode and system

0　引　言

改革开放以来，随着国民经济的高速发展，我国的工程建设无论是量的规模还是质的要求，都得到了空前的发展和高质量的提升。项目建设也由过去的实施过程阶段性条块切割，发展为从项目启动到竣工验收交付使用全过程管控实施的 EPC 总承包管理模式，真正做到了建设施工全过程主体安全质量主体责任的落实，解决了过去过程建设分阶段承包制的安全质量交叉干涉主体责任不明晰的难题。

随着EPC总承包管理模式的大力推广和实施，对项目的管理水平提出了新的要求。目前国内总承包主要有三种模式：①独立企业EPC总承包；②二家以上企业组成的专业联合体施工总承包；③设计单位总包牵头与施工单位（专业分包）组成的联合体EPC总承包。其中第三种承包形式也越来越被建设发包单位所认可，设计院牵头组成的联合体形式可以充分发挥设计单位的技术优势，从源头上对安全质量进行全方位把控，同时从技术上支持施工单位更好发挥自身的优势，真正做到强强联合。鉴于此，新的EPC总承包管理模式对安全生产工作提出了新的挑战。从一个项目设计、施工分阶段来看，影响和制约安全生产的因素很多，建立EPC总承包项目的安全管理制度体系显得尤为重要，通过制度体系的建立使整个工程安全管理工作更加具体和系统化。本文结合EPC总承包工程现场项目部实际工作对安全管理内容和安全管理措施进行总结梳理，具有一定的借鉴意义。

1 现场项目部安全管理体系建设

建立安全生产管理体系是做好施工现场安全管理的基础，因此工程项目EPC总承包方要结合所建项目实际情况，有针对性地建立完善的安全管理体系，制定安全生产责任制度，明确所有员工的安全生产职责，特别是EPC总承包项目管理过程中，设计、采购在前期主导作用较大，设计人员在图纸设计、技术人员在方案编制过程中，要充分考虑设计图纸、施工方案对施工安全的影响，以技术安全思维确保现场施工安全推进。同时EPC总承包项目也要做好分包安全管理工作，制定总分包安全生产管理制度，包括安全教育培训制度、安全隐患排查及分级治理等制度，指导现场施工安全。

（1）安全生产目标责任制的建立：建立现场项目部项目经理为现场施工安全管理第一责任人的安全管理体系，以责任促进体系的管理建设。

（2）规范设置安全员岗位及人员配备数量：针对目前施工人员的整体安全风险防范意识偏低的实际，通过多层级安全员设置，做到点面安全管理全覆盖。

（3）业主公司的安全管理体系可以与项目部安全管理体系并行执行，相互借鉴完善，接受业主公司的安全监督管理。

（4）监理工程师作为安全管理旁站监督方，所起到的安全管理作用要得到重视，项目部要确定专人对接各项安全工作，将监理提出的各项建议和检查发现的问题落实到具体施工管理工作中。

（5）将分包单位现场经理和安全管理人员纳入现场项目部安全管理体系，根据项目总体安全管理体系要求，配套建立切实可行的二级安全管理体系。

（6）建立安全管理“三会”制度，将日会（班前会）、周会（检查落实整改）、月会（问题反思及安全总结）落到实处而不流于形式。

（7）利用现代科技手段，建立远程安全监控系统，设置固定岗位人员，作业过程全程监控，发现问题及时通报，作为与现场安全管理人员互为补充补位。

（8）建立应急预案体系，出现安全事故，做到迅速处理。

（9）建立安全违章作业处罚及奖励机制，以严格的处罚手段制止违章作业的发生，以做得好奖的多奖励办法促进安全生产作业的开展。

（10）现场项目部安全管理流程框图，如图1所示。

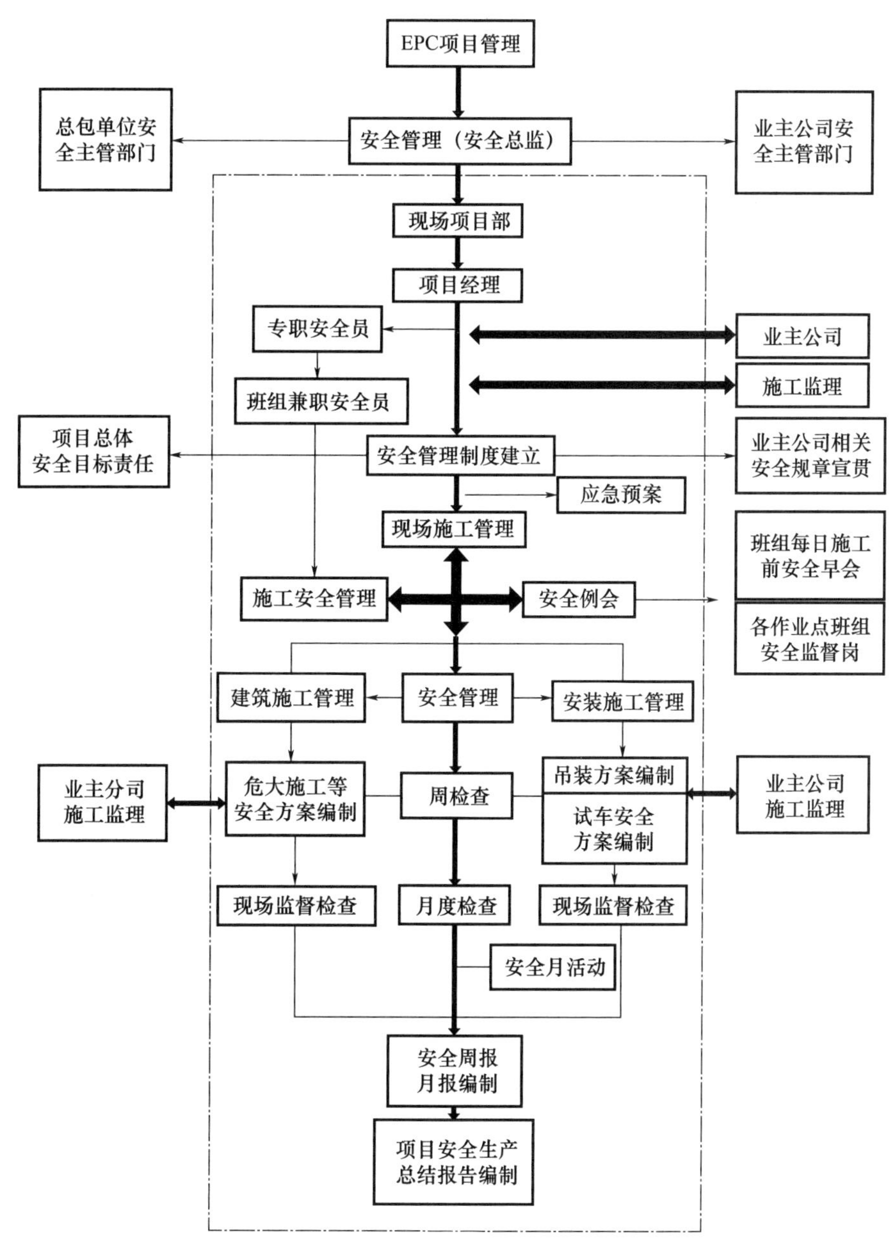

图1　现场项目部安全管理流程框图

2　现场安全生产管理工作

（1）现场施工安全管理工作要“以人为本，生命至上”，坚持“安全第一、预防为主、综合治理”的方针，在施工过程中，每项施工作业的开展要将安全措施预案作为前置条件。

（2）牢固树立全员安全管理意识，从项目经理到现场施工人员，要全员参与到安全生产管理工作中，使全员明白“没有安全就没有项目”，是涉及企业和个人生存的大事。对安全工作要做到分工不分家，各负其责，齐抓共管。

（3）对业主公司相关安全要求及管理规定要全面收集，特别要加强对各项新的不认知的安全规章制度的学习和执行。

（4）作业片区长和作业班组长是现场安全管理的重要环节，要将其作为兼职安全员纳入现场安全管理体系，承担作业过程现场安全监管职责（这个非常重要，使施工全过程始终处于监管状态，起到第三只眼的作用）。

（5）加强涉及人身安全的各项安全管理规章制度和要求的培训教育工作，普及教育到每一位员工。对涉及人身安全的各项制度规定要严格执行，安全技术防范措施和管理手段要到位，所谓“人命大于天”。

（6）加强现场技术安全管理。技术安全是安全生产管理预防为主的根本体现，包括施工工艺上的安全操作、设备的本质安全性、管理措施等，消除危险、控制危险、防护危险、隔离危险、转移危险等，减少和防止人的不安全行为和物的不安全状态，从而使事故发生的概率降到最低。比如安全防护措施是通过设置安全防护设施，达到本质安全化；高处作业设置安全网、水平安全防护网、交叉作业设置安全通道等措施确保高处作业的安全性；人的安全行为管理主要是加强安全教育培训、落实安全技术交底、设置安全警示牌等，提高作业人员安全意识，规范作业人员行为安全。

（7）加强施工作业过程安全管控。在开展现场安全生产风险管理过程中，要注重项目风险管理的前期策划，实施“以人为本”的风险管理。通过超前控制和过程管理，首先要对项目所有作业活动中存在的危险进行辨识和分级，并制定防控措施。依据安全生产管理的要求、管理标准及各级、各项管理制度，确定不可承受的风险，并对其采取针对性控制措施，也就是以最为经济、合理的方式消除和减少风险导致的各种灾害后果。在开展现场生产经营活动中，要想确保人的安全与健康，必须不断地向生产过程输入资金，即不断地投入安全生产技术措施和安全生产管理费用。通过危险危害因素分析、风险评价、风险控制和应急管理等，针对生产过程各类安全生产风险实施科学管理，使人与作业方法、机电设备、物料、周边环境等形成和谐的系统，从而达到降低安全生产风险的目的。

（8）加强现场施工安全检查工作，要将安全检查工作贯穿到项目建设的全过程，涵盖施工作业的“每一点、每一面、每一时、每一刻”。现场安全检查重点内容清单见表1。

表1 现场安全检查重点内容清单

序号	现场安全检查重点内容
1	施工人员安全帽、安全带、劳保服、劳保鞋、反光背心、护目镜、手套等是否按照规范要求穿戴
2	对涉及高处、吊装和有限空间等风险较大的项目以及交叉作业，施工单位是否安排专人现场蹲点式全程监督检查
3	施工区域是否配备警戒线、安全警示标志进行封闭，是否配备消防器材，临时占用场地是否安全绳封闭及设置警示标志
4	施工机械设备（如吊车、叉车、挖掘机等）、器具（如电动葫芦、吊索具）是否经过安全检查验收合格投入使用，龙门吊、塔吊等设备是否取得使用许可证
5	动火、用电、高处作业、有限空间、吊装、交叉作业、爆破等危险作业实施前，是否办理危险作业审批手续
6	露天设置的临时用电设备、防雨设施是否齐全，电气设备接地或接零保护是否完善，照明灯具是否使用了严禁使用的太阳灯
7	吊装作业前是否对吊装区域内的安全状况进行检查（包括吊装区域的划定、标志、障碍）记录，是否对支点地耐力进行检查确认。 ① 是否办理了吊装作业分级审批； ② 吊车驾驶员是否持证上岗，且驾龄在3年以上； ③ 使用的吊车使用年限是否超过10年； ④ 作业过程是否执行“十不吊”
8	是否存在氧气、乙炔混装；每日检查气阀、防震圈、瓶帽等是否完好；气瓶使用和放置是否做到：设支架稳固，气瓶之间的距离不小于5m，气瓶与明火的距离至少为10m，有高温防晒措施
9	切割、打磨、抛光机械的安全保护措施检查：防护罩是否完好无损，基础固定是否牢固，配电开关及接线等是否符合规范要求等

续表

序号	现场安全检查重点内容
10	是否存在以下禁止施工行为：夜间和恶劣天气从事高处、吊装等高危作业及垂直交叉作业
11	检查作业现场的安全防护设施是否完好，如护栏、孔洞的盖板、安全网、地沟盖板、边坡护栏、操作台板搭设牢固等
12	现场环境卫生检查是否做到：材料堆放整齐，现场工完、料尽、场地清，施工垃圾集中堆放并日结日清等

3　现场安全管理保证措施

（1）项目部的安全建设。建立有针对性的切合项目特点的施工安全管理体系，加强对分包单位的安全管理，关键要落实到施工经理和安全员管理职责上，通过强化检查和考核，引导分包单位将安全生产管理走向日常化、常态化、严格化。

（2）分包单位的安全建设。建立执行性和操作性强的具体安全管理细则，通俗易懂、简洁高效的安全生产管理制度和措施是能否得到在基层施工作业岗位落实的关键，要删繁就简、突出重点、有的放矢。

（3）作业片区和班组安全建设。片区和班组安全管理是施工过程安全工作的重中之重，片区和班组安全管理工作是作业安全生产保证的根基，要加大班组安全生产物的投入，在人和物两方面均做到管理和投入的保证。强化施工片区和班组长的责任，将安全帽、安全带、安全绳等日常易疏忽的涉及人身安全的习惯性违章的监管落实到安全员和班组长头上，严格奖惩考核。

（4）与监理单位的协同管理，是安全管理的重要一环。监理工作不能是质量管理，安全管理也是重要的职责之一，特别是大的涉及安全技术方案工作方面，监理是安全管理最重要的补充。

（5）建立完善的安全管理检查机制，动态做到每月大检查一次、每周常规检查一次，同时做好每日安全巡查工作。不定期检查工作要常态化开展，发现问题及时组织召开安全通报整改会，形成有检查、有落实、有整改的闭环管理模式。

（6）建立三会制度，具体为：每日班前会、周安全例会、月度安全会；加强对分包单位的安全教育和责任落实，通过会议解决项目实施过程中存在的问题，并留下书面痕迹。

（7）强化施工技术方案的落实，及时组织各项施工安全方案的编制、评审、报批工作。

（8）建立安全培训机制，针对施工特点，除对新进人员进行三级安全教育培训（现场项目部、分包项目部、片区班组）外，要加强对未认知的施工作业安全教育培训工作，防范未然。以“微信群”等各种便捷的方式开展安全事故警示教育，做到警钟长鸣！

4　总　结

EPC总承包项目的现场安全管理工作千头万绪，复杂而具体，管理不同于一般模式的总承包项目，体系化、规范化、标准化、具体化是做好安全管理工作的关键。

EPC项目总包方在安全生产管理工作中承担更大的管理责任，提升参与方安全生产管理水平是重要的管理工作之一，只有严格落实项目主体责任，帮助参与的施工单位按照总承包方的安全管理要求建立对应的各项安全生产管理制度，加强现场安全隐患排查管理，精细化管理到安全工作的方方面面，才能保证项目工程建设过程满足安全生产目标责任制的要求。

浅析水泥工业噪声治理现场施工管理要点

刘　念

摘　要　随着我国现代工业的迅速发展，对噪声污染的控制越来越引起人们的重视。本文针对水泥工业的噪声治理施工现场，着重从安全管理、质量控制、进度管理、制度化管理这四个方面进行探讨。

关键词　噪声治理；施工；现场；管理

Analysis on the key points of on-site construction management of noise control in cement industry

Liu Nian

Abstract　With the rapid development of modern industry in China，people pay more and more attention to the control of noise pollution. Aiming at the noise control construction site of cement industry，this paper focuses on four aspects：safety management，quality control，progress management and institutionalized management.

Keywords　noise control；construction；on-site；management

0　引　言

我国对工业噪声控制和治理的起步较晚，研究主要开展于最近几年。噪声污染被视为一种无形的环境污染，具有局部性、暂时性和多发性的特点[1]。通过对工业噪声的特点进行分析，企业或生产单位对噪声进行有效治理，不但可以防止工业噪声对生产人员和周边居民的身体健康造成伤害，还有利于提高企业的形象和工作效益。

由于水泥行业生产工艺的特殊性，厂区内有很多噪声较大的工艺设备，这些设备运行时都会产生不同频谱的噪声，相互干扰、叠加造成噪声污染。因此，施工单位在噪声治理施工现场，应根据行业特点，有针对性地进行施工管理，建立健全相关管理制度，坚持规范施工，在保障工人生命安全和安装质量的基础上提高工作效率，使整个工程能够有条不紊地开展。

1　安全管理

一切工程都应当以人为本，以保障施工人员的生命安全为基础。施工的安全管理，要从安全教育、检查、生产责任制与管理保证体系等方面展开。

事物的发展是内因和外因同时起作用的。首先，施工单位应自上而下地开展安全教育，普及安全知识，加强安全意识，从宣传安全生产方针政策法规教育，生产、专业等安全技术知识教育等方面，不断升华施工现场人员的安全意识。通过加强现场安全巡逻、建立安全监督网络、完善现场安全措施等，保证安全施工。

其次，外部检查起监督和促进作用，及时检查施工人员的安全意识、对安全生产方针政策法规的认识和贯彻程度，检查管理和制度、企业安全管理的到位情况、制度的健全程度，主要是其落实情况。同时要排查安全隐患，要深入施工现场，检查劳动环境和条件中的不安全因素。

最后，建立各级人员安全生产责任制度，明确各级人员的安全责任。相对于一般的土建施工、建筑施工等，噪声治理项目具有较为分散、点多面广的特点，且现场待治理设备往往处于运行状态。因此，噪声治理项目应进行精细化施工管理，要及时与业主联系沟通，按要求办理好各项手续，如停机手续、停送电手续、动火等危险作业分级审批手续等。同时，将安全要求细化落实到施工单位各班组，采取班组长负责制，由班组长统筹管理，在各班组指派专职安全员，或者由班组长兼任安全员，以保证责任到人，将施工安全管理各方面组织起来，形成互相协调、促进的整体，形成管理保证体系。同时，鼓励施工单位采取合理的奖惩机制。

在施工作业现场，以安全零事故为目标，进行系统化的管理势在必行。对将要进行的施工作业进行危险源预先性分析，在施工过程中要控制人的不安全行为和物的不安全状态，检查环境的不安全因素，及时发现并纠正管理上的缺陷，项目安全风险得到有效控制。

2　质量控制

噪声治理项目的质量控制是非常重要的管理内容。在工程项目质量目标的指导下，通过加强施工现场的质量管理可以最低限度地减少不合格工程的出现，其内容主要包括质量监督和质量检验。

现场施工质量监督一般可采用以下几种手段：①指令文件控制，即以书面形式对施工承包单位提出施工任务，指出存在的问题，明确施工单位的责任；②驻地监督控制，在施工现场中观察工程的变更过程，及时处理有质量隐患的事故，对有危险苗头的情况予以纠正；③测量控制，施工前和施工过程中，比照图纸核心尺寸、零部件等随时进行检查，对未按要求施工的，应及时制止并纠正；④利用支付手段控制，施工单位未能按指令进行施工，当工程质量部分出现问题从而达不到要求的标准时，项目经理有权拒绝支付工程款，这种控制是直接有效的手段。

噪声治理项目最终验收达标取决于现场各子项的完成情况，归根结底取决于现场到货的每台设备是否按图制造、是否满足订货合同要求的各项指标。因此，采购人员和驻场人员要履行好质量检验职责，从设备进场、非标件的制作，到设备安装等全过程都应及时进行质量检验。通过设备安装前后现场噪声值的检测，可以及时发现设备是否满足合同指标要求，对于不合格产品要坚决更换并加大对设备厂家的违约惩罚力度。笔者注意到，在噪声治理施工现场，应尤其注意质量检验前置，要提前发现问题、解决问题。由于水泥行业现场噪声待治理设备较多、分布较为分散，一批次降噪材料到货，应及时安排抽检，否则等到问题材料安装后再进行更换，将极大增加施工成本。

噪声治理项目现场质量控制，主要是施工组织和施工现场的质量控制，影响质量控制的因素主要有“人、材料、机械、方法和环境”等五大方面。因此，对这五方面因素严格控制，是保证工程质量的关键。

（1）人的因素

首先要考虑到对人的因素的控制。人是施工过程的主体，工程质量的形成受到所有参加工程项目施工的工程技术人员、操作人员、管理人员共同作用，他们是形成工程质量的主要因素。因此，提高施工人员的专业水平，加强施工人员的培训力度，进而提升施工人员的质量控制意识，将直接影响到施工项目的施工效率和施工质量，也是施工顺利实施的重要保证。

（2）材料控制

材料（包括原材料、成品、半成品、构配件等）是工程施工的物质条件，材料质量是工程质量的基础，是施工能否顺利进行、验收能否达标的重中之重。所以加强材料的质量控制、严格检查验收、正确使用、建立清晰的材料台账、搞好现场材料管理，是工程质量的重要保证。

（3）机械控制

在施工阶段必须综合考虑施工现场条件、建筑结构形式、施工工艺和方法等情况，正确使用操作机械设备，严格遵守操作规程，加强对施工机械的维修、保养和治理。

（4）方法控制

施工过程中的方法包含整个建设周期内所采取的技术方案、工艺流程、组织措施、检测手段、施工组织设计等。施工方案正确与否，直接影响工程质量控制能否顺利实现，往往由于施工方案考虑不周而拖延进度，影响质量，增加投资。因此，要切合工程实际，能解决施工困难，技术可行、经济合理，有利于保证质量、加快进度、降低投资。

（5）现场环境控制

影响工程质量的环境因素较多，如工程地质、水文、气象等，包括现场照明度、作业场所狭窄与否等，都会对工程质量产生影响。因此，根据工程特点和具体条件，对影响质量的环境因素，对施工现场不同的作业情况，如土方工程、高空作业等，要拟定有效的措施严加控制。同时应建立文明施工的环境，保持材料工器具堆放有序，道路畅通，施工程序井井有条，为确保质量、安全创造良好条件。

3 进度管理

现代项目管理中的进度是一个综合的指标，通过完善项目控制性阶段进度计划，审查施工单位的施工进度计划，做好各项动态控制工作，协调各单位关系。预防并处理好工期索赔，以求实际施工进度达到计划施工进度的要求。它控制得好坏与否影响着现场施工管理控制其他步骤的有效执行，影响着整个工程的资金和工程的质量好坏，关系着施工单位的可信度、知名度和美誉度。

进度管理的目的就是按期完工，其总目标和工期管理是一致的。工期作为进度的一个指标，进度管理首先表现在工期管理，有效的工期管理才能达到有效的进度管理。

噪声项目实施进度计划要做好如下工作：对照合同工期详细编制总进度计划，在此基础上细化为年、季、月、旬、周作业计划，以周计划为主要管理对象，通过明确负责人的团队实施，及时跟踪进度，记录计划实施的实际情况，结合现场施工实际定期动态调整控制进度计划。

4 制度化管理

制度，就是要求大家共同遵守的办事章程和行动准则。现场施工管理制度就是现场施工中的秩序，要求所有施工人员都有一个工作准则。

建立健全施工现场各项管理规章制度，包括施工现场考勤制度、施工现场例会制度、施工现场档案管理制度、施工现场文明施工管理制度、施工现场安全生产管理制度等。实行制度化管理，就是对工程的设计、人员、机器等进行规范化的管理，保证人员的合理配置与管理，提高施工人员的执行力，责任到人，促进施工现场协调高效运转，有效地提升安全管理、质量控制和进度管理水平，使现场管理工作能够得到优化。

5　结　论

现场施工管理是一项较为复杂的系统性工作，必须从自身的实际需求出发，切忌盲目照搬照抄，应当将噪声项目的实际情况和传统的施工管理制度相结合，在不断的实践摸索中总结经验，找到适合自身的管理手段和方法，进行管理策略创新，对各方要素进行目标控制，达到改善现场管理效率和质量的目的。

参考文献

[1] 朱从云，赵则祥，李春广，等．噪声控制研究进展与展望 [J]．噪声与振动控制，2007（3）：1-8.

水泥生产线SCR项目设备成套要点

余　生　江　斌

摘　要　随着国家碧水蓝天的发展理念深入人心，水泥窑烟气超净排放已经成为科研院所和水泥企业的重要课题。本文就水泥生产线高温高尘SCR脱硝项目设备成套的国产化实践提出一些经验总结。

关键词　水泥窑；高温高尘；SCR；设备成套

Key points of complete set of equipment for SCR project of cement production line

Yu Sheng　Jiang Bin

Abstract　With the national development concept of clear water and blue sky deeply rooted in the hearts of the people, the ultra clean emission of flue gas from cement kilns has become an important topic for scientific research institutes and cement enterprises. This paper puts forward some experience summary on the Localization Practice of complete sets of equipment for high temperature and high dust SCR denitration project of cement production line.

Keywords　cement kiln；high temperature and high dust；SCR；complete set of equipment

0　引　言

随着国家和地方政府对水泥窑烟气排放限值做出规定，水泥企业和水泥相关的科研机构都对这一课题做出很多有益的研究和尝试。现在很多地方规定窑尾烟气氮氧化物排放值控制在100mg/Nm^3，水泥企业也从早期的分解炉低氮燃烧、NSCR及精准喷氨系统逐渐转向SCR脱氮路线。SCR路线根据是否增设高温收尘器又区分为高温中尘和高温高尘SCR，下面就高温高尘SCR系统的设备成套经验进行一些总结，供同行参考。

1　SCR技术路线工艺流程简介

SCR系统由烟气管道系统、反应塔系统、清灰系统及粉尘输送系统组成。图1所示是典型的一条水泥生产线高温高尘SCR脱硝工艺流程图。窑尾烟气经预热器出口管道在进PH锅炉之前被引流到SCR反应塔，含有NO_x的烟气经催化剂小孔穿透而过，NO_x和NH_3在催化剂的微孔中完成化学反应，脱硝之后的烟气再进入 PH 锅炉，进行热交换，反应塔收集下来的粉尘通过拉链机等输送设备送回熟料线回灰系统进行处理。

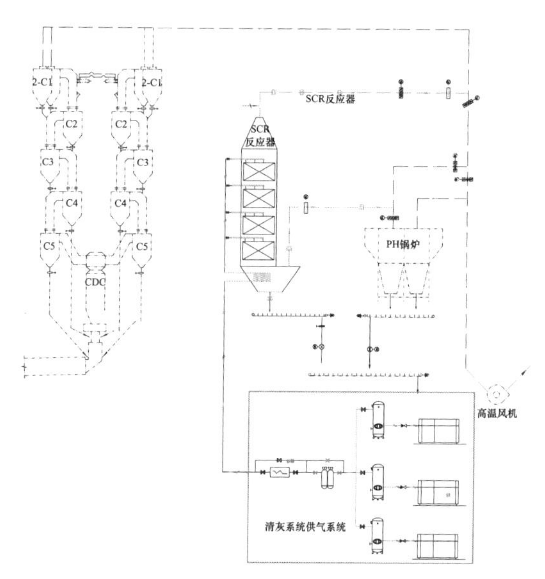

图 1　SCR 技术路线工艺流程

2　水泥窑预热器出口烟道椭圆密闭阀的选择

水泥窑尾烟气中氮氧化物含量因水泥生产线不同而不同，通常在 300～800mg/Nm³，与余热发电取风不同，余热发电取风在预热器出口风管上安装的截断气流的椭圆百叶阀的密闭要求不是太高，控制在 1%，因为经过余热发电锅炉换热降温后的烟气还需要去烘干水泥生产线上的原燃物料，对此密闭要求不是太严格。而 SCR 系统的截断气流引导到 SCR 反应塔的阀门（椭圆密闭阀或截止阀）的密封性要求特别高，泄漏率控制在 0.3%以内，可以在阀门关闭的情况下，用水流在阀门上方空腔里进行留存试验。SCR 取风管道如图 2 所示。

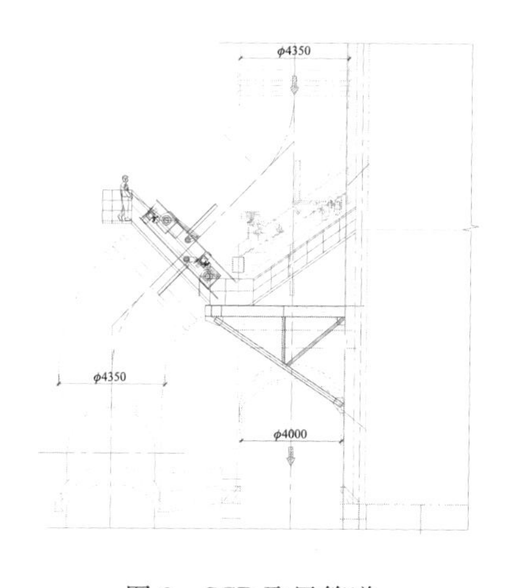

图 2　SCR 取风管道

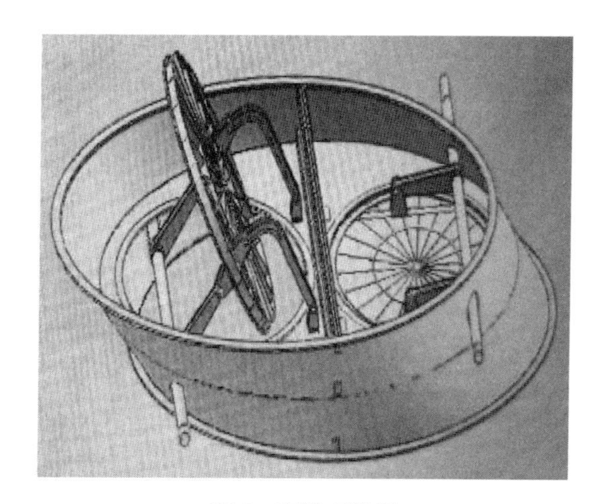

图 3　双轴双蝶阀

由于阀门制作精度要求高、密封性要求高，同时阀门尺寸巨大，通常单台阀门质量在 15t 左右。此阀门的质量关系到 SCR 项目的成败。

在早期与设备厂家交流过程中，有阀门厂家提出了双轴双蝶阀（图 3），此种阀门形式的密封性得以保证，但是大大减少了有效通风面积，通风阻力增加，不适合在 SCR 项目上运用。在后续交流中，要求厂家把中间的隔板取消，借鉴上述双轴的形式，采用 2 个半弧板，在执行机构的驱动下，全开全关。最终定型如图 4 所示。

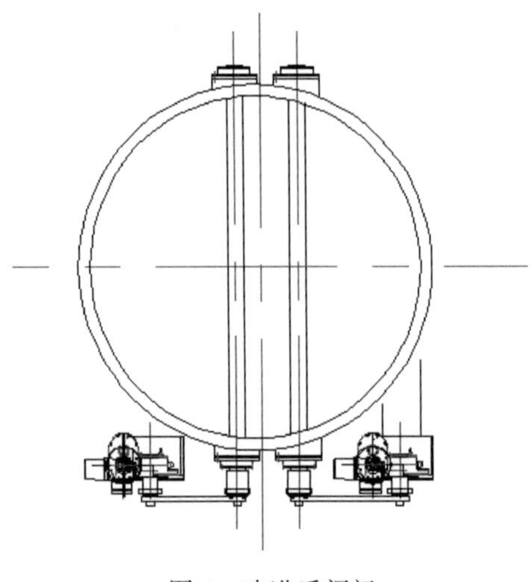

图 4　改进后阀门

3　催化剂模块及外包装的定型

催化剂厂家在收到水泥窑的烟气参数后都需要针对性地进行催化剂方案设计，包括提出催化剂装填方量、孔数及每层催化剂模块布置尺寸。由于涉及不同的催化剂厂家和不同的水泥窑烟气，为保证海螺 SCR 系统的标准配置，在第一批催化剂厂家技术交流时，通过规定统一的催化剂模块尺寸，要求每一个催化剂厂家都根据同一个反应器平面和空间尺寸，按照统一的催化剂模块进行配方设计，来达到合同约定的反应效率和排放指标。催化剂参数见表 1。

表 1　催化剂参数

海螺 SCR 系统催化剂模块基本参数			
1	模块截面尺寸（$L\times W$）	mm	1919×970
2	模块高度（H）	mm	1402±5
3	模块内单体布置	—	12×6
4	每个模块催化剂体积	m^3	1.944
5	每个模块质量	kg	≈1200±50
催化剂层参数			
6	每层催化剂模块数	个	40
7	模块布置方式	—	5×8
8	单层催化剂压降	Pa	140

通过固化催化剂模块尺寸和层数布置，统一了水泥 SCR 项目的催化剂模块大小；另一方面，通过催化剂模块布置及尺寸的统一，相对应的反应塔规格可以做到标准化和定型化。必要时，催化剂可以在不同水泥线之间调剂使用，且有利于催化剂和钢构工厂的加工制作和现场安装效率。

通过分解反应塔的部件，委托不同的钢构厂根据设计院图纸来加工，到现场进行拼装，一方面有利于设计知识产权的保护，另一方面充分利用了社会化的资源，加快了项目的实施进度。

对于催化剂模块的外包装，第一个项目的外包装还是沿袭传统电厂催化剂的外包装，铁框上下两个表面都封了钢丝网，由于本系统开发的是高温高尘 SCR，出回转窑预热器烟气直接经风管引流到催化剂反应器，高温态的粉尘本身是超细粉。研发人员早期在对粉尘附着堆积过程及原理的了解和掌握不到位，反应塔在通烟气投运后，较短时间内催化剂各层层压升高，甚至系统运行困难。设置的钢丝网也是导致积灰的一个助力因素。后期项目对此进行了整改，取消了钢丝网的结构，变成催化剂单元端面直接与包装框架平齐，催化剂单元条支撑点改成在扁钢上焊接的小菱形铁块，避免部分催化剂单元条的孔洞被支撑挡住，造成堵灰。

现阶段，随着水泥窑催化剂使用经验的积累，催化剂单元条端面高出铁框 40mm 左右，便于吹扫器直接对着催化剂的孔道进行气流扰动清灰。

催化剂外包装如图 5 所示。

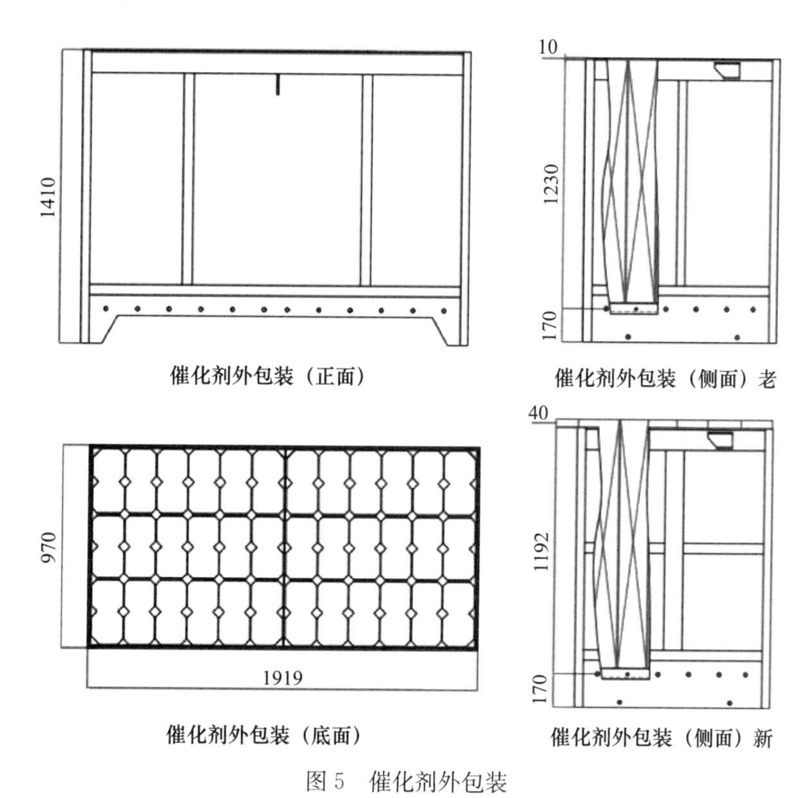

图 5　催化剂外包装

4　吹灰器的清灰模式改进和定制化采购

水泥窑第一代催化剂的吹扫模式来源于电厂的蒸汽吹扫，采用耙式吹灰器。在水泥窑催化剂吹扫方面，考虑到电厂粉尘特性与水泥窑烟气有本质的不同，在开发水泥窑催化剂吹灰器时和设备厂家进行多次交流，从吹气量、喷嘴直径、喷吹高度几个参数多次讨论，最终在电厂的基础上进行了改进。把喷吹高度降低了 300mm 左右，喷嘴直径减少 2mm 左右，同时考虑气流喷吹角度下喷吹气流交叉覆盖，设计喷嘴数量。通过确定喷吹气量和喷吹压力，确定风机的选型。第一代吹灰器的气源选择空压机气体。

吹灰器分两部分，塔外是吹灰器的传动部分，塔体里面是耙式清灰管。

鉴于后期对反应塔催化剂积灰机理的认识，从不同的项目现场来看，层压高的生产线多数生产线运行不稳定，造成SCR系统随着熟料线的开停而开停。每一次开停，不符合操作规程或随意的投运和退出都是对催化剂的一次伤害。

为了降低吹扫气体中的水分，空压机管路上配置了加热器，可以将压缩空气从60℃升温至200℃，原气路系统未配置冷干机，这样在SCR投运前的升温阶段，要防止气体中的水分子以湿的液态水分子存在，如果液态的水分子喷吹到催化剂表面，势必把部分预热分解的窑灰黏附在催化剂微孔表面，逐渐搭接，最终堵塞气流孔道。解决喷吹气体中的液态水分，可以在气路上增加冷干机或把压缩气源改成低压气源，由低压螺杆机或双极罗茨风机供气。

从空压机0.5～0.7MPa压缩气体到低压（0.10～0.15MPa）气体，吹灰器的结构特别是耙管有本质上的不同。对于低压气源，沿程阻力对风机影响较大。

同时为保护设计知识产权，吹灰器部分按照两部分来分别采购，塔体里的耙管部分由工厂根据设计图纸制作，耙管外的部分由专业的吹灰器厂家制作，最终在现场安装时进行组装。

5 常见设备故障及处理

5.1 椭圆密闭阀卡阻

有些项目上的椭圆密闭阀在开始投运阶段开关不灵活，甚至打不开，导致执行器内部机构损坏。造成的原因为加工过程中为追求密封效果，阀板闭合后，阀板与阀体周边间隙很小，阀板在制作安装前未进行退火，消除加工应力，所以即使在车间里安装，冷态调试可以开闭，但是一旦装在生产线预热器汇总风管上，通过热烟气后，就会发生局部变形，导致卡阻，而在车间里组装时配置的执行器扭矩就不能顺利打开了。有的阀门制作厂家会寻求社会上的资源，在制作好后，利用社会上的加工厂进行退火这道手续，而多数厂家事实上只有利用熟料线上的热烟气来完成阀板的退火消除应力，所以只有通过最大化地选取大的扭矩的执行器来克服开始变形阶段产生的巨大阻力。

5.2 闸板阀的卡阻

为保证在生产线回转窑运行的情况下，SCR系统因设备或其他因素需要旁路脱开生产线，在反应塔的进出口设计安装了闸板阀，用以切断回转窑热烟气。由于闸板阀为防止热变形，阀板均采用箱体结构，再加上尺寸很大，每套阀板质量达到12t左右。理论上要求闸板阀安装在水平管道上，利用阀板的重力下移到位，切断气流，开启阶段，利用执行器的动力，克服闸板阀的重力和摩擦力，提升阀板，通过气流。

由于水泥生产线的烟气含尘浓度高，极力避免在生产线中设计水平管道，所以SCR系统的反应塔进出口闸板阀均安装在垂直管道上，这样闸板阀在安装阶段就需要做好支撑，没有支撑的话，阀板在重力下极易变形，导致开关失效。

同时，反应塔入口阀板上极易积灰，在脱开生产线旁路的情况下，阀板上积灰严重，在早期闸板阀壳体密封焊接未做详细要求，存在间隔焊的情况，尤其阀门室外布置，雨水渗透进阀门内部，黏附粉尘，极易结块，导致后期阀板开启不了。后期要求阀门做到全密封结构，密封板壳体全焊接。如图6所示。

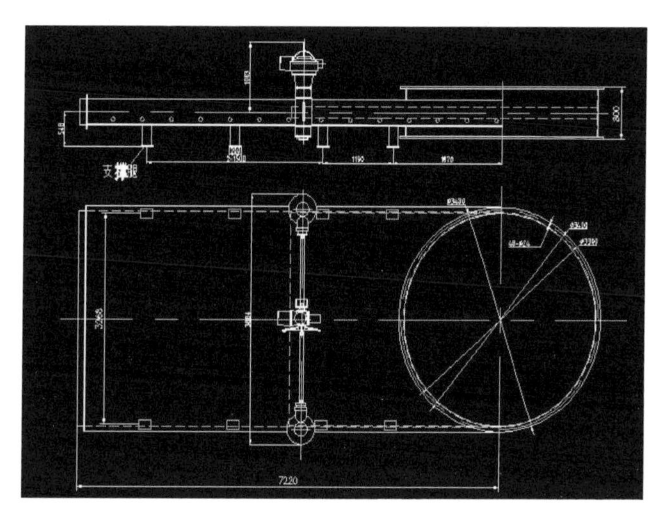

图 6　密封板壳体全焊接图示

6　结　论

水泥生产线 SCR 项目高温高尘技术路线装备国产化的实践克服了认知的局限并经多次升级验证后，目前已经稳定在水泥生产线上投运，有效缩短了项目建设工期和建设成本。

熟料线 SCR 新型清灰系统电气控制方式

张　庆

摘　要　目前高温 SCR 烟气脱硝系统广泛应用于水泥行业，且脱硝效果良好，但长时间运行会出现催化剂结皮堵塞的现象，本文通过对 SCR 清灰系统电气控制方式及要点进行分析，降低催化剂堵塞风险。
关键词　除尘风机；耙式清灰器；清灰系统

Electrical control mode of new ash cleaning system for SCR in clinker line

Zhang Qing

Abstract　At present, the high-temperature SCR flue gas denitration system is widely used in the cement industry, and the denitration effect is good, but the phenomenon of catalyst scaling and blockage will appear after long-term operation. This paper analyzes the electrical control mode and key points of SCR ash cleaning system to reduce the risk of catalyst blockage.
Keywords　dust removal fan; target type ash cleaner; ash cleaning system

1　引　言

熟料线超低排放不仅是贯彻落实习近平生态文明思想，坚定不移践行“绿水青山就是金山银山”理念的集中体现，也是企业坚持绿色、高质量发展的必由之路。熟料线 SCR 的应用，充分体现了这一理念。

电气控制方面，怎样保证 SCR 系统的长久稳定运行，并提高清灰系统的清灰效果，是我们当前需要考虑的一个重要问题。

2　清灰系统设备配置

2.1　清灰系统工艺流程

本文采用目前海螺设计院研发的最新清灰系统，其工艺流程如图 1 所示。

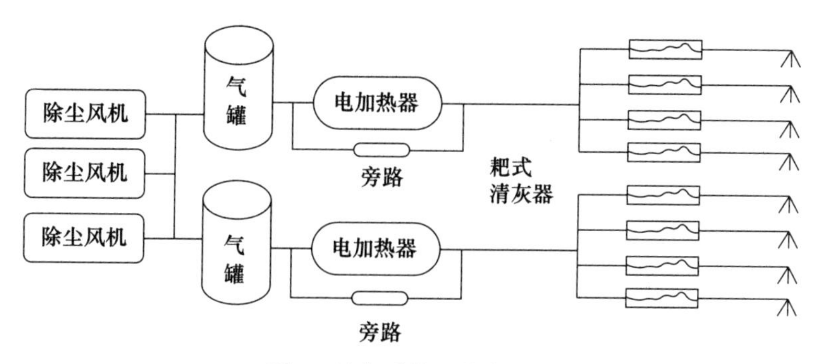

图 1　清灰系统工艺流程图

2.2　设备组成

SCR 清灰器设备由除尘风机、气罐、电加热器、耙式清灰器及配套气动蝶阀组成。

SCR 电气设备由 PLC 控制柜、除尘风机变频柜、耙式清灰器变频柜、气动蝶阀控制箱、电加热器、压缩空气压力表、压缩空气流量表、热电阻等组成。

3　SCR 清灰系统电气控制方式

3.1　正常工作

先开启密封风机系统，再开启清灰器及对应的气动蝶阀，设定单个料耙运行时间，保证清灰器在一定时间内前进一个行程。一个行程结束后，切换另一个清灰器及气动蝶阀，依次往复运行。再开启除尘风机，根据压缩空气压力来调整除尘风机运行频率，使每个清灰器均运行在一个相对稳定的压力条件下。

3.2　升温工作

在清灰器及气动蝶阀、除尘风机正常运行，一定压缩空气流量条件下，电加热器开始对催化剂进行升温操作。

3.2　故障报警及跳停

气动蝶阀、某个清灰器故障，DCS 系统报警并同时作用于除尘风机跳停，随后紧急动作 SCR 出入口阀门切换 SCR 系统。

除尘风机故障，立即切换备用风机，若再次跳停，DCS 系统报警并同时紧急动作 SCR 出入口阀门切换 SCR 系统。

4　SCR 清灰系统控制要点

4.1　清灰系统循环周期设定

设定每个清灰器的运行时间（一般为 5min），并选定按顺序运行的清灰器设定一个组，一般一个组内有 6 个清灰器，总循环时间为 30min。清灰器设定时间可以根据实际情况进行调整，严禁超过 5min、短于 3min。

4.2 料耙动作时间控制

设定每个清灰器运行时间后，调整清灰器对应变频器频率，控制 5min 内清灰器从开限位运行至关限位，并保证收到关限位信号后，清灰器停止运行 15s 后返回，随后切换下一个清灰器。因为信号干扰问题，每个清灰器的运行频率不同，在调试阶段和运行阶段要及时判断调整。

4.3 料耙清灰时间控制

在某个清灰器动作之前，先开启气动蝶阀 5s，再动作清灰器，在设定时间结束后关闭气动蝶阀。保证清灰器料耙在前进的总行程内一直进行清灰工作。保证相邻两个清灰器气动蝶阀运行时间内存在一定的交叉时间，防止因气动蝶阀开启时间长导致螺杆风机因憋压跳停。

4.4 预防清灰器料耙堵塞措施

在每个清灰器入口母管上增加一个密封风机系统，保证该料耙在清灰器不工作时，一路干净的正压气体在料耙内通过，防止反应塔内粉尘进入料耙堵塞耙孔。

5 结束语

该 SCR 清灰系统的应用，大大提高了 SCR 清灰效果，减少了粉尘在催化剂表面堆积，大大提高了催化剂的催化效果。

水泥窑烟气 SCR 脱硝电气设计优化及电气设备调试注意事项

谈　军

摘　要　在集团 SCR 项目的全面推广中，需要优化总结以往项目中存在的问题，不断提高项目的质量，本文在白马 SCR 电气设计的基础上提出了具体的设计优化方案和调试注意事项，为后续标准化设计提供了技术支撑。
关键词　SCR；电气设计调试

Electrical design optimization and electrical equipment debugging precautions for SCR denitration of cement kiln flue gas

Tan Jun

Abstract　In the comprehensive promotion of the Group's SCR project, it is necessary to optimize and summarize the problems existing in previous projects and constantly improve the quality of the project. This paper puts forward specific design optimization schemes and commissioning precautions based on the electrical design of Baima SCR, which provides technical support for the subsequent standardized design.
Keywords　SCR；electrical design debugging

1　电气设计优化

根据白马 SCR 的现场运行情况总结，结合水泥窑烟气 SCR 脱硝项目的特点，在节省项目投资及贴近现场使用等方面进行了设计优化。

1.1　仪表设计优化

在白马 SCR 项目中选用热电偶作为测温元件，在使用过程中出现了温度波动、测量精度不高等问题，在后续 SCR 设计中考虑测温元件的实际使用要求，对测温元器件的差别进行了相关对比，见表 1。

表1 测温元器件对比

类别	热电阻	热电偶
型号	WZPK-330	WRNK-331
分度号	Pt100	K
测温范围	0～500℃	0～1200℃
精度等级	B级±0.3%t	K分度Ⅱ级±0.75%t
热响应时间	小于5s	小于90s
安装形式	螺纹连接，配螺纹接头	法兰连接，配双法兰
接线盒形式	防水接线盒IP65	防水接线盒IP65
相线制	三线制	二线制
价格	300元	1000元以上

SCR反应塔实际运行温度在330℃左右，通过表1中对比发现，在SCR项目中采用热电阻作为测温元件能够更好地满足测控要求，可以获得更高的测量精度，且在项目投资上和后期运营上更有利于节约使用成本。

1.2 低压变频柜设计优化

白马SCR清灰器变频柜由机械设备厂家成套，在使用过程中出现了信号干扰、不方便操作、无状态指示灯、单个清灰器故障无法退出运行等问题，在后续SCR项目中清灰器控制柜由电气专业自主设计，具体设计对比见表2。

表2 SCR清灰器变频柜设计对比

类别	厂家成套	自主设计
柜体设计	清灰器采用1柜8机，柜内拥挤，走线杂乱，一次、二次线路全部柜前走线，无抗干扰措施，柜前面板无操作面板及状态指示灯，观察变频器运行状态需打开变频器柜门，使用操作不方便	采用1柜4机，柜内走线规范，一、二次回路电缆走线分开，柜前二次侧线，柜后一次侧线，并增加了输入输出电抗器，控制柜面板增加相应指示灯，人员可根据面板指示灯观察清灰器运行状态
控制思想	变频器为8个一组控制，无法独立编组控制，问题设备不可单独退出运行；SCR清灰器现场中控切换由中控选择，自带接线盒只有前进按钮（到前限位后后退）无法停在中间位置，不方便检修处理	清灰器回路独立设置，中控可任意组合组起，问题设备可由中控选择退出运行，增加了现场按钮盒，有现场/中控/检修三种工作方式可选择，符合海螺人员使用习惯，切换现场后，可由现场自由控制

通过表2中对比发现，本次电气专业自主设计的清灰器变频柜更加符合现场使用要求，运行性能及稳定性更有保证。

1.3 生产过程自动化优化

在白马SCR项目中，与生产线衔接的封关阀门设备的相关控制利用现有生产线DCS扩展模块实现，在后续项目中，多数原有生产线的熟料线系统DCS柜受原柜型限制（柜型老旧，排布空间不足），无法扩展DCS模块。

在后续SCR项目中，根据水泥生产线工艺要求以及SCR本身的操作特点，采用水泥线DCS和新型PLC控制器（西门子S1500）系列相结合的方式。清灰系统、喷氨系统、空压机、与熟料线衔接的风管阀门、回灰输送设备等均由专门PLC（可编程逻辑控制器）控制，熟料线DCS与SCR反应器PLC系统专用通信线实现数据交互，另外，本系统在现有中控室扩展一台单独的上位机监视器，用于SCR反应器和喷氨系统后台监控，同时利用5000t/d线窑系统同步协同监控，可有效提高电控设备的可靠性和可维护性，实现控制、监视、操作的现代化。

2　现场调试注意事项

2.1　仪表设备调试注意事项

（1）检查仪表设备调试条件是否具备，如周边环境是否清理，是否具备通电、通水、通气等外界条件。

（2）单台仪表在线调试：安装确认后、投入使用之前，应首先对仪表设备进行通电前检查，正常后再通电，经24h预热后，对仪表设备进行现场校验；对分析仪要用零点、量程标准气对仪表零点、量程进行校对；对调节阀阀位应进行全行程校对；对DCS控制系统模拟量通道全量程（0%、25%、50%、75%、100%）校对；等等。

（3）联调联试：单体设备调试合格后，需对整个自动化生产线、单回路、复杂调节回路以及综合联动控制回路进行调试。综合联动控制在全线自动方式下要求：按物料输送方向的逆向顺序依次延时自动启动；按物料输送方向依次延时自动停车；当某一设备故障停车时，则该设备的前级设备（输送方向的逆向）依次停车；在调试过程中，要人为设置故障点，反复验证程序和电器控制的正确性。

2.2　SCR清灰器变频柜调试注意事项

（1）变频器的安装检查

① 变频器柜应规范地安装于柜体基础上；

② 变频柜柜内是否整洁、无异物；

③ 检查变频柜内接线是否正常、元器件有无明显异常；

④ 核实变频器进出线电缆是否正确，如不正确送电后会损坏变频器；

⑤ 建议由设备厂家在送电前做好相应检查、记录。

（2）变频器的参数设备

① 电机参数的相关设备包括使用设备的电压、频率、功率、电流等；

② 变频器的输入输出电流、频率的设置；

③ 变频器的控制方式设置，开关量模拟量通道功能定义；

④ 变频器相关保护参数设置，其中注意用于SCR清灰器的变频器应设置一定的启动加速时间用于缓冲启动对设备造成的冲击，停机减速时间建议设置为0，以使设备到达限位后立即停止。

（3）变频器设备的单机调试

① 设备宜不带负载调试，设备现场应有专人同步配合；

② 设备应从0Hz给定，逐渐提高频率，检查设备运转是否正常、变频器运行数据是否正常；

③ 检查变频器输入输出信号与中控是否一致；

④ 变频器带载试机时间不应小于30min。

2.3 SCR系统DCS调试注意事项

系统调试中采用综合模拟方法。采用这种方法的目的是在系统投入生产过程以前完整、真实地模拟过程参数，进行系统状态调试。

(1) 输入信号模拟。在系统中模拟输入过程变量相应的信号，使用0.05级数字万用表和数字式压力表作标准表，保证精度上的要求。

(2) 输出负载模拟。冷态调试时，现场负载不接入。对模拟量输出负载，可在控制室内有关盘中输出输入端子上接入与负载相当的小功率电阻，使其在屏幕上正常显示。当数字输出信号的负载需要时，可用信号灯模拟。热态调试前拆除模拟负载。

(3) 系统模拟。系统模拟主要使用在重要且复杂的连锁系统，采用冷态调试。制作模拟板，数字信号用开关和信号灯模拟，模拟量信号可由简易电子元件线路产生。

(4) 故障模拟。故障模拟的主要目的是检查计算机系统对故障的检测诊断和冗余功能。送入越限信号、故障信号，测试操作站的显示状态。用切断电源、切断负载、拔出插件（卡）、人为调整和加临时跨接线等方法模拟故障状态，测试操作站对相应故障的检测诊断和冗余功能。

3 结 语

本文在SCR项目测温元器件设计优化方面，减少了项目投资成本，具有一定的经济效益，同时提高了产品的使用功能，满足了现场的使用要求。在变频器的设计优化上，大大增加现场的使用功能，同时也获得了设计技术积累，为后续集团SCR电气标准化设计提供了技术模板；在现场调试方面，积累了一定的项目电气调试方法，并形成了部分调试总结，为后续SCR项目提供了一定的技术经验。

铜仁生活垃圾焚烧发电项目
设计组织难点及设计特点

朱 彬 岳 鑫

摘 要 垃圾处理中如果采用传统的填埋式垃圾处理方式，不仅污染土壤和地下水，还会占用大量的土地资源。垃圾焚烧发电作为生活垃圾的最新主流处理工艺，做到了无害化、减量化、资源化。对该工艺的有效应用，需要不断优化垃圾焚烧发电系统技术的综合利用，以提高经济效益，获得良好的社会效益，并对社会发展起到积极的促进作用。

关键词 垃圾焚烧发电系统；环保治理；技术方案；组织实施

Organizational difficulties and design characteristics of Tongren household waste incineration power generation project

Zhu Bin Yue Xin

Abstract If the traditional landfill garbage treatment method is adopted, it will not only pollute the soil and groundwater, but also occupy a lot of land resources. Garbage incineration power generation, as the latest mainstream processing technology of domestic garbage, has achieved harmlessness, reduction and resource recovery. For the effective application of this process, it is necessary to continuously optimize the comprehensive utilization of waste incineration power generation system technology, in order to improve economic benefits, obtain good social benefits, and play a positive role in promoting social development.

Keywords waste incineration power generation system; environmental governance; technical solution; organize and implement

1 概 述

铜仁市生活垃圾焚烧发电项目符合国家、贵州省对固体废物处理的相关管理政策及规划要求，项目建成后，将有利于铜仁市生活垃圾的无害化、减量化、资源化处理目标，有利于铜仁市经济建设和可持续发展。

本工程位于贵州省铜仁市桐木坪乡，设置 2 条 300t/d 的垃圾焚烧炉处理线，日处理城市生活垃圾

600t，年处理生活垃圾约19.8万吨，垃圾焚烧系统配置2台300t/d炉排型垃圾焚烧炉，2台中温中压、单锅筒自然循环余热锅炉，配套1台中温中压N12MW凝汽式汽轮发电机组，年发电量约9600kW·h。

2 建设内容

2.1 设计内容

本项目建设内容主要包括垃圾接收、储存及上料系统、垃圾焚烧及余热锅炉系统和汽轮发电系统等，主要车间内容见表1。

表1 主要建设内容一览表

序号	工程建设项目	主要子项工程内容
1	垃圾发电联合厂房	垃圾接收、储存及上料系统
		垃圾渗滤液汇集、处理及输送系统
		垃圾焚烧及余热锅炉系统
		燃烧空气系统
		点火燃烧系统
		烟气处理系统
		除渣系统
		飞灰及反应产物的收集、固化处理系统及储存
		汽轮发电系统
		通风、空调系统
		热工自动控制系统
2	生产线辅助设施	循环冷却水系统
		化学水、加药系统
		压缩空气系统
		工业废水处理系统

2.2 厂区总平面规划

本项目建设地点位于TRHL公司内，场地位于厂外高速与熟料线之间，大部分利用厂区原有空地，用地较为狭窄。整体地形呈西高东低、北高南低。靠西高速侧地形标高较高，靠东熟料线侧标高较低，自然地形高程变化在265～275m，场地设计标高约为268m，靠高速侧利用挡墙及放坡处理台段高差，靠熟料线侧与已有广场平稳衔接。

将垃圾焚烧厂房布置在厂区西侧，设置单独的垃圾运输通道；储油罐、氨水罐设置在主厂房的北侧靠西，保证足够的安全间距；冷却塔及汽轮机房布置在垃圾焚烧厂房北侧靠东，距离厂房较近，利于管道输送，减小管道输送压力损失；膜处理车间、调节池等布置在冷却塔北侧。主厂房及各车间整体呈“一”字形沿南北向布置，较好地利用了现有场地。

新厂区绿化以道路绿化为骨架，针对不同的车间采用不同的绿化方式，在产生烟尘的垃圾焚烧厂房及烟囱区域，需种植抗烟性强的树种；在发生强噪的风机房、空压机房等车间周围种植树冠矮、分枝低、枝叶茂密的乔木或灌木，并高低搭配形成多层隔声带，以降低噪声强度。为满足卫生隔离的要求，在主要运输道路和卸料平台周边均密集种植高大的常绿乔木，以形成有效的卫生防护隔离带。

铜仁垃圾项目依托于原有熟料线场地建设，环境优美，充分利用自然地形，人流、物流互不干扰，功能分区紧凑完善，工艺流程简洁合理，厂区交通方便快捷，工厂的整体布局美观大方，详见总平面布置图（图1）。

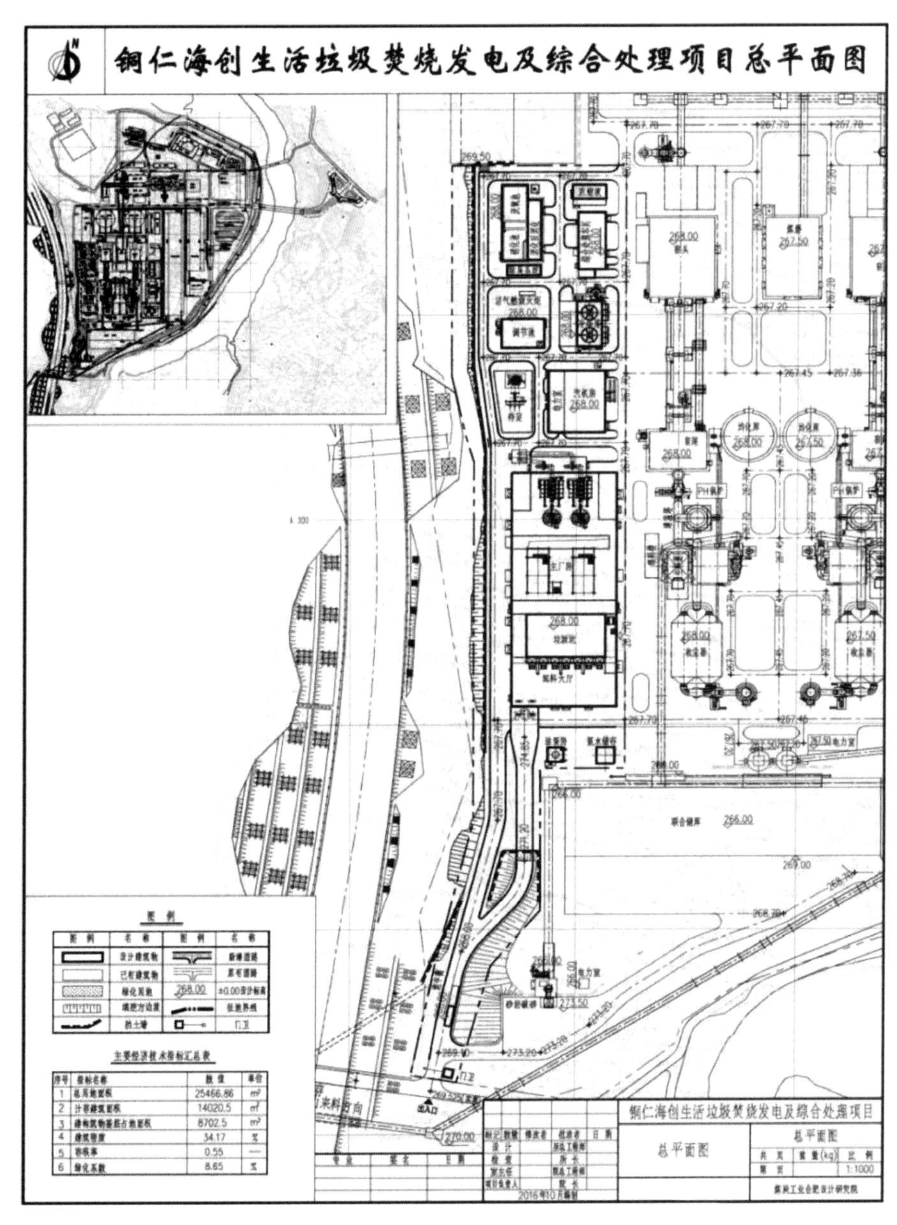

图1　总平面布置图

3　设计难点及先进性

3.1　设计组织及过程控制难度大

结合海创环保板块发电业务领域的拓展，为进一步配合做好新领域的设计业务，我院积极统筹优势设计资源，并成立电站专项设计协调组，以统筹、组织及协调电站设计工作。同时，针对我院目前垃圾发电项目设计资质的具体情况，采用联合设计模式来共同承担设计工作。热力系统由海川工程设计，发电机保护系统、仪表控制系统等设计由外委设计单位承担，其余专业施工图设计由我院承担，并统一采用外委设计单位图签进行出图。为规避设计风险、做好协同设计，经过三方多次专题研讨，制定了一套完整出图操作流程体系，并运用微信等现代通信手段来提高出图效率，确保施工蓝图能够及时到达项目现场。

3.2 本项目主要设计特点

（1）主厂房与辅助车间一体化设计。垃圾焚烧发电联合厂房集垃圾卸料与储存间、垃圾焚烧间及烟气净化间、辅助生产间及汽机间于一体，工艺流程简洁合理，布置紧凑，提高了土地利用率。通过建筑、绿化、道路的综合处理，不但解决了臭气外溢，还构筑了一个有特色的景观环境，具有接待社会参观、向公众宣传等功能。

（2）消防水池优化设计。本设计消防水池与冷却水池合二为一，水池纵向设计既节省了占地面积，又增加了冷却塔的进风口高度，充分保证了冷却塔的冷却效果，且减少了水池工程的总投资。消防水池有效水位的设计采用虹吸破坏原理，即非消防用水水泵吸水管均采用虹吸破坏破孔，以保证消防水位，满足消防要求。

（3）采用日本川崎炉排炉，相对于国产焚烧炉，其采用三段式焚烧燃烧工艺，余热炉采用立式结构，使得主厂房占地面积减少。整个工程垃圾储运系统、垃圾发酵焚烧系统、烟气处理系统、化水系统、空压系统布置紧凑，管道走向简短。

3.3 解决重大技术难点及新技术经济成果应用

（1）较好地解决了垃圾池、渗滤液池的渗漏问题

针对垃圾池、渗滤液收集池这些对防腐抗渗要求较高的区域，采取多重保障措施，结构上对该部分混凝土抗渗等级设计为P8，增大结构断面及配筋，从严控制板件裂缝。建筑构造上采用多重防腐抗渗措施，池外壁分别涂刷1.2mm厚水泥基渗透结晶、1.5厚聚合物水泥基防水涂膜、三布五油（玻璃钢布＋玻璃鳞片涂料）三重防腐抗渗措施，池内壁涂刷3mm厚聚弹性体涂料。从设计上较好地解决了垃圾渗滤液的渗漏问题，保障了对环境的友好性。

（2）解决了“臭气外泄”难题

焚烧线运行期间，垃圾坑采用接风管将臭气送至焚烧炉焚烧的除臭方式，从垃圾坑上部设一次、二次吸风管引至一次、二次风机入口。根据经验，风管入口会形成－40～50Pa的负压，尽量多地将垃圾坑臭气经过风机送入炉膛。该措施有利于垃圾坑的环境。

焚烧线停止运行期间则采用工艺除臭的除臭方式，垃圾池侧上方安装除臭风管，进风口装电动蝶阀，平时焚烧炉正常运行时，阀门关闭。当全厂检修或者需要人工清理垃圾池等事故状态时，阀门开启，同时开启风机，垃圾池内臭气经活性炭除臭装置达到排放标准后外排。

（3）渗滤液系统设计

垃圾渗滤液由垃圾坑内提升泵排至调节池内，垃圾渗滤液是浓度非常高的有机污水，经垃圾污水过滤器后进入滤液储存槽，根据其主要成分是有机物，具有不耐热的特性，采用密闭的耐腐蚀输送泵将污水提升喷入窑头篦冷机内（篦冷机内温度约800℃）进行高温氧化处理，完全分解有机成分，达到无害化，实现垃圾污水零排放。另外，设计还采用了“生化处理＋膜处理”的传统工艺。

渗滤液直接送至水泥窑窑头篦冷机内处理，节省了渗滤液的处理成本并实现了污水零排放。据调查，传统渗滤液处理的吨水成本在80元以上。经计算，年节约费用约为260万元。另外，增加渗滤液

的传统工艺作为备用处理方法，可防止渗滤液量的增加或者水泥窑停产而对渗滤液处理的影响，确保渗滤液的及时处理。

3.4 具有良好的社会效益

本项目处理生活垃圾量600t/d，配套建设2×300t/d炉排垃圾焚烧锅炉＋1×N12MW汽轮发电机组。工程总投资27900万元，单位千瓦投资2325元，处理吨垃圾投资46.5万元，相对国内50～70万元/吨，与国际80万元/吨以上投资相比，达到国际先进水平。

3.5 取得设计成果

本垃圾发电项目已被评为：

（1）2019年度安徽省优秀工程勘察设计行业“电力工程设计”二等奖。

（2）2019年海螺院“铜仁海创生活垃圾综合处理项目”第五次国内工程设计优秀奖。

3.6 市场前景广阔

本工程是我院首次自主设计的垃圾发电项目，不仅提升了我院整体设计实力，加强了行业竞争力，而且拓展了我院的业务设计范围，截至目前，我院共承接了30个垃圾发电项目（包含1×300t/d、2×300t/d、1×400t/d、2×400t/d、1×500t/d、1×600t/d等不同规模），截至2022年3月底，共签订56个垃圾发电项目，合同总额10555万元。

4 设计指标完成情况（表2）

表2　主要技术指标

主要技术经济指标	设计值	考核验收值
垃圾处理产能/（t/d）	2×300	2×360
吨垃圾发电量/（kW·h/t）	310	366.32
吨垃圾上网电量/（kW·h/t）	255	313.06
自用电率/%	19	14.54
环保耗材消耗		
消石灰/（kg/t）	16	5.09
氨水/（kg/t）	6	2.36
活性炭/（kg/t）	0.6	0.28
环保指标		
NO_x（烟气中氧含量为10%，mg/Nm^3）	350	150
SO_2（烟气中氧含量为10%，mg/Nm^3）	200	30
HCl（烟气中氧含量为10%，mg/Nm^3）	100	30
二噁英/（ngTED/m^3）	≤0.1	1号炉为0.0049； 2号炉为0.0045
噪声：昼间/夜间/dB（A）	≤65/≤55	昼间：60 夜间：50

5 设计项目程序文件执行情况

设计过程满足 ISO 9001 质量管理体系标准要求，按照《安徽海螺建材设计研究院有限责任公司质量管理体系文件》的管理规定、设计策划、设计评审、设计过程及质量记录控制、设计归档等要求进行设计。

6 结 论

本项目于 2016 年 6 月开工建设，2017 年 7 月竣工验收并于 7 月 31 日成功并网发电，2018 年 4 月通过现场验收监测取得建设项目竣工环境保护验收监测报告。铜仁垃圾发电项目自投产至 2022 年 3 月 31 日共计收储生活垃圾 117.95 万吨（含填埋场垃圾 8.3 万吨），焚烧处理垃圾 99.3 万吨，累计发电量约 40256.71 万 kW·h，累计发电及垃圾处理综合收入 24670.52 万元，运营企业取得较好的经济收益。

本工程的建成投产，大大改善了铜仁市的环境面貌，提高了人民生活环境质量，具有显著的环境效益。

参考文献

[1] 何超，艾浩，王加军，等．城市生活垃圾焚烧底渣综合利用现状及建议 [J]．水泥，2020，523（10）：4-8.

[2] 梁鑫．垃圾焚烧发电厂污泥处理与资源化的技术研究 [J]．通讯世界，2020（7）：87-88.

[3] 宋阳，曹福毅，张德天，等．某垃圾焚烧发电厂给料系统及其附属设备简析 [J]．沈阳工程学院学报（自然科学版），2020，062（2）：20-24.

[4] 张世鑫，许燕飞，吕勇，等．垃圾衍生燃料焚烧技术研究 [J]．洁净煤技术，2019（6）：54-55.

[5] 高占峰．唐山市丰润生活垃圾焚烧发电项目环境影响及保护对策研究 [J]．中国资源综合利用，2019（11）：54-55.

[6] 姜文．城市生活垃圾焚烧发电技术及烟气处理浅析 [J]．科学与信息化，2020（11）：118-119.

海螺集团海外大型水泥生产线项目工程设计分析

岳　鑫　杜金龙

摘　要　本文以海螺集团在柬埔寨投资建设的第一条水泥生产线 MDW 项目为背景，介绍水泥生产线工程设计要点。

关键词　海螺集团；海外；工程设计

Engineering design analysis of overseas large-scale cement production line project of Conch group

Yue Xin　Du Jinlong

Abstract　This dissertation is based on the background of MDW project which is Conch Group's first cement production line in Cambodia，introduces the key points of engineering design for cement production line.

Keywords　conch group；overseas；engineering design

1　引　言

海螺集团 MDW 项目 5000t/d 熟料水泥生产线在充分借鉴了印度尼西亚 NJ 项目、缅甸 JS 项目等海外项目工程设计经验的基础上，按照运行指标先进、绿色节能环保、安全生产和人性化操作等最新设计标准要求，开创性地采用当地的农业废弃物稻壳作为替代燃料，投产后生产运行稳定，各项指标达到并超过设计目标，为海螺集团近年来投产生产线工程设计优化的"集大成者"，亦为海螺设计院在海外大型生产线设计积累了宝贵经验。

2　项目简介

MDW 项目位于柬埔寨国马德望市，总体规划建设两条日产 5000t 熟料的新型干法水泥生产线，分两期实施，一期建设一条日产 5000t 水泥熟料生产线，年产 180 万吨水泥粉磨系统及 9MW 余热发电系统，年发电量 5772 万 kW·h。

一期工程自 2016 年 12 月开展工程设计，2017 年 6 月完成总图、矿山、工艺、电气自动化、建筑、结构、水暖等 7 个专业，123 个子项，4500 多张 A1 施工图纸提交，总设计周期 6 个月。2016 年 10 月至 2018 年 2 月派专业人员进行项目前期调研和过程设计服务。本项目于 2018 年 3 月 18 日点火，3 月

29日完成了72小时达标运行考核，圆满完成该项目设计服务工作。

2.1 工程设计条件

2.1.1 自然环境条件

（1）气象条件（表1）

表1 气象条件

内容		参数
温度/℃	最热月平均气温	40.8
	最冷月平均气温	16.2
	平均气温	26.9
湿度/%	最热月平均相对湿度	90
	最冷月平均相对湿度	86
	年平均相对湿度	
降雨量/mm	年降雨量	1365
	旱季月平均降雨量	31
	雨季月平均降雨量	218
	最大月降雨量（一般在10月）	248
风向及频率		
基本风压/（kN/m^2）		0.45
海拔高度/m		

注：每年5月—10月为雨季，11月—次年4月为旱季，地处南亚，气候高温湿润多雨，设计需要考虑当地的气候特点，做好车间的防雨、隔热和通风。

（2）建设场地

本项目建设场地紧邻石灰石矿山，为低矮坡地，地势整体开阔、平坦，有西南高、东北低的趋势，自然地形标高为43～68m不等，自然地形高差约25m。

（3）工程地质条件

根据《MDW岩土工程勘察资料》分析，厂区场地地势较平坦，地形相对起伏较小，地层结构较为简单。从上至下地层岩性主要为黏土、中粗砂、白垩岩、全（强）风化砂岩、中风化砂岩，力学强度高，无软弱夹层，场地未发现岩溶及断层构造。

地质条件较好，属于稳定场地，场地类别为Ⅱ类场地。地下水位埋深介于2.00～3.50m，地下水类型为上层滞水。

（4）地震烈度

场地抗震设防烈度为6度，设计基本地震加速度值为0.05g。设计地震分组第一组，反应谱特征周期值为0.35s。

2.1.2 原燃材料

（1）原料

① 石灰石——自备矿山紧邻厂区，估算石灰石资源储量约1.24亿吨。矿石通过胶带机输送进厂。石灰石品位较高，满足生产所需水泥熟料的要求。石灰石化学成分见表2。

② 硅铝质原料——黏土，前期考虑厂区已征用范围紧邻石灰石矿山西南侧，可采资源量200～300万吨，目前黏土采自20km外，汽车输送进厂。黏土的化学成分见表3。

③ 硅质校正料——砂岩，采自自备矿山。矿区位于石灰石矿山北侧约7km处，储量满足生产需要，通过汽车输送进厂。砂岩的化学成分见表4。

④ 铁质原料——外购自磅通，汽车输送进厂。Fe_2O_3 含量达69.14%。详见表5。

表2　石灰石的化学成分表　%

物料	Loss	CaO	SiO_2	Al_2O_3	Fe_2O_3	MgO	R_2O	SO_3	Cl^-	SUM
石灰石	43.3	54.26	0.62	0.3	0.08	0.8	—	0.07	—	99.43

表3　黏土的化学成分表　%

物料	Loss	SiO_2	Al_2O_3	Fe_2O_3	CaO	MgO	K_2O	Na_2O	SO_3	Cl^-
黏土	9.39	50.66	24.47	10.38	0.2	0.94	2.08	0.56	0.7	—

表4　砂岩的化学成分表

物料	Loss	SiO_2	Al_2O_3	Fe_2O_3	CaO	MgO	K_2O	Na_2O	SO_3	Cl^-	SUM
砂岩	4.39	78.49	9.25	5.88	0.31	0.63	—	—	0.08	—	99.03

表5　铁质原料的化学成分表　%

物料	Loss	SiO_2	Al_2O_3	Fe_2O_3	CaO	MgO	K_2O	Na_2O	SO_3	Cl^-	SUM
铁质原料	3.01	8.52	5.87	69.14	3.21	2.71	—	—	—	—	92.46

（2）燃料

柬埔寨的煤炭资源蕴藏不多，且煤层较薄、变化较大，工业开采价值不大。原煤可从南非或澳洲进口，海运至泰国拉洋港后转陆路运输约230km，可使用后八轮车型运输，载重25～30t。煤质分析报告见表6。

表6　煤质成分表　%

物料	水分	灰分	挥发分	固定碳	空干基全硫	收到基发热量/（kcal/kg）
原煤	1.94	24.49	23.77	49.80	0.59	5613

（3）石膏

本项目从泰国泰洪港进口天然块状石膏（主要指标 $CaSO_4 \cdot 2H_2O \geqslant 91\%$，水分在2.09%），通过船运至泰国拉洋港后转汽车运输进厂，海运及陆运的距离分别是700km和230km。

（4）混合材

根据设计产品方案，采用熟料线原料石灰石作为混合材。

2.1.3　项目用电

国家电力公司（EDC）从230kV变电站至拜林变电站新建一条115kV同杆双回线路，该线路沿途经过MDW厂区附近，EDC在海螺厂区附近建设一座变电站，MDW提供EDC变电站场地（约1hm^2），项目总降压变电站电源取自EDC变电站。该项目电力资源满足生产线要求且较为稳定，不需建设自备电站。

2.1.4 项目用水

厂区南侧约4km处有马德望河流经此处，河面较窄处宽约30m，水位落差达10～12m，每年雨季从5月至10月，旱季从11月至来年4月，旱季时期水量约14m³/s，水量丰富，常年无断流，满足项目用水要求。

2.1.5 交通运输条件

项目建设场地位于马德望市西南方向约35km，距离西北侧57号公路约6.3km，厂区至57号公路约6.3km为简易道路，路基较好，计划拓宽为9～12m满足进厂需要。原燃材料进厂及成品出厂均采用公路运输。

2.2 原料配料设计

（1）熟料的设计率值

根据本工程要求的水泥品种及原、燃料情况，结合新型干法生产工艺的具体特点，采用石灰石、硅铝质原料、高硅砂岩、铁质校正料四组分配料方案，确定本项目配料的目标率值为：

KH＝0.91±0.02，SM＝2.6±0.1，IM＝1.6±0.1。

实际率值为：KH＝0.92±0.02，SM＝2.35±0.1，IM＝1.45±0.1。

根据新型干法工艺的特点，该生产线技术经济指标相对具有先进性，确定本项目热耗设计值为：

熟料热耗：3011kJ/kg.cl（720kcal/kg.cl），煤灰掺入量：1.15%。

实际值：熟料热耗为3139kJ/kg.cl（750kcal/kg.cl），煤灰掺入量为2%。

（2）原料配合比（干基）及熟料理论料耗（表7）

表7 原料干基配合比（%）及理论料耗（kg/kg.cl）

石灰石	砂岩	黏土	铁质原料	生料理论料耗
83.05	2.4	11.26	3.28	1.5093

生料及熟料化学成分见表8。

表8 生料及熟料化学成分 %

物料	Loss	SiO_2	Al_2O_3	Fe_2O_3	CaO	MgO	合计
生料	35.96	12.88	3.08	2.32	43.11	0.63	97.98
熟料	0.45	21.02	5.68	3.46	65.21	1.09	96.96

（3）熟料矿物组成（表9）

表9 熟料率值及矿物组成

KH	SM	IM	C_3S（%）	C_2S（%）	C_3A（%）	C_4AF（%）	液相量（%）
0.91	2.37	1.57	59.7	15.81	8.53	11	25.95

不同类型水泥的配比见表10。

表10 不同类型水泥的配比 %

水泥品种	熟料	石膏	石灰石	合计
ASIMTYPEI	93	3	4	100

本项目设计配料方案的生料和熟料，基本满足预分解窑系统对有害成分的控制指标的要求。采用石灰石、砂岩、黏土和铁质原料四组分配料，熟料率值范围易于调整、控制，生产中还可根据实际需要随时加以调整，所得熟料率值都在目标率值范围内。

2.3　主机设备配置及全厂物料储库设计

全厂共分为26个主体子项，主机设备配置及全厂物料储库情况见表11。

表11　主机设备配置及全厂物料储库情况

序号	子项代号	子项名称	主机设备配置及全厂物料储库情况	备注
1	251	硅质校正料破碎及输送	一台反击式破碎机，能力220t/h	
2	301	硅铝质原料破碎及输送	一台防堵型齿辊式破碎机，能力300～350t/h	
3	02c	石灰石预均化及输送	圆形堆场ϕ90m，储量47000t；一台混均堆取料机，堆料1600t/h、取料500t/h	
4	02d	辅料预均化及输送	长形堆场57m×270m，储量48000t；一台侧式悬臂堆料机：450t/h；一台侧式刮斗取料机：250t/h	
5	03a	原料调配及输送	石灰石库：1-ϕ10m×25m，储量1000t 硅质原料库：1-ϕ8m×23.5m，储量600t 高铝质原料库：1-ϕ8m×23.5m，储量600t 铁质原料库：1-ϕ8×23.5m，储量600t	
6	03/06	原料粉磨及废气处理	一套CK450型辊式磨，能力450t/h；废气处理配套电收尘器	
7	04	生料均化库及输送	均化库：ϕ22.5m×56m，储量18000t	
8	05c	预热器及分解炉系统	预热器：五级双列C-KSV型高效低阻预分解系统，能力5000t/d	
9	05b	烧成窑中及三次风管系统	回转窑：ϕ4.8m×74m，能力5000t/d	
10	05a	熟料冷却机系统	一套第四代篦冷机，能力5000t/d，配套电收尘器	
11	07	熟料储存及输送	熟料库：1-ϕ60m×41m储库，储量100000t	
12	02i	原煤卸车及输送	原煤堆棚：80m×24m，储量3600t 一台后卸式翻车机，60m^{3}卸车坑 一台自卸坑，60m^{3}卸车坑	
13	02e	原煤预均化及输送	原煤预均化堆场：57m×243m 储量：42000t 一台侧式悬臂堆料机：450t/h；一台侧式刮斗取料机：250t/h	
14	08	煤粉制备	煤磨：1台CK240型立磨，能力42t/h	
15	07h	石灰石输送	石灰石仓：1-ϕ10m×21m，储量850t	
16	07g	石膏破碎及输送	石膏堆棚：100m×30m，储量8000t 一套反击锤式破碎机，能力180t/h	
17	09a	水泥调配及输送	石灰石仓：1-ϕ7m×20m，储量500t 混合材仓：1-ϕ7m×20m，储量500t 石膏仓：1-ϕ7m×20m，储量500t 熟料仓：1-ϕ10m×24.5m，储量1800t	
18	09	水泥粉磨及输送	联合粉磨系统，辊压机2-170×120辊压机，磨机：2-ϕ4.2×13m，能力180t/h·台（P·O 42.5水泥）	
19	10	水泥储存及输送	水泥库：6-ϕ22.5m×56m圆库，储量4×18500t	

续表

序号	子项代号	子项名称	主机设备配置及全厂物料储库情况	备注
20	12	水泥包装及发运	包装机：4套八嘴回转包装机，能力4×120t/h	
21	12a	水泥大袋包装及成品堆存	大袋包装机：2套大袋包装机，能力2×15～20b/h	
22	15	空压机站及压缩空气管道（熟料线）	3台螺杆式空压机，排气28.3m^3/（min·台），0.85MPa	
23	15a	空压机站及压缩空气管道（粉磨站）	4台螺杆式空压机，排气28.3m^3/（min·台），0.85MPa	
24	14a	生产设备及管道外保温	设备及热风管道外保温	
25	16b	PH锅炉	一台PH-J锅炉，蒸发量27.8t/h，处理风量350×10^3Nm^3/h	
26	16a	AQC锅炉	一台AQC-A锅炉，蒸发量36t/h，处理风量198.3×10^3Nm^3/h	

3 项目设计统筹组织及设计优化情况

日产5000t熟料水泥生产线从工艺流程、设备成套到工程建设在国内都比较成熟，如何把国内的经验和技术更好地应用在国外项目上，就需要结合当地特点，提前做好统筹规划，更好地满足工程需求。

国外工程项目建设与国内相比有很多不同，首先要了解所在国家工程建设报批流程，一般都需要项目所在地国家建设部门审查基本设计图和施工图，这样就需要提前考虑当地设计标准及规范要求；其次要充分考虑设计周期、设备订货、物流、免税政策等因素，制作详细的工程进度计划表；最后要结合项目所在地厂址、气候、市场等因素制定合理的设计方案。

3.1 结合项目特点节省投资

MDW项目是海螺集团的海外投资项目，需结合项目特点，利用自然条件优势，优化设计，降低投资造价，例如总图规划，本项目主厂区紧邻石灰石矿山，直线距离约350m，破碎机布置在矿山通过皮带机输送至原料堆棚，流程简洁，投资成本低。主厂区场地为低矮坡地，地势整体开阔、平坦，有西南高、东北低的趋势，自然地形高差约25m。结合地形采用台段加平坡式竖向设计，生产线呈“一”字形布置，由南向北依次为原料堆存区、熟料生产区、水泥粉磨及成品发运区，各生产区按物料流程由高到低，功能分区明确，工艺流程顺畅，布局紧凑，考虑东南亚地区雨季和旱季特点明显，在厂区多处布置人工湖，满足雨季储水、旱季使用要求。项目见图1、图2。

图1 MDW全厂俯视图

图 2　MDW 全厂鸟瞰图

3.2　做好主体车间前期方案对比

与国内一样，从项目启动就要开始统筹设计输入条件，由于国外各种条件限制，像原燃材料、供水、供电、市场等信息不准确，这必然给后期具体设计带来不确定性，这就需要考虑重点车间不确定因素的备选方案。

水泥粉磨是水泥生产线“两磨一烧”的主要环节，同时也是能耗所占比例最大的部分，水泥粉磨电耗约占水泥综合电耗的 40%，所以水泥粉磨的优化节能设计是水泥生产线的重点及难点。例如本项目水泥系统考虑两种方案，对比详见表 12。

表 12　水泥粉磨系统对比

序号	项目	单位	ϕ4.2m×13m 球磨机+R170/120 辊压机联合粉磨系统	CK490 水泥立磨系统
1	系统数量	套	2	2
2	产品		90%美标水泥/10%抹面水泥	90%美标水泥/10%抹面水泥
3	系统产量	t/h	≥175 /220	≥200 /260
4	系统工序电耗	kW・h/t	≤37（美标水泥）	≤29（美标水泥）
5	系统装机功率	kW	～7000	～7800

从表 12 可以看出，立磨水泥系统具有产量高、电耗低、投资小、设备少等优点。

柬埔寨水泥行业执行欧美国家标准，大部分使用美标水泥 ASTM Ⅰ型（相当于国内 P・Ⅱ硅酸盐水泥），熟料掺入量不小于 95%，磨这种水泥电耗非常高，水泥立磨比较有优势，但是柬埔寨本地市场对立磨水泥的认可度很低，比较排斥，当年某水泥在该国投产项目就出现了“水土不服”的问题。综合考虑各方面要求和特点，MDW 项目选用海螺集团非常成熟的联合粉磨系统。联合粉磨系统主要有两个部分：辊压机预粉磨系统和水泥磨终粉磨系统。两个系统合理配置主机设备，结合项目需求找到系统平衡点，充分提高两套系统做功效率，完全可以满足产品需要，也能最大程度降低电耗。

本项目选用 ϕ4.2m×13m 水泥磨+ϕ1.7m×1.2m 辊压机联合粉磨系统，详见工艺流程图（图 3）。该系统性能稳定，产品质量可靠，操作人员生产、维修工作量低。同时结合项目特点，磨房整体封闭，输送廊道及建筑物顶部设备采用通风的半封闭形式，既环保又简洁大方，也创造了很好的员工操作环境。水泥磨房外立面见图 4。

3.3　节能减排优化设计

按照“低碳、环保、减排、降耗”设计要求，MDW 项目充分利用柬埔寨是水稻主产区，全国水稻

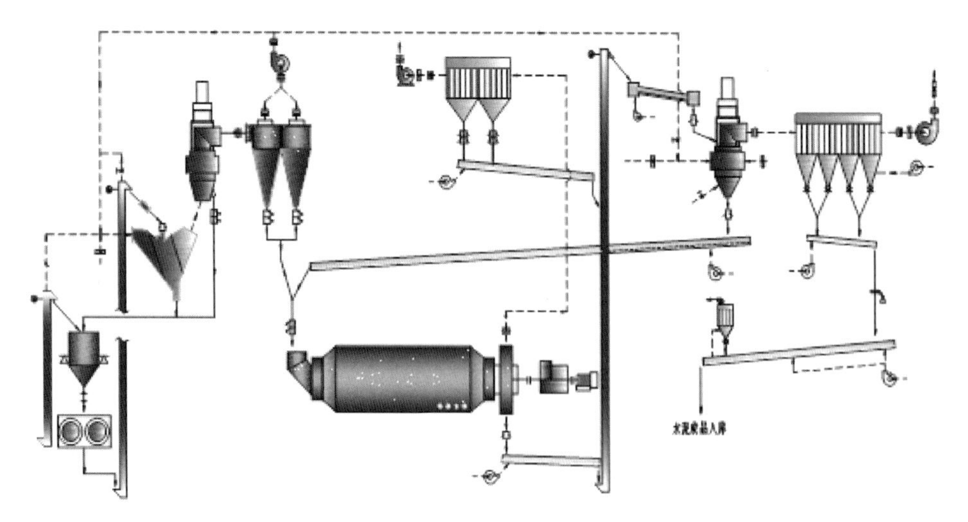

图 3 工艺流程图

图 4 水泥磨房外立面

播种面积超过 300 万公顷，水稻产量近千万吨，但当地稻壳消耗有限，可利用市场非常广阔，经过调研，稻壳发热量 4500kcal/kg 左右，价格是进口原煤的 1/4，完全可以作为熟料生产线的生物质替代燃料，而且稻壳粒度均匀，平均 2～3mm，不需要设置破碎机，水分平均 5%左右，但 SiO_2 含量超过 90%，磨损较大，堆密度也非常小，仅有 0.15kg/m^3，是石灰石的 1/10。

目前国外有采用管道输送稻壳的项目，但是磨损非常严重，尤其在管道弯头部位，2～3 个月就会磨通，维修量大。也有采用管状皮带输送稻壳的项目，该方案的优点是占用空间小、转运少、混凝土工程量小、封闭输送防止外溢，但是缺点也很明显，投资成本大，输送量有限。经过计算，满足分解炉正常运行的情况下，稻壳掺入量约 20t/h。根据对比，MDW 项目建一座 1500t 储量的堆棚，可以不受雨季影响，也能很好地风干降低稻壳水分，再选用经济实用的皮带机和斗提输送，最后在预热器增加缓冲搅拌仓和计量秤输送至分解炉。稻壳输送系统流程如图 5 所示。稻壳存储及输送现场见图 6。

经过投产实际应用，目前分解炉可利用稻壳 25t/h，降低标煤 15kg/t 熟料。经济效益十分明显。

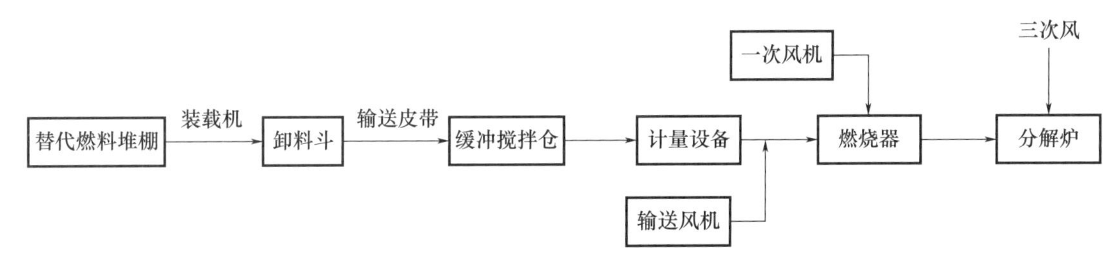

图5 稻壳输送系统流程图

图6 稻壳存储及输送现场

3.4 防雨防堵优化设计

柬埔寨属于热带雨林气候，无四季分别，常年多雨，项目所在地每年5月至10月为雨季，月平均降雨量218mm，11月至次年4月为旱季，月平均降雨量31mm，所以雨季对原、燃材料水分含量及输送流畅稳定的影响作为设计的重点内容。石灰石、硅铝质原料、燃料均采用封闭预均化堆场储存及均化，设计合理的储期，满足入窑原、燃料的成分稳定，也减少雨季对原、燃料水分的影响，同时也减少粉尘外溢。所有输送廊道均采用防雨封闭设计。

防堵设计方面，主要做好料仓储存和输送转运优化，主要有：原料仓储量减少，缩短储期，锥部设置双节仓，方便清堵，仓内铺设树脂板，双节仓上部设空气炮及仓壁振动器，减少输送转运环节，保证物料输送均属于机械强制输送，而非靠物料重力自溢或自流，转运非标溜子保证竖直设计。如图7所示。

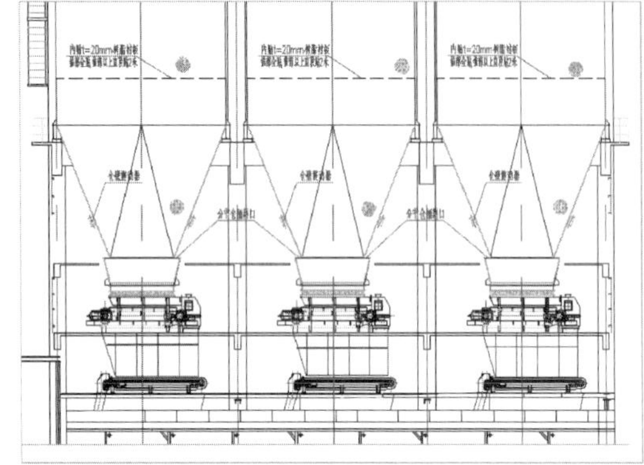

图 7 防雨防堵优化设计

3.5 安全、环保、人性化设计

设计重点关注了安全环保方面的要求，在粉尘排放、噪声控制及安全防护上均采用较高设计标准，如图 8 所示。

（1）在粉尘治理方面：工艺设计中尽量采用密闭设备、密闭式的储库及降低转运的落差，并对各种原料均化堆场、储库库顶、输送廊道进行了封闭。含尘气体经高效除尘设备净化后有组织地排放。

（2）以人为本，严格贯彻劳动安全和职业卫生要求。在噪声控制方面采取的措施为：尽量选用噪声低的设备；在罗茨风机和空压机进、出口处加设消声器；所有室外风机出口设消声器；在总图布置上将强噪声源布置在远离厂界处，并尽可能利用建筑物、构筑物来阻隔声波的传播；对有强噪声源的车间采用封闭式厂房。设计重点关注设计安全问题，严格按照“安全第一、预防为主”的原则，重点对机械设备防护、荷载计算、巡检通道、楼梯栏杆、楼层开孔、防火防爆等存在安全隐患的位置进行逐一梳理，确保设计的安全性。

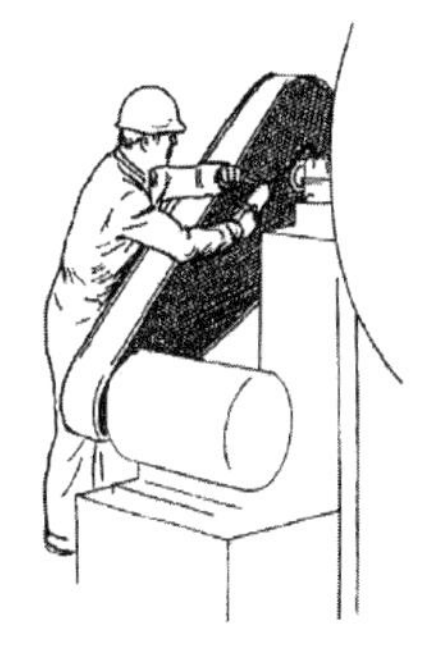

图 8 防尘防噪安全环保设计

4 结 论

MDW 海螺水泥有限公司一期 5000t/d 熟料水泥生产线工程于 2018 年 3 月 18 日点火，3 月 22 日顺利投料生产，第一套水泥粉磨系统于 2018 年 4 月 25 日投产，第二套水泥粉磨系统于 2018 年 5 月 25 日投产。生产线投产后各项运行指标优良，其中熟料产量 5800t/d，单位熟料标准煤耗为 88kg/t，熟料综合电耗 52kW·h/t，总体达到并超出了设计目标，这不仅得益于可靠的设备质量和海螺运行管理能力，更来自合理的工艺流程和方案、独具针对性的设计、对项目技术特殊性的深入了解和把握，相信在后续项目设计中将进一步积累经验，提高能力，达到更高的工程设计及设计管理水平。

第四篇

试验研究与产品开发

旋风收尘器的收尘效率和生料粒度分布关系

张长乐　张宗见　邵明军

摘　要　旋风收尘器所分离的固相颗粒大小对分离效率的影响非常显著，通常情况下只对 10μm 以上的颗粒保持很高的分离效率，对直径小于 6μm 的细颗粒的分级效率相对较低。本文分析了不同公司的生料粒度分布情况，通过计算生料的粒级效率、中位粒径，并对 C1 旋风筒技改后的生产线收尘效率进行对比，分析旋风筒收尘器与生料粒度的关系。

关键词　旋风收尘器；收尘效率；粒度分布；粒级效率；中位粒径

Relationship between dust collection efficiency of cyclone separator and raw meal particle size distribution

Zhang Changle　Zhang Zongjian　Shao Mingjun

Abstract　The size of the solid particles separated by the cyclone is very significant to the separation efficiency. In general condition, the separation efficiency is very high for the particles above 10μm, and the classification efficiency is relatively low for the fine particles with a diameter of less than 6μm. In this paper, the distribution of raw material size in different companies is analyzed. By calculating the grain size efficiency and median particle size of the raw material, and comparing the dust collecting efficiency of the production line after the technical modification of the C1 cyclone, the relationship between the dust collector of the cyclone and the grain size of the raw material is analyzed.

Keywords　cyclone separator; dust collection efficiency; praticle size distribution; grain efficiency; median particle size

0　引　言

旋风收尘器是一种离心式分离设备，依靠气流旋转所产生的离心力对颗粒进行分离，所分离的固相颗粒大小对分离效率影响非常明显。本文对 HNHL、CZHL、JDHL、SFHL、XAHL 公司的入窑生料试样进行激光粒度分布测试，分析不同公司的生料粒度分布情况，通过计算生料的粒级效率、中位粒径，并对不同生产线技改后的 C1 旋风筒收尘效率进行对比，分析旋风筒收尘器的收尘效率与生料粒度的关系。

1 入窑生料及回灰的粒度分布情况

使用德国SYMPATEC［HELOS（H3331）＋RO-DOS］对试样进行激光粒度分析检测，具体试验结果见表1。由表1入窑生料粒度分布可看出，＜1μm、1～3μm、3～32μm及32～65μm粒度分布基本相同；图1为入窑生料各粒度区间累积分布图，从图中可以看出6个公司累积曲线基本相同。＞45μm、＞650μm及＞800μm的累积分布差异较大，图1放大图也说明了这一点。同时X50中位粒径大小的不同也说明了几个公司的入窑生料的细度不同，这与业主提供的化验数据80μm筛余关系对应基本是一致的，其中CZHL3号入窑生料80μm筛余为23.0%，中位粒径也最大。入窑生料中6μm以上的约占56%，＜6μm的约占44%。据相关文献研究介绍，旋风分离器所分离的固相颗粒大小对分离效率的影响非常显著，通常情况下只对10μm以上的颗粒保持很高的分离效率，对直径小于6μm的细颗粒的分级效率相对较低[1]。

表1 入窑生料粒度分布情况

公司名称	＜1μm	1～3μm	3～32μm	32～65μm	＞45μm	＞65μm	＞80μm	X50	C1收尘效率	＜6μm	＞6μm	回灰
	%								%			
CZHL3号	5.23	17.12	50.51	10.04	22.19	17.10	13.81	10.71	92.40	37	63	入库
JDHL1号	6.83	22.42	56.14	9.33	9.84	5.27	3.10	6.49	92.60	48	52	
SFHL1号	7.55	24.38	51.07	10.68	11.82	6.32	3.41	6.12	92.70	50	50	
XAHL1号	6.99	22.90	52.79	9.74	12.07	8.12	6.76	6.78	91.40	48	52	
HNHL1号	5.75	18.56	49.85	15.01	15.26	11.12	7.11	10.11	94.40	42	58	入窑
HNHL2号	6.16	19.72	48.25	13.26	19.55	12.57	8.31	9.56	93.20	39	61	
平均值	6.42	20.85	51.43	11.34	15.12	10.08	7.08	8.29	92.78	44	56	

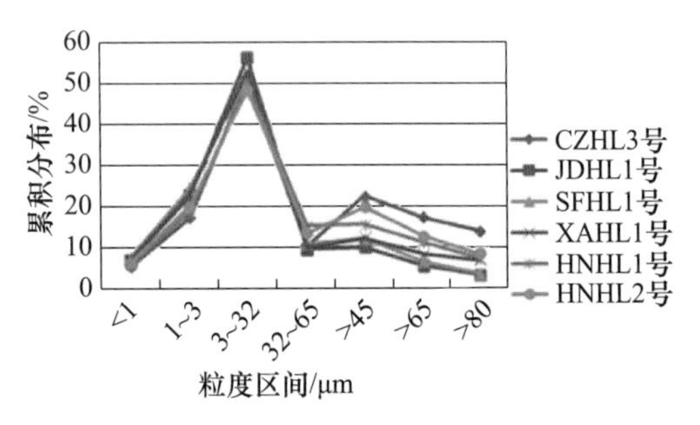

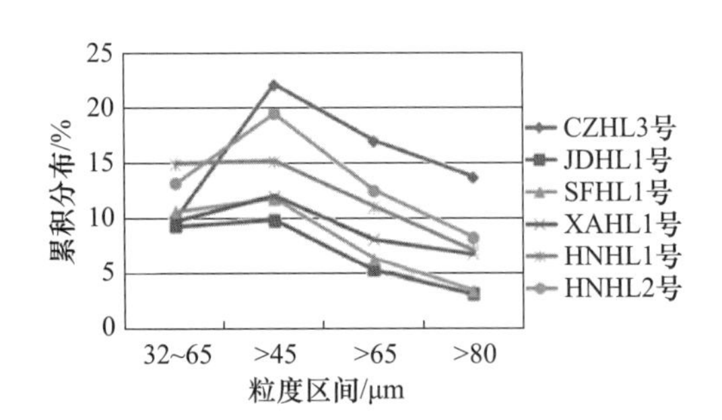

图1 入窑生料各粒度区间累积分布

由表2和图2回灰粒度分布可以看出，6个公司累积曲线基本相同。回灰中＜32μm的生料约占97%以上（＜3μm的约占50%以上），32μm以上的仅占3.0%，以上数据说明回灰中更多的是难以通过旋风收尘器的离心力收下来的细粉料。

表2 预热器出口回灰粒度分布

公司	＜1μm	1～3μm	3～32μm	32～65μm	＞45μm	＞65μm	＞80μm	＜6μm	＞6μm
CZHL3号	9.85	31.87	56.77	1.48	0.23	0.00	0.00	67	33
JDHL1号	9.85	31.66	55.94	2.56	0.77	0.09	0.00	64	36
SFHL1号	10.13	32.40	55.11	2.47	0.69	0.07	0.00	66	34

续表

公司	<1μm	1～3μm	3～32μm	32～65μm	>45μm	>65μm	>80μm	<6μm	>6μm
XAHL1号	9.57	30.91	56.77	2.65	0.86	0.10	0.00	63	37
HNHL1号	8.33	27.51	58.23	5.22	2.51	0.49	0.08	59	41
HNHL2号	9.79	31.55	54.94	3.53	1.18	0.14	0.01	64	36
平均值	9.59	30.98	56.29	2.99	1.04	0.15	0.02	63.80	36.20

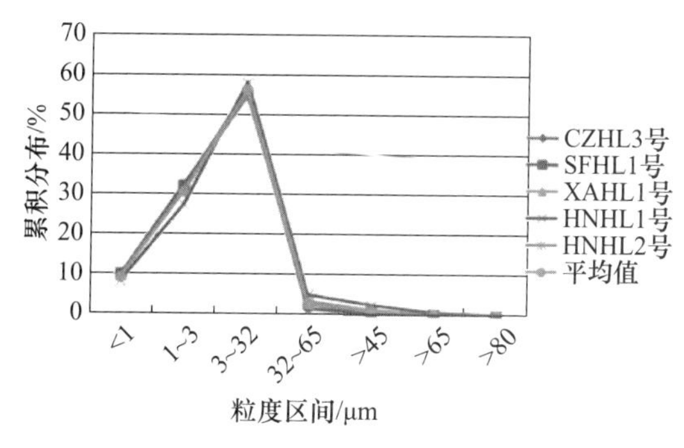

图2　回灰各粒度区间累积分布

2　粒级效率与粒度分布

粒级效率也叫分级效率，反映的是旋风收尘器对不同粒径大小的颗粒的分离能力。粒级效率的计算公式为：

$$\eta_i(\delta)=[1-(1-\eta)\times f'_0(\delta)/f'_1(\delta)]\times 100\%$$

表3为各公司粒级效率情况。可以看出，随着颗粒增加，粒级效率在逐渐增加，<3μm的粒级效率约在89%，3～32μm约在92.11%，但是32μm以上基本效率在98%以上（以上为工业数据进行理论分析所得，可能与实际实验室模拟数据存在一定的偏差，但趋势是完全一致的）。

从表3分析可以看出，生料细度控制在32～80μm之间对旋风收尘效率是有利的，既保证了收尘器对物料的收尘效率，又可以节省生料制备系统的能耗指标。

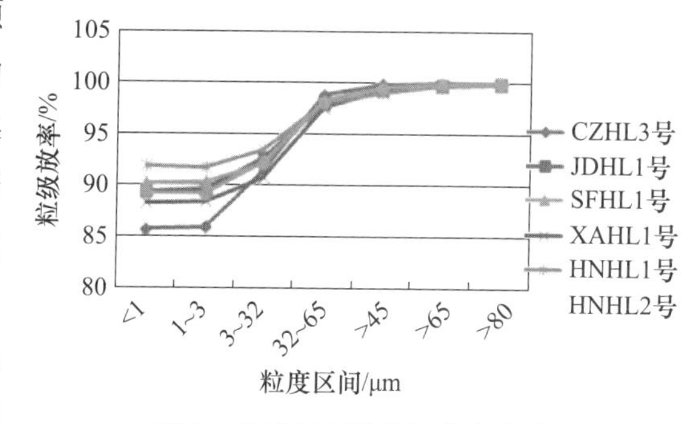

图3　粒度区间的粒级分布曲线

图3为粒度区间的粒级分布曲线，从图中可以看出不同公司的曲线分布基本相似，32μm以上基本重叠，粒级效率接近100%。

表3　各公司粒级效率汇总表

公司	<1μm	1～3μm	3～32μm	32～65μm	>45μm	>65μm	>80μm	<6μm	>6μm
CZHL3号	85.69	85.85	91.46	98.88	99.92	100.00	100.00	86.28	95.99
JDHL1号	89.33	89.55	92.63	97.97	99.42	99.88	100.00	90.13	94.88
SFHL1号	90.20	90.30	92.12	98.31	99.58	99.92	100.00	90.36	95.04
XAHL1号	88.23	88.39	90.75	97.66	99.39	99.89	100.00	88.71	93.88

续表

公司	<1μm	1～3μm	3～32μm	32～65μm	>45μm	>65μm	>80μm	<6μm	>6μm
HNHL1 号	91.89	91.70	93.46	98.05	99.08	99.75	99.93	92.13	96.04
HNHL2 号	89.19	89.12	92.26	98.19	99.59	99.92	99.99	92.13	96.04
平均值	89.09	89.15	92.11	98.18	99.49	99.89	99.99	89.96	95.31

3 粒级效率与中位粒径的关系

据相关研究表明[2]，旋风收尘器的分离效率随入口生料的中位粒径的减小而急剧降低，旋风收尘器对小颗粒的粒径大小比较敏感，对于大颗粒具有较高的分离能力。收尘效率及中位粒径关系见表 4，从表 4 可以看出 HNHL1 号中位粒径为 10.11μm，为几个公司中中位粒径最大的，同时也是收尘效率最高的公司（94.4%）。

从图 4 中位粒径与收尘效率关系可以看出，随着中位粒径的增加，收尘效率呈上升趋势。需要说明的是，XAHL1 号中位粒径并非是最小的，但是收尘效率最低，仅为 91.4%。分析原因，实验室研究考虑的是在保持其他因素不变的情况下进行单因素（中位粒径）改变，研究收尘效率变化，实际生产中，是多因素共同影响收尘效率，包括系统风量、温度、压力、锁风效果等[3]。所以，该数据的偏离曲线，可能是其他因素导致。整个曲线可以表明，在其他因素不变的情况下，入口颗粒的中位粒径越大，粗颗粒越多，在旋风收尘过程中对细颗粒的夹带作用越强，使小颗粒更容易被分离下来；相反，入口颗粒的中位粒径越小，细颗粒越多，在旋风收尘过程中受气流湍流扩散的影响越强，小颗粒就越不容易被分离，分离效率就相应较低。

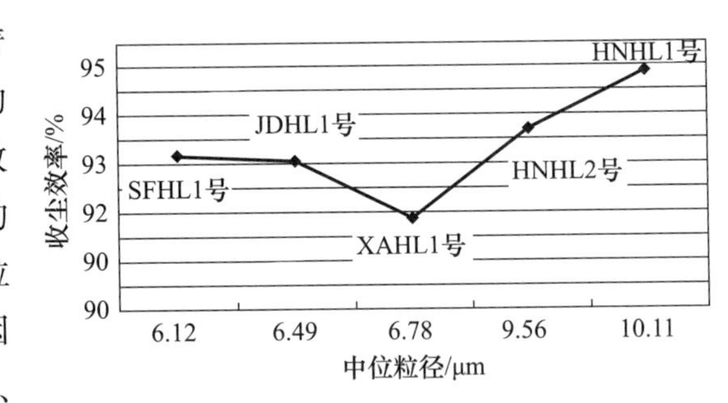

图 4 中位粒径与 C1 收尘效率关系

所以，综上所述，入窑生料的粒度分布对旋风筒的收尘效率影响较大，尤其是小颗粒占比，对分离效率的影响显著。

表 4 各公司粒级效率汇总表

公司	收尘效率/%	X50/μm	<6μm
SFHL1 号	92.70	6.12	50%
JDHL1 号	92.60	6.49	48%
XAHL1 号	91.40	6.78	48%
HNHL2 号	93.20	9.56	39%
HNHL1 号	94.40	10.11	42%

4 旋风筒技改后各公司的收尘效率分析

表 5 为 C1 旋风筒技改公司的收尘效率及入窑生料粒度分布情况，从表中可以看出，HNHL1 号技改后的收尘效率为 94.4%，较技改前 92.3%提升 2.1%；JDHL1 号技改后的收尘效率为 92.6%，较技

改前 91.6%提升 1.0%，幅度稍小。

从表 6 生产线运行工况对比可以看出，HNHL1 号和 JDHL1 号生产线运行参数基本相同。通过前面部分的分析研究，旋风收尘器的分离效率除与本身结构、生产线的工况参数有关系外，与入料细度分布也有很大的关系[4]。由于 HNHL1 号、JDHL1 号生产线 C1 旋风筒技改设计均为我院设计，故基本结构相同。表 5 说明了生产线的运行工况参数基本相同，所以入窑生料粒度分布成为影响收尘效率分析的关键因素。

从表 5 中 C1 旋风筒技改公司的收尘效率及入窑生料粒度分布可以看出，HNHL1 号生料中>32μm 约占 27%以上，JDHL1 号 生料中>32μm 约占 14%；HNHL1 号生料中<6μm 约占 42%，JDHL1 号生料中<6μm 约占 48%。以上数据说明，JDHL1 号难以回收的细粉料更多，影响了技改后收尘效率的提升。

表 5 C1 旋风筒技改公司的收尘效率及入窑生料粒度分布

公司名称	<1μm	1～3μm	3～32μm	32～65μm	>65μm	>80μm	X50	<6μm	>6μm	C1 收尘效率/%	
	%							%		技改前	技改后
HNHL1 号	5.23	18.56	49.85	15.01	11.12	7.11	10.11	42	58	92.3	94.4
JDHL1 号	6.83	22.42	56.14	9.33	5.27	3.10	6.49	48	52	91.6	92.6

表 6 生产线运行工况对比

公司名称	产量/（t/d）	C1 出口温度/℃	C1 出口压力/Pa	C1 出口风量/（m^3/kg）
HNHL1 号	5819	338	−5975	1.342
JDHL1 号	5756	334	−5750	1.366

以上数据说明，技改后两公司的收尘效率不同，除考虑实际的工况操作参数外，生料的粒度分布也是主要因素。

5 结 论

通过以上数据的对比分析可以看出，生料的粒度分布对旋风收尘器的收尘效率影响显著。通常情况下只对 10μm 以上的颗粒保持很高的分离效率，对直径小于 6μm 的细颗粒的分级效率相对较低。旋风收尘器的分离效率随入口生料的中位粒径的减小而急剧降低，旋风收尘器对小颗粒的粒径大小比较敏感，对大颗粒具有较高的分离能力。

参考文献

[1] 马庆磊，金有海，王建军，等．导叶式旋风管入口颗粒粒度分布对分离效率的影响 [J]．中国粉体技术，2007，2.
[2] M.B雷，P.E卢宁，A. 普洛姆．改善工业型旋风收尘器对粒度小于 5μm 粉尘的收尘效率 [J]．国外选矿快报，1999.
[3] 陆雷，考宏涛，白崇功，等．旋风筒的分级分离效率与其入口风速的关系 [J]．硅酸盐学报，1999，27（4）.
[4] 董敏，刘淑良，杨洪征．结构参数和操作参数对旋风分离器性能的影响 [J]．选煤技术，2013，6.

（原文发表于《水泥工程》2018 年第 3 期）

25-20 耐热钢的性能测试及在水泥烧成系统中的应用

李晓波

摘　要　ZG40Cr25Ni20Si2（25-20）是一种常用的耐热钢材料，广泛应用于水泥生产线的烧成设备。但是关于该材料，能够查阅到的相关资料只有成分、室温拉伸力学性能以及使用上限温度，而设计者以及使用者需要更加翔实的设备设计性能参数及使用寿命基础数据。因此通过高温拉伸试验、高温氧化试验以及高温腐蚀试验，对 25-20 的性能参数进行深入研究，为设计者以及使用者提供理论数据。最后，针对 25-20 在设备应用中的不足进行改进，以达到实际使用要求。

关键词　耐热钢；ZG40Cr25Ni20Si2；高温拉伸；高温氧化；高温腐蚀

Performance test research and application of 25-20 heat-resistant steel in cement pyro system equipment

Li Xiaobo

Abstract　ZG40Cr25Ni20Si2（25-20）is one of the most commonly used heat-resistant steel materials and widely used in the pyro system equipments of cement production line. However，only the composition，tensile properties at room temperature and upper limit temperature can be found for this material，which can be used to design the peformance parameters of the equipment for designers and users. Designers and users require more details equipment design performance parameters and service life data. Therefore，the performance of 25-20 is studied in this paper through high temperature tensile test，high temperature oxidation test and high temperature corrosion test，which provides theoretical data for designers and users. Finally，the deficiencies of material 25-20 in equipment application are improved to meet the actual application requirements.

Keywords　heat-resistant steel，ZG40Cr25Ni20Si2；high temperature tensile；high temperature oxidation；high temperature corrosion

目前，耐热钢 ZG40Cr25Ni20Si2（简称 25-20）被广泛应用于预热器 C4 、C5 内筒挂片、烟室喂料舌头、回转窑窑头窑尾护板、篦冷机高温段篦板等水泥烧成设备中。在现有资料中仅能查阅到其成分、室温力学性能以及使用温度上限。这对于设计者来说，在设计相关设备时没有更翔实的数据作为依据，不利于设备的可靠性；对于使用者来说，在规定的上限温度以内使用时，其实际使用效果没有具体数据可参考。

基于上述问题，结合实际工况，对25-20在950℃时的高温拉伸性能、高温抗氧化性能以及高温耐腐蚀性能进行深入研究。

1 常规数据

通过机械设计手册以及金属材料手册能够查阅到的材料成分以及常温力学性能，分别见表1、表2。

表1 25-20的化学成分

wt%

元素	C	Si	Mn	S、P	Cr	Ni	Fe
成分范围	0.3～0.5	1～2.5	≤2.0	≤0.04	24～27	19～22	余量

表2 25-20的常温力学性能

	抗拉强度/MPa	屈服强度/MPa	断后伸长率/%
25-20	440	235	8

2 组织与性能

通过金相组织分析，得知ZG40Cr25Ni20Si2的铸态组织，通过950℃的高温拉伸、高温氧化以及高温腐蚀试验得到该材料的实际性能数据，详述如下。

2.1 金相组织

由图1可以看出，25-20在铸态时为单一的奥氏体组织，温度>727℃时也不会发生相变，具有良好的组织稳定性。

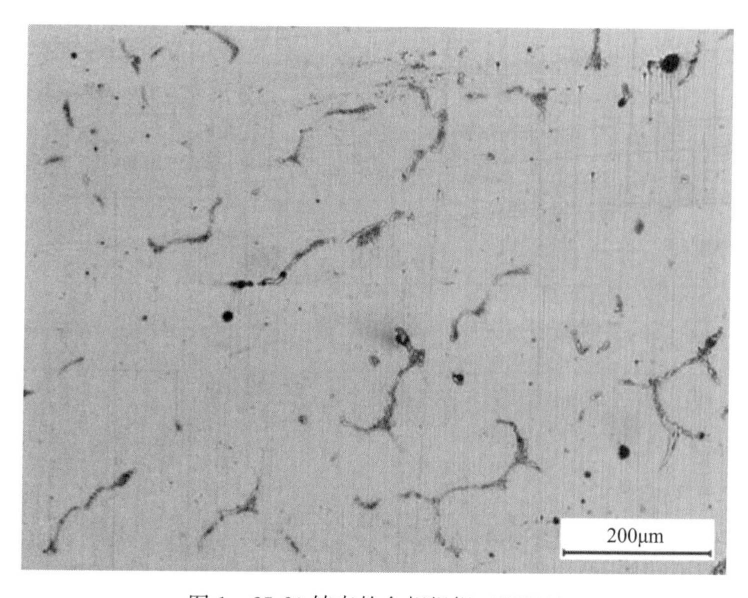

图1 25-20铸态的金相组织（200×）

2.2 高温力学性能

按照试验标准《金属材料高温拉伸试验方法》(GB/T 4338—2006)，对25-20进行高温力学性能试验，测试温度为950℃，测试结果见表3。

表3 25-20高温力学性能

	温度/℃	抗拉强度/MPa	断后伸长率/%	断面收缩率/%
25-20	950	110	41.7	60.5

2.3 高温抗氧化性能

对试样进行高温抗氧化性能研究，氧化试验在小型箱式电阻炉内进行，试验温度为950℃，连续100h，采用增重法测试其抗氧化性，见图2。

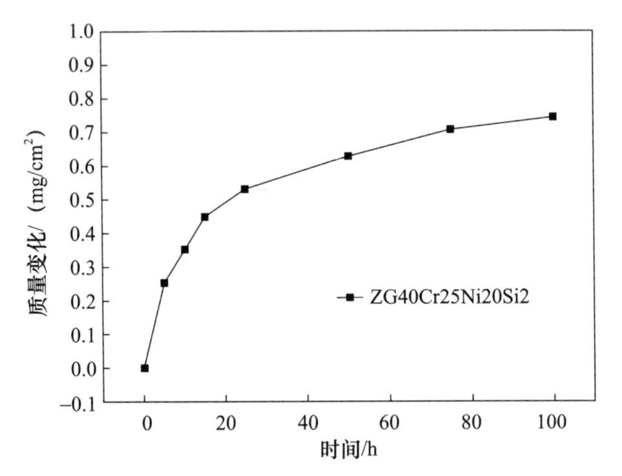

图2 950℃连续100h的氧化动力学曲线图

由图2可以看出，连续100h的高温氧化后，25-20的氧化增重为0.7445mg/cm^2。根据《钢及高温合金的抗氧化性测定试验方法》(HB 5258—2000)中的规定，通过氧化增重速率（g/m^2·h）可判定其抗氧化级别，见表4、表5。

通过表4、表5可以看出，25-20是一种高温抗氧化性能非常优异的耐热钢，在950℃使用时，氧化膜能够均匀、致密地包覆在基材上，有效地阻隔氧元素。

表4 氧化级别评定表

氧化增重速率/（g/m^2·h）	抗氧化级别
<0.1	完全抗氧化级
0.1～1.0	抗氧化级
1.0～3.0	次氧化级
3.0～10.0	弱氧化级
>10.0	不抗氧化级

表5 25-20的抗氧化性（950℃、100h）

	氧化增重速率/（g/m^2·h）	抗氧化级别
25-20	0.07445	完全抗氧化级

2.4 高温抗腐蚀性能

对试样进行高温抗腐蚀性能研究，试验在盐雾气氛下进行，由5%NaCl+95%Na_2SO_4混合后，加蒸馏水配制成盐溶液，均匀地喷涂在试样表面，试验温度为950℃，连续100h，分别做两组试验，采用增重法和减重法测试其抗腐蚀性，见图3、图4。

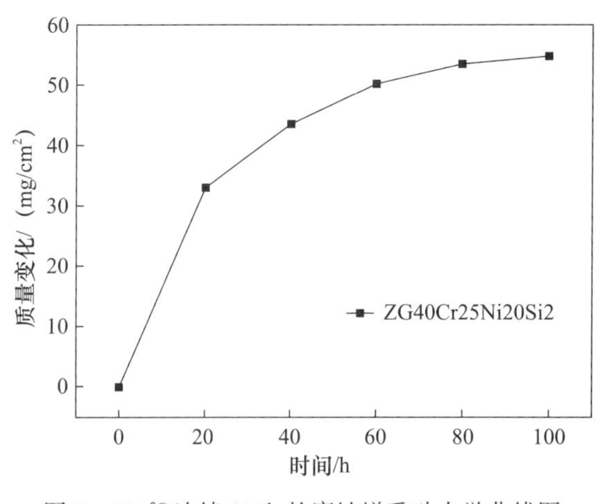

图 3 950℃连续 100h 的腐蚀增重动力学曲线图

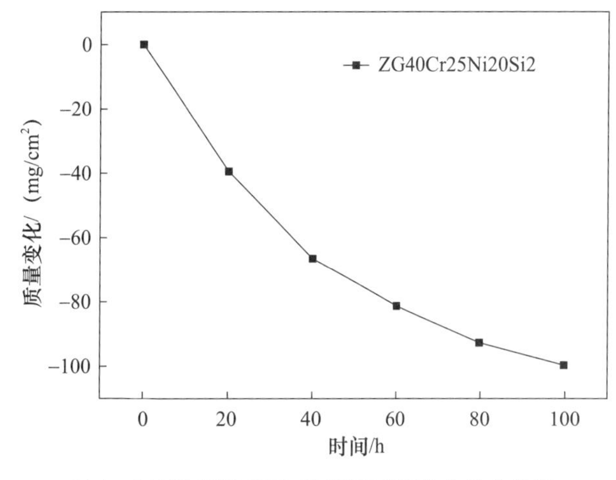

图 4 950℃连续 100h 的腐蚀减重动力学曲线图

通过图 3 可知：连续 100h 腐蚀后，25-20 腐蚀增重量为 54.9323mg/cm^2。由图 4 可知：连续 100h 腐蚀后，25-20 腐蚀减重量为 99.7012mg/cm^2。由图 3、图 4 可以看出，25-20 在高温腐蚀环境中持续受到腐蚀破坏，不能有效阻止熔盐侵蚀。由图 2、图 3 可知，在 950℃的腐蚀增重速率约是氧化增重的 74 倍。

在腐蚀试验结束后，使用 SEM 扫描电镜对腐蚀试样进行分析，腐蚀试验后的 SEM 扫描形貌见图 5。通过图 5 可以看出，在 100h 腐蚀后，25-20 的氧化膜明显被腐蚀产物破坏，这表明，在有 S、Cl 气氛的工况中，25-20 的使用寿命明显缩短，不能够有效地预防腐蚀。

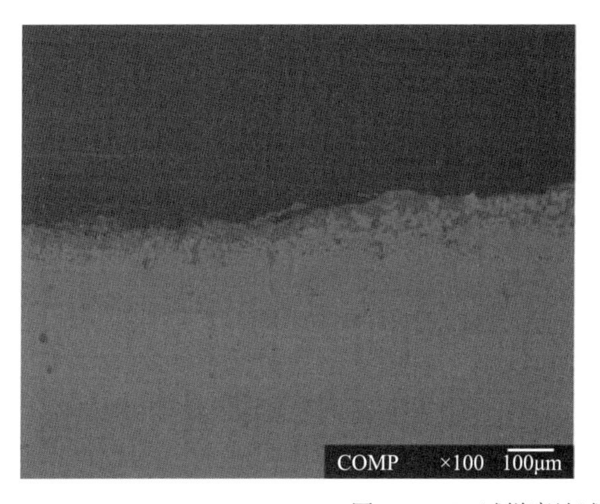

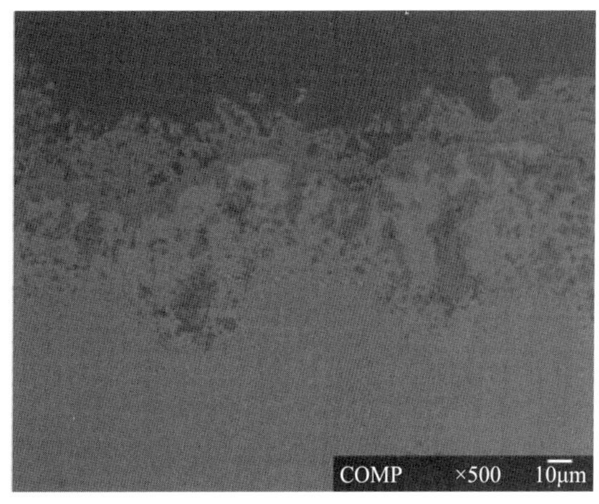

图 5 25-20 试样腐蚀试验后的 SEM 扫描形貌

3 应用与改进

通过测试 ZG40Cr25Ni20Si2 的相关性能，结合水泥烧成设备实际使用工况，调整 25-20 材料中的元素含量，使其达到较好的使用效果。

3.1 预热器

（1）C4、C5 内筒挂片

通常 25-20 应用在 C4、C5 内筒上，使用寿命不小于 1 年。一旦遇到入预热器生料中含有腐蚀性元素，生料包覆在挂片表面，导致腐蚀性元素富集，造成使用寿命急速下降，挂片快速失效，见图6。

从图6可以看出，在高温腐蚀性工况下，挂片表面被严重腐蚀，局部产生裂纹，使用寿命仅在3个月左右。使用结果和高温抗腐蚀试验的结果是一致的。

通过查阅资料和文献，发现氯化物主要破坏氧化膜，硫化物腐蚀Ni元素。因此，在有腐蚀工况的环境中，ZG40Cr25Ni20Si2首先要适当降低Ni元素的含量，其次添加Al、Mo、B这三种元素，这样能够有效地提高材料的使用寿命。Al元素的添加是为了形成能够抗氯化物腐蚀的Al_2O_3膜；Mo、B这两种元素本身能够起到一定的抗腐蚀作用，主要用于强化材料，以弥补Ni元素量的减少。

图6 内筒挂片腐蚀之后的形貌

(2) 喂料舌头

预热器烟室的工况温度通常在1100～1150℃，虽然喂料舌头表面有一层浇注料保护，但浇注料一旦失效，喂料舌头很快会被烧损。因此，需要提升25-20的耐热性。适当提升Ni元素的含量，提高热强性能。添加一定量Al元素，在材料表面形成Al_2O_3和Cr_2O_3双层氧化膜。

3.2 回转窑

回转窑的窑头窑尾护板对材料的高温耐磨性能有较高要求。因此，可以将25-20材料中的Ni元素减少30%，添加Nb和N元素以提高材料的耐磨性。

3.3 冷却机

在使用冷却机的固定斜坡篦板以及高温段篦板时，同样对高温磨损有较高要求，由于有冷却风的保护，其实际工况温度要低，因此，可以将25-20材料中的Ni元素减少50%，添加一定量的W和V元素，以提高材料的耐磨性。

4 结 语

ZG40Cr25Ni20Si2铸态组织为单一的奥氏体，在工况温度>727℃时不会发生相变，具有良好的热稳定性能。950℃的试验表明，该材料具有良好的热强性能以及优异的抗氧化性能，但对S、Cl化合物的抗腐蚀性能明显不佳。因此，该材料在水泥烧成设备（预热器、回转窑、冷却机）中应用时，应根据实际工况进行调整和改进，以达到较好的使用效果，提高使用寿命，确保生产的稳定性和持续性。

参考文献

[1] 中国机械工程学会铸造分会．铸造手册：第 2 卷铸钢 [M]．2 版．北京：机械工业出版社，2006.
[2] 李铁藩．金属高温氧化和热腐蚀 [M]．北京：化学工业出版社，2003.
[3] 李美栓．金属的高温腐蚀 [M]．北京：冶金工业出版社，2001.
[4] 马海涛．高温氯盐环境中金属材料的腐蚀 [D]．大连：大连理工大学，2003.
[5] 郭军，姚正军，张忠铧，等．Fe_3Al 的高温氧化和耐热腐蚀性能 [J]．东南大学学报，1994，24 (4)：33-37.
[6] 李亮，刘旭，郑国江，等．耐热不锈钢 0Cr25Ni20 在高温 Cl^- 环境中的腐蚀研究 [J]．水泥技术，2014，(2)：43-46.

（原文发表于《水泥技术》2019 年第 1 期）

水泥熟料生产线热工检测及热耗影响因素分析

盛赵宝　张宗见　周先进

摘　要　水泥熟料生产线运行操作优化对生产线的节能降耗起着至关重要的作用，运行操作优化的依据是中控 DCS 数据、热工标定数据及运行指标控制值。由于中控 DCS 数据显示的局限性，不能从物料平衡和热平衡角度分析影响热耗的因素，热工标定技术的全面性则可以解决以上问题。但如何确保热工标定数据的准确性，并结合标定数据指标性的分析影响烧成系统热耗的因素，是水泥熟料生产线关注的焦点。文章针对这一问题进行了分析和研讨。

关键词　水泥熟料；热工标定；优化操作；标定计算；运行参数

Analysis of influencing factors of heat consumption and thermal calibration in cement clinker production line

Sheng Zhaobao　Zhang Zongjian　Zhou Xianjin

Abstract　The operation optimization of cement clinker production line plays an important role in energy saving and consumption reduction. The operation optimization is based on DCS data, thermal calibration data and the control value of operation index . Due to the limitation of DCS data, the factors affecting heat consumption cannot be analyzed from the perspective of material balance and heat balance. The comprehensiveness of thermal calibration technology can solve the above problems. However, it is the focus of cement clinker production line to ensure the accuracy of thermal calibration data and analyze the factors affecting the heat consumption of the sintering system based on the index of calibration data. This paper analyzes and discusses this problem.

Keywords　cement clinker; thermal calibration; operation optimization; calibration calculation; operating parameter

0　引　言

中控操作员对熟料生产线操作参数的调节来自对工况的判断，主要参考中控显示的在线监测参数，进行分析和调节；热工标定是从物料和热平衡角度进行热态测量和分析，查找存在的问题，为进一步优化经济指标提供理论支持。通过热工标定，可对生产线的关键指标——热耗的影响因素加以重点分析，为生产线的降本增效提供帮助。

1　熟料线运行工况的判断依据与控制指标

1.1　依据中控 DCS 数据

现代水泥干法预分解生产技术中温度、压力、气体组分、风机转速、电流等关键参数基本在中控 DCS 可以直接读取，中控操作员可以据此判断运行是否正常。但是，首先要确保以上参数的准确性，比如热电偶是否烧损或结皮而影响温度的准确性；压力管道是否通畅，影响压力表显示数据；煤粉计量秤和生料计量秤是熟料生产的最关键参数，计量秤的虚实、准确度和稳定性业主必须清楚，如果计量秤显示值与实际值不符，业主应该对计量秤进行校准或者明确一个合适的校正系数。另外，风机运行电流、挡板开度、转速，气体分析仪 O_2、CO、NO_x 等数据应该保证准确。以上都是精细化操作的关键参数，确保数据的准确性，才能有效合理地控制系统运行。

1.2　依据热工标定数据

在结合中控 DCS 数据的前提下，可通过便携式热工检测设备对熟料生产线进行全面的热工标定诊断，并结合物料平衡和热量平衡对熟料线运行参数进行分析评价。《水泥回转窑热平衡测定方法》（GB/T 26282—2010）[1] 给出了水泥回转窑各个参数测定的具体方法和所需检测设备；《水泥回转窑热平衡、热效率、综合能耗计算方法》（GB/T 26281 —2010）[2] 给出了热平衡等计算方法。实际检测过程中，需按照以上标准进行热工测量和后续数据处理，以最大限度确保检测数据的准确性。

1.3　熟料线运行操作主要控制指标

表 1 为 5000t/d 熟料生产线主要操作控制指标一般建议值，熟料线的操作可以此作为参考控制目标。烧成系统热耗是与系统的工艺运行参数密切相关的，只有控制好系统的工艺参数，才能保证系统的煤耗低。例如，篦冷机的效率是考核篦冷机效果的一个主要指标，篦冷机效率越高，热回收热量也越高，这直接影响了二次风＋三次风热焓，进一步影响预热器、分解炉和回转窑内的通风和煤粉的有效燃烧，最终影响了系统的用煤量、熟料的产量和质量。所以，烧成系统是一个大系统，各指标的控制也影响了其他系统的指标，是一个连锁反应。

表 1　5000t/d 熟料线主要操作控制指标

序号	控制项目	建议控制值
1	熟料产量（海拔＜500m）/（t/d）	＞5500
2	C1 筒出口废气量/（Nm^3/kg. cl）	1.36～1.42
3	C1 筒出口气体温度/℃	＜310±20
4	C1 筒出口 O_2/%	1～2
5	C1 筒出口 CO/%	＜0.05
6	窑尾烟室 O_2/%	＜2
7	分解炉出口 O_2/%	＜1.0～1.5
8	篦冷机操作用风/（Nm^3/kg. cl）	第三代篦冷机 2.0～2.2
9		第四代篦冷机 1.8 左右

续表

序号	控制项目	建议控制值
10	二次风温/℃	第三代篦冷机 1050～1100
11		第四代篦冷机 1150～1200
12	三次风温/℃	第三代篦冷机 900～1000
13		第四代篦冷机 1000～1100
14	篦冷机热回收效率/%	第三代篦冷机 ≥72
15		第四代篦冷机 ≥75

2 热工标定数据采集准确性的保证

对熟料线进行综合评价，中控 DCS 数据只是生产线运行的部分数据，存在一定的局限性。所以，对熟料线进行全面的热工检测是综合分析系统运行状态的一个主要手段。数据采集的准确性则是关键，须严格按照《水泥回转窑热平衡测定方法》（GB/T 26282—2010）进行测定。

2.1 温度和压力的测量

首先确保仪表的准确性；其次是测点位置的合理选取；再则是测试时确保读取代表性数据；最后，测试数据与中控 DCS 数据进行互相校核。

2.2 风量的测量

风量的测量是整个系统测量的关键，也是后续数据计算的主要影响因素。在确保仪表的准确性前提下，风管检测孔数量和位置很关键，位置尽量避免选择靠弯曲、变形和闸门的地方，避开涡流和漏风的影响；圆形管道开 3 个孔、夹角为 120°或 4 个孔、夹角 90°；方形管道一般按照截面方向上下等分 3 个孔；根据等面积环数确定深入点以采集数据。

2.3 风量平衡核定与演算

风量测定完成后进行计算，通过风量平衡计算来核定采集数据的准确性，以取舍并确定是否需要复测。

（1）篦冷机系统风量平衡：篦冷机系统本身是一个平衡系统，即篦冷机入口风机群总风量等于篦冷机出口各风量总和。由于二次风，三次风不便于测量，可通过篦冷机风量平衡进行反算，即二次风＋三次风量＝篦冷机入口风机群总风量－窑头废气量。通过结合窑头喂煤量及窑尾烟室 O_2 含量可以计算窑内二次风量，并通过上述平衡式可计算出三次风用量；结合分解炉喂煤量和计算出的三次风量，可以进一步计算出分解炉出口 O_2 含量，而分解炉出口 O_2 含量是可以测量的，理论上计算得到的 O_2 含量应该和实际测量得到的 O_2 含量大致相符，若相差很大，在排除系统稳定性等因素的前提下，可分析出篦冷机系统风量检测有问题，需分析原因。

（2）预热器出口废气量的确定：预热器出口的废气量由煤粉燃烧产生的废气量、生料分解产生的气体量、生料中水分蒸发产生的蒸汽量、过剩空气量及助燃气体中水蒸气量共同组成。现举例说明预热器出口气体量的计算：

已知条件详见表2～表4。

表2　大气压力和温度及湿度条件

大气温度/℃	12
相对湿度/%	96
大气压力/Pa	101325
绝干干空气中水分/（Nm^3/Nm^3dry air）	0.0130
湿空气中水分/（Nm^3/Nm^3wet air）	0.01287

表3　某生产线原燃料及熟料化学组分　%

物料	Loss	SiO_2	Fe_2O_3	Al_2O_3	CaO	MgO
入窑生料	35.13	13.27	2.20	3.05	43.80	0.84
熟料	0.54	21.97	3.29	5.76	65.74	1.50
煤灰		49.61	7.28	33.14	3.82	1.59

表4　烧成系统热耗及煤灰掺入量

窑头喂煤量/（kg/h）	窑尾喂煤量/（kg/h）	煤热值/（kcal/kg）	产量/（t/d）	热耗/（kcal/kg.cl）	煤灰分/%	煤灰掺入量/（kg/kg.cl）
11847	19516	5633	5500	771	26.067	0.03570

计算过程：首先根据煤粉热值，使用经验公式法计算煤粉燃烧理论所需空气量（A_0）及产生的烟气量（G_0）。计算过程如表5所示。

表5　经验公式法计算煤粉燃烧理论所需空气量（A_0）及产生的烟气量（G_0）

A0（根据经验公式计算）/（Nm^3/kg）	6200
G0（根据经验公式计算）/（Nm^3/kg）	6667

① 理论燃烧产生的气体量及过剩空气量计算详见表6。

表6　理论燃烧产生的气体量及过剩空气量计算

理论燃烧产生气体量/（Nm^3/h）	（11847＋19516）×6.667	209097
过剩空气量（过剩空气系数1.121）/（Nm^3/h）	（1.121－1）×（11847＋19516）×6.200	23529

② 生料分解产生的CO_2气体量。

$CaCO_3$分解产生的CO_2量＝（1－0.0357）×（65.74-0.0357×3.82）/100/56×22.4×5500×1000/24
＝57990（Nm^3/h）

$MgCO_3$分解产生的CO_2量＝（1－0.03570）×（1.50－0.0357×1.59）/100/40×22.4×5500×1000/24
＝1786（Nm^3/h）

③ 生料水分产生的水蒸气量。

生料脱水－水蒸气量＝（1－0.0357）×（5.76－0.0357×33.14）/100/102×2×22.4×5500×1000/24
＝4442（Nm^3/h）

生料附着水－水蒸气量＝368804（生料喂入量）×0.225/100（生料水分）/18×22.4
＝1033（Nm^3/h）

④ 助燃空气水分产生的气体量＝（11847＋19516）×6.200×0.0130＝2528（Nm^3/h）

⑤ 总气体量＝理论燃烧产生的气体量＋过剩空气量＋生料分解产生的CO_2气体量＋生料水分产生的水蒸气量＋助燃空气水分产生的气体量＝209097＋23529＋57990＋1786＋4442＋1033＋2528＝300405（Nm^3/h）。

通过以上计算可以看出，通过已知原燃料、熟料化学组分，环境条件，喂煤量等数据，可以理论计算预热器出口的气体量，这对标定检测工作起到修正指导作用。即通过皮托管测定的风量和理论计算的风量应该相差不大，如果有很大的偏差则需要分析测量数据的代表性和取舍，必要时进行复测。

3 影响烧成系统热耗的主要因素分析

在保证检测数据准确的前提下，完成烧成系统物料平衡和热量平衡计算，以此作为分析评价烧成系统指标优劣的指导手段。降低烧成系统热耗是熟料生产线的主要技术目标，针对这一目标，主要从窑尾预热器和窑头篦冷机两个方面分析影响热耗偏高的主要因素，具体如下。

3.1 窑尾系统分析

3.1.1 预热器出口的废气量

单位熟料废气量一般控制在1.36～1.42Nm^3/kg. cl。废气量偏大的判断依据如下：

（1）通过测量风量大小；

（2）通过检测O_2含量大小，一般O_2控制在2.0%以下，若O_2含量很高，说明窑尾用风偏大，一个原因是二、三次风量较大，另一个原因是窑尾系统漏风偏大；

（3）查看高温风机转速及电流是否偏大；

（4）通过理论计算，预热器出口的废气量每增加0.1Nm^3/kg. cl，热耗约增加10 kcal/kg. cl。

3.1.2 预热器出口的废气温度

废气温度一般控制在（310±20)℃以下。通过理论计算，预热器出口温度每增加10℃，热耗约增加5.0kcal/kg. cl。

3.1.3 预热器出口的CO含量

一般控制在0.05%以下，建议最好控制在0.01%以下。若CO含量高，说明有大量未燃尽的碳，带走大量热量。CO的含量直接用烟气仪测量并对照在线气体分析仪。

3.1.4 预热器C1出口的粉尘含量

一般设计值为65g/Nm^3，C1收尘效率一般为95%，最低不低于92%。旋风筒收尘效率低，主要与旋风筒本身结构设计（内筒插入深度)、C1筒的分料不均、撒料板分散不好及锁风阀等影响分离效率等因素有关。通过理论计算，预热器出口粉尘含量每增加10g/Nm^3，热耗约增加1.0kcal/kg. cl。

3.1.5 各级预热器进出口温差

从底部预热器至顶部预热器，温度应该是逐渐降低的，若某级旋风筒出现进出口温差偏小或温度倒挂现象，可能是撒料分散不好、翻板阀锁风不好、生料短路或存在后燃烧现象等问题。

3.1.6 分解炉出口温度较五级筒出口温度低

这是明显的温度倒挂现象，主要原因是分解炉中存在煤粉的不完全燃烧现象，可从以下因素分析判断：

（1）三次风量较少，不能满足煤粉燃烧所需空气量；

（2）分解炉用煤量较多，分解炉炉容较小，间接缩短了煤粉在分解炉内的燃尽时间，降低了煤粉的燃尽率，使得煤粉在五级预热器继续燃烧。

除了风煤比例不合适导致温度倒挂现象外，还有可能是窑尾烟室窜风现象，即烟室高温风窜到五级筒，导致五级筒温度偏高。

3.2 篦冷机系统分析

3.2.1 篦冷机热回收效率

热回收效率的高低实际上主要决定于二、三次风回收热量的高低，既包含风量因素也包含风温因素。热回收效率低可以检查二、三次风温是否偏低，二、三次风量是否偏少。通过理论计算，篦冷机热回收效率每降低 1.0%，热耗约增加 3.7kcal/kg. cl。

3.2.2 出篦冷机熟料温度

出篦冷机熟料温度一般性能保证值为 65℃±环境温度，若温度较高，说明篦冷机热回收效率不好，间接反映二、三次风回收热量偏低。通过理论计算，熟料温度每增加 10℃，热耗约增加 1.1 kcal/kg. cl。

3.2.3 出篦冷机废气（扣除二次风、三次风）带走热量

此条因素实际上是篦冷机热回收效率的间接体现。篦冷机热回收效率高，出篦冷机废气带走的热量自然低，因为出窑熟料带入的总热量是一定的。

3.2.4 篦冷机操作用风的合理性

一般第四代篦冷机操作用风为 1.80Nm^3/kg. cl 左右，第三代篦冷机为 2.0～2.2Nm^3/kg. cl。用风量过大或者过小对篦冷机热效率的发挥都有一定的影响。

3.2.5 篦冷机风机群的风量和风压是否满足风机性能曲线

一般篦冷机风机群应该满足风机性能曲线，即在风机开度为 100%左右的前提下，会有“高风量、低压头”或者“高压头、低风量”的工况状态。如果不是这种状态，说明风机不满足本身性能曲线，需检查风机运行状态。

3.2.6 篦冷机前段风机压力如何

通过标定篦冷机前段配置高压头风机的压力大小，可以反映料层厚度，一般料层越厚，风机压力越大。实际操作建议厚料层操作，前段风机开度尽量在 100%，以增加高温段取风的品质，增加篦冷机

的热回收效率；后端风机群逐渐阶梯状降低开度。

3.3 出篦冷机熟料的烧失量

一般控制在0.15%以下。熟料烧失量基本上是未完全燃烧的碳存在熟料中，通过理论计算，熟料烧失量每增加0.1%，不完全燃烧的碳热量约为8kcal/kg.cl，随熟料从篦冷机带走。一般通过以下手段控制熟料烧失量：

（1）保证煤粉的易燃性，即合理控制好煤粉的细度和水分，以确保煤粉的燃尽性较好。

（2）在保持煤粉细度较低的情况下，合理调节好窑头燃烧器内外风比例，为确保煤粉的燃烧尽量将燃烧器外风全开，以增加火焰的刚度，并调节好燃烧器火点位置，防止煤粉夹裹进熟料里而进入篦冷机。

（3）建议检查燃烧器是否有烧损和磨穿现象（例如内流风旋转叶片有无损坏及煤粉通道是否磨穿等）。

（4）如果熟料烧失量偏高，通过检测篦冷机高温段废气组分也可反映熟料烧失量偏高现象。

4 结　语

（1）通过热工标定对熟料生产线进行分析评价，首先要确保测定数据的准确性，检测数据与理论计算的数值要基本保持一致，互相应证。

（2）对系统热耗偏高进行分析评价，主要从两大方面：一个是窑尾预热器系统，主要分析预热器出口气体量是否偏大、气体温度是否偏高，这是降低窑尾废气带走热量的主要方向；另外一个是窑头篦冷机的冷却效果如何，篦冷机的热回收效率反映二、三次风的回收热量，直接影响烧成系统用煤量。

（3）烧成系统各大风机及篦冷机风机群的运行情况，可结合风机转速（变频调速）、开度、电流等数据及实际测定风量和压力以评判风机的运行有效功率，有效功率越高，电耗越低。

参考文献

[1] 水泥回转窑热平衡测定方法：GB/T 26282—2010 [S]．北京：中国标准出版社，2011.

[2] 水泥回转窑热平衡、热效率、综合能耗计算方法：GB/T 26281—2010 [S]．北京：中国标准出版社，2011.

（原文发表于《建材发展导向》2018年第4期）

分解炉深度燃料分级技术数值研究

宗青松　蔡盛强　王　飞

摘　要　本文的分析研究重点为分解炉内的燃料煤采用燃料三区分级燃烧技术，经燃料燃烧控制后所起到的节煤降耗、减少和控制 NO_x 排放效果；并借助计算机流体仿真技术的可视化研究，更加直观地分析、了解燃料三区分级燃烧技术，为该项技术的工程应用提供理论基础和技术支撑。采用此项技术后，每吨熟料节约标煤 0.5kg 以上；分解炉出口氮氧化物排放量减少达 400ppm 以上，大幅降低后期 SNCR、SCR 脱硝氨水使用量。

关键词　分解炉；燃料三区分级燃烧技术；节煤降耗；低 NO_x 排放

Valueresearch on fuel deeply-staged combustion technology of calciner

Zong Qingsong　Cai Shengqiang　Wang Fei

Abstract　The key point of research focus on benefit of coal-saving, cost-reducing and low emissions of NO_x for fuel coal of calciner after its adoption of fuel three-zone staged combustion technology and its fuel combustion controlling. With the help of visualization research on computer fluid simulation technology, it can visually reflects fuel three-zone staged combustion technology, which provides theoretical foundation and technical supports for application of fuel three-zone staged combustion technology. It could save standard coal over 0.5kg for one ton clinker, and reduce emissions of NO_x over 400ppm, which brings a great reduction of ammonia for SNCR, SCR denitrification process.

Keywords　calciner; fuel three-zone staged combustion technology; coal-saving and cost-reducing; low emissions of NO_x

1　引　言

水泥作为建筑行业的基础性材料，为国民经济发展提供助力。水泥的生产过程对能源资源的消耗巨大，现阶段国内生产水泥的主要燃料依然为煤炭，国内水泥企业的能耗指标参差不齐，能耗指标有进一步优化的空间。随着国家低碳战略的逐步践行，高碳排放企业面临着巨大的碳排放挑战；与此同时，环境保护政策的逐步落实，对水泥行业的 NO_x 排放要求会更加严格；再次，近几年世界能源格局变化较大，煤炭价格水涨船高，给水泥企业成本控制带来了巨大压力。

如何通过提高水泥工艺生产设备的自身性能，实现降低能耗、减少排放、节约成本，是我们设计单位和生产企业始终关注的技术性问题。本文旨在从水泥生产工艺预分解系统的核心设备分解炉出发，探索出一条应对上述问题经济、有效的技术方法。

2 基本理论

2.1 燃料三区分级燃烧理论

现阶段分解炉分级燃烧技术主要涵盖空气分级燃烧技术和燃料分级燃烧技术。空气分级燃烧技术主要对三次风按一定比例分配，分别进入分解炉锥部和中部，通过控制煤粉燃烧过程所需氧量，促使燃烧过程中多产出CO来还原分解炉内的NO_x，从而降低NO_x排放。燃料分级燃烧技术则主要对分解炉内用煤按一定比例分配，分别喷入分解炉内上、下不同位置，通过控制CO生成量来还原分解炉内的NO_x，从而降低NO_x排放。

空气分级燃烧技术在部分行业中得到较好应用，但在水泥生产工艺中使用效果欠佳；虽然在水泥生产企业中能够见到，但实际很少使用，主要原因为分解炉使用功能受到影响，对正常工业生产稳定性造成不利影响。本研究主要围绕分解炉内燃料分级燃烧技术展开，现阶段大部分水泥企业已采用初步燃料分级燃烧技术，理论脱硝效果在30%左右，但实际效果只能达到10%或无明显效果。

针对上述问题，在结合氮氧化物生成理论的基础上，本研究提出了分解炉“燃料三区分级燃烧”技术概念。该技术的核心在于将分解炉内的燃烧区划分为三个区，依据煤粉燃烧机理和氮氧化物生成理论，从分解炉锥部至上部依次划分为：一区还原区、二区过渡区、三区主燃烧区。通过对每个区的燃烧空间、停留时间和煤粉用量进行精确调节控制，从而实现燃料燃烧与还原区相互配合、相互衔接、增强煤粉分散，起到强化燃烧和增强脱硝效果的作用；而且，煤粉燃烧与氮氧化物还原过程大多在分解炉下部的锥部区域内完成，对现有分解炉本体改动最小、效果最明显。

一区还原区：采用四个燃烧器组合式喷入煤粉（此处宜采用多级式燃烧器），布置在窑尾烟道与分解炉锥部的衔接部位（方变圆底端）。通过该处燃烧器的深度调节，煤粉可被直接送入窑尾烟气中，煤粉在烟气中缺氧燃烧且避免与三次风接触，产生大量CO的还原性气体氛围，使窑尾烟气来气中的NO_x得以集中高效还原。该区的主要功能是最大限度地产出还原性气体CO，并控制煤粉释放热量的强度。多个燃烧器的组合布置增强煤粉在此区域内的分散度，最大程度地使还原性气体CO与被还原气体NO_x接触，保证了脱硝效果与煤粉热量的部分释放。

二区过渡区：采用两个燃烧器绕某直径的圆布置，将煤粉切向喷入分解炉锥部，同时在进入分解炉的三次风气流扰动下，煤粉在该区域与部分三次风进行燃烧反应。但此区域的含氧量仍不充足，仍可产出还原性气体CO，进一步降低窑尾烟气中的NO_x；同时，此区域内煤粉燃烧能量得到明显释放，为主燃烧区提供了较理想的燃烧环境。

三区主燃烧区：采用两个燃烧器对称俯冲布置，并与三次风入口位置协同配合，保证煤粉燃烧反应的充分快速进行。

2.2 氮氧化物生成理论

氮氧化物主要包括NO、N_2O、NO_2、N_2O_5，化石燃料煤燃烧生成的主要是NO和NO_2，其中

NO占90%以上；根据其生成机理不同，可分为：热力型NO_x、快速反应型NO_x、燃料型NO_x。

热力型NO_x是指在燃烧过程中，空气中的氮气（N_2）被氧化成NO，它的产生主要位于温度高于1500℃的高温区。在高温下，O_2被分解，分子氮被产生的氧原子氧化为NO。热力型NO_x随着温度和氧浓度的增大而增加。

快速反应型NO_x是碳氢类燃料在过量空气系数小于1的富燃料条件下，于火焰内快速生成的，其生成过程需要经过空气中的N_2和碳氢类燃料分解的HCN、NH、N等中间产物的一系列复杂化学反应。

燃料型NO_x是指燃料中的氮，在燃烧过程中经过一系列氧化-还原反应而生成的NO_x，它是煤粉燃烧过程中NO_x生成的主要来源，占NO_x生成总量的80%～90%。燃料型NO_x生成主要受燃烧温度、过量空气系数、煤种、煤粉颗粒大小，以及燃料-空气混合条件的影响，通过影响燃烧室局部的自由基浓度分布，从而影响NO_x的生成与还原。

3　模拟分析

3.1　数值模拟数学模型

数学模型选取采用了目前国内外工程研究领域中较为成熟的方法。用有限容积法离散微分方程求解，对控制方法的求解采用SIMPLE算法，辐射传热采用P-1模型，气相湍流流动采用Realizable κ-ε模型，气固两相流动采用拉格朗日随机颗粒轨道模型[1-2]。

3.2　热态工况分析条件

热态工况分析条件见表1、表2。

表1　实际生产中燃料煤的工业分析和元素分析

工业分析	Fc	V	A	M	S	N
收到基/质量%	50.25	27.45	16.40	5.90	0.82	1.00
元素分析	C	H	O	N	S	—
收到基/质量%	65.52	2.55	11.86	1.00	0.82	—

表2　实际生产中分解炉的运行工艺参数

熟料产量	分解炉喂煤	用煤热值	窑尾废气风速/温度	三次风风速/温度
5830t/d	19.63t/h	22550kJ/kg	20.2m/s/1096℃	21.3m/s/978℃

3.3　物理几何模型介绍

根据实际设计产量5500t/d熟料生产线分解炉尺寸，等比例原尺寸大小建立分解炉三维模型几何结构。三维模型结构见图1（a），图1（b）为燃料分级燃烧三区位置分布示意图。

如图2所示，给出了燃料三区分级模型结构与布置形式，通过三区燃烧器的不同布置，充分提高分解炉的自身性能。

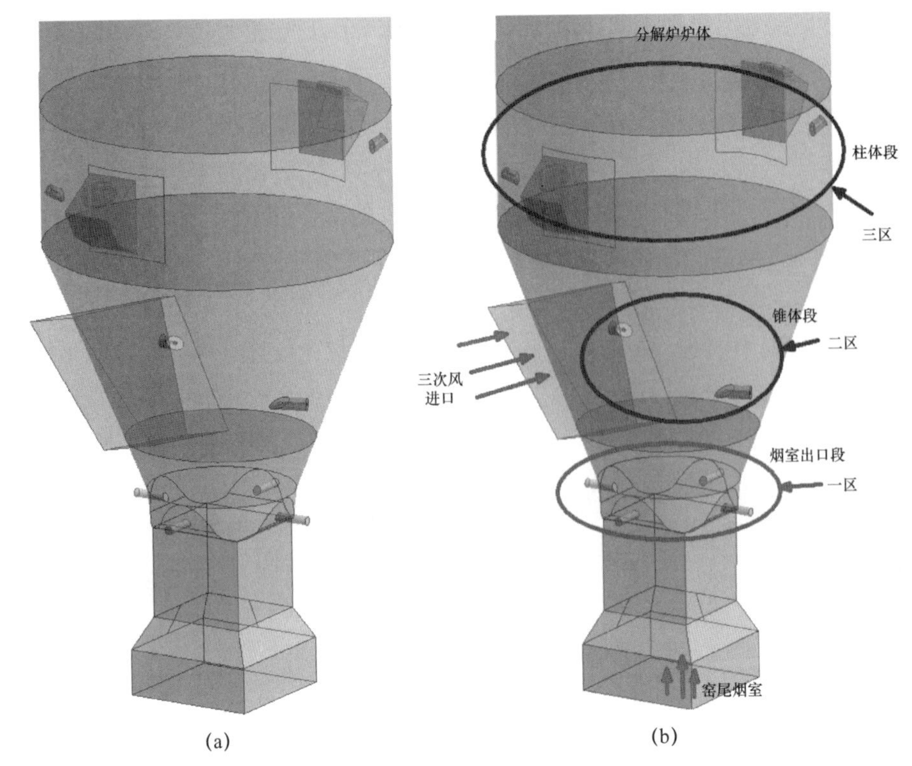

(a)　(b)

图 1　三维几何模型

(a) 三维模型结构；(b) 三区位置分布示意图

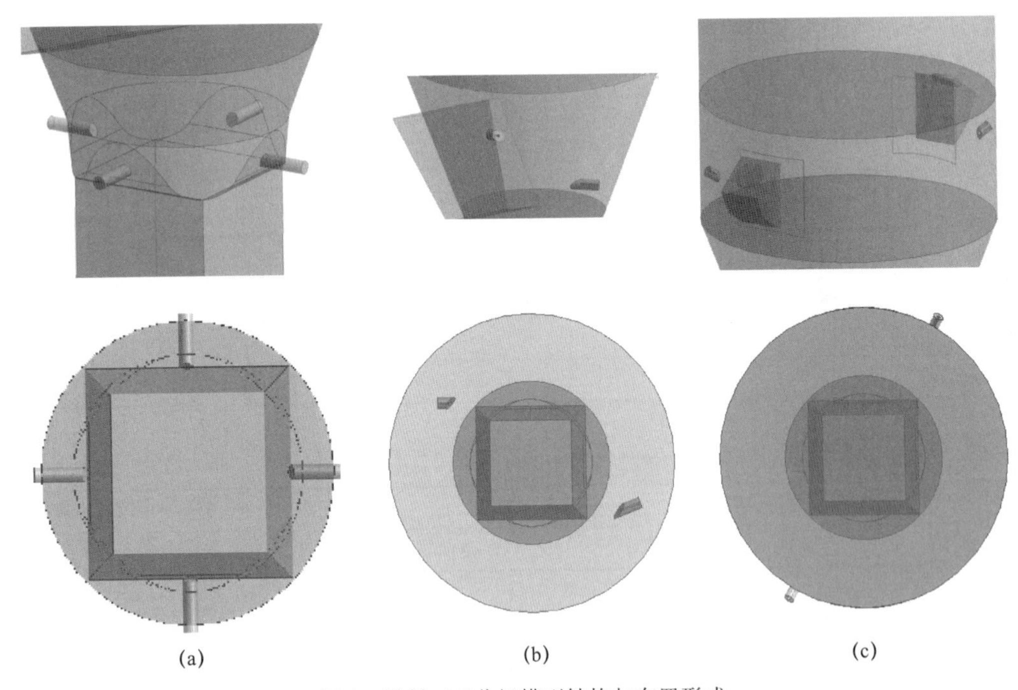
(a)　(b)　(c)

图 2　燃料三区分级模型结构与布置形式

(a) 一区燃烧器布置；(b) 二区燃烧器布置；(c) 三区燃烧器布置

3.4 模拟效果分析

通过计算机数值模拟研究，我们可以发现煤粉颗粒在分解炉空间内的运动轨迹，详见图 3。通过对煤粉运动轨迹追踪可以发现，一区内煤粉完全进入到窑尾烟气中，并在烟气中燃烧产生还原气体；二区内煤粉同时与三次风来风和窑尾烟气外围烟气混合燃烧；三区内煤粉喷入炉内后与主流三次风迅速混合燃烧。

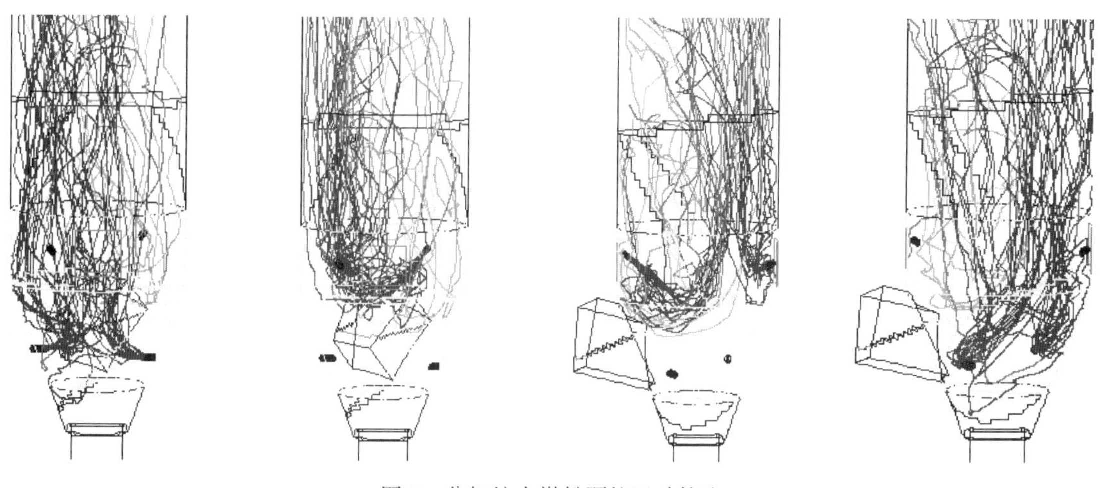

图 3　分解炉内煤粉颗粒运动轨迹

在计算机数值模拟研究中，通过观察分解炉内 NO_x 浓度分布特征以及分解炉内 O_2 的混合运动特点，充分掌握分解炉内气流运动分布，合理布置煤粉燃烧器位置、精准调节控制各区喷入煤粉量占比。图 4 为分解炉内氧气和 NO_x 浓度分布。

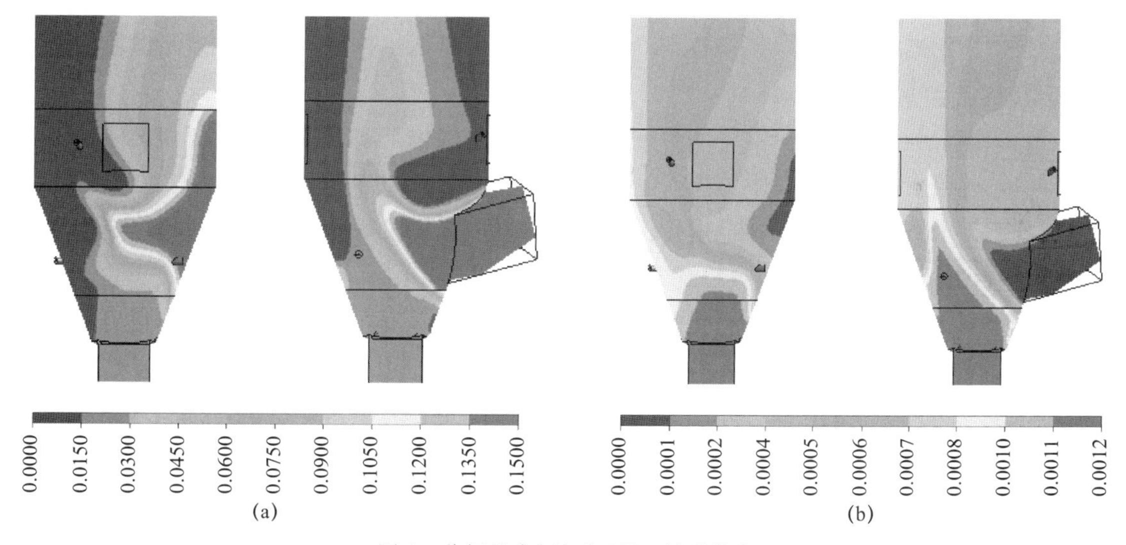

图 4　分解炉内氧气和 NO_x 浓度分布

（a）氧气浓度分布（kg/kg）；（b）NO_x 浓度分布（kg/kg）

通过计算机的可视化分析，从数值模拟研究结果中可清晰地观察到 NO_x 分布云图效果。图 5 为三区分级燃烧 NO_x 在各截面上可视化分布效果图。

3.5　经济评价

通过水泥厂分解炉的燃料三区分级燃料技术计算机模拟分析，可以发现：对于设计产量 5500t/d 水泥熟料生产线，分解炉出口 NO_x 可降至 250～400ppm，相对于未采用该项技术的原分解炉出口 NO_x 排放浓度，降低 NO_x 排放达 50%。

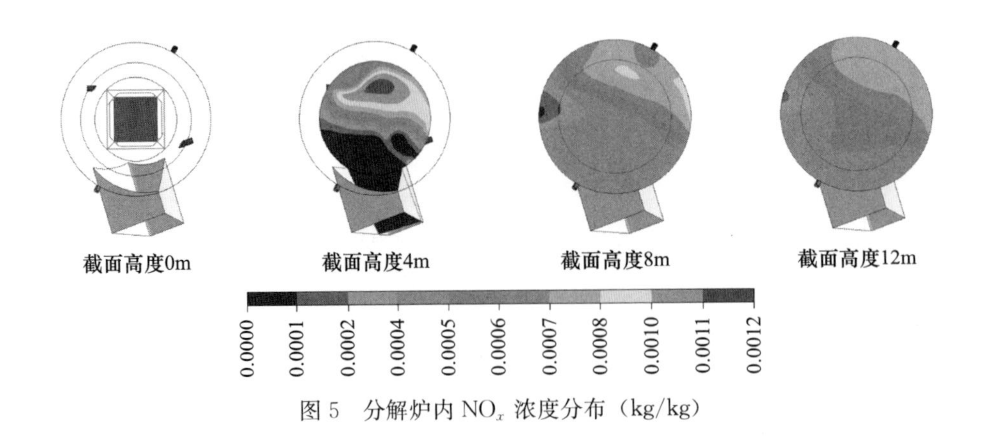

图 5　分解炉内 NO_x 浓度分布（kg/kg）

若按照采用 SNCR 脱硝技术来降低分解炉出口 NO_x 计算，在达到相同 NO_x 排放浓度条件下，采用此项技术措施可减少至少 400ppmNO_x 氨水用量，由此产生的社会和经济效益都非常大。

同时，由于分解炉内锥部燃烧温度空间得到优化，更加有利于分解炉功能的发挥，节煤降耗效果可达到每吨熟料约 0.5kg 以上标煤。

4　结　论

通过采用燃料三区分级燃烧技术，并进行精细化的过程操作控制，对水泥生产线分解炉系统的计算机数值模拟，可得到如下几点结论：

（1）分解炉采用燃料三区分级燃烧技术，通过区域燃烧精细化控制，能有效控制煤粉在分解炉内的燃烧状态和燃烧空间。

（2）燃料三区分级燃烧技术，在分解炉烟室出口一区范围内，实现煤粉缺氧燃烧，能更加有效产生 CO 还原区，还原来自窑尾烟气中的 NO_x。

（3）燃料三区分级燃烧技术，在分解炉锥部区域，形成温度阶梯式燃烧分布效果，更加有利于控制煤粉燃烧过程中的 NO_x 生成，有效控制分解炉内 NO_x 生成。

（4）通过燃料三区分级燃烧技术，优化分解炉内锥部燃烧温度区间分布，分解炉自身的使用功能得到强化。

（5）在水泥窑分解炉系统中采用本项技术，能最大程度地提升分解炉性能，提高煤粉利用率，降低煤耗。每吨熟料节约标煤 0.5kg 以上；降低分解炉出口 NO_x 排放量达 400ppm，大幅降低后期 SNCR、SCR 脱硝氨水使用量，节约生产中氨水的使用量和减少氨水对环境的污染。

参考文献

[1] 王福军．计算流体动力学分析：CFD 软件原理与应用［M］．北京：清华大学出版社，2004.
[2] 李鹏飞，徐敏义．精通 CFD 工程仿真与案例实战［M］．北京：人民邮电出版社，2011.

水泥生产线 SNCR 精准脱硝喷氨点的研究与应用

李志强　轩红钟　张提提

摘　要　借助 CFD 计算机流体仿真模拟手段，开展 SNCR 精准脱硝喷氨位置的流场分析研究，通过合理布置 SNCR 喷枪，延长氨水与废气中氮氧化物的混合反应时间，减少粉尘、CO 等对氨水与氮氧化物反应效率的影响，促进 NH_3 与 NO 的反应，通过 SNCR 精准脱硝喷氨位置的研究，SNCR 脱硝系统氨水利用效率提高 10%以上。

关键词　SNCR 脱硝；精准脱硝；氮氧化物

Research and application of ammonia injection point of SNCR precise denitration in cement production line

Li Zhiqiang　Xuan Hongzhong　Zhang Titi

Abstract　With the help of CFD computer fluid simulation, we have analyzed and researched the flow field of ammonia spraying position of SNCR precise denitration. By reasonable arrangement of SNCR spray gun, the mixed reaction time of ammonia water and oxynitride in exhaust gas was prolonged, the influence of dust and CO on the reaction efficiency of ammonia water and oxynitride was reduced, promoting the reaction between NH_3 and NO. By studying the precise ammonia spraying position of SNCR denitration system, the ammonia water utilization efficiency of SNCR denitration system is increased by more than 10%.

Keywords　SNCR denitration; precise denitration; oxynitride

0　引　言

在生态文明建设的大背景下，全国各地环保政策逐渐收紧，不断出台超低排放标准，环保形势日益严峻。目前，水泥行业应用最广泛的脱硝技术为选择性非催化还原脱硝（SNCR 脱硝），该技术具有系统流程简单、投资少等特点，在水泥行业得到了广泛应用。

SNCR 脱硝技术是在没有催化剂的情况下，将氨基的还原剂喷入炉膛温度为 850～1100℃的区域，与 NO_x 发生还原反应生成 N_2 和 H_2O[1]，脱硝反应效率及氨水利用效率受温度窗口、粉尘浓度、停留时间、氨水喷枪位置等因素的影响[2-4]。

本文借助 CFD 计算机流体仿真模拟技术，开展 SNCR 精准脱硝位置流场模拟分析，通过 SNCR 喷枪的合理布置，已达到延长氨水与废气中氮氧化物的混合反应时间的目的，同时减少了粉尘、CO等对氨水与氮氧化物反应效率的影响，提高了SNCR脱硝效率。

1 SNCR精准喷氨位置研究

1.1 喷枪布置位置

根据水泥生产工艺技术特点，温度窗口在850～1100℃的SNCR脱硝喷氨位置主要在分解炉和C5旋风筒，目前大部分氨水喷枪设置在分解炉出口管道以及C5旋风筒出口管道，但存在氨水消耗量大、氨水利用率低等问题。

C5旋风筒本体经过收尘后粉尘浓度降低约90%，温度区间在850～890℃，CO浓度较分解炉大大降低，可作为SNCR脱硝喷枪布置位置，提高SNCR脱硝效率及氨水利用效率。分解炉、C5旋风筒本体及C5旋风筒出口作为SNCR脱硝喷氨点位置指标对比情况见表1。

表1 分解炉、C5旋风筒本体及C5旋风筒出口作为SNCR脱硝喷氨点位置主要指标

序号	名称	分解炉	C5旋风筒出口	C5旋风筒本体
1	温度区间/℃	850～110	840～860	850～890
2	粉尘浓度/（g/Nm^3）	800～1000	950～1300	80～100
3	CO浓度	高	低	低
4	氨水混合停留时间（s）	>1.5	0.1左右	>1.0

注：1. 以上数据按照5000t/d生产线进行核算；

2. 氨水混合停留时间指850～1100℃温度区间停留时间。

C5旋风筒本体的温度窗口、氨水混合停留时间均满足SNCR的要求，且CO浓度较分解炉低，粉尘浓度小，可以作为SNCR脱硝喷枪位置。

1.2 CFD模拟分析

初步制定SNCR脱硝喷枪位置方案，并借助CFD流体模拟手段，开展SNCR精准脱硝喷氨位置的流场分析研究。

从C5旋风筒本体喷射氨水流场情况可以看出（图1），氨水与废气混合，随废气进行运动，并在中心位置旋转上升进入下一级旋风筒，氨水与气体混合停留时间1.2s以上，能够保证足够的反应时间。

C5旋风筒入口温度一般在880℃左右，出口温度在850℃左右，该温度均在SNCR脱硝氨水与NO_x反应温度窗口。

分解炉主要承担煤粉的燃烧及生料的分解，C5旋风筒是分解炉后续的热工设备，煤粉在分解炉内充分燃烧后，废气及分解后生料进入C5旋风，C5旋风筒CO浓度较分解炉低，减少了CO对SNCR反应效率的影响。

张云宁硕士借助原位漫反射红外光谱分析验证了物料吸附NH_3促使NH_3发生氧化反应生成NO，抑制脱硝反应。C5旋风筒本体区域经过收尘后，物料浓度较低，一般在80～100g/Nm^3，减少了物料对脱硝反应的影响。

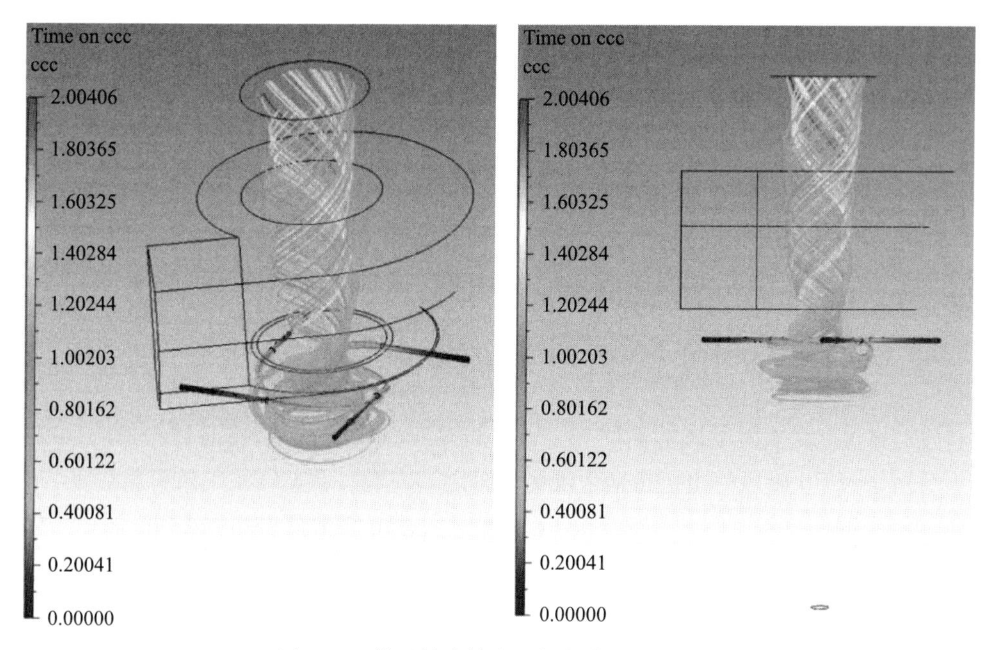

图 1　C5 旋风筒本体布置氨水喷枪流场情况

2　工程应用效果

该技术方案在某公司生产线实施改造，改造过程不影响生产线正常运行。SNCR 喷枪位置由分解炉出口 4 支喷枪、C5 旋风筒出口各 2 支喷枪改造为 C5 旋风筒本体各 4 支喷枪，投产后，在 NO_x 排放浓度基本相同的情况下，氨水用量显著下降，氨水利用效率进一步提高。改造前后 SNCR 运行情况如图 2、图 3 所示。

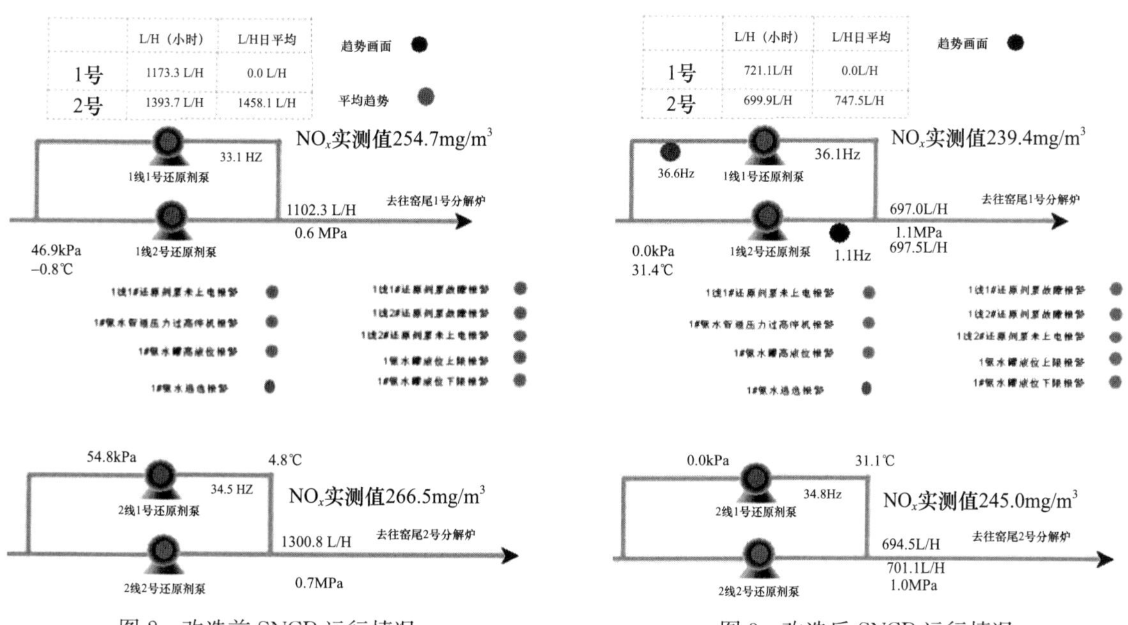

图 2　改造前 SNCR 运行情况　　　　图 3　改造后 SNCR 运行情况

该技术在某公司两条生产线同时实施改造，改造前 NO_x 排放浓度在 250mg/Nm^3 左右，20%氨水用量为 1100～1400L/h，改造后，NO_x 排放浓度控制在 240mg/Nm^3 左右，氨水用量降低至 700L/h 左右，氨水用量降低 40%左右，氨水利用效率提高 20%以上，技改效果明显。

截至目前，C5 旋风筒作为熟料线 SNCR 精准脱硝喷氨位置已经在 100 多条生产线应用，氨水用量较改造前节省 20%以上。

3 结 论

通过熟料线 SNCR 精准脱硝喷氨位置的研究，主要得到以下结论：

（1）熟料生产线 C5 旋风筒本体的温度在 850～890℃，氨水与气体的混合停留时间在 1.0s 以上，粉尘浓度仅为分解炉及 C5 旋风筒出口粉尘浓度的十分之一左右，且 CO 浓度较分解炉低，C5 旋风筒本体的温度窗口、氨水混合停留时间均满足 SNCR 的要求，且 CO 浓度较分解炉低，粉尘浓度小，可有效促进 NH_3 与 NO 的反应。

（2）通过工程应用，SNCR 脱硝喷氨位置改造为 C5 旋风筒本体后，在 NO_x 排放浓度控制在相同指标的情况下，氨水用量进一步降低，较改造前降低 20%以上，氨水利用效率提高 10%以上。

参考文献

[1] 钟秦．燃煤烟气脱硫脱硝技术及工程实例［M］．北京：化学工业出版社，2002.
[2] 胡琦，杨瑞洪，詹洪新．SNCR 脱硝技术在水泥行业的应用及影响因素［J］．污染防治技术，2014，27（2）：44-47.
[3] 关凌岳，白鹤，沈洁，等．烧成系统中 CO 对 SNCR 系统运行效率的影响及应对措施［J］．水泥工程，2016（2）：19-23.
[5] 张云宁．水泥生料对 SNCR 脱硝过程的影响研究［D］．北京：北京工业大学，2016.

水泥熟料生产线 SO_2 的控制技术和计算推导分析

张宗见　轩红钟　刘守信

摘　要　水泥熟料生产过程中，原燃材料中的硫不能全部固化到熟料中，剩余的硫以 SO_2 形式随窑尾废气排入大气中，给环境带来了污染。文章从源头分析水泥熟料生产线中 SO_2 的来源，逐步推导 SO_2 排放量的计算过程；并结合新型干法水泥窑的工艺特点，针对不同的脱硫技术进行了分析和阐述。

关键词　水泥工业；烟气脱硫；SO_2 排放量计算

Control technology and computational derivation analysis of SO_2 in cement clinker production line

Zhang Zongjian　Xuan Hongzhong　Liu Shouxin

Abstract　In the process of cement clinker production，sulfur in the original raw material and fuel cannot be completely solidified into the clinker，and the remaining sulfur is discharged into the atmosphere in the form of SO_2 with the kiln exhaust gas，which brings pollution to the environment. In this paper，the source of SO_2 in cement clinker production line is analyzed，and the calculation process of SO_2 emission is derived step by step. Combined with the technological characteristics of the new dry cement kiln，we has analyzed and described the different desulfurization technologies.

Keywords　cement industry；exhaust gas desulfurization；the calculation of SO_2 emission

0　引　言

水泥熟料生产过程中使用的原料和燃料里面基本都有硫的存在，生产线本身配置的增湿塔、生料磨、收尘器、预分解系统及窑系统等主机设备具有自脱硫作用，可以固化部分硫在熟料中，但是难以固化的硫仍以 SO_2 形式随窑尾废气排入大气中，在原燃料中硫含量较高的情况下，废气中 SO_2 的排放浓度会超出国家环保要求。如何从 SO_2 排放量高的源头分析和计算，选择合适的脱硫技术进行综合治理是本文的讨论要点。

1　硫的存在状态和熟料生产线的自脱硫技术

熟料生产过程中，因原材料中含有较多的有机硫化物、单硫化物或者复硫化物，在预热器 400～

600℃温度下氧化生成SO_2，部分生产的SO_2与生料中碱性物质等反应生成相应的硫酸盐外，其余随废气排入大气，导致生产线SO_2排放浓度不能满足国家环保标准要求。一般SO_2的来源主要有两种途径：一种途径是原料中引入硫（石灰石、硅铝质料、铁质料）；另一种途径是燃料中引入硫。

1.1 原料中的硫

石灰石、砂岩、铁矿石中的硫大部分以硫铁矿的形式存在，其中以单晶硫、有机硫和硫酸盐为辅。硫铁矿在正常情况下500℃左右被氧气氧化分解产生Fe_2O_3和SO_2。

1.1.1 硫化物

（1）种类：黄铁矿和白铁矿（两者均为FeS_2）、单硫化物（FeS）。

（2）反应特点：500～600℃发生氧化生成SO_2气体，主要发生在二级旋风筒。

（3）控制技术：由于硫化物在一、二级旋风筒处氧化生成SO_2，这些SO_2气体直接进入预热器出口管道，水泥生产自脱硫方法可以通过增湿塔喷水、原料磨新生成的高活性表面$CaCO_3$捕捉SO_2，袋收尘器已吸附的碱捕捉SO_2。

1.1.2 硫酸盐

（1）主要种类：石膏（$CaSO_4 \cdot 2H_2O$）和硬石膏（$CaSO_4$）。

（2）反应特点：硫酸盐物质在低于烧成带温度下基本能稳定存在，只有在进入窑系统才会分解；碱的硫酸盐能更稳定存在。

1.2 燃料硫

据调查统计，原煤中全硫＜0.5％的低硫煤中，硫大部分都是以有机硫的形式存在，黄铁矿较少；当原煤中全硫＞2％时，硫则大部分以黄铁矿形式存在，有机硫含量偏少。水泥窑系统煤粉燃烧分为两大块，分解炉系统煤粉燃烧温度900℃左右，但碳酸钙分解过程中产生大量的高活性氧化钙能够很好地吸收SO_2，故不予考虑；窑系统内煤粉燃烧温度在1450℃以上，基本上硫以任何形态存在均不稳定，固硫效果取决于烧成带硫酸盐的分解程度。通过对水泥熟料的岩相分析，大部分硫酸盐化合物都是以$C_3A.S$、$C_4AF.S$等形式存在于水泥熟料液相中[1]。

（1）燃料硫的种类：硫化物、硫酸盐和有机硫。

（2）反应特点：燃料一般通过喂煤秤加入到分解炉和回转窑内，燃料在窑炉内进行燃烧，生成SO_2等废气。由于分解炉承担着碳酸盐的分解作用，会分解产生大量的高活性CaO，由于分解炉的温度一般在850～950℃之间，该温度区间是CaO和SO_2发生脱硫反应的最佳温度区间，因此窑内（烧成带）产生的SO_2气体可以在分解炉内被CaO吸收，也可以被窑过渡带中的碱吸收，生成硫酸盐等物质。

（3）控制技术：分解炉和回转窑本身自脱硫，在正常情况下，燃料中的硫很少影响硫的排放。

1.3 硫酸盐的固化

硫酸钙分解反应跟反应气氛（氧化、还原）、添加剂（C、CaO、FeO）等均有很大的关系，目前研究硫酸钙分解的方向主要是反应气氛和CaO、FeO等添加剂的影响，C添加影响的研究较少。

研究结果表明：正常情况下，硫酸钙开始分解的温度在1000℃左右，添加氧化铁（17%）以后，硫酸钙分解温度下降明显（850℃），分解速度由10%的SO_2逸出率上升为50%左右，且在还原气氛下能够明显提高硫酸钙的分解速度。

水泥生产过程中，控制硫碱比，也就是为了减小钠钾硫在系统的富集。一方面合适的硫碱比，硫和碱反应生成硫酸钠或者硫酸钾，硫酸钠或硫酸钾属于正盐，具有很高的沸点及分解温度（硫酸钠分解温度为1700℃，硫酸钾分解温度为2000℃），不容易进一步循环，从而达到减小钠、钾、硫富集的目的；另一方面，碱的掺入，可以将硫酸钙（1200℃以上开始发生剧烈的分解反应）置换为硫酸钠、钾，达到进一步固化硫酸盐的目的[2]。

2　水泥熟料生产工艺的脱硫作用

2.1　增湿塔

含碱粉尘颗粒的烟气进入增湿塔，与增湿塔的喷射水滴混合，形成固液气三相组合，对SO_2具有捕捉作用。

2.2　生料磨

调配库调配好的原料进入生料磨中进行粉磨，原料中80%左右为石灰石，粉磨过程中$CaCO_3$会不断产生新鲜的活性表面，产生的碱性粉料在磨内有较长的停留时间，利于SO_2与$CaCO_3$粉料反应；另外，入磨物料一般水分为2%～5%，粉磨烘干过程中会产生大量的水蒸气，立磨中气体温度一般在200℃以下，所以磨内环境相对湿度较高。以上两种因素：新鲜$CaCO_3$粉磨产生的巨大的反应面、粉料在磨内较长的停留时间以及磨内较多的水蒸气环境，更有利于SO_2与$CaCO_3$粉料发生脱硫反应。

2.3　收尘器

收尘器中气体和粉尘料紧密接触以及相对湿度较高也可以脱硫。

2.4　预热器

由于预热器主要承担物料的收集和换热作用，预热器上面的几级旋风筒（300～600℃）没有与SO_2发生反应的较好活性物料（$CaCO_3$新分解的CaO很少），所以脱硝效率一般很低。

2.5　分解炉

由于分解炉承担着碳酸盐的分解作用，会分解产生大量的高活性CaO，由于分解炉和C5级筒出口的温度一般在850～950℃之间，该温度区间是CaO和SO_2发生脱硫反应的最佳温度区间。需要注意的是，合理控制温度、O_2和CO的浓度、热生料在四五级筒和连接风管分布，以上这些因素影响脱硫效率[3]。

2.6　回转窑

（1）前过渡带：前过渡带不利于石灰脱硫反应的进行（温度过高，>1050℃）。前过渡带中的硫被碱或者钙吸收后，形成碱的硫酸盐和钙的硫酸盐。随着温度的升高，钙的硫酸盐的稳定性相对碱的硫酸盐的稳定性差，前过渡带和烧成带 $CaSO_4$ 会逐渐地分解，而碱的硫酸盐则相对稳定地存在。$CaSO_4$ 的分解程度取决于窑内过剩空气含量、窑内温度以及 CO 含量。

(2) 烧成带：生料的易烧性直接影响硫的挥发和循环，生料的易烧性差时，中控操作员一般采取提高烧成带温度的方法，以增加更多的液相量，便于 C_3S 的形成，但是温度过高，会导致入窑生料中更多的硫挥发；生料中硫碱比的大小影响烧成带硫的挥发，一般碱的硫酸盐比较稳定，可以被熟料吸收，最终进入篦冷机系统冷却。

(3) 几点建议：控制好硫碱比；改善燃烧器设计和操作可以减少硫的循环；合理控制 O_2 含量、温度和 CO 含量[4]。

3 其他辅助的 SO_2 脱除技术[5-6]

3.1 干反应剂喷注法

将熟石灰喷入预热器系统适当位置，一般在最上面两级旋风筒之间的连接管道。该脱硫方法的脱硫效率较高，一般在75%左右，但是实际应用中购置熟石灰成本较高。

3.2 热生料喷注法

将分解炉分解产生的活性 CaO 活性物料喂入预热器系统适当位置，即工艺设计中从分解炉出口引出一部分废气进入收尘装置，将收集下来的高活性 CaO 作为反应试剂直接喂入旋风筒连接管道之间，CaO 与 SO_2 反应，吸收 SO_2。由于 CaO 为碳酸钙在分解炉内分解产生的，所以不需单独购买反应试剂，投资费用较低，但是脱硫效率稍低，一般在30%左右。

3.3 喷雾干燥脱硫法

该方法为湿法脱硫和干法脱硫相结合的一种脱硫方法，即将石灰加水进行反应，产生的浆液使用专门的喷雾装置直接喷入增湿塔中，与 SO_2 气体发生脱硫反应。该脱硫方法效率较高，一般可以控制在70%左右，不存在脱硫产物后处理问题。但是石灰浆液喷注过程中会造成管路、喷头等堵塞，维护成本较高。

3.4 湿法脱硫法

该方法为早期的脱硫方法，已被广泛应用于电力、冶金行业，具备成套设备。该种方法的脱硫效率较高，可达90%左右，堵塞和维修问题较少；但是设备投资、运行费用和技术要求高。

4 水泥厂 SO_2 排放量计算方法

水泥熟料烧成过程中，原燃料中的硫一部分进入水泥熟料和窑灰中，燃烧中生成的 SO_2 将与生料或料浆中的碳酸钙、氧化钙等反应生成亚硫酸盐或硫酸盐；一部分二氧化硫排入大气。可以根据硫的来源和去处，根据物料守恒原理，计算最终的 SO_2 排放量。下面举例说明 SO_2 排放量的推导计算。

4.1　计算参数

某水泥厂熟料产量5500t/d，该熟料线为三组分配料，其中石灰石中SO_3含量为0.79%，砂岩中SO_3含量为0.13%，铁矿石中SO_3含量为0.15%；生料配比为：石灰石93.53%，砂岩3.61%，铁矿石4.5%；生料理论料耗为1.53。实物煤耗150kg/t.cl，煤含硫量0.45%（煤粉空干基热值5000kcal/kg.cl），熟料中SO_3^{2-}根含量0.76%，窑灰占水泥熟料的1.5%，窑灰中SO_3^{2-}根含量为4.38%。求该水泥厂熟料生产中年二氧化硫排放量是多少千克（窑运转天数300天）。

4.2　计算过程的推导（以1kg熟料为基准）

（1）通过化学分析测得煤中的硫含量（0.45%），然后计算每千克熟料从煤中引入的硫含量（$m_{s_{煤}}$）：

$$m_{s_{煤}}=实物煤耗\times煤中硫含量=0.15\times0.45\%=0.000675\ (kg/kg.cl) \tag{1}$$

（2）计算单位熟料从煤中引入硫的摩尔数（$n_{s_{煤}}$）：

$$n_{s_{煤}}=m_{s_{煤}}\times1000/硫摩尔质量=0.000675\times1000/32=0.02109375\ (mol/kg.cl) \tag{2}$$

（3）石灰石中引入硫的摩尔数（$n_{s_{石灰石}}$）：

$$\begin{aligned}n_{s_{石灰石}}&=生料理论料耗\times石灰石配比\times石灰石中SO_3含量\times1000/硫摩尔质量\\&=1.53\times93.53\%\times0.79\%\times1000/80=0.14131\ (mol/kg.cl)\end{aligned} \tag{3}$$

（4）铁矿石中引入硫的摩尔数（$n_{s_{铁矿石}}$）：

$$\begin{aligned}n_{s_{铁矿石}}&=生料理论料耗\times铁矿石配比\times铁矿石中SO_3含量\times1000/硫摩尔质量\\&=1.53\times4.5\%\times0.15\%\times1000/80=0.0012909\ (mol/kg.cl)\end{aligned} \tag{4}$$

（5）砂岩中引入硫的摩尔数（$n_{s_{砂岩}}$）：

$$\begin{aligned}n_{s砂岩}&=生料理论料耗\times砂岩配比\times砂岩中SO_3含量\times1000/硫摩尔质量\\&=1.53\times3.61\%\times0.13\%\times1000/80=0.0008975\ (mol/kg.cl)\end{aligned} \tag{5}$$

（6）通过化学分析熟料中SO_3^{2-}根含量（0.76%），计算熟料中固化的硫摩尔数（$n_{s_{熟料}}$）：

$$\begin{aligned}n_{s_{熟料}}&=1\times熟料中SO_3^{2-}根含量\times1000/SO_3^{2-}摩尔质量\\&=1\times0.76/100\times1000/(32+48)=0.095\ (mol/kg.cl)\end{aligned} \tag{6}$$

（7）通过化学分析窑灰中SO_3^{2-}根含量（4.38%），窑产生的粉尘含量（约占熟料产量的1.5%），计算窑灰中硫的摩尔数（$n_{s_{窑灰}}$）：

$$\begin{aligned}n_{s_{窑灰}}&=1\times窑灰含量\times窑灰中SO_3^{2-}根含量\times1000/SO_3^{2-}摩尔质量\\&=1\times1.5\%\times4.38/100\times1000/(32+48)=0.0082125\ (mol/kg.cl)\end{aligned} \tag{7}$$

（8）排空SO_2摩尔数（$n_{SO_{2排空}}$）：

$$\begin{aligned}n_{SO_{2排空}}&=n_{s_{煤}}+n_{s_{石灰石}}+n_{s_{铁矿石}}+n_{s_{砂岩}}-n_{s_{熟料}}-n_{s_{窑灰}}\\&=0.02109375+0.14131+0.0012909+0.0008975-0.095-0.0082125\\&=0.06137965\ (mol/kg.cl)\end{aligned} \tag{8}$$

（9）排空SO_2质量（$m_{SO_{2排空}}$）：

$$\begin{aligned}m_{SO_{2排空}}&=n_{SO_{2排空}}\times SO_2摩尔质量\\&=0.06137965\times64=3.9282976\ (g/kg.cl)=3.9282976\ (kg/t.cl)\end{aligned} \tag{9}$$

（10）年排空 SO_2 质量（$m_{SO_2年排空}$）：

$$m_{SO_2年排空}=m_{SO_2排空}\times 熟料日产量\times 窑运转天数 \quad (10)$$
$$=3.9282976\times 5500\times 300=6481691.04\ (kg/年)$$

（11）折算成 10% O_2 含量，预热器出口 SO_2 排放量：

$$V_{预热器出口SO_2排放量}=m_{SO_2年排空}\times 1000/1.40\times (21-10)/(21-3.0) \quad (11)$$
$$=3.9282976\times 1000/1.40\times (21-10)/(21-3.0)=1714.73\ (mg/Nm^3)$$

式（11）中 1.40Nm^3/kg.cl 为预热器出口废气量（假定值，可以实际测得）；3.0%为预热器出口 O_2 含量（假定值，可以实际测得），以上 SO_2 排放量为预热器出口处的理论计算值，不包括水泥窑尾本身脱硫设备的吸附作用，例如增湿塔、原料磨、收尘器等设备的脱硫吸附作用，相关文献说明，生料磨采用预热器烘干热源，可以脱除 50%～70%的 SO_2。所以，实际烟囱排放值应该比上面计算值要低。（按照原料粉磨及废气处理系统 60%脱硫吸附效果计算，烟囱 SO_2 排放值为 1714.73×（1－0.6）＝686（mg/Nm^3）。

5 结 语

水泥熟料生产线在选择脱硫技术之前，首先应明确 SO_2 排放量偏高的原因是原料中 SO_2 含量偏高还是燃料中 SO_2 含量偏高，根据实际情况进行分析，通过生产配料中硫碱比的控制或者选择适当的脱硫技术进行综合治理。

参考文献

[1] 李小燕，胡芝娟，叶旭初，等．水泥生产过程自脱硫及 SO_2 排放控制技术 [J]．水泥，2010（6）：16-18.

[2] 嵇鹰，周蕊，徐德龙，等．煅烧过程中水泥原料含硫物质的转化形式 [J]．西安建筑科技大学学报（自然科学版），2011，43（2）：231-236.

[3] 李小燕，胡芝娟，叶旭初，等．水泥厂 SO_2 排放超标的原因分析 [J]．水泥，2010（10）：9-12.

[4] 苏达根，钟明峰，叶华．水泥窑的 SO_2 污染与防治 [J]．水泥，1998（12）：4-5.

[5] 叶华，苏达根．水泥窑 SO_2 污染防治的几个问题 [J]．四川环境，1999，18（2）：60-62.

[6] 廖传华，周玲．水泥厂烟气低温脱硫技术初探 [J]．环境工程，2003，21（2）：78-80.

浅谈 NX THERMAL/FLOW 在管式换热器热流耦合分析应用

项佳伟　曹　毅　刘邦瑜

摘　要　随着科技进步和技术创新能力的不断提高，节能环保的理念不断加深。管式换热器在流体介质热对流、热传导方面有着丰富的运用，对流体的换热、余热的利用、工作流体的预热有着极其重要的意义。关于换热器的设计计算，传统的计算方法可进行单独的计算，但涉及流体领域与温度领域的耦合状态，计算较为复杂，本文将立足于 NX 建模模块进行换热器的结构设计，并利用其搭建的 CAE 分析平台——NX THERMAL/FLOW 进行相关的流场与温度场的耦合。

关键词　NX THERMAL/FLOW；流场；温度场

Talking about the application of NX THERMAL/FLOW in heat-flow coupling analysis of tubular heat exchanger

Xiang Jiawei　Cao Yi　Liu Bangyu

Abstract　With the continuous improvement of scientific and technological progress and technological innovation ability, the concept of energy conservation and environmental protection has been deepened. Tubular heat exchangers are widely used in heat convection and heat conduction in fluid medium. They play an important role in heat transfer of fluid, utilization of waste heat and preheating of working fluid. Regarding to the design calculation of this heat exchanger, the traditional calculation method can carry out a separate heat exchanging calculation, but it involves the coupling state of the fluid field and the temperature field, and the calculation is relatively complicated. This paper is based on NX THERMAL/FLOW to couple the related flow field and temperature field.

Keywords　NX THERMAL/FLOW; flow field; temperature field

1　引　言

在水泥制造过程中会产生大量的 NO_x，对大气环境造成严重污染。我司自主研发了一套 SCR 脱硝设备，由于脱硝工艺需求，考虑设置了一组自换热管式换热器，其对流体的换热、余热的利用、工作流体的预热发挥了重要的作用。它是一种实现物料之间传递热量的节能设备，可以将物料的热量从高温区传递到低温区，使流体温度有一定的提升，满足工艺条件的需要，同时也提高了能源的利用率。设计上述换热器时，在查阅相关资料后，首先从理论上计算出相关数据，设计出大致的CAD模型，符合设备本身的尺寸，达到相关的工艺需求；其次利用NX进行分析以用于和理论计算互相校验；最终相关工程运行之后，根据实际反馈的数据对设计进行一个验证及对比。

2 5000t/d脱硝反应塔内部换热器理论计算

2.1 换热器计算已知条件

进口空气温度 $t_1=40℃$，出口空气温度 $t_2=200℃$；

$C_{空}=1.05\text{kJ}/(\text{kg}\cdot℃)$，$\rho_{空}=1.293\text{kg/m}^3$，$q_v=41.5\text{m}^3/\text{min}$；

含尘气体温度 $T_1=380℃$；

换热器拟采用20钢，由ASME标准查此材料 $\lambda=45.9\text{W}/(\text{m}\cdot℃)$。

2.2 计算换热量以及所需换热面积

$q_m=Q_v\times60\times\rho_{空}=3219.57\text{kg/m}^3$

$Q=C_{空}\times q_m\times(t_2-t_1)=543592\text{kJ/h}=151\text{kW}$

$T_2=T_1-Q/(q_m\times c_{空})=378℃$（出口温度）

$\Delta t_m=[(T_1-t_2)-(T_2-t_1)]/\ln[(T_1-t_2)/(T_2-t_1)]=250.8℃$

$R=(T_1-T_2)/(t_2-t_1)=1/80$

$P=(t_2-t_1)/(T_2-t_1)=0.4706$

由 R 和 P 查阅温度校正系数计算为1。

则校正后温度 $\Delta t_m=250.8℃$。

拟采用 $\phi32$ 管道，壁厚3.5mm；

则 $\sigma/\lambda=0.07625\text{m}^2\cdot℃/\text{W}$

空气对流系数采用对流系数 $h=20\text{m}^2\cdot℃/\text{W}$

热阻 $K=1/(\sigma/\lambda+2/h)=10\text{W}/(\text{m}^2\cdot℃)$

理论计算换热面积 $A=Q/(k\times3600\times\Delta t_m)=60\text{m}^2$。

2.3 核算管程

根据换热器灰斗体积空间，排布了 $\phi32\times3.5$U形管道，每个U形换热面积1.189m²，共计58根，总换热面积为 $68.95\text{m}^2>60\text{m}^2$，符合要求。

3 关于此案例利用NX THERMAL/FLOW计算仿真

3.1 管式换热器参数以及CAD模型建立

该管式换热器由材料20钢组成，换热系数 $\lambda=45.9\text{W}/(\text{m}\cdot℃)$，管壁外壁直径25mm、内壁

18mm。管外介质温度380℃，进气管流速为57m/s，每组管长约为12m，U形排布，共58组，并列排布。换热器三维模型如图1所示。

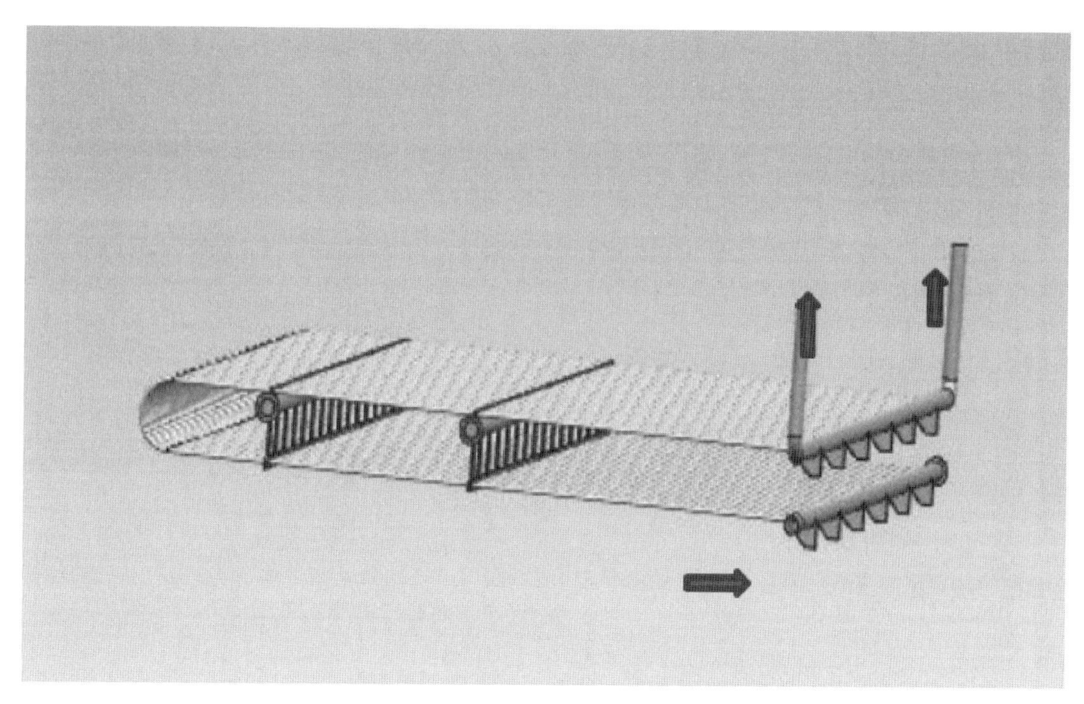

图1 换热器三维模型（图示箭头为气体的走向）

3.2 有限元模型的建立以及热流约束条件

利用NX THERMAL/FLOW划分331610个单元数，进气口约束条件为57m/s、40℃，出口背压为自然对流，环境温度为380℃。有限元FEM模型如图2所示。

图2 有限元FEM模型

3.3 有限元分析结果

从此结果（图 3）可以得出以 57m/s、40℃的空气流入设计换热器，外温度为 380℃，气体应以 290℃的温度流出。

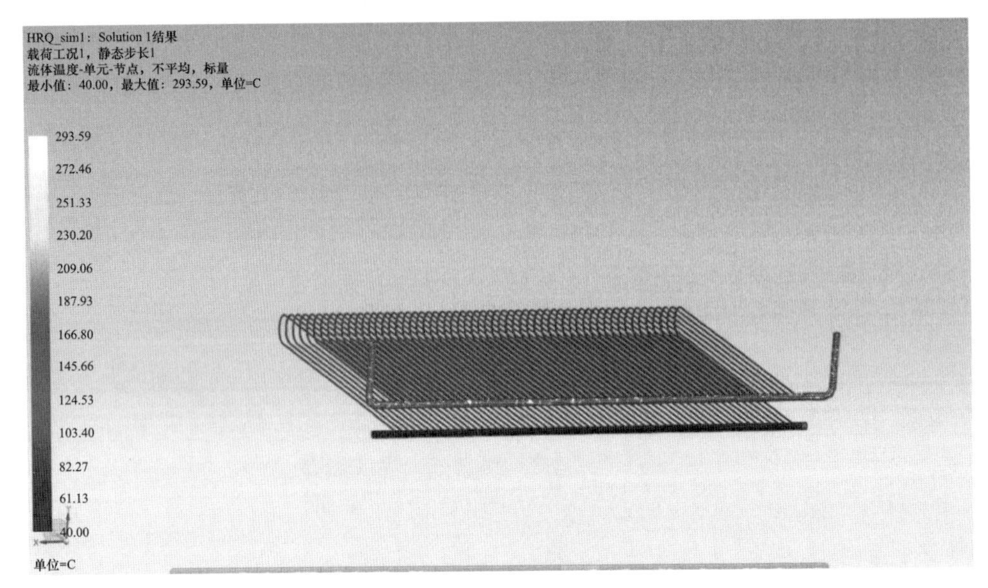

图 3 有限元分析结果

4 现场运行数据反馈

通过以上计算，可以为并列式换热器计算提供设计依据。文中所述换热器进出口温度有一个定量的结果、一个定性的判断，为实际运用提供了一个理论基础。

参考文献

[1] 杨世铭，陶文铨．传热学［M］．北京：高等教育出版社，1998.

[2] 沈维道，童钧耕．工程热力学［M］．5 版．北京：高等教育出版社，2016.

[3] 王泽鹏，张秀辉，胡仁喜，等．ANSYS12.0 热力学有限元分析从入门到精通［M］．北京：机械工业出版社，2010.

机制砂车间振动控制研究

张礼明　钱锡梅　单　旋

摘　要　近年来，多层工业厂房由振动筛引起的楼面振动过大情况时有发生，影响结构安全及人员职业健康。为研究振动筛对厂房结构振动问题，更好指导设计，本文结合某海螺水泥厂内骨料生产线机制砂厂房，运用迈达斯有限元软件及盈建科设备振动模块两种计算软件对比分析，得出振动设计控制方法。该厂房目前运行稳定，振动指标满足规范要求，达到了安全经济的目的。

关键词　振动筛；有限元分析；结构振动；共振；振动速度

Research on vibration control of a ManufacturedSand workshop

Zhang Liming　Qian Ximei　Shan Xuan

Abstract　Recently, the excessive vibration of the floor surface caused by vibrating screens in multi-storey industrial plants has occurred from time to time, affecting structural safety and occupational health of personnel. In order to study the vibration problem of vibrating screen on the structure of the plant, this paper combines the aggregate production line mechanism sand plant in a Conch cement plant, and uses the two calculation software of Midas finite element software and yingjianke equipment vibration module to compare and analyze the vibration design control method. The plant is currently operating stably, and the vibration indicators meet the requirements of the specifications, achieving the purpose of safety and economy.

Keywords　vibrating screen; finite element analysis; structural vibration; resonance; vibration velocity

0　引　言

近年来，随着水泥厂矿山的优势，越来越多的骨料生产线建设在水泥厂内，随着劳动生产率的提高，越来越多的大型动力设备置于厂房内。动力设备的振动扰力会引起厂房结构的异常振动问题，影响结构的安全和巡检人员的身心健康，同时也会降低机器的设备精度等。

1　工程简介

某海螺水泥有限责任公司年产 200 万吨建筑骨料生产线项目，机制砂厂房采用框架结构，占地面积 586m²，建筑面积 3516m²，建筑层数 6 层，建筑高度 37.1m；建筑第四层高度为 23.500m，工艺布置 4 台振动筛（图 1），振动筛下方设置了两个储量 250t 的缓冲钢仓，一、二层分别设置双皮带输送机。振动筛振动荷载较大，布置在较高楼层，将对厂房结构的安全、设备精度造成破坏，影响巡检人员的舒适性及身心健康等；外振动筛下方布置了缓冲仓，对结构柱的布置也产生了影响，这样振动筛所在平面将产生较大跨度的梁板结构，对楼层竖向振动产生不利影响。

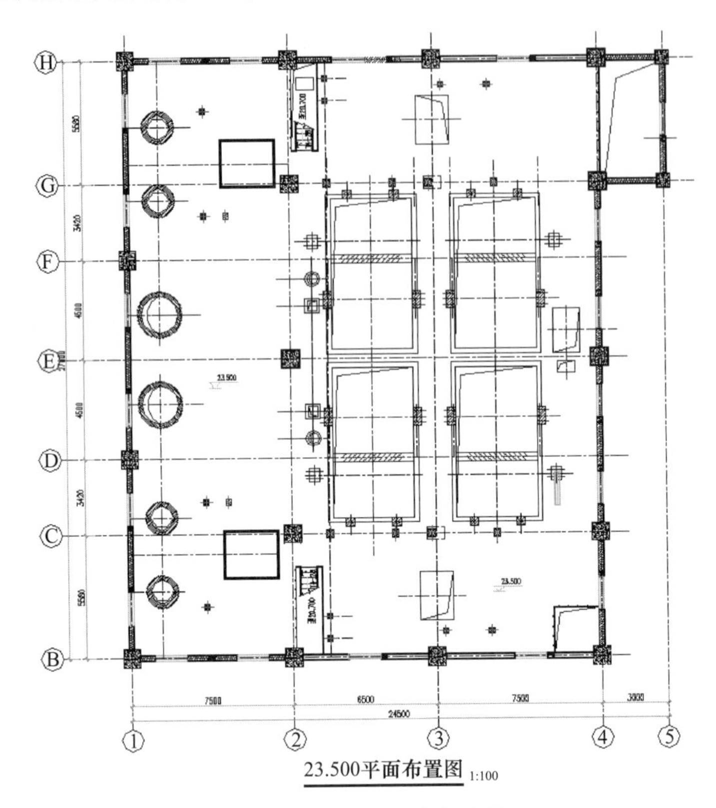

图 1 工艺布置 4 台振动筛

2 振动筛简介

本项目振动筛采用某矿山机械有限公司 2YK2475 振动筛，标准转速 850r/min，双振幅 6～8mm，振动频率 14.17Hz，即周期 0.07s，喂料量 200t/h，总质量 10635kg。振动筛为 4 个荷载支点，本文不研究楼层承载力等情况，仅研究楼层振动情况。设备自带一次隔振弹簧，由厂家提供的每支点工作竖向动荷载为 7.5kN，水平动荷载为 2.5kN。竖向及水平动荷载均为正弦往复荷载 $F=A\sin(\omega t+\varphi)$，其中 A 为荷载振幅，ω 为圆频率，φ 为起始角度，t 为时间。振动筛见图 2。

振动筛工作频率 14.17Hz 时，根据《机器动荷载作用下建筑物承重结构的振动计算和隔振设计规程》[1]，可知楼板竖向允许振幅为 0.146mm，楼板竖向允许振动速度为 12.6mm/s。《建筑工程容许振动标准》[2]（GB 50868—2013）规定振动筛的允许水平及竖向振动速度峰值为 10mm/s，振动位移为 0.2mm，振动加速度为 0.1g。

3 共振简介

多层钢筋混凝土工业厂房异常振动的原因往往有两种：一是动力设备工作频率接近厂房整体结构或局部构件的主要自振频率，从而发生共振；二是结构因自身刚度不足，在较大的动力设备扰力作用

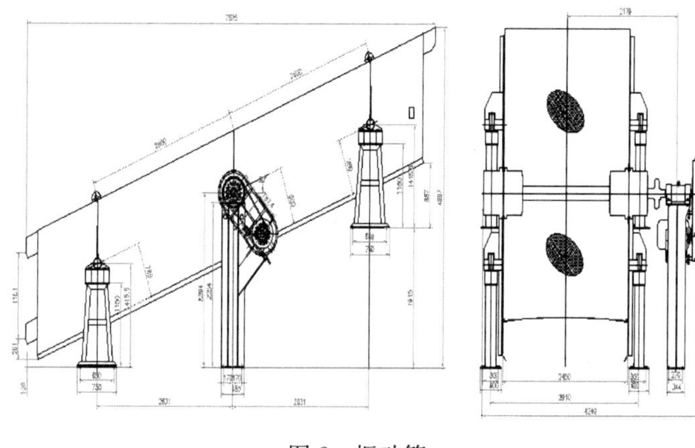

图 2　振动筛

下发生受迫振动。

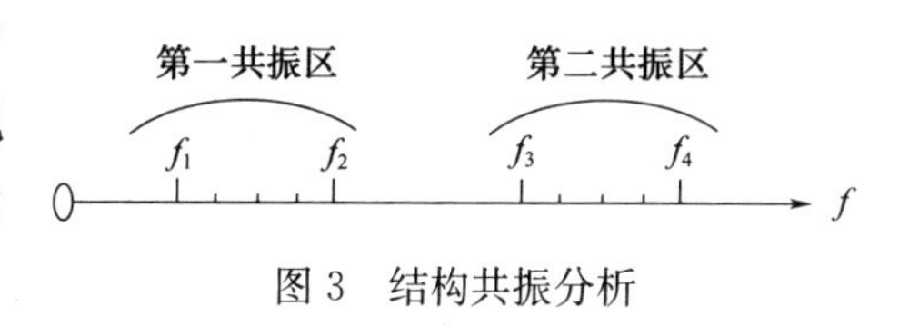

图 3　结构共振分析

结构动力计算的主要内容是摸清结构的动力特性，其中结构自由振动频率亦是结构最重要动力特性之一，一般来说结构存在着无穷多个频率，当动力设备力频率 f_0 与结构的某一自振频率 f 偶合时，结构就会发生共振。如图 3 所示。

（1）当 $f_0<f_1$ 时，结构是最安全的，任何情况下都不发生共振，这是一种保守的设计。

（2）当 $f_2<f_0<f_3$ 或 $f_0>f_4$ 时，动力设备正常工作，结构虽然不会发生共振，但当设备启动（加速）或停车（减速）时，f_0 要扫过共振区，结构有短暂的共振现象发生。共振范围为 0.85～1.15，即楼盖竖向第一自振频率不能在（0.85～1.15）f_0 范围。本振动筛自振频率为 14.17Hz，则共振区频率为 12.04～16.29Hz。

4　盈建科有限元振动分析

YJK 软件是由北京盈建科软件股份有限公司开发的建筑结构设计软件，新版软件的楼板设备振动模块能模拟楼板的振动情况。

（1）厂房模型的建立（图 4）

（2）设备动荷载的输入

根据《选煤厂建筑结构设计规范》（GB 50583—2010）6.3.2 条的规定，筛分机的计算扰力需乘以放大系数 $F_d=1.3$。模型正弦荷载输入见图 5。

本项目共 4 台振动筛，有 15 种工况，根据模拟情况，当 4 台振动筛同时工作时，此种工况振动情况最大，着重分析 4 台振动筛同时工作时振动指标模拟结果。

（3）模拟结果

① 楼层自振频率见表 1（只列前五种模态）。

表 1　楼层自振频率

模态阶数	固有频率/ Hz	模态参与系数
1	17.8224	0.0570338
2	18.1715	0.117675
3	20.477	0.000573683

续表

模态阶数	固有频率/Hz	模态参与系数
4	22.6753	0.21737
5	23.896	1.72304e−005

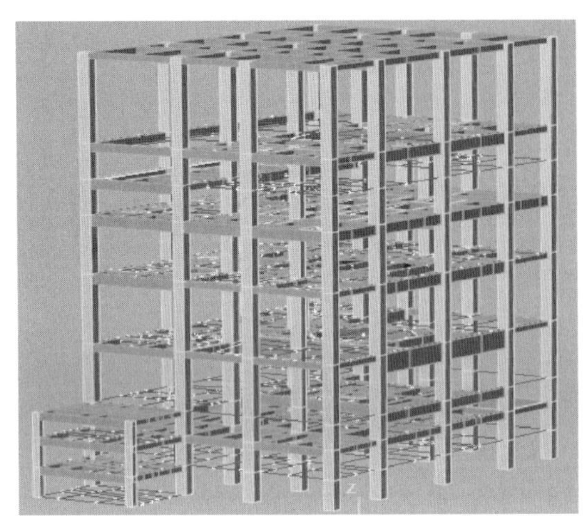

图4　厂房模型

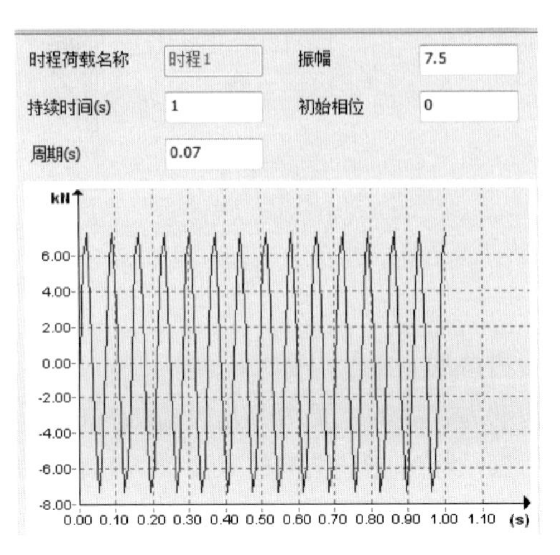

图5　模型正弦荷载输入

由表1可见，本楼层第一自振频率为17.8224Hz，不在共振区频率范围内，由此得出本层不会发生共振情况。

② 振动指标：见图6，由图可知振动速度最大为9.79mm/s，振动位移最大为0.103mm，振动加速度最大为0.096g，均满足规范要求。由此可得出，本项目楼层振动情况得到较好的控制。

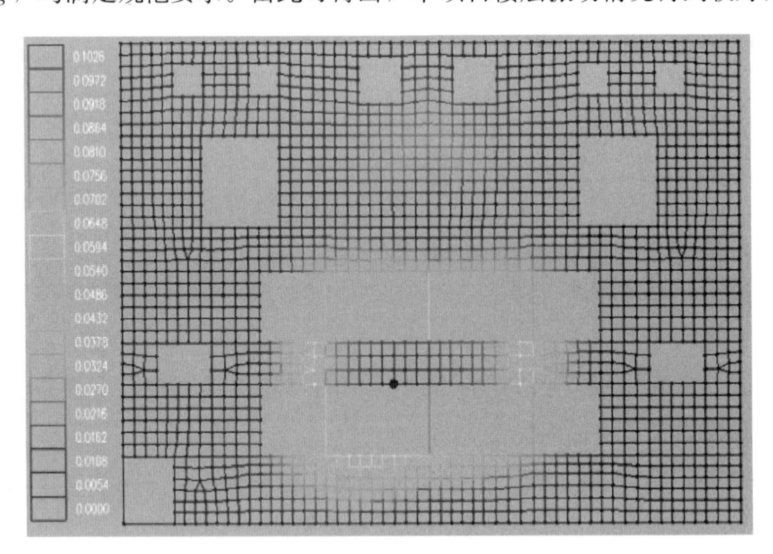

图6　振动指标

5　迈达斯有限元振动分析

由于厂房实际结构和设备布置复杂，采用MIDAS软件很难精确模拟结构的实际情况。为了结构计算模型能比较真实地反映原型结构的实际受力状况和振动特性的原则，采取了如下简化措施：梁、柱采用框架单元，楼板采用壳单元模拟；忽略填充墙侧向刚度贡献，将其自重简化为线荷载作用于梁上；将每个振动筛质量以节点荷载形式均匀分布到机器作用的4个支点。

（1）厂房模型的建立，见图 7。

（2）设备动荷载的输入，见图 8。

图 7　厂房模型

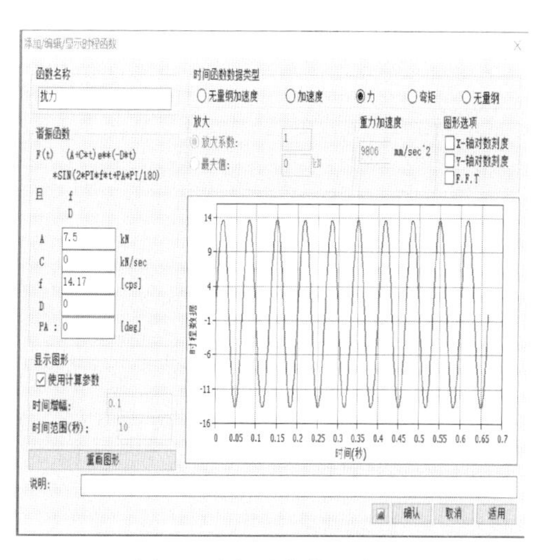

图 8　设备动荷载的输入

（3）模拟结果

① 楼层自振频率见表 2（只列前五种模态）。

表 2　楼层自振频率

模态阶数	固有频率/ Hz	振形参与系数
1	17.0361	0.0055
2	18.6335	0.0317
3	20.5515	0.446
4	22.7916	−0.0223
5	24.4741	0.0896

由表 2 可见，本楼层第一自振频率为 17.0361Hz，不在共振区频率范围内，由此得出本层不会发生共振情况。

② 振动指标，见图 9。

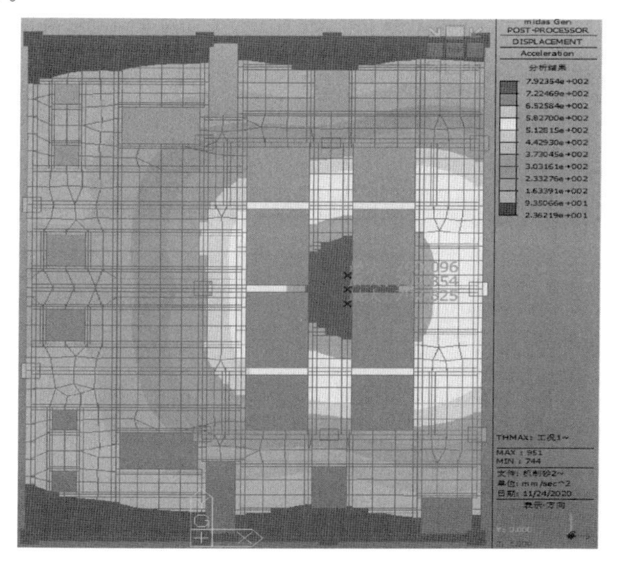

图 9　振动指标

由图 9 可知振动速度最大为 9.24mm/s，振动位移最大为 0.103mm，振动加速度最大为 0.079g，均满足规范要求。

③ 振动指标时程曲线，见图 10。

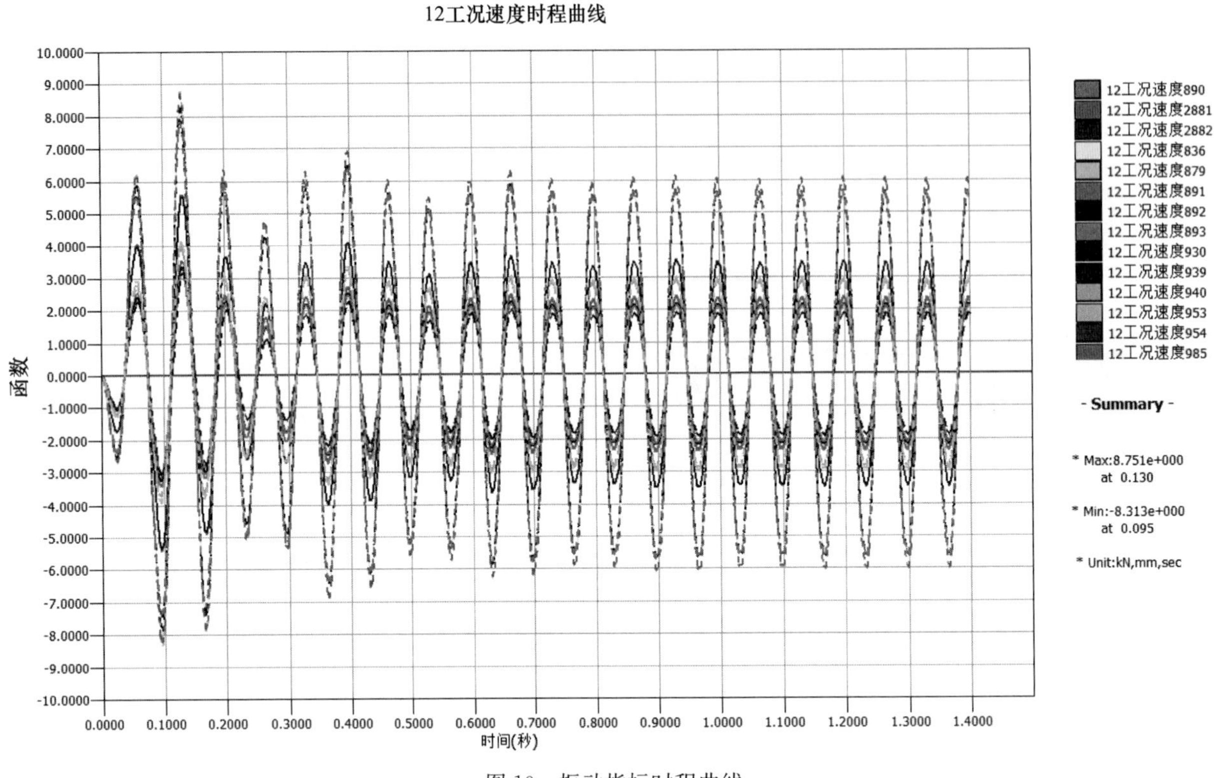

图 10 振动指标时程曲线

通过速度、位移、加速度时程曲线可知，振动模拟符合规范要求。由此可得出，本项目楼层振动情况得到较好的控制。

6 结 论

本文结合某海螺水泥厂内骨料生产线机制砂厂房，运用迈达斯有限元软件及盈建科设备振动模块两种计算软件对比分析，得出控制振动设计方法。本次研究表明：

（1）振动筛仅有设备自带一次隔振弹簧，传入楼层振动荷载较大，在楼层承载力满足的情况下，楼层可能出现较大的振动，影响正常使用。

（2）通过两种不同有限元软件得出本楼层的竖向第一自振频率均大于 17Hz，本楼层不会发生共振情况。

（3）通过两种不同有限元软件得出的楼层振动指标均满足规范要求，两种软件计算的误差不大于 5%，本项目楼层振动情况得到较好的控制。

（4）4 台振动筛一起工作时引起结构的振动最大。

（5）通过大量不同梁板布置尺寸进行有限元振动模拟，得出结构设计初步选型建议，见表 3。

表 3 支撑振动筛梁高度建议值

每支点动扰力/kN	5m≤L（跨度）≤6m	6m<L（跨度）≤7m
5<F≤10	1/7～1/7.5	1/7～1/7.5
10<F≤15	1/6.5～1/7	1/6.5～1/7
15<F≤25	1/6	1/5.5
7m<L（跨度）≤8m	8m<L（跨度）≤9m	9m<L（跨度）≤10m
1/7	1/6.5～1/7	1/6
1/6.5	1/6～1/6.5	1/5.5
1/5.5	1/5.2	1/5.0

并且梁的宽高比≥1/3，混凝土强度等级不低于C30；

框架柱一般为700～1000mm，且长细比不大于10；

板厚一般为板跨度的1/7～1/12，且厚度不小于200mm。

参考文献

[1] 中华人民共和国冶金工业部，中国有色金属工业总公司．机器动荷载作用下建筑物承重结构的振动计算和隔振设计规程：YBJ 55—90 [S]．北京：冶金工业出版社，1990.

[2] 中华人民共和国住房和城乡建设部，中华人民共和国国家质量监督检验检疫总局．建筑工程容许振动标准：GB 50868 [S]．北京：中国计划出版社，2013.

[3] 国家技术监督局，中华人民共和国建设部．动力机器基础设计规范：GB 50040 [S]．北京：中国计划出版社，1996.

[4] 徐建．建筑振动工程手册 [M]．2版．北京：中国建筑工业出版社，2016.

水泥厂现场仪表信号采集及传输的方法研究

周　湘　薛鑫刚　徐　刚

摘　要　水泥新型生产线现场仪表信号（温度等）至DCS系统现场控制站传统的做法是采用点对点的传输方式。随着工厂智能化的发展需要，现场将安装更多的仪表，将现场仪表进行转换并采用Profibus-DP或光缆传输的方式，解决远距离信号的传输问题，提高信号的抗干扰能力；同时使信号采集及传输系统相对简单，减少现场仪表至DCS系统现场控制柜的大量电缆，从而降低工程投资。

关键词　现场仪表；信号采集；信号传输

Research methods of field instrumentsignal acquisition and transmission in cement plant

Zhou Xiang　Xue Xingang　Xu Gang

Abstract　The traditional method of sending the field instrument signals（temperature，etc.）to the DCS system is to use point-to-point transmission at cement plant. With the development of factory intelligence，more instruments will be installed on site. In order to solve the problem of long-distance signal transmission and improve the anti-interference ability of the signal，designer can convert the field instruments and use Profibus-DP or optical cable transmission. At the same time，the signal acquisition and transmission is relatively simple，and a large number of cables from the field instrument to the DCS systemare reduced，thereby reducing engineering investment.

Keywords　field instrument；signal acquisition；signal transmission

1　概　述

目前，水泥新型生产线一般采用DCS控制系统，过程仪表（包括温度、压力等）信号至DCS系统现场控制站采用点对点的传输方式（一个仪表测点采用一根电缆）。随着工厂智能化的发展需要，现场需安装更多的仪表，对于已投产生产线来说，若采用传统的方式进行信号采集及传输，意味着需要更多的电缆，由于现场环境越来越复杂，一方面线路容易受到干扰，部分远距离信号传输在衰减，另一方面施工安装难度也非常大，因此，需寻求一种新的方式来解决这一问题。

2　现场仪表信号采集及传输系统网络结构

仪表信号采集及传输的方式很多，根据水泥生产线的特点，可在车间现场设置信号采集及传输装置，采集现场仪表信号，通过 Profibus-DP 总线或光缆将信号传送至上级现场仪表信号采集及传输装置或者 DCS 控制站。信号采集系统总网络结构示意图、信号采集系统区域网络结构示意图如图 1、图 2 所示。

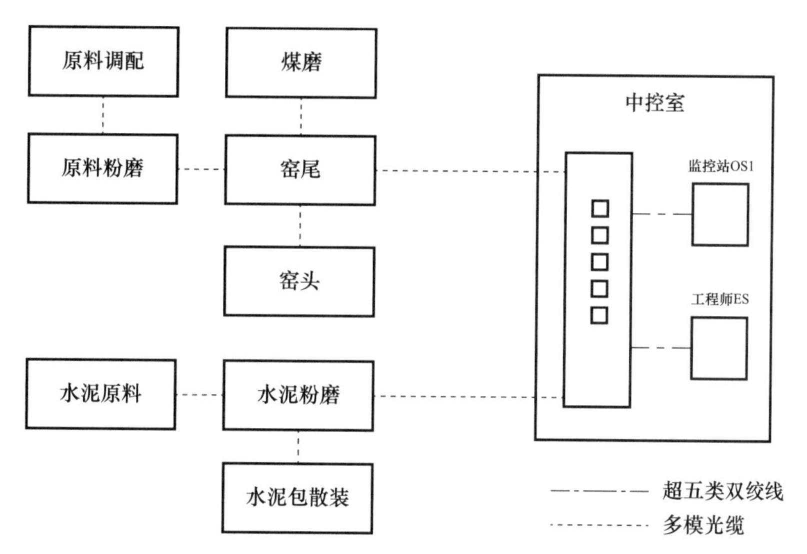

图 1　信号采集系统总网络结构示意图

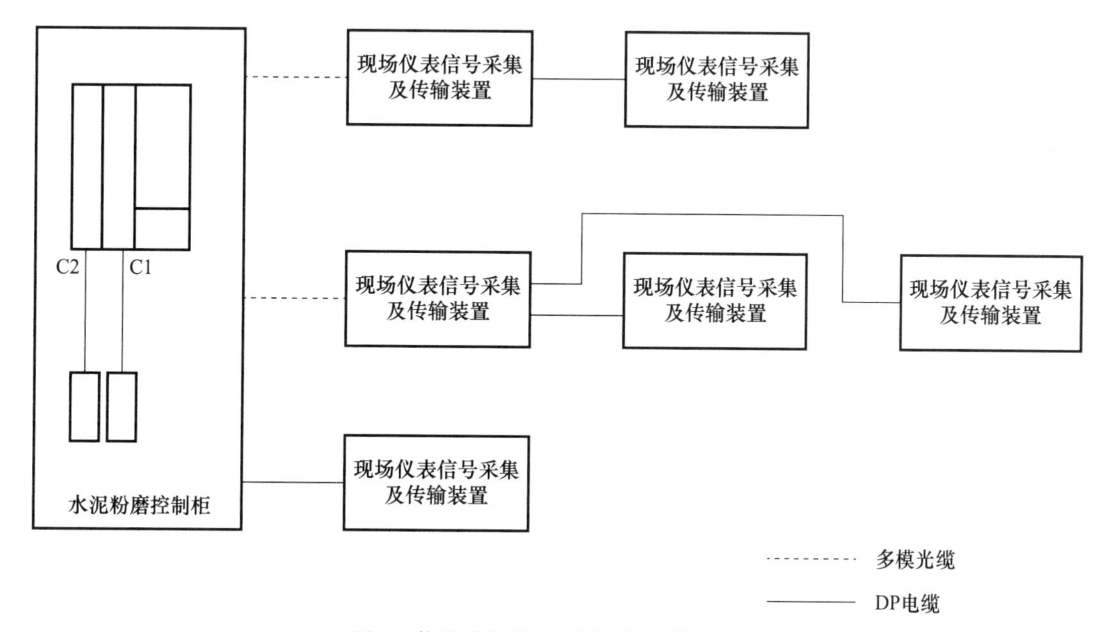

图 2　信号采集系统区域网络结构示意图

3　现场仪表信号采集及传输装置

现场仪表信号采集及传输装置主要包括三个部分：一部分为信号采集处理、传输，包括智能多通道数据采集器（模拟量信号采集器、温度信号采集器、开关量信号采集器）、HUB 中继器、Profibus-DP 集线器、OLM 等；一部分为供电系统，包括电源模块、断路器等；一部分为箱体、接线端子等。

现场仪表信号采集及传输装置安装在现场（生产车间），靠近现场仪表安装，根据现场环境设置相应的防护等级。

现场仪表信号采集及传输装置内可根据实际需要装设一定数量的智能多通道模拟量信号数据采集

器、智能多通道温度信号数据采集器、智能多通道开关量信号数据采集器。现场模拟量信号仪表通过电缆接入本装置模拟量信号数据采集器，现场温度信号仪表通过电缆接入本装置温度信号数据采集器，现场开关量信号仪表通过电缆接入本装置开关量信号数据采集器。数据采集器为 Profibus-DP 输出。

现场仪表信号采集及传输装置内可根据 Profibus-DP 网络结构及需要设置总线 HUB 中继器，供远距离现场仪表信号采集及传输的系统和装置 Profibus-DP 总线接入，延长 Profibus-DP 总线的传输距离；若不需要，本装置可不装 HUB 中继器。

现场仪表信号采集及传输装置内可根据 Profibus-DP 网络结构及需要设置 Profibus-DP 集线器，供多条 Profibus-DP 总线接入，实现 Profibus 网络星形结构，方便布线。若不需要，本装置可不装 Profibus-DP 集线器。

现场仪表信号采集及传输装置内可根据 Profibus-DP 总线的传输距离设置 OLM（光纤链接模块），将电缆转换为光缆通信，进一步提高传输距离。若本装置安装位置距离上级现场仪表信号采集及传输的系统和装置或 DCS 控制站较近，本装置可不装 OLM（光纤链接模块）。

现场仪表信号采集及传输装置内设置 24VDC 供电模块，将 220VAC 电源转换为 24VDC，为数据采集器、HUB 中继器、Profibus-DP 集线器、OLM 供电；220VAC 电源由附近电源提供。

现场仪表信号采集及传输装置内设置 1 只 220VAC 微型断路器、若干只 24VDC 微型断路器，用于接通、分断电源回路。

现场仪表信号采集及传输装置功能模块原理图如图 3 所示。

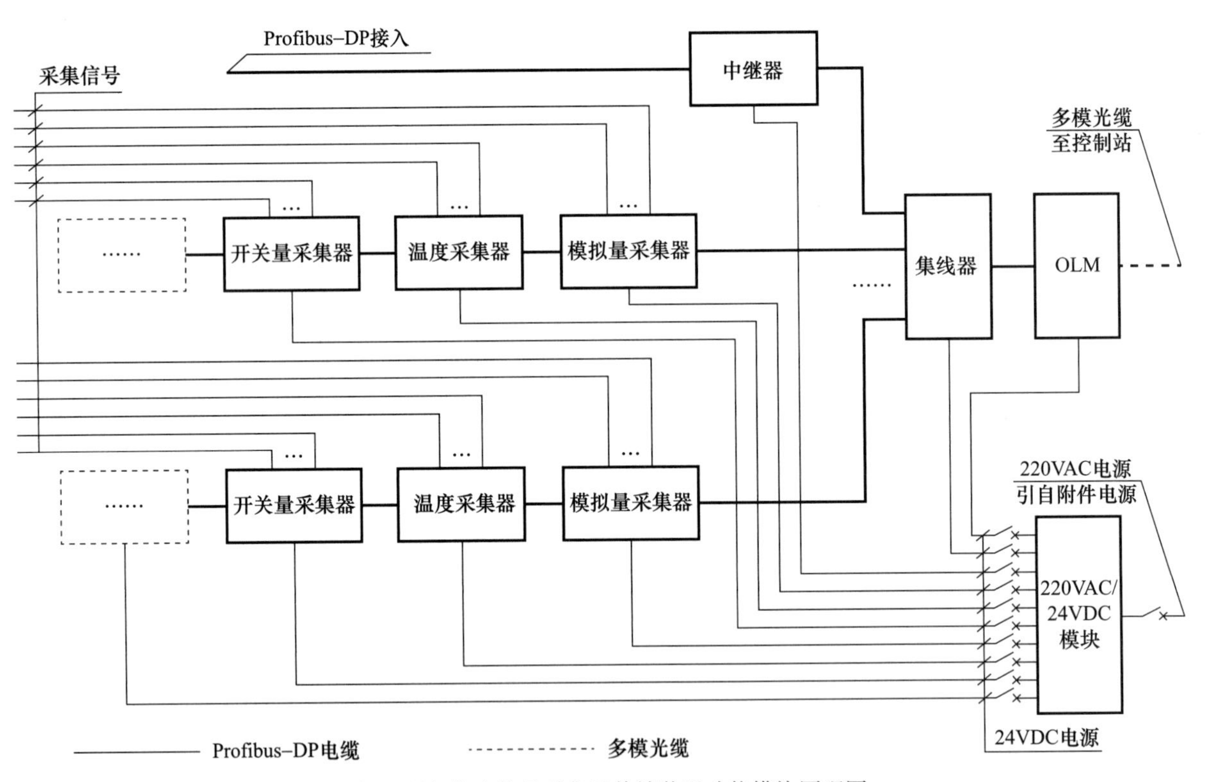

图 3 现场仪表信号采集及传输装置功能模块原理图

4 结 论

以上介绍的现场仪表信号采集及传输的方法已在某水泥厂实施，系统运行正常。新的现场仪表信号采集及传输方法，既解决了远距离信号的传输问题，提高了信号抗干扰能力，与传统方式相比又减少了大量电缆等材料，降低了施工及安装难度。

参考文献

[1] 厉玉鸣．化工仪表及自动化［M］．6版．北京：化学工业出版社，2019.
[2] 张玉莲．传感器与自动检测技术［M］．3版．北京：机械工业出版社，2019.
[3] 水泥工厂设计规范：GB 50295—2016［S］．北京：中国计划出版社，2016.

水泥成品 RRSB 粒度分布对水泥性能的影响

汪克春　张宗见　轩红钟

摘　要　水泥生产用的原料及系统的工艺设备、工况参数等条件确定的前提下，水泥成品的粒度分布对水泥的物理、化学性能有着很大的影响。研究发现，水泥比表面积的增加，既有可能是特征粒径（D_e）的降低，也可能是均匀性系数（N）的降低。但是，研究发现特征粒径和均匀性系数对水泥强度却有不同的影响，特征粒径降低使水泥强度提高，而均匀性系数降低会使水泥强度降低。该文从需要建立特征粒径、均匀性系数与水泥性能的关系，定期测定水泥粒度分布，并确定特征粒径和均匀性系数。

关键词　粒度分布；RRSB 分布；特征粒径；均匀性系数

Effect of RRSB particle size distribution on cement properties

Wang Kechun　Zhang Zongjian　Xuan Hongzhong

Abstract　The particle size distribution of cement products has great effect on the physical and chemical properties of cement under the premise of determining equipment of the raw materials and process system, operating condition parameters and etc. Previous studies have found that the increase of specific surface area of cement may be due to the decrease of characteristic particle size（D_e）and uniformity coefficient（N）. However, it is found that the characteristic particle size and uniformity coefficient have different effects on the strength of cement. The decrease of characteristic particle size makes the strength of cement increase, while the decrease of uniformity coefficient makes the strength of cement decrease. So, it is necessary to establish the relationship between characteristic particle size, uniformity coefficient and cement properties, and periodically measure cement particle size distribution to determine the characteristic particle size and uniformity coefficient.

Keywords　particle size distribution; RRSB distribution; characteristics particle size; uniformity coefficient

0　引　言

众所周知，水泥颗粒只有进行水化反应后，对水泥强度才会有贡献。就一个单独的水泥颗粒来讲，水化过程实际是由外及内，逐渐发生的，所以小颗粒很快就完全水化，对水泥的早期强度贡献较大；

而大颗粒的水化过程就比较慢，在后期才能逐渐发挥作用。随着水化反应的进行，后期水分在逐渐地减少，特大颗粒只有表层被水化，颗粒的内部没有发生水化反应，实际只起了骨架作用，对水泥强度几乎没有贡献。

1　RRSB分布函数

RRSB分布函数被普遍应用于水泥颗粒级配的研究，它是一种理想化的粒度分布的表示。相关研究说明，绝大多数单一材料经机械方法粉碎得到的粉体，基本上满足该规律。RRSB分布函数表达式如下：

$$W(x)=1-\exp\left[-(x/D_e)^N\right] \tag{1}$$

式中：$W(x)$——小于x的颗粒百分比（即筛下量）；

x——颗粒粒径；

D_e——特征粒径，是累积百分比为63.4%时对应的粒径，并与体积平均粒径$D(4,3)$在数值上相近；

N——均匀性（宽度）系数，N越大，颗粒均匀性越好，水泥的N值在1左右。

由于该种方法各参数的物理意义明确、公式表达相对简洁，而且只要通过做两种筛孔的筛余就能够求出分布，所以在实际生产及工程应用中，水泥行业大都用RRSB曲线分布来描述水泥的粒度分布。

2　粒度分布对水泥性能的影响

一般来说，不同粒度区间分布的水泥颗粒，其水化反应和水泥的物理化学性能具有以下特点：

（1）当水泥颗粒<1μm时，其表面活性能很高，基本上在搅拌过程中就完全发生水化反应，对水泥强度几乎没有贡献。这种粒度区间的颗粒含量直接说明水泥粉磨系统的过粉磨现象程度，该种粒度区间的含量越高，过粉磨越严重。在实际工程应用中，该种区间的水泥粒度含量高，会增加水泥浇筑过程中的需水量，导致水泥的浇筑性能差。所以，一般而言，该区间的颗粒对水泥的应用是不利的，建议应尽可能地降低该种粒度区间的颗粒含量。

（2）1～3μm的水泥的粒度分布对水泥的早期强度影响较为明显，该区间的颗粒含量越高，水泥的3d强度就越高；另外，也会增加需水量，降低浇筑性能。所以，在3d强度能满足实际应用的前提下，建议尽可能降低该组分颗粒的颗粒含量。

（3）通过试验分析，从粒度分布情况来看，水泥的后期强度主要由1～32μm颗粒含量决定。前面所述，在满足早期强度的前提下，1～3μm颗粒含量不宜太高，所以3～32μm颗粒含量应越高越好，对水泥的后期强度起着决定性的作用。实际工程应用中，在强度指标很高的情况下，可以增加混合材添加量，以节省生产成本。

（4）>32μm的颗粒应尽可能地降低，因为相关试验研究说明，32～65μm颗粒含量虽然对强度有一定的贡献，但贡献率很低；而>65μm颗粒基本上只起骨架作用，对强度基本没有什么贡献。

所以，结合以上分析，将水泥颗粒的粒度分布划分为不同的区间，对不同区间的水泥颗粒对水泥的物理化学性能进行分析，可以很好地指导实际生产。一般来说，增加水泥颗粒分布中3～32μm颗粒含量，对增加水泥强度有很大的作用。

3 RRSB 方程计算实例

在水泥产品的研究和开发中，使用激光粒度分析仪和负压筛均可以得到水泥 RRSB 分布。激光粒度分析仪可以直接得到水泥 RRSB 分布曲线，使用负压筛需要进行回归分析计算得到 RRSB 分布。一般来说，使用负压筛在 20～60μm 的粒径范围内选择 6～8 个筛余数据，然后利用计算机进行回归分析计算，即可得到 RRSB 方程。

例如：某水泥产品的筛余情况如下，通过负压筛测定 3μm 的筛余为 10%、60μm 的筛余为 0.5%。将以上两种粒度的筛余数据代入 RRSB 方程，通过分析，即可求得一个最佳 RRSB 方程。计算得该水泥的特征粒径 D_e=16.74μm，均匀性系数 N=1.31。计算过程详见表 1。该种水泥的 RRSB 分布方程式为：

$$W(x)=1-\exp\left[-(x/16.74)^{1.31}\right] \tag{2}$$

表 1 特征粒径和均匀性系数的计算

符号	x	D_e	N	R	$W(x)$
物理意义	筛孔/μm	特征粒径/μm	均匀性系数	筛余/%	筛下量/%
取样 1	3	16.74	1.31	10.0	90.0
取样 2	60	16.74	1.31	0.5	99.5

水泥的实际生产过程中，可以选用 1 组套筛（例如 0.01～80μm）筛分水泥颗粒不同粒度区间的分布，得到一组实测值；同样可以通过 RRSB 方程理论计算 0.01～80μm 水泥颗粒的分布情况。如表 2 所示。

表 2 最佳性能 RRSB 粒度分布和实测粒度分布粒径

粒径/μm	RRSB 筛余/%	RRSB 筛下量/%	RRSB 微分分布/%	实测筛余/%	实测筛下量/%	实测微分分布/%	差值/%
0.01	99.99	0.01	0.01	100.00	0.00	0.00	−0.01
0.1	99.88	0.12	0.12	100.00	0.00	0.00	−0.12
1	97.53	2.47	2.35	96.47	3.53	3.53	1.06
3	90.00	10.00	7.53	90.40	9.60	6.07	−0.40
10	60.08	39.92	29.92	77.64	22.36	12.76	−17.56
20	28.30	71.70	31.78	52.03	47.97	25.61	−23.73
30	11.69	88.31	16.61	24.74	75.26	27.29	−13.05
45	2.60	97.40	9.09	1.91	98.09	22.83	0.69
60	0.49	99.51	2.11	0.00	100.00	1.91	0.49
70	0.15	99.85	0.34	0.00	100.00	0.00	0.15
80	0.04	99.96	0.11	0.00	100.00	0.00	0.04

根据表 2 中的数据（理论计算筛下量和实测筛下量）绘制出筛下量曲线趋势图（图 1）。通过图 1 可以看出，最佳性能 RRSB 方程的粒度分布和实测水泥粒度分布在粒径 3μm 处相交，粒径<3um 时 RRSB 方程曲线在实测水泥粒度分布曲线下方，粒径>3μm 时 RRSB 方程曲线在实测水泥粒度分布曲线的上方。

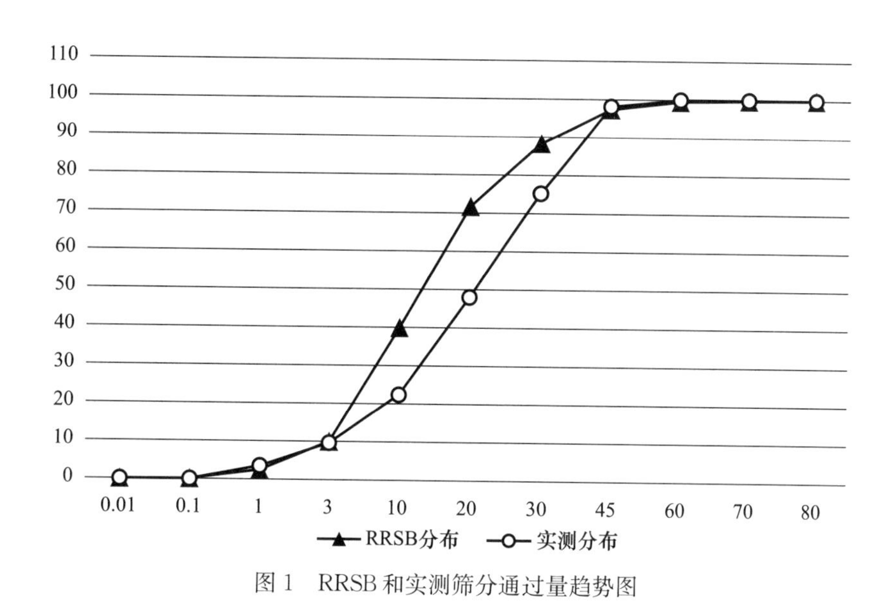

图 1 RRSB 和实测筛分通过量趋势图

图 2 为 RRSB 分布和实测分布的微分分布曲线。由图 2 可见：<3μm 的颗粒含量，RRSB 分布少于实测分布；3～20μm 的颗粒，RRSB 分布多于实测分布；>20μm 的颗粒，RRSB 分布少于实测分布。最佳性能 RRSB 分布给出了一个水泥粒度分布的优化趋势，所以通过两种曲线图对比分析可知，要使水泥的实际颗粒分布接近最佳性能 RRSB 方程，应该尽量减少水泥中 3μm 以下和 30μm 以上的颗粒含量，增加 3～20μm 的颗粒含量。

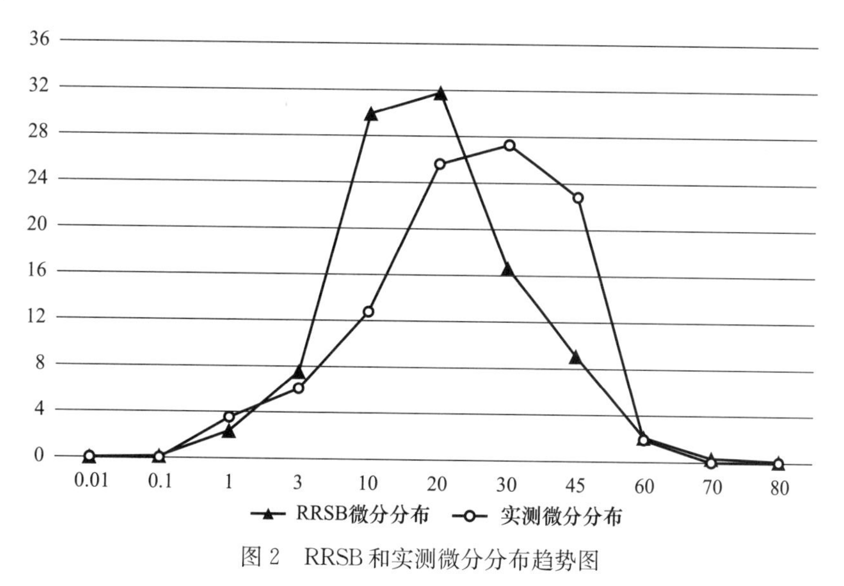

图 2 RRSB 和实测微分分布趋势图

4 结 论

(1) 20 世纪末，S. Tsivilis 等学者根据水泥的水化速度和水化程度，提出水泥的粒度分布要求。水泥中粒径<3μm 的颗粒应该<10%，粒径 3～30μm 的颗粒应该在 65%以上，粒径>60μm 和<1μm 的颗粒应尽量减少。所以，在水泥的生产应用中，可以以此为指导意见，进行优化操作和工艺改进。

(2) 若水泥中 1～3μm 以下颗粒含量过高，则会增加水泥的强度，但浇筑性能较差。所以，在水泥粉磨工艺操作中，建议应当调整磨机的钢球级配、选粉机转速和喂料量等参数，以减少水泥成品中 1～

3μm 颗粒含量。

（3）若水泥中 1～3μm 含量较高，同时 3～32μm 含量偏低，则会出现水泥 3d 强度高，但 28d 强度不高。这种现象主要是由于水泥粉磨过程中存在较为严重的过粉磨现象、水泥成品细度过细等造成的。

（4）若水泥中的有效粒径 3～32μm 颗粒含量偏低，会影响水泥的后期强度发挥，导致混合材掺加量受限制。实际生产中，应通过工艺操作，尽量使水泥中 3～32μm 的有效粒径含量增加。

参考文献

[1] 张大康．水泥组分最佳粒度分布探讨［J］．水泥，2008（6）：28-28.

[2] 胡小芳，林丽莹，吴成宝．水泥颗粒群粒度分布宽度的表征及其应用研究［J］．硅酸盐学报，2007（5）．

[3] 汪洋，徐玲玲．水泥颗粒分布对水泥性能影响的研究进展［J］．材料导报，2010（12）．

[4] 乔岭山．水泥的最佳粒度分布及其评价方法［J］．水泥，2001（8）．

（原文发表于《建材发展导向》2019 年第 20 期）

低强度等级自密实混凝土工作性能影响因素研究

徐文祥　肖慧丽　恽进进

摘　要　从粉煤灰掺量、粗骨料孔隙率、砂率、外加剂等方面研究了低强度等级自密实混凝土工作性能的影响规律。研究表明：适当降低水泥用量、增加粉煤灰掺量及总胶材用量，可有效地改善其工作性能；当大、小石子比例为 7∶3 时，所拌和的混凝土工作性能最好；使用细砂可明显提高混凝土的黏聚性；使用具有黏度改性型的外加剂，可使混凝土不出现离析、泌水现象。

关键词　低强度等级；自密实混凝土；工作性能；影响因素

Study on influencing factors of the workability in low-grade self-compacting concrete

Xu Wenxiang　Xiao Huili　Yun Jinjin

Abstract　Influencing factors of the workability in low-grade self-compacting concrete was studied in terms of fly ash dosage，coarse aggregate porosity，mortar ratio，admixture. The results showed that properly reducing the amount of cement，increasing the content of fly ash and the amount of total cementitious materials can effectively improve the workability of low grade self compacting concrete; When the ratio of large to small stones is 7∶3，and the concrete has the excellent workability; The use of fine sand can obviously improve the cohesiveness of concrete. With a viscosity modifying admixture type，can make the concrete with high workability without bleeding or segregation.

Keywords　low-grade；self-compacting concrete；workability；influencing factors

1　引　言

自密实混凝土（self-compacting concrete，简称 SCC）也称作高流态混凝土、免捣振混凝土、高工作性混凝土等[1]。因其良好的工作性能，大大简化了混凝土结构的施工工艺，提高了施工效率和施工质量，缩短了施工工期，减少了噪声污染[2-3]。而低强度等级混凝土通常胶材使用量较低、水灰比较大，工作性能很难达到自密实混凝土标准，这也是阻碍低强度自密实混凝土推广应用的重要原因。因此，研究工作性能良好的低强度等级自密实混凝土具有重要意义[4]。

本文研究不同骨料配比、不同骨料堆积孔隙率条件下，混凝土工作性能的变化，并考察不同的砂率对自密实混凝土性能的影响。本文通过与普通减水剂进行对比试验，研究了具有黏度改性性能的减水剂对自密实混凝土工作性能的影响。

2 试验

2.1 原材料

(1) 水泥：采用海螺 P·O 42.5 水泥，3d 抗压强度为 25.9MPa，28d 抗压强度为 48.9MPa，其性能满足 GB 175—2007 标准的相关要求。

(2) 粉煤灰：芜湖华电Ⅱ级粉煤灰，细度为 13.4%，烧失量为 3.21%。

(3) 粗骨料：采用两种粗骨料，大小石子含泥量均为 0.1%，大石子颗粒级配 10～20mm，小石子颗粒级配 5～10mm。

(4) 细骨料：含泥量 0.7%，表观密度 2647kg/m^3，细度模数 1.9。

(5) 外加剂：采用自制黏度改性型聚羧酸减水剂，复配流变剂、麦芽糊精等增稠剂，具有较好的黏度改性性能。

2.2 试验方案及方法

新拌混凝土的测试项目包括坍落扩展度、1h 坍落扩展度、T_{500}、J 环扩展度、抗离析性，试验按照《自密实混凝土应用技术规程》(JGJ/T 283—2012) 中的规定进行。

硬化混凝土的测试项目主要为混凝土的 7d、28d 抗压强度，试验按照《普通混凝土力学性能试验方法标准》(GB/T 50081—2002) 中的规定进行。

3 试验结果与分析

3.1 粉煤灰掺量对自密实混凝土性能的影响

从表 1、表 2 中可以看出，当粉煤灰掺量为 60kg/m^3、总胶凝材料用量为 340kg/m^3 时，所拌混凝土的黏聚性较差，适当降低水泥用量，增加粉煤灰掺量及总胶凝材料用量，混凝土流动性逐渐增大，黏聚性也变好，坍落扩展度-J 环扩展度稍有降低，说明其间隙通过性能增加。当粉煤灰掺量为 140kg/m^3 时，混凝土的流动性、间隙通过性等指标符合自密实混凝土标准。

通过减少水泥用量、增加粉煤灰用量，可增加混凝土中的浆体体积，提高浆体对骨料的润滑作用。另外，粉煤灰具有优良的颗粒形状，可减小水泥颗粒间的摩擦，提高浆体的流动性。再者，粉煤灰的粒径比水泥的粒径小得多，使之能够发挥其解絮作用，释放因凝絮作用而被水泥颗粒包裹的游离水，辅助高效减水剂使水泥颗粒解絮更加完善。

表 1 混凝土配合比

配合比	水泥/(kg/m^3)	粉煤灰/(kg/m^3)	石子/(kg/m^3)	砂子/(kg/m^3)	水/(kg/m^3)	外加剂/(kg/m^3)	粉煤灰掺量/(%)
1	280	60	945	875	170	5.4	17.6
2	260	100	945	875	170	5.5	27.8
3	240	140	945	875	170	5.7	36.8

表 2 粉煤灰掺量对自密实混凝土性能的影响

配合比	初始扩展度/mm	1h扩展度/mm	T_{500}/s	坍落扩展度-J环扩展度/mm	浮浆百分比/%	状态描述	抗压强度/MPa	
							7d	28d
1	575	570	8	65	12.5	包裹性差	22.3	33.6
2	635	625	7	60	11.2	和易性一般	22.4	35
3	670	650	7	50	9.4	和易性好	22.8	35.7

3.2 不同骨料堆积孔隙率对自密实混凝土性能的影响

从表3和表4可以看出，单一级配10～20mm的石子，其紧密堆积孔隙率为40.3%，使用其所拌和的混凝土包裹性差，有大量石子裸露在浆体表面，主要原因是石子空隙率较高，混凝土中石子间隙大，而胶材用量低，易跑浆，所测得浮浆百分比亦较大，即抗离析性能较差；随着掺加5～10mm石子的比例增大，石子紧密堆积孔隙率降低，所拌和的混凝土和易性逐渐变好，当大、小石子比例为7∶3时，所拌和的混凝土和易性最好，浮浆百分比较低，即抗离析性能较好。

表 3 粗骨料组合方式及堆积孔隙率

5～10mm石子比例/%	10～20mm石子比例/%	紧密堆积密度/（kg/m^3）	紧密堆积孔隙率/%
0	100	1616	40.3
20	80	1629	39.8
30	70	1645	39.3
40	60	1635	39.6
50	50	1627	39.9
100	0	1558	42.5

表 4 粗骨料孔隙率对混凝土工作性能的影响

大、小石子比例	骨料孔隙率/%	初始扩展度/mm	1h扩展度/mm	T_{500}/s	坍落扩展度-J环扩展度/mm	浮浆百分比/%	状态描述	抗压强度/MPa	
								7d	28d
10∶0	40.3	660	655	6	65	10.3	漏石多，包裹性差	23.2	36.3
8∶2	39.8	665	655	6	55	9.8	包裹性差	22.8	36.0
7∶3	39.3	670	650	7	50	9.4	和易性好	22.8	35.7
5∶5	39.9	660	640	10	60	9	和易性好	22.4	35.4
0∶10	42.5	635	570	13	85	8.1	小石子多，包裹性差	22	34.6

注：混凝土基准配合比为水泥∶粉煤灰∶石子∶砂子∶水∶外加剂=240∶140∶945∶875∶170∶5.7。

随着小石子掺加比例的增加，骨料的紧密堆积孔隙率呈现先降低后增大趋势，混凝土的和易性逐渐变好，当大小石子比例为7∶3时，混凝土的和易性最佳，此时混凝土间隙通过性及抗离析性能亦较好，但随着小石子掺量的进一步增加，混凝土的和易性反而变差。随着小石子掺量的增加，混凝土的浮浆百分比逐渐降低，即抗离析性能增加。

3.3 水灰比对自密实混凝土性能的影响

从表5可以看出，当水灰比为0.42、外加剂掺量为6.2kg/m³ 时，所拌和的混凝土流动性较好，但T_{500}时间较长，即混凝土的黏度较大，流速慢，影响其填充性能。当水灰比增大至0.47，单方用水量为180kg/m³ 时，混凝土的初始扩展度只有645mm，说明外加剂掺量降低，水灰比增大时，混凝土的分散性减弱了。随着水灰比增大，T_{500}时间减小，即混凝土的黏度降低，而浮浆百分比随着水灰比的增大而增大，说明水灰比越大，混凝土的抗离析性能越差。

表5 水灰比对自密实混凝土性能的影响

用水量	水灰比	外加剂掺量/kg	初始扩展度/mm	1h扩展度/mm	T_{500}/s	坍落扩展度-J环扩展度/mm	浮浆百分比/%	状态描述	抗压强度/MPa	
									7d	28d
160	0.42	6.2	675	655	12	75	8.9	黏度大	23.9	37
170	0.45	5.7	670	650	7	50	9.4	和易性好	22.8	35.7
180	0.47	5.2	645	630	6	55	12.6	和易性较好	20.1	33.1

注：混凝土基准配合比为水泥∶粉煤灰∶石子∶砂子∶水∶外加剂=240∶140∶945∶875∶170∶5.7。

3.4 砂子的细度模数及砂率对自密实混凝土性能的影响

从表6、表7可以看出，使用细度模数为1.9的细砂，当砂率为42%时，所拌和的混凝土包裹性较差，裸露石子较多，随着砂率的逐渐增加，混凝土的和易性变好，流动度逐渐增大，当砂率为48%和51%时，混凝土的和易性较好。这是由于在水泥用量和水灰比一定的条件下，由于砂子和水泥浆组成的砂浆在粗骨料间起到润滑作用，所以随着砂率的增加，混凝土流动性增大。而随着砂率的进一步增大，由于砂子的比表面积比粗骨料大，粗细骨料的总表面积增大，在水泥浆用量一定的条件下，润滑作用下降，因此，随着砂率的进一步增加，混凝土的流动性反而下降。

表6 混凝土配合比

配合比	水泥/（kg/m³）	粉煤灰/（kg/m³）	石子/（kg/m³）	砂子/（kg/m³）	水/（kg/m³）	外加剂/（kg/m³）
1	240	140	945	875	170	5.7
2	240	140	945	875	170	5.3
3	240	140	945	875	170	5.0

注：配合比1、2、3使用的砂子细度模数分别为1.9、2.5、3.0。

表7 砂率对自密实混凝土性能的影响

砂子细度模数	砂率/%	初始扩展度/mm	1h扩展度/mm	T_{500}/s	塌落扩展度-J环扩展度/mm	浮浆百分比/%	状态描述	抗压强度/MPa	
								7d	28d
1.9	42%	625	630	6	75	16.6	漏石多，包裹性差	23.6	36.5
1.9	45%	650	655	6	65	12.6	包裹性差	23.3	36.1
1.9	48%	670	650	7	50	9.4	和易性好	22.8	35.7
1.9	51%	665	640	9	50	8.8	和易性好	22.4	35.0
1.9	54%	650	630	12	60	7.9	混凝土黏度大	22.1	34.7
2.5	48%	650	640	8	70	10.4	和易性较好	23.4	36.3
3	48%	615	610	7	80	12.8	包裹性较差	23.8	36.6

使用细度模数为1.9的细砂时，混凝土的和易性较好，当砂率增大至3.0时，混凝土的包裹性明显变差。使用细度模数为1.9的细砂时，随着砂率的增加，混凝土的坍落度损失逐渐增大，这是由于随着砂率增大，混凝土的需水量增加，在同水灰比条件下，其混凝土损失越大。随着砂率的增加，混凝土黏度逐渐增大，这表现在 T_{500} 时间逐渐增大。而随着砂率的增加，混凝土的浮浆百分比逐渐降低，即抗离析性能增加。

3.5　外加剂对自密实混凝土性能的影响

从表8可以看出，使用普通聚羧酸减水剂，当外加剂掺量为1.3%时，混凝土的和易性较好，随着外加剂掺量的增加，混凝土流动性虽然增大，但亦出现了泌水，当外加剂掺量增大至1.5%时，混凝土出现了离析。

表8　外加剂对自密实混凝土性能的影响

外加剂	外加剂掺量/%	初始扩展度/mm	1h扩展度/mm	T_{500}/s	塌落扩展度-J环扩展度/mm	浮浆百分比/%	状态描述	抗压强度/MPa	
								7d	28d
1	1.3	620	630	11	65	11.5	和易性好	22.5	35.4
2	1.4	635	650	9	60	17.8	稍有泌水	22.3	34.9
3	1.5	625	640	7	80	24.7	离析、泌水	22.1	34.5
4	1.5	670	655	7	50	9.4	和易性好	22.8	35.7
5	1.6	665	660	6	50	14.6	稍有泌水	22.6	35.6

注：1、2、3为普通聚羧酸减水剂；4、5为黏度改性型的聚羧酸减水剂。

使用黏度改性型的减水剂，掺量为1.5%时，混凝土的和易性较好，流动度最大，且未出现离析、泌水现象。这说明黏度改性型的减水剂能有效地改善混凝土离析、泌水，因此，可通过使用黏度改性型的减水剂增加混凝土的流动性，使得混凝土在较大流动度的情况下，不出现离析、泌水现象，从而使混凝土的性能能够满足自密实混凝土的标准。

4　结　论

（1）适当降低胶材用量、增加粉煤灰掺量及总胶材用量，可有效地改善混凝土的工作性能，当粉煤灰掺量为36.8%、总胶材用量为380kg/m^3 时，所拌和的混凝土工作性能满足自密实混凝土标准。

（2）当大、小石子比例为7∶3时，混凝土的和易性最佳，但随着小石子掺量的进一步增加，混凝土的和易性反而变差。随着小石子掺量增加，混凝土的浮浆百分比逐渐降低。

（3）水灰比较低时，混凝土的抗离析性能较好。但水灰比过低，混凝土的黏度较大，流速慢，影响其填充性能。试验表明，水灰比为0.45、单方用水量为170kg/m^3 时，所拌和的混凝土综合性能较好。

（4）砂率对低强度等级自密实混凝土性能亦有显著的影响。在一定范围内随着砂率的增加，混凝土的黏聚性逐渐变好，流动性增大，但超过一定范围，混凝土的流动性反而下降。随着砂率的增大，混凝土的黏度逐渐增大，抗离析性能增强。

（5）使用黏度改性型的减水剂，可增加混凝土的流动性，从而使混凝土的性能能够满足自密实混凝土标准，且使用黏度改性型的减水剂可有效地减少混凝土的浮浆百分比，即增加混凝土的抗离析性能。

参考文献

[1] 高艳，孟琪．浅谈自密实混凝土的研究应用［J］．科技信息，2009（1）：335-336.
[2] 杨森．自密实混凝土的特点及性能研究综述［J］．混凝土工程，2015，5（3）：10-13.
[3] 贺坦坦，郭璞，郭安财．充填层C40自密实混凝土的配合比设计［J］．山西建筑，2017，43（6）：133-135.
[4] 阎培渝，阿茹罕，赵昕南．低胶凝材料用量的自密实混凝土［J］．混凝土，2011（1）：1-4.

磷铝酸盐改性海工硅酸盐水泥的制备及耐久性能探究

轩红钟 徐文祥 恽进进

摘　要　研究了硅酸盐水泥熟料、石膏、粉煤灰、矿粉和硅灰对海工水泥力学性能的影响。研究表明：随着熟料掺量的增加，海工水泥的力学性能和耐久性能也随之增加，熟料的最佳掺量为 33%。石膏能有效地提高水泥的致密度，但是掺量过高会导致水泥石发生微膨胀，产生裂纹，掺量不宜超过 7%。采用磷铝酸盐水泥对海工水泥进行改性，最佳掺量为 5%。

关键词　海工水泥；石膏；耐久性；磷铝酸盐

Research on preparation and durability of marine portland cementmodified by phosphoaluminate

Xuan Hongzhong　Xu Wenxiang　Yun Jinjin

Abstract　The effects of Portland cement clinker, gypsum, fly ash, mineral powder and silica fume on the mechanical properties of marine cement were studied. The results showed that: With the increase of clinker content, the mechanical properties and durability of marine cement was increased. The best content was 33%. Gypsum can effectively improve the density of cement. But the cement can expand and produce cracks with high content of gypsum. The mixing amount should not exceed 7%. Phosphoaluminate cement was used to modify marine cement, which the best content is 5%.

Keywords　marine cement; gypsum; durability; phosphoaluminate

1　引　言

我国每年特种水泥产量在 2000 万吨左右，相比于我国每年 24 亿吨水泥总产量可谓微不足道，但不论是国内市场，还是我国在国外的施工项目，有相当一部分还需要进口发达国家的特种水泥产品，这说明在特种水泥领域，我国需要加强技术创新和市场整合。海工水泥是从我国海洋工程建设需求出发研制出的海洋工程专用水泥。该品种水泥直接与工程要求对接，填补了国内空白，打破了海洋工程现场配制胶凝物料搅拌混凝土的传统施工方法的现状，使得海工混凝土的制作变得更方便、高效、成本低，质量进一步得到提升。海工水泥国家标准的实施也极大地助推了我国的海洋工程建设。现有的海工水泥产品、标准及海工混凝土标准应根据我国或国外的工程实际进行调整；我国现有的海工水泥品种、产品性能相对单一，应进行进一步的升级改进，特别是海工水泥的耐久性能[1-3]。

本文主要研究以粉煤灰、矿粉和硅灰作为混合材，与硅酸盐水泥熟料和石膏复合制备海工硅酸盐水泥，期望通过混合掺加混合材的方式制备耐久性能和力学性能优异的海工水泥。

2 原材料和试验方法

2.1 原材料

原材料的化学分析结果见表1。

表1 化学分析检测结果 %

成分	Na_2O	MgO	Al_2O_3	SiO_2	SO_3	K_2O	CaO	TiO_2	Fe_2O_3
熟料	0.16	2.07	4.88	20.46	0.78	0.36	65.95	0.22	3.80
硅灰	1.38	0.80	0.05	92.13	0.16	0.65	0.52	0.35	0.90
粉煤灰	0.33	0.58	35.80	49.15	0.12	0.40	3.62	1.39	4.08
矿粉	0.70	9.79	16.14	30.54	1.17	0.42	31.70	0.88	0.74

（1）熟料

熟料采用清新海螺熟料，氧化钙含量为65.95%，三氧化硫含量为0.78%，有害成分较低，满足要求。

（2）硅灰

试验用硅灰采购于山西霖源，硅灰具备很高的火山灰活性，能够显著改善水泥混凝土体系的孔结构，提高混凝土的致密度，改善物理性能和耐久性能。

（3）粉煤灰

试验用粉煤灰为白马厂生产用粉煤灰，粉煤灰具有滚珠效应，可以提高混凝土的工作效应，同时具有物理填充的作用，对水泥的物理性能也有一定的加强作用。

（4）矿粉

试验用矿粉为白马厂生产用矿粉，矿粉能够有效提高混凝土的抗氯离子侵蚀性能，同时矿粉具有良好的微填充作用，能够使混凝土的致密度增加，提高混凝土的抗渗透能力。

2.2 试验方法

（1）氯离子扩散系数

按照《水泥氯离子扩散系数检验方法》（JC/T 1086—2008）测定海工水泥的氯离子扩散系数。

（2）抗硫酸盐侵蚀系数

按照《水泥抗硫酸盐侵蚀试验方法》（GB/T 749—2008）K法测定海工水泥的抗硫酸盐侵蚀系数。

（3）力学性能测试

根据《水泥胶砂强度检验方法（ISO法）》（GB/T 17671）进行强度检测。

3　结果分析与讨论

3.1　熟料掺量对海工水泥性能的影响

固定石膏和硅灰的掺量，石膏掺量为7%，硅灰掺量为4%，粉煤灰和矿粉的比例为1∶3，具体配料见HG1号、HG3号、HG4号，熟料的掺量分别为33%、37%和40%。三种不同配比海工水泥的检测结果如图1、图2所示。结果表明：随着熟料掺量的增加，3d和28d的抗折抗压强度均呈现增加的趋势，氯离子扩散系数也呈现增加的趋势。这是由于熟料水化速度快，可以快速发生水化生成具有胶凝性的物质，提高早期强度。随着熟料掺量的增加，意味着海工水泥中混合材的掺量减少，水泥石中的孔隙较大，降低了混合材的物理填充效应，水泥石密实程度降低，导致抗氯离子扩散系数增加，即抗氯离子扩散的能力有所下降。

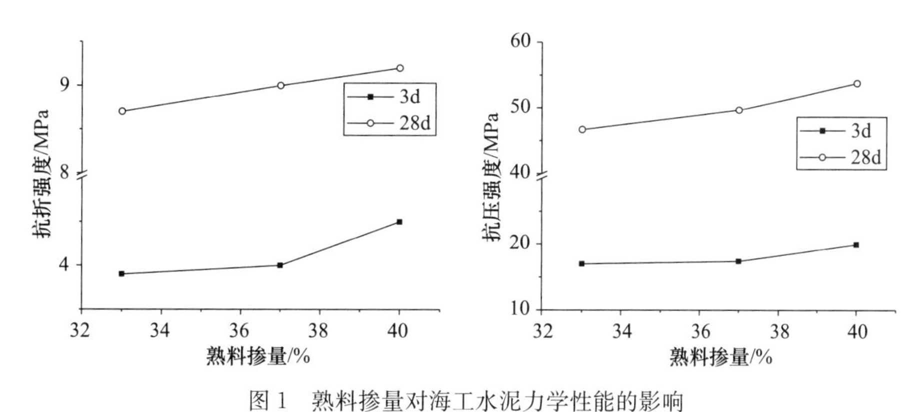

图1　熟料掺量对海工水泥力学性能的影响

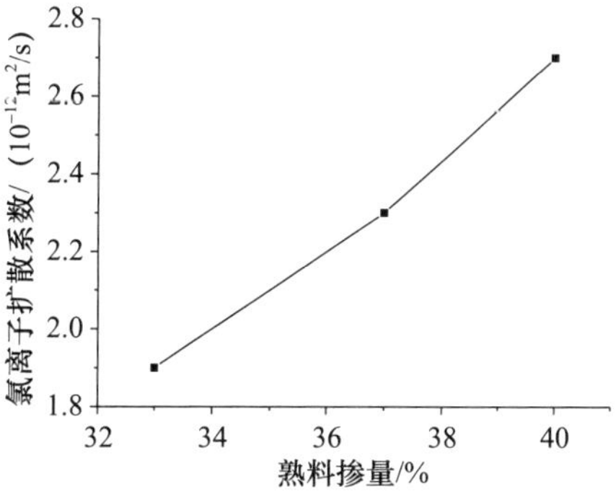

图2　熟料掺量对海工水泥氯离子扩散系数的影响

3.2　石膏掺量对海工水泥性能的影响

石膏作为调节水泥凝结时间的混合材，同时也能提高水泥的早期强度，改善抗渗和耐蚀性能。固定石膏和熟料的掺量总和为40%不变，硅灰掺量为4%，粉煤灰和矿粉的比例为1∶3，具体配料见HG6号、HG1号、HG5号，石膏的掺量分别为5%，7%和9%。三种不同配比海工水泥的检测结果如图3所示。随着石膏掺量的增加，海工水泥的标准稠度用水量和凝结时间呈现增长的趋势。一般认为，石膏与水泥的C_3A发生反应生成钙矾石，包裹在C_3A颗粒的表面阻止了水化反应的持续进行，进而起到了缓凝的作用。

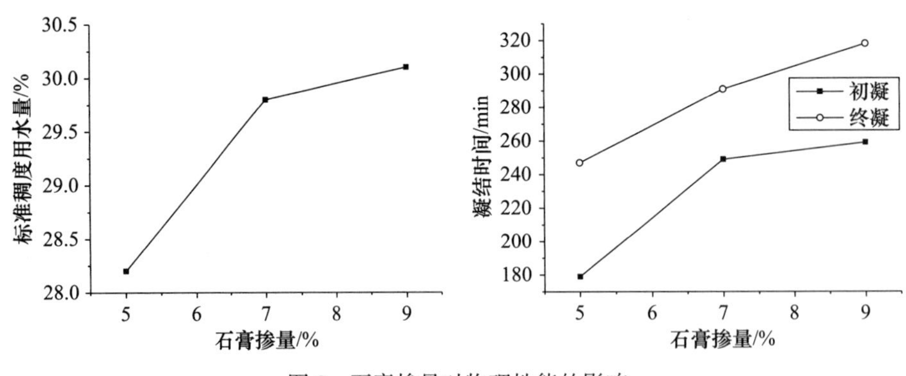

图 3 石膏掺量对物理性能的影响

石膏掺量对海工水泥力学性能和耐久性能的影响见图 4、图 5。随着石膏掺量的增加，海工水泥的抗折抗、压强度先增长后降低，氯离子扩散系数先降低后增加。这主要是由于石膏的掺入能够使浆体发生一定的膨胀作用，使得水泥石密实程度增加，导致强度有所增加，抗氯离子扩散系数降低。当石膏掺量大于 7%时，浆体的膨胀值增加，使得水泥石产生一定的微裂纹，密实程度降低，导致水泥石强度下降，抗氯离子扩散系数增加。

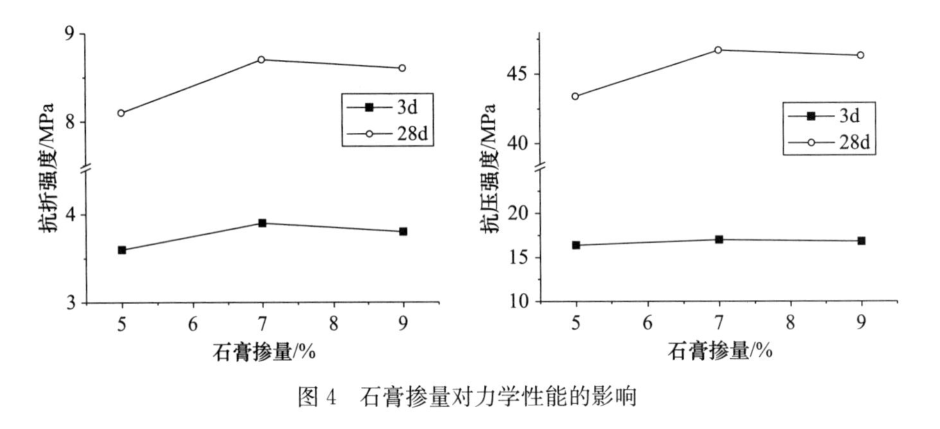

图 4 石膏掺量对力学性能的影响

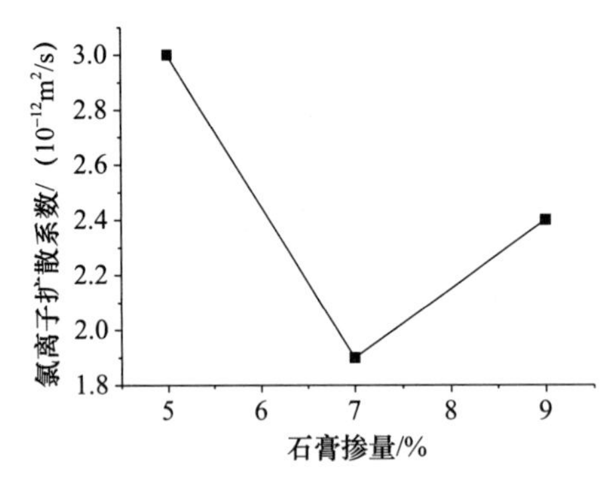

图 5 石膏掺量对海工水泥氯离子扩散系数的影响

3.3 粉煤灰-矿粉比例对海工水泥性能的影响

固定熟料的掺量为 33%、石膏掺量为 7%、硅灰掺量为 4%，改变粉煤灰和矿粉的比例，具体配比见 HG1 号、HG2 号和 HG7 号，比例分别为 1∶1、1∶2 和 1∶3。研究粉煤灰和矿粉的比例对海工水泥力学性能的影响，检测结果见图 6。随着粉煤灰和矿粉比例的增加，海工水泥的标准稠度用水量也随之增加，凝结时间随之降低。这是由于矿粉的活性高于粉煤灰，随着矿粉掺量的增加，海工水泥的水化反应速率增加，凝结时间有所降低。

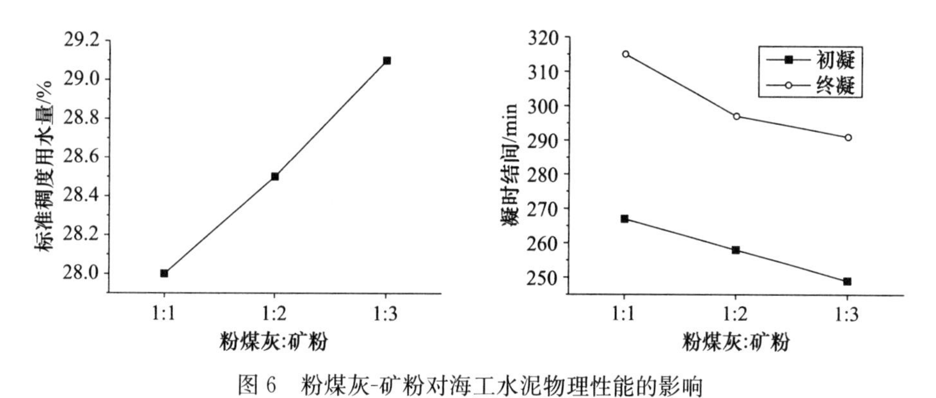

图 6　粉煤灰-矿粉对海工水泥物理性能的影响

粉煤灰和矿粉的比例对海工水泥力学性能的影响，检测结果见图 7。随着比例的增加，海工水泥的抗折和抗压强度均呈现增加的趋势。随着矿粉掺量的增加，更多的矿粉发生火山灰反应，产生更高的具有胶凝性的物质，进而使得海工水泥力学性能有所增加。

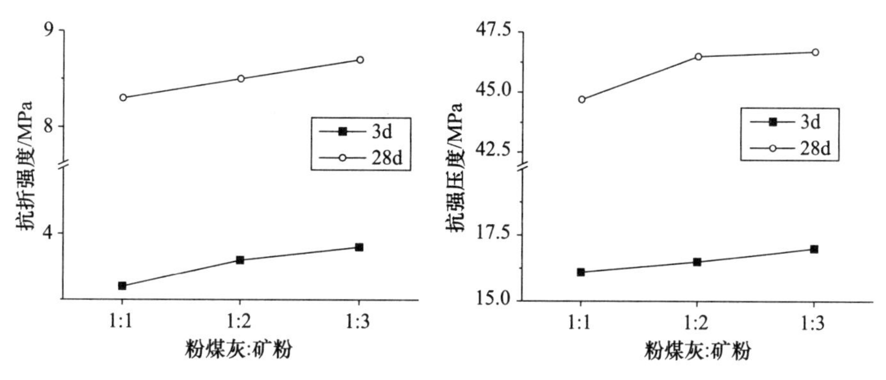

图 7　粉煤灰-矿粉对海工水泥力学性能的影响

粉煤灰-矿粉的比例对海工水泥氯离子扩散系数的影响，检测结果见图 8。随着比例的增加，氯离子扩散系数随之降低，这是因为矿粉掺量增加，水泥石的密实程度也有所增加，宏观表现为水泥的抗氯离子扩散系数降低。

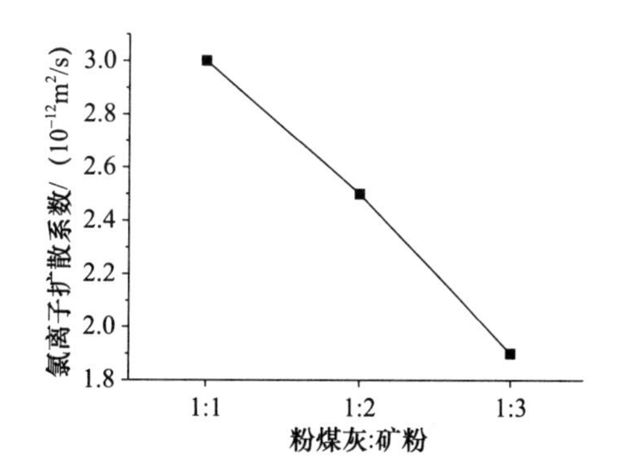

图 8　粉煤灰-矿粉对海工水泥氯离子扩散系数的影响

3.4　磷铝酸盐水泥改性海工水泥性能

磷铝酸盐水泥是以石灰石、铁质材料、铝矾土和黄磷矿为主要原料，熟料以玻璃体为主，少量晶相为三元磷铝酸盐化合物（LHss 相）、磷酸钙和铝酸钙。通过对原材料进行化学分析检测，进行了配料计算，具体配料见表 2。

表 2 磷铝酸盐水泥配料计算 %

原材料	Loss	Na_2O	MgO	Al_2O_3	SiO_2	P_2O_5	SO_3	K_2O	CaO	Fe_2O_3	配比
石灰石	42.65	0.04	1.18	0.70	2.50	0.01	0.07	0.13	53.14	0.29	40.2
铁质材料	−3.76	0.22	0.90	4.70	30.45	0.18	1.89	0.94	2.92	59.06	0.8
铝矾土	−0.12	0.03	0.14	80.62	11.59	0.27	0.03	0.56	0.57	2.20	16.4
黄磷矿	5.55	0.33	2.50	3.12	9.98	27.96	2.88	0.73	44.38	1.85	42.6
生料	19.46	0.16	1.57	14.87	7.39	11.97	1.28	0.46	40.40	1.72	100

根据配料计算结果，按照一定比例量取原材料于振动磨中，研磨 2min。研磨后的生料加入 10%的水分，搅拌均匀。称取 20g 样品于模具中，用 20MPa 的压力压制成型。将圆饼状的生料试样置于马弗炉中按照 5℃/min 的升温速率升温 1400℃和 1500℃，保温 2h，从马弗炉中取出后在风扇吹风的作用下急冷至室温，获得磷铝酸盐水泥熟料。

将 1400℃和 1500℃煅烧制成的磷铝酸盐水泥熟料进行 X 射线衍射分析，衍射图谱如图 9 所示。查阅相关文献资料可知，磷铝酸盐水泥的特征矿物为（磷铝酸钙）LHss 矿物，主峰位置在 23.7°，在 1400℃和 1500℃下的衍射图谱显示最强峰均为 LHss 相。

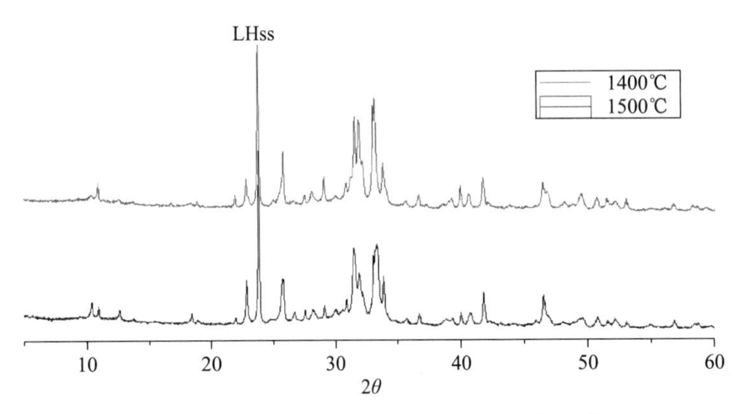

图 9 不同煅烧温度的磷铝酸盐水泥衍射图谱

通过磷铝酸盐水泥配料计算，设计了 12 组不同的配合比，将磨细的生料加 10%的水混合均匀，用 20MPa 的压力压制成型，在 1400℃下煅烧了 2h，制备磷铝酸盐胶凝材料。对煅烧产物进行了 X 射线衍射分析，探究不同配料煅烧产物的矿物成分的区别；同步进行物理性能测试，探究不同配料煅烧产物的抗压强度，原材料配比及检测结果见表 3。磷铝酸盐水泥的胶凝性由黄磷矿、铝矾土和石灰石三者共同决定，通过对 12 种配比的磷铝酸盐水泥进行衍射分析发现，无胶凝性的两组配比中的主要矿相为钙铝黄长石，主要是由于生料中的硅含量较高所致，故在配料计算过程中，要控制二氧化硅的含量，不宜超过 10%。

表 3 原材料配比及抗压强度

序号	比例/%			水泥净浆立方体抗压强度/MPa
	黄磷矿	铝矾土	石灰石	
1	33%	44%	23%	无胶凝性
2	17%	33%	50%	72.5
3	0%	46%	54%	66.5

续表

序号	比例/%			水泥净浆立方体抗压强度/MPa
	黄磷矿	铝矾土	石灰石	
4	7%	50%	43%	42.7
5	50%	25%	25%	43.5
6	10%	30%	60%	32.6
7	20%	30%	50%	39.5
8	30%	25%	45%	无胶凝性
9	9%	42%	49%	46.7
10	13%	40%	47%	83.92
11	20%	37%	43%	41.68
12	23%	35%	42%	66.34
13	P·C 42.5 水泥			48.26

注：试件尺寸为20mm×20mm×20mm立方体水泥净浆试块，水胶比由标准稠度用水量决定。抗压强度为水养7d强度。

不同掺量磷铝酸盐水泥对海工水泥力学性能的影响选择10号配料，批量煅烧磷铝酸水泥熟料，研究了不同掺量的磷铝酸盐水泥对海工水泥力学性能的影响，具体检测结果见表3。由检测结果可知，随着磷铝酸盐水泥掺量的增加，海工水泥净浆的抗压强度呈现先增长后降低的趋势，当掺量为5%时，水泥净浆抗压强度最高，强度增长了13.7%。

4 结 论

(1) 熟料作为海工水泥的主要强度来源，其掺量直接影响海工水泥的力学性能，随着熟料掺量的增加，海工水泥的力学性能和耐久性能也随之增加，本项目的检测结果表明熟料的最佳掺量为33%。

(2) 石膏能有效地提高海工水泥的早期强度，提高水泥的致密度，增加水泥的耐久性能，但是掺量过高会导致水泥石发生微膨胀，产生裂纹，使得力学性能和耐久性能有所下降，掺量不宜超过7%。

(3) 在粉煤灰和矿粉总量不变的前提下，随着矿粉掺量的增加，海工水泥的标稠用水量也随之增加，凝结时间随之降低，粉煤灰和矿粉的最佳比例为1∶3。

(4) 利用磷铝酸盐水泥对海工水泥进行改性研究发现，当磷铝酸盐水泥掺量<5%时，随着磷铝酸盐水泥掺量的增加，海工水泥的力学性能随之增加，当磷铝酸盐水泥的掺量>5%时，海工水泥的力学性能随之降低。

参考文献

[1] 王昕，刘晨，刘云，等．海工硅酸盐水泥及其混凝土性能特点［J］．水泥，2015 (6)：9-14.
[2] 张康，刘云，刘梁友，等．海工水泥原料组成的优化试验研究［J］．水泥工程，2017 (1)：5-20.
[3] 王岩．磷铝酸盐与硅酸盐复合水泥体系研究［D］．成都：西南石油大学，2014.

一种新型液体除铬剂的开发及水泥性能研究

李保军　肖慧丽　王　莹

摘　要　水溶性铬（Ⅵ）是对人类健康和环境危害较大的重金属，具有致癌性。水泥中六价铬主要来自生产原料、混合材、破碎粉末设备和耐火材料。本文研发了一种新型液体除铬剂，该除铬剂由硫酸亚铁与氧氯化锑两种有效成分组成，能够有效降低水泥中的水溶性铬，从掺杂千分之一的除铬剂于小磨试验中，可有效降低六价铬 9.5mg/kg 左右。

关键词　水溶性铬（Ⅵ）；除铬剂；硫酸亚铁；氧氯化锑

Development of a new liquid chromium remover and study on cement properties

Li Baojun　Xiao Huili　Wang Ying

Abstract　Water soluble chromium（Ⅵ）is a heavy metal with carcinogenicity，which is harmful to human health and the environment. Hexavalent chromium in cement mainly comes from production raw materials，admixtures，powder crushing equipment and refractory materials. In this paper，a new liquid chromium remover has been developed，which is composed of ferrous sulfate and antimony oxychloride. It can effectively reduce the water-soluble chromium in cement. From the addition of one thousandth of chromium remover in the small grinding test，it can effectively reduce the hexavalent chromium by about 9.5mg/kg.

Keywords　water soluble chromium（Ⅵ）；chromium remover；ferrous sulfate；antimony oxychloride

1　引　言

水溶性六价铬（Cr^{6+}）是对人类健康和环境危害较大的重金属，容易通过皮肤或胃肠道被人体所吸收。皮肤长期接触铬化物可引起接触性皮炎或湿疹，长期接触铬盐粉尘或铬酸雾还会产生头疼、贫血、肺炎、肾脏损害等全身性影响。国际癌症研究机构及美国政府工业卫生学家协会都已确认 Cr^{6+} 化合物具有致癌性。目前世界公认某些铬化物可致肺癌，称之为“铬癌”。水泥中水溶性六价铬危害的认识最早可追溯到 20 世纪中叶，欧洲国家水泥和建筑业的工人用手接触水泥或其拌合物而患上“水泥湿疹”。我国是水泥生产和应用大国，水泥产量多年居世界首位，应用涵盖工业、农业、交通、国防等国民经济建设诸多领域，与人体健康和生存环境息息相关。

水泥中的六价铬可采用加入还原剂或者固化剂进行控制，在熟料和石膏粉磨时，将还原剂加入到磨机内充分磨细混合均匀，使熟料中的六价铬在粉磨时部分被还原为三价铬。常用的还原剂有硫酸亚铁、Sn^{2+}盐、Mn^{2+}盐、有机醛类还原剂、硼氢化钠[1-5]。本文研发了一种新型的液体除铬剂，可有效降低水泥中水溶性铬（Ⅵ）的含量，并对掺杂液体除铬剂的水泥进行物理性能试验，对其应用性能进行评价。

2 试验部分

2.1 试剂

试剂：七水合硫酸亚铁、三氯化锑、氮氮二甲基甲酰胺（DMF）、甲基纤维素、盐酸、丙酮、二苯碳酰二肼，以上试剂均为分析纯；试验用水为二次蒸馏水。

2.2 仪器

ISO行星式水泥胶砂搅拌机，型号：JJ-5；
水泥中水溶性六价铬测定仪，型号：CR2015-1；
X射线荧光仪，型号：ZSX Primus IV；
水泥稠度凝结时间测定仪，型号：ISO；
电动抗折试验机，型号：DKZ-6000；
水泥压力机，型号：TYE-300T。

2.3 液体除铬剂的制备

液体除铬剂的组成：七水合硫酸亚铁20%～30%，三氯化锑10%～30%，水43%～60%，DMF 5%～10%，甲基纤维素2%～10%。

液态除铬剂制备步骤：将七水合硫酸亚铁溶解在水中，形成硫酸亚铁水溶液，再加入甲基纤维素，搅拌，得到混合液一；将三氯化锑溶解在DMF中，所得溶液倒入上述混合液一中，搅拌均匀，得到新型的液体除铬剂。

2.4 除铬剂的反应机理

七水合硫酸亚铁可以有效地降低水泥中的六价铬含量，氧氯化锑是三氯化锑水解后的产物，具有强还原性。新型液体除铬剂中的高分子量的甲基纤维素具有乳化性和成膜性，可以有效地减少硫酸亚铁与氧气的接触，防止硫酸亚铁被氧化。往水相中加入有机溶剂DMF也能增加硫酸亚铁与氧氯化锑体系的稠度，降低空气中氧气的溶解，保护硫酸亚铁被氧化。

其反应化学方程式：

$$Cr^{6+}+3Fe^{2+}\longrightarrow Cr^{3+}+2Fe^{3+} \tag{1}$$

$$2Cr^{6+}+3Sb^{3+}\longrightarrow 2Cr^{3+}+3Sb^{5+} \tag{2}$$

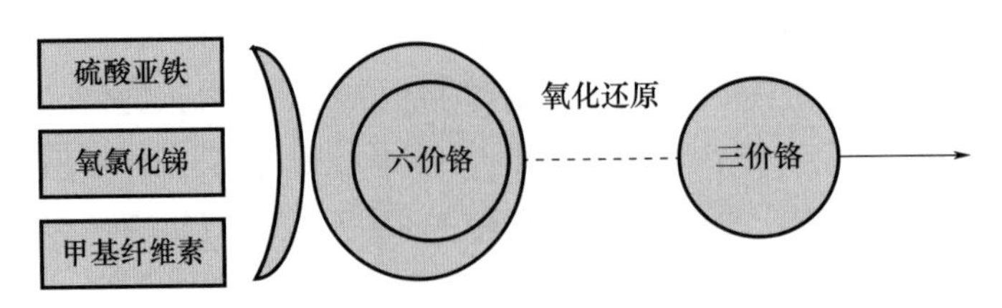

对原材料七水合硫酸亚铁、三氯化锑和甲基纤维素与新型液体除铬剂进行红外光谱扫描，扫描结构见图1。

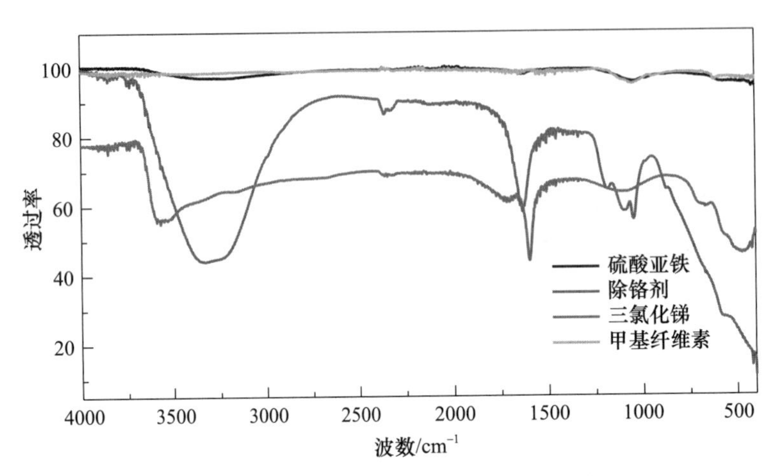

图1　除铬剂合成原材料与除铬剂的红外光谱对比

由图1可知，除铬剂在1100～1200cm^{-1}波数范围内，有新的红外吸收峰出现，通过查阅文献可知氧氯化锑的吸收峰为1160cm^{-1}[6]，说明三氯化锑溶解在有机溶剂后通过与硫酸亚铁水溶液进行混合后，三氯化锑转化为氧氯化锑。通过除铬剂的红外光谱图与原材料的红外光谱图比较，除1160cm^{-1}新生产的氧氯键、3400cm^{-1}水的羟基峰以外，未发现其他新的红外吸收峰，进一步证明了硫酸亚铁与氧氯化锑可以在新型液体除铬剂体系内可以共存。

3　结果与讨论

3.1　除铬剂的降铬效果

将含铬熟料5kg和211g二水石膏混合作为试样，加入试样质量千分之一的上述制备的复合型液体除铬剂进行混合、打小磨，对小磨后的样品作为加入除铬剂的样品；与上述相同的含铬熟料5kg和211g二水石膏混合试样按照相同的方法混合，打小磨后作为未加除铬剂的样品；按照《水泥中水溶性铬（Ⅵ）的限量及测定方法》(GB 31893—2015）进行六价铬含量测定，结果如表1所示。

表1　未加除铬剂及加入除铬剂后的六价铬含量

样品（未加除铬剂）	12.0mg/kg
样品（加千分之一除铬剂）	2.5mg/kg
GB 31893—2015 六价铬限度	≤10.0mg/kg

试验结果：《水泥中水溶性铬（Ⅵ）的限量及测定方法》(GB 31893—2015）中规定六价铬的含量

不大于 10.0mg/kg，掺杂千分之一除铬剂的熟料中六价铬含量由 12.0mg/kg 降低到 2.5mg/kg，满足 GB 31893—2015 中的六价铬限度要求。

3.2　掺杂除铬剂后的化学成分分析

对未加入除铬剂和掺杂千分之一除铬剂小磨后的样品按照《水泥化学分析方法》（GB/T 176—2017）进行化学分析试验，结果如表 2 所示。

表 2　未掺杂与掺杂除铬剂的水泥样品化学性能试验

检测项目	未加除铬剂/%	掺杂千分之一/%
氧化钠	0.03	0.03
氧化镁	0.52	0.51
三氧化二铝	4.12	4.05
二氧化硅	16.81	16.77
三氧化硫	3.06	2.99
氧化钾	0.64	0.63
氧化钙	65.00	65.14
二氧化钛	0.26	0.27
三氧化二铁	4.15	4.25
氯离子	0.01	0.02

试验结果：未加除铬剂、掺杂千分之一除铬剂小磨后的水泥化学成分数据比较，化学成分（钙、镁、铁、铝、硅化学组成）结果均符合《通用硅酸盐水泥》（GB 175）中对钙、镁、铁、铝、硅的要求，说明加入除铬剂以后，不会影响水泥中的化学组成。

3.3　水泥物理性能试验

对未加入除铬剂和掺杂除铬剂的小磨后的样品按照《水泥标准稠度用水量、凝结时间、安定性检验方法》（GB/T 1346—2011）进行标准稠度、凝结时间、安定性试验，3d 强度试验，结果如表 3 所示。

表 3　未掺杂与掺杂不同量除铬剂的水泥样品物理性能试验

检测项目	未加除铬剂	加入千分之一除铬剂
标准稠度用水量	25.0%	24.0%
初凝时间	81min	92min
终凝时间	128min	134min
安定性（雷氏夹）	1.2mm	1.2mm
3d 抗折强度	6.4MPa	6.3MPa
3d 抗压强度	32.1MPa	30.9MPa

试验结果：通过对未加除铬剂、掺杂千分之一除铬剂小磨后的水泥进行标准稠度用水量、凝结时间、安定性、3d 抗折抗压试验比较，加入除铬剂与未加入除铬剂的样品标准稠度用水量、凝结时间、安定性、3d 抗折抗压均未有较大变化，而且符合国家标准要求。

3.4 7天通氧试验

将掺杂千分之一除铬剂的熟料小磨后的样品进行7天的通纯氧试验，考察样品中六价铬的量在纯氧条件下的变化趋势。

试验结果：7天通纯氧的过程中，选择第1天、第3天、第5天、第7天对小磨后的水泥样品中六价铬含量的测定，测定结果如图2所示，六价铬含量与刚打完小磨时的基本一致，说明掺杂千分之一除铬剂的熟料小磨后的水泥样品受空气中氧气的影响较小，六价格含量未见明显增加，掺杂除铬剂后样品稳定。

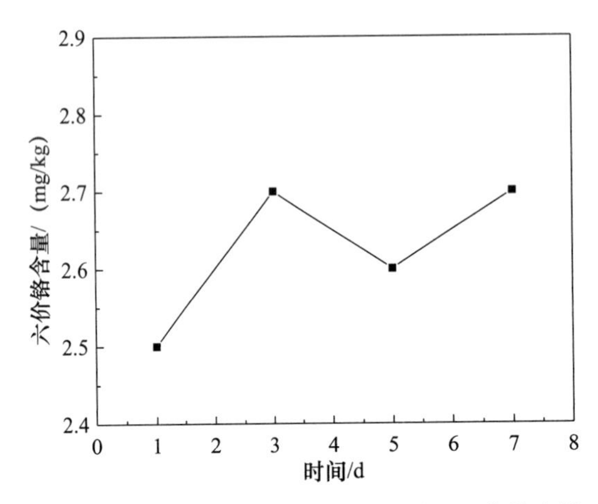

图2 第1、3、5、7天的通纯氧与样品六价铬含量

4 结 论

《水泥中水溶性铬（Ⅵ）的限量及测定方法》（GB 31893—2015）对水泥中水溶性铬（Ⅵ）的限量进行了规定。水泥中水溶性铬（Ⅵ）不符合要求，则水泥为质量不合格产品，不得销售和使用。本文研究了一种新型的液体除铬剂，可有效地降低水泥中的水溶性铬（VI），并对水泥的相关性能指标进行了评价，结果均符合标准要求。通过通氧试验，证明了掺杂除铬剂后的样品相对稳定。

参考文献

[1] FIORUCCI LC，JOHNSON Me. Use of selected catalyzed hydrazine composition to reduce hexavalent chromium [Cr（Ⅵ）] [P]. US Patent，1983（4367213）：4.

[2] JARDINE LA. Amine-based hexavalent chromium reducing agents for cement [P]. US Patent，2005（6872247）：29.

[3] HILLS L，JOHANSEN VC. Hexavalent chromium in cement manufacturing：literature review [J]. Portland Cements Association. Skokie，IL，2007.

[4] 王善拔. 硫酸锡减铬剂应用中的几个问题 [J]. 水泥，2010（6）：49.

[5] CAMBRIA F，ORLANDI A，LANZA R，et al. Process for preparing cement with low hexavalent chromium content. European Patent EP，2007（1580174）：21.

[6] 夏树屏，张晓凤，刘福敏. CO_2 与氯氧化镁反应的红外光谱研究 [J]. 光谱实验室，1995（12）：16-20.

氧化还原体系聚羧酸减水剂的合成工艺及性能研究

肖慧丽　徐文祥　轩红钟

摘　要　研究了反应温度、巯基丙酸用量、不同还原剂、过硫酸铵用量对聚羧酸减水剂的分子结构及应用性能的影响。结果表明：反应温度为20℃、巯基丙酸及过硫酸铵用量分别为单体总量的0.9%和1.5%、使用自制还原剂A合成时，单体转化率高，产物分子量分布窄，所制备的聚羧酸减水剂拥有较高的减水率与保坍性能。

关键词　聚羧酸减水剂；合成；分子量

Study on the synthesis process and properties of polycarboxylates superplasticizer by the oxidation-reduction system

XiaoHuili　Xu Wenxiang　Xuan Hongzhong

Abstract　The influence of reaction temperature, dosage of thiohydracrylic acid, different reducing agent, dosage of ammonium persulfate on the molecular structure and performance of polycarboxylic superplasticizer was studied. The results show that under the condition of the reaction temperature of 20℃, thiohydracrylic acid and ammonium persulfate dosage in an amount of 0.9% and 1.5% of the total mass of the monomer, monomer can achieve high conversion rate, product with narrow molecular-weight distribution, the water reduction rate and slump retention performance of the polycarboxylic superplasticizer was the best.

Keywords　polycarboxylate superplasticizer; synthesize; molecular weigh

1　引　言

聚羧酸减水剂作为新一代混凝土外加剂，已在商品混凝土、管桩以及预制构件等产品中得到了大量的应用[1-2]。近年来，随着我国的基础建设步伐不断加快，对减水剂的要求也不断提高[3-4]，虽然聚羧酸减水剂的合成技术有了较大的发展，但市场上的聚羧酸减水剂产品质量仍旧参差不齐，究其原因，不同的反应条件对所合成的聚羧酸减水剂的应用性能有较大的影响。

为此，本文进行了不同反应条件下聚羧酸减水剂的合成，研究了反应温度、链转移剂用量、不同还原剂、引发剂用量等条件下所合成的聚羧酸减水剂分子量与分子量分布宽度变化以及在混凝土中的应用性能差异。

2 试验原材料与试验方法

2.1 主要原材料及仪器设备

（1）主要原材料

甲基烯丙基聚氧乙烯醚2400（HPEG2400）、丙烯酸、过硫酸铵、VC、还原剂A（自制）、还原剂B（自制）、巯基丙酸、去离子水、片碱，均为工业级。

水泥：海螺P·O 42.5；粉煤灰：Ⅱ级，细度为13.4%；砂子：细度模数2.4，含泥量0.7%；石子：5～31.5连续级配，含泥量0.2%。

（2）主要仪器设备

IR-100型傅里叶红外光谱测试仪，日本岛津；GPC-20A型凝胶渗透色谱测试仪，日本岛津；JB-D300型增力电动搅拌机，上海标本模型厂；BL-100型蠕动泵，常州普瑞流体；HJW-30型混凝土搅拌机，河北科析；TYE-3000型压力试验机，无锡建仪。

2.2 试验方法

（1）聚羧酸减水剂的制备

将一定量的去离子水、HPEG、过硫酸铵称量准确后加入到带有温度计、调速搅拌器、滴加装置的四口烧瓶中，搅拌并加热至一定温度，开始分别滴加由丙烯酸、巯基丙酸组成的去离子水溶液A以及由维生素C或还原剂A、还原剂B组成的去离子水溶液B。滴加完毕，保温120min结束反应，用片碱调节溶液pH至7，即得到40%固含量的聚羧酸减水剂。

（2）混凝土应用性能测试

根据《混凝土外加剂》（GB 8076—2008）以及《普通混凝土拌合物性能试验方法标准》（GB/T 50080—2016），对混凝土拌合物的坍落度、扩展度及损失进行测试。混凝土配合比（kg/m^3）为m（水泥）：m（粉煤灰）：m（石子）：m（砂子）：m（水）：m（外加剂）=280：90：1050：780：165：1.35。

试块成型后进行标准养护，并按照《普通混凝土力学性能试验方法标准》（GB/T 50081—2002）对硬化混凝土7d、28d强度进行测定。

（3）GPC测试分析

采用GPC-20A型凝胶渗透色谱仪测试进行GPC测试，色谱柱由Shodex SB806HQ、806HQ、SB804HQ串联构成，流动相0.1mol/L的$NaNO_3$，进样速度为1.0mL/min。

（4）红外测试

充分干燥样品，采用傅里叶红外光谱测试仪，通过KBr压片检测其红外光谱。

3 试验结果与分析

3.1 反应温度对聚羧酸减水剂分子质量及混凝土应用性能的影响

固定酸醚比［n（AA）：n（HPEG）］为4.8，过硫酸铵用量为单体总量的1.5%，巯基丙酸用量为单体总量的 0.9% ，同时在 0℃、20℃、45℃条件下进行合成。结果见图 1。

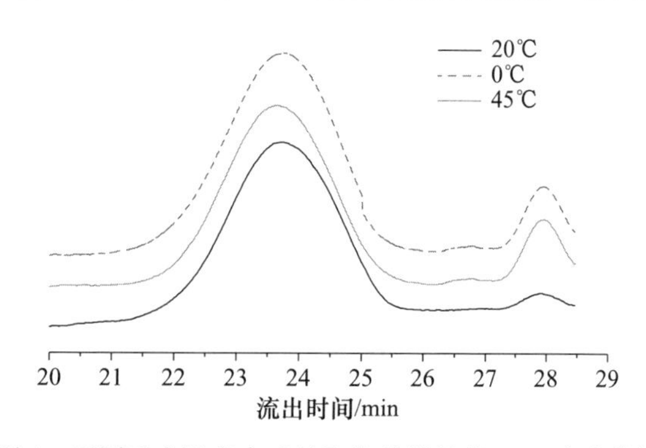

图 1 不同反应温度合成的聚羧酸样品的 GPC 流出曲线

表 1 反应温度对聚羧酸减水剂分子质量及分布的影响

编号	温度/℃	M_w	M_n	M_w/M_n	主峰面积所占百分比/%
1	0	39856	12377	3.22	83.7
2	20	44996	23058	1.95	97.3
3	45	41076	14882	2.76	85.8

从表 1 中可以看出，20℃合成时，聚羧酸的分子量分布宽度较窄，主峰面积所占百分比较大（聚合单体的转化率较高）。温度较低时，反应速率较慢，产物可能有较多聚合度较低的大单体与丙烯酸齐聚物。合成温度较高时，引发剂的半衰期较短，聚合速率太快，主峰面积所占百分比较低（聚合单体的转化率较低）。

表 2 反应温度对聚羧酸减水剂混凝土应用性能的影响

编号	坍落度/mm		扩展度/mm		状态描述	抗压强度/MPa	
	初始	30min	初始	30min		7d	28d
1	220	195	610	475	初始轻微泌水	40.8	52.5
2	210	205	600	510	和易性良好	41.5	53.1
3	200	185	560	440	和易性良好	41.7	53.5

从表 2 可以看出，当合成温度为 20℃的常温时，减水剂的混凝土拌合物流动性好，坍落度损失最小。低温合成时，减水剂的混凝土拌合物流动度最大，但坍落度损失较快；而合成温度较高时，减水剂的混凝土拌合物流动度最小，坍落度损失快。

3.2 巯基丙酸用量对聚羧酸减水剂分子质量及混凝土应用性能的影响

固定酸醚比［n（AA）：n（HPEG）］为 4.8，过硫酸铵用量为单体总量的 1.5% ，反应温度为 20℃，巯基丙酸用量分别为单体总量的 0.1%、0.3%、0.6%、0.9%、1.2%，合成聚羧酸减水剂。结果见图 2。

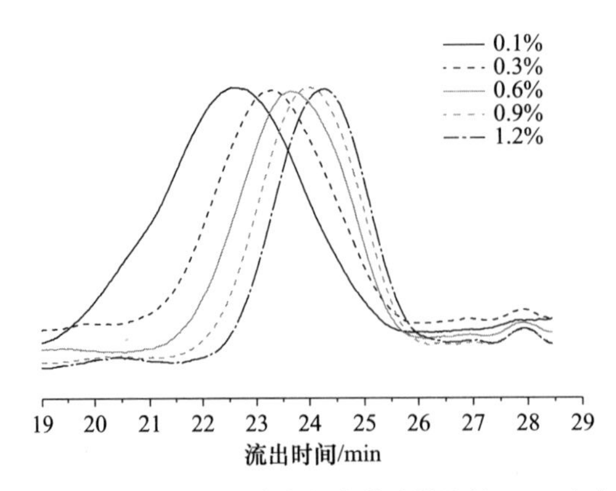

图 2 不同巯基丙酸用量合成的聚羧酸样品的 GPC 流出曲线

表 3 巯基丙酸用量对聚羧酸减水剂分子质量及分布的影响

编号	巯基丙酸用量/%	M_w	M_n	M_w/M_n	主峰面积所占百分比/%
1	0.1	132424	59155	2.23	99.4
2	0.3	62193	33623	1.85	98.8
3	0.6	48081	27972	1.71	98.9
4	0.9	37108	22538	1.64	98.4
5	1.2	30790	19659	1.56	98.4

从表 3 可以看出，随着巯基丙酸用量的增加，聚羧酸的分子量逐渐降低，分子量分布也逐渐下降。巯基丙酸可有效地调控聚羧酸减水剂的分子量。

表 4 巯基丙酸用量对聚羧酸减水剂混凝土应用性能的影响

编号	坍落度/mm		扩展度/mm		状态描述	抗压强度/MPa	
	初始	30min	初始	30min		7d	28d
1	190	160	495	365	和易性良好	43.7	55.1
2	200	185	540	450	和易性良好	43.2	54.3
3	225	205	610	515	初始轻微泌水	43.0	54.3
4	225	210	615	525	初始轻微泌水	42.4	53.7
5	210	200	600	505	和易性良好	41.0	52.0

从表 4 中可以看出，巯基丙酸用量较低时，坍落度损失大，随着巯基丙酸用量的增大，坍落度损失减小。分析认为，巯基丙酸用量较低时，聚合物的分子量较大，分子呈现无规则线团构象，会屏蔽主链上发挥减水作用的功能基团，导致吸附位减少，使其在水泥颗粒表面的吸附量减少。当巯基丙酸用量过高时，所制备的聚羧酸减水剂分子量过低，聚合物主链过短，不能完好地包裹水泥颗粒，影响其分散性能。当巯基丙酸用量为单体总量的 0.9%时，所制备的减水剂能产生较好的空间位阻作用，所拌和的混凝土具有较高的流动度与较低的坍落度损失。

3.3 不同还原剂对聚羧酸减水剂分子质量及混凝土应用性能的影响

固定酸醚比［n（AA）：n（HPEG）］为4.8，过硫酸铵用量为单体总量的1.5%，反应温度为20℃，巯基丙酸用量为大单体总量的0.9%，分别采用维生素C、自制还原剂A、自制还原剂B合成聚羧酸减水剂。结果见图3。

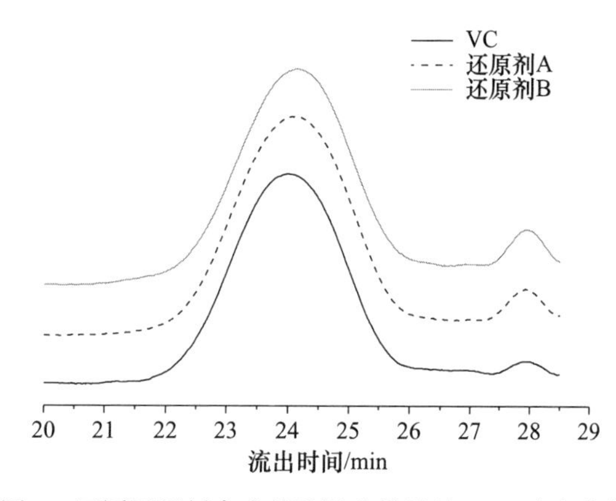

图3 不同还原剂合成的聚羧酸样品的GPC流出曲线

表5 不同还原剂对聚羧酸减水剂分子质量及分布的影响

编号	还原剂	M_w	M_n	M_w/M_n	主峰面积所占百分比/%
1	维生素C	34415	16027	2.14	93.4
2	还原剂A	36840	22312	1.65	98.3
3	还原剂B	33279	14351	2.31	92.3

从表5中可以看出，使用自制还原剂A合成时，聚羧酸的分子分布较窄，主峰面积所占百分比最大（单体转化率最高）。

表6 不同还原剂对聚羧酸减水剂混凝土应用性能的影响

编号	坍落度/mm		扩展度/mm		状态描述	抗压强度/MPa	
	初始	30min	初始	30min		7d	28d
1	210	205	590	520	和易性良好	42.1	53.5
2	220	200	615	540	初始轻微泌水	41.5	53.0
3	220	185	615	480	初始轻微泌水	43.3	54.1

从表6中可以看出，使用自制还原剂A合成时，所制备的聚羧酸减水剂拌和的混凝土初始流动性能最好，1h仍有较高的流动性能。分析认为，合适的还原剂与引发剂组成的氧化-还原型引发体系能够很好地控制自由基聚合反应历程，有效降低反应温度，减少副反应的发生。

3.4 过硫酸铵用量对聚羧酸减水剂分子质量及混凝土应用性能的影响

固定酸醚比［n（AA）：n（HPEG）］为4.8，反应温度为20℃，巯基丙酸用量为单体总量的0.9%，过硫酸铵用量分别为单体总量的0.5%、1.0%、1.5%、2.0%，合成聚羧酸减水剂。结果见图4。

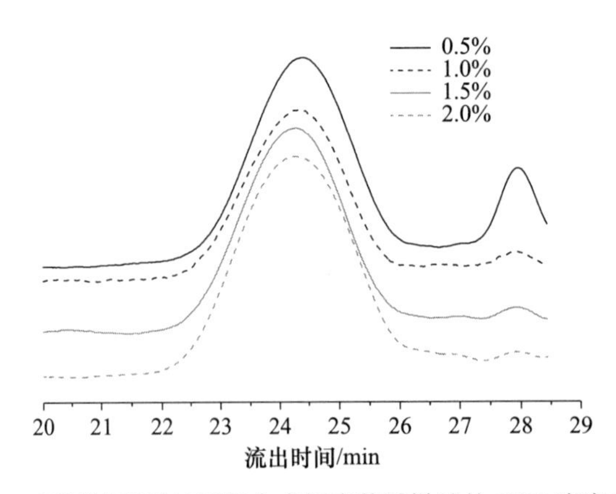

图 4 不同过硫酸铵用量合成的聚羧酸样品的 GPC 流出曲线

表 7 过硫酸铵用量对聚羧酸减水剂分子质量及分布的影响

编号	过硫酸铵用量/%	M_w	M_n	M_w/M_n	主峰面积所占百分比/%
1	0.5	23638	7633	3.09	84.4
2	1.0	26951	9687	2.78	91.8
3	1.5	30790	19659	1.56	98.4
4	2.0	30796	20568	1.49	99.0

从表 7 可以看出，随着过硫酸铵用量的增加，聚羧酸的分子量增大，进一步增加过硫酸铵的用量，聚羧酸的分子量趋于平缓，主峰面积所占百分比随着过硫酸铵用量的增加而增大（单体转化率增大）。

表 8 过硫酸铵用量对聚羧酸减水剂混凝土应用性能的影响

编号	坍落度/mm		扩展度/mm		状态描述	抗压强度（MPa）	
	初始	30min	初始	30min		7d	28d
1	200	195	535	515	和易性良好	39.6	50.1
2	210	200	545	545	和易性良好	41.0	52.5
3	215	220	595	580	和易性良好	41.7	53.4
4	215	215	590	580	和易性良好	42.1	53.2

从表 8 中可以看出，随着过硫酸铵用量的增加，减水剂的混凝土拌合物流动度增加，坍落度损失减小，但进一步增加过硫酸铵用量时，混凝土性能趋于平稳。分析认为，过硫酸铵用量较低时，引发效率低，产物中有较多的未转化的不饱和单体。随着过硫酸铵用量增加，聚羧酸分子量增大，混凝土的流动性能增大，坍损减小，进一步提高过硫酸铵用量，聚羧酸的分子量及转化率趋于平稳，所拌和的混凝土综合性能接近。因此，过硫酸铵用量为 1.5%时最佳。

3.5 红外光谱分析

选用反应温度为 20℃、酸醚比［n（AA）∶n（HPEG）］为 4.8、巯基丙酸用量为单体总量的 0.9%、过硫酸铵用量为单体总量的 1.5%的条件下合成的聚羧酸减水剂进行红外光谱测试。

从图 5 可以看出，在 2880cm^{-1} 处的吸收峰为饱和烃类 C—H 的伸缩振动峰，1727cm^{-1} 处的吸收峰为 C=O 的伸缩振动峰，1096cm^{-1} 处为醚键 C—O—C 的伸缩振动峰。以上特征峰的存在，证明了聚羧酸减水剂合成成功。

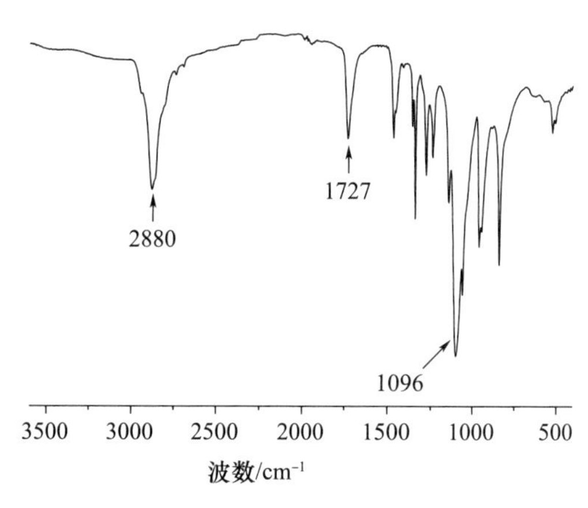

图5 聚羧酸减水剂红外光谱图

4 结 论

(1) 当合成温度为20℃的常温时，聚合反应速率较为均匀，聚羧酸的分子量分布宽度较窄，聚合单体的转化率较高，所拌和的混凝土流动度较好，坍落度损失最小。

(2) 当巯基丙酸用量为单体总量的0.9%时，所制备的聚羧酸分子量适中，主链与支链长度比例适宜，能产生较好的空间位阻作用，所拌和的混凝土综合性能最佳。

(3) 使用自制还原剂A合成时，产物的分子量分布较窄，所拌和的混凝土综合性能最好。自制的还原剂A与引发剂组成的氧化-还原型引发体系能够更好地控制自由基聚合反应历程，有效降低反应温度，减少副反应的发生。

(4) 随着过硫酸铵用量的增加，聚羧酸减水剂所拌和的混凝土流动度增大，坍落度损失减小，但进一步增加过硫酸铵用量时，混凝土性能趋于平稳。因此，过硫酸铵用量为单体总量的1.5%时最佳。

(5) 红外光谱测试证实了聚合物分子链上C=O、C—O—C等基团的存在，证明了聚羧酸减水剂合成成功。

参考文献

[1] 孙振平，黄雄荣．烯丙基聚乙二醇系聚羧酸减水剂的研究［J］．建筑材料学报，2009，12（4）：407-412.

[2] 翁荔丹，黄雪红．聚羧酸减水剂对水泥水化过程的影响［J］．福建师范大学学报，2007，23（1）：54-57.

[3] 陈小路．常温合成聚羧酸减水剂的方法及性能研究［J］．新型建筑材料，2014，12（4）：80-83.

[4] 杨慧芬，张建峰，王政委，等．一种新型还原剂用于聚羧酸减水剂的合成研究［J］．商品混凝土，2014，08：41-43.

黏结剂对材料的测试与接触机理研究

刘梦雪　黄士伟　肖慧丽

摘　要　粉末压片法操作简便、分析速度快，是水泥及原材料等智能质量控制的未来发展方向，其应用受材料黏结性和理化特性制约。探究黏结剂对材料的影响是发展智能控制的基础，本文通过颗粒级配、X 射线衍射（XRD）、红外（IR）及 X 射线荧光（XRF）等手段研究了黏结剂对材料的影响，分析了黏结剂与材料的接触机理，阐述了黏结剂的选择方向。

关键词　黏结剂；水泥；原材料；测试；接触机理

Research on the testing and contact mechanism of materials added binding agent

Liu Mengxue　Huang Shiwei　Xiao Huili

Abstract　The development of the powder compaction technique has taken an important part of accelera-tingthe intelligent control of cement factory. However，it is limited by the materialcohesiveness during sample preparation. Exploring the effect of adding biding agent on materials is the prerequisite to devel-op intelligent . In order to obtain smooth and firm samples for analysis，the contact mechanisms be-tween binding agent and materials have been analyzed in this work.

Keywords　binding agent；cement；materials analysis；contact mechanism

1　引　言

发展水泥产品及原材料等在线检测是加快水泥工厂智能质量控制的关键环节，粉末压片法因分析速度快、检测范围广、精确度高、操作简便等优点，成为水泥行业化学成分检测及矿物成分检测的首选制样方法。一些材料粉末流动性差、黏结性差，导致其压片后片重差异大、粉末压片容易裂片，致使该工艺的应用受到了一定的限制[1-2]。近年来，在材料中加入黏结剂是提升材料成型率及检测有效性的重要途径。

随着水泥行业中各种材料的变化以及市场需求的提升，对黏结剂的要求越来越高。水泥行业原材料丰富，不同材料的黏结性、分散性各有不同，压片黏结剂需要兼顾材料粉体的分散性、黏结性、润滑性以及流动性。液体黏结剂不易完全分散在粉末中，黏合作用有限，并且粉磨过程中液体可能蒸发，导致样品质量变化，从而影响荧光等测试的结果，因此目前水泥行业优先考虑使用固体黏结剂[3]。

目前水泥行业使用的固体黏结剂多依赖于进口，国外黏结剂的研究较多，包括最早的羟基烷基胺和木质素衍生物的复合物，到后来的三乙醇胺以及更深层次的改性复合物的研究，但进口的黏结剂费用高并且其产品更新较慢不能兼顾国内水泥原材料的更新速度，如图1所示即为一些样品在加入国外进口黏结剂成型时存在的裂片现象。特别是对于一些高硅高铁的原材料，目前不论国内还是国外的黏结剂都不能保证材料压片有较高的成型率[4]。黏结剂在材料中发挥作用，需提高材料的成型性之外，还需考虑自身不能含有影响后续测试的元素以及晶体，导致材料加入黏结剂后的化学成分和矿物成分变化。

图1　材料单独成型后裂片图片

另外，黏结剂还需平衡材料的流动性和分散性，这样加入黏结剂才能保证自身分布均匀并且材料在粉磨时也是均匀的状态。

2　试　验

2.1　主要原材料

本文试验所用水泥、生料、砂岩、熟料、石灰石由DG海螺提供，硅灰由武汉纽瑞琪新材料有限公司提供。表1为这些材料在未添加黏结剂时，自身成型率以及粉体中粒径 D_{50} 的检测结果。

表1　不同材料成型率及粒径 D_{50} 测试结果

材料	水泥	生料	熟料	石灰石	砂岩	铁矿石	硅灰
成型率/%	80	80	70	80	40	10	0
D_{50}/μm	13.34	3.79	9.51	2.30	4.70	4.56	6.30

2.2　黏结剂

本试验所用的黏结剂为从史密斯进口的黏结剂（1号黏结剂）以及自主研发的黏结剂（2号黏结剂），黏结剂皆为直径为0.9cm的片剂状，单片质量（0.28±0.02）g。自主研发的黏结剂，含有高流动性粉体和网状分子结构，有较平衡的黏结性和分散性，可在材料粉磨时提供较好的分散性和流动性，成型时保证可变形性，成型后不反弹破裂。

2.3　试验方法

（1）粉磨成型

水泥及其他材料等作为主材料统一分别称30g，黏结剂统一各加3片（黏结剂占比0.3%）。用振动磨（丹东北苑仪器设备有限公司，SM-1 型振动磨研磨机）粉磨 60s。压片条件：使用压片机（丹东北苑仪器设备有限公司，BP-1 型粉末压样机）将粉磨后的压片在 30MPa 下压片成型。进口黏结剂和本发明黏结剂测试所用主材相同，试验条件参数也相同，区别仅在于黏结剂的选择。

（2）成型测试

压片成型观察有无裂片情况，并利用偏光显微镜观察确定细小裂缝和压片边缘翘皮的情况，压片有裂片以及边缘掉落现象即为不合格。

（3）XRF 测试

材料成型后，利用 X 射线荧光仪（日本理学，ZSX Primus IV）按照《水泥化学分析方法》（GB/T 176—2017 ）进行。

（4）颗粒分布

材料用上述振动磨粉磨 60s，利用激光粒度仪（新帕泰克，HELOS-3331）按照《水泥颗粒级配测定方法　激光法》（JC/T 721—2006）进行。

（5）XRD 测试

材料成型后，利用 X 射线衍射仪（日本理学，UI tima IV）按照《水泥化学分析方法》（GB/T 176—2017）进行。

3　结果分析与讨论

3.1　黏结剂对材料的颗粒粒径影响的研究

黏结剂具有一定的黏结性，加入黏结剂可能会导致材料粉末出现团聚现象，基于此，通过检测生料在加入 2 号黏结剂前后的粒径分布图，来研究黏结剂对材料的粒径的影响。图 2 为生料加入黏结剂前后的粒径累积分布图。由图可知，加入黏结剂后，生料粉末的粒径累积分布曲线走势与分布区间无明显变化。由此可知，加入黏结剂不会对生料的粒径分布产生影响，这表明黏结剂不会使材料粉末出现团聚等现象，意味着黏结剂除了具有黏结特性外，还兼具分散特性，二者相对平衡。黏结剂分散在材料粉末表面后，其具有的分散基团不会让材料粉末相互结合，正是由于此种特性，让材料在加入黏结剂后其粒径分布不会产生明显变化。

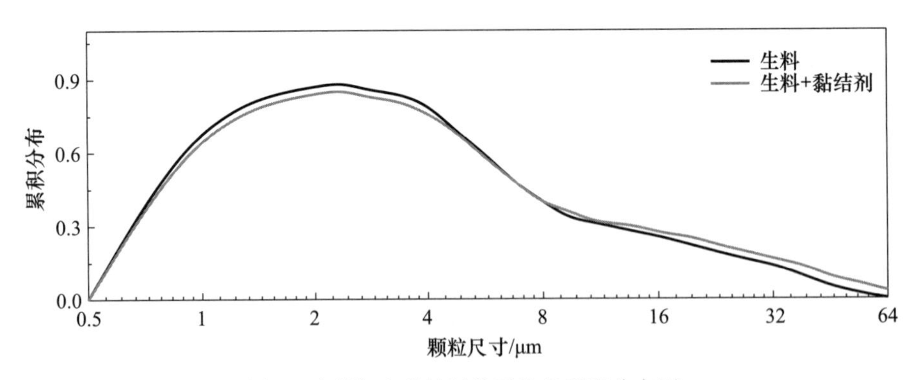

图 2　生料加入黏结剂前后粒径累积分布图

3.2　黏结剂对材料的晶体结构影响的研究

通过检测材料加入黏结剂前后的 XRD 图谱可得出加入黏结剂是否会影响材料的晶体结构。图 3 为水泥和生料加入 2 号黏结剂前后的 XRD 检测结果。

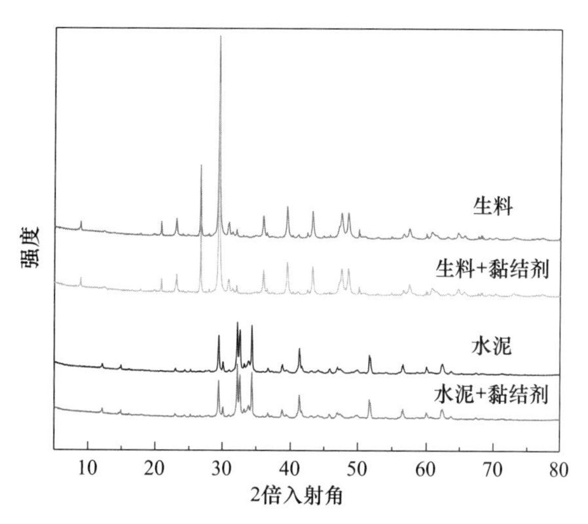

图 3　水泥和生料加入黏结剂前后的 XRD 图谱

由图 3 可知，加入黏结剂前后的水泥及生料的衍射特征峰及强度无明显变化，没有额外的特征峰出现，这表明加入黏结剂对水泥及生料的矿物成分无影响，并且黏结剂本身无明显衍射特征峰。这意味着黏结剂本身无晶体结构，并且在粉磨过程中，材料不会出现过度研磨导致其晶胞被破坏的现象，材料本身的晶体结构完整。

3.3　黏结剂对材料的分子结构影响的研究

为进一步探究黏结剂对材料的分子结构是否产生影响，检测了生料加入黏结剂前后的 IR 图谱，结果如图 4 所示。由图可知，二者的红外特征吸收峰基本相同，无额外的吸收峰出现，并且原本存在的吸收峰的峰型无明显变化。这表明黏结剂不会对材料代入新的化学键，也不会与原本的材料发生化学反应改变其分子结构。

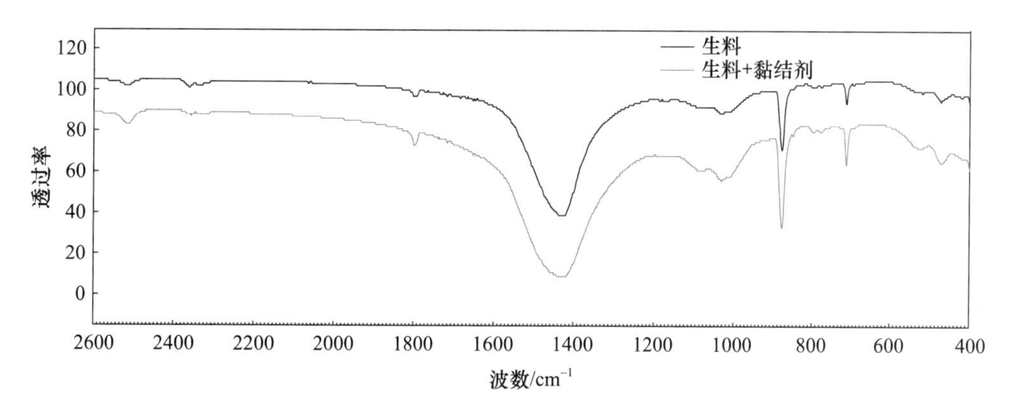

图 4　水泥和生料加入黏结剂前后的 IR 图谱

3.4　加入黏结剂后对材料化学成分定量分析的影响研究

水泥产业原材料种类丰富，需要定量控制其化学成分，化学成分检测的重复性误差需满足相关国家标准。通过多次检测加入黏结剂后的不同原材料的荧光数据，得到最大重复性误差，结果如图 5 所示，其中每种材料检测 10 次。

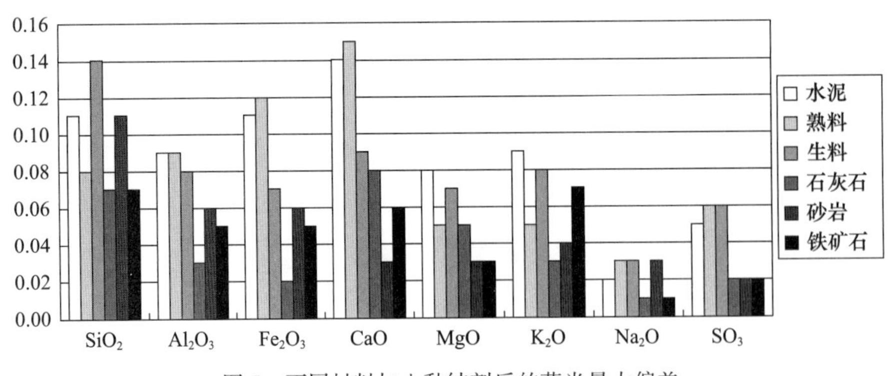

图 5 不同材料加入黏结剂后的荧光最大偏差

由图 5 可知，加入黏结剂后，水泥、熟料、生料、石灰石、砂岩、铁矿石的最大重复性误差在国家标准要求范围内且优于国家标准。水泥及原材料种类丰富，黏结剂含有分散性基团，这些基团能使材料在粉磨过程中无团聚现象，使粉末性状均匀，这在一定程度上降低了材料的化学成分检测重复性误差。

3.5 不同黏结剂对材料的成型影响的研究

样品成型是确保其进行荧光衍射等测试的前提条件，这要求样品材料具有较好的可变形性。水泥厂材料种类繁多，这些材料自身的黏结性不同，压片情况也各不相同。试验研究了添加史密斯进口黏结剂与自主研发的黏结剂后不同材料的成型率，每种材料成型 10 片，结果见表 2。从表中可以看出，加入两种黏结剂后不同材料的成型率都有所上升，2 号黏结剂对材料的成型率提高更明显。

表 2 不同材料加入两种黏结剂后的成型率 %

材料	1 号黏结剂	2 号黏结剂
水泥	100	100
生料	100	100
熟料	100	100
石灰石	100	100
砂岩	30	100
铁矿石	10	100
硅灰	10	100

图 6 为实验室用硅灰和砂岩分别加入两种黏结剂后的显微图片，图 6 中（a）为硅灰中加入 1 号黏结剂后的图片，（b）为砂岩中加入 1 号黏结剂后的图片；图 6 中（c）为硅灰中加入 2 号黏结剂后的图片，（d）为砂岩中加入 2 号黏结剂后的图片。图 6 中，（a）、（c）显示硅灰中间区域，（b）、（d）显示砂岩压片边缘区域。

由图 6 可知，硅灰中加入进口黏结剂成型后的压片有明显裂缝，砂岩边沿区域不平整并且有一些裂缝。相对而言，使用 1 号黏结剂的硅灰和砂岩表面平整，未发现裂缝。以上表明 2 号黏结剂更能帮助材料成型，这由于 2 号黏结剂使用了具有网状结构的高分子材料，该结构能帮助黏结剂吸附在材料分子表面，对分子有很强的束缚作用，减少了材料停止受压后出现脱力反弹裂片的现象。

4 结 论

随着水泥智能工厂的日益普及，发展固体黏结剂等辅助检测的新材料是水泥行业智能化转型

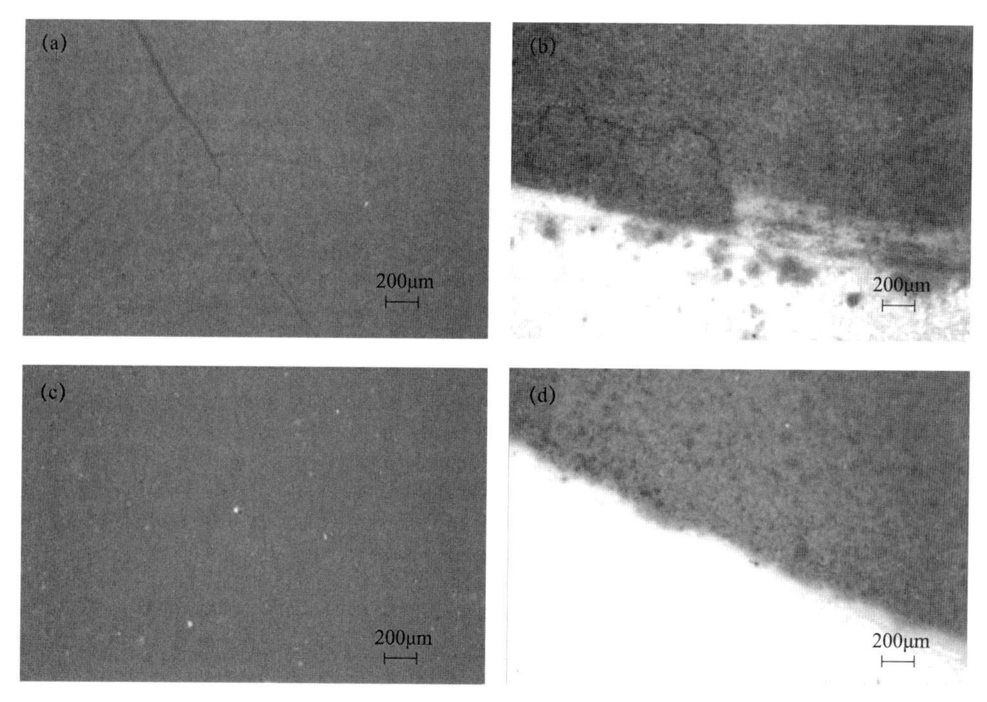

图 6　硅灰和砂岩加入两种黏结剂成型后表面的显微图片

的重要环节。本文通过检测加入黏结剂前后样品的颗粒级配、XRD、IR 及 XRF 检测结果变化，分析了黏结剂对样品的测试影响，探究了黏结剂与不同材料的接触机理。通过以上研究可得出以下结论：

（1）黏结剂对材料的颗粒级配、XRD、IR 及 XRF 检测结果有影响，这意味着在材料中加入黏结剂不会改变材料的粒径、晶体结构及分子结构。

（2）XRF 对材料检测的高重复性需要求材料压片均匀，这要求材料有较好的流动性和分散性，黏结剂中含有高分散性基团，有效增加材料在粉磨时的均匀性，表现在化学成分测试最大重复性误差优于国标要求范围。

（3）不同材料本身的成型性不同，黏结剂中含有网状分布分子，可提高材料的可变形性，降低受压后材料的反弹，这可有效提高不同材料的成型率，自制的黏结剂相较于进口黏结剂对材料有更强的黏结性。

综上所述，黏结剂不会改变所测材料的颗粒级配、XRD、IR 及 XRF 检测结果，即在材料中加入黏结剂不会改变材料的粒径、晶体结构及分子结构。另外，黏结剂自身选择需要考虑到对不同材料的成型作用，还需保证加入其中对材料粉体分散性和流动性有促进作用，如此才能提高不同材料的各项测试结果的有效性。

参考文献

[1] 武华东，刘彬．几种常用的助磨剂、黏结剂在荧光分析制样中的使用探讨 [J]．水泥，2007（5）．

[2] 王翠艳，杨丝木，刘护周．粉末压片制样：X 射线荧光光谱法测定硅锰合金中硅锰磷 [J]．冶金分析，2021，40（8）．

[3] 赵存婕．解决直接压片工艺中裂片问题新方法的探讨 [J]．海峡药学，2015，27（9）．

[4] 张强宗．粉末直接压片对辅料的应用要求探讨 [J]．海峡药学，2014，26（4）．

黄磷渣对水泥生料分解和煅烧过程的影响

沈江平　肖慧丽　叶书峰

摘　要　本文通过在水泥生料中掺入黄磷渣，对失重特性、易烧性和矿物组成变化进行探究。结果表明：黄磷渣的掺入有利于生料中碳酸钙的提前分解，降低分解温度。在生料煅烧过程中，黄磷渣的掺入有利于降低熟料中矿物成分形成的温度，有利于氧化钙与 C_2S 结合形成 C_3S，易烧性得到改善，对硅酸盐矿物的生长有一定促进作用。

关键词　磷渣；矿化；熟料

Influence of yellow phosphorus slag on decomposition and calcination of cement raw meal

Shen Jiangping　Xiao Huili　Ye Shufeng

Abstract　The characteristics of weight loss，burnability and changes of mineral composition werestudied by adding yellow phosphorus slag in cement raw meal. The results showed that the decomposition of calcium carbonate in raw meal can be advanced byadding yellow phosphorus slag. In the process of raw meal calcination，with the addition of yellow phosphorus slag，the formation temperature of mineral in clinker can be decreased. It has benefits to form C_3S by the combination of calcium oxide and C_2S. The growth of silicate minerals can be promoted and the burnability can be improved.

Keywords　phosphorus slag；mineralization；clinker

0　引　言

20 世纪 80 年代发展起来的萤石-石膏复合矿化剂的研究和应用[1-2]，使得水泥熟料烧成温度明显下降，不仅节约了能源，而且提高了产量、质量[3]。为了扩充矿化剂来源，变废为宝，我国学者进行了大量有益的研究工作。黄磷渣是磷化工企业在湿法生产磷酸时所排放的工业废渣，将其引入水泥工业，具有重大的社会意义以及经济效益[4]。

1　试　验

1.1　原料

本试验采用西南某公司生产的生料原材料作为试验主要原材料。其固定率值为：KH，0.950；

SM，2.600；IM，1.500。通过对生料原材料按照不同比例掺入黄磷渣后重新依据目标率值进行配料，制备后得到不同掺入量的固定率值生料。

黄磷渣采用贵州某公司排放的工业废渣，其主要的化学成分见表1。

表1　黄磷渣的化学组成　%

SiO_2	Al_2O_3	Fe_2O_3	TiO_2	CaO	SO_3	Na_2O	F	P_2O_5
31.80	7.33	0.41	0.48	39.70	1.98	0.32	1.20	2.63

1.2　试验仪器

本试验采用设备主要见表2。

表2　试验仪器列表

设备名称	品牌	型号
同步热分析仪	德国耐驰	STA449F5
X射线衍射仪	日本理学	UI tima Ⅳ
马弗炉	上海跃进	SX2-8-16GP
高温炉	上海跃进	SX2-5-12
偏光显微镜	德国蔡司	Axio Scope. AL

1.3　试验方法

为了充分研究掺加磷渣对水泥熟料煅烧温度及矿物生成的影响，设计黄磷渣掺量分别为1%、2%、3%和8%的黄磷渣同率值的生料进行研究检测，并设置未掺加黄磷渣的空白组对照进行试验检测分析。

1.3.1　易烧性

按照《水泥生料易烧性试验方法》(GB/T 26566—2011）标准进行，每次称取100g配制好的生料，加10%的水搅拌均匀制成湿混料，称取约3.6g湿混料用10.6kN的力制成ϕ13mm的试样，用105℃将试样烘干1h，在950℃中预烧30min，分别在1350℃、1400℃和1450℃下煅烧30min，取出后在空气中急冷，每个温度点的试样不少于6个。

1.3.2　同步热分析

每次称取约10mg的生料置于TG-DSC中进行同步热分析，保护气：N_2，10mL/min；吹扫气：50mL/min；温度范围：30～1450℃。

1.3.3　岩相分析

将煅烧后的熟料试样破碎敲开后，取较为平整的断面，在预磨机和抛光机上依次经过380目、800目、1000目和1500目的砂纸将样品打磨至样品断面出现镜面光泽。完成后立即在超声波清洗机中用酒精清洗5～10min。清洗后即刻用电吹风冷、热风交替吹干，分别用1%氯化铵溶液侵蚀试样观测面8s；蒸馏水侵蚀试样观测面8s后，立即用电吹风冷、热风交替吹干。将侵蚀好的试样在显微镜下观察分析A矿、B矿、中间相和f-CaO的分布情况并拍照。

1.3.4 衍射分析

煅烧后的熟料经破碎研磨后，置于 XRD 中进行扫描，扫描范围 5～80℃，扫描速度 5°/min，采用 Topas 分析软件对衍射数据进行 Rietveld 全谱拟合。

2 结果分析与讨论

2.1 黄磷渣对生料煅烧过程的影响

通过称取固定量（掺量分别设为 1%、2%、3%和 8%）的样品掺入黄磷渣，结合未掺加空白组样品进行 TG-DSC 分析，结果见图 1～图 4。

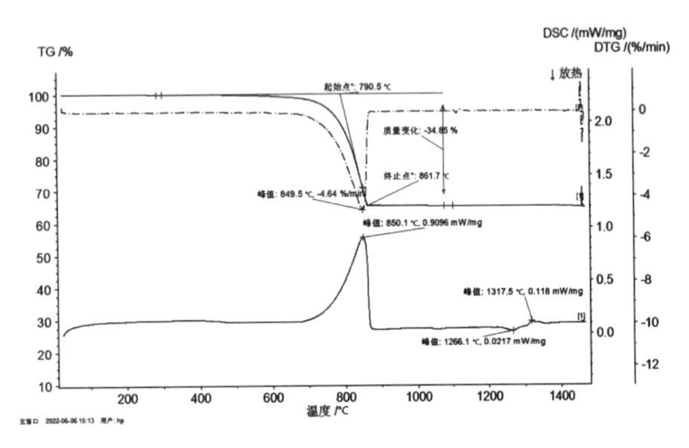

图 1 空白生料 TG-DSC 图

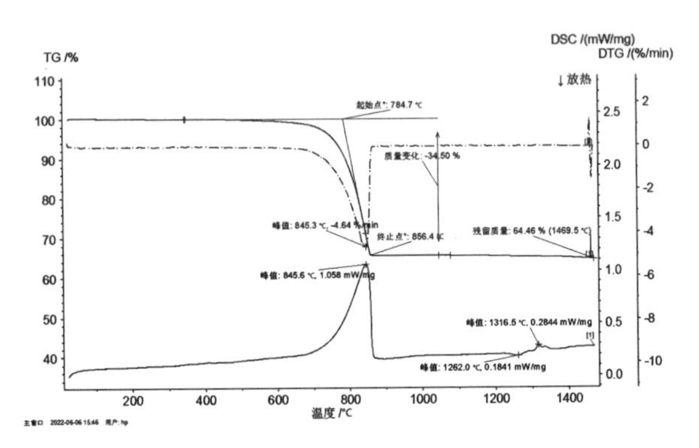

图 2 掺加 1%黄磷渣生料 TG-DSC 图

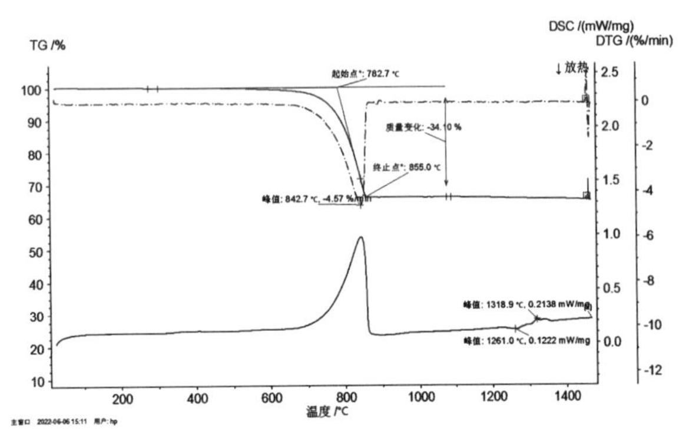

图 3 掺加 2%黄磷渣生料 TG-DSC 图

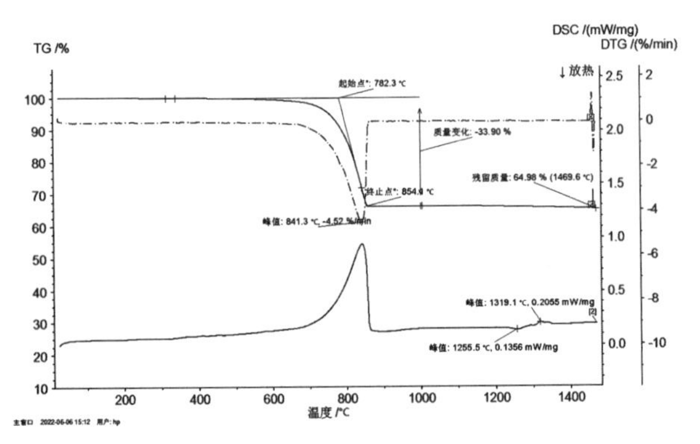

图 4 掺加 3%黄磷渣生料 TG-DSC 图

生料中碳酸钙分解的温度出现不同程度的前移，随着黄磷渣掺量的提高，对生料煅烧的提升作用越来越明显。不同掺量黄磷渣对生料分解和煅烧温度的影响见表 3。相比较于不掺黄磷渣生料的分解温度，黄磷渣掺量为 1%、2%、3%和 8%的生料的分解峰值温度分别降低了 4.5℃、7.4℃、8.8℃和 18.1℃。相比较于不掺黄磷渣的生料，不同掺量的黄磷渣对熟料矿物的生成温度有促进作用。黄磷渣掺量为 1%、2%、3%和 8%时，生料在煅烧过程中矿物的形成温度分别降低了 4.1℃、5.1℃、10.6℃和 19.3℃。

黄磷渣的掺入对生料中碳酸钙的分解以及水泥熟料中矿物成分的形成有促进作用，当黄磷渣掺量进一步提高时，这种促进作用更加明显。由于黄磷渣中的氟和磷可以有效地破坏生料中的硅氧键，加速碳酸钙的分解，另一方面磷石膏的钙质成分主要以氧化钙成分存在，可以与碳酸钙分解的二氧化硫结合成亚硫酸钙，对碳酸钙的分解起到一定的促进作用，同时对碳酸钙分解和熟料的形成热有一定帮助[5]。黄磷渣对生料中碳酸钙的分解促进作用可以将分解温度降低 20℃以上，并随着黄磷渣掺量的提高继续发挥作用[6]。

表 3 不同掺量黄磷渣的生料分解和煅烧温度

黄磷渣掺量	碳酸钙分解起始点/℃	碳酸钙分解终止点/℃	分解时间/min	碳酸钙分解峰值	熟料矿物大量形成温度/℃
空白	790.5	861.7	7.12	850.1	1266.1
1%	784.7	856.4	7.17	845.6	1262.0
2%	782.7	855.0	7.23	842.7	1261.0
3%	782.3	854.1	7.18	841.3	1255.5
8%	771.9	847.8	7.59	832.0	1246.8

2.2 黄磷渣对生料易烧性的影响

对掺加不同掺量黄磷渣的生料，依据《水泥生料易烧性试验方法》(GB/T 26566—2011) 对煅烧的生料进行游离钙检测，判断黄磷渣对生料易烧性的影响。结果如表 4 所示。

表 4 不同掺量黄磷渣的生料 f-CaO 结果

%

黄磷渣掺量	1450℃	1400℃	1350℃
空白	1.29	2.02	3.27
1%	0.78	1.64	2.78
2%	0.56	1.23	2.27
3%	0.49	0.94	1.87

由表 5 生料易烧性数据可知，随着煅烧温度的升高，f-CaO 含量逐渐下降，低温度区间下降尤为明显，与不掺黄磷渣的生料相比，在 1450℃下，掺量为 1%、2%和 3%黄磷渣的生料产生的 f-CaO 分别下降了 0.51%、0.73%、0.80%。1400℃和 1350℃下的游离钙含量下降得更快，说明黄磷渣的掺入对生料的易烧性有提高的作用。

黄磷渣对氧化钙和二氧化钙的结合有促进作用，随着黄磷渣掺量的提高，这种促进作用的效果有一定的降低。黄磷渣经过工业生产中的高温淬冷，表现为玻璃体介稳态，黄磷渣的掺入更易于液化形成液相，有利于提前液相出现的时间，液相量提前增加，降低液相黏度，从而使扩散作用和烧结速度增大，有利于氧化钙与 C_2S 结合形成 C_3S，同时黄磷渣中的磷更容易与熔融体中的 O^{2-} 结合，从而降低熔体中 O^{2-} 的浓度，使得熔融体中的黏度降低，各结构体扩散系数增加，有利于熟料中矿物的生长[7]。

2.3 黄磷渣对熟料矿物成分的影响

称取固定量的生料掺入黄磷渣在 1250℃、1350℃、1450℃下进行煅烧，对煅烧后的样品进行 XRD 分析，结果见表 5。

表 5 不同掺量黄磷渣的生料衍射结果 %

温度	黄磷渣掺量	C_3S	C_2S	C_3A	C_4AF
1250℃	空白	2.34	63.57	4.04	9.46
	1%	5.51	60.17	3.74	9.94
	2%	7.76	59.27	2.93	10.56
	3%	8.49	59.59	2.2	11.86
1350℃	空白	37.79	36.04	4.46	13.05
	1%	39.29	35.07	4.33	13.01
	2%	39.46	35.79	3.52	13.6
	3%	41.66	34.55	3.1	13.68
1450℃	空白	44.23	33.29	5.27	14.7
	1%	46.48	31.12	4.99	15.51
	2%	50.95	26.68	4.98	16.76
	3%	52.14	25.69	3.87	16.89

从 XRD 数据看，随着温度的升高，液相量不断增加，硅酸盐矿物含量提高，水泥熟料中的固相反应完成得愈加完善。1250℃煅烧下，熟料主要以贝利特矿物形式存在，磷石膏的掺入对硅酸盐矿物整体含量增加，同时有利于 C_3S 的形成，随着温度的升高，更有利于熟料的烧成。

当掺入黄磷渣后，水泥熟料中 C_3A 的含量降低，液相量增加，液相黏度降低，均有利于硅酸盐矿物总的生长，C_2S 向 C_3S 方向进行反应，黄磷渣的掺入对水泥熟料矿物的生长有一定促进作用。黄磷渣中含有大量的 $CaSiO_4$ 微晶，对熟料矿物的形成具有良好的晶核诱导作用，有利于降低 C_3S 形成的活化能，促进水泥熟料中矿物成分的生长，加速水泥熟料的烧成[8]。

2.4 黄磷渣对生料矿物生长的影响

通过对配制的生料进行煅烧，对煅烧后的熟料进行岩相观察，结果见图 5～图 9。

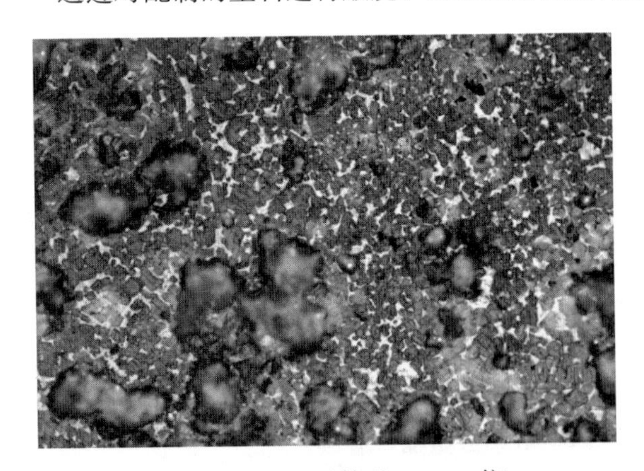

图 5 空白组 A 矿情况（×200 倍）

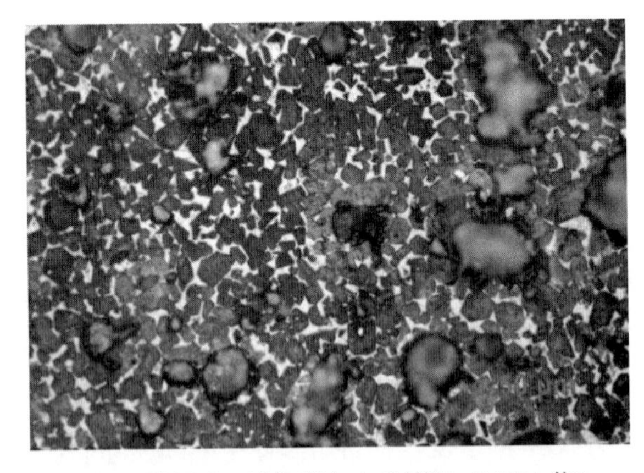

图 6 掺量为 3%黄磷渣 A 矿情况（×200 倍）

通过岩相检测，掺加黄磷渣后 A 矿数量和尺寸有一定增长，长径比趋向于合理，并且 A 矿的轮廓更为清晰，棱角圆钝的 A 矿数量明显减少，趋向于六方板状，而 A 矿的尺寸过小不利于熟料强度的发展，同时水化速度快，对凝结时间和水化热都有一定影响，磷石膏的掺入有利于熟料中 A 矿的发育。两者 B 矿同为矿巢形式存在，但晶体尺寸大小随着黄磷渣的掺入明显增大，掺量为 3%黄磷渣烧制的熟

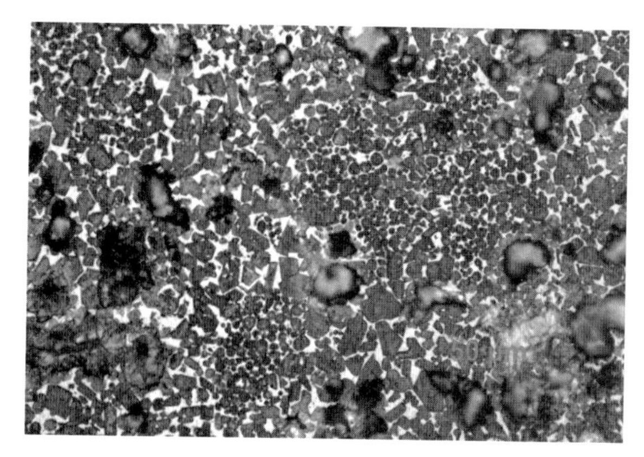

图7 空白组B矿情况（×200倍）

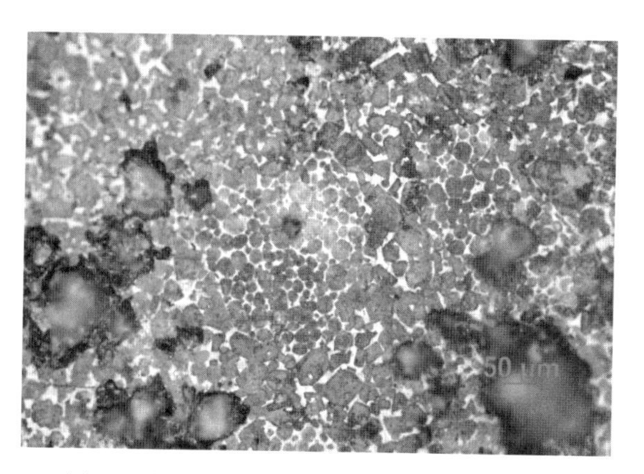

图8 掺量为3%黄磷渣A矿情况（×200倍）

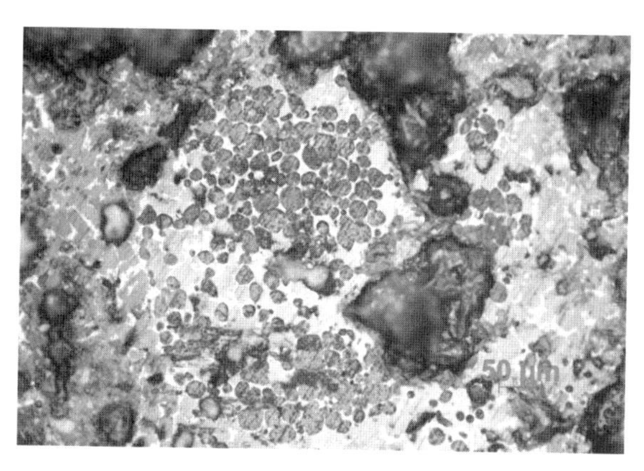

图9 空白组游离氧化钙情况（×200倍）

料B矿可见明显的交叉双晶纹，B矿尺寸较小对熟料的强度不利，黄磷渣的掺入有利于熟料中B矿的发育。空白组样品中存在明显的彩色球状游离氧化钙矿巢，掺加黄磷渣后，熟料中游离氧化钙矿巢基本不可见，表明了黄磷渣有利于熟料煅烧时与f-CaO的结合作用，改善了生料的易烧性。

3 结 论

针对黄磷渣掺入生料进行煅烧的过程和结果进行研究分析，得出的主要结论如下：

（1）黄磷渣的掺入有利于生料中碳酸钙的提前分解，降低分解温度，随着黄磷渣掺量的提高，生料中碳酸钙分解的温度出现不同程度的前移，相比较于不掺黄磷渣的生料分解温度，黄磷渣掺量为1%、2%、3%和8%的生料分解峰值温度分别降低了4.5℃、7.4℃、8.8℃和18.1℃，同时黄磷渣的掺入使生料的形成热也有一定的降低，有利于水泥生产线的节能减排。

（2）在同一个煅烧温度下，随着黄磷渣掺量的增加，有利于氧化钙与C_2S结合形成C_3S，煅烧产生的游离氧化钙呈现降低的趋势，同时对熟料中硅酸盐矿物的生长有一定促进作用，生料易烧性整体得到改善，黄磷渣的掺入有利于降低熟料的煅烧温度。

（3）随着生料煅烧温度的升高，熟料中液相量不断增加，硅酸盐矿物含量提高，水泥熟料中的固相反应完成得愈加完善。当掺入黄磷渣后，水泥熟料中C_3A的含量降低，液相量增加，液相黏度降低，均有利于硅酸盐矿物总的生长，有利于C_2S向C_3S方向进行反应，黄磷渣的掺入对水泥熟料矿物的生长有一定促进作用。

（4）通过掺加黄磷渣，有利于对生料的煅烧分解和熟料的烧成，可以在一定程度上对工业废渣进行处理，同时对水泥熟料的烧成有一定的促进作用，具有一定的环保和经济效益。

参考文献

[1] 杨力远，黄书谋，沈威，等．磷渣矿化作用和机理研究［J］．洛阳工业高等专科学校学报，1994（12）：4.
[2] 马保国，穆松，蹇守卫，等．磷渣复合矿化剂对水泥熟料烧成的影响［J］．武汉理工大学学报，2006（11）：11-28.
[3] 李毅，翟亚萍．利用磷渣生产水泥熟料［J］．水泥，2011（9）：25-26.
[4] 胡志军，于海涛．氟化钙和黄磷渣作复合矿化剂的煅烧实践［J］．新世纪水泥导报，2019（6）：58-60.
[5] 陈强．用磷石膏作矿化剂在立窑中烧制水泥熟料［J］．水泥，1989（4）：38-42.
[6] 吴秀俊．用磷石膏生产水泥熟料的试验研究与技术探讨［J］．水泥，2010（1）：1-7.
[7] 吴秀俊．磷、氟对磷工业废渣烧制水泥熟料的影响［J］．水泥，2005（3）：7-11.
[8] 张云升，胡曙光，王发洲．晶种在矿渣混凝土中的增强作用［J］．山东建材学报，2001（1）：13-16.

水泥工厂水质监测质量控制措施及水质检测分析

丁松燕　肖慧丽　李东祥

摘　要　水质检测是水泥工厂水质改善的重要监测手段，如何确保检测结果的准确性，需在水质采样、运输、保存、试验分析等环节进行有效的质量控制。本文对水泥工厂水质检测各个环节质量控制措施进行了总结，并以某水泥工厂水质检测为例，对 pH 值、色度、悬浮物等项目进行检测，检测结果对该水泥工厂污水循环利用及水质环保达标排放具有重要的指导意义。

关键词　水泥工厂；水质监测；质量控制

Quality control measures of water quality monitoring and water quality testing and analysisin cement factory

Ding Songyan　Xiao Huili　Li Dongxiang

Abstract　Water quality testing is an important monitoring means for water quality improvement in cement factory. How to ensure the accuracy of test results，effective quality control should be carried out in the links of sampling，transportation，storage and test analysis of water samples. This paper summarizes the quality control measures for each link of water quality testing in cement factory，and take a cement factory water quality testing as an example，the pH value，chroma，suspended solids and other items were detected. The test results have important guiding significance for sewage recycling and environmental protection standard discharge of water quality in cement factory.

Keywords　cement factory；water quality monitoring；quality control

1　引　言

水泥工业在社会建设大发展中占有重要地位，然而水泥生产也带来了日常生活污水、生产废水的排放等环境污染问题[1]。随着国家环保政策的日趋严格，环保部门对水泥工厂的污水排放要求越来越高，水质不良也会影响水泥工厂生产设备的运行，降低生产效率，因此国内水泥行业对污水处理及回用越来越重视，那么在此环节对水质进行监测就具有非常重要的意义。

水质检测是水泥工厂水质改善的重要监测手段，因此如何保证水质检测的准确性、可靠性尤为重要[2]，下文对水泥工厂水质监测过程中相关质量控制措施进行了阐述，并在此质量控制措施下对某水泥工厂水质进行了检测及分析，检测结果对该水泥工厂污水循环利用及水质环保达标排放具有重要的指导意义。

2 水泥工厂水质监测的目的

水泥工厂水质监测主要针对生活污水、生产废水、水厂水净化装置出水进行定期监测。监测的主要目的为：①与环评批复确定的排放量、排放标准的符合性，及与当前环保监管管控措施的符合性。②对药剂优化和浓缩倍数进行核实，评估节水效果；核实水处理装置运行的可靠性，评估回用率。③核实水净化装置运行效果，评估供水可靠性及安全性。④核实污泥排放及处置情况。

3 水泥工厂水质监测质量控制措施

水泥工厂水质监测的主要工作内容包括水质采样和传输、样品的前处理、试验分析和后期数据处理，每一个环节都会影响水质检测结果的准确性[3]。以下将对影响水质检测各个环节的质量因素分别进行阐述，总结水泥工厂水质监测的质量控制措施。

3.1 采样与运输环节质量控制

3.1.1 水质监测采样前的质量控制

(1) 采样前确定采样负责人、制订采样计划。采样负责人在制订计划前需充分了解该项监测任务的目的和要求；应对要采样点位周边环境进行全面了解；熟悉采样方法、容器的选择、样品的保存技术[4]；有现场测定项目和任务时，还应熟悉相关现场测定技术。

(2) 采样器材与现场测定仪器的准备

采样器材主要是采样器和水样容器，包括仪器完好性的检查、校准，容器的洗涤等。

采样器的准备：采样前应检查采样瓶的本底空白，将备好待用的采样瓶分批，每批用同一份去离子水荡洗。

固定剂的准备：水样固定剂如酸、碱或其他试剂在采样前应进行空白试验，其纯度和等级要达到分析的要求。

(3) 容器材质的选择原则

容器材质的选择原则：①容器不能引起新的玷污；②所用的容器不应吸收或含有某些待测组分；③容器不应与某些待测组分发生反应。

3.1.2 水质监测采样中的质量控制

(1) 采样点位应有明显的标志物，采样人员不得擅自改动采样位置。

(2) 采样时，不可搅动水底的沉积物。

(3) 采样时，除动植物油类、石油类、挥发性有机物、微生物等项目外，其他项目要先用采样水荡洗采样器与水样容器2～3次，再将水样采入容器中，并按要求立即加入相应的固定剂，贴好标签。

(4) 测生化需氧量和有机污染物等项目时，水样必须注满容器，避免水样曝气或有气泡存在于瓶中，其他样品装瓶时应保证容器中留有十分之一的空隙，以防运输途中溢出水样。

(5) 测定动植物油类、石油类、硫化物、挥发酚、氰化物、余氯、微生物等项目要单独采样。同一采样点，优先采集细菌监测项目水样。

(6) 采样时要认真填写“水质采样记录表”，用签字笔在现场记录，字迹要端正、清晰。

(7) 采样结束前，应核对采样计划、记录与水样，如有错误或遗漏，应立即补采或重采。

3.1.3 水质监测采样后的运输过程及样品交接质量控制

(1) 水样运输前应将容器的外（内）盖盖紧。玻璃容器装箱时应采取一定的分隔措施，以防破坏。

(2) 针对不同的检测项目要求采用适宜的保存措施，需低温保存的样品，应在0~4℃条件下冷藏运输。

(3) 水样交实验室时接收者与送样者双方应在送样单上签名，送样单及采样记录由双方各存一份备查。

3.1.4 质控样的采集

(1) 全程序空白样：一般每批样品除色度、臭、浊度、pH、透明度、悬浮物、电导率、溶解氧、溶解性总固体项目外，其余项目均需加采全程序空白样。

(2) 现场平行样：每批样品除悬浮物、溶解性总固体项目外，其余每个项目一般加采不少于5%的现场平行样，不足20个样品时至少加采一个平行样。

3.2 试验分析环节的质量控制

试验分析环节是水质监测的中心环节，必须开展必要的实验室内质量控制措施以确保检测结果的准确性。

3.2.1 检测方法的选择

水环境监测针对不同类别的水样有不同的检测方法，因此需根据国家环境保护部（现生态环境部）的排放标准，选择合适的检测标准进行检测，以得到相对准确的检测结果[5]。

3.2.2 试验分析前设备的检查校准

试验分析前需对设备进行检查、调试，以确保设备状态良好。所有的设备在试验前必须经过有资质的单位计量校准。在仪器设备的校准期间内，应对仪器进行期间核查，如仪器比对、方法比对等方式[3]。

3.2.3 分析测试

(1) 空白样品的测试[3]

空白样品的测试包括实验室空白测试和全程序空白测试。前者指利用实验室用纯水代替样品与样品同步进行测试，以排除样品测试时所用纯水、试剂、器皿、仪器性能等影响因素；后者指分析参与整个水质监测过程的实验室用纯水，以排除在采样、运输、保存、前处理、分析等所有环节的干扰因素。通常情况下，空白样品的结果应低于方法检出限。部分检测项目在相关标准中有明确规定，例如氨氮水杨酸分光光度法规定利用10mm比色皿测定时实验室空白吸光度应不超过0.030。

(2) 校准曲线

① 校准曲线的线性相关系数应按照分析方法的要求确定，分析方法中未明确规定的，通常情况下线性相关系数应≥0.999，否则应重新绘制标准曲线。

② 校准曲线只能在其线性范围内使用。

③ 校准曲线需定期核查，不得长期使用，不同实验人员、实验仪器之间不得相互借用。

④ 原子吸收分光光度法、气相色谱法、离子色谱法、冷原子吸收（荧光）测汞法等仪器分析方法校准曲线的制作须与样品测定同时进行。

⑤ 电感耦合等离子体发射光谱仪、离子色谱仪等大型仪器，在测试批量样品时，每 20 个样品应分析一个标准曲线中间点浓度的标准溶液，其测定结果与标准曲线该点浓度之间的相对误差应≤10%，否则应重新绘制标准曲线。

（3）精密度的控制

每 20 个样品，应至少测定 10%的平行双样，样品数量少于 10 个时，应至少测定一个平行双样。平行双样测定结果的相对偏差应≤10%。

（4）准确度的控制

① 水质监测中尽量采用有证标准物质作为准确度控制手段。除色度、溶解氧等项目外，每批样品带质控样 1～2 个，对例行监测可定期带质控样。

④ 加标回收试验：除悬浮物、碱度、溶解性总固体项目，每 20 个样品，应至少做 1 个加标回收率测定，实际样品的加标回收率应控制在 80%～120%之间。

4　水泥工厂水质检测对象及检测项目

以某水泥工厂为研究对象，对其厂内生活污水、生产废水及水厂相关污水处理装置出水进行了水质检测，检测项目主要有 pH 值、色度、悬浮物、BOD_5、COD、氨氮、总磷（以 P 计）、电导率、溶解性总固体、浊度、总硬度、总碱度、氯化物。其中用于绿化及达标排放的污水处理装置出水管出水 pH 值等 7 项目指标需满足 GB 8978—1996 中表 4 一级标准限值。水净化装置出水总硬度等 6 项指标需满足 GB 5749—2006 中表 4 的限值要求。水质具体检测对象和检测指标参见表 1。

表 1　检测对象及主要检测指标一览表

类别	检测对象	主要检测指标
生活污水	污水处理装置出水管 （用于绿化及达标排放）	pH、色度、悬浮物、BOD_5、COD、氨氮、磷酸盐（以 P 计）
	限值要求：《污水综合排放标准》（GB 8978—1996）表 4，一级标准	
生产废水	生产线：循环水排污水	pH、电导率、浊度、溶解性总固体、总硬度、总碱度、Cl^-、总磷（以 P 计）
	余热发电： 化水车间排污水 汽轮机房排污水 AQC/PH 锅炉排污水	
水厂	水净化装置原水进水 水净化装置沉淀池出水 水净化装置过滤池出水	原水：浑浊度、色度、pH、溶解性总固体总硬度、氯化物 原水、沉淀池、过滤池：浑浊度、色度、pH、溶解性总固体
	限值要求：《生活饮用水卫生标准》（GB 5749—2006），表 4 小型集中式供水	
	水净化装置排污水	浑浊度、悬浮物、溶解性总固体
	循环水补充水	pH、电导率、浊度、溶解性总固体、总硬度、总碱度、Cl^-、总磷（以 P 计）

检测结果分析

表 2 生活污水检测结果及限值

序号	生活污水	pH 值	悬浮物/(mg/L)	磷酸盐/(mg/L)	色度/倍	氨氮/(mg/L)	COD	BOD_5
1	办公楼污水处理装置出水管	7.46	8.0	0.017L	30	0.808	52	2.1
2	制造 2 吨污水处理装置出水管	7.80	8.5	0.017L	3	0.078	20	4.2
3	水泥 1 吨污水处理装置出水管	7.52	8.0	0.017L	20	1.577	16	7.8
4	GB 8978—1996 表 4 一级标准限值	6～9	70	0.5	50	15	100	20

由表 2 可得，生活污水三种污水处理管出水 pH 值等 7 个检测项目检测结果均低于 GB 8978—1996 中表 4 一级标准限值，符合标准要求。

表 3 生产废水检测结果

序号	生产废水	pH 值	电导率/(μS/cm)	浑浊度/NTU	溶解性总固体/(mg/L)	总硬度/(mg/L)	总碱度/(mg/L)	Cl^-/(mg/L)	总磷/(mg/L)
1	一线循环水排污水	8.19	403	3L	276	136.14	96.20	34.6	0.06
2	二线循环水排污水	8.36	573	3L	392	199.20	144.60	81.0	0.39
3	化水车间排污水	7.91	830	3L	583	142.14	194.25	67.2	0.16
4	一线 AQC 锅炉排污水	8.26	402	3L	282	134.13	94.95	51.5	0.06
5	一线 PH 锅炉排污水	8.28	402	3L	270	138.14	93.09	59.2	0.06
6	二线 AQC 锅炉排污水	8.36	575	3L	400	203.20	137.16	85.0	0.40
7	循环水补充水（一线循环水补水）	7.96	474	3L	298	146.15	96.82	46.0	0.05

由表 3 可得，7 种生产废水的 pH 值等 8 个检测项目检测数据良好，此阶段时间内对水处理装置运行的可靠性影响较小，此阶段水处理药剂比例符合水处理设计要求。

表 4 水厂检测结果及限值

序号	水厂	pH 值	色度	浑浊度/NTU	溶解性总固体/(mg/L)	总硬度/(mg/L)	Cl^-/(mg/L)
1	水净化装置原水进水	7.80	3	26.0	198	111.11	19.4
2	水净化装置沉淀池出水	7.60	2	3L	170	—	—
3	水净化装置过滤池出水	7.56	2	8.0	186	—	—
4	GB 5749—2006，表 4 小型集中式供水限值	6.5～9.5	20	3	1500	550	300

表 5 水厂水净化装置排污水检测数据

序号	水厂	浑浊度/NTU	悬浮物/(mg/L)	溶解性总固体/(mg/L)
1	水净化装置排污水	3L	7.5	285.5

注：表中数据后带“L”时表示该检测结果为未检出或低于方法检出限；“—”表示未检测。

由表 4 可知，水厂水净化装置出水浑浊度的数据中，原水进水及过滤池出水浑浊度大于 3，不符合 GB 5749—2006 中表 4 小型集中式供水限值要求，且过滤池出水浑浊度大于沉淀池出水，由此可见，过滤池过滤效果较差，达不到出水指标要求。过滤池出水不符合要求会给生产用水造成影响，部分远离城市工厂会导致饮用水不安全。此种情况需加强净化水设备运行管理，对不符合运行要求的设备进行更新。

水厂水净化装置出水 pH 值、色度、溶解性总固体、总硬度、Cl^- 检测结果均低于 GB 5749—2006 表 4 小型集中式供水限值，符合标准要求。

由表 5 可知，水厂水净化装置排污水浑浊度、溶解性总固体检测结果均低于 GB 5749—2006 中表 4 小型集中式供水限值，符合标准要求。

5 结束语

本文对水泥工厂水质监测采样、试验分析等环节的质量控制措施进行了分析总结，这将有效提高水泥工厂水质检测的准确性，为水泥工厂水处理设计提供准确可靠的检测数据，指导水处理设计的改善，最终实现水泥工厂的水质净化，满足环保达标排放要求。

以某水泥工厂为研究对象，对其生活污水、生产废水及水厂水净化装置出水、水净化装置排污水进行了检测分析，除水进化装置原水进水及过滤池出水浑浊度不符合标准要求，并提出了改进措施，其余指标均满足相关法规标准。

水泥工厂水质监测对工厂水体的循环利用及环境保护都具有极其重要的意义，因此对水泥工厂水质进行定期监测十分必要，这将有利于水泥工厂的生产发展，进而促进社会的发展与进步。

参考文献

[1] 曾剑，于红．水泥厂中水处理设计［J］．中国水泥，2012（12）：73-76.
[2] 周翔．提高水质检测结果的准确性及稳定性对策研究［J］．环境与发展，2020（5）：171-172.
[3] 赵迪，贾莉丽，海文玲，等．水环境监测质量的控制与管理研究［J］．环保节能，2022，38（3）：132-134.
[4] 潘兆丰．水环境监测的质量控制探究［J］．皮革制作与环保科技，2021（11）：53-55.
[5] 高媛．水环境监测工作的质量控制路径分析［J］．资源节约与环保，2021（12）：51-53.

三元胶凝体系中钢纤维增强高性能混凝土关键技术

恽进进　王一健　徐文祥

摘　要　研究了不同水胶比、胶砂比、硅灰掺量、矿粉掺量和钢纤维体积掺量对UHPC工作性能和力学性能的影响。结果表明：随着水胶比的增大，UHPC的流动度逐渐增大。随着硅灰掺量的增加，UHPC的密实程度增加，即UHPC抗氯离子渗透性能增强。当胶砂比为1∶0.8时，有轻微泌水的现象。从力学性能和工作性能角度综合考虑，钢纤维体积掺量在3%～4%之间较为合适。

关键词　钢纤维；高性能混凝土；水胶比；工作性能

Key technology of high performance concrete with steel fiber in ternary cementitious system

Yun Jinjin　Wang Yijian　Xu Wenxiang

Abstract　The effects of water-binder ratio, cement-sand ratio, silica fume contentand steel fiber volume content on the working performance, mechanical properties and electrical flux of UHPC was studied. The results showed that: With the increasing of cement-sand ratio, the fluidity of UHPC was increased. With the increase of silica fume content, the compactness and the resistance to chloride ion transport of UHPC was increased. It has slight bleeding when the cement sand ratio was 1∶0.8. From the perspective of mechanical properties and working performance, the best volume content of steel fiber was between 3% and 4%.

Keywords　steel fiber; high performance concrete; water-cement ratio; mechanical properties

1　引　言

随着现代建筑物的高层化、大跨化、地下化、结构轻量化以及使用环境的日益严酷化，新的结构体系和新的结构材料的广泛应用成为迫切的需要[1-4]。超高性能混凝土[5]，简称UHPC（ultra-high performance concrete)，较之普通混凝土，其在各项性能上有了质的突破，在大跨度桥梁、超高层建筑、海洋工程以及军事防护工程等领域具有广泛的应用前景。制备UHPC的原材料通常包括水泥、硅灰、细石英砂、钢纤维、高性能减水剂等[6-7]。

本文研究了水胶比、钢纤维掺量、养护制度、胶砂比等因素对超高性能混凝土工作性能及力学性能的影响，利用高性能减水剂、硅灰等超细材料和钢纤维制备超高性能混凝土，提高了超高性能混凝土的力学性能和耐久性能。

2 主要原材料及试验方法

2.1 主要原材料

（1）本试验所用的硅酸盐水泥为 FS 海螺 P·Ⅱ 52.5 水泥，检测结果见表 1 和表 2，烧失量 1.22%，3d、28d 抗压强度分别为 38.5MPa 和 73.5MPa，比表 347m^3/ kg。

表 1 水泥化学分析结果

化学成分	SiO_2	Al_2O_3	Fe_2O_3	CaO	MgO	SO_3	烧失量
含量/%	20.70	4.35	3.57	62.40	1.56	3.38	1.22

表 2 水泥物理性能结果

比表/ (m^2/ kg)	初凝/min	终凝/min	标准稠度/%	抗折强度/MPa		抗压强度/MPa	
				3d	28d	3d	28d
347	133	189	27.8	6.7	9.9	38.5	73.5

（2）硅灰由武汉纽瑞琪新材料有限公司提供，外形为灰色粉末，化学组成见表 3，物理性能见表 4。

表 3 硅灰化学成分组成

化学成分	SiO_2	Al_2O_3	Fe_2O_3	CaO	MgO	SO_3	Na_2O	K_2O	烧失量
含量/%	92.13	0.05	0.90	0.52	0.80	0.16	1.38	0.65	3.62

表 4 硅灰物理性能

物理性能	单位	范围
碳含量	%	≤2.0
水分	%	≤1.0
比表（BET）	m^2/ g	≥18
7d 水化活性	%	≥110
密度	kg / m^3	500～700

（3）石英砂：凤阳东升，采用粗、中、细三种颗粒石英砂，粒径分别为 10～20 目、20～40 目、40～70 目。石英砂化学成分见表 5。

表 5 石英砂化学成分组成

化学成分	SiO_2	Al_2O_3	Fe_2O_3	CaO	MgO	烧失量
含量/%	97.73	0.15	0.68	0.25	0.22	0.98

（4）钢纤维：辽宁省鞍山市科比特公司生产的高强钢丝切断型细圆形表面镀钢纤维，直径 0.18～0.22mm，长度 12～16mm。

（5）减水剂：自制聚醚型聚羧酸系高性能减水剂。

（6）矿粉：S140 超细矿粉。

2.2　主要仪器设备

HJW-30 型混凝土搅拌机，河北科析；

JJ-5 型 ISO 行星水泥胶砂搅拌机，无锡建仪；

TYE-300T 型水泥压力试验机；

TYE-3000 型压力试验机，无锡建仪。

2.3　试验方法

（1）UHPC 试件的制作及养护

将按照配合比称量好的水泥、硅灰、石英砂倒入搅拌锅中，混合干拌 1min，然后在 1min 内加入钢纤维，并继续搅拌 1～2min，最后加入减水剂和水，搅拌 4min 后获得均质性浆体。搅拌结束，立即进行流动度测试，同时浇筑成型。

（2）混凝土应用性能测试

按照《水泥基灌浆材料应用技术规范》（GB/T 50448—2008）附录 A.0.2 进行流动度测试，根据《水泥胶砂强度检验方法（ISO 法）》（GB/T 17671）和《普通混凝土力学性能试验方法标准》（GB/T 50081—2019 ）进行强度检测。

3　试验结果与分析

3.1　不同钢纤维掺量对 UHPC 性能的影响

固定砂胶比为 1∶1，水胶比为 0.19，钢纤维体积掺量分别为 0%、1%、2%、3%，UHPC 配合比见表 6。

表 6　不同钢纤维掺量的 UHPC 配合比　kg/m^3

编号	水泥	硅灰	钢纤维	石英砂	外加剂/%	水	钢纤维体积掺量/%
1	1025	55	0	1080	3.9	205	0
2	1025	55	78.5	1080	3.9	205	1
3	1025	55	157	1080	3.9	205	2
4	1025	55	235.5	1080	3.9	205	3

注：砂子为 10～20 目石英砂。

不同掺量钢纤维的 UHPC 的流动性能显示，不掺加钢纤维时，UHPC 的流动性能最好，随着钢纤维掺量的增加，流动度逐渐下降，当钢纤维掺量为 3%时，UHPC 基本无流动性，可通过振捣后用于施工量少且强度要求较高部位的浇筑，如构造柱、伸缩缝和装配式建筑等。由于钢纤维在水泥浆体中的分散性能较差，在搅拌的过程中会产生团聚的现象，故随着钢纤维体积掺量的增加，混凝土的流动性能也随之降低。不同掺量钢纤维的 UHPC 力学性能试验结果见表 7。从表 7 中可以看出，随着钢纤维掺量的增加，UHPC 的力学性能有所增加。

表 7 不同钢纤维体积掺量的 UHPC 力学性能试验结果

编号	钢纤维体积掺量/%	抗折强度/MPa		抗压强度/MPa	
		3d	28d	3d	28d
1	0	14.1	17.4	74.5	105.5
2	1	15.1	18.3	105.5	145.9
3	2	18.9	22.7	119.9	170.0
4	3	26.0	34.9	127.4	178.0

注：成型试件尺寸为 40mm×40mm×160mm。

3.2 胶砂比对 UHPC 性能的影响

UHPC 和普通混凝土一样，是一种非均匀的多孔材料，UHPC 中浆体和骨料的比例及两者力学性能上的差异是造成 UHPC 结构匀质性差的主要原因之一。试验研究了 4 种不同胶砂比，测量 UHPC 的流动性能，检测结果见表 8。从表中可以看出，胶砂比增大，UHPC 的流动度有所下降。由于砂表面粗糙且棱角多，使得在混凝土流动过程中集料间的摩擦力较大。随着石英砂掺量的增加，导致包裹骨料的浆体相对减少，最终导致流动性降低。

表 8 不同胶砂比的 UHPC 流动性能试验结果

编号	胶砂比	流动度/mm
1	1∶0.9	330
2	1∶1	310
3	1∶1.1	281
4	1∶1.2	263

不同胶砂比的 UHPC 力学性能见表 9。从表中可以看出，随着胶砂比的增加，UHPC 的 3d 抗压强度有所下降。这是由于当砂的含量增加时，骨料的总表面积和空隙率都有所增加，这就需要更多的浆体来包裹骨料的同时填充孔隙，当砂含量过大导致浆体无法填满孔隙时，强度自然下降。

表 9 不同胶砂比 UHPC 力学性能试验结果

编号	胶砂比	标准养护		蒸汽养护	
		3d 抗折强度/MPa	3d 抗压强度/MPa	3d 抗折强度/MPa	3d 抗压强度/MPa
1	1∶0.8	11.2	84.2	15.9	128.7
2	1∶1	10.7	81.9	15.0	121.1
3	1∶1.2	9.2	71.2	13.3	100.6

3.3 不同水胶比对 UHPC 力学性能的影响

随着水胶比的降低，所制备的 UHPC 在标准养护及蒸汽养护条件下，抗压强度呈现先增加后降低的趋势，当水胶比为 0.19 时，UHPC 的抗压强度最高。蒸汽养护条件下，UHPC 的抗压强度增长很快，这是由于蒸汽养护条件下，加速了水泥的水化，使得 UHPC 的强度得到了充分的发挥，3d 抗压强度较标准养护条件下增长了 33.7%～52.7%，蒸汽养护结束后在进行标养，其抗压强度与蒸养 3d 基本一致，增长很小（表 10）。

表 10　不同水胶比 UHPC 力学性能试验结果

编号	水胶比	标准养护		蒸汽养护	
		3d 抗折强度/MPa	3d 抗压强度/MPa	3d 抗折强度/MPa	3d 抗压强度/MPa
1	0.21	94.4	136.6	135.6	134.0
2	0.20	101.7	141.2	147.3	145.8
3	0.19	108.6	145.0	166.0	165.2
4	0.18	104.2	140.2	155.5	156.1
5	0.17	103.6	138.5	149.3	154.5

设置水胶比为 0.17～0.21，硅灰掺量 10%，钢纤维掺量 1%，UHCP 的流动见图 1。从图中可以看出，当水胶比为 0.17 时，UHPC 的流动度只有 194mm，流动性较差，随着水胶比的增大，UHPC 的流动度逐渐增大，当水胶比为 0.21 时，UHPC 流动度，达到了 284mm。

不同水胶比的 UHPC 流变性能见图 2。随着水胶比的增大，超高性能混凝土的塑性黏度和屈服应力均呈现逐渐下降趋势。这主要是因为，水胶比较低时，超高性能混凝土颗粒表面水膜层较小，颗粒间作用强，超高性能混凝土基体黏度较高，屈服应力和塑性黏度较大，随着水胶比增大，颗粒表面的水膜层也逐渐的增大，颗粒间的滑动也更加容易，超高性能混凝土浆体的屈服应力和塑性黏度逐渐降低。

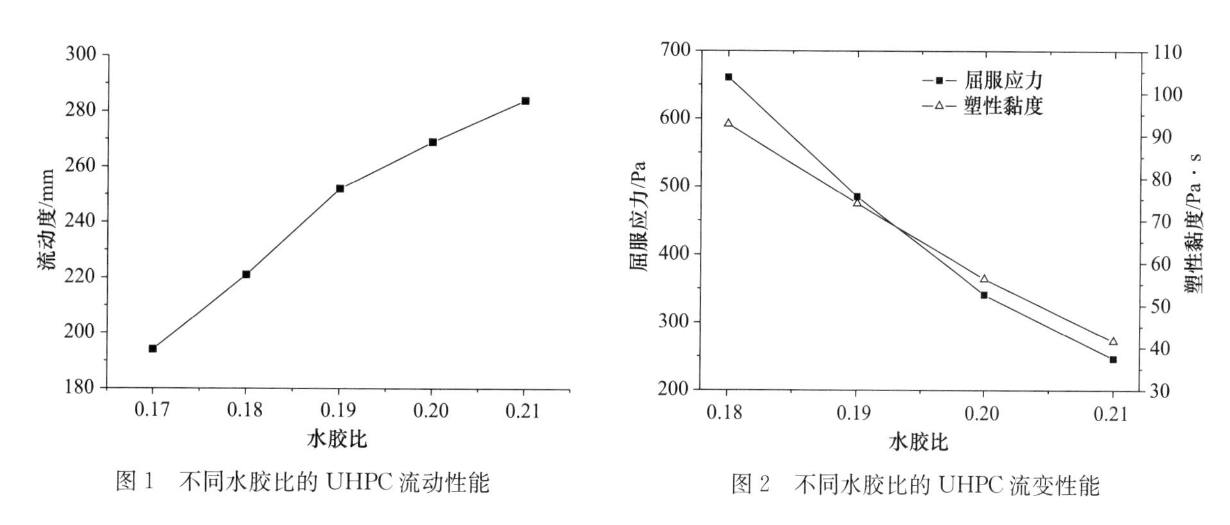

图 1　不同水胶比的 UHPC 流动性能

图 2　不同水胶比的 UHPC 流变性能

电通量是表征 UHPC 耐久性能的重要指标，当 UHPC 砂胶比为 0.9，硅灰掺量为 5%时，随着水胶比的降低，所制备的超高性能混凝土的电通量出现逐渐下降的趋势，即超高性能混凝土的抗氯离子渗透性能随着水胶比的降低而逐渐增加。主要是由于水胶比降低，UHPC 的孔隙降低，密实程度增加，宏观表现为电通量数值变小。

3.4　不同硅灰掺量对 UHPC 性能的影响

不同硅灰掺量的 UHPC 流动性能见图 3。设置水胶比为 0.18，钢纤维掺量为 1%，硅灰掺量 0%～20%。从图中可以看出，不掺加硅灰时流动度最大，且 UHPC 浆体有轻微泌水，随着硅灰掺量的增加，UHPC 浆体不泌水，但流动性逐渐下降。这主要是由于硅灰远比水泥颗粒小，具有很大的比表面积，掺加适量的硅灰可以较好地提高 UHPC 的黏聚性和保水性，改善泌水现象，但需水量也增大，在水胶比一定的条件下，浆体变稠，流动度降低。不同硅灰掺量 UHPC 电通量的检测结果见图 4。随着硅灰掺量的增加，UHPC电通量逐渐下降，即UHPC抗氯离子渗透性能增强。

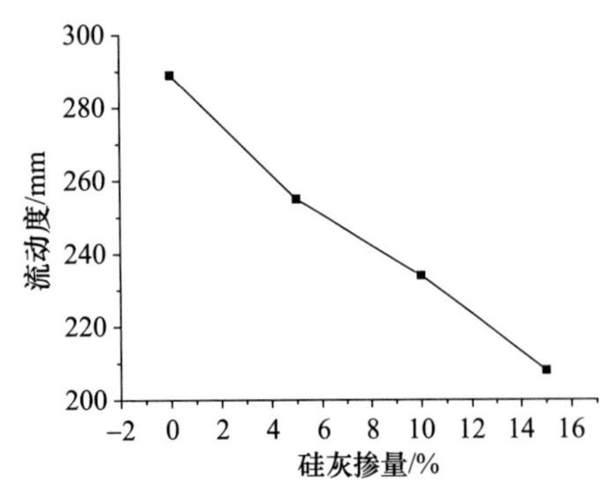

图3 不同硅灰掺量的UHPC流动性能

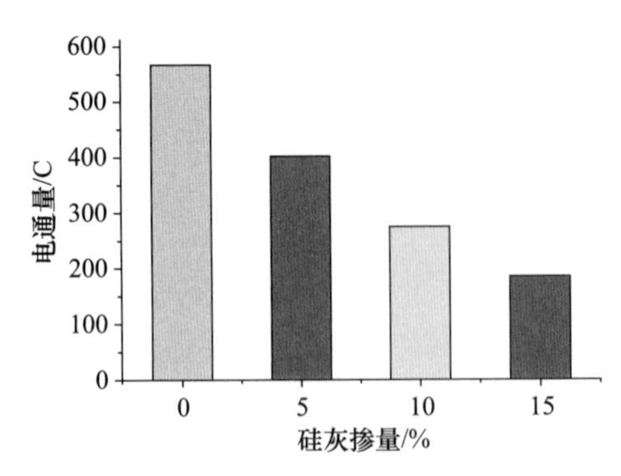

图4 不同硅灰掺量的UHPC电通量

不同硅灰掺量的UHPC力学性能见表11。掺加硅灰后，UHPC的早期强度稍有降低，但后期强度有所增长，且随着硅灰掺量的增加，后期强度逐渐增加。这主要是由于硅灰远比水泥颗粒小，具有很大的比表面积，其填充作用从微观尺度上增加了UHPC的密实度，对强度不利的氢氧化钙与大量的活性二氧化硅反应转化为C-S-H凝胶，并填充在水泥水化产物之间，有力地促进强度的增长。

表11 不同硅灰掺量的UHPC力学性能

编号	硅灰掺量/%	标准养护抗压强度/MPa		蒸汽养护抗压强度/MPa	
		3d	28d	3d	28d
1	0	100.6	126.5	135.8	131.1
2	5	94.0	137.6	141.2	142.6
3	10	100.9	149.3	150.4	149.7
4	15	98.6	165.5	174.7	172.2
5	20	97.4	167.2	170.1	169.8

4 结 论

（1）随着水胶比的增大，UHPC的塑性黏度和屈服应力均呈现逐渐下降趋势，当水胶比为0.17时，UHPC的流动度只有194mm。随着水胶比的降低，所制备的UHPC在标准养护及蒸汽养护加标准养护条件下，抗压强度呈现先增大后减小的趋势。抗氯离子渗透性能随着水胶比的降低而逐渐增加。

（2）不掺加硅灰时流动度最大，且UHPC浆体有轻微泌水，随着硅灰掺量的增加，UHPC浆体不泌水，但流动性逐渐下降。掺加硅灰后，UHPC的早期强度稍有降低，但后期强度有所增长，且随着硅灰掺量的增加，后期强度逐渐增加。UHPC的电通量随着硅灰掺量的增加而逐渐下降。

（3）UHPC的流动性能随着钢纤维掺量的增加而降低。随着钢纤维掺量的增加，所制备的UHPC的3d抗压、抗折强度均呈现逐渐增大趋势，当钢纤维体积掺量为3%时，UHPC 3d、28d抗折强度分别提高了84.4%、100.6%，3d抗压强度提高了71.0%。从力学性能和工作性能角度综合考虑，钢纤维体积掺量在3%～4%之间较为合适。

参考文献

[1] 王传林，钟思锐，高润权，等．超高性能混凝土配制影响因素分析［J］．四川建材，2020（10）．

[2] 刘莹．组合养护对超高性能混凝土的性能优化研究综述 [J]．绿色环保建材，2020（9）．
[3] 卢喆，冯振刚，姚冬冬，等．超高性能混凝土工作性与强度影响因素分析 [J]．材料导报，2020（S1）．
[4] 徐海宾，邓宗才．新型超高性能混凝土力学性能试验研究 [J]．混凝土，2014，4：20-23.
[5] 赵尚传，吴柯，刘汉勇，等．一种超高性能混凝土：ZL 201410262231X [P]．2014-08-27.
[6] 何峰，杨军平，马淑芬．硅灰掺量对活性粉末混凝土（RPC200）性能的影响 [J]．桂林工学院学报，2007，27（1）：77-80.
[7] 李云峰，孔令鹏，李强龙．多种矿物掺合料对超高强混凝土力学性能影响的试验研究 [J]．中国科技论文，2017，12（10）：1141-1144.

工程服务

2000年，第一套30万t/a水泥粉磨工程设计（南通海螺30万t/a水泥粉磨工程）

2002年，第一套300万t/a大型水泥粉磨系统规划设计（杨湾300万t/a水泥粉磨项目）

2005年，第一条余热发电系统设计（宁国水泥厂3＃线9MW纯低温余热发电项目设计）

2007年，自主规划设计第一条5000t/d熟料生产线（北流海螺5000t/d熟料线）

2008年，第一套CKK系统设计（铜陵海螺2×300t/d水泥窑协同处置城市生活垃圾处理项目）

2010年，首次总体规划设计千万吨级大型水泥熟料基地（芜湖海螺6条熟料生产线）

工 程 服 务

2011 年，首个国外大型熟料线＋粉磨站项目设计（巴西 TUPI 3500t/d 熟料生产线工程）

2011 年，自主设计首条 12000t/d 熟料线（阳春海螺 12000t/d 熟料生产线工程）

2011 年，首次设计与熟料生产线结合的骨料项目（铜陵海螺 150 万 t/a 骨料项目）

2012 年，首次对外承接 EPC 项目（恒泰公司 30 万 t/a 石膏粉体生产线项目）

2013 年，第一个海外大型 EPC 总承包项目（印尼 SB1 5000t/d 熟料水泥生产线项目）

2016 年，首条垃圾发电项目的设计（铜仁海螺 30 万 t/a 垃圾发电项目）

工 程 服 务

2017 年，总承包世界首条水泥窑烟气 CO_2 捕集纯化示范项目（海螺 5 万 t/a CO_2 捕集纯化工程）

2017 年，设计的第一个商品混凝土项目（遵义海螺年产 90 万 m^3 环保型混凝土搅拌站项目）

2017 年，设计的首个水泥窑协同处理固废系统（芜湖海创 10 万 t/a 窑协同处理固废项目）

2018 年，设计的第一个储能项目（淮安海螺 3MW/12MWh 储能项目）

2019 年，国内水泥工业首条国产化高温高尘 SCR 脱硝工程 EPC 总承包（白马厂 SCR 脱硝项目）

2019 年，首次采用新工艺实现水泥生产线污废水趋零排放（双峰海螺循环水综合治理项目）

工 程 服 务

2019 年，世界最大水泥熟料生产基地噪声治理总包工程（芜湖海螺噪声治理项目）

2019 年，国内首条生物质替代水泥窑燃料项目设计（枞阳海螺 15 万 t/a 生物质替代燃料项目）

2019 年，建成海螺集团水泥及混凝土研究检测中心

2020 年，海螺集团首个声学实验室筹建，可为客户提供噪声治理研究和高质量服务

2021 年，自主研发首套固体废弃物预煅烧 CPF 炉装置（首次应用在兴业海螺浆渣固废项目）

2021 年，自主研发高效低阻低碳环保型预分解系统（首次应用在英德 4 号线综合能效提升项目）